Entscheidungen
des Reichsgerichts
in Zivilsachen

Sammlung der noch wichtigen Entscheidungen nach Fachgebieten geordnet

Herausgegeben

von

Professor Dr. L. **Auerbach**, Berlin,
Präsident des Patentamtes Berlin Dr. **Johannes Eylau**, Rechtsanwältin **Charlotte Graf**, Berlin, Ministerialdirektor a. D. Dr. **Knoll**, Berlin, Rechtsanwalt **Erich Kummerow**, Berlin, Rechtsanwalt **Hermann Reuss**, Berlin, Rechtsanwalt Dr. **Walter Schmidt**, Düsseldorf, Landgerichtsdirektor **Alexander Swarzenski**, Berlin, Rechtsanwalt Dr. **Werner Vahldiek**, Berlin

Gruppe I Bürgerliches Recht

Familienrecht

Teil 1

Berlin 1950

Walter de Gruyter & Co.

vormals G. J. Göschen'sche Verlagshandlung / J. Guttentag, Verlagsbuchhandlung / Georg Reimer / Karl J. Trübner / Veit & Comp.

Familienrecht

Herausgegeben

von

E. Kummerow

Rechtsanwalt und Notar in Berlin

Teil 1

Berlin 1950

Walter de Gruyter & Co.

vormals G. J. Göschen'sche Verlagshandlung / J. Guttentag, Verlagsbuchhandlung / Georg Reimer / Karl J. Trübner / Veit & Comp.

12682. Druck: A. W. Hayn's Erben, Berlin SO 36 (VIII/99)

Vorwort

In der Rechtsprechung des Reichsgerichts zum deutschen Familienrecht unterscheiden sich ebenso wie auf den anderen Gebieten des Zivilrechts die Epoche der Landesrechte bis zum Jahre 1900 und die Epoche des im Bürgerlichen Gesetzbuch vereinheitlichten Rechts. Seit dem Inkrafttreten des Bürgerlichen Gesetzbuches hat das Familienrecht weitere Aenderungen erfahren, insbesondere durch das Ehegesetz von 1938, das inzwischen durch das Ehegesetz von 1946 abgelöst ist, durch das Gesetz gegen Mißbräuche bei der Eheschließung und der Annahme an Kindes Statt von 1933 und das Gesetz über die Aenderung und Ergänzung familienrechtlicher Vorschriften von 1938. Im Jahre 1933 begann aber auch jener Einbruch nationalsozialistischen Gedankenguts in die Rechtsprechung des Reichsgerichts, die in die Rechtsgrundlagen für die familienrechtlichen Beziehungen nicht vorhandene, zum mindesten keineswegs allgemein anerkannte Anschauungen eines fingierten einheitlichen Volkswillens hineinzutragen suchte.

Die Auswahl familienrechtlicher Entscheidungen für diese Sammlung konnte und mußte, ohne das Gesamtbild der reichsgerichtlichen Judikatur zu beeinträchtigen, verzichten,

1. auf die durch die Rechtsentwicklung überholten Entscheidungen aus der Zeit des Landesrechts vor dem Inkrafttreten des BGB.,
2. auf Entscheidungen aus der Zeit nach dem Inkrafttreten des BGB., die durch Aenderungen der Rechtsgrundlage überholt sind,
3. auf jene kurzlebigen Entscheidungen von ausgesprochen nationalsozialistischer Tendenz.

Im übrigen folgt die Sammlung der Entscheidungen auf dem Gebiete des Familienrechts dem für die ganze Auswahlsammlung geltenden Grundsatz, das Wesentliche vom Unwesentlichen zu scheiden und das Wertvolle und Bleibende erhalten zu helfen.

E. Kummerow

Inhaltsverzeichnis

Verzeichnis

der aufgenommenen Entscheidungen aus de alten Sammlung

Die Entscheidungen sind grundsätzlich — von unwesentlichen Streichungen abgesehen — ungekürzt gebracht worden.

Soweit eine Entscheidung mehrere Fachgebiete betrifft, ist sie nur in einem Fachgebiet aufgenommen worden. Die anderen Gebiete enthalten nur den Leitsatz der betreffenden Entscheidung mit einem Hinweis, wo der vollständige Abdruck erfolgt ist.

Um das Auffinden der Entscheidungen zu erleichtern, wird am Schluß der Sammlung ein Gesamt-Fundstellenregister erscheinen, in dem alle Entscheidungen der amtlichen Sammlung verzeichnet sind. Die in der Sammlung abgedruckten Entscheidungen sind nach der Fundstelle der alten und der neuen Sammlung zitiert; bei den nicht aufgenommenen findet sich ein Hinweis über den Grund des Ausscheidens.

Ehe

Verlöbnis

RGZ. 80, 81

Haftet ein Verlobter aus dem Verlöbnisbruche, wenn sich die Verlobten die Heirat nur unter einer Bedingung oder einer Befristung zugesagt hatten?

BGB. §§ 1298, 1300.

IV. Zivilsenat. Urt. v. 19. September 1912.

I. Landgericht Dessau. II. Oberlandesgericht Naumburg a. S.

Die Klägerin verlangte von dem Beklagten auf Grund der §§ 1298 und 1300 BGB. Schadensersatz. Der Beklagte bestritt den Anspruch nach Grund und Betrag. Er machte vor allem geltend, er habe der Klägerin gegenüber stets betont, daß er sie ohne Zustimmung seines Vaters nicht heiraten könne und werde, sein Vater habe jedoch die Zustimmung nicht erteilt. Das Landgericht erklärte den Anspruch der Klägerin dem Grunde nach für gerechtfertigt. Das Oberlandesgericht machte die Entscheidung des Rechtsstreits von der Leistung oder Verweigerung zweier die angebliche Zustimmung des Vaters des Beklagten betreffender Eide abhängig. Auf die Revision der Klägerin wurde das Berufungsurteil aufgehoben und die Sache an das Berufungsgericht zurückverwiesen.

Aus den Gründen:

„Das Oberlandesgericht, das im übrigen mit dem Landgericht alle Voraussetzungen der §§ 1298 und 1300 BGB. zugunsten der Klägerin als gegeben ansieht, bezeichnet als zweifelhaft nur die Frage, ob ein Verlöbnis zwischen den Parteien bestanden habe. Es stellt zwar fest, daß die Parteien seit Jahren einig gewesen seien, sich zu heiraten, und daß sie dieses Einverständnis auch gegenseitig ausgesprochen hätten. Es folgt aber dem Beklagten, indem es annimmt, daß sie „die Verwirklichung ihres Wunsches" und „die Wirksamkeit ihrer Einigung" von der Zustimmung des Vaters des Beklagten abhängig gemacht hätten und daß ein „unbedingtes Eheversprechen, also ein festes Verlöbnis" nicht bestanden habe. Für die Zeit bis zum August 1907 sieht es geradezu als widerlegt an, daß ein „festes, unbedingtes Verlöbnis" vorgelegen habe, aber auch für die spätere Zeit besteht seiner Ansicht nach kein Anhalt für die Annahme eines solchen „festen, unbedingten Verlöbnisses". Dagegen meint es, daß

„das Verlöbnis zustande gekommen" sei, falls der Vater des Beklagten anfangs Dezember 1908 seine Zustimmung wirklich erteilt habe, und daß das Verlöbnis dann gemäß §§ 184 und 159 BGB. auch nach rückwärts die Wirkung gehabt habe, die Ansprüche der Klägerin aus den §§ 1298 und 1300 BGB. zu begründen.

Demgegenüber macht die Revision geltend, die Ausführungen des Berufungsgerichts ließen eine Verletzung des Rechtsbegriffs des Verlöbnisses erkennen. Es sei rechtsirrig, wenn das Berufungsgericht daraus, daß die Parteien die Verwirklichung ihres gegenseitig ausgesprochenen Wunsches, sich zu heiraten, und die Wirksamkeit ihrer Einigung über die Heirat von der Zustimmung des Vaters des Beklagten abhängig gemacht hätten, die Folgerung ziehe, daß es sich nicht um ein festes, unbedingtes Verlöbnis gehandelt habe. Nach dem, was das Oberlandesgericht in tatsächlicher Beziehung selbst annehme, habe nicht ein aufschiebend bedingtes Verlöbnis, sondern ein festes, unbedingtes Verlöbnis vorgelegen, das auf eine aufschiebend bedingte Eheschließung gerichtet gewesen sei, ein Verlöbnis des Inhalts, daß sich die Parteien die Ehe unter der aufschiebenden Bedingung der Zustimmung des Vaters des Beklagten versprochen hätten. . . .

Die Revision ist begründet. Die Erwägungen des Berufungsgericht geben in der Tat zu rechtlichen Bedenken Anlaß.

Bei dem Verlöbnis ist zu unterscheiden zwischen dem Verlöbnisvertrage, der Verlobung, und dem durch diesen Vertrag begründeten familienrechtlichen Verhältnisse, dem Brautstande. Die Verlobung ist nach der in Recht und Sitte herrschenden Anschauung der unter der Abgabe eines wechselseitigen Eheversprechens auf künftige Eheschließung gerichtete Vertrag. Daß dieser Vertrag bei dem Mangel einer ähnlichen Vorschrift, wie sie z. B. in § 1317 Abs. 2, §§ 1724, 1742 BGB. gegeben ist, auch unter einer Bedingung oder Betagung abgeschlossen werden kann, mag hier zugegeben werden, ebenso daß denkbarerweise das Zustandekommen des Verlöbnisses davon abhängig gemacht werden kann, daß die Eheschließung unbedingt sichergestellt erscheint. Daraus folgt aber nicht, daß — wie der Berufungsrichter anzunehmen scheint — der Verlöbnisvertrag oder gar der hiermit begründete Brautstand notwendig dadurch zu einem aufschiebend bedingten wird, daß die Heirat, die Hochzeit, vom Eintritt einer Bedingung oder eines Termins abhängig gemacht ist. Denn der Inhalt und die rechtliche Bedeutung des Verlöbnisvertrages ist nicht unmittelbar die Verpflichtung zur Heirat, zur Begründung des Ehestandes, sondern die Willenseinigung über das gegenseitige Versprechen der künftigen Verheiratung und die behufs seiner Verwirklichung zunächst erfolgende Begründung des Brautstandes.

Daß das Bürgerliche Gesetzbuch auf diesem Standpunkte steht, erhellt klar aus den Rechtsfolgen, die es an das Verlöbnis knüpft. Es hat zwar den im 1. Entwurfe § 1227 ausgesprochenen Satz:

„Durch das Verlöbnis wird eine Verbindlichkeit der Verlobten zur Schließung der Ehe nicht begründet".

nicht übernommen, aber (wie die Protokolle der Kommission für die zweite Lesung Bd. 4 S. 2 flg. unzweideutig ergeben) nur deshalb nicht, um nicht auch die in dem Verlöbnis liegende sittliche Verpflichtung zu leugnen. Der Grundsatz des 1. Entwurfs, daß das Verlöbnis eine Rechtspflicht, einen rechtlichen Zwang zur Eingehung der Ehe, nicht begründen, daß es die Freiheit der Willensbestimmung bei der Eheschließung nicht beeinträchtigen soll (Mot. Bd. 4 S. 3), ist auch im Bürgerlichen Gesetzbuch aufrechterhalten und für die darin geregelten Rechtsfolgen des Verlöbnisses maßgebend. Vor allem gehört zu diesen Rechtsfolgen nicht ein Gebundensein an das Verlöbnis, das vielmehr von jedem Verlobten einseitig gelöst werden kann. Und nur w e n n es einseitig gelöst wird, treten überhaupt die vom Gesetze (§§ 1298 bis 1300) vorgesehenen Rechtsfolgen ein. Der im § 1301 geregelte Anspruch auf Rückgabe etwaiger Geschenke im Falle des „Unterbleibens der Eheschließung" kann gar nicht als eine Rechtsfolge des Verlöbnisses angesehen werden, stützt sich vielmehr auf die allgemeinen Grundsätze über die Herausgabe ungerechtfertigter Bereicherung. Die in den §§ 1298 bis 1300 geregelten Rechtsfolgen des Verlöbnisses lassen aber keinen Zweifel darüber, daß sie von der Freiheit der einseitigen Lösung des Verlöbnisses ausgehen. Denn nur die auf einem Verschulden beruhende, nämlich entweder eine ohne „wichtigen Grund" (§ 1298 Abs. 3) erfolgende Auflösung oder eine dadurch, daß dem Mitverlobten ein wichtiger Grund zum Rücktritte gegeben wird (§ 1299), veranlaßte Auflösung des Brautverhältnisses erzeugt Rechtsansprüche des an der Auflösung unschuldigen Verlobten gegenüber dem anderen Verlobten. Fließen die Rechtsfolgen der §§ 1298 bis 1301 also einzig und allein aus der Auflösung des Brautverhältnisses, so können sie auch lediglich das Bestehen dieses Verhältnisses zur Voraussetzung haben, mit anderen Worten: ihre einzige Quelle ist in dem Versprechen der künftigen Eheschließung und dem zu ihrer Vorbereitung eingegangenen Brautstande zu finden. Wird bei der hierauf gerichteten Willenseinigung der Liebenden noch die schließliche Erfüllung des Eheversprechens, die Verheiratung, von einer Bedingung abhängig gemacht, so wird dadurch nicht etwa die Wirkung des Verlöbnisses (im Sinne von § 158 Abs. 1) aufgeschoben; sie tritt vielmehr, soweit sie gesetzlich überhaupt zugelassen ist, durch jene Willenseinigung ohne weiteres und unbedingt in Kraft. Der Begriff eines „festen, unbedingten Verlöbnisses" in dem Sinne, den das Berufungsgericht damit verbinden will, ist dem Gesetze fremd.

Selbst soweit im Einklange mit dem oben Gesagten ein aufschiebend bedingtes Verlöbnis denkbar und tatsächlich feststellbar sein sollte, wird es sicher der Regel nach dann ausgeschlossen erscheinen, wenn sich die Liebenden gegenseitig die Absicht, sich heiraten zu wollen, nicht nur ausdrücklich erklärt, sondern auch längere Zeit hindurch fortgesetzt in Wort und Tat bekundet haben und auf dieser Grundlage in Geschlechtsverkehr miteinander getreten sind; dies alles aber hat das Berufungsgericht für den vorliegenden Fall tatsächlich festgestellt.

Das Berufungsurteil erscheint hiernach rechtlich nicht haltbar. Bei einer von zutreffenden rechtlichen Erwägungen ausgehenden Prüfung des Sachverhalts wird auch zu beachten sein, daß der Nichteintritt einer für die Verheiratung unter den Verlobten vereinbarten Bedingung allerdings einen wichtigen Grund für den Rücktritt eines Verlobten abgeben kann, so daß Ansprüche gegen ihn aus dem Verlöbnis auf Grund der §§ 1298, 1300 überhaupt nicht geltend gemacht werden könnten. Der Berufungsrichter hat aber einen wichtigen Grund zum Rücktritte von der Verlobung für den Beklagten nicht angenommen; er hat die dem Vorstehenden nach maßgebenden rechtlichen Gesichtspunkte der Beurteilung des Streitverhältnisses überhaupt nicht zugrunde gelegt. Er stellt nicht einmal fest, wenigstens nicht ausdrücklich, daß der Vater des Beklagten seine Zustimmung zur Heirat der Parteien endgültig verweigert habe, daß also die Bedingung, von deren Eintritt der Beklagte die Eheschließung abhängig gemacht haben will und nach der Annahme des Berufungsgerichts auch abhängig gemacht hat, tatsächlich ausgefallen wäre. Sein Urteil unterliegt deshalb der Aufhebung." . . .

RGZ. 98, 13

1. Beeinträchtigt es den Anspruch aus § 1300 BGB., wenn die Verlobte ihrem Verlobten die Beiwohnung auch schon vor dem Verlöbnis gestattet hatte?

2. Rechtliche Natur des Verlöbnisses. Aufhebung durch einseitigen Rücktritt. Bedarf ein minderjähriger Verlobter zum Rücktritte vom Verlöbnis der Einwilligung seines gesetzlichen Vertreters? Bedeutung einer vorübergehenden Aussöhnung.

IV. Zivilsenat. Urt. v. 8. Januar 1920.

I. Landgericht Hannover. II. Oberlandesgericht Celle.

Die Parteien waren mit Einwilligung des gesetzlichen Vertreters der minderjährigen Klägerin miteinander verlobt. Während des Verlöbnisses hat die Klägerin dem Beklagten die Beiwohnung gestattet. Sie verlangt mit der vorliegenden Klage, gestützt auf §§ 1299, 1300 BGB., Verurteilung des Beklagten zur Zahlung von 5000 M. Das Landgericht erklärte den Anspruch dem Grunde nach für gerechtfertigt. Die Berufung des Beklagten wurde vom Oberlandesgerichte zurückgewiesen. Auch seine Revision hatte keinen Erfolg.

Gründe:

„1. Das Oberlandesgericht geht von der Auffassung aus, daß es den geltend gemachten Anspruch der Klägerin nicht beeinträchtigen würde, wenn sie sich dem Beklagten, wie er behauptet, auch schon vor dem Verlöbnis geschlechtlich hingegeben haben sollte. Diese Auffassung ist zutreffend und entspricht der Rechtsprechung des Reichsgerichts (vgl. RGZ. Bd. 52 S. 46; Jur. Wochenschr. 1905 S. 288 Nr. 12, 1906 S. 425 Nr. 10, 1910 S. 942 Nr. 19 und das Urteil des erkennenden Senats vom 9. Oktober 1919 IV 76/19).

2. Im übrigen hält das Oberlandesgericht für erwiesen, daß der Beklagte der Klägerin in Gegenwart anderer den ungerechtfertigten Vorwurf des Diebstahls gemacht habe. Es erblickt in diesem Vorwurf einen wichtigen Grund für den Rücktritt vom Verlöbnis und stellt fest, daß die Klägerin aus diesem Grunde vom Verlöbnis zurückgetreten sei, auch den Rücktritt dem Beklagten gegenüber rechtswirksam erklärt habe. Dadurch, daß, wie es annimmt, späterhin vorübergehend eine Aussöhnung zwischen den Parteien stattgefunden hat, sieht es den vorher erklärten Rücktritt der Klägerin nicht als beseitigt an.

Die Revision wendet demgegenüber in erster Linie ein, die Verlobung sei ein Vertrag und könne daher auch nur durch Vertrag aufgehoben werden, den von der Klägerin erklärten Rücktritt habe der Beklagte nicht angenommen, es habe sich nur um einen Zank der Parteien gehandelt, der wieder beigelegt worden sei. Der Einwand ist unbegründet. Allerdings ist die Verlobung nach der Rechtsprechung des Reichsgerichts (vgl. RGZ. Bd. 61 S. 271, Bd. 80 S. 89; Jur. Wochenschr. 1906 S. 9 Nr. 3) ein Vertrag und das durch sie begründete familienrechtliche Verhältnis ein Vertragsverhältnis. Aber eine rechtliche Verbindlichkeit der Verlobten zur Schließung der Ehe wird, wie in § 1227 des I. Entwurfs zum Bürgerlichen Gesetzbuch ausdrücklich ausgesprochen war, durch das Verlöbnis nicht begründet. Das Verlöbnis kann vielmehr von jedem Verlobten einseitig durch Rücktritt gelöst werden. Darüber, daß dies der Standpunkt des Gesetzes ist, kann, obwohl § 1227 des I. Entwurfs nur in der abgeschwächten Fassung des jetzigen § 1297 übernommen ist, nach den §§ 1298 bis 1300 kein Zweifel sein (vgl. RGZ. Bd. 80 S. 90). Selbst ein einseitiger Rücktritt, der ohne wichtigen Grund erfolgt, bringt das Verlöbnis zur Auflösung, nur knüpft das Gesetz an einen solchen Rücktritt die in den §§ 1298, 1300 umgrenzte Schadensersatzpflicht (vgl. Warneyer 1914 Nr. 163 und 164 und Urteil vom 18. April 1907 IV 459/06). Das Oberlandesgericht ist indessen der Ansicht, daß die Klägerin einen wichtigen Grund für den Rücktritt gehabt habe, und ein Rechtsirrtum kann auch in dieser Ansicht nicht gefunden werden. Ebensowenig aber ist aus Rechtsgründen die Annahme des Oberlandesgerichts zu beanstanden, daß die Klägerin den Rücktritt vom Verlöbnis dem Beklagten gegenüber erklärt habe und daß diese Erklärung rechtswirksam gewesen sei.

In dieser Beziehung meint zwar die Revision, der Vater der Klägerin, durch den diese nach der Annahme des Oberlandesgerichts ihren Rücktritt vom Verlöbnis dem Beklagten hat erklären lassen, habe bei der ganzen Sache nur als Bote gehandelt, eine eigene Willenserklärung jedoch nicht abgegeben. Damit will sie sich anscheinend gegen die Auffassung des Oberlandesgerichts wenden, daß der Vater der Klägerin nicht nur deren Rücktrittserklärung dem Beklagten überbracht, sondern sich zugleich in seiner Eigenschaft als gesetzlicher Vertreter der minderjährigen Tochter mit der Auflösung des Verlöbnisses einverstanden erklärt habe. Einen Rechtsirrtum läßt aber auch diese Auffassung nicht hervortreten. Das Oberlandesgericht steht übrigens in erster Linie auf dem Standpunkte, daß die Klägerin der Einwilligung ihres gesetzlichen Vertreters zum Rücktritte vom Verlöbnis wegen der höchstpersönlichen Natur des Rücktritts überhaupt nicht bedurft habe, und darin ist ihm beizutreten. Richtig ist freilich (vgl. RGZ. Bd. 61 S. 272 und Jur. Wochenschr. 1906 S. 9 Nr. 3), daß ein Minderjähriger zur Eingehung eines Verlöbnisses nach § 107 BGB. der Einwilligung seines gesetzlichen Vertreters bedarf. Aber daraus folgt nichts für die Auflösung des Verlöbnisses. Da vielmehr die Ehe ohne den persönlichen Willen des in der Geschäftsfähigkeit beschränkten Verlobten nicht geschlossen werden kann und keinerlei Zwang zur Eingehung der Ehe auf ihn ausgeübt werden darf, macht seine Weigerung, die Ehe zu schließen, die Heirat unmöglich. Die Weigerung muß deshalb für sich allein und ohne Rücksicht darauf, ob der gesetzliche Vertreter zustimmt oder nicht, die Wirkung des Rücktritts haben, mag dieser auch, wenn er ohne wichtigen Grund erfolgt, einen Schadensersatzanspruch des andern Teiles auslösen. Die Vorschrift in § 107 ist darum auf den Rücktritt vom Verlöbnis nicht anwendbar. Das ist auch die in Lehre und Rechtsprechung fast ausschließlich vertretene Meinung. Da das Oberlandesgericht ohne Rechtsirrtum eine Erklärung des Rücktritts gegenüber dem Beklagten als vorliegend ansieht, bedarf es keiner Prüfung der Frage, ob der Rücktritt die Erklärung gegenüber dem anderen Teile im Sinne des § 349 BGB. erfordert oder ob und inwieweit das nicht der Fall ist.

Hatte aber die Klägerin durch ihren Rücktritt das Verlöbnis rechtswirksam und aus einem wichtigen Grunde zur Auflösung gebracht und war ihr dadurch der jetzt eingeklagte Anspruch aus § 1300 einmal erwachsen, so kann dem Oberlandesgerichte auch darin nicht aus Rechtsgründen entgegengetreten werden, daß dieser Anspruch durch die vorübergehende Aussöhnung, die es feststellt, nicht beseitigt worden sei (vgl. Warneyer 1914 Nr. 163 und 164 und das Urteil vom 18. April 1907 IV 459/06). Eine Aussöhnung wird zwar in der Regel einen Verzicht auf etwaige durch den Rücktritt zur Entstehung gelangte Schadensersatzansprüche enthalten. Im Streitfalle kann jedoch von einem rechtsgültigen Verzichte schon deshalb keine Rede sein, weil die Klägerin zu einer Aufgabe von Rechten der Zustimmung ihres Vaters als ihres gesetzlichen Vertreters ebenso bedurft hätte wie zur Eingehung eines neuen Verlöbnisses und es an einer solchen Zustimmung fehlt."

RGZ. 149, 143

1. Zum Begriff der Unbescholtenheit i. S. des § 1300 BGB. Welches Verhalten eines Mädchens bedingt ihren Verlust? Inwieweit kommt es darauf an, daß das unsittliche Verhalten Dritten bekannt geworden ist?

2. Zum Begriff der Hinterlist i. S. des § 825 BGB.

BGB. §§ 825, 847 Abs. 2, § 1300.

IV. Zivilsenat. Urt. v. 4. November 1935.

I. Landgericht Leipzig. II. Oberlandesgericht Dresden.

Die Klägerin lernte im Dezember 1933 durch eine Heiratsvermittlerin den Beklagten kennen, der geschieden war und sich wieder verheiraten wollte. Der Beklagte besuchte wiederholt die Eltern der Klägerin, die damals in B. wohnten, und auch die Eltern beider Parteien wurden miteinander bekannt. Seit Ende Januar 1934 kam es zum Geschlechtsverkehr zwischen den Parteien, der nicht ohne Folgen blieb. Die Klägerin gebar im Herbst 1934 ein Kind, dessen Vaterschaft der Beklagte anerkannt hat und für das er an Unterhalt monatlich 30 RM zahlt. Die Klägerin behauptet, dem Beklagten erst auf wiederholte Versprechungen der Eheschließung hin den Beischlaf gestattet zu haben, und verlangt mit der Klage eine Entschädigung aus §§ 1300, 825, 847 Abs. 2 BGB. Der Beklagte bestreitet, daß es zu einem Verlöbnis gekommen sei, hilfsweise unter Hinweis darauf, daß die Klägerin mit einem früheren Verlobten auch schon vor der Verlobung gewisse geschlechtliche Beziehungen unterhalten habe, ihre Unbescholtenheit, und meint schließlich, einen wichtigen Grund zum Rücktritt vom Verlöbnis gehabt zu haben.

Das Landgericht hat dem Antrage der Klägerin im wesentlichen entsprochen, während das Oberlandesgericht nach weiterer Beweiserhebung und persönlicher Anhörung der Parteien die Klage abgewiesen hat.

Die Revision der Klägerin führte zur Aufhebung und Zurückverweisung.

Aus den Gründen:

1. Das Berufungsgericht sieht zugunsten der Klägerin für erwiesen an, daß zwischen den Parteien ein Verlöbnis im Sinne des § 1297 BGB. bestanden hat, gelangt aber zur Abweisung der Klage aus § 1300 BGB., weil die Klägerin wegen der Vertraulichkeiten, die sie ihrem früheren Verlobten, dem Zeugen M., gestattet habe, nicht mehr unbescholten im Sinne der angegebenen Vorschrift gewesen sei, als sie sich dem Beklagten hingab. Dabei legt das Berufungsgericht seiner Entscheidung lediglich diejenigen Tatsachen zugrunde, welche die Klägerin selbst bei ihrer persönlichen Vernehmung vor Gericht vorgetragen hat. Danach ist es, nachdem sich die Klägerin im November 1931 mit M. heimlich verlobt hatte — die öffentliche Verlobung hat am 21. März 1932 stattgefunden —, zwar nicht zum Geschlechtsverkehr, aber doch zu unsittlichen Annäherungen, „kleinen Intimitäten" zwischen den Verlobten gekommen. Das erste Mal habe M. bei einem Besuch im elterlichen Hause im Gastzimmer der Klägerin den Schlüpfer heruntergezogen und sie im Stehen an sich gedrückt; seinen Geschlechtsteil habe er wohl draußen gehabt und damit ihr Bein berührt. Der zweite Vorgang habe sich am Tage der öffentlichen Verlobung zugetragen. Er habe ihr den Schlüpfer heruntergezogen und mit der Hand an den Geschlechtsteil gefaßt. Im dritten Falle habe er sie unten ans Fleisch gefaßt. Möglicherweise habe er seinen Geschlechtsteil herausgenommen gehabt; sie habe sich aber nicht ausgezogen. Schließlich sei es noch Ende Februar 1932 zu folgendem gekommen: Sie habe nach Tisch in ihrem Zimmer geschlafen, da sei er heimlich hereingetreten und habe sie aufgedeckt, ohne daß sie es gewußt habe oder verhindern können. Dabei habe er gesagt, er wolle sie einmal so sehen. Sie habe nur ihre Nachtkleidung angehabt, etwas Geschlechtliches sei hierbei nicht geschehen. Bei jedem dieser Fälle habe M. zu ihr geäußert, unter Verlobten müsse das so sein. In ihren Geschlechtsteil sei er mit seinem Glied niemals eingedrungen.

Die Revision macht mit Recht geltend, daß durch diese Tatsachen die Annahme des Berufungsgerichts, die Klägerin sei bei der Hingabe an den Beklagten nicht mehr unbescholten gewesen, nicht getragen werde. Zutreffend führt das Berufungsgericht zunächst aus, daß die Bescholtenheit in geschlechtlicher Hinsicht nicht notwendig eine freiwillige und bewußte Hingabe zum außerehelichen Beischlafe voraussetze, daß vielmehr daneben und abgesehen hiervon ein sonstiges, in der eigenen sittenlosen Gesinnung des Mädchens wurzelndes unzüchtiges Treiben dazu angetan sein könne, die Annahme geschlechtlicher Bescholtenheit zu begründen. Dem Berufungsgericht kann aber darin nicht beigetreten werden, daß der Klägerin bei Zugrundelegung ihrer eigenen Angaben der Vorwurf eines solchen unzüchtigen Treibens gemacht werden kann. Es führt aus: Die Klägerin habe ihre sittliche Reinheit schon durch die wiederholte geschlechtliche Berührung mit M. eingebüßt, auch wenn es dabei nicht zum Beischlaf gekommen sein sollte. Gerade in den Kreisen, denen die Klägerin anzugehören sich rühme und in denen strenge sittliche Anschauungen zu herrschen pflegten, seien auch schon solche Handlungen, wie sie sie selbst für die Zeit vor der öffentlichen Verlobung mit M. und auch während dieser einräume, sittlich verboten, selbst wenn es richtig sein sollte, daß sie schon seit November 1931 heimlich verlobt gewesen sei. Es könne auch dadurch der begründete Vorwurf der Bescholtenheit nicht von ihr abgewendet werden, daß sie sich mindestens zu Anfang gegen jede unzüchtige Annäherung des M. gesträubt habe und von ihm verführt worden sei. Außer Betracht müsse es bleiben, wenn sich die sittlichen Anschauungen weiter Volkskreise unter den Wirkungen der Nachkriegszeit auf geschlechtlichem Gebiete gelockert haben sollten.

Dabei übersieht das Berufungsgericht, daß, wie in der von ihm angezogenen, zu § 182 StGB. ergangenen Entscheidung RGSt. Bd. 37 S. 94 besonders hervorgehoben ist, nicht jede Herabsetzung des Scham- und Sittlichkeitsgefühls im allgemeinen von Bedeutung ist, sondern vornehmlich die in der Richtung auf geschlechtliche Unberührtheit, und daß das in sittenloser Gesinnung wurzelnde unzüchtige Treiben eine geschlechtliche Verdorbenheit, einen Mangel an Ehrgefühl für die eigene geschlechtliche Reinheit erkennen lassen muß. Es ist eine Ueberspannung des Begriffs der geschlechtlichen Reinheit, wenn das Berufungsgericht meint, daß ein junges, unerfahrenes Mädchen, das dem stürmischen Verlobten in einigen wenigen Fällen bloß unzüchtige Berührungen gestattet, schon dadurch seine geschlechtliche Reinheit verliere. Dabei ist darauf hinzuweisen, daß sogar die Beischlafsvollziehung unter Verlobten in weiten Volkskreisen nicht als anstößig angesehen wird (vgl. die den Fall der Eheanfechtung wegen Irrtums betreffende Entscheidung WarnRspr.

1929 Nr. 77). Daß die Klägerin dadurch, daß sie ihrem damaligen Verlobten die angegebenen unzüchtigen Berührungen gestattete, ein in sittenloser Gesinnung wurzelndes unzüchtiges Treiben und eine geschlechtliche Verdorbenheit an den Tag gelegt hätte, nimmt das Berufungsgericht offensichtlich selbst nicht an.

Begründet ist aber auch ein weiteres von der Revision erhobenes Bedenken. Es liegt bisher kein Anhalt dafür vor, daß von den Vertraulichkeiten, durch die sich die Klägerin freilich eines Verstoßes gegen das strenge Sittengesetz schuldig gemacht hat, irgendeine andere Person als die beiden Beteiligten (bis zur Vernehmung des M.) Kenntnis erhalten hat. Nun setzt allerdings der Begriff der Bescholtenheit nicht notwendig voraus, daß der etwaige unsittliche Lebenswandel der Verlobten in weiteren Kreisen bekannt geworden ist (JW. 1907 S. 480 Nr. 14). Immerhin ist zu fordern nicht bloß, daß die tatsächlichen Grundlagen eines makellosen Rufes infolge geschlechtlicher Verfehlungen erweislich verlorengegangen sind, sondern auch, daß irgendwelche Anhaltspunkte dafür gegeben sind, d a ß a u c h i n d e n A u g e n D r i t t e r die gute Meinung vom sittlichen Wert der Frauensperson Einbuße erlitten hat (Urteile des erkennenden Senats RGZ. Bd. 52 S. 46 und vom 15. März 1906 IV 452/05 in Rhein. A. Bd. 102 II S. 109). Wollte man das Bekanntwerden sittlicher Ausschreitungen der Verlobten überhaupt für unerheblich erklären, so würde man sich von der Wortbedeutung des vom Gesetz bewußt gewählten Ausdrucks „unbescholten" völlig entfernen. Es wird im übrigen wesentlich auf die tatsächlichen Verhältnisse des einzelnen Falls ankommen, inwieweit dem Bekanntwerden der sittlichen Verfehlungen der Verlobten Bedeutung beizumessen ist. Sind wiederholte grobe geschlechtliche Ausschreitungen der Verlobten zumal mit verschiedenen Männern nachgewiesen, so werden sie sich kaum jemals durchweg im Verborgenen abgespielt haben, so daß es eines bestimmten Nachweises, daß unbeteiligte Dritte davon Kenntnis erhalten haben, nicht bedürfen wird. Handelt es sich dagegen um vereinzelte, weniger bedeutende Verirrungen geschlechtlicher Art, ist es insbesondere, wie hier zu unterstellen, nicht zum Geschlechtsverkehr, sondern nur zu unzüchtigen Berührungen zwischen den Verlobten gekommen, so kann jedenfalls die beteiligte Frauensperson lediglich wegen dieses, Dritten überhaupt nicht bekannt gewordenen Verhaltens noch nicht als bescholten angesehen werden. Es darf nicht übersehen werden, daß die Verlobte auf die Eheschließung rechnen durfte und daß, wenn diese Erwartung eingetroffen wäre, ihr niemand den Vorwurf der Bescholtenheit machen könnte.

Damit entfernt sich der erkennende Senat in etwas von dem Standpunkt, den der 4. Strafsenat in dem die Anwendung des § 182 StGB. betreffenden Urteil RGSt. Bd. 37 S. 94 eingenommen hat, sofern nämlich die Ausführungen dieses Urteils dahin zu verstehen sein sollten, daß es auf ein Bekanntwerden der die Geschlechtsehre des Mädchens befleckenden Tatsachen niemals ankommen könne. Im übrigen steht jenes Urteil mit vorstehenden Ausführungen durchaus im Einklang. Das Urteil besagt ausdrücklich, daß sogar der Verlust der Jungfräulichkeit keineswegs ausnahmslos Bescholtenheit zur Folge habe, und weist dabei nicht nur auf Fälle hin, wo die körperliche Unversehrtheit durch Zufall, Krankheit, ärztlichen Eingriff oder Notzucht abhanden gekommen ist, sondern hebt besonders hervor, daß um einer Verführung willen noch nicht unter allen Umständen einem Mädchen die Unbescholtenheit abzusprechen sei . . .

2. Auch gegen die Ausführungen des Berufungsgerichts zu dem Klagegrund aus §§ 825, 847 Abs. 2 BGB. sind rechtliche Bedenken zu erheben. Das Berufungsgericht verkennt nicht, daß die Voraussetzungen der ersten Vorschrift erfüllt sind, wenn der Beklagte gar nicht die ernstliche Absicht gehabt haben sollte, die Klägerin zu heiraten, und ihr diese Absicht nur vorgespiegelt hätte, um sie zum Beischlaf zu veranlassen (RGRKomm.z.BGB. § 825 Anm. 3; dahingestellt gelassen in RGZ. Bd. 105 S. 245 [246]). Das Berufungsgericht meint aber, die Annahme einer solchen Vorspiegelung würde der Feststellung eines „echten" Verlöbnisses widersprechen. Das ist rechtsirrig. Wenn der Beklagte der Klägerin ein Eheversprechen gegeben hat, das diese für ernst gemeint ansehen durfte und angesehen hat, so ist durch Annahme und Erwiderung ein wirksames Verlöbnis zustande gekommen. Auf den geheimen Vorbehalt des Beklagten, das Erklärte nicht zu wollen, würde es nach § 116 BGB. nicht ankommen. Dieser Klagegrund bedarf daher einer erneuten Prüfung von seiten des Tatrichters.

RGZ. 170, 72

1. Gilt der Grundsatz ausnahmslos, daß das Eheversprechen einer verheirateten Person nichtig ist? Unter welchen Voraussetzungen könnte gegebenenfalls eine Ausnahme anerkannt werden?

2. Kann eine Verlobte, die ihrem früheren Ehemanne gegenüber auf Unterhaltsansprüche und auf die Rechtsstellung als Bezugsberechtigte aus dessen Lebensversicherungen verzichtet hatte, deswegen vom anderen Verlobten im Falle seines Rücktritts Schadensersatz nach § 1298 Abs. 1 Satz 2 BGB. verlangen, wenn sie sich des Ehebruchs schuldig gemacht, der frühere Ehemann aber den Ehebruch mangels Kenntnis hiervon im Scheidungsverfahren nicht geltend gemacht hatte?

3. Steht der Anspruch aus § 1300 BGB. auch der unbescholtenen geschiedenen Frau zu?

4. Darf sich der Verlobte gegenüber dem Anspruch aus § 1300 BGB. auf die von ihm selbst verursachte oder mitverursachte Bescholtenheit seiner früheren Braut berufen?

5. Unter welchen Voraussetzungen kann ein stillschweigender Rücktritt vom Verlöbnis angenommen werden?

BGB. § 138 Abs. 1, §§ 1298, 1299, 1300.

IV. Zivilsenat. Urt. v. 4. November 1942.

I. Landgericht Kaiserslautern. II. Oberlandesgericht Zweibrücken.

Im August 1937 lernte die Klägerin, die damals noch mit Dr. Th. H. verheiratet war, den ledigen Beklagten kennen. Die Parteien versprachen sich gegenseitig die Ehe und verkehrten in der Folgezeit auch geschlechtlich miteinander. Im Dezember 1937 reichte die Klägerin die Scheidungsklage gegen ihren Ehemann ein. Unterm 31. Januar 1938 schlossen die Ehegatten einen Vertrag, nach dem die Klägerin auf die Gewährung von Unterhalt verzichtete und sich damit einverstanden erklärte, daß die auf sie lautenden Lebensversicherungen auf die drei gemeinschaftlichen Kinder umgeschrieben wurden. Der Ehemann H. verpflichtete sich, als Unterhalt für die Kinder, die bei der Klägerin bleiben sollten, monatlich 350 RM. zu zahlen. Durch Urteil vom 1. Februar 1938, das infolge Rechtsmittelverzichts sofort rechtskräftig wurde, wurde die Ehe aus alleinigem Verschulden des Ehemannes H. geschieden. Der Beklagte, der ein Liebesverhältnis mit seiner Haushälterin Frau B. unterhalten hatte, entließ diese, nachdem er die Klägerin kennengelernt hatte, aus seinem Dienst, stellte sie aber im Sommer 1938 wieder ein. Auf Vorstellungen der Klägerin entfernte er sie wieder aus seinem Haushalt, brachte sie aber ohne Wissen der Klägerin in seinem Jagdhaus unter. Die Eheschließung zwischen den Parteien ist nicht zustande gekommen.

Die Klägerin behauptet, der Beklagte habe bei Gelegenheit einer Auseinandersetzung im Juni 1939 das Verlöbnis grundlos gelöst. Er hafte ihr daher für den Schaden, den sie durch die im Vertrage vom 31. Januar 1938 getroffenen vermögensrechtlichen Maßnahmen erlitten habe. Ferner stehe ihr, da sie unbescholten gewesen sei, der Anspruch aus § 1300 BGB. zu, der nach den Vermögens- und Standesverhältnissen der Parteien auf mindestens 10 000 RM. zu beziffern sei. Der Beklagte hafte ihr auch aus § 826 BGB., da er sie zur Scheidung gedrängt und den Unterhaltsverzicht von ihr verlangt, aber nie daran gedacht habe, sie zu heiraten. Die Klägerin beantragt daher, den Beklagten zu verurteilen, daß er ihr

1. einen nach billigem Ermessen des Gerichts zu bemessenden Betrag in Form einer Abfindung oder einer laufenden Rentenzahlung nebst 4 v. H. Zinsen als Ersatz ihres Vermögensschadens,

2. einen nach billigem Ermessen des Gerichts zu bemessenden Betrag nebst 4 v. H. Zinsen als Ersatz ihres nicht vermögensrechtlichen Schadens zahle.

Der Beklagte beantragt, die Klage abzuweisen. Er bestreitet, das Verlöbnis gelöst zu haben. Die Lösung sei vielmehr durch die Klägerin, und zwar bereits im August 1938, geschehen. Bei der Auseinandersetzung, die damals wegen des Aufenthaltes der Frau B. in seinem Jagdhause zwischen den Parteien stattgefunden habe, sei er bereit gewesen, Frau B. von dort zu entfernen, habe aber geäußert, er bedürfe dazu einer gewissen Zeit, da er die Frau nicht auf die Straße setzen könne. Darauf habe die Klägerin erklärt, dann seien sie also fertig miteinander, zwischen ihnen sei es dann aus. Wolle man aber annehmen, daß er im Juni 1939, als er der Klägerin die Tür gewiesen habe, das Verlöbnis gelöst habe, so habe er hierfür wichtige Gründe gehabt. Sie habe während des Ehescheidungsverfahrens, als sie befürchtet habe, ihr Ehemann könne von ihrem Ehebruch erfahren, von ihm — dem Beklagten — verlangt, er dürfe sie nicht bloßstellen. Ferner habe sie ihm zweimal eine Schwangerschaft vorgetäuscht und beim zweiten Male sogar Beihilfe zur Abtreibung verlangt. Bei der Auseinandersetzung im Juni 1939 habe sie versucht, Geld von ihm zu erpressen. Im übrigen sei das Verlöbnis, da die Klägerin zur Zeit seines Abschlusses noch verheiratet gewesen sei, nichtig gewesen, so daß sie keine Ansprüche aus ihm herleiten könne. Ihrem Entschädigungsanspruch wegen des Verzichts auf den Unterhalt stehe auch entgegen, daß sie in Wirklichkeit keinen Unterhaltsanspruch gegen ihren Ehemann gehabt habe, da die Ehe wegen ihres Ehebruchs mit dem Beklagten aus beiderseitigem Verschulden der Ehegatten zu scheiden gewesen und geschieden worden wäre, wenn ihr Ehemann von dem Ehebruch Kenntnis gehabt hätte. Wegen ihres ehebrecherischen Verhältnisses mit ihm (dem Beklagten) sei die Klägerin nicht mehr unbescholten gewesen. Daß er keine ernstlichen Heiratsabsichten gehabt habe, treffe nicht zu.

Die Klägerin hat demgegenüber noch geltend gemacht, daß ihr auf jeden Fall ein wichtiger Grund zur Auflösung des Verlöbnisses zur Seite gestanden haben würde, da der Beklagte sein Verhältnis zu Frau B. fortgesetzt habe. Dies bestreitet der Beklagte.

Das Landgericht hat die Ansprüche der Klägerin dem Grunde nach für gerechtfertigt erklärt. Die Berufung des Beklagten hatte nur insoweit Erfolg, als das Oberlandesgericht die Klägerin mit ihren Ansprüchen auf Ersatz des vermögensrechtlichen Schadens abgewiesen hat. Die gegen dieses Urteil von beiden Parteien eingelegten Revisionen wurden zurückgewiesen aus folgenden

Gründen:

I. Zur Revision der Klägerin.

Die Klägerin verfolgt mit ihrem Rechtsmittel ihren auf § 1298, hilfsweise auf § 1299 BGB. gestützten Anspruch auf Ersatz des Schadens weiter, den sie durch die im Vertrage mit ihrem früheren Ehemanne vom 31. Januar 1938 in Erwartung der Ehe mit dem Beklagten getroffenen vermögensrechtlichen Maßnahmen erlitten haben will. Daß diese Maßnahmen, insbesondere auch der Unterhaltsverzicht, an sich unter § 1298 Abs. 1 Satz 2 BGB. fallen, nimmt das Berufungsgericht rechtlich bedenkenfrei an (vgl. RGZ. Bd. 163 S. 280 [287]). Es hat jedoch den auf Ersatz des vermögensrechtlichen Schadens gerichteten Anspruch der Klägerin deshalb für unbegründet erklärt, weil er voraussetze, daß zur Zeit der Aufwendungen oder Maßnahmen bereits ein rechtswirksames Verlöbnis bestanden habe. Ein solches habe aber wenigstens bis zur rechtskräftigen Scheidung der Ehe der Klägerin nicht vorgelegen. Ein Eheversprechen sei, wenn einer der Beteiligten in gültiger Ehe lebe, grundsätzlich nichtig. Es seien auch keine besonderen Umstände gegeben, die im vorliegenden Fall ausnahmsweise eine andere Auffassung rechtfertigen könnten.

Die Angriffe, welche die Revision der Klägerin gegen diese Stellungnahme des Berufungsgerichts richtet, können keinen Erfolg haben. Davon, daß das Eheversprechen grundsätzlich nichtig ist, wenn einer der Beteiligten in gültiger Ehe lebt, geht auch die Revision aus. Sie meint aber, daß es im vorliegenden Falle durch besondere Umstände gerechtfertigt sei, eine Ausnahme von diesem Grundsatz anzuerkennen. In dem von ihr angeführten Urteil IV 442/22 des erkennenden Senats vom 5. Dezember 1923 in SeuffArch. Bd. 78 S. 315 ist die Frage offengelassen worden, ob der Grundsatz, daß das Eheversprechen einer verheirateten Person in Anbetracht des Wesens der Ehe als einer dauernden Lebensgemeinschaft zwischen den Ehegatten sittenwidrig und daher nach § 138 Abs. 1 BGB. nichtig sei, ausnahmslos gelte oder ob besondere Umstände des Einzelfalles eine andere Auffassung rechtfertigen könnten; denn das Vorliegen solcher besonderen Umstände war in jenem Falle nicht dargetan worden. Wie die Ausführungen des Urteils ergeben, würde die Anerkennung eines Ausnahmefalles in erster Linie voraussetzen, daß dem Ehegatten, der während des Bestehens seiner Ehe ein Verlöbnis eingeht, ein Scheidungsgrund zur Seite stand, weiter aber auch, daß er zur Zeit des Verlöbnisses bereits die Scheidung seiner Ehe betrieben hatte. Daß der Klägerin ein Scheidungsgrund zur Seite stand, nimmt das Berufungsgericht an. Hingegen fehlt es nach seiner Ansicht an der weiteren Voraussetzung, daß die Klägerin zur Zeit des

Verlöbnisses bereits die Scheidung ihrer Ehe betrieben habe. Das trifft zu, da das Verlöbnis bereits im August oder September 1937 geschlossen, ihr Anwalt mit der Erhebung der Scheidungsklage erst durch Schreiben vom 3. Oktober 1937 beauftragt und diese selbst erst am 8. Dezember 1937 eingereicht worden ist. Darüber hinaus stellt das Berufungsgericht fest, daß selbst der Entschluß der Klägerin, sich von ihrem Ehemanne scheiden zu lassen, erst durch das Verlöbnis mit dem Beklagten und das daraufhin angeknüpfte ehebrecherische Verhältnis hervorgerufen worden ist. Es läßt sich rechtlich nicht beanstanden, wenn das Berufungsgericht bei dieser Sachlage das Vorliegen besonderer Gründe verneint, die eine Ausnahme von dem Grundsatze der Nichtigkeit des Verlöbnisses einer verheirateten Person rechtfertigen könnten; es kann deshalb auch hier dahingestellt bleiben, ob solche Ausnahmefälle überhaupt anerkannt werden können. Die von der Revision der Klägerin angestellten Erwägungen können ihrem Standpunkt nicht zum Erfolg verhelfen. Sie verweist auf die Vorschrift des § 56 EheG., in der ausgesprochen sei, daß der Eheteil, der durch eigene schwere Schuld die Ehe zerstört und selbst kein Gefühl der Verbundenheit mehr für den anderen habe, auch nicht mehr den Anspruch auf restlose Ergebenheit des von ihm schwer gekränkten Gatten erheben könne; sehe das Gesetz unter solchen Umständen eine schwere Verletzung der Treupflicht nicht mehr als gegeben an, so könne auch vom sittlichen Standpunkt aus in einem Versprechen, in Zukunft einem anderen Mann angehören zu wollen, keine schlechthin verwerfliche Handlung gefunden werden. Abgesehen davon, daß die Vorschrift des § 56 EheG. zu der hier in Betracht kommenden Zeit noch nicht in Geltung war, müssen diese Erwägungen der Revision schon daran scheitern, daß nichts dafür vorliegt, den damaligen Ehemann der Klägerin würde das von ihr während des Bestehens ihrer Ehe eingegangene Verlöbnis und das sich daran anschließende ehebrecherische Verhältnis, hätte er davon Kenntnis gehabt, völlig unberührt gelassen haben. Der Umstand, daß der Ehemann der Klägerin selbst sich schwerer Verstöße gegen die eheliche Treupflicht schuldig gemacht hatte, befreite die Klägerin nicht von den ihr durch die Ehe auferlegten Bindungen und ändert daher auch nichts an der sittlichen Wertung ihres Verhaltens.

In zweiter Reihe bekämpft die Revision der Klägerin die Rechtsauffassung des Berufungsgerichts, daß nach § 1298 BGB. nur wegen solcher Aufwendungen und Maßnahmen Ersatz verlangt werden könne, die der Eingehung des — rechtswirksamen — Verlöbnisses nachgefolgt seien. Es kann sich allerdings fragen, ob Aufwendungen und Maßnahmen „in Erwartung der Ehe", wie sie § 1298 BGB. voraussetzt, nicht auch dann vorliegen, wenn das Eheversprechen zwar zu der Zeit, als die Aufwendungen gemacht oder die Maßnahmen getroffen wurden, nichtig war, wenn aber später das Verlöbnis rechtswirksam zustande gekommen ist, zumal dann, wenn die den Verlobten schädigenden Handlungen im Einverständnis mit dem anderen Verlobten vorgenommen worden waren. Jedoch braucht hierzu nicht Stellung genommen zu werden; denn der Klägerin ist durch die von ihr im Vertrage vom 31. Jauar 1938 getroffenen vermögensrechtlichen Maßnahmen in Wirklichkeit kein Schaden entstanden, den sie vom Beklagten ersetzt verlangen könnte. Da sie Ehebruch begangen hatte, hätte ihr nach den damals noch in Geltung gewesenen §§ 1574, 1578 BGB. kein Unterhaltsanspruch gegen ihren früheren Ehemann zugestanden. Der von ihr ausgesprochene Unterhaltsverzicht entsprach also nur der damaligen Rechtslage, an der auch das Inkrafttreten des Ehegesetzes nichts geändert haben würde (vgl. § 96 Satz 2). Wenn auch ihr früherer Ehemann den Ehebruch nicht durch Erhebung einer Widerklage oder Stellung eines Mitschuldantrags im Scheidungsstreit geltend gemacht hatte, weil er ja von ihm keine Kenntnis hatte, so kann sich doch die Klägerin hierauf nicht dem Beklagten gegenüber zur Begründung eines Schadensersatzanspruchs berufen. Dieser hält ihr vielmehr mit Recht entgegen, daß sie bei Zugrundelegung der wahren Rechtslage ohnehin keinen Unterhaltsanspruch gegen ihren früheren Ehemann gehabt hätte. Ebensowenig ist ihr durch den Verzicht auf ihre Rechtsstellung als Bezugsberechtigte aus den Lebensversicherungen ihres früheren Ehemannes ein Schaden entstanden, dessen Ersatz sie vom Beklagten verlangen könnte; denn ihre Bezugsberechtigung hätte mit der Scheidung der Ehe von selbst ein Ende gefunden (vgl. Prölß Versicherungsvertragsgesetz, 3. Aufl., Bem. 4 zu § 167 und die dort angeführte Rechtsprechung; Pfeiffer Juristische Rundschau für die Privat-Versicherung 1933 S. 344 [345]; Hagemann daselbst 1935 S. 89).

Soweit die Klägerin ihre Ansprüche auf unerlaubte Handlung gestützt hat, erklärt das Berufungsgericht sie mangels Nachweises der erforderlichen tatsächlichen Voraussetzungen für unbegründet. Die Revision der Klägerin erhebt insoweit gegen das Berufungsurteil keine Angriffe. Ein Rechtsirrtum ist in diesen Ausführungen des Berufungsgerichts auch nicht erkennbar.

II. Zur Revision des Beklagten.

Der Beklagte erstrebt mit seinem Rechtsmittel die Abweisung der Klage auch insoweit, als sie auf § 1300 BGB. gestützt ist. Diese Vorschrift setzt in erster Linie voraus, daß eine unbescholtene Verlobte ihrem Verlobten die Beiwohnung gestattet hat. Unbescholtenheit ist nicht gleichbedeutend mit Jungfräulichkeit; vielmehr ist unter Unbescholtenheit die Unversehrtheit der Geschlechtsehre zu verstehen (RGRKomm. z. BGB. Bem. 2 Abs. 1 zu § 1300 mit Nachweisen). Der Anspruch aus § 1300 BGB. steht daher auch der unbescholtenen geschiedenen Frau zu, wie bereits in der auf Grund des Gemeinen Rechts ergangenen Entscheidung RGZ. Bd. 29 S. 97 (99) ausgesprochen worden ist und von der Revision des Beklagten auch nicht in Zweifel gezogen wird. Unstreitig hat sich die Klägerin dem Beklagten sowohl vor der Scheidung ihrer Ehe als auch nachher geschlechtlich hingegeben. Da § 1300 BGB. das Bestehen eines wirksamen Verlöbnisses zur Zeit der Beiwohnung voraussetzt, die Klägerin aber dem Beklagten die Beiwohnung bereits vorher gestattet hatte, hält das Berufungsgericht sie nicht mehr für unbescholten im Sinne des Gesetzes. Es ist aber der Auffassung, daß sich der Beklagte nicht auf die von ihm selbst durch seinen Geschlechtsverkehr mit der Klägerin herbeigeführte Bescholtenheit berufen könne. Diese Auffassung wird von der Revision des Beklagten ohne Erfolg bekämpft. Es steht mit der Rechtsprechung des Reichsgerichts in Einklang, daß der Verlobte die von ihm selbst verursachte oder doch mitverursachte Bescholtenheit seiner früheren Braut gegenüber dem Anspruch aus § 1300 BGB. nicht geltend machen darf (RGZ. Bd. 52 S. 46 [48], Bd. 98 S. 13; JW. 1905 S. 288 Nr. 12, 1910 S. 942 Nr. 19; Gruch. Bd. 64 S. 351; vgl. auch RGZ. Bd. 149 S. 143 flg.). Von dieser Rechtsprechung abzugehen, besteht kein Anlaß. Der Revision des Beklagten kann auch nicht zugegeben werden, daß der vorliegende Fall eine abweichende Beurteilung erfordere. Sie verweist darauf, daß die Klägerin als verheiratete Frau und Mutter von drei Kindern mit dem Beklagten ein den Tatbestand des dauernden, fortgesetzten Ehebruchs erfüllendes Geschlechtsverhältnis gepflegt, mit ihm auch längere Zeit die Wohnung geteilt und sich mit ihm unbekümmert um ihre Ehe verlobt habe; durch dieses Verhalten, nicht durch das Verhalten und die Ueberredungskünste des Beklagten, sei ihre Geschlechtsehre versehrt worden. Diese Tatsachen ergeben allerdings, daß die Geschlechtsehre der Klägerin schon vor dem Bestehen eines wirksamen Verlöbnisses mit dem Beklagten in den Augen Dritter Einbuße erlitten hatte, daß die Klägerin also zu der Zeit, als sie dem Beklagten nach Eingehung eines wirksamen Verlöbnisses die Beiwohnung gestattete, nicht mehr unbescholten war. Das nimmt aber auch das Berufungsgericht an. Hier handelt es sich nur darum, ob der Beklagte die Bescholtenheit der Klägerin zur Abwehr des Anspruchs aus § 1300 BGB. geltend machen kann. Wenn das Berufungsgericht dies verneint hat, so kann dies deshalb nicht als rechtsirrig angesehen werden, weil der Beklagte durch sein eigenes Verhalten — die Anknüpfung ehebrecherischer Beziehungen zur Klägerin, ihre Aufnahme in seine Wohnung sowie seine Verlobung mit ihr — ihre Bescholtenheit in jedem Falle mitverursacht hat.

Der Anspruch aus § 1300 BGB. setzt weiter voraus, daß der Beklagte entweder vom Verlöbnis zurückgetreten ist oder durch sein Verschulden den Rücktritt der Klägerin veranlaßt hat. Die Behauptung des Beklagten, die Klägerin sei im August 1938 im Laufe der Auseinandersetzung wegen Frau B. vom Verlöbnis zurückgetreten, hält das Berufungsgericht nicht für erwiesen. Es stellt aber fest, daß der Beklagte der Klägerin in der Zeit vom August bis Oktober 1938 außer einem kurzen Kartenbrief mit einem Gruß nicht mehr geschrieben, sie von da an bis zum März 1939, selbst ihren Geburtstag mit Stillschweigen übergehend, ohne Nachricht gelassen und sie, als sie ihn dann fernmündlich angerufen habe, ins Kaffeehaus K. bestellt habe. Durch dieses Verhalten habe der Beklagte, wie das Berufungsgericht ausführt, deutlich zu erkennen gegeben, daß er an eine Ehe mit der Klägerin nicht mehr denke. Dieser Einstellung habe er weiter in seinem Briefe vom 19. Mai 1939 Ausdruck verliehen, worin er geschrieben habe, nunmehr sei wohl auch die Klägerin der Ueberzeugung, daß sie nicht zueinander paßten. Auch die Klägerin habe bei jener Unterredung zu erkennen gegeben, daß sie das Verlöbnis als aufgelöst betrachte. Das Berufungsgericht ist hiernach der Ueberzeugung, daß das Verlöbnis zur Zeit der Unterredung im März 1939 bereits gelöst war und von beiden Parteien als gelöst betrachtet wurde, meint aber, es könne nicht festgestellt werden, von wem die Lösung ausgegangen sei, und läßt dies dahingestellt. Sei nämlich das Verlöbnis durch den Beklagten gelöst worden, so müsse dieser, um die Ersatzansprüche der Klägerin abzuwenden, beweisen, daß ihm hierfür ein wichtiger Grund zur Seite gestanden habe. Diesen Beweis habe er nicht erbracht. Sei aber die Klägerin selbst vom Verlöbnis zurückgetreten, so liege ein ihren Rücktritt rechtfertigendes Verschulden des Beklagten darin, daß er trotz des Verlöbnisses die Beziehungen zu Frau B. fortgesetzt habe, indem er sie im Juni 1938 unter Geheimhaltung vor der Klägerin wieder als Haushälterin in seine Wohnung aufgenommen, sie etwa im August desselben Jahres, ebenfalls unter Geheimhaltung vor der Klägerin, in seinem Jagdhaus untergebracht, dort häufig besucht und mit ihr Zärtlichkeiten ausgetauscht habe.

Die Revision des Beklagten bezeichnet diese wahldeutigen Annahmen des Berufungsgerichts als mit dem Vorbringen beider Parteien in Widerspruch stehend. Nach ihrer Ansicht hätte das Berufungsgericht untersuchen müssen, ob die Behauptung der Klägerin, der Beklagte sei im Juni 1939 vom Verlöbnis zurückgetreten, bewiesen sei oder nicht. Da das Berufungsgericht dies nicht getan habe, sei von der Darstellung des Beklagten auszugehen, daß die Klägerin selbst zurückgetreten sei. Wenn die Klägerin selbst aber gar nicht behaupte, das Verlöbnis aufgehoben zu haben, sondern geltend mache, daß der Beklagte zurückgetreten sei, so könne die Frage aus § 1299 BGB. überhaupt nicht gestellt, keinesfalls das Urteil hierauf abgestellt werden. Diese Bemängelung der Revision ist nicht begründet. Die Klägerin war verfahrensrechtlich nicht gehindert, ihren Anspruch in erster Linie auf § 1298 und hilfsweise auf § 1299, je in Verbindung mit § 1300 BGB. zu stützen. Das hat sie getan. Ein Verstoß gegen § 128 ZPO. liegt daher nicht vor. Es trifft auch nicht zu, daß das Berufungsurteil keine Stellung zu dem Vorbringen der Klägerin genommen habe, der Beklagte sei im Juni 1939 vom Verlöbnis zurückgetreten. Dieses Vorbringen ist im Berufungsurteil vielmehr dahin beschieden, daß damals das Verlöbnis — gleichviel von welcher der Parteien — bereits gelöst war. Nicht ohne Grund macht die Revision hingegen geltend, es fehle im Berufungsurteil an einer Feststellung, ob das Verlöbnis zu der Zeit noch bestand, als der Beklagte wieder mit Frau B. in Verbindung trat. Dieser Mangel nötigt jedoch nicht zur Aufhebung des angefochtenen Urteils; denn die von ihm getroffenen Feststellungen ergeben, daß das Verlöbnis nur vom Beklagten gelöst worden sein kann und in der Tat auch nur von ihm gelöst worden ist. Die — vom Berufungsgericht nicht besonders erörterte — Möglichkeit einer vertragsmäßigen Aufhebung des Verlöbnisses kommt nach dem beiderseitigen Parteivortrage nicht in Betracht. Die Behauptung des Beklagten, die Klägerin sei im August 1938 einseitig vom Verlöbnis zurückgetreten, ist unbewiesen geblieben. Weitere Behauptungen in dieser Richtung hatte der Beklagte nicht aufgestellt. Es bleibt daher nur die Möglichkeit der Auflösung des Verlöbnisses durch einseitigen Rücktritt der Beklagten. Der Rücktritt muß nicht ausdrücklich, sondern kann auch stillschweigend geschehen. Es genügt ein Verhalten des Verlobten, aus dem der andere Verlobte zu erkennen vermag, daß jener an dem Willen, mit ihm die Ehe einzugehen, nicht mehr festhält. Ein solches Verhalten hat der Beklagte nach den oben wiedergegebenen Feststellungen des Berufungsgerichts der Klägerin gegenüber an den Tag gelegt. Das Berufungsgericht selbst würdigt dieses Verhalten des Beklagten dahin, er habe damit deutlich zu erkennen gegeben, daß er an eine Ehe mit der Klägerin nicht mehr denke. Wenn es gleichwohl in diesem Verhalten keinen einseitigen Rücktritt des Beklagten erblicken will, so beruht dies ersichtlich auf Ueberspannung der an eine stillschweigende Willenserklärung zu stellenden Anforderungen.

Da der Beklagte nicht bewiesen hat, daß ihm ein wichtiger Grund für den Rücktritt zur Seite gestanden habe, so ist der Anspruch der Klägerin nach § 1300 in Verbindung mit § 1298 BGB. begründet.

Die Revision des Beklagten macht noch geltend, daß ihm gegenüber diesem Anspruch der Einwand der unzulässigen Rechtsausübung zustehe, weil die Klägerin, wie von ihm behauptet worden war, im Oktober 1938 sich einige Tage bei ihrem geschiedenen Ehemann aufgehalten, im Jahre 1940 ein geschlechtliches Verhältnis mit J. H. gehabt habe und seit 1941 wieder mit ihrem geschiedenen Ehemanne zusammenlebe. Nach ihrer Ansicht sind diese Vorgänge auch für die Frage der Bescholtenheit der Klägerin von Bedeutung. Dem kann nicht gefolgt werden. Soweit die Vorgänge in die Zeit nach der Auflösung des Verlöbnisses fallen, sind sie grundsätzlich unbeachtlich. Ob Fälle denkbar sind, in denen mit Rücksicht auf ein besonders verwerfliches Verhalten der ehemaligen Verlobten die Geltendmachung des Anspruchs dem gesunden Volksempfinden gröblich widersprechen und unter diesem Gesichtspunkt eine Verwirkung des Anspruchs platzgreifen würde, kann offenbleiben; denn von derartigen, eine solche Verwirkung etwa rechtfertigenden Umständen kann hier keinesfalls die Rede sein. Die Tatsache, daß sich die Klägerin im Oktober 1938 einige Tage bei ihrem geschiedenen Ehemann aufgehalten hat, könnte vom Beklagten höchstens als wichtiger Grund für seinen Rücktritt (§ 1298 Abs. 3 BGB.) geltend gemacht werden. Sie reicht aber mangels näherer Darlegungen hierfür nicht aus. Für die Frage der Bescholtenheit der Klägerin sind alle diese Vorgänge ohne Bedeutung, da für diese Beurteilung nur der Zeitpunkt der Beiwohnung des Beklagten maßgebend ist.

Nach alledem ist sowohl die Revision der Klägerin als auch die des Beklagten zurückzuweisen.

Nichtigkeit und Aufhebung der Ehe

RGZ. 74, 110

Nichtigkeit der Eheschließung wegen vorübergehender Störung der Geistestätigkeit.

BGB. §§ 1325*), 105.

IV. Zivilsenat. Urt. v. 7. Juli 1910.

I. Landgericht Gera. II. Oberlandesgericht Jena.

Der Kläger hatte im Mai 1906 mit der Beklagten die Ehe geschlossen. Im Januar 1907 erhob er die Nichtigkeitsklage. Die Klage wurde abgewiesen. Die Revision blieb erfolglos.

Aus den Gründen:

„Nach § 1325 Abs. 1 BGB. ist eine Ehe nichtig, wenn einer der Ehegatten zur Zeit der Eheschließung geschäftsunfähig war oder

*) Jetzt § 18 d. EheG. v. 20. 2. 46.

sich im Zustande der Bewußtlosigkeit oder vorübergehender Störung der Geistestätigkeit befand. Von den Fällen der Geschäftsunfähigkeit kam für die Klage der in § 104 Nr. 2 bezeichnete in Betracht. Schon in der ersten Instanz hatte der Kläger ferner geltend gemacht, er habe sich im Zeitpunkte der Eheschließung in einem Zustande vorübergehender Störung der Geistestätigkeit befunden. Die Ehe der Parteien war mithin nichtig zu erklären,

1. wenn sich der Kläger zur Zeit der Eheschließung in einem die freie Willensbestimmung ausschließenden Zustande krankhafter Störung der Geistestätigkeit befand, der seiner Natur nach kein vorübergehender war (§ 104 Nr. 2), oder
2. wenn sich der Kläger zur Zeit der Eheschließung im Zustande vorübergehender Störung der Geistestätigkeit befand (§ 1325 Abs. 1).

Wäre die Fassung des Gesetzes genau, so müßte nach diesen Bestimmungen der Nachweis, daß sich einer der Ehegatten zur Zeit der Eheschließung in einem Zustande der Störung der Geistestätigkeit befunden habe, zur Nichtigerklärung der Ehe genügen, falls die Störung der Geistestätigkeit vorübergehend war; dagegen müßte, wenn die Störung krankhaft und der Zustand kein vorübergehender war, der Zustand ein die freie Willensbestimmung ausschließender gewesen sein. Daß dies nicht der Sinn des Gesetzes sein kann, unterliegt keinem Zweifel. Die vorübergehende Störung der Geistestätigkeit ist der leichtere geistige Mangel; es ist undenkbar, daß, wenn der Zustand der Störung der Geistestätigkeit seiner Natur nach dauernd, die Störung der Geistestätigkeit krankhaft ist, das Erfordernis des Ausschlusses der freien Willensbestimmung hinzutreten müßte, dieses Moment dagegen fehlen dürfte, wenn die Störung nicht dauernd ist. Vielmehr ist anzunehmen, daß in jedem der beiden Fälle der Zustand ein die freie Willensbestimmung ausschließender sein muß.

Daß dies der Sinn des Gesetzes ist, ergibt sich auch, wenn die §§ 6, 104, 105, 827 BGB. beigezogen werden und geprüft wird, wie diese Vorschriften entstanden sind. Der erste Entwurf hatte die Bestimmungen darauf abgestellt, ob eine Person „des Vernunftgebrauchs beraubt" sei. Eine Person, die des Vernunftgebrauchs beraubt sei, sollte wegen Geisteskrankheit zu entmündigen sein (Entwurf I § 28 Abs. 1); für die Dauer des Zustandes oder, wenn entmündigt, für die Dauer der Entmündigung sollte sie geschäftsunfähig sein (Entwurf I § 64 Abs. 2). Willenserklärungen geschäftsunfähiger Personen sollten nichtig sein (Entwurf I § 64 Abs. 3). Ebenso sollte die Ehe nichtig sein, wenn einer der Eheschließenden zur Zeit der Eheschließung geschäftsunfähig gewesen sei (Entwurf I § 1250 Nr. 2);

für Schaden, den eine Person, während sie des Vernunftgebrauchs beraubt gewesen sei, zugefügt habe, sollte sie nicht verantwortlich sein (Entwurf I § 708). Dem Verlangen medizinischer Kreise nachgebend (Kom.-Prot. 1 S. 32) beseitigte die Kommission für die zweite Lesung den Ausdruck „des Vernunftgebrauchs beraubt sein". Die Zulässigkeit der Entmündigung wurde davon abhängig gemacht, ob jemand infolge eines geistigen Mangels, Geisteskrankheit oder Geistesschwäche, seine Angelegenheiten nicht zu besorgen vermöge. Die Unterscheidung zwischen Geisteskrankheit und Geistesschwäche wurde gemacht, weil es Zustände der geistigen Unvollkommenheit gebe, die nach der gewöhnlichen Auffassung — im Gegensatze zu der psychiatrischen — nicht unter den Begriff der Geisteskrankheit fielen, trotzdem aber dem Geistesschwachen die Besorgung seiner *Angelegenheiten unmöglich machten (Kom.-Prot. 6 S. 121).* Für die Vorschriften über die Geschäftsunfähigkeit hielt die Kommission eine an den § 51 StrGB. sich anschließende Fassung für angemessen. In § 78 Nr. 2 des Entwurfs II sollte deshalb bestimmt werden, daß geschäftsunfähig sei, wer sich in einem Zustande krankhafter Störung der Geistestätigkeit befinde, durch den seine freie Willensbestimmung ausgeschlossen werde, in § 79 Abs. 1: „Die Willenserklärung eines Geschäftsunfähigen ist nichtig", in Abs. 2: „Nichtig ist auch die Willenserklärung, welche in einem die freie Willensbestimmung ausschließenden Zustande von Bewußtlosigkeit abgegeben wird". Wohl in der Annahme, daß im Zustande der Bewußtlosigkeit die freie Willensbestimmung immer ausgeschlossen sei, änderte die Redaktionskommission den § 79 Abs. 2 dahin: „Nichtig ist auch eine Willenserklärung, die im Zustande der Bewußtlosigkeit abgegeben wird". Bei der Beratung über § 66 des Entwurfs I (Vornahme eines Rechtsgeschäfts gegenüber einer geschäftsunfähigen Person) erschien es erforderlich, daß man diejenigen Personen, die nur gerade im Zeitpunkte der Willenserklärung nicht fähig seien, eine Willenserklärung abzugeben und entgegenzunehmen, nicht als geschäftsunfähig bezeichne. Die Redaktionskommission wurde beauftragt, dem § 64 Entwurf I (§ 78 Entwurf II) eine damit übereinstimmende Fassung zu geben (Kom.-Prot. 1 S. 72). Bei der Beratung des § 1704 Entwurf I (Kom.-Prot. 4 S. 828) wurde der Antrag gestellt, in § 78 Entwurf II Nr. 2 zu streichen und den Abs. 2 des § 79 Entwurf II zu fassen: „Nichtig ist auch eine Willenserklärung, die im Zustande der Bewußtlosigkeit oder in einem Zustande krankhafter Störung der Geistestätigkeit, so daß die freie Willensbestimmung ausgeschlossen ist, abgegeben wird." Der Antrag wurde bis zur Revisionsberatung zurückgestellt. Bei der Revisionsberatung (Kom.-Prot. 6 S. 120) wurde folgender Antrag angenommen: a) der Nr. 2 des § 78 die Worte beizufügen: „sofern nicht der Zustand ein seiner Natur nach nur vorübergehender ist", b) in § 79 Abs. 2 hinter dem Worte „Bewußtlosigkeit" einzuschalten: „oder vorübergehender Störung der Geistestätigkeit". Den Antrag betrachtete man als redaktionell. Die Kommission erwog (Kom.-Prot. 6 S. 121), es entspreche dem Sinne der bei der zweiten Lesung gefaßten Beschlüsse, daß Zustände, welche die freie Willensbestimmung ausschließen, die aber ihrer Natur nach vorübergehend sind, die Geschäftsunfähigkeit nicht zur Folge haben sollten, obwohl eine in einem solchen vorübergehenden Zustande abgegebene Willenserklärung nichtig sei.

Aus diesen Verhandlungen der Kommission ergibt sich, daß man unter dem Zustande vorübergehender Störung der Geistestätigkeit im Sinne des § 79 Abs. 2 Entwurf II (§ 105 Abs. 2 BGB.) einen die freie Willensbestimmung ausschließenden Zustand vorübergehender Störung der Geistestätigkeit verstand.

In Uebereinstimmung mit § 79 Abs. 2 Entwurf II in seiner ursprünglichen Fassung wurde bei der Beratung des § 1250 Entwurf I (Kom.-Prot. 4 S. 53) der Antrag gestellt, die Bestimmung über die Nichtigkeit der Eheschließung zu fassen: „Eine Ehe ist nichtig, wenn einer der Ehegatten zur Zeit der Eheschließung geschäftsunfähig war oder sich in einem die freie Willensbestimmung ausschließenden Zustande von Bewußtlosigkeit befunden hat." Die Kommission war (Kom.-Prot. 4 S. 57) der Ansicht, daß der Zusatz sachlich zu billigen sei, daß man aber der Redaktionskommission die Prüfung zu überlassen habe, ob nicht der Zusatz an dieser und an anderen Stellen zu streichen sei. Als § 1231 Abs. 1 Entwurf II erhielt die Bestimmung die Fassung: „Eine Ehe ist nichtig, wenn einer der Ehegatten zur Zeit der Eheschließung geschäftsunfähig war oder sich im Zustande der Bewußtlosigkeit befand." Nachdem § 79 Abs. 2 Entwurf II (revidiert § 101 Abs. 2) seine endgültige Fassung erhalten hatte, wurde (Kom.-Prot. 6 S. 269) „in Gemäßheit des zu § 79 gefaßten Beschlusses" dem Antrage zugestimmt, § 1231 Abs. 1 Entwurf II zu fassen: „. . . oder sich im Zustande der Bewußtlosigkeit oder vorübergehender Störung der Geistestätigkeit befand."

Die Vorschrift des § 708 Entwurf I, wonach eine Person nicht verantwortlich sein sollte, wenn sie, während sie des Vernunftgebrauchs beraubt sei, einem anderen einen Schaden zugefügt habe, wurde nach dem Vorgange der zu § 64 Abs. 2 Entwurf I (§ 78 Nr. 2 Entwurf II) gefaßten Beschlüsse ebenfalls mit § 51 StrGB. in Einklang gebracht (Kom.-Prot. 2 S. 584). Sie erhielt als § 750 Entwurf II im wesentlichen die Fassung, die § 827 BGB. hat. In dieser Vorschrift ergibt sich schon aus der Fassung, daß ebenso wie der dauernde auch der vorübergehende Zustand der Störung der Geistestätigkeit ein die freie Willensbestimmung ausschließender sein muß.

Demnach ist § 1325 Abs. 1 BGB. so auszulegen, als ob die Vorschrift lautete: „Eine Ehe ist nichtig, wenn einer der Ehegatten zur Zeit der Eheschließung geschäftsunfähig war oder sich im Zustande der Bewußtlosigkeit oder in einem die freie Willensbestimmung ausschließenden Zustande vorübergehender Störung der Geistestätigkeit befand." . . .

RGZ. 94, 123

Bildet bei vorhandener Beiwohnungsfähigkeit der Mangel der Zeugungs- oder Gebärfähigkeit unter keinen Umständen einen Eheanfechtungsgrund?

BGB. §§ 1333, 1334*).

VI. Zivilsenat. Urt. v. 11. November 1918.

I. Landgericht Rudolstadt. II. Oberlandesgericht Jena.

Die Parteien, die in beiderseits zweiter Ehe am 27. Februar 1912 geheiratet haben, leben seit dem 25. Oktober 1913 getrennt. Zur Zeit der Eheschließung war der Kläger 32 Jahre, die Beklagte 25 Jahre alt. Der Kläger hat zunächst auf Grund des § 1568 BGB. die Scheidung der Ehe begehrt. Gegen das die Klage abweisende Urteil legte er Berufung ein und beantragte nunmehr in erster Linie, die Ehe für nichtig zu erklären, eventuell aber zu scheiden. Er ficht die Ehe wegen Irrtums und gröblicher Täuschung durch die Beklagte an, weil er nicht gewußt, vielmehr erst im Laufe des Rechtsstreits erfahren habe, daß bereits vor Eingehung seiner Ehe mit der Beklagten deren Gebärmutter durch einen operativen Eingriff entfernt war, was ihm die Beklagte arglistigerweise verschwiegen habe. Diese hat zwar zugegeben, daß ihre Gebärmutter durch einen operativen Eingriff bereits vor Eingehung der Ehe entfernt war, behauptet aber, auf diesen Umstand habe der Kläger bei der Verheiratung kein Gewicht gelegt.

Die Berufung des Klägers wurde zurückgewiesen. Seine Revision war von Erfolg.

Aus den Gründen:

„Das Berufungsgericht weist die Eheanfechtungsklage mit der Erwägung zurück, daß, wie nach herrschender Rechtsprechung und Rechtslehre Zeugungsunfähigkeit des Mannes bei vorhandener Beiwohnungsfähigkeit keinen Eheanfechtungsgrund bilde, so auch bei der Frau, der nach Entfernung der Gebärmutter die Beiwohnungsfähigkeit geblieben sei, das Fehlen der Gebärmutter nicht als Anfechtungsgrund anerkannt werden könne.

---

*) Jetzt §§ 32, 33 EheG. v. 20. 2. 46.

Schon dieser Ausgangspunkt des angefochtenen Urteils ist rechtsirrtümlich, da er auf einer Verletzung der §§ 1333, 1334 BGB. beruht. Nach der ersteren Vorschrift ist ein Eheanfechtungsgrund dann gegeben, wenn ein Ehegatte sich bei der Eheschließung über solche Eigenschaften des anderen Ehegatten geirrt hat, die ihn bei Kenntnis der Sachlage und bei verständiger Würdigung des Wesens der Ehe von deren Eingehung abgehalten haben würden. Dem sittlichen Wesen der Ehe wird aber die Erwägung des Berufungsgerichts nicht gerecht. Wenngleich nämlich das Bürgerliche Gesetzbuch eine ausdrückliche Vorschrift des Inhalts, wie sie in dem von der Ehe handelnden II. Teil des Allg. Landrechts an die Spitze gestellt ist (§ 1. „Der Hauptzweck der Ehe ist die Erzeugung und die Erziehung der Kinder"), nicht enthält, so muß doch auch nach jetzigem Rechte die Kindererzeugung als dem sittlichen Zwecke und Wesen der Ehe entsprechend angesehen werden. Von diesem Gedanken ausgehend, ist denn auch von jeher die „Impotenz" des Mannes als ein Eheanfechtungsgrund angesehen worden (vgl. Mot. zum 1. Entw. des BGB. Bd. 4 S. 77). Der Entwurf glaubte aber, daß die „Beiwohnungsunfähigkeit", wie er das Wort „Impotenz" verdeutscht hat, dem davon Betroffenen in der Regel bekannt sein werde, so daß alsdann § 1259 Nr. 1 des Entwurfs Platz greife. Da, wo dies nicht der Fall, sei eine Abweichung von dem Grundsatze des § 102 des Entwurfs, der einen Irrtum im Beweggrunde für unbeachtlich erklärt, nicht geboten. Demgegenüber ist aber durch die Fassung des Gesetzes, wie sie bei der Beratung des Entwurfs durch die II. Kommission (Prot. Bd. 4 S. 72 flg.) umgestaltet worden ist, auch die Berücksichtigung der „Beiwohnungsunfähigkeit" als einer die Anfechtung der Ehe begründenden Eigenschaft in vollem Umfang ausdrücklich anerkannt worden (a. a. O. S. 78).

Nun hat zwar die Rechtsprechung und Rechtslehre den Begriff der „Impotenz" insofern umgestaltet, als sie zwischen der „Beiwohnungsunfähigkeit" auf der einen und der „Zeugungs- (oder Gebär-) unfähigkeit" auf der anderen Seite unterscheidet. So heißt es in dieser Hinsicht in der Entscheidung des RG. vom 11. April 1906, IV. 504/05 (teilw. abgedr. Jur. Wochenschr. 1906 S. 389 Nr. 15):

> . . . „Es ist nicht als rechtsirrtümlich anzusehen, wenn das Berufungsgericht zum Ergebnis gelangt ist, der hier in Betracht kommende trotz ungeschmälerter Beiwohnungsfähigkeit von jeher bestehende Mangel der Fortpflanzungsfähigkeit des einen Ehegatten stelle bei verständiger Würdigung des Wesens der Ehe nicht eine solche persönliche Eigenschaft dar, die den anderen Ehegatten ohne weiteres und unter allen Umständen von der Eingehung der Ehe bei Kenntnis der Sachlage abgehalten haben würde."

In dieser Fassung ist dem Satze unbedenklich zuzustimmen, da, wie schon die amtliche Begründung zum I. Entw. des BGB. (Bd. 4 S. 74) mit Recht hervorhebt, „nicht unter allen Umständen die Annahme gerechtfertigt sein wird, daß die Ehe in der sicheren Erwartung der Beiwohnungsfähigkeit geschlossen ist. Eine solche Erwartung wird z. B. bei der Eheschließung zwischen betagten Personen nicht selten zu verneinen sein". Immerhin ist aber daran festzuhalten, daß es der Regel nach, und von einem gegenteiligen erkennbaren Willen beider Ehegatten abgesehen, dem wahren Wesen der Ehe entspricht, daß diese insbesondere auch und vornehmlich zum Zwecke der Kindererzeugung abgeschlossen wird. Es würde also dem sittlichen Wesen der Ehe geradezu widersprechen, wenn lediglich die Fähigkeit, den Geschlechtsakt auszuüben, also einen rein sinnlichen Trieb befriedigen zu können, für ausreichend erachtet würde, um der auf § 1333 BGB. begründeten Klage den Erfolg zu versagen, so daß also die Tatsache der mangelnden Zeugungs- oder Gebärfähigkeit völlig außer Betracht bliebe.

Der oben mitgeteilte in der Entscheidung vom 11. April 1906 aufgestellte Satz ist in der Rechtslehre vielfach mißverstanden worden. Es wird nämlich unter Berufung auf diesen Satz die Ansicht vertreten, daß regelmäßig das Vorhandensein der Beiwohnungsfähigkeit im Sinne der Fähigkeit zur Ausübung des Geschlechtsaktes genüge und daß deshalb der Mangel der Zeugungs- und Gebärfähigkeit keinen Eheanfechtungsgrund im Sinne des § 1333 BGB. darstelle. Käme es für die eheliche Lebensgemeinschaft lediglich auf die Vornahme des Geschlechtsaktes an, so würde es sich auch kaum rechtfertigen lassen, das Verlangen eines Ehegatten, bei der Beischlafsvollziehung ein sog. Präservativ zu benutzen, als Verweigerung des Geschlechtsverkehrs im Sinne des § 1568 BGB. anzusehen, wie dies indessen in der Entscheidung des RGs. vom 2. Mai 1901, IV. 62/1901 mit Recht angenommen worden ist. . . .

RGZ. 103, 312

1. Genügt für die Anfechtung der Ehe die bloße Möglichkeit, daß der Körperzustand des anderen Ehegatten im Zeitpunkte der Eheschließung durch eine längere Zeit zurückliegende syphilitische Ansteckung noch fortwirkend erheblich beeinflußt wurde?*)

2. Hat die Prüfung der Voraussetzungen der Anfechtung unter Benutzung aller im Zeitpunkte der Entscheidung zu Gebote stehenden Erkenntnisquellen oder nur nach den im Zeitpunkte der Eheschließung verfügbaren Beweistatsachen zu erfolgen?

---

*) Jetzt § 32 d. EheG. v. 20. 2. 46.

IV. Zivilsenat. Urt. v. 23. März 1921.

I. Landgericht II Berlin. II. Kammergericht daselbst.

Die Parteien haben am 8. September 1897 die Ehe geschlossen. Mit der im Oktober 1914 erhobenen Klage begehrte der Kläger auf Grund des § 1568 BGB. Scheidung der Ehe. Die Beklagte erhob Widerklage und focht die Ehe an, weil der Kläger bei der Eheschließung an Syphilis gelitten habe. Das Landgericht gab der Widerklage statt. Die Berufung des Klägers wurde zurückgewiesen. Seine Revision hatte Erfolg.

Gründe:

Der Kläger war im August 1890 an Syphilis erkrankt. Das Landgericht hat festgestellt, daß die Erkrankung im Zeitpunkte der Eheschließung sich im tertiären Stadium befunden und der Kläger damals noch damit zusammenhängende Krankheitserscheinungen gezeigt habe. Das Kammergericht sieht dagegen auf Grund der Gutachten der in der Berufungsinstanz vernommenen Sachverständigen mit an Sicherheit grenzender Wahrscheinlichkeit als bewiesen an, daß die Krankheit des Klägers zur Zeit der Eheschließung der Parteien bereits erloschen gewesen und der Kläger daher bei Eingehung der Ehe als völlig gesund anzusehen gewesen sei; ganz ausgeschlossen sei indessen die Möglichkeit nicht, daß sich bei dem Kläger noch Folgeerscheinungen der Syphilis wie z. B. Rückenmarkschwindsucht oder Gehirnerweichung später entwickeln könnten. Zur Bejahung eines Anfechtungsgrundes für die Beklagte gelangt das Kammergericht auf Grund der Erwägung, daß die Gutachten der Sachverständigen über die völlige Gesundheit des Klägers im Zeitpunkt der Eheschließung sich in der Hauptsache auf erheblich später liegende Umstände gründeten, zur Zeit der Eingehung der Ehe für eine derart günstige Beurteilung des Gesundheitszustandes des Klägers ausreichende Grundlagen gefehlt hätten, die Frage aber, ob die im Jahre 1890 erfolgte Ansteckung des Klägers mit Syphilis die Beklagte von der Eingehung der Ehe abgehalten haben würde, nur unter Berücksichtigung der damals obwaltenden Verhältnisse zu beurteilen und danach zu bejahen sei. Diese Erwägung ist, wie der Revision zuzugeben ist, durch Rechtsirrtum beeinflußt.

Voraussetzung für eine Anfechtung der Ehe auf Grund des § 1333 BGB. ist der Irrtum des anfechtenden Ehegatten über eine persönliche Eigenschaft des anderen, die ihn bei Kenntnis der Sachlage und bei verständiger Würdigung des Wesens der Ehe von der Eingehung der Ehe abgehalten haben würde. Als persönliche Eigenschaft im Sinne dieser Vorschrift ist eine Krankheit nur anzusehen, wenn es sich um ein dauerndes Leiden handelt. Eine vorübergehende, wenn auch schwer heilbare Erkrankung begründet der Regel nach noch keine persönliche körperliche Eigenschaft der von ihr befallenen Person (RG. in Leipz. Z. Bd. 12 S. 913). Da syphilitische Leiden erfahrungsgemäß häufig unheilbar sind und dauernde Folgen hinterlassen, so kann in der syphilitischen Erkrankung einer Person eine körperliche Eigenschaft derselben im Sinne des § 1333 BGB. gefunden werden (JW. 1904 S. 284 Nr. 2). Insbesondere ist auch eine längere Zeit vor der Eheschließung erfolgte Ansteckung des Mannes mit Syphilis, deren Symptome bis in die neueste Zeit vor Eingehung der Ehe fortbestanden haben, für geeignet angesehen worden, eine Anfechtung der Ehe durch die Frau auf Grund des § 1333 BGB. zu begründen (JW. 1905 S. 175 Nr. 18). Dabei ist jedoch die die Anfechtung rechtfertigende Eigenschaft nicht schon in dem bloßen Vorhandensein von Verdachtsgründen für ein Fortbestehen des Leidens, sondern in dem als erwiesen festgestellten, eine Ansteckungsgefahr für die Frau begründenden körperlichen Zustande des Mannes erblickt worden. Demgemäß kann die bloße Tatsache, daß der Mann längere Jahre vor der Eheschließung eine syphilitische Ansteckung erlitten hat, für sich allein nicht genügen, um ihn zur Zeit der Eingehung der Ehe mit einer die Anfechtung rechtfertigenden Eigenschaft behaftet erscheinen zu lassen. Es bedarf dazu vielmehr der Feststellung, daß das Leiden im Zeitpunkte der Eheschließung wenigstens in seinen Folgen noch fortbestanden hat. Ob im einzelnen Falle die Syphilis als völlig ausgeheilt anzusehen oder ob auch trotz längeren Ausbleibens auf ihren Fortbestand hindeutender Symptome anzunehmen ist, daß sie noch immer, wenn auch in einer zur Zeit nicht hervortretenden Weise, den körperlichen Zustand der betreffenden Person beeinflußt, ist eine Frage, die nur auf Grund der besonderen Umstände zu entscheiden ist und bei der die medizinische Erfahrung von wesentlicher Bedeutung sein wird. Das Berufungsgericht folgt den Gutachten der Sachverständigen, die sich auf Grund des Umstandes, daß in der ganzen Zeit seit der Eheschließung bei dem Kläger keinerlei auf Syphilis hindeutende Erscheinungen feststellbar gewesen sind, mit einer an Sicherheit grenzenden Wahrscheinlichkeit dahin ausgesprochen haben, daß der Kläger bei der Eingehung der Ehe gesund und die Syphilis erloschen gewesen sei. Von diesem Standpunkt aus könnte von einer auf der früheren syphilitischen Erkrankung beruhenden besonderen körperlichen Eigenschaft des Klägers keine Rede sein. Das Berufungsgericht rechnet aber immerhin mit der Möglichkeit, daß sich beim Kläger noch Folgeerscheinungen der Syphilis später entwickeln könnten. Würde dieser Fall eintreten, so würde damit bewiesen, daß die Syphilis in Wahrheit nicht vollständig beseitigt, die Heilung also nur eine scheinbare gewesen sei. Diese Möglichkeit ist aber nach dem Gutachten der Sachverständigen nur eine ganz entfernte, da die gegenteilige Annahme seiner völligen Heilung eine an Gewißheit grenzende Wahrscheinlichkeit für sich hat. Wenngleich das Berufungsgericht diese entfernte Möglichkeit offenläßt und eine bestimmte Feststellung, daß der Kläger bei Eingehung der Ehe völlig geheilt gewesen sei, nicht trifft, so hat es doch anderseits auch keine Feststellung dahin getroffen, daß der Kläger bei der Eheschließung noch syphilitisch gewesen sei. Ohne dahingehende Feststellung durfte dem Anfechtungsanspruche der Beklagten nicht stattgegeben werden. Denn die Beklagte trifft die Beweislast, daß der Kläger bei der Eheschließung mit der persönlichen Eigenschaft behaftet gewesen ist, wegen deren Unkenntnis sie die Ehe anficht. Sie muß also beweisen, daß die im Jahre 1890 erfolgte Ansteckung des Klägers mit Syphilis seinen Körperzustand noch im Zeitpunkte der Eheschließung in einer Weise fortwirkend beeinflußt hat, daß dadurch eine besondere körperliche Eigenschaft des Klägers begründet wurde. Wird dieser Nachweis nicht erbracht, so stellt sich die Unkenntnis der Beklagten von der früheren Ansteckung des Klägers nicht als Irrtum über eine persönliche Eigenschaft des Klägers dar und vermag deshalb auch kein Anfechtungsrecht aus § 1333 BGB. zu begründen, selbst wenn die Beklagte bei Kenntnis jenes Umstandes die Ehe nicht geschlossen haben würde.

Schon dieser Mangel der Feststellung eines objektiven Anfechtungsgrundes nötigt zur Aufhebung des Berufungsurteils. Die Begründung des Urteils gibt aber auch noch weiterhin Anlaß zur Beanstandung. Das Berufungsgericht legt besonderes Gewicht darauf, daß die Sachverständigen zu ihrem günstigen Gutachten über den Gesundheitszustand des Klägers hauptsächlich auf Grund von Umständen gelangt seien, die erst lange Zeit nach der Eheschließung liegen, und daß zur Zeit der Eheschließung Grundlagen dafür, daß die Krankheit des Klägers mit an Sicherheit grenzender Wahrscheinlichkeit bereits völlig erloschen gewesen sei, noch nicht gegeben waren. Hierauf kann es jedoch nicht entscheidend ankommen. Für das objektive Anfechtungserfordernis des § 1333 BGB. ist allein von Bedeutung, wie der körperliche Zustand des Klägers im Zeitpunkte der Eheschließung tatsächlich gewesen ist, und nicht, wie er sich im Zeitpunkte der Eheschließung beurteilen ließ. Für die Feststellung dieses objektiven Befundes sind alle im Zeitpunkte der Entscheidung zu Gebote stehenden Erkenntnisquellen zu benutzen. Aber auch die Frage, ob die Beklagte bei Kenntnis der Sachlage und bei verständiger Würdigung des Wesens der Ehe die Ehe nicht geschlossen haben würde, ist unter Zugrundelegung des objektiv richtigen, unter Benutzung aller jetzt verfügbaren Beweistatsachen festzustellenden Sachverhalts zu beurteilen. Denn ist der Kläger, wie die Sachverständigen zufolge des bis in die Gegenwart andauernden Ausbleibens jeglicher Krankheitssymptome annehmen, schon bei der Eheschließung völlig gesund gewesen, würde aber die Beklagte, wie das Berufungsgericht annimmt, bei Kenntnis seiner früheren Erkrankung damals deren Fortbestehen befürchtet und deshalb die Ehe nicht geschlossen haben, so würde diese Entschließung nicht auf Kenntnis der wahren Sachlage, sondern auf einem darüber bestehenden Irrtum beruht haben. Die Unkenntnis der Beklagten von der früheren Erkrankung des Klägers hat also, wenn der Kläger bei der Eheschließung völlig geheilt war, keinen Irrtum über eine Körpereigenschaft des Klägers bei der Beklagten hervorgerufen, sondern einen derartigen Irrtum gerade hintangehalten, und daraus würde die Beklagte keinen Grund zur Anfechtung der Ehe entnehmen können.

RGZ. 104, 335

Zum Begriff der persönlichen Eigenschaften im Sinne des § 1333 BGB.*)

VII. Zivilsenat. Urt. v. 12. Mai 1922.

I. Landgericht Hannover. II. Oberlandesgericht Celle.

Die Parteien haben am 5. August 1914 die Ehe geschlossen. Dem Kläger war vor der Eheschließung bekannt, daß die Beklagte vorher mit einem andern verlobt gewesen war und mit diesem Geschlechtsverkehr gepflogen hatte. Dagegen war ihm nicht bekannt, daß aus diesem Verkehr ein Kind hervorgegangen war. Hiervon erhielt er erst im Jahre 1920 nach seiner Rückkehr aus französischer Gefangenschaft Kenntnis. Er hat die Ehe wegen Irrtums über persönliche Eigenschaften der Beklagten gemäß § 1333 BGB. angefochten. Das Landgericht wies die Klage ab; das Oberlandesgericht sprach die Nichtigkeit der Ehe aus. Die Revision wurde zurückgewiesen aus folgenden

Gründen:

Die Revision verstellt zunächst zur Nachprüfung, ob die Tatsache, daß die Beklagte zur Zeit der Eheschließung Mutter eines lebenden Kindes war, als eine „persönliche Eigenschaft" der Beklagten im Sinn des § 1333 BGB. aufzufassen ist, oder ob es sich nicht vielmehr um ein persönliches Verhältnis handelt, das zwar bei arglistiger Täuschung über sein Bestehen gemäß § 1334, nicht aber nach § 1333 BGB. wegen bloßen Irrtums zur Eheanfechtung berechtigt. Da das Berufungsgericht arglistige Täuschung nicht festgestellt hat, muß zu der Rechtsfrage entscheidend Stellung genommen werden, was, so-

*) Jetzt § 32 d. EheG. v. 20. 2. 46.

weit ersichtlich, bisher in der reichsgerichtlichen Rechtsprechung noch nicht geschehen ist.

Faßt man den Begriff der „persönlichen Eigenschaften" in streng grammatischem Sinne auf, so sind darunter allerdings nur solche Beschaffenheitsmerkmale zu verstehen, die der Persönlichkeit eines Menschen an sich zukommen, die in ihrer Gesamtheit seine Individualität kennzeichnen, diese Person von anderen unterscheiden. Die Eigenschaften in diesem engen Sinne können körperlicher, geistiger oder sittlicher Art sein. Unter diesen strengen Eigenschaftsbegriff fällt das Verhältnis der Mutter zu ihrem Kinde, die Mutterschaft, nicht; sie ist weder eine körperliche, noch eine geistige oder sittliche Eigenschaft. Aber mit einer so engen Begriffsbegrenzung würde man dem Sinn und Zweck des § 1333 BGB. nicht völlig gerecht werden. Persönliche Verhältnisse lassen sich nicht grundsätzlich als etwas für die Persönlichkeit Gleichgültiges von den „persönlichen Eigenschaften" unterscheiden (vgl. auch Hölder in Iherings Jahrb. Bd. 42 S. 31). Es gibt persönliche Verhältnisse, die, wie z. B. die Vermögensverhältnisse, in einem rein äußerlichen Zusammenhange mit einer Person stehen, die Persönlichkeit als solche nicht berühren, während es anderseits persönliche Verhältnisse gibt, die gerade in der Persönlichkeit wurzeln, ihren Ausfluß bilden und so eng mit ihr verknüpft sind, daß sie nach allgemeiner Lebensanschauung persönlichen Eigenschaften gleicherachtet und gleichbehandelt werden. Für die Auslegung des Begriffs der „persönlichen Eigenschaften" im Sinn des § 1333 kommt es weniger auf die sprachlich-grammatische Begriffsbestimmung an, als vielmehr auf die natürliche Lebensauffassung. Für eine gedeihliche eheliche Lebensgemeinschaft ist die Persönlichkeit der Ehegatten und alles, was ihrer Persönlichkeit als solcher anhaftet, von höchster Bedeutung. Dem will das Gesetz in § 1333 Rechnung tragen, indem es einem Ehegatten, der sich in bezug auf die Persönlichkeit des anderen Ehegatten — zum Unterschied von dessen mit seiner Person zwar äußerlich verbundenen, in seiner inneren Persönlichkeit als solcher aber nicht wurzelnden Verhältnissen — geirrt hat, die Anfechtung der Ehe gestattet, wenn der Irrtum nach allgemeiner verständiger Lebensauffassung von dem Wesen der Ehe sich als ein wesentlicher darstellt. Die Kommission für die zweite Lesung des BGB. (Prot. Bd. 4 S. 75) hat, indem sie die Anfechtung der Ehe wegen bloßen Irrtums über persönliche Eigenschaften zuließ, erwogen, daß tatsächlich eine Reihe persönlicher Eigenschaften der Eheschließenden im Leben als wesentlich angesehen würde. Habe sich einer der Eheschließenden in einem Irrtum befunden, so entspräche es der Billigkeit, diesem Umstande Rechnung zu tragen. Der Staat habe ein Interesse daran, die Auflösung von Ehen zu ermöglichen, welche sich nach Lage der

Verhältnisse voraussichtlich dauernd unglücklich gestalten würden. Diese zutreffende Erwägung läßt es trotz des sonst für das Eherecht maßgeblichen Grundsatzes, die Ehen nach Möglichkeit aufrechtzuerhalten, gerechtfertigt erscheinen, dem Begriff der „persönlichen Eigenschaften" im Sinne des § 1333 eine weitere Auslegung zu geben. Dem steht auch nicht entgegen, daß die Reichstagskommission (Reichst. 1895/96, Drucks. Nr. 440 b S. 58) den Zusatz in der Reichstagsvorlage: „oder solche persönliche Verhältnisse" wieder gestrichen hat. Denn aus der Begründung ergibt sich, daß die Streichung nur erfolgt ist, um einer allzuweiten Ausdehnung der Irrtumsanfechtung, insbesondere auch auf die Vermögensverhältnisse, vorzubeugen.

Legt man nun aber den § 1333 dahin aus, daß unter den Begriff der „persönlichen Eigenschaften" auch solche persönliche Verhältnisse *eines Ehegatten zu rechnen sind, die in seiner* Persönlichkeit ihre eigentliche Wurzel haben und sich von ihr nicht trennen lassen, so fällt auch die Mutterschaft darunter, und zwar diese für sich allein betrachtet, ohne Rücksicht auf den mit ihr verbundenen Verlust der Jungfräulichkeit. Für den vorliegenden Fall kommt es hiernach nur noch darauf an, ob der Irrtum des Klägers darüber, daß die Beklagte zur Zeit der Eheschließung die Mutter eines außerehelichen Kindes war, als ein wesentlicher Irrtum anzusehen ist, obwohl dem Kläger, wie das Berufungsgericht festgestellt hat, damals bekannt war, daß die Beklagte vorher mit ihrem früheren Verlobten Geschlechtsverkehr gepflogen hatte.

Dem Vorderrichter muß nun aber in der Auffassung beigepflichtet werden, daß vom objektiven Standpunkt einer verständigen Würdigung der Sachlage und des Wesens der Ehe es einen erheblichen Unterschied bedeutet, ob die Frau durch außerehelichen Geschlechtsverkehr lediglich ihre Jungfräulichkeit eingebüßt hatte, oder aber ob sie infolge dieses Verkehrs Mutter eines noch lebenden Kindes war. Ueber einen folgenlosen Geschlechtsverkehr mit einem früheren Verlobten konnte den Kläger die Erwartung hinwegsehen lassen, daß die Oeffentlichkeit von dem Fehltritt der Beklagten nichts erfahren und der Ruf seiner zukünftigen Frau wenigstens nach außen hin unbeeinträchtigt bleiben würde. Anders aber, wenn die Beklagte Mutter eines noch am Leben befindlichen Kindes, wenn also ein lebender Zeuge ihres unehelichen Geschlechtsverkehrs vorhanden war. Es mußte dann mit der Wahrscheinlichkeit oder doch mindestens mit der Möglichkeit gerechnet werden, daß das Kind eines Tages auftreten und durch Geltendmachung seiner Kindesrechte gegenüber der Mutter und seinen etwaigen ehelichen Halbgeschwistern die Familienruhe in unangenehmer Weise stören, die Beklagte in der Oeffentlichkeit bloßstellen und die Ehegatten in ihrem Bekanntenkreis in eine schiefe und peinliche Lage bringen würde. Nach allgemeiner Lebensauffassung würde ein Mann, wenn er von der unehelichen Mutterschaft seiner Braut Kenntnis erhält, bei verständiger Würdigung der Sachlage und des Wesens der Ehe von der Eheschließung Abstand nehmen, auch wenn er von der Tatsache eines vorehelichen Geschlechtsverkehrs seiner Braut mit einem anderen Manne Kenntnis hat und über den Mangel der Jungfräulichkeit hinwegzusehen geneigt ist. Die Entscheidung hängt also lediglich noch davon ab, ob der Kläger nach seinem subjektiven Empfinden auch die Mutterschaft der Beklagten bei Kenntnis derselben nicht als einen Hinderungsgrund der Eheschließung angesehen haben würde. Der Vorderrichter hat dies unter Berücksichtigung des gesamten Vorbringens der Streitteile verneint. Diese Feststellung liegt rein auf tatsächlichem Gebiete, ihre sachliche Nachprüfung ist daher dem Revisionsgericht verschlossen. Ein prozeßrechtlicher Verstoß liegt nicht vor. Da das Kind der Beklagten noch am Leben ist, kann die Frage unentschieden bleiben, ob der Anfechtung auch dann noch stattzugeben wäre, wenn das Kind vor Erhebung der Anfechtungsklage verstorben wäre.

RGZ. 111, 5

Wann liegt eine arglistige Täuschung vor, die das Recht auf Anfechtung der Ehe begründet?

BGB. § 1334*).

IV. Zivilsenat. Urt. v. 30. April 1925.

I. Landgericht Glogau. II. Oberlandesgericht Breslau.

Der Ehemann H. hat seine im Jahre 1919 geschlossene Ehe wegen arglistiger Täuschung durch die Beklagte angefochten. Das Landgericht hat der Anfechtungsklage stattgegeben. Das Oberlandesgericht hat sie abgewiesen. Die Revision des Klägers hatte Erfolg.

Gründe:

Der Vater der Beklagten, der Gutsbesitzer in Ostpreußen war, ist im Jahre 1916 wegen Betrugsversuchs zu einer Geldstrafe von 2500 M. verurteilt worden, weil er den seinem Besitztum beim Russeneinfall zugefügten Schaden bei der Behörde in übertriebener Höhe zum Ersatz angemeldet hatte. Er ist im Jahre 1918, etwa ein Jahr vor der Eheschließung der Parteien, gestorben. Der Kläger macht geltend, die Beklagte habe ihm die Bestrafung ihres Vaters arglistig verschwiegen, um ihn zur Eingehung der Ehe zu bestimmen, die er — wie sie gewußt habe — bei Kenntnis der Sachlage nicht eingegangen wäre.

*) Jetzt § 33 d. EheG. v. 20. 2. 46.

Das Berufungsgericht erörtert zunächst die Fragen, ob die Kenntnis der wahren Sachlage den Kläger von der Eingehung der Ehe abgehalten haben würde und ob die Beklagte mit einer solchen Sinnesart des Klägers gerechnet habe. Es trifft hierüber keine Feststellung, unterstellt aber, daß beide Fragen in einem dem Kläger günstigen Sinne zu beantworten seien; zur Abweisung der Anfechtungsklage kommt es aus folgenden Erwägungen: Von einer arglistigen Täuschung könne nur die Rede sein, wenn der Täuschende in verwerflicher Absicht zum Nachteil des Getäuschten handle. Daß eine solche verwerfliche Absicht bei der Beklagten vorgelegen habe, lasse sich nicht feststellen. Die gegebenen Umstände, daß nämlich die Beklagte ihren Vater für unschuldig gehalten habe und daß sein Ansehen durch die Bestrafung wenig gelitten habe, rechtfertigten die Annahme, daß die Beklagte den Standpunkt des Klägers, daß er zur Wahrung seiner Ehre und seines Ansehens die Beklagte wegen der Bestrafung ihres Vaters nicht heiraten dürfe, als unrichtig und einem zu hoch geschraubten Ehr- und Standesgefühl entsprossen angesehen und die Erwartung gehegt habe, der Kläger werde, wenn er in der Ehe mit ihr das von ihnen beiden gehoffte Glück gefunden haben würde, für den Fall, daß er dann Kenntnis von der Bestrafung ihres Vaters erhielte seinen jetzigen Standpunkt als zu schroff erkennen und nicht beibehalten, sondern zufrieden und froh darüber sein, daß die Bestrafung ihres Vaters ihm bei der Eheschließung unbekannt geblieben sei und ihn nicht von der Eheschließung abgehalten habe.

Diese Ausführungen werden von der Revision mit Recht angegriffen.

Im Schrifttum wird allerdings zu § 1334 BGB. auch die Meinung vertreten, daß die Täuschung nur dann eine arglistige sei, wenn sie in der Absicht geschehe, dem Getäuschten etwas Arges anzutun, seinen Interessen zuwider zu handeln (so Staudinger-Engelmann A. 3a zu § 1334 BGB.; ähnlich Hollweck, Zivileherecht S. 123 Nr. 1). Aber § 1334 verlangt nichts weiter, als daß der Getäuschte zur Abschließung einer Ehe bestimmt werden soll, die er ohne die Täuschung nicht abschließen würde. Auf die Vorstellung, welchen Verlauf die durch Täuschung herbeigeführte Ehe nehmen werde, kommt es nicht an. Die Hoffnung, daß die so zustande gekommene Ehe späterhin einen für beide Teile günstigen Verlauf nehmen und daß der Getäuschte an ihr festhalten werde, wird fast immer bestehen. Wollte man das Erfordernis aufstellen, daß erwiesen werden müßte, der Täuschende habe darauf abgezielt, eine den Interessen des Getäuschten nachteilige Ehe herbeizuführen, so würde damit das Anfechtungsrecht aus § 1334 unerträglich eingeschränkt. In der Beratung der II. Kommission (Prot. Bd. 4 S. 77) hat man die Anfechtung für den Fall als berechtigt erklärt, daß der Mann die Braut über die von ihr zur Bedingung gemachte Zustimmung ihrer Eltern zur Eheschließung getäuscht habe. Dabei ist sicher nicht daran gedacht worden, daß der Braut noch außer der erschlichenen Einwilligung in die Eheschließung weiterhin etwas Arges angetan, ihren Interessen zuwidergehandelt werden sollte.

Auch in der Rechtslehre wird überwiegend die Meinung vertreten, daß schon die Herbeiführung einer vom andern Teil in dieser Weise nicht gewollten Eheschließung den Tatbestand der arglistigen Täuschung erfülle.

Der Begriff der arglistigen Täuschung kann bei § 1334 nicht anders umgrenzt werden als bei § 123 BGB. Dort ist aber die Rechtsprechung darüber einig, daß eine auf Schädigung gerichtete Absicht nicht erforderlich ist (Warn. 1909 Nr. 440, 1913 Nr. 310, JW. 1912 S. 69 Nr. 31 und öfter). Insoweit hält auch Staudinger (Riezler) eine auf Schädigung des Getäuschten gerichtete Absicht nicht für erforderlich (A. IV 1 zu § 123). Anders soll nur der Fall behandelt werden, wenn die Täuschung geradezu zum Besten des Getäuschten erfolgt sei (Staudinger a. a. O., RGR. Komm. A. 2 zu § 123). Etwas derartiges kann im Streitfall aus den Ausführungen des Berufungsurteils nicht entnommen werden.

Läßt aber das Gesetz schon bei einem gewöhnlichen Vertrag die Anfechtung wegen Arglist ohne den Nachweis einer Schädigungsabsicht zu, so muß das noch viel mehr bei der höchstpersönlichen Angelegenheit einer Eheschließung gelten.

Die Erwägung des Berufungsgerichts, die Hoffnung der Beklagten sei dahin gegangen, daß der Kläger später trotz der an ihm verübten Täuschung an der Ehe festhalten werde, kann nicht als ausschlaggebend erachtet werden. Wesentlich für die Anfechtbarkeit der Ehe ist die Meinung des Täuschenden über das zu gewärtigende Verhalten des Getäuschten gegenüber der Abschließung der Ehe, nicht darüber, wie sich dessen Verhalten späterhin, nach erfolgter Eheschließung gestalten werde, ob er dann von seinem Anfechtungsrecht auch Gebrauch machen werde. Das ist vom Reichsgericht in anderem Zusammenhang — unter dem Gesichtspunkt der Kenntnis von der Nichtigkeit der Ehe im Sinne von §§ 1345, 1701 BGB. — wiederholt ausgesprochen worden (RGZ. Bd. 109 S. 64 und die dort angeführten Urteile, ferner Urteil IV 218/24 vom 3. November 1924).

RGZ. 125, 122

Unter welchen Voraussetzungen kann eine Ehe wegen krankhafter geistiger oder seelischer Veranlagung eines Ehegatten angefochten werden?

BGB. § 1333*).

VII. Zivilsenat. Urt. v. 28. Juni 1929.

I. Landgericht Königsberg i. Pr. II. Oberlandesgericht daselbst.

Die Streitteile haben am 23. August 1913 die Ehe geschlossen; sie standen damals beide im 30. Lebensjahr. Der Kläger rückte bei Kriegsausbruch ins Feld, besuchte später die Beklagte noch einige Male bis 1916, hob aber dann die eheliche Gemeinschaft auf. Mit der im Januar 1926 eingereichten Klage verlangte er Scheidung der kinderlos gebliebenen Ehe nach § 1568 BGB. wegen Beleidigungen und Verleumdungen, deren sich die Beklagte ihm gegenüber schuldig gemacht habe. Das Landgericht gab seinem Antrag statt und sprach die Scheidung aus alleiniger Schuld der Beklagten aus. Diese legte Berufung ein mit dem Antrag auf Klageabweisung. Sie wandte nunmehr ein, daß sie wegen geistiger Erkrankung für ihre Handlungen nicht verantwortlich zu machen sei. Der Kläger bestritt dies und beantragte in erster Reihe Zurückweisung der Berufung; hilfsweise aber focht er, indem er sich der Berufung anschloß, die Ehe nach § 1333 BGB. wegen Irrtums über die geistige Gesundheit der Beklagten an und verlangte äußerstenfalls Scheidung nach § 1569 BGB. wegen mehr als dreijähriger Geisteskrankheit der Beklagten. Durch Beschluß des Amtsgerichts vom 27. Juni 1927 wurde die Beklagte wegen Geisteskrankheit entmündigt. Durch Urteil vom 16. November 1928 wies das Oberlandesgericht die Anfechtungsklage ab und erkannte auf Scheidung der Ehe wegen Geisteskrankheit der Beklagten, indem es das Scheidungsverlangen aus § 1568 BGB. für ungerechtfertigt erachtete.

Die Revision des Klägers führte zur Aufhebung und Zurückverweisung.

Gründe:

Zur Abweisung der Anfechtungsklage aus § 1333 BGB., die von der Revision allein angegriffen wird, ist der Berufungsrichter hauptsächlich auf Grund folgender Erwägungen gelangt: Von der bei der Beklagten seit dem Jahre 1925 ausgebrochenen Geisteskrankheit müsse nach den maßgebenden Gutachten der Sachverständigen angenommen werden, daß sie ihren Ursprung in der psychopathischen Veranlagung der Beklagten habe, die schon bei der Eheschließung im Jahre 1913 vorhanden gewesen sei. Es fehle jedoch an überzeugenden Anhaltspunkten dafür, daß jene Veranlagung mit Naturnotwendigkeit zu der ausgebrochenen Geisteskrankheit habe führen müssen. Deren Ursachen ließen sich nicht bestimmt feststellen; es könnten dabei auch andere Umstände mitgesprochen haben. Die

*) Jetzt § 32 d. EheG. v. 20. 2. 46.

psychopathische Veranlagung allein mit ihren Wirkungen in den ersten Ehejahren begründe ebenfalls nicht die Anfechtung der Ehe. Denn die Formen, in denen sie nach dem Ergebnis der Beweisaufnahme während der ersten Jahre der Ehe in die Erscheinung getreten sei, seien nicht solche, daß anzunehmen wäre, der Kläger würde die Ehe nicht geschlossen haben, wenn er die Anlage und ihre Erscheinungsform gekannt hätte.

Mit Recht beanstandet die Revision diese Ausführungen. Das Reichsgericht hat sich über Eheanfechtungen wegen krankhafter geistiger oder seelischer Veranlagung eines Ehegatten, die unbedenklich unter den Begriff der persönlichen Eigenschaft nach § 1333 BGB. einzureihen ist, wiederholt ausgesprochen (RGZ. Bd. 73 S. 134; WarnRspr. 1908 Nr. 323, 1911 Nr. 85, 1912 Nr. 310, 1927 Nr. 182; JW. 1920 S. 555 Nr. 7, 1922 S. 1199 Nr. 6; Gruch. Bd. 65 S. 95; Urteil vom 20. Januar 1927 VII 54/26). Im wesentlichen stimmen diese Erkenntnisse darin überein, daß es für die Anfechtung der Ehe darauf ankommt, ob der Ehegatte schon zur Zeit der Eheschließung mit Geisteskrankheit oder mit einer Veranlagung behaftet war, die nach der gewöhnlichen Entwicklung der Dinge notwendig zur Geisteskrankheit führen mußte, daß aber § 1333 BGB. nicht anwendbar ist, wenn nur bei Hinzutritt mißlicher und widriger Verhältnisse die Anlage eine Geisteskrankheit auslöst. Zwar soweit das Berufungsgericht verneint, daß die bald nach der Eheschließung bis zur Trennung der Parteien im Jahre 1916 hervorgetretenen Erscheinungen einer absonderlichen geistigen Veranlagung der Beklagten einen Anfechtungsgrund abgeben können, liegt kein Rechtsirrtum vor. Im übrigen tragen aber die Darlegungen des Vorderrichters den erwähnten reichsgerichtlichen Grundsätzen nicht ausreichend Rechnung. Hatte die später erkennbar ausgebrochene Geisteskrankheit — wie das Berufungsgericht feststellt — ihren Ursprung in einer Veranlagung der Beklagten, die schon bei der Eheschließung vorhanden war, so beruht ihr Ausbruch zweifellos auf natürlicher Notwendigkeit, es sei denn, daß anzunehmen wäre, es hätten besondere widrige Umstände den Krankheitsausbruch verursacht. Solche Umstände sind vom Berufungsrichter nicht festgestellt; es ist auch nicht ersichtlich, daß der Sachverhalt dafür besondere Anhaltspunkte geboten hätte. Die Frage, ob erhebliche, dem gewöhnlichen Verlauf der Dinge nicht entsprechende Schädigungen auf den Ehegatten eingewirkt und so den Ausbruch der Geisteskrankheit herbeigeführt haben, der sonst nicht notwendig erfolgt wäre, bedarf eingehender Erörterung durch den Tatrichter, wie namentlich der V. Zivilsenat in seinem erwähnten Urteil vom 14. Dezember 1921 (JW. 1922 S. 1199 Nr. 6) hervorgehoben hat. Eine besondere Beweispflicht des Anfechtungsklägers in dieser Richtung wäre jedoch nur dann anzuerkennen, wenn bestimmte Anhaltspunkte für derartige Schädigungen hervorträten. Beim Fehlen darauf hinweisender Umstände bedarf es aber nicht, wie das Oberlandesgericht meint, noch besonderer „überzeugender Anhaltspunkte dafür, daß die Veranlagung mit Naturnotwendigkeit zu der ausgebrochenen Geisteskrankheit habe führen müssen".

Hiernach ist wegen der unrichtigen rechtlichen Einstellung des Berufungsgerichts das angefochtene Urteil aufzuheben und die Sache in die Vorinstanz zurückzuverweisen. Unter Berücksichtigung der reichsgerichtlichen Rechtsprechung, auch über die sonstigen Erfordernisse einer Anfechtung nach § 1333 BGB., wird der Sachverhalt nochmals daraufhin zu prüfen sein, ob das Anfechtungsbegehren des Klägers berechtigt ist.

RGZ. 128, 74

Inwieweit steht der Geltendmachung einer persönlichen Eigenschaft als Eheanfechtungsgrund der Umstand entgegen, daß der Kläger von dieser Eigenschaft schon während eines früheren Eheprozesses Kenntnis gehabt hatte?

BGB. § 1333*) — ZPO. § 616.

Die Entscheidung ist abgedruckt unter „Zivilprozeß".

RGZ. 146, 241

Ist Unterleibstuberkulose der Frau eine zur Anfechtung der Ehe berechtigende persönliche Eigenschaft im Sinne des § 1333*) BGB., wenn sie zwar nicht unheilbar ist, aber den körperlichen Zustand der Frau dauernd in einer Weise beeinflussen wird, daß die Erzeugung von Nachkommen oder jedenfalls von solchen Nachkommen, die nicht mit der Anlage zur Tuberkulose behaftet sind, ausgeschlossen ist?

IV. Zivilsenat. Urt. v. 20. Dezember 1934.

I. Landgericht Essen. II. Oberlandesgericht Hamm.

Die Parteien haben am 19. August 1931 die Ehe geschlossen, die kinderlos geblieben ist. Zur Herstellung einer häuslichen Gemeinschaft ist es nicht gekommen. Seit Oktober 1931 hat der Beklagte jeden Verkehr mit der Klägerin abgebrochen. Die Klägerin begehrt mit der Klage die Verurteilung des Beklagten zur Wiederherstellung der ehelichen Gemeinschaft. Der Beklagte hat um Abweisung der Klage gebeten und Widerklage erhoben mit dem Antrag, die Ehe der Parteien für nichtig zu erklären, hilfsweise, sie zu scheiden.

*) Jetzt § 32 d. EheG. v. 20. 2. 46.

Das Landgericht hat nach dem Klagantrag erkannt und die Widerklage abgewiesen. Das Oberlandesgericht hat unter Abweisung der Klage auf die Widerklage die Ehe der Parteien für nichtig erklärt. Die Revision der Klägerin blieb erfolglos.

Aus den Gründen:

Das Berufungsgericht hält die Anfechtung der Ehe wegen Irrtums des Beklagten darüber für begründet, daß die Klägerin zur Zeit der Eingehung der Ehe an Tuberkulose gelitten habe. Auf Grund der Gutachten der von ihm vernommenen Sachverständigen stellt es folgendes fest:

Bereits im Jahre 1928 sei die Klägerin im Krankenhaus in B. in Behandlung gewesen. Der Sachverständige Dr. M. habe damals die Diagnose auf Unterleibs-, wahrscheinlich Darmtuberkulose gestellt. Diese Diagnose habe er bestätigt gefunden, als er im Jahre 1932 die Klägerin behandelt und operiert habe. Er habe bei dieser Gelegenheit u. a. eine ausgedehnte Bauchfell- und Genitaltuberkulose vorgefunden. Ferner sei der Wurmfortsatz des Blinddarms infiziert gewesen. Der Darm der Klägerin sei mit Knötchen besetzt gewesen. Dr. M. habe daraus den Schluß gezogen, daß die Unterleibs-(Darm-)tuberkulose im Laufe der Zeit auf die Genitalien übergegriffen habe. Er sei aus der Diagnose von 1928 und der großen Ausdehnung der Tuberkulose bei der Operation im Jahre 1932 zu dem Ergebnis gelangt, es sei mit Sicherheit anzunehmen, daß die Klägerin bereits zur Zeit ihrer ersten Behandlung im Jahre 1928, bestimmt aber zur Zeit ihrer Eheschließung tuberkulosekrank gewesen sei. Auch der Sachverständige Dr. B. sei der Ansicht, daß die Tuberkulose schon zur Zeit der Eheschließung vorhanden gewesen sei. Nun sei zwar Tuberkulose als solche nicht vererblich; vererblich sei aber die Anlage zur Tuberkulose. Auch sei die Möglichkeit einer Heilung der Klägerin nicht ganz ausgeschlossen. Auf der anderen Seite sei aber die Möglichkeit einer Schwangerschaft bei der Klägerin sehr gering, und auch bei einer etwaigen Ausheilung der Tuberkulose komme eine Schwangerschaft kaum mehr in Frage. Selbst wenn die Klägerin wider Erwarten einem Kinde das Leben schenken werde, so sei dieses mit Sicherheit gefährdet.

Diese Tatsachen reichen nach Ansicht des Berufungsgerichts zu einer Anfechtung der Ehe wegen Irrtums über wesentliche Eigenschaften des anderen Ehegatten aus. Es möge, so führt das Berufungsgericht aus, zugegeben werden, daß es sich bei der Klägerin möglicherweise nicht um ein dauerndes und unheilbares Leiden handle. Die Folge dieses Leidens sei aber nach den Bekundungen der Sachverständigen mit größter Sicherheit die, daß an die Erzeugung von Nachkommen, jedenfalls aber von gesunden Nachkommen nicht gedacht werden könne. Eine solche Ehe entspreche nicht den Anforderungen und Anschauungen des heutigen Staates über Wesen und Zweck der Ehe. Es müsse dem gesunden Ehegatten, der von der Krankheit des anderen nichts gewußt habe, das Recht zur Anfechtung dieser Ehe zugestanden werden, die er bei verständiger Würdigung und Kenntnis der Sachlage nicht eingegangen wäre.

Die Revision bezeichnet es als zweifelhaft, ob die festgestellten Tatsachen ausreichend seien, um die Ehe anzufechten. Die Krankheit der Klägerin sei heilbar, und wenn auch ihre Fähigkeit, gesunden Nachkommen das Leben zu schenken, sehr beschränkt sei, so sei sie doch nach den Feststellungen des Berufungsgerichts nicht ganz ausgeschlossen. Diese Bemängelungen der Revision sind nicht begründet.

Eine persönliche Eigenschaft im Sinne des § 1333 BGB. ist begrifflich nicht etwas bloß Vorübergehendes und Zufälliges, vielmehr wohnt ihr das Merkmal des Dauernden, die Persönlichkeit Bestimmenden bei (WarnRspr. 1912 Nr. 32). Daher begründet eine vorübergehende Erkrankung vor der Ehe, wenn auch schwerer Art, in der Regel noch nicht die Anfechtung aus § 1333. Vielmehr muß der Regel nach ein dauernd unheilbares Leiden nachgewiesen werden (RGZ. Bd. 103 S. 323; RG. in JW. 1915 S. 140 Nr. 5, 1927 S. 1191 Nr. 4, LZ. 1918 Sp. 913, WarnRspr. 1934 Nr. 39). Anders verhält es sich jedoch, wenn es sich um eine Krankheit handelt, die zwar heilbar ist, aber dauernde Folgen hinterläßt (RGZ. Bd. 103 S. 324 flg.; RG. in JW. 1927 S. 1191 Nr. 4). Ein solcher Sachverhalt ist hier dargetan. Zur Zeit der Eheschließung war die Klägerin an Unterleibstuberkulose erkrankt. Daß dieses Leiden unheilbar sei, vermag das Berufungsgericht nicht festzustellen. Wohl aber stellt es fest, daß das Leiden der Klägerin, auch wenn es geheilt werden sollte, „mit größter Sicherheit" die Folge haben wird, daß an die Erzeugung von Nachkommen, jedenfalls aber von gesunden (d. h. nicht mit der Anlage zur Tuberkulose behafteten) Nachkommen nicht gedacht werden kann. Hiernach ist im Rechtssinn als hinreichend sicher anzunehmen, daß das Leiden der Klägerin auch im Falle seiner Heilung ihren körperlichen Zustand dauernd in einer Weise beeinflussen wird, daß die Erzeugung von Nachkommen oder jedenfalls von Nachkommen, die nicht mit der Anlage zur Tuberkulose behaftet sind, in der Ehe ausgeschlossen ist. Dadurch wird eine persönliche Eigenschaft im Sinne des § 1333 BGB. begründet . . .

RGZ. 147, 211

Ist eine Abweichung der weiblichen Geschlechtsorgane von ihrer regelmäßigen Beschaffenheit schon dann eine zur Anfechtung

der Ehe berechtigende persönliche Eigenschaft, wenn mit großer Wahrscheinlichkeit anzunehmen ist, daß sie die Unfruchtbarkeit der Frau zur Folge hat?

BGB. § 1333*).

IV. Zivilsenat. Urt. v. 14. März 1935.

I. Landgericht Magdeburg. II. Oberlandesgericht Naumburg a. S.

Die Frage ist bejaht worden aus folgenden, zugleich den Sachverhalt wiedergebenden

Gründen:

Die Beklagte war im Jahre 1921 während einer Schwangerschaft an Tripper erkrankt. Im Juni 1924 und im September 1928 stellte der Frauenarzt Dr. K. bei ihr eine Rückwärtsverlagerung der Gebärmutter fest. Nach längerer Behandlung gelang es, die Gebärmutter in die richtige Lage zu bringen und mittels eines Ringes darin festzuhalten. Die Beklagte ist aber noch bis in die letzte Zeit wegen der Neigung der Gebärmutter zur Verlagerung in der Behandlung des Dr. K. geblieben. Die Geschlechtskrankheit war im Zeitpunkt der Eheschließung ausgeheilt. Das Berufungsgericht stellt auch nicht fest, daß die Rückwärtsverlagerung der Gebärmutter noch in diesem Zeitpunkt vorhanden war oder daß sie bleibende Nachwirkungen gehabt, insbesondere die Gebär- oder die Befruchtungsfähigkeit beeinträchtigt hätte. Das Berufungsgericht legt entscheidendes Gewicht darauf, daß erfahrungsgemäß eine Trippererkrankung während der Schwangerschaft sehr häufig schwerwiegende Folgen für das Eheleben hat, wie dauernde Krankheit oder Kränklichkeit und insbesondere dauernde Unfruchtbarkeit, und solche Folgen daher auch bei der Beklagten eintreten können. Aus den Erwägungen bei Erörterung des Vorliegens eines Irrtums auf seiten des Klägers ergibt sich weiter, daß das Berufungsgericht als sehr wahrscheinlich die Unfruchtbarkeit der Beklagten als Nachwirkung der früheren Geschlechtskrankheit annimmt. Das Berufungsgericht betrachtet deswegen eine frühere Geschlechtskrankheit einer Frau, namentlich eine während einer Schwangerschaft aufgetretene, „stets" als eine persönliche Eigenschaft im Sinne des § 1333 BGB. Diese Auffassung des Berufungsgerichts kann nicht gebilligt werden. Nach der ständigen Rechtsprechung des Reichsgerichts begründet eine vorübergehende Erkrankung vor der Ehe, auch eine Geschlechtskrankheit, in der Regel noch nicht die Anfechtung aus § 1333 BGB. (vgl. RGZ. Bd. 146 S. 241). Anders verhält es sich, wenn die Krankheit dauernde Folgen hinterlassen hat. Dann können diese Folgen eine persönliche Eigenschaft im Sinne des § 1333 BGB. ausmachen. Dazu ist erforder-

*) Jetzt § 32 d. EheG. v. 20. 2. 46.

lich, daß solche Folgen festgestellt werden. Eine dahin gehende Feststellung hat das Berufungsgericht nicht getroffen. Die wenn auch große Wahrscheinlichkeit der Unfruchtbarkeit genügt nicht, wenn sie nicht den Schluß zu rechtfertigen vermag, daß sie im vorliegenden Fall auch tatsächlich eingetreten ist. Der Kläger hat in dieser Hinsicht weiteren Beweis durch Antrag auf Einholung des Gutachtens eines Sachverständigen angetreten.

Bei der erneuten Verhandlung wird das Berufungsgericht auch noch von einem anderen Gesichtspunkt aus die Frage der Anfechtbarkeit der Ehe zu prüfen haben.

Es steht fest, daß bei der Beklagten eine Rückwärtsverlagerung der Gebärmutter eingetreten ist. Das Berufungsgericht legt diesem Umstande, obschon es in ihm die unmittelbare Ursache der als wahrscheinlich angenommenen Unfruchtbarkeit erblickt, keine besondere Bedeutung bei; anscheinend deswegen nicht, weil das Berufungsgericht nicht mit Sicherheit festzustellen vermag, ob die Gebärmutterverlagerung ihrerseits durch die Geschlechtskrankheit der Beklagten verursacht worden ist. Auf die Entstehungsursache der Gebärmutterverlagerung braucht es jedoch gar nicht anzukommen. Es kann sein, daß die Rückwärtsverlagerung als solche oder vielleicht auch schon die Neigung der Gebärmutter zur Verlagerung, wenn sie im Zeitpunkt der Eheschließung vorhanden war, eine zur Anfechtung der Ehe berechtigende persönliche Eigenschaft im Sinne des § 1333 BGB. darstellt. Die Rückwärtsverlagerung und selbst schon die Neigung zur Verlagerung können eine derartige Abweichung des weiblichen Geschlechtsorganismus von seiner normalen Beschaffenheit bilden, daß sie der Frau ein besonderes ihr anhaftendes wesentliches Merkmal geben. Eine Abweichung von der normalen Beschaffenheit des Geschlechtsorganismus ist aber schon dann als wesentlich anzusehen, wenn durch sie die Fruchtbarkeit der Frau in erheblichem Maße gefährdet wird. Insofern ist allerdings anzuerkennen, daß auch schon die große Wahrscheinlichkeit der Unfruchtbarkeit erheblich sein kann. Aber nicht für sich allein, sondern nur als Maßstab der Bedeutsamkeit eines vorhandenen körperlichen Fehlers.

RGZ. 148, 188

Liegt der Nichtigkeitsgrund der Namensehe schon dann vor, wenn nach dem Willen eines der Eheschließenden die eheliche Lebensgemeinschaft nicht begründet werden soll, oder muß der Wille beider Eheschließenden in dieser Hinsicht übereinstimmen?

BGB. § 1325 a*).

*) Jetzt § 19 d. EheG. v. 20. 2. 46.

IV. Zivilsenat. Urt. v. 25. Juli 1935.

I. Landgericht Berlin. II. Kammergericht daselbst.

Die Frage ist im Sinne des zweiten Erfordernisses entschieden worden.

Aus den Gründen:

Die Ehe der Beklagten ist zwar vor dem Inkrafttreten des Gesetzes gegen Mißbräuche bei der Eheschließung usw. vom 23. November 1933 (RGBl. I S. 979), aber nach dem 8. November 1918 geschlossen worden. Daher finden nach Art. IV dieses Gesetzes die Vorschriften des Art. I Nr. 1 bis 3, also auch die des § 1325 a BGB. und des Art. II Anwendung. Da die Ehe durch Scheidung wieder aufgelöst worden ist, so war, wie das Berufungsgericht zutreffend ausführt, die vom Staatsanwalt gegen die Frau zu erhebende Klage nach Art. II § 2 des bezeichneten Gesetzes auf Feststellung der Nichtigkeit der Ehe zu richten.

Diese Nichtigkeitsfeststellungsklage setzt voraus, daß die Ehe ausschließlich oder vorwiegend zu dem Zwecke geschlossen worden ist, der Frau die Führung des Familiennamens des Mannes zu ermöglichen, ohne daß die eheliche Lebensgemeinschaft begründet werden soll (§ 1325 a BGB.). Beiden Teilen muß die Absicht fehlen, die eheliche Lebensgemeinschaft zu begründen. Es genügt nicht, wenn nur der eine Teil sich etwa innerlich vorbehält, eine eheliche Lebensgemeinschaft nicht herzustellen. Das ergibt sich schon aus der allgemeinen Fassung der Gesetzesworte: „ohne daß die eheliche Lebensgemeinschaft begründet werden soll". Damit stimmt auch die amtliche Begründung des Gesetzes überein (DJustiz 1933 S. 765). Es heißt darin, die Vorschrift richte sich gegen Ehen, bei deren Eingehung die Eheleute vereinbart hätten, daß ein eheliches Zusammenleben nicht oder nur vorübergehend stattfinden und sobald als möglich die Scheidung der Ehe herbeigeführt werden sollte. An anderer Stelle wird ausgeführt, eine Nichtigkeitsklage mit der Begründung, daß die Ehe aus unlauteren Beweggründen geschlossen sei und daß die Eheleute eine wirkliche Ehegemeinschaft nicht hätten begründen wollen, sei bisher im Gesetz nicht zugelassen (ebenso Dölle in JW. 1933 S. 2859 unter 1 a; Brandis das. S. 2862 unter B I 1 a).

Zu keinem anderen Ergebnis gelangt man, wenn man davon ausgeht, daß das Gesetz die Sittenwidrigkeit bekämpfen wollte, die darin liegt, daß jemand eine Ehe schließt, die mindestens vorwiegend nur der Namensübertragung dient und nicht zur Herstellung der ehelichen Lebensgemeinschaft führen soll. Da nach § 1323 BGB. eine Ehe nur in den Fällen der §§ 1324 bis 1328 nichtig ist, so konnte die sittenwidrige Absicht der Eheschließenden, eine eheliche Lebensgemeinschaft nicht herzustellen, nach bisherigem Recht keinen Nichtigkeitsgrund bilden. Es bedurfte der besonderen Vorschrift des durch das bezeichnete Gesetz dem Bürgerlichen Gesetzbuch neu eingefügten § 1325 a, um dem verletzten Sittengebot Geltung zu verschaffen. Das Reichsgericht hat nun in ständiger Rechtsprechung den Grundsatz ausgebildet, daß bei Rechtsgeschäften, die an sich, ihrem Inhalt nach, nicht sittenwidrig sind und das Gepräge der Sittenwidrigkeit erst durch die Beweggründe der Vertragschließenden und den von ihnen verfolgten Zweck erhalten, diese subjektiven Voraussetzungen eines Verstoßes gegen die guten Sitten auf beiden Seiten erfüllt sein müssen, um die Nichtigkeit zu begründen (RGZ. Bd. 78 S. 353, Bd. 99 S. 107, Bd. 114 S. 341). Eine Ausnahme von dieser Regel ist allerdings im allgemeinen für Fälle anzuerkennen, in denen die Sittenwidrigkeit des Handelns des einen Vertragsteils gerade in seinem Verhalten gegenüber dem anderen Vertragsteil zu finden ist (RGZ. Bd. 93 S. 27 [30], Bd. 108 S. 213 [217]. In Fällen der vorliegenden Art lassen aber die besonderen Vorschriften über Ehenichtigkeit und Eheanfechtung (§§ 1323 flg., 1330 flg. BGB.) für eine solche Ausnahme keinen Raum. Hat ein Eheschließender den Willen des anderen durch arglistige Täuschung beeinflußt, indem er ihm den Umstand, daß er die eheliche Lebensgemeinschaft verweigern wolle, arglistig verschwiegen hat, so ist der getäuschte Teil nach den gedachten Vorschriften auf die Anfechtung der Ehe nach § 1334 BGB. angewiesen. Diese Sondervorschriften schließen die Annahme der Nichtigkeit der Eheschließung aus. Danach erscheint die Annahme, daß der Nichtigkeitsgrund des § 1325 a BGB. nur vorliegt, wenn beide Eheschließenden übereinstimmend die eheliche Lebensgemeinschaft nicht begründen wollten, auch vom Standpunkt der bisherigen Rechtsprechung des Reichsgerichts aus gerechtfertigt.

RGZ. 148, 395

Unter welchen Voraussetzungen kann eine Ehe wegen Anlage eines Ehegatten zu geistiger Erkrankung angefochten werden?

BGB. § 1333*).

IV. Zivilsenat. Urt. v. 30. September 1935.

I. Landgericht Berlin. II. Kammergericht daselbst.

Die Parteien haben am 26. Juli 1926 die Ehe geschlossen. Der Kläger hat Klage auf Scheidung der Ehe erhoben, weil sich die Beklagte grober Lieblosigkeiten und Beschimpfungen sowie der völligen Vernachlässigung des Haushalts schuldig gemacht habe. Das Landgericht hat ein Gutachten über den Geisteszustand der Beklagten

*) Jetzt § 32 d. EheG. v. 20. 2. 46.

eingeholt und dann die Klage abgewiesen, weil die Beklagte für ihre Handlungen nicht verantwortlich zu machen sei. Der Kläger hat Berufung eingelegt; er hat nunmehr die Ehe gemäß § 1333 BGB. angefochten, da er sich über die bereits zur Zeit der Eheschließung vorhanden gewesene Geisteskrankheit der Beklagten im Irrtum befunden habe; er hat demgemäß an erster Stelle beantragt, die Ehe für nichtig zu erklären. Das Berufungsgericht hat nach Einziehung weiterer Gutachten diesem Antrag des Klägers entsprochen. Auf die Revision der Beklagten wurde das Berufungsurteil aufgehoben und die Sache an das Berufungsgericht zurückverwiesen.

Gründe:

. . . Das Berufungsgericht gelangt auf Grund der von den Sachverständigen Professor Dr. St. und Dr. W. erstatteten Gutachten und auf Grund der von den Zeugen bekundeten Handlungen der Beklagten zu dem Ergebnis daß sich der gegenwärtige Zustand der Beklagten nicht in einer mehr oder minder großen geistigen Beschränktheit erschöpfe, sondern daß es sich bei der Beklagten zur Zeit um einen derartigen krankhaften Schwachsinn handle, daß dieser als Geisteskrankheit erheblichen Grades anzusehen sei und als persönliche Eigenschaft der Beklagten im Sinne des § 1333 BGB. zu bewerten sein würde. Im Anschluß an diese Feststellung, die sich mit dem gegenwärtigen Geisteszustand der Beklagten befaßt, führt das Berufungsgericht sodann aus, daß nach dem Gutachten des Dr. W. vom 15. Dezember 1934 unbedenklich angenommen werden könne, daß diese geistige Erkrankung der Beklagten bereits im Zeitpunkt der Eheschließung vorhanden gewesen sei; denn der Sachverständige habe erklärt, daß die jetzt feststellbaren persönlichen Eigenschaften der Beklagten schon zur Zeit der Eheschließung als Anlage oder erkennbare Eigenschaft vorhanden gewesen seien.

Der Angriff der Revision richtet sich zunächst gegen die Auffassung des Berufungsgerichts, daß der zur Zeit bei der Beklagten als vorhanden erachtete Schwachsinn als eine persönliche Eigenschaft der Beklagten von der in § 1333 BGB. vorausgesetzten Art angesehen werden könne. Das Berufungsgericht verkennt jedoch nicht, daß nicht jede leichte Form des Schwachsinns hierzu ausreicht. Es stellt fest, daß sich der Zustand der Beklagten nicht in einer mehr oder minder großen Beschränktheit erschöpfe, sondern daß es sich um einen erheblichen Grad krankhaften Schwachsinns handle, der bezweifeln lasse, ob die Beklagte auch nur beschränkt zurechnungsfähig und nicht vielmehr völlig unzurechnungsfähig sei. Das Berufungsgericht erörtert ferner an einer anderen Stelle des Urteils, daß der Beklagten infolge ihrer Erkrankung die Fähigkeit fehle, die einfachsten Pflichten, welche die Ehe den Ehegatten auferlegt, zu begreifen und zu erfüllen. Wenn das Berufungsgericht bei einer derart gesteigerten und mit dem Wesen der Ehe unvereinbaren Geistesschwäche eine persönliche Eigenschaft der Beklagten im Sinne des § 1333 BGB. als vorliegend erachtet, so befindet es sich damit im Einklang mit der Rechtsprechung des Reichsgerichts (Urteil vom 4. Juni 1923 IV 742/22). Daß das Berufungsgericht mit dieser seiner Ueberzeugung von dem Grade des bei der Beklagten bestehenden Schwachsinns über den Inhalt der Gutachten der Sachverständigen Prof. Dr. St. und Dr. W. hinausgeht, ist richtig. Zu Unrecht wird dies von der Revisionsklägerin beanstandet, zumal das Berufungsgericht hervorhebt, daß es sich seine freie richterliche Ueberzeugung von dem Umfang der bestehenden Geistesschwäche nicht nur auf Grund der erstatteten Gutachten, sondern auch auf Grund des von den Zeugen bekundeten Benehmens der Beklagten gebildet habe.

Bestehen somit keine rechtlichen Bedenken gegen die Auffassung des Berufungsgerichts, daß die Beklagte zur Zeit an einer geistigen Erkrankung leidet, die als persönliche Eigenschaft im Sinne des § 1333 BGB. zu bewerten sein würde, so geben doch die weiteren Ausführungen des Berufungsgerichts zu Bedenken Anlaß, insofern dort ausgesprochen wird, daß diese geistige Erkrankung bereits im Zeitpunkte der Eheschließung der Parteien vorhanden war, wobei zur Begründung auf das Gutachten des Dr. W. vom 15. Dezember 1934 Bezug genommen wird. Hier hatte der Sachverständige die ihm vom Gericht gestellte Frage dahin beantwortet, es könne kein Zweifel darüber bestehen, daß die jetzt feststellbaren persönlichen Eigenschaften der Beklagten schon zur Zeit der Eheschließung als Anlage oder erkennbare Eigenschaft vorhanden waren. Mit Recht macht hiergegen die Revision geltend, daß nicht jede zur Zeit der Eheschließung vorhandene Anlage zur Geisteskrankheit als Anfechtungsgrund im Sinne des § 1333 BGB. angesehen werden dürfe.

Das Reichsgericht hat in ständiger Rechtsprechung die Anwendbarkeit des § 1333 BGB. verneint, wenn zur Zeit der Eheschließung nur eine u n b e s t i m m t e Besorgnis des künftigen Ausbruchs einer Geisteskrankheit bestand oder wenn der Ausbruch nur für den Fall des Eintritts besonders widriger, die Entwicklung der vorhandenen Anlage begünstigender Verhältnisse zu besorgen war (vgl. aus neuerer Zeit WarnRspr. 1934 Nr. 11; DRZ. Rspr. 1935 Nr. 507). Hieran wird festgehalten. Wenn als Umkehr jener Verneinung in einer größeren Zahl der einschlägigen Entscheidungen der Satz aufgestellt ist, es komme darauf an, ob die bei der Eheschließung vorhandene Anlage nach der gewöhnlichen Entwicklung der Dinge m i t N o t - w e n d i g k e i t zur Geisteskrankheit führen m u ß t e, so erscheint diese Abgrenzung allerdings zu eng. Bei der Bedeutung, die der Ehe und der geistigen Gesundheit beider Ehegatten für die Volksgemeinschaft zukommt, rechtfertigt sich die Annahme des in Rede stehenden Tatbestandmerkmals des § 1333 schon dann, wenn zur Zeit der Eheschließung die begründete Besorgnis bestand, daß sich aus einer vorhandenen Anlage schon nach dem gewöhnlichen Verlauf der Dinge und insbesondere auf Grund der aus dem Wesen der Ehe als einer vollkommenen Lebensgemeinschaft schon an sich entspringenden Anforderungen auch ohne das Hinzutreten besonders widriger Verhältnisse eine Geisteskrankheit entwickeln werde. Denn eine Anlage von solcher Beschaffenheit hätte den anderen Ehegatten bei Kenntnis der Sachlage und bei verständiger Würdigung des Wesens der Ehe von der Eingehung der Ehe abhalten müssen. In ähnlichem Sinne hat sich der V. Zivilsenat bereits in einer Entscheidung vom 14. Dezember 1921 (JW. 1922 S. 1199 Nr. 6) ausgesprochen.

Der Anfechtungskläger, der behauptet, daß eine Anlage zur Geisteskrankheit in dem erörterten Sinne zur Zeit der Eheschließung vorhanden gewesen sei, hat diese Behauptung zu beweisen. Diese Beweisführung hat die Rechtsprechung des Reichsgerichts (siehe wiederum WarnRspr. 1934 Nr. 11) dem Anfechtungskläger in dem Fall erleichtert, daß es zum Ausbruch der Geisteskrankheit während der Ehe tatsächlich gekommen ist. In diesem Falle braucht der Anfechtungskläger nur zu beweisen, daß die zum Ausbruch gekommene Geisteskrankheit ihre Ursache in einer schon bei der Eheschließung vorhandenen Anlage hatte; er ist dagegen des Beweises dafür enthoben, daß die damals vorhandene Anlage von einer Beschaffenheit war, welche die Besorgnis späterer Erkrankung in dem oben dargelegten Sinne begründete. Wenn der Anfechtungsgegner behaupten will, daß nur der Hinzutritt besonders mißlicher und widriger Verhältnisse, insbesondere etwa das eigene schuldhafte Verhalten des Anfechtungsklägers während der Ehe, die eingetretene geistige Erkrankung ausgelöst habe, so hat der Anfechtungsgegner diese Tatsachen darzulegen und zu beweisen.

Diese grundsätzlichen Rechtsausführungen über die Anforderungen, die zu stellen sind, um eine bei der Eheschließung vorhandene Anlage zur Geisteskrankheit als einen Anfechtungsgrund im Sinne des § 1333 BGB. erscheinen zu lassen, bedürfen schließlich noch der Ergänzung durch den Hinweis auf die in wiederholten neueren Entscheidungen des Reichsgerichts (RGZ. Bd. 145 S. 11; WarnRspr. 1935 Nr. 70; DRZ. 1935 Rspr. Nr. 507) niedergelegte Erkenntnis, daß ein Ehegatte, auch wenn bei ihm selbst keine Anzeichen einer geistigen Störung hervorgetreten sind, Träger einer periodisch zum Ausbruch kommenden Krankheit sein kann, die sich auf die Nachkommen vererbt und diese erbkrank macht. Dann liegt stets eine persönliche Eigenschaft des Ehegatten im Sinne des § 1333 BGB. vor. Für einen solchen Fall der Erbkrankheit hat das oben besprochene Erfordernis, daß zur Zeit der Eheschließung die begründete Besorgnis bestanden hat, es werde sich aus der vorhandenen Anlage auch ohne das Hinzutreten besonders ungünstiger Verhältnisse eine Geisteskrankheit entwickeln, keine Geltung. Unter jener Voraussetzung ist auch nicht von rechtlich entscheidender Bedeutung, ob der während der Ehe tatsächlich eingetretene Ausbruch durch das Verhalten des Anfechtungsklägers selbst ausgelöst worden ist.

Das Berufungsgericht hat diese rechtlichen Gesichtspunkte bei seiner Erörterung, ob dem Kläger ein Anfechtungsgrund aus § 1333 BGB. zur Seite steht, nicht berücksichtigt. Es hat auch, worauf von der Revision besonders hingewiesen wird, die von der Beklagten in beiden Rechtszügen vorgebrachte und unter Beweis gestellte Behauptung, daß das schuldhafte Verhalten des Klägers ihr gegenüber während der Ehe, insbesondere *seine Mißhandlungen und Beschimpfungen*, ungünstig auf die Entwicklung ihres geistigen Zustandes eingewirkt hätten, nicht geprüft und keine Stellung dazu genommen. Das Berufungsurteil war daher aufzuheben und die Sache zur anderweitigen Verhandlung und Entscheidung an das Berufungsgericht zurückzuverweisen . . .

RGZ. 153, 78

Unter welchen Voraussetzungen kann eine Ehe wegen Irrtums über eine persönliche Eigenschaft des anderen Ehegatten angefochten werden, wenn zwar der andere Ehegatte selbst erscheinungsbildlich nicht erkrankt, wohl aber bei einem Blutsverwandten — hier seiner Mutter — eine Erbkrankheit zum Ausbruch gekommen ist?

BGB. § 1333*).

IV. Zivilsenat. Urt. v. 3. Dezember 1936.

I. Landgericht Berlin. II. Kammergericht daselbst.

Der Kläger hat, gestützt auf § 1568 BGB., die Klage auf Scheidung der mit der Beklagten am 25. Februar 1928 geschlossenen Ehe erhoben. Das Landgericht hat die Klage abgewiesen. Im Berufungsverfahren hat der Kläger in zweiter Reihe beantragt, die Ehe der Parteien für nichtig zu erklären; die Anfechtung der Ehe hat er auf die §§ 1333 und 1334 BGB. gestützt und hierzu vorgetragen, die Beklagte sei mit Schizophrenie behaftet und habe dies bei Eingehung der Ehe verschwiegen. Das Kammergericht hat die Berufung des Klägers zurückgewiesen. Auf die Revision des Klägers wurde durch Urteil des erkennenden Senats vom 28. Februar 1935 IV 332/44 (WarnRspr. 1935 Nr. 70) das Urteil des Kammergerichts aufgehoben und die Sache zur neuen Verhandlung und Entscheidung an das

*) Jetzt § 32 d. EheG. v. 20. 2. 46.

Kammergericht zurückverwiesen. Der Kläger hat nunmehr den Antrag auf Nichtigerklärung der Ehe in erster Reihe gestellt und nur hilfsweise beantragt, die Ehe aus Verschulden der Beklagten zu scheiden. Die Beklagte hat Widerklage erhoben mit dem Antrag auf Scheidung der Ehe aus Alleinschuld des Klägers. Das Kammergericht wies die Berufung des Klägers gegen das landgerichtliche Urteil unter Abweisung seiner Anfechtungsklage wiederum zurück und schied auf die Widerklage der Beklagten die Ehe aus Verschulden des Klägers. Seine Revision hatte keinen Erfolg.

Gründe:

Das Berufungsgericht stellt auf Grund des Gutachtens des *Sachverständigen Dr. W. zunächst fest, daß die Beklagte selbst bisher* nicht geisteskrank (manifest erkrankt) ist und bei ihr auch keine begründete Besorgnis für eine spätere Erkrankung solcher Art besteht. Dann erörtert das Berufungsgericht, der in dem reichsgerichtlichen Urteil vom 28. Februar 1935 gegebenen Weisung entsprechend, die Frage, ob die Beklagte Trägerin einer periodisch zum Ausbruch kommenden Krankheit ist, die sich auf die Nachkommenschaft überträgt und diese erbkrank macht. Aus dem Obduktionsbefund bei dem von der Beklagten im Jahre 1930 geborenen, nach einigen Wochen wieder verstorbenen Kind und aus den dabei festgestellten Mißbildungen lassen sich, so nimmt das Berufungsgericht in Uebereinstimmung mit dem Sachverständigen an, in dieser Richtung keine für die Beklagte ungünstigen Schlußfolgerungen ableiten. Das Berufungsgericht erwägt, ob der vom Reichsgericht gebrauchte Ausdruck „Trägerin einer Krankheit" so zu verstehen sei, daß damit die Trägerin einer latenten vererblichen Anlage gemeint sei; es erachtet die Bezeichnung Krankheitsträgerin als außerordentlich dehnbar und einer näheren Auslegung bedürftig; es will die Entscheidung der Frage, ob im Sinne des § 1333 BGB. eine persönliche Eigenschaft des anderen Ehegatten, welcher Träger einer solchen Anlage ist, als vorliegend anzusehen ist, davon abhängig machen, wie schwer die Abkömmlinge eines solchen Anlageträgers dadurch erblich belastet sein werden, insbesondere im Verhältnis zu der Durchschnittsbevölkerung, und mit welcher Bestimmtheit oder Wahrscheinlichkeit mit der ungünstigen Erbwirkung zu rechnen sein werde. Dafür, daß die Beklagte Trägerin einer Anlage sein könnte, die sich auf die Abkömmlinge vererbt und diese erbkrank macht, liegt, wie das Berufungsgericht weiter feststellt, lediglich die Tatsache vor, daß die Mutter der Beklagten an einer Geisteskrankheit leidet; daß auch beim Vater oder bei anderen Blutsverwandten der Beklagten geistige Störungen aufgetreten sind, bezeichnet das Berufungsgericht ausdrücklich als nicht feststellbar. An welcher Geisteskrankheit die Mutter der Beklagten leidet, läßt sich nach dem Gutachten des Sachverständigen, dem sich das Berufungsgericht anschließt, mit Sicherheit ebenfalls nicht feststellen; es könne sich bei ihr entweder um Schizophrenie oder um manisch-depressives Irresein handeln; beides seien unzweifelhaft Erbkrankheiten. Das Berufungsgericht geht nun weiter in der Weise vor, daß es zunächst das Vorliegen der einen und dann das Vorliegen der anderen der genannten Geisteskrankheiten bei der Mutter der Beklagten unterstellt; von dieser Unterstellung ausgehend, erörtert es zunächst für die Schizophrenie und dann für das manisch-depressive Irresein den jeder dieser beiden Krankheiten eigentümlichen Erbgang und sucht für jede derselben Wahrscheinlichkeitszahlen zu ermitteln, die sich für eine Gefährdung der Enkel der betreffenden Geisteskranken, im vorliegenden Fall also für die aus der Ehe der Parteien etwa hervorgehenden Abkömmlinge, ergeben würden. Bei dieser Erörterung folgt das Berufungsgericht zum Teil dem von ihm über diese Fragen wiederholt vernommenen Sachverständigen Dr. W., zum Teil bildet es sich sein Urteil selbst auf Grund des von ihm angeführten erbpathologischen Schrifttums (Verschuer; Gütt-Rüdin-Ruttke u. a.). Das Berufungsgericht glaubt bei der Ermittlung des Grades der durch die Geisteskrankheit der Mutter der Beklagten hervorgerufenen Gefährdung der Enkel besonderes Gewicht darauf legen zu sollen, daß das Zwischenglied — die Beklagte selbst — nicht manifest erkrankt und daß deren Ehepartner — der Kläger — als erbgesund zu unterstellen sei. Das Ergebnis, zu dem das Berufungsgericht auf Grund seiner Untersuchung gelangt, ist negativ. Es sind nach seiner Auffassung weder bei Schizophrenie noch bei manisch-depressivem Irresein nach dem gegenwärtigen Stand der Wissenschaft irgendwelche brauchbaren Wahrscheinlichkeitszahlen für die Erkrankungsgefahr der Enkel oder gar der entfernteren Abkömmlinge vorhanden. Es bestünden also, so führt das Berufungsgericht aus, bezüglich der erblichen Belastung der Beklagten und der Gefährdung ihrer Nachkommenschaft so zahlreiche und schwere Zweifel, daß eine persönliche Eigenschaft der Beklagten im Sinne des § 1333 BGB., d. h. eine dem Wesen der Person anhaftende Eigenschaft, nicht als vorliegend angesehen werden könne. ... Das Berufungsgericht stellt schließlich den Satz auf, daß nach dem heutigen Stand der Wissenschaft und Gesetzgebung es als angemessen erscheine, die Anfechtungsmöglichkeit zu beschränken auf die Fälle wirklicher während der Ehe manifest gewordener Erbkrankheit des anderen Ehegatten.

Mit diesem letzten Ausspruch setzt sich das Berufungsgericht in Widerspruch zu der Rechtsprechung, an welcher der erkennende Senat seit seiner Entscheidung vom 18. Juni 1934 (RGZ. Bd. 145

S. 11) ständig festgehalten hat (vgl. insbesondere die Entscheidung vom 30. September 1935 RGZ. Bd. 148 S. 399 und die dort enthaltenen Verweisungen). Diese Rechtsprechung des erkennenden Senats geht dahin, daß es als eine persönliche Eigenschaft des anderen Ehegatten im Sinne des § 1333BGB. anzusehen ist, wenn er Träger einer periodisch zum Ausbruch kommenden Krankheit ist, die sich auf die Nachkommen vererbt und diese erbkrank macht, und daß wegen eines Irrtums hierüber beim Vorliegen der übrigen Voraussetzungen die Ehe angefochten werden kann; unter einem Krankheitsträger wird hier — wie sich aus den angeführten Entscheidungen ergibt — der Träger einer Anlage zu einer Erbkrankheit verstanden, auch wenn bei ihm selbst keine Anzeichen einer geistigen Störung hervorgetreten sind. ... Die Auffassung des Berufungsgerichts, daß *nach dem heutigen Stand der Wissenschaft* und Gesetzgebung die Anfechtung einer Ehe wegen Irrtums beschränkt bleiben müsse auf diejenigen Fälle, in denen die Erbkrankheit bei dem anderen Ehegatten bereits manifest geworden ist, ist daher als rechtsirrtümlich abzulehnen.

Diejenigen Fälle, in denen eine Manifestation der Erbkrankheit bei dem anderen Ehegatten bereits stattgefunden hat, unterscheiden sich jedoch in bezug auf die Anforderungen, die an die Beweisführung des anfechtenden Ehegatten zwecks erfolgreicher Durchführung seiner Anfechtungsklage zu stellen sind, erheblich von der anderen Gruppe von Fällen, wo bei dem anderen Ehegatten keine Anzeichen einer geistigen Störung hervorgetreten sind. In den erstgenannten Fällen bedarf es zunächst keines weiteren Nachweises, als daß es sich um eine Erbkrankheit handelt und von welcher Art diese ist. Nach den Erfahrungen der erbbiologischen Wissenschaft wird dann häufig der Schluß gezogen werden können, daß die ausgebrochene Krankheit ihrem Wesen nach nicht nur vererblich, sondern auch ererbt ist und daß daher der erkrankte Ehegatte Träger dieser Krankheitsanlage auch schon zur Zeit der Eheschließung gewesen sein muß; ... Sind dagegen bei dem anderen Ehegatten keinerlei Anzeichen einer geistigen Erkrankung aufgetreten, so ist ein Tatbestand, aus dem einfache Rückschlüsse auf das Vorhandensein einer krankhaften Erbanlage desselben gezogen werden können, nicht vorhanden. Es obliegt daher hier dem Anfechtungskläger, auf andere Weise den Nachweis zu führen, daß der andere Ehegatte Träger einer solchen Anlage ist, die sich auf die Nachkommen vererbt. Eine lückenlose Führung dieses Nachweises kann hier, wo die Tatsachen, aus denen erbbiologische Schlußfolgerungen gezogen werden sollen, weiter hergeholt werden müssen als im vorigen Fall, niemals verlangt werden. Der Anfechtungskläger muß aber doch so viel dartun, daß nach den Erfahrungen der ärztlichen Wissenschaft mit größter Wahrscheinlichkeit anzunehmen ist, daß der andere Ehegatte Anlageträger ist und dessen Nachkommen dadurch in erheblich höherem Maße der Gefahr einer geistigen Erkrankung ausgesetzt sind als die Durchschnittsbevölkerung. ... In einem neueren Aufsatz von M a ß f e l l e r (D. Just. 1936 S. 1287 flg., insbesondere S. 1292/1293) werden die Möglichkeiten erörtert, die für eine Beweisführung in der angegebenen Richtung trotz fehlender Manifestation der Krankheit beim Anfechtungsgegner nach dem heutigen Stand erbbiologischer Erkenntnis gegeben sind; es handelt sich um Fälle, wo aus dem Vorkommen manifester Erkrankungen bei den Blutsverwandten des Anfechtungsgegners der erfahrungsmäßig sichere Schluß auf eine erhebliche Gefährdung der Nachkommen gezogen werden kann; es ist diesem Aufsatz zu entnehmen, daß zur Zeit dieser Schluß regelmäßig nur in Fällen gezogen werden kann, wo bereits ein manifest erkranktes Kind des Anfechtungsgegners vorhanden ist, sowie in dem Fall, wo beide Elternteile des Anfechtungsgegners manifest erkrankt sind; auf die Einzelheiten jenes Aufsatzes, insbesondere auf die dort erörterte Bedeutung, die dem Unterschied zwischen rezessivem und dominantem Erbgang in diesem Zusammenhang beizulegen ist, braucht hier nicht eingegangen zu werden. Zu verweisen ist jedoch noch auf die Abhandlung von R u m p f in der Danziger Juristenzeitung 1936 Nr. 11, wo unter Nr. VIII und IX über ähnliche Fälle berichtet wird.

Aus den vorstehenden Erörterungen und aus ihrer Anwendung auf die tatsächlichen Feststellungen des Berufungsgerichts folgt, daß dessen Urteil, soweit es die Anfechtungsklage abweist, im Ergebnis richtig ist, wenn auch seiner Auffassung, daß nur bei wirklich ausgebrochener Erbkrankheit des anderen Ehegatten die Ehe angefochten werden könne, nicht zugestimmt werden kann. Wie sich aus den tatsächlichen Feststellungen des Berufungsgerichts ergibt, gegen deren Zustandekommen von der Revision keinerlei verfahrensrechtliche Bedenken erhoben sind, hat der Kläger den Wahrscheinlichkeitsbeweis keineswegs geführt, daß infolge einer krankhaften Anlage, deren Trägerin die Beklagte ist, die Nachkommenschaft der Parteien der Gefahr einer geistigen Erkrankung in erheblich höherem Maß ausgesetzt ist als die Durchschnittsbevölkerung. Es steht nach den Darlegungen des Berufungsgerichts lediglich die manifeste Geisteskrankheit der Mutter der Beklagten fest; es steht schon nicht fest, welcher Art diese Geisteskrankheit der Mutter der Beklagten ist; es steht bei der Verschiedenheit der Vererbung der bei der Mutter der Beklagten möglicherweise in Betracht kommenden Arten der Geisteskrankheit nicht einmal fest, ob die Beklagte überhaupt Anlageträgerin ist; noch weniger steht fest, welche anteilige Gefährdungszahl für die Nachkommenschaft der Beklagten besteht und ob diese höher ist als beim Durchschnitt der Bevölkerung. ...

Der Einwand der Revision, das für den Erfolg der vom Kläger erhobenen Anfechtungsklage Entscheidende müsse sein, daß dieser bei verständiger Würdigung des Wesens der Ehe diese nicht eingegangen sein würde, weil er, soweit es in menschlichem Ermessen liege, jede Möglichkeit erbkranken Nachwuchses habe ausschließen wollen, ist rechtsirrig. Denn in erster Reihe entscheidend bei der Anwendung des § 1333 BGB. ist, ob überhaupt von einer persönlichen Eigenschaft oder einem ihr gleich zu achtenden persönlichen Verhältnis des anderen Ehegatten gesprochen werden kann. Daß diese Voraussetzung vorliege, hat aber nach dem Vorgesagten das Berufungsgericht mit Recht verneint. ...

RGZ. 158, 268

1\. . . .

2. Unter welchen Voraussetzungen kann wegen Irrtums über Umstände, die die Person des anderen Ehegatten betreffen (§ 37 des neuen Ehegesetzes), auf Aufhebung der Ehe geklagt werden, wenn zwar der andere Ehegatte erscheinungsbildlich nicht erkrankt, wohl aber bei einem seiner nahen Blutsverwandten eine Erbkrankheit zum Ausbruch gekommen ist?

3. Kann dabei der Umstand erheblich sein, daß auch bei dem auf Aufhebung der Ehe klagenden Ehegatten eine erbliche Belastung vorhanden ist?

BGB. § 1333*). Gesetz zur Vereinheitlichung des Rechts der Eheschließung und der Ehescheidung usw. vom 6. Juli 1938 (RGBl. I S. 807) § 37*).

IV. Zivilsenat. Urt. v. 13. Oktober 1938.

I. Landgericht Heidelberg. II. Oberlandesgericht Karlsruhe.

. . . Zur Frage, unter welchen Voraussetzungen eine Ehe wegen Irrtums über eine persönliche Eigenschaft des anderen Ehegatten angefochten werden kann, wenn zwar der andere Ehegatte selbst erscheinungsbildlich nicht erkrankt, wohl aber bei einem seiner nächsten Blutsverwandten eine Erbkrankheit zum Ausbruch gekommen ist, hat der erkennende Senat in seiner Entscheidung vom 3. Dezember 1936 (RGZ. Bd. 153 S. 78 flg.) grundsätzlich Stellung genommen. Danach muß der anfechtende Ehegatte so viel dartun, daß nach den Erfahrungen der ärztlichen Wissenschaft mit größter Wahrscheinlichkeit anzunehmen ist, daß der andere Ehegatte Anlageträger ist und daß dadurch dessen Nachkommen in erheblich höherem Maße der Gefahr einer geistigen Erkrankung ausgesetzt sind als die Durch-

*) Jetzt § 32 d. EheG. v. 20. 2. 46.

schnittsbevölkerung. Diese Entscheidung hat auch im Schrifttum Zustimmung gefunden (M a ß f e l l e r in JW. 1937 S. 618 Anm. zu Nr. 6; L i e b n i t z in DJ. 1937 S. 1466). Im vorliegenden Falle hat nun das Berufungsgericht zwar die erste Voraussetzung, daß die Beklagte Trägerin einer Anlage zur Schizophrenie ist, mit überwiegender Wahrscheinlichkeit als bewiesen angesehen. Das Vorliegen der zweiten Voraussetzung hat aber das Berufungsgericht verneint. Und zwar hat es schon nicht mit Sicherheit festzustellen vermocht, daß sich die bei der Beklagten vorhandene krankhafte Teilanlage überhaupt auf ihre Kinder vererben wird; das entsprach dem Gutachten des Sachverständigen Prof. Dr. B., nach welchem sich die Teilanlage der Beklagten zur Schizophrenie zwar weitervererben kann, nicht aber weitervererben muß; diesem Gutachten durfte sich das Berufungsgericht anschließen, es brauchte sich dabei nicht beeinflussen zu lassen von dem in diesem Punkte weitergehenden Gutachten des erstinstanzlichen Sachverständigen Dr. Br., der allerdings die Meinung vertrat, daß die krankhafte Erbanlage der Beklagten auf alle Fälle auf die Nachkommen vererblich sei. Auf jeden Fall aber hat das Berufungsgericht weiterhin angenommen, daß die Teilanlage der Beklagten zur Schizophrenie — auch wenn sie sich als solche auf die Kinder weitervererbt — diese nicht in e r h e b l i c h höherem Maße der Gefahr des wirklichen Ausbruchs der Geisteskrankheit aussetzt, als eine solche bei der Durchschnittsbevölkerung besteht. Das Berufungsgericht hat diese Annahme auf die Zahlen gestützt, die die erbprognostische Forschung aus einer großen Anzahl von Untersuchungen über das Schicksal der Kinder und Enkel von Ehepaaren, deren e i n e r Partner schizophren war, empirisch errechnet hat. Als Krankheitserwartungszahl für die Enkel ist dabei 3 % errechnet worden, wie das Berufungsgericht dem Gutachten Dr. B.s entnommen hat, der sich dabei selbst wieder auf die neueste Zusammenstellung von Prof. Luxenburger im Lehrbuch der Psychiatrie von Bleuler (1937) stützt. Es mag hier noch bemerkt werden, daß im Erläuterungswerk von G ü t t - R ü d i n - R u t t k e zum Gesetz zur Verhütung erbkranken Nachwuchses, 2. Aufl. (1936), S. 132 für die Enkel noch eine etwas niedrigere Krankheitserwartungszahl, nämlich 2,42 % angegeben wird. Wenn das Berufungsgericht die aus dieser Zahl sich ergebende Gefahr der Erkrankung der Kinder der Beklagten an Schizophrenie als nicht erheblich und auch die Gefahrerhöhung gegenüber der Erkrankungsgefahr der deutschen Durchschnittsbevölkerung, die erfahrungsgemäß auf 0,8 % errechnet ist, als nicht groß bezeichnet hat, so war dies eine Würdigung, mit der das Berufungsgericht gegen die vom erkennenden Senat in seiner Entscheidung vom 3. Dezember 1936 (RGZ. Bd. 153 S. 78 flg.) aufgestellten Rechtsgrundsätze nicht verstoßen hat. Für seine Auffassung, daß unter den gegebenen Umständen eine erheblich höhere Gefährdung der Nachkommenschaft der Beklagten sich nicht sicher feststellen lasse, konnte im Ergebnis das Berufungsgericht sich mit Recht auch auf das Schrifttum berufen. Auch in der Entscheidung vom 3. Dezember 1936 war vom erkennenden Senat bereits darauf hingewiesen worden, daß von beachtenswerter Seite die Auffassung vertreten wird, daß aus dem Vorkommen manifester Erkrankungen bei Blutsverwandten eines Ehegatten der erfahrungsgemäß sichere Schluß auf eine erhebliche Gefährdung der Nachkommen nach dem heutigen Stande der erbbiologischen Erkenntnis nur erst in ganz bestimmten Fällen gezogen werden kann. In seiner Besprechung der genannten Entscheidung (JW. 1937 S. 618, 619) hat Maßfeller diese Fälle nochmals zusammengestellt; nach ihm ist zur Zeit ein sicherer Schluß nur in drei Fällen möglich, nämlich: wenn entweder beide Elternteile des Ehegatten schizophren waren, oder wenn zwar nur ein Elternteil schizophren, der betreffende Ehegatte selbst aber als schizophrenieähnlicher Psychopath oder sonst geistig abnormer Typ anzusehen ist, oder wenn zwar nur ein Elternteil schizophren war, der betreffende Ehegatte aber schon ein Kind hat, das schizophren oder schizophrenieähnlicher Psychopath ist. Aehnlich spricht sich Liebnitz aus (DJ. 1937 S. 1466). Keiner der aufgezählten drei Fälle, die einen sicheren Schluß auf eine erhebliche Gefährdung der Nachkommen zulassen, traf nach den Feststellungen des Berufungsgerichts bei der Beklagten zu; insbesondere auch nicht der an zweiter Stelle genannte Fall, daß bei ihr etwa neben der Tatsache, daß ihre Mutter schizophren ist, auch noch anzunehmen gewesen wäre, daß sie selbst schizophrenieähnlicher Psychopath oder sonst geistig abnorm oder auch nur seelisch auffällig wäre; das Gegenteil, was die geistige Verfassung der Beklagten selbst anbelangt, war vielmehr vom Berufungsgericht festgestellt.

Auf diesen tatsächlichen Feststellungen fußend, entsprach daher die Abweisung der vom Kläger erhobenen Eheanfechtungsklage durch das Berufungsgericht dem bisher geltenden § 1333 BGB. und der darüber bestehenden reichsgerichtlichen Rechtsprechung. . . .

III. Der Kläger hat nun in diesem Rechtsstreit von Anfang an seine Klage nicht nur auf die Tatsache des manifesten Ausbruchs der Schizophrenie bei der Mutter der Beklagten, sondern außerdem auch auf die Behauptung gestützt, daß die Beklagte selbst geistig abnorm sei, was insbesondere in den bei ihr in den Jahren 1934 bis 1936 aufgetretenen Störungen in die Erscheinung getreten sei. Das Berufungsgericht ist auf Grund des von dem Sachverständigen Professor Dr. B. erstatteten Gutachtens zu der Feststellung gelangt, daß für diese Behauptung des Klägers kein Beweis vorliege. Die Revision erhebt jedoch gegen diese Feststellung des Berufungsgerichts verfahrensrechtliche Einwendungen.

(Diese prozessualen Angriffe der Revision werden einer Erörterung unterzogen; sie werden für begründet erklärt. Dann wird fortgefahren:)

Die von der Revision erhobenen Verfahrensrügen mußten daher zur Aufhebung des angefochtenen Urteils und zur Zurückverweisung der Sache an das Berufungsgericht führen.

Bei der neuen Verhandlung über die vom Kläger erhobene Eheaufhebungsklage wird das Berufungsgericht einen Umstand beachten müssen, der, wie sich aus dem Tatbestand des angefochtenen Urteils ergibt, bisher von den Parteien lediglich im Zusammenhang mit der von der Beklagten nur fürsorglich aufrechterhaltenen Widerklage erörtert worden ist. Dieser Umstand besteht in der, wenn auch von dem Sachverständigen Dr. B. in seinem Gutachten bereits erwähnten Wahrscheinlichkeit, daß auch unter den Vorfahren und den sonstigen Blutsverwandten des Klägers Fälle von manifester Schizophrenie vorgekommen sein sollen. Von diesem im Zusammenhang mit der Klage bisher noch nicht erörterten Umstand ausgehend, wird sich die Frage erheben, wie hoch denn die Erkrankungswahrscheinlichkeit einer aus der Ehe der Parteien hervorgehenden Nachkommenschaft zu schätzen sein wird, wenn nicht nur die beklagte Ehefrau Trägerin einer Anlage zur Schizophrenie ist, sondern wenn auch auf der Seite des klagenden Ehemanns eine solche erbliche Belastung festgestellt wird. Da auch hier das Maß der Gefährdung der Nachkommenschaft der entscheidende Gesichtspunkt sein muß, so wird es einer richtigen Würdigung des Wesens der Ehe entsprechen, dem Irrtum des Klägers über die Anlageträger-Eigenschaft der Beklagten eine in demselben Verhältnis höhere Bedeutung zuzumessen, in welchem durch das Zusammentreffen seiner eigenen erblichen Belastung mit der Krankheitsanlage der Beklagten die Gefährdung der Nachkommenschaft erhöht wird. ...

RGZ. 159, 183

1. Ist das Verlangen des auf Aufhebung der Ehe klagenden Ehegatten dann im Sinne des § 37 Abs. 2 EheG. sittlich nicht gerechtfertigt, wenn es sich auf einen Aufhebungsgrund stützt, der im Laufe einer langjährigen Ehe seine Bedeutung verloren und in keiner Weise ungünstig auf die Gestaltung der Ehe eingewirkt hat und einwirken wird?

2. Spielt dabei der Umstand eine Rolle, daß die Ehe zur Zeit der Entscheidung über die Aufhebungsklage aus anderen Gründen zer-

rüttet ist und möglicherweise aus diesen Gründen doch gelöst werden wird?

Gesetz zur Vereinheitlichung des Rechts der Eheschließung und der Ehescheidung usw. vom 6. Juli 1938 (RGBl. I S. 807) — EheG. — § 37*).

IV. Zivilsenat. Urt. v. 2. Februar 1939.

I. Landgericht Berlin. II. Kammergericht daselbst.

Die Parteien haben am 13. Mai 1921 die Ehe geschlossen, aus der ein Sohn hervorgegangen ist. Sie leben seit dem 1. Dezember 1935 getrennt. Mit der Klage hat der Kläger zunächst die Scheidung der Ehe aus Alleinschuld der Beklagten begehrt mit der Begründung, daß sie ihm seit Mai 1935 beharrlich und ohne Grund den ehelichen Verkehr verweigert, sich auch grundlos von ihm getrennt habe und trotz ernstlicher Aufforderung nicht zurückgekehrt sei. Die Beklagte hat um Klageabweisung gebeten. Das Landgericht hat nach Beweisaufnahme die Klage abgewiesen. Der Kläger hat Berufung eingelegt und numehr in erster Linie beantragt, die Ehe für nichtig zu erklären, indem er behauptete, die Beklagte habe, wie ihm erst im Verlauf des Rechtsstreits bekannt geworden sei, vor der Heirat aus dem Verhältnis mit einem russischen Gefangenen ein uneheliches Kind geboren. Den früheren Antrag auf Scheidung der Ehe hat der Kläger als Hilfsantrag gestellt. Die Beklagte hat Zurückweisung der Berufung und im Wege der Anschlußberufung ihrerseits die Scheidung der Ehe aus Alleinschuld des Klägers beantragt. Sie stützt ihr Scheidungsbegehren auf Ehebruch des Klägers. Das Berufungsgericht hat unter Zurückweisung der Anschlußberufung der Beklagten, dem Hauptantrag des Klägers entsprechend, die Ehe der Parteien für nichtig erklärt. Die Revision der Beklagten führte zur Aufhebung und Zurückverweisung.

Gründe:

Das Berufungsurteil, das noch während der Gültigkeit des alten Eherechts ergangen ist, sieht die Anfechtung der Ehe gemäß § 1333 BGB. als begründet an auf Grund der Tatsache, daß die Beklagte vor der Ehe ein uneheliches Kind geboren habe und dies dem Kläger bei der Eheschließung unbekannt gewesen sei. Es könne dahingestellt bleiben, ob der Kläger bei der Heirat gewußt habe, daß die Beklagte nicht mehr jungfräulich sei, sowie ob er erklärt habe, sie wollten einen dicken Strich unter das voreheliche Leben beider Teile setzen; denn er habe zu dieser Zeit nicht gewußt, daß die Beklagte ein Kind zur Welt gebracht hatte. Die Geburt eines Kindes habe über den

*) Jetzt § 32 d. EheG. v. 20. 2. 46.

Geschlechtsverkehr hinaus dadurch Bedeutung, daß das lebende Kind ein Zeuge des Geschlechtsverkehrs sei. Bereits durch das Erscheinen des Kindes könne der Ruf der Frau gelitten haben, es bestehe auch die Möglichkeit, daß das Auftreten des Kindes später in den Familien Störungen hervorrufe. Daß, wie die Beklagte behaupte, ihr Kind inzwischen verstorben sei, sei belanglos, da es für die Stellungnahme des anfechtenden Ehegatten auf die Zeit der Heirat ankomme. Damals aber habe jedenfalls das Kind noch gelebt. Bei verständiger Würdigung des Wesens der Ehe würde ein Mann bei solcher Sachlage von der Heirat absehen. Daß der Kläger entgegen den Erfahrungen des Lebens trotz Kenntnis jenes Umstandes die Ehe mit der Beklagten geschlossen hätte, habe die Beklagte nicht dargetan. Da sonach die Ehe für nichtig zu erklären sei, komme es auf die beiderseitigen Scheidungsklagen nicht mehr an.

Die Revision, die das Urteil insbesondere unter Hinweis auf die gemäß § 93 EheG. jetzt anzuwendenden Bestimmungen des Ehegesetzes angreift, muß Erfolg haben.

Es kann dahingestellt bleiben, ob das Berufungsgericht die Voraussetzungen für eine Anfechtung gemäß § 1333 BGB. mit Recht bejaht hat. Nach neuem Recht muß jedenfalls die an Stelle der früheren Anfechtungsklage getretene Aufhebungsklage an der Bestimmung des § 37 Abs. 2 EheG. scheitern, daß die Aufhebung ausgeschlossen ist, wenn das Verlangen des einen Ehegatten nach Aufhebung der Ehe mit Rücksicht auf die bisherige Gestaltung des ehelichen Lebens der Ehegatten nicht gerechtfertigt erscheint. Unter diesem Gesichtspunkt hat das Berufungsgericht — weil es bisher an einer derartigen Bestimmung fehlte — den Hauptantrag des Klägers nicht geprüft. Nach den vorliegenden Tatsachen muß aber, ohne daß es weiterer Ermittlungen bedarf, die Bestimmung zur Abweisung der Aufhebungsklage führen. Die seit 17 Jahren bestehende Ehe der Parteien ist offenbar viele Jahre lang ohne erhebliche Reibungen verlaufen. Erst im Jahre 1935, also nach 14jähriger ungestörter Ehe, aus der auch ein Kind hervorgegangen ist, haben sich die Parteien getrennt. Daß sich die Beklagte während der Ehe irgendwelche Verstöße gegen ihre Treuepflicht hätte zuschulden kommen lassen, hat der Kläger selbst nicht behauptet; auch sonst hat sich in dieser Hinsicht im Rechtsstreit nicht das geringste ergeben. Das voreheliche Kind der Beklagten ist während der Ehe nie in Erscheinung getreten; es ist bereits im Jahre 1921 von einem Ehepaar F. an Kindes Statt angenommen worden. Von seinem Vorhandensein hat der Kläger erst während des Rechtstreits erfahren, also zu einer Zeit, als die Ehe aus anderen Gründen schon zerrüttet war. Dafür, daß das Kind der Beklagten — auch wenn es nicht, wie sie behauptet, inzwischen verstorben sein sollte — noch irgendwie zu einer Störung der Ehe führen könnte, fehlt jeder Anhalt. Wenn der Revisionskläger in der mündlichen Verhandlung vorgetragen hat, ihm sei jetzt der Verdacht aufgestiegen, daß die Beklagte bei ihren häufigen Besuchen in ihrer Heimat das voreheliche Kind besucht habe, so ist dem keinerlei Bedeutung beizumessen, weil damit etwas Bestimmtes in dieser Richtung nicht einmal behauptet, geschweige denn unter Beweis gestellt ist. Unter diesen Umständen kann der Kläger sein Verlangen auf Aufhebung der Ehe auf den fast zwei Jahrzehnte zurückliegenden Fehltritt der Klägerin, der nachteilige Folgen für die Ehe nicht gehabt hat und nicht haben wird, nicht stützen, weil nach der bisherigen Gestaltung des ehelichen Lebens dieses Verlangen nicht als sittlich gerechtfertigt angesehen werden kann. Es ist gerade der Sinn der neuen Bestimmung des § 37 Abs. 2 Halbsatz 2 EheG., daß sich ein Ehegatte nicht auf einen Aufhebungsgrund soll berufen können, der im Laufe einer langjährigen Ehe seine Bedeutung verloren und in keiner Weise ungünstig auf die Gestaltung der Ehe eingewirkt hat und einwirken wird. Die Berufung auf einen solchen bedeutungslos gewordenen Aufhebungsgrund wird auch nicht dadurch sittlich gerechtfertigt, daß, wie es hier der Fall ist, die Ehe später aus anderen Gründen brüchig geworden ist und möglicherweise aus diesen Gründen doch gelöst werden wird.

Kann somit die Aufhebungsklage nicht zum Erfolge führen, so kommt es — abgesehen davon, daß entgegen der früheren Rechtslage jetzt auch gegenüber der Aufhebungsklage des Klägers die Scheidungsklage der Beklagten gemäß § 19 der 1. Durchführungsverordnung zum Ehegesetz Bedeutung haben könnte — auf die beiderseitigen Scheidungsklagen an. Da der Senat jedenfalls über die Scheidungsklage des Klägers nicht ohne weiteres von sich aus zu entscheiden in der Lage ist, war das Berufungsurteil aufzuheben und die Sache zu neuer Verhandlung und Entscheidung an das Berufungsgericht zurückzuverweisen.

RGZ. 160, 300

1. Kann der Irrtum über eine nicht ererbte Anlage zu geistiger Erkrankung die Eheaufhebung rechtfertigen, auch wenn der Ausbruch der Geisteskrankheit nur als Folge widriger Umstände zu befürchten ist?

2. Kann bei Beurteilung des Verhaltens eines Ehegatten nach § 50 EheG. seine geistige Störung berücksichtigt werden?

3. Zum Begriffe der außergewöhnlichen Härte nach § 54 EheG.

Ehegesetz §§ 37, 50, 54*).

*) Jetzt §§ 32, 44, 47 d. EheG. v. 20. 2. 46.

IV. Zivilsenat. Urt. v. 19. Juni 1939.

I. Landgericht Düsseldorf. II. Oberlandesgericht daselbst.

Der Kläger ist am 17. Januar 1899, die Beklagte am 8. Juli 1897 geboren. Beide haben am 22. September 1927 die Ehe miteinander geschlossen, aus der zwei Kinder im jetzigen Alter von 8 und 4 Jahren hervorgegangen sind. Der letzte eheliche Verkehr hat anfangs 1935 stattgefunden. Seit Mai 1935 zeigte die Beklagte ein verändertes Wesen mit tiefen Gemütsverstimmungen und Selbstmordabsichten. Der Kläger hat die Ehe, da die Beklagte an einer erblichen und unheilbaren Geisteskrankheit leide, wegen Irrtums und arglistiger Täuschung angefochten und mit der am 22. Mai 1936 eingereichten Klage beantragt, die Ehe für nichtig zu erklären. Nachdem das Landgericht ihn abgewiesen hatte, hat er Berufung eingelegt und mit Rücksicht auf die inzwischen eingetretene Rechtsänderung die Aufhebung der Ehe, hilfsweise aber auch ihre Scheidung aus Alleinschuld der Beklagten beantragt. Die Beklagte hat neben dem Abweisungsantrage Widerklage erhoben auf Scheidung der Ehe aus Schuld des Klägers. Beide sind mit ihren Anträgen beim Berufungsgericht erfolglos geblieben. Deshalb hat der Kläger die seinigen mit der Revision wiederholt und hat sich die Beklagte dem Rechtsmittel angeschlossen, um auch ihr Scheidungsverlangen durchzusetzen. Beide Revisionen führten zur Aufhebung des Urteils und Zurückverweisung der Sache.

Gründe:

I. Zur Revision des Klägers.

1. Das Berufungsgericht verneint einen Irrtum des Klägers, der die Aufhebung der Ehe nach § 37 EheG. rechtfertigen könnte. Nach dem Ergebnis der Beweisaufnahme, insbesondere nach den medizinischen Gutachten, hätten bei der Eheschließung keine Umstände in der Person der Beklagten vorgelegen, die den Kläger bei Kenntnis der Sachlage und richtiger Würdigung des Wesens der Ehe von der Eingehung dieser Ehe abgehalten hätten. Eine Erbkrankheit liege bei der Beklagten nicht vor. Die von der Beklagten in ihrem Geständnis vom 1. Dezember 1935 darüber gemachten Angaben seien unzutreffend und nur aus einer krankhaften Kleinheitsidee erwachsen, die sich aus ihrem damaligen Krankheitszustand erkläre. Doch habe es sich bei dem gegenwärtig abgeheilten Zustand um eine echte Geisteskrankheit gehandelt. Diese sei als „reaktive Depression" durchaus heilbar, wie der Krankheitsverlauf gezeigt habe. Sie beruhe nicht auf erblicher Anlage, sondern sei bedingt durch eine erhöhte Reaktionsbereitschaft oder auch eine gesteigerte Geneigtheit zu Krankheiten (Vulnerabilität), deren Ursache in einer während der

Kindheit durchgemachten, das Gehirn beeinflussenden Kinderlähmung liege. Die erhöhte Reaktionsbereitschaft könne die Besorgnis begründen, daß sich aus ihr ohne das Hinzutreten besonders widriger Umstände eine Geisteskrankheit entwickle. Die für eine solche Besorgnis erforderlichen Anzeichen hätten aber bei der Beklagten vor der Eheschließung gefehlt. Daß die Beklagte schon in den Jahren 1919/1920 einen ähnlichen Zustand gehabt habe, könne die Besorgnis allein nicht rechtfertigen, daß sich der Zustand wiederholen werde. Wahrscheinlich sei der erste Vorfall Folge beruflicher Ueberanstrengung gewesen, zumal es keiner längeren Zeit zur Heilung bedurft habe. Bald habe die Beklagte ihre Berufstätigkeit wieder aufnehmen können, und erst nach achtjähriger Ehe sei bei ihr ein verändertes Wesen zutage getreten, das ihren Aufenthalt in einer Anstalt nötig gemacht habe. Die Gemütsverstimmung sei auch nicht von ungefähr aufgetreten, sondern infolge eine Reihe von Ereignissen, die auf die Beklagte eingestürmt seien. Zu der Geburt des zweiten Kindes im Oktober 1934 sei der Wechsel der Hausgehilfin ungefähr gleichzeitig, ferner im Januar 1935 eine leichte Erkrankung des neugeborenen Kindes getreten, und dazu hätten noch Erörterungen über den Stellenwechsel des Klägers und seine im April erfolgte Versetzung nach D. die Beklagte erregt. Nach dem Gutachten des Professors Dr. S. würde die Erkrankung ohne die rasche Folge dieser Umstände niemals eingetreten sein. Dann aber könne keine Rede davon sein, daß zur Zeit der Eheschließung die Besorgnis begründet gewesen sei, die erhöhte Reaktionsbereitschaft werde für sich allein zu einer geistigen Erkrankung führen. Aus diesem Grunde bilde diese erhöhte Reaktionsbereitschaft der Beklagten weder eine persönliche Eigenschaft im Sinne des § 1333 BGB., noch dürfe sie als ein ihre Person betreffender Umstand im Sinne des § 37 EheG. gewertet werden. Doch würde das Aufhebungsverlangen auch sittlich nicht gerechtfertigt sein (§ 37 Abs. 2 EheG.), da die Ehe acht Jahre glücklich verlaufen sei, die Beklagte dem Kläger zwei Kinder geschenkt habe und die Krankheit nunmehr geheilt sei. Arglistige Täuschung entfalle ferner deshalb, weil weder die Beklagte noch ihre Verwandten irgendeinen Verdacht gegen den Gesundheitszustand der Beklagten gehegt hätten, den sie dem Kläger hätten bewußt verschweigen können.

Diese Ausführungen des Berufungsgerichts halten der Revision stand, soweit sie den Aufhebungsgrund der arglistigen Täuschung verneinen, denn die Feststellung, daß der Beklagten und ihren Familenangehörigen jede Arglist ferngelegen habe, ist einwandfrei getroffen. Dagegen ist die Verneinung eines nach § 37 EheG. erheblichen Irrtums des Klägers nicht ausreichend begründet. Für die Eheaufhebung genügt ein Irrtum über solche die Person des anderen Ehegatten betreffende Umstände, die den Irrenden bei Kenntnis der

Sachlage und richtiger Würdigung des Wesens der Ehe von der Eingehung dieser Ehe abgehalten haben würden. Durch die neue Fassung der Vorschrift ist die im § 1333 BGB. enthaltene Beschränkung auf den Irrtum über persönliche Eigenschaften des anderen Ehegatten weggefallen. Das Berufungsgericht verkennt auch nicht, daß der als Folge von Kinderlähmung zurückgebliebene Zustand der Beklagten, also ihre erhöhte Reaktionsbereitschaft oder gesteigerte Bereitschaft zu Erkrankungen, ein ihre Person betreffender Umstand ist. Wenn es diesem Umstande trotzdem die Bedeutung für die Klagebegründung versagt, so beruht diese Einstellung im Grunde darauf, daß der Umstand bei richtiger Würdigung des Wesens der Ehe für den Entschluß des Klägers zur Eheschließung mit der Beklagten nicht hätte bestimmend sein können. Dabei stellt das Berufungsgericht jedoch nur auf dasjenige ab, was vor der Eheschließung für die Bedeutsamkeit der erhöhten Reaktionsbereitschaft der Beklagten erkennbar war. Das ist rechtlich bedenklich. Allerdings kann es für die Eheaufhebung nur darauf ankommen, welcher Umstand schon zur Zeit der Eheschließung vorlag, wie also damals der Gesundheitszustand der Beklagten, ihre Anlage zur geistigen Erkrankung, beschaffen war. Doch müssen zur Aufklärung dieser Beschaffenheit und damit für die Beurteilung der Erheblichkeit des dem Kläger damals unbekannt gebliebenen Umstandes auch die späteren Ereignisse herangezogen werden, soweit sie geeignet sind, über den damaligen Gesundheitszustand ein sachlich richtigeres Urteil zu ermöglichen. Wie stark die erhöhte Reaktionsfähigkeit der Beklagten von jeher war, kann aber durch den Zusammenhang zwischen der später aufgetretenen geistigen Erkrankung und ihren unmittelbaren Ursachen dargetan werden. Die geistige Erkrankung führt das Berufungsgericht im Anschluß an das ärztliche Gutachten auf das Zusammentreffen oder schnelle Aufeinanderfolgen bestimmter Ereignisse (Geburt eines Kindes, Wechsel der Hausangestellten, Erkrankung des Kindes, Versetzung des Klägers) zurück. Ereignisse solcher Art bleiben kaum in irgendeiner Ehe aus. Wenn die Beklagte von ihnen derartig aus dem Gleichgewicht gebracht wurde, daß daraus sogar eine Geisteskrankheit entstand, die längere Anstaltsbehandlung erforderte, so mußte das Berufungsgericht prüfen, ob nicht doch bei der Beklagten die krankhafte Grundlage für eine solche Entwicklung schon im maßgebenden Zeitpunkt, also vor der Heirat, in solchem Maße bestand, daß dieser Umstand für den Entschluß zur Eheschließung nach § 37 EheG. als wesentlich angesehen werden müßte. Daß die Geisteskrankheit zur Zeit geheilt ist, mag zutreffen, wenngleich die Revision es bezweifelt. Es kann gegenwärtig dahingestellt bleiben; denn auch diese Heilung würde selbstverständlich nur bedeuten, daß keine Geisteskrankheit mehr besteht, dagegen nichts daran ändern, daß die Beklagte noch immer unverändert die Anlage besitzt, die bei neuen Ereignissen zum wiederholten Ausbruch einer Geisteskrankheit führen kann.

Das alles würde für die Revisionsentscheidung unerheblich sein, wenn das Berufungsgericht die Eheaufhebung rechtlich bedenkenfrei aus § 37 Abs. 2 EheG. abgelehnt hätte, weil sie sittlich nicht gerechtfertigt wäre. Die Prüfung dieser sittlichen Rechtfertigung ist mit Rücksicht auf die bisherige Gestaltung der Ehe vorzunehmen. Das hat das Berufungsgericht nicht verkannt, und es sieht als entscheidend an, daß die Ehe acht Jahre glücklich war und die Beklagte, die jetzt geheilt sei, dem Kläger zwei Kinder geschenkt hat. Rechtliche Bedenken erweckt, abgesehen davon, daß die Heilung, wie schon ausgeführt wurde, die Gefahr künftiger Wiederholungen geistiger Erkrankung nicht ausschließt, die Tatsache, daß das Berufungsgericht überhaupt nicht erwogen hat, welche Umstände es für den Kläger geboten erscheinen lassen mögen, dieser Ehe ein Ende zu machen. Solche Umstände hätte es gegenüber dem bisherigen Verlaufe der Ehe abwägen müssen. Zu ihnen gehören vornehmlich die Neigung der Beklagten zu Selbstmordversuchen und ganz besonders die Tatsache, daß die Beklagte während ihrer geistigen Erkrankung anscheinend beabsichtigt hat, ihre Kinder zu töten, daß also sehr wohl beim Kläger das Bedürfnis vorherrschen mag, die Kinder keiner weiteren Gefahr dieser Art auszusetzen.

Hiernach kann die bisherige Entscheidung zur Aufhebungsklage nicht bestehen bleiben, ist vielmehr eine erneute Prüfung dieses Klagebegehrens notwendig.

2. Das auf § 49 EheG. gestützte Scheidungsbegehren des Klägers hat das Berufungsgericht nicht durchgreifen lassen, weil die Beklagte für ein etwaiges ehewidriges Verhalten seit Mai 1935 nicht verantwortlich sei, da sie damals geisteskrank war. Das ist eine rechtlich einwandfreie Begründung. Doch sind die Revisionsangriffe des Klägers gegen die Entscheidung zu § 50 EheG. begründet. Nach dieser Vorschrift ist die Ehe zu scheiden, wenn sie infolge eines Verhaltens des anderen Ehegatten, das nicht als Eheverfehlung betrachtet werden kann, weil es auf einer geistigen Störung beruht, so tief zerrüttet ist, daß die Wiederherstellung einer dem Wesen der Ehe entsprechenden Lebensgemeinschaft nicht erwartet werden kann. Abgesehen von tiefer Zerrüttung der Ehe ist also, wie das Berufungsgericht richtig erkannt hat, Voraussetzung der Scheidung nach § 50 EheG., daß ein Verhalten des anderen Ehegatten dargetan ist, das sachlich den Tatbestand einer Eheverfehlung erfüllt, als solche nach § 49 aber nicht beurteilt werden darf, weil der andere Ehegatte für dieses Verhalten infolge seiner geistigen Störung nicht verantwortlich ist. Das Berufungsgericht hat sich darauf beschränkt, den Nachweis eines solchen Verhaltens der Beklagten zu verneinen. Zu dieser

Verneinung ist es aber durch die Erwägung gelangt, das Verhalten der Beklagten müsse unter dem Gesichtspunkt ihrer Erkrankung betrachtet und deshalb ein erheblich milderer Maßstab angelegt werden. Das ist rechtsirrig. Wenn das Gesetz neben die Scheidung wegen einer verschuldeten Eheverfehlung in § 49 die Scheidung ohne Verschulden setzt, indem es nach § 50 auch einen ähnlichen Tatbestand bei fehlender Verantwortlichkeit zur Ehetrennung genügen läßt, dann darf der Sachverhalt für § 50 auch nur rein sachlich geprüft werden, ist also zu untersuchen, ob das Verhalten des anderen Ehegatten, sofern er dafür verantwortlich wäre, eine Eheverfehlung darstellen würde. Es geht nicht an, das Vorliegen dieses Tatbestandes wegen der geistigen Störung zu verneinen oder auch nur ihretwegen das Verhalten milder zu beurteilen. Beides würde eine Beurteilung der Vorgänge nicht nach ihrer rein sachlichen Bedeutung für die Ehe, sondern nach der Verantwortlichkeit des Handelnden enthalten; diese aber wird durch § 50 EheG. gerade ausgeschlossen.

Darüber hinaus hat das Berufungsgericht die Scheidung aus § 50 EheG. auch unter Heranziehung des § 54 EheG. versagt, weil sie sittlich nicht gerechtfertigt sein, auch für die Beklagte eine unbillige Härte bedeuten würde. Gegen den ersten Gesichtspunkt bestehen die schon unter 1 erörterten Bedenken unvollständiger Erörterung der sittlichen Rechtfertigung. Die unbillige Härte berücksichtigt § 54 EheG. in der Form, daß die Eheauflösung unterbleiben soll, wenn sie den anderen Ehegatten außergewöhnlich hart treffen würde. Ob dies der Fall ist, soll nach den Umständen, namentlich auch nach der Dauer der Ehe, dem Lebensalter der Ehegatten und dem Anlaß der Erkrankung beurteilt werden. Dazu hat das Berufungsgericht ausgeführt: Die Scheidung könnte vielleicht bei der erhöhten Reaktionsbereitschaft der Beklagten den Anlaß bieten. daß ihre erst kürzlich abgeheilte Krankheit erneut ausbreche. Der Kläger habe ihre überstandene Krankheit zwar nicht allein verursacht, es stehe aber fest, daß seine Versetzung nach D. und die damit verbundenen Aufregungen für ihre Entstehung Mitursachen gewesen seien. Endlich sei zu berücksichtigen, daß die Durchführung der Anfechtungs- und Aufhebungsklage die Heilung nach sachverständiger Ansicht erheblich verlängert habe. Möge den Kläger daran auch kein Verschulden treffen. so sei doch sein Verhalten im Rahmen des § 54 erheblich. Diese Gesichtspunkte können rechtlich nicht gebilligt werden. Das Gesetz verlangt in § 54 EheG., daß die Eheauflösung den anderen Ehegatten außergewöhnlich hart treffen würde. Es muß sich also um eine Härte handeln, die über die mit einer Scheidung gewöhnlich verbundenen Härten hinausginge (vgl. das Urteil des erkennenden Senats vom 24. April 1939, S. 236 dieses Bandes). Da

§ 54 EheG. die auf die Scheidungsklage zu erlassende Entscheidung betrifft, kann es sich — das hat das Berufungsgericht auch nicht verkannt — nur um Härten der wirklich erfolgenden Scheidung handeln, nicht aber um Folgen des Scheidungsstreits selbst, denn dieser Streit und seine Einwirkungen auf die Persönlichkeit und die Lebenslage des anderen Ehegatten liegen vor der Entscheidung über den künftigen Bestand der Ehe und können durch eine Versagung der Eheauflösung nicht mehr beseitigt werden. Offenbar spricht § 54 EheG. nur von Folgen, welche die Scheidung haben würde, die also durch Versagung der Scheidung vermieden werden. Völlig auszuscheiden ist also die Möglichkeit, daß der Rechtsstreit die Heilung bei der Beklagten verzögert oder in anderer Form ihre Krankheit ungünstig beeinflußt haben könnte. Als billig kann es auch nicht angesehen werden, wenn das Berufungsgericht zu Ungunsten des Klägers in die Wagschale legt, daß er den Rechtsstreit überhaupt geführt hat. Das mag in einem Fall angehen, in dem der Kläger mutwillig, und ohne an die Berechtigung seines Aufhebungs- oder Scheidungsverlangens selbst zu glauben, vorgegangen ist; dieser Tatbestand kommt hier aber nicht in Frage. Solange der Kläger nur sein Recht oder doch sein vermeintliches Recht auf dem Wege verfolgt, den das Gesetz ihm dafür allein eröffnet, muß seine ordnungsmäßige Prozeßführung für § 54 EheG. außer Betracht bleiben. Ebenso geht es nicht an, dem Kläger den Ausbruch der Geisteskrankheit bei der Beklagten teilweise zur Last zu legen, weil seine Versetzung zu den unmittelbaren Anlässen für diesen Ausbruch gezählt wird. Selbst wenn der Kläger überhaupt imstande gewesen wäre, diese Versetzung zu vermeiden, und wenn nicht davon ausgegangen werden müßte, daß er die der Beklagten drohende Gefahr geistiger Erkrankung gar nicht kannte, gehört doch eine Versetzung im Erwerbsleben so sehr zu den gewöhnlichen Vorkommnissen, daß sie nicht als Anlaß der Erkrankung im Sinne des § 54 gewertet werden darf, mag sie es auch sachlich gewesen sein. Sie hätte es niemals sein können, wenn bei der Beklagten nicht eine außergewöhnliche Bereitschaft zur Erkrankung bestanden hätte. Ob die Scheidung die Gefahr eines neuen Krankheitsausbruchs begründet, hätte besonders eingehender Prüfung bedurft, da die Beklagte trotz der ständigen Aufregung durch den Rechtsstreit genesen sein soll, vor allem aber, da sie selbst die Scheidung begehrt. Gerade ihr eigenes Scheidungsverlangen darf bei Anwendung des § 54 EheG. überhaupt nicht unbeachtet bleiben.

II. (Zur Anschlußrevision der Beklagten wird ausgeführt, daß auch diese aus § 551 Nr. 2 ZPO. begründet ist).

RGZ. 163, 139

Verwirkt ein Ehegatte, der von dem anderen arglistig getäuscht worden ist, sein Recht auf Aufhebung der Ehe, wenn er nach einer Erklärung, er wolle versuchen, über die seelische Erschütterung hinwegzukommen, die Ehe noch kurze Zeit fortsetzt?

EheG. § 38 Abs. 2*).

IV. Zivilsenat. Urt. v. 11. März 1940.

I. Landgericht Feldkirch. II. Oberlandesgericht Innsbruck.

Die Parteien hatten sich im Herbst 1938 kennengelernt. Etwa drei Wochen später kam es zwischen ihnen zum ersten Geschlechtsverkehr; ein zweites Mal in der Neujahrsnacht. Die Beklagte wußte damals, daß sie nicht schwanger war, da sie wenige Tage vorher die monatliche Regel hatte, sagte aber zum Kläger, daß sie in der Hoffnung sei; es sei ihr gleich, sie sei nicht unwohl geworden. Sie wußte auch, daß der Kläger sie sonst nicht oder nicht so rasch heiraten werde. Am 6. Januar 1939 erklärte sie dem Kläger wieder, sie sei sicher schwanger, und am 7. Januar sagte sie sogar, daß sie beim Arzt gewesen sei, der gemeint habe, der Betreffende werde wissen, was er zu tun habe. Tatsächlich hat sie aber den Arzt wegen ihrer angeblichen Schwangerschaft nicht befragt. Der Kläger erklärte, es bleibe nichts übrig, als zu heiraten; auf seiner Seite sei zwar keine Liebe zu ihr, er heirate sie nur, weil sie schwanger sei. Er ließ sich damals ausdrücklich von ihr versprechen, es ihm mitzuteilen, wenn die Regel doch wieder einsetzen sollte. In der folgenden Zeit kam es noch einige Male zum Geschlechtsverkehr. Am 20. Februar 1939 schon wurden die Parteien getraut. Am dritten Tage nach der Trauung traten bei der Beklagten die monatlichen Blutungen ein, und sie gestand dem Kläger die Irreführung über ihren Zustand. Dieses Geständnis enttäuschte den Kläger schwer. Er war aufgeregt und wollte zunächst den Verkehr mit ihr abbrechen, erklärte es aber als seine Pflicht, sich von der Beklagten nicht gleich loszusagen, sondern es mit ihr zu versuchen, die Zeit werde zeigen, ob er vergessen könne oder nicht. Zwei Tage später kam es wieder zum Geschlechtsverkehr der Ehegatten, in der Folge regelmäßig bis zum 1. April 1939, und zwar ohne daß der Kläger seinen Vorbehalt wieder erwähnte. Die Beklagte war daher der Meinung, daß er die Irreführung vergessen habe. Am 9. April 1939 erklärte ihr aber der Kläger, daß er von ihr weggehen werde. Am 14. April führte er das Vorhaben aus. Seither besteht keine Gemeinschaft der Ehegatten mehr. Die Beklagte behauptet, der Kläger sei von ihr gegangen, weil die Irreführung im Orte bekannt geworden sei und seine Geschwister auf ihn eingewirkt hätten.

---

*) Jetzt § 33 Abs. 2 d. EheG. v. 20. 2. 46.

Die beiden Vordergerichte wiesen das Begehren des Klägers, das auf Aufhebung der Ehe nach § 38 EheG., hilfsweise auf Scheidung nach § 49 EheG. — beides aus Verschulden der Frau — gerichtet war, ab. Die Revision führte zur Aufhebung der Ehe aus dem Verschulden der Beklagten.

Gründe:

Dem ersten Gericht ist darin beizupflichten, daß dem Kläger nach Entdeckung der Täuschung über den Zustand der Beklagten das Recht zustand, die Ehe wegen arglistiger Täuschung nach § 38 EheG. anzufechten. Der außereheliche Geschlechtsverkehr mag dem Manne unter Umständen eine sittliche Pflicht auferlegen, die Frau zu heiraten, auch wenn sie nicht von ihm geschwängert wurde. Doch kann das keineswegs den Schluß rechtfertigen, daß ein Mann, der, wie der Frau genau bekannt war, eine Ehe nicht eingehen wollte, und der nur durch die Annahme einer eingetretenen Schwangerschaft zum Eheabschluß veranlaßt wurde, bei richtiger Würdigung des Wesens der Ehe sich auch dann von der Eingehung der Ehe nicht hätte abhalten lassen sollen, wenn ihm der wahre Sachverhalt bekannt gewesen wäre. Aus dem Wesen der Ehe läßt sich nicht ableiten, daß der Mann, auch wenn er weiß, daß die Frau nicht schwanger geworden ist, in Erfüllung einer sittlichen Pflicht die Ehe mit ihr jedenfalls unverweilt abzuschließen hat.

Daß der Kläger die Beklagte nicht geheiratet haben würde, wenn er Kenntnis von der wahren Sachlage gehabt hätte, haben die Gerichte einwandfrei festgestellt, ebenso, daß die Beklagte arglistig die unrichtige Vorstellung des Klägers hervorgerufen hat, obwohl sie wußte, daß er sonst die Ehe nicht oder nicht so rasch eingehen würde. Das Verschulden der Beklagten steht daher fest.

Daran schließt sich die Frage, ob der Kläger sein Aufhebungsrecht verloren hat, weil er nach Entdeckung der Täuschung erkennen ließ, daß er die Ehe fortsetzen wolle. Der getäuschte Ehegatte verwirkt sein Aufhebungsrecht wegen arglistiger Täuschung, wenn er — woran nach den Feststellungen der Vordergerichte nicht gezweifelt werden kann — das eheliche Verhältnis tatsächlich fortsetzt und außerdem sein Wille auf eine Fortsetzung der Ehe gerichtet ist. Wird das eheliche Verhältnis tatsächlich fortgesetzt, so hat der diesem äußeren Tatbestand entgegengesetzte Wille, die Ehe nicht fortzusetzen, rechtliche Bedeutung allerdings nur, wenn er keinem Zweifel unterliegt. Es genügt nicht ein innerer Vorbehalt entgegen der äußeren Erscheinung. Ist aber der Wille, nicht fortzusetzen, klar erkennbar, so kann er nicht unbeachtlich bleiben.

Es würde auch dem Gedanken des § 38 Abs. 2 EheG., der in der gleichen Wortfassung im § 22 Abs. 2 EheG. wiederkehrt und auch die Verzeihung als Ausschlußgrund des Scheidungsrechts eines Ehegatten beherrscht (§ 56 EheG.), nicht entsprechen, wenn der getäuschte Ehegatte, der in aufrechter Gesinnung zunächst versucht, sich mit dem schweren, ihm auferlegten Schicksal zu versöhnen, dann aber einsieht, daß ihm das nicht gelingt, und die Folgerungen daraus zieht, den Nachteil erlitte, daß sein Aufhebungsrecht verlorenginge. Allerdings darf dieser Versuch nicht zeitlich so ausgedehnt werden, daß dadurch ein für längere Zeit unerträglicher Schwebezustand entsteht, innerhalb dessen der Mann immer wieder auf den Aufhebungsgrund zurückgreifen könnte.

Im vorliegenden Falle hat der Kläger der Beklagten nach der schweren Erschütterung durch ihr unerwartetes Geständnis am dritten Tage der Ehe erklärt, er werde es mit ihr versuchen, die Zeit werde zeigen, ob er vergessen könne oder nicht. Die Fortsetzung der Gemeinschaft, die daraufhin einsetzte, dauerte etwa fünf Wochen, also eine Zeit, die noch nicht als ausreichend dafür bezeichnet werden kann, daß der Mann nach seinen seelischen Erschütterungen wieder vollends das Gleichgewicht finden konnte, um die sein ganzes Leben berührende Frage des Fortbestehens seiner Ehe zu beantworten. Durch die tatsächliche Fortsetzung der ehelichen Gemeinschaft während dieser Zeit wurde daher seiner endgültigen Entschließung noch nicht vorgegriffen. Daß die Beklagte hoffen zu können glaubte, der Mann habe die Erschütterungen überwunden, ist ohne Bedeutung, da es bei der eindeutigen Erklärung des Klägers auf ihre Meinung über die Bedeutung der tatsächlichen Fortsetzung des ehelichen Verhältnisses nicht ankommen kann. Ebenso ist es ohne Bedeutung, daß der Kläger sich inzwischen mit seinen ihm nahestehenden Geschwistern beraten hat und sich daraufhin, vielleicht auch, weil die ganze Sache im Orte bekannt wurde und ihn in eine unangenehme Lage brachte, entschloß, die Aufhebung der Ehe zu betreiben . . .

RGZ. 163, 315

Kann der Beklagte im Eheaufhebungsstreit einen Schuldausspruch gegen den Kläger beantragen, ohne Widerklage zu erheben, wenn er aus Verschulden des Klägers auf Scheidung der Ehe klagen könnte oder wenn er zwar das Recht zu dieser Klage verloren hat, die Nichtberücksichtigung jenes Verschuldens aber unbillig wäre?

EheG. §§ 42, 60 Abs. 3*).

IV. Zivilsenat. Urt. v. 22. April 1940.

I. Landgericht Berlin. II. Kammergericht daselbst.

Die Parteien sind seit dem 24. Dezember 1920 miteinander verheiratet und haben drei 1923, 1925 und 1927 geborene Kinder. Seit

*) Jetzt §§ 37, 52 Abs. 3 d. EheG. v. 20. 2. 46.

Juli 1934 haben sie keinen Geschlechtsverkehr mehr miteinander gehabt; seit Mai 1936 lebt die Beklagte vom Kläger getrennt. Von 1929 an zeigten sich bei der Beklagten geistige Störungen, wegen deren sie sich wiederholt in ärztliche Behandlung, mehrfach auch in Anstalten, begeben mußte, bis sie schließlich Ende 1935 als unheilbar entlassen wurde.

Mit der im Dezember 1935 erhobenen Klage hat der Kläger in erster Reihe zunächst die Nichtigerklärung, im Berufungsverfahren statt dessen die Aufhebung der Ehe verlangt, weil die Beklagte an Schizophrenie oder einer anderen Geisteskrankheit leide, deren Anlage bei ihr, was er nicht gewußt habe, schon zur Zeit der Eheschließung vorhanden gewesen sei. Hilfsweise hat er die Ehescheidung begehrt, weil die Beklagte, falls sie geistig gesund und für ihr Tun verantwortlich sei, durch ihr Gesamtverhalten in der Ehe (schwerste Vernachlässigung des Haushalts und der Kinder, Schuldenmachen und Lieblosigkeiten) eine so tiefe Zerrüttung des ehelichen Verhältnisses verschuldet habe, daß ihm dessen Fortsetzung nicht zuzumuten sei. Die Beklagte hat die Klagedarstellung bestritten und um Klageabweisung, hilfsweise für den Fall der Scheidung der Ehe aber um Mitschuldigerklärung des Klägers gebeten, weil dieser sie noch nach dem letzten ehelichen Verkehr wiederholt aus nichtigen Anlässen geschlagen habe, und zwar sogar in Gegenwart der Kinder. Das Landgericht hat nach Anhörung von ärztlichen Sachverständigen dem Hauptklageantrage stattgegeben. Die Berufung der Beklagten hiergegen ist vom Kammergericht nach Zeugenvernehmung und Einholung eines Obergutachtens des Gerichtsärztlichen Ausschusses für Berlin zurückgewiesen worden. Ihre Revision führte zur Aufhebung dieses Urteils und zur Zurückverweisung der Sache an das Berufungsgericht aus folgenden

Gründen:

Das Berufungsgericht hat dem Verlangen des Klägers nach Aufhebung seiner Ehe mit der Beklagten stattgegeben, weil es gemäß dem Obergutachten des Gerichtsärztlichen Ausschusses entgegen den früheren Gutachten heute als erwiesen ansieht, daß die Beklagte an Schizophrenie, also an einer Erbkrankheit, leidet, und weil es dem Kläger glaubt, daß er bei der Eheschließung von jener auch damals schon vorhandenen krankhaften Veranlagung der Beklagten noch nichts gewußt habe und andernfalls bei richtiger Würdigung des Wesens der Ehe wegen der Uebertragbarkeit der Anlage auf die Nachkommenschaft von der Heirat Abstand genommen hätte. Diese Entscheidung ist rechtlich nicht zu beanstanden. Was die Revision dagegen vorbringt, greift nicht durch. ...

Mit Recht rügt dagegen die Revision, daß das Berufungsgericht auf den Antrag der Beklagten, den Kläger für schuldig zu erklären, überhaupt nicht eingegangen ist. Dieser war zwar nur für den Fall einer Scheidung der Ehe auf den Hilfsklageantrag hin ausdrücklich gestellt. Die Annahme lag aber nahe, daß die Beklagte in Wirklichkeit auch für den Fall einer Eheaufhebung zufolge des Hauptklageantrags die gleiche Schuldfeststellung begehrte, weil diese dabei für sie, insbesondere wegen ihrer Unterhaltsansprüche gegen den Kläger, dieselbe Bedeutung gewinnen konnte. Das Berufungsgericht hätte deshalb die Beklagte hierüber befragen müssen. Wie die Revision glaubhaft geltend macht, würde die Beklagte dann ihren Antrag dahin erläutert und berichtigt haben. Ebenso wie bei der Scheidungsklage gilt auch der Eheaufhebungsklage gegenüber: Wenn der Beklagte zur Zeit der Erhebung der Klage oder später auf Scheidung wegen Verschuldens hätte klagen können, oder wenn er zwar dieses Recht bereits verloren hat, die Nichtberücksichtigung jenes Verschuldens aber unbillig wäre, so steht es ihm frei, die Schuldigerklärung des Klägers zu verlangen. Das ist zwar im Ehegesetz nicht ausdrücklich gesagt, ergibt sich aber als von ihm gewollt aus dem Zusammenhange seiner Bestimmungen. Der erkennende Senat hat dies schon in einem nicht veröffentlichten Urteil IV 33/39 vom 19. Juni 1939 dargelegt und wie folgt begründet: „Da im Gegensatz zur früheren Anfechtungsklage die Klage auf Aufhebung im Fall ihres Erfolges die Ehe nicht mit rückwirkender Kraft, sondern erst mit der Rechtskraft des Aufhebungsurteils löst (§ 34 EheG.), ist es nicht mehr so, daß bei Erfolg der Aufhebungsklage das Verhalten der Ehegatten während des Bestehens der Ehe keine Rolle spielt. Nach früherem Recht mußte das so sein, weil sich durch die erfolgreiche Anfechtung ergab, daß eine wirksame Ehe überhaupt nicht bestanden hatte, die Ehe also auch keine Ehepflichten hatte erzeugen können. Mit dem Erfolge der Anfechtungsklage erledigte sich deshalb zwangsläufig eine etwaige Scheidungswiderklage. Folgerichtig bestimmt jetzt § 18 der 1. Durchführungsverordnung zum Ehegesetz vom 27. Juli 1938 das Gegenteil insofern, als beim Zusammentreffen einer begründeten Aufhebungs- mit einer begründeten Scheidungsklage — wenngleich dann nur auf Aufhebung der Ehe erkannt wird — auch die den Erfolg der Scheidungsklage begründende Schuld eines Ehegatten im Schuldausspruch zu berücksichtigen ist. Das gleiche gilt von der Schuldfeststellung, die nach §§ 60, 61 EheG. auf Grund eines Schuldantrages des auf Scheidung verklagten Ehegatten gegenüber dem Scheidungskläger zu treffen ist. In der Schuldfrage wird also auch bei Aufhebung der Ehe das Verhalten der Ehegatten in der Ehe ohne Rücksicht auf die Aufhebungsklage gewürdigt, abgesehen davon, daß auch die Aufhebung selbst zu einer Schuldfeststellung führen kann. Im letzten Falle wird die Schuld an Aufhebung und Scheidung berücksichtigt. Aufhebung und Scheidung werden also gleich behandelt. Das ist der eine hier in Betracht kommende Gesichtspunkt. Der andere ergibt sich aus folgender Erwägung: Bei der Scheidungsklage ist auch ohne Erhebung der Widerklage ein Schuldantrag des verklagten Ehegatten möglich. Dieser kann bei Scheidung wegen Verschuldens dahin führen, daß der Kläger für mitschuldig, und bei einer Scheidung aus Gründen, die kein Verschulden des verklagten Ehegatten voraussetzen, daß der Kläger für schuldig erklärt wird (§ 60 Abs. 3, § 61 Abs. 2 EheG.). Grundsatz ist also, daß auf Verlangen des verklagten Ehegatten das Verschulden des klagenden Ehegatten zu berücksichtigen ist, auch ohne daß der verklagte Ehegatte eine Widerklage zu erheben braucht. Für die Aufhebungsklage fehlt allerdings eine entsprechende Bestimmung. Da aber die Aufhebung der Ehe nicht nur in ihren Folgen der Scheidung gleichsteht (§ 42 EheG.), *sondern, wie oben erörtert, auch nach* § 18 der 1. Durchführungsverordnung im Schuldausspruch mit der Scheidung auf eine Stufe gestellt wird, so ist nicht einzusehen, weshalb der verklagte Ehegatte bei der Aufhebungsklage dadurch schlechter als bei der Scheidungsklage gestellt sein sollte, daß er nur durch Erhebung der Scheidungswiderklage die Berücksichtigung des schuldhaften Verhaltens des klagenden Ehegatten in der Ehe erreichen könnte. Dem Sinne der genannten Bestimmungen wird man nur gerecht, wenn man § 60 Abs. 3, § 61 Abs. 2 EheG. auch für die Aufhebungsklage entsprechend anwendet mit der Folge, daß bei Aufhebung der Ehe aus Verschulden des verklagten Ehegatten sein Mitschuldantrag und im Falle der Aufhebung ohne sein Verschulden sein Schuldantrag zu beachten ist. In diesem Sinne ist daher durch die Rechtsprechung die vom Gesetzgeber gelassene Lücke auszufüllen."

An dieser Rechtsauffassung ist festzuhalten.

Der dargelegte Rechtsfehler nötigt dazu, das angefochtene Urteil aufzuheben, und zwar wegen des im Ehestreite geltenden Grundsatzes der Einheitlichkeit der Entscheidung in seinem vollen Umfang, und die Sache, da weitere tatsächliche Erörterungen erforderlich sind, zu neuer Verhandlung und Entscheidung an das Berufungsgericht zurückzuverweisen.

RGZ. 164, 106

Inwieweit können Auswirkungen eines nach § 37 EheG.*) wesentlichen Umstandes einen neuen Aufhebungsgrund geben?

IV. Zivilsenat. Urt. v. 1. Juni 1940.

I. Landgericht Berlin. II. Kammergericht daselbst.

Die Parteien haben am 10. September 1932 die Ehe miteinander geschlossen. Kinder sind aus ihr nicht hervorgegangen. Die Ehe-

*) Jetzt § 32 d. EheG. v. 20. 2. 46.

gatten haben zuletzt im März 1937 miteinander ehelich verkehrt. Mit der Klage begehrt die Klägerin die Aufhebung, hilfsweise die Scheidung der Ehe mit der Begründung, der Beklagte leide an krankhafter Veranlagung zum Exhibitionismus, sei wegen Vergehens nach § 183 StBG. (Erregung öffentlichen Aergernisses) wiederholt bestraft worden und befinde sich wegen seiner krankhaften Neigung seit dem 9. März 1937 in Schutzhaft. Der Beklagte hat Klageabweisung beantragt; er hat bestritten, irgendwie krankhaft veranlagt zu sein, und sich darauf berufen, daß er seine Vorstrafen seiner Frau vor der Eheschließung bekanntgegeben und sie ihm alles, auch seine letzte Straftat, verziehen habe. Das Landgericht hat die Ehe der Parteien aufgehoben und die Schuld des Beklagten an der Aufhebung festgestellt. Das Berufungsgericht hat der Berufung des Beklagten nur insoweit stattgegeben, als es die Ehe ohne Feststellung einer Schuld des Beklagten aufgehoben hat.

Die Revision des Beklagten führte zur Aufhebung und Zurückverweisung.

Gründe:

Das Berufungsgericht geht davon aus, daß von den die Person des Ehegatten betreffenden Umständen zwar nur solche im Sinne von § 37 EheG. maßgebend seien, die bereits bei der Eheschließung vorgelegen hätten, daß aber zur Aufklärung der Beschaffenheit dieser Umstände und zur Beurteilung ihrer Erheblichkeit auch die im Laufe der Ehe später eingetretenen Ereignisse herangezogen werden müßten. Nur unter Berücksichtigung auch der Auswirkungen eines Umstandes im Sinne des § 37 EheG. lasse sich rückschauend ein richtiges Urteil über dessen Bedeutung erzielen. Die Umstände, die hier bereits bei der Eheschließung der Parteien bestanden hätten, seien die Neigung des Beklagten zum Exhibitionismus und seine wiederholte Bestrafung deswegen. Zur Zeit der Eheschließung habe die letzte Bestrafung wegen Vergehens nach § 183 StGB. $2^1/_2$ Jahre zurückgelegen. Der Rückfall im November 1933, der zu einer weiteren Bestrafung mit 8 Monaten Gefängnis am 23. Mai 1934 geführt habe, zeige aber, daß die krankhafte Neigung des Beklagten trotz seines Alters von 62 Jahren bei der Heirat noch nicht erloschen gewesen sei. Diese Veranlagung habe schon zur Zeit der Eheschließung den Keim zum Rückfall des Beklagten vom November 1933 und zu der im März 1937 gegen ihn verhängten Vorbeugungshaft und deren Auswirkungen auf das Eheleben enthalten. Die Auswirkungen hätten sich erst später, nämlich im Jahre 1938, dahin gezeigt, daß sich die Kundschaft der Klägerin in größerem Umfang aus ihrem Zigarrengeschäft zurückgezogen habe, daß eine Entlassung des Beklagten aus der Sicherungshaft nicht abzusehen und daß die Verehelichung der Tochter der Klägerin . . . . an dem Aufenthalt des

Beklagten im Konzentrationslager gescheitert sei. Alle diese Vorgänge seien als folgerichtige Entwicklung der Veranlagung des Beklagten anzusehen. Der Klägerin seien bei der Heirat sowohl die Neigung ihres Mannes wie auch seine wiederholte Bestrafung aus diesem Grund unbekannt gewesen. Sollte sie, wie der Beklagte behauptet, vor der Eheschließung von den Vorstrafen und ihrer Art durch den Mann in Kenntnis gesetzt worden sein, so sei doch nicht anzunehmen, daß sie aus diesen Vorstrafen den Schluß dahin gezogen habe, daß der Kläger auch damals noch bei seinem vorgerückten Alter zu neuen Ausschreitungen dieser Art fähig sei. Insbesondere sei die Klägerin aber über die Folgen der Veranlagung des Beklagten für die Ehe im unklaren gewesen. Damit erweise sich der Anspruch auf Aufhebung der Ehe als begründet, wenn er nicht durch Bestätigung erloschen sei. Das sei zu verneinen. Zwar habe die Klägerin von der Veranlagung des Beklagten als Exhibitionist und wohl auch von dessen häufigerer Bestrafung schon im Frühjahr 1937 Kenntnis erlangt. Sie habe trotzdem den Willen zur Ehe aufgebracht und sich zunächst entschlossen, diese mit dem Beklagten fortzusetzen und sein Schicksal gemeinsam mit ihm zu tragen. Sie habe ihm weiterhin liebevolle Briefe geschrieben, ihm seine Tat verziehen und zunächst weiter zu ihm gehalten. Damals habe sie aber den Irrtum noch nicht voll entdeckt gehabt, weil ihr die volle Tragweite der Umstände nicht zum Bewußtsein gekommen sei. Nicht das geringste liege dafür vor, daß die Ehefrau, als sie sich zur Fortführung der Ehe im März 1937 überwunden habe, auch bereit gewesen sei, alle späteren, noch unbekannten Folgen ihres Irrtums auf sich zu nehmen und an der Ehe festzuhalten. Nach alledem sei der Aufhebungsgrund des Irrtums gegeben. Die Klage sei auch innerhalb eines Jahres nach Entdeckung des Irrtums erhoben, da die Klägerin die volle Kenntnis der Umstände und ihrer Tragweite als Grundlage für die Erhebung der Aufhebungsklage erst im Herbst 1938 erlangt habe.

Die Revision ist begründet.

Mit der Aufhebungsklage kann die Klägerin entgegen der Ansicht des Berufungsgerichts nicht durchdringen. Zwar ist dem Berufungsgericht darin zu folgen, daß nicht nur die Veranlagung des Beklagten zum Exhibitionismus einen Umstand bildet, auf den nach § 37 EheG. die Aufhebung gestützt werden kann, sondern daß nach der Rechtsprechung des erkennenden Senats unter Umständen auch die Auswirkungen dieser Veranlagung einen Aufhebungsgrund bilden können. Als solche Auswirkungen, die tatsächlich noch eine Rolle spielen könnten, da die Klägerin sie erst innerhalb eines Jahres vor Klageerhebung oder doch vor Eingang ihres Gesuchs um Bewilligung des Armenrechts für die Klageerhebung erfahren hat, kommen nach dem Berufungsurteil in Frage die Unabsehbarkeit der Vorbeugungshaft, geschäftliche Nachteile und Nachteile für die Familie der Klägerin. Diese Auswirkungen sind ihrer Art nach aber nicht geeignet, einen neuen Aufhebungsgrund zu geben. Unrichtig ist schon der Ausgangspunkt des Berufungsrichters, der an die Rechtsprechung des Reichsgerichts zur Frage der Verzeihung anknüpfen will. Der grundlegende Unterschied ist der, daß es bei der Verzeihung (und entsprechendes gilt auch von der Bestätigung einer anfechtbaren Ehe) auf den Willen des Verzeihenden ankommt, so daß dieser die Verzeihung auf die Verfehlung gerade in dem ihm bekannten Umfange mit einer bestimmten Tragweite beschränken kann. Ergeben sich später Auswirkungen, die vom Verzeihungswillen nicht mit in die Verzeihung eingeschlossen waren, so steht die Verzeihung naturgemäß in diesem Punkt einem Zurückgreifen auf die Verfehlung nicht entgegen. Läßt aber der Ehegatte, der einen Grund hat, die Aufhebung der Ehe zu verlangen, die zur Klageerhebung im § 40 EheG. gesetzte Frist ablaufen, so tritt der Verlust seines Rechts ganz unabhängig von seinem Willen ein; er kann also — auch wenn er das will — die Folgen nicht dahin einschränken, daß er sich unter Umständen ein Zurückgreifen auf den durch Fristablauf verlorenen Aufhebungsgrund vorbehält. Hier kommt es nur darauf an, ob sich aus neuen Umständen für den die Aufhebung verlangenden Ehegatten eine neue, bisher nicht vorhanden gewesene Erkenntnis des Irrtums ergeben hat, dem er bei der Eheschließung verfallen war. Zu dieser Erkenntnis kann er allerdings auch dadurch kommen, daß Auswirkungen eines nach § 37 EheG. wesentlichen Umstandes — auf den er sich eigentlich wegen Fristablaufs nicht mehr berufen kann — eintreten, die eine neue Sachlage schaffen und dem fraglichen Umstand eine wesentlich größere Bedeutung geben . . .

Ebenso können . . . bei der Anfechtung der Ehe wegen Vorhandenseins einer Erbkrankheit oder einer Anlage dazu die Auswirkungen, z. B. das Auftauchen der Krankheit auch bei Kindern aus der Ehe oder das Hervortreten der bisher nur in der Anlage vorhandenen Krankheit bei dem Ehegatten, eine entscheidende Rolle spielen. Soweit aus einem verbrecherischen Hange des einen Eheteils das Aufhebungsverlangen hergeleitet wird, können, wie sich schon aus der Entscheidung RGZ. Bd. 154 S. 253 flg. [254] ergibt, solche späteren Umstände eine neue Grundlage für das Verlangen geben, die den Hang erst in seinem vollen Umfang erkennen lassen. So liegt die Sache hier aber nicht. Das, was hier als mittelbare Folge des Hanges des Beklagten zum Exhibitionismus und als unmittelbare Folge der gegen ihn verhängten Vorbeugungshaft neuerdings eingetreten ist, ergibt nichts Neues von irgendwelcher Bedeutung für die Beurteilung des schon bei der Eheschließung vorhanden gewesenen Hanges. Zwar mag es, wie das obengenannte Beispiel von den Auswirkungen einer

Erbanlage zeigt, nicht darauf ankommen, ob die Auswirkungen als mögliche voraussehbar waren und vorhergesehen wurden, doch darf es sich, wenn ein neues Aufhebungsrecht begründet sein soll, jedenfalls nicht um solche Auswirkungen handeln, die als regelmäßige, ja selbstverständliche schon in der Sache selbst liegen, wie es hier der Fall ist. Allein auf die Tatsachen, daß der Beklagte Exhibitionist ist, daß er sich als solcher noch nach der Eheschließung betätigt hat und daß er vorbeugungshalber in Schutzhaft gebracht worden ist, kann sich die Klägerin, wie auch das Berufungsgericht nicht verkennt, wegen Fristablaufs nicht mehr berufen. Daß aber eine solche Vorbeugungshaft nur als dauernde einen Sinn haben konnte und daß sich aus der Verbringung des Familienoberhauptes ins Konzentrationslager aller Voraussicht nach Nachteile für das Geschäft und die Familie ergeben würden, lag von vornherein auf der Hand und kann auch der Klägerin nicht verborgen geblieben sein. Darauf, wie dann im einzelnen die Entwicklung verlief und ob die Klägerin gerade diese Einzelheiten ins Auge gefaßt hat, kann es nicht ankommen.

Nach alledem ist die Klage insoweit unbegründet, als mit ihr die Aufhebung der Ehe verlangt wird. Das Berufungsurteil ist daher aufzuheben. Ist sonach der Hauptantrag der Klägerin unbegründet, so ist auf ihren Hilfsantrag, mit dem sie die Scheidung der Ehe verlangt, einzugehen.

RGZ. 164, 111

Welche Anforderungen sind im Falle der Aufhebung der Ehe nach § 42 Abs. 2 EheG.*) an die Kenntnis des Aufhebungsgrundes zu stellen?

IV. Zivilsenat. Urt. v. 3. Juni 1940.

I. Landgericht Hagen. II. Oberlandesgericht Hamm.

Der Kläger, der im ersten Rechtsgange seine im Jahre 1936 mit der Beklagten geschlossene Ehe auf Grund der §§ 1333, 1334 BGB. ohne Erfolg angefochten hatte, hat mit der Berufung nach dem Inkrafttreten des Ehegesetzes vom 6. Juli 1938 die Aufhebung der Ehe wegen Irrtums über solche Umstände, welche die Person der Beklagten betreffen (§ 37 EheG.), sowie einen Schuldausspruch gegen die Beklagte gemäß § 42 Abs. 2 EheG. in Verbindung mit § 17 der Ersten Durchführungsverordnung vom 27. Juli 1938 beantragt und erreicht. Die Beklagte hatte im ersten Rechtsgange für den Fall, daß die Klage nicht abgewiesen würde, um Mitschuldigerklärung des Klägers gebeten und vor dem Oberlandesgericht Zurückweisung der Berufung beantragt. Ihre Revision, mit der sie nur den gegen sie er-

---

*) Jetzt § 37 Abs. 2 d. EheG. v. 20. 2. 46.

gangenen Schuldausspruch sowie die Behandlung ihres eigenen Schuldantrages bekämpft hat, führte zur Aufhebung und Zurückverweisung.

Gründe:

Das Berufungsgericht hat die Ehe aus zwei voneinander unabhängigen Gründen aufgehoben. Der erste Grund beruht darauf, daß, wie das Berufungsgericht feststellt, die Beklagte an erblicher Vielfingerigkeit (Polydaktylie) leidet, das Kind der Streitteile mit der gleichen körperlichen Mißbildung zur Welt gekommen ist, einem verstorbenen Bruder der Beklagten von Geburt an die linke Hand gefehlt hat, ferner einer der lebenden Brüder der Beklagten sich wegen angeborenen Schwachsinns in einer Heil- und Pflegeanstalt befindet und als erbkrank gemeldet ist. Zwar handelt es sich nach der Ausführung des Berufungsgerichts, die sich auf das ärztliche Gutachten und das Obergutachten stützt, bei der Vielfingerigkeit nicht um eine schwere körperliche Mißbildung im Sinne von § 1 Abs. 2 des Gesetzes zur Verhütung erbkranken Nachwuchses vom 14. Juli 1933 (RGBl. I S. 529). Auch erachtet das Berufungsgericht mit dem Obergutachten nicht als bewiesen, daß es sich bei der Vielfingerigkeit der Beklagten, der körperlichen Mißbildung ihres einen Bruders und dem Schwachsinn ihres anderen Bruders um die gleiche Erbanlage in verschiedenen Erscheinungsformen handle; eine schwere erbliche Störung der Beklagten sei nicht festzustellen, ihre Nachkommen würden nicht mit großer Wahrscheinlichkeit an schweren erblichen oder geistigen Schäden leiden. Dennoch hat das Berufungsgericht die Vielfingerigkeit der Beklagten in Verbindung mit den erwähnten Geburtsfehlern zweier Brüder als einen die Beklagte betreffenden Umstand erachtet, der einen verantwortungsbewußten Mann und auch den Kläger bei Kenntnis der Sachlage und bei richtiger Würdigung des Wesens der Ehe von der Eingehung der Ehe abgehalten hätte.

Abgesehen von diesem Grunde hat das Berufungsgericht die Anwendung des § 37 Abs. 1 EheG. mit einem Irrtum des Klägers über wesentliche sittliche Eigenschaften der Beklagten begründet. Diese habe sich nicht nur mit dem Kläger selbst schon vor der Verlobung geschlechtlich eingelassen, sondern — was dem Kläger bei der Eheschließung unbekannt geblieben sei — vor der Ehe bis 1932 mit einem B. in H. in geschlechtlichen Beziehungen gestanden und dann bis 1936 mit ihrem verheirateten Hausmitbewohner M. ein ehebrecherisches Verhältnis unterhalten. Ein solcher durch das voreheliche Leben in die Erscheinung getretener Mangel in der sittlichen Persönlichkeit eines Ehegatten sei bei richtiger Würdigung des Wesens der Ehe als einer auf gegenseitiger Achtung und Treue beruhenden Lebensgemeinschaft geeignet, den anderen Teil von der

Eingehung der Ehe abzuhalten. Auch der Kläger würde durch die Kenntnis des Vorlebens der Beklagten sich von der Eingehung der Ehe haben abhalten lassen, und zwar unerachtet der erwarteten Geburt des aus dem Geschlechtsverkehr der Streitteile stammenden Kindes. Daß er selbst in geschlechtlicher Hinsicht vor der Ehe ein leichtsinniges Leben geführt habe, ergebe nicht, daß er bei der Frau, mit der er durch die Eheschließung eine Lebensgemeinschaft habe gründen wollen, auf ein sittlich gefestigtes Wesen habe verzichten wollen. Für ihn als Polizeibeamten sei es von erheblicher Bedeutung gewesen, ob er eine sittlich gefestigte Frau heirate oder eine solche Frau, die bereits mit einem in demselben Hause wie sie wohnenden Manne — dazu einem an demselben Orte beschäftigten Berufsgenossen des Klägers — die Ehe gebrochen habe, sich möglicherweise auch während der Ehe in sittlicher Hinsicht nicht einwandfrei führe und ihn dadurch unmöglich mache. Die Beklagte selbst habe offenbar befürchtet, daß der Kläger sie bei Kenntnis ihres Vorlebens nicht heiraten würde, und deshalb alles „verschwiegen".

Soweit die Revision den gemäß § 42 Abs. 2 EheG. gegen die Beklagte ergangenen Schuldausspruch bekämpft, kann sie im Ergebnis nicht durchdringen. Nach dieser Bestimmung ist im Falle des § 37 EheG. der Ehegatte als schuldig anzusehen, der den Aufhebungsgrund bei Eingehung der Ehe kannte. Da Kenntnis „des Aufhebungsgrundes" vorausgesetzt ist, liegt sie nicht schon dann vor, wenn der Ehegatte die zum Aufhebungsgrunde gehörigen äußeren Tatsachen — also im Falle des § 37 Abs. 1 EheG. den seine Person betreffenden Umstand — gekannt hat. Die Schuldfeststellung setzt vielmehr darüber hinaus weiter Kenntnis auch des inneren Aufhebungstatbestandes voraus. Im Falle des § 37 Abs. 1 EheG. muß also der nichtaufhebungsberechtigte Ehegatte bei Eingehung der Ehe den Irrtum des anderen Ehegatten, d. h. dessen falsche Vorstellung oder dessen Nichtwissen von dem in Frage kommenden Umstande, gekannt haben und weiterhin sich der Ursächlichkeit des Irrtums, d. h. dessen bewußt gewesen sein, daß der Umstand den anderen Teil bei Kenntnis der Sachlage und bei richtiger Würdigung des Wesens der Ehe von der Eingehung der Ehe voraussichtlich abhalten würde. Dagegen ist, wie gegenüber Volkmar Großdeutsches Eherecht Bem. 3 zu § 42 EheG. bemerkt wird, nicht auch Kenntnis der Aufhebbarkeit der Ehe zu fordern; der böse Glaube des Ehegatten braucht sich nicht auch darauf zu erstrecken, daß die ihm bekannten, den äußeren und inneren Aufhebungstatbestand bildenden Tatsachen einen Aufhebungsgrund darstellen. Kenntnis der sich aus dem Irrtum des anderen Teils für diesen ergebenden rechtlichen Möglichkeit, die Ehe zur Lösung zu bringen, also Kenntnis des Aufhebungsrechts, ist nicht zu verlangen. Dies entspricht einem auch sonst anerkannten Rechtsgedanken. Es sei zum Vergleich auf die Rechtsprechung des Reichsgerichts zu § 2082 Abs. 2 Satz 1 und § 2283 Abs. 2 Satz 1 BGB. hingewiesen. Danach erfordert das dort vorausgesetzte Kenntniserlangen von dem Anfechtungsgrunde, das die Frist für die Anfechtung letztwilliger Verfügungen und von Erbverträgen in Lauf setzt, keine Kenntnis von dem Anfechtungsrecht; überhaupt ist, wie das Reichsgericht dort ausführt, ein Rechtsirrtum nur unerheblich, wenn er außerhalb der rechtlichen Beurteilung des Anfechtungstatbestandes selbst liegt (vgl. RGZ. Bd. 107 S. 192 [194], Bd. 132 S. 1 [4]; RGRKomm. z. BGB. Bem. 2 zu § 2082).

Danach fehlt allerdings im vorliegenden Falle bezüglich des ersterwähnten Aufhebungsgrundes jegliche Feststellung, die den Schluß des Berufungsgerichts rechtfertigen könnte, die Beklagte habe diesen Aufhebungsgrund bei Eingehung der Ehe gekannt. Dieser Mangel nötigt indessen nicht zur Aufhebung des Berufungsurteils, da jedenfalls die Kenntnis der Beklagten von dem zweiten Aufhebungsgrunde zureichend festgestellt ist. Die Revision führt in diesem Zusammenhang aus, das Berufungsgericht habe die vom Kläger selbst vorgetragene Tatsache nicht gewürdigt, daß die Beklagte sich ihm schon nach etwa vier- oder fünfmaligem Zusammensein ohne Eheversprechen geschlechtlich hingegeben habe; der Kläger habe also unmöglich voraussetzen können, es mit einer in geschlechtlicher Beziehung sittlich gefestigten Frau zu tun zu haben, vielmehr habe er deshalb und bei den nicht mehr ganz jungen Jahren der Beklagten mit ihrer geschlechtlichen Bescholtenheit „direkt rechnen" müssen. Unter Mitberücksichtigung der leichtsinnigen eigenen Lebensführung des Klägers auf geschlechtlichem Gebiete vor der Ehe habe daher das Berufungsgericht bei zutreffender Gesamtwürdigung nur zu dem Ergebnis gelangen können, daß der Kläger auch bei Kenntnis des Vorlebens der Beklagten an ihm keinen Anstoß genommen hätte. Dieser Angriff geht fehl. Ein Uebersehen der Einzelheiten des Sachvortrags des Klägers durch das Berufungsgericht in diesem Punkt ist nicht anzunehmen, da das Berufungsurteil ausdrücklich feststellt, die Streitteile hätten schon vor der Abgabe eines Eheversprechens durch den Kläger miteinander Geschlechtsverkehr gehabt. Diese Revisionsausführung bekämpft in Wirklichkeit die zum Tatbestande des § 37 Abs. 1 EheG. gehörigen tatsächlichen Feststellungen des Berufungsgerichts, bewegt sich also auf einem der Revision verschlossenen Gebiet. Indem das Berufungsgericht sich als überzeugt erklärt, die Beklagte habe befürchtet, vom Kläger bei Kenntnis ihres Vorlebens nicht geheiratet zu werden, und deshalb darüber geschwiegen, stellt es zureichend fest, daß die Beklagte selbst die Bedeutung ihrer geschlechtlichen Bescholtenheit als eines nach allgemeiner Anschauung anzuerkennenden Hindernisses für den Heiratsentschluß des Klägers erkannt hatte und sich dessen bewußt war, daß die Aufdeckung ihres Vorlebens das Zustandekommen der Ehe voraussichtlich vereiteln würde.

Dagegen ist der Revisionsangriff begründet, der sich gegen die Behandlung des eigenen Schuldantrags der Beklagten durch das Berufungsgericht wendet. (Wird näher ausgeführt.)

RGZ. 164, 244

1. Setzt der Schuldausspruch im Aufhebungsurteil und bei Scheidung wegen Verschuldens einen besonderen Antrag voraus?

2. Erfordert die Kenntnis des Aufhebungsgrundes Schuldfähigkeit?

3. Welche Bedeutung hat im Falle des § 49 EheG. eine krankhafte Störung der Geistestätigkeit?

EheG. §§ 37, 42, 49, 60, 61*). Verordnung zur Durchführung und Ergänzung des Ehegesetzes vom 27. Juli 1938 (RGBl. I S. 293) §§ 17, 18.

IV. Zivilsenat. Urt. v. 13. Juli 1940.

I. Landgericht Berlin. II. Kammergericht daselbst.

Der Kläger hat beantragt, die Ehe der Parteien aufzuheben, hilfsweise: sie wegen Verschuldens der Beklagten zu scheiden. Er hat seinen Hauptantrag auf § 37 EheG. gestützt und damit begründet, daß die Beklagte einen Hang zur Lügenhaftigkeit besitze. Hilfsweise hat er geltend gemacht, die Beklagte habe durch ihre bewußt unwahren Angaben während der Ehe diese schuldhaft so tief zerrüttet, daß die Scheidung aus § 49 EheG. begründet sei. Das Landgericht hat die Klage abgewiesen. Das Kammergericht hat die Ehe der Parteien aufgehoben. Beide Parteien haben Revision eingelegt. Diejenige der Beklagten ist durch Beschluß als unzulässig verworfen worden. Die Revision des Klägers führte zur Aufhebung und Zurückverweisung.

Aus den Gründen:

1. Das Berufungsgericht erachtet den Tatbestand des § 37 Abs. 1 EheG. als erfüllt, weil die einzelnen Fälle, in denen die Beklagte lügenhafte Angaben gemacht habe, in ihrer Gesamtheit betrachtet, nicht als Einzelvorkommnisse erschienen, die sich aus den Umständen oder dem Zusammenhang als Zweck- oder Notlügen oder erkennbare Uebertreibungen tatsächlicher Vorgänge entwickelt hätten, sondern als Ausfluß eines Wesenszuges der Beklagten in der Richtung einer Neigung zum Lügen, die ihr bereits vor und bei der Eheschließung angehaftet habe . . .

*) Jetzt §§ 32, 37, 43, 52, 53 d. EheG. v. 20. 2. 46.

2. Zu einer Beschäftigung mit der Frage, ob die Beklagte als schuldig anzusehen sei, glaubt das Berufungsgericht mangels eines dahin zielenden Antrages des Klägers keinen Anlaß zu haben. Sollte jedoch zu dieser Frage auch von Amts wegen Stellung zu nehmen sein, so könnte — wie das Kammergericht weiter ausführt — die vom Prozeßbevollmächtigten der Beklagten geäußerte Ansicht, daß es sich bei ihrer Unwahrhaftigkeit um eine pathologische, also in gewissem Sinne krankhafte Neigung handele, dazu führen, hierüber ein Gutachten eines ärztlichen Sachverständigen einzuholen. Das Berufungsgericht hat geglaubt, hiervon absehen zu können, weil es schon aus anderen Gründen zu dem Ausspruch, daß die Beklagte als schuldig anzusehen sei, nicht gekommen wäre. Ein solcher Ausspruch setze voraus, daß dem beklagten Eheteil nicht nur der äußere Tatbestand, das Vorbringen von Unwahrheiten, bewußt gewesen sei, sondern auch der innere Tatbestand, d. h., daß er erkannt habe, daß der andere Eheteil dadurch in einen Irrtum über die wahre Sachlage versetzt worden sei und dieser Irrtum ursächlich auf seinen Entschluß zur Eingehung der Ehe eingewirkt habe. Ferner müsse sich der beklagte Eheteil bei Eingehung der Ehe in einem solchen Falle bewußt gewesen sein, daß sein Verhalten die Aufhebbarkeit der Ehe zur Folge haben könnte, und mit der Möglichkeit dieser Aufhebung gerechnet haben. In keiner dieser Richtungen habe der Kläger Tatsachen vorgebracht. Zur Ausübung des Fragerechts bestehe kein Anlaß, da der Kläger einen Antrag zur Schuldfrage nicht gestellt habe. Er habe damit zu erkennen gegeben, daß er insoweit Ansprüche gegen die Beklagte nicht verfolgen wolle.

3. Der Nachprüfung durch das Reichsgericht unterliegt, da die Revision der Beklagten bereits verworfen worden ist, nicht mehr die Aufhebung der Ehe, sondern nur noch die von der Revision des Klägers beanstandete Unterlassung des Schuldausspruchs. Diese Revision ist begründet. Die Ansicht des Berufungsgerichts, daß der Schuldausspruch einen dahin zielenden Antrag des Klägers voraussetze, ist rechtsirrig. Ebensowenig wie der Schuldausspruch gegen den wegen seines Verschuldens geschiedenen Beklagten oder Widerbeklagten von einem besonderen Antrag abhängt (§ 60 Abs. 1 und 2, § 61 Abs. 1 EheG.; Lauterbach bei Palandt BGB. 3. Aufl. Bem. 2 zu § 60 EheG.; Rilk EheG. Bem. I Abs. 1 zu § 60) — oder nach früherem Rechte (§ 1574 Abs. 1 und 2 BGB.) abhängig war (RGZ. Bd. 55 S. 245; JW. 1904 S. 235 Nr. 11) —, bedarf es eines solchen Antrages im Falle der Aufhebung der Ehe. Das ergibt sich aus § 17 der Verordnung vom 27. Juli 1938, wonach, wenn die Ehe aufgehoben wird und ein Gatte im Sinne des § 42 Abs. 2 EheG. als schuldig anzusehen ist, dies im Urteil auszusprechen ist. (Vgl. Pfundtner-Neubert Bem. 2 zu § 17 der Ersten DurchfVO.).

Hiernach war das Kammergericht nicht berechtigt, aus der Unterlassung eines Schuldantrages durch den Kläger den Schluß zu ziehen, daß er insoweit keine Ansprüche verfolgen wolle, und aus diesem Grunde von der Erfüllung seiner Aufklärungspflicht (§ 139 ZPO.) abzusehen.

4. Als schuldig ist nach § 42 Abs. 2 EheG. im Falle des § 37 der Gatte anzusehen, der den Aufhebungsgrund bei Eingehung der Ehe kannte. Aufhebungsgrund ist im Falle des § 37 EheG. der bei der Eheschließung vorhanden gewesene Irrtum des Klägers über gewisse die Person des anderen Gatten betreffende Umstände. Diese Umstände liegen hier nicht in den einzelnen von der Beklagten vor der Eheschließung (noch weniger nach ihr) gemachten, bewußt unwahren Angaben als solchen, sondern gemäß der Begründung des angefochtenen Urteils wie auch der Klage in dem festgestellten Hange der Beklagten zur Lügenhaftigkeit. Es genügt daher im Sinne des § 42 Abs. 2 EheG. nicht, wie das Berufungsgericht und ihm folgend die Revision meint, daß die Beklagte bei Eingehung der Ehe die Unwahrheit der von ihr bis dahin getanen Aeußerungen gekannt hat, sondern sie muß sich ihrer Neigung zur Unwahrhaftigkeit bewußt gewesen sein. Darüber hinaus muß die Beklagte, wie das Kammergericht zutreffend ausführt, den Irrtum des Klägers und die Ursächlichkeit dieses Irrtums für das Zustandekommen der Ehe gekannt haben; sie muß sich also bewußt gewesen sein, daß die Kenntnis ihres Hanges zur Lügenhaftigkeit den Kläger bei richtiger Würdigung des Wesens der Ehe von deren Eingehung voraussichtlich abhalten würde. Nicht zu verlangen ist dagegen, wie in dem Urteil des erkennenden Senats vom 3. Juni 1940 IV 690/39 (RGZ. Bd. 164*) dargelegt ist, Kenntnis des sich aus dem Irrtum des Klägers für diesen ergebenden Aufhebungsrechts. Diese Kenntnis konnte die Beklagte auch nicht besitzen, weil die Ehe der Parteien vor Erlassung des Ehegesetzes geschlossen worden ist, als es noch keine Aufhebbarkeit der Ehe, sondern ihre Anfechtbarkeit gab.

5. Der Prozeßbevollmächtigte der Beklagten hat dem Kammergericht anheimgegeben, durch eine ärztliche Begutachtung zu klären, ob das Verhalten der Beklagten auf krankhafter Grundlage beruhe. Dieser Anregung könnte, wie das Berufungsgericht meint, Folge zu geben sein, wenn — wie es tatsächlich der Fall ist — zur Frage des Schuldausspruchs von Amts wegen Stellung zu nehmen sein sollte. Auch hier waltet ein Rechtsirrtum ob. Der Gatte, der den Aufhebungsgrund bei Eingehung der Ehe gekannt hat, ist nicht schuldig in dem Sinne, daß ihm ein schuldhaftes Verhalten zur Last fiele, sondern nur „als schuldig anzusehen". Da sich gemäß § 42 Abs. 1 EheG. die Folgen der Aufhebung einer Ehe nach den Vorschriften

*) S. 75 dieses Bandes.

über die Folgen der Scheidung bestimmen, mußte das Gesetz weiter vorsehen, welcher Gatte einer aufgehobenen Ehe demjenigen gleichzuerachten ist, der im Falle der Scheidung für schuldig zu erklären ist. Diese Bestimmung ist in § 42 Abs. 2 EheG. getroffen. Damit ist aber nicht gesagt, daß den als schuldig anzusehenden Gatten auch wirklich ein Verschulden treffen müßte. Wie Roquette in DR. Ausg. A 1939 S. 21 zutreffend dargelegt hat, kann die bloße Kenntnis eines Aufhebungsgrundes allein kein schuldhaftes Verhalten darstellen. Ein solches könnte vielmehr — abgesehen von der hier ohne weiteres ausscheidenden Art der Erlangung dieser Kenntnis — höchstens in dem Verschweigen des die Aufhebung begründenden Umstandes oder in der Eingehung der Ehe gefunden werden. Beides ist aber mit Roquette a. a. O. abzulehnen. Im Falle schuldhaften Verschweigens würde, über den Tatbestand des § 37 EheG. hinaus, eine arglistige Täuschung im Sinne des § 38 EheG. vorliegen, die hier der Kläger ausdrücklich nicht geltend machen will. Von einer Schuld bei der Eheschließung selbst kann aber schon deshalb nicht die Rede sein, weil auch eine aufhebbare Ehe rechtmäßig ist und je nach dem Willen des irrenden Gatten bei Bestand bleiben kann. Daher ist Roquette a. a. O. auch darin beizupflichten, daß trotz der Fassung des § 18 Satz 3 der Ersten DurchfVO., wo von einer Schuldigerklärung auch für alle Fälle eines begründeten Aufhebungsbegehrens die Rede ist, die Kenntnis im Sinne von § 42 Abs. 2, § 37 EheG. kein Verschulden und folglich — worauf es hier ankommt — auch keine Schuldfähigkeit voraussetzt. Der Schuldausspruch aus § 17 der Ersten DurchfVO. wird also durch eine geistige Störung der Beklagten nicht ausgeschlossen. Eine solche Störung könnte höchstens der Kenntnis als solcher entgegenstehen.

6. Sollte der Hang der Beklagten zur Lügenhaftigkeit auf einer krankhaften Grundlage beruhen, so könnte dieser Umstand aber unter einem anderen rechtlichen Gesichtspunkte Bedeutung gewinnen. Wenn sich nämlich nicht feststellen läßt, daß die Beklagte den Aufhebungsgrund in dem dargelegten Sinne, namentlich also ihre Neigung zur Unwahrhaftigkeit, gekannt hat, so wird, da der Kläger auch (hilfsweise) Scheidung der Ehe begehrt, gemäß § 18 Satz 2 der Ersten DurchfVO. zu prüfen sein, ob dieses Scheidungsbegehren durch eine Schuld der Beklagten (§ 49 EheG.) gerechtfertigt ist. In der Rechtsprechung des Reichsgerichts zu § 1568 BGB. war anerkannt, daß das Verschulden durch eine die freie Willensbestimmung ausschließende krankhafte Störung der Geistestätigkeit ausgeschlossen werde (vgl. WarnRspr. 1914 Nr. 336, 1921 Nr. 146; LZ. 1916 Sp. 239 Nr. 14, Sp. 937 Nr. 8 und 9; JW. 1924 S. 44 Nr. 3; HansRuGZ. 1932 Abt. B Sp. 180 Nr. 51; HRR. 1932 Nr. 1052). Dabei brauchte nicht jede freie Willensbestimmung zu fehlen, sondern es genügte eine auf das

Gebiet der Krankheitserscheinungen beschränkte Willensunfreiheit (vgl. z. B. Seufferts Blätter für Rechtsanwendung Bd. 70 S. 674 flg.). Diese Grundsätze sind auch auf das in § 49 EheG. erforderte Verschulden anzuwenden (vgl. RGZ. Bd. 160 S. 304; Ficker in Volkmar Großdeutsches Eherecht Bem. 2b Abs. 2 zu § 49; Maßfeller EheG. 2. Aufl. Vorbem. vor §§ 47 bis 49; Pfundtner-Neubert Bem. 5 zu § 49 EheG.; v. Scanzoni EheG. 2. Aufl. Bem. 7 zu § 49; Lauterbach a. a. O. Bem. 8 zu § 49 EheG.). Falls die freie Willensbestimmung der Beklagten nicht ausgeschlossen ist, könnte ihre etwaige geistige Störung doch insofern noch Bedeutung haben, als sie den von ihr begangenen Handlungen die Eigenschaft als schwere Eheverfehlungen zu nehmen vermöchte.

Da somit der Schuldausspruch gegen die Beklagte neuer Erörterung bedarf, muß das angefochtene Urteil aufgehoben und die Sache an das Berufungsgericht zurückverwiesen werden. Dieses bleibt jedoch an seine bisherige Entscheidung, soweit sie die Ehe aufgehoben hat, gebunden.

RGZ. 165, 121

Gibt die Ehefrau zu erkennen, daß sie die Ehe fortsetzen will, wenn sie nach Entdeckung des Irrtums dem Manne den Geschlechtsverkehr, den sie zunächst abgelehnt hatte, auf sein Drängen schließlich doch gestattet?

EheG. § 37 Abs. 2, § 38 Abs. 2*).

IV. Zivilsenat. Urt. v. 7. November 1940.

I. Landgericht Hannover. II. Oberlandesgericht Celle.

Aus der am 11. November 1937 geschlossenen Ehe der Parteien ist am 20. März 1938 ein Kind hervorgegangen. Nachdem sie anfangs September 1938 zum letzten Male geschlechtlich verkehrt hatten, hat die Klägerin den Beklagten am 14. desselben Monats verlassen. Sie begehrt mit der Klage Aufhebung der Ehe wegen arglistiger Täuschung, weil der Beklagte ihr vor der Eheschließung und auch bei der Untersuchung für das Ehetauglichkeitzeugnis verschwiegen habe, daß er selbst an Lungentuberkulose leide, auch seine Mutter an Tuberkulose gelitten habe und zwei Brüder der Mutter jung an dieser Krankheit gestorben seien. Hilfsweise hat sie das Aufhebungsbegehren auch auf Irrtum gestützt und äußerstens die Ehescheidung aus §§ 49, 52 EheG. begehrt. Der Beklagte bestreitet den Vortrag der Klägerin und hat Widerklage auf Ehescheidung aus § 49 EheG. erhoben. Das Landgericht hat die Klage und die Widerklage abgewiesen. Nur die Klägerin hat Berufung eingelegt und damit ihr Klagebegehren wiederholt, jedoch keinen Erfolg gehabt. Ihre Revi-

*) Jetzt § 32 Abs. 2, § 33 Abs. 2 d. EheG. v. 20. 2. 46.

sion, mit der sie ihre Anträge, denjenigen auf Scheidung jedoch nur aus § 52 EheG. aufrechterhalten hat, führte zur Aufhebung der Ehe.

Gründe:

Das Berufungsgericht geht davon aus, daß die Klägerin bei richtiger Würdigung des Wesens der Ehe die Eheschließung unterlassen hätte, wenn ihr damals bekannt gewesen wäre, daß der Beklagte an offener Lungentuberkulose erkrankt und diese Krankheit auch bei seiner Mutter und zwei Brüdern von ihr in der gleichen oder einer ähnlichen Form aufgetreten sei. Es stellt auch fest, daß die Krankheit beim Beklagten tatsächlich zur Zeit der Eheschließung und auch später noch bestanden habe, entnimmt aber den ärztlichen Gutachten, daß sie infolge einer Heilstättenbehandlung zum Stillstand gekommen, gegenwärtig nicht mehr ansteckend und die Annahme begründet sei, sie werde auch künftig nicht wieder gefährlich werden. Die Beweisaufnahme hat das Berufungsgericht ohne erkennbaren Rechtsirrtum dahin gewürdigt, daß die Klägerin die Kenntnis des Beklagten von seinem Leiden und von den Vorkommnissen in seiner Familie für die Zeit vor der Ehe nicht habe nachweisen können. Damit entfällt die arglistige Täuschung als Grund für die Eheaufhebung ohne weiteres. Das Berufungsgericht versagt der Klägerin darüber hinaus beide Aufhebungsgründe auch deswegen, weil sie nach Entdeckung der angeblichen Täuschung und ihres Irrtums über den Gesundheitszustand des Beklagten zu erkennen gegeben habe, daß sie die Ehe fortsetzen wolle; denn sie habe mit dem Beklagten zu dieser Zeit noch geschlechtlich verkehrt. Ihr Vorbringen, der Beklagte habe sie dazu mit Gewalt gezwungen, sei unrichtig. Bei ihrer persönlichen Vernehmung vor dem Landgericht habe sie selbst erklärt, der Beklagte habe sie nach seiner Rückkehr aus Bad R. in ihrem Schlafzimmer aufgesucht und ihr solange zugesetzt, bis sie ihm den Geschlechtsverkehr gestattet habe, obwohl sie es wegen seines Gesundheitszustandes nicht gewollt und nicht gedurft habe. Von gewaltsamem Zwange zu diesem Verkehr könne also keine Rede sein, und deshalb habe die Klägerin ihr Aufhebungsrecht verloren.

Diese Darlegungen über den Verlust des Aufhebungsrechts wegen Irrtums sind rechtsirrig. Wenn das Gesetz die Aufhebung ausschließt, falls der zu ihr berechtigte Ehegatte in der maßgeblichen Zeit zu erkennen gegeben hat, daß er die Ehe fortsetzen wolle, so fordert es, daß dieser Ehegatte zum mindesten ein Verhalten an den Tag gelegt hat, das unzweideutig auf einen dahin gehenden Willen schließen läßt. Nicht ausgeschlossen ist es, daß Geschlechtsverkehr den Fortsetzungswillen hinreichend ausdrückt. Dabei kommt es aber auf die Umstände an. Keinesfalls trifft es zu, daß jeder solcher Verkehr der Eheaufhebung entgegensteht, sofern er nicht erzwungen ist. Vielmehr kann er auch sonst von Umständen begleitet werden, die ihm die Bedeutung als hinreichend klares Zeichen für den Willen zur Fortsetzung der Ehe nehmen, insbesondere die Deutung des Verkehrs als ein solches Zeichen durch den anderen Ehegatten nicht rechtfertigen. So hat der erkennende Senat in seinem Urteil IV 662/39 vom 29. Mai 1940 (RGZ. Bd. 164 S. 372 [379]) den Versuch einer Ehefrau, die Bestätigung der Ehe daraus herzuleiten, daß der Mann sie mehrere Wochen lang noch abends und morgens geküßt habe, scheitern lassen, weil diese Zärtlichkeiten vom Ehemanne nur mit Rücksicht auf das Kind der Parteien erwiesen worden waren. Für den Geschlechtsverkehr zwischen den jetzigen Parteien liegt es nicht anders. Das Berufungsgericht folgt der Klägerin darin, daß sie wegen der Krankheit des Beklagten den von ihm gewünschten Verkehr zunächst abgelehnt und endlich nur auf sein Drängen gestattet hat, „nachdem er ihr zugesetzt hatte". Auch handelt es sich offenbar nur um einen einzigen Fall des Verkehrs. Weder der Beklagte noch sonst jemand konnte aber bei diesem Verlaufe des Ereignisses annehmen, die Klägerin handle so, weil sie die Ehe trotz der Aufklärung über die gesundheitliche Beschaffenheit des Beklagten fortsetzen wollte. Die Ehe trotz der Gefahren fortzusetzen, die aus der Krankheit des Beklagten für sie selbst und das Kind, vielleicht auch für weitere Nachkommenschaft drohten oder mindestens nach der allgemeinen Anschauung des Volkes zu befürchten waren, bedeutete einen Entschluß von großer Tragweite für die Klägerin, zumal sie damals mit dem Wegfall der Ansteckungsgefahr und mit der Aussicht auf völlige Heilung des Kranken schwerlich rechnen konnte und bestimmt nicht gerechnet hat. Unter diesen Umständen könnten schon Bedenken dagegen bestehen, einen einmaligen Geschlechtsverkehr unmittelbar nach der Heimkehr des Beklagten von langem Kuraufenthalt überhaupt als Beweis für diesen Willen zu bewerten. Völlig ausgeschlossen ist das aber, da feststeht, daß die Klägerin das Verlangen des Beklagten, mit ihm zu verkehren, zunächst abgelehnt und erst nachgegeben hat, nachdem er ihr „zugesetzt" hatte. Deshalb kann dieser Entscheidungsgrund des Berufungsgerichts vor der Revision nicht bestehen, sondern ist der Verlust des Aufhebungsrechts durch einen unter § 37 Abs. 2, § 38 Abs. 2 EheG. fallenden Vorgang zu verneinen.

Für den Klagegrund der arglistigen Täuschung ist dieses Ergebnis ohne Belang, da die Täuschung nicht erwiesen ist. Dagegen muß die Ehe auf die Klage wegen Irrtums aufgehoben werden. Schon das Berufungsgericht erklärt, es möge zutreffen, daß die Klägerin in Kenntnis der Krankheit des Beklagten die Ehe nicht geschlossen hätte. Das muß aber sogar als sicher angenommen werden. Jeder

Anhalt dafür fehlt, daß die Klägerin entgegen den Erfordernissen der Vernunft und der Rücksicht auf die Volksgesundheit und sich selbst den an Lungentuberkulose leidenden Mann geheiratet haben würde, obwohl sich die Parteien ein Ehetauglichkeitszeugnis beschafft hatten, dabei aber diese Krankheit gar nicht zur Sprache gekommen war.

Hiernach muß das Berufungsurteil aufgehoben werden. Da keine weitere Sachaufklärung erforderlich ist, muß das Revisionsgericht die Sachentscheidung selbst treffen (§ 565 Abs. 3 ZPO.), also die Ehe aufheben. Ein Schuldausspruch nach § 42 Abs. 2 EheG. kommt nicht in Betracht, da keiner der Ehegatten bei Eingehung der Ehe den Aufhebungsgrund kannte. Auch auf das Scheidungsbegehren der Klägerin braucht nicht mehr eingegangen zu werden, da sie es nur hilfsweise vorgebracht hat. Zudem stützt sie es im Revisionsverfahren nur noch auf § 52 EheG. mit der Begründung, das Bestehen der ansteckenden Krankheit sei zu Unrecht verneint worden. Träfe das zu, so würde doch auch der bestehende Scheidungsanspruch aus § 52 EheG. auf den Ausspruch über die Schuld der Parteien keinen Einfluß haben, weil es sich dabei um einen Scheidungsgrund ohne Verschulden handelt.

RGZ. 168, 61

Rechtfertigt der Umstand, daß ein Ehegatte Träger der Anlage zu einer Erbkrankheit und deshalb der Gefahr des Ausbruchs dieser Krankheit erheblich stärker ausgesetzt ist als der Durchschnitt der Bevölkerung, allein schon die Aufhebung der Ehe wegen Irrtums des anderen Ehegatten?

EheG. § 37*).

IV. Zivilsenat. Urt. v. 3. Dezember 1941.

I. Landgericht Glogau. II. Oberlandesgericht Breslau.

Die Parteien haben am 24. April 1937 die Ehe geschlossen. Kinder sind aus der Ehe nicht hervorgegangen. Der Kläger ist jetzt 29, die Beklagte 30 Jahre alt. Der Kläger verlangt mit der Begründung, die Familie der Beklagten sei mit erblicher Geisteskrankheit belastet, und es sei zu befürchten, daß auch die Beklagte geisteskrank werde, die Aufhebung der Ehe. Er beantragt auch, die Beklagte für schuldig zu erklären. Die Beklagte hat um Klageabweisung gebeten. Das Landgericht hat die Ehe, und zwar ohne Schuldausspruch, aufgehoben. Die Berufung der Beklagten ist erfolglos geblieben. Ihre Revision führte zur Abweisung der Klage.

*) Jetzt § 32 d. EheG. v. 20. 2. 46.

Gründe:

Das Berufungsgericht stellt fest, daß die Beklagte aus einer Familie stamme, in der mehrere Fälle geistiger Erkrankung vorgekommen seien. Die Mutter der Beklagten sei an manisch-depressivem Irresein erkrankt, und es sei mit einer gewissen Wahrscheinlichkeit anzunehmen, daß bereits eine Urgroßmutter der Beklagten mütterlicherseits erbbiologisch zum Formenkreis des Manisch-Depressiven gehört habe; es sei deshalb davon auszugehen, daß die Beklagte, die selbst bisher äußerlich nicht erkrankt sei, Trägerin einer erbkranken Teilanlage sei. Das sei ein die Person der Beklagten betreffender Umstand im Sinne des § 37 EheG. Dieser bei Eingehung der Ehe dem Kläger unbekannt gebliebene Umstand würde ihn bei Kenntnis der Sachlage und richtiger Würdigung des Wesens der Ehe von der Eingehung der Ehe abgehalten haben. Der für die richtige Würdigung wesentliche Gesichtspunkt brauche nicht nur die Gefährdung der Nachkommenschaft zu sein, sondern könne auch darin liegen, daß die Beklagte selbst mit einer die Durchschnittserwartung der Gesamtbevölkerung wesentlich übersteigenden Wahrscheinlichkeit an dem Erbleiden erkranken könne. Diese Wahrscheinlichkeit betrage hier 24,4 v.H. gegenüber einer Belastung der Durchschnittsbevölkerung von nur 0,44 v.H. Da das manisch-depressive Irresein nicht selten erst im vierten oder fünften Lebensjahrzehnt in Erscheinung trete, die Beklagte aber erst 30 Jahre alt sei, sie noch gefährdet und der Kläger müsse stets mit einer Wahrscheinlichkeit von 1 zu 3 damit rechnen, daß die Beklagte auch erscheinungsbildlich erkranke. Wolle man den Kläger nötigen, mit der Aufhebungsklage zu warten, bis die Beklagte tatsächlich erkranke, so würden die besten Jahre seines Lebens vorübergehen, ohne daß er die Erzeugung von Kindern, in der ein wesentlicher Zweck der Ehe bestehe, mit gutem Gewissen verantworten könne. Die Voraussetzungen einer Aufhebung der Ehe gemäß § 37 EheG. seien somit gegeben. Auch die Anfechtungsfrist des § 40 EheG. sei gewahrt. Allerdings habe der Kläger bereits vor der Eheschließung von der Gemütskrankheit der Mutter der Beklagten erfahren und sich dann später auch über die Belastung der Beklagten schon Gedanken gemacht, doch habe er Klarheit über die Gefährdung der Beklagten erst im Laufe des Rechtsstreits, insbesondere durch das im ersten Rechtszug eingeholte Gutachten des Staatlichen Gesundheitsamts in G. vom 13. Februar 1940, erlangt.

Die Revision ist begründet.

Zwar ist der Ansicht des Berufungsgerichts nicht schlechthin entgegenzutreten, daß nicht nur die Gefährdung einer etwaigen Nachkommenschaft, die hier, wie das Gutachten ergibt, außerordentlich gering ist und auch vom Berufungsgericht nicht als Aufhebungsgrund verwertet wird, sondern auch die Gefährdung des Ehegatten selbst, der Träger einer Krankheitsanlage ist, die Aufhebung der Ehe gemäß § 37 EheG. rechtfertigen kann. In der auch vom Berufungsrichter angeführten Entscheidung des erkennenden Senats RGZ. Bd. 158 S. 268 flg. [275] heißt es zwar, daß „nur die Gefährdung der Nachkommenschaft" als wesentlicher Gesichtspunkt in Betracht komme, doch wird das damit begründet, daß „die Beklagte selbst sich nicht in einem die Ehe beeinträchtigenden Zustande befindet". Es kommt also — abgesehen von der Gefährdung der Nachkommenschaft — entscheidend darauf an, ob der bestehende, nicht der möglicherweise später entstehende Zustand des Anlageträgers derartig ist, daß er sich ungünstig auf die Ehe auswirkt. Dafür liegt hier aber nichts vor. Wenn das Berufungsgericht bemerkt, der Kläger könne die Erzeugung von Kindern, in der ein wesentlicher Zweck der Ehe bestehe, mit gutem Gewissen nicht verantworten, so ist das unhaltbar. In Wirklichkeit ist nach dem Gutachten der Psychiatrischen und Nervenklinik der Universität B. vom 28. Februar 1941, deren Standpunkt sich der Berufungsrichter zu eigen macht, die Gefährdung der Nachkommenschaft so gering, daß entgegen der Ansicht des Berufungsgerichts gegen die Erzeugung von Nachkommenschaft keine Bedenken bestehen. Daran ändert sich auch nichts, wenn man, wie es das Berufungsgericht tut, auf den möglichen Fall abstellt, daß die Beklagte selbst noch erscheiungsbildlich erkrankt. Das Berufungsgericht hat dabei offenbar außer acht gelassen, daß nach dem Gutachten eine Belastung des Ehemannes mit manisch-depressivem Irresein vorliegen muß, wenn die Kinder erscheinungsbildlich erbkrank werden sollen. Für eine solche Belastung des Klägers fehlt aber jeder Anhalt. Der Gesichtspunkt einer Gefährdung der Nachkommenschaft muß hier also tatsächlich ausscheiden.

Bei Beurteilung des Zustandes der Beklagten selbst geht das Berufungsgericht, was an sich zwar unangreifbar ist, davon aus, daß die Wahrscheinlichkeit einer erscheinungsbildlichen Erkrankung der Beklagten 24,4 v.H. gegen nur 0,44 v.H. der Durchschnittsbevölkerung beträgt. Dieser Wahrscheinlichkeitsgrad ist aber, wie das Gutachten klar erkennen läßt, ein rein begrifflicher. Es mag dahingestellt bleiben, ob eine solche Belastung eines Ehegatten, wie sie einer gegenüber dem Durchschnitt wesentlich gesteigerten Erkrankungswahrscheinlichkeit liegt, für sich allein die Ehe überhaupt beeinträchtigen kann. Auch wenn man das bejahte, würde sich weiter fragen, ob es auch dann gilt, wenn, wie hier, der Ausbruch der Krankheit immerhin wesentlich unwahrscheinlicher ist als das Gesundbleiben der Beklagten. Jedenfalls kann aber in solchem Falle die Gefährdung des Ehegatten dann nicht als Beeinträchtigung der Ehe angesehen werden, wenn er im übrigen völlig ehetauglich ist.

Das aber ist hier bei der Beklagten durchaus der Fall. Nach dem ärztlichen Gutachten, dem ja auch der Berufungsrichter gefolgt ist, ist der Beklagten eine ausgesprochene seelische Festigkeit zuzusprechen, und sie erscheint insgesamt als einwandfreie Persönlichkeit. Auch sonst ist nichts dargetan oder auch nur vom Kläger behauptet, was den jetzigen Zustand der Beklagten als einen die Ehe belastenden erscheinen ließe. Der grundlegende Unterschied zwischen einer Gefährdung der Nachkommenschaft und der Gefahr des Krankheitsausbruchs beim Ehegatten selbst besteht darin, daß, wenn Gefahr für die Nachkommenschaft besteht, das eheliche Leben von vornherein belastet ist, weil in solchem Falle schon die Erzeugung von Kindern schweren Bedenken unterliegt. Deshalb muß der unbelastete Eheteil bei solcher Sachlage die Aufhebung der Ehe schon auf Grund der bloßen Gefährdung der Nachkommenschaft verlangen können, es sei denn, daß aus anderen Gründen mit Nachkommenschaft überhaupt nicht zu rechnen ist. Scheidet aber eine Gefährdung der Nachkommenschaft aus — den hier gegebenen Fall einbegriffen, daß die Gefährdung zu gering ist, um wirklich eine Rolle zu spielen —, so steht die Eigenschaft des einen Eheteils als Träger kranker Erbanlagen einem regelrechten Eheleben nicht ohne weiteres entgegen. Es kann also im Regelfall unbedenklich abgewartet werden, ob die Krankheit in Erscheinung tritt; tut sie es, so erwächst damit dem gesunden Ehegatten ohne weiteres ein Aufhebungsgrund. Unter diesen Umständen handelt es sich entgegen der Auffassung des Berufungsrichters hier bei der Gefährdung der Beklagten nicht um einen Umstand, der den Kläger, wenn er ihn gekannt hätte, bei richtiger Würdigung des Wesens der Ehe von der Eingehung der Ehe abgehalten hätte. Fehlt es aber an dieser sachlichen Voraussetzung für die Aufhebung der Ehe, so spielt die persönliche Einstellung des Klägers keine Rolle. Nach alledem ist das Berufungsurteil aufzuheben. Die Sache ist zur Endentscheidung in dem Sinne reif, daß mangels eines Aufhebungsgrundes die Klage abzuweisen ist.

RGZ. 171, 79

Sind die Voraussetzungen einer Namensehe im Sinne des § 1325 a BGB. schon dann gegeben, wenn die Ehe geschlossen wird, um ein zu erwartendes Kind ehelich werden zu lassen und der Frau die Stellung als Ehefrau zu geben, ohne daß es zu einer ehelichen Lebensgemeinschaft kommen soll und kommt?

BGB. § 1325 a. EheG. § 23*).

---

*) Jetzt § 19 d. EheG. v. 20. 2. 46.

IV. Zivilsenat. Urt. v. 21. April 1943.

I. Landgericht Ratibor. II. Oberlandesgericht Kattowitz.

Die beiden Beklagten lernten sich im Sommer 1932 in B. kennen, und es kam zwischen ihnen zu intimen Beziehungen. Nach einem Besuche des beklagten Mannes zu Weihnachten 1934 fühlte sich die beklagte Frau in anderen Umständen und teilte das dem Manne mit. Im Verlauf eines Briefwechsels und dreimaliger Begegnungen in Br. kamen sie überein, wegen des erwarteten Kindes die Ehe miteinander zu schließen. Am 4. Juni 1935 fand in B. die standesamtliche Eheschließung statt. Der Beklagte kehrte darauf nach L., seinem Dienst- und Wohnsitz, zurück. Einen gemeinsamen ehelichen Wohnsitz haben die Beklagten bis heute nicht gehabt. Das erwartete Kind ist — nach Angabe der Frau wegen einer Fehlgeburt infolge seelischer Erregung — nicht zur Welt gekommen. Am 15. März 1936 gab die beklagte Frau dem Mann eine schriftliche Erklärung, daß sie die katholische kirchliche Trauung verweigere, während sie ihm vor der Eheschließung auf seinen Wunsch schriftlich versprochen hatte, sich „etwa im Herbst" (1935) mit ihm in der katholischen Kirche trauen zu lassen. Ende Juni 1936 erhob der Mann die hauptsächlich auf diese Weigerung gestützte Ehescheidungs- und Eheanfechtungsklage. Im Laufe des Verfahrens erklärte sich die Frau bereit, sich mit dem Mann in einer katholischen Kirche trauen zu lassen. Die Klage wurde vom Landgericht abgewiesen; das Urteil wurde rechtskräftig, da der Mann seine Berufung zurücknahm. Im Jahre 1940 machten die Beklagten den Versuch, noch zu einem ehelichen Zusammenleben zu kommen, und schafften gemeinsam Möbel an. Sie entzweiten sich jedoch wieder, ohne daß es zu einem Zusammenleben gekommen war.

Jetzt klagt der Staatsanwalt gegen beide Beklagte mit dem Antrag, ihre Ehe für nichtig zu erklären. Er macht geltend, die Ehe sei ausschließlich oder vorwiegend zu dem Zwecke geschlossen worden, der Frau die Führung des Familiennamens des Mannes zu ermöglichen, ohne daß eine eheliche Lebensgemeinschaft habe begründet werden sollen (§ 1325 a BGB., § 23 EheG.). Der beklagte Mann hat sich den Antrag und die Ausführungen des Staatsanwalts zu eigen gemacht. Die beklagte Frau hat Klageabweisung beantragt und ist den Klageausführungen entgegengetreten; sie hat insbesondere auch in Abrede gestellt, mit einer Scheinehe einverstanden gewesen zu sein. Das Landgericht hat die Klage abgewiesen, das Berufungsgericht dagegen der Klage stattgegeben. Die Revision der beklagten Frau führte zur Wiederherstellung des landgerichtlichen Urteils.

Gründe:

Das Berufungsgericht stellt — insbesondere auf Grund des Briefwechsels der Beklagten vor ihrer Eheschließung — fest, daß die

Ehe nur im Hinblick auf das erwartete Kind geschlossen worden sei und daß der Eheschließung eine Vereinbarung der beiden Beklagten zugrunde gelegen habe, eine eheliche Lebensgemeinschaft nicht einzugehen und sich bald wieder scheiden zu lassen. Dieser Sachverhalt lasse die Ehe als eine solche erscheinen, die von der Vorschrift des § 1325 a BGB. — der hier allein in Betracht kommt, da die Ehe vor dem Inkrafttreten des Ehegesetzes geschlossen ist, — getroffen werde. Es sei nicht nur die negative Voraussetzung dieser Vorschrift — daß eine eheliche Lebensgemeinschaft nicht begründet werden sollte —, sondern auch die positive Voraussetzung erfüllt, daß die Ehe vereinbarungsgemäß ausschließlich oder vorwiegend zu dem Zwecke geschlossen worden sei, der Frau die Führung des Familiennamens des Mannes zu ermöglichen. Dafür sei nicht erforderlich, daß es der Frau gerade auf den Mannesnamen als solchen angekommen sei. Indem der Plan der Beklagten dahin gegangen sei, die Frau nach außen hin mit dem Vater des zu erwartenden Kindes als verheiratet erscheinen zu lassen, sei es auch ihre Absicht gewesen, daß die Frau „dem Namen nach" die Ehefrau des Mannes werde, und damit sei der Fall einer „Namensehe" im Sinne des § 1325 a BGB. gegeben. Nur diese nicht am Wortlaut haftende Auslegung des Gesetzes werde seiner Absicht gerecht, solche Ehen für nichtig zu erklären, die einen offensichtlichen Mißbrauch der Ehe darstellten. Diese Auffassung sei auch in der Entscheidung des Reichsgerichts vom 25. Juli 1935 (DJ. 1935 S. 1498) und in der Rechtslehre vertreten. Wenn sich die beklagte Frau darauf berufe, daß diese Ehe aus ehrenhaften Beweggründen geschlossen worden sei, so sei dem entgegenzuhalten, daß eine Scheinheirat als Mittel zur Erreichung der hier an sich einwandfreien Zwecke weder rechtlich noch sittlich gebilligt werden könne. Die Ehe sei deshalb für nichtig zu erklären.

Die Revision ist begründet.

Die Entscheidung der Sache hängt allein davon ab, ob auf den vom Berufungsgericht einwandfrei festgestellten Sachverhalt die Vorschrift des § 1325 a BGB. anzuwenden ist. Das ist entgegen der Ansicht des Berufungsrichters zu verneinen. Wie auch das Oberlandesgericht nicht verkennt, begreift das Gesetz nach seinem Wortlaute den hier vorliegenden Fall nicht ein. Darauf, der Frau gerade den Familiennamen des Mannes zu verschaffen, ist es hier fraglos den Beklagten nicht entscheidend angekommen. Worauf das Gesetz abstellte, steht außer Zweifel; die amtliche Begründung (DJ. 1933 S. 765) sagt darüber: „Der Entwurf bezweckt die Bekämpfung von Verfallserscheinungen auf familienrechtlichem Gebiet. Schon seit langem wird darüber geklagt, daß Angehörige alter und bekannter Familien mit ihrem Namen einen unwürdigen Handel getrieben haben . . . Der neue Staat kann es nicht länger dulden, daß grundlegende Einrichtungen unserer Familienrechtsordnung, wie Ehe und Kindesannahme, zu Schachergeschäften mißbraucht werden . . . Dem Grundgedanken des Entwurfs entsprechend sollen nur solche Ehen für nichtig erklärt werden können, die aus unehrenhaften Beweggründen eingegangen sind . . ." Die Absicht des Gesetzgebers war sonach die, einen gerade damals besonders in Erscheinung getretenen Mißstand, den Namensschacher, zu beseitigen. Das schließt nicht aus, das Gesetz auch auf andere als die Fälle anzuwenden, an die man ursprünglich gedacht hat. Doch darf dabei über Sinn und Zweck des Gesetzes nicht hinausgegangen werden. Nach Sinn und Zweck des Gesetzes sollen von der fraglichen Bestimmung nicht schlechthin alle Ehen betroffen werden, bei denen eine eheliche Gemeinschaft der Eheleute nicht vorgesehen ist, sondern nur solche, die aus unehrenhaften Beweggründen geschlossen sind. Daß das hier der Fall sei, nimmt auch das Berufungsgericht, nach dessen Feststellung die Ehe vorwiegend im Hinblick auf das zu erwartende Kind geschlossen worden ist, nicht an; das Unsittliche dieser Ehe sieht es nur darin, daß der Zweck durch eine Ehe erreicht werden sollte, die keine wirkliche Ehe ist. Eine Ehe dieser Art ist in der Tat unvollkommen und vom Standpunkte der Allgemeinheit aus unerwünscht; daher wird die Ehe zu lösen sein, wenn es — wie z. B. im Falle des § 55 Abs. 2 EheG. — darauf ankommt, ob die Scheidung oder die Aufrechterhaltung der Ehe sittlich gerechtfertigt ist. Der Gesetzgeber hat aber nicht beabsichtigt, unerwünschte Ehen schlechthin für nichtig zu erklären, so wenig wie die Eingehung unerwünschter Ehen allgemein gesetzlich untersagt ist. Es hieße daher in jeder Weise der Vorschrift des § 1325 a BGB. Zwang antun, wenn man sie auf den vorliegenden Sachverhalt unmittelbar oder auch nur entsprechend anwenden wollte. Für die hier vertretene Auffassung gibt auch das Gesetz selbst einen Anhalt: § 23 EheG. hat die Vorschrift des früheren § 1325 a BGB. übernommen, sie aber um den weiteren Fall der Ehenichtigkeit dahin erweitert, daß die Ehe, durch die eine eheliche Lebensgemeinschaft nicht begründet werden soll, zu dem Zwecke geschlossen ist, der Frau den Erwerb der Staatsangehörigkeit des Mannes zu ermöglichen*). Diese Bestimmung wäre überflüssig, wenn die Vorschrift des § 1325 a BGB. so weit auszulegen wäre, wie es das Berufungsgericht tut. Wäre es nämlich der Sinn des § 1325 a BGB., daß jede Ehe, die nur bezweckt, nach außen hin der Frau die Stellung einer Ehefrau zu geben, nichtig sein soll, so fiele auch der Fall ohne weiteres darunter, daß mit dieser Ehe die Uebertragung der Staatsangehörigkeit des Mannes auf die Frau bezweckt war. Allerdings

*) § 19 d. EheG. hat diesen Fall der Ehenichtigkeit nicht übernommen.

hat der Gesetzgeber, wie sich aus der amtlichen Begründung zum Ehegesetz ergibt, die Möglichkeit, daß der Fall der Staatsangehörigkeitsehe schon durch die Vorschrift des § 1325 a BGB. getroffen würde, in Betracht gezogen, aber doch eine „Klarstellung" für erforderlich gehalten. Wenn er davon absah, der Vorschrift überhaupt eine allgemeinere Fassung zu geben, so zeigt dies, daß er — vom Sonderfall der Staatsangehörigkeitsehe abgesehen — eine staatspolitische Notwendigkeit für eine Ausweitung der ursprünglichen Vorschrift nicht anerkannt hat. Es ist deshalb um so weniger erforderlich, daß hier der Richter die Gesetzesvorschrift über den Rahmen hinaus erweitert, den ihr der Gesetzgeber nach Wortlaut und Sinn der Bestimmung gesteckt hat. Soweit in der Rechtslehre die Ansicht des Oberlandesgerichts über die weite Auslegung der Gesetzesvorschrift vertreten wird, fehlt dafür eine nähere Begründung; mit der bloßen Erwägung, daß auch in einem Falle wie dem vorliegenden mit der Ehe ein Mißbrauch getrieben werde, läßt sich die Auffassung nicht rechtfertigen, da sich eben § 1325 a keineswegs gegen jeden Mißbrauch der Ehe richtet, sondern auf ein bestimmtes Anwendungsgebiet beschränkt ist. Der vom erkennenden Senat in seiner Entscheidung DJ. 1935 S. 1498 behandelte Fall lag wesentlich anders als der jetzt vorliegende. Dort hatte der — adlige — Ehemann für jede der mehreren von ihm geschlossenen Ehen Geld erhalten, also tatsächlich seinen Namen verkauft. Wenn es dann in der genannten Entscheidung heißt, „dadurch, daß die Frau dem von ihr zu erwartenden Kinde — das dort übrigens nicht vom Ehemann stammte — die Stellung eines ehelichen Kindes verschaffen wollte, werde die Annahme nicht ausgeschlossen, daß der Zweck der Eheschließung für sie die Erlangung des Familiennamens des Mannes war; denn der Name mußte dann ohne weiteres auf das während der Ehe geborene Kind übergehen und dessen Unehelichkeit überdecken", so sollte damit schwerlich ein allgemeiner, von den besonderen Umständen des gegebenen Falles losgelöster Grundsatz aufgestellt werden, wenn auch der Satz in der — zustimmenden — Besprechung des Urteils durch Massfeller so verstanden wird. Jedenfalls läßt sich nach dem oben Gesagten ein allgemeiner Satz, daß auch die reine Formehe, die zu dem Zwecke geschlossen ist, dem Kinde der beiden Beteiligten die Stellung eines ehelichen Kindes zu geben, als „Namensehe" im Sinne des § 1325 a BGB. oder jetzt des § 23 EheG. anzusehen sei, nicht halten. Deshalb ist die Nichtigkeitsklage hier nicht begründet und somit unter Aufhebung des Berufungsurteils das klageabweisende landgerichtliche Urteil wiederherzustellen.

Ehescheidung, Scheidungsgründe

RGZ. 70, 59

Wirksamkeit der Vereinbarung, daß, falls in dem anhängig zu machenden Ehescheidungsprozesse in erster Instanz die Ehe geschieden werden sollte, die Berufung nicht zulässig sein solle?

IV. Zivilsenat. Urt. v. 26. November 1908.

I. Landgericht I Berlin. II. Kammergericht daselbst.

Beide Parteien beantragten die Scheidung der zwischen ihnen bestehenden Ehe. Die erste Instanz sprach auf die Klage der Frau die Scheidung der Ehe aus und wies die Widerklage des Mannes ab. Hiergegen legte der Beklagte Berufung ein. Er erachtete die Klage für unbegründet.

Die Klägerin setzte der Berufung entgegen: vor Anstrengung des vorliegenden Prozesses sei zwischen den Parteien vereinbart worden, daß, falls in dem anhängig zu machenden Scheidungsprozesse schon in erster Instanz, sei es auch nur auf den Antrag des einen Teils, die Ehe der Parteien geschieden werden sollte, hiergegen die Berufung nicht zulässig sei, sondern sich jeder Teil bei der ergangenen Entscheidung beruhigen solle.

Das Berufungsgericht nahm an, daß die von der Klägerin behauptete Ausschließung des Rechtsmittelganges mit den guten Sitten und mit dem das ganze Eherecht beherrschenden Prinzipe der tulichsten Aufrechterhaltung der Ehe unvereinbar und demgemäß sowohl nach § 138 Abs. 1 als auch nach § 134 BGB. nichtig sei. Sachlich erachtete das Berufungsgericht die Klage für unbegründet und wies sie ab.

Die von der Klägerin eingelegte Revision wurde zurückgewiesen.

Gründe:

„Die Revision der Klägerin bekämpft mit Unrecht die Ansicht des Berufungsgerichts, daß die behauptete Vereinbarung des Verzichts auf die Einlegung des Rechtsmittels nichtig sei.

Grundsätzlich und im allgemeinen ist ein Verzicht auf das Rechtsmittel auch vor Erlassung des Urteils statthaft. Zwar hat die Zivilprozeßordnung von einer Regelung dieser Frage abgesehen. In der Begründung des Entwurfs zur Zivilprozeßordnung wird ausgeführt: die Gültigkeit eines hierauf gerichteten Vertrags sei lediglich nach dem Zivilrechte zu beurteilen; ein solcher Vertrag sei einem Kompromiß analog (S. 300 der Begründung zum III. Entwurf). Die Vorschriften des Bürgerlichen Gesetzbuchs, die hier in Betracht kommen, enthalten kein allgemeines Verbot, ein Rechtsmittel im voraus vertraglich auszuschließen. Demgemäß hat das Reichsgericht schon wiederholt ausgesprochen, daß auch nach Maßgabe des neuen Rechts der Verzicht auf das Rechtsmittel vor Erlassung des Urteils an sich statthaft ist (Urteil des II. Zivilsenats vom 24. Februar 1903 Rep. II. 363/02 und des I. Zivilsenats vom 3. Oktober 1903 Rep. I. 171/03).

Eine Vereinbarung, daß, falls in dem anhängig zu machenden Ehescheidungsprozesse in erster Instanz die Ehe geschieden werden sollte, die Berufung nicht zulässig sein solle, verstößt aber gegen das Wesen der Ehe und verletzt damit die guten Sitten und das Gesetz (§§ 138 Abs. 1, 134 BGB.). Wie bei dem Kompromisse der Gegenstand des Streits ein solcher sein muß, daß über ihn die Parteien vergleichsweise paktieren können (§ 1025 ZPO.), so muß auch bei dem analog zu beurteilenden Abkommen über den Verzicht auf das Rechtsmittel ein Streitgegenstand vorliegen, über den die Parteien frei verfügen können. Gemäß der rechtlichen und sittlichen Natur der Ehe kann es jedoch nicht statthaft erscheinen, eine Verfügung der Parteien vor Erlassung des Urteils dahin zuzulassen, daß ein die Scheidung der Ehe aussprechendes richterliches Urteil, gleichviel ob es materiell richtig, oder unrichtig ist, die Parteien unbedingt binden solle. Ein solches Abkommen ist sonach gemäß der besonderen Vorschriften des Zivilrechts in den §§ 134, 138 BGB. nichtig.

Die Ausführung der Revision, daß die Zivilprozeßordnung in den Vorschriften der §§ 617, 622 über den Ausschluß der Dispositionsmaxime und in der nach § 607 zugelassenen Mitwirkung der Staatanwaltschaft im Ehescheidungsprozeß die ausreichenden Garantien für Ermittelung der materiellen Wahrheit gebe, und daneben nicht noch Raum für die weiteren Gesetzesvorschriften sei, ist nicht zutreffend. Die Vorschriften der §§ 606 flg. ZPO. gestalten nur die eigentlichen Prozeßhandlungen aus. Daneben bleiben die dem materiellen Zivilrecht angehörigen Rechtssätze, denen das hier vorliegende Abkommen unterworfen ist, bestehen. Wollte man aber auch das letztere vermöge seiner dem Gebiete des Prozeßrechts angehörenden Wirkungen als ein dem Prozeßrechte unterliegendes Rechtsgeschäft auffassen, so wäre das Ergebnis kein anderes. Denn unter diesem Gesichtspunkte wäre das Abkommen deshalb unwirksam, weil es mit dem in § 622 ZPO. enthaltenen Prinzipe der möglichsten Aufrechterhaltung der Ehe in Widerspruch tritt." . . .

RGZ. 97, 340

Wann ist die „geistige Gemeinschaft" unter den Ehegatten im Sinne des § 1569 BGB.*) als aufgehoben anzusehen?

*) Jetzt § 45 d. EheG. v. 20. 2. 46.

V. Zivilsenat. Urt. v. 7. Januar 1920.

I. Landgericht Bielefeld. II. Oberlandesgericht Hamm.

Das Berufungsgericht hat die Ehescheidungsklage, der das Landgericht stattgegeben hatte, abgewiesen, und zwar, soweit sie auf § 1569 BGB. gestützt war, mit der Begründung, daß, wenn auch anzunehmen wäre, daß die Beklagte in Geisteskrankheit verfallen sei, diese Krankheit doch nicht einen solchen Grad erreicht habe, daß die geistige Gemeinschaft zwischen den Ehegatten aufgehoben sei. Die Revision führte zur Aufhebung des Berufungsurteils.

Aus den Gründen:

„Die Annahme, daß auch bei Unterstellung vorhandener Geisteskrankheit die Erfordernisse des § 1569 BGB. nicht vorlägen, begründet der Berufungsrichter in folgender Weise: Es ergäben sich allerdings aus der Erkrankung der Beklagten schwerwiegende Bedenken gegen die Möglichkeit der Durchführung einer ehelichen L bensgemeinschaft zwischen den Ehegatten; ein physisches Zusammenleben würde unmöglich sein. Wollte man hiernach annehmen, daß die Wiederherstellung einer ehelichen Lebensgemeinschaft für alle Zukunft ausgeschlossen sei, so würde daraus noch nicht folgen, daß nunmehr auch jede geistige Gemeinschaft aufgehoben sei. Die Beklagte habe noch Interesse für ihre Familie und insbesondere auch für den Kläger, wie ihre persönliche Vernehmung gezeigt habe; sie habe auch Verständnis dafür, wie die Zukunft der Kinder materiell zu sichern sei. Es erscheine auch nicht ausgeschlossen, daß auf brieflichem Wege ein regelrechter Gedankenaustausch zwischen den Ehegatten geführt werden könnte, sobald der Kläger seinen jegliche Verbindung mit der Beklagten ablehnenden Standpunkt aufgäbe. Allerdings würde das immer noch keine eheliche Lebensgemeinschaft darstellen, aber mit einer solchen rechne § 1569 auch nicht. Es ließen sich viele Fälle denken, in denen wegen körperlicher Erkrankung eines Ehegatten ein dauerndes Zusammenleben beider Teile ausgeschlossen sei; auf solche Fälle könne § 1569 nicht etwa analoge Anwendung finden. Was aber von schweren körperlichen Gebrechen gelte, müsse erst recht auch von einer geistigen Erkrankung gelten, wenn sie das Maß des § 1569 nicht erreiche. Daß die Ehefrau für ihr ehewidriges Verhalten wegen ihrer geistigen Erkrankung nicht verantwortlich gemacht werden könne, schaffe noch nicht die Voraussetzungen des § 1569, wie das Reichsgericht in dem bei Soergel 1917 S. 253 mitgeteilten Urteile vom 30. November 1916 IV 283/16 ausgesprochen habe. Zwischen einer geistigen Erkrankung, welche den Fall des § 1568 ausschließe, und einer Geisteskrankheit, welche die geistige Gemeinschaft der Ehegatten aufhebe, liege ein weiter

Spielraum, wie das gerade im vorliegenden Falle die Erkrankung der Beklagten beweise.

Gegen diese Ausführungen wendet die Revision mit Unrecht ein, die geistige Gemeinschaft sei immer schon dann aufgehoben, wenn die Geisteskrankheit das eheliche Zusammenleben, als das Wesentlichste bei der Ehe, unmöglich mache. Aus der Entstehungsgeschichte des § 1569 BGB. ergibt sich, daß der erste Entwurf eine Ehescheidung wegen Geisteskrankheit überhaupt nicht zulassen wollte, weil es praktisch nicht ausführbar sei, diejenigen Fälle, in denen durch die Geisteskrankheit jede geistige Gemeinschaft aufgehoben und der geisteskranke Ehegatte als geistig tot zu betrachten sei, so daß für ihn die Fortsetzung der Ehe, abgesehen von der Unterhaltspflicht, keinen Wert mehr habe, von anderen Fällen zu sondern, in denen die Scheidung sich als eine nicht zu rechtfertigende Härte gegen den Kranken darstellen und von ihm auch als solche empfunden werden könnte (Motive Bd. 4 S. 571). In der zweiten Kommission (Protokolle Bd. 4 S. 423 flg.) wurden die Bedenken gegen Zulassung der Ehescheidung wegen Geisteskrankheit nicht verkannt, man glaubte aber den Versuch machen zu müssen, sie zu überwinden, namentlich mit Rücksicht darauf, daß die Zulassung in einem großen Teile des deutschen Rechtsgebiets bisher schon geltendes Recht war. Man war sich aber darüber einig, daß nur eine qualifizierte Geisteskrankheit Ehescheidungsgrund sein könne. Das suchten die gestellten Anträge auf zweierlei Weise zu erreichen: der eine wollte die Scheidung zulassen, wenn die Geisteskrankheit vermöge ihres Charakters die häusliche und eheliche Gemeinschaft unmöglich mache, eventuell wenn dem anderen Ehegatten die Fortsetzung dieser Gemeinschaft nicht mehr zugemutet werden könne (Antrag 2 d S. 406, vgl. S. 425); die anderen wollten die Ehescheidung nur zulassen, wenn die Geisteskrankheit einen die geistige Gemeinschaft ausschließenden Grad erreicht habe. Diese letzteren Anträge wurden angenommen und es wurde dabei erwogen, daß die Unmöglichkeit der Fortsetzung der ehelichen Lebensgemeinschaft für sich allein nicht als geeignete Qualifikation einer die Scheidung rechtfertigenden Geisteskrankheit angesehen werden könne, weil sie sonst auch in anderen Fällen, bei dauernder körperlicher Erkrankung ohne Verschulden des erkrankten Teiles, zugelassen werden müßte, was ein völliges Aufgeben, nicht nur eine Modifikation, des Verschuldungsprinzips bedeuten würde. Richtiger sei es, in Analogie der Auflösung der Ehe durch den physischen Tod auch den geistigen Tod eines Ehegatten als Auflösungsgrund gelten zu lassen. Wie dieser Gedanke am besten auszudrücken sei, sollte der Redaktionskommission überlassen bleiben; evtl. werde es genügen, mit den zuletzt erwähnten Anträgen die Scheidung dann zuzulassen, wenn die geistige Gemeinschaft aufgehoben sei. In der dementsprechend festgestellten Fassung ist dann die Vorschrift Gesetz geworden.

Aus diesem Entstehungsgange ist der Inhalt und die Bedeutung der Vorschrift deutlich zu erkennen. Wenn auch die Absicht der Kommission, daß nur der „geistige Tod", also etwa das vollständige Aufhören geistiger Funktionen, die eigentliche Verblödung (vgl. die im Komm. von RGR. zu § 1560 Anm. 5 angeführten Entscheidungen des Reichsgerichts), die Scheidung rechtfertigen solle, im Gesetze nicht zum Ausdrucke gelangt ist, so bringt doch das Erfordernis der Aufhebung der „geistigen Gemeinschaft" den von der Kommission durch die Ablehnung der betreffenden Anträge beabsichtigten Sinn, daß die Unmöglichkeit einer physischen, körperlichen Gemeinschaft, also eines ehelichen Zusammenlebens, nicht genügen solle, zu deutlichem Ausdruck.

Dagegen muß der Revision zugegeben werden, daß der Berufungsrichter den Begriff der geistigen Gemeinschaft unter den Ehegatten in anderer Richtung verkannt hat, wenn er meint, Aufhebung dieser Gemeinschaft liege hier schon um deswillen nicht vor, weil die Beklagte noch Interesse für ihre Familie und insbesondere auch für den Kläger und Verständnis dafür habe, wie die Zukunft der Kinder materiell zu sichern sei, und weil auch nicht ausgeschlossen erscheine, daß auf brieflichem Wege ein regelmäßiger Gedankenaustausch zwischen den Ehegatten geführt werden könnte. Der Berufungsrichter übersieht dabei, daß nach der von ihm nicht in Zweifel gezogenen Feststellung des Sachverständigen die Wahnideen der Beklagten sich richten in erster Linie gegen den Kläger, von dem sie glaubt, daß er die eheliche Treue andauernd verletze und daß er es auf ihr Vermögen abgesehen habe, und ferner gegen die Kinder oder doch wenigstens gegen die Tochter E. und den jetzt verstorbenen Sohn G., von denen sie annimmt, daß sie mit dem Vater unter einer Decke steckten. Der Berufungsrichter hätte sich fragen müssen, ob nicht infolge dieser gegen den Mann und die Kinder gerichteten Wahnideen eine geistige Gemeinschaft auch auf brieflichem Wege nicht hergestellt werden kann, der Gedankenaustausch vielmehr auch auf diesem Wege ein rein gegensätzlicher bleiben muß und zu irgendwelcher Gemeinsamkeit der Gedanken und Empfindungen nicht führen kann. Ein Briefwechsel, in dem der eine Briefschreiber lediglich den gegen den anderen gerichteten Wahnideen Ausdruck gibt, kann als ein Ausdruck einer geistigen Gemeinschaft zwischen dem Schreiber und dem Empfänger nicht gelten. Auch das Interesse für die Familie und das Verständnis für die materielle Sicherung der Kinder, das nach der Feststellung des Berufungsrichters noch besteht, kann, wenn es von Wahnideen beherrscht wird, die sich gegen die Familie richten, nicht Ausdruck einer geistigen Gemeinschaft mit dieser und insbesondere mit dem Kläger sein. Daß solche Wahnvorstellungen, die gerade in den wichtigsten Punkten des geistigen Zusammenlebens der Ehegatten das gegenseitige Verständnis und Vertrauen ausschließen und ein gemeinsames Fühlen und Denken unmöglich machen, eine Auflösung des geistigen Bandes unter den Ehegatten herbeizuführen geeignet sind, hat das Reichsgericht bereits in dem Urteile vom 16. Februar 1911 IV 132/1910 ausgesprochen." . . .

RGZ. 100, 106

1. Inwiefern kann bei der Scheidungsklage wegen Geisteskrankheit nach § 1569 BGB.*) zur Frage der Wiederherstellung der geistigen Gemeinschaft berücksichtigt werden, daß der Kläger die Geisteskrankheit verschuldet hat?

2. Zur Anwendung der §§ 616, 623 ZPO.

VI. Zivilsenat. Urt. v. 7. Oktober 1920.

I. Landgericht Dresden. II. Oberlandesgericht daselbst.

Die Parteien haben 1893 geheiratet, leben aber seit 1909 voneinander getrennt. Im Februar 1912 erhob der Mann gegen die Frau Klage auf Scheidung der Ehe wegen Geisteskrankheit im Sinne des § 1569 BGB. Das Landgericht gab der Klage statt. Auf die Berufung der Frau wies aber das Oberlandesgericht durch Urteil vom 7. Januar 1915 die Scheidungsklage wegen Geisteskrankheit sowie das nach der Beweisaufnahme gestellte Scheidungsbegehren wegen Verfehlungen nach § 1568 BGB. ab. Es erklärte, daß die Gutachten des Dr. O., des Dr. Bü. und des Dr. Be. bei der Annahme, daß die Eifersucht der Frau einer bloßen Wahnidee entsprungen sei, von unzutreffenden Voraussetzungen ausgingen, vielmehr hätten alle Vorgänge, die ihre geistige Erkrankung belegen sollen, ihren Grund in ihrer Eifersucht gehabt, sie habe unter der Untreue ihres Mannes schwer gelitten und ihm dies durch bloßstellende Beschimpfungen entgolten, nach dem Gutachten des Psychiaters Dr. Ga. sei die Frau, die keine Schwäche des Denkvermögens aufweise und ihrem Erwerbe nachgehe, nicht in Geisteskrankheit verfallen, ihr Verhalten sei nur die Folge ihrer Eifersucht und der daraus sich ergebenden seelischen Erregtheit, ihre Verfehlungen seien daher nicht als schwere im Sinne des § 1568 zu bewerten. Dieses Urteil ist rechtskräftig geworden.

Im März 1916 hat der Mann neue Scheidungsklage erhoben und sie ursprünglich nur auf Verfehlungen im Sinne des § 1568 BGB. gestützt. Das Landgericht hat der Klage stattgegeben. In dem Berufungsverfahren hat der Dr. O. nach einer Untersuchung der Be-

*) Jetzt § 45 d. EheG. v. 20. 2. 46.

klagten in seinem Gutachten vom 28. April 1919 erklärt, daß die Beklagte wegen ihrer abnormen Geistes- und Gemütsverfassung, die im wesentlichen eine gleiche wie vor annähernd 10 Jahren sei, für ihre Verfehlungen nicht verantwortlich gemacht werden könne. Daraufhin hat der Kläger beantragt, die Ehe in erster Linie wegen Geisteskrankheit der Beklagten nach § 1569 zu scheiden, und seinen Scheidungsantrag aus § 1568 nur in zweiter Linie aufrechterhalten. Auf den Antrag des Klägers ist ferner der Beklagten vom Amtsgericht der Rechtsanwalt Justizrat Sch. als Pfleger nach § 1910 Abs. 2 BGB. bestellt worden. Nach Erstattung des weiteren Gutachtens des Dr. O. vom 26. November 1919 hat dann das Oberlandesgericht die Ehe wegen Geisteskrankheit nach § 1569 geschieden, ohne auf den Scheidungsantrag aus § 1568 noch besonders einzugehen. Auf die Revision der durch ihren Pfleger vertretenen Beklagten hat das Reichsgericht die Sache an das Berufungsgericht zurückverwiesen.

Gründe:

1. Soweit das Berufungsurteil angenommen hat, daß die Beklagte schon mindestens drei Jahre vor der letzten Berufungsverhandlung am 4. März 1920 in Geisteskrankheit verfallen war, bestehen keine durchgreifenden Bedenken. Das Berufungsgericht folgt dem letzten Gutachten des Dr. O. vom 26. November 1919. Damit ist der Vorschrift des § 623 ZPO. genügt, wonach erst auf Scheidung wegen Geisteskrankheit erkannt werden darf, wenn das Gericht „einen oder mehrere Sachverständige" gehört hat. Es stand danach im Ermessen des Gerichts, sich auf das Gutachten eines einzigen Sachverständigen zu beschränken, hier des Dr. O., der auch die Beklagte am 15. April 1919 persönlich untersucht hat. Eine nochmalige Vernehmung des Dr. Ga., die die Revision verlangt, war nach § 623 ZPO. in keiner Weise geboten. Uebrigens hat das Berufungsgericht die abweichende Auffassung des Dr. Ga. ausdrücklich mitberücksichtigt, aber erklärt, sie würde, wenn Dr. Ga. an ihr festhalten würde, die Darlegungen des Dr. O. nicht entkräften; das ist eine nach § 286 ZPO. nicht zu beanstandende Beweiswürdigung. — Ebensowenig ist die Rüge wegen Verletzung des § 616 ZPO. begründet. Nach dieser Vorschrift kann der mit seiner früheren Scheidungsklage aus §§ 1568, 1569 abgewiesene Kläger das Recht, die Scheidung zu verlangen, allerdings nicht mehr auf Tatsachen gründen, die er in dem früheren Rechtsstreite geltend gemacht hat oder geltend machen konnte. Aber das Gutachten des Dr. O. vom 26. November 1919 beruht keineswegs auf denselben Tatsachen, die nach dem früheren Urteile vom 7. Januar 1915 zur Bejahung einer Geisteskrankheit nicht für ausreichend befunden worden sind. Vielmehr legt der Sachverständige, indem er in zulässiger Weise dabei von dem früheren Geisteszustande der Be-

klagten ausgeht, das entscheidende Gewicht auf die neue Tatsache, daß der damalige Zustand der Beklagten sich seit 1915 derart verschlimmert habe, daß er nunmehr als Geisteskrankheit bezeichnet werden müsse: ihr Querulieren richte sich jetzt mit erhöhter Reizbarkeit und Erregung gegen eine größere Anzahl von Personen und ihre krankhaften Vorstellungen zeigten das Bild einer Verallgemeinerung. Dieser Auffassung des Sachverständigen konnte sich das Berufungsgericht nach § 286 ZPO. ohne weiteres anschließen, und zwar ohne durch die Vorschrift des § 616 ZPO. daran gehindert zu sein.

2. Eine andere Frage ist aber, ob diese Geisteskrankheit, wie es § 1569 verlangt, auch einen solchen Grad erreicht hat, daß die geistige Gemeinschaft zwischen den Ehegatten aufgehoben, auch jede Aussicht auf Wiederherstellung dieser Gemeinschaft ausgeschlossen ist.

Das Berufungsgericht glaubt diese Frage mit den Worten des Gesetzes bejahen zu dürfen, indem es hierfür, statt eine selbständgie Begründung zu geben, sich lediglich die Darlegungen in dem Gutachten des Dr. O. zu eigen macht. Aber dieses Gutachten kann in keiner Weise jenen den Gesetzesworten entsprechenden Ausspruch des Berufungsgerichts rechtlich begründen. Zwar spricht der Sachverständige eingangs des Gutachtens von der Aufhebung der geistigen Gemeinschaft zwischen den Eheleuten; er versteht aber unter der geistigen Gemeinschaft nach seinen weiteren Ausführungen anscheinend bloß ein erneutes „Zusammenleben", eine „Wiederaufnahme der ehelichen Gemeinschaft", ein „friedlich gemeinschaftliches Eheleben", und hält bloß dieses infolge der Geisteskrankheit der Beklagten für aufgehoben. Darin würde eine Verkennung des im § 1569 erforderten Grades der Geisteskrankheit liegen, der nicht schon dann erreicht ist, wenn infolge der Geisteskrankheit die Herstellung der ehelichen Lebensgemeinschaft aufgehoben erscheint. Vielmehr ist unter der Aufhebung der geistigen Gemeinschaft im Sinne des § 1569 die Unfähigkeit des geisteskranken Ehegatten zu verstehen, an dem, was das Leben der Eheleute erfüllt, geistigen Anteil zu nehmen und sich in dieser Hinsicht durch Handlungen, die sich als Ausfluß des gemeinsamen Denkens und Fühlens der Ehegatten darstellen, auch zu betätigen (Urteil des Senats vom 8. Januar 1920 VI 329/19 in Leipz. Z. 1920 Sp. 649 Nr. 11). Hierüber gibt aber das Gutachten keine zuverlässige Aufklärung, um daraufhin feststellen zu können, daß die Beklagte, obwohl sie ihrerseits am Bestande der Ehe festzuhalten und sich die Stellung einer Ehefrau zu wahren sucht, infolge ihrer Geisteskrankheit jedes geistige Verständnis und Empfinden für die gemeinsamen Angelegenheiten des Ehelebens eingebüßt haben sollte.

Zudem fehlt für die Annahme, daß bei der Beklagten jede Aussicht auf Wiederherstellung der geistigen Gemeinschaft ausgeschlossen ist, eine ausreichende tatsächliche Grundlage und eine erschöpfende Würdigung des hier besonders eigenartig gelegenen Sachverhalts. Den Ausgangspunkt für die Beurteilung dieses Scheidungserfordernisses hat die von der Beklagten behauptete und auch von Dr. Ga. bestätigte Tatsache zu bilden, daß der krankhafte Zustand der Beklagten, der in den letzten drei Jahren zur Geisteskrankheit fortgeschritten ist, sich unter dem Einfluß ihrer begründeten Eifersucht über ihren ungetreuen Mann und der sich daraus ergebenden seelischen Erregung entwickelt habe. Die Revision ist der Meinung, daß dem Kläger deswegen, weil er die Geisteskrankheit der Beklagten durch sein ehebrecherisches Verhalten verschuldet habe, das Recht auf *Scheidung* aus § 1569 zu klagen, überhaupt zu versagen sei; gebe auch der § 1569 selbst, der die Geisteskrankheit als absoluten Scheidungsgrund behandelt, dazu keine unmittelbare Handhabe, so sei doch zu erwägen, ob nicht der Grundgedanke des § 1565 Abs. 2, wonach die Scheidungsklage wegen Ehebruchs im Falle schuldhafter Beteiligung des Scheidungsklägers an jenem Ehebruch ausgeschlossen werde, wenigstens entsprechend anzuwenden sei, oder ob nicht sogar dem Kläger hier die auf allen Rechtsgebieten anerkannte Einrede der Arglist entgegenstehe. Diese Erwägungen können aber auf sich beruhen bleiben, da das Scheidungsbegehren des Klägers aus § 1569 hier aus anderen Gründen, die allerdings auch mit dem ehewidrigen Verhalten des Klägers eng zusammenhängen, beanstandet werden muß.

Denn die Beklagte hat dem Kläger entgegengehalten, daß sich zwischen ihnen wohl ein Einvernehmen wiederherstellen lasse, wenn der Kläger sein ehewidriges Verhalten ändern und für sie in gehöriger Weise sorgen werde. Dieser Einwand muß nach Lage der Sache durchgreifen. Dr. O. führt ausdrücklich aus, durch eine solche Umkehr des Klägers zur Beklagten könnten ihre Wahnideen, wenn auch erst nach langer Zeit, zum Einschläfern gebracht werden, sie würden aber gerade durch das Zusammenleben beider sehr bald aufs neue entflammen; und am Schlusse seines Gutachtens meint er, durch ein geändertes Verhalten des Klägers könne die Krankheit der Beklagten nicht völlig geheilt werden. Diese ärztliche Begutachtung, die das Berufungsgericht seinen Feststellungen zugrunde legt, kann jedoch die Annahme, daß danach jede Aussicht auf Wiederherstellung einer geistigen Gemeinschaft zwischen den Ehegatten ausgeschlossen sei, nicht rechtfertigen. Das Berufungsgericht nimmt selbst an, daß, wenn der Kläger sich der Beklagten in ehelicher Gesinnung wieder zuwenden würde, wenigstens eine Besserung ihres Krankheitszustandes nicht ausgeschlossen erscheint, wenn auch bei einem erneuten Zusammenleben mit Rückfällen zu rechnen und völlige Heilung nicht zu erwarten sei. Dabei wird aber übersehen, daß die geistige Gemeinschaft zwischen den Ehegatten, auf die es allein nach § 1569 ankommt, keineswegs mit einem beiderseitigen Zusammenleben zusammenzufallen braucht und an sich auch zwischen getrennt lebenden Ehegatten bestehen kann. Sodann verkennt das Berufungsgericht, daß zur Wiederherstellung der geistigen Gemeinschaft nicht notwendig eine völlige Heilung erforderlich ist, sondern daß auch schon eine gewisse Abschwächung des Grades der Geisteskrankheit der Beklagten ausreichen würde. Vor allem aber — und diese Erwägung gibt hier den Ausschlag — muß dem Kläger auch vom sittlichen, dem Wesen der Ehe entsprechenden Standpunkt auferlegt werden, daß er, bevor seinem Scheidungsbegehren aus § 1569 stattgegeben werden könnte, seinerseits alles versucht hat, mit der durch seine eheliche Untreue schwer gekränkten und infolgedessen aus Eifersucht seelisch erkrankten Beklagten wieder ein erträgliches eheliches Verhältnis wiederherzustellen. Erst wenn diese Versuche scheitern sollten, kann zuverlässig beurteilt werden, ob wirklich jede Aussicht auf Wiederherstellung einer geistigen Gemeinschaft zwischen beiden ausgeschlossen erscheint.

Hiernach war die Sache, da auch das weitere Scheidungsbegehren des Klägers aus § 1568 noch aussteht, an das Berufungsgericht zurückzuverweisen.

RGZ. 110, 45

Kann der Beklagte das Urteil des Landgerichts, das auf eine Klage aus § 1565 und § 1568 BGB.*) die Scheidung wegen Ehebruchs ausgesprochen hat, lediglich deswegen anfechten, weil die Scheidung nicht aus § 1568 erfolgte?

IV. Zivilsenat. Urt. v. 10. Januar 1925.

I. Landgericht Eisenach. II. Oberlandesgericht Jena.

Aus den Gründen:

In der für die spätere Rechtsprechung des Senats grundlegenden Entscheidung in RGZ. Bd. 55 S. 244, der auch der V. Zivilsenat in dem Urteil vom 7. Dezember 1918 V 239/18 (JW. 1919 S. 243 Nr. 11) gefolgt ist, wird ausgesprochen, daß der Scheidungskläger, der seine Klage auf Ehebruch und auf § 1568 BGB. gestützt hat, dadurch nicht beschwert ist, daß die Ehe nur aus § 1568 BGB. geschieden worden ist. Es wird hierzu ausgeführt, daß in Ansehung der privatrecht-

*) Jetzt §§ 42 und 43 d. EheG. v. 20. 2. 46.

lichen Folgen der einen wie der anderen Scheidung kein Unterschied bestehe; die sich aus § 1312, 1328 BGB., § 172 StGB. ergebenden Folgen gehörten dem Gebiet des öffentlichen Rechts an und lägen außerhalb des streitigen Privatrechtsverhältnisses. Hieraus wird in den in Gruchot Bd. 49 S. 367 und in JW. 1912 S. 466 Nr. 13 veröffentlichten Urteilen des Senats die weitere Folge gezogen, daß eine reformatio in pejus nicht vorliege, wenn das Berufungsgericht zum Nachteil des Scheidungsbeklagten, Berufungsklägers, einen Ehebruch als erwiesen festgestellt habe, während das landgerichtliche Urteil die Ehe aus § 1568 geschieden hatte.

Gegen die zur Begründung dieser Rechtsprechung angestellten Erwägungen sind bereits in den Urteilen des Senats in RGZ. Bd. 96 S. 222 und JW. 1920 S. 379 Bedenken geäußert worden; sie können auch nicht aufrechterhalten werden. Die Bedeutung des Scheidungsurteils erschöpft sich nicht in seiner Rechtskraftwirkung. Wird die Ehe wegen Ehebruchs geschieden, so sind an die Feststellung des Ehebruchs wenigstens für den Scheidungsbeklagten, um den es sich hier allein handelt, weitere Rechtsfolgen geknüpft. Diese Nebenwirkungen des Urteils bestehen darin, daß eine Prozeßvoraussetzung für seine Bestrafung nach § 172 StGB. geschaffen und eine Eheschließung zwischen ihm und derjenigen, mit der er die Ehe gebrochen hat, nach § 1312 BGB. gehindert wird. Diese Rechtsfolgen beschweren ihn, gestalten seine Rechtslage ungünstiger, als dies bei einer Scheidung aus § 1568 der Fall gewesen wäre. Er hat deswegen ein rechtliches Interesse daran, diese Folgen von sich abzuwehren. Ob jene Nebenwirkungen des Urteils auf dem Gebiet des öffentlichen Rechts liegen, ist dabei unerheblich. Auch für die Feststellungsklage hat das Reichsgericht in gleichmäßiger Rechtsprechung anerkannt, daß das in § 256 ZPO. geforderte rechtliche Interesse nicht die privatrechtliche Stellung des Klägers zu betreffen braucht. Es ist überdies nicht zutreffend, daß jene dem Scheidungsbeklagten ungünstigen Nebenwirkungen des Scheidungsurteils ausschließlich dem Gebiet des öffentlichen Rechts zugehören. Auch das Verbot des § 1312 BGB. ist allerdings im öffentlichen Interesse erlassen; das schließt aber nicht aus, daß es in das privatrechtliche Gebiet eingreift. Als Ehehindernis mit der Rechtsfolge des § 1328, der Nichtigkeit einer entgegen dem Verbot geschlossenen Ehe, hat es privatrechtliche Auswirkungen.

Hiernach ist die aufgeworfene Frage zu bejahen. Die getroffene Entscheidung setzt sich mit dem vorerwähnten Urteil des V. Zivilsenats nicht in Widerspruch. Dieses behandelt einen anders gelagerten Fall.

RGZ. 115, 1

Wann ist der Scheidungskläger, der seine Klage nebeneinander auf § 1568 und § 1565 BGB. gestützt und ein obsiegendes Urteil aus § 1568 BGB. erlangt hat, dadurch beschwert, daß die Ehe nicht wegen Ehebruchs geschieden worden ist?

BGB. §§ 1565, 1568*). ZPO. § 511.

IV. Zivilsenat. Urt. v. 12. Juli 1926.

I. Landgericht Hagen i. W. II. Oberlandesgericht Hamm.

Die Parteien sind Eheleute. Der Mann hat mit der Klage, die Frau mit Widerklage die Scheidung der Ehe beantragt. Beide Klagen sind auf Ehebruch (§ 1565 BGB.) und auf ehewidriges Verhalten des anderen Teiles (§ 1568 BGB.) gestützt worden.

Das Landgericht hat die Ehe auf Klage und Widerklage geschieden und beide Teile für schuldig erklärt. Zur Klage hat es schwere Beleidigungen und Beschimpfungen des Klägers durch die Beklagte festgestellt. Zur Widerklage hat es den von der Beklagten behaupteten Ehebruch des Klägers mit J. L. nicht für erwiesen angesehen, sich aber einer weiteren Beweisaufnahme hierüber für überhoben erachtet, da jedenfalls ein Liebesverhältnis zwischen dem Kläger und der J. L. erwiesen sei und sich die Widerklage daher schon aus § 1568 BGB. rechtfertige.

Gegen dieses Urteil hat die Beklagte Berufung eingelegt und beantragt, auf die Widerklage die Ehe der Parteien wegen Ehebruchs des Klägers mit der J. L. zu scheiden; sie hat lediglich geltend gemacht, sie habe einen Anspruch darauf, daß die Ehe wegen Ehebruchs des Klägers geschieden werde. Das Oberlandesgericht hat diese Berufung mangels einer Beschwer der Beklagten als unzulässig verworfen. Die Revision der Beklagten hatte keinen Erfolg.

Gründe:

Die Frage, ob ein Ehegatte, der gleichzeitig wegen Ehebruchs und wegen Zerrüttung des ehelichen Verhältnisses auf Scheidung geklagt und auf Grund des § 1568 BGB. ein obsiegendes Urteil erlangt hat, im Wege der Berufung Scheidung auch wegen noch festzustellenden Ehebruchs verlangen kann, ist vom Senat in ständiger Rechtsprechung verneint worden, weil die klagende Partei alles zugesprochen erhalten habe, was sie beantragt habe, und daher durch das Urteil nicht beschwert sei. Dieser Satz ist in der Rechtsprechung des Senats (RGZ Bd. 55 S. 245 und die dort angeführten Entscheidungen, JW. 1904 S. 410 Nr. 20, 1911 S. 718 Nr. 24, 1912 S. 466 Nr. 13) in erster Reihe darauf gestützt worden, daß bei einer

*) Jetzt §§ 42 und 43 d. EheG. v. 20. 2. 46.

derartigen Klagebegründung schon die Spruchreife in bezug auf den einen Klagegrund zu einer Entscheidung führe, die das Klagebegehren erschöpfe, so daß gemäß § 300 Abs. 1 ZPO. der Richter genötigt sei, das Endurteil zu erlassen. Dem ist in RGZ. Bd. 55 S. 245 die weitere Begründung hinzugefügt worden, daß nur dann, wenn die mehreren gleichzeitig geltend gemachten Scheidungsgründe von verschiedener Wirkung auf die aus der Ehescheidung hervorgehenden Privatverhältnisse seien, die Erledigung bloß eines Klagegrundes unter Umständen nicht das ganze im Streit befindliche Rechtsverhältnis erschöpfen würde, wie z. B. wenn Scheidung sowohl wegen Ehebruchs als auch wegen Geisteskrankheit begehrt werde. Allein im Streitfalle sei die Scheidung gleichzeitig aus § 1565 und § 1568 BGB. begehrt, und in Ansehung der privatrechtlichen Folgen der einen wie der anderen Scheidung bestünden überhaupt keine Unterschiede. Dem wegen Ehebruchs klagenden Ehegatten stehe kein eigenes im Prozeß verfolgbares Recht zu, dem schuldigen Teile aus § 1312 BGB. die Wiederverheiratung unmöglich zu machen, da dieses Eheverbot lediglich im öffentlichen Interesse erlassen sei und die gleichwohl geschlossene Ehe nach § 1328 BGB. mit Nichtigkeit bedroht werde. Da Gegenstand des Zivilprozesses nur ein Privatrechtsverhältnis sein könne, so könne auch dem klagenden Ehegatten, der das Strafantragsrecht aus § 172 StGB. erlangen wolle, kein klagbarer Anspruch auf Erlangung dieses bloß sekundären Erfolgs der Scheidung zugestanden werden. Denn wenn er sich auf den Ehebruch als Klagegrund nicht beschränke, sondern dem Richter gleichzeitig mehrere unter sich gleichwertige Scheidungsgründe vortrage, so könne er niemals dadurch beschwert sein, daß der Richter kraft seiner Prozeßleitungsbefugnis nur einen dieser Klagegründe behandle.

Diese Erwägungen sind vom Senat nicht aufrechterhalten worden für den umgekehrten Fall, wenn der Scheidungsbeklagte sich dadurch beschwert fühlt, daß auf eine auf § 1565 und § 1568 BGB. gestützte Klage die Scheidung wegen Ehebruchs augesprochen worden ist, während er das Urteil lediglich deswegen anfechten will, weil die Scheidung nicht aus § 1568 BGB. erfolgt ist (RGZ. Bd. 110 S. 45). Dazu ist ausgeführt worden, daß die Bedeutung des Scheidungsurteils sich nicht in seiner Rechtskraftwirkung erschöpfe. Denn wenn die Ehe wegen Ehebruchs geschieden werde, so seien an die Feststellung des Ehebruchs, wenigstens für den Scheidungsbeklagten, um den es sich hier allein handle, weitere Rechtsfolgen geknüpft, indem eine Prozeßvoraussetzung für seine Bestrafung und ein Ehehindernis zwischen ihm und derjenigen Person geschaffen werde, mit der er die Ehe gebrochen habe. Durch diese Rechtsfolgen werde er beschwert, denn seine Rechtslage werde ungünstiger gestaltet, als dies bei einer Scheidung aus § 1568 BGB. der Fall gewesen wäre. Ob jene Nebenwirkungen des Urteils auf dem Gebiete des öffentlichen Rechts lägen, sei unerheblich; daß sie auf diesem Gebiete lägen, sei auch insofern nicht zutreffend, als das Eheverbot des § 1312 BGB. privatrechtliche Wirkungen habe, nämlich die Nichtigkeit der dem Verbot zuwider geschlossenen Ehe.

An diesen Erwägungen ist unbedenklich festzuhalten; aber damit ist noch nicht entschieden, daß auch der klagende Teil, der sich auf §§ 1565 und 1568 gestützt hat, unter allen Umständen durch ein Urteil beschwert wird, das die Scheidung lediglich aus § 1568 BGB. ausgesprochen hat, während er die Scheidung aus § 1565 BGB. erreichen möchte. Denn ob der Scheidungskläger beschwert ist, ist zum Teil nach anderen Gesichtspunkten und Gesetzen zu beurteilen als beim Scheidungsbeklagten, und zwar auch dann, wenn zugegeben wird, daß beide Scheidungsgründe auch vom Standpunkt des Klägers aus unter sich nicht gleichwertig sind, weil durch die Scheidung wegen Ehebruchs dem Scheidungskläger ein Strafantragsrecht aus § 172 StGB. erwächst und das Eheverbot des § 1312 BGB schon wegen der Wirkung einer Wiederverheiratung des Scheidungsbeklagten auf die Unterhaltsansprüche einer Scheidungsklägerin für diese von Bedeutung sein kann (§ 1579 BGB.).

Das letztere Interesse scheidet allerdings im vorliegenden Falle aus, da die Widerklägerin für mitschuldig erklärt ist und sich dagegen nicht wendet, so daß der Widerbeklagte ihr gegenüber überhaupt nicht unterhaltspflichtig ist.

Aber der Fall liegt insofern wesentlich anders als der umgekehrte für den Scheidungsbeklagten, weil hier der Scheidungskläger (die Widerklägerin) dem Gericht erster Instanz zwei Scheidungsgründe als gleichwertig vorgetragen hat, wenn sie tatsächlich auch nicht gleichwertig sind. Es ist von ihr nicht geltend gemacht worden, daß sie den Klagegrund des Ehebruchs in erster Reihe vom Gericht berücksichtigt sehen und nur hilfsweise, d. h. für den Fall, daß der Ehebruch nicht erweisbar sein sollte, sich auf § 1568 BGB. stützen wolle. Sie hat nicht einmal irgendwie zum Ausdruck gebracht, daß sie gerade an einer Scheidung wegen Ehebruchs ein — irgendwie geartetes — Interesse nehme. Nebenbei hat sie auch in zweiter Instanz ein solches Interesse nicht dargelegt, sondern sich darauf beschränkt, geltend zu machen, daß sie ein Recht auf Scheidung wegen Ehebruchs des Widerbeklagten habe. In der früheren Rechtsprechung des Reichsgerichts (vgl. JW. 1904 S. 410 Nr. 20) wird allerdings der Standpunkt vertreten, daß auch eine solche eventuelle Klagebegründung den Richter nicht hindere, bei Spruchreife dieses hilfsweise geltend gemachten Scheidungsgrundes die Scheidung auf diesen zu stützen und die nicht spruchreife erste

Begründung unberücksichtigt zu lassen. Allein diese Rechtsprechung des Senats war noch von der Auffassung beherrscht, daß beide Scheidungsgründe aus §§ 1565 und 1568 einander gleichwertig seien. Nachdem diese Rechtsauffassung preisgegeben ist, kann nicht daran festgehalten werden, daß die hilfsweise geltend gemachte Klagebegründung dem Richter gestatte, die nicht spruchreife in erster Reihe geltend gemachte Klagebegründung ununtersucht zu lassen. Es ist nicht zu bezweifeln, daß bei einer Klagenhäufung, wie z. B. bei einer Verbindung der Ehescheidungsklage mit der Anfechtungsklage, die vom Kläger gewollte und durch Stellung von Eventualanträgen zur Entscheidung gestellte Reihenfolge der Klagen das Gericht nötigt, in erster Reihe auf den Hauptantrag einzugehen, und daß es nur berechtigt ist, seine Entscheidung auf den Hilfsantrag zu stützen, wenn die Hauptklage versagt. Das nämliche muß aber dann gelten, wenn der Kläger zwei Klagebegründungen, § 1565 und § 1568 BGB., zur Entscheidung stellt und sein Interesse an der ersteren dadurch zum Ausdruck bringt, daß er sie in erster Reihe, die andere Klagebegründung nur hilfsweise geltend macht. Daß die Widerklägerin dies getan habe, will die Revision mit Unrecht aus ihrem Vorbringen herauslesen; nach dem Tatbestand des landgerichtlichen Urteils und den vorgetragenen Schriftsätzen ist es nicht der Fall. Auf eine andere Weise kann der Scheidungskläger bei doppelter Klagebegründung seine Interessen nicht wahren. Denn beschränkt er sich auf die Klagebegründung wegen Ehebruchs, so wird er, wenn das Gericht den Beweis auf Grund des § 1565 BGB nicht als geführt ansieht und die Klage abweist, mit dem zweiten Klagegrund aus § 1568 BGB. mit Rücksicht auf § 616 ZPO. ausgeschlossen, und schiebt er bei unsicherer Beweislage dem Ehescheidungsgrund aus § 1565 BGB. denjenigen aus § 1568 BGB. nach, so läuft er Gefahr, daß das Gericht nur aus § 1568 BGB. scheidet, wenn dieser Grund schon auf alle Fälle durchschlagen sollte. Es muß daher für zulässig erachtet werden und erscheint sogar geboten, daß im Falle doppelter Klagebegründung aus §§ 1565 und 1568 BGB. der Scheidungskläger, wenn er sich nicht mit § 1565 ausgeschaltet sehen will, sein Interesse an der Scheidung aus § 1565 BGB. durch eine Haupt- und eine Hilfs-Klagebegründung zum Ausdruck bringt. So wird dieses Interesse bei nicht gleichwertigen Scheidungsgründen auf alle Fälle gewahrt. Diesen Weg geht auch die neuere Rechtswissenschaft (vgl. Stein-Jonas, ZPO. 12. und 13 Auflage § 615 II 5). Dort wird der hier vertretene Standpunkt mit zutreffender Begründung verfochten. Er bietet die Gewähr, daß bei seiner Befolgung durch die Parteien die Unsicherheit in der Behandlung derartiger Scheidungsklagen und damit jede Benachteiligung des Scheidungsklägers, der an dem Eheverbot und dem Strafantragsrecht Interesse nimmt, ein für allemal beseitigt werden. Denn wird die zunächst geltend gemachte Klagebegründung entweder nicht für erwiesen erachtet oder nicht untersucht, so ist der Kläger allemal beschwert.

Wird der Weg dieser eventuellen Klagebegründung nicht gewählt — und er ist hier nicht gewählt worden —, so ist der Richter nicht gehindert, gemäß dem spruchreifen Klagegrund aus § 1568 BGB. zu erkennen und den nicht spruchreifen aus § 1565 BGB. auf sich beruhen zu lassen, wie das im vorliegenden Falle unter Unterlassung weiterer Beweisaufnahme geschehen ist, so daß das Klagebegehren erschöpft ist. Bei Spruchreife eines dieser beiden als gleichwertig vorgetragenen Klagegründe zu entscheiden, wird dem Richter, woran festzuhalten ist, durch § 300 ZPO. sogar zur Pflicht gemacht, und daran wird auch dadurch nichts geändert, daß beide als gleichwertig vorgetragenen Scheidungsgründe in der Tat nicht gleichwertig sind (so auch Stein-Jonas, a. a. O.).

RGZ. 122, 211

Kann der mit der Klage auf Herstellung der häuslichen Gemeinschaft rechtskräftig abgewiesene Kläger nachträglich gegenüber der Scheidungswiderklage der Beklagten auch seinerseits Scheidung der Ehe beantragen?

BGB. § 1564*). ZPO. §§ 614, 616.

VIII. Zivilsenat. Urt. v. 15. Oktober 1928.

I. Landgericht Frankfurt a. O. II. Kammergericht Berlin.

Die Frage wurde bejaht aus folgenden

Gründen:

Die Revisionsrüge der Beklagten, der Kläger könne nach rechtskräftiger Abweisung seiner Klage auf Herstellung der häuslichen Gemeinschaft nicht seinerseits gegenüber der Scheidungswiderklage im Wege der Anschlußberufung Scheidung verlangen, ist unbegründet. Ihr liegt folgender Sachverhalt zugrunde. Der Kläger hat auf Herstellung der Gemeinschaft, die Beklagte widerklagend auf Scheidung geklagt. Das Landgericht hat der Klage stattgegeben und die Widerklage abgewiesen. Das Kammergericht dagegen hat Klage und Widerklage abgewiesen. Auf Revision der Beklagten, die ihren Widerklageantrag wiederholte, hat das Reichsgericht das kammergerichtliche Urteil, soweit es die Widerklage abwies, wegen Verletzung des § 1573 BGB. aufgehoben und die Sache an das Berufungsgericht zurückverwiesen. Dadurch ist die Abweisung der Klage auf Herstellung rechtskräftig geworden, da für sie der Grund-

*) Jetzt § 41 EheG. v. 20. 2. 46.

satz der Einheitlichkeit und Gleichzeitigkeit der Entscheidung in Ehesachen nicht gilt (RGZ. Bd. 58 S. 307). In der erneuten Verhandlung vor dem Berufungsgericht hat der Kläger, indem er sich der Berufung der Beklagten anschloß, ebenfalls Widerklage auf Scheidung (aus § 1568 BGB.) erhoben. Es fragt sich demnach, ob es zulässig ist, in Ehesachen gegenüber einer auf Scheidung gerichteten Widerklage den in der Klage nicht, auch nicht hilfsweise, erhobenen Scheidungsanspruch noch nachträglich geltend zu machen. Für die Beantwortung der Frage ist es gleichgültig, ob man nach Erledigung des Herstellungsbegehrens des Mannes als Klägers die auf Scheidung klagende Frau als Klägerin ansehen muß oder ob sie Widerklägerin bleibt. Denn die Bedenken, die im Schrifttum gegen die Erhebung einer Widerklage gegenüber einer Widerklage erhoben werden (RGZ. Bd. 58 S. 314), *entspringen nicht der formalen Prozeßstellung* der Parteien, sondern dem Inhalt des nachträglich erhobenen Anspruchs. Es wird für den gewöhnlichen Rechtsstreit geltend gemacht, die nachträgliche Erhebung einer Widerklage durch den Kläger enthalte stets eine Erweiterung seines Klaganspruchs und sei daher nur möglich, soweit das Gesetz eine solche Erweiterung zulasse. Dieses Bedenken trifft für den Ehestreit nicht zu. Zwar spricht § 614 ZPO. nur von der Geltendmachung neuer Klagegründe, aber es können unbedenklich auch neue Klagansprüche im Laufe des Verfahrens erhoben werden (RGZ. Bd. 3 S. 9; Bd. 45 S. 97; Bd. 106 S. 222). Die Zulässigkeit des Scheidungsantrags ergibt sich im vorliegenden Falle aus der Bedeutung, welche die §§ 614, 616 ZPO. für den Ehescheidungs- (und Anfechtungs-) Streit haben. Ihr Zweck ist, alle Scheidungs- und Anfechtungsgründe, die der eine oder der andere Teil als ihm bekannt und beweisbar vorbringen kann, in e i n e m Verfahren zu vereinigen und so die Wiederholung von Eheprozessen nach Möglichkeit zu vermeiden. Dieses Ziel der Zusammenfassung aller Gründe und Ansprüche ergibt sich nicht nur aus Rücksichten der Zweckmäßigkeit, sondern zwingend daraus, daß, wenn auf das Vorbringen einer Partei die Scheidung (oder Nichtigkeit) der Ehe ausgesprochen und das Urteil rechtskräftig geworden ist, weder diese Partei ihr günstigere Klagegründe (z. B. statt § 1569 solche aus §§ 1565, 1566, 1568 BGB.), noch die andere Partei überhaupt Scheidungs- oder Anfechtungsgründe vorbringen kann. Denn die einmal geschiedene oder für nichtig erklärte Ehe kann nicht nochmals geschieden oder angefochten werden.

Der von der Rechtsprechung hieraus entwickelte Grundsatz, daß über den Bestand der Ehe nur einheitlich und gleichzeitig entschieden werden darf, bildet die Grundlage auch für die vorliegende Frage, ob eine Widerklage des mit der Herstellungsklage rechtskräftig abgewiesenen Klägers auf Scheidung möglich ist. Wäre sie nicht möglich und würde die Widerklage zur Scheidung der Ehe führen, so wäre der Kläger mit seinen Klagegründen ausgeschlossen, weil die Ehe nur einmal geschieden werden kann. Hiergegen kann nicht eingewandt werden, er hätte seine Scheidungsgründe schon vor der ersten Revision der Beklagten in erster Instanz oder in zweiter Instanz hilfsweise neben dem Antrag auf Herstellung der ehelichen Gemeinschaft anbringen können. Denn dazu bestand für den Kläger weder ein im Gesetz begründeter Zwang, noch konnte ihm vernünftigerweise verwehrt werden, zunächst nur das Ziel der Herstellung der häuslichen Gemeinschaft zu verfolgen und erst, nachdem dieses Ziel durch Abweisung der Herstellungsklage unerreichbar geworden war, gegenüber der Scheidungswiderklage seine eigene Scheidungsklage anzubringen. Der Kläger kann auch nicht darauf verwiesen werden, *daß er statt der Scheidungsklage* den Antrag auf Erklärung der Mitschuld der Beklagten stellen könne. Denn wenn auch die Wirkungen der Erklärung als mitschuldig weitgehend denen der Scheidung gleichkommen (BGB. §§ 1578, 1579, 1584, 1635), so läge doch in der Beschränkung des Klägers auf jenen Antrag eine dem Gesetz fremde unterschiedliche Behandlung der Streitteile. Außerdem würde die Verweisung auf dieses Hilfsmittel im Falle des § 1569 BGB. (Scheidung wegen Geisteskrankheit) und auch dann vollständig versagen, wenn der Kläger nach rechtskräftiger Abweisung seiner Herstellungsklage nicht auf Scheidung, sondern auf Anfechtung der Ehe klagen will. Nach alledem muß die Widerklage zugelassen werden, wenn der Kläger nicht benachteiligt werden soll. . . .

RGZ. 123, 235

Wie ist eine durch Irrtum beeinflußte Willenserklärung im Eherecht zu beurteilen? Kann eine Verzeihung als rechtsunwirksam angesehen werden, die ein Ehemann seiner Frau gewährt, nachdem sie ihm einen begangenen Ehebruch eingestanden, dabei aber verschwiegen hat, daß sie noch eine tiefe Neigung zu dem Ehebrecher hegt und auf eine spätere Vereinigung mit ihm hofft?

BGB. § 1570*).

VIII. Zivilsenat. Urt. v. 4. Februar 1929.

I. Landgericht Verden. II. Oberlandesgericht Celle.

Nach dem Urteil des Landgerichts war die Entscheidung über die Scheidungsklage des Mannes und die Widerklage der Frau von einem Eide der Beklagten abhängig gemacht. Auf Berufung des

*) Jetzt § 49 d. EheG. v. 20. 2. 46.

Klägers hat das Oberlandesgericht auf Scheidung aus alleinigem Verschulden der Beklagten wegen Ehebruchs mit C. erkannt. Die Revision der Beklagten blieb erfolglos.

Der Sachverhalt ergibt sich aus den Gründen:

Nach den Feststellungen des Berufungsrichters hat die Beklagte im April 1927 und später mit dem Hofbesitzer C. die Ehe gebrochen. Die Entscheidung hängt deshalb davon ab, ob — wie die Beklagte will — die Vorgänge vom Juni 1927 und das Zusammenwohnen der Parteien im August 1927 rechtlich als Verzeihung zu beurteilen sind. Das Berufungsgericht hat diese Frage verneint. Es sagt, die Verzeihung des Klägers könne sich nur auf die ihm bekannte und als abgeschlossen betrachtete Verfehlung der Beklagten bezogen haben. Das Vorbringen der Beklagten sei nur dahin zu verstehen, daß sie reumütig die hinter ihr liegende Verfehlung bekannt, sich in aufrichtiger, ehelicher Gesinnung dem Kläger wieder genähert und daraufhin seine Verzeihung empfangen habe. Nun ergebe aber ein Brief, den die Beklagte am 20. Juni 1927 an eine Frau P. gerichtet habe, daß sie keineswegs ihr Erlebnis mit C. als abgeschlossen betrachtet und daß sie sich nicht in aufrichtiger ehelicher Gesinnung wieder zu ihrem Manne gefunden habe. Sie beteuere in diesem Briefe ihre Liebe und Treue zu C., die sie ihm, obwohl sie ihrem Manne angehören müsse, bis zum Tode bewahre. Sie spreche von dem Troste, daß C. wenigstens lebe und ihr nicht gestorben sei, daß ihre Liebe zu ihm in ihrem Herzen weiter lebe, und von der Hoffnung, daß doch noch irgendwo ein Glück für sie beide käme und wenn es auch im hohen Alter wäre. Schließlich bitte sie die Frau P., ihr Mitteilung zu machen, wenn sie irgend etwas von C. höre; man wisse ja nicht, wie es komme. Dieser Brief sei dem Kläger erst während des Rechtsstreits bekanntgeworden; es sei ihm also um die Zeit, als die Verzeihung erfolgt sein solle, nicht bekannt gewesen, daß die Beklagte innerlich an C. festhalte und sogar noch die ausgesprochene Hoffnung auf eine Wiedervereinigung mit ihm hege. Dann könne aber seine Verzeihung die Verfehlung der Beklagten in ihrer die Ehe vernichtenden Gestalt nicht betroffen haben. Selbst wenn er den Ehebruch mit C. als vergangene Tatsache hätte verzeihen wollen, so habe er damit doch nicht den Ehebruch so, wie er sich nach dem Inhalte des Briefes darstelle — die Folge einer tiefen, noch fortdauernden und mit Hoffnungen genährten Liebe der Beklagten zu C. —, verziehen. Dazu komme, daß der Beklagten der aufrichtige Versöhnungswille gefehlt habe. Sie habe zwar formell wieder die ehelichen Pflichten auf sich nehmen wollen, habe sich aber innerlich nicht ihrem Manne zugewandt gehabt, sondern an ihrer Liebe zu C. sogar mit ausgesprochener Hoffnung auf Wiedervereinigung festgehalten. Der Kläger könne nicht an eine Verzeihung gebunden sein, die er — ohne Kenntnis von diesen inneren Gefühlen und Hoffnungen der Beklagten — in der selbstverständlichen Annahme gewährt habe, daß seine Frau endgültig und auch innerlich von C. los sei und sich in aufrichtig ehelicher Gesinnung zu ihm zurückgefunden habe.

Die Revision meint, es hätte wirksame Verzeihung angenommen werden müssen. Nach feststehender Rechtsprechung komme es nur darauf an, ob objektiv aus dem Verhalten des verletzten Teiles auf seine innere versöhnliche Gesinnung und seine Bereitwilligkeit zur Fortsetzung der Ehe zu schließen sei. Die Kundgebung dieser Gesinnung sei aus dem mehrmaligen Geschlechtsverkehr zu entnehmen, der im Anschluß an das Bekenntnis erfolgt sei. Habe sich der Kläger dabei über das innere Empfinden der Beklagten geirrt, so könne das die Wirkung der Kundgebung des Verzeihungswillens nicht beeinträchtigen. Eine Anfechtung wegen Irrtums — wie bei einer rechtsgeschäftlichen Erklärung — komme nicht in Frage.

Die Rüge ist nicht begründet. Es ist von dem Grundgedanken des § 1570 BGB. auszugehen, wonach der verletzte Ehegatte durch die Verzeihung zu erkennen gibt, daß er die Ehe durch das ehewidrige Verhalten des andern nicht oder nicht mehr als zerrüttet empfindet. Die daraus sich ergebende Folge, daß ihm von seinem persönlichen Standpunkt aus die Fortsetzung der Ehe weiterhin zuzumuten ist, gilt beim absoluten Scheidungsgrund des Ehebruchs nicht minder als bei den relativen des § 1568 BGB. (RGZ. Bd. 96 S. 268). Um zu erkennen, ob Anlaß dazu besteht, den Scheidungsgrund durch eine nachträgliche Willensäußerung des gekränkten Ehegatten als vernichtet anzusehen, bedarf es in jedem Falle der Prüfung, ob nicht diese Willensäußerung durch Willensmängel beeinflußt ist, die den Ehegatten bewogen haben, eine Verzeihung zu gewähren, die er ohne Vorliegen des Willensmangels bei richtiger Würdigung des Wesens der Ehe nicht gewährt hätte. Die für den Entschluß wesentliche Nichtkenntnis eines Sachverhalts, der sein Zustandekommen verhindert haben würde, muß auch bei der Verzeihung, obschon auf sie die §§ 119 und 121 BGB. keine Anwendung finden, die Wirksamkeit der Willenserklärung zunichte machen. Der hierfür in Betracht kommende Sachverhalt umfaßt nicht nur den Scheidungsgrund selbst, sondern auch alle Umstände, die für die Schwere der Verfehlung und ihre Folgeerscheinungen von Bedeutung sind; dabei spielt das persönliche Empfinden des verzeihenden Ehegatten eine ebenso große Rolle wie überhaupt das Wesen der Ehe als einer auf sittlicher Grundlage beruhenden Lebensgemeinschaft. Eine Verzeihung, zu welcher der verletzte Ehegatte durch Irrtum bestimmt worden war, kann deshalb auch ohne eine den §§ 119 und 121 BGB. entsprechende

Anfechtung zurückgenommen werden (RGU. vom 28. September 1914 IV 206/14; vom 16. November 1922 IV 144/22).

Selbst wenn der Kläger bei der Verzeihung des Ehebruchs nicht geglaubt haben sollte, daß die Beklagte ihr Empfinden für den Ehebrecher völlig aufgegeben habe, so konnte er doch annehmen, daß sie bemüht sein werde, ihre Zuneigung zu C. der ehelichen Treupflicht zu opfern und sich von dem Ehebrecher abzuwenden. Mit Recht hat deshalb das Berufungsgericht die Sinnesart der Beklagten dahin gekennzeichnet, daß sie mit dem Wesen der Ehe in einem unversöhnlichen Gegensatze stehe, und hat die Unkenntnis des Klägers von dieser Sinnesart als ausschlaggebenden Willensmangel bei der Verzeihung betrachtet, weil die Beklagte zwar die Ehe mit dem Kläger nach außenhin fortführen wollte, aber trotzdem eine Fortsetzung der Beziehungen zu dem Ehebrecher und eine spätere Wiedervereinigung mit ihm erhoffte. Auch hat das Berufungsgericht aus dem Brief vom 20. Juni 1927 mit Recht gefolgert, daß sich die Beklagte weder in den Tagen vom 19. bis 24. Juni noch im August 1927 innerlich als Ehefrau des Klägers gefühlt hat. Es hatte deshalb keine Veranlassung, wie die Revision meint, für das Zusammenleben im August noch besonders festzustellen, daß sich die Beklagte auch damals dem Kläger nicht zugewendet hatte.

RGZ. 126, 173

Zur Frage der Ehescheidung wegen Vernachlässigung der Hauswirtschaft und der Kinder.

BGB. § 1568*).

VII. Zivilsenat. Urt. v. 8. November 1929.

I. Landgericht Glogau. II. Oberlandesgericht Breslau.

Die Parteien haben am 3. Juni 1913 die Ehe geschlossen, aus der zwei Kinder hervorgegangen sind. Der Kläger hatte aus einer früheren Ehe drei damals noch unerwachsene und zum ehelichen Hausstand gehörige Kinder. Im Juni 1917 wurde er zum Heeresdienst einberufen. Als er im Dezember 1917 mit Urlaub zurückkehrte, hob er die häusliche Gemeinschaft mit der Beklagten, die damals zu ihrer Mutter zog, auf, und zwar — nach seiner Behauptung — aus dem Grunde, weil sie während seiner Abwesenheit die Wirtschaft und die Kinder in erheblicher Weise vernachlässigt habe. Die Parteien leben seitdem getrennt. Im Dezember 1927 erhob der Mann Klage auf Ehescheidung, indem er jenes Verhalten der Beklagten im Jahre 1917 und ähnliche Vernachlässigungen aus der Zeit vor seiner Einberufung zum Heere als Scheidungsgrund nach § 1568 BGB. geltend

*) Jetzt § 43 d. EheG. v. 20. 2. 46.

machte. Das Landgericht gab seinem Antrag statt und schied die Ehe aus alleiniger Schuld der Frau. Diese legte Berufung ein und beantragte im zweiten Rechtsgang Abweisung der Klage, hilfsweise Mitschuldigerklärung des Klägers wegen eines ehebrecherischen Liebesverhältnisses. Das Oberlandesgericht wies die Klage ab. Die Revision des Klägers führte zur Aufhebung und Zurückverweisung.

Gründe:

Der Berufungsrichter geht davon aus, daß etwaige Eheverfehlungen der Beklagten aus der Zeit vor Anfang Juni 1917, dem Zeitpunkt der Einberufung des Klägers zum Heeresdienst, durch den bis dahin fortgesetzten ehelichen Verkehr verziehen seien, und nimmt für die spätere Zeit an, daß keine Eheverfehlungen der Beklagten vorlägen, die allein oder in Verbindung mit den vorausgegangenen verziehenen das Scheidungsverlangen des Klägers rechtfertigen könnten. Soweit anzunehmen wäre, daß die Beklagte nach seiner Einziehung zum Heere in der von ihm geschilderten Weise unsauber gewesen sei und ihre Hauswirtschaft sowie die Landwirtschaft des Klägers vernachlässigt habe, könnte darin ein Scheidungsgrund nach § 1568 BGB. nur dann gefunden werden, wenn der Kläger der Beklagten dieses Verhalten ernstlich verwiesen und sie zu dessen Aenderung ernstlich ermahnt, sie dann aber trotzdem ihr bisheriges Verhalten fortgesetzt hätte. Dies habe jedoch — so erwägt der Vorderrichter weiter — der Kläger nicht getan, sondern er habe, als er im Dezember 1917 auf Urlaub nach Hause zurückkehrte und hierbei die Verschmutzung der Wohnung und die Verwahrlosung des Haushalts wahrnahm, sofort die Trennung herbeigeführt, indem er die Beklagte aus dem Hause gewiesen habe. Bei dieser Sachlage habe er sich des Rechts begeben, jenes angebliche Verhalten der Beklagten als Scheidungsgrund zu verwerten. Er hätte sie zur Aenderung ihres bisherigen Verhaltens ermahnen und zunächst die häusliche Gemeinschaft mit ihr fortsetzen müssen und hätte erst dann einen Grund zur Trennung und ein Recht auf Scheidung gehabt, wenn sie trotz ernstlicher Ermahnungen sich nicht bemüht hätte, den Haushalt und die Wirtschaft in Ordnung zu bringen und in Ordnung zu halten. Die Abmahnung sei auch nicht deshalb überflüssig gewesen, weil eine solche schon vor der Einberufung des Klägers zum Heer erfolgt wäre; denn auch eine derartige frühere Abmahnung sei seinem Vorbringen nicht zu entnehmen. Die angebliche Vernachlässigung der Wirtschaft vor jenem Zeitpunkt sei nach der eigenen Darstellung des Klägers noch nicht so gröblich gewesen wie später und von ihm offenbar gar nicht als ehezerrüttend empfunden worden, was sich daraus ergebe, daß er noch bis Anfang Juni 1917 mit der Beklagten geschlechtlich verkehrt habe.

Diese Stellungnahme kann nicht gebilligt werden. Zwar hat sich das Reichsgericht in ständiger Rechtsprechung dahin ausgesprochen, daß wegen Vernachlässigung der Hauswirtschaft durch die Frau der Mann Scheidung nach § 1568 BGB. nur dann verlangen kann, wenn es sich um eine besonders arge Vernachlässigung handelt, wenn ferner der Mann versucht hat, durch ernstliche Ermahnungen auf die Frau im Sinne einer Aenderung ihres Verhaltens einzuwirken, und wenn sie trotzdem beharrlich ihre nachlässige Wirtschaftsführung fortgesetzt hat (WarnRspr. 1908 Nr. 525, 1911 Nr. 39; JW. 1912 S. 352 Nr. 18; Urteile vom 17. Dezember 1914 IV 390/14, vom 16. September 1915 IV 75/15, vom 11. Juni 1923 IV 782/22, vom 4. Februar 1924 IV 198/23, vom 7. März 1927 IV 751/26, vom 13. Juli 1928 VII 154/28). Die Erwägungen, die dieser Rechtsprechung zugrunde liegen, sind dahin zusammenzufassen: Ordnungsmäßige Führung der Hauswirtschaft gehört für die Frau zu den durch die Ehe begründeten Pflichten. Deshalb kann eine arge Vernachlässigung der Wirtschaftsführung eine schwere Verletzung jener Pflichten im Sinne des § 1568 BGB. ergeben. Auch erscheint ein solches Verhalten der Frau im allgemeinen als geeignet, eine tiefe Zerrüttung des ehelichen Verhältnisses zu verursachen, wie sie § 1568 voraussetzt. Da es aber daneben noch der Feststellung bedarf, daß im besonderen Falle der Mann das Verhalten der Frau seinerseits als ehezerrüttend empfunden hat, ist als Merkmal hierfür die ernstliche Abmahnung durch ihn aufzustellen. Durch eine solche gibt der Mann deutlich kund, daß er die ungünstige Einwirkung der liederlichen Wirtschaftsführung auf das eheliche Verhältnis empfindet und daß er bei Erfolglosigkeit seiner Mahnung die Ehe als zerrüttet ansehen wird, während anderseits ein Ehemann, der Unsauberkeit und sonstige Nachlässigkeit der Frau ohne Widerspruch hinnimmt, zu erkennen gibt, daß seine eheliche Gesinnung davon nicht berührt wird.

Wie schon diese Gegenüberstellung ergibt, zielt die Aufstellung des Erfordernisses der Abmahnung auf den Regelfall ab, daß sich der Mann selbst im ehelichen Hausstand befindet und so seine täglichen Wahrnehmungen über die Wirtschaftsführung der Frau machen kann. Für Fälle, die insofern anders liegen, kann das Erfordernis nicht gemeint sein. So hat auch der IV. Zivilsenat des Reichsgerichts bereits in seinem Urteil vom 18. Dezember 1916 IV 207/16 darauf hingewiesen, daß es sich bei der die Abmahnung fordernden Rechtsprechung stets um Fälle gehandelt hat, in denen die Verfehlungen vor den Augen des anderen Ehegatten geschehen waren, so daß in dessen Nichteinschreiten ein stillschweigendes Hinnehmen zu finden war, während in dem damals zur Beurteilung stehenden Falle, wobei der IV. Senat eine Abmahnung nicht für nötig erachtete, die Frau hinter dem Rücken des Mannes Schulden gemacht und dieser ein Einverständnis damit auch nicht stillschweigend erklärt hatte. Ebensowenig kann der hier vorliegende Fall der für die Regelfälle gebotenen Würdigung unterstellt werden. Wenn der Kläger im Felde abwesend war, konnte er die Wirtschaftsführung der Beklagten nicht beobachten und hatte daher zu Ermahnungen weder Veranlassung noch Gelegenheit. Wollte man bei schematischer Anwendung der für einen solchen Fall nicht gedachten Rechtsprechung vom Kläger fordern, daß er trotzdem erst die Abmahnung hätte aussprechen und das eheliche Zusammenleben einstweilen hätte fortsetzen müssen, so käme man zu einem unbilligen Ergebnis. Dies wäre namentlich deshalb unannehmbar, weil aus dem Verhalten des Klägers während seiner Abwesenheit keineswegs geschlossen werden könnte, daß er bis zu seiner Heimkehr mit der mangelhaften Wirtschaftsführung seiner Frau zufrieden gewesen wäre. Wenn er dann seinen Haushalt in dem argen Zustande der Verschmutzung und Verwahrlosung vorfand, wie er dies geschildert und der Berufungsrichter als wahr unterstellt hat, so würde kein rechtliches Bedenken dem entgegenstehen, daß ohne weiteres eine durch die Schuld der Beklagten herbeigeführte Zerrüttung des ehelichen Verhältnisses festgestellt und ferner angenommen würde, der Kläger habe die Zerrüttung auch als solche empfunden. In letzterer Hinsicht bildet einen deutlichen Anhaltspunkt gerade die Tatsache, daß er alsbald dazu schritt, die Beklagte wegen der Vernachlässigung der Wirtschaft aus dem Haushalt zu entfernen. Anders wäre der Fall vielleicht zu beurteilen, wenn schon in der Zeit vor der Einberufung des Klägers zum Heere die Beklagte die Wirtschaft nachlässig geführt, der Kläger aber ohne jede Abmahnung das Zusammenleben mit ihr fortgesetzt hätte, bis er ins Feld rückte. Nach dieser Richtung hat jedoch das Berufungsgericht noch keine Feststellungen getroffen, die dazu ausreichen könnten, seine Entscheidungen unter diesem Gesichtspunkt aufrechtzuerhalten.

Sonach ist schon auf Grund vorstehender Erörterung die Aufhebung des angefochtenen Urteils geboten. Dieses wird aber auch insoweit von der Revision mit Recht angegriffen, als es sich mit dem Verhalten der Beklagten gegenüber den Kindern beschäftigt, die — auch soweit sie aus der ersten Ehe des Klägers stammen — während seiner Abwesenheit ihrer Fürsorge und Erziehung anvertraut waren. Hier meint der Vorderrichter, eine gröbliche Vernachlässigung der Kindererziehung durch die Beklagte sei nicht bewiesen und nicht beweisbar. Seine weiteren Darlegungen ergeben, daß er zu dieser Auffassung deshalb gelangt ist, weil nicht erhelle, daß die gröbliche Unsauberkeit der Beklagten — bezüglich deren die ins einzelne gehenden Behauptungen des Klägers teils als richtig festgestellt, teils als wahr unterstellt werden — nachteilig auf die Kinder eingewirkt habe. Bei Erörterung dieser Einwirkung setzt sich der Berufungsrichter mit dem allgemein anerkannten Erfahrungssatz in Widerspruch, daß eine so arge Verschmutzung des Haushalts und der Wohnung, wie sie hier zu unterstellen ist, auf den Ordnungssinn und auch auf die Sittlichkeit von Kindern stets ungünstig einzuwirken pflegt, und zwar auch schon bei Kindern von vier und sieben Jahren. Aber auch abgesehen von dieser Erwägung ist die Würdigung des Berufungsgerichts deshalb zu beanstanden, weil die hier in Rede stehende Pflicht der Frau dem Manne gegenüber nicht klar erfaßt ist. Die Beklagte war während der durch zwingenden Grund bedingten Abwesenheit des Klägers und seiner dadurch geschaffenen Behinderung bei Auffassung der Ehe als einer höheren sittlichen Ordnung ihm gegenüber als verpflichtet anzusehen, die Kinder so zu versorgen und zu erziehen, daß ihr geistiges und leibliches Wohl gefördert wurde. Hat sie durch Vernachlässigung des Haushalts und Unsauberkeit diese Pflicht schuldhaft verletzt, so muß eine Eheverfehlung auch dann angenommen werden, wenn eine nachteilige Wirkung ihres Verhaltens auf die Kinder nicht nachweisbar sein sollte. Um so mehr ist dies anzunehmen, als die Dinge häufig so liegen werden, daß derartige ungünstige Wirkungen nicht sofort, sondern erst später hervortreten. Ob die Verfehlung so schwer zu werten ist, wie sie § 1568 BGB. für einen Scheidungsgrund erfordert, dies zu ermessen ist Sache des Tatrichters. Im gegebenen Falle sind dabei auch die übrigen Vorwürfe zu berücksichtigen, die der Kläger gegen die Beklagte erhebt. Anderseits wird die von ihr geltend gemachte Eheverfehlung des Klägers tatsächlich zu würdigen und schließlich zu der Zumutungsfrage Stellung zu nehmen sein.

RGZ. 127, 370

Bedeutet es einen Unterschied, ob die Ehe auch auf die Widerklage geschieden oder ob nur die Mitschuld des klagenden Ehegatten ausgesprochen wird?

BGB. § 1574 Abs. 2 und 3*).

VII. Zivilsenat. Urt. v. 14. März 1930.

I. Landgericht Breslau. II. Oberlandesgericht daselbst.

Die Parteien sind seit dem 15. Dezember 1915 verheiratet. Der Kläger verlangt Scheidung der Ehe wegen Verschuldens der Beklagten. In der ersten Instanz beantragte diese die Abweisung der Klage und bat hilfsweise darum, den Kläger für mitschuldig an der Scheidung zu erklären. Das Landgericht erkannte dahin: „Die Ehe der Parteien wird geschieden. Beide Parteien sind schuldig. Die Kosten des Rechtsstreits werden gegeneinander aufgehoben." Gegen

*) Jetzt § 52 d. EheG. v. 20. 2. 46.

dieses Urteil legte die Beklagte Berufung ein. Sie verblieb bei ihrem Antrag, die Klage abzuweisen, erhob aber nunmehr Widerklage und beantragte, die Ehe auf die Widerklage zu scheiden und den Kläger für schuldig an der Scheidung zu erklären. Der Kläger bat um Zurückweisung der Berufung. Das Oberlandesgericht wies die Berufung der Beklagten zurück und legte ihr die Kosten des Rechtsmittels zur Last. Ihre Revision hatte teilweise Erfolg.

Aus den Gründen:

Die Revision ist unbegründet, soweit sie die Abweisung der Klage begehrt. (Wird ausgeführt.)

Von der Widerklage sagt das Oberlandesgericht, daß sie wegen Ehebruchs des Klägers mit Frau S. auf jeden Fall Erfolg haben müsse, es erwägt dann aber weiter: „Im ersten Rechtszug hat die Frau die Mitschuld des Mannes zwar nur auf Grund ihres Mitschuldsantrags durchgesetzt, während der Mann jetzt auf Grund ihrer Widerklage für mitschuldig an der Scheidung erklärt wird. Da aber das erste Urteil beide Parteien bereits für schuldig erklärt, kann in der Urteilsformel die veränderte rechtliche Begründung keinen Ausdruck finden." Daraufhin hat das Oberlandesgericht die Berufung der Beklagten kostenpflichtig zurückverwiesen.

Mit Recht beschwert sich darüber die Revision. Es besteht ein unlösbarer Widerspruch zwischen der Formel und den Gründen des Berufungsurteils. Während die Gründe die Widerklage für gerechtfertigt erklären, wird in der Formel die Berufung, mit der die Widerklage erst erhoben worden war, als unbegründet zurückgewiesen. Der rechtliche Grund dieses Widerspruchs ist nicht klar zu erkennen. Vielleicht hat das Oberlandesgericht angenommen, daß es keinen Unterschied mache, ob der Kläger auf Grund des § 1574 Abs. 3 BGB. nur für mitschuldig erklärt wird oder ob die Ehe auch auf die Widerklage geschieden und der Kläger wegen Durchdringens der Widerklage nach § 1574 Abs. 2 BGB für mitschuldig erklärt wird. Der Unterschied besteht aber und zeigt sich gerade im vorliegenden Falle klar schon darin, daß die Beklagte Strafantrag wegen des vom Kläger begangenen Ehebruchs nur dann stellen kann, wenn die Ehe wegen des Ehebruchs, also auf die Widerklage hin, geschieden worden ist, § 172 StGB. Nur unter derselben Voraussetzung steht den Ehebrechern auch das Ehehindernis des § 1312 BGB. entgegen.

Vielleicht hat das Oberlandesgericht aber auch angenommen, daß die Formel des landgerichtlichen Urteils an Hand der Gründe des Berufungsurteils dahin ausgelegt werden könne, die Ehe sei auf Klage und Widerklage geschieden worden und deshalb treffe beide Parteien die Schuld an der Scheidung. Auch das ist mindestens nicht unbedenklich, da bei der vom Oberlandesgericht ausgesprochenen vollständigen und kostenpflichtigen Zurückweisung der Berufung kaum gesagt werden kann, die Beklagte habe in der Berufungsinstanz eine günstigere Entscheidung erlangt, als die des Landgerichts gewesen war.

In jedem Falle hat die Beklagte Anspruch darauf, daß ihre Widerklage auch in der Formel einwandfrei und klar beschieden wird. Deshalb ist das angefochtene Urteil nach § 565 Abs. 3 Nr. 1 ZPO. aufzuheben und es muß so erkannt werden, wie nach seiner Begründung und nach seinen tatsächlichen Feststellungen schon das Berufungsgericht hätte erkennen müssen. Die Feststellung, daß der Kläger mit der Frau S. Ehebruch getrieben hat, ist bereits vom Oberlandesgericht getroffen, das Reichsgericht braucht nur noch die rechtlichen Folgen daraus abzuleiten. Damit erledigen sich die Bedenken der Revision gegen die Zulässigkeit einer Entscheidung des Reichsgerichts in der Sache selbst. . . .

RGZ. 134, 139

Zum Begriff der Verzeihung nach § 1570 BGB.*).

VII. Zivilsenat. Urt. v. 6. November 1931.

I. Landgericht Eisenach. II. Oberlandesgericht Jena.

Das Landgericht hat auf die Klage die Ehe der Parteien nach § 1568 BGB. geschieden, weil der Beklagte im Januar und April 1928 die Klägerin mißhandelt habe, und hat die Widerklage abgewiesen. Die Berufung des Beklagten blieb erfolglos. Seine Revision führte zur Aufhebung und Zurückverweisung.

Gründe:

Nach den insoweit übereinstimmenden Angaben der Parteien stellt der Vorderrichter fest, daß sie in der ersten Hälfte des Juni 1928 — mindestens vom 4. bis 12. dieses Monats — ihre eheliche Gemeinschaft wieder aufgenommen und miteinander geschlechtlich verkehrt haben. Jedoch lehnt er den vom Beklagten daraus hergeleiteten Einwand der Verzeihung ab, indem er, der Darstellung der Klägerin folgend, in jenem Verhalten der Streitteile nur einen gescheiterten Versuch der Aussöhnung sieht.

Die Revision rügt Verletzung des § 1570 BGB. Mit Recht macht sie geltend, daß die Auffassung des Berufungsgerichts dem Wesen der Ehe und dem Rechtsbegriff der Verzeihung zuwiderlaufe. Wenn die Ehegatten nach den vorgekommenen Ehewidrigkeiten sich wieder zur ehelichen Lebensgemeinschaft zusammenfanden und im Verlauf von mindestens einer Woche wiederholt Geschlechtsverkehr

*) Jetzt § 49 d. EheG. v. 20. 2. 46.

miteinander pflegten, so kann darin bei richtiger Auffassung der sittlichen Grundlagen der Ehe nur ein Verhalten gesehen werden, durch das jeder von ihnen kundgab, daß er die Ehe nicht mehr als zerrüttet empfinde. Insbesondere hat dadurch die Klägerin gezeigt, daß sie den vorangegangenen ehewidrigen Handlungen des Beklagten keine ehezerrüttende Bedeutung mehr beimaß und daß diese für ihr persönliches Empfinden der Fortsetzung des ehelichen Zusammenlebens nicht mehr im Wege standen. Das mußte zur Folge haben, daß ihr von ihrem persönlichen Standpunkt aus das Festhalten am ehelichen Verhältnis auch weiterhin zuzumuten war. Diese Auffassung vom Wesen der Verzeihung hat das Reichsgericht stets vertreten (RGZ. Bd. 96 S. 269 und dort angeführte frühere Entscheidungen, Bd. 123 S. 237 und sonst). Zwar braucht die Ausübung des geschlechtlichen Verkehrs nicht jedesmal als Betätigung des Verzeihungswillens aufgefaßt zu werden; doch wird, wenn zwischen den Ehegatten einträchtiges Zusammenleben mit regelmäßigem Geschlechtsverkehr stattfindet, dem nur in besonderen Ausnahmefällen die Bedeutung einer Verzeihung abgesprochen werden können (JW. 1919 S. 573 Nr. 8). Dafür, daß hier die Sachlage als Ausnahmefall zu beurteilen wäre, ergeben die Feststellungen des Oberlandesgerichts nichts.

Sollte sich etwa die Klägerin bei Wiederherstellung der ehelichen Gemeinschaft insgeheim vorgenommen haben, daß sie ihr Verhalten nicht als Verzeihung gelten lassen wolle, so wäre einem solchen Vorbehalt keine Bedeutung beizulegen (JW. 1901 S. 386 Sp. 2, 1905 S. 371 Nr. 12, 1906 S. 752 Nr. 25; RGUrteile vom 11. Januar 1912 IV 216/11 und vom 26. April 1919 V 371/18). Dies würde sogar dann gelten, wenn sie dem Beklagten ausdrücklich erklärt hätte, sie wolle ihm trotz des von ihr beobachteten Verhaltens nicht verzeihen (RGZ. Bd. 96 S. 268; RGUrt. vom 22. November 1920 VI 412/20). Denn das Verhalten eines Ehegatten, der ein einträchtiges, mit geschlechtlicher Beiwohnung verbundenes Zusammenleben mit dem anderen Ehegatten wiederherstellt, müßte — wie es in RGZ. Bd. 96 S. 270 ausgedrückt ist — als eine aller guten Sitte hohnsprechende Herabwürdigung des anderen Ehegatten erscheinen, wenn darin keine auf Fortsetzung der Ehe abzielende Verzeihung zu finden wäre.

Allerdings ist der Versuch einer Aussöhnung zwischen Eheleuten rechtlich durchaus denkbar (vgl. RGRKomm. Anm. 3 a. E. zu § 1570 BGB.). Dementsprechend hat der IV. Zivilsenat im Urteil vom 16. November 1922 IV 144/22 ausgesprochen, der Versuch eines weiteren ä u ß e r e n Zusammenlebens sei noch keine Verzeihung; er hat jedoch dabei ausdrücklich hervorgehoben, daß sich in dem damals zu beurteilenden Falle die Klägerin nicht zu mehr als einem bloß äußeren Zusammenleben bereit erklärt habe, dem insbesondere die geschlechtliche Gemeinschaft fehlen sollte. Hier liegen aber die Dinge insofern ganz anders, als die Parteien bei Wiederherstellung ihrer ehelichen Lebengemeinschaft alsbald auch den Geschlechtsverkehr wieder begonnen haben. Dieses Verhalten geht über einen Versöhnungsversuch weit hinaus und kann nur als vollendete Verzeihung gewertet werden. Die Frage, ob die Wiederaufnahme des Zusammenlebens eine dauernde Wiederbefestigung des ehelichen Verhältnisses zur Folge hatte, muß bei Prüfung der Voraussetzungen des § 1570 BGB. völlig ausscheiden. Denn es wird stets mehr oder weniger ungewiß sein, ob das mit einer Verzeihung erstrebte Ziel, den weiteren gedeihlichen Fortbestand der Ehe zu sichern, wirklich erreicht wird.

Muß hiernach angenommen werden, daß die Klägerin dem Beklagten Anfang Juni 1928 verziehen hat, so ist entgegen der Auffassung des *Berufungsrichters zu verneinen*, daß sie ihre Scheidungsklage noch auf die dem Beklagten zur Last gelegten Mißhandlungen vom 9. Januar und 16. April 1928 gründen könne. Die Klägerin würde nur noch berechtigt sein, diese Mißhandlungen gemäß § 1573 BGB. zur Unterstützung einer auf andere Tatsachen gegründeten Scheidungsklage geltend zu machen. . . .

RGZ. 137, 48

Muß derjenige Ehegatte, welcher dem Ehebruch des anderen Teils zugestimmt haben soll, das Fehlen seiner Zustimmung beweisen?

BGB. § 1565 Abs. 2*).

VII. Zivilsenat. Urt. v. 21. Juni 1932.

I. Landgericht Dessau. II. Oberlandesgericht Naumburg.

Aus den Gründen:

Die Revision rügt in erster Reihe, daß die Beweislast vom Berufungsrichter verkannt sei; hinsichtlich der Frage, ob der Beklagte dem Ehebruch oder der unsittlichen Handlung der Klägerin zugestimmt habe oder nicht, sei der Beklagte beweispflichtig.

Mit diesem Angriff kann die Revision nicht durchdringen. Allerdings hat der IX. Zivilsenat des Reichsgerichts in seinem Urteil vom 17. Dezember 1930 IX 313/30 (abgedr. JW. 1932 S. 1345 Nr. 2) den Grundsatz ausgesprochen, der Ehegatte, der dem Ehebruch des anderen Teils zugestimmt haben solle, müsse das Fehlen seiner Zustimmung nachweisen. Aber der IX. Senat hat bereits selbst diese Ansicht wieder aufgegeben, als er am 4. Juni 1932 den das Armenrecht für die Revisionsinstanz versagenden Beschluß in der Ehesache W. IX A. 319/32 faßte. Das ist damals aktenkundig gemacht worden. Die hier ausgesprochene Rechtsauffassung ist auch richtig. Der Ehe-

*) Jetzt § 42 EheG. v. 20. 2. 46.

gatte, der die Zustimmung des anderen Teils zu seinem Ehebruch behauptet, leugnet damit nicht sein Verschulden. Auch der vom anderen Ehegatten gestattete Ehebruch ist, wie der IV. Zivilsenat des Reichsgerichts im Urteil vom 2. Juni 1910 IV 372/09 (WarnRspr. 1910 Nr. 283) zutreffend ausführt, nach allgemeinen sittlichen Anschauungen und so auch vom Standpunkte des Rechts eine der gröblichsten Verletzungen der durch die Ehe begründeten Pflichten. Das Gesetz entzieht nur dem Ehegatten, der sich mit dem Ehebruch einverstanden erklärt, durch eine positive Vorschrift das Recht, wegen dieser Eheverfehlung die Scheidung zu verlangen, weil er durch seine Zustimmung die Handlung des anderen Teils sich zu eigen macht. Bei der Behauptung der Zustimmung handelt es sich also um eine wahre Einrede, und für diese ist derjenige beweispflichtig, der sie vorbringt. In dieser Richtung kann auch nichts anderes gelten, wenn es sich — wie hier — um einen verziehenen oder verjährten Ehebruch handelt, der nur gemäß § 1573 BGB. zur Unterstützung einer auf andere Tatsachen gegründeten Scheidungsklage geltend gemacht wird. Wenn auf einen solchen verziehenen Ehebruch zurückgegriffen wird, so ändert das nichts an der Beweislast. Auch der verziehene Ehebruch bleibt Ehebruch; der Eheteil, der ihn begangen hat, muß seine Eigenschaft als Scheidungsgrund auch dann beseitigen, wenn der andere Teil das Scheidungsverlangen nicht auf § 1565 BGB. gründet, sondern den Ehebruch nach § 1573 BGB. nur zur Unterstützung einer auf andere Tatsachen gegründeten Scheidungsklage geltend macht.

Ob die Beweislastfrage ebenso zu beantworten ist, wenn es sich um die Zustimmung zu einem ehewidrigen Verhalten nach § 1568 BGB. handelt, braucht hier nicht entschieden zu werden. Denn die Klägerin hat nicht behauptet, daß der Beklagte ihrem ehewidrigen Verhalten Anfang März 1923 zugestimmt habe, und der Berufungsrichter hat wegen dieses Verhaltens auch nur ausgesprochen, der Beklagte würde es dann nicht als ehewidrig empfunden haben, wenn er dem Ehebruch zugestimmt hätte. . . .

RGZ. 138, 73

Unter welchen Umständen bildet die Fortsetzung des Verkehrs mit einer Person des anderen Geschlechts einen Scheidungsgrund?

BGB. § 1568*).

VII. Zivilsenat. Urt. v. 18. Oktober 1932.

I. Landgericht Stettin. II. Oberlandesgericht daselbst.

Das Landgericht hat die Ehe der Parteien auf Klage und Widerklage nach § 1568 BGB. geschieden. Das Oberlandesgericht hat da-

*) Jetzt § 43 d. EheG. v. 20. 2. 46.

gegen die Klage des Mannes abgewiesen und die Scheidung nur auf die Widerklage der Frau ausgesprochen. Die Revision des Klägers war erfolglos.

Gründe:

Die Klage ist u. a. darauf gestützt worden, daß die Beklagte dem Kläger unbegründete Eifersuchtsszenen, namentlich wegen seines Verkehrs mit einem Fräulein Charlotte M., gemacht und daß sie auch bei seinem Arbeitgeber, einem Beamtenverein, verbreitet habe, er unterhalte ehewidrige Beziehungen zu dieser Zeugin. Zur Widerklage hat die Beklagte u. a. geltend gemacht, der Kläger habe in der Tat zu der Genannten in ehewidrigen Beziehungen gestanden.

. . . Von der Charlotte M. hat das Berufungsgericht angenommen, daß es zwischen ihr und dem Kläger weder zu einem Geschlechtsverkehr noch auch nur zu ehewidrigen erotischen Handlungen gekommen sei, daß aber die Beklagte subjektiv berechtigten Argwohn in dieser Beziehung gehabt habe und daß sich der Kläger durch die Fortsetzung des Verkehrs mit der M. entgegen dem Wunsch der Beklagten trotz ihrer Vorstellungen einer schweren Verletzung der durch die Ehe begründeten Pflichten schuldig gemacht habe. Als allgemein geeignet, die Beklagte argwöhnisch zu machen, ist im Urteil ein mehrere Jahre zurückliegender, an sich verziehener Vorgang erwähnt, bei dem der Kläger die Zeugin B. geküßt hatte. Hinsichtlich der Charlotte M. insonderheit hat das Urteil folgendes festgestellt: Die Beklagte hatte den früheren Familienverkehr mit ihr und ihrer Schwester Gertrud im Sommer 1929 abgebrochen. Dem Kläger war damals schon und besonders bei einer Unterredung im November 1929 klar geworden, daß die Beklagte einen weiteren Verkehr zwischen ihm und der Charlotte M. wegen des Argwohns zärtlicher Beziehungen nicht wünschte. Trotzdem hat er die Besuche in der Wohnung der Familie M. fortgesetzt, wo er natürlich auch sie getroffen hat. Insbesondere hat der Kläger im Februar 1930 — allerdings auf Wunsch seines Abteilungsleiters G., den er aber leicht hätte ablehnen können — die Charlotte M. während einer Krankheit aufgesucht und im Mai 1931 an einer Geburtstagsfeier ihres Bruders im Kreise der Familie M. teilgenommen. Endlich ist der Kläger im Juni 1930 mit diesem Bruder nach Misdroy gefahren, wo er, wie vorgesehen, mit der gleichfalls dorthin gereisten Charlotte M., wenn auch nur auf kurze Zeit, zusammentraf. Das Berufungsgericht hat noch besonders hervorgehoben, daß der Verkehr auch fortgesetzt worden sei, obgleich sich die Beklagte im Juni 1930 zur Begründung ihrer Widerklage gerade auf die ehewidrigen Beziehungen und den behaupteten Ehebruch des Klägers mit der Zeugin M. bezogen habe.

Angesichts dieser Feststellungen über den durch das Verhalten des Klägers subjektiv berechtigten Argwohn der Beklagten konnte das Berufungsgericht zur Klage ohne Rechtsirrtum aussprechen, daß in den von ihr gegen und über den Kläger ausgesprochenen Beschuldigungen und abfälligen Aeußerungen wegen seines Verhaltens gegenüber der Charlotte M. sowie in ihrem Verhalten hinsichtlich des Verkehrs des Klägers mit der Familie M. überhaupt keine Eheverfehlung zu finden sei. Soweit es sich um die Aeußerung handelt, welche die Beklagte gegenüber dem Zeugen Ge., dem Vorsitzenden des Beamtenvereins, über die Beziehungen des Klägers zur M. getan hat, erwähnt das Urteil noch besonders, daß sich die Beklagte dabei zurückhaltend geäußert und nur so viel erzählt habe, als für den die Zahlung von Unterhalt betreffenden Zweck des Besuches erforderlich gewesen sei.

(Weitere vom Kläger geltend gemachte Scheidungsgründe werden gleichfalls abgelehnt.)

Was sodann die Widerklage anlangt, so ist rechtlich nicht zu beanstanden, daß das Berufungsgericht in dem oben wiedergegebenen Verhalten des Klägers zu Charlotte M., der Fortsetzung des Verkehrs mit ihr trotz des ihm bekannt gewordenen Verdachts der Beklagten und trotz ihrer mißbilligenden Willenskundgebungen, eine Verletzung der durch die Ehe begründeten Pflichten, und sogar eine schwere, gefunden hat. Die Revision bestreitet, daß in diesem Verhalten des Klägers überhaupt eine Eheverfehlung liege, da der Argwohn der Beklagten objektiv nicht berechtigt und ein Weiterverkehren des Klägers mit Charlotte M., mit der er bei der gleichen Stelle Dienst getan habe, deshalb unbedenklich gewesen sei. Nun hat allerdings das Reichsgericht verschiedentlich dahin Stellung genommen, daß nicht jeder ganz unberechtigte Argwohn, nicht jede unbegründete Eifersuchtsanwandlung genügen könne, von dem anderen Ehegatten den Abbruch aller Beziehungen zu einer Person des anderen Geschlechts zu verlangen (vgl. die Urteile des erkennenden Senats vom 15. Januar 1929 VII 363/28, vom 8. Februar 1929 VII 464/28, abgedr. WarnRspr. 1929 Nr. 66, vom 16. Februar 1932 VII 285/31, abgedr. WarnRspr. 1932 Nr. 80, vom 12. Juli 1932 VII 120/32, auch des VIII. Zivilsenats vom 7. November 1930 VIII 416/30). Aber im allgemeinen ist doch an dem vom Reichsgericht vielfach ausgesprochenen Satz festzuhalten, daß es eine Verletzung der Treupflicht und der dem anderen Ehegatten geschuldeten Achtung darstellen und den Tatbestand des § 1568 BGB. erfüllen kann, wenn ein Ehegatte durch seinen Verkehr mit einer Person des anderen Geschlechts den Verdacht ehewidriger Handlungen in geschlechtlicher Beziehung erweckt hat (mag es auch tatsächlich nicht zu solchen gekommen sein) und er diesen Verkehr dann trotz Kenntnis vom Argwohn des anderen Ehegatten und von dessen Wunsch nach Abbruch der Beziehungen fortsetzt. Insbesondere kann der Ausdruck in dem erwähnten Urteil vom 16. Februar 1932, der Berufungsrichter hätte feststellen müssen, daß der Verdacht auch objektiv begründet war, nur so verstanden werden, daß ein rein subjektiver, völlig unbegründeter Verdacht ehewidriger Handlungen in geschlechtlicher Beziehung nicht ausreicht, sondern daß objektiv Gründe vorliegen müssen, die bei vernünftiger Würdigung der Sachlage den Verdacht rechtfertigen. Ob dies der Fall ist, liegt in erheblichem Umfang auf dem Gebiet der tatrichterlichen Würdigung. Im vorliegenden Fall hat aber der Berufungsrichter den Verdacht der Beklagten, daß es zu ehewidrigen Betätigungen zwischen dem Kläger und der Zeugin M. gekommen sei, mit Rücksicht auf den früheren Vorgang mit der Zeugin B. und auf den fortdauernden Verkehr des Klägers mit der Familie der Charlotte M. und mit dieser selbst (besonders auch noch, nachdem die Widerklage gerade mit auf diesen Punkt gestützt worden war) mit Recht als begründet angesehen. Der Fall liegt also anders als die Fälle der oben erwähnten Entscheidungen. Insbesondere haben sich die weiteren Beziehungen des Klägers zu Charlotte M. auch nicht auf den durch das Arbeiten an derselben Stelle bedingten Verkehr beschränkt. Konnte aber nach dem Ausgeführten das Berufungsgericht dieses Verhalten des Klägers gegenüber der M. überhaupt als eine Eheverfehlung ansehen, so ist auch die Bewertung als eine schwere Verfehlung nicht zu beanstanden, da insonderheit diese Beurteilung Sache des Tatrichters ist.

Ueberdies hat aber das Berufungsgericht für die Scheidung auf die Widerklage noch weitere Verfehlungen des Klägers mit herangezogen (wird näher ausgeführt).

RGZ. 143, 305

Beginnt die Ausschlußfrist des § 1571 Abs. 1 Satz 1 BGB. mit dem Zeitpunkt zu laufen, in dem der eine Ehegatte Kenntnis von einem Ehebruch des anderen Ehegatten erlangt, oder erst dann, wenn er die Person des Ehebrechers erfährt?

BGB. §§ 1565, 1571*).

IV. Zivilsenat. Urt. v. 8. Februar 1934.

I. Landgericht Eichstätt. II. Oberlandesgericht München.

Mit Klage und Widerklage haben die Parteien auf Scheidung ihrer Ehe geklagt. Das Landgericht wies die Klage des Mannes ab und schied auf die Widerklage der Frau die Ehe aus alleinigem Verschulden des Klägers. Die Berufung des Klägers, mit der er die

*) Jetzt §§ 42, 50 d. EheG. v. 20. 2. 46.

Abweisung der Klage bekämpfte, wurde zurückgewiesen. Seine Revision hatte Erfolg.

Gründe:

Das Berufungsgericht sieht einen einmaligen Ehebruch der Beklagten mit dem Zeugen Ha., begangen während der Faschingszeit 1929, als erwiesen an; gleichwohl gelangt es zur Abweisung der Klage, weil der Kläger die Ausschlußfrist des § 1571 Abs. 1 Satz 1 BGB. versäumt habe. Es nimmt an, daß die Beklagte dem Kläger diesen Ehebruch schon um Fasching 1929 an sich eingeräumt, hierbei aber einen Studenten He. aus Stettin, eine erdachte Person, als den Ehebrecher bezeichnet habe. Der Kläger habe daher schon um die genannte Zeit Kenntnis von dem Ehebruch erlangt, so daß die Frist zur Erhebung der Scheidungsklage mit dem August 1929 abgelaufen sei. Wenn dem Berufungsgericht darin zuzustimmen ist, daß die Frist um Fasching 1929 zu laufen begann, so ist die im Jahre 1932 erfolgte Klagerhebung mit Bezug auf den Scheidungsgrund des Ehebruchs verspätet; denn mit dem Ablauf des Monats August 1929 war die Geltendmachung dieses Scheidungsgrundes durch Erhebung der Scheidungsklage ausgeschlossen, da die Parteien sich erst im März 1932 getrennt haben. Die Revision rügt Verletzung des § 1571 BGB. Sie ist der Meinung, daß es für den Beginn der Ausschlußfrist darauf ankomme, wann der Kläger Kenntnis von dem Ehebruch mit Ha. bekommen habe Diese Kenntnis habe er aber erst während des Laufes des Prozesses erlangt. Dem ist nicht beizustimmen.

Der Scheidungsanspruch eines Ehegatten wegen Ehebruchs des anderen Teils nach § 1565 BGB. setzt nicht voraus, daß sich die Person des Ehebrechers feststellen läßt (§ 624 ZPO.). Demgemäß beginnt die Frist des § 1571 Abs. 1 Satz 1 BGB. von dem Zeitpunkt an zu laufen, in welchem der Ehegatte von dem Ehebruch Kenntnis erlangt, auch wenn ihm in diesem Zeitpunkt die Person des Ehebrechers nicht bekannt ist. Das wäre nur dann anders wenn der § 1571 BGB. dahin zu verstehen wäre, daß der klagende Ehegatte auch die Kenntnis der Person des Ehebrechers erlangt haben müsse. Das ist nicht der Fall, denn § 1571 Abs 1 Satz 1 verlangt nur Kenntnis von dem Scheidungsgrund, also Kenntnis desjenigen Tatbestandes, der nach § 1565 BGB. einen Scheidungsanspruch begründet. Der gesetzgeberische Grund für die sechsmonatige Frist ist darin zu suchen, daß derjenige Ehegatte, der durch die erlangte Kenntnis eines Scheidungsgrundes instand gesetzt ist, die Klage zu erheben, die Frage der Scheidung rasch zum Austrag bringen muß, weil eine länger andauernde Ungewißheit darüber dem Wesen der Ehe widerstreitet. Er kann daher, wenn er einen vollendeten Ehebruch des anderen Ehegatten erfahren hat, mit seiner Geltendmachung durch Klage nicht warten, bis die Person des Ehebrechers von ihm ermittelt worden ist. Von dem Tatbestand des Ehebruchs, also von dem Vorgang, welcher der Beklagten als Ehebruch mit einem fremden Manne zuzurechnen war, hat aber der Kläger um die Faschingszeit 1929 Kenntnis erlangt. Nur über die Person des Ehebrechers ist er von seiner Frau in Unkenntnis gehalten oder getäuscht worden. Die Revision könnte daher mit ihrer Rüge nur Recht haben, wenn zwei verschiedene Tatbestände vorlägen, von denen der Kläger zwar den einen, aber nicht den anderen erfahren hätte, und wenn dieser andere Tatbestand derjenige wäre, der sich in der Person des Zeugen Ha. verwirklicht hätte. Ob der Kläger geneigt war, über den Ehebruch seiner Frau hinwegzusehen, wenn er sich mit einem fremden Studenten zugetragen hatte, dagegen nicht, wenn sein Freund Ha. der Ehebrecher war, hat für die Frage der Verzeihung Bedeutung, dagegen nicht für die Frage nach dem Beginn der Ausschlußfrist des § 1571 Abs. 1 Satz 1 BGB. Der Kläger mußte daher, als er von dem Ehebruch seiner Frau erfuhr, diese Frist wahren, wenn er mit dem Scheidungsgrund nicht ausgeschlossen werden wollte. Das hat er unterlassen. Ob diese Unterlassung in der irrigen Annahme geschehen ist, der Ehebruch sei nicht mit dem Zeugen Ha. begangen, ist nicht von Bedeutung. Die Lage wäre für ihn keine andere, wenn es ihm nicht gelungen wäre, die Person des Ehebrechers ausfindig zu machen, oder wenn seine Frau sich über die Person des Ehebrechers ausgeschwiegen und er erst nach Fristablauf Kenntnis von dieser Person erlangt hätte. Sollte seine Frau ihn arglistig über die Person des Ehebrechers getäuscht haben, so eröffnet auch dies keine gesetzliche Möglichkeit, ihn gegen den Ablauf der Ausschlußfrist zu schützen. Der einzige Rechtsbehelf, der zu einer Verlängerung dieser Fristen führen kann, wäre die Berufung auf die für die Verjährung geltenden Vorschriften der §§ 203, 206 BGB., die gemäß § 1571 Abs. 4 das. auf die Sechsmonatsfrist entsprechende Anwendung finden, deren Voraussetzungen aber nicht vorliegen. Die Scheidungsklage ist daher, soweit nur der Scheidungsgrund des Ehebruchs in Betracht kommt, mit Recht abgewiesen worden.

(Dagegen ist das angefochtene Urteil aus anderen Gründen rechtlich beanstandet worden.)

RGZ. 147, 399

Können die Scheidungsgründe der §§ 133 bis 135 des öst. allg. Bürgerlichen Gesetzbuchs in Deutschland zur Geltung gebracht werden?

BGB. § 1564. EG. z. BGB. Art. 17.

IV. Zivilsenat. Urt. v. 20. Mai 1935.

Die Entscheidung ist abgedruckt unter „Bürgerliches Recht, EG. z. BGB.“.

RGZ. 154, 253

1. Steht die Verzeihung auch dann der Scheidungsklage im Wege, wenn sich nachträglich nicht vorausgesehene, dem Eheleben abträgliche Wirkungen der verziehenen Verfehlung zeigen?

2. Wird die Scheidungsklage durch die Rechtskraft eines früheren Urteils gehindert, welches das auf jene Verfehlung gestützte Scheidungsbegehren wegen der erteilten Verzeihung abgewiesen hat?

BGB. § 1570*). ZPO. § 616.

IV. Zivilsenat. Urt. v. 8. April 1937.

I. Landgericht Insterburg. II. Oberlandesgericht Königsberg.

Die Parteien haben einander am 5. September 1931 geheiratet. Am 17. Dezember 1931 wurde der Beklagte, der schon vor der Heirat achtundzwanzigmal bestraft worden war, darunter neunzehnmal wegen Eigentumsverletzungen, durch das Schöffengericht in J. wegen dreier Rückfalldiebstähle, die er nach seiner Verehelichung begangen hatte, zu zwei Jahren Zuchthaus und fünf Jahren Ehrverlust verurteilt. Am 6. April 1932 wurde diese Strafe auf Berufung der Staatsanwaltschaft hin durch die große Strafkammer des Landgerichts in J. auf vier Jahre Zuchthaus und fünf Jahre Ehrverlust verschärft. Im Oktober 1932 erhob die Klägerin daraufhin vor dem Landgericht in J. gegen ihn die Scheidungsklage, wurde aber damit durch Urteil vom 3. Februar 1933 abgewiesen, weil das Gericht aus zwei Briefen, die sie ihm am 4. und 19. Januar 1932 in die Untersuchungshaft geschrieben hatte, Verzeihung jener Straftaten entnahm, behauptete spätere Eheverfehlungen aber als nicht dargetan ansah. Durch Urteil der großen Strafkammer des Landgerichts in J. vom 17. August 1934 wurde nachträglich die Sicherungsverwahrung des Beklagten angeordnet. Mit der gegenwärtigen, im Februar 1936 erhobenen Klage hat die Klägerin mit Rücksicht hierauf zunächst wiederum die Scheidung ihrer Ehe verlangt und, nachdem der Beklagte gegen das diesem Begehren stattgebende Urteil des Landgerichts Berufung eingelegt hatte, statt dessen in erster Linie die Nichtigerklärung ihrer Ehe aus § 1333 BGB. und hilfsweise Scheidung beantragt. Das Oberlandesgericht hat sie mit beiden Ansprüchen abgewiesen. Die Revision führte ihrem Antrag gemäß zur Aufhebung und Zurückverweisung aus folgenden

Gründen:

Die Eheanfechtungsklage hat das Berufungsgericht abgewiesen, weil der Klägerin die Eigenschaft des Beklagten als Ge-

*) Jetzt § 49 d. EheG. v. 20. 2. 46.

wohnheitsverbrecher nicht erst durch die Anordnung seiner Sicherungsverwahrung bekannt geworden sei, sondern schon dadurch, daß sie, und zwar spätestens Anfang 1932, von seinen zahlreichen Vorstrafen erfahren habe und weil sie darum die Anfechtung bereits in dem früheren Rechtsstreit habe geltend machen können (§ 616 ZPO.). Das ist rechtlich einwandfrei. ...

Bei der Abweisung der Scheidungsklage ist das Berufungsgericht zutreffend davon ausgegangen, daß die Verurteilung des Beklagten zur Sicherungsverwahrung, mag sie auch von ihm verschuldet sein, als solche keinen selbständigen Scheidungsgrund darstellt, die Berufung auf die strafbaren Handlungen des Beklagten aber, die nachträglich zur Anordnung der Sicherungsverwahrung gegen ihn geführt haben, der Klägerin grundsätzlich durch die rechtskräftige Abweisung ihrer auch darauf gestützten früheren Scheidungsklage verwehrt ist. Das Landgericht war zu seiner gegenteiligen Entscheidung gelangt, weil die Klägerin in den Briefen vom 4. und 19. Januar 1932 wiederholt zum Ausdruck gebracht habe, daß sie sich sehr nach ihrem Manne sehne und auf ein späteres Zusammenleben mit ihm hoffe, für das sie sich, um dem Gerede der Nachbarn zu entgehen, eine andere Wohnung suchen müßten, also die Verzeihung, wegen derer ihre erste Klage abgewiesen worden sei, von ihr erkennbar nur unter der Bedingung gewährt worden sei, daß nach Abbüßung der Zuchthausstrafe eine sinngemäße Fortsetzung der Ehe möglich sein werde, jedoch nunmehr, nach Anordnung der Sicherungsverwahrung, diese Möglichkeit in damals unvorhersehbarer Weise auf unbestimmte Zeit ausgeschlossen sei. Das Berufungsgericht folgt dem Landgericht rechtlich zutreffend darin, daß die Rechtskraft jenes früheren Urteils einer Nachprüfung nicht im Wege stehe, ob die Klägerin dem Beklagten seine Straftaten nur bedingt verziehen habe und diese Bedingung infolge der Anordnung der Sicherungsverwahrung nachträglich ausgefallen sei. Es erwägt jedoch, wenn die Klägerin in ihren Briefen von einem künftigen Zusammenleben mit dem Beklagten gesprochen habe, so sei das ganz erklärlich und selbstverständlich gewesen, ihre Briefe ergäben aber nicht, daß sie ihre Verzeihung von einer solchen Bedingung hätte abhängig machen wollen und abhängig gemacht habe; einen solchen Willen könne sie gar nicht gehabt haben, weil es zu jener Zeit die Sicherungsverwahrung gefährlicher Gewohnheitsverbrecher noch nicht gegeben habe, ein Zweifel an der Entlassung des Beklagten aus der Strafhaft nach Verbüßung seiner Strafe also gar nicht habe entstehen können; die Verzeihung sei daher unbedingt gewesen und darum in ihrer Wirksamkeit durch die späteren Ereignisse nicht beeinträchtigt worden. Dieser Auslegung der brieflichen Aeußerungen der Klägerin, die im wesentlichen auf tatsächlichem Gebiete liegt, kann zwar aus Rechtsgründen nicht entgegengetreten werden. Gleichwohl ist dem Berufungsgericht im Ergebnis nicht beizupflichten.

Eine wirksame Verzeihung setzt nämlich die volle Kenntnis des Fehltritts voraus, und zwar nicht bloß der Handlung des anderen Ehegatten selbst, sondern auch ihrer Tragweite für das künftige Eheleben. An solcher vollen Kenntnis mangelt es beispielsweise bei einem Ehebruch, solange der verletzte Ehegatte nicht weiß, daß der andere sich dabei mit einer Geschlechtskrankheit angesteckt oder daß der Ehebruch zur Erzeugung eines Kindes geführt hat. Die Verzeihung kann nun zwar in dem Sinne gewährt werden, daß dabei auch noch unbekannte Wirkungen des Fehltritts in den Kauf genommen werden. Es kann aber auch anders sein, und das liegt besonders nahe bei solchen Wirkungen, die durch eine spätere Gesetzesänderung überhaupt erst möglich geworden sind und wie die Entmannung und die Sicherungsverwahrung ein wirkliches eheliches Zusammenleben für die Zukunft ganz oder doch auf unabsehbare Zeit hin ausschließen, das zu ermöglichen und herbeizuführen in der Regel gerade der eigentliche Sinn einer Verzeihung ist. Dem kann hier nicht entgegengehalten werden, die Klägerin habe bei ihren Briefen doch jedenfalls mit späteren Störungen der Ehe durch neue Verbrechen und neue Freiheitsstrafen des Beklagten rechnen müssen. Denn in diesem Falle würde ihr allemal ein neuer Scheidungsanspruch erwachsen sein können, dem die Verzeihung des früheren Fehltritts nicht hinderlich gewesen wäre; ihre Lage wäre also ohne das Eingreifen des neuen Gesetzes über die Sicherungsverwahrung wesentlich anders und für sie günstiger gewesen. Es würde unbillig sein, wenn das überhaupt nicht berücksichtigt werden könnte, zumal da der Volksgemeinschaft an der Aufrechterhaltung einer derartigen Ehe kaum etwas gelegen sein kann.

Die dargelegte Möglichkeit eines auf den der Klägerin damals bekannten Sachverhalt beschränkten Sinnes der Verzeihung, die keine Bedingung bedeutet, hat das Berufungsgericht bei seiner rechtlichen Würdigung ihrer brieflichen Aeußerungen vom 4. und 19. Januar 1932 übersehen. Sollte sie verwirklicht sein, so würde die Klägerin, da sie die für die Tragweite der Verzeihung wesentlichen späteren Ereignisse in dem früheren Verfahren noch nicht geltend machen konnte, durch die rechtskräftige Abweisung ihrer ersten Scheidungsklage nicht gehindert sein, gestützt auf die alten Verfehlungen des Beklagten heute wiederum die Scheidung zu begehren. Ob jene Voraussetzung zutrifft, kann aber nur der Tatrichter feststellen.

RGZ. 158, 199

1. Wie sind in § 616 ZPO. die Worte zu verstehen, daß das Scheidungsrecht auf Grund von Tatsachen ausgeschlossen ist, welche die Partei in dem früheren Rechtsstreit geltend machen „konnte" oder geltend zu machen „imstande war"?

2. Gilt die Vorschrift des § 49 Satz 2 des Ehegesetzes, wonach ein Ehegatte, der selbst eine Verfehlung begangen hat, die Scheidung nicht begehren kann, wenn nach der Art seiner Verfehlung sein Scheidungsbegehren bei richtiger Würdigung des Wesens der Ehe sittlich nicht gerechtfertigt ist, auch dann, wenn es sich dabei um eine Verfehlung handelt, auf die der andere Ehegatte wegen Fristablaufs oder wegen prozeßrechtlichen Ausschlusses (§ 616 ZPO.) eine Scheidungsklage nicht mehr gründen könnte?

ZPO. § 616. Gesetz zur Vereinheitlichung des Rechts der Eheschließung und der Ehescheidung usw. vom 6. Juli 1938 (RGBl. I S. 807) § 49*).

IV. Zivilsenat. Urt. v. 3. Oktober 1938.

I. Landgericht Köln. II. Oberlandesgericht daselbst.

Die Parteien haben am 4. September 1919 die Ehe geschlossen. Im April 1937 hat die Ehefrau Scheidungsklage gegen ihren Ehemann erhoben, die auf dessen ehewidrige Beziehungen zu anderen Frauen und auf Trunkfälligkeit gestützt war. Am 24. Mai 1937 fand in dieser Scheidungssache die letzte mündliche Verhandlung vor dem Landgericht statt. Durch Urteil vom 25. Mai 1937 ist die Scheidungsklage der Ehefrau abgewiesen worden. Die gegen dieses Urteil von der Ehefrau eingelegte Berufung ist durch Beschluß des Oberlandesgerichts vom 17. August 1937 als unzulässig verworfen worden, weil die Berufungsklägerin nicht rechtzeitig die Zahlung der von ihr erforderten Prozeßgebühr nachgewiesen hatte. Mit Klageschrift vom 17. August 1937 hat der Ehemann dann die gegenwärtige Scheidungsklage erhoben und sie auf Beschimpfungen und auf üble Nachrede gegründet, deren sich die Beklagte nach der letzten mündlichen Verhandlung im Vorprozeß schuldig gemacht habe. Das Landgericht hat diese Klage abgewiesen. Das Oberlandesgericht hat dagegen durch Urteil vom 25. April 1938 der Scheidungsklage stattgegeben und die Ehe aus Verschulden der Beklagten geschieden. Die Revision gegen dieses Urteil hat das Oberlandesgericht für zulässig erklärt. Die Revision der Beklagten führte zur Aufhebung und Zurückverweisung.

---

*) Jetzt § 43 d. EheG. v. 20. 2. 46.

Gründe:

Seit der Erlassung des Berufungsurteils ist das Gesetz zur Vereinheitlichung des Rechts der Eheschließung und der Ehescheidung im Lande Oesterreich und im übrigen Reichsgebiet vom 6. Juli 1938 in Kraft getreten. Dieses Gesetz ist nach § 93 in der Revisionsinstanz auch dann anzuwenden, wenn die letzte mündliche Verhandlung vor dem Berufungsgericht vor dem am 1. August 1938 erfolgten Inkrafttreten des Gesetzes stattgefunden hat.

Im Berufungsurteil wird zunächst ausgeführt, daß nach § 616 ZPO. der Kläger seine Scheidungsklage nicht mehr auf Tatsachen gründen könne, die vor dem 24. Mai 1937 lägen; denn diese Tatsachen habe er spätestens in der Schlußverhandlung, die am 24. Mai 1937 im Vorprozeß vor dem Landgericht stattgefunden hat, durch Widerklage geltend machen müssen. Dagegen könne der Kläger alle Vorfälle, die sich nach dem Schluß der landgerichtlichen Verhandlung im Vorprozeß vom 24. Mai 1937 zugetragen hätten, im gegenwärtigen Rechtsstreit als Scheidungsgründe verwenden. Denn diese Vorfälle habe der Kläger im Vorprozeß nicht mehr vortragen können, da es dort trotz der von der Beklagten (der ehemaligen Klägerin) eingelegten Berufung zu keiner mündlichen Verhandlung in der Berufungsinstanz mehr gekommen sei, die Berufung der damaligen Klägerin vielmehr damals vom Oberlandesgericht durch Beschluß als unzulässig verworfen worden sei. Das Berufungsgericht führt dazu weiter aus, daß der Kläger (der Beklagte des Vorprozesses) jene nach der damaligen landgerichtlichen Schlußverhandlung eingetretenen Tatsachen nur im Wege der Widerklage hätte geltend machen können; daß er zu diesem Zweck hätte Berufung einlegen müssen; daß der Kläger eine selbständige Berufung nicht habe einlegen können, weil er durch das landgerichtliche Urteil, das die Scheidungsklage seiner Ehefrau abgewiesen hatte, nicht beschwert gewesen sei; daß der Kläger aber auch keinen Anlaß gehabt habe, sich der von seiner Ehefrau eingelegten Berufung anzuschließen, weil er damit habe rechnen dürfen, daß die von seiner Ehefrau eingelegte Hauptberufung — insbesondere nachdem ihr Antrag, ihm durch einstweilige Verfügung die Zahlung eines Kostenvorschusses für die zweite Instanz aufzuerlegen, durch Beschluß des Oberlandesgerichts wegen Aussichtslosigkeit ihrer Prozeßführung zurückgewiesen worden war — zurückgenommen oder als unzulässig verworfen werden und seine Anschlußberufung dadurch ihre Wirksamkeit verlieren würde.

Die Revision wendet gegen diese Ausführungen des Berufungsgerichts ein, daß eine solche Auslegung des § 616 ZPO. dem Sinne des Gesetzes nicht entspreche. Das Gesetz stelle in dieser Vorschrift den Fall der Geltendmachung und den Fall der objektiv möglichen, aber unterbliebenen Geltendmachung von Scheidungstatsachen gleich; in beiden Fällen seien die Klage- bzw. Widerklagegründe verbraucht; eine Erwartung, wie sie das Berufungsgericht dem Kläger zubillige, sei dem Gedanken des § 616 ZPO. fremd; diese Hoffnung des Klägers darauf, daß die von seiner Ehefrau eingelegte Berufung zurückgenommen oder als unzulässig verworfen werden würde, sei keineswegs sicher gewesen, sie habe auch fehlgehen können; wenn es auch tatsächlich damals so gekommen sei, daß die Ehefrau den Nachweis der Zahlung der Prozeßgebühr nicht rechtzeitig erbracht habe und die von ihr eingelegte Berufung daher als unzulässig verworfen worden sei, so habe der Kläger das doch nicht mit Sicherheit voraussehen können, und auch das Berufungsgericht könne nicht wissen, weshalb die Ehefrau damals die Prozeßgebühr nicht bezahlt habe.

Bei der Prüfung dieser Revisionsrüge erhebt sich zunächst die Frage, ob durch das neue Ehegesetz an dem durch § 616 ZPO. geregelten prozeßrechtlichen Ausschluß des Scheidungsrechts etwas geändert ist. Diese Frage ist dahin zu beantworten, daß § 616 durch das neue Ehegesetz weder aufgehoben worden ist noch eine neue Fassung erhalten hat. Der prozeßrechtliche Ausschluß des Scheidungsrechts ist also bestehen geblieben und bemißt sich auch künftig nach der unverändert gebliebenen Vorschrift des § 616 ZPO. Nur in einem Punkt enthalten die Uebergangsvorschriften des neuen Gesetzes eine Einschränkung der genannten Vorschrift. Soweit es sich nämlich um Tatsachen handelt, die erst durch das neue Gesetz erheblich geworden sind, soll nach § 94 Satz 1 des neuen Gesetzes die Ausschlußwirkung des § 616 ZPO. nicht eintreten. Handelt es sich dagegen um Tatsachen, die schon nach dem bisherigen Recht des Bürgerlichen Gesetzbuchs als scheidungsbegründende Tatsachen von Erheblichkeit waren, so bleibt es uneingeschränkt bei der Regel des § 616 ZPO. Danach kann der Kläger, der in einem früheren Rechtsstreit mit der Scheidungsklage abgewiesen worden ist, das Recht, die Scheidung zu verlangen, in einem neuen Prozeß nicht mehr auf Tatsachen gründen, die er in dem früheren Rechtsstreit geltend gemacht hat oder geltend machen konnte (§ 616 Satz 1); und auch der Beklagte des früheren Rechtsstreits kann, wenn die im früheren Rechtsstreit gegen ihn gerichtete Scheidungsklage abgewiesen worden ist, das Recht, die Scheidung zu verlangen, in einem neuen Prozeß als Kläger nicht mehr auf Tatsachen gründen, auf welche er in dem früheren Rechtsstreit eine Widerklage zu gründen imstande war (§ 616 Satz 2).

Von der Auslegung, welche diese Bestimmungen in der Rechtsprechung und im Schrifttum bisher gefunden haben, kann auch in Zukunft ausgegangen werden. Wenn § 616 vorschreibt, daß unter den dort in Satz 1 und Satz 2 bezeichneten Voraussetzungen das Scheidungsrecht wegen solcher Tatsachen ausgeschlossen sein soll, die der Scheidungslustige schon in einem früheren Rechtsstreit durch Klage geltend machen „konnte" oder zu deren Geltendmachung durch Widerklage er schon in einem früheren Rechtsstreit „imstande war", so ist das in der Rechtsprechung stets so verstanden worden, daß nicht jede abstrakte Möglichkeit der Geltendmachung einer scheidungsbegründenden Tatsache im früheren Rechtsstreit deren Ausschluß in einem späteren Scheidungsprozeß herbeigeführt, sondern daß dieser Ausschluß des Scheidungsrechts nur dann eintritt, wenn für die Partei die Möglichkeit bestand, sich durch das Vorbringen der neuen Tatsachen deren Berücksichtigung zu sichern, und sie diese Möglichkeit ungenützt hat verstreichen lassen. Dem Kläger war in dem Vorprozeß als dem siegreichen Beklagten der Weg der selbständigen Berufung mangels eigener Beschwer verschlossen. Es kam für ihn nur die Anschließung an eine vom Gegner eingelegte — zulässige — Berufung in Frage. Dadurch, daß die Berufung der Ehefrau nach § 519 Abs. 5, § 519 b ZPO. als unzulässig verworfen wurde, war ihm auch dieser Weg verschlossen. Darauf, ob er mit dem Verfall der Nachweisfrist rechnen konnte oder nicht, kann es nicht ankommen. Denn einerseits hätte er mit einer alsbaldigen Anschließung die Berücksichtigung der neuen Tatsachen nach § 522 Abs. 1 ZPO. doch nicht sicherstellen können, und andererseits hätte ihm, wenn die Ehefrau die Frist des § 519 Abs. 5 ZPO. gewahrt hätte, nach § 522 a Abs. 2 ZPO. noch der gesamte Zeitraum bis zum Schluß der mündlichen Verhandlung für die Anschließung zur Verfügung gestanden. Bei dieser Rechtslage bestand für den Kläger als damaligen Beklagten kein Zwang, noch vor der Verwerfung der Berufung sich dieser anzuschließen, und die Unterlassung konnte demnach, gleichviel ob er mit dem Verfallen der Frist rechnen konnte oder nicht, die Ausschlußwirkung des § 616 ZPO. nicht nach sich ziehen.

(Die gegen die Feststellung des Berufungsgerichts, daß die Beklagte seit dem 24. Mai 1937 eine Reihe von Eheverfehlungen begangen habe, gerichteten prozeßrechtlichen Angriffe werden zurückgewiesen. Die Auffassung des Berufungsgerichts, daß diese Verfehlungen der Beklagten unter Zugrundelegung des bis zum 1. August 1938 geltenden Eherechts das Scheidungsbegehren des Klägers rechtfertigten, wird gebilligt. Dann wird fortgefahren:)

Das angefochtene Urteil kann jedoch nicht aufrechterhalten werden, weil nach der eingangs wiedergegebenen Vorschrift des § 93 des Gesetzes vom 6. Juli 1938 der Entscheidung nun nicht mehr die Vorschriften des Bürgerlichen Gesetzbuchs, sondern die des Gesetzes vom 6. Juli 1938 zugrunde zu legen sind. An die Stelle des bisherigen § 1568 BGB. ist § 49 des neuen Ehegesetzes getreten. Nach § 49 des Ehegesetzes kann ein Ehegatte Scheidung begehren, wenn der andere durch eine schwere Eheverfehlung die Ehe schuldhaft so tief zerrüttet hat, daß die Wiederherstellung einer ihrem Wesen entsprechenden Lebensgemeinschaft nicht erwartet werden kann. Der Unterschied der neuen Fassung von der des bisherigen § 1568 BGB. besteht im wesentlichen darin, daß an Stelle des Begriffs der Zumutung, der die Belange der beteiligten Ehegatten in den Vordergrund stellte, der Begriff der sittlichen Rechtfertigung des Scheidungsbegehrens getreten ist. Daher ist nach Satz 2 des § 49 die Scheidung namentlich dann abzulehnen, wenn der Scheidungskläger selbst eine Verfehlung begangen hat und wenn nach der Art dieser Verfehlung, insbesondere wegen des Zusammenhangs der Verfehlungen des anderen Ehegatten mit seinem eigenen Verschulden, sein Scheidungsbegehren bei richtiger Würdigung des Wesens der Ehe sittlich nicht gerechtfertigt ist. Dem Sinn des Satzes 2 des § 49 entspricht es, diese Vorschrift auch dann anzuwenden, wenn es sich um solche eigenen Verfehlungen des Scheidungsklägers handelt, auf die der andere Ehegatte wegen Fristablaufs oder wegen prozeßrechtlichen Ausschlusses (§ 616 ZPO.) keine Scheidungsklage mehr gründen könnte. Unter diesem rechtlichen Gesichtspunkt könnten die von der Beklagten aufgestellten Behauptungen über die seit langem bestehende völlige Gleichgültigkeit des Klägers ihr gegenüber und über seine früheren Beziehungen zu anderen Frauen Bedeutung gewinnen, auch wenn die Beklagte solche Behauptungen bereits im Vorprozeß geltend gemacht hat oder hätte geltend machen können. Ob und inwieweit diese von der Beklagten aufgestellten Behauptungen richtig sind, bedarf deshalb nach dem neuen Rechtszustand der Erörterung. Da Feststellungen hierüber sich nicht ohne neue Beweisaufnahme, sei es auch nur durch persönliche Anhörung der Parteien, treffen lassen, muß die Sache unter Aufhebung des angefochtenen Urteils zur neuen Verhandlung und Entscheidung an das Berufungsgericht zurückverwiesen werden (§ 93 Abs. 2 des Ehegesetzes).

RGZ. 159, 115

1. Kann die häusliche Gemeinschaft im Sinne von § 55 Abs. 1, § 57 Abs. 1 Satz 3 des neuen Ehegesetzes auch innerhalb einer und derselben Wohnung aufgehoben sein?

2. Zur Anwendung des § 59 Abs. 2 des neuen Ehegesetzes.

Gesetz zur Vereinheitlichung des Rechts der Eheschließung und der Ehescheidung usw. vom 6. Juli 1938 (RGBl. I S. 807) — EheG. — §§ 48, 49, 55, 57, 59*).

*) Jetzt §§ 43, 48, 50, 51 d. EheG. v. 20. 2. 46.

IV. Zivilsenat. Urt. v. 12. Januar 1939.

I. Landgericht Halle a. S. II. Oberlandesgericht Naumburg a. S.

Die Parteien haben am 30. Mai 1912 die Ehe geschlossen, aus der drei Töchter im Alter von 24, 21 und 11 Jahren hervorgegangen sind. Sie wohnen jetzt noch in derselben Wohnung, schlafen aber seit Dezember 1932 in getrennten Räumen. Die Beklagte führt den Haushalt. Die Mahlzeiten nehmen die Parteien seit Ende des Jahres 1932 oder seit dem Jahre 1933 getrennt ein. Der letzte eheliche Verkehr hat nach der Angabe des Klägers im August 1932, nach der Angabe der Beklagten im Dezember 1932 stattgefunden. Der Kläger begehrt mit der am 25. Februar 1938 zugestellten Klage Scheidung der Ehe. Zur Begründung dieses Verlangens hat er vorgetragen: Seit den im Jahre 1932 eingetretenen Gehaltskürzungen, infolge deren er der Beklagten nicht mehr so hohe Geldbeträge wie früher zur Wirtschaftsführung habe zur Verfügung stellen können, sei eine Entfremdung zwischen den Parteien eingetreten. Zerrüttet worden sei das eheliche Verhältnis dadurch, daß die Beklagte ihm gegenüber eine große Gleichgültigkeit an den Tag gelegt, das Hauswesen vernachlässigt, gegen seinen Widerspruch an einem Kartenkränzchen teilgenommen, ihm den ehelichen Verkehr verweigert und sich um die Erziehung der jüngsten Tochter nicht ausreichend gekümmert habe. Die Zerrüttung des ehelichen Verhältnisses sei dadurch vertieft worden, daß die Beklagte ihn seit Oktober 1932 wiederholt grundlos des Ehebruchs mit der Sekretärin seines Dienstvorgesetzten, Frau F., bezichtigt habe. Im Jahre 1934 habe die Beklagte seine Aktenschränke erbrochen und in seinen Aufzeichnungen über die ehelichen Angelegenheiten nachgestöbert. Schließlich habe sie im Dezember 1935 versucht, ihn mit Mottenkugeln zu vergiften. Die Beklagte hat um Klagabweisung gebeten und eingewendet, daß alle vor dem 25. August 1937 liegenden angeblichen Scheidungsgründe verjährt seien, da die häusliche Gemeinschaft zwischen den Parteien noch nicht aufgehoben sei. Im übrigen hat sie die Klagebehauptungen bestritten, soweit ihr damit schwere eheliche Verfehlungen zur Last gelegt werden.

Das Landgericht hat die Klage abgewiesen. Der Kläger hat Berufung eingelegt und im zweiten Rechtsgange die Klage auf das in der Zwischenzeit in Kraft getretene Ehegestz vom 6. Juli 1938, insbesondere auch auf dessen § 55, gestützt. Das Oberlandesgericht hat die Berufung zurückgewiesen. Auch die Revision des Klägers blieb erfolglos.

Gründe:

Das Berufungsgericht versagt dem Kläger den Scheidungsgrund des § 55 EheG., weil die häusliche Gemeinschaft der Parteien bisher nicht aufgehoben sei. Es stellt hierzu fest: Die Parteien lebten noch jetzt in derselben Wohnung. Zwar schliefen sie getrennt, und auch ihre Mahlzeiten nähmen sie nicht zusammen ein. Die Beklagte führe aber — mit dem Wirtschaftsgeld des Klägers — noch den gemeinsamen Haushalt. Sie koche dem Kläger den Frühkaffee und bereite ihm das Frühstück. Ferner koche sie für die Familie das Mittagessen, das sie mit den Töchtern einnehme, während der Kläger, der erst nachmittigs von seinem Dienst zurückkomme, dann allein esse. Schließlich bereite sie für die ganze Familie auch das Abendbrot zu. Mit Hilfe der Töchter und einer Aufwartung halte sie die Wohnung einschließlich der Räume, die der Kläger benutze, in Ordnung. Sie erledige für ihn die üblichen kleineren Arbeiten der Hausfrau, wie das Annähen von Knöpfen, Säubern der Kleidung und dergleichen. Der Kläger erwarte von ihr, daß sie in dieser Weise auch für ihn mit als Hausfrau tätig sei, da er ihr vorwerfe, sie habe diese Hausfrauenpflichten verletzt. Die Aufhebung der häuslichen Gemeinschaft könne sich zwar, wie das Berufungsgericht weiter ausführt, unter Umständen auch dann vollziehen, wenn die Eheleute in derselben Wohnung lebten. Es müsse aber eine vollkommene tatsächliche Trennung innerhalb dieser Wohnung nicht nur in den Schlafzimmern und bei Einnahme der Mahlzeiten, sondern überhaupt in der Besorgung des Hauswesens und der Befriedigung der Bedürfnisse des Alltags eingetreten sein. Eine solche Trennung liege hier nicht vor, zumal der Kläger für sich von der Beklagten die Erledigung der geschilderten Haushaltsarbeiten verlangt und noch bis in die jüngste Zeit hinein gegenüber der Beklagten seinem Unwillen darüber Ausdruck gegeben habe, wenn diese Arbeiten nach seiner Ansicht unzureichend erledigt worden seien. Vielmehr bestehe zwischen den Parteien, wenn sie auch nur die notwendigsten Dinge besprächen, noch eine so weitgehende Verbindung, daß die häusliche Gemeinschaft nicht als aufgehoben betrachtet werden könne.

Das habe nach § 57 Abs. 1 EheG. zugleich zur Folge, daß der Kläger die Scheidungsklage nicht auf das seiner Ansicht nach ehewidrige Verhalten der Beklagten stützen könne, soweit dieses länger als 6 Monate vor der Erhebung der Scheidungsklage zurückliege. Die vor dem 25. August 1937 liegenden Vorfälle könnten nach § 59 Abs. 2 EheG. vielmehr nur noch zur Unterstützung solcher Eheverfehlungen herangezogen werden, nach denen die Frist bei der Klagerhebung noch nicht verstrichen gewesen sei. Solche Verfehlungen seien nicht nachgewiesen. Der Scheidungsgrund des § 48 EheG. sei nicht gegeben, da aus der Ehe der Parteien bereits drei Töchter hervorgegangen seien. Die Behauptung des Klägers, die Beklagte habe ihm den ehelichen Verkehr beharrlich versagt, könne daher nur unter § 49 EheG. fallen. Aus den eigenen Erklärungen des Klägers folge aber, daß er von der Beklagten den ehelichen Verkehr seit Oktober 1932 nicht mehr begehrt habe. Auch sonst lägen schwere eheliche Verfehlungen der Beklagten, aus denen der Kläger noch ein Scheidungsrecht herleiten könne, nicht vor, so daß die vor dem 25. August 1937 liegenden angeblichen Eheverfehlungen nicht unterstützend herangezogen werden könnten. Selbst wenn dies aber geschehe, könne alles das, was der Kläger aus der früheren Zeit vortrage, auch unter Hinzuziehung der späteren Vorfälle eine Scheidung nach den §§ 49, 59 Abs. 2 EheG. nicht rechtfertigen.

Die Revision rügt Verletzung des sachlichen Rechts, besonders des § 55 EheG., indem sie dem Berufungsgericht eine Verkennung des Begriffs der häuslichen Gemeinschaft vorwirft. Sie verweist hierfür auf die in JW. 1920 S. 641 Nr. 6 abgedruckte Entscheidung des erkennenden Senats, in der, wie sie ausführt, die Tatsache für erheblich erklärt worden sei, daß die Eheleute auch die Mahlzeiten nicht mehr gemeinsam eingenommen hätten, so daß eine vollständige Trennung von Tisch und Bett eingetreten sei. So habe es sich aber im vorliegenden Falle spätestens seit 1933 verhalten. Es habe daher länger als 4 Jahre vor der Klagerhebung eine vollständige Trennung von Tisch und Bett bestanden. Ob diese Trennung ein tatsächliches Verhältnis geschaffen habe, durch das die Bedingungen zu einer Beruhigung der erregten Gemüter gegeben gewesen seien, habe das Berufungsgericht nicht geprüft. Persönliche Berührungsmöglichkeiten seien auch dann keineswegs ausgeschaltet, wenn die Eheleute in verschiedenen Wohnungen wohnten. Von dem in einem solchen Falle bestehenden unterscheide sich der Zustand im vorliegenden Falle in keiner wesentlichen Beziehung. Die Haushaltsführung durch die Beklagte mit ihren vom Berufungsgericht aufgezählten geringfügigen Auswirkungen sei deshalb unerheblich, weil sie nichts an einem tatsächlichen Zustande ändere, der die Bedingungen zu einer Beruhigung erregter Gemüter setze. Daß es in den langen Jahren der tatsächlichen Trennung jemals zu irgendeiner erheblichen Reiberei zwischen den Parteien gekommen sei, habe das Berufungsgericht nicht feststellen können.

Diese Ausführungen vermögen nicht darzutun, daß das Berufungsgericht den Begriff der „häuslichen Gemeinschaft" oder den ihrer „Aufhebung" im Sinne von § 55 Abs. 1, § 57 Abs. 1 Satz 3 EheG. verkannt habe. Die Vorschrift des § 57 Abs. 1 Satz 3 EheG. stimmt wörtlich mit der des § 1571 Abs. 2 Satz 1 BGB. üeberein. Sie weicht nur in ihrer Tragweite von § 1571 Abs. 2 Satz 1 BGB. insofern ab, als sie sich nicht, wie diese Vorschrift, auch auf den Lauf der zehnjährigen Ausschlußfrist bezieht. Ebenso wie § 1571 Abs. 2 Satz 1 BGB. will § 57 Abs. 1 Satz 3 EheG. vermeiden, daß der scheidungsberechtigte Ehegatte durch den Lauf der sechsmonatigen Ausschlußfrist zur schleunigen Erhebung der Scheidungsklage gedrängt wird. Der Gesetzgeber gibt den Ehegatten zu diesem Zwecke die Möglichkeit, sich zunächst tatsächlich voneinander zu trennen, ohne daß der scheidungsberechtigte Ehegatte sein Scheidungsrecht durch Zeitablauf einbüßt; und zwar geht der Gesetzgeber hierbei davon aus, daß eine solche tatsächliche Trennung zu einer Beruhigung der erregten Gemüter und als deren Folge möglicherweise zu einer Versöhnung führt. Dieser Zweck des § 1571 Abs. 2 Satz 1 BGB., auf den die Revision mit ihren Ausführungen verweist, ist in der bisherigen Rechtsprechung mit herangezogen worden, wenn es sich darum handelte, die Voraussetzungen festzustellen, unter denen eine Aufhebung der häuslichen Gemeinschaft angenommen werden kann (RGZ. *Bd. 53 S. 346; JW. 1912 S. 147 Nr. 25, 1920 S. 641 Nr. 6; LZ.* 1921 Sp. 749 Nr. 7). Auch für die Auslegung des § 57 Abs. 1 Satz 3 EheG. bleibt diese Rechtsprechung bei der Uebereinstimmung der genannten Vorschrift mit § 1571 Abs. 2 Satz 1 BGB. von Bedeutung. Für die Auslegung des § 55 EheG. kommen derartige Erwägungen an sich nicht in Betracht. Da aber der Begriff der Aufhebung der häuslichen Gemeinschaft in § 55 nicht anders verstanden werden kann als in § 57 Abs. 1 Satz 3, so muß auch für § 55 davon ausgegangen werden, daß als Aufhebung der häuslichen Gemeinschaft nur ein tatsächlicher Zustand angesehen werden kann, bei dem die persönliche Berührung der Ehegatten weitgehend ausgeschaltet ist. Das muß besonders dann gelten, wenn die Ehegatten, wie dies hier der Fall ist, noch dieselbe Wohnung miteinander teilen.

Unter diesen Gesichtspunkten gibt die Annahme des Berufungsgerichts, daß die häusliche Gemeinschaft der Parteien bisher weder im Sinne des § 55 Abs. 1 noch in dem des § 57 Abs. 1 Satz 3 EheG. aufgehoben sei, keinen Anlaß zu rechtlichen Bedenken. Auch für das neue Recht ist mit dem Berufungsgericht anzunehmen, daß das Wohnen in einer und derselben Wohnung der Aufhebung häuslicher Gemeinschaft nicht schlechthin entgegensteht. Erforderlich ist dann aber, wie schon nach bisherigem Recht, eine vollkommene tatsächliche Trennung der Eheleute. Nach der Feststellung des Berufungsgerichts liegt hier nicht mehr vor, als daß die Parteien in getrennten Schlafzimmern schlafen, die Mahlzeiten getrennt einnehmen und nur die notwendigsten Dinge miteinander besprechen. Hiervon abgesehen führen sie nach wie vor einen gemeinsamen Haushalt, den die Beklagte, wie es ihr nach § 1356 Abs. 1 BGB. obliegt, leitet und für den ihr der Kläger in der unter Eheleuten üblichen Weise die erforderlichen Mittel zur Verfügung stellt. Die Beklagte verrichtet ferner die nach den Verhältnissen der Parteien üblichen Arbeiten im

Hauswesen des Klägers (§ 1356 Abs. 2 BGB.). Alles dies führt zu einer so weitgehenden persönlichen Berührung der Parteien, daß von einer Aufhebung der häuslichen Gemeinschaft nicht gesprochen werden kann. Für ihren Standpunkt beruft sich die Revision ohne Erfolg auf die Entscheidung JW. 1920 S. 641 Nr. 6. In dieser ist keineswegs ausgesprochen, daß eine Aufhebung der häuslichen Gemeinschaft dann anzunehmen sei, wenn die Eheleute nicht nur getrennt schlafen, sondern auch ihre Mahlzeiten getrennt einnehmen. Das Reichsgericht hat es vielmehr abgelehnt, hierzu Stellung zu nehmen, weil eine Behauptung, daß die Parteien auch die Mahlzeiten getrennt einnähmen, von dem damaligen Revisionskläger vor dem Tatrichter nicht aufgestellt worden war.

Auch sonst ergibt die Nachprüfung des angefochtenen Urteils keinen Rechtsirrtum sachlichrechtlicher Art, der seinen Bestand in Frage zu stellen geeignet wäre. ...

Auf Rechtsirrtum beruht die Ansicht des Berufungsgerichts, daß die vor dem 25. August 1937 liegenden Eheverfehlungen der Beklagten deshalb nicht unterstützend herangezogen werden könnten, weil für die Zeit nach dem 25. August 1937 schwere eheliche Verfehlungen der Beklagten nicht feststellbar seien. Ebensowenig wie nach § 1573 BGB. ist es nach dem an die Stelle dieser Vorschrift getretenen § 59 Abs. 2 EheG. erforderlich, daß die Eheverfehlungen, deren Geltendmachung durch Fristablauf nicht ausgeschlossen ist, für sich allein den Scheidungsanspruch begründen. Die Vorschrift des § 59 Abs. 2 EheG. ist vielmehr gerade für den Fall von Bedeutung, daß die nicht ausgeschlossenen Eheverfehlungen weder einzeln noch zusammengenommen zur Scheidung ausreichen, daß sie aber im Zusammenhalt mit den ausgeschlossenen Eheverfehlungen einen ausreichenden Scheidungsgrund ergeben. Erforderlich ist mithin nur, daß eine — nicht ganz bedeutungslose oder unerhebliche — Pflichtverletzung nicht durch den Ablauf der Fristen des § 57 von der Geltendmachung ausgeschlossen ist (RGRKomm. z. BGB., 8. Aufl., Anm. 2 zu § 1573; Rilk a. a. O. S. 249). Der hervorgehobene Rechtsirrtum des Berufungsgerichts ist jedoch unschädlich; denn es hat in seinen weiteren Ausführungen sowohl die älteren wie die neueren Verfehlungen im Zusammenhalt mit dem Ergebnis gewürdigt, daß sie, soweit sie überhaupt nachgewiesen sind, auch zusammengenommen keine schwere Eheverfehlung im Sinne des § 49 EheG. ergeben. Diese im wesentlichen auf tatsächlichem Gebiete liegende Beurteilung entzieht sich der Nachprüfung des Revisionsgerichts. Besondere Angriffe werden von der Revision insoweit auch nicht erhoben.

RGZ. 159, 180

Können verziehene Eheverfehlungen zur Unterstützung einer auf andere Eheverfehlungen gegründeten Scheidungsklage geltend gemacht werden?

Gesetz zur Vereinheitlichung des Rechts der Eheschließung und der Ehescheidung usw. vom 6. Juli 1938 (RGBl. I S. 807) — EheG. — § 59 Abs. 2*).

IV. Zivilsenat. Urt. v. 26. Januar 1939.

I. Landgericht Berlin. II. Kammergericht daselbst.

Die Parteien haben am 27. Januar 1934 die Ehe geschlossen. Ihr letzter ehelicher Verkehr war am 7. November 1937. Seit dem 11. November 1937 leben sie getrennt. Die Klägerin hat Ende Dezember 1937 Scheidungsklage erhoben, die sie in erster Linie auf einen Vorfall vom 10. November 1937 stützt; bei diesem habe der Beklagte sie mißhandelt und beschimpft. Zur Unterstützung zieht sie eine Reihe von früheren Eheverfehlungen des Beklagten heran. Dieser hat Widerklage auf Scheidung erhoben, die er damit begründet, daß die Klägerin sich geweigert habe, Nachkommenschaft zu empfangen, ferner darauf, daß die Klägerin es abgelehnt habe, in seinem Geschäft regelmäßig mitzuarbeiten, daß sie ihn und seine Mutter beleidigt habe und daß sie Tanzlokale besuchte. Das Landgericht hat auf die Klage die Ehe der Parteien aus Verschulden des Beklagten geschieden und die Scheidungswiderklage abgewiesen. Das Kammergericht hat die Berufung des Beklagten zurückgewiesen. Seine Revision hatte keinen Erfolg.

Aus den Gründen:

Das Berufungsgericht stellt fest, daß der Beklagte nach dem Ergebnis der Beweisaufnahme durch schwere Eheverfehlungen die Ehe der Parteien schuldhaft so tief zerrüttet habe, daß die Wiederherstellung einer ihrem Wesen entsprechenden Lebensgemeinschaft nicht erwartet werden könne (§ 49 Satz 1 EheG.). Die Klägerin welcher der Beklagte wiederholt triftige Gründe zur Eifersucht gegeben habe, sei am 10. November 1937 im Büro des Beklagten erschienen; hier habe sie den Eindruck gehabt, daß der Beklagte sich soeben am Fernsprecher mit einer weiblichen Person verabredet habe, worin sie durch einen im Branchebuch liegenden Zettel mit der Bleistiftnotiz „Mittwoch 8 Uhr" bestärkt worden sei. Als sie das Buch zu sehen verlangte, habe der Beklagte es mit dem Zettel weggeschlossen. Das Berufungsgericht führt aus, daß der Beklagte, wenn er ein reines Gewissen hatte, den Verdacht der Klägerin hätte zer-

*) Jetzt § 51 Abs. 2 d. EheG. v. 20. 2. 46.

streuen können und müssen. Statt dessen habe er sie, als sie ihm Vorhaltungen gemacht habe, mit Gewalt daran gehindert, ihren Vater anzurufen, habe sie am Arme gepackt und mit roher Gewalt aus dem Büro hinausbefördert, nachdem er zuvor den ihr vom Kopf gefallenen Hut aus dem Büro hinausgeschleudert habe. Gegen diese tatsächlichen Feststellungen des Berufungsgerichts erhebt die Revision verfahrensrechtliche Angriffe. (Diese Angriffe werden für unbegründet erklärt.)

Das Berufungsgericht sieht in dem Verhalten des Beklagten am 10. November 1937 eine schwere Eheverfehlung, die das Scheidungsbegehren der Klägerin um so mehr begründe, als noch eine Reihe von schweren Eheverfehlungen des Beklagten hinzukämen, die zwar vor dem letzten ehelichen Verkehr der Parteien am 7. November 1937 lägen und deshalb nach § 56 EheG. allerdings als verziehen anzusehen seien, aber gemäß § 59 Abs. 2 EheG. doch zur Unterstützung der Scheidungsklage herangezogen werden könnten. Die Revision wendet ein, daß hier eine Verletzung des § 59 Abs. 2 vorliege, da nach dieser Vorschrift nur solche Eheverfehlungen, auf die wegen Fristablaufs (§ 57 EheG.) die Scheidungsklage nicht mehr gestützt werden könne, nicht aber solche, die verziehen seien, zur Unterstützung einer auf andere Eheverfehlungen gegründeten Scheidungsklage geltend gemacht werden könnten. Der Revision ist zuzugeben, daß der Wortlaut des § 59 Abs. 2 EheG. zu Zweifeln Anlaß geben kann; wenn es dort heißt, daß Eheverfehlungen, auf die eine Scheidungsklage nicht mehr gegründet werden kann, „nach Ablauf der Frist des § 57" unterstützend herangezogen werden können, so scheinen diese Worte dafür zu sprechen, daß die Vorschrift sich nur auf die Fälle des Ausschlusses des Scheidungsrechtes wegen Fristablaufs beziehen soll. Daß dies jedoch nicht der Sinn der Vorschrift des § 59 Abs. 2 ist, ergibt sich mit Sicherheit aus der amtlichen Begründung, wo gesagt wird, daß im § 59 die nachträgliche Geltendmachung von Scheidungsgründen entsprechend den bisherigen Bestimmungen in den §§ 1572, 1573 BGB. geregelt worden sei. Daß unter den bisherigen § 1573 BGB. nicht nur die durch Fristablauf ausgeschlossenen, sondern auch die verziehenen und die durch das Prozeßrecht (§ 616 ZPO.) ausgeschlossenen Tatsachen fielen, konnte nach dem Wortlaut dieser Vorschrift keinem Zweifel unterliegen; es entsprach daher auch der ständigen und einhelligen Rechtsprechung, daß alle diese Tatsachen zur Unterstützung einer auf andere Tatsachen gegründeten Scheidungsklage herangezogen werden konnten. An diesem Rechtszustand sollte aber durch § 59 Abs. 2 EheG., wie die amtliche Begründung zeigt, nichts geändert werden. Daß die Fälle des Fristablaufs, der Verjährung und des prozeßrechtlichen Ausschlusses bei sinngemäßer Auslegung des § 59 Abs. 2 einander gleichgestellt werden müssen, ergibt sich auch aus § 60 EheG. Nach Abs. 3 Satz 2 dieser Vorschrift ist die Mitschuld des Klägers auf Antrag des Beklagten auch dann auszusprechen, wenn der Beklagte das Recht, Scheidung zu verlangen, aus irgendeinem Grunde, sei es wegen Fristablaufs oder wegen Verzeihung oder gemäß § 616 ZPO., bereits verloren hatte. Der Gedanke, diese gleichartigen Fälle des Verlustes des Scheidungsrechts verschieden zu behandeln, wenn die Mitschulderklärung und wenn die unterstützende Heranziehung in Frage steht, ist wegen seiner Willkürlichkeit von der Hand zu weisen. Daß die Rechtsanwendung sich hier über die ungenaue Fassung des § 59 Abs. 2 EheG. hinwegsetzen muß, ist auch die im Schrifttum zu dem neuen Ehegesetz vertretene Auffassung (R e x r o t h in JW. 1938 S. 2089) S a u t t e r in JW. 1938 S. 3211) . . .

RGZ. 159, 305

Ueber die Voraussetzungen, unter denen eine überwiegende Schuld an der Scheidung anzuerkennen und unter denen ein Widerspruch gegen die Scheidung nicht zu beachten ist.

Gesetz zur Vereinheitlichung des Rechtes der Eheschließung und der Ehescheidung usw. vom 6. Juli 1938 (RGBl. I S. 807) — EheG. — §§ 55, 61 Abs. 2, § 69*).

IV. Z i v i l s e n a t. Urt. v. 13. Februar 1939.

I. Landgericht Berlin. II. Kammergericht daselbst.

Die Parteien haben am 6. Oktober 1908 vor dem Standesamt in D. die Ehe geschlossen. Aus dieser ist ein jetzt volljähriger Sohn hervorgegangen, der Offizier ist. Der letzte eheliche Verkehr der Parteien hat im Jahre 1922 stattgefunden. Der Ehemann hatte am Kriege teilgenommen, war in Gefangenschaft geraten, war aus dieser im Februar 1920 zurückgekehrt, hatte dann auf einer Versammlung im Juni 1921 eine Kriegerwitwe S. kennengelernt und war zu ihr in Beziehungen getreten. Er „betrachtet sie vor seinem Gewissen als seine Ehefrau". Seit 17. März 1934 leben die Parteien getrennt. Eine frühere Ehescheidungsklage des Ehemannes ist im Jahre 1934 abgewiesen worden. Mit der im Jahre 1936 erneut erhobenen Scheidungsklage verlangte der Ehemann abermals Scheidung auf Grund des § 1568 BGB. Landgericht und Kammergericht wiesen die Klage ab. Nachdem das Berufungsurteil vom Reichsgericht aufgehoben worden war, hat nunmehr das Berufungsgericht auf Grund des inzwischen erlassenen Ehegesetzes vom 6. Juli 1938 die Ehe geschieden und dem Kläger die Schuld an der Scheidung zugesprochen. Die Revisionen beider Parteien blieben erfolglos.

*) Jetzt §§ 48, 53 Abs. 2, 61 EheG. v. 20. 2. 46.

Gründe:

Das Berufungsgericht hat in Würdigung der vom Kläger vorgebrachten Behauptungen ein Verschulden der Beklagten an der Zerrüttung der Ehe oder an der Vertiefung einer bereits bestehenden Zerrüttung verneint und die Klage, soweit sie auf § 49 EheG. gestützt war, für nicht begründet erachtet. Hiergegen richtet sich die Revision des Klägers, jedoch ohne Berechtigung. (Wird ausgeführt.)

Die Revision der Beklagten wendet sich dagegen, daß dem Widerspruch gegen die Scheidung, die auf Grund dreijähriger Trennung und Zerrüttung der Ehe ausgesprochen wurde — § 55 EheG. —, nicht stattgegeben worden ist.

Das Berufungsgericht stellt fest, daß die häusliche Gemeinschaft der Parteien seit über drei Jahren aufgehoben und eine tiefgreifende unheilbare Zerrüttung der Ehe namentlich durch die Beziehungen des Klägers zu der Witwe S. eingetreten ist, so daß die Wiederherstellung einer dem Wesen der Ehe entsprechenden Lebensgemeinschaft nicht zu erwarten ist. Ein Rechtsirrtum tritt in diesen Feststellungen nicht hervor. Das Berufungsgericht hat dabei von der verschiedenen Wesensart der Streitteile gesprochen. Die Revision vermißt eine Begründung hierfür. Das Berufungsgericht hat jedoch zur Erläuterung seiner Auffassung in diesem Zusammenhange die innere Einstellung des Klägers, der in seinem Beruf und seiner Parteitätigkeit aufgegangen ist, und die Verbitterung und die Gegensätze unter den Parteien hervorgehoben, die schon zu groß geworden sind: nicht einmal die Verlobung des Sohnes ist dem Kläger angezeigt worden. Die Revision weist ferner darauf hin, daß die Zerrüttung der Ehe einseitig sei. Eine eheliche Gemeinschaft findet jedoch ihre Grundlage in einem gegenseitigen Verhältnis, das auf Liebe, Achtung und Treue beruht. Fehlt es daran auch nur auf der einen Seite, so ist dieses Verhältnis zerrüttet. Die einseitige Bereitwilligkeit der Beklagten, worauf die Revision hinweist, die Ehe fortzusetzen, wenn der Kläger von der Witwe S. ablasse, brauchte die Ueberzeugung des Berufungsgerichts von der unheilbaren Zerrüttung angesichts der ablehnenden Haltung des Klägers, seiner bereits über 15 Jahre lang bestehenden Beziehungen zur Witwe S. und der weit fortgeschrittenen Entfremdung der Parteien nicht zu erschüttern. Das Berufungsgericht führt weiter aus, die bestehende Zerrüttung sei allein vom Kläger verschuldet worden, weil er seit 1921 mit der Witwe S. Ehebruch getrieben habe. Die Interesselosigkeit der Beklagten in der Nachkriegszeit gegenüber dem Kriegserlebnis des Klägers und den Zeitereignissen könne sein eigenes schweres Verschulden nicht vermindern, zumal es an einer Darlegung fehle, daß die gerügte Einstellung der Beklagten auf Verschulden beruhe. Das Berufungsgericht hält daher die Voraussetzungen für ein Widerspruchsrecht der Beklagten — § 55 Abs. 2 Satz 1 EheG. — für gegeben.

Diese Ausführungen bedürfen lediglich einer Ergänzung. Das Gesetz spricht von dem alleinigen oder überwiegenden Verschulden. Es kommt also nicht nur darauf an, ob ein Verstoß gegen eine wesentlichere oder geringere Pflicht vorliegt; denn das Maß der Schuld hängt nicht nur hiervon ab, sondern auch von den Umständen, unter denen es zu der Verfehlung gekommen ist. Bei der Abwägung der Schuld ist aber zugleich zu berücksichtigen, ob die schuldhafte Verfehlung allein oder vorwiegend zu der Zerrüttung geführt hat oder ob und in welchem Grade hierfür andere Gründe maßgebend gewesen sind. Allerdings kann eine bestehende Zerrüttung durch schuldhaftes Verhalten noch vertieft werden, insbesondere auch erst dadurch den in § 55 Abs. 1 EheG. vorausgesetzten Grad erreichen, und auch dann wird ein ursächlicher Zusammenhang nicht zu verneinen sein. Ist aber eine Zerrüttung schon vorhanden, ehe die schuldhafte Verfehlung begangen wird, so ist besonderer Anlaß gegeben, die Einwirkung der Verfehlung auf die Zerrüttung zu prüfen und zu erwägen, wieweit die Zerrüttung nach vernünftigem Ermessen auf die Gründe zurückzuführen ist, die schon vorher wirksam gewesen waren, und wieweit auf die nachträglich hinzugekommene Verfehlung. Hier kann nur derselbe Grundsatz gelten, der seinen Niederschlag in § 254 BGB. gefunden hat, wo es auch auf eine Abwägung gegenseitigen schuldhaften Verhaltens für die daraus zu ziehenden Folgen ankommt. Für § 55 EheG. ist nur noch besonders zu beachten, daß auch Ereignisse, die keine Schuld bedeuten, einen überwiegenden ursächlichen Zusammenhang der schuldhaften Verfehlung des Klägers mit einer eingetretenen unheilbaren Zerrüttung in Frage stellen können. Ist also die Ehe zuerst durch vielleicht weniger grobe Verfehlungen der Beklagten oder auch durch Ereignisse erschüttert worden, die keine Schuld bedeuten, ist aber anzunehmen, daß die dann folgende schwerere Verschuldung erst auf diesem so vorbereiteten Boden erwachsen ist und erwachsen konnte, so ist der Einfluß der früheren Ereignisse auf die schuldhafte Verfehlung des Klägers und damit zugleich auf den hohen Grad der Zerrüttung nicht abzuleugnen, und es ist dann nach vernünftigem Ermessen zu beurteilen, ob für die Entwicklung der Ehe die früheren Ereignisse trotz geringerer in ihnen liegender Schuld größere Bedeutung zu beanspruchen haben als die gröberen späteren Verfehlungen des Klägers. Dabei dürfen allerdings die durch die Ehe auferlegten sittlichen Verpflichtungen zu Selbstzucht und Nachsicht nicht übersehen werden. Gegebenenfalls könnte aber von einer überwiegenden Bedeutung des schuldhaften Verhaltens des Klägers nicht mehr die Rede sein.

Der festgestellte Sachverhalt gibt jedoch keinen Anlaß zu Zweifeln, ob eine überwiegende Schuld des Klägers im erörterten Sinne vorliegt. Selbst wenn es richtig wäre — um hier das Wichtigste zu nennen, was die Beklagte aber größtenteils bestritten hat —, daß die Beklagte beim ersten Wiedersehen nach der Gefangenschaft des Klägers liebevoller hätte sein sollen — es wird ihr vorgeworfen, daß sie gleich wieder zu ihrer im Umzug begriffenen Mutter habe zurückkehren wollen —, selbst wenn sie auch noch nach dem Kriege an einer Geselligkeit im alten Sinne Gefallen gezeigt, wenn sie die Zeitwende nicht gleich voll erfaßt, wenn sie die Berufstätigkeit ihres Mannes nicht in dem von ihm gewünschten Sinne für ihre Person unterstützt haben sollte, so fehlt es doch bei diesen Behauptungen des Klägers an ausreichenden Einzelheiten, die erkennen ließen, daß der Kläger so tief hätte enttäuscht sein können, daß die Abkehr von seiner Ehefrau hierdurch genügend erklärt werden könnte. Unter diesen Umständen ist auch keine genügende Unterlage dafür gegeben, um die Beklagte ebenfalls für schuldig zu befinden, falls ein solcher Schuldspruch bei einer Scheidung auf Grund des § 55 EheG. durch § 61 Abs. 2 EheG. zugelassen wäre. Diese Rechtsfrage bedarf daher keiner Erörterung.

Mit Recht hat das Berufungsgericht aber auch die Voraussetzungen des § 55 Abs. 2 Satz 2 EheG. für gegeben erachtet. . . .

RGZ. 160, 31

1. Ist gegenüber einer auf Verschulden gestützten Scheidungsklage die Erhebung einer Widerklage aus § 55 EheG. zulässig?

2. Wie ist in einem solchen Falle der vom Kläger gegen die Scheidung auf die Widerklage gemäß § 55 Abs. 2 erhobene Widerspruch zu behandeln?

3. Wie sind die Kosten des Rechtsstreits zu verteilen, falls die Ehe auf die Hauptklage wegen Verschuldens des Beklagten und auf die Widerklage auf Grund des § 55 geschieden wird?

Ehegesetz §§ 49, 55, 61, 69*). ZPO. §§ 92, 93 a.

IV. Zivilsenat. Urt. v. 13. März 1939.

I. Landgericht Bielefeld. II. Oberlandesgericht Hamm.

Die Parteien haben am 21. Dezember 1928 die Ehe geschlossen, aus der ein im Oktober 1929 geborener Sohn hervorgegangen ist. Der Kläger war Eigentümer eines ursprünglich über 100 Morgen großen Hofes, den er im Juni 1930 der Beklagten mit der Bestimmung übereignete, daß sie ihn zurückzugeben habe, wenn die Ehe aus ihrer

*) Jetzt §§ 43, 48, 53, 61 d. EheG. v. 20. 2. 46.

Alleinschuld geschieden werde. Im Februar 1931 verließ die Beklagte den Kläger. Auf die Bemühungen des Klägers kam es zur Versöhnung, wobei Gütertrennung vereinbart wurde. Die Beklagte kehrte darauf zurück, verließ den Kläger aber nach einem vorausgegangenen Streit am 19. August 1931 wiederum. Seitdem leben die Parteien getrennt. Durch eine im September 1931 erhobene Klage verlangte der Kläger von der Beklagten die Wiederherstellung der häuslichen Gemeinschaft. Die Beklagte erhob Widerklage auf Scheidung. Später ging auch der Kläger zur Scheidungsklage über. Durch Urteil des Oberlandesgerichts vom 20. Februar 1934 wurden Klage und Widerklage rechtskräftig abgewiesen. Im Juni 1936 erhob der Kläger erneut Klage auf Wiederherstellung der häuslichen Gemeinschaft. Durch Urteil des Oberlandesgerichts vom 4. März 1937 wurde die Beklagte rechtskräftig hierzu verurteilt.

Da die Beklagte diesem Urteil keine Folge leistete, hat der Kläger im April 1938 die vorliegende Klage erhoben, mit der er Scheidung der Ehe auf Grund des § 1567 Abs. 2 Nr. 1 BGB. begehrt hat. Die Beklagte hat um Abweisung der Klage gebeten. Das Landgericht hat die Ehe aus Alleinschuld der Beklagten geschieden. Die Beklagte hat Berufung eingelegt und im zweiten Rechtszuge Scheidungswiderklage auf Grund des § 55 des inzwischen in Kraft getretenen Ehegesetzes vom 6. Juli 1938 erhoben. Der Kläger hat seine Scheidungsklage nunmehr auf § 49 dieses Gesetzes gestützt. Der Scheidung auf die Widerklage hat er auf Grund des § 55 Abs. 2 widersprochen. Das Oberlandesgericht hat die Berufung der Beklagten zurückgewiesen. Auf ihre Revision wurde die Ehe der Parteien auch auf die Widerklage geschieden.

Gründe:

Nach der Annahme des Berufungsgerichts stellt sich bei Berücksichtigung des Verhaltens beider Parteien vor und nach der Trennung die beharrliche und unbegründete Weigerung der Beklagten, die häusliche Gemeinschaft mit dem Kläger herzustellen, als eine so schwere Eheverfehlung dar, daß das Scheidungsbegehren des Klägers nach § 49 EheG. gerechtfertigt ist. Die Beklagte sei, wie das Berufungsgericht ausführt, auf die Pflichtwidrigkeit ihres Verhaltens und dessen mögliche Folgen für den Bestand der Ehe so rechtzeitig und nachdrücklich hingewiesen worden, daß ihre Schuld außer Zweifel sei. Jetzt sei durch ihre Schuld die Ehe so zerrüttet, daß die Wiederherstellung einer rechten ehelichen Gemeinschaft nicht mehr erwartet werden könne. Auf Satz 2 des § 49 könne sich die Beklagte nicht berufen. Die früheren Verfehlungen des Klägers hätten ihr keinen berechtigten Anlaß gegeben, sich vom Kläger loszusagen und jeden Versuch einer Aussöhnung abzulehnen; auch sonst könne dem

Kläger nichts entgegengehalten werden, was sein Scheidungsbegehren bei richtiger Würdigung des Wesens der Ehe als sittlich nicht gerechtfertigt erscheinen ließe.

Für die Widerklage sei aus § 61 EheG. zu entnehmen, daß das Gesetz eine Scheidung aus doppeltem Grunde, nämlich aus Verschulden eines Ehegatten (§ 49 EheG.) und wegen Auflösung der häuslichen Gemeinschaft (§ 55), vorsehe. Deshalb sei über die Widerklage aus § 55 besonders zu entscheiden, auch wenn sie durch die Entscheidung über die Klage gegenstandslos werde. Die Widerklage sei aber abzuweisen. Zwar lägen die Voraussetzungen des § 55 Abs. 1 vor. Jedoch sei der Widerspruch des Klägers gegen die Scheidung aus § 55 gerechtfertigt. Daß er selbst die Scheidung verlange, stehe ihm nicht entgegen. Zu beachten sei auch ein Widerspruch des Ehegatten, der selbst (aus anderen Gründen) die Scheidung wünsche und nur der Scheidung aus § 55 widerspreche. Sonst könnten sich Härten ergeben, die sicherlich vom Gesetze nicht gewollt seien. Das zeige gerade der vorliegende Fall. Es sei für den Kläger von schwerwiegender Bedeutung, ob die Ehe aus § 49 oder aus § 55 geschieden werde, und er habe für den Fall, daß s e i n e Klage abgewiesen würde, ein dringendes Interesse an der Aufrechterhaltung der Ehe um seines Sohnes und auch um des Hofes willen; denn es sei durchaus möglich, daß er bei Fortbestehen der Ehe trotz der Uebereignung des Hofes an die Beklagte doch noch durchsetzen könne, auf dem Hofe arbeiten und leben zu dürfen. Auch habe er bei Fortbestehen der Ehe größere Sicherheit für seine Versorgung im Falle der Not (Krankheit oder sonstiger Erwersunfähigkeit). Deshalb sei bei der weiteren Entscheidung gemäß § 55 Abs. 2 Satz 2, ob der Widerspruch etwa unbeachtlich sei, zu erwägen, wie die Dinge lägen, wenn es sich nur um die Klage der Frau handelte. Da sei aber schwerlich zu sagen, daß die Aufrechterhaltung der Ehe sittlich nicht gerechtfertigt wäre. Vielmehr würde, wenn nicht die Ehe auf die Klage des Mannes zu scheiden wäre, bei richtiger Würdigung des Wesens der Ehe und des gesamten Verhaltens beider Ehegatten eine sittliche Pflicht der Frau zur Fortsetzung der Ehe bestehen und die Aufrechterhaltung der Ehe gerechtfertigt sein.

Die Beklagte greift mit ihrer Revision, wie der Revisionsantrag ergibt, nur die Entscheidung des Berufungsgerichts über die Widerklage an. Da über den Bestand der Ehe nur einheitlich entschieden werden kann, wird zwar auch durch ein nur beschränkt eingelegtes Rechtsmittel das Urteil als Ganzes ergiffen und seine Rechtskraft in vollem Umfange gehemmt. Die Prüfung des Revisionsgerichts erstreckt sich aber nach § 559 Satz 1 ZPO. nur auf die von den Parteien gestellten Anträge, im vorliegenden Fall also nur auf den

Antrag der Revisionsklägerin, das angefochtene Urteil hinsichtlich der Entscheidung über die Widerklage abzuändern. Es mag jedoch bemerkt werden, daß die vom Berufungsgericht über die Klage getroffene Entscheidung keinen Rechtsirrtum erkennen läßt. Für die Widerklage aus § 55 EheG. geht das Berufungsgericht zutreffend davon aus, daß ihre Zulässigkeit aus § 61 EheG. zu folgern ist. Aus Abs. 1 dieser Vorschrift, ebenso wie aus § 69 Abs. 1, ergibt sich ohne weiteres, daß die Ehe gleichzeitig auf die Klage des einen Ehegatten aus einem auf Verschulden beruhenden Grund und auf die Klage des anderen Ehegatten aus einem nicht auf Verschulden beruhenden Grunde geschieden werden kann. Dieser Grundsatz erfährt durch § 61 Abs. 2 keine Einschränkung. Abs. 2 Satz 1 will den mit einer Scheidungsklage aus den §§ 50 bis 53 oder 55 EheG. belangten Ehegatten von der Notwendigkeit befreien, von sich aus eine Scheidungswiderklage zu erheben, wenn er lediglich den Ausspruch der Schuld des Klägers herbeiführen will; Abs. 2 Satz 2 eröffnet ihm diese Möglichkeit auch für den Fall, daß er eine Widerklage nicht mehr erheben kann, weil sein eignes Scheidungsrecht erloschen ist. Auf den bloßen Schuldantrag kann sich der beklagte Ehegatte mithin beschränken, wenn er seinerseits die Auflösung der Ehe nicht erstrebt; nur dieser Schuldantrag kommt für ihn in Betracht, wenn sein eignes Scheidungsrecht erloschen ist. Steht ihm aber das Recht, auf Scheidung wegen Verschuldens des Klägers zu klagen, noch zu und strebt er auch seinerseits die Auflösung der Ehe an, so ist er durch § 61 Abs. 2 an der Erhebung einer Scheidungswiderklage nicht gehindert. Die von Danielcik (JW. 1938 S. 3083 rechte Spalte) vertretene Ansicht, daß es der Vorschrift des § 61 Abs. 2 nicht bedurft hätte, wenn man dadurch nicht die Widerklagemöglichkeit gegenüber einer Klage aus § 55 EheG. hätte ausschalten wollen, ist unzutreffend. Daß dies nicht der Zweck des § 61 Abs. 2 sein kann, ergibt schon der Hinweis auf den Satz 2 dieser Vorschrift, der sich gerade auf den Fall bezieht, daß eine Widerklagemöglichkeit ohnehin nicht besteht. Im vorliegenden Falle hat nun nicht der aus § 55 auf Scheidung verklagte Ehegatte eine auf Verschulden des Klägers gestützte Widerklage, sondern umgekehrt der wegen eines auf Verschulden beruhenden Scheidungsgrundes verklagte Ehegatte Widerklage aus § 55 erhoben. Es liegt aber auf der Hand, daß in diesem Falle die Frage der Zulässigkeit der Widerklage nicht anders beurteilt werden kann. Anderenfalls würde, worauf die Revision mit Recht hinweist, die Zulässigkeit des Scheidungsbegehrens aus § 55 EheG. davon abhängen, welcher der beiden Ehegatten zufällig zuerst zur Klagerhebung geschritten ist. Ohne Stütze im Gesetz ist auch die von Rilk (JW. 1939 S. 273 unter C) vertretene Ansicht, daß die Scheidung, wenn sie sowohl aus einem

Verschuldenstatbestand als auch auf Grund des § 55 eintreten könne, nur auf Grund des Verschuldenstatbestandes auszusprechen sei. Für das Zusammentreffen eines Aufhebungsbegehrens mit einem Scheidungsbegehren schreibt § 18 Satz 1 der DurchfVO. zum EheG. vom 27. Juli 1938 zwar vor, daß in diesem Falle nur auf Aufhebung der Ehe zu erkennen sei. Das besagt aber nur, daß in diesem Falle der die Ehe auflösende Ausspruch lediglich auf „Aufhebung" zu lauten habe, nicht daß mit dem Durchdringen des Aufhebungsbegehrens das gegnerische Scheidungsbegehren gegenstandslos werde (so auch v. Scanzoni Ehegesetz § 42 Anm. 4). Für das Zusammentreffen eines Verschuldenstatbestandes mit einem nicht auf Verschulden beruhenden Scheidungstatbestand ist überdies eine dem § 18 Satz 1 der DurchfVO. vom 27. Juli 1938 entsprechende Vorschrift nicht gegeben. Ein Bedürfnis für eine solche Vorschrift läge auch nicht vor.

Die von der Beklagten auf Grund des § 55 erhobene Widerklage kann auch nicht mit der Begründung für unzulässig erklärt werden, daß es für sie an einem Rechtsschutzbedürfnis fehle. Richtig ist nur, daß die Beklagte, falls die Klage zur Scheidung der Ehe aus ihrem Verschulden führt, kein besonderes Interesse mehr daran hat, daß die Scheidung auch auf ihre Widerklage aus § 55 ausgesprochen wird; denn ihre Rechtslage erfährt hierdurch für die Scheidungsfolgen keine Verbesserung. Das rechtfertigt aber nicht, demjenigen Ehegatten, der wohl der auf Verschulden gestützten Scheidungsklage entgegentritt, seinerseits aber ebenfalls die Scheidung, und zwar wegen eines nicht auf Verschulden beruhenden Scheidungsgrundes, erstrebt, das Rechtsschutzbedürfnis für eine solche Widerklage von vornherein abzusprechen. Ob die auf Verschulden gestützte Scheidungsklage zur Scheidung führt, steht zunächst dahin. Möglich ist, daß das Gericht sie für unbegründet erachtet und deshalb abweist. Denkbar ist aber auch, daß der Scheidungskläger anderen Sinnes wird und seine Klage zurücknimmt oder, falls er dazu wegen Verweigerung der Zustimmung der Beklagten nicht in der Lage ist, auf seinen Scheidungsanspruch verzichtet. Der Scheidungsbeklagte müßte dann, um sein eignes Scheidungsbegehren durchsusetzen, von sich aus eine neue Scheidungsklage erheben, wobei offenbleiben kann, ob er hieran etwa durch die Vorschrift des § 616 Satz 2 ZPO. gehindert wäre. Diese Erwägungen müssen dazu führen, das Rechtsschutzbedürfnis für die von der Beklagten erhobene Widerklage anzuerkennen.

Ist dies aber der Fall und wird die Widerklage, wie dargetan, durch die auf die Klage ausgesprochene Scheidung auch nicht gegenstandslos, so ist die Beklagte dadurch beschwert, daß das Berufungsgericht die Widerklage abgewiesen hat. Die Beklagte hat ein Recht darauf, daß die Scheidung der Ehe im Urteil auch auf ihr Begehren hin, falls es sachlich begründet ist, ohne Rücksicht darauf ausgesprochen wird, ob hierdurch an den Scheidungsfolgen etwas geändert wird oder nicht. Hiernach kann es sich nur noch fragen, wie der vom Kläger auf Grund des § 55 Abs. 2 EheG. erhobene Widerspruch zu behandeln ist. Das Berufungsgericht hat ihn für beachtlich erklärt und aus diesem Grunde die Widerklage abgewiesen. Darin kann ihm nicht gefolgt werden. Die Frage, ob im Sinne des § 55 Abs. 2 Satz 2 EheG. die Aufrechterhaltung der Ehe sittlich gerechtfertigt ist oder nicht, könnte nur aufgeworfen werden, wenn die auf Verschulden der Beklagten gestützte Hauptklage nicht zur Scheidung führen würde. Wird hingegen die Ehe auf die Hauptklage geschieden, so ist kein Raum mehr für die Erörterung, ob im Sinne des § 55 Abs. 2 Satz 2 EheG. ihre Aufrechterhaltung sittlich gerechtfertigt ist oder nicht. Die Tatsache, daß die Scheidung der Ehe auf die Hauptklage ohnehin auszusprechen ist, kann mithin für die Behandlung des Widerspruchs im Gegensatz zur Ansicht des Berufungsgerichts nicht berücksichtigt bleiben. Der Widerspruch kann zwar in einem Falle der hier vorliegenden Art nicht, wie dies im Schrifttum mitunter geschieht, als von vornherein unzulässig bezeichnet werden. Einer sachlichen Prüfung bedarf er aber nur dann, wenn die eigne, auf Verschulden des anderen Ehegatten gestützte Klage des Widersprechenden n i c h t zur Scheidung der Ehe führt. Wird die Ehe, wie dies hier auf die Hauptklage hin geschehen ist, ohnehin geschieden, so ist das mit dem Widerspruch verfolgte Ziel — die Aufrechterhaltung der Ehe — unerreichbar geworden. Daraus ergibt sich von selbst, daß der Widerspruch keinen Erfolg haben kann. Die Rechtslage des Klägers erfährt hierdurch, auch hinsichtlich der Scheidungsfolgen, keine Beeinträchtigung. Ebensowenig können, da über den Bestand der Ehe stets nur einheitlich entschieden werden kann, die vom Berufungsgericht befürchteten Härten eintreten.

Die Revision der Beklagten ist hiernach begründet. Eine Zurückverweisung der Sache an das Berufungsgericht ist nicht erforderlich. Nach den Feststellungen des Berufungsgerichts ist die häusliche Gemeinschaft der Ehegatten seit mehr als drei Jahren aufgehoben und die Wiederherstellung einer dem Wesen der Ehe entsprechenden Lebensgemeinschaft infolge tiefgreifender unheilbarer Zerrüttung des ehelichen Verhältnisses nicht zu erwarten. Die Voraussetzungen des § 55 Abs. 1 EheG. sind mithin gegeben. Die Entscheidungen der Vorinstanzen sind dahin abzuändern, daß die Ehe der Parteien auch auf die Widerklage auf Grund des § 55 EheG. geschieden wird.

Für die Kostenentscheidung kommt in Betracht, daß jede der Parteien teil obsiegt, teils unterliegt. Daher hat eine Kostenteilung nach § 92 Abs. 1 ZPO. stattzufinden. Hinsichtlich der Widerklage greift aber auch die Vorschrift des § 93a ZPO. Platz. Beim Ineinandergreifen dieser beiden Vorschriften erscheint es angemessen, die Kosten des Rechtsstreits zu ³/₄ der Beklagten und zu ¹/₄ dem Kläger aufzuerlegen (Jonas-Pohle ZPO. § 93a Bem. II Abs. 3).

RGZ. 160, 104

1. Besteht ein Recht auf Scheidung wegen Ehebruchs, wenn die Ehe schon vor diesem Ehebruch so tief und unheilbar zerrüttet war, daß der Ehebruch von dem anderen Ehegatten nicht mehr als ehezerstörend empfunden werden konnte?

2. Ist die Erklärung des anderen Ehegatten, daß er trotz der bereits eingetretenen unheilbaren Zerrüttung der Ehe nicht gewillt sei, den Ehebruch in Kauf zu nehmen, rechtlich von Bedeutung?

3. Kann der andere Ehegatte in einem solchen Falle den Antrag auf Schuldausspruch nach § 61 Abs. 2 Satz 2 des Ehegesetzes wegen dieses Ehebruchs stellen?

Ehegestz §§ 47, 56, 57, 61 Abs. 2*).

IV. Zivilsenat. Urt. v. 3. April 1939.

I. Landgericht Duisburg. II. Oberlandesgericht Düsseldorf.

Die Parteien haben am 13. Februar 1912 die Ehe geschlossen. Seit August 1919 leben sie getrennt. Im April 1938 hat der Kläger Scheidungsklage gegen die Beklagte erhoben, die auf § 1568 BGB. gestützt war. Das Landgericht hat durch Urteil vom 12. Mai 1938 die Klage abgewiesen. Der Kläger hat Berufung eingelegt und, nachdem am 1. August 1938 das neue Ehegesetz in Kraft getreten war, sein Scheidungsbegehren auf § 49, aber auch auf § 55 des Ehegesetzes gestützt, indem er geltend gemacht hat, die häusliche Gemeinschaft sei seit 19 Jahren aufgehoben, die Ehe sei unheilbar zerrüttet und die Wiederherstellung einer dem Wesen der Ehe entsprechenden Lebensgemeinschaft nicht zu erwarten. Die Beklagte hat dem auf § 55 des Ehegesetzes gestützten Scheidungsbegehren nicht widersprochen; sie hat Widerklage auf Scheidung der Ehe aus Verschulden des Klägers erhoben. Das Berufungsgericht hat auf die Klage die Ehe aus § 55 des Ehegesetzes geschieden und die Widerklage abgewiesen. Die Revision der Beklagten, mit der sie ihren Widerklageantrag weiterverfolgt hat, führte zur Aufhebung und Zurückverweisung.

Gründe:

Das Berufungsgericht hat der Scheidungsklage aus § 55 EheG. stattgegeben, die Scheidungswiderklage aus §§ 47 und 49 EheG. dagegen als unbegründet abgewiesen. Die im Schrifttum mehrfach erörterte Frage, ob gegenüber einer Scheidungsklage aus § 55 eine

*) Jetzt §§ 42, 49, 50, 53 Abs. 2 d. EheG. v. 20. 2. 46.

Widerklage auf Scheidung wegen Verschuldens überhaupt zulässig ist, hat der erkennende Senat bereits in der Entscheidung vom 13. März 1939 (RGZ. Bd. 160*) bejaht. Daran ist festzuhalten.

Das Berufungsurteil wird von der Revision nur, soweit es die Scheidungswiderklage abweist, sowie im Kostenpunkt angefochten. Soweit es der Scheidungsklage aus § 55 EheG. stattgibt, unterliegt es daher nicht der Nachprüfung des Revisionsgerichts. Die Beklagte hat ihre Scheidungswiderklage damit begründet, daß der Kläger jetzt ein ehebrecherisches Verhältnis mit Frau N. unterhalte; ferner damit, daß er sich in früheren Jahren verschiedene Eheverfehlungen habe zuschulden kommen lassen. Das Berufungsgericht hat das auf die jetzigen ehewidrigen Beziehungen des Klägers zu Frau N. gestützte Scheidungsbegehren der Beklagten für unbegründet erklärt. Dabei hat es unterstelt, daß der Kläger ehebrecherische Beziehungen zu Frau N. unterhalte. Scheidung wegen dieses Ehebruchs könne die Beklagte jedoch nach § 56 EheG. nicht verlangen, weil sich aus ihrem Verhalten ergebe, daß sie ihn nicht als ehezerstörend empfunden habe. Das ehebrecherische Verhältnis des Klägers könne auf die Beklagte gar nicht ehezerstörend gewirkt haben, weil die Ehe bereits in den vorausgegangenen 15 Jahren völlig zerstört gewesen sei. Wie wenig die Kenntnis von diesen ehebrecherischen Beziehungen für die Beklagte bedeutet habe, ergebe sich u. a. daraus, daß sie keine Klage auf Scheidung erhoben, im Gegenteil erklärt habe, sie wolle den Kläger an dem Ehebande nur festhalten, um ihm eine Wiederverheiratung unmöglich zu machen. Erst nachdem ihr durch das neue Ehegesetz die Möglichkeit, den Kläger an der Ehe festzuhalten, genommen worden sei, verlange sie Scheidung aus Verschulden. Eine solche, so hat das Berufungsgericht weiter ausgeführt, solle — nachdem das neue Ehegesetz in § 55 die Möglichkeit einer Scheidung ohne Verschulden geschaffen habe — nach § 56 nur dann Platz greifen, wenn das schuldhafte Verhalten auch wirklich die Ehe angegriffen habe; das sei bei dieser bereits vorher völlig vernichteten Ehe nicht der Fall, so daß nach § 56 ein Recht der Widerklägerin auf Scheidung wegen des jetzigen schuldhaften Verhaltens des Widerbeklagten nicht bestehe.

Die Revision der Beklagten greift diese Ausführungen des Berufungsgerichts an, indem sie geltend macht, das Berufungsgericht habe hier den Begriff der Ehezerstörung verkannt. Ehezerstörend seien bei richtiger Auslegung des Gesetzes nicht nur solche Verfehlungen, welche die Entfremdung der Parteien und die Zerrüttung der Ehe erstmals herbeigeführt hätten; auch in der Folgezeit begangene Eheverfehlungen seien ehezerrüttend, es sei denn, daß der

*) S. 147 dieses Bandes.

verletzte Ehegatte den neuen Verfehlungen keine Bedeutung mehr beigelegt habe. Im vorliegenden Fall sei das Gegenteil festzustellen, wie ein bei den Akten befindlicher Brief der Beklagten an Frau N. beweise. Ferner erhebt die Revision den Einwand, einer Anwendung des § 56 EheG. stehe auch entgegen, daß die ehebrecherischen Beziehungen des Klägers zu Frau N. noch zur Zeit der letzten mündlichen Verhandlung fortbestanden hätten, also zu einem Zeitpunkte, zu welchem die Beklagte durch ihre Schriftsätze deutlich zu erkennen gegeben habe, daß sie nicht mehr gewillt sei, diese Beziehungen in Kauf zu nehmen. Diesen Revisionsangriffen muß der Erfolg versagt bleiben. Die Revision verkennt, daß § 56 zu denjenigen Bestimmungen des neuen Ehegesetzes gehört, die eine grundsätzliche Neuerung des Ehescheidungsrechts enthalten. Nach bisherigem Recht mußte die Ehe wegen eines Ehebruchs geschieden werden, auch wenn der Ehebruch erst nach jahrelangem Getrenntleben begangen war. Selbst wenn die Ehe aus sonstigen Gründen längst zerstört war, hatte der andere Ehegatte ein unbedingtes Recht darauf, daß die Ehe wegen dieses Ehebruchs geschieden wurde. Ob der Ehebruch zu einer weiteren Entfremdung der Ehegatten noch beigetragen hatte oder überhaupt hatte beitragen können, war gleichgültig. „Von dieser schematischen Behandlung des Ehebruchs hat sich das neue Scheidungsrecht durch die in § 56 EheG. aufgenommene Bedingung des Zerstörungsempfindens bewußt abgewandt. Zwar sieht auch das neue Recht den Ehebruch als eine schwere Schuld, als die schlimmste Verletzung des Treuegedankens an. Aber der wirkliche Ehe b r u c h setzt voraus, daß zwischen den beiden Ehegatten noch etwas vorhanden ist, was g e b r o c h e n und zerstört werden kann. Ist in einer Ehe schon alles erloschen und kalt und tot, so wird die Ehe nur noch formell gebrochen. Der Ehegatte einer bereits zerstörten Ehe kann nachher, wenn die Zerrüttung bereits besiegelt ist, ein weiteres ehebrecherisches oder ein sonstiges ehewidriges Verhalten des anderen Teils nicht mehr als ehezerstörend empfinden" (v o n S c a n z o n i Das großdeutsche Ehegesetz, Bem. 14 zu § 56). Die ältere Rechtsprechung zu § 1568 BGB., die darauf hinauslief, eine Ehe könne niemals so weit zerrüttet sein, daß eine weitere Eheverfehlung die Zerrüttung nicht noch vertiefen könne, ist durch § 56 des neuen Ehegesetzes überholt und kann heute keinen Anspruch auf Beachtung mehr erheben. — Auf diesem durch § 56 des neuen Ehegesetzes vorgezeichneten rechtlichen Standpunkte steht im vorliegenden Falle die Entscheidung des Berufungsgerichts. Das Berufungsgericht stellt in tatsächlicher Beziehung einwandfrei fest, daß die Ehe der Parteien schon in den dem ehebrecherischen Verhältnisse des Widerbeklagten vorausgegangenen 15 Jahren völlig zerstört war und daß deshalb dieses Verhältnis des Widerbeklagten mit Frau N. von der Widerklägerin nicht als ehezerstörend empfunden werden konnte. Diese Feststellung des Berufungsgerichts vermag durch die Verfahrensrüge der Revision nicht erschüttert zu werden, das Berufungsgericht habe dabei den Inhalt des Briefes nicht berücksichtigt, den die Widerklägerin kurz vor dem gegenwärtigen Scheidungsstreit an Frau N. geschrieben hatte. Dieser Brief läßt allerdings erkennen, daß die Widerklägerin sich durch einen vorausgegangenen Brief der Frau N., die sich darin als Verlobte des Widerbeklagten bezeichnet hatte, persönlich beleidigt und verletzt gefühlt hat. Daß die Widerklägerin aber das schon völlig erstorbene eheliche Verhältnis als verletzt empfunden hätte, läßt sich aus ihm nicht entnehmen. Ferner kann aber auch dem Hinweise der Revision, daß die Widerklägerin doch jedenfalls durch ihre Schriftsätze im Rechtsstreite zu erkennen gegeben habe, sie sei nicht mehr gewillt, die ehebrecherischen Beziehungen des Widerbeklagten zu Frau N. hinzunehmen, keine rechtserhebliche Bedeutung beigemessen werden. Denn die durch die völlige Zerrüttung der Ehe geschaffene tatsächliche Lage kann durch eine Willenserklärung des einen Ehegatten nicht rückgängig gemacht oder aus der Welt geschafft werden. Der Rechtsgrund für den Ausschluß des Scheidungsrechts im Falle des § 56 ist ein ganz anderer als im Falle des § 47 Abs. 2 des neuen Ehegesetzes. Im Falle des § 47 Abs. 2 kann ein Ehegatte jederzeit rechtswirksam erklären, daß er die von ihm erteilte Zustimmung zum Ehebruche des anderen zurücknehme; dagegen ist im Falle des § 56 die Erklärung eines Ehegatten, daß er trotz längst eingetretener unheilbarer Zerrüttung der Ehe einen neuen Ehebruch des anderen Ehegatten als ehezerstörend empfinde, rechtlich bedeutungslos.

Von der Revision wird weiter der Einwand erhoben, daß das Berufungsgericht den § 61 Abs. 2 Satz 2 EheG. verletzt habe; wennschon das ehebrecherische Verhältnis des Klägers mit Frau N. der Scheidungswiderklage der Beklagten nicht habe zum Erfolg verhelfen können, so habe doch jedenfalls dieses als wahr unterstellte ehebrecherische Verhältnis das Berufungsgericht dazu veranlassen müssen, nach § 61 Abs. 2 Satz 2 EheG. auszusprechen, daß den Kläger ein Verschulden treffe. Dieser Einwand entbehrt ebenfalls der Berechtigung. Denn wenn die Beklagte, wie das Berufungsgericht einwandfrei festgestellt hat, dieses ehebrecherische Verhältnis nicht als ehezerstörend empfunden hat, so hat sie deswegen von vornherein kein Scheidungsrecht gehabt, nicht etwa hat sie ein ihr zustehendes Scheidungsrecht später wieder, wie es im § 61 Abs. 2 Satz 2 heißt, „verloren". Daher war wegen dieses von der Beklagten nicht als ehezerstörend empfundenen Ehebruchs nicht nur eine Scheidungswiderklage, sondern auch ein Schuldausspruch aus § 61 Abs. 2 Satz 2 EheG. unmöglich.

Die Beklagte und Widerklägerin hatte jedoch, wie bereits erwähnt, ihre Scheidungswiderklage nicht nur mit den jetzigen ehebrecherischen Beziehungen des Klägers zu Frau N. begründet, sondern außerdem vorgetragen, daß der Kläger sich auch in früheren Jahren schon verschiedene Eheverfehlungen — Ehebruch mit seiner Schwägerin, Unsittlichkeiten mit seiner Stieftochter — habe zuschulden kommen lassen. Das Berufungsgericht hat dieses Vorbringen für ungeeignet erklärt, das Scheidungsbegehren der Beklagten zu rechtfertigen, weil es sich dabei um Vorgänge handele, die sich vor dem Jahre 1928 ereignet hätten, und weil nach § 57 Abs. 2 EheG. eine Scheidung nicht mehr zulässig sei, wenn seit dem Eintritt des Scheidungsgrundes zehn Jahre verstrichen seien. Hier rügt die Revision mit Recht, daß das Berufungsgericht nicht geprüft hat, ob wegen dieser angeblichen Verfehlungen des Klägers aus früherer Zeit, bei denen die Beklagte das Recht, Scheidungswiderklage zu erheben, nur durch Zeitablauf „verloren" haben würde, nicht aus Billigkeit gemäß § 61 Abs. 2 Satz 2 EheG. der Ausspruch geboten war, daß den Kläger ein Verschulden trifft. Einen Antrag auf diesen Schuldausspruch brauchte die Beklagte nicht besonders zu stellen; er lag in dem von ihr gestellten Widerklageantrag auf Scheidung. Zwecks Prüfung dieser Billigkeitsfrage und zur Aufklärung des jene früheren Verfehlungen des Klägers betreffenden Sachverhalts war das Berufungsurteil aufzuheben und die Sache zurückzuverweisen. Bei seiner neuen Entscheidung wird das Berufungsgericht für die Kostenverteilung den durch die zweite Durchführungsverordnung zum Ehegesetz geschaffenen neuen § 93 a ZPO. zu beachten haben, wonach bei einem Scheidungsurteil aus § 55 EheG. ohne Schuldausspruch die Kosten gegeneinander aufzuheben sind. Ergeht die neue Entscheidung mit Schuldausspruch, so werden bei der Kostenentscheidung die Vorschriften der §§ 93 a und 92 ZPO. nebeneinander zur Anwendung zu kommen haben (Jonas-Pohle ZPO. 16. Aufl. Bem. II zu § 93 a).

RGZ. 160, 144

Nach welchen Gesichtspunkten ist zu entscheiden, ob der gegen die Ehescheidung aus § 55 EheG. erhobene Widerspruch zu beachten ist? Welche Bedeutung hat dabei der Umstand, daß die Ehescheidung der Frau den Anspruch auf die Witwenversorgung nehmen würde?*)

Ehegesetz § 55 Abs. 2*).

*) Die Entscheidung bildet den Ausgangspunkt der Rechtsprechung des Reichgerichts zur Frage der Beachtlichkeit des Widerspruchs des Scheidungsbeklagten im Falle des § 55 des EheG. v. 1938 (jetzt § 48 des EheG. v 20. 2. 46). Die Begründung beansprucht nur noch historisches Interesse.

IV. Zivilsenat. Urt. v. 17. April 1939.

I. Landgericht Heilbronn. II. Oberlandesgericht Stuttgart.

Die Parteien, von denen der Kläger 1894, die Beklagte 1898 geboren ist, haben sich am 5. Juni 1920 geheiratet. Aus der Ehe ist ein am 31. Januar 1922 geborener Sohn hervorgegangen. Im Mai 1930 wurde der Kläger nach S. versetzt. Die Parteien behielten aber bis April 1931 ihre bisherige Wohnung in K. bei, wohin der Kläger in der Zwischenzeit mehrere Male kam. Als die Wohnung aufgegeben wurde, zog die Beklagte zu ihren Eltern nach W. Im August 1931 wurde der Kläger nach B. versetzt. Die Parteien leben seit Frühjahr 1931 getrennt, haben aber im März 1931 noch einmal geschlechtlich verkehrt. Der Sohn befindet sich bei der Beklagten, nachdem dem Kläger auf Betreiben der Beklagten durch Beschluß vom 19. Mai 1931 das Personensorgerecht entzogen worden ist. Auf Grund eines Vergleichs vom 12. Juni 1936 zahlt der Kläger für Frau und Kind monatlich 110 RM. Unterhalt. Der Kläger hat zunächst die Scheidung nach § 1568 BGB. begehrt, ist aber vom Landgericht abgewiesen worden. Im zweiten Rechtsgange hat er sein Scheidungsbegehren auf § 55 EheG. gestützt, jedoch, da die Beklagte der Scheidung widersprach, keinen Erfolg gehabt. Seine Revision führte zur Scheidung der Ehe.

Gründe:

Die Scheidung wegen Verschuldens der Beklagten hat das Berufungsgericht versagt, weil dem Kläger nicht gelungen ist, eine Verfehlung der Beklagten zu beweisen. Zu § 55 EheG. stellt das Berufungsgericht fest, daß die häusliche Gemeinschaft der Ehegatten seit mehr als drei Jahren aufgehoben und das eheliche Verhältnis so tief zerrüttet ist, daß die Wiederherstellung einer dem Wesen der Ehe entsprechenden Lebensgemeinschaft nicht mehr zu erwarten ist. Der Kläger wolle unter keinen Umständen mehr mit der Beklagten zusammenleben, weil nach seiner Meinung beide nicht zusammenpaßten. Versuche der Beklagten und ihrer Verwandten, eine Aussöhnung herbeizuführen, seien am Widerstande des Klägers gescheitert. Es liege also offensichtlich am Starrsinn des Klägers, wenn die Wiederherstellung einer ehelichen Gemeinschaft bisher nicht möglich gewesen sei und auch nicht erwartet werden könne. Der Kläger wolle unter allen Umständen von der Beklagten loskommen. Damit seien die Voraussetzungen des § 55 Abs. 1 EheG. erfüllt. Die Zerrüttung habe der Kläger verschuldet. Er lehne die Fortsetzung der Ehe ohne stichhaltigen Grund ab, habe in seinem Briefe vom 10. März 1931 die Verletzung der ehelichen Treue zugegeben und sei von der Beklagten im April 1931 in S. beim Ehebruch überrascht worden. Diesen Ehebruch, der die Ehe vollends unheilbar zerrüttet habe, habe die Beklagte schwer empfunden, denn sie habe ihn sogleich zum Anlaß genommen, dem Kläger die Personensorge für das Kind entziehen zu lassen. So trage der Kläger die alleinige Schuld an der endgültigen Zerrüttung. Die Beklagte sei also berechtigt, der Scheidung zu widersprechen, und ihr Widerspruch sei zu beachten. Der Kläger, der seiner Frau überdrüssig sei und sich schwer vergangen habe, könne nicht unter Berufung auf die von ihm verschuldete Zerrüttung der Ehe eine weitere Lebensgemeinschaft ablehnen und seine Ehefrau verstoßen, die immer noch zur Fortsetzung der Gemeinschaft bereit sei. Auch würde die Beklagte als Beamtenfrau bei Scheidung der seit 18 Jahren bestehenden Ehe den Anspruch auf das Witwengeld und damit auch ihre Altersversorgung verlieren. Der Unterhaltsbeitrag, der ihr nach § 102 des Deutschen Beamtengesetzes bewilligt werden könne, sei kein sicherer Anspruch und könne das Recht auf Witwengeld nicht ersetzen. Endlich rechtfertige die Rücksicht auf das gemeinsame Kind die Aufrechterhaltung der Ehe.

Das Berufungsurteil vermag der Revision nicht standzuhalten; denn es beruht auf rechtsirriger Auslegung des § 55 EheG. Das Berufungsgericht geht davon aus, der Widerspruch des anderen Ehegatten sei, sofern er nach § 55 Abs. 2 EheG. wegen des festgestellten Verschuldens des klagenden Teils überhaupt zulässig sei, auch grundsätzlich zu beachten und nur ausnahmsweise ohne Wirkung, falls besondere Gründe die Scheidung trotzdem rechtfertigten. Diese Einstellung ist rechtsirrig. Die sittliche Wertung einer Ehe darf nicht mehr von den Belangen der beteiligten Ehegatten ausgehen, sondern hat in den Vordergrund den Wert der Ehe für die völkischen Belange zu stellen. So sehr der nationalsozialistische Staat darauf bedacht ist, eine vollwertige Ehe zu schützen und ihr die Rechtsstellung zu geben und zu erhalten, die sie als Grundlage der Familie, also der geschlossensten völkischen Gemeinschaft innerhalb der Gesamtordnung verdient, so wenig kann ihm daran gelegen sein, eine Ehe durch Zwang aufrechtzuerhalten, die ihren inneren Wert endgültig verloren hat. Diesem Gedanken dient § 55 Abs. 1 EheG. Aus ihm muß gefolgert werden, daß die Zulassung des Widerspruchs in § 55 Abs. 2 EheG. keine Veränderung des Maßstabes bedeuten soll, nach dem der Wert einer Ehe gemessen werden muß. Auch bei Anwendung des § 55 Abs. 2 EheG. geht es infolgedessen nicht an, die persönlichen Belange des widersprechenden Ehegatten vornehmlich zu beachten und dahinter die Bedeutung der Ehe für das Volk zurückzusetzen. Vielmehr ist auch die Frage, ob die Aufrechterhaltung der Ehe wegen des Widerspruchs bei richtiger Würdigung ihres Wesens sittlich gerechtfertigt ist, in erster Reihe nach den völkischen Belangen zu beantworten. Mit diesen würde es nicht in Einklang stehen, wenn eine Ehe, die aufgehört hat, eine Lebensgemeinschaft der Gatten zu sein und auch für die Zukunft keine dem Ehezweck entsprechende Entwicklung erwarten läßt, die also zu einer ausgehöhlten und zwecklosen Rechtsbindung geworden ist, nur aus Rechtsgründen als hohle Form fortbestehen soll. Ehen dieser Art zu scheiden, ist sittlich gerechtfertigt. Das ist die Grundanschauung, die § 55 Abs. 1 EheG. erkennen läßt und von der auch bei Anwendung des zweiten Absatzes ausgegangen werden muß (vgl. v. Scanzoni Das großdeutsche Ehegesetz S. 115). Die Nichtbeachtung des Widerspruchs bedeutet daher keine Ausnahme von einer in § 55 Abs. 2 EheG. zu suchenden Regel, sondern die Rückkehr zur Regel des ersten Absatzes. Die Beachtung des Widerspruchs muß also, jedenfalls sobald allgemeine Belange für die Scheidung sprechen, eine Ausnahme bleiben und ist nur zulässig, wenn im Einzelfalle besondere Gründe es sittlich rechtfertigen, den aus der Ehe herausstrebenden Teil trotz ihrer unheilbaren Zerrüttung an den durch die Ehe begründeten Pflichten festzuhalten. Allerdings können solche Gründe auch aus dem gesamten Verhalten der beiden Ehegatten entnommen werden. Der Gedanke, den schuldigen Ehegatten durch Aufrechterhaltung der Ehe zu strafen, scheidet aber aus: denn die Entscheidung ist nach sachlichen Gründen zu treffen. Auch sachlich kann sicherlich dem Umstande, daß der eine Ehegatte die Ehezerrüttung allein verschuldet hat, während den anderen kein Vorwurf trifft, Bedeutung zukommen. Diese Bedeutung wird aber um so geringer sein, je länger die Trennung der Gatten und die Zerstörung der Ehe schon währt.

Hiernach kann das Berufungsurteil nicht bestehen bleiben; es muß aufgehoben werden. Eine Zurückverweisung der Sache ist indessen nicht nötig, da sie nach dem festgestellten Sachverhältnis zur Endentscheidung reif ist, das Revisionsgericht also gemäß § 565 Abs. 3 ZPO. diese Entscheidung sogleich treffen kann. Sie muß auf Scheidung der Ehe ergehen; denn der Widerspruch der Beklagten ist nicht zu beachten. Die Ehe der Parteien ist seit 8 Jahren keine wirkliche Gemeinschaft mehr. An ihrer Aufrechterhaltung hat die Volksgemeinschaft keinerlei Interesse. Bei dem Alter der Parteien — der Kläger ist 44, die Beklagte 40 Jahre alt — besteht durchaus die Möglichkeit, daß die Ehescheidung den Weg zum Abschluß einer wertvollen Ehe für einen von den Gatten oder sogar für beide freimacht. Das Kind der Parteien ist 17 Jahre alt. Soweit es noch der Erziehung bedarf, ist doch auch bei Aufrechterhaltung der Ehe nicht damit zu rechnen, daß eine engere Verbindung von Vater und Sohn erreicht würde, zumal dem Kläger das Personensorgerecht auf Betreiben der Beklagten längst entzogen ist. Auch der Umstand, daß die Beklagte als Beamtenfrau den Rechtsanspruch auf die Hinterbliebenenversorgung verliert, kann nicht den Ausschlag gegen die

Scheidung geben. Abgesehen davon, daß ihr bei gegebenen Voraussetzungen eine Versorgung bewilligt werden könnte, würde eine zu starke Betonung des Verlusts der beamtenrechtlichen Hinterbliebenenbezüge die Gefahr begründen, daß zwischen Beamtenehen und sonstigen Ehen im Scheidungsrecht ein Unterschied entstände. Trotzdem kann auch der erwähnte Verlust im Einzelfalle Berücksichtigung verdienen. Das ist jedoch hier schon um deswillen nicht der Fall, weil beide Ehegatten in jüngerem und noch dazu annähernd gleichem Alter stehen, so daß die Aussicht, ob und wann der Fall der Witwenversorgung überhaupt eintreten wird, völlig ungewiß ist. Im übrigen gewährt die gesetzliche Regelung der Unterhaltspflichten hier der schuldlosen Frau in den Grenzen des Möglichen Schutz. Es sind also auch ihre Belange nicht von der Art, daß sie es rechtfertigen könnten, den Kläger dauernd an eine Ehe zu fesseln, die nur noch ein äußerliches Band ist. Entsprechend dem Antrage der Beklagten ist auszusprechen, daß den Kläger die Schuld an der Scheidung trifft.

RGZ. 160, 189

Ist die häusliche Gemeinschaft der Ehegatten auch dann aufgehoben, wenn sie eine solche Gemeinschaft nie begründet haben?

Ehegesetz § 55 Abs. 1*).

IV. Zivilsenat. Beschl. v. 4. Mai 1939.

I. Landgericht Klagenfurt. II. Oberlandesgericht Graz.

Der Sachverhalt ergib sich aus den

Gründen:

Die Parteien heirateten am 22. Januar 1933. Obwohl der Kläger damals zur Beklagten in die Wohnung ihrer Mutter hätte ziehen können, tat er es nicht und beschaffte auch, da er damals als Knecht diente, keine Wohnung. Später, als er dies hätte tun können, unterließ er es und forderte auch die Beklagte nicht auf, zu ihm zu ziehen. Er begehrt mit der Klage die Scheidung der Ehe nach § 55 EheG. Das Gericht wies das Begehren im ersten Rechtsgang ab: Eine Hausgemeinschaft habe aus Verschulden des Mannes nie bestanden, könne also auch nicht aufgehoben sein. Das Berufungsgericht hob dieses Urteil auf, denn die Nichtaufnahme der häuslichen Gemeinschaft sei der im Gesetz vorgesehenen Aufhebung der Gemeinschaft gleichzuhalten, so daß die weiteren gesetzlichen Voraussetzungen der Auflösung der Ehe wegen Zerrüttung zu erörtern seien.

Gegen den Aufhebungsbeschluß richtet sich der Rekurs der Beklagten; sie hält die Rechtssache aus den Gründen des landgericht-

*) Jetzt § 48 d. EheG. v. 20. 2. 46.

lichen Urteils für spruchreif und beantragt daher Aufhebung des Beschlusses und Abweisung des Klagebegehrens des Mannes. Der Rekurs ist nicht begründet. § 55 EheG. sieht als Voraussetzung der Scheidung vor, daß die häusliche Gemeinschaft seit drei Jahren aufgehoben ist, und weiter, daß infolge einer tiefgreifenden, unheilbaren Zerrüttung des ehelichen Verhältnisses die Wiederherstellung einer dem Wesen der Ehe entsprechenden Lebensgemeinschaft nicht zu erwarten ist, d. h. daß die Ehe so tief zerrüttet ist, daß die Wiederherstellung der Lebensgemeinschaft nicht zu erwarten ist. Wenn das Gesetz auch sicher von dem Regelfall ausgeht, daß die Ehegatten zunächst in häuslicher Gemeinschaft gelebt haben, so kann doch keinesfalls angenommen werden, daß die Vorschrift allein diesen Fall hat treffen wollen. Das Wort „Aufhebung" besagt hier nichts anderes als „Nichtbestehen", und das Wort „Wiederherstellung" im zweiten Satzteil kann nicht herangezogen werden, da es sich nicht auf die häusliche Gemeinschaft, sondern auf die im Gegensatze zur Ehezerrüttung stehende „eheliche" Lebensgemeinschaft bezieht. Wollte man als Voraussetzung der dreijährigen Trennung verlangen, daß vorher eine häusliche Gemeinschaft zeitweilig bestanden hätte, so würde das zu dem völlig unverständlichen Ergebnis führen, daß eine noch zerrüttete Ehe, die niemals die Herstellung einer dem Wesen der Ehe entsprechenden Lebensgemeinschaft erwarten läßt, aus diesem Grunde nicht geschieden werden könnte. Damit bliebe eine für die Allgemeinheit wertlose, ja sogar schädliche Ehe unter Umständen bestehen oder die Ehegatten wären gezwungen, die Gemeinschaft zunächst aufzunehmen, dann wieder aufzugeben und nach weiteren drei Jahren die Scheidung der Ehe anzustreben. Ein solches Vorgehen kann aber das Gesetz vernünftigerweise den Ehegatten nicht zumuten.

RGZ. 160, 246

Ist es für den Begriff der Aufhebung der häuslichen Gemeinschaft von Bedeutung, aus welchem Grunde es zur Trennung der Ehegatten gekommen ist und ob im Zeitpunkte dieser Trennung bereits eine Entfremdung zwischen ihnen bestanden hat?

Ehegesetz § 55*).

IV. Zivilsenat. Urt. v. 27. April 1939.

I. Landgericht Dortmund. II. Oberlandesgericht Hamm.

Die Parteien haben am 1. Oktober 1932 die Ehe geschlossen, aus der ein am 5. Mai 1933 geborenes Kind hervorgegangen ist. Die Klägerin ist jetzt 25, der Beklagte 35 Jahre alt. Seit dem 12. April

*) Jetzt § 48 d. EheG. v. 20. 2 46.

1933 befindet sich der Beklagte in Haft. Er verbüßt jetzt eine Gesamtstrafe von 8 Jahren und 9 Monaten Zuchthaus. Der letzte eheliche Verkehr hat etwa 2—3 Monate vor der Inhaftnahme stattgefunden. Am 21. März 1938 hat die Klägerin ein Kind geboren, dessen Erzeuger der Beklagte unstreitig nicht ist. Die Klägerin hat die Scheidungsklage erhoben, die sie zunächst auf § 1568 BGB. gestützt hatte. Der Beklagte hat beantragt, die Klage abzuweisen, hilfsweise die Klägerin für mitschuldig zu erklären. Das Landgericht hat die Klage abgewiesen, weil die Klägerin dem Beklagten dessen Straftaten und ihre Folgen verziehen habe. Gegen dieses Urteil hat die Klägerin Berufung eingelegt. Sie hat die Klage im zweiten Rechtsgange auf § 55 des inzwischen in Kraft getretenen Ehegesetzes vom 6. Juli 1938 gestützt. Der Beklagte hat bestritten, daß die Ehe der Parteien *tiefgreifend und unheilbar zerrüttet sei*. Auch hat er der Scheidung gemäß § 55 Abs. 2 EheG. widersprochen. Hilfsweise hat er beantragt, die Klägerin wegen ihres Ehebruchs für schuldig an der Scheidung zu erklären. Das Oberlandesgericht hat die Berufung der Klägerin zurückgewiesen. Ihre Revision führte zur Aufhebung und Zurückverweisung.

Gründe:

Das Berufungsgericht hat die Klage abgewiesen, weil es an der Voraussetzung des § 55 EheG. fehle, daß die häusliche Gemeinschaft der Parteien seit drei Jahren aufgehoben sei. Es ist der Ansicht, daß eine räumliche Trennung für sich allein nicht ausreiche, um die häusliche Gemeinschaft als aufgehoben erscheinen zu lassen. Es müsse hinzukommen, daß wenigstens einer der Ehegatten sich von der häuslichen Gemeinschaft lossage. Sie könne daher nicht als aufgehoben angesehen werden, solange beide Ehegatten trotz räumlicher Trennung in der Wohnung eines Ehegatten das gemeinsame Zuhause sähen. Sinn des § 55 EheG. sei es, daß die Scheidung auch ohne Verschuldensnachweis möglich sein solle, wenn die Ehegatten wegen eingetretener Entfremdung mindestens drei Jahre getrennt lebten und eine Wiederherstellung der ehelichen Lebensgemeinschaft nicht zu erwarten sei. Von dieser Zweckbestimmung ausgehend, erscheine die Auffassung gerechtfertigt, daß eine unfreiwillige räumliche Trennung, wie z. B. die Inhaftnahme oder Kriegsgefangenschaft eines Ehegatten, für sich allein noch keine Aufhebung der häuslichen Gemeinschaft im Sinne des § 55 EheG. bedeute. Wenn die Rechtsprechung zu § 1571 BGB. (jetzt § 57 EheG.) eine Inhaftnahme als Aushebung der häuslichen Gemeinschaft angesehen habe, so besage das nichts für die Auslegung des § 55 EheG., weil es bei dem ganz verschiedenen Zwecke der beiden Bestimmungen durchaus angängig erscheine, an die Aufhebung der häuslichen

Gemeinschaft in dem einen Falle schärfere Anforderungen zu stellen als in dem anderen. Von dieser Auffassung aus habe die häusliche Gemeinschaft der Parteien mindestens bis in den Herbst 1937 hinein fortbestanden, weil sich bis dahin keine der Parteien von der häuslichen Gemeinschaft losgesagt habe, sondern beide Parteien ihr gemeinsames Zuhause noch in der Wohnung der Klägerin gesehen hätten.

Diese Rechtsauffassung des Berufungsgerichts kann nicht gebilligt werden. Der erkennende Senat hat bereits in der Entscheidung RGZ. Bd. 159 S. 115 flg. (119) ausgesprochen, daß der Begriff der Aufhebung der häuslichen Gemeinschaft in § 55 nicht anders verstanden werden kann als in § 57 Abs. 1 Satz 3 EheG. (bisher § 1571 Abs. 2 Satz 1 BGB.). Es fehlt aber im Gesetz auch an jedem Anhalt für die Ansicht des Berufungsgerichts, eine Aufhebung der häuslichen Gemeinschaft im Sinne des § 55 Abs. 1 EheG. liege nur dann vor, wenn die Parteien wegen eingetretener Entfremdung drei Jahre getrennt gelebt hätten und eine Wiederherstellung der ehelichen Gemeinschaft nicht zu erwarten sei, so daß eine unfreiwillige räumliche Trennung keine Aufhebung der häuslichen Gemeinschaft bedeute. § 55 Abs. 1 EheG. stellt zwei selbständige Tatbestandsmerkmale auf, die das Berufungsgericht nicht genügend auseinanderhält. Zunächst muß die häusliche Gemeinschaft der Ehegatten seit drei Jahren aufgehoben sein, und es darf ferner infolge einer tiefgreifenden unheilbaren Zerrüttung des ehelichen Verhältnisses die Wiederherstellung einer dem Wesen der Ehe entsprechenden Lebensgemeinschaft nicht zu erwarten sein. Es genügt, wenn diese beiden Voraussetzungen im Zeitpunkte des Schlusses der mündlichen Verhandlung vor dem Tatrichter erfüllt sind. Die Verpflichtung zur häuslichen Gemeinschaft ergibt sich zwar aus der Verpflichtung zur ehelichen Lebensgemeinschaft. Ob die eheliche Lebensgemeinschaft aufgehoben und ihre Wiederherstellung nicht zu erwarten ist, ist aber nur für das zweite Tatbestandsmerkmal von Bedeutung, während das erste Tatbestandsmerkmal allein darauf abgestellt ist, ob eine solche räumliche Trennung der Ehegatten vorliegt, daß die häusliche Gemeinschaft als aufgehoben anzusehen ist. Der Grund, der zur Aufhebung der häuslichen Gemeinschaft geführt hat, kann nur für das zweite Tatbestandsmerkmal insofern von tatsächlicher Bedeutung sein, als sich aus ihm unter Umständen Schlüsse in der Richtung ziehen lassen, ob eine tiefgreifende unheilbare Zerrüttung des ehelichen Verhältnisses vorliegt und ob Aussicht auf Wiederherstellung einer rechten ehelichen Lebensgemeinschaft besteht. Für den Begriff der Aufhebung der häuslichen Gemeinschaft ist es dagegen ohne Bedeutung, aus welchem Grunde es zur Trennung der Ehegatten gekommen ist und ob im Zeitpunkte dieser Trennung bereits eine Entfremdung bestanden hat. Es ist möglich, daß erst die Trennung der Ehegatten ihre Entfremdung und schließlich die Zerrüttung des ehelichen Verhältnisses herbeigeführt oder wenigstens gefördert hat. Die Annahme, daß die häusliche Gemeinschaft aufgehoben sei, wird daher auch nicht dadurch ausgeschlossen, daß zur Zeit der Trennung und späterhin kürzere oder längere Zeit hindurch noch ein geistiges Band zwischen den Ehegatten bestanden hat, wie es sich insbesondere darin äußern kann, daß sie miteinander im Briefwechsel stehen und die Absicht äußern, später die häusliche Gemeinschaft wiederaufzunehmen. Auch diese Tatsache kann gegebenenfalls nur für die Frage von Bedeutung sein, ob im Sinne des zweiten Tatbestandsmerkmals eine tiefgreifende unheilbare Zerrüttung des ehelichen Verhältnisses angenommen werden kann. Die Aufhebung der häuslichen Gemeinschaft im Sinne des § 55 Abs. 1 EheG. setzt mithin auch nicht voraus, daß schon zur Zeit der Trennung einer der Ehegatten den Willen hatte, die häusliche Gemeinschaft dauernd aufzuheben oder gar die Ehe zu lösen. Nach alledem liegt ein Rechtsirrtum vor, wenn das Berufungsgericht zwischen einer auf eingetretener Entfremdung beruhenden und einer unfreiwilligen räumlichen Trennung unterscheiden und nur im ersten Fall eine Aufhebung der häuslichen Gemeinschaft im Sinne des § 55 EheG. als gegeben ansehen will. Allerdings erfüllt nicht jede äußerliche Trennung der Ehegatten den Begriff einer Aufhebung der häuslichen Gemeinschaft. So ist die äußerliche Trennung, solange sie sich als eine natürliche, aus dem regelmäßigen Verlaufe der Dinge ergebende darstellt — z. B. eine vorübergehende Trennung aus geschäftlichen, beruflichen, gesundheitlichen oder ähnlichen Gründen —, noch keine Aufhebung der häuslichen Gemeinschaft (RGZ. Bd. 53 S. 337 flg. [343]; RGUrt. in JW. 1938 S. 1599 Nr. 25). Wohl aber ist mit der Trennung, die wider den Willen der Ehegatten dadurch herbeigeführt wird, daß der eine von ihnen auf voraussichtlich längere Zeit in Haft genommen wird, die Aufhebung der häuslichen Gemeinschaft verbunden, wie das Reichsgericht für die bisherige Vorschrift des § 1571 Abs. 2 Satz 1 BGB. angenommen hat (RGZ. Bd. 53 S. 337 flg. und JW. 1916 S. 1192 Nr. 11). Hieran ist, da sich an dem Begriff der Aufhebung der häuslichen Gemeinschaft nichts geändert hat, auch für das neue Recht festzuhalten. Der Fall einer Kriegsabwesenheit oder Kriegsgefangenschaft des Mannes ist, wie die Revision mit Recht hervorhebt, gegebenenfalls anders zu beurteilen (vgl. RGZ. Bd. 128 S. 49).

Die häusliche Gemeinschaft der Parteien ist hiernach im Gegensatz zur Ansicht des Berufungsgerichts seit dem 12. April 1933 aufgehoben, das erste Tatbestandsmerkmal des § 55 Abs. 1 EheG. mithin erfüllt. Ob eine tiefgreifende unheilbare Zerrüttung des ehelichen

Verhältnisses vorliegt, hat das Berufungsgericht bisher nicht geprüft. Auch zu dem vom Beklagten erhobenen Widerspruch sowie zu seinem hilfsweise gestellten Schuldantrage hat es noch keine Stellung genommen. Das angefochtene Urteil ist daher aufzuheben und die Sache, da es weiterer tatsächlicher Erörterungen bedarf, an das Berufungsgericht zu neuer Verhandlung und Entscheidung zurückzuverweisen.

RGZ. 160, 273

Ist die vor dem Inkrafttreten des Ehegesetzes geschehene Weigerung eines Ehegatten, die häusliche Gemeinschaft herzustellen, auch dann allein nach § 49 EheG. zu beurteilen, wenn keine Verurteilung zur Herstellung vorliegt?

Ehegesetz § 49*). BGB. § 1567.

IV. Zivilsenat. Urt. v. 22. Mai 1939.

I. Landgericht Bremen. II. Oberlandesgericht Hamburg.

Seit dem 28. Juli 1934 lebten die Parteien in kinderloser Ehe, bis sie sich Ende Dezember 1935 trennten. Die Klägerin hat aus ihrer ersten geschiedenen Ehe eine Tochter, welche die Wohnung mit den Parteien teilte. Im Februar 1936 erhob die Klägerin eine Scheidungsklage, die sie mit Trunkenheit des Beklagten sowie mit Beleidigungen und Mißhandlungen begründete. Sie wurde vom Oberlandesgericht am 1. Oktober 1936 abgewiesen, während das Landgericht die Ehe aus Alleinschuld des Mannes geschieden hatte. Die jetzige Scheidungsklage hat die Klägerin im Februar 1938 erhoben und darauf gegründet, daß der Beklagte mit Frau T. ehewidrige Beziehungen unterhalte. Der Beklagte gab das zu und erhob zugleich Widerklage auf Scheidung der Ehe aus Verschulden der Klägerin. Das Landgericht gab der Klage statt und wies die Widerklage ab. Die Berufung des Beklagten, mit der er seinen Widerklageantrag weiterverfolgte, hatte keinen Erfolg. Auf seine Revision ist die Ehe auch auf die Widerklage geschieden worden.

Gründe:

Der Nachprüfung durch das Revisionsgericht unterliegt nur die Entscheidung über die Widerklage. Der Beklagte hat sein Scheidungsbegehren auf § 49 EheG. gestützt und mit der Behauptung begründet, die Klägerin habe sich schwerer Eheverfehlungen durch ihr Verhalten zu anderen Männern, jedoch auch dadurch schuldig gemacht, daß sie die eheliche Gemeinschaft nach Abweisung ihrer Schei-

*) Jetzt § 43 EheG. v. 20. 2. 46.

dungsklage nicht wiederhergestellt habe. Das Berufungsgericht hat auf Grund des Ergebnisses der Beweisaufnahme die Ueberzeugung gewonnen, daß ein Teil der Behauptungen des Beklagten nicht zutreffe und im übrigen der erwiesene Sachverhalt weder in seinen Einzelheiten noch insgesamt erhebliche Eheverfehlungen der Klägerin ergebe, daß einer eingehenderen Erörterung deshalb nur die Frage bedürfe, ob die Widerklage wegen Verweigerung der ehelichen Gemeinschaft begründet sei. ...

Daß die Klägerin nach der Abweisung ihrer ersten Scheidungsklage durch das Urteil vom 1. Oktober 1936 verpflichtet war, die eheliche Lebensgemeinschaft mit dem Beklagten wiederherzustellen, sofern nicht das Verlangen des Beklagten mißbräuchlich oder die Klägerin zur Klage auf Scheidung berechtigt war, folgert das Berufungsgericht zutreffend aus § 1353 BGB. Da der Beklagte kein Urteil auf Herstellung der häuslichen Gemeinschaft gegen die Klägerin erwirkt habe, also der Scheidungsgrund aus § 1567 Abs. 2 Nr. 1 BGB. nicht vorliege, auch keine besonderen Umstände gegeben seien, die das Fernbleiben der Klägerin von der Gemeinschaft zu einer Verfehlung im Sinne des § 1568 BGB. machen könnten, sei das Scheidungsverlangen des Beklagten nach dem Recht, das vor dem 1. August 1938 gegolten habe, nicht gerechtfertigt. Das trifft unbedenklich zu. Das Berufungsgericht hat aber auch nicht verkannt, daß die Weigerung, die häusliche Lebensgemeinschaft wiederherzustellen, nach dem nunmehr anzuwendenden § 49 EheG. einen Scheidungsgrund abgeben kann, auch wenn keine Verurteilung zur Herstellung dieser Gemeinschaft vorausgegangen ist. Dazu sei es erforderlich, so führt das Berufungsgericht aus, daß die Weigerung eine schwere Eheverfehlung enthalte, durch welche der sich weigernde Ehegatte die Ehe schuldhaft so tief zerrütte, daß die Wiederherstellung einer ihrem Wesen entsprechenden Lebensgemeinschaft nicht erwartet werden könne. Das Vorliegen eines solchen Tatbestandes hat das Berufungsgericht verneint.

Zunächst habe der Beklagte nach Abweisung der ersten Scheidungsklage durch ein Schreiben seines Anwalts vom 8. Oktober 1936 der Klägerin mitgeteilt, er habe noch den aufrichtigen Wunsch nach Fortsetzung der Ehe und bitte daher um umgehende Wiederherstellung der häuslichen Gemeinschaft, die Einzelheiten könne man persönlich besprechen. Die Klägerin habe durch ihren Anwalt am 28. Oktober 1936 erwidert, sie habe soeben erst das Berufungsurteil kennengelernt und könne sich von der Unrichtigkeit ihres Standpunktes nicht überzeugen, da das Urteil auf den sachlichen Akteninhalt fast gar nicht eingehe; sie stehe deshalb auch weiterhin auf dem Standpunkt, ihr könne nach den bewiesenen Vorkommnissen ein Zusammenleben mit dem Beklagten nicht zugemutet werden. In einem zweiten Schreiben ihrer Anwälte vom 24. November 1936 habe sie erneut mitteilen lassen, sie halte die Ehe für völlig zerrüttet und könne dem Berufungsurteil keinerlei Verständnis entgegenbringen, sei aber bereit, in eine Scheidung aus beiderseitigem Verschulden zu willigen, wenn der Beklagte ihr die wirtschaftliche Umstellung ermögliche, indem er ihr die Möbel lasse, mitgenommene Sachen zurückgebe und Unterhalt zahle. Der Beklagte habe durch seinen Anwalt am 19. Dezember 1936 diesen Vorschlag und jeden weiteren Briefwechsel durch Anwälte abgelehnt, sich aber zu persönlichen Verhandlungen bereit erklärt. Er habe dann im Januar 1937 seinen Freund Sch. zur Klägerin gesandt, um zu besprechen, wie sie sich die Gestaltung des Lebens denke, dem Freunde dabei erklärt, er wolle die Ehe fortsetzen und die Gemeinschaft wiederaufnehmen. Das habe er auch der Klägerin geschrieben. Die Klägerin habe die Fortsetzung der Ehe abgelehnt und sich zu einer gütlichen Einigung über ein anständiges Auseinandergehen bereit erklärt, auch gebeten, der Beklagte möge ihr die Sachen zurückgeben, damit sie untervermieten könne. Sch. habe ihr darauf mitgeteilt, der Beklagte wolle die Sachen herausgeben und anständig und ordentlich auseinandergehen. Das sei spätestens anfangs Februar 1937 gewesen. Bei der Beurteilung dieses Tatbestandes nach § 49 EheG. sei davon auszugehen, daß der Beklagte eine Klage auf Wiederherstellung der häuslichen Gemeinschaft niemals in Aussicht gestellt habe. Die Klägerin habe in den letzten Monaten 1936 und im Anfang 1937 nicht damit rechnen können, daß ihre Weigerung einen Scheidungsgrund abgeben werde, wie auch kein Anwalt sie in diesem Sinne habe beraten können. Außerdem sei die Beweisaufnahme im vorausgehenden Scheidungsstreite keineswegs eindeutig zugunsten des Beklagten ausgefallen, wenn ihr Ergebnis dem Berufungsgericht auch nicht zur Scheidung ausgereicht habe. Der Scheidungsstreit habe acht Monate gewährt und den Zwiespalt zwischen den Gatten vergrößert. Deshalb habe die Klägerin eine gewisse Zeit beanspruchen können, um sich an den Gedanken zu gewöhnen, daß sie die Wiederherstellung der häuslichen Gemeinschaft nicht mehr abschlagen dürfe. Spätestens seit Anfang Februar 1937 habe die Klägerin aber nach den Mitteilungen des Sch. annehmen dürfen, der Beklagte wünsche die Wiederherstellung selbst nicht mehr, sondern sei grundsätzlich mit einer anständigen und ordentlichen Trennung der Ehe einverstanden. Daß er das Herstellungsverlangen nochmals gestellt habe, behaupte der Beklagte selbst nicht; vielmehr gebe er an, im dritten und letzten Brief an die Klägerin vom Juni oder Juli 1937 geschrieben zu haben, sie wollten eine vernünftige Regelung treffen. Eine von der Klägerin herbeigeführte persönliche Unterredung im August 1937 habe kein Ergebnis gebracht. Damals aber habe die Klägerin infolge der schwer ehewidrigen Beziehungen, die der Beklagte im März, April oder Mai 1937 zu Frau T. angeknüpft habe, die Herstellung der Gemeinschaft längst verweigern dürfen. Selbst wenn sie im August 1937 von diesen Ehewidrigkeiten noch nichts gewußt haben sollte, so habe doch ihr Verlangen nach einer persönlichen Besprechung nur auf dem Wunsche beruht, die Form der Scheidung zu erörtern. Unter diesen Umständen stelle das Verhalten der Klägerin auch im Zusammenhange mit ihren Besuchen in Gaststätten keine schwere Eheverfehlung dar, durch die sie zur Zerrüttung der Ehe schuldhaft beigetragen habe.

Dieser Teil des Berufungsurteils kann dem Angriff der Revision nicht standhalten. Das Berufungsgericht hat nicht verkannt, daß die zur Begründung des Scheidungsbegehrens vorgetragenen Tatsachen, auch soweit sie sich vor dem Inkrafttreten des Ehegesetzes vom 6 Juli 1938, also vor dem 1. August 1938 ereignet haben, ausschließlich nach § 49 EheG. zu beurteilen sind (RGZ. Bd. 159 S. 353). Es hat aber diesen Rechtssatz nicht folgerichtig angewandt. Bei der Beurteilung des Sachverhalts muß die Vorschrift des § 1567 BGB., da sie in das neue Recht nicht übernommen ist, völlig außer Betracht bleiben, wie der Senat schon in der angeführten Entscheidung ausgesprochen hat. Ohne Bindung an starre Fristen ist nach freiem Ermessen zu entscheiden, ob das Fernbleiben der Klägerin nach seiner Dauer und den sonstigen Umständen des Falles sowie nach seiner Wirkung auf die Gestaltung der Ehe eine die Scheidung rechtfertigende schwere Eheverfehlung darstellt. Während nach dem früheren Recht in Fällen, in denen der fernbleibende Ehegatte noch nicht zur Herstellung verurteilt war, im Fernbleiben eine Eheverfehlung nach § 1568 BGB. nur erblickt werden konnte, sofern besonders erschwerende Umstände hinzutraten, ist das nach dem neuen Recht nicht der Fall; denn dieses Erfordernis war lediglich Folge der Tatsache daß § 1567 BGB. für den Scheidungsgrund der böslichen Verlassung eigene Voraussetzungen aufgestellt hatte. Den Ausgangspunkt der Beurteilung muß § 1353 BGB. bilden. Danach war die Klägerin zur Herstellung der ehelichen Lebensgemeinschaft mit dem Beklagten verpflichtet, wenn sein Verlangen nach dieser Herstellung, das er nach der einwandfreien Feststellung des Berufungsgerichts ihr deutlich genug erklärt hatte, keinen Mißbrauch seines Rechts darstellte, sie auch kein Recht zur Scheidungsklage hatte. Beide Ausnahmetatbestände sind nicht gegeben. Nachdem ihre Scheidungsklage rechtskräftig abgewiesen, damit also auch für die Klägerin bindend ausgesprochen war, daß sie auf Grund der im damaligen Rechtsstreit vorgebrachten Tatsachen kein Scheidungsrecht hatte, bestand für sie alsbald die Verpflichtung zur Herstellung der Lebensgemeinschaft. Dafür war es völlig unerheblich, ob sie das Urteil für richtig hielt; denn irgendein Grund, der das Verlangen des Mannes als Mißbrauch hätte kennzeichnen können, lag nicht vor. Sie durfte an ihrer Auffassung von den zurückliegenden Vorgängen nicht mehr festhalten, sondern hatte sich der Wertung dieser Tatsachen zu unterwerfen, die sie durch die rechtskräftige Entscheidung gefunden hatten. Nicht zu billigen ist die Meinung des Berufungsgerichts, man habe der Klägerin eine gewisse Zeit lassen müssen, um sich an den Gedanken zu gewöhnen, daß sie die Gemeinschaft mit dem Beklagten nicht mehr ablehnen dürfe. Der Ausgang des Rechtsstreits hatte erwiesen, daß die Klägerin zu Unrecht Scheidung ihrer Ehe erstrebt hatte. Der von ihr begonnene und durchgeführte Rechtsstreit stellte deshalb eine ungerechtfertigte Störung der Ehe dar, und diese Erkennnis hätte sie veranlassen sollen, ohne jedes Zögern durch Rückkehr zum Beklagten alles zur Beseitigung der Folgen des Rechtsstreits für die Ehe zu tun, was in ihren Kräften lag. Doch kann das schon deshalb auf sich beruhen, weil der Gedanke des Berufungsgerichts, selbst wenn er grundsätzlich richtig wäre, hier keinen Platz hat, da die Klägerin eine solche Frist zur Gewöhnung nicht verlangt, offenbar auch gar nicht gewünscht hat. Vielmehr hat sie das Herstellungsverlangen des Beklagten von Anfang an unzweideutig und endgültig abgelehnt und ein Auseinandergehen erstrebt und erbeten. Es kann auch nicht darauf ankommen, ob die Klägerin sich Gedanken darüber gemacht hat, daß sie durch die Ablehnung der Rückkehr wegen der besonderen Regelung der böslichen Verlassung im früheren Rechte dem Beklagten noch keinen Scheidungsgrund gab. Der Ehegatte, der zur Herstellung der ehelichen Lebensgemeinschaft verpflichtet ist und sie grundlos verweigert, verstößt gegen seine ehelichen Pflichten, und der Gedanke, er könne das unbesorgt tun, weil daraus kein Scheidungsgrund entstehe, ist mit dem Wesen der Ehe völlig unvereinbar, kann also die in der Weigerung liegende Verfehlung weder ausschließen noch mildern. Das Berufungsgericht hat sich bei seiner Beurteilung noch dadurch bestimmen lassen, daß die Klägerin schon nach verhältnismäßig kurzer Zeit aus dem Verhalten des Beklagten schließen konnte, er sei nunmehr mit dem Auseinandergehen grundsätzlich einverstanden, ferner dadurch, daß der Kläger seit März 1937 ehewidrige Beziehungen zu einer anderen Frau angeknüpft hatte. Beides kann aber nicht ins Gewicht fallen. Wenn der Beklagte nach einiger Zeit sein Herstellungsverlangen nicht mehr wiederholte, sondern sich auf Scheidung der Ehe einstellte, so war das ganz offensichtlich nur die Folge der Ablehnung, die sein Verlangen bei der Klägerin gefunden hatte. Das mußte auch die Klägerin erkennen; sie konnte also nicht übersehen, daß allein ihre unberechtigte Ablehnung der Rückkehr von zerstörendem Einfluß auf die Ehe war, und mußte wissen, daß ein Einlenken von ihrer Seite, insbesondere ihre Rückkehr zum Beklagten, sofort bei diesem den Scheidungsgedanken beseitigen würde. Bis zum März 1937 war also das Verhalten der Klägerin unbedenklich eine schwere Eheverfehlung. Die Beziehungen des Beklagten zu Frau T., die frühestens im März 1937 begonnen haben, mögen sachlich der Klägerin ein Scheidungsrecht und damit nach § 1353 Abs. 2 BGB. für die Zukunft ein Recht zur Verweigerung der Herstellung gegeben haben. Für die Beurteilung ihres Fernbleibens als schwere Eheverfehlung kamen sie aber bis zum August 1937 nicht in Betracht; denn frühestens zu dieser Zeit sind sie nach der Feststellung des Berufungsgerichts der Klägerin bekannt geworden. Solange sie nichts davon wußte, konnten die Verfehlungen ihr Verhalten nicht bestimmen, blieb es also dabei, daß die Klägerin sich ihrer Verpflichtung zur Herstellung der Lebensgemeinschaft in dem Bewußtsein entzog, damit eine durch die Ehe begründete Pflicht grundlos zu verletzen. Sie hat somit ihre mit dem Wesen der Ehe unvereinbare Einstellung nicht nur kurze Zeit, sondern durch eine größere Zahl von Monaten betätigt. Es ist auch nicht von der Hand zu weisen, daß dieses Verhalten für die Verfehlungen des Klägers mit Frau T. Anstoß oder Gelegenheit gegeben haben könnte. Die Voraussetzungen des § 49 EheG. für die Scheidung auch auf die Widerklage sind daher im vollen Umfang erfüllt.

RGZ. 160, 280

1. Ist gegenüber einer Klage aus § 55 des Ehegesetzes eine Widerklage aus derselben Vorschrift zulässig?

2. Setzt die Aufhebung der häuslichen Gemeinschaft voraus, daß auch die geistige und körperliche Gemeinschaft der Ehegatten völlig aufgehoben ist?

Ehegesetz § 55*).

IV. Zivilsenat. Urt. v. 22. Mai 1939.

I. Landgericht Hamburg. II. Oberlandesgericht daselbst.

Die Parteien haben am 22. Mai 1920 die Ehe geschlossen, aus der eine am 11. Juli 1921 geborene Tochter hervorgegangen ist. Der letzte eheliche Verkehr hat am 30. Dezember 1936 stattgefunden. Die Parteien wohnten zuerst gemeinsam in B. Im April 1933 erhielt der Beklagte eine Beschäftigung als Oekonom in dem Lager N. Da in diesem Lager für die Familien der Beamten keine Unterkunft vorhanden war, kam es zu einer Trennung der Parteien. Im Sommer 1936 verlebten sie gemeinsam mit ihrer Tochter den Urlaub in A. Weihnachten 1936 besuchte die Klägerin mit der Tochter den Be-

*) Jetzt § 48 d. EheG. v. 20. 2. 46.

klagten in H. Am 6. Januar 1937 kehrte sie zusammen mit der Tochter nach K. zurück. Seitdem leben die Parteien endgültig getrennt. Im Januar 1938 hat die Klägerin Scheidungsklage mit der Begründung erhoben, daß der Beklagte in ehewidrige Beziehungen zu Frau Z. getreten sei.

Der Beklagte hat die Abweisung der Klage beantragt und Widerklage erhoben mit dem Antrage, die Klägerin zur Wiederherstellung der ehelichen Gemeinschaft zu verurteilen. Später hat er auch seinerseits die Scheidung der Ehe begehrt und das Verlangen nach Wiederherstellung der ehelichen Gemeinschaft nur noch als Hilfsantrag aufrechterhalten. Sein Scheidungsbegehren hat der Beklagte damit begründet, daß die Klägerin, wie er erst jetzt erfahren habe, schon im Jahre 1934 einer Frau D. gegenüber geäußert habe, sie sei mit dem Beklagten nicht glücklich, habe vor der ehelichen Gemeinschaft Angst und könne nicht mehr mit ihrem Manne leben; auch die Art, wie die Klägerin ohne vorherige Rücksprache mit dem Beklagten durch Beauftragung eines Rechtsanwalts das Scheidungsverfahren eingeleitet habe, sei geeignet gewesen, den Beklagten schwer zu verletzen. Die Klägerin hat Abweisung der Widerklage beantragt.

Das Landgericht hat die beiderseitigen Scheidungsklagen abgewiesen und die Klägerin verurteilt, die eheliche Gemeinschaft mit dem Beklagten herzustellen. Gegen dieses Urteil haben beide Parteien Berufung eingelegt. Der Beklagte hat erklärt, daß er den Antrag auf Wiederherstellung der ehelichen Gemeinschaft nicht mehr stellen wolle. Nach Inkrafttreten des Ehegesetzes vom 6. Juli 1938 haben die Parteien ihre Scheidungsanträge auf § 49 dieses Gesetzes gestützt. In der Berufungsverhandlung haben sie übereinstimmend erklärt, daß sie gegebenenfalls mit einer Scheidung aus § 55 EheG einverstanden seien. Das Oberlandesgericht hat die Berufungen mit der Maßgabe zurückgewiesen, daß Klage und Widerklage abgewiesen werden. Auf die Revisionen beider Parteien wurden die Urteile der Vorinstanzen aufgehoben und die Ehe auf Klage und Widerklage geschieden.

Gründe:

I. Soweit von den Parteien Scheidung der Ehe auf Grund des § 49 EheG. begehrt worden ist, hat das Berufungsgericht sowohl die Klage wie die Widerklage für unbegründet erachtet, weil es auf keiner Seite schwere Eheverfehlungen als nachgewiesen angesehen hat. Mit dieser Stellungnahme bewegt es sich auf dem Gebiete der ihm zustehenden tatsächlichen Würdigung. Eine Verkennung des Wesens der Ehe oder der auf ihr beruhenden Pflichten liegt ihr nicht zugrunde ...

II. Nach ihren in der Berufungsverhandlung abgegebenen Erklärungen haben beide Parteien — anders lassen sich diese Erklärungen nicht auffassen — ihr Scheidungsbegehren hilfsweise auf § 55 EheG. gestützt. Das Berufungsgericht ist im Hinblick auf dieses von beiden Ehegatten gestellte Scheidungsbegehren in eine sachliche Prüfung eingetreten, ob die Voraussetzungen des § 55 Abs. 1 gegeben sind, ohne zu der Frage Stellung zu nehmen, ob gegenüber einer Klage aus § 55 auch der beklagte Ehegatte im Wege der Widerklage Scheidung auf Grund derselben Vorschrift verlangen kann. Es ist also ersichtlich davon ausgegangen, daß eine solche Widerklage zulässig sei. Darin ist ihm — im Gegensatze zu der im Schrifttum vorherrschenden Ansicht — beizutreten.

Der erkennende Senat hat in seinem Urteil vom 13. März 1939 (RGZ. Bd. 160*) die Fragen, ob gegenüber der Scheidungsklage aus § 55 EheG. eine auf Verschulden des Klägers gestützte Widerklage zulässig ist, sowie ob umgekehrt gegenüber der auf Verschulden des Beklagten gestützten Scheidungsklage eine Widerklage aus § 55 erhoben werden kann, bejaht. Er hat ausgeführt, daß das Rechtsschutzbedürfnis für eine solche Widerklage anzuerkennen sei, und dies u. a. damit begründet, es sei denkbar, daß der Scheidungskläger anderen Sinnes werde und seine Klage zurücknehme oder, falls er dazu wegen Verweigerung der Zustimmung des Beklagten nicht in der Lage sei, auf seinen Scheidungsanspruch verzichte, so daß dann der Beklagte, um sein eigenes Scheidungsbegehren durchzusetzen, gezwungen wäre, von sich aus eine neue Scheidungsklage zu erheben. Diese Erwägung trifft auch für den vorliegenden Fall zu. Die Zulässigkeit der Widerklage ist aber auch schon aus der Vorschrift des § 55 Abs. 1 EheG. selbst herzuleiten. Wenn diese Vorschrift j e d e m der Ehegatten das Recht gibt, die Scheidung zu begehren, so kann dieses Recht einem Ehegatten nicht dadurch verlorengehen daß ihm zufällig der andere mit der Erhebung der Klage zuvorgekommen ist. Aus dem Wortlaut des § 69 Abs. 2 EheG. ergeben sich gegen die Zulässigkeit der Widerklage aus § 55 EheG. keine Bedenken. Wenn dort vorgeschrieben ist, daß in den Fällen, in denen die Ehe allein aus einem der in den §§ 50—53 und 55 bezeichneten Gründe ohne Schuldausspruch geschieden wird, der Ehegatte, der die Scheidung verlangt hat, dem anderen im Rahmen der Billigkeit Unterhalt zu gewähren hat, so hat das Gesetz hierbei ersichtlich den als Regel anzusehenden Fall im Auge, daß die Scheidung nur auf die Klage eines der Ehegatten hin ausgesprochen wird. Den Schluß, daß nach der Auffassung des Gesetzgebers die Scheidung aus einem der in den §§ 50—53 und 55 bezeichneten Gründe stets nur auf die Klage

*) S. 147 dieses Bandes.

eines der Ehegatten hin ausgesprochen werden könnte, läßt der Wortlaut des § 69 Abs. 2 nicht zu. Nicht zu entscheiden ist hier, welche Folgen sich für die Unterhaltspflicht ergeben, wenn die Scheidung auf das Begehren beider Ehegatten hin ausgesprochen wird.

Im vorliegenden Fall bedarf es auch keiner Stellungnahme zu der Frage, ob ein Schuldausspruch gegenüber einem oder beiden Ehegatten erfolgen kann, wenn die Ehe auf Klage und Widerklage wegen eines nicht auf Verschulden beruhenden Scheidungsgrundes geschieden wird. Wie die Ausführungen unter I ergeben, steht keiner Partei das Recht zu, auf Scheidung wegen Verschuldens des anderen Ehegatten zu klagen; auch hat keiner von ihnen ein solches Recht früher zugestanden. Schon aus diesem Grunde ist daher hier die Möglichkeit eines Schuldausspruchs nicht gegeben.

III. Das Berufungsgericht hat in seinem (insoweit in JW. 1938 S. 2973 Nr. 32 abgedruckten) Urteile festgestellt, daß die Ehe der Parteien jetzt tiefgreifend und unheilbar zerrüttet ist, so daß die Wiederherstellung einer dem Wesen der Ehe entsprechenden Lebensgemeinschaft nicht erwartet werden kann. Jedoch hat es das weitere Erfordernis des § 55 Abs. 1 EheG., daß die häusliche Gemeinschaft der Ehegatten seit drei Jahren aufgehoben ist, aus folgenden Gründen nicht als gegeben angesehen: Die Parteien hätten bis zum 30. Dezember 1936, wenn auch mit Unterbrechungen, die durch den verschiedenen Wohnort bedingt gewesen seien, miteinander geschlechtlich verkehrt, und es hätten auch, während sie getrennt gelebt und nur ihre Urlaubszeiten gemeinsam verbracht hätten, noch keine tiefgehenden Zerwürfnisse zwischen ihnen bestanden. Sie hätten sich, soweit es ihre Zeit und die Umstände erlaubt hätten, jedenfalls noch im Jahre 1936 wiederholt gesehen, und der freundschaftlich gehaltene Briefwechsel sei noch bis Mitte November 1937 fortgesetzt worden. § 55 Abs. 1 EheG. setze voraus, daß nicht nur die häusliche Gemeinschaft von den Ehegatten in der Weise aufgehoben sei, daß sie nicht mehr in der gemeinsamen Wohnung lebten und nicht mehr zu einem gemeinsamen Haushalt gehörten, sondern auch, daß die geistige und körperliche Gemeinschaft aufgehoben sei, so daß alle Bindungen, die das Wesen der Ehe ausmachten, zerstört seien. An diesen Voraussetzungen fehle es. Diese Ausführungen des Berufungsgerichts finden im Gesetze keine Stütze. Das erste Tatbestandsmerkmal des § 55 Abs. 1 EheG. ist lediglich auf die Aufhebung der häuslichen Gemeinschaft, nicht auf die der ehelichen Lebensgemeinschaft abgestellt. Der Begriff der Aufhebung der häuslichen Gemeinschaft ist kein anderer als in § 57 Abs. 1 Satz 3 EheG. (bisher § 1571 Abs. 2 Satz 1 BGB.), wie der Senat schon in der Entscheidung RGZ. Bd. 159 S. 115 flg. (119) ausgeführt hat. Die häusliche Gemeinschaft kann unter Umständen auch bei Fortbestehen der ehelichen Lebensgemeinschaft im Sinne des § 1353 BGB. aufgehoben sein (R G R K o m m. z. BGB. Bem. 2 zu § 1353 mit Nachweisungen). Die Annahme, daß die häusliche Gemeinschaft aufgehoben sei, wird mithin nicht dadurch ausgeschlossen, daß die Ehegatten freundliche Briefe miteinander wechseln, sich mitunter besuchen und bei diesen Gelegenheiten auch geschlechtlich miteinander verkehren. Es ist denkbar, daß erst die räumliche Trennung der Ehegatten ihre Entfremdung und schließlich die Zerrüttung des ehelichen Verhältnisses herbeigeführt oder sie wenigstens gefördert hat. So hat es sich nach der Annahme des Berufungsgerichts auch im vorliegenden Falle verhalten. Im einzelnen kann wegen des Begriffs der Aufhebung der häuslichen Gemeinschaft auf die Ausführungen in dem *Urteile des erkennenden Senats vom 27. April 1939* (RGZ. Bd. 160*) verwiesen werden.

Daß mit der durch die Versetzung des Beklagten herbeigeführten Trennung der Parteien die Aufhebung der häuslichen Gemeinschaft verbunden war, kann bei richtiger Auffassung des Begriffs der Aufhebung der häuslichen Gemeinschaft nicht zweifelhaft sein. Erforderlich ist aber nach § 55 Abs. 1 EheG., daß, vom Zeitpunkt des Schlusses der mündlichen Verhandlung an zurückgerechnet, die häusliche Gemeinschaft der Ehegatten seit drei Jahren ununterbrochen aufgehoben war. Ob diese Voraussetzung gegeben ist, könnte deshalb zweifelhaft sein, weil nach den Feststellungen des Berufungsgerichts die Parteien im Sommer 1936 ihren Urlaub gemeinsam in A. verlebt haben und die Klägerin den Beklagten Weihnachten 1936 in H. besucht hat. Es ist jedoch kein Anhalt dafür gegeben, daß die Parteien damit, wenn auch nur vorübergehend, die häusliche Gemeinschaft wieder aufgenommen hätten, so daß die Frist des § 55 Abs. 1 EheG. erst mit dem 6. Januar 1937, dem Tage der Abreise der Klägerin aus H., zu laufen begonnen hätte. Vielmehr hat es sich in beiden Fällen ersichtlich nur um ein von vornherein zeitlich beschränktes Zusammensein gehandelt, das die Grenzen eines bloß vorübergehenden Besuchs der Klägerin beim Beklagten nicht überschritten hat. In einem solchen Zusammensein kann noch keine Wiederaufnahme der häuslichen Gemeinschaft gefunden werden. Die Voraussetzungen, unter denen nach § 55 Abs. 1 EheG. jeder der Ehegatten die Scheidung begehren kann, sind mithin gegeben. Keiner der Ehegatten hat der vom anderen begehrten Scheidung auf Grund des § 55 Abs. 2 widersprochen. Ein etwaiger Widerspruch würde überdies, wie in dem oben bereits angeführten Urteil RGZ. Bd. 160 S. 31 flg. näher dargelegt ist, hinfällig werden, wenn die eigene Klage des Widersprechenden zur Scheidung der Ehe führt.

*) S. 162 dieses Bandes.

Das Berufungsurteil muß nach alledem aufgehoben werden. Eine Zurückverweisung der Sache an das Berufungsgericht ist nicht erforderlich. Der Rechtsstreit ist auf Grund des feststehenden Sachverhalts zur Endentscheidung dahin reif, daß die Ehe der Parteien sowohl auf die Klage wie auf die Widerklage auf Grund des § 55 EheG. geschieden wird.

RGZ. 160, 373

1. . . .*)

2. Kann darin, daß der Scheidungsbeklagte unter Berufung auf die alleinige oder überwiegende Schuld des Klägers an der Zerrüttung der Ehe gemäß § 55 Abs. 2 EheG. der Scheidung widerspricht und deshalb die Abweisung der Klage beantragt, zugleich ein Antrag auf Schuldigerklärung des Klägers für den Fall gefunden werden, daß der Widerspruch nicht beachtet und die Ehe geschieden wird?

Ehegesetz §§ 55, 61**).

IV. Zivilsenat. Urt. v. 15. Juni 1939.

I. Landgericht Nürnberg-Fürth. II. Oberlandesgericht Nürnberg.

Die Parteien, von denen der Kläger im Jahre 1891, die Beklagte im Jahre 1893 geboren ist, haben am 24. Juni 1920 die Ehe geschlossen, aus der ein Sohn hervorgegangen ist. Am 10. September 1924 verließ der Kläger die Beklagte. Seitdem leben die Parteien getrennt. Seine Scheidungsklage hat der Kläger auf ehebrecherische, zum mindesten ehewidrige Beziehungen der Beklagten zu B sowie auf § 55 EheG. gestützt. Die Beklagte hat Klageabweisung beantragt, das Bestehen unerlaubter Beziehungen zu B. bestritten und der Scheidung aus § 55 EheG. nach Abs. 2 dieser Vorschrift widersprochen, weil der Kläger die Zerrüttung der Ehe durch sein ehebrecherisches Verhältnis mit der Arbeiterin W. allein verschuldet habe. Das Landgericht hat die Klage abgewiesen. Der Kläger hat Berufung eingelegt und im zweiten Rechtsgange das Bestehen ehebrecherischer oder ehewidriger Beziehungen der Beklagten zu einem weiteren Manne behauptet. Das Oberlandesgericht hat die Berufung des Klägers zurückgewiesen. Auf seine Revision wurden die Urteile der Vorinstanzen aufgehoben und die Ehe der Parteien unter Schuldigerklärung des Klägers geschieden.

Gründe:

. . . Daß sich die Beklagte einer Eheverfehlung schuldig gemacht habe, hat das Berufungsgericht ohne Rechtsirrtum und von der

---

*) Ueberholt.

**) Jetzt §§ 48, 53 d. EheG. v. 20. 2. 46.

Revision unangefochten verneint. Durchgreifenden rechtlichen Bedenken unterliegt jedoch das Berufungsurteil insoweit, als es den Kläger auch mit seinem auf § 55 EheG. gestützten Scheidungsbegehren abgewiesen hat.

Das Berufungsgericht stellt fest, daß die Ehe der Parteien tiefgreifend zerrüttet ist. Wie seine weiteren Ausführungen ergeben, nimmt es auch an, daß die Zerrüttung unheilbar ist und einen solchen Grad erreicht hat, daß jedenfalls von seiten des Klägers die Wiederherstellung einer dem Wesen der Ehe entsprechenden Lebensgemeinschaft nicht zu erwarten ist Damit sind die Voraussetzungen des § 55 Abs. 1 EheG. gegeben. Auf die vom Berufungsgericht hervorgehobene einseitige Bereitschaft der Beklagten, die eheliche Gemeinschaft mit dem Kläger fortzusetzen, kann es nicht ankommen (RGZ. Bd. 159 S. 306 307). . . .

Zugunsten der Beklagten kann unterstellt werden, daß der Kläger die Zerrüttung der Ehe ganz verschuldet hat, daß also der Beklagten nach § 55 Abs. 2 Satz 1 EheG an sich das Recht zusteht, der Scheidung zu widersprechen. Jedenfalls aber ist ihr Widerspruch im Gegensatz zur Ansicht des Berufungsgerichts nach § 55 Abs. 2 Satz 2 nicht zu beachten. . . .

Das Berufungsurteil läßt sich nach alledem nicht aufrechterhalten, sondern unterliegt der Aufhebung. Auf Grund des festgestellten Sachverhältnisses ist der Rechtsstreit zur Endentscheidung dahin reif, daß die Ehe der Parteien geschieden wird, da die Voraussetzungen des § 55 Abs. 1 EheG. gegeben sind und der Widerspruch der Beklagten gegen die Scheidung nicht zu beachten ist.

Gemäß § 61 Abs 2 in Verbindung mit § 47 EheG. ist auszusprechen, daß den Kläger ein Verschulden trifft, da er, wie das Berufungsgericht festgestellt hat, seit Jahren ein ehebrecherisches Verhältnis mit der W. unterhält. Die Beklagte hat zwar im zweiten Rechtsgange einen Schuldantrag nach § 61 Abs. 2 nicht ausdrücklich gestellt. Im Zweifel ist aber anzunehmen, daß der Ehegatte, der unter Berufung auf die alleinige oder überwiegende Schuld des die Scheidung begehrenden Ehegatten gemäß § 55 Abs. 2 EheG. der Scheidung widerspricht und aus diesem Grunde die Abweisung der Klage beantragt, damit zugleich die Schuldigerklärung des Klägers für den Fall beantragen will, daß der Widerspruch nicht beachtet und die Ehe geschieden wird. Hier ist dies um so eher anzunehmen, als die Beklagte im ersten Rechtsgang einen vorsorglichen Mitschuldantrag ausdrücklich gestellt hatte. Dieser Antrag war allerdings nicht in der Form des § 297 ZPO. mitgeteilt, sondern nur in der Sitzungsniederschrift beurkundet worden. Im vorliegenden Fall erübrigt sich jedoch die Erörterung, ob die Beurkundung eines Schuld- oder Mitschuldantrags in der Sitzungsniederschrift die Form des § 297 ZPO. zu ersetzen vermag.

RGZ. 160, 392

Kann der die Scheidung auf Grund des § 55 EheG. verlangende Kläger für den Fall eines gegen ihn ergehenden Schuldausspruchs eine Schuldigerklärung der beklagten Partei erwirken? Ist deren überwiegende Schuld gegebenenfalls festzustellen?

Ehegesetz §§ 55, 61*).

IV. Zivilsenat. Urt. v. 3. Juli 1939.

I. Landgericht Stettin. II. Oberlandesgericht daselbst.

Die Parteien haben am 1. Dezember 1928 vor dem Standesamt in S. die Ehe geschlossen, aus der Kinder nicht hervorgegangen sind. Seit dem Jahre 1935 leben sie getrennt. Der Kläger hat bereits im Jahre 1935 ohne Erfolg auf Scheidung geklagt. Er begehrt von neuem Scheidung der Ehe, zunächst gestützt auf §§ 1565, 1568 BGB., ist aber vom Landgericht abgewiesen worden. Nach Wechsel der Ehegesetzgebung hat der Kläger im Berufungsverfahren Scheidung auf Grund der §§ 47, 49, 55 EheG. verlangt und die Feststellung der alleinigen, mindestens aber der überwiegenden Schuld der Beklagten; die Beklagte hat die Zurückweisung der Berufung, hilfsweise die Feststellung der alleinigen, mindestens aber der überwiegenden Schuld des Klägers beantragt. Das Berufungsgericht hat auf Scheidung erkannt und festgestellt, daß den Kläger ein Verschulden trifft. Die Revision des Klägers hatte Erfolg.

Gründe:

Das Berufungsgericht hat die Ehe der Parteien auf die Klage des Ehemannes auf Grund des § 55 EheG. geschieden; es hat den Kläger für überwiegend schuldig an der Zerrüttung befunden, den Widerspruch der beklagten Ehefrau aber nicht für sittlich gerechtfertigt erachtet und dabei, worauf besonders hinzuweisen ist, dem früheren Verhalten der Beklagten Bedeutung beigemessen. Die Frage, ob dem Kläger auch ein Scheidungsgrund aus §§ 47, 49 EheG. zur Seite gestanden habe, hat es verneint, weil keine neueren Verfehlungen der Beklagten aus der Zeit nach dem Urteilserlaß im Vorprozesse vorliegen. Diese Ausführungen lassen, soweit sie eine Scheidung auf Grund der §§ 47, 49 EheG. und die Voraussetzungen des § 55 Abs. 1

*) Jetzt §§ 48, 53 d. EheG. v. 20. 2. 46.

EheG. betreffen, keinen Rechtsirrtum erkennen, werden insoweit auch von der Revision nicht angegriffen. Bedenken erheben sich aber gegen die Feststellung, daß den Kläger ein überwiegendes Verschulden an der Scheidung treffe.

Die Parteien haben sich im Jahre 1935 getrennt. Damals muß die Zerrüttung der Ehe also schon einen hohen Grad erreicht gehabt haben. Aus der Zeit vor der Trennung ist nach den Entscheidungsgründen gegen den Kläger der Vorwurf zu erheben, daß er übermäßig dem Alkohol zugesprochen hat und deshalb häufig angetrunken nach Hause gekommen ist, daß er sehr viel ausgegangen ist und keine rechte Ehegemeinschaft mit der Beklagten gepflegt hat. Das Berufungsgericht hat in diesem Verhalten jedoch keine schwere Eheverfehlung des Klägers erblickt. Erst für die Zeit nach der Trennung der Parteien ist eine recht schwere Eheverfehlung des Klägers in seinen Beziehungen zur Zeugin K. festgestellt worden; diese Zeugin hat der Kläger aber erst ein Jahr nach der Trennung der Ehegatten kennengelernt. Der Beklagten war dagegen vorgeworfen worden, daß sie sich ehewidrig benommen habe, indem sie im Sommer 1933 einer Frau W. eine Ohrfeige versetzt habe, indem sie weiter auf einem Betriebsausfluge 1934 leicht angetrunken gewesen sei und den Kläger beschimpft habe, indem sie schließlich auf einem Vergnügen in der Wirtschaft „Vier Jahreszeiten" wiederum angetrunken gewesen sei, sich einem verheirateten Manne auf den Schoß gesetzt und ihre Beine in unanständiger Weise gezeigt habe. Unter diesen Umständen hätte es einer Prüfung bedurft, ob nicht die Zerrüttung der Ehe im wesentlichen auf den Umständen beruht, die schon zur Trennung der Eheleute geführt hatten, und welche Partei hierbei die Schuld trifft und in welchem Grad, und ob nicht die Annäherung des Klägers an die Zeugin K. lediglich eine Folge der Zerrüttung, nicht aber ihre Ursache gewesen ist. Auf diese Feststellungen kam es wesentlich an, wie in dem Urteil des Senats RGZ. Bd. 159 S. 305 (307) näher dargelegt ist. Ein Rechtsirrtum des Berufungsgerichts liegt darin, daß es lediglich auf die Schwere der Verfehlungen abgestellt hat, ohne ihrem Einfluß auf die Zerrüttung der Ehe die gebührende Beachtung zu schenken. Daher kann die Feststellung, daß den Kläger die überwiegende Schuld an der Zerrüttung trifft, nicht als bedenkenfrei erachtet werden.

Diese Feststellung ist zwar für die Frage, ob die Ehe auf die Klage des Ehemannes aus § 55 EheG. zu scheiden war, von keiner maßgebenden Bedeutung gewesen; denn der Widerspruch der Ehefrau ist ohnehin nicht beachtet worden, weil die Aufrechterhaltung der Ehe sittlich nicht gerechtfertigt erschien (§ 55 Abs. 2 Satz 2 EheG.). Auch ohne diese Feststellung der überwiegenden Schuld des

Klägers wäre es zur Scheidung gekommen. Die Feststellung der überwiegenden Schuld des Klägers ist aber für den Schuldausspruch von Bedeutung. Wäre der Ehemann mit Recht für überwiegend schuldig befunden worden, so wäre es für die Unterhaltsansprüche allerdings nicht erheblich, ob auch die Ehefrau für schuldig befunden werden müßte. Denn die Folgen sind die gleichen, ob nun der Gatte allein oder ob er für überwiegend schuldig erachtet worden ist (§ 66 EheG.). Anders liegt es aber, wenn beide Ehegatten die Schuld an der Zerrüttung ohne überwiegendes Verschulden des einen tragen. Daher ist es für den Fall, daß der Kläger nicht überwiegend schuldig ist, von Bedeutung, ob auch ein Schuldausspruch zu Lasten der Ehefrau möglich gewesen wäre. Das Berufungsgericht hat eine solche Möglichkeit schlechthin verneint, weil der Kläger bei Scheidung aus § 55 EheG. eine Schuldigerklärung der Beklagten nicht erreichen könne. Diese Folgerung ergibt sich scheinbar aus dem Wortlaute des Gesetzes. Denn § 61 Abs. 2 EheG. spricht nur von der Möglichkeit, den Kläger einer auf § 55 EheG. gestützten Klage für schuldig zu erklären. Von dem Beklagten wird eine gleiches nicht gesagt. Auch wird nicht, wie im § 60 Abs. 3, auf § 60 Abs. 2 Satz 2 verwiesen. Die Auffassung des Berufungsgerichts für den Fall einer Scheidung aus § 55 wird auch im Schrifttum vertreten (Scanzoni Das großdeutsche Ehegesetz § 55 Bem. 48; Thomsen JW. 1939 S. 133). Sie ist jedoch nicht gerechtfertigt. Für den Fall, daß die beklagte Partei bei Klageerhebung das Recht, die Scheidung wegen Verschulden des Klägers zu begehren, bereits verloren hatte, ist zwar dem Antrage, den Kläger für schuldig zu erklären, nur bei Billigkeit stattzugeben, und eine solche Billigkeit würde nicht anerkannt werden müssen, wenn die Beklagte in gleicher Weise an der Zerrüttung schuld wäre. In einem solchen Falle könnte also eine unbillige Entscheidung vermieden werden. Anders aber liegt es, wenn, wie hier, der Beklagten bei Klageerhebung noch das Recht zugestanden hat, die Scheidung wegen Verschuldens des Klägers zu fordern. Denn dann muß dieser Schuldausspruch erfolgen. Im vorliegenden Falle könnte der Kläger früher einen Scheidungsgrund gehabt haben, in dem vielleicht sogar der Grund zur Entfremdung zu suchen ist; denn seine frühere Scheidungsklage ist deswegen nicht durchgedrungen, weil das Verhalten der Beklagten zum Teil als verziehen angesehen worden ist. Nach der Auffassung des Berufungsgerichts wäre der Kläger trotzdem nicht mehr in der Lage, auch wenn es der Billigkeit entspräche, einen Schuldausspruch gegen die Beklagte zu erwirken. Eine Klage aus § 49 EheG. könnte er schon wegen der Verzeihung nicht mehr mit Erfolg erheben, selbst wenn der Vorprozeß nicht vorausgegangen wäre. Die Auffassung des Berufungsgerichts könnte also dazu führen, daß der Kläger für alleinschuldig erklärt wird, obwohl vielleicht die Schuld der Beklagten größer gewesen ist und den Keim für die Zerrüttung gebildet hat. Eine unbillige Entscheidung mit den unbilligen Folgen der Unterhaltsverpflichtung müßte die Folge sein. Diesen Sinn kann aber das Ehegesetz nicht haben. In der amtlichen Begründung des Gesetzes zu §§ 60 und 61 EheG. (DJ. 1938 S. 1110 Sp. 2) ist besonders betont, daß unbillige Ergebnisse, die z. B. bei gleichmäßiger Verteilung der Schuld oder auch sonst (S. 1111 Sp. 1) durch den Schuldausspruch herbeigeführt werden könnten, ausgeschaltet werden sollen; zu diesem Zwecke ist z. B. die Feststellung überwiegender Schuld der einen Seite und die Berücksichtigung zur Scheidung nicht mehr ausreichender Verfehlungen ermöglicht worden. Das Gesetz will also unbillige Entscheidungen verhindern. Nur das gleiche Ziel kann es bei dem Tatbestande des § 61 verfolgt haben. In der amtlichen Begründung wird dies auch hervorgehoben und ausdrücklich betont, die gleichen Grundsätze (der Billigkeit) gälten nach § 61 in den Fällen, in denen die Ehe aus einem Grunde geschieden wird, der ein Verschulden der beklagten Partei nicht voraussetzt, mit dem Unterschiede, daß an Stelle des Mitschuldausspruchs der einfache Schuldausspruch tritt. Der letztere Zusatz kann sich demnach nur auf den Fall beziehen, an den der Gesetzgeber in erster Reihe gedacht haben mag, daß den Kläger die Alleinschuld an der Zerrüttung trifft, und hieraus kann die knappe Fassung des § 61 EheG. erklärt werden. Durch diese Fassung sollte aber, wie sich aus den vorstehenden Erörterungen ergibt, nicht ausgeschlossen werden, bei Scheidung aus § 55 EheG. gegebenenfalls auch beide Parteien für schuldig zu erklären, um so ein unbilliges Ergebnis zu verhindern, das sonst herbeigeführt wird, wenn die Beklagte auch nur in gleicher Weise an der Zerrüttung schuld war, die Feststellung ihrer Schuld aber nicht zugelassen wäre. Ein solches unbilliges Ergebnis würde übrigens dann nicht eintreten können, wenn auch die beklagte Partei aus § 49 EheG. geklagt hätte. Von solchen Zufälligkeiten oder auch taktischen Erwägungen, ob auch die beklagte Partei Klage erhoben hat oder erheben solle, hat eine sachliche Entscheidung der Unterhaltsregelung gewiß nicht abhängig gemacht werden sollen. Der Auffassung, daß es bei einer Scheidung aus § 55 EheG. dem Kläger grundsätzlich versagt sei, für den Fall eines gegen ihn ergehenden Schuldausspruchs eine Schuldigerklärung der Beklagten seinerseits zu erreichen, kann also nicht beigestimmt werden. Auch die Feststellung einer überwiegenden Schuld der Beklagten kann er gegebenenfalls verlangen. Voraussetzung dafür bleibt aber, daß die beklagte Partei den Ausspruch, daß den Kläger eine Schuld trifft, verlangt und erzielt. Der Revision ist somit stattzugeben und die Sache an das Berufungsgericht zurückzuverweisen.

RGZ. 161, 106

Beschränkt sich der Begriff der „geistigen Störung" nach § 50 EheG.*) auf Geisteskrankheiten, sei es auch nur solche minderen Grades, oder können auch bloße „nervöse" Störungen darunter fallen?

IV. Zivilsenat. Urt. v. 7. August 1939.

I. Landgericht Berlin. II. Kammergericht daselbst.

Die Parteien haben am 17. Mai 1935 die Ehe geschlossen. Der Kläger ist 34 Jahre, die Beklagte 30 Jahre alt. Kinder sind aus der Ehe nicht hervorgegangen. Seit dem 31. Januar 1936 leben die Parteien getrennt. Mit der Klage hat der Kläger im ersten Rechtsgange die Ehe gemäß § 1333 BGB. wegen Geisteskrankheit und Gebärunfähigkeit der Beklagten angefochten und hilfsweise Scheidung aus § 1568 BGB. verlangt. Die Beklagte hat sich mit der Widerklage dem Scheidungsbegehren angeschlossen. Das von ihm hilfsweise gestellte Scheidungsbegehren hat der Kläger damit begründet, daß die Beklagte ihn und seine Angehörigen dauernd beschimpft, ihm den Tod gewünscht, ihn geohrfeigt und mit sinnloser Eifersucht geplagt habe. Die Beklagte hat ihre Widerklage darauf gestützt, daß der Kläger sie vor der Trennung mißhandelt, sie vernachlässigt, kränkende und herabsetzende Aeußerungen ihr gegenüber getan und auf ihren seelischen Zustand keine Rücksicht genommen habe. Das Landgericht hat nach Beweisaufnahme Klage und Widerklage abgewiesen. Der Kläger hat Berufung eingelegt und zunächst seine Anträge aus dem ersten Rechtsgange wiederholt, später jedoch den Antrag auf Nichtigkeitserklärung oder Aufhebung der Ehe fallen lassen und nunmehr Scheidung nach §§ 49 und 50 EheG. begehrt. Das Berufungsgericht hat die Ehe aus § 50 EheG. geschieden. Die Revision der Beklagten blieb erfolglos.

Aus den Gründen:

Das Berufungsgericht hat der Klage insoweit, als sie auf § 49 EheG. gestützt ist, mit der Begründung den Erfolg versagt, daß die Handlungen der Beklagten jedenfalls zum großen Teil einer krankhaften Veranlagung entsprungen seien und sich deshalb eine schwere Eheverfehlung der Beklagten nicht feststellen lasse. Dagegen sei das Scheidungsbegehren aus § 50 EheG. begründet. Das Verhalten der Beklagten, dessen Richtung sich aus dem von ihr auf Veranlassung des behandelnden Arztes Dr. B. geführten Tagebuch ergebe — in dem sie laufend davon spreche, sie wünsche dem Kläger etwas Böses, in Gedanken habe sie ihren Mann totgeschlagen, er solle tot sein, sich stoßen, sich vergiften, über Wurzeln im Walde stolpern und sterben —,

*) Jetzt § 44 EheG. v. 20. 2. 46.

habe dem Kläger eine Fortsetzung der Ehe selbst dann unmöglich machen müssen, wenn in Betracht gezogen werde, daß von ihm eine Rücksichtnahme auf den Krankheitszustand der Beklagten habe verlangt werden können. Die Parteien hätten sich nach den Eindrücken der kurzen Ehe von 8 Monaten völlig auseinandergelebt. Auch die Beklagte könne sich nach ihren Angaben gegenüber den beiden Sachverständigen ein harmonisches Zusammenleben mit dem Kläger nicht mehr vorstellen. Dem entspreche die Tatsache, daß die Beklagte, obgleich nach den Gutachten ihre früheren Krankheitserscheinungen äußerlich nicht mehr vorhanden seien, ihren Weg zum Kläger nicht zurückgefunden habe. Die tiefe Zerrüttung der Ehe beruhe auf einer geistigen Störung der Beklagten, wie sich aus den Gutachten des Professors Dr. Pi. und des Dozenten Dr. Pa. in Verbindung mit dem Inhalt der Tagebuchaufzeichnungen der Beklagten ergebe. Nach den Gutachten handele es sich um nervöse Störungen, die Professor Dr. Pi. als Psychoneurose, der Dozent Dr. Pa. als Zwangsneurose bezeichne. Die früheren behandelnden Aerzte Professor Dr. K. und Dr. Sch. sprächen von einer Psychoneurose, welcher Professor Dr. K. „schweren depressiven Charakter" beigemessen habe. Sanitätsrat Dr. B. sei zu dem Befunde gelangt, daß es sich um eine Psychopathie mit Erregungszuständen, Zwangswünschen und Zwangsvorstellungen handele. Alle Gutachten deuteten somit auf das Vorhandensein einer Psychopathie hin, die unter den Begriff der geistigen Störung im Sinne des § 50 EheG. falle. Ob eine geistige Störung vorhanden sei, unterliege schließlich im Einzelfalle der Entscheidung des Gerichts. Sie werde stets dann anzunehmen sein, wenn sich aus einem krankhaften Gemüts- oder Geisteszustande Handlungen eines Ehegatten ergäben, die ein vernünftig denkender, gesunder Mensch nicht vornehmen würde. Dieser Tatbestand sei hier ohne weiteres nach dem Inhalt des Tagebuchs erfüllt. Die Ehe sei auch so tief zerrüttet, daß die Wiederherstellung einer ihrem Wesen entsprechenden Lebensgemeinschaft nicht zu erwarten sei. Das Gegenteil lasse sich nicht schon ohne weiteres bei einem in Aussicht stehenden oder bereits eingetretenen Abklingen der geistigen Störung annehmen. Die Parteien hätten sich infolge der Krankheit der Beklagten völlig auseinandergelebt und die gegenseitige Achtung verloren. Es sei nach dem Gutachten des Dozenten Dr. Pa. auch nicht ausgeschlossen, daß die Beklagte, wenn sie nochmals zur Lebensgemeinschaft mit dem Kläger gezwungen werde, obwohl sie sich ein Zusammenleben mit ihm nicht mehr vorstellen könne, erneut in eine „zwangsneurotische Episode" verfalle. Durch die Scheidung werde den Parteien, besonders auch der Beklagten, zur Eingehung einer neuen Ehe und zur Gründung einer Familie eine Möglichkeit eröffnet, welche die Beklagte bei einer Fortdauer ihrer jetzigen Ehe selbst nicht erwarte.

Die Scheidung bedeute daher für die Beklagte keine Härte im Sinne des § 54 EheG. Ein Schuldausspruch gegen den Kläger nach § 61 Abs. 2 EheG. komme nicht in Frage, da die Beklagte ihn nicht beantragt habe, im übrigen auch ein Verschulden des Klägers nicht festgestellt worden sei. (Nach Zurückweisung hier nicht wesentlicher Revisionsrügen fährt das Urteil fort:)

Zu Unrecht bekämpft die Revision die Annahme des Berufungsgerichts, daß die Beklagte geistig gestört gewesen sei. Für die Bestimmung des Begriffs der geistigen Störung im Sinne des § 50 EheG. muß beachtet werden, daß danach nicht der psychopathische Zustand als solcher den Scheidungsgrund bildet, sondern — wie es von Scanzoni (Das großdeutsche Ehegesetz Bem. 3c zu § 50) ausdrückt — „das Verhalten, das auf dem krankhaften Zustande beruht *und das deshalb, d. h. wegen der pathologischen Grundlage,* nicht als Eheverfehlung betrachtet werden kann, durch das aber die Ehe unheilbar zerrüttet ist". Dann aber kann es nicht so sehr auf die Art der geistigen Störung ankommen, sondern es ist entscheidend, wie das Berufungsgericht mit Recht bemerkt hat, daß ein krankhafter Gemüts- und Geisteszustand Handlungen herbeiführt oder herbeigeführt hat, die ein vernünftig denkender gesunder Mensch nicht vornehmen würde. Man hat deshalb auch unter geistiger Störung nicht nur eine Geisteskrankheit — sei es auch nur minderen Grades — zu verstehen und braucht sich nicht auf den Begriff der Psychopathie festzulegen.

In diesem Sinn äußert sich auch Meggendorfer (Medizinische Gesichtspunkte zum neuen Ehegesetz ZivArch. Bd. 145 S. 199 flg.), wenn er sagt: „Vielleicht hat man aber hier nicht so sehr an bestimmte, diagnostisch abgrenzbare Geisteskrankheiten zu denken als vielmehr an einzelne abnorme Handlungsweisen, aus denen sich dann im ganzen das ehewidrige Verhalten der Ehegatten ergibt." Unbedenklich fallen also unter den Begriff der geistigen Störung auch nervöse Störungen der im vorliegenden Falle festgestellten Art, mag man sie nun als Psychoneurose oder Zwangsneurose bezeichnen. Voraussetzung für die Anwendung des § 50 EheG. ist aber weiter immer, daß diese geistigen Störungen längere Zeit angedauert haben und aus ihnen heraus Handlungen begangen worden sind, die ohne diese Störungen als Eheverfehlungen des betreffenden Ehegatten anzusehen wären. Das ist hier, wie das Berufungsgericht einwandfrei festgestellt hat, der Fall . . .

RGZ. 161, 216

1. Kann der Scheidungskläger, der im ersten Rechtsgange mit der Klage aus § 49 EheG. durchgedrungen ist, im zweiten Rechts-

gang auch ohne selbständige Berufung oder Anschlußberufung hilfsweise zur Klage aus § 50 EheG. übergehen?

2. Darf das Berufungsgericht, wenn es in einem solchen Falle die Scheidung statt auf Grund des § 49 nur auf Grund des § 50 EheG. ausspricht, einen gegen den Scheidungskläger im Ersturteil ergangenen Schuldausspruch beseitigen, falls nur der Scheidungsbeklagte Berufung eingelegt hat?

3. Enthält der Mitschuldantrag aus § 60 Abs. 3 zugleich den Schuldantrag aus § 61 Abs. 2 EheG.?

4. Zur Anwendung des § 59 Abs. 2 EheG.

EheG. §§ 49, 50, 59, 60, 61*). ZPO. §§ 536, 537, 559, 614.

IV. Zivilsenat. Urt. v. 20. Juli 1939.

I. Landgericht Rudolstadt. II. Oberlandesgericht Jena.

Die Parteien haben am 1. August 1925 miteinander die Ehe geschlossen, aus der zwei Kinder hervorgegangen sind. Der letzte eheliche Verkehr hat im Juli oder August 1937 stattgefunden. Mit seiner zunächst auf § 1568 BGB., dann auf § 49 EheG. gestützten Klage hat der Kläger Scheidung der Ehe begehrt, weil die Beklagte ihm grundlos den ehelichen Verkehr verweigert, ihn maßlos beschimpft und ihn bedroht habe. Die Beklagte hat beantragt, die Klage abzuweisen, hilfsweise den Kläger für mitschuldig zu erklären. Den ehelichen Verkehr habe sie, wie sie ausführt, dem Kläger nur verweigert, wenn er ihn in angetrunkenem oder sogar betrunkenem Zustande von ihr begehrt habe. Wenn sie den Kläger, was sie nicht bestreiten wolle, gelegentlich einmal beschimpft habe, so habe das allein daran gelegen, daß er sie ohne Rücksicht auf ihren nervenkranken Zustand gereizt und gleichfalls gröblich beschimpft habe. Der Kläger hat zugegeben, die Beklagte gelegentlich einmal beschimpft zu haben, aber geltend gemacht, daß dies nur auf das ständig zänkische und ihn zum äußersten reizende Verhalten der Beklagten zurückzuführen gewesen sei.

Das Landgericht hat nach Einholung eines Gutachtens der Landesheilanstalten in St. die Ehe der Parteien geschieden und beide für schuldig erklärt. Gegen dieses Urteil hat die Beklagte Berufung mit dem Antrag eingelegt, die Klage abzuweisen. Der Kläger hat beantragt, die Berufung zurückzuweisen, hilfsweise die Ehe auf Grund des § 50 EheG. zu scheiden. Gegenüber dem Hilfsantrage hat die Beklagte um den Ausspruch gebeten, daß den Kläger ein Verschulden treffe. Zur Begründung dieses Antrags hat sie unterstützend geltend gemacht, daß der Kläger, wie sie erst im Frühjahr 1937 er-

*) Jetzt §§ 43, 44, 51, 52, 53 EheG. v. 20. 2. 46.

fahren habe, in der Zeit vom Januar bis Mai 1936, während sie sich in den Landesheilanstalten in St. befunden habe, einmal mit der ihm damals die Wirtschaft führenden E. M. die Ehe gebrochen habe. Das Oberlandesgericht hat das landgerichtliche Urteil dahin abgeändert, daß die Ehe geschieden werde, ohne daß eine Partei daran schuld sei.

Die Revision der Beklagten führte zur Wiederherstellung der im landgerichtlichen Urteil enthaltenen Schuldigerklärung des Klägers. Im übrigen wurde die Revision zurückgewiesen.

Gründe:

Das Berufungsgericht hat die Scheidungsklage, soweit sie auf § 49 EheG. gestützt ist, für unbegründet erachtet, weil die Beklagte infolge einer geistigen Störung für ihr Verhalten nicht verantwortlich zu machen sei. Es hat die Ehe aber auf Grund des § 50 EheG. geschieden. Den von der Beklagten begehrten Ausspruch, daß den Kläger ein Verschulden treffe, hat es abgelehnt, weil sein Verhalten nur die Wirkung des unbeherrschten Benehmens der Beklagten gewesen sei, so daß auch den Kläger keine Schuld an der Zerrüttung der Ehe treffe.

Ohne Erfolg bekämpft die Revision den Scheidungsausspruch selbst. Ein der Beklagten nachteiliger Rechtsirrtum sachlich-rechtlicher Art ist insoweit im Berufungsurteil nicht erkennbar. Die Revision beruft sich lediglich auf die Vorschrift des § 54 EheG., indem sie um Nachprüfung bittet, ob nicht die Beklagte durch die Auflösung der Ehe außergewöhnlich hart getroffen werde. Irgendwelche Umstände, aus denen sich ergäbe, daß die Scheidung für die Beklagte eine außergewöhnliche, d. h. über die mit der Scheidung gewöhnlich verbundenen Härten hinausgehende Härte bedeutete (vgl. RGZ. Bd. 160 S. 239), sind aber von der Beklagten nicht dargetan und auch sonst in dem vorgetragenen Sachverhalt nicht ersichtlich.

Begründet ist die Revision hingegen insoweit, als das Berufungsgericht die im landgerichtlichen Urteil enthaltene Schuldigerklärung des Klägers beseitigt hat; denn die Frage, ob den Kläger ein Verschulden trifft, war nicht Gegenstand der Verhandlung und Entscheidung des Berufungsgerichts (§§ 536, 537 ZPO.). Wäre allerdings die Beklagte mit ihrem in erster Reihe auf Abweisung der Klage gerichteten Berufungsantrage durchgedrungen, so wäre die vom Landgericht ausgesprochene Schuldigerklärung beider Teile von selbst hinfällig geworden. Die Beklagte hat jedoch mit ihrer Berufung nur erreicht, daß die Scheidung statt wegen eines auf Verschulden beruhenden Grundes aus einem anderen Grunde, nämlich nach § 50 EheG. ausgesprochen wurde, nachdem der Kläger im zweiten Rechtsgange diesen Klagegrund in den Rechtsstreit eingeführt hatte. Hierzu war er nach § 614 ZPO. berechtigt, ohne daß er zu diesem Zwecke selbständig Berufung einzulegen oder sich dem Rechtsmittel der Beklagten anzuschließen brauchte. Denn mit der Scheidung aus § 50 EheG. waren für die Beklagte keine Wirkungen verbunden, die zu ihren Ungunsten über die Wirkungen des bisherigen Urteils hinausgegangen wären (vgl. WarnRspr. 1932 Nr. 111; Jonas-Pohle ZPO. Bem. II 2 Abs. 3 zu § 614). Es war im Gegenteil für sie nur günstig, wenn die Ehe statt aus § 49 EheG. auf Grund des § 50 EheG. geschieden wurde. Erzielte aber die Beklagte mit ihrer Berufung nur einen Teilerfolg, insofern der Scheidung nur ein ihr günstigerer Scheidungsgrund zugrunde gelegt wurde, während es bei der Scheidung selbst blieb, so wurde damit der gegen den Kläger ergangene Schuldausspruch nicht von selbst hinfällig. Wollte der Kläger ihn beseitigt wissen, so mußte er entweder selbständig Berufung einlegen oder sich dem Rechtsmittel der Beklagten anschließen. Die Beseitigung des gegen ihn ergangenen Schuldausspruchs stellte eine der Beklagten nachteilige Aenderung des landgerichtlichen Urteils dar, die durch § 536 ZPO. verboten ist. Dem kann nicht entgegengehalten werden, daß der Schuldauspruch in dem einen Fall auf § 60 Abs. 3, in dem anderen Fall auf § 61 Abs. 2 EheG. beruht. Die tatsächlichen Grundlagen sind in beiden Fällen dieselben. In dem Antrag aus § 60 Abs. 3 ist im Zweifel stets auch der Antrag aus § 61 Abs. 2 mitenthalten, sowie umgekehrt. Es hätte daher, nachdem der Kläger hilfsweise zur Klage aus § 50 EheG. übergegangen war, keines neuen Antrags der Beklagten auf Schuldigerklärung des Klägers bedurft, nachdem sie schon vorher die Mitschuldigerklärung des Klägers beantragt hatte. Der Kläger andererseits mußte, wenn er hilfsweise Scheidungsantrag aus § 50 EheG. stellte, damit rechnen, daß gegenüber der Beklagten kein Schuldausspruch werde ergehen können, daß dagegen der ihm gegenüber ergangene Schuldausspruch auf Grund des § 61 Abs. 2 ebenso wie vorher auf Grund des § 60 Abs. 3 gerechtfertigt blieb. Eine der Beklagten zur Schuld des Klägers nachteilige Aenderung des Urteils konnte jedenfalls auf ihre Berufung ohne einen auf Abänderung des Urteils gerichteten Antrag des Klägers ebensowenig wie etwa in dem Fall ergehen, daß die Scheidung im ersten Rechtsgang auf Grund des § 47, im zweiten aber auf Grund des § 49 EheG. ausgesprochen wurde.

Eine auf Verletzung der §§ 536, 537 ZPO. gestützte Verfahrensrüge hat die Revision allerdings nicht erhoben. Einer solchen bedurfte es aber auch nicht. Es handelt sich um die Frage, inwieweit das landgerichtliche Urteil der Nachprüfung der Rechtsmittelgerichte unterliegt. Soweit das Berufungsgericht das landgerichtliche Urteil zu Unrecht einer sachlichen Prüfung unterzogen hat, würde der darin zu erblickende Verfahrensmangel, falls er nicht von Amts wegen berücksichtigt würde, auch im Revisionsverfahren fortwirken (vgl. Jonas-Pohle ZPO. Bem. IV 2a zu § 559).

Das Berufungsurteil muß hiernach aufgehoben und das landgerichtliche Urteil wiederhergestellt werden, soweit es sich um die Schuldigerklärung des Klägers handelt. . . .

Obschon diese, wie ausgeführt, mangels eines vom Kläger hiergegen eingelegten Rechtsmittels der Nachprüfung der Rechtsmittelgerichte nicht unterliegt, so besteht doch Veranlassung, auf die folgenden, sich aus den Ausführungen des Berufungsgerichts ergebenden rechtlichen Bedenken hinzuweisen. Das Berufungsgericht ist der Auffassung, daß die groben Beschimpfungen der Beklagten, die dem Kläger zur Last fallen und bei denen er auf ihren leidenden Zustand nicht die erforderliche Rücksicht genommen hat, deshalb nicht ausreichten, der Beklagten einen Anspruch auf Scheidung wegen Verschuldens des Klägers zu gewähren, weil sie nichts anderes als die Wirkungen des unbeherrschten Benehmens der Beklagten gewesen seien. Aus diesem Grunde hat das Berufungsgericht geglaubt, einer Aufklärung des von der Beklagten unterstützend behaupteten, von ihr aber jedenfalls verziehenen Ehebruchs des Klägers mit E. M. überhoben zu sein. Diese Aufklärung hätte das Berufungsgericht aber gerade dann vornehmen müssen, wenn es die unverziehenen Verfehlungen des Klägers nicht für ausreichend hielt, für sich allein die Scheidung zu begründen; denn eben für diesen Fall ist die Vorschrift des § 59 Abs. 2 EheG. bestimmt (RGZ. Bd. 159 S. 120). Reichen schon die nicht verziehenen Verfehlungen für sich allein zur Scheidung aus, so ist eine unterstützende Heranziehung verziehener (oder verjährter) Verfehlungen von vornherein nicht erforderlich. Auf sie ist auch dann nicht einzugehen, wenn die nicht verziehenen oder nicht verjährten Pflichtwidrigkeiten gänzlich bedeutungslos oder unerheblich sind. Daß dies die Auffassung des Berufungsgerichts wäre, kann seinen Ausführungen aber nicht entnommen werden. Eine solche Auffassung wäre auch bedenklich. Das Berufungsgericht hat ferner die Vorschrift des § 61 Abs. 2 Satz 2 EheG. übersehen, nach der auch verziehene oder verjährte Eheverfehlungen für sich allein den Antrag auf Schuldigerklärung des Klägers begründen können, wenn dies der Billigkeit entspricht. Auch diese Vorschrift hätte gegebenenfalls die Aufklärung des von der Beklagten behaupteten Ehebruchs erfordert.

RGZ. 163, 77

1. . . .*)

2. Ist ein Ehebruch, welcher das im Scheidungsurteil festge-

*) Ueberholt.

stellte Verschulden des nach § 55 EheG. auf Scheidung klagenden Ehegatten begründet, im Spruche des Scheidungsurteils festzustellen?

EheG. § 55*).

IV. Zivilsenat. Urt. v. 4. März 1940.

I. Landgericht Klagenfurt. II. Oberlandesgericht Graz.

. . .

Am 10 August 1938 hat der Kläger Klage auf Scheidung der Ehe im Sinne des neuen Ehegesetzes aus dem Verschulden der Frau (§§ 47, 49 EheG.) und wegen unheilbarer Zerrüttung (§ 55 EheG.) erhoben. Das erste Gericht hat die Ehe ohne Schuldausspruch geschieden, das Berufungsgericht das Verschulden des Mannes wegen eines Ehebruchs (§ 9 EheG.) ausgesprochen. Die Revision des Klägers hatte keinen Erfolg, führte jedoch zu einer anderen Fassung des Urteils.

Gründe:

1. bis 4. . . .

5 Daraus ergibt sich: Ein Scheidungsanspruch des Mannes nach §§ 47 und 49 EheG. besteht nicht. Wohl aber der Scheidungsanspruch nach § 55 EheG., den auch die beiden unteren Gerichte mit Recht bejaht haben und gegen den kein Widerspruch erhoben worden ist. Die Scheidung und mangels eines Verschuldens der Beklagten die Alleinschuld des Klägers waren in diesem Urteil auszusprechen Sein Verschulden liegt in dem ehebrecherischen Verhältnis zu einer anderen Frau. Die Bekagte hat aber deswegen keine Scheidung begehrt. Die Ehe ist auch nicht wegen dieses Ehebruchs des Klägers geschieden worden. Daher mußte die Feststellung des Ehebruchs im Spruch des Urteils unterbleiben. Das Gesetz verlangte zur Feststellung des Ehebruchs im § 9 EheG. ausdrücklich, daß der Ehebruch der Grund der Scheidung ist. Die Feststellung muß daher bei einer Scheidung der Ehe nach § 55 EheG auch dann unterbleiben wenn der Ehebruch als erwiesen angenommen wird und mit Rücksicht auf ihn ein Schuldausspruch gegen den Kläger gemäß § 61 Abs. 2 EheG. ergeht. . . .

RGZ. 163, 244

Welche Anforderungen sind bei der Scheidungsklage aus § 55 EheG. an den Beweis für die Zulässigkeit des Widerspruchs gegen die Scheidung zu stellen, wenn der Scheidungskläger selbst die häusliche Gemeinschaft aufgehoben hat?

EheG. § 55 Abs. 2 Satz 1*).

*) Jetzt § 48 d. EheG. v. 20. 2. 46.

IV. Zivilsenat. Urt. v. 16. März 1940.

I. Landgericht Hamburg. II. Oberlandesgericht daselbst.

Der Kläger hat die Beklagte und die gemeinschaftlichen Kinder im Jahre 1927 verlassen. Seitdem ist die häusliche Gemeinschaft der Ehegatten aufgehoben. Der auf § 55 EheG. gestützten Scheidungsklage hat die Beklagte widersprochen. Landgericht und Oberlandesgericht haben den Widerspruch für zulässig gehalten. Das Reichsgericht billigte dies aus folgenden

Gründen:

Die Ursachen der Ehezerrüttung liegen nach der Auffassung des Berufungsrichters in schuldhaftem Verhalten des Klägers begründet. Er habe Frau und Kinder nach 6½ jähriger Ehe in rücksichtsloser Weise ohne triftigen Grund verlassen und sich nachher um seine Kinder überhaupt nicht mehr gekümmert, ihnen nicht einmal zu Weihnachten oder zum Geburtstag eine kleine Freude gemacht. Vielmehr sei er nach der Trennung trotz guter eigener wirtschaftlicher Verhältnisse darauf ausgegangen, so wenig wie möglich Unterhalt an Frau und Kinder zu zahlen. Zu diesem Zwecke habe er sogar die Mitinhaberschaft einer Käsegroßhandlung, an der auch sein Vater beteiligt gewesen sei, mit einem anfänglich mäßig bezahlten Angestelltenverhältnis in ihr vertauscht, ohne daß hierdurch seine leitende Tätigkeit im Geschäft und seine ihr entsprechenden Einnahmen aus ihm berührt worden seien. Letztere seien ihm auf dem Umweg über seine dann verwitwete Mutter nach wie vor zugeflossen. Mit Ausnahme einer seit dem 1. August 1937 geleisteten Mehrzahlung von 30 RM. monatlich hätten die Beklagte und die Kinder ihre Unterhaltsansprüche erst gerichtlich verfolgen müssen, bis es schließlich zu einer Regelung durch zwei Vergleiche in den Jahren 1935 und 1936 gekommen sei.

Die vom Kläger für die Trennung angegebenen Gründe bezeichnet der Berufungsrichter als nicht bewiesen. Der Kläger hatte insoweit behauptet, die Ehe sei schon zur Zeit der Trennung dadurch zerrüttet gewesen, daß die Beklagte ihn durch ständiges Nörgeln und durch Verweigerung des ehelichen Verkehrs verärgert habe. Außerdem habe sie ihm am Trennungstage, weil er ihrer Meinung nach von einem Jagdausfluge zu spät heimgekommen sei, einen Auftritt bereitet und ihn dabei sogar tätlich angegriffen und gekratzt. Diesen letzten Vorfall erklärt der Berufungsrichter auch bei Unterstellung der Richtigkeit des von der Beklagten bestrittenen Klagevortrags nicht für geeignet, das Verlassen von Frau und Kindern durch den Kläger und sein ohne Angabe von Gründen jahrelang fortgesetztes

*) Jetzt § 48 Abs. 2 S. 1 d. EheG. v. 20. 2. 46.

Fernbleiben von der Familie zu rechtfertigen. Den ehelichen Verkehr habe die Beklagte, so führt der Berufungsrichter ferner aus, nach ihrer persönlichen Erklärung nur zweimal verweigert, als sie den Kläger infolge eines durch die Beweisaufnahme bestätigten Befundes an der Bettwäsche für geschlechtskrank gehalten habe, was er übrigens im Jahre 1921 gewesen zu sein zugebe, in einem dieser Fälle auch wegen Angetrunkenheit des Klägers. Dieser habe deshalb etwaige gelegentliche Verkehrsverweigerungen hinnehmen müssen. Unerlaubte Beziehungen der Beklagten zu anderen Männern, die ihr der Kläger vorgeworfen hat, erachtet der Berufungsrichter nicht als bewiesen.

Diese Ausführungen tragen die Zulassung des Widerspruchs (§ 55 Abs. 2 Satz 1 EheG.). Freilich hat unbeschadet des in Ehesachen geltenden Untersuchungsgrundsatzes (§ 622 ZPO.) die Beklagte die Beweislast für die Zulässigkeit ihres Widerspruchs, also dafür, daß der Kläger die Ehezerrüttung allein oder überwiegend verschuldet, d. h. durch Verschulden verursacht hat. Dies bedeutet, daß insoweit die Unaufklärbarkeit des Sachverhalts zu Lasten der Beklagten geht. Daraus folgt aber nicht, daß auch in einem Fall, in dem — wie hier — der klagende Ehegatte die häusliche Gemeinschaft aufgehoben hat, von dem beklagten Teile schlechthin die Widerlegung der Behauptungen des Klägers über die Ursachen der Ehezerrüttung zu verlangen wäre. Dies hieße dem an der Ehe festhaltenden Teil einen Nachweis aufbürden, den er so gut wie nie würde führen können. Der Ehegatte, der sich von der häuslichen Gemeinschaft lossagt, setzt sich jedenfalls äußerlich zunächst ins Unrecht. Nach der Lebenserfahrung ist ferner davon auszugehen, daß die Aufhebung der häuslichen Gemeinschaft geeignet ist, die Ehe zu zerrütten. In beiden Richtungen hat daher der klagende Ehegatte, wenn er den trennenden Schritt getan hat, die gegen ihn sprechende tatsächliche Vermutung zu entkräften. Somit lag es dem Kläger ob, darzulegen und gegebenenfalls zu beweisen, daß er berechtigten Grund zur Aufhebung der häuslichen Gemeinschaft gehabt hat und daß die Ehezerrüttung auf andere Ursachen als die von ihm herbeigeführte Trennung und seine darin ausgedrückte Einstellung zur Beklagten zurückzuführen ist. Hat also das Berufungsgericht den Kläger insoweit als beweisfällig erachtet, so ist darin kein Rechtsfehler zu finden.

RGZ. 163, 246

1. Können Eheverfehlungen, die der verletzte Ehegatte nicht als ehezerstörend empfunden hat, den Scheidungsanspruch in Verbindung mit solchen Eheverfehlungen begründen, die infolge Fristablaufs als selbständige Scheidungsgründe nicht mehr verwertbar sind?

2. Unter welchen Voraussetzungen ist im Falle des § 55 EheG. Raum für eine Schuldigerklärung des Scheidungsbeklagten?

EheG. §§ 47, 49, 55, 56, 57, 59, 61*).

IV. Zivilsenat. Urt. v. 20. März 1940.

I. Landgericht Köln. II. Oberlandesgericht daselbst.

Die Parteien haben am 5. Juli 1913 die Ehe geschlossen, aus der zwei jetzt 25 und 21 Jahre alte Kinder hervorgegangen sind. Der Kläger hatte bereits im Jahre 1924 Scheidungsklage erhoben, zu deren Begründung er geltend gemacht hatte, daß die Beklagte sich zahlreiche Ehebrüche, insbesondere mit B., Dr. K. und Dr. Be., habe zuschulden kommen lassen und sich wahllos jedem fremden Manne hingegeben habe. Diese Klage nahm der Kläger am 10. Juli 1924 zurück, nachdem es in der Zwischenzeit wieder zu ehelichem Verkehr gekommen war. Aber bereits am 24. Juli 1924 verließ die Beklagte den Kläger. Seitdem leben die Parteien getrennt.

Die vorliegende Scheidungsklage hat der Kläger in erster Reihe auf die §§ 47, 49, hilfsweise auf § 55 EheG. gestützt. Zur Begründung hat er vorgetragen, die Beklagte habe ihn im Juli 1924 gegen seinen Willen und unter Mitnahme der Kinder grundlos verlassen; sie habe schon vorher außer mit den bereits genannten Männern auch mit Ra., G., Ro. und Dr. Ba. die Ehe gebrochen und nach der Trennung ein ehebrecherisches Verhältnis mit einem gewissen P. unterhalten. ihm, dem Kläger, während des Zusammenlebens „hysterische Szenen" bereitet, ihn beschimpft und im Juli 1938 der Tochter gegenüber verleumdet sowie im jetzigen Rechtsstreite wider besseres Wissen die Behauptung aufgestellt, daß er sich durch außerehelichen Geschlechtsverkehr eine syphilitische Erkrankung zugezogen habe. Die Beklagte hat beantragt, die Klage abzuweisen, hilfsweise, den Kläger für schuldig zu erklären. Sie hat lediglich zugegeben, vor der Trennung die Ehe mit B gebrochen zu haben. Im übrigen hat sie die Klagebehauptungen bestritten. Am 2. September 1924 habe sie die häusliche Gemeinschaft mit dem Kläger wieder aufnehmen wollen, was dieser abgelehnt habe, auch nachdem ihm durch einstweilige Verfügung die Wiederherstellung der häuslichen Gemeinschaft aufgegeben worden sei.

Das Landgericht hat die Scheidungsklage, soweit sie auf die §§ 47, 49 EheG. gestützt ist, für unbegründet erachtet, die Ehe aber auf Grund des § 55 ohne Schuldausspruch geschieden. Gegen dieses Urteil hat nur der Kläger Berufung eingelegt, mit der er seinen auf Scheidung aus Verschulden der Beklagten gerichteten Hauptantrag weiterverfolgt und überdies geltend macht, daß auch bei der Scheidung

*) Jetzt §§ 42, 43, 48, 49, 50, 51, 53 d. EheG. v. 20. 2. 46.

aus § 55 EheG. gemäß § 61 Abs. 2 die Schuld der Beklagten an der Ehezerrüttung hätte festgestellt werden müssen. Das Oberlandesgericht hat die Berufung zurückgewiesen. Auch die Revision des Klägers blieb erfolglos.

Gründe:

I. Eheverfehlungen der Beklagten, die zur Zeit der Erhebung der vorliegenden Klage — Januar 1939 — länger als 10 Jahre zurücklagen, kann der Kläger ohne Rücksicht darauf, wann er von ihnen Kenntnis erlangt hat, nach § 57 Abs. 2 Satz 1 EheG. als selbständige Scheidungsgründe nicht mehr geltend machen; denn die Zehnjahresfrist läuft, wie durch die von § 1571 BGB. abweichende Fassung des § 57 Abs. 2 Satz 1 EheG. klargestellt ist, auch während der Aufhebung der häuslichen Gemeinschaft (RGUrt. IV 15/39 vom 5. Juni 1939 in WarnRspr. 1939 Nr. 100). Solche Verfehlungen können nach § 59 Abs. 2 EheG. nur noch zur Unterstützung einer auf andere Eheverfehlungen gegründeten Scheidungsklage herangezogen werden. Dies gilt mithin für alle Verfehlungen, welche die Beklagte nach der Behauptung des Klägers vor der bereits im Juli 1924 vorgenommenen Trennung begangen hat. In die spätere Zeit fallende Verfehlungen können nach der Ansicht des Berufungsgerichts den Scheidungsanspruch des Klägers deshalb nicht begründen, weil die Ehe der Parteien schon vor der Trennung so vollständig und tief zerrüttet gewesen sei, daß eine Vertiefung der Zerrüttung nicht mehr möglich war. Daraus schließt das Berufungsgericht, daß die vom Kläger behaupteten späteren Eheverfehlungen der Beklagten nicht mehr geeignet gewesen seien, zur Zerrüttung der Ehe beizutragen, und daß der Kläger diese späteren Eheverfehlungen als ehezerstörend nicht mehr habe empfinden können. Hiermit befindet sich das Berufungsgericht in Einklang mit der Rechtsprechung des erkennenden Senats, der in der Entscheidung RGZ. Bd. 160 S. 104 flg. (107) ausgeführt hat: Die ältere Rechtsprechung zu § 1568 BGB., die darauf hinausgelaufen sei, eine Ehe könne niemals so weit zerrüttet sein, daß eine weitere Eheverfehlung die Zerrüttung nicht noch vertiefen könne, sei durch § 56 EheG. überholt und könne keinen Anspruch auf Beachtung mehr erheben. Eine Eheverfehlung kann hiernach den Scheidungsanspruch nicht begründen, wenn zu der Zeit, als sie begangen wurde oder der verletzte Ehegatte von ihr Kenntnis erlangte, seine eheliche Gesinnung bereits restlos erloschen war, so daß ihn das Verhalten des anderen Ehegatten nicht mehr berühren konnte. Auch für die Anwendung des § 59 Abs. 2 EheG. muß in einem solchen Falle die Eheverfehlung ausscheiden. Denn diese Vorschrift setzt voraus, daß eine — nicht ganz bedeutungslose oder unerhebliche — Pflichtverletzung vorliegt, die nicht durch den Ablauf der Fristen des

§ 57 von der Geltendmachung ausgeschlossen ist und die zwar nicht schon für sich allein, wohl aber im Zusammenhalt mit den ausgeschlossenen Eheverfehlungen einen ausreichenden Scheidungsgrund ergibt (RGZ. Bd. 159 S. 120/121). Eine Eheverfehlung aber, die der verletzte Ehegatte als ehezerstörend nicht empfunden hat, ist nach § 56 EheG. schlechthin ungeeignet, einen Scheidungsanspruch zu begründen. Sie kann daher auch nicht in Verbindung mit älteren, als selbständige Scheidungsgründe nicht mehr verwertbaren Verfehlungen dem anderen Ehegatten den Scheidungsanspruch an die Hand geben.

Soweit Eheverfehlungen im Sinne des § 49 EheG. in Betracht kommen, ergibt sich auch schon aus dieser Vorschrift selbst, daß das Verhalten eines Ehegatten den Scheidungsanspruch nicht begründen kann, wenn *die Ehe bereits vorher so tief zerrüttet war, daß die Zerrüttung* einer Vertiefung nicht mehr fähig war. In einem solchen Falle kann das Verhalten des schuldigen Ehegatten für die Zerrüttung nicht mehr ursächlich sein. Es fehlt also dann schon an einem Tatbestandsmerkmale des § 49.

In rechtlicher Beziehung ist hiernach dem Berufungsgericht darin beizutreten, daß Eheverfehlungen, deren sich die Beklagte in der Zeit nach der Trennung schuldig gemacht hat, den Scheidungsanspruch des Klägers, und zwar auch mit unterstützender Heranziehung der nach § 57 Abs. 2 Satz 1 EheG. ausgeschlossenen älteren Verfehlungen, nicht begründen können, wenn schon zur Zeit der Trennung der Parteien die Zerrüttung der Ehe einen solchen Grad erreicht hatte, daß eine Vertiefung nicht mehr möglich war.

Ehewidrigkeiten der Beklagten im Sinne des § 49 EheG. hat das Berufungsgericht für die Zeit nach der Trennung nicht festzustellen vermocht. Die Angriffe der Revision richten sich vor allem dagegen, daß das Berufungsgericht auch die Behauptungen des Klägers über die ehebrecherischen Beziehungen der Beklagten zu P. als unbeachtlich angesehen habe; und zwar bekämpft die Revision die Feststellung des Berufungsgerichts, daß die Ehe der Parteien bereits im Juli 1924 völlig zerrüttet gewesen sei. Hiermit kann sie jedoch keinen Erfolg haben. Für die Entscheidung kann es nur darauf ankommen, ob beim K l ä g e r bereits zur Zeit der Trennung die eheliche Gesinnung so weit erloschen war, daß er weitere Eheverfehlungen der Beklagten als ehezerstörend nicht mehr empfinden konnte. Das nimmt das Berufungsgericht an auf Grund der Schwere der vom Kläger in der Begründung zu seiner früheren Klage gegen die Beklagte erhobenen Vorwürfe, die dahin gingen, daß sie sich zahlreicher Fälle erwiesenen Ehebruchs schuldig gemacht und wahllos jedem fremden Manne hingegeben habe. Das Berufungsgericht stellt fest, daß der Kläger von der Richtigkeit seiner Vorwürfe überzeugt gewesen sei, und glaubt seinem damaligen Vorbringen, daß seine Ehe unheilbar zerrüttet, ein Weiterleben mit der Beklagten ihm nicht zumutbar und eine Aussöhnung ausgeschlossen sei. Der von der Revision vermißten Prüfung, inwieweit die Vorwürfe des Klägers in der Tat begründet waren, bedurfte es unter diesen Umständen nicht . . . Daß es damals trotz der bereits vorliegenden völligen Zerrüttung der Ehe doch noch einmal zu einer „Aussöhnung" der Parteien und als deren Folge zur Rücknahme der Scheidungsklage durch den Kläger gekommen ist, beruhte nach den Feststellungen des Berufungsgerichts nicht auf einer Rückkehr der ehelichen Gesinnung beim Kläger, sondern lediglich darauf, daß er sich um eines kurzen Geschlechtsgenusses willen das Versprechen, die Klage zurückzunehmen, von der Beklagten hatte abgewinnen lassen. An dem Zustande völliger Ehezerrüttung ist hierdurch nach der tatsächlichen Annahme des Berufungsgerichts nichts geändert worden. Daß der Kläger, wie die Revision geltend macht, der Beklagten die früheren Ehebrüche verziehen hätte, trifft nach den tatsächlichen Feststellungen des Berufungsgerichts nicht zu. Er hat nur, wie das Berufungsgericht ausspricht, die Ehebrüche der Beklagten „als ungeschehen behandelt", insofern er aus ihnen keine Folgerungen für den Fortbestand der Ehe mehr hergeleitet hat. Es entsprach dem eigenen Vortrage des Klägers, daß die Beklagte lediglich seine sinnliche Begierde ausgenutzt habe, um ihm das Versprechen der Klagerücknahme abzugewinnen. Unter solchen Umständen kann in dem Geschlechtsverkehr keine Verzeihung gefunden werden. Die Richtigkeit der Auffassung des Berufungsgerichts, daß die vorübergehende Wiederaufnahme des ehelichen Verkehrs an dem Zustande völliger Ehezerrüttung nichts geändert habe, wird auch dadurch bestätigt, daß es kurze Zeit danach zur räumlichen Trennung gekommen ist, ohne daß in der Folgezeit eine der Parteien ernstliche Schritte zur Wiederherstellung der ehelichen Gemeinschaft unternommen hätte. Auch das von der Beklagten alsbald nach der Trennung gestellte Herstellungsverlangen war, wie das Berufungsgericht feststellt, von ihr nicht ernst gemeint. Unbegründet ist ebenso die weitere Beanstandung der Revision, daß das Berufungsgericht dem Kläger entgegengehalten habe, die Ehebrüche der Beklagten seien — seiner Behauptung nach — teilweise sogar gegen Entgelt erfolgt, ohne daß geprüft worden sei, ob dem Kläger die Entgeltlichkeit zur Zeit des Geschlechtsverkehrs mit der Beklagten bekannt gewesen sei. Wie sich aus den vom Kläger selbst in Bezug genommenen anderen Akten ergibt, hat er bereits in jener Sache vortragen lassen, daß sich die Beklagte für den ehebrecherischen Verkehr habe Geld bezahlen lassen. Er hat also damals schon hiervon Kenntnis gehabt . . . Es beruht nach alledem weder auf einem Rechtsirrtum sachlichrechtlicher Art noch auf einem Verfahrensverstoß, wenn das Berufungsgericht den Kläger mit seinem auf die §§ 47, 49 EheG. gestützten Scheidungsbegehren abgewiesen hat.

II. Die vom Landgericht auf Grund des § 55 EheG. ausgesprochene Scheidung ist von keiner der Parteien mit dem Rechtsmittel der Berufung angefochten worden. Sie ist daher nicht Gegenstand der Nachprüfung durch die Rechtsmittelgerichte. Die Berufung des Klägers zielte insow it nur darauf ab, gegebenenfalls neben der aus § 55 EheG. ausgesprochenen Scheidung eine Schuldigerklärung der Beklagten herbeizuführen. Das Berufungsgericht hat dies abgelehnt, weil nach § 61 Abs. 2 EheG. eine Schuldfeststellung ausschließlich der beklagten Partei vorbehalten, dem Kläger dagegen versagt sei. Die Ablehnung eines Schuldausspruchs gegen die Beklagte ist nach Lage des vorliegenden Falles berechtigt. Allerdings kann dem Berufungsgericht nicht darin beigepflichtet werden, daß ein Schuldausspruch gegen die Beklagte nur dann hätte in Frage kommen können, wenn sie Widerklage auf Scheidung aus § 55 EheG. erhoben hätte, so daß der Kläger in seiner Eigenschaft als Widerbeklagter zur Stellung eines Schuldantrags aus § 61 Abs. 2 EheG. in der Lage gewesen wäre. Wie der erkennende Senat in der Entscheidung RGZ. Bd. 160 S. 392 flg. näher ausgeführt hat, kann der die Scheidung aus § 55 EheG. verlangende Kläger auch dann, wenn sich die beklagte Partei darauf beschränkt, einen Schuldantrag aus § 61 Abs. 2 zu stellen, die Schuldigerklärung der beklagten Partei und gegebenenfalls auch die Feststellung ihrer überwiegenden Schuld beantragen. Erfolg kann er aber mit diesem Antrage nur haben, wenn die beklagte Partei den Ausspruch, daß den Kläger ein Verschulden trifft, auch erzielt. Das trifft im vorliegenden Falle nicht zu, da das Landgericht die Ehe ohne den von der Beklagten gegen den Kläger beantragten Schuldausspruch geschieden hat. Dabei hat sich die insoweit allein beschwerte Beklagte beschieden. Unzutreffend ist die Ansicht der Revison, aus den Gründen der angeführten Entscheidung müsse, zumal in Rücksicht auf die Folgen des § 69 Abs. 2 EheG., geschlossen werden, daß auch ein Alleinverschulden der beklagten Partei festgestellt werden könne. Diese Entscheidung will unbillige und daher nicht im Sinne des Ehegesetzes liegende Folgen vermeiden, die eintreten würden, wenn dem von der beklagten Partei gemäß § 61 Abs. 2 Satz 1 EheG. gestellten Schuldantrage stattgegeben werden müßte, dem Kläger aber, der früher einen Scheidungsgrund gehabt hatte, verwehrt wäre, einen Schuldausspruch gegen die beklagte Parten zu erwirken, selbst wenn dies der Billigkeit entspräche. Diese Erwägungen können mithin nicht

Platz greifen, wenn die beklagte Partei mit einem von ihr gestellten Schuldantrage nicht durchdringt. In einem solchen Falle bietet das Ehegesetz keine Handhabe, bei Scheidung nach § 55 eine Schuldigerklärung der beklagten Partei herbeizuführen.

RGZ. 163, 338

1. Kann im Falle des § 55 EheG. der Scheidungsbeklagte der Scheidung widersprechen, obgleich das ehezerrüttende Verhalten des Scheidungsklägers wegen seiner geminderten Zurechnungsfähigkeit milder zu beurteilen ist?

2. Ist der Widerspruch noch zulässig, wenn dem Scheidungskläger das ehezerrüttende Verhalten infolge geistiger Störung nicht zum Verschulden angerechnet werden kann, er sich aber auf die von ihm herbeigeführte und von ihm als solche empfundene Ehezerrüttung zur Begründung seines Scheidungsanspruchs beruft?

3. Kann einem Ehegatten, dem durch seine geistige Erkrankung das Verständnis für das Wesen der Ehe verlorengegangen ist und der infolgedessen kein Empfinden für die zur Herbeiführung der Ehezerrüttung sachlich geeigneten Tatsachen haben kann, ein Scheidungsanspruch auf Grund der §§ 49, 50, 55 EheG. erwachsen?

EheG. §§ 49, 50, 55*).

IV. Zivilsenat. Urt. v. 4. Mai 1940.

I. Landgericht Saarbrücken. II. Oberlandesgericht Zweibrücken.

Die Parteien haben am 29. Juni 1905 miteinander die Ehe geschlossen. Bei der Eheschließung erkannte der Kläger ein am 11. Februar 1904 von der Beklagten geborenes Kind als von ihm erzeugt an. In der Ehe wurden noch zwei weitere Kinder geboren. Vom 1. Juni 1931 bis zum 2. Januar 1933 war der Kläger in der Heil- und Pflegeanstalt M. untergebracht. Infolge der im Anschluß an seine Rückkehr aus der Anstalt entstandenen Streitigkeiten trennten sich die Parteien am 25. Februar 1933. In der Folgezeit strebte der Kläger in mehreren gerichtlichen Verfahren teils die Scheidung, teils die Wiederherstellung der Ehe an. Die von ihm im Jahre 1934 erhobene Scheidungsklage wurde abgewiesen, weil eine Schuld der Beklagten nicht nachgewiesen sei. Die darauf im Jahre 1936 von ihm erhobene Klage auf Wiederherstellung der ehelichen Gemeinschaft wurde aus dem Grunde abgewiesen, weil der Beklagten wegen des krankhaft übersteigerten Geschlechtstriebs und wegen sonstiger Verfehlungen des Klägers die Wiederherstellung der Ehe nicht zuzumuten sei. Mit der jetzigen, von ihm auf § 55 EheG. gestützten

*) Jetzt §§ 43, 44, 48 d. EheG. v. 20. 2. 46.

Klage hat der Kläger beantragt, die Ehe der Parteien aus Alleinverschulden der Beklagten zu scheiden. Die Beklagte hat der Scheidung widersprochen und beantragt, die Klage abzuweisen. Das Landgericht hat die Klage abgewiesen. Hiergegen hat der Kläger Berufung mit dem Antrag eingelegt, die Ehe aus beiderseitigem Verschulden zu scheiden. Die Beklagte hat beantragt, die Berufung zurückzuweisen, hilfsweise auszusprechen, daß den Kläger die alleinige Schuld an der Zerrüttung der Ehe trifft. Das Oberlandesgericht hat die Ehe ohne Schuldausspruch geschieden. Die Revision der Beklagten führte zur Aufhebung und Zurückverweisung.

Gründe:

Das Berufungsgericht hat mit Rücksicht darauf, daß der Kläger auch die Schuldigerklärung der Beklagten beantragt hat, zunächst geprüft, ob die vom Kläger gegen die Beklagte erhobenen Vorwürfe etwa die Scheidung aus einer der Vorschriften der §§ 47 bis 49 EheG. rechtfertigten. Dies hat es verneint. Da der Kläger das Berufungsurteil nicht angefochten hat, handelt es sich im Revisionsverfahren nur noch darum, ob das Berufungsgericht dem Kläger den Scheidungsanspruch aus § 55 EheG. mit Recht zugebilligt hat.

Daß die Voraussetzungen des § 55 Abs. 1 EheG. vorliegen, hat das Berufungsgericht rechtsirrtumsfrei und von der Revision unangefochten festgestellt. Weiter hat es auf Grund der Beweisaufnahme in den früheren Rechtsstreitigkeiten als erwiesen angesehen, daß der Kläger die Beklagte mißhandelt, sich ihr gegenüber nach seiner Rückkehr aus der Anstalt in geschlechtlich durchaus ungehöriger Weise benommen hat, und zwar im Beisein der Kinder und Dritter, ferner daß er die Beklagte zu Boden geworfen und versucht hat, ihr die Kleider vom Leibe zu reißen, daß er sie mit Ausdrücken wie Hure u. ä. beschimpft, ihr Ehebruch mit dem Schwiegersohne vorgeworfen und sie auch noch im Jahre 1937 am Bahnhofe N. beschimpft hat. Die Beweisaufnahme spreche, so führt das Berufungsgericht weiter aus, auch mit großer Wahrscheinlichkeit dafür, daß der Kläger im Jahre 1933 mit einer anderen Frau Geschlechtsverkehr gehabt habe. Da der Kläger an einer krankhaften geschlechtlichen Ueberreizung gelitten habe, sei auch die Behauptung der Beklagten glaubhaft, daß er sie schon in den letzten Jahren vor seiner Unterbringung in der Anstalt fortgesetzt mit übersteigerten und außergewöhnlichen Anforderungen in geschlechtlicher Beziehung verfolgt habe und daß Streit entstanden sei, weil sie sich dagegen gewehrt habe. Die Zerrüttung der Ehe sei auf das angeführte Verhalten des Klägers zurückzuführen. Jedoch könne seine Schuld an der Ehezerrüttung nicht festgestellt werden, da ihm nach dem Gutachten der Heil- und Pflegeanstalt M. wegen des Zusammenhangs seiner Verfehlungen mit seiner krankhaften Ueberreiztheit besonders in geschlechtlichen Dingen eine volle Verantwortlichkeit nicht zuzumessen sei. Damit scheide das Widerspruchsrecht der Beklagten nach § 55 Abs. 2 EheG. ohne weiteres aus. Das habe zur Folge, daß die Ehe nach § 55 Abs. 1 zu scheiden sei.

Gegen die Verneinung des Widerspruchsrechts aus § 55 Abs. 2 EheG. wendet sich die Revision mit Recht. Es beruht auf Rechtsirrtum, wenn sich das Berufungsgericht nicht in der Lage gesehen hat, ein Verschulden des Klägers an der Zerrüttung der Ehe festzustellen. Hierbei hat es verkannt, daß das Fehlen voller Verantwortlichkeit, um das es sich nach dem vom Berufungsgericht zugrunde gelegten Sachverständigengutachten hier handelt, nicht den völligen Ausschluß der Verantwortlichkeit, sondern nur eine geminderte Zurechnungsfähigkeit (vgl. § 51 Abs. 2 StGB. in der Fassung des Gesetzes vom 24. November 1933, RGBl. I S. 995) bedeutet. Diese schließt ein Verschulden nicht aus. Das wäre nur dann der Fall, wenn infolge des krankhaften Geisteszustandes des Klägers seine freie Willensbestimmung ausgeschlossen gewesen wäre (vgl. § 104 Nr. 2, § 105 Ab. 2, § 827 BGB.) oder wenn mit anderen Worten dem Kläger die Fähigkeit gefehlt hätte, einzusehen, daß sein Verhalten die Ehe zu zerrütten geeignet war, und sein Verhalten nach dieser Einsicht einzurichten (vgl. § 51 Abs. 1 StGB., § 3 JGG., § 2 Abs. 2 TestG.). Im Rahmen des § 49 EheG. kann allerdings auch eine bloße Minderung der Zurechnungsfähigkeit von Bedeutung sein, insofern sie das schuldhafte Verhalten jedenfalls in milderem Licht erscheinen lassen und dazu führen kann, die Eheverfehlung nicht als schwer zu bewerten, wobei aber zu beachten ist, daß das Recht an jeden, dessen freie Willensbestimmung durch krankhafte Störung der Geistestätigkeit nicht geradezu ausgeschlossen ist, die Anforderung stellt, sich soweit als möglich zusammenzunehmen und seiner Stimmung Herr zu werden (RGRKomm. z. BGB. 8. Aufl. Bem. 6 Abs. 3 zu § 1568 mit Nachw.; ferner RG. in JW. 1936 S. 865 Nr. 10). Nach § 55 Abs. 2 Satz 1 EheG. ist es dagegen an sich ohne Bedeutung, ob das Verhalten des schuldigen Ehegatten infolge geminderter Zurechnungsfähigkeit milder zu beurteilen ist. Nur wird gegebenenfalls zu prüfen sein, ob das schuldhafte Verhalten des Scheidungsklägers mit Rücksicht auf seine geminderte Zurechnungsfähigkeit noch als die alleinige oder überwiegende Ursache der Ehezerrüttung angesehen werden kann, wobei unter Umständen auch das Verhalten des anderen Ehegatten in Betracht zu ziehen ist.

Das angefochtene Urteil ist hiernach aufzuheben, da das Berufungsgericht mit rechtsirriger Begründung die Zulässigkeit des Widerspruchs der Beklagten verneint und den von ihr nach § 61

Abs. 2 EheG. gestellten Schuldantrag abgelehnt, auch zur Frage der Beachtlichkeit des Widerspruchs nicht Stellung genommen hat. Die Sache muß, da es weiterer tatsächlicher Erörterungen bedarf, zu neuer Verhandlung und Entscheidung an das Berufungsgericht zurückverwiesen werden.

Daß die von ihm getroffene Entscheidung zu einem unerwünschten Ergebnis führt, empfindet das Berufungsgericht selbst; denn es gibt der Ansicht Ausdruck, es sei zweifelhaft, ob es der Absicht des Gesetzgebers entspreche, daß insbesondere Geisteskranke beim Vorliegen der Voraussetzungen des § 55 Abs. 1 EheG. ohne weiteres die Scheidung ihrer Ehe erlangen könnten, da ein Widerspruch des anderen Ehegatten mangels Schuld des Geisteskranken kaum in Frage kommen könne. Die Revision ist demgegenüber der Auffassung, es müsse genügen, daß der Kläger die Zerrüttung der Ehe durch sein Verhalten verursacht habe. Obschon diese Erörterungen für den vorliegenden Fall gegenstandslos sind, da es sich hier — jedenfalls nach den bisherigen Feststellungen — nicht so verhält, daß ein Geisteskranker Scheidung auf Grund des § 55 EheG. begehrt, so geben sie doch Veranlassung zu folgenden Bemerkungen:

Die Vorschrift des § 55 Abs. 1 EheG. setzt eine — tiefgreifende und unheilbare — Zerrüttung des ehelichen Verhältnisses voraus. Ebenso machen die §§ 49, 50 EheG. die Gewährung des Scheidungsanspruchs davon abhängig, daß die Ehe zerrüttet ist. Die Zerrüttung der Ehe (oder, was gleichbedeutend ist, des ehelichen Verhältnisses) besteht darin, daß bei einem der Ehegatten oder bei beiden durch Verfehlungen oder durch ein nicht schuldhaftes, weil auf geistiger Störung beruhendes Verhalten des anderen Ehegatten oder durch Ereignisse oder Verhältnisse, die keine Schuld bedeuten und mit der Person des anderen Ehegatten nicht einmal zusammenzuhängen brauchen, die eheliche Gesinnung zerstört, also eine völlige innere Entfremdung eingetreten ist, die es dem Ehegatten unmöglich macht, fernerhin dem anderen Ehegatten die ihm nach dem Wesen der Ehe geschuldete Liebe und Achtung entgegenzubringen (so für das bisherige Recht — § 1568 BGB. — RGZ. Bd. 103 S. 327; RGRKomm z. BGB. 8. Aufl. Bem. 5 zu § 1568; Planck-Unzner BGB. Bem. 20 zu § 1568; für § 55 EheG. vgl. RGZ. Bd. 159 S. 307/308). Das Verhalten oder die sonstigen Ereignisse oder Verhältnisse müssen nicht nur sachlich geeignet sein, dem die Scheidung begehrenden Ehegatten die Fortsetzung der Ehe unerträglich zu machen, sondern sie müssen diese Wirkung auch in der Tat gehabt haben. Erforderlich ist daher, wie der erkennende Senat schon in der Entscheidung RGZ. Bd. 85 S. 11 flg. für die Vorschrift des § 1568 BGB. näher dargelegt hat, daß der klagende Ehegatte die in Betracht kommenden

Tatsachen als ehezerrüttend empfindet. Hierbei handelt es sich nicht um einen rechtsgeschäftlichen, sondern um einen rein inneren, dem Seelen- und Empfindungsleben angehörigen Vorgang, der nicht die Geschäftsfähigkeit des betreffenden Ehegatten voraussetzt, wohl aber das geistige Vermögen erfordert, das Wesen der Ehe richtig zu würdigen und das Verhalten des anderen Ehegatten oder eine sonstige Tatsache als einen Hinderungsgrund gegen die Fortsetzung der Ehe zu empfinden. Die hierzu erforderlichen geistigen Fähigkeiten können — je nach der Art der geistigen Erkrankung einerseits und der ehezerrüttenden Tatsachen andererseits — auch bei einem Geisteskranken vorhanden sein. Hat aber die geistige Erkrankung einen solchen Grad erreicht, daß dem Ehegatten das Verständnis für das Wesen der Ehe verlorengegangen ist und er infolgedessen auch kein Empfinden für die zur Herbeiführung der Ehezerrüttung geeigneten Tatsachen haben kann, so kann ihm ein Scheidungsanspruch auf Grund der §§ 49, 50 und 55 EheG. nicht erwachsen. Das hat das Berufungsgericht verkannt, wenn es meint, daß ein Geisteskranker beim Vorliegen der Voraussetzungen des § 55 Abs. 1 EheG. ohne weiteres die Scheidung seiner Ehe verlangen könne. In einem solchen Fall ist vielmehr die Klage schon deshalb abzuweisen, weil es an einem Tatbestandserfordernis des § 55 Abs. 1 EheG. fehlt, ohne daß es auf den vom Scheidungsbeklagten nach Abs. 2 dieser Vorschrift erhobenen Widerspruch ankäme.

Anders ist die Sachlage dann, wenn die für die Zerrüttung der Ehe ursächlichen Tatsachen zwar zu einer Zeit eingetreten sind, als der Scheidungskläger infolge seines geistigen Zustands nicht fähig war, sie als solche zu empfinden, wenn sich aber darauf sein Zustand gebessert hat und er die eingetretene Zerrüttung der Ehe nunmehr zu empfinden vermag und empfindet. In einem solchen Falle besteht kein Grund mehr, ihm den Scheidungsanspruch zu versagen. Denkbar ist ferner der Fall, daß der Scheidungskläger zwar das Empfinden für die Zerrüttung der Ehe von vornherein besessen hat, daß ihm aber das Verhalten, durch das er die Zerrüttung herbeigeführt hatte, nicht zum Verschulden angerechnet werden kann. Ist in Fällen dieser Art der Scheidungsanspruch aus § 55 Abs. 1 EheG. grundsätzlich gegeben, so muß auch dem Scheidungsbeklagten das Recht zugestanden werden, der Scheidung nach Abs. 2 dieser Vorschrift zu widersprechen, falls die Zerrüttung durch das Verhalten des Scheidungsklägers ganz oder überwiegend herbeigeführt worden ist. Nach dem Wortlaut des § 55 Abs. 2 Satz 1 ist allerdings das Widerspruchsrecht nur gegeben, wenn der Kläger die Zerrüttung der Ehe verschuldet hat, und ein Verschulden liegt nach dem oben bereits Ausgeführten nicht vor, wenn er für sein Verhalten infolge krankhafter Störung seiner Geistestätigkeit nicht verantwortlich gemacht werden kann. Der schuldhaften Verursachung der Ehezerrüttung muß es aber gleichgestellt werden, wenn sich in Fällen der bezeichneten Art der Kläger auf die von ihm herbeigeführte Zerrüttung beruft und aus ihr den Scheidungsanspruch herleitet. Das Ehegesetz gewährt in § 50 den Scheidungsanspruch auch dann, wenn die Ehe durch ein nicht schuldhaftes, weil auf einer geistigen Störung beruhendes Verhalten des anderen Ehegatten zerrüttet worden ist. Wenn es in § 55 Abs. 2 die Möglichkeit, daß die Zerrüttung durch ein nicht schuldhaftes Verhalten verursacht worden ist, nicht besonders berücksichtigt, so hat es offensichtlich nur den Regelfall im Auge, daß die vom Scheidungskläger selbst herbeigeführte und von ihm als solche empfundene Ehezerrüttung von ihm auch verschuldet worden ist. Daraus kann nicht geschlossen werden, daß das Gesetz dem Beklagten das Widerspruchsrecht in den Fällen hat versagen wollen, in denen der Kläger die von ihm selbst herbeigeführte Ehezerrüttung als solche empfindet und sich auf sie in zulässiger Weise zur Begründung seines Scheidungsanspruchs beruft, ohne daß ihm aber sein ehezerrüttendes Verhalten zum Verschulden angerechnet werden könnte. Die Versagung des Widerspruchsrechts würde in Fällen solcher Art, mögen sie auch selten sein, zu einem in hohem Maß unbilligen Ergebnis führen können.

RGZ. 163, 344

Ist der verletzte Ehegatte, der infolge geistiger Erkrankung das Verständnis für das Wesen der Ehe verloren hat, in der Lage, durch sein Verhalten zum Ausdruck zu bringen, daß er die Verfehlung des anderen Ehegatten als ehezerstörend nicht empfunden habe?

EheG. § 56*).

IV. Zivilsenat. Urt. v. 20. Juni 1940.

I. Landgericht Essen. II. Oberlandesgericht Hamm.

Die Parteien haben am 2. Mai 1927 miteinander die Ehe geschlossen, die kinderlos geblieben ist. Als die Beklagte im Sommer 1930 geistig erkrankte und pflegebedürftig wurde, nahmen ihre Eltern sie zu sich. Der Kläger, der im Februar 1932 eine Stelle beim Arbeitsamt in E. angetreten hatte, besuchte die Beklagte im Hause ihrer Eltern in K. bis April 1938 jeweils zum Wochenende. Der letzte eheliche Verkehr hat vor dem Jahre 1932 stattgefunden.

Der Kläger behauptet, daß die Beklagte an Schizophrenie leide und daß die Anlage zu dieser Geisteskrankheit schon bei Eingehung der Ehe vorhanden gewesen sei. Er hat daher beantragt, die Ehe auf Grund der §§ 37, 38 EheG. aufzuheben, hilfsweise, sie auf Grund

*) Jetzt § 45 d. EheG. v. 20. 2. 46.

der §§ 51, 55 EheG. zu scheiden. Die Beklagte hat beantragt, die Aufhebungsklage abzuweisen, für den Fall der Scheidung der Ehe aber den Kläger für alleinschuldig zu erklären. Das Landgericht hat die Aufhebungsklage als verspätet erhoben abgewiesen und die Ehe der Parteien auf Grund des § 51 EheG. unter Ablehnung des von der Beklagten gestellten Schuldantrags geschieden. Gegen dieses Urteil hat nur die Beklagte Berufung mit dem Antrag eingelegt, das angefochtene Urteil teilweise abzuändern und gemäß § 61 Abs. 2 EheG. auszusprechen, daß den Kläger ein Verschulden treffe. Der Kläger hat um Zurückweisung der Berufung gebeten. Im Laufe des zweiten Rechtsganges hat die Beklagte sodann Widerklage erhoben mit dem Antrage, die Ehe der Parteien zu scheiden und den Kläger für schuldig zu erklären. Sie hat die Widerklage darauf gestützt, daß der Kläger ein ehebrecherisches Verhältnis mit E. E. unterhalte, aus dem am 6. Januar 1939 ein Kind hervorgegangen sei. Diese Behauptung hat der Kläger als richtig zugegeben. Das Oberlandesgericht hat die Berufung der Beklagten zurückgewiesen. Auf ihre Revision wurde das Berufungsurteil aufgehoben und das Urteil des Landgerichts in der Schuldfrage dahin abgeändert, daß den Kläger ein Verschulden trifft. Die Widerklage wurde als unzulässig abgewiesen.

Gründe:

Zur Entscheidung steht in diesem wie schon im vorigen Rechtsgange nur noch die Frage, ob die von der Beklagten erhobene Widerklage oder wenigstens ihr gemäß § 61 Abs. 2 EheG. gestellter Antrag auf den Schuldausspruch begründet ist. Die Widerklage ist unzulässig, da die Beklagte, wie unstreitig ist und sich auch aus dem vom Landgericht herbeigezogenen ärztlichen Gutachten ergibt, geschäftsunfähig ist. Zur Erhebung der Scheidungswiderklage durch den gesetzlichen Vertreter hätte es daher nach § 612 Abs. 2 Satz 2 ZPO. der Genehmigung des Vormundschaftsgerichts bedurft, die nicht beigebracht worden ist. Zulässig bleibt aber in jedem Falle der von der Beklagten auf Grund des § 61 Abs. 2 EheG. gestellte Schuldantrag. Der Kläger unterhält nach der Feststellung des Berufungsgerichts seit 1938 ehebrecherische Beziehungen zu E. E., aus denen ein Kind hervorgegangen ist. Er hat sich also des Ehebruchs schuldig gemacht. Das Berufungsgericht ist jedoch der Auffassung, daß der Scheidungsanspruch der Beklagten aus § 47 EheG. nach § 56 ausgeschlossen sei, weil zur Zeit des Ehebruchs die Ehe der Parteien allein durch die Schizophrenie der Beklagten so tief und unheilbar zerrüttet gewesen sei, daß der Ehebruch des Klägers von ihr nicht mehr als ehezerstörend habe empfunden werden können, und weil außerdem der Beklagten, wie sich aus dem Wesen ihrer geistigen Erkrankung ergebe, jedes

Auffassungsvermögen für die Bedeutung der Handlungsweise des Klägers fehle. Diese Begründung beruht auf Rechtsirrtum.

Es ist verfehlt, wenn sich das Berufungsgericht für seinen Standpunkt auf das in RGZ. Bd. 160 S. 104 flg. abgedruckte Urteil des erkennenden Senats vom 3. April 1939 beruft. In jenem Falle war nach den vom Berufungsgericht getroffenen Feststellungen die eheliche Gesinnung der beiden Ehegatten schon seit Jahren völlig erloschen, so daß die Frau ein vom Manne begonnenes ehebrecherisches Verhältnis als ehezerstörend nicht mehr empfinden konnte. Wenn im vorliegenden Falle, wie das Berufungsgericht annimmt, die Ehe der Parteien durch die Schizophrenie der Beklagten unheilbar zerrüttet worden ist, so kann dies nur bedeuten, daß die eheliche Gesinnung des Klägers durch die geistige Erkrankung der Beklagten zerstört worden ist. Daraus läßt sich nicht der Schluß ziehen, daß auch die eheliche Gesinnung der Beklagten völlig erloschen sei (vgl. RGZ. Bd. 162 S. 92). Nur darauf, ob auf seiten des verletzten Ehegatten noch ein Rest ehelicher Gesinnung vorhanden ist oder nicht, kann es nach § 56 EheG. ankommen.

Aber auch der zweite Entscheidungsgrund des Berufungsgerichts hält der rechtlichen Nachprüfung nicht stand. Wenn der Beklagten, wie das Berufungsgericht in rechtlich nicht zu beanstandender Weise feststellt, infolge ihrer geistigen Erkrankung jedes Auffassungsvermögen für die Bedeutung der Handlungsweise des Klägers fehlt, so ist die Vorschrift des § 56 EheG. von vornherein unanwendbar; denn sie setzt voraus, daß der verletzte Ehegatte in der Lage ist, die Verfehlung des anderen Ehegatten als solche zu werten. Ist ihm infolge geistiger Erkrankung das Verständnis für das Wesen der Ehe verlorengegangen und ist er infolgedessen außerstande, die Verfehlung des anderen Ehegatten als einen Hinderungsgrund gegen die Fortsetzung der Ehe zu empfinden, so kann er auch nicht durch sein Verhalten zum Ausdruck bringen, daß er die Verfehlung als ehezerstörend nicht empfunden (oder sie verziehen) habe; sein Verhalten ist vielmehr rechtlich bedeutungslos (vgl. auch Frantz in DR. Ausg. A 1940 S. 709 [711]). Aber selbst wenn die Krankheit der Beklagten noch nicht einen solchen Grad erreicht haben sollte, daß ihr das Verständnis für das Wesen der Ehe völlig verlorengegangen ist, so könnte doch der Kläger mit seinem aus § 56 EheG. hergeleiteten Einwande, für dessen Voraussetzungen er beweispflichtig ist, nicht durchdringen. Wie der gesetzliche Vertreter der Beklagten im Rechtsstreit unwiderlegt vorgetragen hat, hat die Beklagte von dem Ehebruch des Klägers bisher keine Kenntnis erlangt. Ohne diese Kenntnis würde ihr Verhalten keine Schlüsse in der Richtung zulassen, ob sie den Ehebruch des Klägers als ehezerstörend empfunden hat oder nicht.

Die Beklagte ist hiernach im Gegensatz zur Ansicht des Berufungsgerichts berechtigt, auf Scheidung wegen Ehebruchs des Klägers zu klagen, ihr Schuldantrag mithin, wenn auch der Widerklage, wie oben dargelegt, nicht stattgegeben werden kann und damit auch eine Feststellung gemäß § 9 Abs. 1 EheG., § 624 ZPO. entfällt, nach § 61 Abs. 2 Satz 1 EheG. begründet. Darauf, ob ihr auch ein Scheidungsanspruch aus § 49 EheG. wegen der von ihr behaupteten jahrelangen Vernachlässigung durch den Kläger und wegen der Verletzung seiner Unterhaltspflicht erwachsen ist, kommt es für die Entscheidung nicht mehr an. Es mag jedoch insoweit auf das Urteil des erkennenden Senats vom 4. Mai 1940 (RGZ. Bd. 163*) verwiesen werden, worin ausgeführt ist, daß in den Fällen, in denen die Zerrüttung des ehelichen Verhältnisses zum Scheidungstatbestande gehört, dem Ehegatten, der infolge geistiger Erkrankung kein Empfinden für die zur Herbeiführung der Ehezerrüttung an sich geeigneten Tatsachen hat, ein Scheidungsanspruch nicht erwachsen kann. Der zweite Fall des § 56 EheG. ist für Scheidungstatbestände dieser Art ohne selbständige Bedeutung (vgl. das Urteil des Senats vom 20. März 1940 (RGZ. Bd. 163**) sowie Frantz a. a. O. S. 170 linke Spalte oben). Daß hier die Rechtslage im Endergebnis eine wesentlich verschiedene ist, je nachdem das Scheidungsbegehren auf § 47 oder auf § 49 EheG. gestützt wird, ist die zwangsläufige Folge davon, daß das Ehegesetz den Ehebruch als sogenannten absoluten Scheidungsgrund beibehalten hat, dagegen sonstige Eheverfehlungen — von § 48 abgesehen —, ebenfalls in Anlehnung an die bisherige Regelung, als Scheidungsgrund nur anerkennt, soweit sie ehezerrüttend gewirkt haben.

RGZ. 164, 92

1. Kann bei Scheidung nach § 55 EheG. auch der verklagte Eheteil allein für schuldig erklärt werden?

2. Bestimmen sich, wenn bei einer Scheidung aus § 55 EheG. beide Teile für schuldig erklärt sind, die Unterhaltsverpflichtungen nach § 69 Abs. 2 oder nach §§ 66 bis 68 EheG.?

3. Wovon hängt es ab, ob eine bereits bestehende Zerrüttung der Ehe durch neu eintretende Umstände noch vertieft werden kann?

4. Kann dann, wenn der Kläger nur eine Scheidung unter Schuldigerklärung des verklagten Eheteils angestrebt, eine solche ohne Schuldausspruch aber auch nicht hilfsweise verlangt, sich jedoch für sein Begehren rechtsirrtümlich auch auf § 55 EheG. berufen hat,

*) S. 197 dieses Bandes.
**) S. 191 dieses Bandes.

auf Scheidung ohne Schuldausspruch erkannt werden, falls sich dieses Begehren nach Scheidung unter Schuldigerklärung des Beklagten als unbegründet erweist?

EheG. §§ 61, 69*). ZPO. § 308.

IV. Zivilsenat. Urt. v. 30. Mai 1940.

I. Landgericht Torgau. II. Oberlandesgericht Naumburg a. S.

Die Parteien haben einander am 22. September 1901 geheiratet, wobei der Beklagte ein am 16. Juni 1901 von der Klägerin geborenes Kind als das seinige anerkannt hat. Schon am 2. Februar 1902 aber verließ die Klägerin mit dem Kinde den Beklagten und lebt seitdem von ihm getrennt. Der Beklagte nahm sodann Wilhelmine M. als Haushälterin zu sich, lebte mit ihr in wilder Ehe und erzeugte darin in den Jahren 1909 bis 1923 fünf Kinder. Zwei 1905 und 1924 von ihm erhobene Scheidungsklagen hatten keinen Erfolg. Im Februar 1939 erbaten beide Parteien das Armenrecht für eine Scheidungsklage gegen den anderen Eheteil, das ihnen auch gewährt wurde. Daraufhin reichte die Klägerin die gegenwärtige Klage ein. Mit dieser erstrebte sie aus §§ 47 und 49, notfalls auch aus § 55 EheG. die Scheidung ihrer Ehe unter Schuldigerklärung des Beklagten — auch bei Anwendung lediglich des § 55 — wegen fortgesetzten Ehebruchs, jahrzehntelanger Nichtgewährung von Unterhalt und Betätigung als Kurpfuscher mit der Folge einer viermonatigen Gefängnisstrafe. Der Beklagte widersprach einer Scheidung aus § 55 EheG. nicht, wohl aber seiner Schuldigerklärung; denn nicht er, sondern die Beklagte habe die Zerrüttung der Ehe verschuldet, indem sie ihn grundlos verlassen habe, lange bevor er seine jetzige Wirtschafterin kennengelernt habe, sie habe ferner ein ehebrecherisches Verhältnis mit We. gehabt und auch in den Jahren 1904 bis 1906, wo sie schwanger geworden sei, Ehebruch getrieben; die ihm vorgeworfenen Handlungen aus den letzten Jahren hätten hingegen zur Zerrüttung der Ehe schon deswegen nichts beitragen und von der Klägerin nicht als ehestörend empfunden werden können, weil damals die Ehe bereits völlig und unheilbar zerrüttet gewesen sei. Die Klägerin bestritt diese Behauptungen. Das Landgericht gab zwar dem Scheidungsbegehren statt, jedoch ohne Schuldigerklärung des Beklagten. Mit der Berufung wiederholte die Klägerin ihren früheren Antrag und stützte ihn nunmehr auch noch darauf, daß der Beklagte sie in einer Anzeige vom 15. November 1939 an die Kriminalpolizei eines in den Jahren 1903 bis 1905 an ihrem Kinde begangenen Mordes bezichtigt habe, eine Beschuldigung, die aus der Luft gegriffen sei. Ihre Berufung wurde jedoch vom Oberlandesgericht zurückgewiesen.

*) Jetzt §§ 53, 61 d. EheG. v. 20. 2. 46.

Ihre Revision führte zur Aufhebung dieses Urteils und zur Zurückverweisung der Sache.

Gründe:

Das Berufungsgericht begründet seine Entscheidung damit, daß wegen solcher Ehepflichtverletzungen des Beklagten, die mehr als zehn Jahre vor der Klageerhebung lägen, nach § 57 EheG. keine Scheidung zulässig sei, alle dem Beklagten vorgeworfenen Verfehlungen aus der späteren Zeit aber, weil damals die Ehe der Parteien längst vollständig zerrüttet gewesen sei, zur Zerrüttung der Ehe nichts mehr hätten beitragen, darum auch von der Klägerin nicht hätten als ehezerstörend empfunden werden können und deshalb als Grundlage für eine Scheidung aus Verschulden des Beklagten nicht geeignet seien, daß es also bei der vom Landgericht ausgesprochenen Scheidung nach § 55 EheG. ohne Schuldigerklärung des Beklagten bleiben müsse. Diese Erwägungen begegnen in mehrfacher Hinsicht rechtlichen Bedenken.

Nicht zu beanstanden ist allerdings, daß das Berufungsgericht davon ausgegangen ist, wenn nur der Tatbestand des § 55 EheG. gegeben sei, könne die Klägerin nicht die Schuldigerklärung des Beklagten wegen solcher Verfehlungen verlangen, auf die sie einen Scheidungsanspruch nicht mehr zu stützen vermöge. Denn nach der gesetzlichen Regelung ist dem Ehegatten, der aus anderen Gründen als einem Verschulden seines Partners die Scheidung erstrebt, nicht die Möglichkeit eröffnet, um die Rechtsfolgen der Lösung der Ehe an diejenigen einer Scheidung aus Verschulden anzugleichen, zur Unterstützung und Ergänzung solche Verfehlungen des anderen Eheteiles heranzuziehen und ihretwegen dessen Schuldigerklärung zu fordern, und auch die Rechtsprechung des Senats hat ihm dieses Recht nur zu seiner Verteidigung gegenüber einem Schuldantrage des anderen Eheteils zuerkannt, weil es nämlich unbillig sein würde, wenn er auch in denjenigen Fällen allein mit dem Makel des Schuldigen aus dem Rechtsstreite hervorgehen müßte, in denen dem Ehepartner ebenfalls ein — vielleicht sogar noch größeres — Verschulden zur Last fällt. In ihren Rechtswirkungen geht eine solche Mitschuldigerklärung freilich über eine bloße Abwehr hinaus. Für den Unterhalt nämlich beschränken sich diese Rechtswirkungen keineswegs, wie man vielleicht anzunehmen geneigt sein könnte, darauf, daß dann — sofern nur die Schuld des die Scheidung aus anderem Grunde begehrenden Eheteils nicht als überwiegend festgestellt wird — die in § 69 Abs. 1 im Verhältnis zu Abs. 2 vorgesehene Verschärfung seiner Unterhaltspflicht von einer bloßen Haftung nach Billigkeit hinter den unterhaltspflichtigen Verwandten zu einer solchen auf den vollen angemessenen Unterhalt vor diesen Verwandten entfällt; diese hätte der verklagte Eheteil bei solchem eigenen Mitverschulden ja auch nicht durch Erhebung einer Scheidungswiderklage aus dem Verschulden des anderen Ehepartners erreichen können. Vielmehr mindert sich dann seine Unterhaltsverpflichtung noch unter das in § 69 Abs. 2 EheG. vorgesehene Maß auf eine bloße Beitragspflicht gemäß § 68 das. oder fällt gemäß §§ 66, 67 das. ganz fort, je nachdem den anderen Eheteil gleiche oder überwiegende Schuld trifft, und er gewinnt selber gegen diesen einen Unterhaltsanspruch nach § 68 oder §§ 66, 67 EheG. Denn das Gesetz hat zwar die Unterhaltspflichten für die Scheidung aus Verschulden und für die aus anderen Gründen gesondert geregelt (§§ 66 bis 68 und § 69) und für die letztere im Anschluß an § 1583 BGB. ausdrücklich nur eine einseitige Verpflichtung des die Scheidung begehrenden Eheteils gegenüber dem anderen vorgesehen unter Milderung lediglich der dem Bürgerlichen Gesetzbuch entsprechenden vollen Haftung auf eine solche nach Billigkeit beim Fehlen eines Schuldausspruchs zu seinen Lasten (vgl. die Amtliche Begründung zum Ehegesetz in DJ. 1938 S. 1111 sowie RGRKomm. z. BGB. Bem. 1 zu § 1583). Der Gesamtregelung ist aber nach Auffassung des Senats zu entnehmen, daß überall da, wo ein Verschulden festgestellt ist, sich Eintritt und Umfang der Unterhaltspflicht, wie es am gerechtesten erscheint, nach diesem Verschulden bestimmen sollen, und daß der andere Grundgedanke dahinter zurückzutreten hat, einem Mißbrauch dieses Scheidungsrechts, namentlich zu rein wirtschaftlichen Zwecken, möglichst dadurch vorzubeugen, daß der die Scheidung aus anderem Grund als einem Verschulden seines Ehepartners erstrebende Ehegatte mit einer Unterhaltsverpflichtung diesem gegenüber belastet wird. Der aus einem anderen Grund auf Scheidung verklagte Eheteil kann daher — worauf schon von Scanzoni in JW. 1940 S. 767 hingewiesen hat, und was ihn und seinen Rechtsberater vor schwere Entschlüsse stellen kann —, wenn er nicht Gefahr laufen will, sogar den Unterhaltsanspruch nach Billigkeit aus § 69 Abs. 2 EheG. zu verlieren, wegen einer Verfehlung des Klägers Scheidungswiderklage nur erheben und einen Schuldantrag nach § 61 Abs. 2 nur stellen, wenn es sich um ein klares Alleinverschulden oder doch ein klares überwiegendes Verschulden des anderen Eheteils handelt. Dem klagenden Eheteil aber muß, wenn er hoffen kann, daß sein Ehepartner gleich oder gar überwiegend schuldig befunden werden wird, selbst daran gelegen sein, daß dessen Schuldantrag gegen ihn durchdringt. Auch muß es auffallen, daß hiernach ein selbst schuldiger Ehegatte, wenn er die Scheidung seiner Ehe aus einem anderen Grund erreicht, unter Umständen — dem gesunden Rechtsempfinden zuwider — mit seinem Unterhalt besser abschneidet als ein nicht schuldiger, weil diesem das Recht versagt ist, die Schuldigerklärung des anderen Teils wegen solcher Verfehlungen zu verlangen, aus denen er auf Scheidung nicht mehr klagen kann, während jener einen so begründeten Mitschuldantrag stellen kann. Diese Unstimmigkeiten müssen jedoch in Kauf genommen werden als nach Ansicht des Senats unvermeidbare Folgen jener ungleichen Behandlung der beiden Parteien im § 61 Abs. 2 EheG. und der im Gesetz getroffenen Regelung der Unterhaltsfrage nach zwei miteinander unvereinbaren Grundgedanken in Verbindung mit der durch die Billigkeit gebotenen Zulassung des Antrags auf Feststellung eines Mitverschuldens des aus anderem Grund auf Scheidung verklagten Eheteils; ihre Ausmerzung muß dem Gesetzgeber überlassen bleiben.

Dagegen ist die Entscheidung in zwei anderen Punkten von Rechtsirrtum beeinflußt. Ob die Zerrüttung einer Ehe durch neu hinzutretende Umstände noch vertieft werden kann, hängt nicht bloß von dem Grade der Zerrüttung und davon ab, ob bereits beide Ehepartner die eheliche Gesinnung verloren haben oder erst einer von ihnen, sondern auch von der Art der neu eingetretenen Umstände und der früheren Zerrüttungsursachen. Ein Ehegatte, der sich von dem anderen endgültig ganz abgewandt hat, wird in aller Regel durch dessen Treubrüche nicht mehr seelisch berührt werden, so daß durch solche dann in der Tat die Zerrüttung nicht mehr verstärkt werden kann. Anders aber ist es schon bei Verletzungen der Unterhaltspflicht; sie werden ihn im allgemeinen nur dann nicht mehr kränken, wenn er sich bereits mit der Nichtgewährung des Unterhalts durch den pflichtig n Ehegatten abgefunden und sich eine neue Lebensgrundlage geschaffen hat. Erst recht anders steht es mit V rletzungen solcher Verpflichtungen, die sich nicht aus dem Fortbestande der Ehe ergeben, sondern auch dem geschiedenen Ehegatten seinem früheren Ehepartner gegenüber noch obliegen und bei deren Nichtbeachtung er gemäß § 74 EheG. seine Unterhaltsansprüche an diesen verwirkt. Solche Handlungen eines Ehegatten werden nur unter ganz besonderen Umständen von dem anderen nicht mehr als ehezerstörend empfunden werden und die Zerrüttung der Ehe nicht mehr erweitern und vertiefen können. Hierhin aber würde von den dem Beklagten vorgeworfenen Verfehlungen aus den letzten zehn Jahren mindestens die behauptete wissentlich oder leichtfertig falsche Beschuldigung gehören, daß die Klägerin ihr Kind ermordet habe.

Wenn ferner das Berufungsgericht das Scheidungsbegehren der Klägerin, soweit es auf angebliche Verfehlungen des Beklagten gestützt war, für unbegründet erachtete, so durfte es darum doch nicht, weil bei einer Scheidung aus anderem Grund ein Schuldausspruch gegen den Beklagten nicht zulässig ist, die vom Landgericht ausgesprochene Scheidung der Ehe ohne Schuldigerklärung des Beklagten bestehen lassen. Denn wie die Klageschrift zweifelsfrei ergibt und durch die Erklärung der Klägerin in dem Gesuch um Gewährung des Armenrechts für die Berufung und dessen Ergänzung vom 16. Mai 1939, daß sie bei Versagung des Armenrechts gezwungen sei, die Klage zurückzunehmen, völlig klargestellt war, erstrebte die Klägerin mit der Klage und der Berufung nur eine Scheidung unter Schuldigerklärung des Beklagten und hatte ihr Begehren bloß deshalb hilfsweise auf § 55 EheG. gestützt, weil sie glaubte, ein solches Urteil auch auf Grund dieser Bestimmung erzielen zu können, wollte aber keinesfalls, auch im Berufungsverfahren nicht, ohne einen solchen Schuldausspruch geschieden sein. Bei dieser Sachlage durfte nur entweder dem Klagebegehren in vollem Umfange stattgegeben oder die Klage abgewiesen werden. Ein Urteil auf Scheidung ohne Schuldigerklärung des Beklagten mit seinen wesentlich verschiedenen Rechtsfolgen hingegen durfte auch dann nicht erlassen werden, wenn das tatsächliche Klagevorbringen nur eine solche Scheidung zu rechtfertigen geeignet war; denn eine derartige Entscheidung war von der Klägerin auch nicht hilfsweise — weder ausdrücklich noch stillschweigend, etwa als abtrennbarer Teil ihres Gesamtbegehrens — beantragt. Daß die Klägerin rechtsirrtümlich ihr einzig gestelltes Begehren nach Scheidung unter Schuldigerklärung des Beklagten hilfsweise auch auf § 55 EheG. gestützt hatte, verschlägt nichts; maßgebend dafür, was zugesprochen werden konnte, ist allein, was sie mit der Klage erstrebte, nicht womit sie ihr Verlangen begründete und was sie danach hätte beantragen können. Die Rechtslage ist darum nicht anders, als wenn sie sich nur auf die allein eine Scheidung unter Schuldigerklärung des Beklagten ermöglichenden Vorschriften der §§ 47 bis 49 EheG. berufen oder überhaupt keine Gesetzesbestimmung angezogen hätte. In ihrem Vorgehen lag auch keine unzulässige bedingte Klageerhebung, wie etwa, wenn sie die Scheidung bloß für den Fall begehrt hätte, daß sie nicht für schuldig erklärt würde, sondern nur eine erlaubte sachliche Beschränkung des Klagegegenstandes auf eine durch ihre eigentümlichen Rechtsfolgen gekennzeichnete besondere Art der Scheidung. An der Sachlage konnte auch der Umstand nichts ändern, daß der Beklagte sich mit einer Scheidung ohne Schuldausspruch auf die Klage hin einverstanden erklärt hatte. Wollte er dieses Ziel erreichen, so hätte er, wozu er bereits im ersten Rechtszuge das Armenrecht erwirkt hatte, Widerklage aus § 55 EheG. erheben müssen; das hätte ihm auch im Berufungsverfahren noch offengestanden.

RGZ. 164, 270

1. Ist die Vorschrift des § 49 Satz 2 EheG.*) auf den Ehebruch anwendbar?

---

*) Jetzt § 43 S. 2 EheG. v. 20. 2. 46.

2. Welche Gesichtspunkte sind maßgebend für die Prüfung, ob die Schuld eines der Ehegatten überwiegt?

EheG. §§ 47, 49, 56, 60, 61**).

IV. Zivilsenat. Urt. v. 11. Juli 1940.

I. Landgericht Düsseldorf. II. Oberlandesgericht daselbst.

Der am 23. Februar 1880 geborene Kläger und die am 25. Februar 1881 geborene Beklagte haben am 28. Juli 1903 die Ehe geschlossen, aus der drei jetzt volljährige Kinder hervorgegangen sind. Seit Anfang 1926 leben die Parteien getrennt. Der Kläger unterhält seitdem ein ehebrecherisches Verhältnis mit seiner Wirtschafterin H. Eine von ihm im Jahre 1929 erhobene Scheidungsklage wurde abgewiesen. Mit der vorliegenden Klage hat der Kläger Scheidung der Ehe auf Grund des § 55 EheG. begehrt. Die Beklagte hat, indem sie der Scheidung widersprochen hat, beantragt, die Klage abzuweisen, hilfsweise den Kläger für schuldig zu erklären. Das Landgericht hat die Ehe ohne den von der Beklagten beantragten Schuldausspruch geschieden. Hiergegen hat die Beklagte Berufung eingelegt. Der Kläger hat beantragt, die Berufung zurückzuweisen, gegebenenfalls aber die Beklagte für überwiegend schuldig zu erklären. Das Oberlandesgericht hat die Berufung zurückgewiesen. Die Revision der Beklagten führte zur Aufhebung und Zurückverweisung.

Gründe:

Die Revision greift das Berufungsurteil nur insoweit an, als es den von der Beklagten auf Grund des § 61 Abs. 2 EheG. gestellten und auf das ehebrecherische Verhältnis des Klägers mit der H. gestützten Schuldantrag zurückgewiesen hat. Nur in diesem Umfang unterliegt daher das Berufungsurteil der Nachprüfung des Revisionsgerichts.

Das Berufungsgericht ist der Ansicht, daß das Scheidungsrecht der Beklagten wegen Ehebruchs nach § 56 EheG. ausgeschlossen sei, weil sich aus ihrem Verhalten ergebe, daß sie diese Verfehlungen als ehezerstörend nicht empfunden habe. Die Begründung, die das Berufungsgericht hierfür gibt, ist rechtlich unhaltbar. Es ist unerfindlich, inwiefern sich daraus, daß sich die Beklagte um die Jahreswende 1915/1916, während sich der Kläger im Felde befand, des Ehebruchs mit einem Soldaten schuldig gemacht hat, den ihr der Kläger seinerzeit verzieh und nach welchem die eheliche Gemeinschaft noch mehrere Jahre hindurch fortgesetzt wurde, ergeben soll, daß sie die etwa 10 Jahre später einsetzenden ehebrecherischen Beziehungen

**) Jetzt §§ 42, 43, 49, 52, 53 EheG. v. 20. 2. 46.

des Klägers zur H. als ehezerstörend nicht empfunden habe. Ebenso verfehlt ist es, einen solchen Schluß daraus zu ziehen, daß sie in ihren Schriftsätzen des jetzigen Rechtsstreits ihren damaligen, sicherlich außerordentlich schweren Fehltritt menschlich verständlich zu machen versucht hat, zumal nicht einmal feststeht, inwieweit sie auf die Abfassung der Schriftsätze Einfluß genommen hat und inwieweit es sich lediglich um die Wiedergabe der Ansichten ihres Prozeßbevollmächtigten handelt, wie z. B. bei der Bemerkung, daß ihr Fehltritt gegenüber dem, was der Kläger ihr lange Jahre hindurch angetan habe, federleicht wiege. Auch der Umstand, daß sich die Beklagte — selbstverständlich unter der Voraussetzung, daß sich der Kläger von der H. trenne — zur Versöhnung mit dem Kläger und zur Wiederaufnahme der ehelichen Gemeinschaft bereit erklärt hat, läßt nicht die Schlußfolgerung zu, daß sie durch die Verfehlung des Klägers in ihrem ehelichen Gefühl nicht gekränkt worden wäre (RGZ. Bd. 162 S. 91; WarnRspr. 1939 Nr. 122). Ohne jede Stütze im Gesetz ist ferner die Ansicht des Berufungsgerichts, daß sich der Ausschluß des Scheidungsrechts der Beklagten auch aus § 49 Satz 2 EheG. ergebe, weil in dieser Vorschrift ein allgemeiner, auch für die §§ 47, 48 EheG. zutreffender Rechtsgedanke zum Ausdruck gelangt sei. Den Ehebruch als die schwerste Verletzung der ehelichen Treupflicht hat auch das Ehegesetz als unbedingten Scheidungsgrund beibehalten, der nur unter den Voraussetzungen des § 47 Abs. 2 oder des § 56 EheG. versagt.

Die Begründung, mit der das Berufungsgericht der Beklagten das Recht, auf Scheidung wegen Ehebruchs des Klägers zu klagen, abgesprochen hat, bedeutet in Wirklichkeit nichts anderes als eine Aufrechnung zwischen diesem und ihrem eigenen — noch dazu vom Kläger verziehenen — Ehebruch. Der Gedanke einer Aufrechnung der beiderseitigen Eheverfehlungen liegt aber dem Ehegesetz ebenso fern wie dem bisherigen Recht.

Da der Beklagten mithin im Gegensatz zur Ansicht des Berufungsgerichts das Recht, auf Scheidung wegen Verschuldens des Klägers zu klagen, noch jetzt zusteht, so ist ihr Antrag auf Schuldigerklärung des Klägers nach § 61 Abs. 2 Satz 1 EheG. begründet. Dringt aber die Beklagte mit diesem Antrage durch, so ist der Kläger seinerseits berechtigt, die Schuldigerklärung auch der Beklagten zu erwirken. Wenn das Berufungsgericht ihm dieses Recht abgesprochen hat, so hat es sich damit in Widerspruch zur Rechtsprechung des erkennenden Senats gesetzt (RGZ. Bd. 160 S. 392). Kommt es zu einer Schuldigerklärung auch der Beklagten, so bedarf es der weiteren Prüfung, ob die Schuld einer der Parteien überwiegt (§ 60 Abs. 2 Satz 2, Abs. 3 Satz 3 EheG.). Dem Revisionsgericht fehlt es hierfür an den erforderlichen tatsächlichen Unterlagen. Für diese vom Berufungsgericht auf Grund der gebotenen neuen Berufungsverhandlung gegebenenfalls vorzunehmende Prüfung mag folgendes bemerkt werden: In dem angefochtenen Urteil hat das Berufungsgericht unterstellt, daß sich auch der Kläger zahlreicher Eheverfehlungen, insbesondere schon vor dem Weltkriege des Ehebruchs, schuldig gemacht hat. Bloße Unterstellungen bilden jedoch, wenigstens in der Regel, keine geeignete Grundlage für die Abwägung des beiderseitigen Verschuldens; eine zutreffende Abwägung ist vielmehr erst dann möglich, wenn das Maß des beiderseitigen Verschuldens feststeht (vgl. WarnRspr. 1940 Nr. 32). Die Prüfung, ob die Schuld eines der Ehegatten überwiegt, hat sich nicht nur auf die Schwere der Verfehlungen an sich, sondern, ebenso wie im Falle des § 55 Abs. 2 EheG. (RGZ. Bd. 159 S. 307), auch darauf zu erstrecken, in welchem Umfange die beiderseitigen Verfehlungen zu der schließlich eingetretenen Zerrüttung der Ehe beigetragen haben. In dieser Hinsicht wird zu beachten sein, daß der Kläger, wenn er den schweren Fehltritt der Beklagten verzieh und sich zur Fortsetzung der Ehe mit ihr entschloß, damit auch seinerseits die Verpflichtung übernahm, das eheliche Verhältnis so gut als möglich zu gestalten, zumal wenn er selbst sich, wie das Berufungsgericht unterstellt hat, schon vor der Verfehlung der Beklagten schwere Eheverfehlungen, darunter auch Ehebruch, hatte zuschulden kommen lassen, die ihm die Beklagte verziehen hatte. Für die Abwägung des beiderseitigen Verschuldens wird es daher wesentlich auch darauf ankommen, aus welchen Gründen die Ehe der Parteien trotz der zunächst beiderseits vorhandenen Bereitschaft zu ihrer Fortsetzung schließlich doch gescheitert ist . . .

RGZ. 164, 352

Genügt es zur Scheidung aus § 50 EheG., daß die Ehe durch die unmittelbaren Wirkungen der geistigen Störung eines Ehegatten auf das eheliche Verhältnis, insbesondere eine dadurch bewirkte Beeinträchtigung der geistigen Gemeinschaft der Eheleute, zerrüttet worden ist?

EheG. §§ 50, 51*).

IV. Zivilsenat Urt. v. 8. August 1940.

I. Landgericht Torgau. II. Oberlandesgericht Naumburg a. S.

Der Kläger, der mit der Beklagten seit 1921 verheiratet ist, verlangt in erster Reihe die Aufhebung der Ehe gemäß § 37 EheG., weil die Beklagte an angeborenem Schwachsinn leide, nierenkrank

*) Jetzt §§ 44, 45 d. EheG. v. 20. 2. 46.

sei und einer minderwertigen Sippe entstamme, hilfsweise die Scheidung aus § 50 EheG. mit der Behauptung, die Ehe sei durch das auf ihrem Zustande beruhende Verhalten der Beklagten, die im Geschäft des Klägers nicht brauchbar und im persönlichen Verkehr völlig teilnahmslos ist, unheilbar zerrüttet. Das Landgericht hat die Klage abgewiesen, das Oberlandesgericht die Berufung des Klägers zurückgewiesen. Seine Revision führte zur Aufhebung des Berufungsurteils und zur Zurückverweisung der Sache.

Gründe:

(Zunächst wird dargelegt, daß die Verneinung der Voraussetzungen des Aufhebungsanspruchs durch das Berufungsgericht fehlerhaft ist und das Berufungsurteil daher aufgehoben werden muß. Dann wird fortgefahren:)

Für den Fall, daß die notwendige neue Verhandlung wiederum zu dem Ergebnis führt, daß die Aufhebungsklage unbegründet ist, wird zu dem Hilfsantrage des Klägers auf Scheidung folgendes ausgeführt:

Der Scheidungsanspruch nach § 50 EheG. setzt in deutlicher Anlehnung an § 49 einmal das Verhalten des verklagten Ehegatten voraus, das nur deshalb nicht als Eheverfehlung betrachtet werden kann, weil es auf einer geistigen Störung beruht, und ferner die dadurch bewirkte hoffnungslose Zerrüttung der Ehe. Danach muß eine Handlungsweise des Ehegatten vorliegen, die sachlich eine Eheverfehlung darstellt, und zwar eine solche nicht unerheblicher Art, die aber nicht schuldhaft ist, weil der Ehegatte dafür wegen der geistigen Störung nicht verantwortlich gemacht werden kann. Die von der Revision vertretene Ansicht, es genüge jedes auf geistiger Störung beruhende Verhalten eines Ehegatten, wodurch eine Ehezerrüttung im Sinne des § 50 herbeigeführt worden sei, auch wenn es sich nicht äußerlich als Eheverfehlung darstelle, findet im Gesetze keinen Anhalt und ist abzulehnen.

Zwar trifft es nicht zu, daß der Kläger, wie das Berufungsgericht anführt, nur allgemein auf die geschäftliche Untüchtigkeit und geistige Teilnahmlosigkeit der Beklagten verwiesen hätte. Er hat vielmehr dazu nähere Angaben gemacht. Eine Aussprache mit der Beklagten über geschäftliche Dinge sei, so hat er vorgetragen, ausgeschlossen. Immer wieder habe er versucht, die Beklagte durch Fragen des Einkaufs, der Art der notwendigen Waren und ähnliches zur Anteilnahme zu bringen; sie gebe auf alle solche Fragen überhaupt keine Antwort und verhalte sich, als ob sie die Frage gar nicht verstanden hätte. Jede Unterhaltung mit der Beklagten über Dinge, die irgendwie aus dem Rahmen des Hauswirtschaftlichen hinausfielen, sei unmöglich. Auf jede Bemerkung oder Frage antworte sie nur mit Ja oder Nein, ohne daß eine andere Aeußerung von ihr zu erlangen sei. Auch für die großen geschichtlichen Ereignisse der letzten Jahre und für politische Dinge zeige sie nicht die geringste Anteilnahme. Immer wieder stoße er bei ihr auf völlige Verständnislosigkeit. Die Revision irrt aber, wenn sie glaubt, aus diesem Sachverhalt den Tatbestand des § 50 EheG. ableiten zu können. In RGZ. Bd. 160 S. 300 (305) hat der erkennende Senat ausgesprochen, der Sachverhalt dürfe für § 50 EheG., da diese Vorschrift neben die Scheidung wegen verschuldeter Eheverfehlung nach § 49 die Scheidung ohne Verschulden stelle, nur rein sachlich geprüft werden. Es müsse also untersucht werden, ob das Verhalten des anderen Ehegatten, sofern er dafür verantwortlich wäre, eine Eheverfehlung darstellen würde. Weder dürfe das Vorliegen dieses Tatbestandes wegen der geistigen Störung verneint noch ihretwegen das Verhalten milder beurteilt werden. Die Revision will diese Regel auch im vorliegenden Fall anwenden. Sie meint, das vom Kläger vorgetragene Verhalten der Beklagten beruhe zwar auf ihrem Schwachsinn, dieser müsse aber außer Betracht bleiben, und bei einer nicht schwachsinnigen Ehefrau wäre das geschilderte Verhalten eine grobe Eheverfehlung. Daran ist richtig, daß eine im vollen Besitz ihrer Geisteskräfte derart handelnde, also jedes Eingehen auf die Anregungen des Ehemannes ablehnende Ehefrau sich in der Regel damit einer Eheverfehlung schuldig machen würde. Doch geht es gerade bei einem Verhalten, das sich allein aus dem Schwachsinn erklärt und auf ihm beruht, nämlich darin besteht, daß die geistig minderwertige Beklagte nicht über die Fähigkeiten verfügt, mit dem Kläger auch nur einigermaßen in derjenigen geistigen Gemeinschaft zu leben, die ihm eine geistig vollwertige Frau gewähren könnte, nicht an, die Beurteilung unter Außerachtlassen der geistigen Störung vorzunehmen. Die sonst für § 50 EheG. geltende Regel muß hier versagen, weil das Gesetz für Ehen, in denen die geistige Gemeinschaft infolge geistiger Erkrankung eines Ehegatten fehlt, in § 51 eine Sonderregelung enthält. Dort ist abschließend bestimmt, unter welchen Voraussetzungen der Umstand, daß die geistige Gemeinschaft unter den Ehegatten durch Geisteskrankheit des einen aufgehoben ist, zur Ehescheidung führen kann. Demgegenüber ist es unzulässig, bei einer geistigen Beschaffenheit eines Ehegatten, deren Auswirkung zwar die geistige Gemeinschaft mindert oder sogar aufhebt, die aber nicht das Scheidungsrecht aus § 51 EheG. entstehen läßt, die Scheidung doch aus § 50 EheG. zu gewähren. Auf § 51 EheG. hat aber der Kläger sein Begehren selbst nicht gestützt. Deshalb bedarf es keiner Prüfung, ob die Voraussetzungen dieser Vorschrift gegeben wären, was übrigens nach dem bisherigen Beweisergebnis kaum anzunehmen wäre.

RGZ. 165, 62

Kann der verklagte Ehegatte im Ehescheidungsstreite trotz Abweisung seiner auf Verschulden des Klägers gestützten Scheidungswiderklage im weiteren Verfahren einen Mitschuldantrag gegen den Kläger stellen, ohne die Abweisung angefochten zu haben?

EheG. § 60 Abs. 3*).

IV. Zivilsenat. Beschl. v. 17. Oktober 1940.

I. Landgericht Leoben. II. Oberlandesgericht Graz.

Die Frage wurde bejaht, aus folgenden, auch den Sachverhalt ergebenden

Gründen:

Der Kläger hat auf Scheidung der Ehe aus dem Verschulden der Beklagten geklagt. Diese hat beantragt, die Klage abzuweisen und die Ehe aus dem Alleinverschulden des Klägers zu scheiden, ohne den Sachantrag ausdrücklich als Widerklage zu bezeichnen. Das Gericht des ersten Rechtsganges hat das Begehren des Klägers und den Scheidungsantrag der Beklagten abgewiesen, da weder dem Manne noch der Frau ein Scheidungsanspruch zustehe. Das Berufungsgericht hat auf die Berufung nur des Klägers das ganze Urteil aufgehoben und die Sache unter Rechtskraftvorbehalt an das untere Gericht zurückverwiesen. Gegen den Aufhebungsbeschluß wendet sich der Rekurs des Klägers mit der Erklärung, daß er den Beschluß anfechte, soweit nach der Aufhebung auch noch über das Verschulden des Klägers zu verhandeln sei, und mit dem Antrage, den Beschluß aufzuheben oder dahin abzuändern, daß nur über das Verschulden der Beklagten verhandelt werde.

Der Rekurs ist nicht begründet.

Das Berufungsgericht erblickt in dem Ehebruche der Beklagten nach der Trennung der Ehegatten einen Scheidungsgrund; denn der Schlußfolgerung des Gerichts im ersten Rechtsgange, der Kläger habe diese Verfehlung der Beklagten nicht als ehezerstörend empfunden, könne nicht beigetreten werden. Vielmehr ergäben die — nicht unmittelbar vor dem erkennenden Gericht durchgeführten — Beweise das Gegenteil. Vom Standpunkte dieser anderen Auffassung sei gemäß dem Antrage der Beklagten nach § 60 Abs. 3 EheG. auf die Frage des Verschuldens des Klägers einzugehen, was das untere Gericht in Vernachlässigung seiner Aufklärungspflicht nach § 182 öst. ZPO. unterlassen habe. Der Rekurs hält eine Erörterung des Verschuldens des Klägers für überflüssig, da in dem nicht angefochtenen Teile der Entscheidung über sein angebliches Mitver-

*) Jetzt § 52 Abs. 3 EheG. v. 20. 2. 46.

schulden endgültig dahin erkannt sei, daß es nicht bestehe. Darin ist dem Rekurse nicht beizupflichten. Gegen die Abweisung des Scheidungsbegehrens ihrer Widerklage hat die Beklagte allerdings kein Rechtsmittel eingebracht. Dadurch ist aber dieser Teil des Urteils nicht rechtskräftig geworden. Dem Berufungsgericht war es, wenn es auch die Mängel des Verfahrens über die Widerklage nicht mehr aufgreifen konnte, nicht versagt, auf das Mitverschulden des Klägers nach § 60 Abs. 3 EheG. einzugehen; denn die Beklagte konnte auch noch im Berufungsverfahren den Mitschuldantrag stellen (RGZ. Bd. 162 S. 402).

Auszugehen ist davon, daß die Fragen des Bestandes der Ehe und ihrer Lösung, auch wenn verschiedene Begehren als Klage und Widerklage einander gegenüberstehen, eine Einheit bilden und zur Frage der Lösung der Ehe, wie das Reichsgericht schon wiederholt ausgesprochen hat, als untrennbarer Teil auch die Frage der Schuld gehört. Ueber Klage und Widerklage auf Scheidung oder Aufhebung der Ehe und auch über die Frage des Verschuldens muß daher auf Grund eines einheitlichen Verfahrens und in einem einheitlichen Urteil erkannt werden. Das sachliche Ergebnis des Rechtsstreits in Ehesachen läßt darüber nur ein einheitliches Urteil zu, das nur im ganzen der Rechtskraft fähig ist. Ein Teilurteil über die Klage oder die Widerklage allein oder über die Scheidung, losgelöst von der Verschuldensfrage, ist unzulässig. Wenn also ein Rechtsmittel auch nur einen Teil des den Rechtsstreit in einem Rechtsgang erledigenden Urteils ergreift, so wird damit die Rechtskraft des ganzen Urteils gehemmt. Auch die vom Rechtsmittel nicht erfaßten Teile des Urteils bleiben nicht bestehen; sie behalten aber insofern Bedeutung, als sie das höhere Gericht und im Falle der Aufhebung des Urteils auch das untere Gericht derart binden, daß das später ergehende Urteil die Partei, die kein Rechtsmittel eingebracht hatte, nicht besser stellen darf, als es das von ihr nicht angefochtene Urteil getan hatte. Der Beklagten ist es daher versagt, auf ihre abgewiesene Widerklage zurückzukommen. Sie ist aber nicht gehindert, gegenüber der Klage sich zu verteidigen und sich dabei auf ein Verschulden des Klägers zu berufen. Denn dem Rechtsmittelgericht wird der ganze Streitstoff zur Entscheidung unterbreitet, wenn auch eine Abänderung in bestimmter Richtung nicht mehr einsetzen kann (J o n a s - P o h l e ZPO. Bem. II 2 und 4 zu § 615). Das Gericht kann also nicht mehr dazu gelangen, die Ehe auf Grund der Widerklage der Beklagten aus dem Verschulden des Klägers zu scheiden; wohl aber kann das Verschulden des Klägers unter dem Gesichtspunkte seiner Mitschuld erörtert werden und zu einer Feststellung seines Mitverschuldens führen.

. . .

Die Beklagte konnte sich daher immer noch in einem Mitschuldantrage nach § 60 Abs. 3 EheG. auf Verfehlungen des Klägers berufen, wegen deren sie zur Zeit der Erhebung der Klage oder später auf Scheidung wegen Verschuldens hätte klagen können, wie auch, wenn dies der Billigkeit entspricht, auf Verfehlungen, wegen welcher sie das für sie einmal entstandene Klagerecht bereits verloren hat. Durch die Abweisung ihres Widerklagebegehrens ist sie daran nicht gehindert. Daß aber auf dieser Grundlage das Verfahren nicht zur Spruchreife geführt hat, bestreitet der Rekurs nicht.

RGZ. 165, 109

Kann der Ehegatte, der die Straftaten des anderen Ehegatten und dessen Verurteilung zu einer Freiheitsstrafe und zur Sicherungsverwahrung nicht als ehezerstörend empfindet, trotzdem wegen dieser Vorgänge die Ehescheidung nach § 49 EheG.*) verlangen, besonders wenn er später erst erkennt, daß die Sicherungsverwahrung von langer Dauer sein wird?

IV. Zivilsenat. Urt. v. 21. Oktober 1940.

I. Landgericht Duisburg. II. Oberlandesgericht Düsseldorf.

Seit dem 16. Januar 1934 leben die Parteien in kinderloser Ehe. Der Beklagte, der schon in der Zeit von 1918 bis 1934 sechzehn Vorstrafen erhalten hatte, wurde Ende 1934 erneut zu drei Jahren Zuchthaus verurteilt, sodann im Sommer 1938, zehn Monate nach Verbüßung dieser Strafe, in polizeiliche Vorbeugungshaft genommen und anschließend in ein Konzentrationslager überführt; dies geschah wegen neuer Straftaten aus der ersten Hälfte des Jahres. Die Klägerin hat daraufhin die Ehescheidung begehrt. Inzwischen ist der Beklagte wegen der letzten Straftaten zu zweieinhalb Jahren Zuchthaus und Sicherungsverwahrung verurteilt worden und befindet sich gegenwärtig in der Strafverbüßung. Die im November 1938 erhobene Klage hat die Klägerin damit begründet, daß der Beklagte nach Verbüßung der Zuchthausstrafe von drei Jahren, zu der er 1934 verurteilt worden war, Besserung gelobt, dann aber doch wieder strafbare Handlungen begangen habe. Sie habe ihm zwar Briefe ins Gefängnis geschrieben, ihn auch dort besucht, dabei aber nur aus Mitleid gehandelt und geglaubt, so seine baldige Entlassung zu erreichen. Da aber nach polizeilichen Angaben wenig Hoffnung auf seine Entlassung aus dem Lager bestehe, wolle sie nicht mehr ins Ungewisse warten. Der Beklagte hat Verzeihung eingewendet und

*) Jetzt § 43 d. EheG. v. 20. 2. 46.

für den Fall, daß die Klage nicht abgewiesen würde, einen Mitschuldantrag gestellt, da die Klägerin Ehebruch begangen habe.

Das Landgericht hat die Ehe aus alleiniger Schuld des Beklagten geschieden, da Verfehlungen der Klägerin nicht bewiesen seien, Verzeihung aber nicht angenommen werden könne; denn die Klägerin habe die Tragweite der Verfehlungen des Beklagten für das künftige Eheleben nicht erkannt und sich falsche Vorstellungen über die Dauer der Vorbeugungshaft gemacht. Da bei dem ungewissen Schicksal des Beklagten mit einem wirklichen Eheleben nicht mehr zu rechnen sei, entfalle die stillschweigende Bedingung der im bisherigen Verhalten der Klägerin etwa zu findenden Verzeihung. Die Berufung des Beklagten blieb erfolglos. Seine Revision führte zur Klageabweisung.

Gründe:

Daß das Verhalten, auf Grund dessen der Beklagte wiederum in Haft genommen und in das Lager überführt worden ist, eine schwere Eheverfehlung im Sinne des § 49 EheG. darstellt und, falls dadurch die Ehe der Parteien zerrüttet worden ist, der Klägerin einen Scheidungsanspruch aus der angeführten Vorschrift gibt, steht außer Frage. Deshalb hat auch das Berufungsgericht sich hauptsächlich mit dem Einwande beschäftigt, die Klägerin habe dem Beklagten verziehen. Diese Verzeihung verneint es. Die Klägerin habe den Beklagten häufiger im Gefängnis besucht, dabei umarmt und geküßt, ihm auch liebevolle Briefe und Karten geschrieben, zuletzt noch am 12. Dezember 1939, und ihm ihre große Liebe und Zuneigung versichert. Dieses Verhalten würde als Verzeihung den Scheidungsanspruch hinfällig machen, wenn die Klägerin vorher die Verbrechen des Beklagten für sich selbst oder für ihn als Schande empfunden und wenn dadurch ihre eheliche Gesinnung gelitten hätte. Das lasse sich aber nicht feststellen. Die Klägerin sei schon vor Beginn des Strafverfahrens gegen den Beklagten über die Schwere seiner Taten nicht im unklaren gelassen worden. Die Polizeibehörde habe ihr sogar angedeutet, daß der Beklagte vielleicht in die Sicherungsverwahrung komme. In den Strafverhandlungen vom 15. August und 31. Oktober 1939, die mit einem Urteil auf Zuchthaus und Sicherungsverwahrung endeten, sei die Klägerin zugegen gewesen und habe die Art der Verbrechen erfahren. Dadurch sei sie aber bis Ende 1939 in ihrer Einstellung zum Beklagten nicht beeinflußt worden; sie habe also bis dahin nicht empfunden, daß der Beklagte ihr nach der sonst herrschenden Anschauung schweres Unrecht angetan habe. Deshalb könne ihr Verhalten nur als Zeichen ihrer blinden Liebe zum Beklagten und ihres Wunsches, mit ihm baldigst vereinigt zu werden, nicht aber als Verzeihung angesehen werden.

Die dem Beklagten günstige Einstellung der Klägerin habe nicht vorgehalten. Ihr Brief vom 7. Februar 1940 an ihren Anwalt zeige, daß bei ihr allmählich ein Umschwung eingetreten und ihr endgültig zum Bewußtsein gekommen sei, der Beklagte habe durch seine Verbrechen die Ehe schuldhaft völlig untergraben. Seitdem sei die Ehe hoffnungslos zerstört. Eine Wiederherstellung der rechten ehelichen Gemeinschaft sei aber auch dadurch ausgeschlossen, daß der Beklagte auf unabsehbare Zeit in Verwahrung bleiben werde.

Die Revision wendet sich gegen die ausgesprochene Scheidung mit Erfolg.

Als gesetzliche Grundlage für das Scheidungsverlangen der Klägerin kann allein § 49 EheG. in Betracht kommen. Danach kann ihre Klage nur durchdringen, wenn die Straftaten des Beklagten die Ehe der Parteien so tief zerrüttet haben, daß die Wiederherstellung einer ihrem Wesen entsprechenden Lebensgemeinschaft nicht erwartet werden kann. Nur wenn dieser Tatbestand gegeben ist, ist für die Klägerin ein Scheidungsrecht erwachsen. Der Tatbestand aber erfordert ein Doppeltes. Der beklagte Ehegatte muß schuldhaft etwas begangen haben, was sich als schwere Eheverfehlung oder als ehrloses oder unsittliches Verhalten darstellt. Zum anderen muß als Folge dieser Verfehlung oder dieses Verhaltens die im Gesetze beschriebene Zerrüttung der Ehe eingetreten sein. Ob eine schwere Eheverfehlung oder ein ehrloses oder unsittliches Verhalten vorliegt, ist nach sachlichen Gesichtspunkten zu entscheiden und hängt nicht von den Empfindungen des anderen Ehegatten ab. Im Gegensatze dazu ist das zweite Tatbestandsmerkmal, die Ehezerrüttung und ihr Maß, davon abhängig, wie die schuldhafte Verfehlung des einen Gatten auf den anderen gewirkt hat. Nur wenn dieser sich durch den Vorgang verletzt fühlt, kann als Folge der Ereignisse die Ehezerrüttung eingetreten sein, deren Tiefe zugleich von dem Maße des Empfindens der Verletzung abhängen wird. Für dieses Tatbestandsmerkmal ist also die sittliche Wertung des Verhaltens eines Ehegatten durch den anderen maßgebend. Mit anderen Worten: Es kommt darauf an, daß der andere Ehegatte gerade infolge des ehrlosen oder unsittlichen Verhaltens oder der sonstigen Eheverfehlung eine erhebliche Einbuße an seinem ehelichen Gefühl gegenüber dem schuldigen Ehegatten erlitten und deshalb den Willen zur Fortsetzung der Ehe verloren hat.

Erst wenn in solcher Weise ein Scheidungsrecht des verletzten Ehegatten entstanden ist, kann er es durch Verzeihung wieder verlieren. Wer sich überhaupt nicht verletzt fühlt, kann auch nicht verzeihen; denn der Begriff der Verzeihung erfordert beim Verzeihenden das Gefühl des Verletztseins und bedeutet den Verzicht auf diejenigen rechtlichen Folgerungen, die er, statt zu verzeihen, also zu vergeben, sonst ziehen könnte. Wer überhaupt kein Scheidungsrecht hat, kann es auch nicht im Sinne des § 56 EheG. durch Verzeihung verlieren.

Das Berufungsgericht hätte deshalb zunächst prüfen müssen, ob der festgestellte Sachverhalt der Klägerin ein Scheidungsrecht tatsächlich gegeben hatte, das sie durch Verzeihung verlieren konnte. Statt dessen hat es sich nur mit der Frage nach der Verzeihung beschäftigt und ist deshalb zu unrichtigen Ergebnissen gekommen; denn das Verhalten der Klägerin stellt außer Zweifel, daß die Ehe der Parteien durch die Straftaten des Beklagten im Sinne des § 49 EheG. überhaupt nicht zerrüttet worden ist. Die große Zahl seiner Vorstrafen mag die Klägerin nicht gekannt haben, als sie den Beklagten am 16. Januar 1934 heiratete. Nach wenigen Monaten aber wurde er wiederum zu einer mehrjährigen Zuchthausstrafe verurteilt, ohne daß die Klägerin, die bei dieser Gelegenheit sicherlich auch von den Vorstrafen erfuhr, sich deshalb irgendwie vom Beklagten gelöst hätte. Schon im Juli 1938, wenige Monate nach Verbüßung der neuen Strafe, wurde er unter dem Verdachte der Urkundenfälschung und Unterschlagung wiederum verhaftet. Die Klägerin unternahm auch dieses Mal zunächst nichts. Erst nachdem er im August 1938 in das Konzentrationslager gebracht worden war, erhob sie die Ehescheidungsklage vom 8. November 1938. Doch schon am 8. Januar 1939 schreibt sie an das Gericht, sie sei jetzt anderer Meinung und bitte, die Scheidungsklage rückgängig zu machen; denn sie habe sich mit dem Beklagten versöhnt und bitte nur, ihn möglichst schnell auf freien Fuß zu setzen. Im Schriftsatze vom 13. Januar 1939 erklärt ihr Prozeßbevollmächtigter, sie habe diesen Brief, den ihr einer ihrer Schwäger vorgeschrieben habe, nur unterschrieben, weil ihr der Beklagte aus dem Lager vorgetäuscht habe, wenn sie sich nicht scheiden lasse, werde er bald entlassen und zu ihr zurückkehren; die Klägerin sei sich der Tragweite ihres Tuns nicht bewußt und habe keine klare Vorstellung von ihrer Lage, wolle aber den Einflüsterungen und Vorstellungen des Beklagten nicht mehr folgen, sondern die Scheidung durchführen. Für die wirkliche Einstellung der Klägerin ist jedoch besonders aufschlußreich ihr Brief an den Beklagten vom 25. Dezember 1938. Darin bezeichnet sie ihn als ihren unvergeßlichen Gustav, erklärt, sie sterbe vor Sehnsucht nach ihm, es dürfe zwischen ihnen nicht aus sein, sie liebe ihn bis in den Tod, und nur der Tod könne sie von ihm trennen; das sei ihr heiliges Wort, sie wolle nicht von ihm gehen. Der Prozeßbevollmächtigte der Klägerin gibt dann im Schriftsatze vom 28. Januar 1939 an, ihre Mutter habe ihm mitgeteilt, die Klägerin lasse sich in ihrem Handeln von Drohungen des Beklagten leiten, vor dem sie wie ihre ganze Familie Angst habe.

Bei ihrer Anhörung vor dem Landgericht hat die Klägerin nach dem Inhalt der Sitzungsniederschrift vom 8. Februar 1939 angegeben, sie habe schon im August 1938 gehört, daß die Schutzhaft des Beklagten sehr lange, vielleicht noch vier Jahre dauern könne; wenn sie bestimmt wüßte, daß er in einem Jahre wiederkäme, könnte sie sich mit ihm wieder aussöhnen; sie wolle aber nicht ins Ungewisse warten. Aus ihrer Erklärung ergibt sich ferner, daß sie ihn auch am 2. Februar 1939 besucht und ein anderes Mal in der Woche vor ihrer Vernehmung ihm Wäsche gebracht hat. Allerdings hat sie auch erklärt, eine weitere Aufforderung der Polizei, den Beklagten zu besuchen, habe sie als zwecklos abgelehnt. Erweckt der Inhalt dieser Vernehmung allenfalls noch den Eindruck, daß die Klägerin wirklich geschieden werden wollte, so ergeben spätere Briefe an den Beklagten das Gegenteil. Auf einer Postkarte vom 24. März 1939 heißt es wieder, sie habe keine Lust mehr am Leben, wenn er nicht wiederkomme, sie halte es nicht aus vor Sehnsucht nach ihm und liebe ihn bis in den Tod. Zugleich teilt die Klägerin auf dieser Karte mit, es sei sehr schwer gewesen, die Erlaubnis zu einem Besuche zu erhalten, aber sie sei doch dagewesen. Ueber diesen Besuch vom genannten Tage berichtet der Beklagte brieflich am 24. März 1939 seinem Anwalt, die Klägerin habe ihm erklärt, das Urteil werde gegen ihr Wollen gefällt; sie habe ihn auch um die Berufung gebeten, da sie nicht von ihm gehen wolle. Dann folgt der Brief der Klägerin an den Beklagten vom 26. März 1939. Dieser enthält in mehreren Wendungen die Erklärung, sie könne nicht vom Beklagten lassen, sei zunächst allerdings böse gewesen, habe aber alles vergessen und schwöre ihm Liebe bis in das Grab. Dann teilt sie ihm mit, sie habe sich ein Zimmer mieten müssen, um allein zu wohnen, weil sie sonst keine Briefe mehr von ihm empfangen könnte, obwohl sie täglich auf Briefe von ihm warte; denn „bei uns hätten sie die Briefe umgeschickt und das hätte ich nicht ausgehalten".

Dieser Sachverhalt zeigt deutlich, daß die Klägerin die Verbrechen des Beklagten als Schande weder für ihn noch für sich selbst empfunden hat, durch sie auch in ihrer ehelichen Gesinnung nicht beeinträchtigt worden ist. Das hat auch das Berufungsgericht festgestellt, aber es lehnt deshalb nur die Annahme einer Verzeihung bis zum Ende des Jahres 1939 ab. Zugleich stellt es in diesem Zusammenhange fest, daß die Klägerin durch ihre Anwesenheit in den Verhandlungen vor dem Strafgericht am 15. August und 31. Oktober 1939, die zur Zuchthausstrafe und Sicherungsverwahrung des Beklagten führten, über die Taten des Beklagten voll unterrichtet, trotzdem aber bis zum Schlusse des Jahres in ihrer Einstellung zu ihm nicht beeinflußt worden sei. Die spätere Sinnesänderung, die das Berufungsgericht bei der Klägerin erkennen zu können glaubt, hält es für entscheidend, weil sie erst eingetreten sei, nachdem die Klägerin dann endgültig sich bewußt geworden sei, daß der Beklagte durch seine Verbrechen die Ehe schuldhaft völlig untergraben habe, und weil die Wiederherstellung einer dem Wesen der Ehe entsprechenden Lebensgemeinschaft schon wegen der in ihrer Dauer nicht abzusehenden Sicherungsverwahrung nicht erwartet werden könne. Der Sachverhalt ergibt aber eindeutig, daß die Klägerin zu der erwähnten Sinnesänderung nicht etwa dadurch gelangt ist, daß sie die Taten des Beklagten als solche sittlich verurteilt und wegen seines ehrlosen und unsittlichen Verhaltens ihre eheliche Gesinnung gegen ihn verloren hätte, sondern allein deswegen, weil sie nunmehr damit rechnet, daß er, falls überhaupt, so doch erst nach langer Zeit zu ihr zurückkehren wird. Also nur die richtigere Erkenntnis der Folgen seiner Straftaten ist Ursache ihres neuerlichen Willens zur Scheidung, sofern sie diesen überhaupt hat und nicht etwa, wie das ihr Brief vom 26. März 1939 nahelegt, bei ihren auf Scheidung gerichteten Erklärungen nur unter fremdem Einfluß handelt. Diese vollständigere Erkenntnis der Folgen muß aber für die Entscheidung bedeutungslos bleiben, weil es sich eben nicht um die Frage nach der Verzeihung, sondern um diejenige nach der Entstehung des Scheidungsrechts aus § 49 EheG. handelt.

Für diese maßgebliche Frage kann es nur auf die sittliche Wertung der Vorgänge durch die Klägerin in dem oben erörterten Sinn ankommen, nicht aber auf ihre etwaigen Erwägungen anderen Inhalts. Dashalb kann ein Ehegatte, der trotz Kenntnis vom vollständigen Sachverhalt die schwere Eheverfehlung oder das ehrlose und unsittliche Verhalten des anderen nicht als verletzend und ehezerstörend empfunden, also auch kein Scheidungsrecht daraus gewonnen hat, die Scheidung nicht zu einer späteren Zeit deshalb begehren, weil er nunmehr die Folgen erkannt hat, die ihm unangenehm oder untragbar erscheinen, mit der sittlichen Wertung der Tat selbst aber nichts zu tun haben. Hierin zeigt sich der erhebliche Unterschied zwischen der Behandlung des Scheidungsrechts aus § 49 EheG., also der Frage, ob ein solches überhaupt entstanden ist, und der Verzeihung, also der Frage, ob das entstandene Scheidungsrecht vom Berechtigten wirksam wieder aufgegeben worden ist. Ueber die erste Frage entscheidet allein die sittliche Wertung, die der Ehegatte dem Verhalten hat zuteil werden lassen und von der es abhängt, ob er in seinem Empfinden so getroffen worden ist, daß er infolgedessen Scheidung verlangen darf; sonstige Erwägungen hingegen, die mit einer solchen Verletzung des sittlichen Empfindens nichts zu schaffen haben, müssen aus dem Spiele bleiben. Bei der Verzeihung liegt es anders: sie beseitigt das entstandene Recht auf Ehescheidung nur dann, wenn der Verzeihende den Willen zu seiner Aufgabe in Würdigung aller Umstände gefaßt und geäußert hat. Deshalb hat die Rechtsprechung der Verzeihung die Wirkung versagt, sobald sie in Unkenntnis wesentlicher Auswirkungen der Eheverfehlung gewährt worden war; denn es ist durchaus verständig, wenn der Scheidungsberechtigte bei der Prüfung, ob er verzeihen will oder nicht, auch die Folgen berücksichtigt, die aus der Verfehlung für die weitere Ehedauer, für die Familie, für seine eigene Lebensstellung, insbesondere auch in wirtschaftlicher Beziehung, zu erwarten sind. Solche umfassende Beachtung aller Umstände steht mit den Geboten der Sittlichkeit und dem Wesen der Ehe durchaus in Einklang. Diese Uebereinstimmung mit den Forderungen der Sittlichkeit würde hingegen fehlen, wenn es zugelassen würde, daß ein Ehegatte, der sich zunächst durch Verfehlungen des anderen gar nicht verletzt gefühlt und seine eheliche Gesinnung diesem gegenüber unverändert behalten hat, später die Scheidung noch verlangen könnte, weil er für ihn unliebsame Folgen der längst abgeschlossenen und ihm völlig bekannten Verfehlung in anderer Hinsicht erkannt hat. Ließe man das zu, so wäre in solchen Fällen in Wahrheit gar nicht die Verfehlung der Scheidungsgrund, sondern ihre vom Gesetz als solcher nicht anerkannte Folge, im vorliegenden Falle die angeordnete Sicherungsverwahrung. Daß dieses Ergebnis abzulehnen ist, bedarf keiner besonderen Begründung, wird hier aber recht deutlich, wenn man hervorhebt, daß die Klägerin auch die Verurteilung zur Sicherungsverwahrung längst kannte, als sie nicht wegen dieser Anordnung, sondern nur wegen der voraussichtlichen Dauer der Freiheitsentziehung den vom Berufungsgericht angenommenen Entschluß zur Scheidung faßte.

Hiernach beruht es auf Rechtsirrtum, wenn das Landgericht die Ehe der Parteien geschieden und das Berufungsgericht diese Entscheidung bestätigt hat. Beide Urteile müssen aufgehoben werden; denn nach dem festgestellten Sachverhalt, der keiner Aufklärung mehr bedarf, ist die Klage mangels eines Scheidungsgrundes abzuweisen. Nach § 565 Abs. 3 ZPO. muß das Revisionsgericht diese Sachentscheidung sogleich selbst treffen.

RGZ. 165, 317

Kann der auf Scheidung der Ehe verklagte Ehegatte einen Schuldausspruch gegen den klagenden Ehegatten wegen eines Grundes zur Aufhebung der Ehe beantragen?

EheG. § 42 Abs. 2, § 60 Abs. 3, § 61 Abs. 2*).

IV. Zivilsenat. Beschl. v. 15. Januar 1941.

I. Landgericht Wels. II. Oberlandesgericht Linz (Donau).

Die Frage ist bejaht worden aus folgenden, zugleich den Sachverhalt ergebenden

*) Jetzt §§ 37, 52 Abs. 3, 53 Abs. 2 d. EheG. v. 20. 2. 46.

Gründen:

Dem Klagebegehren der Frau auf Scheidung der Ehe aus dem Verschulden des Mannes hat dieser nicht widersprochen und nur geltend gemacht, daß die Frau an schwerer, ansteckender und unheilbarer Knochentuberkulose leide, worüber sie ihn beim Abschluß der Ehe geflissentlich in Unkenntnis gelassen habe, und daß er sie bei Kenntnis ihres Leidens nicht geheiratat haben würde. Er beantragt daher, das überwiegende Verschulden der Frau auszusprechen (§ 60 Abs. 3 EheG.). Das Gericht des ersten Rechtsganges hat die Ehe aus dem Alleinverschulden des Mannes geschieden und ausdrücklich die Feststellung eines Mitverschuldens der Frau abgelehnt. Das Berufungsgericht hat auf den Berufungsantrag des Mannes, das Urteil abzuändern und das überwiegende Verschulden der Frau auszusprechen, das Urteil insoweit aufgehoben, als die Feststellung des überwiegenden Mitverschuldens der Frau abgelehnt worden war, und hat die Sache an das erste Gericht verwiesen. Der Aufhebungsbeschluß wird von der Frau mit dem Rekurse bekämpft, der die Beseitigung des Beschlusses und die Bestätigung des ersten Urteils anstrebt. Der Rekurs ist nicht begründet.

1. In Frage steht, ob ein Mitschuld- oder Schuldantrag gemäß § 60 Abs. 3 oder § 61 Abs. 2 EheG. darauf gestützt werden kann, daß für den beklagten Ehegatten die Voraussetzungen der Eheaufhebung vorlägen oder vorgelegen hätten und der klagende Ehegatte als schuldig im Sinne des § 42 Abs. 2 EheG. anzusehen sei. Das Berufungsgericht hat die Frage bejaht. Diesen Fall sehe das Gesetz zwar nicht vor; die Lücke sei aber unter sinngemäßer Heranziehung der Entscheidung des Reichsgerichts vom 22. April 1940 (RGZ. Bd. 163 S. 315 [319]) durch Erweiterung der Bestimmung des § 60 Abs. 3 und des § 61 Abs. 2 EheG. auszufüllen. Die angeführte Entscheidung beruht — darin ist dem Rekurse beizupflichten — allerdings auf einer anderen Grundlage. Sie besagt nur, daß auch gegenüber der Aufhebungsklage ein Schuldausspruch gemäß § 60 Abs. 3 EheG. erwirkt werden kann. Sie zieht für die Aufhebungsklage die Verteidigungsmöglichkeiten heran, die dem beklagten Ehegatten aus dem Verschulden des klagenden Ehegatten im Falle der Scheidungsklage zustehen. Der mit der Aufhebungsklage angegriffene Ehegatte soll sich in gleicher Weise verteidigen können wie gegenüber der Scheidungsklage; denn für die Schuld des aus der Ehe strebenden klagenden Gatten kann es keinen Unterschied ausmachen, ob er die Lösung der Ehe durch Scheidungs- oder Aufhebungsklage zu erreichen sucht. Hier dagegen handelt es sich darum, ob der auf Scheidung verklagte Ehegatte sich damit verteidigen darf, daß der klagende Gatte die Aufhebbarkeit der Ehe wegen Willensmangels

oder Irrtums gekannt oder die Täuschung oder Drohung verübt habe und deshalb als schuldig nach § 42 Abs. 2 EheG. anzusehen sei. In Frage steht also nicht, ob der Aufhebungsklage die gleiche Verteidigung wie einer Scheidungsklage entgegengesetzt werden kann, sondern ob die Grundlage für das verteidigungsweise geltend gemachte Begehren nicht bloß — wie es der Wortlaut des § 60 Abs. 3 und des § 61 Abs. 2 EheG. an sich ergibt — den Scheidungs-, sondern darüber hinaus auch den Aufhebungstatbeständen entnommen werden kann.

2. Das Ehegesetz hat in wesentlich neuer Gestaltung der Eheanfechtung einige Anfechtungsgründe, die vordem als Nichtigkeitsgründe die Ehe mit rückwirkender Kraft als nicht geschlossen erscheinen ließen, zu Aufhebungsgründen gemacht, welche die Ehe nur mit Wirkung für die Zukunft auflösen. Damit sind die Wirkungen eines erfolgreichen Aufhebungsbegehrens der Scheidung im wesentlichen gleichgestellt. Weiter hat das Gesetz die Aufhebung und die Scheidung auch in der Verschuldensfrage eng aneinander angepaßt. Ein Unterschied liegt allerdings darin, daß bei keinem der Aufhebungsgründe (§§ 35 bis 39 EheG.) das Verschulden wie in den §§ 47 bis 49 EheG. Tatbestandsmerkmal ist; dieser Unterschied verliert aber dadurch sein Gewicht, daß auch bei den anderen Scheidungsgründen, bei denen die Schuld nicht Tatbestandsmerkmal ist (§§ 50 bis 53 und 55 EheG.), die Verschuldensfrage durch den Schuldantrag nach § 61 Abs. 2 EheG. aufgeworfen werden kann. Wenn auch bei der Verschiedenartigkeit der einzelnen Aufhebungsgründe der § 42 Abs. 2 EheG. in der Frage, worin das Verschulden liegt, Unterschiede machen mußte, so ist doch ausdrücklich die Wirkung des Verschuldens bei Aufhebung und Scheidung der Ehe in gleicher Weise geregelt (§ 42 Abs. 1 EheG.). Darauf aufbauend, haben auch §§ 17 und 18 DurchfVO. vom 27. Juli 1938 (RGBl. I S. 923) das Verschulden in beiden Fällen gleich behandelt. Unter diesen Umständen liegt es von vornherein nahe, Vorschriften, die sich ihrer Fassung nach allerdings nur auf die Scheidung beziehen, in erweiterter Auslegung auf die im Gesetz wesentlich kürzer behandelte Eheaufhebung anzuwenden.

3. Der gegebene Ausgangspunkt der Betrachtung ist die Widerklage auf Aufhebung der Ehe seitens des auf Aufhebung oder Scheidung verklagten Ehegatten. Diese Widerklage — vor Inkrafttreten des Ehegesetzes auf Eheanfechtung gerichtet — ist von der Rechtsprechung des Altreichs auf Grund des § 615 RZPO. von jeher auch in der bedingten Form zugelassen worden, daß der Anspruch nur für den Fall geltend gemacht werde, daß die Klage begründet sei

(vgl. Jonas-Pohle ZPO. Bem. I 3 und III 3 zu § 615). Dann ist das Gericht, wenn es nicht zur Abweisung der Klage gelangt, genötigt, sich außer mit dem Klagevorbringen auch mit der Widerklage zu befassen und über sie zu erkennen. Ist hieran festzuhalten, so bestehen keine durchschlagenden Gründe, es dem Beklagten zu versagen, dasselbe Ziel durch einen schlichten Schuldantrag entsprechend § 60 Abs. 3 und § 61 Abs. 2 EheG. zu erreichen. Denn sowohl im Ziele wie im tatsächlichen Ergebnis laufen der Schuldantrag und die bedingte Widerklage auf dasselbe hinaus: Beide erstreben nicht selbständig die Lösung der Ehe, sondern verfolgen nur für den Fall, daß die Ehe auf die Klage hin gelöst wird, das Ziel, daß die Wirkungen dieser Lösung — d. i. im wesentlichen die Schuldfrage — so entschieden werden, wie wenn das Auflösungsbegehren auch von dem Beklagten gestellt worden wäre. Ist dem aber so, dann wäre es eine rein äußerlich am Wortlaut des Gesetzes haftende Auslegung, wollte man dem verklagten Ehegatten für sein Begehren zwar den Weg der bedingten Aufhebungsklage eröffnen, ihm aber lediglich wegen des Fehlens einer entsprechenden Gesetzesverweisung im § 42 EheG. den Schuldantrag entsprechend § 60 Abs. 3, § 61 Abs. 2 das. versagen.

Gelangt man danach grundsätzlich zur Zulassung eines auf den Tatbestand des § 42 Abs. 2 EheG. gestützten Schuldantrags entsprechend § 60 Abs. 3 und § 61 Abs. 2 EheG., so muß hier sinngemäß zugleich die in den genannten Vorschriften der Fassung nach nur für die Scheidung getroffene Regelung gelten, daß die Schuldfeststellung als Billigkeitsausspruch auch noch auf solche Umstände gestützt werden kann, die infolge des Zeitablaufs usw. nicht mehr geeignet sind, angriffsweise geltend gemacht zu werden (§ 60 Abs. 3 Satz 2 das.). Würde man diese Fälle ausscheiden, so würde das offensichtlich zu Härten und Ungleichheiten führen, die dem Sinne des Gesetzes widersprächen; so besonders, wenn der bei Abschluß der Ehe von dem anderen Teile getäuschte Ehegatte die ihm angetane Unbill verziehen und die Ehe fortgesetzt hat und dann von dem anderen Teile wegen eines vielleicht weniger schwerwiegenden Umstandes auf Aufhebung oder Scheidung verklagt wird. . . .

RGZ. 165, 352

Zum Begriff der ekelerregenden Krankheit im Sinne des Ehegesetzes.

EheG. §§ 52, 54*).

*) Jetzt §§ 46, 47 d. EheG. v. 20. 2. 46.

IV. Zivilsenat. Urt. v. 16. Dezember 1940.

I. Landgericht München-Gladbach. II. Oberlandesgericht Düsseldorf.

Die Parteien, von denen der Kläger im Jahre 1904, die Beklagte im Jahre 1898 geboren ist, haben am 24. November 1927 die Ehe geschlossen. Im Jahre 1937 mußte sich die Beklagte einem ärztlichen Eingriff unterziehen, bei dem wegen einer bösartigen blutenden Mastdarmgeschwulst der ganze untere Teil des Mastdarms entfernt und ein künstlicher Darmausgang an der linken Bauchseite geschaffen wurde. Im August 1938 hob der Kläger die häusliche Gemeinschaft mit der Beklagten auf.

Der Kläger hat in erster Reihe Aufhebung der Ehe auf Grund der §§ 37, 38 EheG., hilfsweise Scheidung begehrt. Die Scheidungsklage hat er u. a. auf § 52 EheG. gestützt und zur Begründung geltend gemacht, daß die Krankheit der Beklagten ansteckend, ekelerregend und unheilbar sei. Die Beklagte hat beantragt, die Klage abzuweisen, hilfsweise den Kläger für schuldig zu erklären.

Das Landgericht hat die Klage abgewiesen. Die Berufung des Klägers ist erfolglos geblieben. Seine Revision führte zur Aufhebung und Zurückverweisung.

Aus den Gründen:

... Mit Recht wendet sich die Revision dagegen, daß das Berufungsgericht das auf § 52 EheG. gestützte Scheidungsbegehren des Klägers für unbegründet erklärt hat. Nach dieser Vorschrift kann ein Ehegatte Scheidung begehren, wenn der andere an einer schweren ansteckenden oder ekelerregenden Krankheit leidet und ihre Heilung oder die Beseitigung der Ansteckungsgefahr in absehbarer Zeit nicht erwartet werden kann. Der jetzige körperliche Zustand der Beklagten stellt, wovon auch das Berufungsgericht ausgeht, eine Krankheit im Sinne des § 52 EheG. dar; denn durch den ärztlichen Eingriff ist ein für den ganzen Körper wichtiger Teil mit der Folge entfernt worden, daß der natürliche Ablauf der Verdauungstätigkeit unmöglich geworden ist. Diese Veränderung des Körpers der Beklagten weicht von der natürlichen Körperbeschaffenheit so sehr ab, daß der Zustand der Beklagten als ein schwerer Krankheitszustand anzusehen ist. Er ist, wie nicht weiter ausgeführt zu werden braucht, auch dauernder Art. Den Scheidungstatbestand des § 52 EheG. verneint das Berufungsgericht lediglich deshalb, weil der Zustand der Beklagten nach dem Gutachten des Dr. S. nicht dem einer ekelerregenden Krankheit gleichkomme. Darin kann dem Berufungsgericht nicht beigetreten werden. Daß die Krankheit der Beklagten nicht nur durch ihr äußeres Erscheinungsbild, sondern auch durch die Wirkung auf den Geruchssinn bei einem normal empfindenden Menschen das Gefühl des Ekels hervorruft, kann nicht bezweifelt und insbesondere nicht durch die vom Berufungsgericht in Bezug genommenen Ausführungen des Sachverständigen Dr. S. in Frage gestellt werden, nach denen es Kranke, die einen sog. künstlichen After tragen, erfahrungsgemäß durch Gewöhnung dahin bringen können, daß sich der Stuhl ein- oder zweimal am Tage zu einer bestimmten Zeit entleert, während sie die übrige Zeit gewöhnlich nicht durch Stuhlentleerung belästigt werden. Es liegt also auch nach dem Gutachten des Sachverständigen nicht so, daß die infolge des Fehlens des Schließmuskels bestehende Gefahr unwillkürlicher Stuhlentleerungen durch Gewöhnung des Kranken und durch Einhaltung einer regelmäßigen Lebensweise mit der Zeit völlig beseitigt werden könnte. Der Kranke ist, wie der Sachverständige ausführt, nur dazu in der Lage, die Stuhlentleerung „in etwa" zu regeln. Hiernach muß davon ausgegangen werden, daß der körperliche Zustand der Beklagten den Tatbestand des § 52 EheG. erfüllt.

Zu einer abschließenden Entscheidung ist der Senat nicht in der Lage, weil noch zu prüfen bleibt, ob dem Scheidungsbegehren des Klägers die sittliche Rechtfertigung abzusprechen ist (§ 54 EheG.). Diese unter Berücksichtigung aller Umstände des Falles, inbessondere auch der Belange des Klägers (RGZ. Bd. 160 S. 240), vorzunehmende Prüfung steht in erster Reihe dem Tatrichter zu. Nur unter diesem Gesichtspunkt ist die vom Berufungsgericht aufgeworfene Frage von Bedeutung, ob es gerechtfertigt ist, den Leidenden eines unverschuldeten Unglücks wegen aus seiner Familie „auszustoßen". An einer erschöpfenden Erörterung der für die Frage der sittlichen Rechtfertigung des Scheidungsbegehrens nach § 54 EheG. maßgebenden Gesichtspunkte fehlt es bisher. . . .

RGZ. 166, 166

Ueber die Voraussetzungen für die Zulässigkeit der Wiederholung einer Ehescheidungsklage aus § 55 Ehegesetz.

ZPO. § 616. Ehegesetz § 55*).

IV. Zivilsenat. Urt. v. 22. Februar 1941.

Die Entscheidung ist abgedruckt unter „Zivilprozeß".

RGZ. 167, 265

Setzt der Ausschluß der Scheidung nach § 49 Satz 2 EheG.) notwendig voraus, daß die beiderseitigen Verfehlungen im Zusammenhange stehen?**

*) Jetzt § 48 d. EheG. v. 20. 2. 46.
**) Jetzt § 43 d. EheG. v. 20. 2. 46.

IV. Zivilsenat. Urt. v. 17. September 1941.

I. Landgericht Kleve. II. Oberlandesgericht Düsseldorf.

Die Parteien haben am 10. Oktober 1934 die Ehe geschlossen. Seit dem 1. April 1939 leben sie getrennt. Aus der Ehe sind zwei Kinder hervorgegangen, von denen das ältere im Jahre 1937, das jüngere erst nach der Trennung im Oktober 1939 geboren ist. Der Kläger war schon einmal verheiratet. Aus seiner früheren Ehe stammt ein im Jahre 1924 geborener Sohn, für dessen Person der Kläger zu sorgen hat. Dieser war zunächst in einer anderen, dann in einer nationalpolitischen Erziehungsanstalt untergebracht und befand sich seit dem 1. Juni 1937 ganz im Haushalt der Parteien.

Der Kläger begehrt die Scheidung der Ehe aus § 49 EheG. Zur Begründung hat er vorgetragen, die Beklagte habe von vornherein kein Verständnis für seine beruflichen Aufgaben bewiesen, ihn vielmehr durch ihr Verhalten in seiner Stellung gefährdet. Der tiefste Grund für die allmähliche völlige Entfremdung der Parteien sei das schlechte Verhältnis der Beklagten zu seinem ersteheIichen Sohne gewesen, den sie mit Abneigung und Haß verfolgt, in Gegenwart der Hausangestellten mit Schimpfworten bedacht und herabgewürdigt, trotz des Erziehungs- und Strafverbots des Klägers gezüchtigt, unzureichend verpflegt und auch sonst benachteiligt habe. Die Beklagte ist dem Klagevorbringen entgegengetreten und hat geltend gemacht, allein der Kläger trage die Schuld an der bestehenden Ehezerrüttung; u. a. habe er ihr durch seine Parteinahme gegenüber dem Sohne, der schwer erziehbar gewesen sei und sich gegen sie frech und widersetzlich benommen habe, jedes Ansehen genommen.

Im ersten Rechtsgange hat sich die Beklagte darauf beschränkt, Klageabweisung, hilfsweise Schuldigerklärung des Klägers zu beantragen. Das Landgericht hat die Ehe geschieden und die Beklagte für allein schuldig erklärt. Mit der Berufung hiergegen hat sie beantragt, die Klage abzuweisen und auf die nunmehr erhobene Widerklage die Ehe aus Alleinschuld des Klägers zu scheiden, hilfsweise sein Verschulden für überwiegend zu erklären. Das Oberlandesgericht hat die Ehe auf Klage und Widerklage geschieden und beide Parteien für schuldig erklärt mit der Maßgabe, daß die Schuld der Beklagten überwiege. Gegen dieses Urteil hat die Beklagte Revision eingelegt, die zur Aufhebung und Zurückverweisung führte.

Aus den Gründen:

Das Berufungsgericht legt zunächst bedenkenfrei dar, daß die Ehe der Parteien im Sinne des § 49 EheG. restlos zerrüttet sei, und untersucht dann eingehend unter ausführlicher Würdigung der umfangreichen Beweisaufnahme die Entwicklung und die Ursachen der

Zerrüttung, insbesondere in welchem Umfange jeder der Ehegatten sie verschuldet habe. Es gelangt zu dem Ergebnis, daß beide Ehegatten sich ehezerrüttender, schwerer Eheverfehlungen schuldig gemacht hätten, die den anderen zum Verlangen der Scheidung gemäß § 49 Satz 1 EheG. berechtigten. Es meint weiter, die Ausschlußbestimmung des § 49 Satz 2 treffe schon deshalb nicht zu, weil auf beiden Seiten teilweise erhebliche Verfehlungen vorlägen, die nicht in Zusammenhang miteinander gebracht werden könnten, und weil das Gesetz eine Aufrechnung der Scheidungsgründe nicht kenne. Ueberdies müsse auch bei Zugrundelegung sittlicher Maßstäbe für Wesen und Wert der Ehe, wie sie § 49 Satz 2 vorschreibe, beiden Parteien das Recht gegeben werden, die Ehe, die doch keinen Wert mehr für die Volksgemeinschaft besitze, zur Beseitigung unhaltbarer Zustände zur Auflösung zu bringen. Auf Grund einer Abwägung des beiderseitigen Verschuldens stellt der Berufungsrichter schließlich fest, daß die Schuld der Beklagten erheblich schwerer sei als die des Klägers.

Gegen die Nichtanwendung des § 49 Satz 2 zum Nachteil der Beklagten richtet sich der erste Revisionsangriff. Er muß Erfolg haben. Nach § 49 Satz 2 EheG. ist das Scheidungsrecht des klagenden Ehegatten, der selbst eine Verfehlung begangen hat, dann ausgeschlossen, wenn nach der Art seiner Verfehlung, insbesondere wegen des Zusammenhanges der Verfehlung des anderen Ehegatten mit seinem eigenen Verschulden, das Scheidungsbegehren bei richtiger Würdigung des Wesens der Ehe sittlich nicht gerechtfertigt ist. Voraussetzung des Ausschlusses ist danach in jedem Falle, daß der klagende Ehegatte sich eine Eheverfehlung, und zwar eine solche im Sinne des § 49 Satz 1, hat zuschulden kommen lassen. Im übrigen ist zu prüfen, ob nach der Art dieser Verfehlung das Scheidungsverlangen des Klägers noch sittlich gerechtfertigt erscheint. Keine unbedingt notwendige Voraussetzung ist dabei, daß die Verfehlungen beider Eheleute miteinander im Zusammenhange stehen. Ein solcher Zusammenhang ist vom Gesetz, wie dessen Fassung („inbesondere") zeigt, nur als ein Fall, und zwar als hauptsächlicher und wichtigster, aber keineswegs als alleiniger Fall des möglichen Ausschlusses des Scheidungsrechts gedacht. Unter § 49 Satz 2 können vielmehr auch Tatbestände fallen, bei denen ein — innerer oder äußerer — Zusammenhang der Verfehlungen nicht besteht. So kann unter Umständen bereits die unverhältnismäßig größere Schwere der Verfehlung des klagenden Ehegatten gegenüber der des verklagten seinem Scheidungbegehren die sittliche Berechtigung nehmen (so auch P a l a n d t BGB. Bem. 9 zu § 49 EheG.). Dabei handelt es sich weder um eine Aufrechnung der beiderseitigen Verfehlungen, die unzulässig sein würde, noch um eine Zumutbarkeit der geringeren

Verfehlung für den Kläger, wie sie das neue Gesetz ebenfalls ablehnt. Maßgebend ist vielmehr allein die auf Grund der gesamten Umstände zu beurteilende sittliche Berechtigung des Scheidungsverlangens vom Standpunkt einer richtigen — d. h. einer nach allgemeingültigen sittlichen . . . Gesichtspunkten ausgerichteten — Würdigung des Wesens der Ehe.

Mit diesen Grundsätzen steht es nicht im Einklange, wenn das Berufungsgericht die Anwendung des § 49 Satz 2 schon deshalb ablehnt, weil ein Teil der beiderseitigen Verfehlungen nicht in Zusammenhang miteinander gebracht werden könne. Ein derartiger Zusammenhang ist nach dem früher Gesagten nicht unbedingt notwendig. Abgesehen davon fehlt im Berufungsurteil die Darlegung, welche einzelnen Verfehlungen der Parteien, insbesondere der Beklagten, mit Verfehlungen des anderen Teils nicht zusammenhängen. Einer solchen hätte es um so mehr bedurft, als — worauf die Revision mit Recht hinweist — ersichtlich die beiderseitigen Hauptverfehlungen, nämlich diejenigen, die das Verhältnis der Beklagten zu dem erstehelichen Sohne des Klägers betreffen, nach den Feststellungen an anderer Stelle des Berufungsurteils in engem Zusammenhange miteinander stehen.

Auch der zweite Grund, den der Berufungsrichter für die Nichtanwendung des § 49 Satz 2 anführt, daß den Parteien, also auch dem Kläger, hier das Scheidungsrecht zustehen müsse, um einem unhaltbaren Zustand ein Ende zu machen und weil ihre Ehe doch keinen Wert mehr für die Volksgemeinschaft besitze, unterliegt rechtlichen Bedenken. Unhaltbare Zustände in der Ehe sind noch kein Grund, das Scheidungsverlangen des Klägers als sittlich berechtigt anzusehen. . . .

RGZ. 167, 301

1. Unter welchen Umständen kann ein Ehegatte trotz völliger Zerrüttung der Ehe Verfehlungen des anderen Ehegatten noch als ehezerstörend empfinden?

2. Kann auch dann, wenn die Frau dem Mann in seinem Geschäfts- oder Landwirtschaftsbetriebe Dienste leistet, angenommen werden, daß die häusliche Gemeinschaft aufgehoben sei?

EheG. §§ 49, 55, 56*).

IV. Zivilsenat. Urt. v. 22. Oktober 1941.

I. Landgericht Berlin. II. Kammergericht daselbst.

Der im Jahre 1878 geborene Kläger, der Bauer ist, und die im Jahre 1891 geborene Beklagte haben am 21. Dezember 1918 mit-

*) Jetzt §§ 43, 48, 49 d. EheG. v. 20. 2. 46.

einander die Ehe geschlossen. Aus dieser sind zwei Söhne hervorgegangen, von denen der eine noch minderjährig ist. Der letzte eheliche Verkehr der Parteien hat vor etwa 15 Jahren stattgefunden. Mit der Klage hat der Kläger Scheidung der Ehe auf Grund des § 49 EheG. begehrt, weil die Beklagte seit 15 Jahren die Hauswirtschaft und den Erbhof vernachlässige, alle erreichbaren Lebensmittel fortschleppe und vergrabe und die Söhne gegen ihn aufstachele. Hilfsweise hat er die Klage auf § 55 EheG. gestützt. Die Beklagte hat beantragt, die Klage abzuweisen. Sie hat die Klagebehauptungen bestritten und vorgetragen, sie habe auf dem Hofe mitgearbeitet, soweit der Kläger ihr dies gestattet habe; die Ehe sei dadurch zerrüttet worden, daß der Kläger sie seit Jahren mißhandelt und ihr nicht einmal die zur Ernährung nötigen Lebensmittel zur Verfügung gestellt habe. In der Schlußverhandlung vor dem Landgericht hat der Kläger erklärt, daß er die Klage nur noch auf § 55 EheG. stütze. Das Landgericht hat die Ehe auf Grund dieser Vorschrift geschieden. Hiergegen haben beide Parteien Berufung eingelegt. Der Kläger hat im zweiten Rechtsgange Scheidung der Ehe in erster Reihe aus § 49 EheG. begehrt; hilfsweise hat er den Scheidungsantrag aus § 55 aufrechterhalten. Die Beklagte hat mit ihrem Rechtsmittel in erster Reihe die Abweisung der Klage, hilfsweise die Schuldigerklärung des Klägers beantragt. Das Kammergericht hat die Berufung des Klägers zurückgewiesen und auf die Berufung der Beklagten die Klage abgewiesen. Die Revision des Klägers führte zur Aufhebung und Zurückverweisung.

Gründe:

I. Da der Kläger in der Schlußverhandlung des ersten Rechtsganges das Scheidungsbegehren seiner ausdrücklichen Erklärung nach nur noch auf § 55 EheG. gestützt und das Landgericht diesem Antrag entsprochen hatte, auch kein Schuldausspruch gegen den Kläger ergangen war, so war er durch das Urteil des Landgerichts nicht beschwert und konnte daher hiergegen keine selbständige Berufung einlegen. Gleichwohl ist das Berufungsgericht mit Recht auf das erneute Scheidungsbegehren aus § 49 EheG. eingegangen, da der in der mündlichen Berufungsverhandlung gestellte Antrag des Klägers in Verbindung mit der in diesem Zeitpunkte vorliegenden, ordnungsmäßig eingereichten und zugestellten Berufungsbegründungsschrift als eine — eine Beschwer nicht voraussetzende — Anschlußberufung aufzufassen ist.

Das Berufungsgericht hält für erwiesen, daß die Beklagte in den Jahren 1938 bis 1940 allerhand landwirtschaftliche Erzeugnisse, z. B. Kartoffeln, Korn und Holzstangen, sich angeeignet und verkauft hat. Es ist jedoch der Ansicht, daß dieses Verhalten der Beklagten nicht ursächlich für die Ehezerrüttung gewesen sein könne, weil die Ehe der Parteien, und zwar aus Verschulden des Klägers, zur damaligen Zeit bereits in einem Grade zerrüttet gewesen sei, daß von der Möglichkeit einer Vertiefung der Zerrüttung, insbesondere auf seiten des Klägers, nicht mehr die Rede sein könne. Die frühere Rechtsprechung zu § 1568 BGB., die darauf hinauslief, eine Ehe könne niemals so weit zerrüttet sein, daß keine weitere Eheverfehlung die Zerrüttung noch vertiefen könne, kann heute keinen Anspruch auf Beachtung mehr erheben (RGZ. Bd. 160 S. 107, Bd. 164 S. 187). Ob die Zerrüttung so weit fortgeschritten ist, daß keine weitere Vertiefung mehr möglich erscheint, ist eine lediglich nach den Umständen des einzelnen Falles zu entscheidende, im wesentlichen auf tatsächlichem Gebiete liegende Frage. Für die Beurteilung, ob ein Ehegatte trotz völliger Zerrüttung der Ehe Verfehlungen des anderen Ehegatten doch noch als ehezerrüttend empfindet, kann die Schwere und vor allem auch die Art der Eheverfehlung eine Rolle spielen. Die Zerrüttung kann sehr wohl schon so tief sein, daß die Ehe durch eine reine Eheverfehlung, also durch ein Verhalten, mit dem der schuldige Ehegatte nur gegen die durch die Ehe geschaffenen Bindungen verstößt, nicht mehr weiter zu zerrütten ist. Anders kann es aber liegen, wenn die Verfehlung oder ein ehrloses oder unsittliches Verhalten den schuldigen Teil nicht nur in seiner Eigenschaft als Gatten, sondern auch als Menschen schwer belastet oder wenn sein Verhalten nach außen in die Erscheinung tritt und dem Ansehen des anderen Ehegatten schadet. Dies hat der erkennende Senat bereits in mehreren — soweit ersichtlich, nicht abgedruckten — Entscheidungen ausgesprochen (vgl. auch RGRKomm. z. BGB., 9. Aufl., Bem. 6 Abs. 2 zu § 56 EheG. und F r a n t z DR. Ausg. A 1940 S. 710 linke Spalte). Hier steht ein Verhalten der Beklagten in Frage, das geeignet war, den Kläger in der Oeffentlichkeit bloßzustellen, und das darüber hinaus für ihn die Gefahr eines Einschreitens der Standesaufsicht oder des Anerbengerichts heraufbeschwören konnte. Diese Gesichtspunkte hat das Berufungsgericht bei der Prüfung, ob der Kläger das Verhalten der Beklagten noch als ehezerstörend hat empfinden können, nicht berücksichtigt.

Das Berufungsgericht spricht ferner dem Verhalten der Beklagten die Eigenschaft einer schweren Eheverfehlung ab, weil der Kläger allem Anschein nach seit etwa drei Jahren außer der Gewährung von Wohnung, Kartoffeln und Brot überhaupt nichts für den Unterhalt der Beklagten geleistet und diese daher in einem gewissen Notstande gehandelt habe, wenn sie sich Erzeugnisse des Hofes angeeignet und mit ihnen ihre sonstigen Lebensbedürfnisse befriedigt habe. Hiergegen ist aus Rechtsgründen nichts einzuwenden. Jedoch konnte das Berufungsgericht, wie die Revision mit Recht geltend macht, nicht zur Annahme eines Notstandes der Beklagten gelangen, ohne zu den Beweisantritten des Klägers Stellung zu nehmen, die das Vorliegen einer Notlage der Beklagten widerlegen sollten.

II. Die auf § 55 EheG. gestützte Scheidungsklage erklärt das Berufungsgericht für unbegründet, weil der Kläger nicht bewiesen habe, daß die häusliche Gemeinschaft der Parteien seit mindestens drei Jahren aufgehoben sei. Die Parteien hätten zwar, wie das Berufungsgericht ausführt, auf dem Erbhofe seit langer Zeit in räumlich getrennten Wohn- und Schlafräumen gewohnt. Aber daß sonst eine vollkommene tatsächliche Trennung der Ehegatten bestanden habe, sei nicht bewiesen. Richtig zu sein scheine, daß die Beklagte zum mindesten seit drei Jahren nicht mehr für den Kläger gekocht habe. Ferner habe die Beklagte die beiden Zimmer, die sich der Kläger zur alleinigen Benutzung vorbehalten habe, nicht mehr gesäubert; der Kläger habe dies durch Abschließen der Zimmer unmöglich gemacht und sie selbst gereinigt. Aber die Beklagte habe sich sonst, und zwar offenbar mit mindestens stillschweigender Zustimmung des Klägers, in seinem Haus und in seiner Wirtschaft betätigt, z. B. den Stall ausgemistet und ähnliche Arbeiten verrichtet. Ihr sei ferner nicht widerlegt worden, daß sie noch bis September 1940 die Zimmer der Söhne gereinigt und auch sonst die Wohnung mit Ausnahme der beiden Zimmer des Klägers sauber gehalten habe. Sie habe ferner behauptet, daß sie noch andere Arbeiten wie Waschen und dergl. verrichtet habe. Bei der Größe des Erbhofs von über 100 Morgen und beim Fehlen sonstiger Hilfskräfte sei es auch beinahe selbstverständlich, daß ein wesentlicher Teil der Arbeit zur Instandhaltung von Haus und Wirtschaft auf die Beklagte gefallen sei.

Diese Darlegungen des Berufungsgerichts geben Anlaß zu rechtlichen Beanstandungen. Das Berufungsgericht geht ersichtlich davon aus, daß die Betätigung der Beklagten im landwirtschaftlichen Betriebe des Klägers der Annahme entgegenstehe, daß die häusliche Gemeinschaft der Parteien aufgehoben sei. Das kann nicht als richtig anerkannt werden. Wie der Senat für den Fall, daß sich die Frau in dem Gastwirtschaftsbetriebe des Mannes betätigt, schon ausgesprochen hat, braucht in solcher Tätigkeit der Frau kein Merkmal einer noch bestehenden häuslichen Gemeinschaft gefunden zu werden. Von einer vollkommenen tatsächlichen Trennung der Ehegatten innerhalb derselben Wohnung kann zwar so lange nicht die Rede sein, als die Frau noch häusliche Arbeiten für den Mann in nennenswertem Umfange verrichtet. Dagegen lassen Dienste, welche die Frau dem Manne in seinem Geschäfts- oder Landwirtschaftsbetriebe leistet, nicht auf das Weiterbestehen einer den Ehegatten noch gemeinsamen Häuslichkeit schließen. Dasselbe gilt für solche Dienste, die nicht dem Manne, sondern ausschließlich den Kindern zugute kommen, wie z. B. das Waschen ihrer Wäsche. Daß die Beklagte die Wäsche des Klägers selbst seit Jahren nicht mehr gewaschen habe, hatte dieser unter Beweis gestellt. Welche sonstigen häuslichen Arbeiten die Beklagte für ihn noch verrichtet oder inwiefern sonst eine Gemeinschaft der Parteien in der Häuslichkeit noch bestanden hätte, lassen die Ausführungen des Berufungsgerichts nicht erkennen. Sie reichen daher nicht aus, eine Nachprüfung nach der Richtung zu ermöglichen, ob — bei Zugrundelegung der vorstehend erörterten rechtlichen Gesichtspunkte — die Aufhebung der häuslichen Gemeinschaft mit Recht als unbewiesen angesehen worden ist.

RGZ. 169, 59

Können trotz Vorliegens der sachlichen Erfordernisse einer schweren Eheverfehlung sowohl § 49 als auch § 50 EheG. unanwendbar sein?

EheG. §§ 49, 50*).

IV. Zivilsenat. Urt. v. 1. April 1942.

I. Landgericht Magdeburg. II. Oberlandesgericht Naumburg.

Die Parteien haben am 27. April 1934 geheiratet. Aus der Ehe stammt eine 1935 geborene Tochter. Die Beklagte ist von Juni bis November 1928 wegen Beziehungsideen und Verwirrtheit in einer Heilanstalt gewesen und — ohne inzwischen weitere Krankheitsschübe gehabt zu haben — gemäß Beschluß des Erbgesundheitsgerichts vom 22. November 1937 wegen einer dem schizophrenen Formenkreis zugehörigen Geisteserkrankung unfruchtbar gemacht worden. Seit 16. Dezember 1940 leben die Parteien getrennt. Nach der Behauptung des Klägers hat der letzte Geschlechtsverkehr im September 1940 stattgefunden, während die Beklagte behauptet, es sei am 7. Dezember 1940 noch einmal zum Verkehr gekommen, auch habe noch am 12. und 15. Dezember ein Austausch von Zärtlichkeiten stattgefunden.

Mit der Klage begehrt der Kläger die Scheidung der Ehe, die er im ersten Rechtszug auf § 49 und 50 EheG., im Berufungsrechtszug in erster Reihe auf § 49 und hilfsweise auf § 50 und § 53 EheG. gestützt hat. Die Beklagte hat um Klageabweisung, hilfsweise um einen Schuldausspruch gegen den Kläger gebeten. Das Landgericht hat die Klage abgewiesen; die Berufung des Klägers ist erfolglos geblieben. Auch seine Revision hatte keinen Erfolg.

---

*) Jetzt §§ 43, 44 d. EheG. v. 20. 2. 46.

Gründe:

Das Berufungsgericht hält die Klage aus keinem der vom Kläger angezogenen rechtlichen Gesichtspunkte für begründet. Für die Klagegründe des § 49 und des § 50 EheG. sei sachlich die Voraussetzung insoweit gegeben, als es sich um das Verhalten der Beklagten handle. Diese habe sich, wenn auch, wie im einzelnen dargelegt wird, nur unter dem Eindruck der plötzlichen Mitteilung der Scheidungsabsicht des Klägers, den sie geliebt und mit dem sie eine glückliche Ehe geführt habe, zu drei sachlich schweren Eheverfehlungen hinreißen lassen. Sie habe sich Ende Oktober 1940 persönlich an das Wehrbezirkskommando gewandt, um des Klägers Einberufung zu veranlassen, weil sie gehofft habe, daß er dadurch auf andere Gedanken kommen und sich seiner Familie wieder zuwenden werde. Sie habe weiter am 14. November 1940 zwei Selbstmordversuche begangen. Selbst wenn die Beklagte, wie ihr geglaubt werden könne, ihr Vorgehen nur vorgetäuscht habe, um dem geliebten Manne vor Augen zu führen, welche Folgen er mit der erstrebten Scheidung heraufbeschwören werde, so habe sie doch schon allein dadurch, daß sie den Kläger durch den Anblick seiner Frau und des kleinen Kindes in der von Gasgeruch erfüllten Küche in Schrecken habe versetzen wollen und tatsächlich auch versetzt habe, gegen ihre Pflichten schwer verstoßen. Leichter liege der Fall, daß sie den Kläger im Januar 1941 der Frau K. gegenüber gleichgeschlechtlicher Neigung verdächtigt habe; denn, wie in dem Urteil näher ausgeführt wird, habe der Gedanke, daß der Kläger sich vielleicht auf Grund gleichgeschlechtlicher Veranlagung von der Beklagten abgewandt habe, nicht so fern gelegen, wenn es auch in Wirklichkeit nicht so gewesen sei. Zusammengenommen aber stellten die drei Vorfälle rein sachlich schwere Eheverfehlungen der Beklagten dar, die auch vom Kläger als unerträglich empfunden worden seien und auf seiner Seite zur Zerrüttung der Ehe beigetragen hätten. In persönlicher Beziehung setze aber § 49 EheG. ein Verschulden des fehlenden Ehegatten, § 50 EheG. eine geistige Störung des Ehegatten, die sein Verschulden ausschließe, voraus. Das Vorliegen einer geistigen Störung im Sinne des § 50 EheG. sei zu verneinen. Die Beklagte sei nach dem ärztlichen Gutachten, dem das Gericht in vollem Umfange beitrete, zwar erblich etwas belastet, und es sei bei ihr eine hypomanische Note vorhanden, auch spreche sie in etwas regelwidriger Weise auf Gemütserregungen an und sei daher etwas affektlabil, doch sei sie geistig durchaus normal und das Vorliegen einer geistigen Störung zu verneinen. Wenn der Kläger auf die Ansicht verweise, daß schon nervöse Störungen als „geistige Störungen" im Sinne von § 50 EheG. anzusehen seien und daß daher die Affektlabilität der Beklagten auch darunter falle, so sei dem nicht zu folgen. Außer in den erörterten Fällen habe die Beklagte während der Ehe keinerlei regelwidriges Verhalten gezeigt, und zu den drei Vorfällen sei es auch nur gekommen, weil die Beklagte durch das überraschende Scheidungsbegehren des Klägers kopflos geworden und von Not und Sorge und dem Bestreben geleitet worden sei, sich und dem Kinde den Ehemann und Vater zu erhalten. Eine solche nur bei ganz außergewöhnlicher seelischer Belastung aufgetretene Gemütsbeeinflussung könne nicht als geistige Störung gelten, da sie nicht, wie z. B. die Hysterie, ein krankhafter Geisteszustand sei, der, auch ohne durch besondere Geschehnisse der Umwelt ausgelöst zu sein, immer wieder in Erscheinung trete. Wenn das Reichsgericht weniger auf die Art der geistigen Störung abstelle, als vielmehr darauf, daß ein krankhafter Gemüts- und Geisteszustand Handlungen herbeigeführt habe, die *ein vernünftiger, gesunder Mensch nicht vornehmen* würde, so stütze das den Standpunkt des Klägers nicht; denn bei dem Vorgehen des Klägers würde auch manche andere gesunde und sonst vernünftig denkende und handelnde Frau in verständlicher Bestürzung unklug und widersinnig gehandelt haben.

Zum Scheidungsbegehren aus § 49 EheG. sei zunächst grundsätzlich zu bemerken, daß § 49 und § 50 EheG. sich nicht lückenlos aneinanderreihten, sondern Fälle denkbar seien, die weder unter § 50 noch unter § 49 fielen, weil es bei § 50 an der geistigen Störung, bei § 49 am erforderlichen Verschulden fehle. Das Verschulden des ehewidrig handelnden Ehegatten setze nach § 49 EheG. das Bewußtsein voraus, durch sein Verhalten die durch die Ehe begründeten Pflichten zu verletzen. Dieses Bewußtsein lasse sich bei der Beklagten nicht bejahen. Zwar könne ihr der Vorwurf nicht erspart werden, daß sie bei ihrem ehewidrigen Vorgehen eine gewisse Fahrlässigkeit habe walten lassen; denn das Recht stelle an jeden, auch wenn er auf Gemütserregungen in verstärkter Weise anspreche, die Forderung, sich so weit als möglich zusammenzunehmen und seiner Stimmung Herr zu werden. Hier sei aber bei der geistigen Anlage der Beklagten in Verbindung mit den Besonderheiten des Falles im Augenblick ihres Handelns ihre Zurechnung gemindert gewesen, und diese geminderte Zurechnungsfähigkeit lasse die von ihr fahrlässig schuldhaft begangenen Eheverfehlungen nicht mehr als schwere Eheverfehlungen im Sinne des § 49 EheG. erscheinen. Dem Scheidungsbegehren aus § 49 stehe aber auch Satz 2 dieser Vorschrift entgegen. Der Kläger habe sich seinerseits durch die brüske Abkehr von der Beklagten einer groben Eheverfehlung schuldig gemacht. Er habe dann aber mit Gegenhandlungen seiner Frau rechnen müssen, die an sich nicht zu billigen seien, die aber auf seiner eigenen Verfehlung beruhten und auf Grund der besonderen Umstände milder zu beurteilen seien. . . .

Die Revision ist nicht begründet.

Sie bekämpft ohne Erfolg die Ausführungen des Berufungsrichters zu §§ 49 und 50 EheG. Weder läßt sich der grundsätzlichen Auffassung des Berufungsgerichts, es ließen sich Grenzfälle denken, in denen trotz eines Verhaltens des beklagten Ehegatten, das sich sachlich als schwere Eheverfehlung darstelle, weder § 49 noch § 50 anwendbar sei, mit Rechtsgründen entgegentreten, noch enthält die Begründung, mit der es im vorliegenden Falle zu einem solchen Ergebnis gelangt, einen Rechtsirrtum. Für die grundsätzliche Frage kommen Fälle in Betracht, in denen die ehewidrigen Handlungen als Affekthandlungen, und zwar auf Grund begründeter Erregung, begangen worden sind. Dabei gilt ohne weiteres folgende Ausnahme: War der Anlaß zur Erregung besonders bedeutsam und hielt sich die dadurch ausgelöste Handlung immerhin noch in Maßen, so ist unter den gegebenen Umständen das, was sonst als schwere Eheverfehlung anzusehen wäre, keine solche, so daß die hier zu beantwortende Frage dann gar nicht auftaucht. So liegt hier aber die Sache nicht. Dem Berufungsgericht ist unbedenklich darin beizutreten, daß sich jedenfalls die vorgetäuschten Selbstmordversuche auch unter Berücksichtigung der der Frau durch den Bruch der Ehe auferlegten seelischen Belastung angesichts der von ihr an den Tag gelegten Hemmungslosigkeit auch persönlich als schwere Eheverfehlungen darstellen würden, wenn eben nicht ihre — fraglos regelwidrige — Affektlabilität ihre Verantwortung für diese Hemmungslosigkeit milderte. Die Erwägung, daß infolge der geminderten Zurechnungsfähigkeit die schwere Eheverfehlung, wie sie § 49 EheG. voraussetzt, entfällt, ist rechtlich haltbar. Zweifelhaft könnte dagegen sein, ob dann nicht bei richtiger Auslegung des Begriffs der „geistigen Störung" eben ohne weiteres der Tatbestand des § 50 gegeben ist. Das Berufungsgericht verneint das, und auch darin ist ihm zu folgen. Daß hier der Tatbestand wesentlich anders ist als bei der mehrfach angezogenen Entscheidung des erkennenden Senats in RGZ. Bd. 161 S. 106, liegt auf der Hand. Wenn dort die Beklagte in ihrem Tagebuche laufend davon gesprochen hatte, „sie wünsche ihrem Mann etwas Böses, in Gedanken habe sie ihn totgeschlagen, er solle tot sein, sich stoßen, sich vergiften, über Wurzeln im Walde stolpern und sterben", so war das Krankhafte einer solchen Handlungsweise ganz unverkennbar. Diesen Umstand darf man bei der Anwendung des in der Entscheidung ausgesprochenen Grundsatzes „es komme nicht so sehr auf die Art der geistigen Störung, sondern darauf an, daß ein krankhafter Gemüts- und Geisteszustand Handlungen herbeigeführt habe, die ein vernünftig denkender, gesunder Mensch nicht vornehmen würde", nicht außer acht lassen. Die Handlungen, die den Tatbestand des § 50 EheG. erfüllen sollen, müssen ihre Hauptgrundlage in der „geistigen Störung" haben, ohne daß es gerade auf die Art dieser Störung entscheidend ankommt. Hier befand sich die Beklagte nach der Feststellung des Berufungsrichters mit Grund in hoher Erregung, die für sich ihr Verhalten erklärt, wenn auch nicht entschuldigt. Die „Affektlabilität" der Beklagten, die bis dahin in jahrelanger Ehe zu keinerlei regelwidriger Handlungsweise geführt und dem durchaus harmonischen Verlaufe der Ehe in diesen Jahren nicht entgegengestanden hatte, wirkte sich hier also nur als zusätzlicher Faktor bei dem Verhalten der Beklagten aus. Es handelt sich hier also gar nicht entscheidend um den Begriff der „geistigen Störung"; unter ihn könnte sicher auch die Affektlabilität fallen, wenn sie aus nichtigem Anlaß ganz unvernünftige Erregungshandlungen zur Folge gehabt hätte. Vielmehr ist hier das Entscheidende, daß nach der rechtlich einwandfreien Auffassung des Berufungsrichters die Handlungen der Beklagten nicht sehr erheblich von dem abweichen, was in solcher Erregung auch ein gesunder und vernünftiger Mensch tun könnte, und daß sich deshalb nicht sagen läßt, daß ihre Grundlage in einer geistigen Störung der Beklagten zu finden sei.

Dafür, daß — wie die Revision meint — das Berufungsgericht nur deshalb zu seiner Ansicht, die Selbstmordversuche der Beklagten seien nur vorgetäuscht gewesen, gelangt sei, weil es die näheren Umstände bei der Tat der Beklagten nicht berücksichtigt habe, fehlt jeder Anhalt. Der Revision kann auch nicht zugegeben werden, von einer begründeten Erregung der Beklagten lasse sich deshalb nicht sprechen, weil die Vorfälle sich erst längere Zeit nach der Mitteilung des Mannes von seiner Scheidungsabsicht ereignet hätten; nach Lage der Dinge war es verständlich, daß der Beklagten der Gedanke, ihr Mann habe sich trotz des bisher glücklichen Verlaufs der Ehe endgültig von ihr abgewandt, immer noch unfaßbar war und sie deshalb aus ihrer inneren Erregung nicht herauskam.

Rechtfertigt somit die Hauptbegründung, mit der das Berufungsgericht dem Klagebegehren aus § 49 und § 50 den Erfolg versagt hat, die Entscheidung, so bedarf es eines Eingehens auf die Hilfserwägungen (§ 49 Satz 2 und § 54) nicht mehr. . . .

RGZ. 169, 278

Kann die Scheidung einer zerrütteten Ehe mit der Begründung abgelehnt werden, der verletzte Ehegatte habe es vom Standpunkt einer höheren sittlichen Pflicht aus nicht zum Erlöschen seiner ehelichen Gesinnung kommen lassen dürfen?

EheG. § 49*).

*) Jetzt § 43 d. EheG. v. 20. 2. 46.

IV. Zivilsenat. Urt. v. 8. Juli 1942.

I. Landgericht Klagenfurt. II. Oberlandesgericht Graz.

Die Frage wurde verneint aus folgenden, auch den Sachverhalt ergebenden

Gründen:

Das Begehren der Frau auf Scheidung der Ehe wegen Verschuldens des Mannes haben die beiden unteren Gerichte abgewiesen. Die Revision der Frau gegen das Urteil des Berufungsgerichts ist begründet.

Nach den Feststellungen des Berufungsgerichts hat der Mann am Abende des Hochzeitstages eine andere Frau geküßt und einige Tage später, in der Silvesternacht, in ausgelassener Stimmung eine andere Frau belästigt, sie betrunken gemacht, in Gegenwart seiner Frau wiederholt geküßt und ihr unter die Röcke gegriffen. Das Berufungsgericht erblickt darin eine schwere Eheverfehlung und hat auch festgestellt, daß die Frau dieses Verhalten des Mannes als eine ihre eheliche Gesinnung zerstörende Kränkung empfunden habe. Gleichwohl glaubt es eine tiefe Zerstörung der Ehe im Sinne des § 49 EheG. verneinen zu sollen. Denn die Grundlage der Ehe sei nach wie vor noch gegeben, die Frau müsse sich auf ihre Pflichten besinnen, bei deren Erfüllung die Ehe noch von volkspolitischem Wert sei. Besonders zu berücksichtigen sei, daß der Mann die Frau alsbald eindringlich um Verzeihung gebeten und daß sie ihn während ihrer mehr als zehnjährigen engen Beziehungen als einen Mann von wertvollem Charakter kennengelernt habe.

In diesen Erwägungen kann dem Berufungsgericht nicht gefolgt werden. Ist einmal durch die Eheverfehlung die eheliche Gesinnung des verletzten Ehegatten zerstört und damit auf seiner Seite die Ehe zerrüttet, so kann die Zerrüttung oder deren Unheilbarkeit nicht unter dem Gesichtspunkt verneint werden, daß es Pflicht des verletzten Ehegatten sei, trotz der ihm widerfahrenen Kränkung an der Ehe weiter festzuhalten. Bei der Frage, ob der Zustand der Ehezerrüttung vorliegt, muß der Gesichtspunkt der Pflicht ausscheiden. Der erkennende Senat hat in zahlreichen Entscheidungen zu § 55 EheG. ausgesprochen, die Unheilbarkeit der Zerrüttung könne nicht deshalb verneint werden, weil es Pflicht des schuldhaft aus der Ehe strebenden Gatten sei, den Weg zu seinem Ehegatten wieder zurückzufinden. Entsprechendes muß im Falle des § 49 EheG. für den verletzten Ehegatten gelten. Darauf, ob ein weniger empfindsamer Ehegatte die Kränkung als nicht so schwer empfunden hätte und ob es unter den gegebenen besonderen Verhältnissen der ehelichen Pflicht mehr entsprochen hätte, an der Ehe festzuhalten, kommt es nicht an.

Den Gesichtspunkt der Zumutbarkeit hat § 49 EheG. ausgeschaltet, wie die von dem früheren § 1568 BGB. abweichende Fassung eindeutig ergibt (RGZ. Bd. 158 S. 199 [203], Bd. 164 S. 152 [154]). Ist infolge einer schweren Verfehlung die eheliche Gesinnung des anderen Gatten endgültig erloschen, so ist der Scheidungsanspruch gegeben; der Prüfung, ob das Scheidungsbegehren sittlich gerechtfertigt ist, bedarf es nur in dem hier nicht vorliegenden Falle, daß auch der Scheidungskläger eine Verfehlung begangen hat (§ 49 Satz 2 EheG.). Von diesem Fall abgesehen, geht es daher nicht an, den verletzten Ehegatten an der zerstörten Ehe gleichwohl deswegen festzuhalten, weil er es vom Standpunkt einer höheren sittlichen Pflicht aus nicht zum Erlöschen seiner ehelichen Gesinnung hätte kommen lassen dürfen. Es kann aber kein Zweifel darüber bestehen, daß sich im vorliegenden Falle die Frau von ihrem Mann innerlich endgültig gelöst hat und keine begründete Aussicht besteht, daß sich ihre Einstellung wandeln werde.

Die vom Berufungsgericht berücksichtigten besonderen Umstände sind demnach nur unter dem Gesichtspunkte zu würdigen, ob sie etwa die Verfehlung lediglich als eine minderschwere erscheinen lassen oder ob sie dazu Anlaß geben könnten, den ursächlichen Zusammenhang zwischen der Verfehlung und dem Zusammenbruch der Ehe in dem Sinne zu verneinen, daß die Ehezerrüttung nicht auf die Verfehlung, sondern auf einen eigenwilligen Entschluß der Frau zurückzuführen sei. Nach keiner der beiden Richtungen ergeben sich Bedenken. Darüber, daß das Verhalten des Mannes, zumal nach der kurz vorausgegangenen unfreundlichen Auseinandersetzung über das Zusammensein in der Hochzeitsnacht, als eine schwere Verfehlung anzusehen ist, kann kein Zweifel bestehen, auch wenn dem Mann ein bewußter Verstoß gegen die ehliche Treuepflicht ferngelegen haben mag. Ebensowenig kann davon die Rede sein, daß der Bruch der Ehe nicht sowohl auf die Verfehlung des Mannes als auf eine launenhafte Ueberempfindlichkeit der Frau zurückzuführen sei.

Daß sich die Frau irgendwelche Verfehlungen habe zuschulden kommen lassen, hat das Berufungsgericht zutreffend verneint. . . . Die Sache ist daher im Sinn einer Scheidung aus dem Alleinverschulden des Mannes spruchreif, ohne daß noch auf die weiteren Revisionsgründe der Mangelhaftigkeit des Verfahrens einzugehen wäre.

RGZ. 172, 242

Kann bei der Scheidung aus § 50 EheG. der Beklagte, der seinen gegenwärtigen Zustand der Unverantwortlichkeit durch ein eine schwere Eheverfehlung darstellendes Verhalten herbeigeführt

hatte, für schuldig erklärt werden, wenn der klagende Ehegatte das Recht auf Scheidung aus § 49 EheG. inzwischen verloren hat?

EheG. §§ 49, 50, 61 Abs. 2*).

IV. Zivilsenat. Urt. v. 19. Januar 1944.

I. Landgericht Trautenau. II. Oberlandesgericht Leitmeritz.

Die Frage wurde bejaht aus folgenden

Gründen:

Das Berufungsgericht führt aus: Der schon mehrere Jahre dem Trunk ergebene Mann habe früher, als er für sein Verhalten noch verantwortlich gewesen sei, die Frau gekränkt und bedroht. Der der Frau daraus erwachsene Scheidungsgrund nach § 49 EheG. sei durch Verzeihung und Fristablauf erloschen. Für sein gegenwärtiges Verhalten sei aber der Mann infolge des durch die Trunksucht herbeigeführten Zustandes einer geistigen Störung nicht verantwortlich. Die Klägerin habe somit nur einen Anspruch auf Scheidung ohne Schuldausspruch nach § 50 EheG.; zu einer solchen fehle es aber an einem entsprechenden Sachantrag.

Die vom Oberreichsanwalt unterstützte Revision der Klägerin ist begründet.

Ob und unter welchen näheren Voraussetzungen Handlungen, die im Zustand einer früher selbst verschuldeten Unverantwortlichkeit begangen worden sind, in entsprechender Anwendung strafrechtlicher Grundsätze in dem Sinne dem § 49 EheG. zu unterstellen sind, daß sie als eine gegenwärtig verübte, schuldhafte Eheverfehlung anzusehen sind, kann offen bleiben, da im vorliegenden Falle jedenfalls die Scheidung aus § 50 EheG. unter gleichzeitigem Billigkeitsschuldausspruch in sinngemäßer Anwendung des dem § 61 Abs. 2 Satz 2 das. zugrunde liegenden Rechtsgedankens gerechtfertigt erscheint. Außer Zweifel steht, daß das gegenwärtige Verhalten des Beklagten sachlich als schwere Eheverfehlung anzusehen und somit der Tatbestand des § 50 EheG. erfüllt ist. Ebenso steht fest, daß der Mann seinen gegenwärtigen Zustand der Unverantwortlichkeit durch seine fortgesetzte Trunksucht selbst schuldhaft herbeigeführt und sich durch dieses Verhalten seinerzeit einer schweren Eheverfehlung schuldig gemacht hat. Den Billigkeitsgrundsatz des § 61 EheG. hat die Rechtsprechung bereits dahin erweitert, daß im Falle der Scheidung aus § 55 gegenüber dem Schuldausspruch aus § 61 ein Gegenschuldantrag des Klägers zugelassen wird (vgl. RGZ. Bd. 160 S. 392, Bd. 163 S. 246, Bd. 164 S. 92; WarnRspr. 1941 Nr. 19 u. a.). Sachlich

*) Jetzt §§ 43, 44, 53 Abs. 2 d. EheG. v. 20. 2. 46.

gleiche Erwägungen mit dem Ziel einer alle Billigkeitsbedürfnisse befriedigenden Lösung der Schuldfrage müssen dazu führen, dem klagenden Ehegatten hier zu gestatten, auf Umstände zurückzugreifen, die mit dem bestehenden Zustande der Verantwortungslosigkeit in ursächlichem Zusammenhange stehen und als schwere Eheverfehlungen dem klagenden Teil ein inzwischen verlorenes Recht auf Scheidung wegen Verschuldens gegeben hatten. Zur Unterstützung dieses Gedankens mag auch auf die Vorschriften des § 59 Abs. 2 EheG. hingewiesen werden, der es dem Kläger, wenn der gegenwärtige Sachverhalt nicht ausreicht, den von ihm begehrten Ausspruch zu tragen, gestattet, auf frühere, durch Verzeihung oder Fristablauf verfallene Scheidungsgründe zurückzugreifen. Daß hier der Schuldausspruch gegen den Beklagten der Billigkeit entspricht, kann nach Lage der Verhältnisse keinen Bedenken unterliegen.

Ehescheidung, Folgen der Scheidung

RGZ. 67, 56

1. Unterhaltspflicht des früheren Ehemannes, der die Ehe wegen Irrtums angefochten hat. Verteidigung

a) damit, daß die Frau den Unterhalt im Haushalte ihrer Eltern empfängt,

b) damit, daß sie den Irrtum des Mannes gekannt habe,

c) damit, daß der Mann infolge seiner Wiederverheiratung nur nach dem Billigkeitsmaßstabe hafte;

d) Einwand des eigenen Unvermögens unter Verweisung der Frau auf die Unterhaltspflicht der Eltern.

2. Familienname der früheren Ehefrau.

IV. Zivilsenat. Urt. v. 7. November 1907.

I. Landgericht Dortmund. II. Oberlandesgericht Hamm.

Die Parteien waren miteinander verheiratet. Ihre Ehe wurde auf die Anfechtungsklage des jetzt verklagten Ehemannes durch rechtskräftiges Urteil für nichtig erklärt. Diesem Urteile lag die Feststellung zugrunde, daß zur Zeit der Eheschließung die jetzige Klägerin an Vaginismus gelitten, und ihr deshalb die Beiwohnungsfähigkeit gefehlt habe; über diese persönliche Eigenschaft der Klägerin habe sich der jetzige Beklagte geirrt; sie würde ihn aber bei Kenntnis der Sachlage und bei verständiger Würdigung des Wesens der Ehe von der Eingehung der Ehe abgehalten haben. Klägerin stellte darauf dem Beklagten gegenüber das Verlangen, daß ihr Verhältnis in vermögensrechtlicher Beziehung, insbesondere in Ansehung der Unterhaltspflicht, so behandelt werde, wie wenn die Ehe zur Zeit der Nichtigkeitserklärung geschieden, und der Beklagte für allein schuldig erklärt worden wäre. Sie hat seine Verurteilung zur Entrichtung einer Unterhaltsrente auf ihre Lebenszeit beantragt.

Das Landgericht hat die Klage abgewiesen. Auf die Berufung der Klägerin hat das Oberlandesgericht durch Vorabentscheidung den erhobenen Anspruch seinem Grunde nach für gerechtfertigt erklärt und die Sache zur weiteren Verhandlung und Entscheidung an das Gericht der ersten Instanz zurückverwiesen.

Die gegen dieses Zwischenurteil eingelegte Revision wurde zurückgewiesen.

Aus den Gründen:

„Der erhobene Anspruch ist auf die §§ 1346 Satz 2, 1345 Abs. 1, 1578 Abs. 1 BGB. gestützt.

I. Die Voraussetzungen dieser Gesetzesvorschrift liegen . . . vor. . . .

Der Berufungsrichter hat auch angenommen, daß eine den Anforderungen des § 1578 Abs. 1 entsprechende Unterhaltsbedürftigkeit der jetzigen Klägerin bestehe. . . . An dieser Annahme wird durch die Behauptung des Beklagten nichts geändert, daß die Klägerin gegenwärtig den Haushalt ihrer Eltern führt und dafür von ihnen Verpflegung und Kleidung erhält. Gehört Klägerin nach der Auflösung ihrer Ehe dem Hausstande der Eltern von neuem an, so bringt es dieses Verhältnis von selbst mit sich, daß sie in Ermangelung eigener Vermögenseinkünfte den Unterhalt von den Eltern empfängt. Leistet sie in einem solchen Falle den Eltern Dienste im Hauswesen, so erwirbt sie nicht im Sinne des § 1578 Abs. 1 den Unterhalt durch ihre Arbeit, sondern sie ist den Eltern gemäß § 1617 BGB. dienstpflichtig, weil sie von ihnen den Unterhalt unentgeltlich erhält. Dafür, daß die Klägerin abweichend von dem, was unter solchen Verhältnissen das Natürliche und Regelmäßige ist, mit ihren Eltern einen Dienstvertrag abgeschlossen habe, ist vom Beklagten nichts erbracht. . .

II. Mit seinem weiteren Vorbringen erhebt der Beklagte Einwendungen gegen den Klaganspruch.

1. Er macht zunächst geltend, Klägerin habe ihren Anspruch gemäß § 1347 BGB. verwirkt, weil sie in einem zwischen den Parteien geführten, gegenwärtig noch anhängigen Vorprozesse ihm gegenüber die Erklärung abgegeben habe, sie lasse es bei den Folgen der Nichtigkeit der Ehe bewenden. Der Berufungsrichter lehnt dies unter näheren, den Verlauf des damaligen Rechtsstreits betreffenden Feststellungen als tatsächlich unzutreffend ab. . . .

2. Ebensowenig zu beanstanden ist die Zurückweisung des auf den letzten Halbsatz des § 1346 gestützten Einwandes: die Klägerin habe, als sie die Ehe einging, den Irrtum des Beklagten gekannt. Der Berufungsrichter stellt von dem Leiden der Klägerin, auf das sich der Irrtum des Beklagten bezog, fest, es sei ihr dieses Leiden damals weder bekannt gewesen, noch auch habe sie es kennen müssen. War das der Fall, so kann Klägerin nicht gewußt haben, und es wäre ihr ebensowenig selbst bei gehöriger Aufmerksamkeit erkennbar gewesen, daß Beklagter sich im Irrtum befand, wenn er sie für körperlich wohlbeschaffen hielt.

3. Der Beklagte hält ferner den Fall seiner Befreiung von der Unterhaltspflicht nach §§ 1579 Abs. 1 und 1608 BGB. für gegeben. Er weist auf die unstreitige Tatsache hin, daß er inzwischen eine zweite Ehe eingegangen habe, und glaubt hieraus vorweg die Rechtsfolge herleiten zu können, daß, da er der jetzigen Ehefrau Unterhalt zu gewähren habe, seine Unterhaltspflicht der Klägerin gegenüber, wenn sie überhaupt bestände, nicht mehr nach dem Maßstabe des § 1578 Abs. 1, sondern gemäß § 1579 Abs. 1 Satz 2 nach dem Billigkeitsmaßstabe bemessen werden müsse. Die Revision tritt für die Richtigkeit dieser Gesetzesauslegung ein und wirft dem Berufungsrichter vor, dagegen gefehlt zu haben. Dem kann nicht beigetreten werden. Nach § 1579 Abs. 1 Satz 2 hat sich die geschiedene Ehefrau eine Herabminderung ihres Unterhaltsanspruchs auf ein der Billigkeit entsprechendes Maß nicht schon dann gefallen zu lassen, wenn nichts weiter vorliegt, als daß der frühere Ehemann einem minderjährigen unverheirateten Kinde oder infolge seiner Wiederverheiratung dem neuen Ehegatten Unterhalt zu gewähren hat. Das Gesetz hält vielmehr bei der im zweiten Satze des § 1579 getroffenen Ermäßigungsvorschrift an der im ersten Satze der Gesetzesstelle angegebenen Voraussetzung fest, daß der für schuldig erklärte Ehegatte bei Berücksichtigung seiner sonstigen Verpflichtungen ohne Gefährdung seines standesmäßigen Unterhaltes dem anderen Ehegatten k e i n e n Unterhalt oder nicht den v o l l e n standesmäßigen Unterhalt zu gewähren vermag (Urteil des RGs. vom 4. Mai 1903, Jurist. Wochenschr. von 1903 Beil. S. 88 Nr. 204). Dasselbe gilt unter den Voraussetzungen des gegenwärtigen Rechtsfalles für die streitige Unterhaltspflicht des Beklagten.

4. Allein der Beklagte stellt sich mit seinem weiteren Verteidigungsvorbringen vorsorglich auch auf den Standpunkt dieser ihm weniger günstigen Rechtsauffassung. Er behauptet: bei Berücksichtigung der durch die Wiederverheiratung entstandenen und seiner sonstigen Verpflichtungen sei er in der Tat außerstande, ohne Gefährdung seines eigenen standesmäßigen Unterhaltes zum Unterhalte

der Klägerin etwas herzugeben. Der Berufungsrichter hat jedoch die Richtigkeit dieser Behauptung verneint. Er nimmt an, daß nach dem, was Beklagter selbst über sein Einkommen angebe, er imstande sei, sich und seine jetzige Ehefrau standesmäßig zu unterhalten und dennoch zum Unterhalte der Klägerin beizusteuern. Zur Zeit könne unerörtert bleiben, ob die Angaben des Beklagten zu diesem Streitpunkte nicht für die Höhe des Klaganspruchs von Erheblichkeit seien. Hierüber werde der erste Richter bei der weiteren Verhandlung zu befinden haben; er werde insbesondere berücksichtigen müssen, welchen Einfluß die Wiederverheiratung des Beklagten sowie das Vermögen der zweiten Frau auf die Höhe des Klaganspruchs ausübten.

Sieht man von den prozessualen Bedenken ab, die dagegen erhoben werden könnten, daß der Berufungsrichter die Entscheidung der Frage, inwieweit der erhobene Einwand gegen den Klaganspruch durchgreift, einem künftigen Urteile vorbehalten und die Parteien damit an das Gericht der ersten Instanz verwiesen hat, so kommt der Berufungsrichter in materieller Beziehung mit diesen Ausführungen darauf hinaus, daß zwar zur Darreichung des vollen standesmäßigen Unterhaltes der Beklagte außerstande sein möge, daß aber nach Lage der Verhältnisse anzunehmen sei, er erleide an dem eigenen standesmäßigen Unterhalt keinen Abbruch, wenn er zur Bestreitung des Bedarfs der Klägerin (§§ 1580 Abs. 3, 1610 Abs. 1 BGB.) wenigstens einen Teil des Erforderlichen hergebe. Eine derartige Feststellung würde unter anderen Verhältnissen, als wie sie hier vorliegen, die Anwendung des § 1579 Abs. 1 Satzes 2 nicht ausschließen, sondern gerade notwendig machen. Denn mit Rücksicht auf die schon hervorgehobene Uebereinstimmung in den Voraussetzungen, von denen die Ermäßigung der Unterhaltsverpflichtung des geschiedenen Ehegatten sowohl nach Satz 1 als auch nach Satz 2 der Gesetzesstelle abhängt, hat bei solcher Sachlage der Verpflichtete von seinen Unterhaltsmitteln nicht etwa schlechthin nur so viel herzugeben, als ihm übrig bleibt, wenn er wegen seines Eigenbedarfs voll gedeckt ist, sondern es ist alsdann unter dem Gesichtspunkte der Billigkeit bei Berücksichtigung der Bedürfnisse sowie der Vermögens- und Erwerbsverhältnisse der Beteiligten darüber Entscheidung zu treffen, ob er darüber hinauszugehen verpflichtet ist, ob er also dem unterhaltsberechtigten früheren Ehegatten selbst unter Verkürzung des für den Eigenbedarf Erforderlichen einen Mehrbetrag zu entrichten hat. Allein in dieser Beziehung liegt der gegenwärtige Rechtsfall aus dem Grunde anders, weil der Beklagte die Klägerin zur ferneren Begründung seines Einwandes auch auf ihre Eltern verwiesen hat. Die Unterhaltspflicht dieser beiden Verwandten geht insoweit, als der Beklagte . . . wegen seines eigenen standesmäßigen Unterhalts gefährdet sein würde, der Unterhaltspflicht des Beklagten gemäß § 1608 BGB. vor. Den Gegeneinwand des Unvermögens der Eltern (§ 1603 Abs. 1; vgl. Entsch. des RGs. in Zivils. Bd. 57 S. 70 flg., insbesondere S. 76) hat die Klägerin nicht erhoben; im Gegenteil hat sie die Behauptung des Beklagten, ihre Eltern seien sehr wohlhabend, unbestritten gelassen. Unter diesen Umständen gebührt der Klägerin in der Tat nur ein Unterhalts**beitrag**, der dem Betrage gleichkommt, mit dem die Unterhaltsmittel des Beklagten über seinen durch § 1579 Abs. 1 Satz 1 (erster Halbsatz) umschriebenen Eigenbedarf hinausgehen.

Dabei, daß der **erste** Richter entscheiden soll, wieweit dies tatsächlich zutrifft, muß es verbleiben. Denn eine Beschwerde darüber, daß der Berufungsrichter keine Endentscheidung gegeben, sondern unter Anwendung der §§ 304, 538 Nr. 3 ZPO. ein Zwischenurteil erlassen hat, ist in der Revisionsinstanz nicht erhoben worden (§ 559 ZPO.). . . .

Nach alledem konnte die Revision keinen Erfolg haben.

Bei der nach §§ 313 Nr. 1, 523 ZPO. erforderlichen Angabe des Namens und Standes der Klägerin mußte von ihrer Selbstbenennung und von der damit übereinstimmenden Angabe in den Urteilen erster und zweiter Instanz abgewichen werden. Die im § 1355 BGB. vorgesehene Wirkung der Eheschließung ist gemäß § 1343 BGB. aufgehoben; § 1346 Satz 2 hat damit nichts zu tun. Die Klägerin hat daher wieder den ihr nach § 1616 BGB. zukommenden Familiennamen (nicht aber den ihres früheren Ehemannes) zu führen."

RGZ. 72, 199

Sind freiwillige Zuwendungen auf den gesetzlich zu gewährenden Unterhalt anzurechnen? Wann ist der in § 1579 Abs. 1 Satz 2 BGB.*) vorgesehene Fall gegeben?

IV. Zivilsenat. Urt. v. 15. November 1909.

I. Landgericht Beuthen O/S. II. Oberlandesgericht Breslau.

Die Klägerin verlangte, nachdem durch rechtskräftig gewordenes Urteil des Landgerichts Beuthen vom 8. Mai 1907 ihre Ehe mit dem Beklagten geschieden und dieser für den allein schuldigen Teil erklärt war, die Zahlung einer seit dem 1. Oktober 1907 in vierteljährlichen Vorauszahlungen zu entrichtenden Unterhaltsrente von jährlich 1800 M. Der Beklagte hielt sich nach seinen Vermögenverhältnissen und denen der Klägerin, namentlich mit Rücksicht darauf, daß Klägerin eine von ihrem Vater vor und bei der Eheschließung ihr zugesicherte

*) Jetzt § 59 Abs. 1 S. 2 d. EheG. v. 20. 2. 46.

Rente von jährlich 600 M. beziehe, zur Zahlung einer Rente nicht für verpflichtet und berief sich im zweiten Rechtszuge, außer anderen Einwendungen, auch darauf, daß ihm die Verpflichtung zum Unterhalt seines bei der Klägerin befindlichen Kindes obliege. In erster Instanz wurde der Beklagte, unter Abweisung der Klägerin mit der Mehrforderung, zur Zahlung einer Rente von jährlich 1200 M. verurteilt. Das Oberlandesgericht wies die von beiden Teilen eingelegte Berufung zurück. Das Reichsgericht hat das Berufungsurteil aufgehoben und die Sache an das Oberlandesgericht zurückverwiesen.

Aus den Gründen:

. . . „Auch wenn mit der Revision angenommen wird, daß die der Klägerin von ihrem Vater zugesagte Rente als eine dauernde, bis an ihr Lebensende zu entrichtende Leibrente versprochen ist, greift zugunsten der Klägerin der Gesichtspunkt durch, daß das Versprechen einer solchen Leibrente nach § 761 BGB. zu seiner Gültigkeit der Schriftform bedurft hätte (vgl. Entsch. des RG.'s in Zivils. Bd. 67 S. 207 flg.). Ist aber der Vater der Klägerin an das Versprechen nicht gebunden, so braucht sich die Klägerin die 600 M. auf den von dem Beklagten ihr zu gewährenden Unterhalt nicht anrechnen zu lassen. Hat die Klägerin keinen Rechtsanspruch gegen ihren Vater auf Zahlung dieser Rente, so muß mangels Darlegung besonderer Umstände, welche auf eine gegenteilige Willensmeinung schließen lassen, davon ausgegangen werden, daß ihr Vater, wenn er überhaupt die Rente weiter gezahlt hat, diese Zuwendung nur aus Mildtätigkeit gegen die Tochter, um diese nicht Not leiden zu lassen, nicht zur Erleichterung der Unterhaltspflicht des Beklagten gemacht hat. Die Klägerin ist deshalb nicht gehindert, den vollen Unterhalt vom Beklagten zu verlangen, den als geschiedenen Ehegatten gemäß § 1608 BGB. die Unterhaltungspflicht in erster Linie vor den Verwandten der Klägerin trifft. Würde in derartigen Fällen, wo der Unterstützungsbedürftige von seinen Verwandten oder Freunden freiwillige Zuwendungen erhält, auf die er keinen Rechtsanspruch hat und die ihm deshalb jederzeit wieder entzogen werden können, die Zuwendung auf den von dem Verpflichteten zu gewährenden Unterhalt angerechnet werden müssen, so würde die wohltätige Absicht des Zuwenders, der den Unterstützungsbedürftigen besser stellen will, nicht erreicht werden. Es würde dann der Dritte regelmäßig gar kein Interesse haben, solche Zuwendungen zu machen, die im Grunde nicht dem Bedürftigen, sondern dem Unterhaltspflichtigen zugute kommen würden. Dem Unterstützten selbst würde durch eine solche Zuwendung insofern ein schlechter Dienst erwiesen, als er in der Höhe der Zuwendung den gesetzlichen Unterhaltsanspruch nicht geltend machen könnte und somit, sobald die Zuwendung aufhört, sofort wieder in Not geraten würde. Das Reichsgericht hat denn auch bereits in dem Urteil vom 26. März 1908, Rep. IV. 11/07, grundsätzlich ausgesprochen, der Einwand, daß der Kläger von einem Dritten unterstützt werde, werde damit beseitigt, daß er gegen diesen keinen Rechtsanspruch habe und nicht verpflichtet sei, von dessen Almosen zu leben (vgl. auch das Urteil des IV. Zivilsenats vom 8. Februar 1896, abgedruckt in Gruchot's Beiträgen Bd. 41, S. 941 und das Urteil des VI. Zivilsenats vom 6. Februar 1905 in der Jurist. Wochenschr. S. 212 Nr. 21). Ob anders zu entscheiden sein würde, wenn der Unterstützungsbedürftige trotz Unverbindlichkeit des Versprechens ausnahmsweise in einer tatsächlich gesicherten Stellung hinsichtlich des Fortbezugs der Unterstützung sich befindet, ob insbesondere im vorliegenden Falle die Anrechnungsfähigkeit der Rente anzunehmen wäre, wenn der Vater der Klägerin trotz Mangels der Schriftform sein Versprechen als verbindlich gelten lassen wollte, braucht nicht untersucht zu werden, da nach dieser Richtung Behauptungen vom Beklagten nicht aufgestellt sind. . . .

Dagegen fällt dem Berufungsrichter darin ein Verstoß zur Last, daß er für die Regelung des vom Beklagten zu gewährenden Unterhalts ohne zureichenden Grund die Bestimmung des § 1579 Abs. 1 Satz 2 nicht zur Anwendung gebracht hat. Diese Bestimmung lautet:

> „Hat er (nämlich der allein für schuldig erklärte Ehegatte) einem minderjährigen unverheirateten Kinde oder infolge seiner Wiederverheiratung dem neuen Ehegatten Unterhalt zu gewähren, so beschränkt sich seine Verpflichtung dem geschiedenen Ehegatten gegenüber auf dasjenige, was mit Rücksicht auf die Bedürfnisse sowie auf die Vermögens- und Erwerbsverhältnisse der Beteiligten der Billigkeit entspricht."

Es fragt sich, wann der hier vorgesehene Fall gegeben ist, daß der Ehegatte einem minderjährigen unverheirateten Kinde Unterhalt zu gewähren hat. Es sind in dieser Beziehung drei verschiedene Auffassungen möglich: daß es genügt, wenn nach den allgemeinen gesetzlichen Bestimmungen eine Unterhaltspflicht besteht, daß ferner tatsächlich der Ehegatte den Unterhalt gewähren oder wenigstens auf Unterhaltsgewährung in Anspruch genommen sein muß, und eine dritte mittlere Ansicht, daß zwar die Unterhaltsgewährung oder Inanspruchnahme nicht zu erfordern ist, daß aber die Verhältnisse so liegen müssen, daß mit Sicherheit die Inanspruchnahme in nächster Zeit erwartet werden darf. Die erste Ansicht ist unbedingt zu verwerfen. Die bloße theoretische Möglichkeit, daß Unterhaltsansprüche von dem Kinde erhoben werden können, kann eine sichere Grundlage für die in § 1579 Satz 2 bestimmte Regelung der Unterhaltspflicht nicht abgeben. Als Vertreter dieser Ansicht kann wohl auch Engelmann (in v. Staudinger's Kommentar Bem. 1 b und 1 bα zu § 1579) kaum bezeichnet werden, der davon spricht, daß der geschiedene Ehegatte seinem minderjährigen unverheirateten Kinde gegenüber „unterhaltspflichtig" sein müsse, andererseits aber hervorhebt, daß der geschiedene Ehegatte außerstande sein müsse, sämtliche (an ihn herangetretene?) Unterhaltsansprüche zu befriedigen. Richtiger und dem Wortlaut des Gesetzes entsprechender ist die zweite Ansicht, wonach es auf die tatsächliche Unterhaltsgewährung oder Inanspruchnahme ankommt. Aber auch diese Ansicht bedarf in gewisser Beziehung einer Ergänzung, wie denn auch der Ausdruck „Unterhaltsgewährung" nicht buchstäblich genommen werden darf, und von Unterhaltsgewährung auch bei vorübergehender Leistungsunfähigkeit oder Leistungsweigerung gesprochen werden kann. Für die vom Prozeßrichter vorbehaltlich späterer Aenderung zunächst festzusetzende Regelung der Unterhaltspflicht zwischen geschiedenen Ehegatten muß es der Unterhaltsgewährung als gleichwertig angesehen werden, wenn der unterhaltspflichtige Ehegatte aller Voraussicht nach in nächster Zeit auf Unterhaltsgewährung an das Kind in Anspruch genommen wird. Es würde ein sehr unbefriedigendes Ergebnis sein, wenn der Prozeßrichter die Unterhaltspflicht nach § 1579 Satz 1 regelte, obschon im nächsten Augenblicke diese Regelung, weil der Ehegatte zur Unterhaltsgewährung an das Kind herangezogen wird, hinfällig wird. Der Richter, welcher bei der nach § 1579 ihm obliegenden Regulierung den praktischen Zweck dieser Regulierungstätigkeit nicht außer acht lassen darf, hat deshalb, wenn nach Lage der Sache das Kind darauf angewiesen ist, den Unterhalt vom Vater zu fordern, und deshalb mit größter Wahrscheinlichkeit eine alsbaldige Inanspruchnahme des Vaters zu erwarten ist, von vornherein den Unterhalt nach § 1579 Abs. 1 Satz 2 (auf Grundlage der Billigkeit), nicht nach § 1579 Abs. 1 Satz 1 festzusetzen. Es bleibt dabei, wenn gleichwohl wider Erwarten der Vater nicht auf Unterhalt in Anspruch genommen werden sollte, dem klagenden Ehegatten unbenommen, eine Aenderung des Urteils auf dem Wege des § 323 ZPO. herbeizuführen. Diesen Standpunkt hat der Berufungsrichter nicht eingenommen. Er hat, obschon der Beklagte sich darauf berufen hat, daß ihm eine Verpflichtung zur Unterhaltung seines bei der Klägerin befindlichen Kindes obliege, den Fall des § 1579 Abs. 1 Satz 2 nur deshalb als nicht gegeben erachtet, weil zur Zeit noch nicht feststehe, ob der Beklagte für das Kind werde zahlen müssen. Damit hat der Berufungsrichter, wie die Revision zutreffend rügt, das Gesetz verletzt. Es kann davon abgesehen werden, daß der Beklagte inzwischen nach dem Vortrag seines Prozeßvertreters — der auf die am 7. Juni und 24. Juni 1909 ergangenen Anerkenntnisurteile des Landgerichts Beuthen O/S. hingewiesen hat — bereits zur Zahlung von Unterhalt an seine Tochter Erna verurteilt ist, und dadurch eine anderweite Regelung des Unterhalts notwendig geworden ist. Auch ohnedies war der Berufungsrichter verpflichtet, in eine Prüfung der tatsächlichen Verhältnisse (nötigenfalls unter Ausübung des Fragerechts) daraufhin einzutreten, ob eine alsbaldige Inanspruchnahme des Beklagten mit Sicherheit zu erwarten war." . . .

RGZ. 75, 124

Unter welchen Voraussetzungen sind Gehaltserhöhungen, die der Ehemann in Zukunft zu erwarten hat, bei Bemessung der Unterhaltsrente der geschiedenen Ehefrau zu berücksichtigen?

BGB. §§ 1578 flg.*).

IV. Zivilsenat. Urt. v. 12. Januar 1911.

I. Landgericht Halle a. S. II. Oberlandesgericht Naumburg a. S.

Die Ehe der Parteien war rechtskräftig geschieden und der Beklagte für den schuldigen Teil erklärt worden. Auf Klage der Frau wurde der Beklagte durch Urteil des Landgerichts verurteilt, an die Klägerin eine jährliche Unterhaltsrente von 1640 M. zu zahlen. Die Klägerin legte Berufung ein und beantragte stufenweise Erhöhung der Renten für die Zukunft in genauer angegebenen Zeitfristen.

Das Oberlandesgericht wies die Berufung zurück. Das Reichsgericht hat das Berufungsurteil aufgehoben und die Sache zurückverwiesen.

Aus den Gründen:

. . . „Der Hauptangriff der Revision richtet sich dagegen, daß das Berufungsgericht es unterlassen hat, zugunsten der Klägerin die Gehaltserhöhung, die der Beklagte zu erwarten haben soll, zu berücksichtigen. Die Revision macht geltend, bei Bemessung des standesmäßigen Unterhalts hätte mindestens diejenige Gehaltserhöhung des Beklagten in Betracht gezogen werden müssen, deren Eintritt kraft des gesetzlichen Normaletats schon z. Z. der Scheidung völlig sicher festgestanden habe. In dieser Beziehung habe die Klägerin von vornherein behauptet, daß das damals 5460 M. betragende Gehalt des Beklagten vom 1. April 1909 ab in dreijährigen Stufen um je 600 M. bis zu einem Höchstgehalte von 7260 M. steigen werde. Außerdem hätten aber schon damals im Landtage Verhandlungen geschwebt, die auf eine Erhöhung des Gehalts abgezielt und dahin geführt hätten, daß das Endgehalt (einschließlich des Wohnungsgeldzuschusses) auf 8080 M. normiert worden sei, und zwar

*) Jetzt §§ 58 flg. EheG. v. 20. 2. 46.

mit rückwirkender Kraft vom 1. April 1908 ab. Auch diese Aufbesserung der Besoldung habe daher zugunsten der Klägerin berücksichtigt werden müssen.

Dieser Revisionsgrund entbehrt nicht der Berechtigung. Das Berufungsgericht gelangt zur Verneinung der Frage mit der an sich unbedenklich zutreffenden Begründung, daß für die Bestimmung des Standes der geschiedenen Frau und deshalb ihres Unterhaltsbedarfs die Verhältnisse, insbesondere auch die Vermögensverhältnisse, zur Zeit der Scheidung maßgebend seien. Mehr als was sich hiernach als „standesmäßiger" Unterhalt der Frau ergebe, könne sie daher niemals verlangen, insbesondere könne sie auch an einer späteren Verbesserung der Vermögensverhältnisse des Mannes nicht teilnehmen. Die späteren jeweiligen Vermögensverhältnisse kämen nur insoweit in Frage, als der Mann den an sich nach § 1578 BGB. zu bemessenden Unterhalt nicht oder nicht ganz gewähren könne. Das Berufungsgericht zieht daraus für den gegenwärtigen Prozeß den Schluß, daß das Einkommen maßgebend sei, das der Beklagte zur Zeit der rechtskräftigen Scheidung bezogen habe. Die späteren gesetzlichen Steigerungen des Einkommens der Oberlehrer an Gehalt und Wohnungsgeldzuschuß kämen auch, soweit das bezügliche Gesetz rückwirkende Kraft habe, nicht in Betracht, weil die tatsächlichen Verhältnisse jener früheren Zeit entscheidend seien.

Es handelt sich um zwei Fragen, nämlich zunächst darum, ob bei Bemessung des standesmäßigen Unterhalts der Klägerin die schon zur Zeit der Scheidung feststehenden Gehaltssteigerungen des Beklagten in Betracht zu ziehen sind, und ferner ob auch die durch das preuß. Gesetz betr. die Bereitstellung von Mitteln zu Diensteinkommensverbesserungen vom 26. Mai 1909, mit rückwirkender Kraft eingeführte Gehaltsaufbesserung zu berücksichtigen ist. Bei Beantwortung dieser Fragen ist die Richtigkeit der vorstehend erwähnten tatsächlichen Anführungen der Klägerin, in deren Prüfung das Berufungsgericht von seinem Standpunkte aus nicht einzutreten brauchte, zu unterstellen.

Was zunächst die erste Frage anlangt, so bestimmt sich der standesmäßige Unterhalt der geschiedenen, nicht für schuldig erklärten Ehefrau, wie das Berufungsgericht zutreffend ausführt, nach der Lebensstellung der Ehegatten zur Zeit der Scheidung. Bei der Lebensstellung spielen nicht nur die Standes-, sondern auch die Vermögens- und Einkommensverhältnisse eine wesentliche Rolle. Ein Beamter, der zur Zeit der Scheidung ein Gehalt von 5000 M. hat, aber mit Sicherheit auf eine Erhöhung seines Gehalts um etwa 2000 M. im Laufe einer festbestimmten Zahl von Jahren rechnen kann, befindet sich in einer wirtschaftlich besseren und gesicherteren

Lage, als einer, der weiß, daß er für sein Leben auf ein Einkommen von 5000 M. beschränkt bleibt. Dieser kann sich nicht die Ausgaben erlauben, wie jener. Er muß vielmehr darauf bedacht sein, zur Bestreitung der in der Ehe regelmäßig später wachsenden Bedürfnisse einen Teil seines Einkommens zurückzulegen, während der andere Beamte in der Lage ist, jene Bedürfnisse aus den ihm inzwischen erwachsenen Gehaltszulagen zu decken. Die Sachlage ist nicht dieselbe, wie bei einem Beamten, der nach der Scheidung in ein besser besoldetes anderes Amt befördert wird, oder bei einem Kaufmanne, der nach der Scheidung eine mit einem besseren Einkommen verbundene Stellung erringt. Das sind Umstände, die bei der Scheidung nicht feststehen, nicht einmal voraussehbar sind. Anders ist es bei den Gehaltserhöhungen nach Dienstaltersstufen. Wenn der Oberlehrer auch hierauf keinen klagbaren Anspruch hat (Entsch. d. RG.'s in Zivils. Bd. 11 S. 289, Bd. 48 S. 321), so kann er doch nach dem gewöhnlichen Verlaufe der Dinge mit einer an Sicherheit grenzenden Wahrscheinlichkeit auf die Erhöhung rechnen, und deswegen ist sie zu berücksichtigen. Die gleiche Ansicht wird vertreten in der Entscheidung des Reichsgerichts Bd. 19 S. 314, welche für das Allgemeine Landrecht, das in der hier in Rede stehenden Beziehung vom Bürgerlichen Gesetzbuche nicht abweicht (vgl. §§ 794, 803 Teil II Titel 1), ausspricht, daß solche Veränderungen, deren Eintritt gewiß sei, schon bei Feststellung der Verpflegungsgelder der geschiedenen Frau in Betracht zu ziehen seien.

An den späteren Gehaltserhöhungen als solchen hat die geschiedene Frau allerdings nach der Scheidung, den oben entwickelten Grundsätzen zufolge, keinen Anteil mehr. Eine Erhöhung der Rente nach Maßgabe der Steigerung des Gehalts kann also die Klägerin nicht, wie sie meint, beanspruchen. Aber die zur Zeit der Scheidung feststehende Tatsache, daß das Gehalt des Beklagten in Zukunft bestimmt und erheblich steigen wird, ist bei der Ermittelung der „Lebensstellung" der Parteien zu jener Zeit und des sich danach richtenden Unterhaltsbedarfs der Klägerin nicht außer acht zu lassen. Daraus ergibt sich von selbst die Unrichtigkeit der von der Revisionsbeantwortung vertretenen Ansicht, daß es der Klägerin freistehe, auf Grund des § 323 ZPO. eintretendenfalls eine Erhöhung der Unterhaltsrente zu beanspruchen. Denn nach dem Erörterten würde es sich nicht um eine Aenderung von Verhältnissen handeln, die für die Bestimmung der Höhe der Leistung maßgebend gewesen sind, und ferner würde, wenn es sich darum handelte, die Klägerin keinen Anspruch auf Erhöhung der Rente haben.

Soweit etwa die unter Berücksichtigung dieser Gesichtspunkte ermittelte standesmäßige Unterhaltsrente so hoch ist, daß der Beklagte sie im Hinblick auf das zur Zeit der Scheidung bezogene

Gehalt gemäß § 1579 BGB. nicht zu leisten braucht, ist sie zunächst niedriger zu bemessen. Denn die Leistungsfähigkeit des Verpflichteten richtet sich, wie das Berufungsgericht im Anschlusse an die Entscheidung des erkennenden Senats vom 17. Oktober 1907 (Rep. IV. 86/07) zutreffend ausgeführt hat, nicht endgültig nach den Vermögensverhältnissen zur Zeit der Scheidung, sondern nach den jeweiligen Vermögensverhältnissen. Das kann also allerdings im Ergebnisse dazu führen, daß die der Klägerin zuzusprechende Rente von vornherein nach Maßgabe der in Aussicht stehenden Gehaltssteigerungen abgestuft wird.

Was weiter die angeblich auch dem Beklagten — der anscheinend an einer städtischen Anstalt als Oberlehrer angestellt ist — infolge des Gesetzes vom 26. Mai 1909 zugute gekommene Gehaltsaufbesserung anlangt, so ist dem Berufungsgerichte zwar zuzugeben, daß diese nicht schon deswegen in Betracht zu ziehen ist, weil das Gesetz sie mit rückwirkender Kraft vom 1. April 1908 eingeführt hat. Allein eine andere Frage ist es, ob nicht im Hinblicke auf die Verhandlungen, die längere Zeit vor der Erlassung des Gesetzes über die Erhöhung der Beamtengehälter geschwebt haben, anzunehmen ist, daß der Beklagte schon im Zeitpunkte der Scheidung nach dem gewöhnlichen Laufe der Dinge mit großer Wahrscheinlichkeit eine Aufbesserung seines Diensteinkommens erwarten konnte. War dies der Fall, so läßt sich nicht in Abrede stellen, daß die Vermögenslage der Parteien zur Zeit der Scheidung schon durch diese Aussicht eine günstigere Gestaltung erfuhr, und das würde bei Anwendung der entwickelten Grundsätze zu einer Berücksichtigung dieser Hebung der Verhältnisse der Parteien führen.

Das Berufungsgericht hat sowohl jenes Steigen des Einkommens des Beklagten nach Dienstaltersstufen, als auch diese Gehaltsaufbesserung unberücksichtigt gelassen. Es ist aber anzunehmen, daß es bei Berücksichtigung zur Zubilligung einer höheren Rente gelangt wäre. Auch aus diesem Grunde muß das Urteil aufgehoben werden, wobei die Erörterung der Frage, ob und in welchem Maße der Beklagte zur Zeit der Scheidung auf eine Gehaltsaufbesserung rechnen konnte, da sie auf tatsächlichem Gebiete liegt, dem Berufungsgericht vorbehalten bleibt." . . .

RGZ. 75, 433

In welchem Verhältnis steht der Unterhaltsanspruch des geschiedenen Ehegatten zu dem der minderjährigen unverheirateten Kinder?

BGB. §§ 1579 Abs. 1*), 1609.

*) Jetzt § 59 Abs. 1 d. EheG. v. 20. 2. 46.

IV. Zivilsenat. Urt. v. 13. März 1911.

I. Landgericht Hirschberg. II. Oberlandesgericht Breslau.

Der Beklagte, der bei Scheidung der Ehe der Parteien für den schuldigen Teil erklärt war, wurde von der Klägerin auf Gewährung einer Unterhaltsrente in Anspruch genommen. Er bestritt seine Leistungsfähigkeit und berief sich darauf, daß er von seinem Einkommen außer seinen vier Kindern erster Ehe auch seine zweite Ehefrau zu unterhalten habe. Nachdem in der ersten Instanz dem Klagantrage teilweise stattgegeben war, wurde in der zweiten Instanz auf Abweisung der Klage erkannt.

Auf die Revision wurde das Berufungsurteil aufgehoben und die Sache an das Oberlandesgericht zurückverwiesen.

Gründe:

. . . „Einen unrichtigen Rechtsstandpunkt nimmt . . . das Oberlandesgericht darin ein, daß es die zum notdürftigen Unterhalte des Beklagten, seiner jetzigen Ehefrau und der vier minderjährigen unverheirateten Kinder für erforderlich erachteten Beträge von den Einkünften des Beklagten vorweg in Abzug bringt. Der in dem Abschnitte über die Unterhaltspflicht befindliche § 1609 BGB. trifft allerdings für den Fall, daß mehrere Bedürftige vorhanden sind und der Unterhaltspflichtige außerstande ist, ihnen allen Unterhalt zu gewähren, die allgemeine Bestimmung, daß der geschiedene Ehegatte den volljährigen oder verheirateten Kindern vorgehen soll, während die in demselben Paragraphen für den Ehegatten bei bestehender Ehe gegebene Bestimmung, daß er den minderjährigen unverheirateten Kindern gleichstehe, auf den geschiedenen Ehegatten nicht für anwendbar erklärt ist. Hieraus könnte gefolgert werden, daß der geschiedene Ehegatte den minderjährigen unverheirateten Kindern nachstehe. Diese Folgerung muß indes mit dem größeren Teil der Rechtslehrer

vgl. namentlich Davidson, Das Recht der Ehescheidung S. 134 flg., Planck, Bem. 2 zu § 1579, v. Staudinger, Bem. 1 b β zu diesem Paragraphen

abgelehnt werden. In § 1609 ist darüber nichts bestimmt, wie sich der Unterhaltsanspruch des geschiedenen Ehegatten beim Zusammentreffen mit dem Unterhaltsanspruche minderjähriger unverheirateter Kinder gestaltet, und brauchte hierüber nichts bestimmt zu werden, da § 1579 die entscheidende Norm gibt.

In diesem Paragraphen ist zwar nur von dem Unterhaltsanspruch des geschiedenen Ehegatten gegenüber dem für schuldig erklärten andern Ehegatten die Rede. Es ist aber vorgesehen, daß bei Bemessung dieses Unterhalts die Unterhaltsansprüche der minderjährigen unverheirateten Kinder und des neuen Ehegatten mit in Betracht gezogen werden. Die Interessen der sämtlichen Beteiligten sollen hierbei gegeneinander abgewogen werden. Die in dem Verfahren aus § 1579 getroffene Festsetzung des Unterhalts des geschiedenen Ehegatten müssen sich deshalb die andern Beteiligten entgegensetzen lassen, und es ist insofern ganz zutreffend, was v. Staudinger, Bem. 1 b ζ zu § 1579 (ähnlich Planck, Bem. 2 Abs. 1 a. E.) bemerkt, daß was nach Entrichtung des dem geschiedenen Ehegatten zu gewährenden Unterhalts übrigbleibe, unter die übrigen Beteiligten nach §§ 1360, 1601 flg. zu verteilen sei. Dem geschiedenen Ehegatten ist hiermit nicht ein Vorzug vor dem neuen Ehegatten oder den minderjährigen unverheirateten Kindern gegeben, da deren Interessen bei Bemessung des Unterhalts des geschiedenen Ehegatten bereits berücksichtigt sind. Umgekehrt kann auch nicht der Grundsatz aufgestellt werden, daß der geschiedene Ehegatte diesen Personen nachstände. Es ist vielmehr im einzelnen Falle nach Billigkeit zu entscheiden, ob der Unterhaltsanspruch des einen oder des andern Beteiligten vorzugsweise Berücksichtigung verdient.

Die Billigkeit kann unter Umständen dazu führen, daß der Unterhaltsanspruch des geschiedenen Ehegatten gänzlich in Wegfall kommt.

Vgl. Entsch. des RG.'s in Zivils. Bd. 48 S. 112, wo übrigens ein dem jetzigen Falle nicht durchaus gleichliegender Fall behandelt ist.

Die Regel wird aber sein, daß sich alle Beteiligten unter Berücksichtigung ihrer Vermögens- und Erwerbsverhältnisse und namentlich ihrer Bedürfnisse, die bestimmte Ausgaben als dringend notwendig erscheinen lassen, eine entsprechende Herabsetzung des ihnen zukommenden Unterhalts gefallen lassen müssen. Diese Regelung nach Billigkeit schließt es auch aus, grundsätzlich die minderjährigen unverheirateten Kinder oder den neuen Ehegatten hinsichtlich des notdürftigen Unterhalts vor dem geschiedenen Ehegatten zu bevorzugen. Ein hierauf gerichteter Antrag ist übrigens von der Kommission für die zweite Lesung (Prot. Bd. 4 S. 530 flg.) abgelehnt worden, wobei hinsichtlich des neuen Ehegatten erwogen ist, daß dieser vor der Verheiratung die Unterhaltspflicht gegenüber dem geschiedenen Ehegatten gekannt haben werde und deshalb über die ihn hierdurch treffende Schmälerung seines Unterhalts sich nicht beklagen könne. Bei der Regelung nach Billigkeit kann endlich auch nicht ausschlaggebend sein, welches Maß von Zuneigung der Unterhaltspflichtige den einzelnen Berechtigten entgegenbringt. Nicht nach solchen rein persönlichen, sondern nach sachlichen Momenten ist die in § 1579 vorgeschriebene Billigkeitsregelung zu bewirken." . . .

RGZ. 86, 114

Kann sich die geschiedene Ehefrau dem geschiedenen Manne gegenüber zur Wiederannahme ihres Familiennamens rechtswirksam verpflichten?

BGB. § 1577 Abs. 2*).

IV. Zivilsenat. Urt. v. 14. Januar 1915.

I Landgericht Halle a. S. II. Oberlandesgericht Naumburg a. S.

Die Parteien waren früher miteinander verheiratet. Ihre Ehe wurde durch Urteil vom 14. Oktober 1909 aus beiderseitigem Verschulden geschieden. Nachdem das Urteil die Rechtskraft beschritten hatte, schlossen die Parteien einen notariellen Vertrag, der unter anderem besagte, daß die Frau, falls der Mann wieder heiraten sollte, verpflichtet sei, den Familiennamen des Mannes aufzugeben und ihren eigenen Familiennamen wieder anzunehmen, auch die dazu erforderlichen Erklärungen vor der zuständigen Behörde abzugeben. Der Mann hat wieder geheiratet und gegen seine geschiedene Frau Klage mit dem Antrag erhoben, sie zu verurteilen, beim dortigen Standesamt in öffentlich beglaubigter Form eine Erklärung dahin abzugeben, daß sie an Stelle des Namens N. wieder den Namen L. als Familiennamen führen werde.

Das Landgericht wies die Klage ab. Auf die Berufung des Klägers machte das Oberlandesgericht die Entscheidung des Rechtsstreits von der Leistung oder Nichtleistung eines Eides abhängig. Die Revision der Beklagten ist zurückgewiesen worden.

Aus den Gründen:

„Die Entscheidung des Rechtsstreits hängt vor allem von der Beantwortung der Rechtsfrage ab, ob eine geschiedene Frau, die an sich nach § 1577 Abs. 1 BGB. den Familiennamen des Mannes behält, nach Abs. 2 Satz 1 aber ihren Familiennamen wieder annehmen kann, in der Lage ist, sich dem geschiedenen Manne gegenüber zur Wiederannahme ihres Familiennamens rechtswirksam zu verpflichten. Das Landgericht verneint diese Frage, und zwar in der Hauptsache aus der Erwägung heraus, daß im Familienrechte die Vertragsfreiheit nicht die Regel bilde, Rechtsgeschäfte vielmehr nur in den vom Gesetz anerkannten Fällen zulässig seien, zu diesen jedoch die hier in Rede stehende Befugnis der geschiedenen Frau nicht gehöre. Das Oberlandesgericht ist anderer Ansicht. Es verkennt zwar nicht, daß die familienrechtlichen Vorschriften des Bürgerlichen Gesetzbuchs regelmäßig zwingender Natur und rechtsgeschäftlicher Abänderung entzogen sind. Es weist aber darauf hin, daß es sich in § 1577 Abs. 2

*) Jetzt § 55 Abs. 1 d. EheG. v. 20. 2. 46.

Satz 1 um eine der geschiedenen Frau eingeräumte Befugnis, nach ihrem Belieben den Familiennamen des Mannes zu behalten oder ihren Mädchennamen wieder anzunehmen, handle, und glaubt gerade daraus, daß es der Frau freigestellt sei, welchen Namen sie nach der Scheidung führen will, entnehmen zu können, daß hier keine der Parteivereinbarung entzogene Gesetzesnorm gegeben sei.

Die Revision bekämpft die Ausführungen des Oberlandesgerichts; jedoch mit Unrecht. Zwar ist der Revision zuzugeben, daß das Recht der geschiedenen Frau, ihren Familiennamen wieder anzunehmen, ebenso wie das dem geschiedenen Manne in § 1577 Abs. 3 Satz 1 eingeräumte Recht, der allein für schuldig erklärten Frau die Führung seines Namens zu untersagen, höchstpersönlicher Natur ist. Aber daraus folgt nicht mehr, als daß sie das Recht nur persönlich ausüben kann, daß der gesetzliche Vertreter einer geschäftsunfähigen Frau die Wiederannahme des Mädchennamens nicht erklären kann und daß eine in der Geschäftsfähigkeit beschränkte Frau zur Wiederannahme nicht der Genehmigung ihres gesetzlichen Vertreters bedarf.

Das Recht, ihren Familiennamen wieder anzunehmen, ist der geschiedenen Frau (Prot. Bd. 4 S. 447) gewährt worden, weil sich Fälle denken ließen, wo sie ein berechtigtes Interesse daran habe, den Namen des Mannes ablegen zu dürfen. Es mag sein, daß dabei vorwiegend an ethische Gesichtspunkte gedacht war. Aber auch das entscheidet die hier zur Erörterung stehende Rechtsfrage nicht. Wäre es bei der Regelung verblieben, die der erste Entwurf (§ 1455) vorgesehen hatte, und bestände infolgedessen lediglich die Vorschrift in § 1577 Abs. 1 des Gesetzes, so würde allerdings für vertragsmäßige Vereinbarungen über den von der geschiedenen Frau zu führenden Namen keinerlei Raum sein. Nachdem aber auf Grund des Vorschlags der zweiten Kommission (Prot. Bd. 4 S. 444 bis 448) die Absätze 2 und 3 des § 1577 in das Gesetz eingestellt worden sind, liegt die Sache so, daß die geschiedene Frau, wenigstens die nicht allein für schuldig erklärte, ähnlich wie das nach den §§ 741, 742 II, 1 ALR. der Fall war, die freie Wahl hat, ob sie den Familiennamen des Mannes beibehalten oder ihren Familiennamen oder auch den bei Eingehung der geschiedenen Ehe etwa geführten früheren Ehenamen wieder annehmen will. Zugleich ist damit anerkannt, daß es für die Allgemeinheit gleichgültig ist, welchen der drei in Betracht kommenden Namen die Frau führt. Ist dem aber so, sind ferner, wie schon gesagt, die Gesetzesbestimmungen über das Wahlrecht der Frau lediglich in ihrem eigenen Interesse gegeben, dann ist bei der für Schuldverhältnisse grundsätzlich geltenden Vertragsfreiheit nicht einzusehen, warum sich die geschiedenen Eheleute im Rahmen der ihnen vom Gesetze gewährten Freiheit nicht vertragsmäßig sollten binden können.

In der Rechtslehre wird denn auch ganz allgemein angenommen, daß, wie der geschiedene Mann auf das ihm nach § 1577 Abs. 3 Satz 1 zustehende Untersagungsrecht, so auch die geschiedene Frau auf die ihr durch § 1577 Abs. 2 Satz 1 eingeräumte Befugnis rechtswirksam verzichten könne. Nun mag zwar daraus, daß die Frau auf die Befugnis zur Wiederannahme ihres Familiennamens verzichten kann, noch nicht notwendig die Zulässigkeit auch der umgekehrten Verpflichtung folgen, von dieser Befugnis Gebrauch zu machen und den Familiennamen des Mannes abzulegen. Allein wenn man vor dem ersten Schritte nicht zurückzuschrecken braucht, dann kann unbedenklich auch der zweite getan werden. Daß der geschiedene Mann einen sehr beachtenswerten Grund haben kann, der Frau die Ablegung seines Familiennamens vertragsmäßig aufzuerlegen, ist nicht in Abrede zu stellen. Der Mangel eines schutzwürdigen Interesses (vgl. Mot. z. BGB. Bd. 2 S. 3 und Prot. Bd. 1 S. 281) kann also gleichfalls nicht für die allgemeine Unwirksamkeit vertragsmäßiger Abmachungen der hier in Rede stehenden Art angeführt werden. Ebensowenig läßt sich sagen, daß solche Abmachungen stets einen den guten Sitten widerstreitenden Eingriff in die Freiheit des sich verpflichtenden Teiles enthielten und daß sie deshalb (§ 138 Abs. 1) unter allen Umständen wegen Verstoßes gegen die guten Sitten unwirksam wären. Ein Vertrag, wie ihn hier die Parteien für den Fall der Wiederverheiratung des Klägers geschlossen haben, kann im einzelnen Falle gegen die guten Sitten verstoßen, er braucht es aber nicht. Hiernach muß die an die Spitze vorstehender Erörterungen gestellte Rechtsfrage . . . mit dem Oberlandesgericht im allgemeinen bejaht werden." . . .

RGZ. 97, 276

Zur Auslegung des § 1579 Abs. 2 BGB.*).

IV. Zivilsenat. Urt. v. 11. Dezember 1919.

I. Landgericht Potsdam. II. Kammergericht Berlin.

Der Kläger, aus dessen Verschulden die Ehe der Parteien geschieden worden ist, hat auf Grund des § 323 ZPO. beantragt, die durch Urteil vom 21. Februar 1911 der Beklagten rechtskräftig zugesprochene Unterhaltsrente in Wegfall zu bringen. Das Landgericht hat die Klage abgewiesen. Auf die Berufung des Klägers hat das Kammergericht die Rente für die Zeit vom 1. April 1918 ab in Fortfall gebracht. Die Revision der Beklagten führte zur Aufhebung des Urteils.

*) Jetzt § 59 Abs. 2 d. EheG. v. 20. 2. 46.

Gründe:

„Das Berufungsgericht führt aus: Seit dem 1. April 1918 seien in der Person des Klägers alle Voraussetzungen des § 1579 Abs. 1 BGB. vorhanden. Andrerseits habe die Beklagte zugegeben, daß ihr von dem Betrage von etwa 28 000 M., den sie von ihrem Vater ererbt habe, jetzt noch 19 400 M. mit einem jährlichen Zinsertrage von 974 M. übriggeblieben seien. Nach § 1579 Abs. 2 BGB. müsse sie diesen Stamm ihres Vermögens zunächst verbrauchen. Solange sei der Kläger von der Unterhaltspflicht ihr gegenüber ganz befreit.

Die Revision rügt Verletzung des § 1579 Abs. 2 BGB. Die Rüge ist begründet. Die Beklagte hatte von vornherein geltend gemacht, die Vorschrift des § 1579 Abs. 2 könne ihr gegenüber nicht zur Anwendung kommen. Wenn sie genötigt werden sollte, ihr geringes Kapital anzugreifen, um davon ihr Leben zu fristen, so würde das Kapital in etwa 5 Jahren verbraucht sein. Sie müßte dann der Armenpflege zur Last fallen und bei ihrem, viele und teure Pflege beanspruchenden Krankheitszustand (Knochenerweichung) in kurzer Zeit zugrunde gehen. In den Jahren 1910 bis 1915 habe sie allein für ihre Krankheit rund 9000 M. aufgewendet; der Unterhalt habe schon in normalen Zeiten jährlich 3270 M. erfordert; bei den jetzigen Teuerungsverhältnissen würde man die Kosten dafür auf das Vierfache veranschlagen können. Ihr Vermögen bestehe in 3½ prozentigen Papieren, deren Kurs nur noch 66 betrage. Wenn sie diese jetzt verkaufen müsse, würde der Verfall ihres Vermögens rapid sein.

Das Berufungsgericht ist auf dies Vorbringen nicht eingegangen. Der Grund liegt in der unzutreffenden Auffassung des § 1579 Abs. 2. Das Berufungsgericht legt die Vorschrift dahin aus, daß der Mann von seiner Unterhaltspflicht ganz befreit ist, solange die Frau den Unterhalt aus dem Stamm ihres Vermögens bestreiten könne. Wäre diese Ansicht richtig, so würde allerdings die Entscheidung des Berufungsgerichts nicht zu beanstanden sein. Denn daß die Beklagte noch einige Zeit von ihrem Vermögen leben kann, ist nicht zu bezweifeln. Die Auffassung des Berufungsgerichts kann aber nicht gebilligt werden. Wie das Reichsgericht wiederholt ausgesprochen hat, ist § 1579 Abs. 2 nicht so zu verstehen, daß die schuldlos geschiedene Frau darauf hingewiesen werden dürfte, ihr Stammvermögen in jeder noch so unwirtschaftlichen Weise hinzugeben, nur damit der schuldige Ehemann von einer Unterhaltsleistung frei bleibe. Vielmehr setzt § 1579 Abs. 2 eine solche Verwendbarkeit des Stammvermögens der Frau zu ihrem Unterhalte voraus, die sich wirtschaftlich rechtfertigen läßt und nicht die dauernde Sicherung ihres Unterhalts in Zweifel stellt.

Urteil vom 19. April 1915 IV 603/14, vom 4. März 1918 IV 407/17 Leipz. Zeitschr. 1918 Sp. 984.

Es kann zugegeben werden, daß der Wortlaut des § 1579 Abs. 2 die Auslegung, die das Berufungsgericht ihm gibt, zuläßt, vielleicht sogar für sie spricht. Dem Sinne des Gesetzes wird sie aber nicht gerecht. Der § 1579 Abs. 2 bildet eine Ausnahme von der Vorschrift des § 1578 Abs. 1. Danach hat der allein für schuldig erklärte Mann der geschiedenen Frau Unterhalt insoweit zu gewähren, als sie ihn nicht aus den Einkünften und — unter gewissen Voraussetzungen — aus dem Ertrag ihrer Arbeit bestreiten kann. Diese Vorschrift erfuhr bei den Beratungen der 2. Kommission für den Fall, daß die in § 1579 Abs. 1 angegebenen Voraussetzungen vorliegen, eine Milderung dahin, daß die Frau auch genötigt sein sollte, auf den Stamm ihres Vermögens zurückzugreifen (Prot. Bd. 4 S. 524). Aber dafür, daß der Mann schon dann von seiner Verpflichtung befreit sein sollte, wenn die Frau ein auch noch so kleines Vermögen besitzt, und daß diese Befreiung bis zur völligen Aufzehrung dieses Vermögens dauern soll, findet sich in den Verhandlungen kein Anhalt. Vielmehr muß entsprechend der Regelvorschrift des § 1578 Abs. 1 auch § 1579 Abs. 2 dahin verstanden werden, daß der Mann nur insoweit befreit wird, als die Frau den Unterhalt aus dem Stamme ihres Vermögens bestreiten kann. . . .

Im Sinne des § 1579 Abs. 2 ist danach die Frau nur dann imstande, den Unterhalt dem Stamme ihres Vermögens zu entnehmen, wenn und soweit dieser nach dem gewöhnlichen Laufe der Dinge unter Berücksichtigung ihrer zukünftigen Vermögens- und Erwerbsverhältnisse für ihre voraussichtliche Lebensdauer zum Unterhalt ausreicht. Unwirtschaftliche Maßnahmen können ihr dabei nicht angesonnen werden. Inwieweit solche Unwirtschaftlichkeit anzunehmen ist, ist Tatfrage des Einzelfalles.

Zu beachten ist dabei aber folgendes: Wenn sich bei der Prüfung ergibt, daß der Stamm des Frauenvermögens nur zur Aufbringung eines Teiles ihres standesmäßigen Unterhalts genügt, so folgt daraus noch nicht, daß der Mann nun verpflichtet wäre, den fehlenden Betrag zuzuschießen. Vielmehr ist jetzt wieder § 1579 Abs. 1 Satz 2 die maßgebende Norm. Es ist also nunmehr zu untersuchen, was mit Rücksicht auf die Bedürfnisse sowie auf die Vermögens- und Erwerbsverhältnisse aller Beteiligten der Billigkeit entspricht. Diese Prüfung kann unter Umständen zu einer völligen Befreiung des Mannes von der Unterhaltspflicht gegenüber seiner geschiedenen Frau führen (RGZ. Bd. 75 S. 433). Aus Billigkeitsrücksichten gegenüber den übrigen Beteiligten, insbesondere dem Manne, könnte also auch der Frau zugemutet werden, für sie unwirtschaftliche Maßregeln, wie den vorzeitigen Verbrauch ihres Kapitals und den Verkauf von Wertpapieren trotz niedrigen Kursstandes, vorzunehmen.

Es ist also zunächst die Frage, ob und inwieweit die Frau den Unterhalt aus dem Stamme ihres Vermögens bestreiten kann (§ 1579 Abs. 2), nach den Regeln einer ordnungsmäßigen Wirtschaft, also objektiv, zu prüfen; wenn sich dabei ergibt, daß dies nur teilweise der Fall sein wird, so ist zu untersuchen, ob nicht die Verhältnisse der übrigen Beteiligten es billig erscheinen lassen, daß die Frau, statt den Mann auf Unterhaltsbeiträge in Anspruch zu nehmen, ihr Vermögen ohne Rücksicht auf die Grundsätze einer ordnungsmäßigen Verwaltung verbraucht (§ 1579 Abs. 1 Satz 2)." . . .

RGZ. 141, 319

1. Darf der geschiedene Ehegatte, dem die Sorge für die Person des Kindes zusteht, das Kind ins Ausland mitnehmen, auch wenn dadurch dem anderen Ehegatten das Recht zum persönlichen Verkehr dauernd unmöglich gemacht wird?

2. In welcher Weise ist ein Streit hierüber auszutragen?

BGB. § 1636*).

IV. Zivilsenat. Urt. v. 13. Juli 1933.

I. Landgericht Hamburg. II. Oberlandesgericht daselbst.

Die Parteien haben im Jahre 1919 die Ehe geschlossen, aus der vier Töchter und der am 1. Juni 1923 geborene Sohn Peter hervorgegangen sind. Die Ehe ist im Dezember 1932 aus Verschulden beider Ehegatten rechtskräftig geschieden worden. Sämtliche Kinder befinden sich bei der Klägerin. Der Beklagte beabsichtigt, nach Chile auszuwandern, um dort in das väterliche Geschäft einzutreten, nachdem seine Hamburger Firma zusammengebrochen ist. Er will den Sohn Peter für den Fall, daß dessen Gesundheitszustand es zuläßt, mit sich nehmen.

Die Klägerin hat Klage erhoben mit dem Antrage, dem Beklagten bei Vermeidung einer gerichtsseitig festzusetzenden Geld- oder Haftstrafe zu verbieten, den Sohn der Parteien aus Deutschland zu entfernen, insbesondere mit ihm nach Chile zu reisen. Zur Begründung dieses Verlangens macht sie geltend, daß ihr durch die Ausführung der Absicht des Beklagten das ihr gesetzlich zustehende Recht auf den persönlichen Verkehr mit ihrem Sohne vollständig entzogen würde.

Der Beklagte hat eingewendet, daß er nach dem Zusammenbruch seines Geschäfts ein gutes wirtschaftliches Fortkommen in Chile in

*) Jetzt § 75 d. EheG. v. 20. 2. 46.

Aussicht habe, welches ihm dort die sorgfältige Erziehung seines Sohnes ermöglichen werde. Das Verkehrsrecht der Klägerin sei nicht so stark, daß ihm das Sorgerecht, das er aus tatsächlichen Gründen nur in Chile wahrzunehmen in der Lage sei, streitig gemacht werden könne.

Das Landgericht hat der Klage stattgegeben. Auf die Berufung des Beklagten hat das Oberlandesgericht die Klage abgewiesen. Die Revision der Klägerin blieb erfolglos.

Gründe:

Nach § 1635 Abs. 1 Satz 1 BGB. steht dem Beklagten die Sorge für die Person des Kindes Peter zu. Die Klägerin hat jedoch nach § 1636 BGB. die Befugnis behalten, mit dem Kinde persönlich zu verkehren. Die nähere Regelung dieses Verkehrs liegt dem Vormundschaftsgerichte ob. Um die Regelung der Einzelheiten des persönlichen Verkehrs handelt es sich jedoch im vorliegenden Falle nicht. Streitig ist vielmehr die Frage, ob der Beklagte dadurch, daß er das Kind nach Chile verbringt, der Klägerin den persönlichen Verkehr mit diesem unmöglich machen darf. Dieser Streit ist nicht vor dem Vormundschaftsgericht, sondern im Prozeßwege auszutragen, wie das Berufungsgericht unter Bezugnahme auf die Entscheidung des erkennenden Senats in RGZ. Bd. 100 S. 180, an der festgehalten wird, zutreffend angenommen hat. Auch die Zulässigkeit der von der Klägerin erhobenen Unterlassungsklage ist zu bejahen. Das Recht zum persönlichen Verkehr mit dem Kinde ist ein Ausfluß der Personenfürsorge, also ein der Klägerin verbliebener Teil der elterlichen Gewalt (RGZ. Bd. 64 S. 50). Die elterliche Gewalt aber ist ein „sonstiges Recht" im Sinne des § 823 Abs. 1 BGB. (WarnRspr. 1913 Nr. 53, 1928 Nr. 132). Die Verletzung eines solchen Rechtes verpflichtet zum Schadensersatz. Auch ist, wenn eine Beeinträchtigung bereits erfolgt ist und weitere Beeinträchtigungen zu besorgen sind, die vorbeugende Unterlassungsklage gegeben. Der Beklagte hat die ernstliche Absicht, mit dem Kinde nach Chile überzusiedeln. Er hatte auch bereits für sich und das Kind Plätze auf einem nach Chile fahrenden Dampfer belegt. Mit der Entfernung des Kindes aus Deutschland wird der persönliche Verkehr der Klägerin mit ihm voraussichtlich auf die Dauer unmöglich gemacht sein. Unter diesen Umständen kann ihr nicht zugemutet werden, zu warten, bis das Kind aus Deutschland entfernt, der drohende Eingriff in ihr Recht also vollständig verwirklicht ist, sondern sie muß die Möglichkeit haben, ihr Recht schon vorher geltend zu machen (vgl. RGZ. Bd. 101 S. 340; RG. in SeuffArch. Bd. 74 Nr. 6).

In der Sache selbst hat das Berufungsgericht nicht verkannt, daß durch die Uebersiedlung des Kindes nach Chile das Verkehrsrecht der Klägerin sowohl in tatsächlicher wie in rechtlicher Beziehung derart stark beeinträchtigt wird, daß diese Beeinträchtigung einer Unmöglichkeit der tatsächlichen Ausübung und der rechtlichen Durchsetzung des Verkehrsrechtes gleichkommt. Es hat aber erwogen, daß der Beklagte ein großes wirtschaftliches Interesse an seiner Auswanderung nach Chile habe, um sich dort durch den Eintritt in das väterliche Geschäft eine neue Lebensgrundlage zu schaffen. Die Parteien müßten also notwendigerweise derart weit voneinander wohnen, daß entweder die Ausübung und Durchsetzung des Verkehrsrechtes der Klägerin unterbunden werde, oder daß beim Verbleiben des Kindes in Deutschland der Beklagte nicht in der Lage sei, das Recht und die Pflicht zur Sorge für dessen Person ordnungsmäßig auszuüben. Bei einem solchen Widerstreit zwischen zwei Rechten, von denen infolge der tatsächlichen Lebensverhältnisse nur eines ausgeübt werden könne, müsse nach allgemeinen rechtlichen Erwägungen das schwächere Recht dem stärkeren weichen. Daß sich gegenüber dem Sorgerecht die Verkehrsbefugnis aus § 1636 BGB. als das schwächere Recht darstelle, könne füglich nicht bestritten werden. Durch das Verkehrsrecht werde zwar der Fürsorgeberechtigte in der Ausübung seines Rechtes beschränkt. Dies könne aber niemals dazu führen, daß dem Beklagten das Sorgerecht praktisch entzogen werde. Darauf laufe die Entscheidung des Landgerichts hinaus, nach der das Kind in Deutschland zu verbleiben habe.

Die Revision rügt rechtsirrige Auslegung des § 1636 BGB., jedoch zu Unrecht. Dem Berufungsgericht ist vielmehr beizutreten. Wenn es auch an sich richtig ist, daß der sorgeberechtigte Ehegatte den Aufenthalt des Kindes nicht in einer Weise bestimmen darf, daß dem verkehrsberechtigten Ehegatten der persönliche Verkehr mit dem Kinde über Gebühr erschwert oder gar unmöglich gemacht wird (P l a n c k 3. Aufl. Bem. 1 zu § 1636 BGB.), so ist dabei doch vorausgesetzt, daß nach den bestehenden tatsächlichen Verhältnissen eine Ausübung des Verkehrsrechts neben dem Sorgerecht des anderen Teils überhaupt möglich ist. Der Beklagte ist nach der Feststellung des Berufungsgerichts durch zwingende Gründe genötigt, seinen Wohnsitz nach Chile zu verlegen. Um das Recht und die Pflicht zur Sorge für die Person des Kindes ausüben zu können, muß er es daher nach Chile mitnehmen. Dadurch wird allerdings der Klägerin der persönliche Verkehr mit dem Kinde unmöglich gemacht. Es kann aber rechtlich nicht beanstandet werden, wenn das Berufungsgericht bei diesem Widerstreit zwischen den beiden Rechten, von denen infolge der tatsächlichen Verhältnisse nur eines ausgeübt werden kann, dem umfassenden Sorgerecht des Beklagten den Vorzug vor dem inhaltlich beschränkten Verkehrsrecht der Klägerin gibt. Ob etwa das Interesse des Kindes eine andere Regelung gebietet, ist im vorliegenden Rechtsstreit nicht zu erörtern; denn die Entscheidung hierüber steht ausschließlich dem Vormundschaftsgerichte zu (§ 1635 Abs. 1 Satz 2, § 1666 Abs. 1 BGB.).

RGZ. 159, 157

1. Ist eine Vereinbarung zwischen Ehegatten über die Unterhaltspflicht für die Zeit nach der Scheidung der Ehe deswegen nichtig, weil die scheidungsberechtigte Ehefrau ihren Entschluß, auf Grund des ihr zustehenden Scheidungsrechts die Scheidungsklage zu erheben, von ihrer vorgängigen wirtschaftlichen Sicherstellung abhängig gemacht hat?

2. Widerspricht eine solche Vereinbarung den guten Sitten, wenn zwischen den vom Ehemann übernommenen Leistungen und seinen Vermögens- und Einkommensverhältnissen zur Zeit des Vertragsschlusses ein grobes Mißverhältnis besteht?

3. Darf bei Entscheidung der Frage, ob ein solches grobes Mißverhältnis bestand, davon ausgegangen werden, in welchem Umfange der Frau als geschiedener Ehefrau ein gesetzlicher Unterhaltsanspruch zugestanden haben würde?

Gesetz zur Vereinheitlichung des Rechts der Eheschließung und der Ehescheidung usw. vom 6. Juli 1938 (RGBl. I S. 807) — EheG. — § 80*). BGB. §§ 134, 138.

IV. Zivilsenat. Urt. v. 23. Januar 1939.

I. Landgericht Berlin. II. Kammergericht daselbst.

Die Parteien haben im Jahre 1914 die Ehe geschlossen. Im Frühjahr 1932 haben sie sich getrennt. Der Ehemann unterhielt seit 1931 ein ehebrecherisches Verhältnis mit einem Fräulein S., mit der er zusammenwohnte und mit der er sich später, nach der Scheidung, verheiratet hat. Im Sommer 1933 leitete der Ehemann Verhandlungen ein mit dem Ziel, die Scheidung der Ehe herbeizuführen; er war bereit, die Alleinschuld zu übernehmen und die Frau wirtschaftlich sicherzustellen. Es folgte ein längerer Briefwechsel zwischen den Parteien über Art und Umfang der wirtschaftlichen Sicherstellung der Frau; auch die Frage, wer die Schuld an der Zerrüttung der Ehe trage, wurde eingehend erörtert. Da eine Einigung über Umfang und Höhe der vom Beklagten zu gewährenden Leistungen nicht zu erzielen war, erhob der Ehemann im Januar 1934 Scheidungsklage, die er auf die Behauptung früherer Ehebrüche der Frau gründete. Die Verhandlungen zwischen den Parteien gingen weiter und führten schließlich am 13. März 1934 zum Abschluß von drei notariellen Ver-

*) Jetzt § 72 d. EheG. v. 20. 2. 46.

trägen; nämlich erstens eines Unterhaltsvertrags, durch den der Ehemann sich zur Zahlung einer monatlichen Unterhaltsrente von 200 RM. bis zum Tode der Frau und auch für den Fall einer etwaigen Wiederverheiratung der Frau verpflichtete; zweitens eines Schuldanerkenntnis- und Hypothekbestellungsvertrags über 10 000 RM., mit 6% verzinslich, mit Unterwerfung des Ehemanns unter die sofortige Zwangsvollstreckung; drittens eines Erbvertrags, durch den der Ehemann für den Fall seines Ablebens der Frau einen Betrag von weiteren 10 000 RM. vermachte. Im Schlußverhandlungstermin vor dem Landgericht haben die Parteien dann folgende Erklärungen abgegeben: Der Ehemann erklärte, daß er seine Scheidungsklage nicht mehr auf Ehebrüche der Frau, sondern nur noch auf Verweigerung des geschlechtlichen Verkehrs stütze. Die Frau gab zu, den ehelichen Verkehr seit Frühjahr 1931 verweigert zu haben. Dann erhob die Frau Scheidungsklage, die sie vereinbarungsgemäß auf ehewidrige Beziehungen des Ehemanns mit einem jungen Mädchen, nicht auf Ehebruch mit Fräulein S., stützte. Der Ehemann gab die ehewidrigen Beziehungen zu. Die Ehe wurde am 17. März 1934 aus beiderseitigem Verschulden geschieden. Die Parteien verzichteten auf Rechtsmittel. Noch im gleichen Jahre verheiratete sich der Mann mit Fräulein S., die Frau mit einem Herrn H.

Im Oktober 1937 stellte der Mann die Weiterzahlung der monatlichen Unterhaltsrente von 200 RM. ein. Die Frau verlangt Weiterzahlung der Unterhaltsrente und hat Klage erhoben, mit der sie Zahlung von sechs rückständigen Unterhaltsraten von je 200 RM. begehrt. Der Mann hat Widerklage erhoben, mit der er Verurteilung der Frau zur Löschung der Hypothek und Unzulässigerklärung der Zwangsvollstreckung aus der notariellen Schuldanerkenntnisurkunde verlangt, ferner die Feststellung begehrt, daß der Erbvertrag nichtig sei. Landgericht und Kammergericht haben den Zahlungsanspruch der Klägerin abgewiesen und der Widerklage des Beklagten stattgegeben, weil die drei Verträge vom 13. März 1934 nichtig seien. Die Revision der Klägerin führte zur Aufhebung des Berufungsurteils und zur Zurückverweisung der Sache.

Gründe:

1. Das Berufungsgericht erörtert zunächst die Frage, ob auf die zwischen den Parteien am 13. März 1934 abgeschlossenen Verträge bereits die Vorschriften des § 80 des am 1. August 1938 in Kraft getretenen Ehegesetzes anzuwenden sind. Dem Berufungsgericht ist darin beizupflichten, daß diese Frage zu bejahen ist, da § 80 als eine maßgebliche Auslegung (authentische Interpretation) der Grundsätze aufzufassen ist, welche die bisherige Rechtsprechung zur Gültigkeit von Unterhaltsvereinbarungen zwischen Ehegatten für die Zeit nach

der Scheidung der Ehe entwickelt hat. Keinesfalls könnte die Gültigkeit einer älteren Unterhaltsvereinbarung, die im Sinne des neuen § 80 als zulässig angesehen werden müßte, deswegen in Frage gestellt werden, weil nach der bisherigen Rechtsprechung über die Sitten- oder Gesetzwidrigkeit der Vereinbarung Zweifel bestanden haben könnten. Auch aus § 96 EheG. kann die Folgerung gezogen werden, daß die Rechtswirksamkeit derartiger Unterhaltsverträge, auch wenn sie vor dem Inkrafttreten des Ehegesetzes abgeschlossen sind, für die Zukunft nach § 80 EheG. zu bemessen ist (Maßfeller Das neue Ehegesetz Anm. 2 zu § 96).

2. Das Berufungsgericht ist der Auffassung, daß die zwischen den Parteien am 13. März 1934 abgeschlossenen Verträge nichtig seien. Die Klägerin habe sich erst durch die vom Beklagten in diesen Verträgen gegebenen geldlichen Zusicherungen zur Einwilligung in die Scheidung und zu einem dementsprechenden Verhalten in dem vom Beklagten anhängig gemachten Scheidungsprozeß bestimmen lassen, indem sie vor allem erst auf diese Zusicherungen hin ihrerseits Widerklage auf Scheidung erhoben habe. Die Klägerin habe sich, wie aus dem Briefwechsel der Parteien hervorgehe, zunächst hartnäckig gegen eine Ehescheidung gesträubt. Sie sei zur Ehescheidung nicht aus eigener sittlicher Entschließung mit Rücksicht darauf veranlaßt worden, daß ihre Frauenwürde durch das langjährige ehebrecherische Verhältnis des Beklagten zu einer anderen Frau gekränkt worden sei. Auch die äußeren Verhältnisse, unter denen sie seit der Trennung vom Beklagten gelebt habe, hätten sie nicht zum Entschluß, die Scheidung selbst herbeizuführen, getrieben; da der Beklagte sich in einer guten Vermögenslage befunden, ihr die Wohnung überlassen und auch sonst auskömmlich für ihren Unterhalt gesorgt habe, sei sie bei ihrer alten Lebenshaltung und ihren Liebhabereien geblieben. Sie habe an dem vom Beklagten herbeigeführten Getrenntleben keinen Anstoß genommen und sei der Scheidungsfrage erst näher getreten, als der Beklagte diese Frage von sich aus vom Sommer 1933 an unter Hinweis auf eine entsprechende Unterhaltsregelung angeschnitten habe. Auch jetzt habe die Klägerin die Verhandlungen noch dreiviertel Jahre hinausgezögert und, wie aus den überreichten Briefen hervorgehe, entschieden jegliche Mitschuld ihrerseits bestritten. Selbst als der Beklagte sich bereit erklärt habe, die Alleinschuld zu übernehmen, sei die Klägerin noch nicht zur Scheidung bereit gewesen, so daß der Beklagte schließlich, um überhaupt weiterzukommen, Anfang 1934 von sich aus die Scheidungsklage angestrengt habe. Die Klägerin habe aber auch jetzt nicht die Scheidungswiderklage erhoben, wie das beim Vorhandensein eines Scheidungswillens auf ihrer Seite zu erwarten gewesen wäre, sondern habe durch ihren Anwalt um weitere Verhandlungen gebeten. Aus diesen Gründen

erachtet das Berufungsgericht die Behauptung der Klägerin, sie sei auch von sich aus zur Scheidung entschlossen gewesen, als widerlegt, sieht es vielmehr als erwiesen an, daß die Klägerin erst durch die Zusicherung reichlicher Mittel nach monatelangem Feilschen zur Mitwirkung im Scheidungsverfahren veranlaßt worden sei. Diese Mitwirkung der Klägerin, so führt das Berufungsgericht weiter aus, sei auch, wenn das Scheidungsverfahren Erfolg haben sollte, erforderlich gewesen; denn die vom Beklagten geltend gemachten Scheidungsgründe hätten nicht durchgegriffen, da die von ihm der Klägerin vorgeworfenen Ehebrüche verziehen gewesen seien und da die Klägerin dem Vorwurf, sie habe sich der ehelichen Pflicht entzogen, durch den Hinweis auf das ehebrecherische Verhältnis des Beklagten zu einer anderen Frau hätte begegnen können. Die Einwilligung der *Klägerin in die Scheidung und ihr dementsprechendes Verhalten im* Scheidungsverfahren habe also der Beklagte mit den in den Verträgen vom 13. März 1934 enthaltenen Zusicherungen „erkauft". Ein solches Verfahren des Beklagten verstoße ebenso gegen den § 80 EheG. wie gegen den in den §§ 617, 622 ZPO. aufgestellten Grundsatz des Eheschutzes; es sei auch sittenwidrig, so daß sich die Nichtigkeit der Verträge vom 13. März 1934 sowohl aus § 134 als auch aus § 138 BGB. ergebe.

Die Revision der Klägerin erhebt gegen die tatsächlichen Feststellungen des Berufungsgerichts verfahrensrechtliche Angriffe. Ferner aber rügt sie sachlich-rechtlich, das Berufungsgericht habe den § 80 EheG. verletzt; es sei rechtsirrig, anzunehmen, daß es den guten Sitten widerspreche oder gegen die gesetzlichen Vorschriften über den Eheschutz verstoße, wenn die Klägerin ihren Entschluß, in die Scheidung einzuwilligen und dementsprechend den ihr wegen des langjährigen ehebrecherischen Verhältnisses des Beklagten zustehenden Scheidungsgrund geltend zu machen, von ihrer vorgängigen vollständigen geldlichen Sicherstellung abhängig gemacht habe.

Auf die verfahrens-rechtlichen Revisionsangriffe braucht nicht eingegangen zu werden, da die Rüge der sachlichen Rechtsverletzung durchgreift und zur Aufhebung des Berufungsurteils führen muß. § 80 EheG. knüpft an die bisherige reichsgerichtliche Rechtsprechung über Unterhaltsabkommen von Ehegatten für die Zeit nach der Ehescheidung an. Sein Ziel ist, solchen Unterhaltsverträgen die Rechtswirksamkeit in einem noch über die bisherige Rechtsprechung hinausgehenden Maße zu sichern. Diese war dahin gelangt, bei derartigen Unterhaltsabkommen zwei Gruppen von Fällen zu unterscheiden: diejenigen Fälle, wo beim Vertragsschluß in Wirklichkeit Scheidungsgründe gar nicht vorhanden waren und deshalb zwischen den Ehegatten vereinbart wurde, einen vorgetäuschten — oder einen zu diesem Zweck erst zu beschaffenden — Scheidungsgrund geltend zu machen, und die Gruppe derjenigen Fälle, wo beim Vertragschluß Scheidungsgründe auf der einen oder auf der andern Seite oder auf beiden Seiten wirklich vorhanden waren. Bei der ersten Gruppe hat die bisherige Rechtsprechung den Vertrag, weil er die Scheidung erst ermöglichen sollte, wegen Verstoßes gegen den Grundsatz des Eheschutzes als nichtig angesehen (§ 134 BGB.). Bei der zweiten Gruppe — wenn also ein Scheidungsgrund wirklich vorhanden war — ließ sich schon in zunehmendem Maße die Neigung erkennen, Vereinbarungen der Parteien darüber, ob und in welcher Weise die Scheidung durchzuführen und später der Unterhalt zu gewähren sei, als rechtswirksam aufrechtzuerhalten. So wurden von der Rechtsprechung, wenn objektiv ein Scheidungsgrund auch nur auf einer Seite bestand, mit dem Unterhaltsabkommen verbundene Vereinbarungen über *Beschränkung des dem Gericht zu unterbreitenden Streitstoffs* regelmäßig als rechtswirksam angesehen. Schwankend war dagegen die bisherige Rechtsprechung in den Fällen, wo zwischen der Unterhaltsvereinbarung und dem Entschluß des Scheidungsberechtigten zur Geltendmachung des Scheidungsgrundes ein Zusammenhang bestand. War der Scheidungsberechtigte von sich aus entschlossen, auf Grund des ihm zustehenden Scheidungsrechtes die Scheidungsklage zu erheben, so wurde die Unterhaltsvereinbarung als gültig angesehen. War der Scheidungsberechtigte aber erst durch den Unterhaltsvertrag zur Erhebung der Scheidungsklage bestimmt worden, so galt der Unterhaltsvertrag regelmäßig als nichtig. Es gab auch vermittelnde Entscheidungen, wonach ein solcher Vertrag dann als gültig angesehen wurde, wenn der scheidungsberechtigte Teil die Erhebung der Scheidungsklage von der vorgängigen vertraglichen Sicherung seiner wirtschaftlichen Lebensstellung abhängig gemacht hatte, sofern er nur schon vorher die Scheidung als eine Folge der Eheverfehlungen des anderen Teils ins Auge gefaßt hatte. Den für die Nichtigkeit des Vertrages entscheidenden Gesichtspunkt sah man auch hier in dem Verstoß gegen den Grundsatz des Eheschutzes, nämlich darin, daß durch Erkaufen der Scheidungsbereitschaft des Scheidungsberechtigten die Scheidung ermöglicht oder erleichtert worden sei.

Dieses Abstellen der Entscheidung auf schwer faßbare innere Vorgänge in der Person des Scheidungsberechtigten, wie überhaupt die Anwendung des Gesichtspunktes der „Ermöglichung oder Erleichterung der Scheidung" hat sich jedoch als wenig brauchbar erwiesen. § 80 EheG. hat diesen bisher als maßgebend erachteten rechtlichen Gesichtspunkt fallen lassen. Satz 2 dieses Paragraphen spricht in seinem ersten Halbsatz ausdrücklich aus, daß eine Unterhaltsvereinbarung für die Zeit nach der Scheidung nicht schon deshalb nichtig ist, weil sie die Scheidung erleichtert oder ermöglicht hat. Aus dem zweiten Halbsatz ergibt sich die jetzt maßgebende Rechtsnorm; hier werden zwei Fälle angeführt, in denen Unterhaltsverträge zwischen Ehegatten für die Zeit nach der Scheidung der Ehe nichtig sind. Liegt keine dieser beiden Fälle vor, so ist — das ist der Sinn des § 80 — der Vertrag rechtswirksam. — Der erste Fall, in dem der Vertrag nichtig ist, liegt vor, wenn die Ehegatten im Zusammenhang mit der Vereinbarung einen nicht oder nicht mehr bestehenden Scheidungsgrund geltend gemacht hatten. Der Verstoß gegen dieses Verbot, vorgetäuschte Scheidungsgründe vorzubringen, ist das einzige, was von dem die bisherige Rechtsprechung beherrschenden Gesichtspunkte des Verstoßes gegen den Grundsatz des Eheschutzes noch bestehen bleibt. Sind im Scheidungsprozeß keine derartigen Scheidungsgründe geltend gemacht worden, so kommt nach § 80 EheG. Nichtigkeit eines für die Zeit nach der Scheidung abgeschlossenen Unterhaltsvertrags aus § 134 BGB. überhaupt nicht mehr in Frage. Dann tritt Nichtigkeit eines mit der Scheidung im Zusammenhang stehenden Unterhaltsvertrags nur ein, wenn der im zweiten Halbsatz bezeichnete zweite Fall vorliegt, nämlich „wenn aus dem Inhalt der Vereinbarung oder aus sonstigen Umständen des Falles sich ergibt, daß die Vereinbarung den guten Sitten widerspricht". Das ist gleichbedeutend mit dem allgemeinen Nichtigkeitsgrund des § 138 BGB. Hier hat sich das Gericht also jetzt die Frage vorzulegen, ob im einzelnen Fall eine solche Vereinbarung, nach ihrer aus der Zusammenfassung von Inhalt, Beweggrund und Zweck zu entnehmenden Gesamtwesensart beurteilt, dem Anstandsgefühl aller billig und gerecht Denkenden zuwiderläuft. Bei der Beantwortung dieser Frage ist das Gericht ganz frei und kann sich von allgemein menschlichen Erwägungen leiten lassen. Es braucht sich hierbei nicht mehr von der Erwägung, ob eine solche Vereinbarung der Aufrechterhaltung der Ehe abträglich ist oder nicht, beeinflussen zu lassen und darf dies auch nicht tun.

Dieser durch § 80 EheG. vorgeschriebene Standpunkt führt zu einer eindeutigen Beantwortung der Frage, ob beim Vorliegen eines Scheidungsgrundes der scheidungsberechtigte Ehegatte seinen Entschluß, auf Grund des ihm zustehenden Scheidungsrechtes die Scheidungsklage zu erheben, von der vorgängigen vertragsmäßigen Regelung des Unterhalts abhängig machen darf. Wenn hier von dem nach § 80 EheG. in diesem Zusammenhang künftig außer Betracht zu lassenden Gedanken, daß eine Ehe soweit irgend möglich aufrechterhalten werden müsse, völlig abgesehen wird, so kann die Antwort nur dahin lauten, daß es den guten Sitten nicht widerspricht, wenn ein Ehegatte — regelmäßig wird es die Frau sein —, dem ein Scheidungsgrund zur Seite steht, den Entschluß zur Scheidung erst faßt, wenn er durch vertragsmäßige Uebernahme bindender Unterhaltsverpflichtungen seitens des anderen Ehegatten sich als hinreichend gesichert ansieht.

Ein solches Verhalten des scheidungsberechtigten Ehegatten verstößt seinem Inhalt nach nicht gegen die guten Sitten; ebensowenig kann der Beweggrund zum Abschluß eines solchen Unterhaltsvertrages als dem Anstandsgefühl widersprechend bezeichnet werden. Ein unter solchen Umständen abgeschlossener Vertrag ist gültig, und dem daraus Rechte herleitenden Ehegatten kann nicht der Einwand entgegengesetzt werden, daß er auf Grund des Vertrages sich zur Scheidung entschlossen habe. Einwendungen gegen die Gültigkeit eines unter solchen Umständen abgeschlossenen Unterhaltsvertrags können nur unter ganz besonderen Umständen erhoben werden, für deren Vorhandensein die Beweislast dem Gegner obliegt.

Die Anwendung dieser aus § 80 EheG. abzuleitenden Rechtsregeln auf den zur Entscheidung stehenden Fall ergibt, daß es rechtsirrig ist, wenn das Berufungsgericht den zwischen den Parteien am 13. März 1934 abgeschlossenen Vertrag, durch den sich der Beklagte zur Zahlung einer monatlichen Unterhaltsrente von 200 RM. an die Klägerin verpflichtete, deswegen für nichtig erklärt hat, weil diese zunächst nicht zur Scheidung entschlossen gewesen sei, sondern sich erst durch die Zusicherung der Unterhaltsrente zur Erhebung der — wegen Ehebruchs des Beklagten begründeten — Scheidungswiderklage habe bestimmen, den Entschluß zur Erhebung dieser Widerklage sich also habe „abkaufen" lassen. Das gleiche gilt für die beiden anderen Verträge, welche die Parteien am 13. März 1934 abgeschlossen haben; wenn § 80 EheG. auch nur von Unterhaltsverträgen spricht, so sind doch seine Bestimmungen auf andere zwischen Ehegatten im Hinblick auf eine bevorstehende Scheidung getroffene Vereinbarungen vermögensrechtlicher Art entsprechend anzuwenden. Die Ansicht des Berufungsgerichts, daß auch der Schuldanerkenntnisvertrag und der Erbvertrag der Parteien vom 13. März 1934 deswegen nichtig sein müßten, weil die in diesen Verträgen enthaltenen wirtschaftlichen Zusicherungen mitbestimmend gewesen seien für den Entschluß der Klägerin zur Erhebung der Scheidungswiderklage, ist also ebenfalls rechtsirrtümlich.

Es bleibt zu prüfen, ob im gegebenen Fall besondere Umstände vorliegen, aus denen sich im Sinne des in § 80 EheG. bezeichneten zweiten Falls die Sittenwidrigkeit und daher die Nichtigkeit der Verträge vom 13. März 1934 ergeben würde. Als ein solcher besonderer Umstand könnte in Betracht kommen ein g r o b e s Mißverhältnis zwischen der Höhe der Zuwendungen und den damaligen Vermögens- und Einkommensverhältnissen des Mannes. Dafür, daß der Beklagte in dieser Beziehung etwas vorgetragen hätte, ergibt sich aus den Feststellungen des Berufungsgerichts nichts. Es sagt nur, daß die vom Beklagten übernommenen geldlichen Verpflichtungen „über das gesetzliche Maß" hinausgingen. Hier liegt aber ebenfalls eine rechtsirrige Auffassung des Berufungsgerichts vor. Es kommt bei der Entscheidung, ob ein grobes Mißverhältnis vorliegt, nicht darauf an, in welchem Umfange der Klägerin als geschiedener Ehefrau ein gesetzlicher Unterhaltsanspruch zustehen würde, sondern darauf, in welcher Höhe die Klägerin anständiger- und billigerweise geldliche Sicherstellung dafür verlangen konnte, daß sie ihre wirtschaftlich gesicherte Stellung als verheiratete, wenn auch getrennt lebende Frau eines gut verdienenden Mannes aufgab, um diesem die Heirat mit einer anderen Frau zu ermöglichen.

Ein besonderer, die Sittenwidrigkeit und Nichtigkeit der Verträge vom 13. März 1934 begründender Umstand könnte im vorliegenden Falle darin liegen, daß die Klägerin, wie der Beklagte behauptet hatte und worauf er in seiner Revisionsbeantwortung zurückgekommen ist, beim Abschluß der Verträge vom 13. März 1934 bereits einen Heiratsantrag ihres jetzigen Ehemannes angenommen gehabt hätte und daß die von ihr beim Beklagten damals durchgesetzten Zuwendungen von vornherein als wirtschaftliche Grundlage für ihre neue Ehe dienen sollten. Ein solches Verhalten der Klägerin würde, wenn der Beklagte von alledem, wie er behauptet, damals nichts gewußt hat, dem Anstandsgefühl unter Umständen derart zuwiderlaufen, daß die Verträge möglicherweise deswegen ihrer ganzen Art nach als sittenwidrig und nichtig, nicht bloß als anfechtbar wegen arglistiger Täuschung anzusehen sein würden. Auf eine Erörterung und Prüfung dessen, was beide Parteien in dieser Beziehung an tatsächlichen Behauptungen vorgebracht haben, ist das Berufungsgericht nicht eingegangen; von seinem Standpunkt aus mit Recht, da es die Verträge ohnehin als sittenwidrig ansah. Zur Aufklärung dieses besonderen Sachverhalts und zur Erhebung der darüber angebotenen Beweise war es geboten, das Berufungsurteil aufzuheben und die Sache zur neuen Verhandlung und Entscheidung an das Berufungsgericht zurückzuverweisen. Bei Würdigung des hier vom Beklagten der Klägerin gemachten Vorwurfs wird allerdings berücksichtigt werden müssen, daß der Beklagte im Vertrag über die Gewährung der Unterhaltsrente deren Weiterzahlung der Klägerin für den Fall ihrer etwaigen Wiederverheiratung — wenn auch vielleicht nicht im Hinblick auf bereits bestehende bestimmte Heiratsabsichten — ausdrücklich zugesichert hat.

3. Die Ehe der Parteien war am 17. März 1934 auf Klage und Widerklage geschieden und beide Parteien waren für schuldig erklärt worden. Die Scheidungswiderklage der Frau war wegen des Ehebruchs des Mannes zweifellos begründet und mußte unter allen Umständen zur Scheidung der Ehe führen. Der Scheidungsklage des Mannes hatte das Gericht stattgegeben, weil die Frau zugegeben hatte, daß sie dem Ehemann von Frühjahr 1931 an den geschlecht-

lichen Verkehr verweigert habe, wozu das Scheidungsgericht festgestellt hatte, daß diese Weigerung grundlos gewesen sei und daß die Frau dadurch zur Zerrüttung der Ehe beigetragen habe. Dazu macht im gegenwärtigen Rechtsstreit das Berufungsgericht die Bemerkung, daß die Frau dem Vorwurf, sie habe sich der ehelichen Pflicht entzogen, leicht durch den Hinweis auf das damals schon bestehende ehebrecherische Verhältnis des Mannes hätte begegnen können. Es ist nicht ganz klar, ob das Berufungsgericht mit seiner Bemerkung feststellen wollte, daß die Parteien, was die vom Ehemann erhobene Scheidungsklage betraf, im Scheidungsprozeß bewußt einen nicht bestehenden Scheidungsgrund geltend gemacht haben. Das kann aber dahingestellt bleiben. Nach der Auffassung des erkennenden Senats genügt es, daß es sich um eine scheidungsreife Ehe gehandelt hat. Die Scheidung der Ehe war auf jeden Fall geboten wegen des jahrelangen ehebrecherischen Verhältnisses des Ehemannes zu Fräulein S. Die Gültigkeit der Vereinbarungen über die Sicherstellung der Frau kann nach dem Sinn und Zweck des § 80 des EheG. nicht davon abhängig sein, ob das Scheidungsgericht hier mit Recht auch die Scheidungsklage des Ehemannes für begründet angesehen hat.

RGZ. 162, 298

1. Kommt es nach § 78 Abs. 2 Satz 2 EheG. unbedingt auch auf die Ertragsfähigkeit des Nachlasses an oder können unter Umständen für die Frage der Billigkeit allein die Verhältnisse des Erben entscheidend sein?

2. Muß in dem Unterhaltsrechtsstreit auf die Einrede der Dürftigkeit des Nachlasses sachlich eingegangen werden?

EheG. § 78*). BGB. § 1990.

IV. Zivilsenat. Urt. v. 8. Januar 1940.

I. Landgericht Berlin. II. Kammergericht daselbst.

Die Klägerin ist die frühere, schuldlos geschiedene Ehefrau des am 3. November 1937 verstorbenen Rechtsanwalts P. Ihr stand auf Grund eines vollstreckbaren gerichtlichen Vergleichs vom 14. September 1936 eine monatliche Unterhaltsrente von 225 RM. gegen ihren früheren Ehemann zu. Die Beklagte ist die spätere Ehefrau und jetzige Erbin des Rechtsanwalts P. Seit dem 1. Dezember 1937 ist die Unterhaltsrente nicht mehr an die Klägerin gezahlt worden. Diese verlangt nunmehr von der Beklagten im Klagewege die Fortzahlung der Rente, hilfsweise Auskunfterteilung und die Leistung des Offenbarungseides über das Vermögen des Verstorbenen. Die Beklagte

*) Jetzt § 70 d. EheG. v. 20. 2. 46.

hat um Klageabweisung gebeten. Das Landgericht hat durch Teilurteil der Klägerin den Betrag von 100 RM. monatlich zugesprochen. Das Berufungsgericht hat die Berufung der Beklagten gegen das landgerichtliche Urteil zurückgewiesen, jedoch der Beklagten die Beschränkung der Haftung auf den Nachlaß vorbehalten. Auf die Berufung der Klägerin hat das Berufungsgericht das Teilurteil des Landgerichts wegen der laufenden Unterhaltsbeträge und des Rückstandes für das letzte Vierteljahr für vorläufig vollstreckbar erklärt.

Die Revision der Beklagten führte insoweit zur Aufhebung des Berufungsurteils, als es sich auf die Unterhaltsrente für die Zeit bis zum Inkrafttreten des Ehegesetzes (1. August 1938) bezog; im übrigen blieb die Revision erfolglos.

Gründe:

Das Berufungsgericht sieht den Anspruch der Klägerin auf Zahlung des Unterhalts bereits auf Grund des Vergleichs selbst als begründet an, da es keinem Zweifel unterliegen könne, daß das die Sicherstellung des Unterhalts der Klägerin bis an ihr Lebensende bezweckende Abkommen auch die Möglichkeit des Ablebens des Rechtsanwalts P. nicht außer acht gelassen habe. Die im Vergleiche der Höhe nach fest bestimmte Unterhaltspflicht sei deshalb in diesem Umfang auf die Beklagte als Erbin übergegangen, so daß eine Herabsetzung der Höhe der Rente schon aus diesem vertraglichen Grunde nicht stattzufinden habe. Im übrigen sei dem Landgericht aber auch dann beizutreten, wenn sich die Höhe der Rente nach § 78 Abs. 2 EheG. bestimme. Die Auffassung der Beklagten, es komme nach § 78 EheG. in erster Reihe auf die Vermögenswerte des Nachlasses an, sei nicht zu teilen. Es könne auch auf sich beruhen, ob das der Beklagten von der D. Bank gezahlte Ruhegeld von 500 RM. monatlich im Rechtssinne zum Nachlaß gehöre. Die Zahlung dieser Rente sei jedenfalls bei den „Verhältnissen des Erben", auf die § 78 EheG. neben der Ertragsfähigkeit des Nachlasses hinweise, zu berücksichtigen. Entscheidend stelle die Gesetzesbestimmung auf die Billigkeit, also die Gesamtumstände des Falles ab und erwähne die Verhältnisse des Erben und die Ertragsfähigkeit des Nachlasses nur als Beispiel. Infolgedessen sei der Erwägung des Landgerichts, daß die Verurteilung der Beklagten zu einer Rente von 100 RM. monatlich ohne weiteres im Hinblick auf die ihr zustehende Witwenrente, also auch ohne Rücksicht auf das Vorhandensein und die etwaige Höhe des Nachlaßbestandes angemessen sei, unbedenklich zuzustimmen.

Die Revision kann nur zum Teil Erfolg haben.

I. Das von der Revision angezweifelte Rechtsschutzbedürfnis der Klägerin ist unbedenklich schon deshalb zu bejahen, weil von vornherein feststand, daß der Unterhaltsanspruch der Klägerin sachlich umstritten sein würde. Unter diesen Umständen fehlt jeder Grund, die Klägerin auf die Möglichkeit einer Umschreibung der Vollstreckungsklausel zu verweisen, da das an dem Erfordernis der Austragung des Streits über den Anspruch selbst nichts geändert hätte.

II. Da es sich bei dem Anspruch der Klägerin um eine Nachlaßverbindlichkeit handelt, so ist an sich die von der Beklagten erhobene Einrede der Dürftigkeit des Nachlasses (§ 1990 BGB.) beachtlich. Es ist jedoch rechtlich nicht angreifbar, daß das angefochtene Urteil darauf nicht eingegangen ist; denn, wie anerkannt ist, kann sich das Prozeßgericht mit dem Vorbehalt gemäß § 780 ZPO., nämlich dem Vorbehalt der Beschränkung der Haftung auf den Nachlaß — den das Berufungsurteil hier auch enthält — begnügen und die Entscheidung, ob und in welchem Umfang die Beschränkung der sie geltend machenden Partei tatsächlich zur Seite steht, in das Zwangsvollstreckungsverfahren verweisen (vgl. RGRKomm. z. BGB. Bem. 1 zu § 1990). Das kann dann natürlich auch stillschweigend in der Weise geschehen, daß das Gericht sachlich auf die Einrede der Bedürftigkeit des Nachlasses nicht eingeht. Der Vorbehalt ist in den entscheidenden Teil des Berufungsurteils aufgenommen. Die Rüge der Revision, das Berufungsgericht habe die Einrede völlig übergangen, ist also unrichtig.

III. Der Unterhaltsanspruch selbst läßt sich allerdings nicht oder jedenfalls nicht mit der Begründung, die das Berufungsgericht dazu gibt, ohne weiteres aus dem vom Erblasser mit der Klägerin geschlossenen Unterhaltsvergleiche herleiten, indem man annimmt, daß die vom Erblasser eingegangene Verpflichtung durch seinen Tod überhaupt unberührt geblieben sei. Zwar steht — im Anschluß an die Rechtsprechung zu dem früheren § 1582 BGB. — fest, daß § 78 EheG. durch vertragliche Vereinbarungen der geschiedenen Ehegatten abgeändert werden und insbesondere der Unterhaltsverpflichtete auf jede Herabsetzung der Rente nach seinem Tode verzichten kann. Weiter ist richtig, daß nach einer Entscheidung des erkennenden Senats (RG. in WarnRspr. Bd. 35 S. 278) dieser Verzicht dadurch ausgedrückt sein kann, daß der Unterhaltsverpflichtete seiner geschiedenen Frau zu ihrer dauernden Sicherung eine Rente für die Zeit ihres Lebens zugesagt hat. Dafür aber, daß die Verpflichtung des Erblassers hier so gemeint war, gibt das Berufungsurteil keine genügende Grundlage. Hier liegt die Sache nicht so wie in der angeführten Entscheidung, daß in der Unterhaltsvereinbarung irgendwie davon die Rede ist, daß sie auf die Lebenszeit der Klägerin abgestellt sein solle. Der Vergleich gibt überhaupt keinen Anhalt dafür, daß es sich dabei um etwas anderes handeln sollte, als um die zahlenmäßige Festlegung des Mannes auf Grund seiner gesetzlichen Unterhaltspflicht. Daß der Erblasser damals schon in vorgerücktem Alter stand und im Ruhestande lebte, läßt keinen zwingenden Schluß darauf zu, daß er sich über die gesetzliche Unterhaltspflicht hinaus für die ganze Lebensdauer der Klägerin vertraglich festlegen wollte. Wodurch sonst noch jeder Zweifel an einer solchen Absicht des Erblassers ausgeschlossen sein sollte — wie das Berufungsgericht annimmt —, ist nicht ersichtlich. Die Begründung des Berufungsgerichts zu diesem Punkte vermag daher seine Entscheidung nicht zu tragen.

Rechtlich bedenkenfrei dagegen ist es — mit der am Schluß zu erörternden Einschränkung —, wenn das Berufungsgericht in seiner Hilfsbegründung die Berechtigung des Klageanspruchs, soweit er hier zur Entscheidung steht, aus § 78 EheG. herleitet. Insbesondere ist es entgegen der Ansicht der Revision nicht zu beanstanden, daß das Berufungsgericht unter den gegebenen Verhältnissen auf die Frage der Höhe und der Ertragsfähigkeit des Nachlasses nicht weiter eingegangen ist. Es ist zwar richtig, daß in § 78 zwei Gesichtspunkte genannt sind, an die sich der Richter bei der Bemessung der Unterhaltsrente zu halten hat, nämlich die Verhältnisse des Erben und die Ertragsfähigkeit des Nachlasses; das bedeutet aber nicht, daß beide Umstände unbedingt selbständig und in gleichem Maße zu berücksichtigen seien. Vielmehr kann, auch wenn der Nachlaß ertraglos ist, aber der Erbe, der die Erbschaft angenommen hat, in guten Verhältnissen lebt, dem Berechtigten ein Anspruch zuerkannt werden (vgl. Volkmar Großdeutsches Eherecht Bem. 3 zu § 78 letzter Absatz), wobei nur auf Antrag vorbehalten werden muß, daß Nachlaß vorhanden ist, mit dem der Anspruch erfüllt werden kann. Dieser Vorbehalt ist aber auch im Urteil ausgesprochen worden. Die Revision irrt daher, wenn sie meint, daß die Witwenrente zur Erfüllung herangezogen sei; sie ist nur bei Berechnung der Höhe des Anspruchs mitberücksichtigt worden. In dieser Hinsicht ist es auch bedeutsam, daß der Beklagten das von der D. Bank gezahlte Witwengeld von 500 RM. monatlich, mag es auch nicht zum Nachlaß gehören, gerade durch den Tod des Erblassers zugefallen ist. Vor allem aber kommt es, wie das Berufungsgericht mit Recht bemerkt, entscheidend nur auf die Billigkeit des Ergebnisses an. Keineswegs läßt sich sagen, daß das Berufungsgericht hier den Grundsatz der Billigkeit verletzt hätte, oder auch annehmen, daß es dabei nicht alle Behauptungen der Parteien berücksichtigt hätte.

Dagegen enthält das Berufungsurteil insofern einen Rechtsverstoß, als es § 78 EheG. auch auf die Unterhaltsrente für die Zeit vor Inkrafttreten des Ehegesetzes angewandt hat. Nach §§ 84, 96 EheG. richtet sich die gesetzliche Unterhaltspflicht nur „für die Zukunft", d. h. vom Inkrafttreten des Ehegesetzes ab, nach den neuen Vorschriften, so daß hier für die Zeit bis zum 31. Juli 1938 die Bestimmungen des bis dahin geltenden § 1582 BGB. Anwendung zu finden haben. Insoweit ist die Entscheidung von tatsächlichen Feststellungen abhängig, die das Berufungsgericht bisher nicht getroffen hat. Deshalb mußte in diesem Umfange das Berufungsurteil aufgehoben und die Sache an das Berufungsgericht zurückverwiesen werden.

RGZ. 163, 91

1. Zur Nichtigkeit von Verträgen, welche die Ehescheidung erleichtern.

2. In welchem Umfang ist der Verzicht des Unterhaltspflichtigen auf Einwendungen aus einer künftigen Veränderung der für die Unterhaltsschuld maßgeblichen Verhältnisse wirksam?

3. Kann sich jemand, der die selbstschuldnerische Bürgschaft für eine Unterhaltsschuld übernommen hat, darauf berufen, daß der Hauptschuldner, obwohl er auf alle Einwendungen aus einer künftigen Veränderung der Verhältnisse verzichtet hatte, wegen seines späteren Vermögensverfalls trotzdem nach Treu und Glauben von der Unterhaltsschuld frei geworden ist?

BGB. § 138 Abs. 1, §§ 242, 767, 768. EheG. § 80*).

IV. Zivilsenat. Urt. v. 14. März 1940.

I. Landgericht Wuppertal. II. Oberlandesgericht Düsseldorf.

Die Beklagte war seit 1904 mit dem Kaufmann Wilhelm N. verheiratet; wegen ihrer Geisteskrankheit ist aber die Ehe seit dem 21. Januar 1924 rechtskräftig geschieden. Zwischen Wilhelm N. und seinem Vater, dem Kaufmann Robert N., einerseits und der durch ihren Pfleger vertretenen Beklagten andrerseits ist am 25. März 1924 vor dem Notar Dr. H. in R. ein Vertrag geschlossen worden, der die Auseinandersetzung der Errungenschaftsgemeinschaft der Eheleute und die Regelung des weiteren Unterhalts der Beklagten bezweckte. Wilhelm N. verpflichtete sich nach § 8 dieses Vertrages, dem eine formlose Einigung vorausgegangen war, der Beklagten den standesmäßigen Unterhalt durch eine Geldrente zu gewähren, soweit dieser nicht aus den Einkünften ihres eigenen Vermögens bestritten werden könnte. Die Beteiligten waren einig, daß für diesen Unterhalt zur damaligen Zeit mindestens 3150 Goldmark jährlich nötig seien. Wenn und solange eine Verteuerung der Lebensführung gegen den damaligen Stand eintrete, ebenso in Krankheitsfällen, sollte die Beklagte eine angemessene Erhöhung der Rente verlangen können. Bei Wiederverheiratung der Beklagten sollte ihr Unterhaltsanspruch nicht wegfallen, sondern nur für die Dauer der zweiten Ehe ruhen. Wilhelm N. übernahm sämtliche Verpflichtungen aus dem Vertrag unter Verzicht

*) Jetzt § 72 d. EheG. v. 20. 2. 46.

auf alle Einreden für sich und seine Erben (§ 11). Der Vater Robert N. leistete nach § 9 des Vertrages für die seinem Sohne nach § 8 des Vertrages obliegende Zahlungsverpflichtung im eigenen Namen und namens der durch ihn vertretenen offenen Handelsgesellschaft die selbstschuldnerische Bürgschaft „für sich und seine Erben". Wegen der jeweils fälligen Unterhaltsbeträge unterwarfen sich Wilhelm und Robert N. der sofortigen Zwangsvollstreckung aus der Vertragsurkunde. Seit dem 1. April 1932 ist die Unterhaltsrente auf einen Jahresbetrag von 4000 RM. bemessen worden.

Robert N. ist 1916 gestorben und von seinen drei Kindern beerbt worden, nämlich von Wilhelm N. und seinen Schwestern Frau Martha J. und Frau Laura Sch. Durch Vertrag vom 11. Juli 1936 fanden die Schwestern den Bruder als Miterben ab und übernahmen es, ihn von allen Verpflichtungen der Beklagten aus dem oben erwähnten Vertrage zu befreien. Wilhelm N. trat ihnen alle seine Ansprüche aus dem Vertrag auf Herabsetzung der Rente ab. Er ist 1931 in Vermögensverfall geraten und seit Ende 1935 infolge einer Gehirnerkrankung erwerbsunfähig. Die Schwestern haben mit der Klage die Feststellung beantragt, daß sie nicht verpflichtet seien, aus § 8 des Unterhaltsvertrages Zahlungen an die Beklagte zu leisten, solange sich die Vermögens- und Einkommensverhältnisse des Wilhelm N. nicht wesentlich besserten. Diesem Antrage hat das Landgericht entsprochen. Auf die Berufung der Beklagten hat das Berufungsgericht die Klage abgewiesen. Nachdem die Schwestern Revision eingelegt hatten, sind beide gestorben. Nunmehr sind ihre Erben als Kläger eingetreten. Die Revision hatte keinen Erfolg.

Gründe:

1. Gemäß dem Vortrage der Beklagten hat das Berufungsgericht an erster Stelle geprüft, ob der Vertrag vom 25. März 1924 nichtig sei, weil er die Scheidung der Eheleute N. erst ermöglicht oder doch wesentlich erleichtert habe. Diese Frage hat es verneint. ...

Was die Revision hiergegen vorbringt, kann ihr keinen Erfolg verschaffen. . . . Eine Nichtigkeit des Vertrages nach § 138 Abs. 1 BGB. in Verbindung mit § 80 EheG. kommt bei dem gegebenen Sachverhalt also nicht in Frage.

2. Nachdem das Berufungsgericht so erkannt hatte, daß die Zahlungsverpflichtungen des Wilhelm N. und seines Vaters aus der notarischen Urkunde vom 25. März 1924 wirksam entstanden sind, hat es weiter geprüft, ob spätere Umstände diese Verpflichtungen in ihrem Bestande beeinträchtigt haben. Diese Frage hat es für den eigentlichen Schuldner Wilhelm N bejaht, für seinen Vater, den Bürgen, jedoch verneint. Es betrachtet das Abkommen als eine nähere Regelung der gesetzlichen Unterhaltspflicht des geschiedenen Ehe-

mannes, entnimmt seinem Inhalt aber, daß der Einwand einer wesentlichen Aenderung der Verhältnisse, der bei solchen Verträgen regelmäßig stillschweigend zugelassen ist, hier durch die in § 11 des Vertrages enthaltene Sonderabrede ausgeschlossen wird. Auch hiergegen wendet sich die Revision mit dem Hinweis, ein Verzichtswille könne nur diejenigen Fälle umfassen, welche sich die Vertragsparteien wenigstens als möglich vorgestellt hätten. Hier aber ergebe die vom Berufungsgericht nicht gewürdigte Aussage des Zeugen K., daß niemand an einen Vermögensverfall des Ehemannes gedacht habe, bei der günstigen Lage der offenen Handelsgesellschaft auch nur habe denken können. Doch habe auch der als Zeuge vernommene Notar H. bekundet, daß die Parteien keineswegs eine rücksichtslose Sicherung der Beklagten für jeden möglichen Fall gewollt hätten, daß vielmehr mündlich besprochen worden sei, man solle sich im Fall einer Aenderung der Verhältnisse gütlich verständigen.

Diese Darlegungen können das Berufungsurteil nicht erschüttern. Gerade die Aussage des Notars geht klar dahin, daß der Unterhaltsanspruch der Beklagten ohne Rücksicht auf irgendwelche künftigen Aenderungen der Verhältnisse unbedingt gesichert sein sollte und daß deshalb § 11 des Vertrages im vollen Bewußtsein seiner Bedeutung verfaßt worden sei, daß danach aber Wilhelm N. nach keiner Richtung hin irgendwie eine Herabsetzung der Mindestrente sollte beanspruchen können. Hiernach haben die Vertragsbeteiligten den Verzicht des Ehemannes in klarer Vorstellung seiner Bedeutung auch für solche künftigen Ereignisse wirksam machen wollen, die sie sich damals nicht vorstellten oder vielleicht sogar für ausgeschlossen hielten. Ohne daß es auf die Aussage des Zeugen K. ankommen könnte, der nur die Lage der offenen Handelsgesellschaft geschildert hat, ist damit schon die Auslegung des Berufungsgerichts gerechtfertigt. Deshalb braucht nicht einmal darauf hingewiesen zu werden, daß auch die am Vertrage Beteiligten damals — unmittelbar nach der Zeit der Geldentwertung und nachdem ausweislich der Aussage K.s die Firma Verluste erlitten hatte — den wirtschaftlichen Zusammenbruch des einen oder des anderen schwerlich für völlig undenkbar gehalten haben werden. Die weitere Bekundung des Notars, es sei mündlich besprochen worden, daß sich die Beteiligten, wenn einmal eine Aenderung eintreten sollte, darüber gütlich verständigen würden, kann gegenüber seiner ausführlichen Darlegung des Vertragsinhalts und Vertragszwecks nicht die von der Revision gewünschte Bedeutung haben; denn sonst würde sie das völlige Gegenteil des ermittelten und gerade von diesem Zeugen geschilderten Vertragswillens darstellen.

3. Wilhelm N. besitzt kein Vermögen mehr und ist infolge von Krankheit unstreitig erwerbsunfähig; sein Monatseinkommen beträgt

etwa 50 RM. Das Berufungsgericht stellt fest, daß es für ihn, der auch noch für einen kranken Sohn aus seiner ersten Ehe zu sorgen hat, eine unbillige Härte bedeuten würde, sofern er dem Zahlungsverlangen der Beklagten auch nur teilweise nachkommen müßte. Deshalb gibt ihm das Berufungsgericht gegenüber diesem Anspruch den Einwand der unzulässigen Rechtsausübung. Das steht in Einklang mit dem Urteil des erkennenden Senats vom 27. Mai 1935 (JW. 1935 S. 2619 Nr. 3). Daß der Gläubiger seine Rechte niemals gegen Treu und Glauben geltend machen kann, ist ein allgemeiner Grundsatz (§ 242 BGB.), dem gegenüber auch die auf der Grundlage der Vertragsfreiheit wirksam getroffenen Abreden weichen müssen, soweit andernfalls ein für die Volksgemeinschaft untragbares Ergebnis eintreten würde (vgl. Lehmann a. a. O.). So liegt es hier. Könnte die Beklagte ihren früheren Ehemann trotz seiner inzwischen eingetretenen Verarmung wegen der Verpflichtung aus dem Vertrag in Anspruch nehmen, so würde seine eigene, bescheidene Daseinsgrundlage vernichtet. Deshalb wäre ihre Rechtsausübung unzulässig. Die Revision wendet sich auch nicht gegen diese Stellungnahme des Berufungsgerichts, sondern nur gegen die Ablehnung der Folgerung, der Beklagten ihren Unterhaltsanspruch auch gegen die Rechtsnachfolger des Bürgen zu versagen.

4. Der Bürge und seine Rechtsnachfolger können sich auf die Verarmung des Wilhelm N. nach der Ansicht des Berufungsgerichts nicht berufen. Das begründet es wie folgt: Der Einwand unzulässiger Rechtsausübung bringe zwar die Unterhaltsschuld des früheren Ehemanns der Beklagten nicht zum Erlöschen, sondern hindere nur vorläufig das Geltendmachen dieser Schuld. Damit habe er aber den Inhalt der Schuld unmittelbar verändert, und das müsse auch dem Bürgen zugute kommen, da die Bürgschaftsverpflichtung vom Bestand und Inhalte der Hauptschuld abhänge (§§ 767, 768 BGB.). Dennoch müsse nach den besonderen Umständen des Falles die Haftung aus der Bürgschaft unverändert bestehen bleiben. Nach dem Ergebnis der Beweisaufnahme seien alle an dem Vertragschlusse beteiligten Personen darin einig gewesen, daß der Unterhalt der Beklagten für ihre Lebenszeit ohne Rücksicht auf spätere Umstände gesichert werden solle. Dieser Wille habe in der Vertragsurkunde seinen deutlichen Ausdruck gefunden, insbesondere in dem Verzicht auf alle Einreden und in dem Fortbestande der Rente trotz Wiederverheiratung der Beklagten. Endlich habe sich der Vater N. zur Sicherung der Erfüllung dieser Unterhaltsverpflichtung selbstschuldnerisch für sich, seine Erben und die offene Handelsgesellschaft verbürgt. Diese Bürgschaft hätten die Beteiligten anfänglich als Gesamthaftung gewollt, wie sie in den Vertragsentwurf auch aufgenommen worden sei. Der Notar aber habe wegen §§ 8, 10, 11 des Vertrages jede Herabsetzung der

Rente unter ihr Mindestmaß für unmöglich gehalten und deshalb vorgeschlagen, statt einer Gesamthaftung des Vaters seine selbstschuldnerische Bürgschaft zu vereinbaren. Tatsächlich sei also nur diese Bürgschaft und keine Gesamthaftung vereinbart worden. Sie habe aber gerade für den Fall der Zahlungsunfähigkeit des Hauptschuldners zur Sicherung der Unterhaltsforderung dienen sollen. Dann gehe es nicht an, wegen der grundsätzlichen Abhängigkeit einer Bürgschaft vom Bestand und Inhalt der Hauptschuld diese Bürgschaft gerade für den Fall wirkungslos zu machen, für den sie die Beklagte schützen sollte.

Die Revision hält diese Stellungnahme des Berufungsgerichts für unvereinbar mit dem Wesen der Bürgschaft, rügt auch, daß die unter Beweis gestellten Behauptungen der Kläger nicht nachgeprüft seien, die dahin gingen, der Vater N. habe die Beklagte nicht leiden können und schon deshalb keine über das Notwendige hinausgehende Verpflichtung übernehmen wollen, zumal eine solche Einstellung auch seinem Wesen als dem eines genauen Kaufmanns entsprochen habe. Die Revisionsangriffe können jedoch nicht durchdringen.

Das Berufungsgericht legt den Vertrag, aus dem der Unterhaltsanspruch hergeleitet wird, dahin aus, daß Wilhelm N. auf alle Einreden gegen die Unterhaltsschuld verzichtet und sein Vater die selbstschuldnerische Bürgschaft für diese Schuld übernommen habe, um der Beklagten für ihre Lebenszeit die Unterhaltsrente zu dem im Vertrag angegebenen Mindestbetrag unter allen Umständen und unabhängig von jeder künftigen Veränderung der Verhältnisse zu sichern. Hätte der Hauptschuldner nicht auf alle Einreden verzichtet und dadurch erst den Anspruch der Beklagten von seinem etwaigen künftigen Vermögensverfall unabhängig gemacht, so hätte durch die Bürgschaft das erstrebte Ziel der Sicherung überhaupt nicht erreicht werden können; denn da bei einer wesentlichen Verschlechterung der Vermögensverhältnisse des Wilhelm N. der Unterhaltsanspruch sich vermindert hätte oder sogar ganz entfallen wäre, hätte auch in demselben Umfange die Haftung des Bürgen aufgehört, wäre also die Beklagte keineswegs in ihrer Forderung durch diese Bürgschaft gesichert gewesen. Erst durch den Verzicht des Hauptschuldners erhielt die Bürgschaft ihren Sinn; wie denn auch der Notar an die Stelle der anfangs beabsichtigten Mitverpflichtung des Vaters N. als Gesamtschuldners dessen Bürgenhaftung gesetzt hat, weil sie ihm infolge der Verzichtserklärung des Wilhelm N. zum gleichen Ergebnis zu führen schien. Damals haben die Beteiligten bestimmt nicht damit gerechnet und konnten sie auch nicht daran denken, daß dem Verzicht des Schuldners auf Einwendungen die rechtliche Wirkung unter Umständen durch die gebotene Rücksicht auf Treu und Glauben in irgendeinem Maße genommen werden könnte.

Die rechtlich einwandfreie Feststellung des Vertragsinhalts, die das Berufungsgericht getroffen hat, muß dazu führen, daß die Bürgenhaftung trotz des Vermögensverfalls des Hauptschuldners unverändert fortbesteht. Es kann dahingestellt bleiben, ob die aus der Rücksicht auf Treu und Glauben abzuleitende Unzulässigkeit der Rechtsverfolgung gegen den Hauptschuldner als Untergang seiner Verpflichtung zu bewerten ist oder ob sie seine Schuld im vollen Umfange fortbestehen läßt und nur ihre Geltendmachung gegen ihn hindert. Selbst wenn das erste zutrifft, kann unmöglich aus der Unselbständigkeit einer echten Bürgschaft, also aus ihrer Abhängigkeit vom Bestande der Hauptschuld, hergeleitet werden, daß sich auch der Bürge auf die nach Treu und Glauben im Verhältnis zum Hauptschuldner eingetretenen Folgen berufen dürfte. So sehr es geboten ist, den Hauptschuldner davor zu bewahren, daß seine unter ganz anderen Verhältnissen abgegebene Verpflichtungserklärung und der sie begleitende Verzicht auf Einreden ihm den Rest seiner fast geschwundenen Lebensgrundlage raubt, so sehr würde es andrerseits gegen die Gebote der Billigkeit und gegen den redlichen Rechtsverkehr, also wiederum gegen Treu und Glauben verstoßen, wenn der „Bürge" aus einem Vermögensverfall, der ihn selbst gar nicht betroffen hat, einen Nutzen zöge, der nicht nur ganz ungerechtfertigt auf Kosten der Beklagten ihm zufiele, sondern auch im klaren Gegensatze zum Willen der Vertragsbeteiligten den Zweck des Vertrages und besonders auch der „Bürgschaft" vereitelte. Dieses Ergebnis würde zwar bei einer reinen Bürgschaft zu rechtfertigen sein, hier jedoch so offensichtlich das Falsche treffen, daß es unbedingt abzulehnen ist. Wie das Gesetz in einzelnen Fällen, die das Berufungsurteil zusammengestellt hat, die Abhängigkeit der Bürgschaft vom Bestande der Hauptschuld aufgehoben hat, um unbillige Ergebnisse zu vermeiden, so muß sie auch hier außer acht bleiben, weil anders nicht zum richtigen Recht zu gelangen ist. Die diese Abhängigkeit anordnenden Gesetzesvorschriften sind für den Regelfall gedacht, in dem die Zahlungsunfähigkeit des Hauptschuldners den Bestand der Schuld unberührt läßt, also der Bürge, der gerade bei Zahungsunfähigkeit des Hauptschuldners zur Sicherung dienen soll, unverändert haftet. Die Bürgschaft für eine gesetzliche Unterhaltsforderung ist ein Sonderfall. Wird die Hauptschuld nach der gesetzlichen Regel durch die Veränderung der Verhältnisse beeinflußt, so hat eine Bürgschaft bei einer solchen Schuld überhaupt nur einen gegen sonst verminderten Wert. Wird aber infolge von Abreden, wie sie hier getroffen sind, die Unterhaltsschuld durch veränderte Vermögensverhältnisse des Schuldners nicht berührt und ist unter solchen Umständen eine Bürgschaft vorgesehen, so kann auch diese niemals durch den Vermögensverfall des

Hauptschuldners zugunsten des Bürgen verändert werden. Eine solche Bürgschaft ist in Wahrheit ein Gewährvertrag.

Gerade die Erwägungen, die den Notar veranlaßt haben, statt der im Entwurfe vorgesehenen Gesamtverpflichtung die Bürgschaft in die Urkunde einzusetzen, beweisen im Einklange mit dem Vertragsinhalt, daß der wahre Wille nur dahin gehen konnte und gegangen ist, den Vater unabhängig von einem zwar nicht erwogenen, aber auch keineswegs zu Lasten der Beklagten ausgewerteten Vermögensverfalle seines Sohnes haften und sogar schulden zu lassen. Unter diesen Umständen kann es auf die Frage, ob der Vater ein genauer Kaufmann war und der Beklagten unfreundlich gegenüberstand, nicht mehr ankommen; denn im Vertrag ist jedenfalls klar ausgedrückt, daß die Beklagte in ihrem Anspruch unbedingt gesichert sein sollte, solange der Schuldner oder einer der Bürgen zahlen konnte. Die Kläger als Nachfolger in die Bürgschaftsschuld können also ihre Verpflichtung nicht abstreifen . . .

RGZ. 163, 280

1. Wird die Gültigkeit einer zwischen geschiedenen Ehegatten getroffenen Vereinbarung über die Unterhaltspflicht dadurch berührt, daß die Ehegatten einen nicht oder nicht mehr bestehenden Scheidungsgrund geltend gemacht hatten, insbesondere wenn die Vereinbarung nur die schon während des Scheidungsprozesses verabredete Wiederholung eines bereits damals geschlossenen Abkommens darstellt?

2. Kann der Rücktritt vom Verlöbnis eine unerlaubte Handlung darstellen?

EheG. § 80*). BGB. §§ 138, 826, 1298.

IV. Zivilsenat. Urt. v. 8. April 1940.

I. Landgericht Chemnitz. II. Oberlandesgericht Dresden.

Die Parteien haben am 24. Dezember 1929 die Ehe geschlossen. Diese ist durch ein Urteil vom 18. Mai 1932, das am gleichen Tage zufolge beiderseitigen Rechtsmittelverzichts rechtskräftig wurde, geschieden worden. Dabei wurde der Beklagte allein für schuldig erklärt. Am 18. November 1931 hatten die Parteien ein privatschriftliches Abkommen für den Fall getroffen, daß ein Scheidungsurteil im Jahre 1931 oder bis zum 31. März 1932 ergehen werde. Der Beklagte verpflichtete sich, an die Klägerin in Einzelbeträgen 15 000 RM. zu zahlen. Weiterhin wurde vereinbart, daß diese Abrede binnen zwei Wochen nach der Urteilserteilung notarisch wiederholt werden

*) Jetzt § 72 d. EheG. v. 20. 2. 46.

und jede weitere Forderung ausschließen sollte. Am 25. Juni 1932 schlossen die Parteien einen notarischen Vertrag, in dem der Beklagte sich verpflichtete, an die Klägerin 15 000 RM. in Teilbeträgen zur Abgeltung aller etwaigen beiderseitigen Ansprüche aus Ehe und Scheidung zu zahlen. Die versprochenen Zahlungen hat der Beklagte in voller Höhe geleistet. Die Parteien haben ihre Beziehungen noch jahrelang aufrechterhalten. Der Beklagte hat mit Unterbrechungen im Haushalte der Klägerin gewohnt. Die Parteien haben auch noch in geschlechtlichem Verkehr gestanden. Der Beklagte hat der Klägerin auch geldliche Zuwendungen über den Vertrag hinaus geleistet und ihr im Jahre 1937 eine längere Afrikareise bezahlt. Nach Beendigung dieser Reise kam es zum Abbruch der Beziehungen zwischen den Parteien.

Die Klägerin erklärt den notarischen Vertrag für nichtig, weil er dazu gedient habe, die Scheidung durchzuführen, obgleich Gründe dazu niemals vorgelegen hätten. Das Scheidungsurteil sei dadurch herbeigeführt worden, daß die Parteien die Ehe aus dem beiderseitigen Wunsche, sie ihrem förmlichen Bestande nach aufzulösen, den tatsächlichen Verhältnissen zuwider als zerrüttet hingestellt hätten. Insbesondere habe der Beklagte im Hinblick auf den von der Klägerin vorher in Aussicht gestellten weitgehenden Unterhaltsverzicht vorzutragen unterlassen, daß die Parteien noch während des Ehestreits geschlechtlich miteinander verkehrt hätten. Als gesetzlicher Unterhalt sei mindestens ein Betrag von 800 RM. monatlich angemessen. Der Beklagte sei ihr aber zur Gewährung des Unterhalts nicht nur zufolge der Nichtigkeit ihres Verzichtes verpflichtet, sondern auch nach § 826 BGB. Er habe ihr Einverständnis mit der Scheidung dadurch zu erlangen gewußt, daß er ihr stets erklärt habe, es handle sich nur um einen vorübergehenden, rein förmlichen Zustand nach außen hin; im Jahre 1936 (nämlich nach weiterem Heranwachsen der Kinder der Klägerin) würden sie selbstverständlich die innerlich gar nicht als gelöst betrachtete Ehe auch äußerlich wiederherstellen. Die Klägerin hat demgemäß beantragt, den Beklagten zu verurteilen, ihr vom 1. Januar 1938 ab vierteljährlich 2400 RM. im voraus zu zahlen. Der Beklagte hat gebeten, die Klage abzuweisen, und Widerklage auf Feststellung der Rechtswirksamkeit des notarischen Vertrages erhoben. Der Frage des Geschlechtsverkehrs hätten die Parteien, mindestens er, für die Scheidung keine Bedeutung beigemessen. Die Klägerin später wieder zu heiraten, habe er nie versprochen.

Das Landgericht hat die Klage dem Grunde nach für gerechtfertigt erklärt und die Widerklage abgewiesen. Die Berufung des Beklagten ist zurückgewiesen worden. Auf seine Revision wurde die Klage abgewiesen und der Widerklage stattgegeben.

Gründe:

1. Das Berufungsgericht erachtet den gesetzlichen Unterhaltsanspruch der Klägerin aus § 1578 BGB. für die Zeit seit dem 1. August 1938 aus §§ 66 flg. EheG. für begründet, da es mit dem Landgericht annimmt, daß der im Vertrage vom 25. Juni 1932 ausgesprochene Unterhaltsverzicht der Klägerin wegen Verstoßes gegen die guten Sitten nichtig sei. Zur Prüfung der Wirksamkeit dieses Vertrages bedürfe es unter Beachtung der in § 80 EheG. festgelegten Grundsätze eines Eingehens auf das damalige Eheleben der Parteien und ihr Verhalten zur Scheidung. Diese hätten sie in beiderseitigem Einverständnis betrieben. Der dem Scheidungsgericht im Zusammenwirken beider Parteien vorgetragene Tatbestand sei nicht erschöpfend gewesen, so daß das Gericht nicht alle Umstände erfahren habe, die für die Beurteilung der Zerrüttung des ehelichen Verhältnisses von Bedeutung gewesen seien. Die Schwierigkeiten, die infolge der unerwartet früh eingetretenen Notwendigkeit, die Kinder der Klägerin in den Haushalt der Parteien aufzunehmen, entstanden seien, hätten nicht ausgereicht, ihr eheliches Verhältnis tiefgreifend und unheilbar zu zerrütten. Die Klägerin behaupte, zum Einverständnis mit einer Scheidung nur durch das Versprechen des Beklagten bestimmt worden zu sein, daß er sie nach einigen Jahren wieder heiraten werde. Der Beklagte habe das in Abrede gestellt und unter Hinweis auf briefliche Aeußerungen der Klägerin aus jener Zeit geltend gemacht, daß diese selbst eine Lösung ihrer Ehe damals für erforderlich gehalten und gewünscht habe. Es könne dahingestellt bleiben, ob die Darstellung der Klägerin zutreffe. Auch wenn sie eine Scheidung gewünscht habe sollte, habe es an einem Scheidungsgrunde des allein in Betracht kommenden § 1568 BGB. gefehlt oder sei mindestens ein solcher wieder weggefallen gewesen. Bis zur Scheidung der Parteien sei ihre häusliche und eheliche Gemeinschaft entgegen der Behauptung in der Scheidungsklage nicht aufgehoben gewesen. Auch die geschlechtlichen Beziehungen hätten die Parteien bis wenige Tage vor dem Scheidungstermine fortgesetzt. Noch nach der Scheidung hätten die Parteien — wenn auch mit Unterbrechungen — jahrelang wie Eheleute zusammengewohnt und auch geschlechtliche Beziehungen unterhalten. Die Wiederholung des ehelichen Verkehrs unter Aufrechterhaltung des ehelichen Lebens auch im übrigen, die Fortsetzung der Beziehungen nach der Scheidung, und zwar nicht nur auf geschlechtlicher Grundlage, sowie das Verhalten der Parteien unmittelbar nach der Scheidung zeigten, daß die Parteien sich auch innerlich noch verbunden gefühlt hätten. Möge die Klägerin die Scheidung selbst gewollt haben oder nicht, so habe doch keine Partei das Verhalten der anderen als unheilbar ehezerrüttend empfunden. Soweit etwa eine Eheverfehlung der einen oder anderen Partei an-

zunehmen wäre, hätte sie als verziehen oder auch als durch Zeitablauf erloschen gelten müssen. Ein wirksamer Scheidungsgrund habe daher während des Vorprozesses keiner Partei zur Seite gestanden. Das Zusammengehörigkeitsgefühl der Parteien und ihre gegenseitige Neigung seien so stark gewesen, daß sie sich immer wieder zusammengefunden hätten. Daran ändere auch der Umstand nichts, daß sie gleichwohl die Lösung ihres ehelichen Bandes aus Gründen betrieben hätten, die, wie sie gewußt hätten, keine Scheidungsgründe gewesen seien. Die Kenntnis dieses vollen Tatbestandes hätten beide Parteien dem Scheidungsgericht gemeinschaftlich vorenthalten. Die Begründung der Scheidungsklage, daß die häusliche und eheliche Gemeinschaft der Parteien seit geraumer Zeit aufgehoben sei und der Beklagte sich von der Klägerin fernhalte, während die ehelichen Beziehungen tatsächlich fortbestanden hätten, sei ebenso wie ihre Bestätigung durch den Beklagten bei seiner persönlichen Vernehmung nicht bloß ein Verschweigen bestimmter Umstände, sondern eine unzutreffende Angabe gewesen.

Die Annahme des Oberlandesgerichts, daß ein Scheidungsgrund nicht, mindestens zur Zeit der Scheidung nicht mehr vorhanden war und daß die Parteien sich dieses Mangels auch bewußt waren, ist frei von Rechtsirrtum. Eines näheren Eingehens hierauf bedarf es jedoch nicht, weil eine andere Rüge der Revision durchgreift. Diese erachtet nämlich das Berufungsurteil schon deshalb für rechtsirrig, weil es den Umstand, daß die Vereinbarung nach Rechtskraft des Scheidungsurteils getroffen worden sei, unrichtig behandelt habe. Hierzu stellt das Oberlandesgericht fest, daß die Erschleichung der Scheidung auch im Zusammenhange mit der streitigen Vereinbarung stehe. Das gelte zunächst für die Abmachung vom 18. November 1931, aber auch für den Vertrag vom 25. Juni 1932. Die in dem ersten Abkommen vorgenommene Befristung sei den Parteien nicht erheblich gewesen. Sie hätten darin übereingestimmt, daß die Bestimmungen auch nach Ablauf der vorgesehenen Frist weitergelten sollten. Mit Recht habe das Landgericht darauf hingewiesen, daß der Beklagte trotz seiner Beratung durch einen Rechtsanwalt sich gegen die Scheidungsklage nicht verteidigt habe, die er ohne weiteres hätte zu Fall bringen können. Wenn der Beklagte als gewandter und weitblickender Geschäftsmann eine Scheidung aus seiner Alleinschuld hingenommen habe, so habe er das in der bestimmten Erwartung getan, durch den in Aussicht gestellten Unterhaltsverzicht der Klägerin gegen Zahlung eines festbegrenzten Betrages vor einer dauernden und der Höhe nach ungewissen wirtschaftlichen Belastung bewahrt zu bleiben. Er habe bestimmt damit gerechnet, daß die Klägerin im Falle der Scheidung zu ihrer Zusage vom 18. November 1931 stehen werde. Unter diesen Umständen stelle der notarische Vertrag vom 25. Juni 1932 keine selbständige, von der früheren Vereinbarung unabhängige Abmachung dar, die losgelöst von dem Verhalten der Parteien zur Frage ihrer Scheidung zu beurteilen wäre. Vielmehr sei dem Landgericht darin beizutreten, daß die Parteien damit einander nur das gewährt hätten, was sie im engsten Zusammenhange mit den zu ihrer Scheidung getroffenen Abmachungen versprochen hätten.

Diese Ausführungen des Berufungsgerichts halten, soweit sie den notarischen Vertrag vom 25. Juni 1932 betreffen, der rechtlichen Nachprüfung nicht stand. § 80 Satz 2 EheG. betrifft an sich nur solche Vereinbarungen der Gatten über die Unterhaltspflicht für die Zeit nach der Scheidung, die schon vor der Rechtskraft des Scheidungsurteils getroffen worden sind. Diese Bestimmung bezweckt im allgemeinen eine Einschränkung der Nichtigkeit von Unterhaltsvereinbarungen und enthält im besonderen eine Ergänzung des § 138 BGB. dahin, daß die einverständliche Erschleichung der Scheidung zur Annahme der Sittenwidrigkeit und damit Nichtigkeit des Unterhaltsabkommens dann führen soll, wenn die Gatten den nicht (mehr) bestehenden Scheidungsgrund im Zusammenhange mit der Unterhaltsvereinbarung geltend gemacht hatten. An die Gültigkeit eines erst nach Rechtskraft des Scheidungsurteils geschlossenen Unterhaltsabkommens können aber keine strengeren Anforderungen gestellt werden. Auch in diesem Falle könnte also die in der Erschleichung der Scheidung liegende Sittenwidrigkeit die Unterhaltsvereinbarung nur ergreifen, wenn die Geltendmachung des nicht oder nicht mehr bestehenden Scheidungsgrundes mit dem Unterhaltsabkommen zusammengehangen hätte. Ein solcher Zusammenhang ist jedoch zu verneinen. Die Nichtigkeit der Unterhaltsvereinbarung soll die Ehegatten davon abhalten, im Vertrauen auf ihre Gültigkeit die Scheidung zu erschleichen. Für diese Erwägung ist kein Raum mehr, wenn das Scheidungsurteil rechtskräftig geworden ist. An der Scheidung ist dann nichts mehr zu ändern. Den früheren Gatten auch jetzt noch die vertragliche Regelung ihrer Unterhaltsbeziehungen zu verwehren, besteht kein Grund mehr. Hatte einer der Gatten, wie es im vorliegenden Falle das Oberlandesgericht feststellt, damit gerechnet, daß nach Rechtskraft des Scheidungsurteils ein Abkommen bestimmten Inhalts geschlossen werden würde, so hat er sich in seiner Führung des Scheidungsstreites nicht durch eine bereits getroffene Vereinbarung, sondern durch die Hoffnung auf den künftigen Abschluß des Vertrages bestimmen lassen. Kommt dieser später zustande, so beruht er auf einer neuen Sachlage und auf neuen Entschlüssen der inzwischen geschiedenen Ehegatten. Dies muß auch dann gelten, wenn der Vertrag eine schon während des Rechtsstreits verabredete Wiederholung einer bereits damals getroffenen — gemäß § 80 Satz 2 EheG. nichtigen — Vereinbarung darstellt. Das wird besonders deutlich im vorliegenden Falle, wo die Parteien ausweislich des notarischen Protokolls vom 25. Juni 1932 nach Belehrung erklärt haben, daß ihre Vereinbarungen nicht dem Zwecke dienten, die Scheidung zu ermöglichen oder zu erleichtern. Ueberdies behauptet die Klägerin zum Abschluß des Vertrages vom 25. Juni 1932 durch eine erst wenige Tage zuvor — also auch schon nach Rechtskraft des Scheidungsurteils — vom Beklagten gegebene Zusicherung, sie nach 1936 wieder zu heiraten, bewogen worden zu sein.

Die bisherige Rechtsprechung des erkennenden Senats hat, soweit in ihr die Gültigkeit eines erst nach Rechtskraft des Scheidungsurteils abgeschlossenen Unterhaltsvertrages abweichend beurteilt worden ist (insbesondere RGZ. Bd. 126 S. 323), ihre Bedeutung verloren.

2. Steht somit dem gesetzlichen Unterhaltsanspruch der Klägerin aus § 1578 BGB., § 66 EheG. die Rechtswirksamkeit des von ihr in dem notarischen Vertrage vom 25. Juni 1932 erklärten Verzichts entgegen, so ist nunmehr auf den hilfsweise geltend gemachten Klagegrund der unerlaubten Handlung einzugehen. Die Schadensersatzpflicht des Beklagten aus § 826 BGB. hat die Klägerin zusammenfassend damit begründet, daß er sie durch Zusicherung der Wiederheirat zum Abschlusse des Unterhaltsvertrages bewogen, auch sein ganzes Verhalten darauf eingestellt habe, daß die Klägerin hierauf habe vertrauen müssen, und daß er dann plötzlich dieses Versprechen gebrochen habe; dieser Bruch stelle eine zum Schadensersatz verpflichtende Handlung dar; diese habe sich immer noch als Ehefrau des Beklagten gefühlt und ihm in Erwartung der später wiederherzustellenden Ehe die Treue gehalten.

Die Klägerin hat also dem Beklagten nicht etwa vorgeworfen, daß er schon bei Abgabe des von ihr behaupteten Eheversprechens vor dem 25. Juni 1932 entschlossen gewesen sei, es nicht zu halten. Eine solche Behauptung hätte sich auch schwerlich mit der weiteren Darstellung der Klägerin vereinbaren lassen, wonach der Beklagte noch im Jahre 1937 eine neue Ehewohnung für die Parteien gemietet haben soll. Die Klägerin kann die unerlaubte Handlung auch nicht darin erblicken, daß der Beklagte sie nach dem 25. Juni 1932 jahrelang unter Täuschung über seine wahren Absichten hingehalten habe; in diesem Falle könnte sie — abgesehen davon, daß auch hier das Mieten einer ehelichen Wohnung im Jahre 1937 entgegenstehen würde — als Schadensersatz nicht einfach den einer geschiedenen Ehefrau zustehenden Unterhalt verlangen, sondern hätte im einzelnen darlegen müssen, daß und welche anderweitigen Einnahmen ihr — etwa durch Versäumung einer Gelegenheit zur Eheschließung oder zur Erlangung einer Erwerbsstellung — entgangen seien; daran fehlt es gänzlich.

Die unerlaubte Handlung des Beklagten soll vielmehr nach dem ausdrücklichen Vortrage der Klägerin in dem im Juli 1937 (infolge Bekanntschaft des Beklagten mit einer anderen Frau) eingetretenen Bruch des angeblichen Eheversprechens liegen. Ob ein solches wirklich gegeben war, kann dahingestellt bleiben; denn keinesfalls stellt der Rücktritt von einem Verlöbnis eine unerlaubte Handlung dar. Das Gesetz hat den einseitigen Rücktritt zugelassen; es will jeden unmittelbaren oder mittelbaren Zwang zur Eingehung einer Ehe vermeiden, weil ein solcher Zwang mit ihrem Wesen unverträglich ist. Es ist besser, daß eine Ehe, von der schon vor ihrer Eingehung vorauszusehen ist, daß sie keinen Bestand haben wird, gar nicht erst geschlossen, als daß sie nach kurzer Zeit wieder aufgelöst wird. Für die Zulässigkeit des Rücktritts vom Verlöbnis macht es auch keinen Unterschied, ob für ihn ein wichtiger Grund vorliegt. Ein solcher Grund beeinflußt vielmehr nur die hauptsächlich wirtschaftlichen Folgen, die das Gesetz an den Rücktritt knüpft. Im vorliegenden Falle hätte die Klägerin, wenn der Beklagte sich nach der Scheidung wieder mit ihr verlobt haben und von diesem Verlöbnis ohne wichtigen Grund zurückgetreten sein sollte, dem Beklagten gemäß § 1298 Abs. 1 Satz 2 BGB. Ersatz des Schadens verlangen können, den sie durch die von ihr in Erwartung der Ehe getroffenen, ihr Vermögen berührenden Maßnahmen erlitten hätte. Als eine solche Maßnahme kommt der in dem Vertrage vom 25. Juni 1932 erklärte Unterhaltsverzicht in Betracht. Da die Klägerin auf diesem gesetzlich vorgesehenen Wege — vorbehaltlich der Bestimmung des § 1302 BGB. — die Möglichkeit gehabt hätte, ihren Unterhaltsanspruch wiederherzustellen, besteht auch kein Bedürfnis, dasselbe Ergebnis auf dem Umwege über § 826 BGB. erzielen zu wollen. Von der Erhebung der in den §§ 1298 flg. BGB. geregelten Ansprüche hat die Klägerin aber ausdrücklich Abstand genommen.

RGZ. 164, 127

Ist der Ehefrau der Anspruch auf Unterhalt nach Scheidung der Ehe wegen Verschuldens deshalb zu versagen, weil sie mit einem Mann in eheähnlicher Lebensgemeinschaft steht?

EheG. § 66*).

IV. Zivilsenat. Urt. v. 17. Juni 1940.

I. Landgericht Klagenfurt. II. Oberlandesgericht Graz.

Die Parteien haben am 1. Juli 1923 die Ehe miteinander geschlossen. Die Klägerin hat die Scheidung wegen Verschuldens des Beklagten aus § 49 EheG. und seine Verurteilung zur Unterhalts-

*) Jetzt § 58 EheG. v. 20. 2. 46.

leistung beantragt, der Beklagte die Scheidung aus dem überwiegenden Verschulden der Frau wegen Ehebruchs begehrt. Das erste Gericht schied die Ehe aus dem Verschulden des Beklagten und verurteilte ihn zur Leistung eines monatlichen Unterhaltsbetrages. Das Berufungsgericht schied auf Berufung des Beklagten die Ehe aus beiderseitigem, auf seiten des Beklagten überwiegendem Verschulden, stellte den Ehebruch der Klägerin fest und wies ihr Unterhaltsbegehren ab.

Die Revision der Klägerin, mit der sie die Wiederherstellung des ersten Urteils beantragte, hatte nur wegen des Unterhaltsanspruchs Erfolg.

Aus den Gründen:

Das Berufungsgericht hat der Klägerin den Anspruch auf Unterhaltsleistung aus § 66 EheG. abgesprochen, weil sie im Zeitpunkt der Ehescheidung mit einem anderen Mann in voller Lebensgemeinschaft stehe und das Unterhaltsbegehren daher unsittlich sei; denn der Beklagte könne nicht angehalten werden, der Klägerin Unterhalt zu leisten, wenn sie von einem anderen Mann in der Lebensgemeinschaft versorgt werde. Das Berufungsgericht beruft sich auch auf die Rechtsprechung zu §§ 91, 105 und 1264 ABGB. Dieser Ansicht ist nicht beizutreten.

Die Regelung der Unterhaltspflichten zwischen geschiedenen Ehegatten nach dem großdeutschen Eherecht weicht erheblich von der bisherigen Regelung nach dem österreichischen Recht ab. Die Frau hatte im früheren Recht einen Anspruch auf den angemessenen Unterhalt, wenn sie schuldlos war, ausnahmsweise auf den anständigen Unterhalt nach Billigkeitsgründen und nach Lage des einzelnen Falles, wenn sie mitschuldig war (§ 1264 ABGB., Hofdekret vom 4. Mai 1841 [JGS. Nr. 531]). Der angemessene Unterhalt war der Frau unabhängig von ihrem Vermögen und ihrem Einkommen zu leisten, richtete sich daher nicht nach ihrer Bedürftigkeit. Nach dem geltenden Recht hat die Frau gegen den allein oder überwiegend schuldig befundenen Mann einen Anspruch auf angemessenen Unterhalt. Dabei sind die Einkünfte der Frau aus ihrem Vermögen und das Einkommen aus einer ihr zuzumutenden Erwerbstätigkeit zu berücksichtigen. Die Frau steht nach geltendem Recht gegenüber dem früheren Recht ungünstiger, wenn sie Vermögen oder die Möglichkeit eines Arbeitseinkommens hat. Bezieht sie aus der Gemeinschaft mit einem anderen Manne wirtschaftliche Vorteile, so sind diese bei der Bemessung des Unterhalts heute nicht zu übergehen. Die Rechtsprechung zu dem nicht mehr anzuwendenden § 1264 ABGB. hat daher für das geltende Recht keine Bedeutung mehr.

Wenn die Frau zur Zeit der Scheidung der Ehe in einer dauernden Lebensgemeinschaft mit einem anderen Manne stand, die den guten Sitten widerspricht, so ist dies bei der Abwägung des beiderseitigen Verschuldens der Ehegatten zu berücksichtigen und kann für die Beurteilung des Maßes des Verschuldens nach § 60 Abs. 2 EheG. unter Umständen sogar den Ausschlag geben. Unter dem Gesichtspunkt einer sittenwidrigen Geltendmachung des Unterhaltsanspruchs darf aber dieser Umstand nicht noch einmal bei der Frage der Unterhaltspflicht herangezogen werden. Auch auf die Bestimmung über die Verwirkung des Unterhaltsanspruchs (§ 74 EheG.) kann sich der Beklagte nicht berufen; denn diese besagt nur, daß auch der Rechtsgrund des einmal zuerkannten Unterhaltsanspruchs für die Zukunft nicht unabänderlich feststeht, daß sich vielmehr bei einer Aenderung der Verhältnisse der Anspruch nicht nur der Höhe nach, sondern auch dem Grunde nach ändern kann. Daraus ist für die Auffassung des Berufungsrichters nichts zu gewinnen. Der Unterhaltsanspruch der Frau gegen den überwiegend schuldig erklärten Mann richtet sich ausschließlich nach § 66 EheG. Das Revisionsgericht sieht daher in der Lebensgemeinschaft der Klägerin keinen Grund, ihren Anspruch auf den Unterhalt abzulehnen.

RGZ. 164, 366

Zur Frage der Einwirkung veränderter Umstände bei Unterhaltsverträgen.

EheG. § 80*). BGB. § 242.

IV. Zivilsenat. Urt. v. 19. Sept. 1940.

Die Entscheidung ist abgedruckt unter „Bürgerliches Recht, Schuldrecht".

RGZ. 165, 26

1. Verstößt die Ausnutzung eines die Schuldfrage unrichtig lösenden Scheidungsurteils zur Begründung von Unterhaltsansprüchen gegen die guten Sitten?

2. Führt die geschiedene Frau, die eine eheähnliche Geschlechtsverbindung unterhält, einen unsittlichen Lebenswandel im Sinne des § 74 Ehegesetz?

3. Kann ein Vollstreckungstitel, der den Unterhalt eines geschiedenen Ehegatten zum Gegenstand hat, wegen einer Aenderung der Gesetzgebung abgeändert werden?

BGB. §§ 826, 1578. EheG. §§ 66, 74**). ZPO. § 323 Abs. 4.

IV. Zivilsenat. Urt. v. 7. Okt. 1940.

Die Entscheidung ist abgedruckt unter „Bürgerliches Recht, Schuldrecht".

---

*) Jetzt § 72 d. EheG. v. 20. 2. 46.
**) Jetzt § 58, 66 d. EheG. v. 20. 2. 46.

RGZ. 166, 379

Zur Anwendung des § 74 EheG. auf vertraglich geregelte Unterhaltsansprüche geschiedener Ehegatten.

EheG. §§ 74, 96*).

IV. Zivilsenat. Urt. v. 14. Mai 1941.

I. Amtsgericht Detmold. II. Oberlandesgericht Celle.

Die Parteien waren seit 1924 miteinander verheiratet; ihre Ehe, der eine im Jahre 1926 geborene Tochter entstammt, wurde auf die Klage der Klägerin durch rechtskräftig gewordenes Urteil vom 19. Oktober 1934 aus Alleinschuld des Beklagten geschieden. Vorher, am 13. September 1934, hatte sich der Beklagte im Einvernehmen mit der Klägerin in notarischer Urkunde u. a. verpflichtet, an die Klägerin vom Tage der Rechtskraft des Scheidungsurteils ab für sie und das Kind eine monatliche Unterhaltsrente von 300 RM. zu zahlen, und sich deswegen der sofortigen Zwangsvollstreckung unterworfen. Durch einen Vergleich vom Dezember 1935 wurde dieses Abkommen dahin ergänzt, daß von der Unterhaltsrente 220 RM. auf die Klägerin, 80 RM. auf das Kind entfallen sollten. Bereits wegen der Unterhaltsrente für Januar 1939 kam es zwischen den Parteien zu einem Rechtsstreit, in dem der Beklagte den Standpunkt vertrat, daß er die Rente nur noch in Höhe von 150 RM. zu zahlen brauche, weil die Klägerin durch beleidigende Briefe an ihn und liederlichen Lebenswandel den Unterhaltsanspruch verwirkt habe. Durch Urteil vom 17. Oktober 1939 wurde der Beklagte damals zur Zahlung der vollen Rente verurteilt und seine Widerklage auf Feststellung, daß die Klägerin seit dem 1. Februar 1939 keine höhere Rente als 150 RM. monatlich fordern könne, abgewiesen. Anfang 1940 stellte er die Unterhaltszahlung ganz ein. Mit ihrer darauf beim Amtsgericht erhobenen Klage hat die Klägerin Verurteilung des Beklagten verlangt, 1. darin einzuwilligen, daß ihr eine vollstreckbare Ausfertigung der Verpflichtungserklärung erteilt werde, 2. — hilfsweise — an sie für sich und das Kind 300 RM. monatlich Unterhalt zu zahlen. Nachdem sich die Klage durch nachträgliche Erteilung der vollstreckbaren Ausfertigung an die Klägerin in der Hauptsache erledigt hatte, hat der Beklagte widerklagend beantragt, die Zwangsvollstreckung aus der vollstreckbaren Unterhaltsverpflichtung für unzulässig zu erklären, weil der Unterhaltsanspruch infolge unsittlichen Lebenswandels der Klägerin gemäß § 74 EheG. weggefallen sei. Das Amtsgericht hat der Widerklage stattgegeben. Die Berufung der Klägerin hat das Oberlandesgericht zurückgewiesen. Ihre Revision blieb erfolglos.

*) Jetzt § 66 d. EheG. v. 20. 2. 46.

Gründe:

Das Berufungsgericht geht bedenkenfrei von der Gültigkeit der von den Parteien in den Jahren 1934 und 1935 getroffenen Unterhaltsregelung aus, die es im Einklange mit der Rechtsprechung des erkennenden Senats (RGZ. Bd. 159 S. 157 [160]) nach § 80 EheG. beurteilt. Es ist aber der Ansicht, die Klägerin habe ihren Unterhaltsanspruch nach § 74 EheG. verwirkt, weil sie gegen den Willen des Beklagten einen unsittlichen Lebenswandel geführt habe. Die Anwendbarkeit des § 74 auch auf vertraglich geregelte Unterhaltsverpflichtungen folgert es daraus, daß diese Vorschrift ganz allgemein von der „Verwirkung des Unterhaltsanspruchs" spreche, worunter alle Unterhaltsansprüche — gesetzliche und vertragliche — zu verstehen seien. ...

Inwieweit bei rein vertraglichen Unterhaltsansprüchen eine entsprechende Anwendung des § 74 EheG. geboten ist, braucht hier nicht erörtert zu werden; denn in Wahrheit handelt es sich bei der Rentenforderung der Klägerin nach Lage der Verhältnisse um keinen solchen Anspruch. Der Beklagte hat sich zur Entrichtung der streitigen Unterhaltsrente zwar vor der Scheidung verpflichtet, aber nach dem Inhalte der Urkunde doch in der sicheren Erwartung, daß die allein von der Klägerin erhobene, auf § 1568 BGB. gestützte Klage Erfolg haben und die Ehe aus seinem Verschulden geschieden werden würde, und zu dem Zwecke, den im Anschluß an die Scheidung mit Sicherheit zu erwartenden Unterhaltsstreit und die damit verbundenen Kosten sowie die Darlegung seiner geldlichen Verhältnisse vor Gericht zu vermeiden. Die Verpflichtung diente also lediglich der Erfüllung der dem Beklagten obliegenden gesetzlichen Unterhaltspflicht gemäß dem damals geltenden § 1578 BGB. Daß die übernommenen Leistungen, insbesondere die Monatsrente von 300 RM., ihrer Höhe nach über den gesetzlichen Unterhaltsanspruch hinausgingen, ist von keiner Seite geltend gemacht worden; dafür bietet die Sachlage auch keinen Anhalt. Der im Gesetze begründete Unterhaltsanspruch eines geschiedenen Ehegatten verliert nicht schon dadurch das Wesen eines gesetzlichen, daß er an Stelle einer gerichtlichen Festsetzung durch Vereinbarung zwischen den Beteiligten in den Grenzen der gesetzlichen Pflicht näher geregelt wird (vgl. RGZ. Bd. 145 S. 302 [305], Bd. 164 S. 65 [68]; Volkmar a. a. O. Bem. 6 zu § 80 EheG.). Die Parteien können freilich im einzelnen Falle die Absicht verfolgt haben, durch die Vereinbarung den Unterhaltsanspruch völlig auf eine vertragliche Grundlage zu stellen und ihn des Wesens als eines gesetzlichen zu entkleiden. Ein solcher Wille wird aber nur beim Vorliegen besonderer dafür sprechender Anhaltspunkte angenommen werden können. Fehlt es daran, wie ersichtlich im gegebenen Falle, so unterliegt die Unterhaltsverpflichtung den gesetzlichen Bestimmungen, soweit sich nicht aus dem Inhalte der Vereinbarung etwas anderes ergibt. Danach richtet sich insbesondere die Geltung des § 74 EheG. über die Verwirkung des Unterhaltsanspruchs. In einem derartigen Fall, in dem es sich nur um die gesetzliche, wenn auch durch Vertrag näher ausgestaltete Unterhaltspflicht handelt, steht der Anwendung des § 74 gemäß § 96 EheG. auch nicht entgegen, daß Scheidung und Unterhaltsabkommen in die Zeit vor dem Inkrafttreten des Ehegesetzes fallen (vgl. auch RGZ. Bd. 165 S. 26 [29]). Da hier weder aus dem Inhalte des Unterhaltsvertrages noch aus dem sonstigen feststehenden Sachverhalt etwas dafür zu entnehmen ist, daß eine Verwirkung des Unterhaltsanspruchs gemäß § 74 EheG. ausgeschlossen sein sollte, ist die Anwendung dieser Vorschrift durch den Berufungsrichter nicht zu beanstanden.

Den Beweis, daß die Klägerin gegen den Willen des Beklagten einen unsittlichen Lebenswandel geführt habe, und zwar auch noch nach dem im Vorprozeß erlassenen Urteil vom 17. Oktober 1939, erachtet das Berufungsgericht für erbracht. ...

Nach allem hat das Berufungsgericht ohne Rechtsirrtum angenommen, daß die Klägerin den Unterhaltsanspruch für die Zeit vom 1. Januar 1940 ab verwirkt hat. Das gilt auch hinsichtlich des für die Tochter bestimmten Teiles der Rente, wobei es dahingestellt bleiben mag, inwieweit die Tochter nunmehr gemäß §§ 1601 flg. BGB. Unterhalt vom Beklagten beanspruchen kann.

RGZ. 168, 269

Ist eine vor Rechtskraft des Scheidungsurteils von den Ehegatten getroffene Unterhaltsvereinbarung auch dann nichtig, wenn die Ehegatten im Zusammenhange mit ihr zwar einen nicht oder nicht mehr bestehenden Scheidungsgrund geltend gemacht haben, die Ehe aber aus einem anderen, nicht geltend gemachten Grunde scheidungsreif war? Ist es hierbei von Bedeutung, daß gemäß dem Einverständnis der Ehegatten die Scheidung nicht von dem Teile, dem der vorhandene Scheidungsgrund zur Seite stand, sondern von dem anderen Teile betrieben wurde?

EheG. § 80*). ZPO. § 138 Abs. 1.

IV. Zivilsenat. Urt. v. 21. Januar 1942.

I. Landgericht Köln. II. Oberlandesgericht daselbst.

Die am 20. März 1937 geschlossene Ehe der Parteien ist durch rechtskräftiges Urteil des Landgerichts in K. vom 6. Dezember 1939 auf die Klage der jetzigen Beklagten aus Alleinschuld des Klägers

*) Jetzt § 72 d. EheG. v. 20. 2. 46.

geschieden worden. Bereits vorher, am 7. November 1939, hatte sich der Kläger in vollstreckbarer Form verpflichtet, der Beklagten als Unterhalt für sie und ihre Tochter aus ihrer ersten, ebenfalls geschiedenen Ehe für die Zeit des Bestehens der Ehe der Parteien und für die Zeit nach der Scheidung einschließlich des Monats, in dem sie eine neue Ehe eingehe, monatlich im voraus den Betrag von 600 RM. zu zahlen; ferner enthält die Urkunde u. a. den Verzicht des Klägers auf die Geltendmachung der Rechte aus § 323 ZPO., seine Bestätigung, daß die gesamten Einrichtungsgegenstände, Wäsche usw. außer seinen persönlichen Stücken Eigentum der Beklagten seien, sowie das Versprechen, die eheliche Wohnung vom 6. November 1939 ab nicht mehr zu betreten und die gesamten Kosten des Umzugs der Beklagten nach B. einschließlich Versicherung und Reisezuschuß zu bezahlen.

Mit der vorliegenden Klage beantragt der Kläger, die Zwangsvollstreckung aus der Urkunde vom 7. November 1939 für unzulässig zu erklären. Er macht geltend: Die von ihm übernommenen Verpflichtungen hätten in unmittelbarem Zusammenhange mit der von der Beklagten wenige Tage später erhobenen Scheidungsklage gestanden. Sie seien nach § 80 Satz 2 Halbsatz 2 EheG. nichtig, weil die von der Beklagten vorgebrachten Scheidungsgründe nicht bestanden hätten, während die wirklichen Gründe des ehelichen Zerwürfnisses, die auf seiten der Bekagten gelegen hätten, nicht vorgebracht worden seien, um ihr und Dr. S., den sie nach der Scheidung ihrer Ehe habe heiraten wollen, die Zukunft nicht zu erschweren. Er, der Kläger, sei durch die Auftritte, die ihm die Beklagte sowohl zu Hause als auch in der Praxis gemacht habe, seelisch derart zermürbt gewesen, daß er die Tragweite der von ihr gewünschten und schließlich auch von ihm abgegebenen Erklärungen gar nicht zu fassen imstande gewesen sei. Außerdem habe die Beklagte ihm gedroht, ihn in Deutschland unmöglich zu machen, falls er ihren Wünschen nicht nachkomme. Die Verpflichtungserklärungen seien deshalb durch Schreiben vom 5. April 1940 angefochten worden. Weiterhin sei vor der Abgabe der Erklärungen stets die Rede davon gewesen, daß die Zahlung der Unterhaltsrente nur für einige wenige Monate in Frage komme, weil beide Teile mit der alsbaldigen Wiederverheiratung der Beklagten gerechnet hätten. Die Verpflichtungserklärungen seien zudem nach § 138 BGB. nichtig, weil er sich seiner ganzen Habe entäußert und nicht einmal ein Bett behalten habe. Aeußerstenfalls sei zu berücksichtigen, daß die Parteien bei der Festsetzung der Unterhaltsrente davon ausgegangen seien, daß sein Monatseinkommen 1800 RM. betrage, während es heute durchschnittlich nur 1150 RM. erreiche.

Die Beklagte beantragt, die Klage abzuweisen. Sie bestreitet die Klagebehauptungen und trägt vor: Beide Teile seien übereinstimmend der Ansicht gewesen, daß die Scheidung möglichst schnell und ohne

Aufsehen durchgeführt werden solle. Der Grund des ehelichen Zerwürfnisses sei gewesen, daß der Kläger die Beklagte, die er zum Erwerbe der deutschen Reichsangehörigkeit und einer ärztlichen Praxis nötig gehabt habe, wieder habe los werden wollen, nachdem er sein Ziel erreicht gehabt habe. In dieser Absicht habe er ihre Bekanntschaft mit Dr. S. begünstigt; es sei sein Wunsch gewesen, daß dieser sie heiraten und ihn damit von seiner Unterhaltspflicht befreien solle. Daß eine unverzügliche Heirat der Beklagten mit Dr. S. nicht in Frage gekommen sei, habe der Kläger gewußt. Zur Höhe des Unterhalts habe er vor Abgabe der Verpflichtungserklärung darauf hingewiesen, daß er aus den Einkünften des sehr großen Vermögens seines ersteheliches Sohnes Gelder zu erwarten habe und daher unter allen Umständen auch bei Rückgang seiner Einkünfte die Unterhaltszahlungen einhalten werde.

Das Landgericht hat der Klage stattgegeben. Die Berufung der Beklagten war erfolglos. Ihre Revision führte zur Aufhebung und Zurückverweisung.

Gründe:

Die Ehe der Parteien ist auf Grund des § 49 EheG. geschieden worden. In den Urteilsgründen ist ausgeführt, der Brief des damaligen Beklagten an die damalige Klägerin vom 10. November 1939 erweise, daß er keine eheliche Gesinnung mehr für sie aufzubringen vermöge, daß er deshalb die Trennung von ihr herbeigeführt habe und nicht mehr beabsichtige, die eheliche Gemeinschaft mit ihr wiederherzustellen; desgleichen erweise der Brief erhebliche Beleidigungen des Beklagten gegenüber der Klägerin; es komme hinzu, daß er, wie er zugebe, der Klägerin seit Anfang des Jahres 1939 jeden ehelichen Verkehr verweigert habe; damit sei erwiesen, daß sich der Beklagte erheblicher Eheverfehlungen schuldig gemacht und dadurch die Ehe schuldhaft so tief zerrüttet habe, daß eine ihrem Wesen entsprechende Lebensgemeinschaft nicht wiederhergestellt werden könne.

Nach den Feststellungen des Berufungsgerichts hat es sich um eine einverständliche Scheidung gehandelt, bei der das Gericht von beiden Parteien über den wahren Sachverhalt getäuscht und ihm ein in Wirklichkeit nicht bestehender Scheidungsgrund vorgetragen worden ist. Der Brief vom 10. November 1939 sei im Einvernehmen beider Teile geschrieben, ja, von der Beklagten selbst entworfen und durch ihren Anwalt dem Kläger zur Unterschrift zugeleitet worden. Welche Rolle das Verhältnis der Beklagten mit Dr. S. bei der Entfremdung der Parteien gespielt habe, könne auf sich beruhen. Auch wenn der Kläger von vornherein damit einverstanden gewesen sein und die Bekanntschaft zwischen Dr. S. und der Beklagten als eine willkommene Gelegenheit benutzt haben sollte, sie loszuwerden, so habe doch die Beweisaufnahme eine Reihe sonstiger Tatsachen ergeben, die das Verhalten des Klägers gegenüber der Beklagten als verständlich und entschuldbar erscheinen ließen. Allerdings sei nicht daran zu zweifeln, daß sich die Beklagte nach außen hin, d. h. ihrem großen Bekanntenkreise gegenüber, als eine ihrem Mann in treuer Liebe ergebene und um sein Wohlergehen aufs tiefste besorgte Gattin gezeigt und verstanden habe, Personen, die in ihrem Hause freundschaftlich verkehrten, für sich einzunehmen und von der Wahrhaftigkeit ihrer Gesinnung zu überzeugen. Ebensowenig aber bestehe ein Zweifel darüber, daß sich die Beklagte dem Kläger gegenüber ganz anders betragen habe, wenn sie mit ihm allein gewesen sei oder wenn Personen zugegen gewesen seien, in deren Gegenwart sie sich keine Beschränkungen auferlegen zu müssen geglaubt habe. Sie habe alsbald nach der Heirat angefangen, in Gegenwart der Eheleute K. den Kläger ohne ersichtlichen Grund zu beschimpfen, wobei sie ihn u. a. als Depp, Schuft, Bauernlümmel, Roßknecht, Lump, Sadist bezeichnet habe. Sie habe sich nicht einmal gescheut, ihn in Gegenwart der Kinder und der Hausangestellten in dieser Weise herabzusetzen. Auch sei sie nicht davor zurückgeschreckt, vertraulichste Eheangelegenheiten mit den Eheleuten K. und der Ehefrau W. zu besprechen und sich dabei über die geschlechtlichen Fähigkeiten des Klägers in abfälligem Sinne zu äußern. Hinter seinem Rücken habe sie den Eheleuten K. erzählt, der Sohn aus seiner ersten Ehe stamme nicht von ihm, sondern von einem jüdischen Professor, seine Mutter habe den Kläger nur geheiratet, damit das Kind einen ehrlichen Namen bekomme. Auch nach Angabe der Zeugin L., die vom 1. April bis zum 1. Juli 1939 als Hausgehilfin bei den Parteien tätig gewesen sei, habe die Beklagte fast täglich, und zwar von morgens bis abends, der Zeugin und anderen Personen gegenüber in häßlicher Weise über den Kläger gesprochen und üble Schimpfworte in bezug auf ihn gebraucht. Sie habe ihn u. a. als einen Bauern, Trottel, Geizhals und wiederholt auch als Seelensadist bezeichnet. Ferner habe sie geäußert, er nehme Kokain und sei durch das viele Rauchen nikotinvergiftet. Nach der Aussage der Zeugin M., die von 1936 bis Weihnachten 1939 Sprechstundenhilfe beim Kläger gewesen sei, habe die Beklagte immer einen Anlaß gehabt, über den Kläger zu schimpfen; u. a. habe sie geäußert, er sei ein schlechter Mensch, er schnupfe Kokain, sei ein Depp und ein Trottel. Ihre Anteilnahme an seinem Beruf habe sich darauf beschränkt, den Kläger in seinem Verkehr mit seinen Patienten zu überwachen und das von ihm verdiente Geld so bald als möglich in ihren Besitz zu bringen. Der Kläger andererseits sei nach den Aussagen der genannten Zeugen ein schlichter, anspruchsloser und ruhiger Mensch, der niemals ausfällig geworden sei und die Angriffe der Beklagten ruhig habe über sich ergehen lassen. Auch nach dem äußeren Eindruck, den die Parteien auf das Berufungsgericht gemacht hätten, sei der Kläger ein ruhiger, zurückhaltender und gesellschaftlich wenig teilnehmender Mensch, während bei der Beklagten ein gewisses Maß von Ehrgeiz, Geltungsbedürfnis und Unbeherrschtheit nicht zu verkennen sei. Die Beklagte könne sich über die persönlichen Eigenschaften des Klägers nicht im unklaren gewesen sein, da sie ihn lange genug vor Eingehung der Ehe gekannt habe. Wenn sie ihn dennoch zum Manne genommen habe, so habe sie hierauf Rücksicht nehmen und ihr Verhalten so einrichten müssen, daß ein gedeihliches Zusammenleben möglich gewesen sei. Das habe sie aber nicht getan, sondern sie habe, nachdem sie in Gestalt der Eheschließung ihr Ziel erreicht und festen Boden unter den Füßen gehabt habe, im Verhältnis zum Kläger alle Hemmungen abgelegt und ihrer Willkür freien Lauf gelassen. Unter diesen Umständen sei es entschuldbar, wenn der Kläger seine eheliche Gesinnung verloren, sich innerlich von seiner Frau losgesagt habe und zu der Einstellung gelangt sei, wie sie in seinem Briefe vom 10. November 1939 zum Ausdruck gekommen sei. Bei richtigem und vollständigem Vortrag des Sachverhalts würde das Landgericht daher in seinem Verhalten niemals eine die Scheidung rechtfertigende Eheverfehlung erblickt haben. Jedenfalls sei der Scheidungsanspruch der Beklagten nach § 49 Satz 2 EheG. ausgeschlossen gewesen, da ihre eigenen Verfehlungen ungleich schwerer gewesen seien und den Anstoß zum Zerfall der Ehe gegeben hätten. Daß der erdichtete Scheidungsgrund im Zusammenhange mit der Unterhaltsvereinbarung geltend gemacht worden sei, ergebe sich schon daraus, daß die Beklagte die Scheidungsklage unmittelbar nach der Unterzeichnung der notarischen Urkunde durch den Kläger erhoben habe. Die vom Kläger eingegangene Unterhaltsverpflichtung sei daher nach § 80 EheG. nichtig. Die Nichtigkeit ergreife nach § 139 BGB. den gesamten Inhalt der Urkunde.

Die Revision macht geltend, daß der Brief vom 10. November 1939 nicht allein ausschlaggebend für die Scheidung gewesen sei, daß der Scheidungsrichter vielmehr, was das Berufungsgericht nicht gewürdigt habe, als weiteren selbständigen Grund die Erklärung des Mannes hinzugenommen habe, er habe seit Anfang des Jahres 1939 der Beklagten jeden ehelichen Verkehr verweigert. Bei seiner persönlichen Vernehmung vor dem Scheidungsrichter habe der Kläger als dritten Grund noch hinzugefügt, daß er von seiner Frau nichts mehr wissen wolle. Daraus ergebe sich, daß jedenfalls Scheidungsgründe bestanden hätten, so daß die Geltendmachung eines etwa nicht oder nicht mehr bestehenden Scheidungsgrundes bedeutungslos sei. Aeußerstenfalls hätte das Berufungsgericht nach seiner Würdigung der Beweisaufnahme zu dem Ergebnis kommen können, daß der Kläger ebenfalls zur Erhebung einer Scheidungsklage Grund gehabt habe; wenn er aus irgendwelchen Gründen sein Recht auf Scheidung nicht wahrgenommen habe, so sei dies ausschließlich seine Sache gewesen. Im übrigen bekämpft die Revision noch die vom Berufungsgericht vorgenommene Beweiswürdigung mit Verfahrensrügen aus § 286 ZPO.

Die Revision muß Erfolg haben, ohne daß auf die von ihr erhobenen Verfahrensrügen eingegangen zu werden braucht. Auch wenn die Feststellungen des Berufungsgerichts zugrunde gelegt werden, ist seine Annahme, daß die Verpflichtungserklärungen des Klägers gemäß § 80 EheG. nichtig seien, rechtlich nicht zu billigen. Nach den Feststellungen des Berufungsgerichts muß davon ausgegangen werden, daß der Beklagten kein Scheidungsanspruch zustand, daß aber andererseits der Kläger berechtigt war, die Scheidung aus Verschulden der Beklagten zu begehren. Ist es hiernach auch richtig, daß die Parteien im Zusammenhange mit der Unterhaltsvereinbarung dem Scheidungsrichter im gegenseitigen Einvernehmen einen in Wirklichkeit nicht bestehenden Scheidungsgrund vorgetragen haben, so führt dies doch deshalb nicht zur Nichtigkeit der Unterhaltsvereinbarung, weil die Ehe in jedem Falle scheidungsreif war (RGZ. Bd. 159 S. 157 [167]). Von dem in dieser Entscheidung behandelten Fall unterscheidet sich der vorliegende insofern, als dort die Scheidung auf Klage und Widerklage ausgesprochen worden, die Widerklage zweifellos begründet und nur mit der Klage, wie zu unterstellen war, ein nicht bestehender Scheidungsgrund geltend gemacht war, während hier die Scheidung lediglich auf Grund eines nicht bestehenden Scheidungsgrundes ausgesprochen und der wirkliche, dem anderen Ehegatten zustehende Scheidungsgrund nicht geltend gemacht worden ist. Das Einvernehmen der Parteien ging also dahin, daß die Scheidung nicht vom Kläger, dem allein ein Scheidungsgrund zur Seite stand, sondern von der Beklagten unter Vortrag eines in Wirklichkeit nicht bestehenden Scheidungsgrundes betrieben werden solle. Das ändert aber nichts daran, daß die Ehe scheidungsreif war; die Scheidung hätte auf das Begehren des Mannes hin ausgesprochen werden müssen, wenn er es — statt sich nur mit der von der Frau betriebenen Scheidung einverstanden zu erklären — selbst geltend gemacht hätte. Nur in der Schuldfrage wäre in diesem Fall anders zu entscheiden gewesen. Insoweit ging schon die frühere Rechtsprechung dahin, daß Vereinbarungen, die eine der wirklichen Rechtslage nicht entsprechende Regelung lediglich der Schuldfrage herbeizuführen bestimmt waren, weder gegen ein gesetzliches Verbot noch gegen die guten Sitten verstießen (RG. in JW. 1933 S. 154 Nr. 3, S. 155 Nr. 4). § 80 Satz 2 Halbsatz 2 EheG. schreibt allerdings vor, daß eine vor Rechtskraft des Scheidungsurteils getroffene Unterhaltsvereinbarung — abgesehen von den Fällen einer sich aus dem Inhalt der Vereinbarung oder aus sonstigen Umständen ergebenden Sittenwidrigkeit —

nichtig ist, wenn die Ehegatten im Zusammenhange mit ihr einen nicht oder nicht mehr bestehenden Scheidungsgrund geltend gemacht haben. Diese Vorschrift bedarf aber gegenüber ihrem Wortlaut mit Rücksicht auf den von § 80 verfolgten Zweck einer Einschränkung. § 80 EheG. ist ersichtlich geschaffen worden, um Unterhaltsvereinbarungen für die Zeit nach der Scheidung über die frühere Rechtsauffassung hinaus weitgehend zu begünstigen. Er will die wirtschaftliche Abwicklung zu scheidender oder bereits geschiedener Ehen möglichst erleichtern. Daher stellt er in Satz 1 den Grundsatz auf, daß die Ehegatten für die Zeit nach der Scheidung der Ehe über die Unterhaltspflicht Vereinbarungen treffen können, und läßt in Satz 2 Halbsatz 1 ausdrücklich auch Unterhaltsvereinbarungen zu, durch welche die Scheidung erleichtert oder erst ermöglicht wird. Würde die Gültigkeit der Unterhaltsvereinbarungen schon dann entfallen, wenn zwischen dem vom Scheidungskläger vorgetragenen und dem wirklichen Sachverhalt ein — zu einer anderen Beurteilung der Scheidungs- oder der Schuldfrage führender — Zwiespalt bestünde, so wäre damit die Anerkennung von Unterhaltsvereinbarungen in einem Umfang eingeengt, der mit dem von § 80 EheG. erstrebten Ziele nicht in Einklang zu bringen wäre und daher nicht in seinem Sinne liegen kann. Der dem früheren Recht zugrunde liegende Gedanke, daß eine Ehe soweit irgend möglich aufrechtzuerhalten sei, ist für § 80 nicht mehr maßgebend. Das Gesetz kann es allerdings nicht zulassen oder begünstigen, daß die Ehegatten durch einverständlichen Vortrag nicht bestehender Scheidungsgründe die Scheidung ihrer Ehe herbeiführen, wenn es an einem vom Gesetz anerkannten Scheidungsgrund überhaupt fehlt; denn die Verfügung über den Bestand der Ehe ist den Ehegatten entzogen. Auf diesen Fall muß aber aus den angeführten Gründen die Anwendung der in Rede stehenden Vorschrift auch beschränkt werden. Ist dagegen ein Scheidungsgrund gegeben, tragen die Parteien aber statt dieses Scheidungsgrundes dem Gericht einverständlich einen anderen, nicht bestehenden Scheidungsgrund zur Herbeiführung der Scheidung vor, so verstoßen sie damit zwar gegen die ihnen nach § 138 Abs. 1 ZPO. dem Gericht gegenüber obliegende Wahrheitspflicht; das Gesetz sieht jedoch in Anbetracht dessen, daß in diesem Fall in Wirklichkeit nur die Belange der Ehegatten selbst in Frage stehen, davon ab, als Folge des Verstoßes die Nichtigkeit einer mit der wahrheitswidrigen Geltendmachung von Scheidungsgründen in Zusammenhang stehenden, an sich erwünschten Unterhaltsvereinbarung auszusprechen. Steht hiernach beim Vorliegen eines Scheidungsgrundes die Geltendmachung eines nicht (oder nicht mehr) bestehenden Scheidungsgrundes der Gültigkeit der Unterhaltsvereinbarung nicht entgegen, so kann es auch nicht darauf entscheidend ankommen, daß gemäß dem Einverständnis der Ehegatten die Scheidung nicht von dem Teile, dem der Scheidungsgrund zur Seite steht, sondern von dem anderen Teile betrieben wird. Nichtig wäre die Unterhaltsvereinbarung in einem solchen Falle nur, wenn sich anderweitig aus ihrem Inhalt oder aus sonstigen Umständen ergeben würde, daß sie den guten Sitten widerspricht. Dies war vom Kläger ebenfalls geltend gemacht worden. Hierzu sowie zu den sonstigen vom Kläger vorgetragenen Klagegründen hat jedoch das Berufungsgericht bisher keine Stellung genommen.

Mit der bisherigen Begründung läßt sich nach alledem die vom Berufungsgericht getroffene Entscheidung nicht aufrechterhalten. Da es weiterer tatsächlicher Erörterungen bedarf, muß die Sache zu neuer Verhandlung und Entscheidung an das Berufungsgericht zurückverwiesen werden.

RGZ. 172, 252

Ist im Verhältnis zwischen geschiedenen Ehegatten für eine Klage auf Herausgabe des gemeinschaftlichen Kindes der Rechtsweg zulässig?

EheG. §§ 81*), 97. BGB. §§ 1631, 1632, 1635.

IV. Zivilsenat. Urt. v. 26. Januar 1944.

I. Landgericht Dresden. II. Oberlandesgericht daselbst.

Die im Jahre 1927 geschlossene Ehe der Parteien wurde durch Urteil des Landgerichts vom 3. März 1931 aus alleinigem Verschulden des Beklagten geschieden. Dessen Berufung hiergegen wurde vom Oberlandesgericht durch Urteil vom 30. September 1931 zurückgewiesen. Der Beklagte legte Revision ein. Am 8. Januar 1932 schlossen die Parteien einen notarischen Vertrag, in dem die Unterhaltsansprüche der Klägerin und die sonstigen gegenseitigen vermögensrechtlichen Ansprüche der Parteien geregelt werden. Im § 4 des Vertrags heißt es dann, die Klägerin erkenne an, daß ihr durch die jahrelange Trennung vom Beklagten und von dem Kinde Joachim dieses Kind entfremdet sei und daß sie es im Interesse des Wohles des Kindes für erforderlich halte, daß es im Hause des Beklagten bleibe; daher überlasse sie diesem ganz unabhängig von der gesetzlichen Regelung die Sorge für die Person des Kindes; sie behalte sich aber das Recht vor, diese Sorge wieder auszuüben, falls das Kind nicht mehr im Hause des Beklagten lebe. In § 7 des Vertrags verpflichtete sich der Beklagte sodann, die von ihm eingelegte Revision zurückzunehmen. Der hier übernommenen Verpflichtung gemäß nahm er demnächst die von ihm eingelegte Revision zurück,

*) Jetzt § 74 d. EheG. v. 20. 2. 46.

womit das Urteil des Oberlandesgerichts am 16. Januar 1932 Rechtskraft erlangte.

Das Kind Joachim K. lebte seitdem beim Beklagten.

Im Oktober 1942 erhob die Klägerin Klage mit dem Antrage, den Beklagten zur Herausgabe des Kindes zu verurteilen. Zur Begründung machte sie geltend, sie sei an den Vertrag vom 8. Januar 1932 nicht mehr gebunden, weil Joachim jetzt nicht mehr im Hause des Beklagten lebe und weil sein leibliches und seelisches Wohl gefährdet sei.

Das Landgericht hat die Klage abgewiesen. Das Berufungsgericht hat den Beklagten zur Herausgabe des Kindes verurteilt. Die Revision des Beklagten führte zur Abweisung der Klage wegen Unzulässigkeit des Rechtswegs.

Gründe:

Das Berufungsgericht führt aus, die Ehe der Parteien sei vor dem Inkrafttreten des Ehegesetzes geschieden worden. Die Sorge für die Person des Kindes bestimmte sich also gemäß § 97 EheG. nach dem bisherigen Recht, nämlich nach § 1635 BGB. Da im Scheidungsstreit der Beklagte für alleinschuldig erklärt sei, stehe daher die Sorge für die Person des Kindes der Klägerin zu. Die Parteien hätten jedoch vertragsmäßig eine abweichende Regelung getroffen; die Klägerin habe dem Beklagten die Sorge für die Person des Kindes Joachim überlassen, habe sich aber das Recht vorbehalten, diese Sorge selbst wieder auszuüben, „falls das Kind nicht mehr im Hause des Beklagten lebt". Darüber, ob dieser Fall eingetreten sei, gehe der Streit zwischen den Parteien. Das Berufungsgericht ist der Ansicht, daß es nicht hierauf ankomme. Denn das Recht der Klägerin auf die Personensorge sei unabdingbar und unverzichtbar. Aus dem Rechte der Personensorge folge das Recht, den Aufenthalt des Kindes zu bestimmen und die Herausgabe des Kindes zu fordern (§ 1631 Abs. 1, § 1632 BGB.). Das Berufungsgericht erklärt, es sei lediglich zu prüfen, ob die Geltendmachung des Herausgabeanspruchs seitens der Klägerin etwa offensichtlich eine unzulässige Rechtsausübung darstelle. Das wird vom Berufungsgericht verneint; denn der Beklagte sei in mißliche Verhältnisse gekommen. Er habe seine frühere, gut bezahlte Stellung und seinen eigenen Hausstand verloren und sei gezwungen, mit dem Kinde in vielfach wechselnden Untermietwohnungen zu wohnen, was der seelischen Entwicklung des Kindes nicht dienlich sei. Außerdem habe sich der Beklagte auch in der Erfüllung seiner eigenen Verpflichtungen als unzuverlässig erwiesen, indem er auch während der Schulferien das Kind Joachim der Klägerin aus nichtigen Vorwänden vorenthalten habe. Im übrigen ist aber das Berufungsgericht der Auffassung, die Entscheidung der Frage, ob es mit dem Wohle des Sohnes Joachim vereinbar sei, ihn bei seinem Alter von 16 Jahren, bei seinem jetzigen Entwicklungszustand und bei seiner jetzigen Einstellung zur Mutter gegen seinen Willen zur Klägerin zu verbringen, stehe nicht dem Berufungsgericht zu; diese Frage könne vielmehr nur vom Vormundschaftsgericht entschieden werden.

Die Revision wendet sich gegen die Ausführungen des Berufungsgerichts, daß das Kind Joachim beim Beklagten körperlich und geistig nicht gut untergebracht sei. Sie macht geltend, der Beklagte befinde sich jetzt in auskömmlicher Stellung in L., wo auch für die Unterbringung, die Verpflegung und die Erziehung des Sohnes gut gesorgt sei; sie bestreitet, daß der Beklagte seine Verpflichtung, der Klägerin den Verkehr mit Joachim zu gestatten, schuldhaft verletzt habe.

Bei den Ausführungen des Berufungsgerichts über die häuslichen und wirtschaftlichen Verhältnisse des Beklagten, über die Unterkunftsbedingungen, die er dem Kinde Joachim zur Zeit zu bieten vermöge, und über die persönliche Unzuverlässigkeit des Beklagten handelt es sich ebenso wie bei den von der Revision dagegen erhobenen Einwendungen überall um Erwägungen darüber, ob das Kind seinen Aufenthalt beim Beklagten behalten oder ob es sich künftig bei der Klägerin aufhalten soll. Die Bestimmung des Aufenthalts des Kindes ist ein Bestandteil der Sorge für dessen Person. Für die Entscheidung darüber, wem diese Sorge zukommt, ist seit dem Inkrafttreten des Ehegesetzes lediglich der Gesichtspunkt des Wohles des Kindes maßgebend. Die bisherige gesetzliche Regelung, wonach sich die Sorge für die Person nach dem Schuldausspruch im Scheidungsurteil und nach dem Geschlechte des Kindes bestimmte, ist vom Ehegesetz aufgegeben; die Sorge für das gemeinschaftliche Kind wird demjenigen der geschiedenen Ehegatten anvertraut, der nach pflichtmäßigem richterlichem Ermessen die bessere Eignung zu einer dem Wohle des Kindes förderlichen Erziehung besitzt. Die Entscheidung darüber aber liegt nach dem Ehegesetz ausschließlich in den Händen des Vormundschaftsgerichts. Diesem liegt es daher auch ob, zu entscheiden, bei welchem der Ehegatten das Kind seinen Aufenthalt zu nehmen hat. Dem Vormundschaftsgericht stehen nach § 33 FGG. (in der Fassung der Verordnung vom 5. August 1935) die nötigen Zwangsmittel zur Vollziehung seiner Anordnungen zur Verfügung. Insbesondere kann es die Herausgabe des Kindes an denjenigen geschiedenen Ehegatten, den es für würdig und geeignet erachtet, das Sorgeamt auszuüben, durch Ordnungsstrafen oder auch durch Anordnung unmittelbarer Gewaltanwendung erzwingen. Die Bestimmung des Aufenthalts des Kindes ist also kein persönliches

Recht des einen oder des anderen Ehegatten mehr. Daher muß die Vorschrift des § 1632 BGB., die einen im Wege der Klage vor den ordentlichen Gerichten zu verfolgenden Anspruch auf Herausgabe des Kindes vorsieht, im Verhältnis geschiedener Ehegatten zueinander als durch die vom Ehegesetz herbeigeführte Rechtsentwicklung überholt angesehen werden. Für eine solche Klage ist seit dem Inkrafttreten des Ehegesetzes der Rechtsweg ausgeschlossen. Da das Vormundschaftsgericht allein dazu berufen und in der Lage ist, alle diejenigen Umstände, die für die Eignung des einen oder des anderen Elternteils sprechen — wozu in dem zur Entscheidung stehenden Fall auch die Erwägungen über die häuslichen und wirtschaftlichen Verhältnisse des Beklagten und über seine Zuverlässigkeit gehören — richtig und erschöpfend zu würdigen und dementsprechend den Aufenthalt des Kindes zu bestimmen, wäre es ein überflüssiger und unzeitgemäßer Formalismus, zur Herbeiführung und Erzwingung der Herausgabe des Kindes noch ein Streitverfahren vor den ordentlichen Gerichten einzuschalten. Aus diesen Gründen erachtet der erkennende Senat den Rechtsweg für unzulässig, und zwar ohne Unterschied, ob die Ehe erst nach dem Inkrafttreten des Ehegesetzes oder, wie im vorliegenden Falle, schon vor dem Inkrafttreten dieses Gesetzes geschieden worden ist; denn auch im letzteren Fall ist nach der Uebergangsvorschrift des § 97 EheG. der maßgebende Gesichtspunkt für die Personensorge und die Aufenthaltsbestimmung nicht mehr das Interesse des einen oder des anderen Elternteils, sondern allein das Wohl des Kindes. Die Entscheidung darüber liegt daher auch bei den schon vor dem Inkrafttreten des Ehegesetzes geschiedenen Ehen letzten Endes ausschließlich in den Händen des Vormundschaftsgerichts.

Wirkungen der Ehe im allgemeinen

RGZ. 61, 78

1. In welchem Umfange besteht eine gesetzliche Ermächtigung der Frau, bei der Beschaffung von Kleidern und Putzwaren für ihren eigenen Bedarf den Mann zu vertreten?

2. Welche Bedeutung hat dabei dem einzelnen Verkäufer gegenüber der Umstand, daß die Frau solche Sachen als Vertreterin des Mannes auch von anderen Geschäften bezieht, die Bestellungen aber zusammengenommen über den Bedarf hinausgehen?

pr. ALR. II 1 § 321.

BGB. § 1357.

IV. Zivilsenat. Urt. v. 31. Mai 1905.

I. Landgericht I Berlin. II. Kammergericht daselbst.

Klägerin hat in der Zeit vom 10. Dezember 1897 bis zum 30. September 1902 der Ehefrau des Beklagten auf deren Bestellung die in der Kagerechnung verzeichneten Kleidungsstücke, Kleiderstoffe und Putzwaren geliefert. Sie berechnet dafür Preise im Gesamt-Betrage von 19 083,70 M. und verlangt, nachdem sie in Einzelbeträgen zusammen 10 300 M. gezahlt erhalten hat, die Verurteilung des Beklagten zur Bezahlung des Restpreises von 8783,70 M. nebst Zinsen. Klägerin macht geltend, daß Beklagter für die Bestellungen, die seine Frau zur Bestreitung ihres Bekleidungsbedarfs während der Ehe bei ihr gemacht habe, nach den Vorschriften sowohl des früheren als auch des jetzigen bürgerlichen Rechts ihr ohne weiteres aufkommen müsse; er habe überdies die Bestellungen ausdrücklich oder doch stillschweigend genehmigt. Beklagter, dessen Ehe später geschieden wurde, bestreitet die Verpflichtung. Die behauptete Genehmigung stellt er in Abrede. Die Bestellungen hätten sich auch nicht in den Grenzen des Notwendigen gehalten, zumal seine Frau, wie unstreitig, zugleich von mehreren anderen Geschäften Kleider bezogen habe; für diese Anschaffungen habe er anderweitig große Summen bezahlt. Der erste Richter hat die Entscheidung von einem zugeschobenen Eide abhängig gemacht, mit welchem Beklagter beschwören sollte, daß er die bei der klagenden Firma gemachten Bestellungen der Ehefrau nicht genehmigt habe. Auf die Berufung der Klägerin hat das Kammergericht den Beklagten bedingungslos nach dem Klagantrage verurteilt. Die Revision des Beklagten ist zurückgewiesen.

Aus den Gründen:

. . . „Der Berufungsrichter hält den Nachweis, daß Beklagter die Bestellungen seiner Ehefrau gutgeheißen habe, für entbehrlich, weil die der Frau nach § 321 ALR. II. 1 und nach § 1357 BGB. zustehende Vertretungsbefugnis nicht überschritten sei. Die Erwägungen, auf denen diese Annahme beruht, sind rechtlich nicht zu beanstanden.

Es handelt sich um Anschaffungen für den eigenen Bekleidungsbedarf der Frau, die zu einem Teil unter der Herrschaft des Preußischen Allgemeinen Landrechts, zum anderen Teil unter der Herrschaft des jetzigen bürgerlichen Rechts stattgefunden haben. Derartige Besorgungen gehören zwar nicht unter allen Umständen zu den eigentlichen Haushaltungsgeschäften. Allein nach beiden Rechten umfaßt die in der sog. Schlüsselgewalt enthaltene Befugnis der Frau, als Vertreterin des Mannes diesen durch Verträge zu verpflichten, ein weiteres Gebiet; sie erstreckt sich auf alle den ehelichen Aufwand betreffende Besorgungen, deren besondere Beschaffenheit nach der bestehenden Sitte auf eine Erledigung durch die Frau hinweist. Darunter fällt der Regel nach, wie auch in den Motiven zu § 1278 I. Entw. zum BGB. Bd. 4 S. 118 hervorgehoben ist, die Beschaffung ihrer eigenen Kleidung. Hierbei, wie bei allen anderen, jenem Geschäftsgebiete der Frau gehörigen Geschäften handelt es sich jedoch um einen ehelichen Aufwand, der den Mann angeht, nur insoweit, als die für Rechnung und im Namen des Mannes erworbenen Bekleidungsgegenstände nach Art und Zahl der äußeren Gestaltung des Ehelebens entsprechen. Nur unter dieser Voraussetzung sind es „gewöhnliche Notdurfte", die in der landrechtlichen Gesetzesvorschrift des § 321 a. a. O. den gewöhnlichen Haushaltungsgeschäften mit der Bestimmung an die Seite gestellt werden, daß die Frau zu ihrer Bestreitung Waren und Sachen auf Borg nehmen darf, und daß der Mann dergeichen Schuld als die seinige anzuerkennen hat. Und nur unter der gleichen Einschränkung handelt es sich nach der Bestimmung des § 1357 BGB. um „Geschäfte des Mannes", die als dem häuslichen Wirkungskreise der Frau angehörig von ihrer gesetzlichen Vertretungsbefugnis umfaßt werden. Da nun im vorliegenden Falle kein Streit darüber bestand, daß die dem Klaganspruch zugrunde liegenden Verträge zwischen der Klägerin und der Ehefrau des Beklagten als im Namen des Beklagten abgeschlossen zu gelten hatten, so war es rechtlich zutreffend, daß der Berufungsrichter ihre Verbindlichkeit für den Mann danach beurteilt hat, ob die bestellten und gelieferten Kleidungsstücke, Kleiderstoffe und Putzsachen „der äußeren Lebensführung, dem Auftreten der Ehegatten und den hieraus entstehenden Bedürfnissen" entsprochen haben. Die Revision versucht den Ausgangspunkt des Berufungsrichters in einer Beziehung als fehlsam zu bemängeln. Um nämlich unter Anwendung des Rechtsgrundsatzes auf den Streitfall den an die Verhältnisse dieser Ehe anzulegenden Maßstab festzustellen, hat der Berufungsrichter allein in Betracht gezogen, daß der Beklagte Besitzer einer aus fünf Gütern bestehenden Standesherrschaft und Kammerherr ist — beides stand in den Vorinstanzen als unstreitig fest —, daß er zur entscheidenden Zeit neben seiner Haushaltung auf dem Schlosse S. in Pommern einen zweiten besonderen Hausstand in Berlin geführt hat, daß die Frau mit seinem Einverständnis kostspielige Reisen unternahm, und daß er schließlich mit dem von ihr getriebenen Bekleidungsaufwand im allgemeinen bekannt war, ihm aber nicht widersprochen hat. Dagegen hat der Berufungsrichter kein Gewicht darauf gelegt, ob das jährliche Einkommen des Beklagten, wie Klägerin behauptete, damals 400 000 M., oder, wie er selbst in zweiter Instanz angab, 10 000 M. betragen hat. Mit Unrecht erblickt die Revision hierin eine Gesetzesverletzung. Die Schlüsselgewalt richtet sich nach den Besonderheiten des Hauswesens, dessen Ausgestaltung vom Manne abhängt (§ 184 ALR. II. 1;

§ 1354 Abs. 1 BGB.), während seine Leitung der Frau zusteht (§ 194 ALR. II. 1; § 1356 BGB.). Sollten nun — wie das nach den Angaben des Beklagten der Fall sein würde — die von dem Manne getroffenen häuslichen Einrichtungen zu seinen jeweiligen Einkünften in keinem richtigen Verhältnis stehen, so hat das auf die gesetzliche Vertretungsbefugnis der Frau keinen Einfluß. Nur der tatsächliche Zuschnitt des Hauswesens und die damit zusammenhangende äußere Lebensführung der Ehegatten, nicht aber eine Lebenshaltung, wie sie in Rücksicht auf das Einkommen des Mannes beschaffen sein müßte, in Wirklichkeit aber nicht beschaffen ist, kennzeichnen nach Inhalt und Umfang den häuslichen Wirkungskreis der Frau und damit gleichzeitig die Grenzen ihrer gesetzlichen Vertretungsmacht. Dies würde, zumal nach außen hin, selbst für den Fall angenommen werden müssen, wenn Beklagter bei seiner in I. Instanz gemachten Angabe verblieben wäre, daß er in der entscheidenden Zeit ein Einkommen überhaupt nicht gehabt hätte. Auch dann würde die Schlüsselgewalt der Frau weder aufgehört, noch auch je nach dem Schwanken der Einkünfte, bevor eine Aenderung in den ständigen häuslichen Einrichtungen und in der äußeren Lebensführung der Eheleute eintrat, sich bald vermindert, bald vermehrt haben.

Rechtlich bedenkenfrei wie dieser Maßstab ist auch dessen Anwendung auf die den Klagegrund bildenden Verträge. Der Berufungsrichter gelangt dabei im Wege der tatsächlichen Sachprüfung zu der Feststellung,, daß, soweit Klägerin nicht Zahlung erhalten hat, die von der Ehefrau des Beklagten gemachten Bestellungen in angemessenem Verhältnis zur ehelichen Lebenshaltung gestanden haben und für den Beklagten deshalb verbindlich gewesen seien. . . .

Es fragt sich aber weiter, ob im Verhältnis zur Klägerin die Verbindlichkeit der Verträge für den Beklagten dadurch ausgeschlossen oder eingeschränkt wurde, daß seine Ehefrau zur nämlichen Zeit auch bei anderen Geschäften gleichartige Bestellungen gemacht, Beklagter aber, wie er behauptet, an die anderen Geschäfte dafür große Summen bezahlt hat. Der Beklagte hat offensichtlich damit zugleich behaupten wollen, die Bestellungen seien zusammengenommen vollends übermäßig gewesen. Die Unerheblichkeit dieses Verteidigungsvorbringens wird in dem Berufungsurteil mit der Ausführung begründet, es komme nur darauf an, ob der Klägerin die bei ihr selbst gemachten Bestellungen nicht als unberechtigte erschienen seien, und das sei nicht der Fall gewesen; der Beklagte habe nicht dargelegt, inwiefern wegen der anderweiten Anschaffungen die mit der Klägerin abgeschlossenen Geschäfte über die Anforderungen des Standes und über die Anforderungen der von ihm gebilligten Lebensführung seiner Frau hinausgegangen seien. Nun kann der Revision, die dem Berufungsrichter eine unrichtige Verteilung der Beweislast vorwirft, zwar zugegeben werden, daß es der Klägerin oblag, durch ihr Vorbringen sowie nötigenfalls durch den Beweis ihrer Behauptungen eine richterliche Entscheidung darüber zu ermöglichen, ob die für Rechnung und im Namen des Mannes gemachten Anschaffungen der ehelichen Lebenshaltung entsprochen haben; und es ist ebenso richtig, daß die richterliche Prüfung auf die Frage nach der Einhaltung, und nicht nach der Ueberschreitung der Vertretungsgrenzen abzustellen war. Allein ihrer Behauptungs- und Beweispflicht genügte Klägerin schon dann, wenn sich aus ihren Darlegungen auf der einen Seite ergab, welcher Art im allgemeinen die im Bereich des häuslichen Wirkungskreises liegenden Geschäfte der Ehefrau des Beklagten waren, und wenn sich auf der anderen Seite herausstellte, daß die abgeschlossenen Verträge ihrem besonderen Inhalte nach jener Geschäftsgattung angehörten. Die Beweispflicht der Klägerin erstreckte sich dagegen nicht auf die Frage, ob und inwieweit Frau v. P. anderen Personen gegenüber von ihrer Vertretungsbefugnis einen gleichen Gebrauch bereits gemacht hatte oder zu machen im Begriff war. Insbesondere brauchte Klägerin durch ein derartiges Vorbringen nicht vorbeugend die Annahme auszuschließen, daß der Bedarf durch die an anderer Stelle bedungenen Lieferungen bereits gedeckt, und daß ihr selbst bei der Entgegennahme der Bestellungen solches bekannt gewesen sei. Denn mit der Ermächtigung der Frau zur Vertretung des Mannes verfolgt das Gesetz nicht allein den Zweck, der Frau ein Mittel darzubieten, das ihr die Erfüllung ihrer häuslichen Aufgaben ermöglicht, sondern es gibt damit zugleich jedem Dritten eine Gewähr, daß er sich auf Geschäfte, die in ihrer Art dem häuslichen Wirkungskreise der Frau angehören, im Vertrauen auf deren Verbindlichkeit für den Mann mit der Frau einlassen darf. Dem Dritten gegenüber können aber zum Ausweise über die Tragweite dieser Ermächtigung nur solche Tatsachen dienen, die ihm entweder beim Vertragsabschlusse bekannt waren, oder die bei verkehrsüblicher Aufmerksamkeit seiner Wahrnehmung nicht entgehen durften. Verteidigt sich deshalb der Mann wie vorliegend mit der Behauptung eines Mißbrauchs der gesetzlichen Vertretungsmacht, indem er eine übermäßige Vervielfältigung an sich zulässiger Anschaffungen behauptet, so ist es seine Sache, nicht allein die Tatsache dieses Mißbrauchs, sondern zum mindesten auch dessen Erkennbarkeit für den anderen Vertragsteil nachzuweisen. An einem derartigen Beweisanerbieten hat es der Beklagte fehlen lassen. Er hat insbesondere nichts darüber vorgebracht, daß Klägerin einen Anhalt gehabt hätte, die Bedarfsüberschreitung durch ein Hinzukommen anderer Bestellungen auch nur zu mutmaßen und deshalb weitere Nachforschungen anzustellen. Irgendeine auf den Schutz des Ehemannes berechnete Rechtsvermutung stand in dieser Hinsicht der Klägerin nicht entgegen. Wohl aber würde der Beklagte vor wie nach dem Inkrafttreten des neuen Rechts in der Lage gewesen sein, einer übermäßigen Inanspruchnahme seines Kredits beizeiten vorzubeugen, und mit den gesetzlichen Mitteln, unter bestimmter Einschränkung oder völliger Ausschließung des Vertretungsrechts, selbst solche Bezugsquellen seiner Frau zu treffen, die ihm bis dahin unbekannt gebieben waren (§ 323 ALR. II. 1, §§ 1357 Abs. 2. 1435 BGB.). Auf die vom Beklagten an andere Geschäfte geleisteten Zahlungen kann es um so weniger ankommen, als bei einer Mehrzahl von Bestellungen, die in ihrer Gesamtheit den Bedarf übersteigen, es nicht in das Belieben des Beklagten gestellt ist, eine Auswahl derer zu treffen, die er gegen sich gelten lassen will. Bewegen sich schließlich die Ausführungen des Berufungsrichters auch in der Form einer Erörterung der Frage, ob die Ehefrau des Beklagten ihre gesetzliche Vertretungsbefugnis überschritten habe, so enthalten sie doch immerhin eine ausreichende Feststellung zugleich in der Richtung, daß die Grenzen der Vertretungsbefugnis eingehalten seien." . . .

RGZ. 64, 323

Wem gehört, wenn eine Frau Arbeiten, zu denen besondere technische Fertigkeiten erforderlich sind, in der Weise verrichtet, daß ihre Arbeiten in dem von ihrem Manne betriebenen Gewerbe verwertet werden, das Erträgnis ihrer Tätigkeit? Wie gestaltet sich das Rechtsverhältnis, wenn der Mann der Frau für ihre Arbeiten tatsächlich eine Vergütung gewährt?

BGB. §§ 1356 Abs. 2 u. 1367.

VI. Zivilsenat. Urt. v. 8. Oktober 1906.

I. Landgericht I Berlin. II. Kammergericht daselbst.

Die Klägerin hatte bei Benutzung der Straßenbahn durch den Zusammenstoß zweier Wagen eine Verletzung an der linken Hand erlitten; die Heilungskosten waren ihr von der Beklagten vergütet worden; sie forderte aber auch Entschädigung wegen dauernder Verminderung ihrer Erwerbsfähigkeit; sie habe, soweit ihr die Besorgung des kleinen Haushaltes dazu Zeit gelassen habe, sich mit der Bemalung von Galanteriesachen beschäftigt und damit 10 M wöchentlich verdient und sei an der Fortsetzung dieser Tätigkeit durch die Folgen des Unfalls gehindert. Die erste Instanz sprach ihr eine Rente von 4,50 M wöchentlich zu; das Berufungsgericht erhöhte die Rente auf 9 M für die Woche. Die Beklagte legte Revision ein, weil durch die verminderte Leistungsfähigkeit der Klägerin nicht diese selbst, sondern nur ihr Mann, den sie durch ihre Malereiarbeiten in dem von ihm allein betriebenen Gewerbe unterstützt habe, geschädigt sei.

Das Reichsgericht hob das Berufungsurteil auf und verwies die Sache an das Berufungsgericht zurück.

Aus den Gründen:

. . . „Von der Beklagten ist schon in erster Instanz geltend gemacht worden, daß die Klägerin Ersatz des Betrages, um welchen die Erträgnisse ihrer Malereiarbeiten durch die Folgen des von ihr erlittenen Unfalls geschmälert worden sind, nicht verlangen könne, da die Malereiarbeiten nicht Ausfluß einer eigenen von ihr unternommenen gewerblichen Tätigkeit gewesen seien, sie dabei vielmehr nur als Gehilfin bei dem von ihrem Manne betriebenen Gewerbe mitgewirkt habe (§ 1356 BGB.). Das Landgericht hat aber, in Anlehnung an die Ausführungen in dem reichsgerichtlichen Urteil vom 26. November 1900 (Entsch. in Zivils. Bd. 47 S. 84; vgl. auch Urteil vom 14. Juni 1906 in der Jurist. Wochenschr. 1906 S. 469 Nr. 26), angenommen, daß die Klägerin durch den Wegfall der Hilfe, die sie früher ihrem Manne in dessen Gewerbe geleistet hatte, mittelbar auch selbst geschädigt sei, und hat diesen Schaden auf 4,50 M, d. i. die Hälfte des Wertes, den die Arbeiten der Klägerin für die Einnahmen ihres Mannes gehabt hätten, geschätzt.

Von der Klägerin wurde hiergegen in der Berufungsinstanz geltend gemacht, es liege auch bei Anwendung der in dem vom Landgerichte angezogenen reichsgerichtlichen Urteile dargelegten Grundsätze kein Grund vor, ihren Schaden niedriger zu bemessen, als auf den Betrag, um welchen das, was sie jetzt zu verdienen in der Lage sei, hinter dem zurückbleibe, was sie ohne den Unfall verdient haben würde. Dabei hat sie noch bemerkt, die von dem Landgericht beliebte Festsetzung ihres Schadens sei um so weniger gerechtfertigt, als sie vor dem Unfall das, was sie für Galanteriemalereien verdient, ausgezahlt erhalten, darüber frei verfügt und Ersparnisse davon für ihren Sohn bei einer Sparkasse angelegt habe. Hierfür hat sie Beweis angeboten. . . .

Das Berufungsgericht erachtet den Berufungsangriff für berechtigt. Es sei erwiesen, daß die Klägerin durch ihren Unfall tatsächlich einen durchschnittlichen Wochenverdienst von 9 M verloren habe. Bei dem, was die Klägerin durch ihre Malereiarbeiten verdient habe, handle es sich um Vorbehaltsgut im Sinne von § 1367 BGB.; der Verlust stelle daher einen eigenen Schaden der Klägerin dar. Denn die Beweisaufnahme erster Instanz habe ergeben, daß die Klägerin durch eine eigene, der gewerblichen Tätigkeit ihres Mannes der Art nach gleichkommende Tätigkeit neben ihrer Beschäftigung im Haushalt selbständig einen eigenen Erwerb von durchschnittlich 12 M wöchentlich gehabt habe.

Die Revision greift dies an. Die Ehefrau sei dem Manne nicht bloß zur Besorgung der zur Führung des Haushalts erforderlichen Geschäfte, sondern auch, soweit es nach den Verhältnissen der Ehegatten üblich sei, zu Arbeiten in dem Geschäft des Mannes verpflichtet, und was durch solche Arbeiten verdient werde, gehöre nicht ihr, sondern dem Manne. Die Annahme, von der das Berufungsgericht ausgehe, daß im vorliegenden Falle die Klägerin nicht ihren Mann in seinem Gewerbe unterstützt, sondern ein selbständiges Gewerbe betrieben habe, entbehre der erforderlichen Begründung. Die Beweisaufnahme habe sich hierauf überhaupt nicht erstreckt; soweit aber die Zeugen sich über diesen Punkt ausgesprochen hätten, stehe ihre Aussage der Annahme der Vorinstanz geradezu entgegen.

Dem Angriff war der Erfolg nicht zu versagen.

Nach § 1367 BGB., *auf dessen Vorschriften das Berufungsgericht* seine Entscheidung stützt, ist Vorbehaltsgut, was die Frau durch ihre Arbeit oder durch den selbständigen Betrieb eines Erwerbsgeschäfts erwirbt. Daß die Klägerin ein selbständiges Erwerbsgeschäft betrieben habe, hat sie selbst nicht behauptet; nach dem erstinstanzlichen Tatbestand haben die Kläger zwar angegeben, sie seien beide Galanteriemaler; aber daraus ist noch nicht zu entnehmen, daß auch die Klägerin selbständig die Galanteriemalerei betrieben habe in der Weise, daß sie in eigenem Namen Verträge mit Dritten über Ausführung von Malerarbeiten abgeschlossen und dadurch einen Erwerb gehabt habe. Die Klägerin ist auch der von der Beklagten in erster Instanz aufgestellten Behauptung, daß sie einen selbständigen Gewerbebetrieb bei der Behörde nicht angemeldet habe, nicht entgegengetreten. Ihr zweitinstanzliches Vorbringen, daß ihr eigener Erwerbsverdienst auch von ihr selbständig und nach ihrem eigenen Ermessen zu Spareinlagen für ihren Sohn verwendet worden sei, läßt ebenfalls nicht mit genügender Deutlichkeit erkennen, daß sie den selbständigen Betrieb eines Erwerbsgeschäfts in dem oben bezeichneten Sinne habe behaupten wollen. Uebrigens kommt darauf nichts an; denn dieses Anführen ist als von der Beklagten bestritten anzusehen, da deren Absicht, es in Abrede zu stellen, aus ihren sonstigen Erklärungen zu entnehmen ist, und ein Beweis ist über jenes Vorbringen nicht erhoben worden.

Für die sich danach weiter darbietende Frage, ob die frühere Beschäftigung der Klägerin mit Galanteriemalerei eine Arbeit gewesen ist, deren Erträgnisse ihr als Vorbehaltsgut gebührt haben, ist der Umstand von Bedeutung, daß der Mann der Klägerin die Herstellung von Galanteriemalereien gewerbsmäßig betreibt. Nach § 1356 Abs. 2 BGB. ist die Frau, soweit eine solche Tätigkeit nach den Lebensverhältnissen der Ehegatten üblich ist, nicht bloß zu Arbeiten im Hauswesen, sondern auch zu solchen im Geschäfte des Mannes verpflichtet, und das, was durch solche Arbeiten der Frau verdient wird, gehört an sich nicht ihr, weder als eingebrachtes, noch als Vorbehaltsgut, sondern dem Manne. Die Anwendung dieser Regel und der sich daraus ergebenden rechtlichen Folgerungen auf den vorliegenden Fall wird nicht dadurch ausgeschlossen, daß es sich bei den Arbeiten der Klägerin um eine Tätigkeit gehandelt hat, deren erfolgreiche Ausübung einige technische Fertigkeit und ein gewisses Maß von Ausbildung des Geschmacks und Schönheitssinns erfordert. Für die Beurteilung des vorliegenden Rechtsstreites ist es nicht entscheidend, ob die Klägerin, wenn sie sich durch Unterweisung von seiten ihres Mannes oder in anderer Weise die Fähigkeit, Arbeiten der in Rede stehenden Art auszuführen, erworben hatte, ihrem Manne gegenüber verpflichtet gewesen ist, diese Fähigkeit dergestalt zu dessen Gunsten zu verwerten, daß sie ihn bei der Ausübung seines Gewerbes unterstützte; es kommt vielmehr darauf an, ob sie das bisher getan hat und anzunehmen ist, daß sie, wenn der Unfall nicht eingetreten wäre, dies auch in Zukunft getan haben würde. Trifft dies zu, so ist durch die Beeinträchtigung, welche ihre Befähigung zur Ausführung von Malereien der in Frage stehenden Art durch den Unfall . . . erlitten hat, ihr Mann geschädigt, nicht sie, weil sie eben ihre Fähigkeit nicht zu eigener Arbeit, d. h. zu solcher, durch welche sie sich einen Erwerb verschaffte, verwertet haben würde. Das Berufungsurteil hat nun die Verhältnisse, wie sie in der Ehe der Klägerin nach der in Betracht kommenden Richtung bestanden haben, nicht näher festgestellt, vielmehr für die Annahme, daß die Erträgnisse der von der Klägerin bezüglich der Herstellung von Galanteriemalereien entwickelten Tätigkeit ihr Vorbehaltsgut gewesen seien, lediglich auf die Ergebnisse der erstinstanzlichen Beweisaufnahme verwiesen. Dies kann nur dahin verstanden werden, daß die Vorinstanz das, was der Sohn der Klägerin und die Eheleute K. ausgesagt haben, für glaubwürdig erachtet hat. Die Aussagen dieser Zeugen sprechen nun aber nicht dafür, daß die Klägerin bis zu dem Unfalle sich durch Malereiarbeiten einen eigenen Erwerb verschafft hat, sondern dafür, daß sie lediglich ihren Mann in dessen Geschäft unterstützt hat. . . .

Das, was die Vorinstanz durch Verweisung auf die Beweisergebnisse bezüglich der tatsächlichen Verhältnisse als dargetan bezeichnet hat, genügt hiernach nicht, die von ihr über die Berufung der Klägerin getroffene Entscheidung zu rechtfertigen. Dies kann jedoch nicht zur Zurückweisung dieser Berufung durch das Revisionsgericht führen. Denn in zweiter Instanz hat die Klägerin Behauptungen aufgestellt, die offenbar dahin gehen sollen, daß das, was durch ihre Malereiarbeit verdient worden sei, mindestens zum Teil ihr selbst zugeflossen sei. Allerdings ist das, was sie insoweit vorgebracht hat, sehr unbestimmt und nicht geeignet, ein klares Bild von der Sachlage zu geben; es hätte aber insoweit das Fragerecht ausgeübt werden sollen. Die Sache muß deshalb zur weiteren Verhandlung und Entscheidung an die Vorinstanz zurückverwiesen werden. Dabei mag noch folgendes bemerkt werden.

Anscheinend hat die Klägerin auch in zweiter Instanz nicht behaupten wollen, daß sie direkt von dritten Personen Aufträge zur Ausführung von Galanteriemalereien entgegengenommen und von diesen den Preis für die ausgeführten Arbeiten empfangen habe. Vielmehr ist ihr Anführen wohl dahin aufzufassen, daß ihr Mann ihr für die Arbeiten, die sie für seinen Gewerbebetrieb ausgeführt, eine Vergütung gewährt, sie also in dessen Geschäft als Gewerbsgehilfin gegen Entgelt gearbeitet habe. Beruht dies in Wahrheit, so würde ihr ein Anspruch gegen die Beklagte auf Ersatz dessen, was sie ohne den Unfall von ihrem Manne als Lohn erhalten haben würde, aber infolge der bei dem Unfall erlittenen Verletzung nicht mehr zu verdienen in der Lage gewesen ist und sein wird, nicht abzusprechen sein. Von einzelnen Schriftstellern (vgl. z. B. Wieruzowski, Eherecht Bd. 2 § 13 Anm. 30) wird angenommen, daß, wenn der Mann der Frau für Dienste in seinem Geschäfte, zu deren Leistung sie nach § 1356 BGB. verpflichtet ist, eine Vergütung gewährt, dies eine reine Schenkung sei, und das der Frau Gegebene nicht als Vorbehaltsgut, sondern als eingebrachtes Gut anzusehen sei. Diese Auffassung mag unter Umständen zutreffend sein;

vgl. auch Prot. der Komm. für die II. Lesung des Entw. des BGB. Bd. 4 S. 125;

regelmäßig wird sie aber nicht berechtigt sein. Bei der Frage, ob und in welchem Umfange die Frau in einem gegebenen Falle zu Dienstleistungen für das Geschäft ihres Mannes verpflichtet ist, handelt es sich um die Würdigung tatsächlicher Verhältnisse, die dem subjektiven Ermessen weiten Spielraum läßt, und ihre Beantwortung ist in erster Linie Sache der beiden Ehegatten selbst. Sind sie darüber einverstanden, daß die Frau für gewisse Dienste ein Entgelt vom Manne erhalten solle, so kommt damit zum Ausdruck, daß der letztere insoweit eine Verpflichtung der Frau im Sinne von § 1356 Abs. 2 BGB. nicht für gegeben erachtet und deshalb eine unentgeltliche Leistung der Dienste nicht in Anspruch nehmen will. Hierdurch wird für die vom Manne der Frau gewährte oder versprochene Vergütung der Charakter als Schenkung ausgeschlossen, und sie kann ihn auch nicht dadurch erlangen, daß etwa später in einem Prozesse der Richter die Meinung gewinnt, der Mann habe bei jener Einigung der Ehegatten der Dienstleistungspflicht seiner Frau zu enge Grenzen gesteckt.

Vgl. auch die angezogenen Protokolle a. a. O. und S. 141.

Danach würde eine Vergütung, die der Mann der Klägerin für deren Beihilfe in seinem Geschäfte gewährt hat und bei weiteren gleichen Diensten gewährt haben würde, Vorbehaltsgut der Klägerin gewesen und geworden sein, und diese würde daher, die Richtigkeit ihres Anführens unterstellt, um den Betrag geschädigt sein, den sie ohne den Unfall von ihrem Manne für ihre Malereiarbeiten erhalten hätte, aber von der Zeit des Unfalls an wegen der Beschränkung ihrer Leistungsfähigkeit nicht mehr zu verdienen vermag. Es braucht deshalb nicht erörtert zu werden, ob nicht die Klägerin, die mit Zustimmung ihres Mannes geklagt hat, Ersatz der ihr entgehenden Vergütungen des Mannes auch dann beanspruchen könnte, wenn diese Vergütungen als Schenkungen anzusehen wären." . . .

RGZ. 80, 62

Greift die Vermutung des § 1362 BGB. zugunsten des Gläubigers eines Ehemanns Platz, der sich zur Sicherstellung einer Forderung rechtsgeschäftlich von dem Ehemann ein dingliches Recht hat einräumen lassen?

VII. Zivilsenat. Urt. v. 9. Juli 1912.

I. Landgericht Wiesbaden. II. Oberlandesgericht Frankfurt a. M.

Der Kläger begehrt von den Beklagten Herausgabe von Gegenständen mit der Behauptung, das Eigentum daran auf Grund des Kaufvertrags vom 5. Januar 1906 von Gr. erworben zu haben. Diese Gegenstände befanden sich zur Zeit des Verkaufs auf zwei im Alleineigentum der Ehefrau des Gr. stehenden, in Wiesbaden gelegenen Grundstücken und dienten dem von ihr als Handelsfrau auf den Grundstücken unter der Bezeichnung „Fürstenhof" getätigten Gasthofsbetrieb, und zwar auch noch im Jahre 1908, als die Grundstücke zur Zwangsversteigerung kamen. In dieser erhielten die Beklagten 1 bis 4 das das Hauptgebäude tragende Grundstück, der Beklagte 4 das ein Nebengebäude tragende zugeschlagen. Das erstere Grundstück verpachteten sodann die Beklagten 1 bis 4 an den Beklagten 5, der seit Frühjahr 1909 den Gasthof „Fürstenhof" unter Benutzung der Zubehörstücke wieder betreibt.

Die Beklagten bestreiten unter anderem, daß der Ehemann Gr. Eigentümer der an den Kläger verkauften Gegenstände gewesen sei und Eigentum an ihn übertragen habe. Beide Vorinstanzen haben die Klage abgewiesen. Auf die Revision des Klägers ist das Berufungsurteil aufgehoben und die Sache an die Vorinstanz zurückverwiesen worden aus folgenden

Gründen:

»Der Berufungsrichter geht bei seiner die Klage wegen mangelnder Aktivlegitimation des Klägers abweisenden Entscheidung davon aus, daß dem Kläger, da er „seine Rechte als Rechtsnachfolger und nicht als Gläubiger des Ehemanns Gr." geltend mache, die Vermutung des § 1362 Abs. 1 BGB. nicht zugute komme, und daß es deshalb Sache des Klägers sei, die nach § 1006 für das Eigentum der Ehefrau Gr. sprechende Vermutung zu widerlegen. Dieser Auffassung des Berufungsrichters kann nicht beigetreten werden.

In den Entwürfen zum Bürgerlichen Gesetzbuch lautete der jetzige § 1362 allgemein: „Es wird vermutet, daß die . . . Sachen . . . dem Manne gehören." In der Begründung war ausgeführt, daß sich die Bestimmung seit langer Zeit und in übereinstimmender Rechtsprechung auf dem Gebiete des gemeinen Rechtes und ähnlich im preußischen und sächsischen Rechte entwickelt habe und daß eine solche Vermutung im Interesse der Rechtssicherheit und des Verkehrs nicht zu entbehren sei. In der Reichstagskommission, wo die Streichung der ganzen Bestimmung beantragt war, wurde die Beibehaltung der Vermutung zum Schutze der Gläubiger des Ehemanns für geboten erachtet und demgemäß die Fassung beschlossen, in der die Bestimmung Gesetz geworden ist. Danach gilt die Vermutung nur „zugunsten der Gläubiger des Mannes", für diese aber ganz allgemein und ohne jede Einschränkung. Aus dem Wortlaut und aus dem gesetzgeberischen Zwecke der Vorschrift, den Gläubiger des Mannes im Interesse der Verkehrssicherheit gegen die ihm aus absichtlicher oder unabsichtlicher Vermischung der Vermögen der Ehegatten drohende Gefahr zu schützen, ist zu entnehmen, daß die Vermutung nicht etwa lediglich eingreift, wenn ein Gläubiger des Mannes unmittelbar im Wege der Zwangsvollstreckung Befriedigung wegen seiner Forderung aus bestimmten, im Besitz eines oder beider Ehegatten befindlichen beweglichen Sachen zu erlangen sucht, sondern auch dann, wenn der Mann einem Dritten als seinem Gläubiger zur Sicherstellung der Forderung an solchen unter den § 1362 fallenden Sachen auf rechtsgeschäftlichem Wege ein dingliches Recht eingeräumt hat. Macht in einem solchen Falle der Gläubiger ein ihm bestelltes Faustpfandrecht geltend, so kann kein berechtigter Zweifel bestehen, daß er dies in seiner Eigenschaft als Gläubiger tut, daß er als Gläubiger im Sinne des § 1362 zu betrachten ist. Dasselbe muß aber auch gelten, wenn der Mann es vorzieht, statt ein Pfandrecht zu bestellen, eine Sicherungsübereignung an bestimmten, in seinem oder seiner Frau Besitze befindlichen Gegenständen zugunsten eines Gläubigers vorzunehmen, und wenn dieser dann auf Grund der Eigentumsübertragung unter Darlegung des Sachverhältnisses Herausgabe der Sachen fordert. Auch hier nimmt der Gläubiger gerade durch die Geltendmachung der vom Ehemanne, seinem Schuldner, vorgenommenen Sicherheitsübereignung die übereigneten Sachen zwecks Befriedigung wegen der ihm gegen den Mann zustehenden Forderung in Anspruch.

Im vorliegenden Falle hat der Kläger zur Begründung seines Anspruchs den Inhalt des Vertrags vom 5. Januar 1906 vorgetragen, wonach ihm der Ehemann Gr. die streitigen Sachen übereignet zur Sicherheit für eine zu seinen Gunsten übernommene Bürgschaft in Höhe von 6000 M., und hat weiter geltend gemacht, daß er den Betrag tatsächlich habe zahlen müssen. Nach diesem Vorbringen hat der Kläger sich keineswegs nur auf die behauptete Eigentumsübertragung, sondern ferner auch darauf berufen, daß der Ehemann Gr. die Uebereignung zu dem Zwecke vorgenommen habe, um ihn in seiner Eigenschaft als Gläubiger sicherzustellen. Es kann deshalb dem Berufungsrichter darin nicht beigetreten werden, daß der Kläger nicht als Gläubiger des Ehemanns, sondern lediglich als dessen Rechtsnachfolger in Betracht zu ziehen sei. Uebrigens beruft sich der Berufungsrichter zu Unrecht für seine Auffassung auf Planck § 1362 Anm. 2 Abs. 1 und die bei Staudinger daselbst Anm. 2c angeführten Schriftsteller. Diese haben sämtlich den anders liegenden Fall im Auge, daß der Mann seinen angeblichen Anspruch auf Herausgabe von Sachen gegen seine Ehefrau an einen Dritten abtritt, der „zufällig" auch Gläubiger des Mannes ist, daß also die Gläubigerstellung mit der Geltendmachung des übertragenen Anspruchs in keinem Zusammenhange steht (vgl. Wieruszowski, Handb. des Eherechts Bd. 1 S. 151). Im gegenwärtigen Streitfall ist ein solcher Zusammenhang zwischen der Bürgschaftsübernahme sowie der hierdurch gegebenen Gläubigerschaft des Klägers und der Sicherungsübereignung anzunehmen.

Ist aber hiernach der Berufungsrichter bei Beurteilung der Sachlage zu Unrecht davon ausgegangen, daß dem Kläger die Vermutung der Sondervorschrift des § 1362 nicht zugute komme, daß ihm vielmehr die für das Eigentum der Ehefrau Gr. sprechende allgemeine Vermutung des § 1006 entgegenstehe, so unterliegt das Berufungsurteil, das den Kläger abweist, weil er sein vom Eigentum des Ehemanns Gr. abgeleitetes Eigentum nicht dargetan habe, wegen dieser unrichtigen Verteilung der Beweislast der Aufhebung.« . . .

RGZ. 90, 323

Steht dem Ehemann an der Geldrente, welche er seiner von ihm getrennt lebenden Frau zu gewähren hat, Verwaltung und Nutznießung zu?

BGB. § 1361.

VII. Zivilsenat. Urt. v. 15. Juni 1917.

I. Landgericht Düsseldorf. II. Oberlandesgericht daselbst.

Die Frage ist verneint worden aus folgenden

Gründen:

. . . „Der Mann hat der Frau nach Maßgabe seiner Lebensstellung, seines Vermögens und seiner Erwerbsfähigkeit Unterhalt zu gewähren. Das hat, solange die häusliche Gemeinschaft besteht, in der durch die Lebensgemeinschaft gebotenen Weise (§ 1360 BGB.) durch Gewährung des Unterhalts im gemeinsamen Haushalte zu geschehen. Liegen die Voraussetzungen für ein getrenntes Leben der Eheleute vor, dann ist der Unterhalt durch Entrichtung einer Geldrente zu gewähren (§ 1361). Mit dieser Rente soll sich die Ehefrau den Unterhalt, den sie im Hause des Mannes nicht mehr empfängt, beschaffen, sie muß deshalb über den Rentenbetrag zu verfügen berechtigt sein. Die gesetzliche Zweckbestimmung der Rente schließt es ohne weiteres aus, daß der Mann auf das, was er der Frau zur eigenen Beschaffung ihres Unterhalts an Geldbeträgen zu geben verpflichtet ist, güterrechtliche Gerechtsame geltend machen und ihr damit die Verfügung über die Rente entziehen kann. Es bedurfte bei der Regelung des Güterrechts im Gesetze keiner dies ausdrücklich aussprechenden, die Rente zum Vorbehaltsgute machenden Bestimmung. Schon § 1361 bringt, indem er der Frau einen Rentenanspruch gegen den Mann gibt, zum Ausdruck, daß der Mann diesem Anspruche nur als ein Schuldner gegenübersteht und daß das zur Erfüllung des Anspruchs zu gewährende Geld, weil es von der Frau zur Beschaffung ihres Unterhalts verwendet werden soll, damit der ehemännischen Verwaltung und Nutznießung entzogen ist." . . .

RGZ. 95, 330

Kann ein Ehegatte von dem wegen Krankheit von ihm getrennt lebenden anderen Ehegatten unter Umständen verlangen, daß er zur Wiedererlangung seiner Gesundheit eine Heilanstalt aufsucht?

BGB. §§ 1353, 1354.

IV. Zivilsenat. Urt. v. 5. Mai 1919.

I. Landgericht Stendal. II. Oberlandesgericht Naumburg a. S.

Die Parteien sind Eheleute, leben aber seit Jahren voneinander getrennt. Für ihre Ehe besteht der gesetzliche Güterstand des Bürgerlichen Gesetzbuchs. Mit der jetzt zur Entscheidung stehenden Klage verlangt die Klägerin die Aufhebung der dem Manne zustehenden Verwaltung und Nutznießung ihres eingebrachten Vermögens. Das Landgericht wies die Klage ab, das Oberlandesgericht gab ihr statt. Die Revision des Beklagten hatte Erfolg.

Aus den Gründen:

. . . „Die von der Klägerin geforderte Aufhebung der dem Beklagten zustehenden Verwaltung und Nutznießung sieht das Oberlandesgericht auf Grund des § 1418 Abs. 1 Nr. 2 BGB. als gerechtfertigt an. Es ist der Meinung, daß der Beklagte verpflichtet sei, der Klägerin den Unterhalt durch Entrichtung einer Geldrente zu gewähren, daß er diese Verpflichtung verletzt habe und daß sein Verhalten auch die Besorgnis einer erheblichen Gefährdung des Unterhalts für die Zukunft rechtfertige.

Die Annahme, daß der Beklagte verpflichtet sei, der Klägerin den Unterhalt durch Entrichtung einer Geldrente zu gewähren, begründet das Oberlandesgericht folgendermaßen: Die Klägerin sei psychisch erkrankt, sie leide an Hysterie, und ihr Leiden sei von solcher Art, daß es durch Wiederherstellung der ehelichen Gemeinschaft zweifellos verschlimmert werden würde, da sich bei ihr die Idee einer systematischen schädigenden Behandlung festgesetzt habe, die ihr der Beklagte angedeihen lasse. Sie sei deshalb für befugt zu erachten, die Herstellung der ehelichen Gemeinschaft gemäß § 1353 Abs. 2 Satz 1 BGB. abzulehnen. Sei das aber der Fall, so könne sie ihren Aufenthalt nach eigenem Ermessen wählen. Dabei habe sie nur darauf Rücksicht zu nehmen, daß der Aufenthalt ihrer Genesung förderlich sei und den Lebensverhältnissen der Parteien entspreche. Daß der Aufenthalt der Klägerin in dem Haushalt ihres Bruders, in dem sie jetzt lebe, diesen Vorbedingungen nicht entspreche, habe der Beklagte nicht dargetan. Sein Erbieten, die Klägerin in der Heil- und Pflegeanstalt U. oder in der Anstalt in G. unterzubringen, sei danach unerheblich. Denn da sich die Klägerin von der ehelichen Gemeinschaft fernhalten dürfe, so sei die Frage ihres Aufenthaltsortes keine das gemeinschaftliche eheliche Leben betreffende Angelegenheit, in der dem Beklagten nach § 1354 BGB. die Entscheidung zustehen würde. . . .

Der gegen diese Begründung von der Revision erhobene Angriff schlägt durch.

Von der Revision nicht bemängelt ist die Annahme des Oberlandesgerichts, die Klägerin sei psychisch erkrankt und ihr Leiden von solcher Art, daß es durch die Wiederherstellung der ehelichen Gemeinschaft verschlimmert werden würde. Aber aus der Erkrankung der Klägerin und dem Umstande, daß sich in ihr die Idee einer systematischen schädigenden Behandlung festgesetzt hat, die ihr der Beklagte angedeihen lasse, folgt zunächst nur, daß sie nicht verpflichtet ist, die eheliche Lebensgemeinschaft in vollem Umfange wiederherzustellen, daß sie insbesondere berechtigt ist, die Wiederherstellung der häuslichen Gemeinschaft, wie sie früher bestanden hat, abzulehnen. Nicht aber ergibt sich daraus ohne weiteres, daß die Klägerin in jeder Beziehung von der ehelichen Gemeinschaft befreit, daß sie namentlich in der Wahl ihres Aufenthalts vom Beklagten völlig unabhängig wäre und nur darauf Rücksicht zu nehmen hätte, daß der Aufenthalt ihrer Genesung förderlich ist und den Lebensverhältnissen der Parteien entspricht. Das in dem Erbieten des Beklagten, die Klägerin in eine der bezeichneten Anstalten unterzubringen, liegende Verlangen, daß sie sich auf seine Kosten zur Wiedererlangung ihrer Gesundheit in eine Heilanstalt begebe, um nach ihrer Genesung zu ihm zurückzukehren, mag zwar in § 1354 BGB. keine Stütze finden. Es fragt sich aber, ob es nicht nach § 1353 gerechtfertigt ist.

Das Oberlandesgericht geht selbst von § 1353 aus, indem es das entscheidende Gewicht darauf legt, daß die Klägerin die Herstellung der ehelichen Gemeinschaft gemäß § 1353 Abs. 2 Satz 1 ablehnen könne, weil sich das Herstellungsverlangen des Beklagten als Rechtsmißbrauch darstelle. § 1353 spricht von der Verpflichtung zur „ehelichen" Lebensgemeinschaft. Die eheliche Lebensgemeinschaft schließt zwar regelmäßig die Verpflichtung zur häuslichen Gemeinschaft ein, wird aber durch deren Aufhebung nicht notwendig beeinträchtigt. Es ist vielmehr anerkannten Rechtens (vgl. Mot. Bd. 4 S. 124, Prot. Bd. 4 S. 111 und Warneyer 1918 Nr. 210), daß die eheliche Gemeinschaft unter Umständen auch ohne die häusliche Gemeinschaft bestehen kann. Dementsprechend hat das Reichsgericht die Klage auf Herstellung des ehelichen Lebens im Sinne des § 1353 nicht bloß zur Beseitigung eines räumlichen Getrenntlebens, sondern auch in Fällen zugelassen, in denen ein häusliches Zusammenwohnen der Ehegatten gar nicht in Frage kam, es sich vielmehr nur darum handelte, ein dem Wesen der Ehe nach den besonderen Umständen des Falles entsprechendes Verhalten des anderen Teiles herbeizuführen. Das ist insbesondere gerade in Fällen geschehen (vgl. RGZ. Bd. 51 S. 182 und Bd. 59 S. 256), in denen, wie hier, ein Ehegatte von dem wegen Krankheit getrennt lebenden anderen Ehegatten verlangte, daß er zur Wiedererlangung seiner Gesundheit eine Heilanstalt aufsuche und damit das Hindernis, das der Erfüllung seiner Verpflichtung zur vollen ehelichen Lebensgemeinschaft entgegenstand, nach Möglichkeit beseitige. Der Rechtsprechung des Reichsgerichts hat zwar in der Rechtslehre hier und da Widerspruch erfahren, jedoch ist an ihr festzuhalten. Die Verpflichtung eines kranken Ehegatten, zur Ermöglichung voller Wiedervereinigung unter Umständen eine Heilanstalt aufzusuchen, ergibt sich ohne weiteres aus dem sittlichen Wesen der Ehe, das (vgl. Mot. Bd. 4 S. 104 und RGZ. Bd. 87 S. 62), wie im Schuldrechte Treu und Glauben, im Eherechte die Grundlage bildet, von welcher bei der Auslegung des Gesetzes und bei der Beurteilung aller Rechtsverhältnisse der Ehegatten untereinander auszugehen ist. Das Oberlandesgericht hätte deshalb prüfen müssen, ob es nach Lage der Sache im Sinne des § 1353 einen Rechtsmißbrauch darstellt, wenn der Beklagte nicht wünscht, daß die kranke Klägerin bei ihren Verwandten bleibt, die nach seiner Behauptung ein Interesse daran haben, sie und ihr Vermögen in den Händen zu behalten, sondern von ihr verlangt, daß sie zum Zwecke der Wiedererlangung ihrer Gesundheit eine Heilanstalt aufsuche. Daß sein Erbieten, die Klägerin auf seine Kosten in einer Heilanstalt unterzubringen, etwa nicht ernst zu nehmen wäre, ist nicht festgestellt, ebensowenig, daß der Aufenthalt in einer Heilanstalt zu einer Genesung der Klägerin und damit zur Ermöglichung einer späteren völligen Wiedervereinigung doch nicht führen würde.

Einer Untersuchung der Frage, ob das Verlangen des Beklagten einen Mißbrauch seines Rechtes darstellt (wofür die Klägerin beweispflichtig wäre), hat sich das Oberlandesgericht überhaupt nicht, mindestens aber nicht in einer die Sache tatsächlich und rechtlich erschöpfenden Weise unterzogen. Es übersieht nicht, daß der von ihm vertretenen Auffassung das Urteil des erkennenden Senats vom 10. Juni 1911 (Warneyer 1911 Nr. 381) entgegengehalten werden könnte, das in einem Falle ergangen ist, in dem sich der auf Entrichtung einer Geldrente aus § 1361 BGB. verklagte Ehemann einer an schwerer Nervenzerrüttung leidenden Frau erboten hatte, dieser ein ganzes Stockwerk seines Hauses zur alleinigen Verfügung zu stellen und ihr dabei jede erforderliche ärztliche Behandlung und Krankenpflege zuteil werden zu lassen. Dort hat der Senat ausgesprochen, die Verpflichtung zur ehelichen Lebensgemeinschaft im Sinne des § 1353 bleibe auch dann fortbestehen, wenn eine persönliche Begegnung der Ehegatten bis auf weiteres vermieden werden müsse; selbst dann habe der Mann ein Recht darauf, an der Fürsorge für die Frau, soweit es angeht, unmittelbar teilzunehmen, weil es darauf ankomme, die Hindernisse einer vollen Wiedervereinigung nach Möglichkeit und sobald es sein kann zu beseitigen, dem Manne aber, der die Mittel dafür aufzubringen habe, auch die Gelegenheit geboten sein müsse, soviel wie möglich selbst sich darum zu kümmern und beizutragen. Das Oberlandesgericht meint, diesen Ausführungen sei unbedingt beizupflichten, im vorliegenden Falle gehe es aber wegen der krankhaften Abneigung der Klägerin gegen den Beklagten nicht an, daß er unmittelbar an der Fürsorge für sie teilnehme. Dabei legt es aber dem im angeführten Urteile gebrauchten Ausdruck „unmittelbar" eine Bedeutung bei, die ihm nicht zukommt. Eine persönliche Teilnahme, an die das Oberlandesgericht offenbar denkt, kam auch dort nicht in Frage, und eine krankhafte Abneigung der Frau gegen den Mann bestand dort ebenfalls. Der damals entschiedene Fall hat mit dem jetzt vorliegenden um so mehr Aehnlichkeit, als sich auch hier der Beklagte, wenn die Klägerin eine Heilanstalt nicht sollte aufsuchen wollen, erboten hat, ihr in seinem zweigeschossigen Gutshaus eine gesonderte Wohnung einzuräumen oder an seinem Wohnort eine Mietwohnung zu beschaffen, ihr alles zu ihrem Unterhalt Erforderliche zur Verfügung zu stellen und auch eine besondere Aufwartung zu halten. Auch dieses Erbieten des Beklagten hat das Oberlandesgericht nicht oder doch nicht ausreichend gewürdigt. Sein Urteil unterliegt deshalb wegen ungenügender Erörterung der entscheidenden Frage, ob dem Beklagten im Sinne des § 1353 ein Mißbrauch seines Rechtes zur Last fällt, der Aufhebung. Die Frage, welchem Ehegatten in den Fällen, in denen der eine verpflichtet erscheint, zur Wiedererlangung seiner Gesundheit eine Heilanstalt aufzusuchen, die Auswahl der Heilanstalt zusteht, ist bis jetzt von keiner Seite angeschnitten. Auch die Antwort auf sie ist auf Grund der besonderen Umstände des gegebenen Falles letzten Endes aus § 1353 Abs. 2 Satz 1 zu gewinnen." . . .

RGZ. 97, 286

Zur Anwendung des § 1353 BGB. Kann mit der Klage auf Herstellung des ehelichen Lebens auch ein Unterhaltsanspruch (§ 1360 BGB.) verfolgt werden?

VI. Zivilsenat. Urt. v. 15. Dezember 1919.

I. Landgericht Leipzig. II. Oberlandesgericht Dresden.

Die Klägerin hat auf Herstellung der ehelichen Gemeinschaft geklagt und begehrt, daß ihr der Beklagte ein monatliches Taschengeld von 25 M gewähre, daß er ihr ihren häuslichen Wirkungskreis ordnungsmäßig überlasse, insbesondere es unterlasse, die zur Führung des Hauswesens benötigten Waren und Gegenstände zu verschließen, und daß er ihr eine Hilfe zur Verrichtung der gröberen Arbeiten, wie Waschen und Scheuern, bestelle. Der Beklagte hat unter Berufung auf § 1568 BGB. Widerklage auf Scheidung der Ehe erhoben. Die häusliche Gemeinschaft der Ehegatten bestand und besteht fort. Der erste Richter hat die Klage abgewiesen und der Widerklage willfahrt. Das Berufungsgericht hat diese abgewiesen und nach dem Antrage der Klage erkannt. Die Revision des Beklagten hatte teilweise Erfolg.

Aus den Gründen:

„Gegen das Urteil zur Klage wendet die Revision ein, die Ausgestaltung der ehelichen Lebensgemeinschaft im einzelnen könne nicht zum Gegenstand besonderer Ansprüche gemacht werden. Nach § 1354 BGB. stehe dem Manne die alleinige Entscheidung in allen das gemeinschaftliche eheliche Leben betreffenden Angelegenheiten zu. Wenn die Klägerin sich durch einen Mißbrauch seines Rechtes gekränkt fühle und Abhilfe nicht erreichen könne, stehe ihr frei, die eheliche Gemeinschaft aufzuheben und, wenn sie wolle, nach § 1568 BGB. auf Scheidung zu klagen. Eingriffe des Richters in das Entscheidungsrecht des Ehemanns könnten nur zu unmöglichen Zuständen führen, seien also völlig zwecklos und höchstens geeignet, die Gegensätze unter den Ehegatten zu verschärfen.

Diesen Ausführungen konnte nicht beigetreten werden: sie stehen nicht im Einklang mit der vom Gesetze getroffenen Regelung.

Nach § 1353 Abs. 1 BGB. sind die Ehegatten einander nicht etwa bloß zu häuslicher Gemeinschaft, sondern zu „ehelicher Lebensgemeinschaft" verpflichtet. Diese Verpflichtung umfaßt alle, auch die nicht im Gesetzbuche besonders hervorgehobenen Pflichten, die sich nach dem Wesen der Ehe aus den persönlichen Beziehungen der Ehegatten zueinander ergeben, so die Verpflichtung zur häuslichen Gemeinschaft, aber auch zu wechselseitiger Treue und Beistandleistung, zur Gestattung des Geschlechtsverkehrs, zur Gestattung der Leitung des Hauswesens durch die Frau (§ 1356). Die Verletzung jeder dieser Pflichten, nicht nur der Pflicht zum Zusammenleben, rechtfertigt das Verlangen des verletzten Ehegatten nach Herstellung der vollen ehelichen Lebensgemeinschaft und begründet damit sein Recht, von dem anderen Ehegatten die Erfüllung der gerade verletzten Pflicht zu verlangen. Die Vorschrift des § 1353 Abs. 1 und 2 hat daher Anwendung zu finden nicht bloß dann, wenn ein Ehegatte die häusliche Gemeinschaft aufgibt, sondern in allen Fällen, wo irgendeine der aus dem persönlichen Verhältnis der Ehegatten entspringenden Pflichten verletzt und vom anderen Ehegatten deren Erfüllung verlangt wird. Das Gesetz gibt ihm das Recht, auf Erfüllung der Pflichten der §§ 1353 flg. BGB. zu klagen — eine Klage, die, soweit die persönlichen Verpflichtungen der Ehegatten in der bezeichneten Richtung in Frage kommen, den Namen „Klage auf Herstellung des ehelichen Lebens" führt (vgl. §§ 606 flg. ZPO., Mot. zum Entw. des BGB. Bd. 4 S. 104, 108, 109; Prot. 2. Lesung Bd. 5 S. 99; RGZ. Bd. 51 S. 182, 185, Bd. 59 S. 256, Bd. 95 S. 330; Warneyer 1912 Nr. 262, 1915 Nr. 287 auf S. 449 vorl. Abs.; Jur. Wochenschr. 1910 S. 817 Nr. 38.) Anerkannt ist weiter, daß in Fällen dieser Rechtsverfolgung der Klageantrag und der Urteilsspruch zu spezialisieren haben, welche der Pflichten der §§ 1353 flg. BGB. der Beklagte erfüllen soll. Daß in der Entscheidung RGZ. Bd. 51 S. 186 a. E. zugelassen wird, die Spezialisierung in den Gründen zum Ausdruck zu bringen und solchenfalls in der Formel sich auf den Ausspruch der Herstellung des ehelichen Lebens schlechthin zu beschränken, steht dem nicht entgegen.

Daß solche Spezialisierung praktisch Schwierigkeiten bereiten kann, ist insbesondere in der 2. Kommission zur Sprache gekommen; nach Prot. Bd. 4 S. 99 (unter V A) hat man aber geglaubt, es dabei bewenden lassen zu sollen.

Die Revision will demgegenüber eine Einschränkung insbesondere aus der Vorschrift des § 1354 BGB. für die Fälle entnehmen, wo es sich um die „das gemeinschaftliche eheliche Leben betreffenden Angelegenheiten" handelt, deren Kreis die von der vorliegenden Klage erhobenen Einzelbegehren insgesamt zugehören. Sie macht geltend, im Umfange des § 1354 habe der Mann zu bestimmen, und, wo er bestimmt hat, sei für einen richterlichen Ausspruch abändernden Inhalts kein Raum, die Frau könne nur den Gehorsam verweigern, die Gemeinschaft aufheben und letzten Endes auf Scheidung klagen. Die Revision will mithin im Bereiche des § 1354 eine Herstellungsklage nur dem Manne, nicht auch der Frau gewähren: auf Klage des Mannes könnte danach das Gericht zwar die Weigerung der Frau für gerechtfertigt erklären — nicht aber könnte die Frau im Klageweg erreichen, daß eine Aenderung der Entschließung des Mannes und eine demgemäß geänderte Gemeinschaftshaltung durch Urteil geboten wird.

Für die Betrachtungsweise der Revision gibt indessen das Gesetz keinen Anhalt. Ist die Herstellungsklage als solche für jede Verletzung der aus dem persönlichen Verhältnis der Ehegatten entspringenden Pflichten gegeben, so kann es keinen Unterschied machen, ob jene Verletzung aus Mißbrauch des ehemännlichen Bestimmungsrechts (§ 1354 Abs. 2 BGB.) entfließt oder ohne solche Voraussetzung besteht. Es ist kein innerer Grund ersichtlich, warum die Angelegenheiten des § 1354, dessen Regelung im Abs. 2 doch nur eine Folge des in § 1353 ausgesprochenen Grundsatzes ist, anders als alle übrigen in das Gebiet der ehelichen Lebensgemeinschaft gehörigen Pflichten behandelt werden sollten.

Von den mit der vorliegenden Klage erhobenen Einzelbegehren gehören das Verlangen, eine Hilfskraft zur Besorgung gewisser Arbeiten im Hauswesen bestellt zu erhalten, und das, die für die Besorgung des Hauswesens nötigen Waren und Gegenstände nicht mehr abzuschließen, in das Bereich des § 1356 BGB. und betreffen das erstere die Pflicht, das zweite das Recht zur Leitung des Hauswesens und zur Arbeit darin. Insoweit besteht daran, daß die Herstellungsklage gegeben ist, nach dem Ausgeführten kein Zweifel.

Dagegen gehört das Verlangen des Taschengelds, wie auch das Berufungsgericht nicht verkennt, in das Bereich der Unterhaltsgewährung (§ 1360 BGB.); zweifelhaft kann erscheinen, ob auch hierfür die Herstellungsklage gegeben ist, ob insoweit nicht mit einer gewöhnlichen Klage vorzugehen ist. Die praktische Bedeutung der

Frage liegt darin, daß für die Herstellungsklage, weil sie Ehesache im Sinne der §§ 606 flg. ZPO. ist, nicht aber für die regelmäßige Unterhaltsklage die besonderen Verfahrensvorschriften der §§ 606, 607, 612—615, 617—619, 622, 626, 628 sowie die Vorschrift des § 888 Abs. 2 gelten, nach welcher letzteren insbesondere für den einer Herstellungsklage willfahrenden Urteilsausspruch keine Vollstreckbarkeit gegeben ist.

Darüber, ob mit der Herstellungsklage auch ein Unterhaltsanspruch im Sinne des § 1360 BGB. verfolgt werden kann, besteht Meinungsverschiedenheit. Die Frage wird teilweise schlechthin verneint[1]), teilweise wird die Klage als während der Dauer der Gemeinschaft einziger Behelf schlechthin zugesprochen[2]). Teilweise wird neben der Feststellungsklage die regelmäßige Unterhaltsklage gewährt, je nachdem der Anspruch auf *Verletzung der persönlichen* Gemeinschaftspflichten gestützt wird oder nicht[3]), wogegen wieder andere darauf abstellen, ob der Anspruch auf Geld oder auf die Ausgestaltung der Naturalunterhaltsgewährung gerichtet ist[4]).

Daß in vorliegendem Falle der Anspruch auf das Taschengeld lediglich mit der Herstellungsklage verfolgt wird, kann nicht bezweifelt werden; daß das Berufungsgericht den Anspruch mit einem Herstellungsurteile nach § 1353, 1360 BGB. zusprechen will, sagt es ausdrücklich. Dies kann nach der Sachlage auch rechtlich nicht beanstandet werden. Nach den vom Berufungsgerichte festgestellten eigenen Einräumungen des Beklagten gewährt er der Klägerin zur Bestreitung ihrer kleineren Bedürfnisse nur dasselbe Taschengeld, wie seinen ersteheIichen Töchtern, 1,50 M wöchentlich. Die Klägerin beschwert sich — nach Ansicht des Berufungsgerichts mit Recht — darüber; es könne ihr nicht zugemutet werden, sich, wenn sie Geld für ihre persönlichen Bedürfnisse brauche, jedesmal erst an den Beklagten zu wenden und ihn unter Darlegung des Zweckes, zu dem sie das Geld verwenden wolle, und der Notwendigkeit der Ausgabe darum anzugehen. Das Berufungsgericht hält diese Beschwerde für begründet und den Betrag von 25 M monatlich für angemessen. Die Ehegatten leben tatsächlich in häuslicher Gemeinschaft: es handelt sich um eine nähere Ausgestaltung dieses Gemeinschaftslebens. Nach

[1]) Planck[3.] Vorbem. 5 vor § 1353, Endemann[8.9.] § 171. 1, Stein[11.] ZPO. vor § 606 III 5, 6 u. a.; Rechtspr. OLG. 18, 261. D. E.

[2]) Gauß, Die Klage auf Herstellung des ehelichen Lebens (Tübinger Diss. 1910) S. 58 IV.

[3]) Staudinger[7.8] § 1360 Erl. 8; Joerges, Die eheliche Lebensgemeinschaft (1912) S. 37, 49.

[4]) Wieruszowski, Handbuch des Eherechts I 128, Enneccerus, II 2 § 32 Anm. 7 S. 109. Ohne Meinungsverschiedenheit wird eine regelmäßige Unterhaltsklage angenommen in den Fällen der §§ 1361 u. 1578 BGB. (bei Getrenntleben u. nach Ehescheidung). D. E.

der Klagebegründung wie nach der Beurteilung steht nicht die Frage im Vordergrund, ob der Beklagte ausreichend für jene „kleineren Bedürfnisse" der Klägerin sorgt, wofür das Taschengeld Verwendung finden soll, sondern wie er das tut: der Frau soll die unwürdige Lage erspart werden, wegen jeder kleineren persönlichen Ausgabe den Mann angehen zu müssen, um ihm Grund und Betrag der Ausgabe darzulegen und seine Einwilligung einzuholen. Das ist recht eigentlich eine Frage des persönlichen Zusammenlebens und der von Ehegatten wechselseitig geschuldeten Rücksicht und Achtung. So begründet liegt in der Tat ein Fall der Herstellungsklage vor, wogegen nicht entscheidend ins Gewicht fallen kann, daß das hier in Rede stehende Einzelbegehren auf einen Geldbetrag gerichtet ist. Ob unter anderen als den hier gegebenen Voraussetzungen für eine dem Unterhalte dienende Geldleistung während bestehender ehelicher Gemeinschaft nicht die regelmäßige Unterhaltsklage der gegebene Rechtsbehelf ist, braucht hier nicht entschieden zu werden.

Nach der zuletzt hervorgehobenen Klagebegründung zu diesem Einzelbegehren erschien es übrigens nicht zutreffend, das verlangte Taschengeld für die Zeit schon vom 1. April 1918 an zuzusprechen. Allerdings greift auch für die Fälle des § 1360 BGB. nach Abs. 3 das. die Vorschrift des § 1613 ein, wonach der Unterhaltsberechtigte auch für die Vergangenheit Erfüllung oder Schadensersatz wegen Nichterfüllung, und zwar von der Zeit an fordern kann, wo der Verpflichtete in Verzug gekommen oder der Unterhaltsanspruch rechtshängig geworden ist. Der nach dem Sachvorbringen der Vorinstanzen allein in Betracht kommende letztere Zeitpunkt liegt nach dem 1. April 1918. Wie ausgeführt, richtet sich aber der dem Klageanspruche zu diesem Teil zugrunde liegende Vorwurf im Sinne des § 1353 BGB. überhaupt seinem wesentlichen Gehalte nach gegen das von der Klägerin als kränkend empfundene persönliche Verhalten des Beklagten, bezüglich dessen eine Nachholung oder Wiederherstellung für die Vergangenheit ebensowenig in Betracht kommen kann, wie bezüglich der bisher versagten Bestellung einer Hilfskraft oder des bisher geübten Abschließens von Waren und Gegenständen für das Hauswesen. Diesem Sinne des Klagbegehrens entspricht es mithin, die dem Beklagten auferlegten Leistungen insgesamt erst für die Zeit von der rechtskräftigen Entscheidung dieses Rechtsstreits an zu fordern. Diese Einschränkung ist mit der in die Urteilsformel aufgenommenen Maßgabe ausgedrückt worden." . . .

RGZ. 99, 152

Genügt zur Widerlegung der Vermutung aus § 1362 Abs. 2 BGB. der Nachweis, daß der Mann das Eigentum an den Sachen während der Ehe durch Erbgang erworben hat?

IV. Zivilsenat. Urt. v. 10. Juni 1920.

I. Landgericht I Berlin. II. Kammergericht daselbst

Die Parteien sind Eheleute, leben jedoch getrennt. Der Kläger fordert Herausgabe eines Nerzkragens, einer goldenen Brosche mit Perlen, eines goldenen Armbandes und eines Brillantkolliers, die er während der Ehe von seiner im Jahre 1909 gestorbenen Mutter geerbt hat. Die Beklagte, welche die Sachen seit dem Jahre 1910 getragen hat, hat sie bei ihrer Trennung vom Kläger mitgenommen und verweigert die Herausgabe mit der Behauptung, der Kläger habe sie ihr nach der Geburt des ersten Kindes geschenkt. Der Kläger stellt die behauptete Schenkung in Abrede und will die Sachen der Beklagten nur zur Benutzung überlassen haben. Die Beklagte wurde in zwei Instanzen nach dem Klagantrage verurteilt. Die Revision hatte Erfolg.

Gründe:

„Die Beklagte hat sich für ihr Eigentum an den streitigen Gegenständen auf die Vermutung des § 1362 Abs. 2 BGB. berufen. Das Berufungsgericht verwirft diese Auffassung, weil es sich um Gegenstände handle, die nicht von vornherein, insbesondere schon bei der Eheschließung der Frau gehört hätten, sondern zunächst Eigentum des Mannes gewesen seien, der sie während der Ehe durch Erbgang erworben habe, und weil nach allgemeinen Rechtsgrundsätzen der Fortbestand des einmal erlangten Eigentums zu vermuten sei. Diese Erwägung wird mit Recht von der Revision als rechtsirrig bekämpft.

Der § 1362 Abs. 2 BGB. bestimmt, daß für die ausschließlich zum persönlichen Gebrauche der Frau bestimmten Sachen, insbesondere für Kleider, Schmucksachen und Arbeitsgeräte im Verhältnis der Ehegatten zueinander und zu den Gläubigern die Vermutung gilt, daß die Sachen der Frau gehören. Die Frau, die sich für ihr Eigentum an bestimmten Sachen auf § 1362 Abs. 2 BGB. beruft, hat daher nur zu beweisen, daß die betreffenden Sachen ausschließlich zu ihrem persönlichen Gebrauche bestimmt sind. Darauf, ob diese Bestimmung schon zur Zeit der Eheschließung bestanden hat oder ob sie erst während der Ehe erfolgt ist, kommt es nicht an. Den Mann oder den Gläubiger, der das Eigentum der Frau bestreitet, trifft die Beweislast dafür, daß die Sachen ungeachtet ihrer ausschließlichen Bestimmung zum persönlichen Gebrauche der Frau nicht deren Eigentum sind. Dazu kann der bloße Nachweis, daß der Mann die Sachen erst während der Ehe von dritter Seite erworben hat, nicht genügen. Die vom Kammergerichte herangezogene Vermutung für den Fortbestand eines erworbenen Eigentums muß demjenigen gegenüber versagen, zu dessen Gunsten das Gesetz auf Grund eines später eingetretenen Tatbestandes eine Eigentumsvermutung aufstellt. Demgemäß ist in der Rechtsprechung des Reichsgerichts (RGZ. Bd. 55

S. 52) anerkannt, daß derjenige, der als Eigentümer die Herausgabe einer im Besitz eines anderen befindlichen beweglichen Sache verlangt, gegenüber einem auf § 1006 BGB. gestützten Einwande des Beklagten nicht nur seinen Eigentumserwerb beweisen, sondern auch die im § 1006 BGB. zugunsten des beklagten Besitzers aufgestellte Eigentumsvermutung widerlegen muß. In gleicher Weise muß auch der Mann, der Sachen der im § 1362 Abs. 2 BGB. gedachten Art der Frau gegenüber als sein Eigentum in Anspruch nimmt, außer dem Beweise seines Eigentumserwerbs den weiteren Nachweis führen, daß die Frau durch die demnächstige Bestimmung der Sachen zu ihrem ausschließlichen persönlichen Gebrauch entgegen der gesetzlichen Vermutung kein Eigentum daran erlangt hat. Das Gesetz unterscheidet nicht, von wem die Bestimmung der Sachen zum persönlichen Gebrauche der Frau ausgegangen ist, die aufgestellte Vermutung gilt daher auch für alle die Sachen, die der Mann der Frau ausschließlich zu ihrem persönlichen Gebrauch überlassen hat. Allerdings wird hierdurch die Stellung des Mannes im Rechtsstreite nicht unwesentlich erschwert, wenn der Mann es unterlassen hat, sich rechtzeitig für den Vorbehalt seines Eigentums ausreichende Beweismittel zu sichern. Dessen ist sich aber die Reichstagskommission, auf deren Beschluß die Festsetzung der Vermutung des § 1362 Abs. 2 BGB. und deren Ausdehnung auf das Verhältnis des Ehegatten untereinander beruht (Komm.-Ber. S. 105, 106), bewußt gewesen. Denn die aus der Vermutung des Abs. 1 der Frau drohenden Nachteile sind von der Kommission eingehend erörtert worden und haben dazu geführt, die vom Entwurfe vorgesehene Geltung des Abs. 1 für das Verhältnis der Ehegatten zueinander zu streichen. Wenn dann gleichzeitig die Vermutung des Abs. 2 zugunsten der Frau aufgestellt wurde, so hat man damit im Interesse des Schutzes der Frau als des „schwächeren Teiles der Ehe" den Mann als den „stärkeren Teil" den sich daraus für ihn ergebenden Erschwerungen unterwerfen wollen. Es muß hiernach als Standpunkt des Gesetzes angesehen werden, daß für Sachen, die der Mann aus seinem Vermögen der Frau ausschließlich zu ihrem persönlichen Gebrauch überläßt, die Vermutung gelten soll, daß die Ueberlassung in der Absicht der Eigentumsübertragung erfolge. Tatsächlich wird sich diese Vermutung auch für die überwiegende Mehrzahl aller Fälle als gerechtfertigt erweisen. Sache des Mannes ist es daher, im gegebenen Falle den Gegenbeweis gegen die für den Eigentumserwerb der Frau streitende Vermutung zu führen. Das Berufungsgericht verletzt daher den § 1362 Abs. 2 BGB., indem es der Beklagten die Beweislast dafür auferlegt, daß der Kläger ihr die streitigen Gegenstände geschenkt habe und die Beklagte wegen Nichterbringung dieses Beweises zur Herausgabe verurteilt." . . .

RGZ. 109, 137

Unter welchen Umständen kann ein Vertrag als rechtsgültig angesehen werden, der von Ehegatten unter Aufhebung der häuslichen Gemeinschaft über eine der Ehefrau künftig zu gewährende Unterhaltsrente geschlossen wird?

§§ 1353, 134, 138 BGB.

IV. Zivilsenat. Urt. v. 6. November 1924.

I. Landgericht I Berlin. II. Kammergericht daselbst.

Die Klägerin hat im Jahre 1905 die Ehe mit dem Bruder des jetzigen Beklagten geschlossen. Im Jahre 1907 haben die Eheleute die eheliche Gemeinschaft aufgehoben; im Jahre 1921 ist der Ehemann gestorben. Bei der Aufhebung der Gemeinschaft wurde zu notariellem Protokoll vereinbart, daß die Klägerin eine lebenslängliche Rente von 1500 Pfund Sterling erhalten solle. Dieses Versprechen wurde nicht nur vom Ehemann der Klägerin für die Dauer seines Lebens abgegeben, sondern es hat auch der Vater des Ehemanns einerseits die Bürgschaft für die Schuld seines Sohnes übernommen, anderseits für sich und seine Erben die Weiterzahlung der Rente nach dem Tode seines Sohnes bis zum Ableben der Klägerin versprochen. Ferner hat der Beklagte die selbstschuldnerische Bürgschaft für die den Erben seines Vaters aus dessen vorerwähnten Erklärungen erwachsenden Verbindlichkeiten übernommen. Die Rente ist der Klägerin bis zum 31. März 1922 bezahlt, seitdem verweigert worden. Sie hat die Jahresrente vom 1. April 1922 bis 31. März 1923 eingeklagt.

Das Landgericht gab der Klage statt, das Kammergericht wies sie ab. Die Revision der Klägerin hatte Erfolg.

Gründe:

Das Kammergericht ist zur Abweisung der Klage gelangt, weil es die Vereinbarungen, auf welche die Klägerin ihren Anspruch stützt, als gegen §§ 1353, 1360, 1361 BGB. und gegen die guten Sitten verstoßend und infolgedessen nichtig ansieht, und zwar deshalb, weil diese Vereinbarungen darauf abgezielt hätten, ein mit dem sittlichen Wesen der Ehe in Widerspruch stehendes dauerndes Getrenntleben der Ehegatten herbeizuführen.

Nach dieser Richtung kommen folgende vertragliche Abreden in Betracht:

§ 2 des Vertrags vom 13. Mai 1907 Nr. 257:

> Die vertragschließenden Ehegatten leben in tatsächlicher Trennung und Aufhebung der ehelichen Gemeinschaft. Der Ehemann erkennt an, daß die Ehefrau berechtigt ist, die Herstellung des ehelichen Lebens zu verweigern.

§ 3 daselbst:

> Der Ehemann verpflichtet sich, der Ehefrau für die Dauer seines Lebens zur Bestreitung ihres Unterhalts eine Jahresrente von 1500 Pfund Sterling . . . zu gewähren. Die Verpflichtung zur Entrichtung der Rente besteht auch, wenn die Ehefrau einem etwaigen Verlangen des Ehemanns, zu ihm zurückzukehren, keine Folge leistet. Die Zahlungsverbindlichkeit fällt fort, wenn die Ehefrau Schritte tut, um die tatsächliche Trennung von ihrem Gemahl aufzugeben und die eheliche Gemeinschaft herzustellen, oder wenn sie ihrerseits zu einer Ehescheidungsklage schreiten sollte. Dagegen läuft die Zahlungspflicht unter allen Umständen auch dann weiter, wenn die Ehe auf die Klage des Ehemanns geschieden werden sollte.

Ferner kommt in Betracht die Erklärung des Vaters des Ehemanns in der Urkunde vom 11. Mai 1907, in der es heißt:

> Für die von meinem Sohn einzugehende Verpflichtung zur Entrichtung einer Geldrente an seine Gemahlin übernehme ich hierdurch die selbstschuldnerische Bürgschaft. Neben dieser bürgschaftlichen Verpflichtung übernehme ich die Verpflichtung, meiner Schwiegertochter nach dem Tode ihres Gemahls, falls er vor ihr versterben sollte, für die Dauer ihres Lebens die Rente von 1500 Pfund Sterling für das Jahr weiter zu gewähren. Diese Rentenzahlungspflicht besteht auch fort, wenn die Ehe meines Sohnes auf die Klage meines Sohnes geschieden werden und auch wenn meine Schwiegertochter eine anderweite Ehe eingehen sollte. Die Zahlungsverbindlichkeit und die Bürgschaft bestehen mithin für die Dauer des Lebens meiner Schwiegertochter unter allen Umständen fort mit der einen Ausnahme, daß sowohl die bürgschaftliche als auch die persönliche Rentenverpflichtung aufhören soll, wenn die Genannte Schritte tut, um die tatsächliche Trennung von ihrem Gemahl aufzugeben und die eheliche Gemeinschaft wiederherzustellen, oder wenn sie ihrerseits zu einer Ehescheidungsklage schreiten sollte.

Die Klägerin hat in einer besonderen Urkunde vom 13. Mai 1907 die vorerwähnten Verpflichtungserklärungen ihres Ehemanns und ihres Schwiegervaters angenommen; eine Erklärung des Inhalts, daß sie sich zu einem künftigen Verhalten, wie es von der Gegenseite als Bedingung der Rentenzahlungen verlangt wurde, ihrerseits verpflichte, hat sie nicht abgegeben. Das Berufungsgericht sieht darin keinen Grund, die Sache anders zu behandeln, als wenn ein gegenseitiger Vertrag vorläge; es sagt hierzu, daß, wenn sich auch Unterhaltsgewährung und Aufhebung der ehelichen Lebensgemeinschaft nicht geradezu im Verhältnis von Leistung und Gegenleistung gegenüberständen, beides doch in ein Bedingungsverhältnis gebracht sei, dessen beabsichtigte Wirkung auf dasselbe hinauslaufe.

Was hier über die von den Beteiligten verfolgten Absichten gesagt wird, liegt auf dem Gebiete der in dieser Instanz nicht nachzuprüfenden tatsächlichen Feststellung; vom Rechtsstandpunkt ist eine solche Beurteilung nicht zu beanstanden. Das gleiche gilt für die Ausführungen des Berufungsurteils über die Einheitlichkeit der in den verschiedenen Urkunden niedergelegten Erklärungen der beteiligten Personen und der dadurch zustande gekommenen Rechtsgeschäfte.

Was die Frage der Gültigkeit von Verträgen anlangt, in denen Ehegatten unter Aufhebung der ehelichen Gemeinschaft Vereinbarungen über die Gewährung des Unterhalts treffen, so werden in der Rechtsprechung als gültig solche Abmachungen anerkannt, die von vornherein nur vorübergehend gelten sollen, etwa für die Dauer des Scheidungsprozesses. Als nichtig werden grundsätzlich solche Abreden behandelt, die auf ein Getrenntleben abzielen, ohne daß ein gesetzlicher Grund für die Aufhebung der Gemeinschaft vorliegt. Daran ist festzuhalten; beides kommt aber hier nicht in Betracht. Denn hier behauptet die Klägerin, daß sie — und zwar nicht vorübergehend, sondern dauernd — das Recht gehabt habe, die Herstellung der ehelichen Gemeinschaft zu verweigern, indem sie unter Beweisantritt vorträgt, daß ihr Ehemann homosexuell veranlagt gewesen sei, daß er während der Ehe in verschiedenen Fällen homosexuellen Verkehr gepflogen habe, weiter, daß er infolge der bezeichneten Neigungen mit ihr während des Zusammenlebens niemals ehelichen Verkehr gepflogen habe. Sollte das richtig sein, so stünde der Klägerin das gesetzliche Recht zur Verweigerung der Gemeinschaft zu, und zwar, soweit voraussehbar, dauernd. Einer Aufforderung gemäß § 1571 Abs. 2 S. 2 BGB. könnte bei solcher Sachlage eine Wirkung nur allenfalls hinsichtlich des Scheidungsrechts, nicht aber für die Frage des Rechtsmißbrauchs (§ 1353 Abs. 2 BGB.) zukommen. Die ganze Sachlage, wie sie die Vertragschließenden im Jahre 1907 vor sich hatten, deutete dann auf ein dauerndes Recht der Klägerin zur Verweigerung der Gemeinschaft. Das Berufungsurteil sagt nun zwar, daß nach dem Vertrag der Rentenanspruch der Klägerin weitergelaufen wäre, auch wenn in Zukunft das Recht zum Getrenntleben für sie weggefallen und sie dem Wunsche des Mannes auf Herstellung der Gemeinschaft nicht nachgekommen wäre. Dieser Erwägung kann aber keine Bedeutung beigemessen werden, weil es an jeder Darlegung fehlt, in welcher Weise das bezeichnete Recht der Klägerin hätte wegfallen sollen und namentlich, welche Vorstellungen darüber die am Vertragsschluß Beteiligten hätten haben sollen.

Stand aber der Klägerin das Recht zu, die Herstellung der ehelichen Gemeinschaft dauernd zu verweigern, dann ist nicht abzusehen, wie ihre Erklärung, daß sie von diesem Rechte Gebrauch zu machen gedenke, gegen die guten Sitten oder gegen die §§ 1353, 1360, 1361 BGB. verstoßen sollte. Die Gültigkeit solcher Abkommen ist auch schon in der Rechtsprechung anerkannt, vgl. Warn. 1913 Nr. 188; auch im Urteil VII 572/05 vom 18. September 1906 ist ausgesprochen, daß Vereinbarungen über die Unterhaltsgewährung für die ganze Dauer eines „vom Gesetz gebilligten" Getrenntlebens gültig sind. Im Urteil JW. 1920 S. 640 Nr. 5 ist sogar gesagt, daß ein solches Uebereinkommen schon dann als gültig anzusehen sei, wenn die Parteien auch nur in der irrigen Vorstellung eines ihnen zur Seite stehenden Ehescheidungsgrundes gehandelt hätten (ein Satz, dessen Anwendung in der Praxis allerdings große Vorsicht erfordert, weil gegenüber der Dehnbarkeit der Vorschriften in § 1568 BGB. und des Begriffs Mißbrauch des Rechts in § 1353 BGB. der persönlichen Auffassung der Beteiligten keine zu weitgehende Bedeutung wird beigemessen werden dürfen).

Das Urteil Warn. 1911 Nr. 108 scheint allerdings auf dem Standpunkt zu stehen, daß es ein dauerndes berechtigtes Getrenntleben nicht geben könne, indem es eine Feststellung darüber für überflüssig erklärt, ob die Voraussetzungen des § 1361 gegeben seien, und die Entscheidung ausschließlich darauf abstellt, daß die in Aussicht genommene Trennung eine dauernde habe sein sollen. Ein solcher Standpunkt könnte nicht aufrechterhalten werden; ein Zustand dauernden Getrenntlebens ohne Scheidung wird nach ständiger Rechtsprechung als vom Gesetz gestattet anerkannt. Die Schlußbemerkung im Urteil JW. 1914 S. 355 Nr. 8, auf die sich das Berufungsurteil beruft, spricht keinen Rechtssatz aus, sondern wirft eine Frage auf.

Eine andere Beurteilung der Sachlage würde allerdings dann eintreten müssen, wenn sich die Klägerin zu ihrem Verhalten durch ein ihr gemachtes Versprechen vermögensrechtlicher Vorteile hätte bestimmen lassen. Das Berufungsgericht erörtert diesen Punkt nicht für die Aufhebung der Gemeinschaft, weil es insofern schon ohne weiteres einen Verstoß gegen das Gesetz als gegeben ansieht, wohl aber für das außerdem noch von der Klägerin in Aussicht gestellte Verhalten: Unterlassen jedes Versuchs zur Wiederannäherung und Unterlassen einer Scheidungsklage.

Es ist zugegeben, daß es gegen das Sittengesetz verstößt, wenn jemand seine freie Entschließung in Fragen der bezeichneten Art aufgibt und sich insoweit durch Angebote von geldlichen Leistungen in seinem Verhalten bestimmen läßt. Eine Verpflichtungserklärung hat allerdings die Klägerin im Vertrag nicht abgegeben; es wird jedoch vom Berufungsgericht angenommen, daß schon durch die ihr in bedingter Weise in Aussicht gestellte Rentenzahlung ihre freie Willensbestimmung unzulässig beeinflußt worden sei. Die Klägerin hatte aber bestritten, daß ihr durch die fragliche Rente ein über die ihr ohnehin zustehenden Rechte hinausgehender Vorteil gewährt worden sei. Das Berufungsurteil geht darauf nicht näher ein, sondern sagt nur, die vereinbarte Unterhaltsrente habe gegenüber den gesetzlichen Unterhaltsansprüchen den Vorteil geboten, daß sie Einschränkungen aus §§ 1360 Abs. 1, 1361, 1579 BGB. nicht unterworfen gewesen sei. Diese Erwägung ist zwar theoretisch richtig, trifft aber auf die hier gegebenen Verhältnisse nicht zu. Den Betrag von jährlich 1500 Pfund Sterling hatte der Vater des Ehemanns schon vor Abschließung der Ehe der Klägerin als Wittum für den Fall ausgesetzt, daß der Ehemann vor der Klägerin und vor seinem Vater sterben würde. Damit war von dem Vater des Ehemanns, zweifellos im Einverständnis mit dem letzteren selbst, der Betrag von 1500 Pfund Sterling oder 30 000 M. als derjenige Betrag anerkannt, der für den standesgemäßen Unterhalt der Klägerin angemessen sei. Mit der Möglichkeit, daß demgegenüber von irgendeinem Mitglied der Familie einmal Einwendungen gegen die Zahlungspflicht aus den vorerwähnten gesetzlichen Vorschriften hergeleitet werden könnten, war im Jahre 1907 unter keinen Umständen zu rechnen.

Insoweit läßt sich also nicht sagen, daß der Klägerin in den fraglichen Verträgen ein Vermögensvorteil für ihr Verhalten in Aussicht gestellt worden wäre. Daß ihr über ihre gesetzlichen Ansprüche hinaus eine Rente für die Zeit nach dem Tode ihres Mannes zugesagt worden ist, das bildete deshalb keinen Vermögensvorteil für sie, weil ein gleicher Anspruch ihr schon nach dem vorerwähnten Vertrag über das ihr ausgesetzte Wittum zugestanden hatte, auf welchen sie in dem Abkommen von 1907 verzichtet hat.

Ein vom Berufungsgericht nicht besprochener Vorteil gegenüber den gesetzlichen Ansprüchen wurde ihr allerdings insofern in Aussicht gestellt, als ihr die Rente auch für den Fall einer Scheidung auf eine Klage des Mannes, also aus ihrem Verschulden, und für den Fall ihrer Wiederverehelichung versprochen wurde. Aber soweit der Sachverhalt bis jetzt geklärt ist, hat mit diesen Möglichkeiten niemand ernstlich gerechnet. Die Klägerin war bei Aufhebung der Gemeinschaft schon gegen 50 Jahre alt; daß ein Scheidungsgrund gegen sie vorgelegen hätte oder auch nur zu erwarten gewesen wäre, oder daß sie an eine neue Eheschließung gedacht hätte, wird vom Beklagten nicht behauptet. In Wirklichkeit ist also auch insoweit der Klägerin wohl kein Vermögensvorteil in Aussicht gestellt worden.

Die Androhung, daß bei einem Annäherungsversuch oder einer Scheidungsklage die vertragliche Rente wegfallen werde, war insofern ohne sachlichen Inhalt, als an ihre Stelle sofort der gesetzliche Anspruch getreten wäre. Höchstens konnte eine Unannehmlichkeit für die Klägerin, wenn sie sich nicht an das Abkommen hielt, insofern entstehen, als sie in der Uebergangszeit nach Einstellung der vertraglichen Zahlung bis zur Durchsetzung ihrer gesetzlichen Ansprüche, vielleicht zeitweilig ihre Unterhaltsrente nicht erhielt. Aber daß dieser Umstand geeignet gewesen wäre, die Freiheit ihrer Willensentschließungen zu beeinträchtigen, kann nach dem, was der Beklagte über ihre günstigen Vermögensverhältnisse vorträgt, nicht angenommen werden.

Die Klägerin trägt denn auch vor, daß nicht vermögensrechtliche, sondern sittliche Gründe sie zum Eingehen auf die Wünsche ihres Ehemanns und seiner Familie bestimmt hätten; alle seien überzeugt gewesen, daß die Persönlichkeit des Ehemanns keinerlei Aussicht für ein ersprießliches Eheleben gewähre, und es habe aus diesem Grunde sowohl die Wiederherstellung dieser, wie die Abschließung einer neuen Ehe vermieden werden sollen. Auch habe die Familie den Wunsch gehabt, einen ärgerniserregenden Scheidungsprozeß vermieden zu sehen. Wenn die Klägerin sich diesen Erwägungen nicht verschloß und dementsprechend ein Verhalten in Aussicht stellte, das ohnehin in ihrer Willensrichtung lag, so kann darin kein Verstoß gegen ein Sittengesetz gefunden werden, jedenfalls dann nicht, wenn ein geldlicher Vorteil für sie nicht in Betracht kam.

Der Anschauung des Berufungsgerichts, daß auch bei der von der Klägerin behaupteten Sachlage die Verträge als nichtig angesehen werden müßten, kann danach nicht beigestimmt werden; die Sache muß zur Prüfung der Richtigkeit dieser Behauptungen in die Vorinstanz zurückverwiesen werden.

RGZ. 133, 381

Kann die Ehefrau, die das Geschäft ihres Mannes geführt hat, während er Kriegsdienst tat, dafür eine Vergütung fordern?

BGB. § 1356.

V. Zivilsenat. Urt. v. 24. Oktober 1931.

I. Landgericht I Berlin. II. Kammergericht daselbst.

Es handelt sich um einen Streit zwischen geschiedenen Eheleuten. Der Sachverhalt, soweit er für die Rechtsfrage von Belang ist, ergibt sich aus den

Gründen:

Das Berufungsgericht hält den Kläger für verpflichtet, der Beklagten 5000 RM dafür zu zahlen, daß sie sein Agentur- und Kommissionsgeschäft während seines Kriegsdienstes geführt habe. Nach der Aussage der Zeugin W., der das Urteil folgt, hat die Beklagte bis zum Kriege nicht im Geschäft gearbeitet, jedoch nach der Einziehung des Klägers zum Heere sich dem Geschäft während der üblichen Geschäftszeit gewidmet, auch die Kundschaft besucht. Ihr stand nur diese Zeugin, eine beim Kriegsbeginn erst achtzehnjährige Angestellte, zur Seite. Die Beklagte erhielt im Jahre 1915 vom Kläger einen Ring mit der Aufschrift „Dem fleißigen Prokuristen". Bei seiner Rückkehr aus dem Felde konnte sie ihm einen Betrag von 40 000 M abliefern. Das Berufungsgericht nimmt hiernach an, ihre Tätigkeit sei weit über die gesetzliche Pflicht der Ehefrau hinausgegangen.

Die Anschlußrevision des Klägers, welche Verletzung des § 1356 BGB. rügt, muß als begründet anerkannt werden. Der Vorderrichter hat seine Annahme, die Tätigkeit der Beklagten habe ihre gesetzliche Pflicht als Ehefrau weit überstiegen, nicht gerechtfertigt. Unter anderen Verhältnissen wäre allerdings eine Erörterung darüber entbehrlich. Denn wie der IV. Strafsenat des Reichsgerichts im Urteil vom 21. Juni 1918 (RGSt. Bd. 52 S. 279) mit Recht dargelegt hat, ist die Ehefrau nach § 1356 Abs. 2 BGB. grundsätzlich nur zu Hilfsdiensten im Geschäft des Mannes und nicht zur selbständigen Leitung seines Geschäfts verpflichtet. Dieser Grundsatz gilt aber nicht ohne Ausnahme. Auch auf diesem Gebiet hängt der Umfang der ehelichen Pflichten von den wechselnden Lebensverhältnissen der Gatten ab. Demnach können außerordentliche Verhältnisse die Pflicht der Ehefrau außerordentlich erweitern. Ein solcher außergewöhnlicher Zustand war insbesondere durch die Einberufung des Mannes zum Kriegsdienst eingetreten. Damals haben es unzählige Frauen als ihre natürliche Pflicht angesehen, wenigstens in dieser Zeit ihren Mann im Erwerbsleben voll zu ersetzen und dadurch ihm und der ganzen Familie die Grundlage seiner wirtschaftlichen Betätigung zu erhalten. Diese Auffassung, die einem gesunden Rechtsempfinden entspricht, reicht freilich nicht aus, um für jeden Fall die Pflicht der Frau zur Führung des selbständigen Erwerbsgeschäfts des durch den Kriegsdienst behinderten Mannes zu begründen. Die Art, der Umfang und die Schwierigkeit des Unternehmens, die Kräfte und Fähigkeiten der Frau, ihre sonstigen Pflichten, vor allem als Mutter, auch die wirtschaftlichen Verhältnisse der Ehegatten werden die Entscheidung jeweils bestimmen. Der Berufungsrichter begnügt sich damit, die Pflicht der Beklagten zu verneinen unter Hinweis auf eine Entscheidung des Kammergerichts vom 5. Januar 1921 (JW. S. 635 Nr. 1), die keinen Kriegsfall behandelt. Demnach hat er die hierin liegende Besonderheit des Streits bisher überhaupt nicht gewürdigt. Insofern bedarf es mithin einer neuen Prüfung der Sachlage durch den Tatrichter. Bliebe das Ergebnis dasselbe, so wäre weiter zu erwägen, ob nicht vielleicht stilles Einvernehmen der Eheleute darüber bestanden hat, daß die Dienste, mochte die Frau sie auch freiwillig leisten, unentgeltlich gewährt und angenommen würden. Das angefochtene Urteil war hiernach mit der bisherigen Begründung nicht aufrechtzuerhalten.

RGZ. 138, 1

1. . . .

2. . . .

3. Wieweit haftet der Ehemann seiner Frau, wenn sie einen Unfall erleidet, bei Benutzung seines Kraftwagens, den er ihr kraft seiner Unterhaltspflicht zur Verfügung gestellt hat?

4. Ist in solchem Fall der Kraftwagenführer Erfüllungsgehilfe des Ehemanns?

BGB. §§ 278, 843 Abs. 4, §§ 1359, 1360 Abs. 1, §§ 1380, 1389 Abs. 1, KFG. § 17 Abs. 1, § 18 Abs. 3.

VI. Zivilsenat. Urt. v. 4. Juli 1932.

Die Entscheidung ist abgedruckt unter „Bürgerliches Recht, Schuldrecht".

RGZ. 139, 289

1. Inwieweit muß sich der Ehemann, der Schadensersatzansprüche seiner bei einem Fahrzeugzusammenstoß verletzten Ehefrau geltend macht, sein eigenes Mitverschulden anrechnen lassen, wenn er kraft Abtretung klagt?

2. Zur rechtskräftigen Beurteilung solcher Schadensersatzansprüche gemäß § 1356 Abs. 2 und § 1367 BGB.

BGB. §§ 254, 845, 1356, 1367, 1380, 1400. KGF. §§ 17, 18.

VI. Zivilsenat. Urt. v. 28. November 1932.

Die Entscheidung ist abgedruckt unter „Bürgerliches Recht, Schuldrecht".

RGZ. 148, 303

1. . . .

2. Inwieweit haftet der Ehemann seiner Frau für den Schaden, den sie bei Ausübung ihrer Tätigkeit in seinem Geschäft erleidet?

3. . . .

BGB. §§ 823, 1356 Abs. 2, §§ 1359, 1380.

VI. Zivilsenat. Urt. v. 26. August 1935.

Die Entscheidung ist abgedruckt unter „Bürgerliches Recht, Schuldrecht".

RGZ. 150, 70

1. Können Rechte aus § 1353 BGB. auch im Wege der Feststellungsklage geltend gemacht werden?

2. Handelt es sich in diesem Fall um eine Ehesache im Sinne des § 606 ZPO.?

IV. Zivilsenat. Urt. v. 13. Januar 1936.

I. Landgericht Darmstadt. II. Oberlandesgericht daselbst.

Die Parteien haben am 14. August 1926 vor dem Standesamt in O. die Ehe geschlossen. Seit dem 7. März 1932 leben sie getrennt. Die Ehefrau beantragt festzustellen, daß sie berechtigt sei, von ihrem Ehemann getrennt zu leben und die Wiederherstellung der ehelichen Gemeinschaft zu verweigern. Der Beklagte bittet, die Klage als unbegründet abzuweisen; er will in ihr eine Klage auf Aufhebung der ehelichen Gemeinschaft gemäß § 1575 BGB.*) erblicken und verlangt daher für den Fall, daß sie für begründet erachtet wird, Scheidung der Ehe. Gleichzeitig hat er Widerklage erhoben mit dem Antrag, die Klägerin zur Wiederherstellung der ehelichen Gemeinschaft zu verurteilen, vorsorglich, die Ehe aus alleiniger Schuld der Klägerin zu scheiden.

Das Landgericht hatte dem Klagantrag entsprochen, die Widerklage aber als unzulässig abgewiesen; es handelt sich nach seiner Auffassung in der Klage nicht um ein Verlangen aus § 1575 BGB., sondern um Geltendmachung von Rechten aus § 1353 das., die hier aber nicht im Eheverfahren verfolgt würden, sondern im gewöhnlichen Verfahren und daher eine Widerklage im Eheverfahren nicht zuließen. Das Berufungsgericht erblickt in der Klage den Versuch der Klägerin, die Rechte aus § 1575 BGB. im gewöhnlichen Verfahren auf dem Wege des § 256 ZPO. festzustellen, um nicht dem Scheidungsverlangen des Gegners aus § 1575 BGB. ausgesetzt zu sein, hält diesen Weg für nicht gangbar und hat daher auch die Klage als unzulässig abgewiesen, die Berufung des Beklagten aber im übrigen als unbegründet angesehen. Auf die Revision der Klägerin wurde das Berufungsurteil insoweit aufgehoben, als die Klage als unzulässig abgewiesen worden ist. In diesem Umfang wurde die Sache an die Vorinstanz zurückverwiesen.

Gründe:

. . . Die Klägerin hatte schon in der Klage hervorgehoben, den Anlaß zur Erhebung der Feststellungsklage habe eine Eröffnung des Wohlfahrtsamts gegeben, daß ihr die Unterstützung entzogen werden würde, wenn sie nicht durch Vorlage eines gerichtlichen Urteils den

*) Seit Inkrafttreten des EheG. v. 6. 7. 1938 nicht mehr gegeben.

Nachweis erbringe, daß sie berechtigt sei, von ihrem Manne getrennt zu leben; denn der Ehemann habe sich erboten, sie wieder aufzunehmen. Die Klägerin hat im weiteren Verfahren keinen Zweifel daran gelassen, daß sie nicht die Aufhebung der ehelichen Gemeinschaft nach § 1575 BGB. erstrebe, sondern nur ihr zeitliches Recht zum Getrenntleben nach § 1353 Abs. 2 BGB. festgestellt wissen wolle. Trotz dieser eindeutigen Erklärungen ist ihr das Berufungsgericht in dieser Auffassung von dem Ziel der Klage nicht gefolgt. Die Erklärung hierfür kann nur in einer rechtlichen Verkennung der Bestimmungen des § 1353 Abs. 2 und des § 1575 BGB. gefunden werden. Ein Urteil, das über die Rechte aus § 1353 BGB. entscheidet, hat nur zeitliche Bedeutung, im Gegensatz zu einem solchen, das über die Rechte des § 1575 BGB. mit den sich aus § 1586 BGB. ergebenden Wirkungen befindet. Daran würde auch die Form der Klage, ob Verurteilungs- oder Feststellungsklage, nichts ändern. Die Klägerin glaubt, mit einem Urteil, das ihr zeitliches Recht zum Getrenntleben feststellt, den Wünschen des Wohlfahrtsamts gerecht zu werden, und es kann sich daher nicht um die Frage handeln, ob ihr die Befugnis zusteht, in der gewählten Klageform Rechte aus § 1575 BGB. zu verfolgen, sondern es ist zu prüfen, ob Rechte aus § 1353 BGB. in Form der erhobenen negativen Feststellungsklage geltend gemacht werden können. Diese Frage aber ist zu bejahen. Auch für den Eheprozeß finden, soweit nicht ausdrücklich Abweichungen angeordnet sind, die allgemeinen Vorschriften über das sonstige landgerichtliche Verfahren Anwendung. Auch der Eheprozeß kennt Feststellungsklagen. Daß Feststellungsklagen, abgesehen von den in § 606 ZPO. ausdrücklich bezeichneten, unter den Voraussetzungen des § 256 das. im Eheprozeß nicht zulässig sein sollten, findet im Gesetz keine Unterlage. Der Fall, daß das Bedürfnis für eine Feststellungsklage wie die vorliegende besteht, wird allerdings selten eintreten. Daher ist es erklärlich, daß die Rechtsprechung es bei einem Streit über die Verpflichtung zur Herstellung des ehelichen Lebens im allgemeinen mit Verurteilungsklagen zu tun hat und auch im Schrifttum meist von solchen gesprochen wird (vgl. Stein-Jonas ZPO. vor § 606 Bem. III 5). Es wird aber auch die Möglichkeit anerkannt (vgl. Soergel BGB. vor § 1353), daß auf Duldung der Verweigerung der Herstellung der ehelichen Gemeinschaft geklagt wird „nach § 256 ZPO.".

Freilich ist Soergel (a. a. O.) und den beiden Vorinstanzen nicht in der Auffassung zu folgen, daß es sich dann nicht um eine Ehesache handle. Ehesachen sind solche, welche die Herstellung des ehelichen Lebens zum Gegenstand haben (§ 606 ZPO.). Der sachliche Inhalt entscheidet also, nicht die Form, in welcher die Klage erhoben wird, ob von der einen Seite als Verurteilungs- oder von der anderen Seite als negative Feststellungsklage. Die besonderen Sicherungen, mit denen das Eheverfahren ausgestattet ist, haben ihre Bedeutung nicht nur bei der Verurteilungsklage, sondern ebenso bei einer Feststellungsklage. Es ist kein Grund erkennbar, bei einer Feststellungsklage davon abzusehen. Ob die tatsächlichen Voraussetzungen sachlich-rechtlicher Art für ein Recht zum Getrenntleben und verfahrensrechtlicher Art für die Erhebung einer Feststellungsklage vorliegen, wird der Berufungsrichter noch nachzuprüfen haben . . .

Die vorstehenden Ausführungen haben bereits ergeben, daß es sich bei der Klage um eine Ehesache handelt, welche die Herstellung des ehelichen Lebens zum Gegenstand hat. Mit ihr konnte die Widerklage gemäß § 615 ZPO. verbunden werden, und es hätte sich dabei nur die Frage erhoben, ob der negativen Feststellungsklage durch die positive Verurteilungswiderklage der Boden entzogen war. Der Entscheidung beider Vorinstanzen, daß die Widerklage unzulässig sei, kann daher nicht beigetreten werden. Trotzdem hätte die Anschlußrevision des Beklagten, die dieser zwar eingelegt, später aber nicht mehr verfolgt hat, nicht durchdringen können, weil sie erst nach dem Ablauf der Revisionsbegründungsfrist beim Reichsgericht eingegangen und dem Beklagten die Wiedereinsetzung in den vorigen Stand gegen die Versäumung der Frist zur Erhebung der Anschlußrevision versagt worden ist. Dem Ergebnis steht auch nicht die Erwägung entgegen, daß die Einheitlichkeit der Entscheidung in Ehesachen gewahrt werden und das Urteil in ganzem Umfang aufgehoben werden müsse. § 616 ZPO. bezieht sich nur auf Scheidungs- und Anfechtungsklagen, nicht auf Klagen, welche die Wiederherstellung der ehelichen Gemeinschaft zum Gegenstande haben. Ueber solche kann gesondert entschieden werden. § 616 ZPO. zwingt nicht zur Verbindung solcher Klagen, § 615 ZPO. gestattet sie nur.

RGZ. 151, 159

1. Kann ein Ehegatte, der trotz eines ehebrecherischen Verhältnisses des anderen Teils an der Ehe festhält, gegen diesen oder den Mitschuldigen auf Unterlassung klagen?

2. Zum Wesen der Klage auf Herstellung des ehelichen Lebens.

BGB. §§ 823 flg., § 1353. ZPO. §§ 606 flg. StGB. §§ 172, 185.

IV. Zivilsenat. Urt. v. 23. April 1936.

Die Klägerin ist die Ehefrau des Erstbeklagten. Sie lebt seit dem 5. Juli 1935 mit Einverständnis des Mannes von ihm getrennt. Unter der Behauptung, daß der Beklagte nach der Trennung die Zweitbeklagte in seine Wohnung aufgenommen habe, daß beide

Geschlechtsverkehr unterhielten, gemeinschaftlich Arm in Arm ausgingen und sich Dritten gegenüber als Mann und Frau bezeichneten; hat die Klägerin Klage erhoben mit dem Antrage, die Beklagten unter Androhung einer Haftstrafe bis zu 6 Monaten oder einer Geldstrafe von unbegrenzter Höhe für jeden Fall der Zuwiderhandlung zu verurteilen, es zu unterlassen,

a) miteinander geschlechtlich zu verkehren,
b) miteinander in häuslicher Gemeinschaft zu leben,
c) Dritten gegenüber sich selbst oder einer den andern als miteinander verheiratet auszugeben.

Die Klage ist damit begründet, daß die Beklagten durch ihr Verhalten gegen § 172 StGB. verstießen und durch ihr sittenwidriges Verhalten die Frauenehre der Klägerin verletzten. Zur Vermeidung weiterer Verletzungen ihrer Rechte könne die Klägerin zur Wiederherstellung des früheren Zustandes im Sinn des § 249 BGB. auf Unterlassung klagen.

Dem Antrage der Beklagten entsprechend, die ein ehebrecherisches Verhältnis bestritten, hat das Landgericht die Klage abgewiesen. Die von der Klägerin mit schriftlicher Einwilligung der Beklagten unmittelbar eingelegte Revision hatte keinen Erfolg.

Aus den Gründen:

Das Landgericht ist zur Abweisung der Klage auf Grund folgender Erwägung gelangt: Die Rechtsordnung habe im Hinblick auf das sittliche Wesen der Ehe die Rechtsbeziehungen der Ehegatten zueinander auf dem Gebiete des bürgerlichen Rechts, des Verfahrensrechts und des Strafrechts besonders geregelt, daraus ergebe sich, daß dem durch ehebrecherischen Verkehr des andern verletzten Ehegatten auch unter dem Gesichtspunkt des Schadensersatzes ein klagbarer Anspruch auf Unterlassung weiteren ehebrecherischen Verkehrs weder gegen den anderen Ehegatten noch gegen dessen Mitschuldigen zustehe. Das Landgericht befindet sich damit in Uebereinstimmung mit der Rechtsprechung des Reichsgerichts, insbesondere mit den Urteilen RGZ. Bd. 71 S. 85 und JW. 1905 S. 431, denen sich das Schrifttum, wenn auch zum Teil mit abweichender Begründung, so doch im Ergebnis fast durchweg angeschlossen hat (Planck BGB. § 1565 Bem. 28; Staudinger BGB. § 1353 Bem. 9a β, § 1565 Bem. 1f; RGRKomm.z.BGB. § 1565 Bem. 1 a. E.; Kipp-Wolff Familienrecht § 31 Bem. 9, 40 und 45; Hellwig System des deutschen Zivilprozeßrechts I S. 271 Bem. 9; Mitteis in der Festschrift für das Reichsgericht Bd. 3 S. 201). An der bisherigen Rechtsprechung ist auch gegenüber den Ausführungen der Revision festzuhalten.

Die Klägerin begehrt nicht nur, daß die Beklagten den weiteren ehebrecherischen Verkehr als solchen unterlassen, sondern auch, daß sie nicht mehr zusammen leben und sich nicht mehr als Mann und Frau ausgeben sollen.

1. Faßt man zunächst den ersten Unterlassungsanspruch für sich allein ins Auge, so ergibt sich seine Unklagbarkeit gegenüber dem verklagten Ehemannn aus folgenden Erwägungen: Im Entwurf eines Bürgerlichen Gesetzbuchs, 1. Lesung, war in § 1276 die Klage auf Herstellung des ehelichen Lebens, die im Bürgerlichen Gesetzbuch nur in § 1567 Abs. 2 Nr. 1 (als Klage auf Herstellung der häuslichen Gemeinschaft) erwähnt, verfahrensrechtlich aber in der Zivilprozeßordnung geregelt ist, ausdrücklich zugelassen. Sie wird in den Motiven (Bd. 4 S. 108) als Klage auf Erfüllung der aus dem persönlichen Verhältnis der Ehegatten sich ergebenden Pflichten bezeichnet. Die Motive (vgl. auch Prot. Bd. 4 S. 99) geben ferner Aufschluß darüber, daß man sich bewußt von den Bestimmungen des preußischen Rechtes, das die in Betracht kommenden Streitigkeiten in das Scheidungsverfahren verwies, abwenden wollte, daß aber auf die Klage die besonderen Vorschriften der Zivilprozeßordnung über das Verfahren in Ehesachen Anwendung finden sollten und eine Erzwingung der Herstellung des ehelichen Lebens im Wege der Zwangsvollstreckung ausgeschlossen sein sollte. Die Motive betonen ausdrücklich (a. a. O. S. 109), daß die Anwendung von Zwangsmaßregeln zur Herstellung des ehelichen Lebens mit dem Wesen der Ehe als eines vorwiegend sittlichen, auf der ehelichen Gesinnung beruhenden Verhältnisses nicht vereinbar sei. Zudem lehre die Erfahrung, daß Zwangsmaßregeln in den meisten Fällen ohne tatsächlichen Erfolg seien und nur dazu beitrügen, die Erbitterung unter den Ehegatten zu vermehren, weshalb denn auch die Landesgesetzgebungen in dem bei weitem größten Teil des Reichs einen solchen Zwang bereits abgeschafft hätten. Diesen Erwägungen entsprechen jetzt die Vorschriften in § 1353 Abs. 1 BGB., §§ 606 flg., § 888 Abs. 2 ZPO. Daraus ergibt sich mit vollkommener Sicherheit als Wille des Gesetzgebers, daß die Klage auf Erfüllung der aus dem persönlichen Verhältnis der Ehegatten sich ergebenden Pflichten eben nur in dem für Ehesachen vorgeschriebenen besonderen Verfahren durchgeführt werden kann, in dem eine Erzwingung pflichtmäßigen Verhaltens durch Strafe oder sonstige Maßregeln ausgeschlossen ist.

Durch ein ehebrecherisches Verhältnis verstößt ein Ehegatte gegen die aus dem persönlichen Verhältnis zum andern Teil herzuleitende Hauptverpflichtung, die Treupflicht. Nach der bestehenden Rechtsordnung kann also der verletzte Ehegatte gegen den anderen nicht im gewöhnlichen Rechtsstreit auf Unterlassung weiteren ehebrecherischen Verhaltens klagen. Er ist vielmehr, wenn er von dem

Recht auf Scheidung wegen Ehebruchs nicht Gebrauch machen will, von gütlichen Vorstellungen abgesehen, darauf angewiesen, durch die Klage auf Herstellung des ehelichen Lebens auf den untreuen Ehegatten einzuwirken. Insoweit ist also dem Urteil RGZ. Bd. 71 S. 85 beizutreten, dessen Ausführungen ihre Bedeutung insofern behalten, als sie näher darlegen, daß der gedachte Wille des Gesetzgebers in der Gesamtheit der das Verhältnis der Ehegatten zueinander regelnden Bestimmungen und in den einschlägigen Verfahrensvorschriften einen deutlichen Ausdruck gefunden hat. Zu ergänzen sind jene Urteilsausführungen dahin, daß die Klage auf Herstellung des ehelichen Lebens im besonderen Eheverfahren nicht mit dem Antrag erhoben werden kann, dem verklagten Teil die Unterlassung weiteren ehebrecherischen Verkehrs unter Androhung von Strafe aufzugeben. Der Klage auf Herstellung des ehelichen Lebens im Sinn des § 606 ZPO. kann nur die Verurteilung zu einer wirklichen Handlung entsprechen. Das folgt daraus, daß durch § 888 Abs. 2 ZPO. lediglich die in Abs. 1 enthaltene Vorschrift über die Zwangsvollstreckung zur Erwirkung nicht vertretbarer Handlungen auf den Fall der Verurteilung zur Herstellung des ehelichen Lebens für nicht anwendbar erklärt ist. Es würde den dargelegten Absichten des Gesetzgebers durchaus widersprechen, wenn man auf dem Umwege der Verurteilung zur Unterlassung einer die persönlichen Pflichten des Ehegatten verletzenden Handlung die Möglichkeit eines Zwangsverfahrens nach § 890 ZPO. eröffnen wollte. Damit setzt sich der Senat nicht mit der bisherigen Rechtsprechung des Reichsgerichts in Widerspruch, durch die anerkannt ist, daß die Klage auf Herstellung des ehelichen Lebens nicht nur zur Beseitigung eines räumlichen Getrenntlebens, sondern in der Regel wegen jeder Verletzung der aus dem persönlichen Verhältnis der Ehegatten sich ergebenden Pflichten und mit besonderen, der jeweiligen Pflichtverletzung entsprechenden Anträgen erhoben werden kann. Denn alle in diesem Sinne ergangenen Entscheidungen betreffen Fälle, in denen ein Ehegatte Erfüllung persönlicher Verpflichtungen durch ein bestimmtes Tun des anderen forderte. Es kann auf die im RGRKomm.z.BGB. § 1353 Bem. 2 angeführten Entscheidungen Bezug genommen werden. Hervorzuheben ist ferner, daß die dem gekränkten Ehegatten zustehende Herstellungsklage regelmäßig nur mit dem Ziel der Herstellung der häuslichen Gemeinschaft erhoben werden kann. Nur unter ganz besonderen Umständen, wie sie hier von der Klägerin nicht vorgebracht worden sind, kann eine eheliche Gemeinschaft ohne die häusliche Gemeinschaft bestehen. Regelmäßig kann deshalb die eheliche Gemeinschaft ohne die häusliche Gemeinschaft keinem Ehegatten zugemutet werden (RG. Gruch. Bd. 54 S. 1031 = JW. 1910 S. 817 Nr. 36; Planck BGB. § 1353 Bem. 4). Solange daher die Klägerin im Einverständnis mit dem Beklagten von ihm getrennt lebt und in keiner Weise zu erkennen gibt, daß sie die eheliche, insbesondere die häusliche Gemeinschaft mit dem Beklagten wieder aufnehmen wolle, kann sie auch nicht mit einer Herstellungsklage auf ihn einwirken. Daraus ergibt sich zugleich, daß die vorliegende Klage, soweit sie gegen den Erstbeklagten gerichtet ist, nicht unter dem Gesichtspunkt teilweise Erfolg haben kann, daß sie etwa als Klage auf Herstellung des ehelichen Lebens aufzufassen wäre.

Steht aber dem durch ein ehebrecherisches Verhältnis des anderen Teils verletzten Ehegatten nach dem deutlich ausgedrückten Willen des Gesetzgebers nur das besondere, sei es auf Scheidung, sei es auf Herstellung des ehelichen Lebens abzielende Eheverfahren offen, so ergibt sich daraus, daß er eine gewöhnliche Klage auf Unterlasung weiteren ehebrecherischen Verkehrs auch nicht unter dem Gesichtspunkt der unerlaubten Handlung erheben kann. Es bedarf daher nicht der Erörterung, ob der Ehebruch eines Ehegatten überhaupt als unerlaubte Handlung im Sinn der §§ 823 flg. BGB. anzusehen ist und ob im Verhältnis der Ehegatten zueinander die Vorschrift des § 172 StGB. als Schutzgesetz im Sinn des § 823 Abs. 2 BGB. in Frage kommt.

Auch für die Klage gegen die Zweitbeklagte als Mitschuldige an dem Ehebruch braucht nicht untersucht zu werden, ob und inwieweit § 172 StGB. als Schutzgesetz im gedachten Sinn anzusprechen ist, wie es der VII. Zivilsenat in dem Urteil RGZ. Bd. 72 S. 128 mit der Einschränkung angenommen hat, daß der Schutz sich nicht auf wirtschaftliche Belange erstrecke. Denn es ist in diesem Urteil davon auszugehen, daß Familienrechte, insbesondere das Recht des Ehegatten auf den Fortbestand der ehelichen Lebensgemeinschaft, zu den absoluten, an sich unter Abs. 1 des § 823 BGB. fallenden Rechten gehören. Gleichwohl führen gewichtige Gründe dazu, dem verletzten Ehegatten die Unterlassungsklage auch gegen den am Ehebruch mitschuldigen Dritten zu versagen.

Zunächst ist an der dem Urteil des VI. Zivilsenats RGZ. Bd. 71 S. 85 (89) zugrunde liegenden Auffassung festzuhalten, daß es dem sittlichen Wesen der Ehe, wie es durch die Rechtsordnung anerkannt ist, widerstreite, die inneren Verhältnisse des Ehelebens in einen bürgerlichen Rechtsstreit außerhalb des besonders geordneten Ehestreitverfahrens hineinzuziehen. Der Hinweis der Revision darauf, daß die inneren Verhältnisse des Ehelebens des öfteren in bürgerlichen Rechtsstreitigkeiten außerhalb des eigentlichen Eheprozesses, z. B. in Unterhaltsprozessen und bei güterrechtlichen Streitigkeiten, erörtert werden müssen, greift nicht durch. Handelt es sich, wie in den beispielsweise angeführten Fällen, um vermögensrechtliche

Streitigkeiten, so muß dem Ehegatten nach allgemeinen Grundsätzen das gewöhnliche Streitverfahren offenstehen, und es muß die Erörterung persönlicher Verhältnisse der Ehegatten, soweit sie für die vermögensrechtlichen Streitigkeiten von Bedeutung sind, als unvermeidlich in Kauf genommen werden. Von solchen vermögensrechtlichen Streitigkeiten abgesehen, kann nach dem dargelegten, im Gesetz deutlich zum Ausdruck gelangten Willen des Gesetzgebers über die inneren Vorgänge des Ehelebens nur im besonderen Eheverfahren entschieden werden. Den Ausschlag geben muß jedenfalls folgende Erwägung: Wenn es dem sittlichen Wesen der Ehe widerspricht, daß ein Zwang gegen den untreuen Ehegatten ausgeübt wird, so sind auch Zwangsmaßnahmen gegen den Mitschuldigen abzulehnen, die sich als mittelbarer Zwang gegen den untreuen Ehegatten auswirken müßten. In diesem Sinn dürfte auch die Bemerkung von Kipp-Wolff (a. a. O. § 31 Bem. 9) und Mitteis (a. a. O. S. 201 Bem. 34, S. 202 oben) zu verstehen sein, daß dem verletzten Ehegatten gegen den Dritten nicht weitergehende Rechte als gegen den schuldigen Ehegatten selbst zustehen könnten.

2. Da die vorliegende Klage, abgesehen von der Unterlassung weiteren Geschlechtsverkehrs der Beklagten, auch darauf gerichtet ist, daß die Beklagten nicht weiter zusammenleben und sich Dritten gegenüber als Mann und Frau ausgeben sollen, die Klägerin auch ausdrücklich geltend macht, daß ihre Frauenehre durch das Verhalten der Beklagten verletzt werde, so bedarf es weiter der Prüfung, ob der Klägerin nicht ein Unterlassungsanspruch mit Rücksicht darauf zuzusprechen ist, daß das Verhalten der Beklagten zugleich eine Beleidigung im Sinn des § 185 StGB. enthält. An sich bedeutet eine von einem Ehegatten dem andern zugefügte Beleidigung nicht nur einen Verstoß gegen die durch die Ehe begründeten persönlichen Pflichten, sondern zugleich die Verletzung eines durch die Strafvorschrift des § 185 StGB. geschützten Lebensgutes, stellt also eine unter § 823 Abs. 2 BGB. fallende unerlaubte Handlung dar, wie sie von jedem Dritten begangen werden kann. Daß eine unerlaubte Handlung des an der Beleidigung beteiligten Dritten vorliegt, kann noch weniger zweifelhaft sein. Daraus ließe sich bei der Gefahr einer Wiederholung des ehrverletzenden Verhaltens an sich ein Anspruch auf Unterlassung, sei es zur Wiederherstellung des früheren Zustandes, sei es zur Abwehr künftiger Beeinträchtigungen gleicher Art (sogen. vorbeugende Unterlassungsklage) sowohl gegen den anderen Ehegatten als auch gegen den Mitschuldigen herleiten.

Soweit indessen der Ehebruch, für sich allein betrachtet, zugleich eine Beleidigung enthält, ist angesichts der in § 172 StGB. getroffenen Sonderregelung dieserhalb eine Bestrafung weder des Mitschuldigen (vgl. insbesondere RGSt. Bd. 65 S. 1) noch des untreuen Ehegatten zulässig. Allerdings schließt nach der angezogenen Entscheidung die durch § 172 StGB. getroffene Sonderregelung nicht aus, daß in solchen Fällen die Strafvorschrift des § 185 StGB. Anwendung finden kann, in denen sich eine Ehrenkränkung des verletzten Ehegatten nicht ausschließlich aus der Handlung des Ehebruchs selbst, sondern aus besonderen Begleitumständen oder aus den mit ihm verbundenen, aber nicht zum Tatbestand des Ehebruchs gehörigen Merkmalen ergibt. So würde der Fall hier liegen, da die Klägerin behauptet, daß die Beklagten wie Mann und Frau zusammenleben, und ausdrücklich geltend macht, daß gerade durch das nach außen hervortretende Zusammenleben der Beklagten ihre Frauenehre verletzt werde. Indessen ist auch in Fällen dieser Art die Zivilklage auf Unterlassung, verbunden mit einer Strafandrohung mit nachfolgender Zwangsvollstreckung, wegen mangelnden Rechtsschutzinteresses zu versagen.

Die Unterlassungsklage soll einem dringenden Rechtsschutzbedürfnis dienen. Die frühere Rechtsprechung, insbesondere des VI. Zivilsenats des Reichsgerichts, nahm daher an, daß ein die Unterlassungsklage ausschließender genügender Rechtsschutz regelmäßig dann bestehe, wenn die in Betracht kommende unerlaubte Handlung durch ein Strafgesetz unter öffentliche Strafe gestellt ist. Diesen Standpunkt hat der II. Zivilsenat in dem einen Fall unlauteren Wettbewerbs betreffenden Urteil RGZ. Bd. 116 S. 151 verlassen und ausgesprochen, daß nicht nur auf dem Gebiete des gewerblichen Rechtsschutzes, sondern allgemein dem Verletzten neben dem strafrechtlichen Schutz die Unterlassungsklage zustehen müsse. Diese von demselben Senat auch in den Urteilen RGZ. Bd. 138 S. 219 (232) und JW. 1933 S. 1400 Nr. 16*) vertretene Rechtsauffassung hat sich indessen in der Rechtsprechung des Reichsgerichts bisher nicht durchgesetzt. Der jetzt wieder mit dem Sachgebiet der unerlaubten Handlungen befaßte VI. Zivilsenat hat in den Urteilen RGZ. Bd. 124 S. 253 (258) und Bd. 128 S. 298 (307), auch SeuffArch. Bd. 84 Nr. 164, zur Rechtsprechung des II. Zivilsenats keine Stellung zu nehmen brauchen. Offengelassen hat die Frage ausdrücklich auch der damals mit den Schadensersatzansprüchen aus unerlaubten Handlungen befaßte frühere IX. Zivilsenat in den Urteilen Gruch. Bd. 72 S. 319, JW. 1932 S. 2706 Nr. 5 und S. 3608 Nr. 3; desgleichen der erkennende Senat in dem Urteil JW. 1927 S. 2422 Nr. 12. Auch im vorliegenden Falle bedarf es einer grundsätzlichen, alle Rechtsgebiete betreffenden Entscheidung der Zweifelsfrage nicht. Für das besonders geordnete Gebiet des Eheschutzes ist jedenfalls die Rechtsauffassung des II. Zivilsenats als zu allgemein abzulehnen. Dem verletzten Ehegatten steht wegen des zugleich mit der Beleidigung began-

*) Vgl. aber jetzt RGZ. 156, 372 (377).

genen Ehebruchs des anderen der absolute Scheidungsgrund des § 1565 BGB. zur Seite *). Im Fall der Scheidung kann er die gerichtliche Bestrafung des geschiedenen Ehegatten und seines Mitschuldigen erreichen. Liegen die oben erörterten Voraussetzungen vor, so kann der verletzte Ehegatte ferner auf den untreuen Teil durch die Klage auf Herstellung des ehelichen Lebens einwirken, die freilich zu Zwangsmaßnahmen gegen den anderen Teil nicht führen kann, deren sittlicher Wert indessen nicht zu unterschätzen ist (vgl. Motive zum BGB. Bd. 4 S. 108). Zu diesen besonderen Rechtsbehelfen kommt schließlich die allgemeine Privatklage wegen Beleidigung, mit der er unter den erwähnten Voraussetzungen sowohl gegen den treulosen Ehegatten als auch gegen den mitschuldigen Dritten vorgehen kann. Damit ist dem Rechtsschutzbedürfnis des verletzten Ehegatten genügt. Eine weitere, zivilrechtliche Klage auf Unterlassung des durch ein ehebrecherisches Verhältnis betätigten beleidigenden Verhaltens gegen den anderen Teil und seinen Mitschuldigen ist ihm daher zu versagen.

RGZ. 152, 222

1. Worauf beruht der Unterschied zwischen dem ersten und dem zweiten Absatz des § 1356 BGB.?

2. Kann § 831 BGB. auf den Ehemann angewendet werden bei Arbeiten der Ehefrau, die in den Bereich des § 1356 Abs. 2 BGB. fallen?

3. Inwieweit haftet der Ehemann in solchem Fall aus § 823 Abs. 1 BGB.?

VI. Zivilsenat. Urt. v. 12. Oktober 1936.

I. Landgericht Detmold. II. Oberlandesgericht Celle.

Der Beklagte ist Ziegeleipächter. Er ist Eigentümer eines Wohnhauses mit Gartenland in W. und fährt täglich zu der von ihm in L. gepachteten Ziegelei. Außerdem verfügt er über den Ertrag einer kleinen, mit Klee bestandenen, ihm nicht gehörenden Landfläche, die nach seiner Darstellung etwa 30 qm groß ist. Zu dem Anwesen des Beklagten gehörten eine Ziege und zwei Schweine. Am 10. Juli 1935 hatte die Ehefrau des Beklagten auf der bezeichneten Fläche Klee zur Fütterung der Ziege gemäht. Nach Beendigung der Arbeit umwickelte sie die Sensenschneide mit einem Kartoffelsack und befestigte diesen mit Draht. Sie legte die Sense in eine Kastenkarre und auf die Sense Klee. Die Spitze der Schneide ragte etwa 20 bis 40 cm über die Seitenwand der Karre hinaus. Auf dem Rückwege ließ die Ehefrau des Beklagten die Karre für kurze Zeit auf der rechten Seite der Landstraße stehen und entfernte sich. Die Ehefrau

*) Vgl. jetzt § 42 d. EheG. v. 28. 2. 46.

des Klägers fuhr auf einem Zweirade auf der rechten Straßenseite, nach seiner Darstellung auf einem Radfahrwege, und zwar hinter ihrem Mann und ihrem Schwager. Sie verletzte sich an der hervorstehenden Sensenspitze am Bein, das demnächst abgenommen werden mußte.

Der Kläger verlangt Zahlung eines seiner Ehefrau zustehenden Schmerzensgeldes, Befreiung von einer durch den Unfall entstandenen Verbindlichkeit und Feststellung der Verpflichtung des Beklagten, den ihm und seiner Ehefrau entstandenen und noch entstehenden Schaden zu ersetzen. Die Ehefrau des Beklagten ist vom Landgericht rechtskräftig nach diesem Antrage verurteilt worden. Die Klage gegen den Ehemann wurde in beiden Rechtszügen abgewiesen. Die Revision des Klägers führte zur Aufhebung des Berufungsurteils und zur Zurückverweisung.

Gründe:

Das Berufungsgericht gelangt zur Abweisung der Klage auf folgendem Wege: Es lehnt zunächst die Anwendung des § 831 BGB. ab, weil der Beklagte bei der in Rede stehenden Verrichtung seiner Ehefrau nicht als Geschäftsherr in Betracht komme. Die Ehefrau handle nach § 1356 Abs. 1 BGB. aus eigenem Recht, nach eigener Sachkunde und eigenem Ermessen. Nach den persönlichen und wirtschaftlichen Verhältnissen der Eheleute gehöre die Verrichtung der geringen landwirtschaftlichen Arbeiten zum inneren Hauswesen. Der Beklagte sei während des ganzen Tages auf der Ziegelei beschäftigt. Der Umfang der landwirtschaftlichen Arbeiten sei so gering, daß nicht etwa eine Landwirtschaft im Nebenbetrieb vorliege. Es seien nur eine Ziege und zwei Schweine zur Verwertung der Abfälle aus Küche und Garten vorhanden gewesen. Die Versorgung dieser Tiere falle in den inneren häuslichen Wirkungskreis der Ehefrau, um so mehr, als hier von landwirtschaftlichen Verhältnissen nicht die Rede sein könne. Unter den vorliegenden Umständen gehöre auch das Mähen des Klees, eine sehr geringfügige Arbeit, zum häuslichen Wirkungskreis der Ehefrau.

Auch die Haftung des Beklagten aus § 823 BGB. lehnt das Berufungsgericht ab. Für die seiner Ehefrau aus eigenem Recht, nach eigener Sachkunde und eigenem Ermessen zustehenden Obliegenheiten habe der Beklagte die Sense zur Verfügung gestellt. Jeder, der einer selbständigen Wirtschaft vorstehe, sei verpflichtet, sein Verhalten so einzurichten, daß bei den auf die Außenwelt wirkenden Angelegenheiten des täglichen Lebens Verletzungen anderer möglichst vermieden würden. Das gelte auch für den Beklagten insoweit, als er die Sense zur Verfügung gestellt habe. Aber ein Verschulden des Beklagten sei unter dem Gesichtspunkt des § 823 Abs. 1 nicht festzustellen. Der Vorwurf, daß der Beklagte keinen

Sensenschuh aus Blech zum Schutz der Sense angeschafft habe, sei nicht begründet. Zwar bestehe eine solche Vorschrift nach der Lippischen Verordnung vom 28. Juni 1906; aber nach den Unfallverhütungsvorschriften der Landwirtschaftlichen Berufsgenossenschaft reiche es aus, wenn die Schneide durch Umwickeln geschützt werde. Die Beschaffung eines Sensenschuhs sei also entbehrlich gewesen. Wenn aber die Ehefrau des Beklagten die Sense nicht genügend mit einem Sack umwickelt habe, treffe den Beklagten kein Verschulden nach § 823 Abs. 1 BGB. Die genannte Verordnung sei aber ein Schutzgesetz im Sinne des § 823 Abs. 2 das. Die dort vorgesehene Verpflichtung treffe auch denjenigen, der in seinem Betrieb eine Sense halte und durch einen anderen benutzen lasse. Gegen dieses Gesetz habe der Beklagte verstoßen. Dieser Verstoß müsse auch trotz des späteren selbständigen, äußerst fahrlässigen Verhaltens der Ehefrau als ursächlich für den Unfall angesehen werden; denn es entspreche der allgemeinen Lebenserfahrung, daß Menschen mit Sensen trotz ihrer Gefährlichkeit äußerst leichtsinnig umgingen. Der Beklagte habe aber den Verstoß gegen die Lippische Verordnung nicht schuldhaft begangen. Er habe den Beweis erbracht, daß ihm diese Verordnung aus dem Jahre 1906 unbekannt gewesen sei. Daß zum mindesten am Wohnort des Beklagten auf die Einhaltung der Verordnung nicht geachtet worden sei, ergebe sich daraus, daß der zuständige Gendarmeriebeamte erst wieder aus Anlaß dieses Unfalls die Bestimmung kennengelernt und bis dahin seine Sense in der Regel gleichfalls nur mit einem Sack umwickelt habe. Es komme hinzu, daß im vorliegenden Fall bei dem geringen Umfang des bewirtschafteten Landes die Sense nicht häufig gebraucht werde und daß die Unfallverhütungsvorschriften ein Umwickeln der Sense für ausreichend hielten.

Diese Begründung hält nicht in allen Teilen der rechtlichen Nachprüfung stand. Das Berufungsgericht stellt die Frage der Anwendbarkeit des § 831 BGB. in den Vordergrund und verneint sie, weil die Tätigkeit der Ehefrau des Beklagten, bei deren Ausübung die schwere Verletzung erfolgt ist, in den Bereich des inneren Hauswesens gefallen und von der Ehefrau des Beklagten nach eigenem Ermessen auszuüben gewesen sei. Das Berufungsgericht führt bei dieser Erörterung den § 1356 Abs. 1 BGB. an. Es bestehen Bedenken, ob das Berufungsgericht sich des Unterschiedes zwischen den Vorschriften des Abs. 1 und denen des Abs. 2 in § 1356 BGB. vollkommen bewußt gewesen ist. Abs. 1 stellt die Berechtigung und Verpflichtung der Ehefrau fest, das gemeinschaftliche Hauswesen zu l e i t e n. Freilich wird auch hier die den Fall der Meinungsverschiedenheit der Ehegatten regelnde Einschränkung daran geknüpft, daß gemäß § 1354 die Entscheidung in allen das gemeinschaftliche Leben betreffenden Angelegenheiten dem Ehemann zusteht. Im Gegensatz zu Abs. 1 des § 1356 stehen die Arbeiten im Hauswesen und im Geschäft des Mannes, zu denen die Frau verpflichtet ist, soweit eine solche Tätigkeit nach den Verhältnissen, in denen die Ehegatten leben, üblich ist. Es wird also die Leitungstätigkeit der Ehefrau im Hauswesen gegenübergestellt der Ausführung von Arbeiten selbst, die im Hauswesen zu verrichten sind und zu denen die Ehefrau mit der angegebenen Beschränkung verpflichtet ist (vgl. hierzu etwa RGZ. Bd. 62 S. 294 [299] und Bd. 133 S. 381). Bei diesen Arbeiten ist eine Einflußnahme des Ehemanns keineswegs ausgeschlossen; sie kann sogar so weit gehen, daß er die Tätigkeit seiner Frau ablehnt und sie verhindert, etwa zu ihrem eigenen Schutz, weil sich die Tätigkeit mit ihrer Gesundheit nicht vertragen würde, oder zum Schutz der Allgemeinheit, weil mit ihrer Tätigkeit — etwa wegen mangelnder Eignung — im einzelnen Falle Gefahren für die Außenwelt verbunden sind. In dem Erläuterungsbuch von Reichsgerichtsräten wird in der Bemerkung 5a zu § 831 ausgeführt, aus der Verpflichtung der Ehefrau zu Arbeiten aus § 1356 Abs. 2 folge nicht, daß sie zu allen Arbeiten ohne Prüfung der Befähigung verwendet werden dürfe (vgl. auch JW. 1906 S. 59 Nr. 11). Die Leitungstätigkeit und die Ausführung von Arbeiten selbst können im Einzelfall in der Person der Ehefrau zusammentreffen. Dadurch wird aber der rechtliche Unterschied zwischen den beiden Arten von Tätigkeit nicht beseitigt. Daraus ergibt sich, daß rechtsgrundsätzlich die Anwendbarkeit des § 831 BGB. bei den Arbeiten aus Abs. 2 des § 1356 nicht ausgeschlossen ist, wenn sich auch aus den besonderen Beziehungen der Ehegatten zueinander ohne weiteres ergibt, daß der Wille der Beteiligten meist nicht ausdrücklich erklärt und die den gemeinsamen Belangen der Eheleute entsprechende Regelung stillschweigend getroffen wird. Praktische Bedeutung wird der rechtliche Gesichtspunkt des § 831 BGB., wenn seine Anwendbarkeit auch nicht grundsätzlich ausgeschlossen ist, im Einzelfall freilich vielfach nicht haben, da die Beziehungen der Eheleute untereinander dem Entlastungsbeweis aus § 831 von vornherein eine besondere Kennzeichnung zuweisen werden (vgl. den umgekehrten Fall in RGZ. Bd. 91 S. 363, wo der Ehemann von der Ehefrau zu einer Verrichtung bestellt war).

Das Berufungsgericht nimmt nun an, daß das Schneiden des für die — übrigens im Eigentum des Beklagten stehende — Ziege bestimmten Kleefutters mit der Sense mit Rücksicht auf die Verhältnisse der Eheleute als Verrichtung geringer landwirtschaftlicher Arbeiten zum inneren Hauswesen gehöre. Es ist nicht ersichtlich, worauf diese Unterscheidung gegenüber anderen Arbeiten, etwa im „äußeren" Hauswesen, gegründet wird. Es kann nicht darauf ankommen, ob die Tätigkeit im Hause selbst oder auf einer dazu gehörenden Landfläche, etwa Gartenland oder anderem Land, ausgeübt wird. Entscheidend ist lediglich, ob es sich um eine leitende Tätigkeit im Hauswesen oder um Ausführung von Arbeiten selbst handelt — soweit nicht Arbeiten im Geschäft des Mannes verrichtet werden, ein Fall, der hier ausscheidet. Dann ergibt sich aber, daß ein Fall der Leitung, also eine Tätigkeit der Ehefrau aus eigenem Recht, nicht vorliegt, sondern daß es sich um Arbeiten im Sinne des Abs. 2 des § 1356 handelt, die von der Ehefrau verrichtet werden. Was das Berufungsgericht hierzu in tatsächlicher Beziehung anführt, weist nur auf eine Verpflichtung der Frau zu solchen Arbeiten hin, hat aber mit der Frage selbständigen Handelns aus eigenem Recht gemäß Abs. 1 nichts zu tun.

Es kommt aber im vorliegenden Fall auf die Anwendbarkeit des § 831 BGB. nicht an. Anzuwenden ist vielmehr § 823 Abs. 1 BGB., den das Berufungsgericht zwar auch erörtert, dessen Anwendung es aber — anscheinend in Zusammenhang mit seinen hier beanstandeten Ausführungen zu § 1356 BGB. — zu Unrecht ablehnt. Mit Recht führt das Berufungsgericht aus, daß jeder, der einer selbständigen Wirtschaft vorsteht, verpflichtet ist, sein Verhalten so einzurichten, daß bei den auf die Außenwelt wirkenden Angelegenheiten des täglichen Lebens Verletzungen anderer vermieden werden. Das Berufungsgericht nimmt ferner zutreffend an, daß diese Verpflichtung auch für den Beklagten insoweit gilt, als er seiner Frau die Sense zur Verfügung gestellt hat. Das Berufungsgericht irrt aber in seiner Annahme, daß der Beklagte unter dem Gesichtspunkt des § 823 Abs. 1 schon deshalb nicht schuldhaft gehandelt habe, weil in den Unfallverhütungsvorschriften der Landwirtschaftlichen Berufsgenossenschaft das Umwickeln der Sensenschneide als ausreichender Schutz angesehen werde; wenn die Sense von der Ehefrau des Beklagten nicht genügend mit einem Sack umwickelt worden sei, treffe den Beklagten kein Verschulden. Diese Annahme ist mit § 276 BGB. nicht zu vereinigen. Aus der Pflicht des Beklagten, dafür zu sorgen, daß durch den Gebrauch der von ihm zur Verfügung gestellten Sense im öffentlichen Verkehr kein Schaden angerichtet werde, folgte seine Pflicht, seine Ehefrau darüber zu unterrichten, wie die Sense sachgemäß umwickelt werde, wenn diese Art der Sicherung den Schutz ersetzen sollte, der durch eine über die Sensenspitze hinausragende Verkleidung gewährleistet wird. Beide Arten der Sicherung werden in den Unfallverhütungsvorschriften der Lippischen Landwirtschaftlichen Berufsgenossenschaft zum Schutze der Allgemeinheit nebeneinandergestellt. Der Beklagte hätte sich ferner davon überzeugen müssen, daß seine Ehefrau in der Lage sei, die Art der Sicherung durch Umwickeln fehlerfrei durchzuführen. Ein Sensenschutz, der gerade dann versagt, wenn die

Sense in Berührung mit einem menschlichen Körper kommt, ist noch gefährlicher, als wenn eine Sicherung überhaupt unterbleibt, da dann die von der Sense herrührende Gefahr in der Regel eher erkannt werden wird. Daß er nach den bezeichneten Richtungen tätig geworden sei, hat der Beklagte nicht behauptet. Daß sein Verschulden auch ursächlich für den Unfall gewesen ist, kann nicht zweifelhaft sein; es liegt keinesfalls außerhalb der menschlichen Erfahrung, daß Menschen mit Sensen leichtfertig umgehen. Die Grundlage des Klaganspruchs ist daher auch gegenüber dem Beklagten gegeben. Es kommt hiernach nicht mehr darauf an, ob die Ausführungen des Berufungsgerichts zu billigen wären, mit denen es die Nichtberücksichtigung der Lippischen Verordnung dem Beklagten nicht zurechnet. Ebensowenig bedarf noch der Erörterung, ob nicht selbst im Fall des vom Berufungsgericht angewendeten Abs. 1 des § 1356 BGB. ein Verstoß des Ehemannes gegen § 823 Abs. 1 das. unter dem Gesichtspunkt rechtlich möglich wäre, daß nach § 1354 das. schließlich der Ehemann die Verantwortung in allen ehelichen Angelegenheiten zu tragen hat und daß die Unterlassung des Einschreitens in gefahrbringenden Lagen den Vorwurf der Fahrlässigkeit begründen kann (vgl. RGRKomm. z. BGB. Anm. 5 a zu § 831; WarnRspr. 1913 Nr. 323).

RGZ. 155, 292

1. Kann die Ehefrau die Herstellung der ehelichen Gemeinschaft auch deshalb verweigern, weil eine von ihr verziehene Eheverfehlung des Mannes nachträglich Folgen hat, welche die Frau bei der Verzeihung nicht erkannt hatte?

2. Stellt sich das Herstellungsverlangen des Mannes trotz der Verzeihung der Frau als Rechtsmißbrauch dar, wenn die Herstellung der ehelichen Gemeinschaft eine Gefährdung des Kindes oder für die Frau die Gefahr, sich von dem Kinde trennen zu müssen, zur Folge hätte?

BGB. § 1353 Abs. 2.

IV. Zivilsenat. Urt. v. 26. August 1937.

I. Landgericht Bonn. II. Oberlandesgericht Köln.

Die Parteien sind seit dem 7. Juli 1927 verheiratet und haben einen Sohn im Alter von 9 Jahren. Der Kläger ist durch rechtskräftiges Urteil der 1. Strafkammer des Landgerichts in Düsseldorf vom 18. September 1934 wegen Verbrechens gegen § 176 Nr. 3 StGB. in drei Fällen zu $1^1/_2$ Jahren Gefängnis verurteilt worden. Er hat die Strafe bis zum 10. März 1936 verbüßt. Seit seiner Verhaftung im Juni 1934 leben die Parteien getrennt. Die im September 1935 von der Beklagten erhobene Ehescheidungsklage ist durch Urteil des Landgerichts in Düsseldorf vom 3. Dezember 1935 abgewiesen worden mit der Begründung, daß die Frau die Verfehlungen ihres Mannes verziehen habe. Ihre Berufung hiergegen hat die Beklagte zurückgenommen. Durch Beschluß des Vormundschaftsgerichts vom 25. Juli 1936 ist dem Kläger auf Antrag der Beklagten das Recht der Sorge für die Person des Kindes entzogen worden. Mit der vorliegenden Klage begehrt der Ehemann die Verurteilung seiner Frau zur Herstellung der ehelichen Gemeinschaft. In beiden Vorinstanzen ist er unterlegen. Auch seine Revision blieb erfolglos.

Gründe:

Beide Vorinstanzen berücksichtigen, daß die Beklagte, nachdem im Vorprozeß ihre Ehescheidungsklage wegen Verzeihung rechtskräftig abgewiesen worden ist, aus den Verfehlungen des Klägers, die zu seiner strafrechtlichen Verurteilung geführt haben, keinen Ehescheidungsgrund mehr herleiten und daher auch aus diesem Grunde die Herstellung der ehelichen Gemeinschaft nach § 1353 Abs. 2 Satz 2 BGB. nicht verweigern können, anderseits gehen aber beide Vorinstanzen davon aus, daß sich bei der durch die Verfehlungen des Klägers geschaffenen Lage sein Verlangen nach Herstellung der Gemeinschaft dennoch als Mißbrauch seines Rechts darstelle, so daß die Beklagte aus diesem Grunde dem Verlangen nicht Folge zu leisten brauche (§ 1353 Abs. 2 Satz 1 BGB.). Dabei hebt das Berufungsgericht hervor, daß zwar grundsätzlich verziehene Verfehlungen kein Recht mehr zum Getrenntleben begründen, meint aber, der vorliegende Fall liege besonders. Die Verfehlung des Klägers sei so schwer und ehezerrüttend gewesen, daß die Ehefrau zunächst ohne weiteres die Scheidung zu alleinigen Lasten des Ehemannes zu verlangen berechtigt gewesen sei. Wenn die Beklagte das nicht getan und dem in Haft befindlichen Manne zur Seite geblieben sei, so sei das nach der Lebenserfahrung aus einer anfänglichen Unterschätzung der Bedeutung der Handlungen des Klägers; aus dem begreiflichen Wunsch heraus, dem Ehemann nicht auch noch den letzten Halt zu nehmen, und wohl auch aus Rücksicht auf das Kind geschehen. Der Kläger müsse aber, nachdem die Beklagte zu klarerer Erkenntnis der Tragweite seiner Verfehlungen gekommen sei, auf ihre Sinnesänderung Rücksicht nehmen. Weiter müsse er dafür Verständnis haben, daß die Beklagte den achtjährigen Sohn — inzwischen hat er das 9. Lebensjahr vollendet — mit Rücksicht auf die ihm bei der unnatürlichen Neigung des Klägers drohende Gefahr nicht bei diesem leben lassen wolle. Nach dem Geschehenen sei, auch wenn sich die Neigung des Klägers auf Mädchen beschränke, die Möglichkeit eines unheilvollen Einflusses auf den Knaben immerhin gegeben. Mit gutem Grunde rechne die Beklagte ferner damit, daß das Vormundschaftsgericht, das dem Kläger schon die Sorge für das Kind entzogen habe, ein Zusammenleben des Kindes mit dem Kläger nicht dulden und im Falle der Vereinigung der Eheleute auf einer Trennung des Kindes auch von der Mutter bestehen würde. Nach alledem sei das Verlangen des Klägers auf Herstellung der ehelichen Gemeinschaft als mißbräuchlich anzusehen.

Der im Berufungsurteil vertretenen Rechtsauffassung ist im wesentlichen beizutreten. Wenn das Berufungsgericht sich auf den Standpunkt stellt, die Beklagte könne ihre Weigerung, dem Herstellungsverlangen des Klägers Folge zu leisten, keinesfalls auf § 1353 Abs. 2 Satz 2 BGB. stützen, da sie mit ihrer Ehescheidungsklage rechtskräftig abgewiesen sei, so läßt das allerdings Zweifel darüber zu, ob das Berufungsgericht bei seiner rechtlichen Würdigung die Möglichkeit eines auf den der Beklagten damals bekannten Sachverhalt beschränkten Sinnes der Verzeihung in Betracht gezogen hat. Wie der erkennende Senat mehrfach ausgesprochen hat, setzt eine wirkame Verzeihung — sofern sie nicht im Einzelfall in dem weiteren Sinne gewährt wird, daß auch noch unbekannte Wirkungen des Fehltritts in Kauf genommen werden, — grundsätzlich nicht nur die volle Kenntnis der Handlung des anderen Ehegatten, sondern auch ihrer Tragweite für das künftige Eheleben voraus (vgl. RGZ. Bd. 154 S. 253; RGUrteile vom 7. Juni 1937 IV 78/37, vom 24. Juni 1937 IV 70/37). Es wäre deshalb auch hier jedenfalls die Möglichkeit denkbar, daß sich die Beklagte zur Zeit der Verzeihung der ihr nach der Feststellung des Berufungsurteils jetzt — insbesondere nachdem dem Kläger die Sorge für die Person des Kindes entzogen ist — drohenden Gefahr, sich im Falle des Wiederzusammenlebens mit dem Kläger von dem Kinde trennen zu müssen, nicht bewußt geworden sei und diese Folge bei der Verzeihung auch nicht mit in Kauf genommen habe.

Sollten die Verhältnisse so liegen — das wäre Sache tatrichterlicher Feststellung —, so würde die Beklagte, da sie die für die Tragweite der Verzeihung wesentlichen späteren Umstände in dem früheren Eherechtsstreit noch nicht geltend machen konnte, durch die rechtskräftige Abweisung ihrer Scheidungsklage nicht gehindert sein, gestützt auf die alten Verfehlungen des Klägers heute wiederum die Scheidung zu begehren (RGZ. Bd. 154 S. 253). Ob die Voraussetzungen dafür gegeben sind, braucht aber in diesem Rechtsstreit nicht entschieden zu werden, weil schon die aus § 1353 Abs. 2 Satz 1 BGB. hergeleitete Begründung des Berufungsgerichts dessen Entscheidung trägt.

Nicht unbedenklich ist allerdings, wie der Revision zugegeben werden muß, die Ansicht des Berufungsgerichts, der Kläger müsse, nachdem die Beklagte nachträglich zu klarer Erkenntnis der Tragweite seiner Verfehlungen gelangt sei, trotz ihrer früheren Verzeihung jetzt auf ihre Sinnesänderung Rücksicht nehmen und dürfe ihr schon deshalb das Getrenntleben nicht verweigern. Das ist schwerlich in Einklang zu bringen mit der ständigen Rechtsprechung des Reichsgerichts, daß verziehene Verfehlungen zur Begründung eines Rechtsmißbrauchs im Sinne des § 1353 Abs. 2 Satz 1 BGB. nur dann verwertet werden können, wenn nicht verziehene Verfehlungen hinzukommen (vgl. RGUrteile vom 27. April 1905 IV 112/05 und vom 20. Februar 1932 V 330/31) oder wenn sich der andere Ehegatte wenigstens neuerdings so verhalten hat, daß dies Verhalten dem getrenntlebenden Gatten die begründete Besorgnis weiterer Ehewidrigkeiten gibt (RGUrt. vom 23. Oktober 1920 V 378/20). Unbegründet ist aber die Revisionsrüge insoweit, als das Berufungsurteil — ohne Rücksicht auf die Frage der Verzeihung — das Recht der Beklagten zum Getrenntleben auch daraus herleitet, daß wegen der Besorgnis einer Gefährdung des Kindes der Einfluß des Vaters auf das Kind verhütet werden muß, sich die Mutter also bei einem Zusammenleben mit dem Kläger, wenn nicht das Kind dieser Gefahr ausgesetzt bleiben soll, vom Kinde trennen müßte. Auf ein Verschulden des Klägers kommt es hierbei nicht an, auch nicht darauf, ob ein Recht zum Getrenntleben auch aus dem Grunde besteht oder nicht besteht, weil ein Scheidungsgrund vorliegt oder nachwirkt. Jedenfalls liegt ein Rechtsmißbrauch des Klägers sachlich darin, das Kind zu gefährden oder die Trennung der Beklagten von dem noch wartungsbedürftigen Kinde zu verlangen (vgl. RG. im Recht 1924 Nr. 1124).

RGZ. 158, 294

1. Ist bei bestehender ehelicher Gemeinschaft eine Vereinbarung, durch die der Ehemann sich verpflichtet, der Ehefrau den Unterhalt durch Entrichtung einer Geldrente von bestimmter Höhe zu gewähren, mit dem Wesen der Ehe vereinbar?

2. Können die Ehegatten für die Zeit, in der sie getrennt leben und einer von ihnen die Herstellung des ehelichen Lebens verweigern darf, wirksam vereinbaren, daß der Ehemann seine Unterhaltspflicht durch Entrichtung einer Geldrente von bestimmter Höhe zu erfüllen habe?

3. Kann eine solche Vereinbarung auch unter Hinzufügung einer Vertragsstrafe für den Fall, daß der Ehemann diese Verpflichtung nicht erfüllt, wirksam getroffen werden?

BGB. §§ 138, 1353, 1354, 1360, 1361.

IV. Zivilsenat. Urt. v. 3. November 1938.

I. Landgericht Beuthen. II. Oberlandesgericht Breslau.

Die Parteien haben am 5. Juli 1933 die Ehe geschlossen. Im Juli 1936 hat die Klägerin bei dem Landgericht die Ehescheidungsklage eingereicht. Es kam daraufhin zwischen den Parteien zu Verhandlungen über die Zurücknahme der Scheidungsklage. Diese führten am 28. Juli 1936 zum Abschluß eines notariellen Vertrags. In diesem heißt es:

§ 1. Die vertragschließenden Ehegatten leben in tatsächlicher Trennung und Aufhebung der ehelichen Gemeinschaft.

Der Ehemann erkennt an, daß die Frau berechtigt ist, die Herstellung des ehelichen Lebens aus den in der bereits eingereichten Ehescheidungsklage angegebenen Gründen zu verweigern. Die Ehefrau wird die eingereichte Klage zurücknehmen, ohne jedoch hierdurch auf ihre Scheidungsgründe und -ansprüche zu verzichten.

§ 2. Der Ehemann verpflichtet sich, für die Zeit vom 1. August 1936 ab der Ehefrau zur Bestreitung ihres Unterhalts und des Unterhalts des in ihrer alleinigen Obhut verbleibenden Kindes außer der Wohnungsmiete weitere 300 RM pro Monat am Monatsersten im voraus zu zahlen.

Die Verpflichtung zur Zahlung besteht auch dann, wenn die Ehefrau einem etwaigen einseitigen Verlangen des Ehemanns zur Aufnahme der ehelichen Gemeinschaft keine Folge leistet.

§ 3. Das bereits erwähnte Kind verbleibt der Ehefrau. Dem Ehemann steht jedoch das Recht des Zutritts zum Kinde zu angebrachter Zeit zu.

§ 4. . . .

§ 5. Der Ehemann verpflichtet sich ferner, seinen Bruder F. bis spätestens 1. August 1936 aus seinen derzeitigen und künftigen geschäftlichen Unternehmungen zu entfernen und auch in Zukunft keine sonstigen Verwandten in seinem Betriebe aufzunehmen bzw. anzustellen.

§ 6. Der Ehemann verpflichtet sich, in Zukunft keinerlei Geschäfts- oder Vergnügungsreisen allein zu unternehmen.

§ 7. Der Ehemann erkennt ausdrücklich an, daß seine Verpflichtungen aus den §§ 2 bis 6 auch für den Fall weiterhin unbeschränkt in Geltung bleiben, wenn die Parteien in gegenseitigem Einvernehmen wieder die eheliche Gemeinschaft aufnehmen wollten.

§ 8. . . .

§ 9. Der Ehemann verpflichtet sich, für jeden einzelnen Fall der Zuwiderhandlung oder des Verstoßes gegen die von ihm gemäß

§§ 2 bis 8 übernommenen Verpflichtungen eine Konventionalstrafe in Höhe von 3000 RM zu Händen seiner Frau zu zahlen.

Die Klägerin hat auf Grund dieses Abkommens die Ehescheidungsklage zurückgenommen. Der Beklagte hat auf Grund des § 2 des Vertrags an die Klägerin im Monat August 1936 die versprochenen 300 RM als Unterhaltsrente gezahlt, für die Monate September, Oktober und November 1936 jedoch nur je 200 RM entrichtet. Die Klägerin verlangt deshalb für diese 3 Monate die Zahlung von je 100 RM; sie hat Klage erhoben mit dem Antrag, den Beklagten zur Zahlung von 300 RM zu verurteilen. Der Beklagte hat Widerklage erhoben mit dem Antrag, festzustellen, daß der von den Parteien am 28. Juli 1936 abgeschlossene notarielle Vertrag nichtig sei.

Das Landgericht hat die Klage abgewiesen und der Widerklage entsprochen. Das Berufungsgericht hat dagegen den Beklagten nach dem Klageantrag verurteilt und auf die Widerklage festgestellt, daß von den Bestimmungen des Vertrags vom 28. Juli 1936 nur die Bestimmung des § 9 nichtig sei; im übrigen hat es die Widerklage abgewiesen. Auf die Revision des Beklagten wurde das Urteil des Berufungsgerichts aufgehoben, die Klage abgewiesen und auf die Widerklage festgestellt, daß der von den Parteien am 28. Juli 1936 abgeschlossene Vertrag im ganzen Umfang nichtig sei.

Gründe:

1. Das Berufungsgericht prüft die Frage, ob die in den §§ 2 bis 6 des notariellen Vertrags vom 28. Juli 1936 aufgezählten einzelnen Verpflichtungen von dem beklagten Ehemann rechtswirksam übernommen werden konnten, zunächst unter der Voraussetzung, daß die Klägerin berechtigt war, die Herstellung des ehelichen Lebens zu verweigern. Das Berufungsgericht vertritt die Auffassung, daß, soweit und solange als diese Voraussetzung zutreffe, jede einzelne der in den §§ 2 bis 6 des Vertrags enthaltenen Verpflichtungen in wirksamer und für den Beklagten bindender Weise begründet werden konnte. Die Revision erhebt gegen diese Auffassung des Berufungsgerichts sachlich-rechtliche und verfahrensrechtliche Angriffe.

Gegen die Ansicht des Berufungsgerichts, daß die Parteien in der Lage waren, in der in § 2 Abs. 1 geschehenen Weise die Unterhaltspflicht des Beklagten für die Zeit, in der die Klägerin zum Getrenntleben befugt sein werde, in rechtsgültiger Weise zu regeln, wendet die Revision ein, daß dabei vom Berufungsgericht der § 1 des Vertrags nicht beachtet worden sei, aus dem sich ergebe, daß die Klägerin ihre Bereitwilligkeit, die von ihr erhobene Scheidungsklage zurückzunehmen, von der in § 2 Abs. 1 erfolgten Zusage einer Unterhaltsrente von monatlich 300 RM abhängig gemacht habe. Der Revision ist zuzugeben, daß ein gegen die guten Sitten verstoßendes

Verhalten der Klägerin darin zu erblicken sein würde, wenn sie sich zu ihrem Entschluß, die Scheidungsklage zurückzunehmen, ausschließlich durch das Versprechen vermögensrechtlicher Vorteile hätte bestimmen lassen (RGZ. Bd. 109 S. 142). Das Berufungsgericht hat es jedoch nicht unterlassen, die Beweggründe, welche die Klägerin veranlaßt haben, Klagerücknahme zuzusagen und dieser Verpflichtung demnächst auch tatsächlich zu entsprechen, einer Erörterung zu unterziehen. Das Berufungsgericht ist nicht der Meinung, daß von der Klägerin dabei über Gebühr die wirtschaftliche Seite betont worden sei; die Regelung, die in den §§ 3 bis 6 des Vertrags getroffen worden sei, ergebe, daß die Klägerin sich ihre Klagerücknahme nicht habe „abkaufen" lassen wollen; daß sie vielmehr dabei die Absicht und den Wunsch gehabt habe, daß die Ehe wieder befestigt, daß jeder Anlaß zur Vertiefung der Entfremdung vermieden und daß der Gefahr weiterer Eheverfehlungen des Beklagten vorgebeugt werden solle. — Die Revision wendet sich weiter dagegen, daß das Berufungsgericht auch die in § 2 Abs. 2 des Vertrags getroffene Vereinbarung als rechtsverbindlich ansieht, wonach die Pflicht des Beklagten zur Zahlung der Unterhaltsrente von 300 RM auch dann fortdauern soll, wenn die Klägerin einem Verlangen des Beklagten zur Aufnahme der ehelichen Gemeinschaft keine Folge leisten würde. Eine solche Vereinbarung der Ehegatten wäre sicherlich dann ohne rechtliche Wirkung, wenn damit ein dauerndes Recht der Klägerin zur Verweigerung der Gemeinschaft begründet werden sollte. Das Berufungsgericht legt jedoch den § 2 Abs. 2 des Abkommens so aus, daß die Pflicht des Beklagten zur Zahlung der Rente nur so lange weiterbestehen solle, als sich sein Verlangen nach Wiederherstellung der ehelichen Lebensgemeinschaft als ein Rechtsmißbrauch darstelle; einen Rechtsmißbrauch will das Berufungsgericht so lange als gegeben ansehen, als der Beklagte der Klägerin nicht eindeutige Beweise einer Sinnesänderung biete. Bei einer solchen, mit der Revision nicht angreifbaren Auslegung des § 2 Abs. 2 läßt sich die Gültigkeit dieser Vertragsklausel aufrechterhalten. — Auch gegen die Gültigkeit der Vereinbarung in § 3, wonach das damals 1½jährige gemeinschaftliche Kind der Klägerin verbleiben, dem Beklagten jedoch das Recht des „Zutritts zum Kinde" zu angebrachter Zeit zustehen solle, sind, soweit sich diese Vereinbarung auf die Zeit des befugten Getrenntlebens der Klägerin bezieht, rechtliche Bedenken nicht geltend zu machen, da es sich bei einer solchen die Unterbringung des Kindes betreffenden vorübergehenden Abmachung nicht um einen unzulässigen Verzicht auf die Rechte aus der elterlichen Gewalt handelt.

Dagegen kann rechtlich nicht gebilligt werden die Meinung des Berufungsgerichts, es könnten unter der Voraussetzung, daß die

Klägerin zum Getrenntleben befugt war, auch die in den §§ 5 und 6 des Vertrags vom 28. Juli 1936 getroffenen Vereinbarungen aufrechterhalten werden. Der Revision ist darin beizupflichten, daß die Bestimmung des § 5, durch den der Beklagte nicht nur die Verpflichtung übernahm, seinen Bruder F. aus seinen derzeitigen und künftigen geschäftlichen Unternehmungen zu entfernen, sondern in Zukunft auch keine sonstigen Verwandten in seinen Betrieb aufzunehmen, eine unzulässige Beschränkung der Freiheit des Beklagten darstellt, zumal eine solche Verpflichtung auf eine Störung seiner Beziehungen zu seiner eigenen Sippe hinauslaufen müßte. Ebensowenig kann die in § 6 enthaltene Bestimmung, nach welcher der Beklagte sich verpflichtet, in Zukunft keinerlei Geschäftsreisen allein zu unternehmen, für zulässig erachtet werden; eine derartige Ueberwachung des anderen Ehegatten widerspricht dem sittlichen Wesen der Ehe; die Bestimmung würde, wie die Revision mit Recht ausführt, dazu führen, daß der Beklagte gezwungen wäre, Geschäftsreisen überhaupt zu unterlassen oder eine andere Ueberwachungsperson mitzunehmen, wenn die Klägerin an seiner Begleitung durch Krankheit oder sonstige Umstände verhindert wäre. Die in den §§ 5 und 6 vorgesehenen Beschränkungen des Beklagten können auch nicht gerechtfertigt werden durch den nach Ansicht des Berufungsgerichts mit ihnen verfolgten sittlich berechtigten Zweck, weiteren Eheverfehlungen des Beklagten damit vorzubeugen und die Ehe dadurch aufrechtzuerhalten. Dieser Zweck durfte nicht mit Mitteln verfolgt werden, die wegen der darin enthaltenen, mit dem sittlichen Wesen der Ehe unvereinbaren Eingriffe in die wirtschaftliche und persönliche Freiheit des Beklagten ihrem Inhalt nach gegen die guten Sitten verstießen.

2. In § 7 des Vertrags erkennt der Beklagte an, daß seine Verpflichtungen aus den §§ 2 bis 6 auch für den Fall weiterhin unbeschränkt in Geltung bleiben, daß die Parteien in gegenseitigem Einvernehmen wieder die eheliche Gemeinschaft aufnehmen wollten.

Das Berufungsgericht tritt hierzu erneut in eine Erörterung der einzelnen in den §§ 2 bis 6 ausgeführten Verpflichtungen ein, indem es untersucht, welche davon der Beklagte auch unter der Voraussetzung der Wiederherstellung der ehelichen Gemeinschaft rechtswirksam übernehmen konnte. Für die vom Beklagten in § 2 übernommene Verpflichtung, den Unterhalt der Klägerin und des gemeinschaftlichen Kindes durch Entrichtung einer Geldrente von monatlich 300 RM zu gewähren, ist das Berufungsgericht der Ansicht, daß eine solche Verpflichtung von den Ehegatten auch bei bestehender ehelicher Gemeinschaft zulässigerweise vereinbart werden kann. Das Berufungsgericht begründet diese Ansicht damit, daß es sich dabei um eine Abmachung zwischen den Ehegatten über die Höhe des vom

Manne der Frau zur Verfügung zu stellenden Wirtschaftsgeldes handele, und es beruft sich für die Wirksamkeit einer solchen Abmachung auf eine Entscheidung des Reichsgerichts vom 6. April 1933 (WarnRspr. 1933 Nr. 101). In dieser Entscheidung findet sich jedoch lediglich die Bemerkung, daß die Gewährung des Unterhalts in der durch die eheliche Lebensgemeinschaft gebotenen Weise (§ 1360 Abs. 3 BGB.) durch die Hingabe von Geldbeträgen an die Frau zwecks Beschaffung der zum Unterhalt erforderlichen Gegenstände erfolgen kann; davon, daß eine vertragsmäßige Verpflichtung des Ehemanns zur Zahlung einer bestimmten Unterhaltsrente an die Frau während der ehelichen Gemeinschaft wirksam begründet werden könne, ist in der genannten Entscheidung nicht die Rede. Die Uebernahme einer solchen Vertragspflicht durch den Mann muß als dem Wesen der Ehe widersprechend und daher als unzulässig bezeichnet werden. Sie verstößt gegen den in § 1354 BGB. aufgestellten Grundsatz, daß dem Manne allein in allen das gemeinschaftliche eheliche Leben betreffenden Angelegenheiten die Entscheidung zusteht. Für rechtsgeschäftliche Abmachungen unter Eheleuten ist in dieser Beziehung kein Raum, wie der erkennende Senat bereits in seiner Entscheidung vom 29. Mai 1905 (RGZ. Bd. 61 S. 53) ausgesprochen hat. — Ueber die in § 3 des Vertrags getroffene Vereinbarung, daß das Kind bei der Klägerin verbleiben und dem Beklagten das „Recht des Zutritts zum Kinde" nur zu angebrachter Zeit zustehen solle, gibt auch das Berufungsgericht seiner Meinung dahin Ausdruck, daß bei bestehender ehelicher Gemeinschaft eine solche Regelung in keiner Weise dem ehelichen Zusammenleben entspreche und das Entscheidungsrecht des Mannes in unzulässiger Weise vereitele; das Berufungsgericht fügt hinzu, daß es nur auf einem Versehen beruhe, wenn in § 7 auch die Bestimmung des § 3 auf die Zeit nach Aufnahme der ehelichen Gemeinschaft erstreckt worden sei. — Die Beschränkungen in den §§ 5 und 6 des Vertrags, daß der Beklagte keine Verwandten in seinem Betrieb aufnehmen und keine Geschäftsreisen allein unternehmen wolle, glaubt dagegen das Berufungsgericht auch für den in § 7 vorgesehenen Fall der Wiederherstellung der ehelichen Gemeinschaft rechtfertigen und aufrechterhalten zu können. Daß diese Ansicht des Berufungsgerichts rechtlich nicht gebilligt werden kann, ergibt sich schon aus den weiter oben gemachten Ausführungen; danach ist eine solche Einschränkung der persönlichen und geschäftlichen Bewegungsfreiheit des Ehemanns auch während des Getrenntlebens mit dem sittlichen Wesen der Ehe unvereinbar; um so mehr muß das gelten, wenn die eheliche Gemeinschaft von den Ehegatten wieder aufgenommen worden ist.

Zusammenfassend ist zu sagen, daß die in den §§ 2 bis 6 aufgeführten Verpflichtungen und Beschränkungen des beklagten Ehemanns — mögen auch einzelne von ihnen unter der Voraussetzung, daß die Klägerin zum Getrenntleben befugt war, sich rechtfertigen lassen — bei Wiederaufnahme der ehelichen Gemeinschaft der Parteien sämtlich mit dem Wesen der Ehe unvereinbar wären. Dem § 7 des Vertrags muß daher in jeder Beziehung rechtliche Wirksamkeit abgesprochen werden.

3. In § 9 des Vertrags verpflichtet sich der Beklagte, für jeden einzelnen Fall der Zuwiderhandlung oder des Verstoßes gegen irgendeine der von ihm gemäß §§ 2 bis 8 übernommenen Verpflichtungen eine Vertragsstrafe in Höhe von 3000 RM zu Händen der Klägerin zu zahlen.

Das Berufungsgericht erkennt an, daß die Bestimmung des § 9 in vollem Umfang, sowohl bei aufgehobener als bei bestehender ehelicher Gemeinschaft, nichtig ist, weil es dem Wesen der Ehe widerspricht, die Sicherung der aus ihr fließenden familienrechtlichen Verpflichtungen durch die Vereinbarung von Vertragsstrafen zu sichern. Hierin ist dem Berufungsgericht zuzustimmen. Das Berufungsgericht steht jedoch auf dem Standpunkt, daß aus der Nichtigkeit der Bestimmung des § 9 nicht die Nichtigkeit des ganzen Vertrags vom 28. Juli 1936 folge; denn es sei anzunehmen, daß die Parteien bei Kenntnis der Nichtigkeit des § 9 den Vertrag auch ohne diese Bestimmung geschlossen haben würden (§ 139 BGB.). Das Berufungsgericht hat daher der auf § 2 des Vertrags gestützten Klage auf Zahlung eines rückständigen Teilbetrags der vereinbarten Unterhaltsrente stattgegeben; dem vom Beklagten gestellten Widerklageantrag auf Feststellung der Nichtigkeit des Vertrags vom 28. Juli 1936 hat das Berufungsgericht nur insoweit entsprochen, als es die Bestimmung des § 9 für nichtig erklärt hat; im übrigen hat es die Widerklage abgewiesen.

Die Revision erhebt die Rüge, das Berufungsgericht habe bei Anwendung des § 139 BGB. das Vorbringen der Klägerin in ihren Schriftsätzen vom 7. Dezember 1936 und 15. Oktober 1937 übergangen, daß der Beklagte seine wiederholt in feierlicher Form abgegebenen Versprechen niemals gehalten habe und daß deshalb nur durch die Vereinbarung einer Vertragsstrafe die Erfüllung der vom Beklagten übernommenen Verpflichtungen habe gewährleistet werden können; mit diesem eigenen Vorbringen der Klägerin sei die Annahme des Berufungsgerichts unvereinbar, daß die Klägerin den Vertrag auch ohne die Bestimmung des § 9 abgeschlossen haben würde.

Ganz ohne Rücksicht darauf, ob hier von der Revision der Vorwurf der Uebergehung wesentlichen Parteivorbringens mit Recht gegen das Berufungsurteil erhoben wird, muß es zweifelhaft erscheinen, ob die Annahme des Berufungsgerichts, daß die Parteien auch ohne die als nichtig anzusehenden Teile den Vertrag vom 28. Juli

1936 abgeschlossen haben würden, sich aufrechterhalten läßt. Denn diese Annahme des Berufungsgerichts geht von der rechtsirrigen Auffassung aus, daß, von der Strafabrede abgesehen, alle übrigen im Vertrag aufgezählten Verpflichtungen bei aufgehobener und bei bestehender ehelicher Gemeinschaft vom Beklagten in rechtsverbindlicher Weise übernommen werden konnten. Bei richtiger Würdigung der einzelnen Vertragsbestimmungen könnte aber, wie weiter oben des näheren dargelegt ist, lediglich die Regelung der Unterhaltsrente und der Unterbringung des Kindes (§§ 2 und 3), solange die Parteien getrennt leben und die Klägerin die Herstellung der Gemeinschaft verweigern darf, Rechtsgültigkeit beanspruchen. Die Frage, ob es der Vorschrift des § 139 BGB. entsprechen würde, diese Regelung auch beim Wegfall aller übrigen Vertragsbestimmungen aufrechtzuerhalten, braucht jedoch nicht entschieden zu werden. Denn wenn *auch anerkannt werden muß, daß die Vereinbarung über Unterhalts*zahlung und Unterbringung des Kindes während des Getrenntlebens der Ehegatten als solche wirksam getroffen werden kann, so verstößt doch die Verkoppelung solcher aus den familienrechtlichen Beziehungen der Parteien sich ergebender Abmachungen mit der dem Geschäftsleben entnommenen Vereinbarung einer Vertragsstrafe dergestalt gegen das Wesen der Ehe, daß nicht nur, wie das Berufungsgericht annimmt, die Vertragsstrafklausel, sondern auch die ihr unterstellte Unterhalts- und Verkehrsregelung als unwirksam anzusehen ist.

Das angefochtene Urteil war daher aufzuheben. Nach dem festgestellten Sachverhalt war die Sache zur Endentscheidung reif. Es bedurfte keiner Zurückverweisung an das Berufungsgericht. Es war dem vom Beklagten gestellten Widerklageantrag entsprechend festzustellen, daß der ganze von den Parteien am 28. Juli 1936 abgeschlossene notarielle Vertrag nichtig ist. Die auf § 2 dieses Vertrags gestützte Klage auf Nachzahlung eines rückständigen Betrags von 300 RM der vereinbarten Unterhaltsrente war abzuweisen.

RGZ. 158, 380

1. Darf eine Klage auf Feststellung des Nichtbestehens zweier Ansprüche mit der Begründung abgewiesen werden, daß mindestens einer dieser Ansprüche bestehe?

2. Unter welchen Voraussetzungen kann eine Frau, die über ihre Ehepflicht hinaus im Geschäft des Mannes mitgearbeitet hat, nach Scheidung der Ehe eine Vergütung für ihre Dienste oder eine Beteiligung an dem erzielten Reingewinn beanspruchen?

ZPO. §§ 256, 308. BGB. § 1356 Abs. 2.

IV. Zivilsenat. Urt. v. 1. Dezember 1938.

I. Landgericht Hamburg. II. Oberlandesgericht daselbst.

Die Parteien waren früher miteinander verheiratet; ihre Ehe ist durch Urteil des Oberlandesgerichts vom 16. Mai 1938 aus Alleinverschulden des Klägers geschieden worden, nachdem sie sich schon am 15. Oktober 1936 voneinander getrennt hatten. Die Beklagte erhebt Anspruch auf Beteiligung an dem Kapitalwert und den Erträgnissen des seit 1919 von dem Kläger als Arzt betriebenen Instituts für Röntgenologie und Strahlentherapie, weil dieses auf Grund eines mündlich zwischen ihnen geschlossenen Gesellschaftsvertrages aus gemeinsamen Mitteln errichtet worden sei und sie darin von Anfang an, also schon vor ihrer am 3. Dezember 1921 erfolgten Verehelichung, mitgearbeitet und dabei bis zuletzt eine weit über das Maß ihrer Verpflichtung als Ehefrau hinausgehende Tätigkeit entfaltet habe. Der Kläger hält einen solchen Anspruch für unbegründet, weil die tatsächlichen Voraussetzungen dafür fehlten. Er hat daher Klage auf Feststellung erhoben, daß der Beklagten gegen ihn weder als Bestandteil ihres eingebrachten Gutes noch ihres Vorbehaltsgutes bis zum 9. Januar 1937, an dem sie ihre Tätigkeit in seinem Betriebe aufgegeben habe, ein Anspruch auf einen Teil der Einnahmen aus seiner Praxis noch ein sonstiges Entgelt für ihre Tätigkeit innerhalb dieser zustehe. Das Landgericht hat die Klage nach Beweisaufnahme gemäß dem Antrage der Beklagten abgewiesen, weil es die Behauptungen der Beklagten für erwiesen erachtete. Die Berufung des Klägers hiergegen ist vom Oberlandesgericht zurückgewiesen worden. Die Revision des Klägers führte zur Aufhebung und Zurückverweisung.

Gründe:

Das Berufungsgericht sieht als erwiesen an, daß die Beklagte in dem vom Kläger betriebenen Röntgeninstitut in einem Maße mitgearbeitet hat, das weit über das hinausgehe, was nach den Lebensverhältnissen der Parteien für eine Ehefrau als üblich gelten könne, und erachtet ferner für jedenfalls nicht widerlegt, daß das Röntgeninstitut heute einen Vermögenswert darstellt. Da die Beklagte dieses durch ihre Arbeit mit aufgebaut habe, meint es, daß sie daran beteiligt sei, ohne Rücksicht darauf, ob zwischen den Parteien eine Gesellschaft zum Betriebe des Instituts bestanden habe oder nicht. Deshalb hat es die Klage abgewiesen.

Diese Entscheidung wird von der Revision mit Recht als verfahrensrechtswidrig beanstandet. Denn sie wird dem richtig verstandenen Klagebegehren nicht gerecht. Der Kläger hatte die Feststellung verlangt, daß der Beklagten weder ein Anspruch auf einen Teil der Einnahmen aus seiner ärztlichen Praxis noch ein sonstiges

Entgelt für ihre Tätigkeit innerhalb dieser Praxis zustehe. Aus der Begründung der Klage ergab sich, daß er damit die Verneinung sowohl von gesellschaftsrechtlichen Ansprüchen auf Beteiligung an den Erträgnissen und dem Kapitalwert eines gemeinsam betriebenen Geschäfts wie auch von arbeitsrechtlichen Ansprüchen auf Entlohnung von Diensten erstrebte. Es lag daher eine Verbindung zweier Klagen vor, von denen die eine auf die Verneinung von Ansprüchen der einen, die andere auf die Verneinung von Ansprüchen der anderen Art abzielte. Mit einem Urteil wie dem angefochtenen, das lediglich feststellt, daß der Beklagten entweder Ansprüche der einen oder solche der anderen Art zuständen, aber offenläßt, welcher Art denn nun ihre Ansprüche sein sollen, konnte dem Kläger nicht gedient sein. Denn es weist nicht den Weg für die nun notwendige Auseinandersetzung zwischen den Parteien, sondern zwingt zu einem neuen Rechtsstreit über die von ihm unentschieden gelassene Frage. Gemeinsame Folge der beiden hiernach möglichen Rechtslagen würde nämlich nur die Notwendigkeit sein, zu berücksichtigen, daß eine Ehefrau gemäß § 1427 Abs. 2, § 1371 BGB. aus den Einkünften ihres Vermögens und dem Ertrag ihrer Arbeit einen angemessenen Beitrag zur Bestreitung des ehelichen Aufwandes zu leisten hat und daß nach § 1429 BGB. dann, wenn sie zu dem gleichen Zwecke dem Mann etwas aus ihrem Vermögen überläßt, im Zweifel anzunehmen ist, daß ihr die Absicht fehlt, Ersatz zu verlangen. Im übrigen müßte aber bei Anerkennung gesellschaftsrechtlicher Ansprüche der Beklagten festgestellt werden, welche Geldbeträge von der einen und der anderen Seite in das Institut gesteckt worden sind und welche Reinerträgnisse das Institut während des gemeinsamen Betriebes erbracht hat, bei Zubilligung arbeitsrechtlicher Ansprüche hingegen, welche laufende Entlohnung für Dienste, wie sie die Beklagte dem Kläger in dem Institut geleistet hat, jeweils üblich und angemessen war. In dem einen Falle würde sich also ein ganz anderer Ausgangspunkt für die gemäß § 1427 Abs. 2, §§ 1371 und 1429 BGB. anzustellenden Erwägungen ergeben als in dem anderen, so daß die vorherige Klärung der in dem angefochtenen Urteil offengelassenen Frage nicht zu umgehen ist. Daher konnte bei rechter Ueberlegung nicht zweifelhaft sein, daß der Kläger mit der Klage insbesondere auch auf eine solche Entscheidung abzielte. Daraus folgte aber notwendig die Deutung der Klage als die Geltendmachung zweier miteinander verbundener prozessualer Ansprüche, von denen jeder beschieden werden mußte. Eine Klageabweisung unter Offenlassung der Frage, ob der eine oder der andere dieser Ansprüche unbegründet sei, war darum verfahrensrechtlich nicht angängig.

Der dargelegte Rechtsfehler nötigt zur Aufhebung des angefochtenen Urteils und zur Zurückverweisung der Sache zu neuer

Verhandlung und Entscheidung an das Berufungsgericht. Hierbei wird noch folgendes zu beachten sein: Die Begründung des angefochtenen Urteils läßt dem Zweifel Raum, ob das Berufungsgericht richtig erkannt hat, daß auch bei Verneinung der Voraussetzungen des § 1356 Abs. 2 BGB. nicht unter allen Umständen ein Anspruch der Frau auf Beteiligung am Geschäftsertrag oder auf Entlohnung ihrer Dienste gegeben ist. Denn auch dann ist es möglich, daß der Frau bei ihrer Tätigkeit die Absicht auf Erlangung eines solchen Entgelts gefehlt hat, sei es, weil sie lediglich aus idealen Gründen ihrem Manne seine Arbeit erleichtern wollte, sei es aus der Erwägung, schon in der so ermöglichten Erhöhung der gemeinsamen Lebensführung und in dem ihr bei einem Ableben des Mannes zufallenden Erbteil einen hinreichenden Ausgleich zu finden, in welchem Fall ihr bei Scheidung der Ehe ein Anspruch höchstens gemäß § 812 Abs. 1 Satz 2 zweiter Halbsatz BGB. zustehen könnte. Hierfür wird es wesentlich auf die Art und den Umfang der von der Frau entwickelten Tätigkeit im Verhältnis zu der Arbeit des Mannes und die besonderen Verhältnisse ankommen, die sie dazu veranlaßt haben. Rechtsirrig ist allerdings die Meinung der Revision, gesellschaftsrechtliche Ansprüche könnten der Ehefrau dem Manne gegenüber nur dann zustehen, wenn dieser ein Gewerbe betrieben habe, seien aber ausgeschlossen gegenüber einem Unternehmen, bei dem wie in dem Röntgeninstitut des Klägers rein ärztliche Dienste neben anderen gewährt würden und die dafür geforderten Vergütungen sich ungetrennt auf beide bezögen, weil ein Arzt sich nicht mit einem Nichtarzt zu gemeinsamer Praxis verbinden dürfe. Denn diese Beschränkung gilt nur für die ärztliche Tätigkeit im eigentlichen Sinne, und die Vorschrift der Berechnung einer einheitlichen Vergütung besteht nur für das Verhältnis zu dem Behandelten. Entscheidend kann auch nicht sein, ob der Kläger nach außen hin stets als Alleininhaber des Instituts aufgetreten ist. Denn es gibt auch Gesellschaften, die sich lediglich im Verhältnis der Teilhaber zueinander auswirken (sogenannte Innengesellschaften) und bei denen der stille Gesellschafter nach außen als solcher nicht in die Erscheinung tritt, sondern lediglich dem anderen gegenüber verlangen kann, bei der Gewinnverteilung und der Auseinandersetzung ebenso behandelt zu werden wie bei einem auch nach außen hin gemeinsam geführten Unternehmen. Dagegen ist der Revision zuzugeben, daß es für den etwaigen gesellschaftsrechtlichen Auseinandersetzungsanspruch der Beklagten nicht auf das Gesamtvermögen des Klägers bei Scheidung der Ehe ankommen kann, sondern nur auf den Wert des gemeinsamen Unternehmens zur Zeit des Ausscheidens der Beklagten daraus; ob dieser Wert höher ist als die im Laufe der Zeit von den Parteien hineingesteckten Kapitalien, bedarf näherer tatsächlicher

Prüfung; es kann nicht einfach mit der Begründung bejaht werden, die ganze Sachlage spreche gegen die Behauptung des Klägers, daß ein gemeinsam erarbeitetes Vermögen nicht vorhanden sei, zumal da die Beweislast hierfür die Beklagte trifft. Schließlich wird noch zu berücksichtigen sein — worauf die Revision hingewiesen hat —, daß der Beklagten vielleicht auch Ansprüche aus der darlehnsweise erfolgten Hergabe von Teilen ihres Vermögens zur Einrichtung des Instituts zustehen. Ob die Klage, obschon der Klageantrag seinem Wortlaut nach nichts davon besagt, auch solche Ansprüche erfassen will, müßte noch erörtert werden. Ebenso bedarf es noch der Aufklärung, ob die Beklagte bereits bestimmte zahlenmäßige Ansprüche der einen und der anderen Art erhoben hat und ob der Kläger deswegen für den Fall, daß der Beklagten grundsätzlich Ansprüche der einen oder anderen Art zugebilligt werden sollten, es also nicht zu deren Verneinung kommt, mit der Klage wenigstens ihre zahlenmäßige Begrenzung auf einen geringeren als den geforderten Betrag erstrebt (vgl. RG. in JW. 1931 S. 1556 Nr. 8).

RGZ. 160, 250

Müssen nach dem neuen Eherecht besondere Umstände vorliegen, um ein Rechtsschutzbedürfnis für die Klage auf Herstellung der ehelichen Gemeinschaft zu begründen?

BGB. § 1353.

IV. Zivilsenat. Urt. v. 27. April 1939.

I. Landgericht Stargard. II. Oberlandesgericht Stettin.

Die Parteien haben am 8. August 1931 die Ehe geschlossen, aus der zwei Kinder im Alter von 5 und 3 Jahren hervorgegangen sind. Die Klägerin ist 34 Jahre, der Beklagte 37 Jahre alt. Der letzte eheliche Verkehr hat im Juli 1937 stattgefunden. Am 24. Juli 1937 hat die Klägerin die eheliche Wohnung verlassen; seit dieser Zeit leben die Parteien getrennt. Die Klägerin hat auf Scheidung der Ehe angetragen und zur Begründung geltend gemacht, daß der Beklagte sie bedroht, beschimpft und wiederholt mißhandelt habe. Der Beklagte hat Klageabweisung beantragt und widerklagend zunächst Herstellung der häuslichen Gemeinschaft und später Scheidung der Ehe aus Schuld der Klägerin begehrt. Das Landgericht hat Klage und Widerklage abgewiesen. Die Klägerin hat Berufung eingelegt und ihr Scheidungsbegehren weiterverfolgt. Der Beklagte hat Zurückweisung der Berufung beantragt, sich außerdem der Berufung angeschlossen, erneut Widerklage auf Wiederherstellung der häuslichen Gemeinschaft erhoben und für den Fall, daß die Ehe auf die

Klage geschieden werde, gebeten, die Klägerin für mitschuldig zu erklären. Das Berufungsgericht hat beide Rechtsmittel unter Abweisung der Herstellungswiderklage zurückgewiesen. Die Revisionen beider Parteien führten zur Aufhebung des Berufungsurteils und zur Zurückverweisung der Sache.

Aus den Gründen:

Das Berufungsgericht hält in Uebereinstimmung mit dem Landgericht die Klage für unbegründet. (Es folgt eine Wiedergabe der Gründe des Berufungsgerichts zur Klage. Dann wird fortgefahren:) Die Widerklage auf Herstellung der häuslichen Gemeinschaft sei ebenfalls nicht begründet. Die Herstellungsklage habe durch die Aufhebung des § 1567 BGB. im wesentlichen ihre Bedeutung verloren. Ob für die bloße Herstellungsklage ein Rechtsschutzbedürfnis bestehe, bedürfe besonders eingehender Prüfung. Allerdings werde es in den Fällen, in denen es dem klagenden Ehegatten darauf ankomme, den anderen Teil besonders eindringlich auf seine Pflichten hinzuweisen und zu einem ehegemäßen Verhalten im Sinne der Herstellung zu veranlassen, zu bejahen sein. Im vorliegenden Falle habe das Herstellungsverlangen des Mannes, wenn es auch äußerlich selbständig sei, sachlich doch nur die Bedeutung einer Verneinung des Klagebegehrens, die schon im Antrag auf Klageabweisung hinreichend zum Ausdruck komme. Es bestehe für den Beklagten zur Erhebung einer Herstellungsklage — jedenfalls zur Zeit — kein Rechtsschutzbedürfnis. Ob die Klägerin nach endgültiger Abweisung ihrer Scheidungsklage die Fortsetzung der Ehe weiterhin ernstlich verweigern werde, lasse sich noch nicht absehen. Sie könne mit Recht zunächst erwarten, daß der Beklagte sich mit ihr über die Bedingungen und Einzelheiten der wiederaufzunehmenden häuslichen Gemeinschaft ins Benehmen setze und die nötigen Vorkehrungen in dieser Richtung treffe. Das habe er bisher offenbar nicht getan. Er habe sich auch in der letzten Zeit kaum um die Kinder gekümmert, und sein Verhalten sei offenbar auch sonst nicht so gewesen, daß der Klägerin die sofortige Rückkehr zu ihm zugemutet werden könne. Wie die Dinge hier lägen, werde der Klägerin vielmehr eine gewisse Zeit zugebilligt werden müssen, sich nunmehr mit der Abweisung ihrer Scheidungsklage abzufinden und auf eine Rückkehr zu dem Beklagten umzustellen.

Die Revisionen beider Parteien sind begründet. (Das wird zunächst für die Revision der Klägerin ausgeführt. Dann wird fortgefahren:) Mit Rücksicht auf die Einheitlichkeit der Entscheidung zu Klage und Widerklage muß schon der Erfolg der Revision der Klägerin auch zur Aufhebung der ihr günstigen Entscheidung des Berufungsgerichts zur Herstellungswiderklage des Beklagten führen, so daß es sachlich jetzt auf die Revision des Beklagten nicht ankommt. Doch ist diese Revision ebenfalls begründet. Mit Recht wendet sie sich dagegen, daß das Berufungsgericht an die Klage auf Herstellung der häuslichen Gemeinschaft nach neuem Recht erhöhte Anforderungen stellt und im vorliegenden Fall ein berechtigtes Interesse des Beklagten an der Herstellungsklage verneint. Daß diese Klage auch nach neuem Recht trotz des Fehlens einer dem § 1567 BGB. entsprechenden Bestimmung noch zulässig ist, hat der Senat bereits in seiner Entscheidung vom 17. April 1939 (RGZ. Bd. 160 S. 112) ausgeführt. Dort ist ferner hervorgehoben, daß grundsätzlich ein berechtigtes Interesse des klagenden Ehegatten an der Verurteilung des anderen zur Wiederherstellung der Gemeinschaft auch nach neuem Recht anzuerkennen sei. Damit ist schon die Ansicht des Berufungsgerichts abgelehnt, daß besondere Umstände im einzelnen Fall erst ein Rechtsschutzbedürfnis des auf Wiederherstellung klagenden Ehegatten begründen müßten. Das Herstellungsverlangen hat auch sachlich nicht nur die Bedeutung einer Verneinung des auf Scheidung gerichteten Klagebegehrens. Das Gegenteil folgt ohne weiteres schon daraus, daß, wie es das Berufungsgericht auch für den vorliegenden Fall annimmt, trotz der Abweisung der Scheidungsklage auch die Herstellungswiderklage unbegründet sein kann, sich aus der Versagung der Scheidung also noch nicht die Berechtigung des Herstellungsverlangens ergibt. Der auf Scheidung klagende und auf Herstellung der Gemeinschaft verklagte Ehegatte kann auch seine Einstellung gegenüber dem Herstellungsverlangen des anderen Ehegatten nicht von der rechtskräftigen Entscheidung über seine eigene Scheidungsklage abhängig machen.

Hält somit die Ansicht des Berufungsgerichts, dem Beklagten fehle das Rechtsschutzbedürfnis für die Herstellungsklage, rechtlicher Nachprüfung nicht stand, so fragt sich, ob, wie das Berufungsgericht weiter annimmt, der Klägerin die Rückkehr zum Beklagten zur Zeit nicht zuzumuten und daher das Herstellungsverlangen mißbräuchlich sei. Auch insoweit bestehen aber gegen die Begründung des Berufungsurteils rechtliche Bedenken.

RGZ. 162, 32

Kann ein Ehegatte gegenüber dem Herstellungsverlangen des anderen ein Recht zum Getrenntleben daraus herleiten, daß für ihn der Tatbestand des § 55 Abs. 1 EheG. gegeben ist, insbesondere die dort vorausgesetzte unheilbare Zerrüttung des ehelichen Verhältnisses vorliegt?

BGB. § 1353 Abs. 2. EheG. § 55*).

*) Jetzt § 48 d. EheG. v. 20. 2. 46.

IV. Zivilsenat. Urt. v. 23. Oktober 1939.

I. Landgericht Hamburg. II. Oberlandesgericht daselbst.

Die Parteien haben am 30. Mai 1909 die Ehe geschlossen. Seit dem 1. Dezember 1928 leben sie getrennt. Der Kläger hat mit der Klage die Scheidung der Ehe aus § 55 EheG. begehrt, ist aber vom Landgericht abgewiesen und auf die Widerklage der Beklagten verurteilt worden, mit dieser die eheliche Gemeinschaft wieder aufzunehmen. Seine Berufung hat das Oberlandesgericht zurückgewiesen. Zur Klage ist das Urteil dahin begründet, daß die Voraussetzungen für das Scheidungsverlangen nach § 55 Abs. 1 EheG. vorlägen, der Widerspruch der Beklagten gegen die Scheidung aber zulässig und auch beachtlich sei. Die Revision des Klägers hatte keinen Erfolg.

Gründe:

(Zunächst werden die Bedenken der Revision gegen die Versagung der Ehescheidung zurückgewiesen. Alsdann heißt es weiter:)

Zur Widerklage auf Wiederaufnahme der ehelichen Gemeinschaft erwägt das Berufungsgericht, der Kläger habe, da sein Scheidungsverlangen unbegründet sei, nach wie vor die Rechtspflicht, die von ihm unberechtigt aufgegebene eheliche Gemeinschaft wiederherzustellen; er sei daher mit Recht nach dem Widerklageantrage verurteilt worden. Die von der Revision hiergegen gerichteten Angriffe gehen fehl. Wie der erkennende Senat mehrfach ausgesprochen hat (RGZ. Bd. 160 S. 112, 250), ist auch nach neuem Eherecht eine Klage aus § 1353 BGB. auf Herstellung der ehelichen Gemeinschaft grundsätzlich zulässig, ohne daß etwa besondere Umstände für ein bestehendes Rechtsschutzbedürfnis dargetan werden müßten. Insbesondere kann der auf Scheidung verklagte Ehegatte mit einer Widerklage vom Kläger die Herstellung verlangen. Nur unter den Voraussetzungen des § 1353 Abs. 2 BGB. entfällt die Pflicht des anderen Teils, diesem Verlangen zu entsprechen. Dadurch allein, daß — wie hier nach der Feststellung des Berufungsgerichts — der Tatbestand des § 55 Abs. 1 EheG. gegeben ist, werden diese Voraussetzungen nicht erfüllt. Ein zur Verweigerung der Herstellung berechtigender Scheidungsgrund steht daraus dem Herstellungsbeklagten nicht zur Seite, ohne Rücksicht darauf, ob ein Widerspruch nach § 55 Abs. 2 EheG. erhoben und beachtlich ist oder nicht. Selbst wenn der die Herstellung ablehnende Ehegatte — anders als im vorliegenden Falle — mangels eigenen überwiegenden Verschuldens an der Ehezerrüttung mit einer Scheidungsklage durchdringen müßte, davon aber keinen Gebrauch macht, würde ihm ein Recht zum Getrenntleben nach § 1353 Abs. 2 Satz 2 BGB. nicht zustehen, weil dieser Grund ebenso wie bisher auch für das Ehegesetz auf ein Scheidungsrecht wegen

Verschuldens des die Herstellung verlangenden Ehegatten beschränkt ist (Volkmar Großdeutsches Eherecht Bem. 4 zu § 82 EheG.). Der kein Verschulden voraussetzende Scheidungsgrund des § 55 EheG. gibt dem Scheidungsberechtigten also für sich keine Befugnis, die Herstellung der ehelichen Gemeinschaft zu verweigern.

Aber auch ein Mißbrauch des Rechts auf Herstellung der ehelichen Gemeinschaft kann aus einem dem § 55 Abs. 1 EheG. entsprechenden Sachverhalt, insbesondere aus dem Umstande, daß die Wiederherstellung einer dem Wesen der Ehe entsprechenden Lebensgemeinschaft wegen unheilbarer Zerrüttung des ehelichen Verhältnisses doch nicht zu erwarten ist, entgegen der Ansicht der Revision nicht hergeleitet werden. Einen solchen Rechtsmißbrauch können, wenn das Herstellungsverlangen ernstlich gemeint ist, nur Tatsachen begründen, die geeignet sind, auf das eheliche Zusammenleben in der Zukunft nachteilig einzuwirken. Die unheilbare Zerrüttung des ehelichen Verhältnisses im Sinne des § 55 Abs. 1 ist demgegenüber ein rechtlich erheblicher Zustand, der das Ergebnis in der Vergangenheit liegender Ereignisse darstellt und dessen Bedeutung sich darin erschöpft, daß er unter Umständen den Ehegatten einen Scheidungsgrund bietet. Nur soweit dieselben Tatsachen, auf denen bereits die Ehezerrüttung beruht, auch bei einer Wiederaufnahme der ehelichen Gemeinschaft wieder vorliegen und das eheliche Zusammenleben von vornherein gefährden würden, könnten sie einen Mißbrauch des Herstellungsverlangens dartun. Die unheilbare Ehezerrüttung als solche und der sonstige Tatbestand des § 55 Abs. 1 EheG. vermögen allein einen derartigen Rechtsmißbrauch nicht zu begründen. Nicht zu billigen ist deshalb die Ansicht des Oberlandesgerichts Hamburg (HansRGZ. 1939 Abt. B, Sp. 401 flg.), wonach schon wegen der völligen Zerrüttung des persönlichen Verhältnisses der Parteien und der dadurch bedingten Zwangslage, die sich ergeben würde, wenn nach langjähriger Trennung und Entfremdung der Gatten alsbald die häusliche, körperliche und seelische Gemeinschaft wieder aufgenommen werden müßte, der Wiederherstellungsanspruch als sittlich unzulässig und mißbräuchlich anzusehen sein soll. Noch weniger gerechtfertigt ist es, wenn in der erwähnten Entscheidung zur weiteren Begründung für den Mißbrauch des Herstellungsverlangens darauf verwiesen wird, daß die dort vom Kläger eingegangene ehewidrige Bindung an eine andere Frau und an das diesem Verhältnis entsprossene Kind betroffen werden würde, die jener selbst als sittlich verpflichtend empfinde und die auch sachlich einen guten menschlichen Kern berge; denn aus dem eigenen Verschulden und einer klaren Verletzung der ehelichen Treupflicht kann der schuldige Ehegatte keine Rechte für sich herleiten.

Im übrigen würde es einem der Grundgedanken des Ehegesetzes zuwiderlaufen, wollte man einen Rechtsmißbrauch des die Herstellung verlangenden Gatten allein im Hinblick auf die bestehende Ehezerrüttung bejahen, nämlich dem besonders in § 83 EheG. und in der Aufhebung des § 1575 BGB. (vgl. § 84 EheG.), aber auch gerade in § 55 EheG. zum Ausdruck gelangten Gedanken, daß eine Ehe ohne die gesetzlich damit verbundene eheliche Gemeinschaft als Dauerzustand nach Möglichkeit vermieden und entweder in eine wirkliche Gemeinschaft der Ehegatten überführt oder aufgelöst werden soll. Hat deshalb ein Ehegatte mit einer auf § 55 EheG. gestützten Scheidungsklage keinen Erfolg, weil der Widerspruch des anderen Teils beachtlich, also die Aufrechterhaltung der Ehe und damit die Bindung des Klägers an die durch die Ehe übernommenen Pflichten sittlich gerechtfertigt erscheinen, so muß nach dem Sinne des Gesetzes grundsätzlich von dem Kläger verlangt werden, daß er sich trotz der bestehenden völligen Ehezerrüttung umstellt und über die von ihm für unüberwindlich gehaltenen Hindernisse eines Wiederzusammengehens mit dem anderen Gatten hinwegzukommen trachtet.

RGZ. 163, 305

1. Kann die Aufforderung aus § 57 Abs. 1 Satz 4 EheG. auch in einem Prozeßschriftsatz enthalten sein?

2. Zur Auslegung des § 1353 Abs. 2 BGB.

BGB. § 1353 Abs. 2 in der Fassung des § 83 EheG. EheG. § 57 Abs. 1 Satz 4, § 59 Abs. 1*).

IV. Zivilsenat. Urt. v. 11. April 1940.

I. Landgericht Köln, II. Oberlandesgericht daselbst.

Die Parteien haben am 8. Oktober 1909 die Ehe geschlossen. Seit dem 16. November 1936 leben sie getrennt. An diesem Tag ist die Beklagte mit ihren Töchtern aus der ehelichen Wohnung ausgezogen. Ein Ende November 1936 begonnener Rechtsstreit endete damit, daß die Scheidungswiderklage des jetzigen Klägers durch Urteil des Oberlandesgerichts vom 13. Januar 1938 abgewiesen wurde.

Mit Schreiben vom 8. Februar 1938 forderte der Kläger die Beklagte auf, die häusliche Gemeinschaft wiederherzustellen. Da die Beklagte dieser Aufforderung nicht nachgekommen ist, hat er im Juni 1938 Klage auf Wiederherstellung der häuslichen Gemeinschaft erhoben. Das Landgericht hat der Klage stattgegeben. Während des Berufungsverfahrens forderte der Kläger in seinem Schriftsatze vom 14. Oktober 1938 — der dem Prozeßbevollmächtigten der Beklagten

*) Jetzt §§ 50 Abs. 1 Satz 4, 51 d. EheG. v. 20. 2. 46.

spätestens am 10. November 1938 zugegangen ist — unter Bezugnahme auf § 57 Abs. 1 Satz 4 EheG. die Beklagte erneut auf, „entweder die häusliche und eheliche Gemeinschaft herzustellen oder Klage auf Scheidung zu erheben". Die Beklagte leistete auch dieser Aufforderung keine Folge. Die Berufung der Beklagten ist zurückgewiesen worden. Ihre Revision führte zur Aufhebung und Zurückverweisung aus folgenden

Gründen:

1. Der Berufungsrichter geht mit Recht davon aus, daß die Ehegatten einander zur ehelichen Lebensgemeinschaft verpflichtet sind und daß hierzu auch die häusliche Gemeinschaft gehört. Er stellt zunächst fest, daß das Verlangen des Klägers, die Beklagte solle die häusliche Gemeinschaft mit ihm wiederherstellen, ernst gemeint sei, daß der Kläger also wirklich ein Zusammenleben mit der Beklagten erstrebe und willens sei, die Ehe aufrechtzuerhalten. Er fügt hinzu, der Umstand, daß der Kläger in dem früheren — von der Beklagten eingeleiteten — Eherechtsstreit auch seinerseits die Scheidung beantragt habe, spreche nicht entscheidend gegen solche Würdigung seines jetzigen Verhaltens. Diese Feststellung liegt durchweg auf tatsächlichem Gebiet und läßt keinen Rechtsirrtum erkennen. Die Revision rügt hierzu, das Oberlandesgericht sei nicht darauf eingegangen, daß der Kläger in dem früheren Rechtsstreite selbst die Ehe als endgültig zerrüttet und die Scheidung als unvermeidbar bezeichnet, auch zugestanden habe, daß er kein tadelloser Ehemann gewesen sei, daß er sich ferner bereit erklärt habe, die Mitschuld auf sich zu nehmen, wenn er dadurch die Scheidung erreichen könne. Weiter rügt die Revision, das Oberlandesgericht habe es unterlassen, sich mit der Behauptung der Beklagten auseinanderzusetzen, daß der Kläger vor der Trennung der Parteien wiederholt geäußert habe, er sei doch ein Schaf gewesen, daß er wieder zurückgekommen sei, wo er es so schön und ein freies Leben gehabt habe, er werde die Beklagte schon dahin bringen, wo er sie hin haben wolle. Mit beidem hat sich allerdings der Berufungsrichter nicht ausdrücklich befaßt. Das war jedoch auch nicht erforderlich, da er seine Ueberzeugung davon, der Kläger meine sein Herstellungsverlangen jetzt ernstlich, ausschließlich aus dem Verhalten hergeleitet hat, das der Kläger nach dem seine Scheidungswiderklage abweisenden Erkenntnis vom 13. Januar 1938 gezeigt habe. Es ist durchaus möglich, daß ein Ehegatte ursprünglich geglaubt hat, von dem anderen loskommen zu können, sich in diesem Sinn ausgesprochen und zur Begründung seiner Scheidungsklage gemäß § 1568 BGB. auch vorgebracht hat (und hat vorbringen müssen), die Ehe sei endgültig zerrüttet, daß er dann aber, wenn er damit keinen Erfolg gehabt hat, seine Gesinnung ändert und ernstlich gewillt wird und gewillt bleibt, die

Ehe jetzt wiederherzustellen und die häusliche Gemeinschaft wieder aufzunehmen.

2. Der Berufungsrichter erörtert sodann, ob die Beklagte die Wiederherstellung der häuslichen Gemeinschaft mit der Begründung verweigern könne, sie sei berechtigt, auf Scheidung zu klagen (§ 1353 Abs. 2 Satz 2 BGB.). Er verneint ein solches Recht der Beklagten, weil der Kläger sie spätestens am 10. November 1938 gemäß § 57 Abs. 1 Satz 4 EheG. aufgefordert habe, entweder die häusliche Gemeinschaft herzustellen oder die Klage auf Scheidung zu erheben, weil sie aber die Klage bis zum 29. Juni 1939 nicht erhoben habe, auch neue, nach dem Empfange der Aufforderung liegende Tatsachen, welche die Scheidung rechtfertigen könnten, nicht geltend gemacht habe. Auch insoweit sind die Ausführungen des Berufungsrichters rechtlich nicht zu beanstanden. Es bestehen keine Bedenken dagegen, eine Aufforderung gemäß 57 Abs. 1 Satz 4 EheG. auch dann als wirksam anzusehen, wenn sie in einem wegen Herstellung der Gemeinschaft bereits anhängigen Rechtsstreite durch den Streitvertreter des Klägers ausgesprochen und wenn sie nicht dem andern Ehegatten selbst, sondern dessen Streitvertreter zugesandt wird. Daß der zur Erhebung und Durchführung der Herstellungsklage bestellte Prozeßbevollmächtigte berechtigt sei, eine solche Aufforderung zu erlassen, hat das Reichsgericht schon früher für die gleichlautende Bestimmung des — durch das Ehegesetz aufgehobenen — § 1571 Abs. 2 Satz 2 BGB. angenommen (Recht 1910 Nr. 1983). Daran ist festzuhalten. Wesentlich ist nur, daß die Aufforderung wirklich dem Willen des Klägers entspricht; und daß dies bei der Aufforderung im Schriftsatze vom 14. Oktober 1938 nicht der Fall gewesen wäre, macht die Beklagte selbst nicht geltend. Es ist aber auch nicht nötig, daß die Aufforderung dem anderen Ehegatten persönlich und unmittelbar zugesandt werde. Vielmehr genügt es, wenn sie ihm dadurch bekannt wird, daß der Empfänger sie an ihn entsprechend dem Willen des Auffordernden weiterleitet. Das ist aber unstreitig vor dem 29. Dezember 1938 geschehen. Unerörtert kann daher bleiben, ob eine in einem Prozeßschriftsatz enthaltene Aufforderung nach § 57 Abs. 1 Satz 4 EheG. auch dann geeignet wäre, die Frist zur Erhebung der Scheidungklage in Lauf zu setzen, wenn der Aufgeforderte von ihr nichts erfahren hat, weil sein Streitvertreter es unterlassen hat, sie ihm mitzuteilen. Ebenso kann bei der hier gegebenen Sachlage dahinstehen, ob unter Umständen schon in der Klage auf Herstellung der ehelichen Gemeinschaft eine Aufforderung nach § 57 Abs. 1 Satz 4 EheG. erblickt werden könnte (vgl. Staudinger BGB. Bem. 3 d *a* zu § 1571; RG. in JW. 1911 S. 405 Nr. 21, 1908 S. 433 Nr. 8).

Keine Bedenken sind auch dagegen zu erheben, daß der Berufungsrichter die Entscheidung, ob die Beklagte ihr Scheidungsrecht gemäß § 1353 Abs. 2 Satz 3 BGB., § 57 Abs. 1 EheG. verloren habe, nicht auf den Zeitpunkt der Erhebung der Klage auf Herstellung der häuslichen Gemeinschaft, sondern auf den 29. Juni 1939 als den Zeitpunkt der letzten mündlichen Verhandlung im zweiten Rechtsgang abgestellt hat. Für die Frage, ob ein Scheidungsanspruch besteht oder nicht, ist lediglich der Sachstand zur Zeit der letzten mündlichen Verhandlung vor dem Tatrichter maßgebend; und ebenso wie Scheidungsgründe berücksichtigt werden müssen, die erst während des Rechtsstreits entstanden sind, muß es beachtet werden, wenn ein Scheidungsgrund während des Rechtsstreits — etwa durch Verzeihung oder, wie hier, durch Fristablauf — weggefallen ist. Aus der Vorschrift des § 59 Abs. 1 EheG., auf die sich die Revision bezieht, ergibt sich nichts anderes. § 59 Abs. 1 EheG. bestimmt, daß während eines Scheidungsstreites ein Scheidungsgrund noch geltend gemacht werden könne, wenn die Frist zu seiner Geltendmachung bei der Klageerhebung noch nicht abgelaufen war; ein Rechtsstreit auf Wiederherstellung der häuslichen Gemeinschaft ist aber kein Scheidungsstreit, sondern gerade das Gegenteil von einem solchen, da er nicht auf die Auflösung der Ehe, sondern auf ihre Aufrechterhaltung gerichtet ist. Die beiden Arten von Rechtsstreitigkeiten bei der Anwendung des § 59 Abs. 1 EheG. gleich zu behandeln — wie die Revision anheimgibt —, verbietet schon die Erwägung, daß ja der Kläger, wenn seine jetzige Wiederherstellungsklage deshalb abgewiesen würde, weil die Beklagte zur Zeit der Erhebung dieser Klage ihrerseits auf Scheidung hätte klagen können, unmittelbar nach Erlaß des klageabweisenden Urteils eine neue gleichartige Klage erheben und die Beklagte dieser neuen Klage, nachdem inzwischen die Frist des § 57 EheG. abgelaufen wäre, mit jenem Einwande nicht mehr begegnen könnte.

3. Endlich verneint der Berufungsrichter, daß das Verlangen des Klägers als Mißbrauch seines Rechts zu betrachten sei. Er spricht aus, der Beklagten könne zugemutet werden, das Zusammenleben mit ihren erwachsenen Töchtern aufzugeben und von ihnen weg wieder zum Kläger zu ziehen. Insoweit handelt es sich um eine dem Tatrichter obliegende Würdigung; und das Ergebnis, zu dem der Berufungsrichter gekommen ist, kann rechtlich nicht beanstandet werden. Wohl aber rügt die Revision mit Recht, daß der Berufungsrichter das Vorbringen der Beklagten in ihrer Berufungsbegründung übergangen habe. Dort hatte die Beklagte ausdrücklich vorgebracht, nach dem gesamten Verhalten des Klägers sei der Schluß gerechtfertigt, daß sein Verlangen auf Wiederherstellung der häuslichen Gemeinschaft einen Rechtsmißbrauch darstelle, und hatte, indem sie das Verhalten des Klägers im einzelnen schilderte, zusammenfassend erklärt, man könne ihr bei dieser Sachlage nicht zumuten, noch ein zweites Mal zu ihrem

Manne zurückzukehren, da seine schönen Worte, mit denen er zu Prozeßzwecken seine Bereitschaft beteuere, wieder eine harmonische Ehe aufzubauen, nicht ernst zu nehmen seien. Der Prüfung dieses Einwandes war der Berufungsrichter nicht etwa deshalb enthoben, weil er festgestellt hatte, der Kläger erstrebe ernstlich ein Zusammenleben mit der Beklagten. Denn das schloß und schließt keineswegs aus, daß der Kläger nicht gewillt oder nicht imstande sein werde, dann, wenn die Beklagte zu ihm zurückkehre, sich anders zu benehmen als vorher; vielmehr ist es recht wohl möglich, daß er sich künftig in einer Weise verhalten wird, die der Beklagten das Zusammenleben mit ihm unerträglich machen müßte. Ob eine solche Besorgnis ernstlich begründet ist, wird daher der Tatrichter noch zu prüfen haben, und zu diesem Zwecke muß der Rechtsstreit zur nochmaligen Verhandlung und Entscheidung an das Berufungsgericht zurückverwiesen werden.

Dabei wird für die Beweislast folgendes zu beachten sein: Grundsätzlich liegt der Beklagten der Beweis für ihre Behauptung ob, das Verhalten des Klägers werde in Zukunft, wenn sie wieder zu ihm ziehe, derart sein, daß ihr ein Zusammenleben mit ihm nicht zuzumuten sei. Dieser Beweis kann im Einzelfalle dadurch erbracht werden, daß ein Verhalten des Klägers in der Vergangenheit dargetan wird, welches den Schluß rechtfertigt, er werde sich auch künftig so benehmen, daß eine dem Wesen der Ehe entsprechende Gemeinschaft nicht werde bestehen können; und es würde dann Sache des Klägers sein, dem Gericht die Ueberzeugung zu verschaffen, daß eine solche Besorgnis gleichwohl nicht begründet sei. Hierfür kann z. B. von Bedeutung sein, ob das frühere Verhalten des Klägers auf seiner Wesensart beruhte oder ob es mehr durch äußere Ereignisse und Vorkommnisse veranlaßt war, oder auch, ob der Kläger zu Unrecht den Standpunkt vertritt, daß sein bisheriges Verhalten nicht zu beanstanden sei, oder ob er zugibt, daß ein Benehmen, wie es ihm vorgeworfen wird, mit dem Wesen der Ehe nicht im Einklang stehe. Eine allgemeine Regel des Inhalts, ein Ehegatte, der sich früher ehewidrig benommen habe, werde es auch künftig tun, kann dagegen nicht aufgestellt werden; und es ist daher nicht angängig, in allen Fällen von demjenigen, der die Wiederherstellung der Gemeinschaft begehrt, den Nachweis zu fordern, daß er sein Verhalten ändern werde. Ein solcher Nachweis würde auch zum mindesten dann, wenn es sich — wie hier — um ein Verhalten gehandelt hat, das bloß während des Zusammenlebens von Bedeutung ist, überhaupt nicht erbracht werden können, da sich der Kläger auf die Versicherung beschränken müßte, er werde sich in Zukunft anders benehmen, und eine auch nur einigermaßen zuverlässige Beurteilung, ob die Zusicherung ernst gemeint ist und ob sie gehalten werden wird, vielfach kaum möglich sein wird.

Gesetzliches Güterrecht

RGZ. 47, 72

Kann der Ehemann in einem zwischen ihm und seiner Ehefrau schwebenden Scheidungsprozesse durch einstweilige Verfügung zur Zahlung eines Kostenvorschusses für den Anwalt der Frau angehalten werden, wenn der Güterstand sich nach den Bestimmungen der §§ 1363—1425 BGB. regelt?

IV. Zivilsenat. Beschl. v. 12. November 1900.

Die Entscheidung ist abgedruckt unter „Zivilprozeß".

RGZ. 54, 44

Wird der Eigentumserwerb, wenn eine im Güterstande des gesetzlichen Güterrechts lebende Frau durch Vertrag ohne Einwilligung des Mannes über das Eigentum an beweglichen, zum eingebrachten Gute gehörenden Sachen verfügt (§ 1396 Abs. 1 BGB.), auch gegenüber Dritten erst durch die Genehmigung des Mannes wirksam, oder hat der Erwerber gegen Dritte schon vor der Genehmigung des Mannes die Eigentumsklagen nach §§ 985, 1004 BGB.?

II. Zivilsenat. Urt. v. 20. Februar 1903.

I. Landgericht I Berlin. II. Kammergericht daselbst.

Frau Bo. verkaufte am 16. März 1901 in Berlin ohne Einwilligung ihres in Hamburg wohnenden Mannes an den Kläger eine größere Anzahl Fahrnisse; die verkauften Fahrnisse wurden nach einem Gedinge des Kaufvertrages der Frau Bo. leihweise bis Oktober 1901 überlassen und blieben danach in deren Wohnung zurück. Der Beklagte, der mehrere vollstreckbare Titel gegen die Frau Bo. hatte, ließ bei derselben in den Monaten Juli und August 1901 jene Fahrnisse mehrmals pfänden. Der Kläger machte mit der nach § 771 ZPO. erhobenen Klage geltend, daß die gepfändeten Fahrnisse sein Eigentum und deshalb von den Pfändungen freizugeben seien. Der Beklagte beantragte Klagabweisung und führte zur Begründung dieses Antrages unter anderem aus, der Eigentumsübertragungsvertrag vom 16. März 1901 sei, selbst wenn der Standpunkt des Klägers richtig wäre, daß für das Güterrecht der Eheleute Bo. der Güterstand des gesetzlichen Güterrechts nach dem Bürgerlichen Gesetzbuch maßgebend sei und die verkauften Fahrnisse zum eingebrachten Gute der Frau Bo. gehörten, wegen mangelnder Einwilligung des Mannes unwirksam. Diese Unwirksamkeit läge übrigens auch dann vor, wenn für das Güterrecht der Eheleute Bo. der Güterstand der allgemeinen Gütergemeinschaft nach dem Bürgerlichen Gesetzbuche maßgebend sei. Die Vorderrichter traten diesen rechtlichen Ausführungen bei und erachteten deshalb die Klage für unbegründet. Die Revision des Klägers wurde zurückgewiesen.

Aus den Gründen:

... „Der Revisionskläger hat Verletzung des § 1396 BGB. gerügt; er hat diese Gesetzesbestimmung dahin ausgelegt: Verträge einer Ehefrau, durch die sie über eingebrachtes Gut ohne Einwilligung des Mannes verfüge, seien nicht schlechthin unwirksam, vielmehr hänge ihre Wirksamkeit von der Genehmigung des Mannes ab. Daß der Mann die Genehmigung verweigert habe, sei von keiner Seite behauptet; wohl aber könne der Vertrag durch noch einzuholende Genehmigung des Mannes von vornherein wirksam werden. Hieraus ergebe sich, daß die Frage der Wirksamkeit oder Unwirksamkeit des Vertrages eine Angelegenheit sei, die zunächst nur die beiden Ehegatten berühre, während sich ein Dritter darauf nicht berufen könne, daß die auf dem abstrakten Einigungsgeschäfte der Vertragschließenden beruhende Eigentumsübertragung auch ihm gegenüber unwirksam sei.

Diesen Ausführungen konnte nicht beigetreten werden. Der leitende Gedanke des Gesetzes in den Vorschriften der §§ 1395—1398 BGB., welche die rechtliche Stellung der Ehefrau in Ansehung der Verfügungen über eingebrachtes Gut regeln, geht dahin: die Frau ist an sich weder in ihrer Eigenschaft als Ehefrau unmittelbar infolge der Ehe, noch mittelbar infolge des Güterrechts in ihrer Geschäftsfähigkeit beschränkt. Dagegen tritt zur Sicherung des Rechtes des Mannes am eingebrachten Gute und zur Verhütung einer einseitigen unmittelbaren Veränderung des eingebrachten Gutes durch Rechtshandlungen der Frau eine Beschränkung der Verfügungsfähigkeit der Frau in Ansehung des eingebrachten Gutes ein. Dabei schließt sich das Bürgerliche Gesetzbuch in Ansehung der rechtlichen Konstruktion dieses Verhältnisses nicht an den § 135 BGB. an, der die Verletzung eines zugunsten einer bestimmten Person getroffenen Veräußerungsverbotes regelt. Das Bürgerliche Gesetzbuch behandelt vielmehr, wie sich aus den Motiven Bd. 4 S. 222 flg. — insbesondere S. 225 — ergibt, die Verfügung einer Frau über eingebrachtes Gut — auch gegenüber Dritten — ähnlich einer Verfügung über eine fremde Sache und macht danach unter Anlehnung an die für die Rechtswirksamkeit der Rechtsgeschäfte eines Minderjährigen gegebenen Vorschriften — §§ 108 bis 112 BGB. — die Wirksamkeit der Rechtsgeschäfte der Frau, durch welche sie unter Lebenden über das eingebrachte Gut verfügt, nicht nur gegenüber dem Manne, sondern auch zugunsten eines jeden, auch der Frau selbst von der Einwilligung des Mannes abhängig. Wenn deshalb § 1396 Abs. 1 bestimmt, daß bei Verfügungen der Frau über eingebrachtes Gut durch Vertrag ohne Einwilligung des Mannes die Wirksamkeit des Vertrages von der Genehmigung des Mannes abhänge, so ergibt sich hieraus nach dem dargelegten Standpunkte des Gesetzes, daß durch einen solchen Vertrag über Eigentum vor jener Genehmigung das Eigentum auch gegenüber Dritten noch nicht wirksam erworben ist, und deshalb dem Erwerber eine aus seinem Eigentum abgeleitete Klage auf Herausgabe — § 985 BGB. — noch nicht zusteht. Darauf allein kommt es aber nach der hier gegebenen Sachlage an; denn die Klage ist nur auf das angeblich durch den Vertrag vom 16. März 1901 erworbene Eigentum begründet und verfolgt danach in der Form einer Widerspruchsklage nach § 771 ZPO. aus dem Eigentum einen Anspruch auf Herausgabe nach § 985 BGB. oder auf Beseitigung einer Beeinträchtigung nach § 1004 BGB.

Im Sinne der hier vertretenen Auslegung des § 1396 sind die Ausführungen der Literatur zu dieser Gesetzesbestimmung in der überwiegenden Mehrzahl zu verstehen; nur vereinzelt — z. B. von Opet, Familienrecht zu § 1404 S. 178 — wird die Ansicht aufgestellt, daß die Befugnis zur Geltendmachung jener Verfügungsbeschränkung nur der Mann, nicht die Frau oder ein Dritter habe. Die dargelegte Auffassung über die Tragweite des § 1396 entspricht übrigens auch der herrschenden Ansicht über den Umfang der Unwirksamkeit von Verfügungen der Frau über eingebrachtes Gut nach § 320 ALR. II. 1, der auf ähnlichen Erwägungen beruht.

Allerdings liegt bei einer solchen Verfügung der Frau durch Vertrag bereits eine dingliche Einigung vor; aber diese Einigung vermag, wenn auch die Sache dem Erwerber übergeben ist — § 929 BGB. — oder deren Uebergabe durch eine Vereinbarung nach § 930 BGB. erfolgt ist, infolge jener Beschränkung der Frau in ihrer Verfügungsfähigkeit, wonach sie, obgleich Eigentümerin, doch nicht die in den §§ 929, 930 verlangte Verfügungsmacht des Eigentümers hat, während des Schwebezustandes vor der Genehmigung des Mannes nicht das Eigentum zu übertragen; sie begründet nur eine Aussicht auf den Eigentumserwerb, die aber durch den hier allein erhobenen Anspruch aus dem Eigentume nicht geschützt ist. Ob und welche andere Rechtsschutzbehelfe dem Erwerber gegen Dritte je nach Lage des einzelnen Falles zustehen könnten, steht hier nicht zur Entscheidung. . . . .

Im weiteren verneint das Berufungsgericht einen dinglich wirksamen Eigentumserwerb auch für den Fall, daß für das Güterrecht der Eheleute Bo. zur Zeit des Vertrages vom 16. März 1901 der Güterstand der allgemeinen Gütergemeinschaft nach Bürgerlichem Gesetzbuch maßgebend war. Diesen Ausführungen ist beizutreten. Nach dem Rechte des Bürgerlichen Gesetzbuchs ist bei diesem Güterstande das Gesamtgut mit dinglicher Wirkung den Verfügungen der Frau entzogen. Deshalb wird in dem Falle des § 930 BGB., um den es sich hier allein handelt, durch einen Vertrag mit der Frau vor der Genehmigung des Mannes Eigentum nicht erworben." . . .

RGZ. 59, 25

1. . . .*)

2. Kann bei gesetzlichem Güterrecht der Mann kraft seines Rechts der Verwaltung und Nutznießung die Ueberlassung eines von der Frau zur Zeit der Eheschließung selbständig betriebenen Handelsgeschäfts verlangen, und hat er alsdann das Recht, das Geschäft in ihrem Namen und auf ihre Rechnung, aber nach seinem alleinigen Ermessen und zu eigenem Nutzen weiter zu führen?

BGB. §§ 1363, 1373, 1375, 1376, 1377, 1379, 1380.

IV. Zivilsenat. Urt. v. 29. September 1904.

I. Landgericht Plauen. II. Oberlandesgericht Dresden.

Die Beklagte war in erster Ehe verheiratet gewesen mit dem Kaufmann Ernst Ludwig E. zu Auerbach i. V., der dort unter der Firma E. L. E. ein kaufmännisches Geschäft, nämlich eine Material- und Schnittwarenhandlung, betrieben hatte. Nach seinem im Jahre 1883 erfolgten Tode setzte sie den Betrieb dieses Geschäfts unter der bisherigen Firma fort und wurde im Handelsregister als Inhaberin der Firma eingetragen. Im Jahre 1889 verheiratete sie sich mit dem Kläger, einem Kaufmann, der jedoch damals kein Vermögen besaß und 1877 in Konkurs verfallen gewesen war. Auch nach ihrer Verheiratung mit dem Kläger blieb sie allein als Inhaberin des Geschäfts, das unverändert unter der alten Firma fortgesetzt wurde, im Handelsregister eingetragen, und es wurde das Geschäft, wie unter den Parteien nicht streitig ist, für ihre Rechnung weiter geführt. Kläger war jedoch fortan in dem Geschäft ebenfalls tätig, und die Parteien sind darüber uneinig, welche rechtliche Stellung er einnahm. Kläger behauptet, daß er das Geschäft seit seiner Verehelichung mit der Beklagten zwar für ihre Rechnung, aber selbständig, als ob er der Inhaber sei, geführt habe, während sie angibt, daß er nur ihr Gehilfe und Handlungsbevollmächtigter — auf Grund ausdrücklich oder stillschweigend erteilter Vollmacht — gewesen sei. Im Jahre 1901 kam es wegen des Gebarens des Klägers im Geschäft zu Zwistigkeiten und zur Erhebung einer Klage abseiten der jetzigen Beklagten gegen den jetzigen Kläger, durch die sie beantragte, seine Verwaltung und Nutznießung an ihrem eingebrachten Gut aufzuheben. Diese Klage führte jedoch nicht zu einem Urteil, sondern wurde, nachdem schon streitige Verhandlung stattgefunden hatte, zurückgenommen; da-

*) Ueberholt.

gegen ließ die jetzige Beklagte im Januar und Februar 1903 dem Kläger die Verbote zugehen, in ihrem Geschäft fernerhin tätig zu sein und die Geschäftsräume wieder zu betreten. Nunmehr schritt Kläger zu der gegenwärtig vorliegenden Klage und beantragte die Verurteilung der Beklagten,

ihm die Verwaltung ihres eingebrachten Vermögens, insbesondere ihres unter der Firma E. L. E. Auerbach bestehenden Geschäfts zu überlassen,

bemerkte jedoch zur Erläuterung, er verlange nur die Ueberlassung der Verwaltung des Geschäfts. In erster Instanz wurde die Klage abgewiesen. Die Berufung des Klägers blieb ohne Erfolg. Auch seine Revision wurde zurückgewiesen aus folgenden

Gründen:

„1. . . .

2. . . .

Kläger beansprucht die Nutznießung an dem Geschäft der Beklagten und meint, daß er deshalb zum Fortbetrieb des Geschäfts zwar nach seinem Gutdünken, aber ohne eigene Verbindlichkeit befugt sei. Die Revision bestätigt, daß Kläger die Herausgabe des Geschäfts verlange, um dasselbe ohne Zuziehung der Beklagten, jedoch für deren Rechnung und in ihrem Namen zu führen, mithin so, daß durch seine Rechtsgeschäfte nicht er selbst, sondern allein die Beklagte verpflichtet werde; das soll der Stellung des Ehemannes nach dem gesetzlichen Güterrecht des Bürgerlichen Gesetzbuchs entsprechen.

Hierin ist indes der Revision nicht beizutreten. In der Frage, welche Rechte dem Manne hinsichtlich eines von der Frau bei Beginn der Ehe betriebenen und selbständig von ihr fortgesetzten Erwerbsgeschäfts nach gesetzlichem Güterrecht zustehen, gehen zwar in der Literatur die Ansichten ungemein auseinander,

vgl. außer den Genannten Zschimmer in der Zeitschr. für das gesamte Handelsr. Bd. 52 S. 495; Ullmann in der Jurist. Wochenschr. 1902 S. 49 und in dessen Schrift „Das gesetzliche eheliche Güterrecht in Deutschland" 2. Aufl. S. 93 flg.; Schefold im Arch. für die zivil. Praxis Bd. 91 S. 145; Planck, BGB. Bd. 4 § 1376 Bem. 5; Schmidt-Habicht in Hölder's Kommentar zum BGB. Bd. 4 § 1367 Bem. 2 f, § 1376 Bem. 5; Engelmann in Staudinger's Kommentar zum BGB. Bd. 4 § 1376 Bem. 7; Lehmann u. Ring, HGB. Bd. 1 § 1 Nr. 29,

und es finden sich Darlegungen, die der Revision einigermaßen zur Stütze dienen können. Insbesondere wird in Ansehung des Falles, daß die Frau bei Eingehung der Ehe ein Handelsgeschäft betreibt, die Ansicht vertreten, daß der Mann das Recht und die Pflicht habe, vom Eheschluß an das Geschäft der Frau zu leiten und zu führen; daß er allerdings über Rechte, welche zum Handelsgeschäft gehören, nicht ohne Zustimmung der Frau verfügen und die Frau auch nicht einseitig ohne ihre Zustimmung durch Rechtsgeschäfte verpflichten, daß er jedoch ihre Zustimmung auf Grund des § 1379 BGB. erzwingen könne, und zwar nicht nur für das jeweils abzuschließende Rechtsgeschäft, sondern allgemein im voraus für alle im Betriebe erforderlichen Geschäfte (Zschimmer a. a. O.; ähnlich Ullmann in dessen erwähnter Schrift S. 96, der S. 99 noch der Ansicht ist, daß die Frau auch verpflichtet sei, die nach § 22 HGB. erforderliche ausdrückliche Einwilligung zur Fortführung der Firma zu erteilen). Diese Ansichten entsprechen jedoch keinenfalls dem Bürgerlichen Gesetzbuch. Wäre man wirklich zu der Annahme gezwungen, daß nach dem gesetzlichen Güterrecht des Bürgerlichen Gesetzbuchs ein von der Frau bei Beginn der Ehe betriebenes Erwerbsgeschäft nicht bloß zu ihrem eingebrachten Vermögen gehöre, sondern auch lediglich den in §§ 1373 flg. getroffenen Bestimmungen unterstehe, so würde sich doch die Einräumung so weitgehender Befugnisse an den Mann nicht rechtfertigen lassen. Hätte in dem bezeichneten Falle das dem Erwerbsgeschäft der Frau gewidmete Vermögen lediglich die Eigenschaft des eingebrachten Gutes, und bliebe es solches auch dann, wenn der Mann in die unveränderte Fortsetzung des Betriebes willigte, so würden ihm vielleicht die aus §§ 1376, 1377, 1380 BGB. sich ergebenden Rechte zustehen; aber ein Fortbetrieb für ihre Rechnung mit der Maßgabe, daß die Frau, und zwar die Frau allein, verpflichtet werde, ist schon deshalb ausgeschlossen, weil zufolge § 1375 das Verwaltungsrecht des Mannes nicht die Befugnis umfaßt, die Frau durch Rechtsgeschäfte zu verpflichten. Auf Grund des § 1379 aber kann dem Manne eine dahin gehende Befugnis nicht verliehen werden, weil die Voraussetzung, unter der zufolge jener Vorschrift die Zustimmung der Frau durch das Vormundschaftsgericht ersetzt werden kann, in Fällen der vorliegenden Art nicht zutrifft. Es wird zwar gesagt (vgl. Zschimmer, a. a. O. S. 496), die Frau stehe, wenn der Mann ihr Geschäft übernommen habe, abgesehen davon, daß ihre Zustimmung zu Verfügungen über nicht verbrauchbare Gegenstände und zu Verpflichtungsgeschäften verlangt werde, hinsichtlich der Leitung des Geschäftsbetriebes nicht anders da als ein Minderjähriger, in dessen Namen ein Gewerbe vom Inhaber der elterlichen Gewalt oder vom Vormund betrieben werde, nur daß die Gründe des Ausschlusses verschiedene seien: hier die Rechte des Mannes am Frauenvermögen, dort die mangelnde Geschäftsfähigkeit. Allein auch mit solchem Zusatz paßt dieser Hinweis nicht. Die Frau kann, wie wohl von keiner Seite bestritten wird, ein Erwerbsgeschäft betreiben, ohne daß sie der Zustimmung des Mannes bedarf. Der Mann kann seine Einwilligung versagen und ihr den Betrieb verbieten; aber schließen kann er ihr das Geschäft nicht, und auf Unterlassung des Betriebes kann er auch nicht klagen; er kann, um seinen Willen zur Geltung zu bringen, nur die Klage gemäß § 1354 erheben. Abgesehen davon aber wäre für die Bestimmung des § 1379 nur Raum, wenn der Mann zur Verwaltung berufen wäre; seine Befugnis zur Verwaltung eines von der Frau betriebenen Erwerbsgeschäfts selbst ohne ihre Zustimmung ist aber nicht anzuerkennen. Allerdings ist dem Bürgerlichen Gesetzbuch der Nießbrauch an einem Vermögen oder an einem Bruchteil bekannt, jedoch nur nach Maßgabe der §§ 1085 flg.; ferner ergibt sich aus § 22 HGB., daß ein Handelsgeschäft in gewisser Weise Gegenstand eines Nießbrauchs sein kann. Allein die durch letztere Bestimmung in Verbindung mit § 25 HGB. eröffnete Möglichkeit, ein Handelsgeschäft einem anderen zum Nießbrauch zu überlassen, setzt gütliche Vereinbarung voraus und kann nicht füglich dem Manne einen Anspruch auf Fortführung des Geschäfts auch gegen den Willen der Frau verleihen. Stimmt die Frau der Uebernahme des Geschäfts durch den Mann nicht zu, so hat der letztere nur die gesetzlich ihm zustehenden Rechte, und zu diesen, auf deren Umfang gegenwärtig nicht weiter eingegangen werden soll, gehört der Nießbrauch an ihrem Geschäft schon deshalb nicht, weil dem BGB., wie es schließlich gestaltet wurde, der eigentliche Nießbrauch an einem Inbegriff von Rechten und Sachen und deshalb der Nießbrauch an einem Erwerbsgeschäft fremd ist. Es muß deshalb auch die Annahme, daß der Mann die Ueberlassung der Firma eines von seiner Frau betriebenen Geschäfts und damit die Folgen der §§ 22, 25 HGB. erzwingen könne, als der gesetzlichen Grundlage entbehrend, abgelehnt werden.

Hiernach erweist sich der erhobene Anspruch als unbegründet, und er ist deshalb mit Recht abgewiesen worden. Ob dem Kläger vielleicht ein anderes Recht zukommen würde, steht gegenwärtig nicht in Frage, da er einen Anspruch geltend gemacht hat, der nur entweder in vollem Umfange anzuerkennen oder ganz abzulehnen ist, dagegen eine Zuerkennung in beschränktem Umfange nicht gestattet. Es ist deshalb auch nicht zu erörtern, ob dem Kläger an den einzelnen zu dem Geschäftsvermögen gehörenden Sachen und Rechten jemals Verwaltungsrechte zugestanden haben und ob er solche Rechte bei der jetzigen Gestaltung des Geschäfts überhaupt noch haben würde." . . .

RGZ. 72, 165

1. Unter welchen Voraussetzungen gehört der Anspruch einer gewerbetreibenden Ehefrau aus einer Unfallversicherung zum Vorbehaltsgut?

2. Bleibt die Ehefrau an den obligatorischen Vertrag gebunden, wenn die von ihr zur Erfüllung ihrer Verbindlichkeit getroffene Verfügung über eingebrachtes Vermögen wegen Versagung der Genehmigung des Ehemannes rechtsunwirksam ist?

BGB. §§ 1367, 1370 u. 1399.

VII. Zivilsenat. Urt. v. 12. November 1909.

I. Landgericht Breslau. II. Oberlandesgericht daselbst.

Die Klägerin, die am 18. Oktober 1902 durch Sturz von einer Treppe einen Schädelbruch erlitten hatte, war zu dieser Zeit bei der Beklagten gegen Unfall versichert. Im Mai 1903 schloß sie mit der Beklagten einen Vergleich, durch den sie sich gegen Zahlung von 2000 M. für alle Ansprüche aus dem Unfall für befriedigt erklärte. Gleichwohl erhob sie Klage gegen die Beklagte mit dem Antrage, diese zur Zahlung von 1750 M., berechnet aus der täglichen Entschädigung von 10 M. für die Zeit vom Unfall bis zum 27. Oktober 1903, unter Abzug der bereits bezahlten 2000 M., ferner einer jährlichen Rente von 1860 M. vom 27. Oktober 1903 an zu verurteilen. Den Vergleich, den der Ehemann der Klägerin bereits im Oktober 1903 angefochten hatte, wollte die Klägerin aus dem Grunde der mangelnden Zustimmung ihres damals noch lebenden Ehemannes nicht gegen sich gelten lassen. In den Vorinstanzen wurden die Klagen abgewiesen. Auch der Revision wurde der Erfolg versagt, aus folgenden

Gründen:

„Das Berufungsurteil beruht auf der Annahme, daß die Klägerin deshalb befugt gewesen sei, auch ohne Genehmigung ihres Ehemannes über den Anspruch aus dem Versicherungsvertrage zu verfügen, weil der Anspruch durch ein sich auf das Vorbehaltsgut beziehendes Rechtsgeschäft erworben und somit nach § 1370 BGB. Vorbehaltsgut gewesen sei. Die Revision greift diese Annahme der Eigenschaft des aus dem Versicherungsvertrag erwachsenen Anspruchs als Vorbehaltsgut zu Unrecht an. Der Berufungsrichter geht in tatsächlicher Hinsicht davon aus, daß die Klägerin den Versicherungsvertrag in ihrer Eigenschaft als selbständige Pächterin einer Gastwirtschaft und somit im Rahmen ihres Erwerbsgeschäftes abgeschlossen hat, um im Fall einer durch einen Unfall eintretenden Erwerbsbeschränkung in den Versicherungsbeträgen einen Ersatz für den ihrem Erwerbe drohenden Verlust zu erlangen. Daß der Berufungsrichter hierin einen die Anwendung des § 1370 rechtfertigenden Zusammenhang des Versicherungsvertrages mit dem Vorbehaltsgut der Klägerin erblickt hat, läßt einen Rechtsirrtum, insbesondere eine Verletzung der angezogenen gesetzlichen Bestimmung, nicht erkennen. Durch diese Vorschrift wollte der Gesetzgeber nicht nur, wie die Revision meint, das

Vorbehaltsgut in seinem Bestand ungeschmälert erhalten, sondern es sollte durch die Bestimmung, daß alles das Vorbehaltsgut sein soll, was die Ehefrau durch Rechtsgeschäft erwirbt, das sich auf das Vorbehaltsgut bezieht, vor allem der Ehefrau die Sicherheit gewährleistet werden, unabhängig vom Willen des Ehemannes nach eigener Entschließung für eine ordnungsmäßige Verwaltung und Erhaltung der Vorbehaltsmasse sorgen zu können (vgl. Motive Bd. 4 S. 178). Wie der Berufungsrichter unter Bezugnahme auf die Motive zutreffend ausführt, muß es zur Anwendung der Vorschrift des § 1370 genügen, wenn das Rechtsgeschäft subjektiv mit Beziehung auf das Vorbehaltsgut abgeschlossen ist und objektiv mit demselben in Zusammenhang gebracht werden kann. Die Ausführungen des Berufungsrichters müssen aber dahin verstanden werden, daß die Klägerin, die sich als Pächterin einer von ihr selbständig betriebenen Gastwirtschaft zu den für eine solche maßgebenden Sätzen versicherte, diesen Vertrag in ihrer Eigenschaft als Gewerbtreibende im Interesse ihres Geschäftes und damit ihres Vorbehaltsgutes getätigt hat. Sie wollte nach der nicht zu beanstandenden Auffassung des Berufungsrichters für den Fall, daß ihre in ihrem Geschäft zum Erwerb von Vorbehaltsgut verwendete Arbeitskraft durch einen Unfall geschädigt würde, in den von der Beklagten zu zahlenden Beträgen einen Ersatz für den ihr etwa infolge der Minderung ihrer Erwerbsfähigkeit entgehenden Geschäftsgewinn oder Deckung für die etwa durch Beschaffung einer Hilfskraft entstehenden Auslagen finden. Damit ist in subjektiver wie objektiver Hinsicht die erforderliche Beziehung des Versicherungsvertrages zunächst zu dem von der Klägerin selbständig betriebenen Erwerbsgeschäft, weiter aber auch zu ihrem Vorbehaltsgut gegeben, denn alles, was sie durch diesen Betrieb erworben hatte und noch erwarb, war nach § 1367 BGB. ihr Vorbehaltsgut. Es ist nach dem Gesetz keineswegs erforderlich, wie die Revision ausführt, daß das fragliche Rechtsgeschäft mit einem bestimmten substantiellen Teil des Vorbehaltsgutes in einer unmittelbaren Beziehung steht, „gewissermaßen aus ihm herauswächst". Eine derartig beschränkte Auffassung der in § 1370 BGB. vorausgesetzten Beziehung des Geschäftes zum Vorbehaltsgut würde der Ehefrau die vom Gesetzgeber gewollte Unabhängigkeit in der Verwaltung ihres Vorbehaltsgutes in keiner Weise gewähren; sie würde vielmehr in Fällen der vorliegenden Art zu dem unannehmbaren Ergebnis führen, daß alle sog. gewerblichen Hilfsgeschäfte, wie z. B. der Abschluß von Dienstverträgen, nicht als mit Beziehung auf das Vorbehaltsgut abgeschlossen angesehen werden könnten.

Das vorliegend der Unfall gerade im Betrieb der Gastwirtschaft sich ereignet hat, ist unerheblich, denn der Versicherungsvertrag ist, wie die Revision insoweit zutreffend geltend macht, ohne Beschränkung auf die Betriebsgefahr abgeschlossen; die Versicherung sollte, gleichviel bei welcher Gelegenheit der Unfall eintrat, Ersatz bieten für den Erwerbsausfall durch Minderung der zum Erwerb von Vorbehaltsgut verwendeten Arbeitsfähigkeit der Ehefrau. . . .

Die Zurückweisung der Klage beschwert aber die Klägerin auch aus der weiteren Erwägung nicht, daß, selbst wenn eine Genehmigung des Ehemannes zur Rechtswirksamkeit der über den Versicherungsanspruch getroffenen Verfügung erforderlich gewesen wäre, jedenfalls die Klägerin für ihre Person an den dem Verzicht auf weitere Ansprüche aus dem Versicherungsvertrag zugrunde liegenden obligatorischen Vertrag gebunden sein würde. Soweit die Klägerin in der Vereinbarung vom 26. Mai 1903 die Verpflichtung übernommen hat, gegen Zahlung von 2000 M. keine weiteren Ansprüche auf Grund des Unfalls zu erheben, bedurfte diese Vereinbarung zu ihrer Wirksamkeit der Klägerin gegenüber nach § 1399 BGB. einer Genehmigung des Ehemannes nicht. *Diese rechtsverbindlich von der Klägerin* übernommene persönliche Verpflichtung steht der mit der vorliegenden Klage versuchten Geltendmachung weiterer Ansprüche entgegen."

RGZ. 73, 238

Welche Wirkungen hat die Konkurseröffnung über das Vermögen der Ehefrau auf das Recht des Mannes am eingebrachten Gute? Hat die vor der Konkurseröffnung ergangene Verurteilung des Ehemannes zur Duldung der Zwangsvollstreckung in das eingebrachte Gut Rechtskraftwirkung zugunsten des Konkursverwalters? Verpflichtung des Ehemannes zur Vorlegung eines Verzeichnisses des eingebrachten Gutes und zur Rechnungslegung an den Konkursverwalter.

BGB. §§ 1411, 1421, 260, 259.

IV. Zivilsenat. Urt. v. 4. April 1910.

I. Landgericht Halle a. S. II. Oberlandesgericht Naumburg a. S.

Durch rechtskräftig gewordenes Urteil des Landgerichts Magdeburg vom 21. Mai 1905 wurden die Erben des Kaufmanns L., darunter die Ehefrau des Beklagten, als persönliche Gesamtschuldner zur Zahlung von 13 000 M. nebst $5^1/_4$ Prozent Zinsen seit dem 1. August 1904 an die D.'schen Erben und der Beklagte selbst zur Duldung der Zwangsvollstreckung in das eingebrachte Gut seiner Ehefrau verurteilt. Die Zwangsvollstreckung führte nicht zur Befriedigung der Gläubiger. Auf ihren Antrag wurde deshalb, nachdem vorher der Beklagte und dessen Ehefrau im Zwangsvollstreckungsverfahren den Offenbarungseid geleistet hatten, durch Beschluß des Amtsgerichts in Halle a. S. vom 16. März 1908 das Konkursverfahren über das Vermögen der Ehefrau des Beklagten eröffnet, und der Kläger zum Konkursverwalter bestellt. Dieser erhob darauf gegen den Beklagten, der mit seiner Ehefrau im gesetzlichen Güterstande der ehemännlichen Verwaltung und Nutznießung lebt, Klage mit dem Antrage, ihn zur Vorlegung eines Verzeichnisses über den Bestand des eingebrachten Gutes, zur Rechnungslegung über die Einnahmen und Ausgaben hiervon, zur eidlichen Bekräftigung des Verzeichnisses und der Rechnung, sowie zur Zahlung von 13000 Mark zu verurteilen.

Das Landgericht wies die Klage ab. In der Berufungsinstanz wurde durch Teilurteil der Klage, mit Ausnahme des Antrags auf Verurteilung zur Zahlung, stattgegeben. Die Revision hatte teilweisen Erfolg.

Gründe:

„Die Eröffnung des Konkursverfahrens über das Vermögen der Ehefrau hat nicht zur Folge, daß der Mann das an dem eingebrachten Gute ihm zustehende Verwaltungs- und Nutznießungsrecht verliert. Es verbleibt ihm dieses Recht an dem konkursfreien, insbesondere an dem von der Ehefrau erst nach der Konkurseröffnung erworbenen, Vermögen. Eine Einschränkung seiner Rechte tritt aber insofern ein, als sich der Mann die Befriedigung derjenigen Gläubiger, denen das eingebrachte Gut haftet, aus diesem Gute und zum Zwecke dieser Befriedigung auch die Verwaltung des eingebrachten Gutes durch den Konkursverwalter gefallen lassen muß. Während sonst der Ehemann es ist, der in Ausübung seines Verwaltungsrechts — nötigenfalls nach Einholung der Zustimmung der Frau (vgl. §§ 1375, 1376 Nr. 3, 1379 BGB.) — für die Befriedigung dieser Gläubiger zu sorgen hat, geht nach der Konkurseröffnung über das Vermögen der Frau diese Sorge auf den Konkursverwalter über, der die allgemeine Aufgabe hat, die geordnete Befriedigung der Gläubiger des Gemeinschuldners herbeizuführen. Das Verwaltungsrecht des Ehemannes muß hier dem Verwaltungsrecht des Konkursverwalters weichen. Der Konkurseröffnung über das Vermögen der Ehefrau kann allerdings nicht die Wirkung beigelegt werden, daß der Konkursverwalter befugt wäre, sich eigenmächtig wider den Willen des besitzenden Ehemannes, in den Besitz des zur Konkursmasse gehörigen eingebrachten Gutes zu setzen. Er ist, wenn der Ehemann nicht zur Herausgabe bereit ist, auf den Weg der Klage angewiesen.

Vgl. Ullmann, Das gesetzliche eheliche Güterrecht, 2. Aufl., S. 249; Quaatz, im Archiv für bürgerliches Recht, Bd. 24 S. 34; Jaeger, Konkursordnung, Bem. 33 zu § 2.

Andererseits ist der Ehemann den Gläubigern seiner Frau gegenüber, deren Befriedigung aus dem eingebrachten Gute er dulden muß (§§ 1411, 1412 bis 1414 BGB.), nach der Konkurseröffnung über das Vermögen seiner Frau zu etwas mehrerem als zur Herausgabe an den Konkursverwalter nicht verpflichtet. Wie der Herausgabeanspruch sich gestaltet, wenn die Schulden, für die das eingebrachte

Gut haftet, den Betrag dieses Gutes nicht erreichen, ob der Konkursverwalter in solchem Falle nur die Herausgabe der zur Berichtigung jener Schulden erforderlichen Mittel fordern darf, braucht nicht untersucht zu werden. Denn jedenfalls kann er, worüber auch in der Rechtslehre kein Streit besteht, die Herausgabe des ganzen eingebrachten Gutes verlangen, wenn dessen Wert durch den Betrag jener Schulden erschöpft wird. Dieser Fall ist, in welcher Hinsicht die Revision auch eine Beschwerde nicht erhoben hat, nach den eigenen Angaben des Beklagten als vorliegend anzunehmen.

Hinsichtlich des Herausgabeanspruchs wird der Umstand von Bedeutung, daß der Ehemann nicht Gemeinschuldner, sondern ein außerhalb des Konkursverfahrens stehender Dritter ist. Die Tatsache, daß es zur Eröffnung des Konkursverfahrens über das Vermögen der Frau, über das eingebrachte Gut und das Vorbehaltsgut, gekommen ist, genügt deshalb nicht, um ihn zur Herausgabe des ganzen eingebrachten Gutes zu verpflichten. Es muß vielmehr ihm gegenüber der Nachweis geführt werden, daß Schulden in dieser Höhe bestehen, für die das eingebrachte Gut haftet. Hierüber ist, falls der Ehemann das Vorhandensein der Schulden bestreitet und aus diesem Grunde die Herausgabe verweigert, in dem über die Herausgabepflicht zwischen dem Konkursverwalter und dem Ehemann geführten Prozesse zu entscheiden. Einer erneuten Feststellung bedarf es jedoch nicht, wenn bereits vor der Konkurseröffnung der Ehemann auf Klage des Gläubigers wegen der fraglichen Schuld zur Duldung der Zwangsvollstreckung in das eingebrachte Gut (§ 739 ZPO.) verurteilt ist.

Die Revision vermeint zwar, daß das in diesem Prozesse ergangene Urteil zugunsten des Konkursverwalters keine Wirkung habe. Das Urteil mache nicht Rechtskraft für das Rechtsverhältnis zwischen dem Ehemann und dem Konkursverwalter. Letzterer sei nicht Vertreter oder Rechtsnachfolger der Konkursgläubiger. Dieser Revisionsangriff kann nicht für begründet erachtet werden. In dem Konkursverfahren über das Vermögen der Ehefrau liegt es dem Verwalter ob, die Rechte der Gläubiger auch hinsichtlich der Befriedigung aus dem eingebrachten Gute wahrzunehmen. Die praktische Bedeutung dieses Konkurses besteht hauptsächlich darin, daß unter Vermeidung der Einzelvollstreckung die gleichmäßige Befriedigung der Gläubiger, denen das eingebrachte Gut haftet, ermöglicht werden soll. Die Ueberschuldung des bloßen Vorbehaltsgutes wird nur selten zur Konkurseröffnung führen. Aus jener dem Konkursverwalter gestellten Aufgabe folgt, daß er befugt ist, in Wahrnehmung der Rechte jener Gläubiger die Herausgabe des eingebrachten Gutes vom Ehemann zu verlangen, obschon der Konkursverwalter sonst mit der Verfolgung der Rechte der Konkursgläubiger gegen dritte

Personen (vgl. hierüber Urt. des RG.'s v. 5. und 19. März 1900, Jurist. Wochenschr. S. 342 Nr. 11, S. 393 Nr. 12 und Jaeger, a. a. O.) nichts zu tun hat. Aus der gleichen Aufgabe des Konkursverwalters ergibt sich weiter, daß er bei dem Herausgabeverlangen die Forderungen jener Gläubiger mit den Rechten, die ihnen zur Zeit der Konkurseröffnung gegen den Ehemann zustanden, geltend zu machen hat. Der Konkursverwalter kann deshalb auch die Rechte, welche die Gläubiger aus der rechtskräftigen Verurteilung des Ehemanns zur Duldung der Zwangsvollstreckung bereits erlangt hatten, in dem wegen der Herausgabe geführten Rechtsstreit zur Geltung bringen. Hierfür kommt es auf die Frage, ob der Konkursverwalter nach begrifflichen Regeln als Vertreter oder Rechtsnachfolger der Konkursgläubiger anzusehen ist, nicht an. Entscheidend ist für den Umfang seiner Befugnisse die ihm zugewiesene amtliche Stellung. Das auf Klage der D.'schen Erben gegen den Beklagten ergangene Urteil, das diesen wegen einer Forderung der Kläger von 13 000 M. nebst Zinsen zur Duldung der Zwangsvollstreckung in das eingebrachte Gut seiner Ehefrau verurteilt, ist deshalb auch zugunsten des Konkursverwalters wirksam. Dies ist um so weniger zu bezweifeln, als die Verpflichtung zur Herausgabe des eingebrachten Gutes an den Konkursverwalter an die Stelle der Zwangsvollstreckung tritt, welche bei nicht bestehendem Konkurse die D.'schen Erben auf Grund des gegen den Beklagten und seine Ehefrau ergangenen Urteils vom 21. Mai 1905 vornehmen könnten, und als die Erhebung des Herausgabeanspruchs sich in gewisser Hinsicht als eine Erweiterung der Zwangsvollstreckung gegen die Ehefrau darstellt (vgl. Entsch. des RG.'s in Zivils. Bd. 68 S. 138).

Ist hiernach der Beklagte zur Herausgabe des eingebrachten Gutes an den klagenden Konkursverwalter verbunden, so ist seine Verurteilung, über den Bestand des in seinem Besitz befindlichen eingebrachten Gutes ein Verzeichnis vorzulegen, nach § 260 BGB. begründet. Bei der Herausgabe des eingebrachten Gutes handelt es sich um die Herausgabe eines Inbegriffs von Gegenständen im Sinne des § 260. Die Verurteilung ist auch von der Revision nicht besonders angefochten. Aber auch die Verurteilung zur Rechnungslegung ist nicht zu beanstanden. Mit Recht hat das Berufungsgericht hierauf die Bestimmung des § 1421 BGB. zur entsprechenden Anwendung gebracht. Ist auch nach dieser Bestimmung die Verpflichtung zur Rechenschaftsablegung, die nach § 259 die Verpflichtung zur Rechnungslegung in sich schließt, nur für den Fall vorgeschrieben, daß die Verwaltung und Nutznießung des Mannes endigt, so ist doch der vorliegende Fall, daß der Mann das zur Konkursmasse der Ehefrau gehörige eingebrachte Gut unter Wegfall seines Verwaltungs- und Nutznießungsrechts an den Konkursverwalter herauszugeben hat, ein so ähnlicher, daß die entsprechende Anwendung des § 1421 sich rechtfertigt.

Dagegen geht der Berufungsrichter darin zu weit, daß er den Beklagten ohne jede Einschränkung verurteilt, über alle Einnahmen und Ausgaben, die das eingebrachte Gut seiner Ehefrau betreffen, Rechnung zu legen. Zutreffend weist die Revision darauf hin, daß der Ehemann infolge seines Nutznießungsrechts zur Rechnungslegung über die Einnahmen aus Nutzungen und über die Ausgaben, die er aus diesen Nutzungen bestritten hat, nicht verbunden ist. Die Rechnungslegungspflicht ist auf den Stamm des eingebrachten Gutes und auf die Nutzungen seit der Zeit, wo der Konkursverwalter zuerst die Herausgabe des eingebrachten Gutes gefordert hat, beschränkt. Es ist dies, da eine frühere Zeit der Inverzugsetzung nicht behauptet ist, der 15. April 1908, an welchem Tage unstreitig die Klage zugestellt ist.

Auch der weitere Revisionsangriff ist berechtigt, daß der Beklagte nicht sogleich zur Leistung des Offenbarungseides habe verurteilt werden dürfen. Die Verurteilung ist nach §§ 259, 260 BGB., abweichend von § 2006 BGB., nur zulässig, wenn Grund zu der Annahme besteht, das Verzeichnis über den Bestand des Inbegriffs sei nicht mit der erforderlichen Sorgfalt aufgestellt worden, oder, was die Rechnungslegung betrifft, die in der Rechnung enthaltenen Angaben über die Einnahmen seien nicht mit der erforderlichen Sorgfalt gemacht worden. Voraussetzung ist also, daß das Verzeichnis bereits aufgestellt, und die Rechnung bereits gelegt ist. An dieser Voraussetzung fehlt es hier. Uebrigens würde, wenn es zulässig wäre, die Verurteilung zur Leistung des Offenbarungseides im voraus auszusprechen, sofern mit Sicherheit vorhergesehen werden kann, daß die erforderliche Sorgfalt nicht betätigt werden wird, auch dieses Erfordernis nicht vorliegen. Die vom Beklagten zu anderen Zwecken bei Leistung des Offenbarungseides am 24. Januar 1907 in der Zwangsvollstreckungssache 3 M 390/06 des Amtsgerichts Halle a. S. überreichte Vermögensaufstellung wird vom Kläger nach dem im Tatbestand angezogenen Schriftsatz vom 26. März 1908 im wesentlichen nur hinsichtlich der Ausgaben bemängelt, während nach § 259 BGB. Grund zu der Annahme bestehen muß, daß die Ausgaben über die E i n n a h m e n nicht mit der erforderlichen Sorgfalt gemacht sind.

Das Berufungsurteil unterlag deshalb, was die Verurteilung zu 2 und 3 der Urteilsformel (Mitteilung eines Vermögensverzeichnisses mit Belegen und Bekräftigung desselben durch den Offenbarungseid) betrifft, der Aufhebung. Zugleich war, da nach dem feststehenden Sachverhalt die anderweit zu treffende Entscheidung ohne weiteres aus Anwendung des Gesetzes sich ergibt, in der Sache dahin zu erkennen, daß die Verurteilung zur Rechnungslegung auf das zulässige Maß einzuschränken und die Verurteilung zur Leistung des Offenbarungseides für das gegenwärtige Teilurteil zu beseitigen war. Im übrigen war die Revision unter Teilung der Kosten dieses Rechtsmittels (§ 92 ZPO.) als unbegründet zurückzuweisen."

RGZ. 74, 51

Bedarf es zur Wirksamkeit der Pfändung eines Erbanteiles der Zustellung des Pfändungsbeschlusses an den Ehemann der im gesetzlichen Güterstande lebenden Miterbin?

BGB. § 1403. ZPO. § 829.

IV. Zivilsenat. Urt. v. 6. Juni 1910.

I. Landgericht Kassel. II. Oberlandesgericht daselbst.

Die Klägerin und ihr Bruder Philipp A. waren die Erben ihres im Jahre 1906 verstorbenen Vaters. Ein Gläubiger des Philipp A. hatte dessen Anteil an dem Nachlasse pfänden und sich zur Einziehung überweisen lassen. Der Beschluß war der Klägerin, aber nicht ihrem Ehemanne zugestellt worden. Auf Antrag des Gläubigers wurde die Pfändung im Grundbuche vermerkt. Die zum Nachlasse gehörigen Grundstücke wurden der Klägerin zugeteilt. Die Klägerin verlangte vom Beklagten, dem Rechtsnachfolger des Gläubigers, daß er in die Löschung des Pfändungsvermerks einwillige. Das Landgericht verurteilte den Beklagten. Das Oberlandesgericht wies die Berufung zurück. Auf Revision des Beklagten hob das Reichsgericht das Berufungsurteil auf und wies die Klage ab.

Aus den Gründen:

„Das Berufungsgericht hat ausgeführt, der Erbanteil des Philipp A. sei nicht wirksam gepfändet, weil der Pfändungsbeschluß nicht auch dem Ehemanne der Miterbin zugestellt worden sei. Die Zustellung an den Ehemann habe nach § 1403 Abs. 1 BGB. erfolgen müssen. Die Klägerin, die mit ihrem Manne im gesetzlichen Güterstande lebe, habe ihren Anteil an der väterlichen Erbschaft als eingebrachtes Gut erworben. Die Pfändung sei dem Ehemanne gegenüber vorzunehmen gewesen, wenn sie als einseitiges Rechtsgeschäft im Sinne des § 1403 anzusehen sei. Dieser Annahme ständen allerdings Bedenken entgegen. Rechtsgeschäfte seien Privatwillenserklärungen; nicht aber gehörten dazu Prozeßhandlungen, wie dies Zustellungsakte seien. Dazu komme, daß ein gegen eine Ehefrau erlassenes Urteil zu seiner Wirksamkeit der Zustellung an den Mann nicht bedürfe und daß für die Frage, ob das Urteil dem Manne gegenüber hinsichtlich des eingebrachten Gutes wirksam sei, nicht

Grundsätze über die Zustellung des gegen die Frau erwirkten Titels, sondern Rechtssätze anderer Art entscheidend seien (§ 1400 Abs. 1, § 1401 BGB., § 739 ZPO.). Dagegen sei zu bedenken, daß es der Zweck des § 1403 Abs. 1 sei, namentlich das Verwaltungsrecht des Mannes zu schützen. Dieser Schutz müsse gegen einseitige privatrechtliche Rechtsgeschäfte ebenso stark wie gegen einseitige Prozeßhandlungen sein; deshalb sei es gerechtfertigt, den § 1403 Abs. 1 auf diese analog anzuwenden. Zu diesem Ergebnisse führe noch eine andere Auffassung. Auch der Ehemann einer im gesetzlichen Güterstande lebenden Miterbin sei als Drittschuldner im Sinne des § 857 Abs. 2 ZPO. anzusehen; somit müsse auch nach prozessualem Rechte die Zustellung an den Ehemann erfolgen. Die miterbende Ehefrau sei den Miterben gegenüber zur Teilung verpflichtet; sie könne aber den Erbauseinandersetzungsvertrag, weil darin zugleich eine Verfügung über eingebrachtes Gut liege, nicht ohne Einwilligung des Ehemannes schließen. Daher müsse auch der Mann zu solcher Mitwirkung bei der Erbteilung den Miterben gegenüber als verpflichtet angesehen werden. Ferner komme in Betracht, daß eine Sicherung des pfändenden Gläubigers gegen eine seine Befriedigung hindernde Ausführung der Teilung nur herbeigeführt werde, wenn den übrigen Miterben von dem an den Schuldner erlassenen Verfügungsverbote Kenntnis gegeben und ihnen selbst verboten werde, an den Schuldigen zu leisten. Das gelte auch rücksichtlich des Ehemannes, da er sonst mit Zustimmung der Frau über deren Erbanteil verfügen könnte.

Den Ausführungen des Berufungsgerichts kann nicht beigetreten werden. Die Vorschrift des § 1403 BGB. läßt sich hier nicht zur Anwendung bringen. Wie das Oberlandesgericht selbst nicht verkennt, steht die Vornahme eines Rechtsgeschäfts nicht in Frage. Es handelt sich nicht um eine Privatwillenserklärung (vgl. Entsch. des RG.'s in Zivils. Bd. 68 S. 324), sondern um ein gerichtliches Verbot, das auf Antrag eines Gläubigers des Miterben an die Ehefrau als Miterbin erlassen worden ist (§ 829 Abs. 1 Satz 1 ZPO.). Daß eine im gesetzlichen Güterstande lebende Ehefrau für Passivprozesse der Zustimmung des Mannes nicht bedarf, ergibt sich aus § 1400 Abs. 1 BGB.; um so weniger bedarf sie der Mitwirkung des Mannes, wenn es sich um die Erlassung eines Verbotes wie des bezeichneten handelt. Eine gerichtliche Entscheidung, die gegen die Ehefrau geht, schafft allerdings keine Rechtskraft gegenüber dem Manne. Die Haftung des eingebrachten Gutes für eine Verbindlichkeit der Frau muß dem Manne gegenüber festgestellt werden, und zur Zwangsvollstreckung in das eingebrachte Gut der Frau bedarf es eines Titels gegen den Mann, wodurch er zur Duldung der gegen seine Frau gerichteten Zwangsvollstreckung verurteilt ist (§ 739 ZPO.). Unabhängig aber davon, ob der Mann den Zugriff eines Gläubigers der Frau in das eingebrachte Gut zu dulden hat, ist gegen die Frau die Feststellung ihrer Leistungspflicht hinsichtlich ihres gesamten Vermögens einschließlich des eingebrachten Gutes wirksam (vgl. Entsch. des RG.'s in Zivils. Bd. 59 S. 235). Demgemäß ist auch das gegen die Klägerin erlassene gerichtliche Verbot dieser gegenüber wirksam, gleichviel ob es dem Manne gegenüber eine Wirkung hat.

Daß die Vorschrift des § 829 Abs. 2 Satz 1 ZPO., wonach der Gläubiger den gerichtlichen Beschluß dem Drittschuldner zuzustellen hat, nicht zur unmittelbaren Anwendung des § 1403 BGB. führen kann, erscheint nicht zweifelhaft. Es handelt sich hierbei um eine Vorschrift darüber, wie die gerichtliche Verfügung dem Drittschuldner zu eröffnen ist.

Was die analoge Anwendung des § 1403 Abs. 1 BGB. angeht, so hat das Berufungsgericht übersehen, daß es sich höchstens um eine analoge Anwendung des Abs. 2 des § 1403 handeln könnte, da nach den eigenen Ausführungen des Berufungsgerichts eine Verbindlichkeit der Ehefrau in Frage steht. Eine analoge Anwendung des § 1403 Abs. 2 aber würde nicht zu dem Ergebnisse führen, daß das Verbot der Frau gegenüber für unwirksam zu erachten wäre, denn der Zustellung an den Mann bedürfte es auch nach § 1403 nur, wenn es dem Manne gegenüber wirksam sein soll.

Fehl geht auch der Versuch des Berufungsgerichts, den Ehemann einer Miterbin für die Pfändung des Erbanteils eines Miterben als Drittschuldner erscheinen zu lassen. Es kann, ohne daß zu der Frage Stellung genommen werden soll, davon ausgegangen werden, daß ebenso, wie dies in dem Gebiet des preußischen Allgemeinen Landrechts der Fall war (vgl. Entsch. des RG.'s in Zivils. Bd. 49 S. 405), auch zur Wirksamkeit der Pfändung eines Erbanteiles im Sinne des § 2033 BGB. die Zustellung des Verbotes nach § 829 ZPO. an die Miterben des Schuldners als Drittschuldner erforderlich ist (vgl. § 857 ZPO.). Es ist aber, wenn die Erbschaft einer Ehefrau zugefallen ist, nur die Ehefrau, nicht auch der Ehemann Miterbe und als Miterbe Drittschuldner. Ist der Erbteil der Frau (vgl. § 1406 Nr. 1 BGB.) eingebrachtes Gut, so haftet das eingebrachte Gut auch für Verbindlichkeiten der Frau, die infolge des Erwerbs der Erbschaft entstehen (vgl. §§ 1413, 1411). Daraus ergibt sich aber nicht, daß der Mann neben der Frau Schuldner wird. Die Verbindlichkeiten bleiben Verbindlichkeiten der Frau, auch wenn sich der Ehemann dem Berechtigten gegenüber auf sein Recht der Verwaltung und Nutznießung nicht stützen und dem Verlangen des Berechtigten, den Zugriff in das eingebrachte Gut zu dulden, keinen begründeten Einwand entgegensetzen kann. Richtig ist, daß die Frau ohne die Einwilligung des Mannes nicht über ihr Erbteil verfügen, insbesondere keinen Auseinandersetzungsvertrag abschließen kann (§ 1395 BGB.). Allein die Einwilligung macht den Mann nicht zum Mitverfügenden; der Ehemann schließt die Rechtsgeschäfte über das eingebrachte Gut nicht als Mitkontrahent ab, sondern seine Einwilligung stellt sich als ein einseitiges, zu jenen Rechtsgeschäften hinzutretendes Rechtsgeschäft dar (vgl. Motive Bd. 4 S. 226). Zweckmäßig mag es sein, daß der pfändende Gläubiger den Ehemann von der durch die Zustellung an die Frau bewirkten Pfändung in Kenntnis setzt; allein es geht nicht an, aus diesem Grunde die Wirksamkeit der Pfändung von der Zustellung des gerichtlichen Verbots an den Ehemann abhängig zu machen." . . .

RGZ. 76, 133

Erwirbt beim Güterstande der Verwaltung und Nutznießung die Ehefrau den Anspruch auf die Versicherungssumme, wenn der Ehemann Gegenstände ihres eingebrachten Gutes in eigenem Namen als ihm gehörig versichert?

BGB. §§ 1374, 1381 Abs. 1 u. 2, 181.

V. Zivilsenat. Urt. v. 8. April 1911.

I. Landgericht Lübeck. II. Oberlandesgericht Hamburg.

Auf dem Grundstück einer Frau G., auf dem eine Hotelwirtschaft betrieben wurde, stand im Range nach zwei Hypotheken der Beklagten von zusammen 150 000 M. für die Klägerin eine Hypothekenforderung von 8000 M. nebst 4½% Zinsen eingetragen, deren persönliche Schuldnerin angeblich die Frau G. war. Im Jahre 1904 hatte der Ehemann G. die Gebäude, das Hotelinventar und die Hausstandssachen je mittels besonderen Vertrags bei der Schleswig-Holsteinischen Landesbrandkasse gegen Feuerschaden versichert. Er hatte die versicherten Gegenstände als sein Eigentum bezeichnet und die Versicherung auf seinen Namen genommen, bei einer Nachversicherung der Gebäude im Jahre 1905 jedoch die Gebäudeversicherung auf den Namen seiner Ehefrau umschreiben lassen. Am 5. November 1908 wurden die versicherten Gegenstände durch Feuer zerstört, und am 12., 13. und 16. November wurde die Brandentschädigung für die Baulichkeiten auf 45 041,50 M., für das Hotelinventar auf 16 065 M. und für die Hausstandssachen auf 12 000 M. festgesetzt. Unter dem 19. November 1908 erwirkte die Klägerin einen Arrestbefehl und auf Grund desselben einen Pfändungsbeschluß, durch den die angebliche Forderung der Ehefrau G. gegen die Landesbrandkasse „aus einem Versicherungsvertrage hinsichtlich des durch Feuer zerstörten Hotelgebäudes nebst Zubehör" auf Höhe von 8500 M. zur Sicherheit des der Klägerin zustehenden Anspruchs gepfändet wurde.

Arrestbefehl und Pfändungsbeschluß wurden der Landesbrandkasse am 21. November zugestellt. Am 27. November 1908 ließen sich die Beklagten von den Eheleuten G. die Forderung gegen die Landesbrandkasse auf Entschädigung für das verbrannte Inventar in Anrechnung auf ihre Hypotheken abtreten. Später wurde auf Antrag eines Gläubigers, dem nachträglich die Beklagten beitraten, die Zwangsversteigerung des Grundstücks angeordnet. Dem Antrage der Klägerin entsprechend wurde jedoch hinsichtlich eines Teilbetrages von 8500 M. von der Entschädigungsforderung aus der Versicherung des Hotelinventars das Versteigerungsverfahren einstweilen eingestellt. Die Klägerin wurde darauf mit dem Antrage klagbar,

festzustellen, daß nach rechtskräftiger Verurteilung der Ehefrau G. zur Zahlung von 8000 M. nebst 4½% Zinsen seit dem 1. August 1908 die Beklagten wegen ihrer voreingetragenen Hypothekenforderungen ein dem Arrestpfandrechte der Klägerin vorgehendes Recht auf die der Ehefrau G. gegen die Landesbrandkasse zustehende Forderung hinsichtlich des durch Feuer zerstörten Zubehörs des Hotelgebäudes in Höhe von 8500 M. nicht hätten.

Sie behauptete, der Ehemann G. habe die Versicherung der Gebäude und des Hotelinventars, das gleich dem Grundstück Eigentum der Ehefrau G. gewesen sei, kraft ehemännlichen Verwaltungs- und Nutznießungsrechts genommen. Bei der Nachversicherung der Gebäude habe er dem Vertreter der Landesbrandkasse erklärt, auch das Hotelinventar gehöre seiner Ehefrau, und die Versicherung des Inventars solle für diese gelten, und eine entsprechende Erklärung habe er auch bei der Festsetzung der Entschädigung abegeben. Infolgedessen habe sie ein wirksames Pfandrecht an der das Inventar betreffenden Entschädigungsforderung erlangt, das dem Rechte der Beklagten aus der Abtretung vom 27. November 1908 und aus der späteren Beschlagnahme vorgehe.

Das Landgericht erkannte nach dem Klagantrage, das Oberlandesgericht wies jedoch die Klage ab. Die Revision der Klägerin führte zur Aufhebung des Berufungsurteils.

Gründe:

„Das Berufungsgericht geht zutreffend davon aus, daß das Klagebegehren nur dann gerechtfertigt sein würde, wenn die Ehefrau G. zur Zeit der Vornahme der Arrestpfändung aus dem von ihrem Ehemann geschlossenen Versicherungsvertrage einen Anspruch gegen die Landesbrandkasse auf Zahlung der Entschädigung für das verbrannte Inventar erlangt habe. Denn nur in diesem Falle würde die Klägerin für ihre Forderung gegen die Ehefrau G. ein Pfandrecht an der Entschädigungsforderung gegen die Landesbrandkasse erworben haben.

und ihr Pfandrecht würde dem Rechte der Beklagten sowohl aus der nachfolgenden Abtretung, wie aus der späteren Beschlagnahme vorgehen (vgl. §§ 1124 Abs. 1, 1129, 1120, 1127 BGB.). Die Annahme jedoch, daß der Ehefrau G. die Entschädigungsforderung deshalb nicht zugestanden habe, weil ihr Ehemann sich gegenüber der Landesbrandkasse als den Eigentümer des Inventars bezeichnet, die Versicherung für sich selbst genommen und auch nachträglich weder seinen eigenen Anspruch auf Zahlung der Versicherungssumme an sie abgetreten noch durch Vereinbarung mit der Landesbrandkasse ihr den Anspruch verschafft habe, ist von Rechtsirrtum beeinflußt.

Allerdings läßt sich aus den „Allgemeinen Bedingungen für die Versicherung beweglicher Gegenstände bei der Schleswig-Holsteinischen Landesbrandkasse" das Gläubigerrecht der Ehefrau G. nicht herleiten. Namentlich dürfen die Bestimmungen in § 2 Nr. 3:

„Fremdes Eigentum ist als solches zu bezeichnen, widrigenfalls es nicht versichert ist"

und in § 9 Nr. 2:

„Ist fremdes Eigentum versichert, so hat der Versicherte nachzuweisen, daß er zur Empfangnahme der Entschädigung berechtigt ist, oder den Empfangsberechtigten zu bezeichnen",

nicht dahin verstanden werden, daß die Versicherung fremden, aber nicht als solches bezeichneten Eigentums entweder wirkungslos sei, oder nur für den Eigentümer eine Forderung gegen den Versicherer begründe. Beide Bestimmungen sollen gewisse Mißbräuche verhüten, die im Versicherungswesen vorzukommen pflegen, und sind daher auf Fälle von der Art des hier vorliegenden nicht ohne weiteres zu beziehen. Dem Berufungsgerichte mag daher auch zugegeben sein, daß der Nießbraucher, der bei der Versicherung der Nießbrauchsgegenstände sich selbst für den Eigentümer ausgibt und die Versicherung für sich nimmt, trotz jener Bestimmungen und trotz der Vorschriften der §§ 1045 Abs. 1, 1046 BGB. der Landesbrandkasse gegenüber, und zwar allein, forderungsberechtigt ist (vgl. Entsch. des RG.'s in Zivils. Bd. 58 S. 273).

Das Berufungsgericht übersieht jedoch, daß es sich hier um einen Nießbrauch im Rechtssinne nicht handelt. Die Behauptung der Klägerin geht dahin, daß die Eheleute G. im gesetzlichen Güterstande der Verwaltungsgemeinschaft gelebt haben, und daß das Inventar eingebrachtes Vermögen der Ehefrau G. gewesen sei. Wird dies als richtig unterstellt, so unterlag das Inventar der ehemännlichen Verwaltung und Nutznießung des Versicherungsnehmers (vgl. § 1363 BGB.). Der Ehemann war verpflichtet, das Inventar gegen Feuersgefahr zu versichern (§§ 1359, 1374 BGB.), und er war sowohl im Verhältnisse zu seiner Ehefrau (§ 1385 Nr. 3), wie dem Versicherer gegenüber

(§ 1388) Schuldner der Versicherungskosten, einerlei ob er den Versicherungsvertrag im eigenen Namen, oder im Namen seiner Ehefrau abschloß. Er machte aber auch, selbst wenn er die Versicherung im eigenen Namen bewirkte, seine Ehefrau sogleich zur Gläubigerin des Anspruchs gegen den Versicherer, es sei denn, daß er den Anspruch nicht für seine Ehefrau erwerben wollte. Dies ergibt sich unmittelbar aus § 1381 Abs. 1 und 2 BGB., dessen Anwendbarkeit um so weniger bedenklich erscheint, als der Gesetzgeber es nicht für erforderlich erachtet hat, bei der ehemännlichen Nutznießung und Verwaltung hinsichtlich des Anspruchs auf die Versicherungssumme besondere Bestimmungen zu treffen, wie sie beim Nießbrauch in den §§ 1045 Abs. 1 Satz 2 und 1046 Abs. 1 BGB. enthalten sind. § 1381 BGB. mag zwar hauptsächlich den Fall zu regeln bestimmt sein, daß der Ehemann über Mittel des eingebrachten Gutes „verfügt", um dafür andere Sachen oder Rechte zu erwerben. Allein ein „Erwerb mit Mitteln des eingebrachten Gutes" liegt schon dem Wortsinne nach auch dann vor, wenn eingebrachte Sachen unter Versicherung gestellt werden. Denn die versicherten Gegenstände bilden die unerläßliche Grundlage für den Erwerb des Anspruchs auf die Versicherungssumme, und man wird nach § 1385 Nr. 3 BGB. sogar die Kosten der Versicherung als „Mittel des eingebrachten Gutes" im Sinne des § 1381 anzusehen haben. Der gesetzgeberische Grund des § 1381, die Frau vor Benachteiligung durch das Verwaltungsrecht des Mannes zu schützen,

> vgl. § 45 KonkO., Kommentar von RGR. zu § 1381 Bem. 1; v. Staudinger-Engelmann zu § 1381 Bem. 1; Planck zu § 1381 Bem. 1,

trifft aber im Falle der Versicherung von Gegenständen des eingebrachten Gutes gegen Brandschaden ganz ebenso zu, wie beim Austausche solcher Gegenstände gegen andere Sachen oder Forderungen. Der Beweis, daß der Ehemann G. den Anspruch auf die Versicherungssumme sogleich für seine Ehefrau habe erwerben wollen, hätte nach der Fassung des § 1381 nicht der Ehefrau obgelegen, und er kann deshalb auch nicht von der Klägerin, als Arrestpfandgläubigerin, gefordert werden. Durch den Umstand allein, daß der Ehemann die Versicherung in eigenem Namen genommen und die versicherten Gegenstände als sein Eigentum bezeichnet hat, werden die Beklagten des Gegenbeweises nicht überhoben, da nicht das äußere Verhalten, sondern der innere Wille des Ehemannes entscheidet.

Wollte man aber selbst annehmen, daß ein unmittelbarer Erwerb des Anspruchs gegen die Landesbrandkasse auf Zahlung der Versicherungssumme für die Ehefrau G. nicht stattgefunden hätte, daß also der Ehemann den Anspruch für sich erworben, und es eines besonderen Rechtsaktes bedurft hätte, um den Anspruch auf die Ehefrau G. zu übertragen, so würde der Uebergang auf die Ehefrau aus der Verwalterstellung des Ehemannes zu folgern sein. Das Berufungsgericht erkennt selbst an, daß der Ehemann verpflichtet gewesen wäre, den für sich erworbenen Anspruch gegen die Landesbrandkasse auf Zahlung der Versicherungssumme für das Inventar, soweit es zum eingebrachten Gute gehörte, an die Ehefrau abzutreten. Diese Verpflichtung, die aus den §§ 1374, 1385 Nr. 3 BGB. zu folgern ist, konnte der Ehemann G. dadurch erfüllen, daß er den Anspruch im eigenen Namen an sich selbst als den Vertreter seiner Ehefrau abtrat (§ 181 BGB.), und es genügte hierzu, daß sein Wille, das Forderungsrecht auf seine Ehefrau zu übertragen, irgendwie erkennbar in die Erscheinung trat. Es unterliegt deshalb erheblichen rechtlichen Bedenken, wenn das Berufungsgericht ausführt, die von der Klägerin behauptete und wiederholt unter Beweis gestellte Erklärung des Ehemannes G. gegenüber der Landesbrandkasse bei Gelegenheit der im Jahre 1905 erfolgten Nachversicherung der Gebäude, daß auch das Hotelinventar seiner Ehefrau gehöre und als für diese versichert gelten solle, könne deshalb nicht in Betracht kommen, weil bei der Nachversicherung des Inventars im Jahre 1906 der Versicherungsschein wiederum auf seinen, des Ehemannes, Namen ausgestellt worden sei. Auf alle Fälle aber beruht es auf einer Verkennung der Sach- und Rechtslage, daß die gleichfalls unter Beweisantritt aufgestellte Behauptung der Klägerin, der Ehemann G. habe bei Festsetzung der Entschädigung für das verbrannte Inventar, also spätestens am 16. November 1908, dem Vertreter der Landesbrandkasse mitgeteilt, daß die Entschädigungssumme seiner Frau zukomme, nur eine rein tatsächliche Bedeutung haben soll. Die rechtliche Bedeutung dieses Vorganges würde gerade darin zu finden sein, daß der Ehemann den Willen, seinen Anspruch gegen die Landesbrandkasse, seiner Verpflichtung gemäß, auf seine Ehefrau zu übertragen, unzweideutig zum Ausdrucke gebracht und dadurch den Forderungsübergang herbeigeführt hätte (§ 181 BGB.)." . . .

RGZ. 80, 217

Gehören Ausstattungen zu den unentgeltlichen Zuwendungen im Sinne des § 1369 BGB.?

IV. Zivilsenat. Urt. v. 14. Oktober 1912.

I. Landgericht II Berlin. II. Kammergericht daselbst.

Die Parteien sind seit dem 16. April 1904 miteinander verheiratet, leben aber seit einiger Zeit getrennt. Am 5. Juli 1904 erhielt die Klägerin von ihren Eltern eine Mitgift von 22 500 M., und zwar, wie es in dem von beiden Parteien unterzeichneten Scheine von demselben Tage ausdrücklich heißt, „als Vorbehaltsgut". Nach der Trennung verlangte die Klägerin ihre Mitgift vom Beklagten in dessen Hände sie gelangt war, zurück. Der Beklagte weigerte sich, wurde jedoch vom Landgerichte zur Rückgabe verurteilt. Seine Berufung wurde zurückgewiesen. Auch die Revision hatte keinen Erfolg.

Aus den Gründen:

„Unentgeltlich im Sinne des § 1369 ist jede Zuwendung, für die der Zuwendende kein Entgelt, keine oder keine gleichwertige Gegenleistung erhält. Zu den unentgeltlichen Zuwendungen im Sinne des § 1369 gehören daher nicht bloß Schenkungen in der engeren Bedeutung des § 516 Abs. 1 BGB., sondern auch sonstige Zuwendungen, für die der Zuwendende keine oder keine gleichwertige Gegenleistung erhält, grundsätzlich insbesondere auch Ausstattungen der in § 1624 erwähnten Art, selbst wenn sie nicht als Schenkungen gelten, da für sie gleichfalls kein Entgelt gewährt zu werden pflegt. Hierüber herrscht unter den Auslegern des § 1369 Einverständnis. Nur darüber gehen die Ansichten der Schriftsteller auseinander, ob Ausstattungen auch im Sinne des § 32 Nr. 1 KO. sowie des § 3 Nr. 3 AnfG. regelmäßig als unentgeltliche Verfügungen anzusehen sind oder nicht. Einer Entscheidung dieser Frage bedarf es indessen hier nicht, da, selbst wenn sie zu verneinen wäre, daraus für den keinesfalls gleichgearteten Fall des § 1369 BGB. kein sicherer Schluß gezogen werden könnte. Der Umstand, daß das Bürgerliche Gesetzbuch eine sittliche Pflicht der Eltern anerkennt, ihren Kindern bei der Verheiratung oder Erlangung einer selbständigen Lebensstellung eine angemessene Ausstattung zu gewähren (hierauf beruht die Vorschrift des § 1624, Begr. I Entw. Bd. 4 S. 718), kann einer unentgeltlich gewährten Ausstattung die Eigenschaft einer unentgeltlichen Zuwendung im Sinne des § 1369 nicht nehmen. Spricht doch das Bürgerliche Gesetzbuch an zahlreichen Stellen (vgl. namentlich § 534) und gerade auch auf dem Gebiete des ehelichen Güterrechts (vgl. § 1446 Abs. 2) von Schenkungen, durch die einer sittlichen Pflicht entsprochen wird, und gibt es doch damit zu erkennen, daß in seinem Geltungsbereiche selbst die wichtigsten unentgeltlichen Zuwendungen, die Schenkungen, dadurch, daß sie zur Erfüllung einer sittlichen Pflicht gemacht werden, die Natur einer unentgeltlichen Zuwendung nicht verlieren. Auch die Verkehrsauffassung erblickt in Leistungen, wodurch einer lediglich sittlichen Pflicht entsprochen wird, keine entgeltlichen Zuwendungen.

Wie die Sache zu beurteilen wäre, wenn nicht nur eine sittliche, sondern auch eine rechtliche Pflicht der Eltern der Klägerin zur Gewährung der Mitgift bestanden hätte, wenn also die Eltern durch Gewährung der Mitgift von einer Schuld befreit worden wären, kann dahingestellt bleiben. Denn, da eine Rechtspflicht der Eltern zur Gewährung einer Ausstattung — anders als nach § 1620 bei der Aussteuer — an sich nicht besteht, so würde eine rechtliche Pflicht der Eltern der Klägerin, ihr eine Ausstattung zu gewähren, nur in Frage kommen können, wenn sie sich vor der Heirat vertragsmäßig zur Gewährung der Mitgift verpflichtet gehabt hätten. Das Berufungsgericht stellt aber in unanfechtbarer tatsächlicher Würdigung des Sachverhältnisses fest, daß das nicht der Fall gewesen ist. Bei dieser Feststellung ist die Annahme des Kammergerichts, daß es sich im Streitfalle um eine unentgeltliche Zuwendung im Sinne des § 1369 gehandelt habe, rechtlich einwandfrei, und damit erweist sich die bei der Zuwendung getroffene Bestimmung, daß die Mitgift Vorbehaltsgut der Klägerin werden solle, als wirksam. Die Bestimmung würde selbst dann wirksam geworden sein, wenn ihr der Beklagte widersprochen hätte (vgl. Begr. a. a. O. S. 168/169). Er hat ihr aber nicht nur nicht widersprochen, sondern durch Unterzeichnung des Scheines vom 5. Juli 1904 sogar ausdrücklich zugestimmt." . . .

RGZ. 80, 247

1. Erlöschen der Auftrag und die Vollmacht, die einem anderen für einen Grundstücksverkauf von einer unverheirateten Frauensperson erteilt worden sind, ohne weiteres dadurch, daß diese demnächst eine Ehe schließt, für welche das gesetzliche Güterrecht gilt?

2. Ist die Verurteilung einer im gesetzlichen Güterstande lebenden Frau zur Erteilung der Auflassung auch dann zulässig, wenn der Mann seine Zustimmung zu dem von der Frau abgeschlossenen Kaufvertrage versagt?

3. Unter welchen Voraussetzungen gilt die Verbindlichkeit der Frau aus dem nach ihrer Eheschließung vom Bevollmächtigten vereinbarten Kaufvertrag als eine erst nach Eingehung der Ehe entstandene Schuld?

BGB. §§ 1359, 1399, 1411, 1412.

V. Zivilsenat. Urt. v. 26. Oktober 1912.

I. Landgericht Memel. II. Oberlandesgericht Königsberg.

Die mitbeklagte Ehefrau hatte noch vor Eingehung der Ehe mit ihrem mitverklagten Ehemanne dem Agenten L. Auftrag und Vollmacht behufs Verkaufs und Auflassung ihres Grundbesitzes erteilt. L. verkaufte einen Teil des Grundbesitzes auf Grund der Vollmacht an den Kläger erst, nachdem die Beklagte ihren Ehemann, mit dem sie im gesetzlichen Güterstande lebt, geheiratet hatte. Nach dem

Antrage des Klägers hat das Landgericht die beklagte Ehefrau zur Erteilung der Auflassung und den mitbeklagten Ehegatten zur Duldung der Zwangsvollstreckung in das Ehegut verurteilt, und die von den beiden Beklagten dagegen eingelegte Berufung ist zurückgewiesen worden. Das Berufungsgericht stellte fest, daß L. zeitlich wie gegenständlich innerhalb der ihm erteilten Vollmacht gehandelt habe, nahm auch an, daß die Vollmacht von der nachträglichen Eheschließung unberührt geblieben und demgemäß der Kaufvertrag für die Ehefrau verbindlich geworden sei; dem Ehemanne gegenüber ging es davon aus, daß sich die Verpflichtung der Ehefrau aus dem Kaufvertrage als eine voreheliche Schuld darstelle. Die Revision der Ehefrau ist zurückgewiesen, der Revision des Ehemannes ist dagegen stattgegeben worden.

Aus den Gründen:

. . . „1. Die Revision will noch den Standpunkt vertreten, daß der von der beklagten Ehefrau dem Agenten L. erteilte Auftrag durch ihre spätere Wiederverheiratung, die nach der eigenen Behauptung der beiden Beklagten schon am 26. März 1905, also schon vor Abschluß des Vertrags vom 31. Mai 1905 erfolgt ist, ohne weiteres erloschen sei. Indessen auch diese Meinung ist verfehlt, jedenfalls insoweit, als der Auftrag und die Vollmachtserteilung den Abschluß von Veräußerungsverträgen zum Gegenstande hatten, und als es sich um die fortdauernde Wirksamkeit dieses Teiles der Vollmacht handelt. Durch die Wiederverheiratung verlor zwar die Beklagte das Recht, über ihren Grundbesitz selbständig dinglich zu verfügen (§ 1395 BGB.). Dazu bedurfte sie vielmehr jetzt der Einwilligung des Mannes. Unbeschränkt blieb dagegen nach § 1399 ihre Befugnis, sich zur Veräußerung ihrer Grundstücke vertraglich und schuldnerisch zu verpflichten, und trifft dies zu, dann ist auch nicht einzusehen, weshalb der Auftrag und die Ermächtigung, die sie vor Eingehung ihrer zweiten Ehe an L. zum Zwecke des Abschlusses von Veräußerungsverträgen erteilt hatte, durch den Abschluß der zweiten Ehe berührt sein sollte. Welche Verträge L. auch immer abschloß, eine Verfügung über das Ehegut selbst wurde durch sie niemals getroffen, und die Erfüllung der Verträge durch Auflassung blieb immer von der Zustimmung des mitbeklagten Ehemanns abhängig (§ 1395). Auch der Vertrag vom 31. Mai 1905 belastete daher das Ehegut in keiner Weise. Ob die an L. erteilte Vollmacht auch insoweit bestehen geblieben ist, als sie zugleich die Ermächtigung zur Auflassung, mithin auch zur Verfügung über die verkauften Grundstücke selbst enthielt, steht nicht in Frage, da L. von jenem Teile der Vollmacht keinen Gebrauch gemacht hat, die mitbeklagte Ehefrau vielmehr klagegemäß verurteilt worden ist, die Auflassung erst ihrerseits zu erteilen.

Wenn die Revision weiter ausführt, eine sinngemäße Auslegung der zwischen der beklagten Ehefrau und L. abgeschlossenen Verträge führe auch zu der Annahme, daß beide Verträge von vornherein nur für die Dauer der wirtschaftlichen und rechtlichen Selbständigkeit der Auftraggeberin berechnet worden seien, so fehlt es für eine solche Auffassung an jedem tatsächlichen Anhalte. . . . Rechtlich verfehlt ist schließlich auch der letzte Einwand der Revision, es komme in Betracht, daß von der Ehefrau eine Verfügung über eingebrachtes Gut verlangt sei. Denn soll damit etwa als zulässig bezweifelt werden, die Ehefrau zu einer Leistung zu verurteilen, die sie ohne die Zustimmung ihres Mannes überhaupt nicht bewirken kann, so hat hier die Revision das klare Gesetz gegen sich. Da es der Frau in § 1399 die Befugnis, sich zu einer Leistung zu verpflichten, ausdrücklich zuerkennt, und zwar ohne jede gegenständliche Einschränkung, so kann es selbst nur auf dem Standpunkte stehen, daß durch die Eingehung *einer derartigen schuldnerischen Verpflichtung* allemal eine vollkommene nach den sonst bestehenden Rechtsgrundsätzen verfolgbare Verbindlichkeit entsteht.

Allerdings kann eine Frau, die vertragsgemäß zur Erteilung der Auflassung verurteilt wird, einstweilen zur Bewirkung der Leistung unvermögend sein, nämlich solange der Ehemann seine Zustimmung nicht erteilt, oder gegebenenfalls, solange die Ehe besteht. Aber auch dieser Umstand schließt die Zulässigkeit der Verurteilung keinesfalls aus. Die vertragsmäßige Uebernahme einer Verpflichtung, zu deren Erfüllung der Schuldner nur unvermögend ist, bleibt trotz dieses Umstandes schlechthin rechtsbeständig; denn der § 306 BGB. hat nur auf eine unmögliche Leistung gerichtete Verträge im Auge. Und bliebe endlich die zur Auflassung verurteilte Frau auch dauernd zur Leistung unvermögend, so wäre das Urteil gleichwohl nicht nutzlos für den Gläubiger, da er nach § 283 BGB. verfahren und demgemäß der Verurteilten, sobald das Urteil rechtskräftig geworden, eine angemessene Frist setzen, nach Ablauf der Frist aber anstatt der geschuldeten Leistung Schadensersatz wegen Nichterfüllung fordern kann. Fälle der vorliegenden Art unter dem Gesichtspunkt einer vertraglich versprochenen unmöglichen Leistung zu betrachten (§ 306), ist ausgeschlossen. Verkauft eine im gesetzlichen Güterstande lebende Frau ihr zum Ehegute gehöriges Grundstück ohne Zustimmung des Mannes, dann steht eine im Rechtssinn unmögliche Leistung ebensowenig wie beim Verkauf einer fremden Sache in Frage. In beiden Fällen ist die Leistung an sich möglich und hängt die Erfüllbarkeit durch den Schuldner nur davon ab, ob er das entgegenstehende, an sich behebbare Hindernis seinerseits zu beseitigen vermag; im Falle des Verkaufs durch die Frau also davon, ob sie — die Fortdauer ihrer Ehe vorausgesetzt — die Zustimmung des Mannes zu erlangen vermag, und im anderen Falle davon, ob der Verkäufer das verkaufte Grundstück zunächst für sich selbst zu erwerben oder den bisherigen Eigentümer zur Auflassung an den Käufer zu bestimmen imstande ist. In beiden Fällen besteht daher auch in gleicher Weise dem Vertragsgegner gegenüber die unbedingte Verpflichtung zur Eigentumsverschaffung gemäß § 433 BGB. und gegebenenfalls, da das bloße Unvermögen des Schuldners in Verhältnissen seinen Grund hätte, die beim Vertragsabschlusse bereits gegeben waren, regelmäßig auch die Verpflichtung zum Schadensersatze wegen Nichterfüllung, und zwar ohne weiteres (vgl. Entsch. des RG.'s in Zivils. Bd. 69 S. 355), sobald sich das Unvermögen als ein dauerndes herausstellt, sonst aber gemäß § 326, sofern der Schuldner in Verzug gesetzt worden ist. . . .

2. Das Berufungsurteil hält die Verurteilung des Ehemanns zur Duldung der Zwangsvollstreckung in das Vermögen seiner Ehefrau für zulässig, indem es davon ausgeht, daß die Verpflichtung der Ehefrau zur Erteilung der Auflassung als eine voreheliche Schuld gelten müsse. Diese Annahme rechtfertigt das Urteil mit der Erwägung, daß die beiden Verträge vom 9./21. Februar 1905, auf Grund deren L. als Bevollmächtigter der beklagten Ehefrau gehandelt hat, aus der Zeit vor ihrer Wiederverheiratung herrühren. Das Berufungsgericht hat jedoch hierbei übersehen, daß zu der Zeit, als L. den Kaufvertrag abschloß und als die Wiederverheiratung der Ehefrau erfolgte, nach der eigenen, auch vom Reichsgericht gebilligten, Feststellung des Urteils von einer Gebundenheit der Ehefrau an den Auftrag, den sie L. erteilt hatte, und an die ihm gewährte Ermächtigung keine Rede mehr war.

Der Widerruf des Auftrags und damit zugleich auch die Beseitigung der Vollmacht (§ 168 BGB.) stand vielmehr nach den gegebenen Feststellungen bereits seit dem 15. März 1905 im freien Belieben der Ehefrau. War das aber der Fall, und ist mithin gerade davon auszugehen, daß die Ehefrau Auftrag wie Vollmacht nach ihrer Wiederverheiratung nur deswegen fortbestehen ließ, weil solches in ihrem Belieben stand, nicht aber weil für sie ein rechtlicher Zwang dazu gegeben war, dann ist auch die Auffassung unmöglich, als wäre durch den von L. nach der Wiederverheiratung der Beklagten abgeschlossene Kaufvertrag für sie eine Verbindlichkeit begründet worden, die einer vorehelich begründeten gleich zu stellen wäre — nämlich um deswillen gleich zu stellen wäre, weil die Beklagte die Handlungsweise des L. infolge einer diesem gegenüber schon vor der Eheschließung erfolgten Bindung hätte dulden müssen. Die Sache liegt hier bei richtiger Beurteilung der Verhältnisse nicht anders, als hätte die beklagte Ehefrau Auftrag und Vollmacht erst nach der Eheschließung erteilt, und demgemäß kann auch kein Zweifel darüber bestehen, daß es sich bei der Verpflichtung der Beklagten aus dem Kaufvertrage vom 31. Mai 1905 lediglich um eine erst während bestehender Ehe begründete Verbindlichkeit handelt. Wie die Entscheidung dann zu treffen wäre, wenn die Beklagte noch zur Zeit des Vertragsabschlusses ihrem Bevollmächtigten gegenüber gebunden gewesen wäre, kann hier dahingestellt bleiben.

Entfällt somit der einzige Entscheidungsgrund des Berufungsurteils dem mitbeklagten Ehemann gegenüber, so ist hier der Revision auch im Ergebnisse stattzugeben. Der Kläger könnte ohne Rücksicht auf die Verwaltung und die Nutznießung des beklagten Ehemannes aus dem Vermögen der Ehefrau nach § 1411 nur in einem der in §§ 1412 bis 1414 BGB. vorgesehenen Ausnahmefälle Befriedigung erlangen. Es trifft aber keiner dieser Ausnahmefälle hier zu. In Frage kommen könnte unter den obwaltenden Umständen überhaupt nur die Bestimmung des § 1412, wonach das eingebrachte Ehegut für eine erst nach der Eheschließung rechtsgeschäftlich begründete Verpflichtung der Frau, wie hier der Fall, nur dann dem Gläubiger haftet, wenn der Mann entweder seine Zustimmung zu dem Rechtsgeschäft erteilt hat oder wenn dieses auch ohne seine Zustimmung ihm gegenüber wirksam ist. Die Fälle der letzteren Art, die von den §§ 1399, 1401, 1405, 1406 BGB. umfaßt werden, stehen außer Frage. Aber auch die Bedingung des ersten Ausnahmefalles ist nicht erfüllt.

Daß der beklagte Ehemann den erst während bestehender Ehe zustande gekommenen Kaufvertrag vom 31. Mai 1905 selbst genehmigt, oder daß er bereits vor dem Abschlusse des Vertrags seine Einwilligung dazu erteilt habe, hat der Kläger nicht einmal behauptet. Er hat auch keinerlei Umstände angeführt, die auf eine stillschweigende Zustimmung schließen ließen. Aber auch dafür fehlt jeder Anhalt, daß der Beklagte wenigstens den vor der Eheschließung dem L. zuteil gewordenen Vollmachtsauftrag genehmigt hätte und somit aus diesem Grunde den von L. später abgeschlossenen Vertrag als auch ihm gegenüber wirksam gelten lassen müßte. In dieser Hinsicht hat der Kläger nichts vorgebracht. Es fehlt sogar die Behauptung, daß der beklagte Ehemann von den beiden Verträgen vom 9./21. Februar 1905 vor Abschluß des Vertrags vom 31. Mai 1905 Kenntnis gehabt hätte. War das aber nicht der Fall, dann kann schon deshalb von einer stillschweigenden Genehmigung des Auftrags wie der Vollmacht keine Rede sein, abgesehen davon, daß auch nichts vorliegt, woraus sonst auf eine stillschweigende Betätigung des Genehmigungswillens geschlossen werden könnte. Die Tatsache allein, daß der Beklagte nichts gegen das Fortbestehen des Auftrags wie der Vollmacht unternommen hat, ist unerheblich, solange nicht erhellt, daß er von jenen Rechtsgeschäften überhaupt Kenntnis gehabt hat. Denn niemals ist die Unterstellung zulässig, daß ein Ehemann die von seiner

Ehefrau vor Eingehung der Ehe in Ansehung ihres Vermögens rechtsgeschäftlich getroffenen Maßregeln, soweit sie nicht ihm gegenüber an sich wirksam sind, ohne weiteres genehmige und blindlings genehmigen wolle, solange er nicht einen entgegengesetzten Willen bekundet habe."

RGZ. 84, 45

1. Darf der Mann, wenn die Frau mit seiner Zustimmung selbständig ein Erwerbsgeschäft betreibt und diese Zustimmung grundlos zurückgezogen wird, die Herausgabe der zum Geschäftsbetrieb erforderlichen Sachen fordern?

2. Kann die Frau die Herausgabe des Eingebrachten verweigern, indem sie Widerklage auf Aufhebung der ehemännlichen Verwaltung und Nutznießung erhebt?

3. Gilt die Eigentumsvermutung zugunsten des Mannes auch gegenüber der Frau?

BGB. §§ 1373, 1391, 1418, 1362.

VII. Zivilsenat. Urt. v. 13. Januar 1914.

I. Landgericht Kassel. II. Oberlandesgericht daselbst.

Die Parteien leben im gesetzlichen Güterstande. Zwischen ihnen schwebt das Ehescheidungsverfahren. Der Kläger wohnt in R. Die Beklagte betreibt, wie sie behauptet, selbständig und für ihre Rechnung eine Fremdenpension in der Villa B. zu Bad W. Der Kläger forderte die Herausgabe der im Besitze der Beklagten befindlichen Sachen, indem er sich in erster Linie auf das angeblich daran erworbene Eigentum, sodann aber auch auf sein ehemännliches Verwaltungs- und Nutznießungsrecht stützte. Die Beklagte bestritt das Eigentum des Klägers und behauptete ihrerseits, daß sie selbst Eigentümerin der Sachen sei und daß diese zu ihrem Vorbehaltsgute gehörten. Sie begehrte Abweisung der Klage und erhob auf Grund des § 1391 Abs. 1 BGB. Widerklage auf Aufhebung der Verwaltung und Nutznießung des Klägers. Das Landgericht wies die Klage ab und erkannte nach dem Antrage der Widerklage. Auf die Berufung des Klägers verurteilte das Oberlandesgericht unter Abweisung der Widerklage die Beklagte im wesentlichen nach dem Klagantrage. Die Revision der Beklagten hatte Erfolg.

Gründe:

„Der Berufungsrichter hat der Klage stattgegeben, weil der Kläger kraft seines ehemännlichen Verwaltungs- und Nutznießungsrechts befugt sei, die zum eingebrachten Gute der Frau gehörenden Sachen in Besitz zu nehmen (§ 1373 BGB.), und weil die Sachen, deren Herausgabe der Kläger fordere, als eingebrachtes Gut anzusehen seien. Daß hiernach der vom Kläger in erster Linie für sein Herausgabeverlangen geltend gemachte Klagegrund seines Eigentums an den Sachen nicht geprüft worden ist, gereicht keinesfalls der Beklagten zur Beschwerde. Zu beanstanden ist auch nicht, daß der Berufungsrichter den Nachweis nicht für geführt erachtet hat, daß die Sachen Vorbehaltsgut der Beklagten gemäß §§ 1367, 1369, 1370 BGB. geworden seien.

Allein nach einer anderen Richtung erheben sich gegen das Berufungsurteil rechtliche Bedenken. Die Beklagte ist unstreitig im Besitze der Sachen, die im wesentlichen dem Betriebe einer Fremdenpension in der Villa B. zu W. dienen. In diesem Besitz ist sie auch, wie gleichfalls feststeht, dem Kläger gegenüber durch Urteile des Landgerichts G. und des Oberlandesgerichts C. geschützt worden. *Sie hatte behauptet, daß sie das Erwerbsgeschäft* der Fremdenpension mit Zustimmung ihres Ehemanns, des Klägers, selbständig betreibe. Wie es sich damit verhält, ist nach Annahme des Berufungsrichters nicht völlig aufgeklärt und nicht von Erheblichkeit, da unter keinen Umständen die Eigenschaft der Sachen als Vorbehaltsgut dargetan sei. So viel ist jedoch auch nach den Feststellungen des Berufungsrichters erwiesen, daß der Kläger in der notariellen Verhandlung vom 22. Januar 1908 erklärt hat, seine Ehefrau betreibe mit seiner Zustimmung selbständig für eigene Rechnung in Bad W. eine Pension für Fremde, und daß die Beklagte diesen Betrieb eröffnet hat. Wenn sich nun auch der Kläger in der späteren Zeit in W. aufgehalten und in einer nicht näher ermittelten Weise am Geschäftsbetriebe beteiligt hat, so steht doch anderseits wieder fest, daß er im Mai des Jahres 1911 nach B. übergesiedelt ist und daß von da an die Beklagte wieder allein das Geschäft geführt hat. Bei dieser Lage der Sache hätte aber der Kläger darlegen müssen, daß der Geschäftsbetrieb, der als Betrieb der Frau mit seiner Genehmigung eröffnet worden war und der tatsächlich zur Zeit auch als solcher der Frau fortbesteht, aufgehört habe, ein Betrieb der Frau zu sein. Dabei kommt in Betracht, daß der Kläger, auch wenn er in die selbständige Erwerbstätigkeit seiner Ehefrau eingewilligt hat, kraft des ihm nach § 1354 BGB. zustehenden Entscheidungsrechts befugt war, seine Zustimmung zu widerrufen, daß er aber dieses Widerrufsrecht nicht aus bloßer Willkür und aus persönlichen, die Interessen der Familie gefährdenden Gründen, die einen Rechtsmißbrauch darstellen, ausüben darf (vgl. Düringer-Hachenburg, HGB. 2. Aufl. Bd. 1 S. 39). Die Beklagte hatte behauptet, daß der Kläger die Sachen, die er herausverlangt, behufs Tilgung eigener Schulden verkaufen wolle, und dies hatte der Kläger auch nach dem bereits erwähnten Urteile des Landgerichts G. in dem Verfahren wegen der einstweiligen Verfügung zugestanden. Andere Gründe seines Verlangens hat er nicht vorgebracht. Darum ist für die Revisionsinstanz vorläufig zu unterstellen, daß die Beklagte mit Einwilligung des Klägers den Betrieb der Fremdenpension eröffnet hat, daß sie ihn fortführt und daß es an einer Rechtfertigung fehlt, wenn der Kläger die Einräumung des Besitzes an den Einrichtungsgegenständen fordert und damit das Verlangen kundgibt, die Beklagte solle ihre gewerbliche Tätigkeit einstellen. Bei einer solchen Gestaltung der Dinge greift § 1373 BGB. nicht Platz.

Zu der Streitfrage, ob nicht die für den Betrieb eines Erwerbsgeschäfts dienenden Sachen in ausdehnender, von namhaften Schriftstellern befürworteter Auslegung des § 1366 BGB. als Vorbehaltsgut der Frau anzusehen sind, braucht keine Stellung genommen zu werden, wie sie auch in dem Urteile des IV. Zivilsenats, Entsch. des RG.'s in Zivils. Bd. 59 S. 29 flg., nicht beantwortet ist. Soviel ist jedenfalls sicher, daß, wenn die Frau mit Zustimmung des Mannes selbständig ein Erwerbsgeschäft betreibt und wenn sie es trotz des Einspruchs des Mannes, weil dieser Einspruch nicht zu beachten ist, weiterbetreiben darf, der Mann ihr auch nicht den Besitz der für den Fortbetrieb des Geschäfts notwendigen Sachen entziehen darf. Indem er der Eröffnung des Gewerbebetriebes zustimmte, hat er sich seiner ehemännlichen Rechte, insbesondere des Rechtes auf Inbesitznahme der eingebrachten Sachen, insoweit begeben, als ihre Ausübung mit dem Unternehmen, das die Frau mit seiner Zustimmung betreibt, unvereinbar ist. Diese Zustimmung schließt den Verzicht auf jene Rechte von selbst in sich, beide sind an keine besondere Form geknüpft.

Hiernach ist die Entscheidung des Berufungsrichters auf die Klage schon im Hinblick darauf unhaltbar, daß zur Zeit nicht festgestellt ist, daß die Beklagte nicht mehr selbständig Inhaberin der Fremdenpension ist, daß ihr insbesondere der Kläger ohne Rechtsmißbrauch den Betrieb untersagt hat.

Aber auch die vom Berufungsrichter ausgesprochene Abweisung der Widerklage unterliegt, wie der Revision zuzugeben ist, erheblichen Bedenken. Der Berufungsrichter ist zunächst der Meinung, daß, wenn die Widerklage begründet wäre, Gütertrennung und damit die Pflicht des Klägers zur Herausgabe des Eingebrachten erst mit Rechtskraft des Urteils eintreten würde, und daß bis dahin jedenfalls dem Kläger der Besitz des Eingebrachten gebühre. Es ist richtig, daß die Aufhebung der Verwaltung und Nutznießung erst mit der Rechtskraft des Urteils eintritt (§ 1418 Abs. 2 BGB.). Aber daraus folgt nicht, daß der Richter wegen dieses Umstandes dem Verlangen des Mannes auf Inbesitznahme eingebrachter Sachen stattzugeben hat, obgleich er befindet, daß, entsprechend dem Widerklagebegehren, der Frau das Recht auf Sicherstellung ihres Eingebrachten und damit das Recht zusteht, die Aufhebung des gesetzlichen Güterstandes der Verwaltungsgemeinschaft zu fordern (§§ 1391, 1418 Nr. 1 BGB.). Kann die Frau Sicherheitsleistung beanspruchen, so kann sie dies auch in der Art, daß sie das Eingebrachte zurückbehält und dadurch eine erhebliche Gefährdung ihrer Rechte unmöglich macht. Dann ist aber auch der Herausgabeanspruch des Mannes unberechtigt. Ueber ihn kann nicht ohne Prüfung der vorgebrachten Verteidigung und der mit ihr zusammenhängenden Widerklage entschieden werden. Daraus folgt von selbst, daß diese Prüfung nicht deshalb unterlassen werden darf, weil Gütertrennung erst mit Rechtskraft des auf die Widerklage ergehenden Urteils eintritt. Endgültig wird übrigens auch die Entscheidung auf die Klage erst mit der Rechtskraft des Urteils. Hätte demgemäß der Berufungsrichter die Widerklage für begründet erachtet, so hätte er die Klage abweisen müssen.

Nun gibt er noch einen sachlichen Grund für die Abweisung der Widerklage, indem er ausführt, die Beklagte habe nicht nachgewiesen, daß sie überhaupt eingebrachtes Gut besitze, das durch Verfügungen ihres Ehemannes gefährdet werden könne. Dieser Grund geht rechtlich fehl. Man mag gelten lassen, daß die Beklagte, obwohl zur Klage die Einrichtung der Pension als Eingebrachtes angesehen worden ist, zur Widerklage hierfür beweispflichtig ist. Sie hat indessen ihrer Beweispflicht genügt. Unstreitig ist sie Alleinbesitzerin jener Einrichtung und in diesem Besitze durch gerichtliche Urteile rechtskräftig geschützt. Die in § 1362 BGB. aufgestellte Vermutung, daß die im Besitz eines der Ehegatten oder beider Ehegatten befindlichen beweglichen Sachen dem Manne gehören, gilt nur zugunsten der Gläubiger des Mannes, nicht im Verhältnis der Gatten zueinander (Staudinger, 7./8. Aufl., Anm. 2c zu § 1362 BGB.). Es greift deshalb und da die Voraussetzungen des § 1006 Abs. 1 Satz 2 BGB. nicht dargetan sind, die Eigentumsvermutung des § 1006 Abs. 1 Satz 1 zugunsten der Beklagten durch und enthebt sie eines weiteren Beweises. Danach fehlt es nicht am eingebrachten Gute, und es wäre zu erörtern gewesen, ob die Beklagte mit Recht die Aufhebung der Verwaltung und Nutznießung ihres Mannes gefordert hat." . . .

RGZ. 85, 81

Kann eine im gesetzlichen Güterstande lebende Ehefrau, die den ehelichen Haushalt aus den Einkünften ihres Vorbehaltsguts bestritten hat und durch einen Unfall unfähig geworden ist, ihre bisherige Tätigkeit im Hauswesen fortzusetzen, selbständig Ersatz der Kosten für ihre Vertretung hierin fordern?

VI. Zivilsenat. Urt. v. 23. Mai 1914.

I. Landgericht I Berlin. II. Kammergericht daselbst.

Das Berufungsgericht hat der Klägerin, die bei einem Straßenbahnunfalle verletzt wurde, Ersatz der Kosten für die Einstellung einer weiblichen Hilfskraft zur Führung des Haushaltes, den sie bisher selbst besorgt hatte, zugebilligt.

Die Revision der Beklagten hatte keinen Erfolg. Der weitere Sachverhalt ergibt sich aus den

Gründen:

„Die Revision der Beklagten erhebt die Rüge, daß nicht die im gesetzlichen Güterstande lebende Klägerin, sondern nur ihr Ehemann berechtigt sei, Ersatz für die Kosten der Vertretung im Haushalte zu fordern. Die Pflicht der Klägerin, im Hauswesen des Mannes Dienste zu leisten, sei dadurch, daß sie ein eigenes Erwerbsgeschäft betreibe, nicht aufgehoben. Gleichgültig sei es, daß sie tatsächlich die Kosten des Haushalts aus ihren Einnahmen bestritten habe; hierzu sei sie mangels eines der gerichtlichen oder notariellen Form bedürftigen Vertrags nicht verpflichtet gewesen. Gesetzlich habe der Mann den ehelichen Aufwand zu tragen.

Die Angriffe sind nicht gerechtfertigt.

Allerdings geht die Rechtsprechung des Senats dahin, daß, wenn die im gesetzlichen Güterstande lebende Ehefrau durch einen Unfall verletzt und dadurch unfähig wird, Dienste im Haushalt oder im Geschäfte des Mannes fürderhin zu leisten, nur dieser, nicht sie selbst Ersatz des durch ihre Arbeitsunfähigkeit entstandenen Schadens fordern könne. Dabei hat es sich um Fälle gehandelt, in denen die Verletzte bis zu dem Unfall im Hauswesen oder im Geschäft des Mannes tätig war und der Mann die Kosten des Hauswesens getragen hatte. Nach der Feststellung des Berufungsgerichts hat jedoch die Klägerin, ohne einen Zuschuß von ihrem Manne zu erhalten, die gesamten Kosten des Haushaltes aus den Einkünften ihres Vorbehaltsguts bestritten. Hatte sie dabei durch persönliche Besorgung des Haushaltes die Kosten eines Dienstboten erspart, so ist der dadurch erzielte Nutzen ihrem Vorbehaltsvermögen zugute gekommen, und der durch ihre Arbeitsunfähigkeit eingetretene Schaden ist tatsächlich ihr selbst und nicht ihrem Mann erwachsen. Die Einkünfte des Vorbehaltsguts verringern sich um die Kosten für die Vertretung der Klägerin im Haushalt. Es braucht deshalb nicht erörtert zu werden, ob die Beklagte als Schuldnerin der Klägerin überhaupt befugt ist, sich auf die Bestimmungen der §§ 1356 und 1389 BGB., die das innere Verhältnis zwischen den Eheleuten betreffen, zu berufen, und ob ihrem Einwande nicht auch der in § 843 Abs. 4 BGB. ausgeprägte Rechtsgedanke entgegensteht.

Irrig ist schließlich die Meinung der Revision, daß die Regelung zwischen der Klägerin und ihrem Manne, wonach sie die Kosten des Haushalts übernahm, der in § 1434 BGB. vorgeschriebenen Form unterworfen gewesen sei. Eine Aenderung der güterrechtlichen Verhältnisse — § 1432 — steht nicht in Frage. Wohl aber konnte die Klägerin den Beitrag aus den Einkünften ihres Vorbehaltsguts zur Bestreitung des ehelichen Aufwandes, zu dem sie, da nicht erhellt, daß der Mann Nutzungen aus eingebrachtem Gut bezog, nach §§ 1371, 1427 Abs. 2 verpflichtet war, in der Weise leisten, daß sie die Kosten des Haushaltes trug." . . .

RGZ. 87, 56

1. Ist bei bestehender Gütertrennung der Mann verpflichtet, der widerrechtlich von ihm getrennt lebenden Frau die ihr gehörige Haushaltseinrichtung herauszugeben?

2. Bedarf ein Vertrag, durch den die Beitragspflicht der Frau geregelt wird, der Form des Ehevertrags? Ist ein solcher Vertrag im Falle des § 1364 BGB. während der Minderjährigkeit der Frau zulässig?

BGB. §§ 1353, 1354, 1364, 1426, 1427, 1434.

IV. Zivilsenat. Urt. v. 29. April 1915.

I. Landgericht III Berlin. II. Kammergericht daselbst.

Die jetzt volljährige Klägerin verlangt von dem Beklagten, ihrem Ehemanne, von dem sie gegen dessen Willen und ohne berechtigten Grund getrennt lebt, die Herausgabe ihr gehöriger, zur Einrichtung der Ehewohnung verwendeter Gegenstände. Sie war, als sie die Ehe mit ihm in London einging, achtzehn Jahre alt und behauptet nun, daß wegen fehlender Einwilligung ihres Vaters zur Eheschließung für die Ehe auf Grund des § 1364 BGB. Gütertrennung gelte. Der Beklagte erachtet die Klage schon aus dem Grunde für ungerechtfertigt, weil die Klägerin, solange ihr kein Recht zum Getrenntleben zustehe, die Herausgabe der Sachen aus der Ehewohnung nicht fordern dürfe. Die Klage wurde in zwei Instanzen abgewiesen. Auf die Revision der Klägerin wurde die Sache unter Aufhebung des Berufungsurteils in die Vorinstanz zurückverwiesen.

Gründe:

„Das Landgericht hat als bewiesen angesehen, daß die Klägerin die Ehe ohne die Einwilligung ihres Vaters eingegangen sei und daß daher für die Ehe gemäß § 1364 BGB. Gütertrennung gelte. Es ist zur Abweisung der Klage auf Grund der Erwägung gelangt, daß die

Klägerin im Verhältnis zum Beklagten durch § 1353 BGB. vermöge ihrer Verpflichtung zur ehelichen Gemeinschaft in der Verfügung über ihre für den ehelichen Haushalt angeschafften Sachen beschränkt sei und diese deshalb, da ihr kein Recht zum Getrenntleben zustehe, nicht herausverlangen könne. Das Berufungsgericht hat keine Feststellung über den zwischen den Parteien bestehenden Güterstand getroffen, jedoch das Klagebegehren auch bei Unterstellung der Richtigkeit der Klagebehauptungen für unbegründet erachtet. In den Gründen des Berufungsurteils ist ausgeführt: Es könne dahingestellt bleiben, ob die Heranziehung des § 1353 BGB. zur Begründung der Klagabweisung richtig sei. Die Klägerin habe dadurch, daß sie mit den Streitsachen die Ehewohnung eingerichtet habe, dem an sich zur Bestreitung des ehelichen Aufwandes verpflichteten Beklagten hierzu einen Beitrag geleistet. Darin liege die stillschweigende Vereinbarung eines Beitrags im Sinne des § 1427 Abs. 2 BGB., die, da sie die güterrechtlichen Verhältnisse der Ehegatten nicht berühre, der Form des § 1434 nicht bedurft habe. So lange die Ehe bestehe, könne die Klägerin die einmal erklärte und vollzogene Gebrauchsübertragung nicht willkürlich zurücknehmen. Auch § 1354 BGB. stehe dem Klaganspruch entgegen. Denn die erstrebte Entfernung der zur Wohnungseinrichtung bestimmten Gegenstände aus der Ehewohnung sei eine das gemeinschaftliche eheliche Leben betreffende Angelegenheit, deren Entscheidung dem Mann als dem Haupte der Familie zustehe.

Die auf Verletzung des materiellen Rechts, insbesondere der §§ 1427, 1354 BGB., gestützte Revision ist begründet.

Wenngleich nach einer hergebrachten deutschen Sitte die Frau die zur Einrichtung des neuen Hauswesens erforderlichen Gegenstände in die Ehe mitzubringen pflegt und das Bürgerliche Gesetzbuch dieser Uebung durch die Vorschrift des § 1620 Rechnung getragen hat, so besteht doch im Verhältnis der Ehegatten untereinander keine rechtliche Verpflichtung der Frau, dem Manne die zur Einrichtung des ehelichen Haushalts notwendigen Sachen zur Verfügung zu stellen. Die Anschaffung und Unterhaltung dieser Gegenstände bildet einen Teil des ehelichen Aufwandes, den bei dem für die Ehe der Parteien als maßgebend zu unterstellenden Güterstande der Gütertrennung nach § 1427 Abs. 1 der Mann zu tragen hat. Die Frau ist nach § 1427 Abs. 2 nur verpflichtet, dem Manne einen angemessenen Beitrag aus den Einkünften ihres Vermögens und dem Ertrag ihrer Arbeit oder eines von ihr selbständig betriebenen Erwerbsgeschäftes zu leisten. Die gesetzliche Beitragspflicht der Frau beschränkt sich demnach auf die Hergabe angemessener Geldbeträge aus bestimmten Einnahmequellen. Gibt die Frau ihr gehörige Sachen für die Haushaltungseinrichtung her und erspart sie dadurch dem Manne die mit der Anschaffung solcher Sachen verbundenen Ausgaben, so leistet sie ihm zu dem ehelichen Aufwand einen Beitrag, zu dem sie in dieser Art gesetzlich nicht verpflichtet ist. Denn der Beitrag besteht in diesem Falle darin, daß zum Stamme des Frauenvermögens gehörige Gegenstände für die Zwecke der Ehe zum Gebrauch überlassen werden. Ist aber die Frau einerseits zu dieser Gebrauchsüberlassung nicht verpflichtet, anderseits in der Verwaltung und Verfügung in Ansehung ihres Vermögens nicht beschränkt, so kann ihr nach den güterrechtlichen Vorschriften die Befugnis, jederzeit die Herausgabe ihrer Sachen zu verlangen, nicht abgesprochen werden. Der Mann kann diesem Verlangen nur widersprechen, wenn er von der Frau aus einem besonderen Rechtsgrunde die Ueberlassung der Sachen für die Zwecke der Ehe zu fordern berechtigt ist. Aus der Vorschrift des § 1354 Abs. 1 BGB. läßt sich ein derartiges Recht, entgegen der Ansicht des Berufungsgerichts (vgl. auch OLG. Breslau Rechtspr. OLG. Bd. 21 S. 226), nicht herleiten. Unter den das gemeinschaftliche eheliche Leben betreffenden Angelegenheiten, in denen nach § 1354 Abs. 1 dem Manne die Entscheidung zusteht, sind nicht die dem einzelnen Gatten an seinem Vermögen zustehenden Rechte und die zwischen den Ehegatten etwa bestehenden vermögensrechtlichen Beziehungen zu verstehen, vielmehr fallen darunter nur beiden Ehegatten gemeinsame, die Gestaltung ihrer ehelichen Lebensverhältnisse betreffende Fragen. Dem Manne mag daher auf Grund des § 1354 Abs. 1 die Bestimmung darüber zustehen, in welcher Weise die einzelnen von der Frau zur Verfügung gestellten Sachen in dem ehelichen Haushalte Verwendung finden sollen. Die Frage aber, ob die Frau die Herausgabe von ihr mitgebrachter Einrichtungsgegenstände verlangen, oder der Mann deren künftige Belassung im Haushalte fordern darf, hängt von dem zwischen den Ehegatten bestehenden Güterstande ab und kann nicht auf Grund des § 1354, sondern nur auf Grund der güterrechtlichen Vorschriften entschieden werden, soweit nicht etwa besondere Abmachungen zwischen den Ehegatten bestehen.

Das Berufungsgericht hat allerdings auch eine vertragliche Verpflichtung der Klägerin zur Belassung der ihr gehörigen Einrichtungsgegenstände im ehelichen Haushalt angenommen, indem es in der Hergabe der Sachen zur Einrichtung des Haushalts eine stillschweigende Vereinbarung eines Beitrags im Sinne des § 1427 Abs. 2 gefunden hat. Die rechtliche Möglichkeit von Verträgen zwischen den Ehegatten, durch welche die nach § 1427 Abs. 2 bestehende Beitragspflicht der Frau in bestimmter Weise geregelt wird, oder die Frau sich zur dauernden Leistung gewisser ihr gesetzlich nicht obliegender Beiträge verpflichtet, unterliegt keinem Bedenken (Prot. IV. S. 226). Mit Unrecht will die Revision die Zulässigkeit derartiger

Verträge für solche Fälle in Abrede stellen, in denen die Gütertrennung bei einer ohne Einwilligung des gesetzlichen Vertreters der minderjährigen Frau erfolgten Eheschließung als gesetzliche Folge eingetreten ist. Der Mangel der Einwilligung des gesetzlichen Vertreters schließt nach § 1364 lediglich den Eintritt der Verwaltung und Nutznießung des Mannes am Frauenvermögen als gesetzliche Wirkung der Eheschließung aus. Für die in diesem Falle eintretende Gütertrennung gelten aber keine von anderen Fällen dieses Güterstandes abweichende Vorschriften. Das Gesetz stellt vielmehr für die Gütertrennung, gleichviel ob sie auf Grund des § 1364 oder auf Grund der §§ 1418 bis 1420 eintritt, einheitliche Vorschriften auf (§ 1426). Es ist deshalb kein Grund ersichtlich, aus dem Verträge unzulässig sein sollten, durch die entweder mit Einwilligung des gesetzlichen Vertreters der Frau während ihrer Minderjährigkeit die Wirkungen der auf §§ 1364, 1426 beruhenden Gütertrennung in einzelnen Beziehungen geändert oder ohne Aenderung des Güterstandes vermögensrechtliche Verpflichtungen der Frau gegenüber dem Manne begründet werden. Die Klägerin konnte sich also grundsätzlich mit Einwilligung ihres gesetzlichen Vertreters dem Beklagten gegenüber wirksam verpflichten, ihm ihre zur Einrichtung des Haushalts hergegebenen Sachen zu diesem Zwecke für die Dauer der Ehe zu überlassen, und eine derartige Verpflichtung würde dem Klageverlangen entgegenstehen. . . .

Das Berufungsgericht hat eine stillschweigende Vereinbarung solchen Inhalts als gültig angesehen, indem es davon ausgeht, daß sie die güterrechtlichen Verhältnisse nicht berühre und daher der für Eheverträge vorgeschriebenen Form nicht bedürfe. Das ist rechtsirrig. Als der Formvorschrift des § 1434 unterliegende Eheverträge sind allerdings nicht alle Verträge vermögensrechtlichen Inhalts zwischen Ehegatten, sondern nur solche Verträge anzusehen, die eine Regelung güterrechtlicher Verhältnisse zum Gegenstande haben. Dazu ist nicht erforderlich, daß der Güterstand im ganzen geändert wird, es genügt vielmehr jede Aenderung der Grundsätze des für die Ehegatten geltenden Güterstandes wenn auch nur in einzelnen Beziehungen. Nach den gesetzlichen Vorschriften ist die in Gütertrennung lebende Frau in der Verfügung über ihr Vermögen nicht beschränkt, sie besitzt, verwaltet und nutzt ihr gesamtes Vermögen selbständig und ist nur aus den im § 1427 Abs. 2 bezeichneten Einnahmequellen zur Leistung eines angemessenen Beitrags zur Bestreitung des ehelichen Aufwandes an den Mann verpflichtet. Jede vertragliche Regelung, die in einer der vorstehenden Beziehungen von den gesetzlichen Vorschriften abweicht, stellt sich als eine Aenderung der güterrechtlichen Verhältnisse dar und bedarf daher der für Eheverträge vorgeschriebenen Form. Demnach ist diese Form für einen Vertrag erforderlich, durch den die Frau ihr gehörige Sachen zur Einrichtung des ehelichen Haushalts für die Dauer der Ehe hingibt, damit die Leistung eines dauernden Beitrags aus dem Stamme ihres Vermögens übernimmt und insoweit das ihr zustehende Recht zur freien Verfügung und zur Verwaltung ihres Vermögens einer Beschränkung unterwirft. Die auch in der Literatur allgemein vertretene Meinung, daß die vertragliche Regelung der Beitragspflicht der Frau aus § 1427 Abs. 2 durch Ehevertrag zu erfolgen habe, findet eine Stütze in der Bemerkung der Protokolle der II. Kommission (IV. S. 226), daß die Ehegatten hinsichtlich der Beitragspflicht der Frau zu abweichenden Bestimmungen durch Ehevertrag befugt seien. Aus den Vorschriften der §§ 1429, 1430 läßt sich ein entgegengesetzter Wille des Gesetzes nicht erkennen. Diese Vorschriften schließen einen Ersatzanspruch der Frau für die in der Vergangenheit liegende Ueberlassung ihr gehöriger Vermögensstücke an den Mann der Regel nach aus, enthalten aber nichts über eine Verpflichtung der Frau, die Gegenstände auch für die Zukunft dem Manne für die Zwecke der Ehe zu überlassen. Da ein formgültiger Ehevertrag zwischen den Parteien nicht geschlossen ist, besteht hiernach auch kein vertragsmäßiger Anspruch des Beklagten auf weitere Belassung der Sachen der Klägerin in der Ehewohnung. Die Gründe des Berufungsgerichts vermögen daher die Abweisung der Klage nicht zu rechtfertigen.

Ebensowenig reichen die auf § 1353 BGB. gestützten Erwägungen des Landgerichts aus, das Klagebegehren ohne weiteres als unbegründet erscheinen zu lassen. Das Landgericht glaubt aus der den Ehegatten im § 1353 Abs. auferlegten Pflicht zur ehelichen Lebensgemeinschaft herleiten zu können, daß die Frau ihre zur Einrichtung des ehelichen Haushalts verwendeten Sachen dieser Bestimmung nicht wieder entziehen und deshalb auch nicht herausverlangen dürfe, wenn sie unberechtigt vom Manne getrennt lebt. Diese Auffassung steht im Einklange mit dem Grundsatze, den das Reichsgericht in dem Urteile vom 24. November 1874 (Gruchot Bd. 24 S. 486) unter der Herrschaft des preußischen Allgemeinen Landrechts für das Vorbehaltsgut der Frau aufgestellt hat. Ob dieser Entscheidung nach dem alten Rechte in vollem Umfange beizustimmen wäre, mag dahingestellt bleiben. Nach den Vorschriften des BGB. läßt sich jedenfalls ein derartiger allgemeiner Grundsatz, wie ihn das Landgericht aufstellen will, nicht rechtfertigen. Die Pflicht, die Einrichtung des Haushalts zu besorgen, trifft nach § 1427 Abs. 1 den Mann; sie wird nicht dadurch aufgehoben, daß die Frau ihr gehörige Sachen dem Manne hierfür überläßt. Es ist daher nicht einzusehen, inwiefern aus der Pflicht zur ehelichen Gemeinschaft grundsätzlich die Verbindlichkeit der Frau zu folgern wäre, die für den Haushalt hergegebenen Sachen dauernd dort zu belassen. Darf aber die Frau von dem Manne verlangen, daß er selbst die nötigen Einrichtungsgegenstände beschafft und ihr die Fortnahme ihrer Sachen gestattet, so kann die Ausübung dieses Rechtes an sich nicht dadurch ausgeschlossen werden, daß die Frau ohne Grund vom Manne getrennt lebt. Die Geltendmachung eines Herausgabeanspruchs der Frau ist nur dann als unzulässig zu erachten, wenn sie nach den Umständen des einzelnen Falles dem sittlichen Wesen der Ehe widerstreitet.

Durch die Ehe wird für die Ehegatten die sittliche Pflicht begründet, ihr Verhalten gegeneinander so einzurichten, daß es mit der Liebe, Treue und Achtung, die sie sich gegenseitig schulden, im Einklange steht. Diese sittliche Pflicht hat das BGB. zu einer Rechtspflicht erhoben, indem es bei den die Wirkungen der Ehe behandelnden Vorschriften den Grundsatz des § 1353 Abs. 1 an die Spitze stellt, daß die Ehegatten einander zur ehelichen Lebensgemeinschaft verpflichtet sind. Die Motive zu § 1272 des I. Entwurfs, der dem § 1353 entspricht, geben als Zweck dieser Vorschrift an, daß der sittliche Grundgedanke des durch die Ehe unter den Gatten begründeten persönlichen Verhältnisses durch einen leitenden Grundsatz im Gesetz ausgesprochen werden sollte (Mot. IV. S. 104); dies empfehle sich namentlich auch um deswillen, weil dadurch die über die rechtlichen Wirkungen der Ehe im einzelnen gegebenen Vorschriften ihre richtige Beleuchtung gewännen und weil dadurch zum rechtlichen Ausdruck gebracht werde, daß, wie im Obligationenrechte Treue und Glauben, so im Eherechte das sittliche Wesen der Ehe die Grundlage bilde, von der bei der Auslegung des Gesetzes und der Beurteilung aller Rechtsverhältnisse der Ehegatten untereinander auszugehen sei. Dementsprechend ist in der Rechtsprechung des Reichsgerichts für alle persönlichen Beziehungen der Eheleute das sittliche Wesen der Ehe als der für die Beurteilung ihrer gegenseitigen Rechte und Pflichten leitende Gesichtspunkt angesehen worden. Eine Beschränkung dieses Grundsatzes auf das persönliche Verhältnis der Gatten würde aber weder dem aus den Motiven zu entnehmenden Zwecke der Vorschrift des § 1353 Abs. 1 noch dem in anderen Vorschriften zu Tage tretenden Willen des Gesetzes gerecht werden. Das Bürgerliche Gesetzbuch behandelt im fünften Titel des vierten Buches die Wirkungen der Ehe im allgemeinen, im folgenden Titel das eheliche Güterrecht. Die Vorschriften des fünften Titels betreffen keineswegs ausschließlich das persönliche Verhältnis der Ehegatten, vielmehr sind in den §§ 1357 bis 1362 vermögensrechtliche Vorschriften enthalten, die für jede Art des Güterstandes und ungeachtet der nach dem Güterrechte dem einzelnen Ehegatten an seinem Vermögen zustehenden Befugnisse Geltung haben. Diese Vorschriften ergeben, daß das Gesetz aus dem Wesen der Ehe gewisse Wirkungen vermögensrechtlicher Art herleitet und daß daher die dem § 1353 Abs. 1 zugrunde liegende Auffassung des Wesens der Ehe auch bei diesen vermögensrechtlichen Beziehungen zwischen den Gatten nicht außer Betracht bleiben darf. Es kann sich nur fragen, ob in vermögensrechtlicher Beziehung aus dem Wesen der Ehe und den dadurch begründeten Pflichten der Eheleute auch Folgerungen gezogen werden dürfen, die das Gesetz nicht ausdrücklich ausspricht. Das ist unbedenklich zu bejahen. Die aus dem sittlichen Wesen der Ehe sich ergebenden Pflichten der Eheleute werden durch die zwischen ihnen bestehenden vermögensrechtlichen Verhältnisse nicht berührt. Daraus folgt für die Ehegatten die Pflicht, auch bei der Geltendmachung vermögensrechtlicher Ansprüche untereinander ihr Verhalten so einzurichten, daß es mit dem sittlichen Wesen der Ehe im Einklange bleibt. Die Geltendmachung vermögensrechtlicher Ansprüche muß aber, wenn sie den Umständen nach dem Wesen der Ehe widerstreitet, überhaupt als ausgeschlossen angesehen werden. Denn es kann nicht der Wille des Gesetzes sein, einem Ehegatten, dem es die Rechtspflicht zu einem dem sittlichen Wesen der Ehe entsprechenden Verhalten auferlegt, die gegen diese Verpflichtung verstoßende Durchsetzung eines vermögensrechtlichen Anspruchs zu ermöglichen.

Unter diesem Gesichtspunkte kann im einzelnen Falle der Anspruch der in getrennten Gütern lebenden Frau auf Herausgabe der von ihr beschafften Einrichtung der Ehewohnung als mit den ehelichen Pflichten unvereinbar abzuweisen sein. Denn wenn der Mann nach seinen Vermögens- und Erwerbsverhältnissen zur Beschaffung einer Wohnungseinrichtung außerstande ist, so würde durch die Wegnahme der von der Frau gestellten Sachen ein gemeinschaftlicher Haushalt unmöglich gemacht werden und sich die Frau auf diese Weise selbst die Erfüllung ihrer Verpflichtung zum Zusammenleben mit dem Manne in der von ihm bestimmten Wohnung (§ 1354 Abs. 1) unmöglich machen. Ein derartiges Verhalten würde, wenn es nicht durch besondere Umstände gerechtfertigt wird, mit dem Wesen der Ehe im Widerspruche stehen und keinen Rechtsschutzanspruch zu begründen vermögen.

Im vorliegenden Falle sind bisher keine Feststellungen über die Verhältnisse des Beklagten und über den von der Klägerin mit der Herausforderung der Sachen verfolgten Zweck getroffen. Es fehlt daher an einer ausreichenden tatsächlichen Grundlage für die Beurteilung, ob durch die Fortnahme der Sachen die wirtschaftliche Vorbedingung für die häusliche Gemeinschaft der Parteien zerstört werden würde und ob unter diesen Umständen in Verbindung mit dem von der Klägerin verfolgten Zweck ihr Vorgehen gegen das Wesen der Ehe verstößt." . . .

RGZ. 90, 65

1. . . .

2. . . .

3. **Kann der Ehemann einen Schmerzensgeldanspruch einer Frau in eigenem Namen geltend machen?**

BGB. §§ 1363, 1365, 1380.

III. Zivilsenat. Urt. v. 20. März 1917.

Die Entscheidung ist abgedruckt unter „Bürgerliches Recht, Schuldrecht".

RGZ. 92, 139

Inwiefern erlangt ein Grundstück, das eine im gesetzlichen Güterstande lebende Ehefrau unter Verwendung von Vorbehaltsgut und in der Absicht erwirbt, es als Vorbehaltsgut zu erwerben, gemäß § 1370 BGB. diese Eigenschaft? Muß die bezeichnete Absicht bei Vornahme des Erwerbsgeschäfts auch erklärt sein?

V. Zivilsenat. Urt. v. 23. Januar 1918.

I. Landgericht III Berlin. II. Kammergericht daselbst.

Aus den Gründen:

. . . „Das Berufungsgericht entnimmt den Bekundungen des Schwagers und der Schwester des Beklagten, die ihm voll glaubwürdig erscheinen, daß die Ehefrau des Beklagten im Jahre 1907 etwa 8000 M und bis zum Jahre 1909 im ganzen 21 000 oder 22 000 M als Erbteil ihrer Eltern unter der im § 1369 BGB. vorgesehenen Bestimmung, also als Vorbehaltsgut, erhalten hat, daß sie ihren Angehörigen gegenüber auch die Absicht ausgesprochen hat, diese Mittel zu der beim Kaufe des Grundstücks zu leistenden baren Anzahlung zu verwenden und sich durch den Kauf selbständig zu machen. Es vermißt indes den Nachweis, daß die Frau des Beklagten diese Absicht beim Erwerbe des Grundstücks selbst den Beteiligten, nämlich dem Verkäufer und namentlich ihrem Manne, gegenüber zum Ausdruck gebracht hat. Es betont, daß der Kaufvertrag vom 31. Juli 1909 unter Zuziehung und mit Genehmigung des Beklagten vor einem Notar geschlossen worden sei, und meint, es könne beim Abschlusse davon, daß das Grundstück Vorbehaltsgut sein solle, gar nicht die Rede gewesen sein, da der Notar sonst nicht unterlassen haben würde, das im Vertrage zum Ausdruck zu bringen. Hiernach lehnt das Berufungsgericht die Annahme, daß das Grundstück Vorbehaltsgut der Ehefrau des Beklagten sogleich beim Erwerbe geworden und schon zu der Zeit, auf die die gezahlten Hypothekenzinsen entfallen, gewesen sei, ab. . . . Mit Recht weist die Revision demgegenüber auf den § 1370 BGB. hin.

Nach dieser Vorschrift ist Vorbehaltsgut auch das, was die Frau auf Grund eines zu ihrem Vorbehaltsgute gehörenden Rechtes oder als Ersatz für die Zerstörung, Beschädigung oder Entziehung eines zu dem Vorbehaltsgute gehörenden Gegenstandes oder durch ein Rechtsgeschäft erwirbt, das sich auf das Vorbehaltsgut bezieht. Von den hier bezeichneten drei Fällen scheidet der zweite allerdings ohne weiteres aus. . . . Ohne Grund beruft sich die Revision auch auf den ersten Fall. Selbst wenn die Frau des Beklagten, wie die Revision annimmt, ihre ihren Angehörigen gegenüber ausgesprochene Absicht ausgeführt und die von ihren Eltern als Vorbehaltsgut ererbten Mittel zum Erwerbe des Grundstücks, zur Leistung insbesondere der Anzahlung auf den Kaufpreis, verwendet hat, so läßt sich nicht sagen, sie habe das Grundstück „auf Grund eines zu ihrem Vorbehaltsgute gehörenden Rechtes" erworben. Verfehlt ist namentlich die Berufung der Revision auf die Anm. 2 zum § 1370 RGRKmt. Es heißt dort — im Anschluß übrigens an die Begründung des dem § 1370 durchaus entsprechenden § 1290 des I. Entwurfs und in Uebereinstimmung mit anderen Kommentaren —: Vorbehaltsgut sei nach der in Rede stehenden Alternative alles, was die Frau auf Grund eines zum Vorbehaltsgute gehörenden Rechtes, z. B. des Eigentumsrechts, sei es unmittelbar kraft Gesetzes, sei es durch Vermittlung eines den Inhalt des Rechtes verwirklichenden Rechtsgeschäfts erwirbt, und als Beispiel für ersteres wird der Erwerb der Erzeugnisse eines zum Vorbehaltsgute gehörigen Grundstücks gemäß § 953 und der Erwerb der Hälfte des auf einem solchen Grundstücke gefundenen Schatzes gemäß dem § 984 BGB. hingestellt, während letzteres durch die Aufführung der dinglichen Rechtsgeschäfte der Uebergabe, Auflassung und Abtretung erläutert wird. Aber sowohl hier, bei dem durch die Auflassung, Uebergabe oder Abtretung vermittelten Erwerb auf Grund eines zum Vorbehaltsgute gehörenden Käuferrechts oder sonstigen obligatorischen Rechtes, als auch dort handelt es sich immer um einen Erwerb, der seinen Rechtsgrund in einem zum Vorbehaltsgute gehörigen Rechte hat. In einem Falle, wie er hier vorliegt, trifft dies offenbar nicht zu. Daß das Erfordernis des Erwerbes auf Grund eines zum Vorbehaltsgute gehörenden Rechtes insbesondere nicht dadurch erfüllt wird, daß der Erwerb mit Mitteln erfolgt, die zum Vorbehaltsgute gehören, ergibt sich auch daraus, daß das Gesetzbuch in anderen Fällen sogenannter dinglicher Surrogation (vgl. § 2111) den Fall des Erwerbes auf Grund eines zu der betreffenden Vermögensmasse gehörenden Rechtes und den des Erwerbes durch Rechtsgeschäft mit Mitteln der Vermögensmasse nebeneinander stellt.

Dagegen ist der Erwerb des Grundstücks durch die Frau des Beklagten, wenn sie es in der angegebenen Absicht und mit Mitteln ihres Vorbehaltsguts gekauft und erworben hat, im Sinne der dritten Voraussetzung des § 1370 durch ein Rechtsgeschäft erfolgt, das sich auf das Vorbehaltsgut bezieht. Daß die Ehefrau des Beklagten das Grundstück durch Kauf und Auflassung, also durch ein Rechtsgeschäft erworben hat, ist nach dem vorliegenden Sachverhalt ohne weiteres klar, und die Beziehung dieses Rechtsgeschäfts auf das Vorbehaltsgut würde sich zwar nicht schon daraus ergeben, daß der Erwerb mit Mitteln des Vorbehaltsguts gemacht ist, wohl aber daraus, daß das Rechtsgeschäft von der Ehefrau des Beklagten in jener Absicht, in der Absicht also namentlich, das Grundstück für das Vorbehaltsgut zu erwerben, vorgenommen worden ist, in Verbindung damit, daß zu dem Ende für den Erwerb des Grundstücks Mittel des Vorbehaltsguts verwendet worden sind. Keinesfalls aber ist dazu erforderlich, daß die Ehefrau des Beklagten jene ihre Absicht bei der Vornahme des Rechtsgeschäfts, wie das Berufungsgericht erfordert, den Beteiligten gegenüber erklärt hat. Das Hervortreten des Subjektiven in der Beziehung des den Erwerb begründenden Rechtsgeschäfts auf das Vorbehaltsgut entspricht dem Wesen des Rechtsgeschäfts als Willenserklärung und unterscheidet die in Rede stehende, übrigens auch in anderen Surrogationsfällen (vgl. §§ 1473, 1524, 1526, 1554, 1638 Abs. 2) vorgesehene Voraussetzung von dem schon berührten Falle des Erwerbes mit Mitteln der betreffenden Vermögensmasse im § 2111. Diese subjektive Beziehung darf allerdings keine bloß willkürliche sein; die Absicht oder der Wille der Frau, als Vorbehaltsgut zu erwerben, kann nicht entscheidend sein, wenn das Rechtsgeschäft objektiv mit dem Vorbehaltsgute nicht in Beziehung gebracht werden kann. Es folgt dies, wie es in der Begründung zum § 1290 des I. Entwurfs heißt, aus dem Grundsatze, daß die Frau sich nicht einseitig beliebig Vorbehaltsgut verschaffen kann. Dem Gesagten entspricht aber die vom VII. Zivilsenat des Reichsgerichts vertretene Auffassung, daß es zur Anwendung des § 1370 genüge, wenn das Rechtsgeschäft subjektiv mit Beziehung auf das Vorbehaltsgut abgeschlossen ist und objektiv damit in Zusammenhang gebracht werden kann (RGZ. Bd. 72 S. 167). Hat die Ehefrau des Beklagten die Mittel des ihr von ihren Eltern her zugeflossenen vorbehaltenen Vermögens zum Ankaufe des Grundstücks, zur Leistung insbesondere der erforderlichen Anzahlung, verwendet, so steht dieser objektive Zusammenhang sogar positiv fest, während die behauptete Absicht der Käuferin, das Grundstück als Vorbehaltsgut oder für es zu erwerben, die in erster Reihe erforderliche subjektive Beziehung ergibt, auch ohne daß diese Absicht beim Kaufabschluß oder bei der Auflassung erklärt zu werden brauchte. Wenn in der

Begründung zum § 1290 des I. Entwurfs weiter ausgeführt ist: der Zusammenhang des Rechtsgeschäfts mit dem Vorbehaltsgute sei hier ein wirtschaftlicher, er brauche auch nicht darin zu bestehen, daß der Erwerb, wie das bei Umsatzgeschäften der Fall sei, sich wirtschaftlich als durch das Vorbehaltsgut gemacht darstellt, so erhellt daraus zugleich die Meinung, daß bei einem solchen Erwerbe der erforderliche Zusammenhang jedenfalls gegeben sei. Auf dem hier entwickelten Standpunkte stehen, soweit ermittelt, auch die Schriftsteller." . . .

RGZ. 92, 153

Hat die Zustimmung der Frau zur Prozeßführung des Mannes über ihr eingebrachtes Gut die Folge, daß das in dem Prozesse des Mannes ergehende Urteil auch für und gegen die Frau wirkt?

BGB. § 1380.

VI. Zivilsenat. Urt. v. 4. Februar 1918.

I. Landgericht Bromberg. II. Oberlandesgericht Posen.

Am 5. Oktober 1910 erlitt die Klägerin auf einer Eisenbahnfahrt einen Unfall, bei dem sie beide Beine verlor.

In einem Vorprozesse forderte ihr Ehemann, der mit ihr in dem gesetzlichen Güterstande des Bürgerlichen Gesetzbuchs lebte, aus eigenem Rechte die Zahlung einer Summe von 650 M und die Feststellung, daß der Beklagte verpflichtet sei, der Klägerin allen weiteren aus dem Unfall entstandenen Schaden zu ersetzen. Durch das rechtskräftige Urteil des Oberlandesgerichts in Posen vom 14. Januar 1913 ist der Beklagte zur Zahlung von 650 M an den damaligen Kläger verurteilt worden; zugleich ist festgestellt worden, daß der Beklagte verpflichtet ist, den Schaden der Ehefrau des Klägers aus dem Unfalle zu ersetzen, soweit er sich bezieht: a) auf Kur- und Verpflegungskosten, b) auf Vermehrung der Bedürfnisse und c) auf Badereisen, Reparaturen und Ersetzung der künstlichen Gliedmaßen. „Mit dem Anspruch auf Feststellung der Verpflichtung des Beklagten zum Ersatze desjenigen Schadens, der aus der Verminderung der Erwerbsfähigkeit der klägerischen Ehefrau abgeleitet wird", ist der Kläger abgewiesen worden. Der Beklagte zahlte der Klägerin — zu Händen ihres Ehemanns bei dessen Lebzeiten — auf Grund des in dem Vorprozeß ergangenen rechtskräftigen Urteils alljährlich etwa 2000 M; die letzte Zahlung hat er im Januar 1916 geleistet.

Nach dem Tode des Ehemanns der Klägerin verlangt diese nunmehr im gegenwärtigen Prozesse die Zahlung einer Jahresrente von 6400 M seit dem 1. Januar 1916. Der Beklagte, der den Einwand der Verjährung erhebt und jegliche Verpflichtung zur Zahlung der Klägerin gegenüber bestreitet, hat die Abweisung der Klage beantragt. Das Landgericht erklärte den Klaganspruch dem Grunde nach für gerechtfertigt. Die Berufung des Beklagten blieb ohne Erfolg. Auf die Revision des Beklagten wurde das Berufungsurteil teilweise aufgehoben.

Aus den Gründen:

. . . „Die Revision macht geltend, das Berufungsgericht habe den § 1380 BGB. dadurch verletzt, daß es angenommen habe, die Rechtskraft des Urteils des Vorprozesses wirke auch zugunsten der Klägerin.

Richtig ist, daß der Ehemann der Klägerin, die mit ihm im gesetzlichen Güterstande des Bürgerlichen Gesetzbuchs gelebt hat, wie in den Gründen des oberlandesgerichtlichen Urteils des Vorprozesses ausdrücklich festgestellt ist, lediglich „aus eigenem Rechte" geklagt hat, indem er die der jetzigen Klägerin auf Grund des Unfalls zustehenden, zu ihrem eingebrachten Vermögen gehörenden Rechte gemäß § 1380 BGB. geltend machte. Im Satze 2 des § 1380 BGB. ist nun bestimmt, daß das in einem solchen Prozesse ergehende Urteil dann für und gegen die Frau wirkt, wenn der Mann befugt ist, über das Recht ohne Zustimmung der Frau zu verfügen. In der Rechtslehre herrscht aber lebhafter Streit darüber, ob diese Rechtskraftwirkung nur dann eintritt, wenn der Mann kraft Gesetzes befugt ist, ohne Zustimmung der Frau über das Recht zu verfügen, also nur dann, wenn einer der Fälle des § 1376 BGB. vorliegt, oder ob das Urteil auch dann für und gegen die Frau Wirksamkeit hat, wenn der Mann mit Zustimmung der Frau ein zu ihrem eingebrachten Gute gehöriges Recht gerichtlich geltend gemacht hat.

Der Senat pflichtet der letzteren Auffassung jedenfalls in einem Falle wie dem vorliegenden bei, in dem ausdrücklich im Prozesse selbst zwischen den Parteien darüber verhandelt und festgestellt worden ist, daß der Ehemann die von ihm im eigenen Namen eingeklagten Ansprüche seiner Frau mit deren Zustimmung geltend macht. Hierfür waren folgende Erwägungen maßgebend.

Zunächst steht der Wortlaut des § 1380 BGB. dieser Ansicht nicht entgegen. Das Gesetz erwähnt hier freilich nur den Fall, in dem der Mann befugt ist, ohne Zustimmung der Frau über das klagend geltend gemachte Recht verfügen zu können, in dem ihm also „kraft Gesetzes" eine derartige Verfügungsbefugnis beigelegt ist. Für die Erstreckung der Rechtskraftwirkung des Urteils gegenüber der Frau ist also offensichtlich nur die Verfügungsmacht des Mannes über das klagend geltend gemachte Recht wesentlich. Danach kann es keinen sachlichen Unterschied begründen, ob diese Verfügungsmacht auf dem Gesetz oder auf einer Willenserklärung der Frau beruht, deren Recht allein in Frage steht. Gewährt die Frau ihrem Manne die Befugnis, über ihr eingebrachtes Gut zu verfügen, so ist der Mann insoweit genau so gestellt, als ob ihm diese Befugnis unmittelbar kraft Gesetzes verliehen wäre. Schon danach muß es als dem Sinne des § 1380 Satz 2 BGB. entsprechend angesehen werden, daß dieser sich nicht bloß auf solche Fälle bezieht, in denen der Mann kraft Gesetzes die Verfügungsbefugnis über das Recht der Frau hat, sondern auch auf diejenigen Fälle, in denen ihm diese Verfügungsmacht durch eine Erklärung der Frau beigelegt worden ist (vgl. auch die §§ 182 flg. BGB.).

Eine solche Verfügungsmacht im Bereiche der Prozeßführung erlangt der Mann aber auch dann, wenn er im eigenen Namen die Rechte der Frau an dem eingebrachten Gute mit deren Zustimmung im Prozeßwege geltend macht, da er durch eine solche Zustimmung *auch das Recht erlangt, über das eingebrachte Gut selbst zu verfügen*. Denn hat die Frau der Prozeßführung zugestimmt, so muß sie z. B. auch etwaige Verzichterklärungen des Mannes auf den eingeklagten Anspruch gegen sich gelten lassen, wie denn überhaupt nicht einzusehen ist, warum die Frau nicht genau so gut durch „ihre Zustimmung" zur Prozeßführung die Wirksamkeit des Urteils zu ihren Gunsten und ihren Ungunsten herbeiführen könnte, wie dadurch, daß sie ihrem Manne „Vollmacht" zur Prozeßführung erteilt.

Daß diese Folgerung der Art, wie die Rechte der Frau und des Mannes an dem eingebrachten Gute der Frau in den §§ 1373 flg. BGB. geregelt sind, durchaus entspricht, ist auch aus der Vorschrift des § 1400 BBG. zu schließen. Denn danach kann die Frau ohne Zustimmung ihres Mannes ein zum eingebrachten Gute gehöriges Recht im Wege der Klage überhaupt nicht geltend machen, trotzdem es sich hierbei um ein ihr und nicht ihrem Manne zustehendes Recht handelt und obwohl sie an sich gemäß § 52 ZPO. in vollem Umfange prozeßfähig ist. Hat sie aber mit Zustimmung des Mannes ein zum eingebrachten Gute gehöriges Recht eingeklagt, so wirkt ein solches Urteil, wie aus § 1400 Abs. 1 BGB. allgemein und mit Recht gefolgert wird, auch für und gegen den Mann (vgl. RGZ. Bd. 56 S. 73, insbes. 76). Auch diese Regelung läßt die Schlußfolgerung begründet erscheinen, daß dann, wenn der Mann ein zum eingebrachten Gute gehöriges Recht der Frau im Klagewege geltend macht, das in diesem Prozeß ergehende Urteil auch für und gegen die Frau Rechtskraft erlangt, wenn diese der Prozeßführung durch den Mann zugestimmt hat.

Dieser Satz ist zwar, soweit es sich um die Frage der Rechtskraftwirkung handelt, noch nicht direkt vom Reichsgericht ausgesprochen, steht aber mit dessen in einer ähnlichen Frage ergangenen

Rechtsprechung durchaus im Einklange. In dem in der Entscheidung RGZ. Bd. 77 S. 34 vom IV. Senat entschiedenen Falle handelt es sich um die Frage, ob der Mann aktiv legitimiert sei, im eigenen Namen und ohne Zuziehung der Frau wegen einer ihr angefallenen Erbschaft Klage auf Feststellung des Nachlaßbestandes, auf Auskunfterteilung, Leistung des Offenbarungseides und Herauszahlung derjenigen Beträge zu erheben, welche sich als Erbteil der Frau ergeben würden. Das Reichsgericht hat für eine solche Klage die Aktivlegitimation des Mannes bejaht, falls die Frau „zu den im Verlaufe des Rechtsstreits und der Zwangsvollstreckung vom Manne vorzunehmenden Verfügungen ihre Zustimmung erteilt hat. Ist dies geschehen", heißt es weiter (a. a. O. S. 35), „so muß sie nicht bloß das Urteil, sondern auch die Verfügung des Mannes gegen sich gelten lassen. Sowohl die Frau wie auch der Mann und sein Prozeßgegner befinden sich dann in der gleichen Lage, wie wenn der Mann nach § 1376 von vornherein der Zustimmung der Frau nicht bedurft hätte. § 1380 Satz 2 trifft deshalb auch auf diesen Fall zu." (Vgl. auch Urteil des erkennenden Senats vom 16. Juni 1910, VI. 361/09, Jur. Wochenschr. 1910 S. 811 Nr. 28.)

Diesen Erwägungen gegenüber kommen die aus der Entstehungsgeschichte des Gesetzes (Prot. Bd. 4 S. 133, 172, 173) hergeleiteten Gründe für die gegenteilige Ansicht, die eine Rechtskraftwirkung des von dem Ehemann über das eingebrachte Gut seiner Frau geführten Prozesses für und gegen die Frau nur in dem im § 1380 Satz 2 BGB. ausdrücklich geregelten Falle zulassen will, nicht entscheidend in Betracht, zumal die darin enthaltenen rechtspolitischen Erwägungen nicht überzeugend sind. Man hat nämlich geltend gemacht, daß auf diese Weise dem Beklagten die Möglichkeit entzogen werde, eine Widerklage gegen die Frau zu erheben, und daß er unter Umständen in seiner Beweisführung, z. B. mittels Eideszuschiebung an die Ehefrau, beschränkt werde. Der erstere Umstand ist aber von gänzlich untergeordneter Bedeutung, da es für den Beklagten keinen erheblichen Unterschied bedeuten kann, ob er im Wege einer selbständigen Klage oder mittels Widerklage seine Ansprüche gegen die Frau geltend zu machen hat; und wenn er nicht in der Lage ist, der Frau in dem vom Manne geführten Prozeß einen Eid zuzuschieben, so steht doch nichts im Wege, die Frau als Zeugin zu benennen, womit der Beklagte unter Umständen dasselbe oder noch mehr erreicht wie durch eine Eideszuschiebung. Umgekehrt würde dagegen die der hier vertretenen entgegengesetzte Auffassung zu dem vom legislativpolitischen Standpunkt aus weit bedenklicheren Ergebnis führen, daß dadurch die Frau gezwungen würde, auch dann, wenn der Mann ein ihr günstiges Urteil erstritten hat, nochmals denselben Prozeß im eigenen Namen anzustrengen, wodurch nicht bloß eine ganz unnütze

Häufung von Prozessen, sondern auch die Gefahr des Erlasses einander widerstreitender Entscheidungen entstehen würde. Wenn weiterhin geltend gemacht worden ist, die Frage, ob die Frau ihrem Manne die Zustimmung zur Prozeßführung erteilt habe, komme im Prozesse selbst gar nicht zur Erörterung und könne deshalb nachträglich zu Weiterungen und Schwierigkeiten führen, so scheidet dieser Beweisgrund für den vorliegenden Fall aus, da im Vorprozeß ausdrücklich erörtert und festgestellt worden ist, daß die Frau der Prozeßführung durch ihren Mann zugestimmt hat." . . .

RGZ. 103, 126

Zu den Begriffen der Abwesenheit und der mit dem Aufschube verbundenen Gefahr im Sinne des § 1401 BGB.

VII. Zivilsenat. Urt. v. 1. November 1921.

I. Landgericht Hamburg. II. Oberlandesgericht daselbst.

Der Beklagte ließ am 13. August 1919 bei seinem Schuldner, dem Ehemann H., Zwangsvollstreckung vornehmen. Mit der Behauptung, daß ein Teil der gepfändeten Gegenstände früher Eigentum der Ehefrau H. gewesen sei, und daß die letztere ihnen diese Gegenstände durch Vertrag vom 11. August 1919 übereignet habe, widersprachen die Kläger der Zwangsvollstreckung in diese Gegenstände und verlangten insoweit die Feststellung der Unzulässigkeit. Der Beklagte bestritt u. a. die Wirksamkeit des Uebereignungsvertrags mangels der Zustimmung des Ehemanns H. In letzterer Hinsicht behaupteten die Kläger das Vorliegen der Voraussetzungen des § 1401 BGB. Im Gegensatz zum Landgericht, das die Klage abwies, gab das Oberlandesgericht dem Klagantrage statt. Die Revision des Beklagten blieb erfolglos.

Gründe:

Das Berufungsgericht stellt fest, daß die streitigen Gegenstände eingebrachtes Gut der Ehefrau H. waren und von ihr an die Kläger durch Vertrag vom 11. August 1919 zur Sicherheit für gegebene Darlehen im Betrage von zusammen 12 000 M übereignet worden sind. Hiergegen wird von der Revision ein Angriff nicht erhoben; sie wendet sich nur dagegen, daß das Berufungsgericht das Vorliegen der Voraussetzungen des § 1401 BGB. angenommen und danach die Zustimmung des Ehemanns H. zur Veräußerung der streitigen Sachen für entbehrlich erklärt hat. Damit kann sie keinen Erfolg haben. Nach § 1401 BGB. ist die Zustimmung des Mannes in den Fällen der §§ 1395 bis 1398 nicht erforderlich, wenn der Mann durch Abwesenheit an der Abgabe einer Erklärung verhindert und mit dem Aufschube Gefahr verbunden ist. Das erste Erfordernis — Abwesenheit des Ehemanns H. — ist vom Berufungsgericht bedenkenfrei angenommen; denn es stellt fest, daß zur Zeit des Darlehns- und Sicherungsübereignungsvertrags vom 11. August 1919 die Eheleute H. getrennt voneinander und in Feindschaft und Scheidung lebten, und daß die Wohnung des Ehemanns H. nicht auffindbar war. Damit sind alle Erfordernisse für die Annahme einer Abwesenheit im Sinne des § 1401 BGB. festgestellt. Der Ehemann H. war tatsächlich durch Abwesenheit verhindert, am 11. August 1919 eine Erklärung abzugeben. Es genügte eine vorübergehende Verhinderung, die Verhinderung brauchte nicht, wie im Falle des § 1305 BGB., eine dauernde zu sein. Es lag auch eine Abwesenheit auf unbestimmte Dauer, nicht bloß ein vorübergehendes Verreistsein vor; der Ehemann war, wie die Sache lag, überhaupt oder doch innerhalb entsprechender Zeit nicht erreichbar. Darauf, daß das Hindernis später wegfiel, indem am 13. August 1919 der Ehemann H. in der von der Ehefrau weiter benutzten Ehewohnung unvermutet erschien, kommt es nicht an. Maßgebend für die Feststellung der Voraussetzungen des § 1401 BGB. ist allein der Zeitpunkt des von der Ehefrau vorzunehmenden Rechtsgeschäfts oder der von ihr vorzunehmenden Verfügung, also hier der 11. August 1919. Die etwa am 13. August 1919 gegebene Möglichkeit, die Einwilligung des Mannes einzuholen, muß daher — vorausgesetzt, daß das weitere Erfordernis einer mit dem Aufschube verbundenen Gefahr gegeben war — ganz außer Betracht bleiben. Obgleich somit das Berufungsgericht die Abwesenheit des Mannes im Sinne des § 1401 BGB. einwandfrei festgestellt hat, fügt es seiner Begründung noch die Bemerkung hinzu, daß unter den gegebenen Verhältnissen, und da der Ehemann die gemäß § 1395 BGB. erforderliche Einwilligung offenbar nicht abgeben wollte, der Fall den im Gesetze ausdrücklich erwähnten Verhinderungsfällen von Krankheit und Abwesenheit gleichzustellen sei. Mit Recht weist demgegenüber die Revision darauf hin, daß es für den Begriff der Abwesenheit im Sinne des § 1401 BGB. nur darauf ankommt, daß der Mann die Erklärung nicht abgeben kann, nicht, daß er sie nicht abgeben will. Die zusätzliche Bemerkung des Berufungsgerichts, die übrigens als bloße Erwägung, nicht als tatsächliche Feststellung aufzufassen ist, . . . ist aber unschädlich, weil überflüssig, nachdem die Voraussetzungen der Abwesenheit anderweit einwandfrei festgestellt sind. Das Berufungsgericht hat unnötigerweise eine Erwägung herangezogen, die mit der Feststellung der Abwesenheit im Sinne des § 1401 BGB. nichts zu tun hat.

Es kommt sonach nur noch darauf an, ob mit dem Aufschube Gefahr verbunden war. Das Berufungsgericht bejaht das, da die Ehefrau nach ihrer glaubhaften Bekundung ihren Hausstand an die

Kläger habe verkaufen müssen, um sich Kredit zu verschaffen und ihre Existenz zu sichern. Diese wenn auch nur kurze Begründung muß als ausreichend angesehen werden. Es handelt sich dabei im wesentlichen um eine Tatfrage; ein Rechtsirrtum ist nicht erkennbar. Die Motive zum Entwurf des BGB. Bd. 4 S. 240 bemerken allerdings, daß die Voraussetzung der Gefahr im Verzuge im Sinne des § 1401 wenigstens in der Regel nur dann vorliegt, wenn der Ehemann, falls er nicht behindert gewesen wäre, die Einwilligung hätte erteilen müssen, und sie wollen deshalb die Anwendbarkeit der Vorschrift auf Fälle beschränken, wo das Rechtsgeschäft zur ordnungsmäßigen Verwaltung des Eheguts erforderlich ist. Das mag, wie die Motive bemerken, für den Regelfall zutreffen. Damit ist aber die Anwendbarkeit des § 1401 auf anders gelagerte Ausnahmefälle nicht ausgeschlossen. Wenn, wie im vorliegenden Falle, der Ehemann in Feindschaft mit seiner Ehefrau, mit der er in Scheidung lebt, die Ehewohnung verlassen, seinen neuen Aufenthaltsort gar nicht bekannt gegeben, für die Ehefrau aber keine Vorsorge getroffen, sondern es ihr selbst überlassen hat, für ihr weiteres Fortkommen und ihren Unterhalt zu sorgen, und wenn die Ehefrau dann zu diesem Zwecke genötigt ist, durch Veräußerung ihrer Habe sich Mittel für ihr Fortkommen zu verschaffen, so kann hierin ohne Rechtsirrtum ein Fall der Gefahr im Verzuge erblickt werden, der die Anwendung des § 1401 rechtfertigt. Vgl. dazu die Bestimmung in § 326 II 1 preuß. ALR., die in solchem Falle der Frau das noch weitergehende Recht gab, den Mann in seinen eigenen Vermögensangelegenheiten zu vertreten. . . .

RGZ. 106, 381

Bezieht sich die Vorschrift des § 1369 BGB. auch auf einen Erwerb, den die Frau vor der Eingehung der Ehe macht?

IV. Zivilsenat. Urt. v. 19. März 1923.

I. Landgericht III Berlin. II. Kammergericht daselbst.

Die Eheleute B. haben in ihren insoweit gleichlautenden Testamenten vom 14. Dezember 1913 sich gegenseitig als Erben und ihre Kinder als Nacherben eingesetzt und weiter bestimmt:

Was meine Töchter als Nacherbteil, Erbteil oder Pflichtteil aus meinem Nachlaß erhalten, soll Vorbehaltsgut sein und der Verwaltung und Nutznießung ihrer Ehemänner nicht unterliegen.

Meinen Töchtern bestimme ich zu Nacherben ihre ehelichen Nachkommen . . .

Ich setze einen Testamentsvollstrecker zu folgenden Zwecken ein. Er hat bis zum Eintritt der beiden Nacherbfolgen die Rechte der Nacherben auszuüben und deren Pflichten zu erfüllen; sodann hat er die Verwaltung des Vorbehaltsguts meiner Töchter zu übernehmen, solange diese verheiratet sind. Verheiratet sich eine meiner Töchter nochmals, so soll die Testamentsvollstreckung wieder aufleben und der Testamentsvollstrecker die Verwaltung des von mir herrührenden Vermögens wieder besorgen. Zu dem Zweck hat meine Tochter ihm das Erbteil wieder herauszugeben.

Der Ehemann B. ist 1914, die Ehefrau 1916 gestorben. Zur Zeit der Errichtung des Testaments und zur Zeit des Ablebens der Genannten war die eine ihrer beiden Töchter verwitwet; sie hat sich im Februar 1917 mit dem Beklagten verheiratet und lebt mit ihm im gesetzlichen Güterstande. Ueber die Frage, ob der Ehemann oder der Testamentsvollstrecker das ererbte Vermögen der Frau in Besitz zu nehmen habe, entstanden Meinungsverschiedenheiten. Im April 1919 hat der damalige Testamentsvollstrecker das Vermögen dem Ehemann übergeben, der es jetzt im Besitz hat. Der jetzige Testamentsvollstrecker vertritt den Standpunkt, daß er zur Verwaltung und zum Besitze des Nachlaßvermögens berechtigt sei, und hat gegen den Ehemann Klage auf Herausgabe des in seiner Verwaltung befindlichen elterlichen Erbteils seiner Frau, sowie auf Rechenschaftslegung und Auskunftserteilung erhoben. Das Landgericht wies die Klage ab, das Kammergericht verurteilte den Beklagten durch Teilurteil zur Vorlegung eines Bestandsverzeichnisses und zur Rechenschaftslegung über die Verwaltung. Die Revision des Beklagten blieb ohne Erfolg.

Gründe:

Hinsichtlich des Erbteils der Tochter K., die zur Zeit der Errichtung des Testaments und zur Zeit des Erbfalls Witwe war und sich erst später mit dem Beklagten verheiratete, sagt das Berufungsurteil — unter Verweisung auf ein früheres Kammergerichtsurteil Rspr. d. OLG. Bd. 33 S. 339 —, es erscheine ihm fraglich, ob der § 1369 BGB. dahin verstanden werden müsse, daß er auf eine vor der Eheschließung erfolgte Zuwendung nicht anwendbar sei; da jedoch ein Urteil des Reichsgerichts in diesem Sinne vorliege (RGZ. Bd. 65 S. 367), so lasse es die Frage dahingestellt. Es gewinnt seine Entscheidung auf der Grundlage, daß auch dann, wenn das fragliche Nachlaßvermögen nicht Vorbehaltsgut geworden sei, die weiter getroffene Anordnung der Erblasser über die Testamentsvollstreckung wirksam geworden sei und den Klaganspruch rechtfertige.

Der Senat hat die Frage, ob nach § 1369 BGB. auch bei Zuwendungen, die vor der Ehe erfolgen, der Zuwendende wirksam anordnen kann, daß der Erwerb bei der Eheschließung Vorbehaltsgut werden soll, einer neuerlichen Prüfung unterzogen, und ist zu ihrer Bejahung gelangt. Aus dem Wortlaute der Vorschrift und aus ihrer Vergleichung mit anderen Vorschriften des ehelichen Güterrechts ergibt sich ein zwingender Schluß weder in dem einen noch in dem anderen Sinne, ebensowenig aus der Entstehungsgeschichte der Vorschrift. Als hauptsächlichster sachlicher Grund für die Ausschließung der Möglichkeit, schon vor der Ehe zukünftiges Vorbehaltsgut zu begründen, ist in dem Urteil RGZ. Bd. 65 S. 367 angeführt, daß dem Manne das Recht zugebilligt werden müsse, schon vor Eingehung der Ehe Gewißheit über die Vermögensverhältnisse der Frau, namentlich über den Umfang etwa vorhandenen Vorbehaltsguts, zu haben. Dieser Grund kann nicht als maßgebend anerkannt werden. Der Mann, der sich vor der Ehe über die Vermögensverhältnisse der Frau zu vergewissern sucht, wird immer mit der Gefahr zu rechnen haben, daß er nicht zu einem unbedingt zuverlässigen Ergebnis gelangt; so wenig er einen Schutz dagegen hat, daß ihm über die Höhe der Vermögens unrichtige Angaben gemacht werden, ebensowenig kann er einen besonderen Schutz nach der Richtung beanspruchen, daß nicht seine Berechnungen durch das Vorhandensein von Vorbehaltsgut und die etwa unterbliebene Mitteilung hierüber beeinträchtigt werden. Jedenfalls entspricht es nicht dem heutigen Rechtsempfinden, die Interessen des Mannes derart in den Vordergrund zu stellen. Richtig ist soviel, daß die Frau eines Schutzes in der fraglichen Richtung um deswillen nicht unbedingt bedürfte, weil sie das Vermögen, das sie zur Zeit der Eheschließung besitzt, selber auf dem Wege des Ehevertrags zum Vorbehaltsgut machen kann. Aber in vielen Fällen mag es der Braut nicht leicht fallen, dem Bräutigam mit dem Verlangen nach Abschluß eines solchen Vertrags gegenüberzutreten, während sie sich vielleicht die von einer anderen Person ausgegangene Fürsorge gerne zu Nutzen machen wird. Weiterhin kommt aber auch wesentlich das Interesse des Zuwendenden in Betracht, der für seinen Entschluß, das Zugewendete nur als Vorbehaltsgut zu geben, berechtigte Gründe haben kann, sei es mit Rücksicht auf die Person der Bedachten, sei es mit Rücksicht auf gemachte Erfahrungen. Es ist nicht abzusehen, warum dieses Interesse des Zuwendenden nur dann Berücksichtigung finden soll, wenn es sich gerade auf die Erfahrungen hinsichtlich einer bereits bestehenden Ehe gründet. Für letztwillige Zuwendungen haben derartige Interessen des Zuwendenden im Gesetz eine ausdrückliche Anerkennung gefunden durch die in § 2209 BGB. gewährte Möglichkeit, das zugewendete Vermögen dauernd der Verwaltung eines Testamentsvollstreckers zu unterstellen und auf diese Weise dem künftigen Ehemann die Verwaltung vorzuenthalten. In gleicher Weise sind aber jene Interessen des Zuwendenden für den ganzen Umfang des § 1369 anzuerkennen.

Die in dem Urteil RGZ. Bd. 65 S. 367 erwähnte Möglichkeit, daß ein schon vor der Ehe als künftiges Vorbehaltsgut zugewendetes Vermögen in der Zeit bis zur Eheschließung Wandlungen im Sinne des § 1370 BGB. durchmachen und so seine Feststellung erschwert werden könne, besteht allerdings, liegt aber doch recht fern. Ein wesentlicher Grund gegen die Zulassung derartiger Zuwendungen kann aus ihr nicht entnommen werden.

Nach alledem ist die Anordnung der Erblasser, daß der der Tochter K. zufallende Erbteil Vorbehaltsgut werden solle, als gültig anzuerkennen, und der Beklagte kann deshalb aus § 1373 BGB. kein Recht auf den Besitz dieses Vermögens herleiten. . . .

RGZ. 124, 325

Ist der im gesetzlichen Güterstand lebende Ehemann berechtigt, einen von ihm gemeinschaftlich mit seiner Frau über ihr eingebrachtes Gut abgeschlossenen Mietvertrag ohne Zustimmung der Frau abzuändern?

BGB. §§ 397, 741 flg., 1374, 1375, 1383, 1395, 1399.
ZPO. §§ 829, 861.

VIII. Zivilsenat. Urt. v. 27. Mai 1929.

I. Landgericht Düsseldorf. II. Oberlandesgericht daselbst.

Die im gesetzlichen Güterstand lebenden Eheleute F. hatten zusammen ein ihnen beiden gemeinschaftlich gehörendes Anwesen vermietet. Später ermäßigte der Mann auf Verlangen des Mieters W., des Beklagten, in Abwesenheit der Frau den Mietzins. Diese verweigerte aber die Genehmigung der angeblich ohne ihr Wissen und ihre Zustimmung erfolgten Ermäßigung. Die beiden Eheleute klagten nun den Mietzinsunterschied ein. Die Klage der Frau wurde auf Grund des § 1383 BGB. rechtskräftig abgewiesen. Das Landgericht wies auch die Klage des Mannes ab. Das Oberlandesgericht machte ihm gegenüber den Zuspruch abhängig von der Leistung eines ihm auferlegten richterlichen Eides über die Kenntnis seiner Frau von der Herabsetzung des Mietzinses.

Die Revision des Beklagten führte zur Abweisung auch der Klage des Mannes.

Gründe:

Da das fragliche Anwesen — so führt das angefochtene Urteil aus — gemeinschaftliches Eigentum der Eheleute F. sei, stehe diesen gemäß §§ 741, 744 BGB. auch das Verwaltungsrecht an dem Anwesen gemeinschaftlich zu. Durch den gemeinschaftlichen Abschluß des Mietvertrags sei der Ehefrau ein Recht auf den ihrem Anteil an den vermieteten Räumen entsprechenden Teil des Mietzinses entstanden. Auch dieses Recht sei eingebrachtes Gut der Frau geworden. Nur der jeweils fällige Mietzins stehe während des gesetzlichen Güterstandes dem Ehemann zu. Ueber diesen Mietzins habe der Kläger frei verfügen können, nicht aber über die noch nicht fällige künftige Miete. Bei Abschluß des Erlaßvertrags habe der Kläger über die aus dem Mietvertrag hervorgehende Miete überhaupt und somit bezüglich des Anteils der Klägerin an den vermieteten Räumen über ihr eingebrachtes Gut verfügt, was nach § 1375 BGB. ohne ihre Zustimmung unwirksam sei. Zwar gebühre nach § 743 BGB. jedem Teilhaber an einer gemeinsamen Sache ein Anteil an ihren Früchten, über den er frei verfügen könne. Frucht des vermieteten Grundstücks sei aber nicht der Mietzins in seinem Nennbetrag, sondern der Reinertrag aus dem Mietzins nach Abzug aller Kosten und Lasten. Der Mietzins selbst stehe den Teilhabern gemeinschaftlich zu; nur gemeinschaftlich könnten sie über ihn verfügen.

Diese Ausführungen werden von der Revision mit Recht bekämpft. Ein Rechtsirrtum liegt in erster Linie darin, daß das Berufungsgericht von einem Erlaßvertrag spricht. Der Erlaßvertrag des § 397 Abs. 1 BGB. bezieht sich, wie alle Erlöschungsgründe der §§ 362 flg., auf ein entstandenes Schuldverhältnis (die „geschuldete Leistung" in § 362). Hier kam aber, als sich der Kläger am 3. September 1926 mit dem Beklagten einigte, nur zum kleinsten Teil (für August und September 1926) ein Erlaß der im voraus fälligen Mietschuld in Betracht. Vielmehr lag eine Aenderung des Mietvertrags vom 24. November 1924 bezüglich des Mietzinses als Vertragsbestandteils mit allen Erfordernissen einer solchen Aenderung vor. Diese Aenderung wirkte nur insoweit als Erlaß, als sie rückwirkend vereinbart wurde.

Die Kläger leben im Güterstand der sogenannten Verwaltungsgemeinschaft. Zum eingebrachten Gut der Klägerin gehört ihr hälftiger Anteil an dem den Eheleuten gehörigen Anwesen. Da ein güterrechtliches Gemeinschaftsverhältnis an diesem Anwesen nicht besteht, wäre es an sich rechtlich möglich, in Ansehung des Anwesens eine nach den Vorschriften des § 741 BGB. zu beurteilende Gemeinschaft anzunehmen. Aber die weiteren Vorschriften, die das Bürgerliche Gesetzbuch in den §§ 741 flg. gibt, müssen zurücktreten hinter besonderen Vorschriften des gesetzlichen Güterrechts. Für den vorliegenden Fall scheiden insbesondere die §§ 743, 744 aus.

Wenn auch die Geschäftsfähigkeit einer Frau durch die Eheschließung in keiner Weise beeinträchtigt wird, so tritt doch als Folge der beim gesetzlichen Güterstand dem Manne zustehenden Verwaltung und Nutznießung am eingebrachten Gut eine dingliche

Gebundenheit dieses Gutes zugunsten des Mannes ein, die sich in einer Beschränkung der der Frau als Eigentümerin an sich zustehenden Verfügungsbefugnis äußert. Der Mann verwaltet und nutzt das eingebrachte Gut, allerdings nicht zu eigenem Gewinn, sondern als treuer Haushalter für Zwecke des ehelichen Lebens. Den Stammwert des Vermögens hat der Mann zu erhalten, da der Reinertrag für den Lebensunterhalt der Familie bestimmt ist. Deshalb darf der Mann nach § 1375 BGB. über eingebrachtes Gut ohne Zustimmung der Frau auch nicht verfügen, d. h. keine Rechtsgeschäfte eingehen, die unmittelbar auf Uebertragung, Belastung, Aenderung oder Aufhebung eines Rechts abzielen (RGZ. Bd. 106 S. 112). Aber weder der Abschluß eines Mietvertrags noch auch die Besitz- und Gebrauchsüberlassung an den Mieter oder beides zusammen fällt unter diesen Begriff. Solche Verträge kann der Mann allein abschließen, weil durch sie nicht das eingebrachte Gut selbst betroffen, nicht die Frau als Eigentümerin belastet wird. Wenn der Mann ein zum eingebrachten Gut der Frau gehörendes Anwesen vermietet, so tut er dies, um das eingebrachte Gut ordnungsgemäß zu verwalten, es nutzbar zu machen.

Die Frau hingegen bedarf zur Verfügung über eingebrachtes Gut grundsätzlich der Einwilligung des Mannes (§ 1395 BGB.). Einen Mietvertrag kann sie wohl ohne diese Einwilligung abschließen; denn hierdurch allein wird in die Rechte des Mannes nicht eingegriffen. Die Erfüllung der aus diesem Abschluß sich ergebenden Pflicht, die Uebertragung des Mietbesitzes, braucht jedoch der Mann wegen der ihm am eingebrachten Gut zustehenden Rechte nicht zu dulden (RGZ. Bd. 58 S. 38).

Die Kläger haben den Mietvertrag vom 24. November 1924 nach den Feststellungen des Berufungsurteils gemeinschaftlich abgeschlossen. Es ist daher unbedenklich anzunehmen, daß der Kläger der in diesem Vertrag enthaltenen Verpflichtung der Klägerin zugestimmt hat. Der Vertrag verpflichtet also die Klägerin als Vermieterin persönlich schuldrechtlich mit der Folge, daß sie bei Fortbestehen des Vertragsverhältnisses auch noch nach Aufhören der Verwaltung und Nutznießung des Mannes aus dem Vertrag haftet. Dieser ist in Ansehung des eingebrachten Gutes auch dem zustimmenden Manne gegenüber wirksam (§ 1399 Abs. 2 BGB.). Es fragt sich nun, welche Wirkungen dieser Vertrag für das güterrechtliche Verhältnis zwischen Mann und Frau gehabt hat und ob insbesondere der Kläger berechtigt war, den gemeinschaftlich geschlossenen Vertrag ohne Zustimmung seiner Frau zu ändern.

Das Berufungsgericht hat diese Frage zu Unrecht verneint.

Der Mietvertrag konnte an den güterrechtlichen Verhältnissen der Kläger nichts ändern und insbesondere dem Ehemann das Recht der Verwaltung und Nutznießung nicht nehmen. Diese Rechte erwirbt der Mann kraft Gesetzes durch den Abschluß der Ehe, ohne daß eine förmliche Uebertragung erforderlich wäre; sie erlöschen nur unter den im Gesetze besonders bestimmten Voraussetzungen (§§ 1418 flg. BGB.). Vorbehaltsgut, also durch Gesetz oder Vertrag vorbehaltenes Vermögen der Frau (§§ 1365 flg. das.), steht nach den Feststellungen des Berufungsurteils nicht in Frage. Der Anteil der Klägerin am gemeinschaftlichen Anwesen war also nach wie vor eingebrachtes Gut, das der Verwaltung und Nutznießung des Mannes unterstand. In Ausübung dieses seines Verwaltungsrechts hat der Kläger den ursprünglichen Vertrag abgeändert; er hat damit nicht über das Anwesen „verfügt", sondern er hat es verwaltet. Der Kläger hatte, als er im ursprünglichen Vertrag die Räume an den Beklagten vermietete, auch nur eine Verwaltungstätigkeit ausgeübt. Er hat seiner Frau wohl gestattet, hierbei als Vertragsteil mitzuwirken mit dem Erfolg, daß sie nach § 1395 BGB. selbst Pflichten übernahm; sein eigenes Verwaltungsrecht wurde aber dadurch auch für die Zukunft nicht beeinträchtigt.

Nun meint das Berufungsgericht, durch den Abschluß des Mietvertrags sei der Klägerin ein Recht auf den ihrem Anteil an den vermieteten Räumen entsprechenden Teil des Mietzinses entstanden. Dieses Recht der Frau sei eingebrachtes Gut, das nach § 1375 BGB. ohne die Zustimmung der Frau der Verfügung des Mannes entrückt sei; er könne nur über den jeweils fälligen Mietzins verfügen. Auch das ist irrig. Die Nutzungen des eingebrachten Gutes erwirbt der Mann nach § 1383 BGB. in derselben Weise und in demselben Umfang wie ein Nießbraucher. Er erwirbt also die Früchte einer Sache mit der Trennung (§§ 954, 1068 BGB.); Früchte, die in der Vergütung für die Ueberlassung des Gebrauchs oder in anderen regelmäßig wiederkehrenden Leistungen bestehen, kraft Gesetzes fortlaufend zu dem der Dauer seines Nutzungsrechts entsprechenden Teil; bürgerliche Früchte mit der Fälligkeit. Dies betrifft aber nur den Erwerb des Eigentums an den Früchten selbst; was der Mann von seinen Nutzungen erübrigt, ist sein Eigentum. Anderseits tritt jedoch der Nießbraucher als Berechtigter schon kraft seines dinglichen Rechts — nicht etwa erst durch besondere Uebertragung seitens des Eigentümers — in die Mietverhältnisse ein, die für das seinem Nießbrauch unterworfene Grundstück bestehen, und ebenso in die — wenn auch betagten — Mietzinsforderungen. Diese sind aus dem Vermögen des Eigentümers ausgeschieden und in das des Nießbrauchers übergegangen (RGZ. Bd. 68 S. 10, Bd. 80 S. 316).

Soweit also Nutzungen darin bestehen, daß der Mann wiederkehrende Leistungen von einem andern zu fordern berechtigt ist, z. B. Zinsen, gehen die darauf gerichteten, sich als Nutzungen darstellenden Ansprüche kraft Gesetzes auf den Mann über. Dieser Uebergang erfolgt mit dem Zeitpunkt, in dem der Anspruch eingebrachtes Gut wird.

Den Anspruch auf Miet- oder Pachtzinsen hat demnach der Mann mit dem Vertragsschluß erworben, gleichviel ob er selbst oder ob die Frau den Vertrag abgeschlossen hat. Deshalb kann auch der Gläubiger des Mannes solche Forderungen, deren voller Erwerb nur noch von der Fortdauer des ehemännlichen Rechts bis zum Fälligkeitstermin abhängt, als bedingt nach § 829 ZPO. schon vorher pfänden (Stein-Jonas ZPO. Anm. II 2 zu § 861; Baumbach Anm. 2 zu § 861; Sydow-Busch Anm. 2 zu § 861).

Mit diesem Rechtszustand rechnete schon der Gesetzgeber, der nach den Motiven zum Bürgerlichen Gesetzbuch Bd. 4 S. 218 absichtlich davon absah, Vorschriften darüber zu treffen, ob und inwieweit schon vor der Fälligkeit Forderungen gepfändet werden könnten, die zu den Früchten der ehelichen Nutznießung gehören, z. B. die auf Grund eines von der Ehefrau vor Beginn der ehelichen Nutznießung und Verwaltung geschlossenen Miet- oder Pachtvertrags zufallenden Miet- oder Pachtgelder. Dies wurde damit begründet, daß die zu den Nutzungen gehörenden Ansprüche, soweit sie schon vor der Fälligkeit, wenn auch nur als bedingte oder betagte, vom Ehemann erworben seien, schon nach §§ 743, 733 (jetzt §§ 844, 832) ZPO. der Pfändung unterlägen.

Das Schwergewicht der Rechte des Mannes liegt in der Verwaltung des Frauengutes. Die Nutzung ist die rechtliche Form, in der er die Früchte des Eingebrachten bezieht. Als der Kläger am 3. September 1926 den Vertrag vom 24. November 1924 dadurch änderte, daß er den Mietzins herabsetzte, handelte er als Verwalter des eingebrachten Gutes seiner Frau. Er verfügte nicht über dieses Gut, sondern als Nutznießer über sein eigenes Recht. Der Nachtragsvertrag bedurfte mithin nicht der Zustimmung der Ehefrau.

RGZ. 125, 401

1. Welchem Ehegatten gegenüber sind beim gesetzlichen Güterrecht einseitige Rechtsgeschäfte Dritter vorzunehmen, die den Aktiv- und den Passivbestand des eingebrachten Gutes zugleich berühren?

2. Zum Kaduzierungsverfahren bei der Gesellschaft mbH. in bezug auf den Geschäftsanteil einer Ehefrau.

BGB. § 1403. GmbHG. § 21.

II. Zivilsenat. Urt. v. 15. Oktober 1929.

I. Landgericht I Berlin. II. Kammergericht daselbst.

Die Klägerin hat am 28. März 1924 in notariellem Vertrag unter Mitwirkung und Genehmigung ihres Ehemanns, der hierbei ebenso wie sie selbst erklärte, daß sie im gesetzlichen Güterstand lebten, zusammen mit dem Kaufmann Sch. (Beklagten zu 2) und dem Kaufmann A. R. die verklagte Gesellschaft mbH. errichtet. Wegen Nichteinzahlung einer restlichen Bareinlage von 1650 RM. hat die Gesellschaft im Jahre 1925 die Klägerin ihres Geschäftsanteils und ihrer Teileinzahlung für verlustig erklärt und hat ihren Geschäftsanteil versteigern lassen. Der Beklagte zu 2, Geschäftsführer der Gesellschaft, hat ihn ersteigert.

Im Jahre 1928 hat die Klägerin, die ihre Bareinzahlungspflicht und die Wahrung der Erfordernisse des Ausschlußverfahrens bestreitet, Klage erhoben mit dem Antrag festzustellen, daß ihr Ausschluß aus der beklagten Gesellschaft unwirksam sei und daß ihr Geschäftsanteil nach wie vor ihr zustehe, ferner die Beklagten zu verurteilen, ihr die Bilanzen der Gesellschaft über die Jahre 1924 bis 1927 vorzulegen und ihr Auskunft zu erteilen, welcher Gewinn in diesen Jahren auf ihren Geschäftsanteil entfallen sei.

Mit dieser Klage ist sie vom Landgericht abgewiesen worden, beim Kammergericht aber durchgedrungen. Die Revision der Beklagten führte zur Aufhebung des Urteils und zur Zurückverweisung.

Aus den Gründen:

Das angefochtene Urteil, das im Gegensatz zum landgerichtlichen Erkenntnis die gesetzlichen Erfordernisse des Ausschlußverfahrens nicht als gewahrt erachtet und darum alle übrigen Streitpunkte als unerheblich bezeichnet, geht vom Bestehen des gesetzlichen Güterstands zwischen der Klägerin und ihrem Ehemann als einer feststehenden Tatsache aus. In diesem Falle gehört der im Streit befangene Geschäftsanteil zum eingebrachten Gut. Die Klagebefugnis der Klägerin wird gemäß § 1400 Abs. 2 BGB. mit Recht daraus abgeleitet, daß sie unbestritten vorgebracht hat, ihr Ehemann habe ihr zur gegenwärtigen Klage seine Zustimmung erteilt. Die behauptete Ungültigkeit des Ausschlußverfahrens wird auf die Nichtbeobachtung der für den gesetzlichen Güterstand geltenden Vorschrift des § 1403 Abs. 1 BGB. gestützt.

Die Frage, an wen bei Bestehen dieses Güterstands die zum Ausschluß der Klägerin nach § 21 Abs. 1 und 2 GmbHG. erforderlichen Erklärungen zu richten waren, ob an die Ehefrau als Einlageschuldnerin, an die sie allein gerichtet worden sind, oder an den verwaltungsberechtigten Ehemann, ist — entgegen der Meinung der Revision, die sich auf Hachenburg GmbHG. § 15 Anh. I Anm. 21 stützt — mit dem Vorderrichter in letzterem Sinn zu entscheiden. Bei der Einlageschuld, wie sie die Beklagten annehmen, handelt es sich freilich um eine Verbindlichkeit der Frau, die weder der Gesellschaft noch der Frau gegenüber — etwa gemäß § 1385 Nr. 2 BGB. —

der Ehemann zu tragen verpflichtet war. Aber diejenigen einseitigen Erklärungen der Gesellschaft, die nach § 21 Abs. 1 und 2 GmbHG. unter Androhung des Ausschlusses mit dem Geschäftsanteil zu ergehen hatten oder diesen Ausschluß verfügten, haben sich nicht bloß auf die Einzahlungsverbindlichkeit, sondern teils nebenher, teils allein auf den Geschäftsanteil als Stück des eingebrachten Gutes „bezogen". Eine solche Beziehung ist nicht nur dann anzunehmen, wenn das Rechtsgeschäft das Stück des aktiven Bestands dieses Gutes bereits erfaßt, wie es die Ausschlußerklärung tut, sondern auch dann, wenn dadurch das Vermögen in seinem aktiven Bestand eine Aenderung erleiden kann, Motive z. BGB. Bd. 2 S. 235 (zu § 1304, dem jetzigen § 1403). Hierauf zielt aber die Aufforderung unter Androhung des Ausschlusses gerade ab.

Nun lehren allerdings die Erläuterungswerke zum Bürgerlichen Gesetzbuch (Komm. v. RGR., Planck, Staudinger, Warneyer) zu § 1403 übereinstimmend — und entsprechendes findet sich auch im Urteil des Oberlandesgerichts Stuttgart Recht 1912 Nr. 441 und im Urteil des Reichsgerichts vom 18. November 1922 V 275/22, überall indessen ohne nähere Begründung, ausgesprochen —, daß einseitige Rechtsgeschäfte, die zugleich den aktiven und den passiven Bestand des eingebrachten Gutes berühren, der Regel des § 1403 Abs. 2 BGB. folgen. Sie seien also der Frau gegenüber vorzunehmen und müßten nur dann auch dem Manne gegenüber vorgenommen werden, wenn sie in Ansehung des eingebrachten Gutes „ihm gegenüber" wirksam sein sollten. Der Vornahme dem Manne gegenüber spricht das angeführte Stuttgarter Urteil „akzessorischen Charakter" derart zu, daß sie überhaupt wirkungslos bleibe, wenn nicht die Vornahme der Frau gegenüber erfolgt sei. Aus der Anwendung dieser Regel ergäbe sich für den vorliegenden Fall die Wirkung, daß zwar „dem Ehemann gegenüber", weil ihm gegenüber keine der vorgeschriebenen Rechtshandlungen vorgenommen wurde, eine Wirkung auf das eingebrachte Gut nicht eingetreten wäre, ihm gegenüber also der Geschäftsanteil nach wie vor der Ehefrau zustünde, und daß alle Rechte aus ihm (wie das Stimmrecht, vgl. Hachenburg a. a. O. § 15 Anh. I Anm. 24, Brodmann Aktienrecht § 252 Anm. 1 h, und der Gewinnbezug) durch den Mann als den Verwalter und Nutznießer ausgeübt werden könnten, und daß auch wegen des Ausfalls an dem eingeforderten Betrag der Stammeinlage nach § 21 Abs. 3 GmbHG. kein Zugriff auf das übrige eingebrachte Gut der Frau stattfinden dürfte. Der Frau gegenüber wäre dagegen alles Geschehene wirksam; der Geschäftsanteil samt der erfolgten Leistung wäre ihr verloren und der Ausfall könnte ihr gegenüber zum Zweck der Beitreibung aus ihrem Sondergut verfolgt werden. Ein derartiges Verhältnis wäre praktisch unmöglich; der Ehemann der Klägerin und der Beklagte zu 2 als Ersteigerer können nicht gleichzeitig die Rechte aus dem Geschäftsanteil haben. Hachenburg, der sich von den Erläuterern des Gesetzes über die Gesellschaften mbH. allein näher mit der Einwirkung des ehemännlichen Verwaltungs- und Nutznießungsrechts auf den Geschäftsanteil befaßt, vertritt die Ansicht, daß diese einseitigen Rechtsgeschäfte im Kaduzierungsverfahren der Frau gegenüber vorzunehmen seien, weil es sich um ihre Verbindlichkeit handle. Er gelangt zu dem Ergebnis, daß auf Grund der der Frau gegenüber vorgenommenen Handlungen der Ausschluß zu Recht erfolge und daß mit ihm alle Rechte des Ehemanns erlöschen. So könnten durch nachlässiges oder böswilliges Verhalten der Frau, z. B. im Ehestreit, dem Ehemann wichtige Rechte unversehens entzogen werden, deren er für sich und zur Tragung der ehelichen Lasten bedarf. Das kann nicht der Wille des Gesetzgebers gewesen sein.

Die Motive zu § 1304 BGB., der zwar nicht im Wortlaut, wohl aber nach seinem Inhalt mit dem geltenden § 1403 übereinstimmt, sagen deutlich etwas anderes, was folgerichtig und annehmbar ist. Nach Anführung von Beispielen solcher einseitigen Rechtsgeschäfte Dritter, die das Vermögen der Ehefrau nur in seinem aktiven Bestand, solcher, die es nur in seinem passiven, und solcher, die es in seinem aktiven und passiven Bestand zugleich (wie die Aufrechnungserklärung) „berühren oder doch berühren können", wird erklärt: einseitige Rechtsgeschäfte dieser Art müßten, wenn sie lediglich das Vorbehaltsgut beträfen, unzweifelhaft der Frau gegenüber vorgenommen werden, und in Ermangelung einer besonderen Bestimmung verbleibe es bei dieser Regel auch in Ansehung solcher Geschäfte, die sich auf das Ehegut in seinem aktiven und passiven Bestand bezögen, da die Ehefrau in der Geschäftsfähigkeit nicht beschränkt sei. Dieses aus allgemeinen Grundsätzen abgeleitete Ergebnis werde jedoch den Anforderungen des praktischen Lebens und einer zweckmäßigen, dem Interesse des Ehemanns wie der Ehefrau entsprechenden Verwaltung des Eheguts nicht gerecht. Da der Ehemann kraft der ehelichen Nutznießung und Verwaltung das Vermögen der Ehefrau in Händen habe und sich vorzugsweise um dessen Verwaltung kümmere, so sei es am zweckmäßigsten, wenn die hier fraglichen Rechtsgeschäfte, sofern sie sich auf Ehegutsrechte bezögen, vorbehaltlich der in § 1307 Abs. 1 (jetzt § 1405) bestimmten Ausnahme nur dem Ehemann gegenüber wirksam vorgenommen werden könnten. Der entgegengesetzte Standpunkt könne unter Umständen zu einer erheblichen Gefährdung der Rechte des Ehemanns führen, wenn die Ehefrau es unterlasse, ihn von der ihr gegenüber erfolgten Vornahme derartiger Rechtsgeschäfte rechtzeitig in Kenntnis zu setzen. Die Vorschrift, daß solche Rechtsgeschäfte, wenn sie sich auf Ehegutsrechte bezögen, nur gegenüber dem Ehemann wirksam vorgenommen werden könnten, müsse auf alle Rechtsgeschäfte der hier in Rede stehenden Art Anwendung finden, ohne Unterschied, ob dadurch nur der aktive oder zugleich der passive Bestand des Eheguts berührt werde. „Wollte man vorschreiben, daß im letzteren Falle das Rechtsgeschäft, wenn es gegenüber der Frau vorgenommen ist, nur in Ansehung des Eheguts gegenüber dem Mann keine Wirksamkeit habe, so würden aus einer solchen Relativität die größten Verwicklungen entstehen." Anderseits müsse — so heißt es in den Motiven weiter — die Analogie des § 1301 (jetzt § 1399 BGB.) dahin führen, in Ansehung solcher einseitigen Rechtsgeschäfte, die sich auf Ehegutsverbindlichkeiten bezögen, jene Relativität zuzulassen, zumal da sich daraus hier ebensowenig wie im Falle des § 1301 praktische Schwierigkeiten ergeben könnten und da auch das Interesse Dritter, die der Ehefrau vielleicht gerade mit Rücksicht auf ihr Vorbehaltsgut Kredit gewährt hätten, dringend erheische, daß das ihr gegenüber vorgenommene einseitige Rechtsgeschäft in Ansehung des Vorbehaltsgutes wirksam sei.

Aus diesen Ausführungen, die den Anforderungen des praktischen Lebens Rechnung tragen und dem Rechte des Ehemanns Schutz angedeihen lassen wollen und die sich daher klar gegen das von Hachenburg befürwortete Ergebnis aussprechen, ergibt sich mit aller Deutlichkeit, daß einseitige Rechtsgeschäfte des Dritten, die zugleich den aktiven und den passiven Bestand des Frauenvermögens berühren, der für die Ehegutsrechte aufgestellten Regel folgen, folgen müssen, weil sonst die größten Verwicklungen entstehen würden. Die Vorschrift, daß in diesem Falle das Rechtsgeschäft gegenüber dem Ehemann nur in Ansehung des Ehegutes keine Wirksamkeit habe, wird dieser Verwicklungen halber abgelehnt, der Vornahme gegenüber der Ehefrau wird also jede Wirkung abgesprochen. Der Rechtsähnlichkeit des § 1301 (§ 1399 BGB.), wonach zu Verpflichtungsgeschäften der Frau die Zustimmung des Mannes nicht erforderlich, aber ohne seine Zustimmung das Rechtsgeschäft in Ansehung des eingebrachten Gutes ihm gegenüber nur im Umfang einer ungerechtfertigten Bereicherung dieses Gutes wirksam ist, steht bei Rechtsgeschäften, die den aktiven Bestand des Frauenvermögens, sei es allein, sei es neben dem passiven berühren, die Rechtsähnlichkeit des § 1398 BGB. (§ 1300 des Entwurfs) zur Seite, wonach die Frau durch einseitige Rechtsgeschäfte über eingebrachtes Gut nicht ohne Einwilligung des Mannes verfügen kann. Die Aehnlichkeit der Sachlage führt dazu, daß der Frau gegenüber einseitige Rechtsgeschäfte auch Dritter nicht zulässig sein können, deren Wirkungen auf eine Verfügung über Stücke des eingebrachten Gutes hinauslaufen. Wie die Kommissionsprotokolle Bd. 4 S. 133, 146, 153, 160, 181, 198 ergeben, ist im Wechsel aller Fassungen des erwähnten Paragraphen, dessen jetziger Wortlaut in allem wesentlichen mit dem Gegenentwurf der Unterkommission für das eheliche Güterrecht übereinstimmt, keine sachliche Aenderung gegenüber dem ersten Entwurf beabsichtigt gewesen. In Anlage III zum Protokoll der Subkommission, Antrag III S. 160, wird im Gegenteil gesagt: „§ 1304 sachlich wie der Entwurf", und auf S. 198 unter X wird bemerkt: „Der § c 1" (des Gegenentwurfs) „entspricht dem § 1304" (des Entwurfs).

Der Gang der Gesetzgebungsarbeiten wie das sachliche Bedürfnis rechtfertigen daher die Auslegung des § 1403 BGB. entsprechend den Motiven, im Gegensatz zu den Kommentaren, dahin, daß bei einseitigen Rechtsgeschäften, die den aktiven und den passiven Bestand des eingebrachten Gutes berühren, die erstere Seite ausschlaggebend ist und die für sie gültige Regel, also Abs. 1 des § 1403, anzuwenden ist. Das angeführte Urteil des Reichsgerichts V 275/22 bildet kein Hindernis, dies auszusprechen. Denn jenes Urteil beruht nicht auf der — offenbar aus den Kommentaren entnommen — Ausführung über den § 1403; mit dieser sollte nur gezeigt werden, daß der Senat auch unter dem Gesichtspunkt des § 1403 zum gleichen Ergebnis gekommen wäre. Im Ergebnis richtig hat daher das Oberlandesgericht Kiel in seinem Urteil vom 14. April 1921 (Schl. Holst. Anz. 1921 S. 177) im Falle des Ankaufs eines Grundstücks für das eingebrachte Gut beim Rücktritt des Verkäufers gemäß § 326 BGB. den nur gegenüber der Ehefrau erklärten Rücktritt für unwirksam gegenüber dem auf Auflassung klagenden Ehemann erklärt und hat zur Auflassung verurteilt, wenn es auch hierzu in Anwendung der Regel des Abs. 2 gelangt ist. Auch in solchem Falle tritt die Unmöglichkeit der Rechtsauffassung zutage, daß im Verhältnis zum Manne die Uebertragung des Eigentums auf die Frau geschuldet werde, im Verhältnis zur Frau aber nicht, so daß beim etwaigen späteren Wegfall des ehemännlichen Verwaltungs- und Nutznießungsrechts die Rückübertragung aus dem Gesichtspunkt der ungerechtfertigten Bereicherung zu erfolgen hätte.

Der Umstand, daß die Ehefrau bei solchem Verfahren vom Vorgehen der Gesellschaft nicht unmittelbar Kenntnis erhält, ist, wie bei allen unter Abs. 1 des § 1403 fallenden Rechtsgeschäften, eine Folge der gesetzlichen Anordnung und vermag eine andere Entscheidung nicht zu begründen. Der Frau bleibt der Ehemann nach § 1374 BGB. für die ordnungsmäßige Verwaltung des Geschäftsanteils verantwortlich, und er hat ihr nach Umständen auf Verlangen Auskunft zu erteilen, wie sie auch bei der Gesellschaft sich um ihr Gut kümmern kann. Die getroffene Entscheidung fordert zwar auch von der Gesellschaft, daß sie sich nach dem Güterstand ihrer verheirateten weiblichen Gesellschafter umsehe. Aber diese Anforderung hat nichts besonders Belastendes für sie. Meist wird, wie hier, schon durch den Errichtungsakt, in anderen Fällen durch den notariellen

Erwerbsakt die Frage klargestellt, und im übrigen wird die Ausübung der Gesellschafterrechte den nötigen Aufschluß bringen oder doch Gelegenheit geben, diesen Punkt aufzuklären. Auch nach § 1404 BGB. muß sich die Gesellschaft darum kümmern, ob ihre Gesellschafterin eine Ehefrau ist. . . .

RGZ. 126, 103

1. Kann die Frau den ihr nach § 1374 BGB. zustehenden Anspruch auf Erteilung von Auskunft über den Stand der Verwaltung des eingebrachten Gutes gegen den Mann jederzeit oder nur unter den Voraussetzungen des § 1394 Satz 1 das. gerichtlich geltend machen?

2. Ueber die Voraussetzungen des Anspruchs der Frau auf Sicherheitsleistung nach § 1391 BGB.

3. Was ist unter *Mitwirkung* bei der Aufnahme eines Verzeichnisses über den Bestand des eingebrachten Gutes nach § 1372 BGB. zu verstehen?

IV. Zivilsenat. Urt. v. 3. Oktober 1929.

I. Landgericht Bautzen. II. Oberlandesgericht Dresden.

Die Parteien sind verheiratet, haben aber im Jahre 1922 die häusliche Gemeinschaft aufgehoben. Sie leben im gesetzlichen Güterstand. Die Klägerin ist mit dem Anspruch auf Aufhebung der ehemännlichen Verwaltung und Nutznießung (§ 1418 Abs. 1 Nr. 1 und 2 BGB.) in zweiter Instanz abgewiesen, die von ihr eingelegte Revision ist durch Urteil des Senats vom 9. März 1925 zurückgewiesen worden. Im weiteren Verfahren hat das Landgericht den Beklagten verurteilt, zur Feststellung des Bestands des eingebrachten Gutes der Klägerin durch Aufstellung eines Verzeichnisses mitzuwirken, abgewiesen hat es jedoch den weiteren Anspruch, daß der Beklagte über die Verwaltung ihres eingebrachten Gutes und die von ihm getroffenen Verwaltungsmaßnahmen Auskunft erteilen solle. Die Berufungen beider Parteien wurden zurückgewiesen. Auch die beiderseits eingelegten Revisionen hatten keinen Erfolg. Aus den

Gründen:

1. Die Klägerin verfolgt den abgewiesenen Anspruch aus § 1374 BGB. weiter, daß ihr der Beklagte über die Verwaltung ihres eingebrachten Gutes Auskunft erteile. Nach § 1394 BGB. kann die Frau Ansprüche, die ihr auf Grund der Verwaltung und Nutznießung gegen den Mann zustehen, erst nach Beendigung der Verwaltung und Nutznießung gerichtlich geltend machen, es sei denn, daß die Voraussetzungen vorliegen, unter denen die Frau nach § 1391 BGB. Sicherheitsleistung verlangen kann. Es fragt sich, ob auch der hier ver-

folgte Anspruch aus § 1374 an die Voraussetzungen des § 1391 gebunden ist, solange Verwaltung und Nutznießung des Mannes nicht beendet sind. Diese in den Urteilen RGZ. Bd. 87 S. 106 und Bd. 72 S. 14 unentschieden gelassene Frage ist vom Berufungsgericht mit Recht bejaht worden. Weder aus dem Wortlaut der beiden Vorschriften noch aus ihrer Entstehungsgeschichte ist ein Anhalt dafür zu entnehmen, daß der der Frau in § 1374 eingeräumte Anspruch auf Auskunfterteilung nicht unter die Regel des § 1394 fallen sollte. Vielmehr ergeben sowohl die Protokolle der Kommission für die zweite Lesung des Entwurfs des BGB. (Bd. 4 S. 202) als auch die Denkschrift (S. 276), daß nicht beabsichtigt worden ist, für die zeitliche Zulässigkeit der Klage auf Auskunfterteilung eine Ausnahme von jener Regel zuzulassen. Auch im Schrifttum wird überwiegend die Ansicht vertreten, daß die Auskunftspflicht des Mannes zwar als Rechtspflicht vom Beginn seiner Verwaltung und Nutznießung an anerkannt ist, daß aber die Frau vor Beendigung der Verwaltung und Nutznießung ihren Anspruch auf Auskunfterteilung nur unter den Voraussetzungen des § 1391 gerichtlich geltend machen kann (vgl. Staudinger Anm. 6 Abs. 3 zu § 1374 BGB. und Nachweisungen, RGRKomm. Anm. 4).

Das Berufungsgericht verlangt hiernach mit Recht von der Klägerin den Nachweis einer durch das Verhalten des Beklagten begründeten Besorgnis, daß ihre Rechte in einer das eingebrachte Gut erheblich gefährdenden Weise verletzt werden oder daß die ihr aus der Verwaltung und Nutznießung des Beklagten zustehenden Ansprüche auf Ersatz des Wertes verbrauchbarer Sachen erheblich gefährdet sind. Im Urteil des Senats vom 9. März 1925 ist in rechtlicher Hinsicht folgendes ausgeführt: „Ob die Besorgnis einer erheblichen Gefährdung des eingebrachten Gutes der Frau vorliegt, ist im wesentlichen Tatfrage. Zwar ist ein Verschulden des Mannes oder gar die Absicht der Schädigung nicht erforderlich; objektiv aber wird eine erhebliche Gefährdung dann zu verneinen sein, wenn der Mann, dessen Gesamtverhalten im übrigen zur Befürchtung einer unzuverlässigen Handlungsweise keinen Anhalt bietet, zwar in einzelnen Beziehungen Verfügungen über das eingebrachte Gut der Frau ohne deren Zustimmung trifft, aber bereit und jederzeit imstande ist, dafür Ersatz zu leisten. Es ist nicht rechtsirrig, in einem solchen Falle der Ersatzbereitschaft die Annahme einer erheblichen Gefährdung auszuschließen. Daß in § 1391 Abs. 2 BGB. die Gefährdung des Ersatzanspruchs nur für verbrauchbare Sachen besonders erwähnt ist, hat darin seinen Grund, daß diese ohne weiteres der Verfügung des Mannes unterliegen. Zu einem anderen Ergebnis würde man kommen müssen, wenn der Beklagte darauf ausgegangen wäre, das ganze Frauengut in eine Reihe von Ersatzansprüchen umzuwandeln. Davon ist nicht die Rede." Von diesem Standpunkt aus, an dem festzuhalten ist, sind rechtliche Bedenken auch nicht gegen die Beurteilung zu erheben, welche die neuerlichen Anführungen der Klägerin beim Berufungsgericht gefunden haben. Der Revision kann zugegeben werden, daß sich eine Ehefrau die rechtswidrige Umwandlung des eingebrachten Gutes in eine Reihe von Ersatzansprüchen gegen den Mann auch dann nicht gefallen zu lassen braucht, wenn der Mann völlig zahlungsfähig ist. Etwas anderes besagen auch die wiedergegebenen Rechtsausführungen des Urteils vom 9. März 1925 nicht. So liegt aber hier der Fall nach den tatsächlichen Darlegungen des Berufungsgerichts nicht. (Wird ausgeführt.)

Der Revision der Klägerin kann auch der Hinweis darauf nicht zum Erfolg verhelfen, daß der Beklagte, wie aus seiner Verurteilung hervorgehe, seiner Verpflichtung zur Mitwirkung bei der Aufnahme eines Vermögensverzeichnisses nach § 1372 Abs. 1 BGB. bisher nicht vollständig nachgekommen sei. Daß das Berufungsgericht diese Tatsache übersehen hätte, muß als ausgeschlossen gelten. Es ist zuzugeben, daß die Nichterfüllung oder nicht vollständige Erfüllung der fraglichen Verpflichtung einen Anhalt für die Beurteilung der Frage bieten kann, ob das Verhalten des Mannes die Besorgnis einer Gefährdung der Rechte der Frau im Sinne des § 1391 BGB. begründet. Ob das aber der Fall ist, kann sich nur nach den Gesamtumständen richten. Im vorliegenden Fall hat das Berufungsgericht wegen der festgestellten ehrenhaften und rechtlichen Gesinnung, wegen der Ersatzbereitschaft und Ersatzfähigkeit des Beklagten und wegen des Umstands, daß er dem Verlangen der Klägerin auf Auskunfterteilung in gewissem, wenn auch nicht völlig ausreichendem Maße, nachgekommen ist, den fraglichen Schluß nicht gezogen. Diese Beurteilung liegt im wesentlichen auf tatsächlichem Gebiet und enthält keinen Rechtsirrtum.

2. Die Revision des Beklagten wendet sich gegen die Auffassung des Berufungsgerichts, daß er durch die Aufstellung des Justizrats V. vom 2. März 1928 und durch das einem Schriftsatz beigefügte Verzeichnis noch nicht seiner Verpflichtung aus § 1372 Abs. 1 BGB. genügt habe. Sie sagt: Ob die Verzeichnisse sachlich erschöpfend seien und von der Klägerin anerkannt werden müßten, sei eine Sache für sich und liege außerhalb des Rahmens des § 1372. Der Beklagte habe teils durch einen Vertreter, teils selbst nach Möglichkeit und nach seinem Wissen bei der Aufstellung der Verzeichnisse mitgewirkt. Wenn der Klägerin das nicht genüge, so möge sie auf ihre Kosten behördliche Aufnahme beantragen.

Dieser Angriff geht fehl. Das Berufungsgericht geht zutreffend davon aus, daß die in § 1372 festgelegte Verpflichtung des Ehegatten, an der Feststellung des Bestands des eingebrachten Gutes durch Aufnahme eines Verzeichnisses mitzuwirken, mehr bedeutet, als daß der Ehegatte über den Bestand Auskunft zu geben habe. Die Vorschrift will jedem Ehegatten die Möglichkeit geben, sich durch die schriftliche, unter Mitwirkung beider Teile erfolgende Feststellung und durch die unterschriftliche Anerkennung des Umfangs und der Beschaffenheit des eingebrachten Gutes eine womöglich unstreitige Grundlage für die künftige Vermögensauseinandersetzung und etwaige Ansprüche der Frau aus der Verwaltung und Nutznießung des Mannes zu verschaffen. Das Verlangen aus § 1372 kann daher unbedenklich nicht nur zu Beginn, sondern auch im Laufe der Verwaltung und Nutznießung gestellt werden, und zwar auch dann, wenn Veränderungen im Bestande des eingebrachten Gutes stattgefunden haben (RGR-Komm. Anm. 1 und 2 zu § 1372).

Zur Mitwirkung im Sinne des § 1372 und des darin für anwendbar erklärten § 1035 BGB. gehört, daß beide Teile persönlich zusammenkommen oder Bevollmächtigte entsenden, daß der Ehemann das in seinen Händen befindliche eingebrachte Gut in seinen einzelnen Bestandteilen nachweist und daß das Verzeichnis unter Angabe des Tages der Aufnahme von beiden Teilen unterzeichnet wird. Hiernach ist dem Berufungsgericht darin beizustimmen, daß in der Uebersendung der fraglichen Verzeichnisse an die Klägerin noch keine ausreichende Mitwirkung an der Bestandfeststellung gefunden werden kann, zumal da das erste Verzeichnis nicht vom Beklagten unterschrieben ist.

RGZ. 127, 110

1. Betreibt die Ehefrau auch dann ein selbständiges Erwerbsgeschäft, wenn sie Teilhaberin einer offenen Handelsgesellschaft ist?

2. Gehören zum Vorbehaltsgut nur die Erträgnisse des Erwerbsgeschäfts oder auch das Stammvermögen der Frau, soweit es im Geschäft angelegt ist?

3. Bedarf die Frau der ehemännlichen Zustimmung zu einem Vertrag, durch den sie der Auflösung der offenen Handelsgesellschaft und dem Uebergang des Geschäfts auf den bisherigen anderen Teilhaber zustimmt?

BGB. §§ 1367, 1395, 1396, 1403.

III. Zivilsenat. Urt. v. 17. Januar 1930.

I. Landgericht Breslau. II. Oberlandesgericht daselbst.

Anfang 1925 war die offene Handelsgesellschaft in Firma J. Tr. in Br. in Schwierigkeiten geraten. Teilhaber der Firma waren der

Kaufmann Kr. und Frau Erna Ge., Tochter des nachmaligen Klägers Ernst Go., der Geldansprüche an die Firma hatte. Kr. war Mitglied einer Loge in Br.; um ihn zu stützen, hatte sein Logenbruder Kaufmann M. ein Abkommen vorbereitet, wonach Kr. das Geschäft allein übernehmen, Frau Ge. ausscheiden und diese sowie ihr Vater abgefunden werden sollten; sechs andere Logenmitglieder hatten sich bereit gefunden, zur Sicherung der Abfindungsansprüche des Go. und der Frau Ge. die Bürgschaft für Kr. zu übernehmen. Die rechtliche Festlegung und Fassung dieses Abkommens übertrug M. dem Beklagten, der Rechtsanwalt und Notar in Br. ist und gleichfalls Logenmitglied war.

Am 20. Februar 1925 beurkundete der Beklagte einen Vertrag zwischen Kr., Frau Ge. und Ernst Go. Hierin wurde zunächst festgestellt, daß die Jahresbilanz der Firma für den 31. Dezember 1924 eine gewisse Unterbilanz ergeben habe, wovon auf Frau Ge. 12 693,93 RM. entfielen; ferner, daß Ernst Go. von der Firma 28 542,47 RM. zu fordern habe. Die Beteiligten erklärten nun ihren Willen dahin, daß Frau Ge. aus der Gesellschaft ausscheiden und Kr. das Geschäft nebst Firma übernehmen sollte, wofür sich Kr. zu gewissen Rentenzahlungen an Frau Ge. verpflichtete. Ernst Go. ließ sich den Verlustanteil seiner Tochter auf seine Forderung anrechnen und stundete der Firma den Restbetrag von 15 848,54 RM. bis Ende 1931 gegen Verzinsung mit 10 %. Unter IV des notariellen Vertrags ist gesagt: „Dieses Abkommen wird wirksam, sobald der Ehemann der Frau Ge., Siegfried Ge., die ehemännliche Zustimmung zu vorstehenden Erklärungen seiner Ehefrau erteilt". Siegfried Ge. befand sich damals in einem Sanatorium und lag mit seiner Frau in Scheidung; die Scheidung wurde etwa ein Jahr später ausgesprochen. Der Beklagte hatte die Zustimmung des Siegfried Ge. nicht für nötig gehalten; aber dessen Vertreter, Justizrat E., hatte den gegenteiligen Standpunkt vertreten. Mit Rücksicht hierauf wurde die Bestimmung unter IV in den Vertrag aufgenommen. Kurz nach Abschluß des Vertrags ging der Beklagte den Siegfried Ge. um seine Zustimmung an, der sie aber verweigerte. Zu der Uebernahme der Bürgschaft durch die Logenmitglieder, die sich hierzu bereit gefunden hatten, kam es nicht. Wohl aber meldeten Kr. und Frau Ge. trotz der verweigerten Zustimmung des Siegfried Ge. die Auflösung der offenen Handelsgesellschaft und den Uebergang des Geschäfts auf Kr. zum Handelsregister an. Der Beklagte entwarf und beglaubigte ihre Erklärungen. Das Registergericht vollzog die beantragten Eintragungen.

Im Laufe des Jahres 1926 ging die Firma J. Tr. unter Geschäftsaufsicht. Das Verfahren endigte mit einem Zwangsvergleich, wonach die Gläubiger 30 % ihrer Forderungen und einen Besserungsschein über weitere 10 % erhielten. Ernst Go. meldete seine Forderung in Höhe von 15 839,20 RM. an und erhielt Befriedigung in Höhe von $^{3}/_{10}$ mit 4791,33 RM. Als er an die Bürgen herantrat, ergab sich, daß sich diese gar nicht verbürgt hatten. Wegen seines Ausfalls im Betrag von 11 048 RM. wollte er sich an den Beklagten halten, dessen schuldhaftes Verhalten den Schaden herbeigeführt habe. Nach der Klagerhebung verstarb Ernst Go.; an seiner Stelle trat die Witwe und Erbin in den Rechtsstreit ein. Das Landgericht wies die Klage ab. Das Oberlandesgericht verurteilte den Beklagten zur Zahlung von 7365,20 RM. gegen Abtretung von $^{1}/_{3}$ (richtig wohl $^{2}/_{3}$) der Rechte aus dem Besserungsschein. Die Revision des Beklagten führte zur Aufhebung des Berufungsurteils und zur Zurückweisung der Berufung der Klägerin gegen das landgerichtliche Urteil.

Gründe:

Unstreitig hat der Beklagte den Vertrag am 20. Februar 1925 als Notar beurkundet. Daß er die ihm in seiner amtlichen Eigenschaft obliegenden Pflichten gegenüber dem Erblasser der Klägerin schuldhaft verletzt habe, hat der Berufungsrichter nicht festgestellt. Das beschwert den Beklagten nicht.

Dagegen habe der Beklagte, so nimmt der Berufungsrichter an, Vertragspflichten schuldhaft verletzt, die ihm dem Erblasser der Klägerin gegenüber obgelegen hätten. Da die Erfüllung der dem Notar obliegenden Amtspflichten nicht Gegenstand vertragsmäßiger Bindung sein kann, so kann es sich bei der vom Berufungsrichter angenommenen Vertragspflicht nur um einen selbständig neben der Beurkundungstätigkeit des Beklagten einhergehenden (Anwalts-) Dienstvertrag oder Auftrag handeln. Es ist in der Tat nicht selten, daß die Beteiligten den von ihnen zugezogenen Notar über die Grenzen seiner Beurkundungstätigkeit hinaus um Rat und Hilfe angehen und daß der Notar, zumal wenn er zugleich Anwalt ist, ihnen Rat und Hilfe gewährt. Das ist rechtlich nicht zu beanstanden. Im Ausgangspunkt des Berufungsrichters findet sich mithin kein Rechtsirrtum. Im übrigen liegen seine Ausführungen großenteils auf dem Gebiete tatsächlicher Würdigung und sind insoweit den Angriffen der Revision entzogen. Nur ein Bedenken läßt sich gegen die Annahme des Berufungsrichters erheben. Wie die Klägerin selbst nachdrücklich vorträgt, war es M., der Vertreter der Belange des Kr., gewesen, der dem Beklagten den Auftrag zur Behandlung der Angelegenheit erteilt hat. Es könnte deshalb unbedenklich ein Anwaltsdienstvertrag oder -auftrag als zwischen dem Beklagten und dem M. oder dem Kr. abgeschlossen angesehen werden. Ernst Go., der Erblasser der Klägerin, stand aber, neben seiner Tochter, dem Kr. als Vertragsgegner gegenüber; es war daher nicht ohne weiteres anzunehmen, und war, wenigstens im Falle eines Interessenwiderstreits zwischen den beiden Vertragsteilen, gar nicht zulässig, daß der Beklagte zugleich dem Ernst Go. als Rechtsberater zur Seite stand. Ob sich der Berufungsrichter mit diesem rechtlichen Gesichtspunkt hinreichend auseinandergesetzt hat, mag zweifelhaft sein. Diese Frage bedarf jedoch keiner Entscheidung; denn das Berufungsurteil erweist sich aus anderen Gründen als nicht haltbar.

Nach der Annahme des Berufungsrichters soll der Beklagte dem Ernst Go. gegenüber vertragsmäßig verpflichtet gewesen sein, für das Zustandekommen der in Aussicht genommenen Bürgschaft zu sorgen. Durch ihr Nichtzustandekommen hat Ernst Go. Schaden erlitten, und die Klage verlangt Vergütung dieses Schadens vom Beklagten, weil er seine Verpflichtung schuldhaft verabsäumt habe. Diesem Vorwurf hält der Beklagte entgegen, daß festgestelltermaßen der Ehemann Ge. seine ehemännliche Genehmigung zu den Erklärungen seiner Frau verweigert hat, eine Genehmigung, die im Vertrag ausdrücklich als Bedingung für die Wirksamkeit des Abkommens vorgesehen war. Der Berufungsrichter hat den Einwand verworfen; dieses Ergebnis ist von Rechtsirrtum beeinflußt.

Der Berufungsrichter nimmt an: Gesetzlich, von Rechts wegen, sei die Zustimmung des Ehemanns Ge. nicht nötig gewesen; mit der Aufnahme des Vorbehalts unter IV des Vertrags hätten die Beteiligten etwas Ueberflüssiges getan; daher hätten denn auch nach verweigerter Genehmigung die Nächstbeteiligten, Kr. und Frau Ge., mit Unterstützung des Beklagten gleichwohl die bei der Firma eingetretenen Veränderungen zum Handelsregister angemeldet und habe der Registerrichter diese Veränderungen eingetragen. Damit sei die Entbehrlichkeit der ehemännlichen Zustimmung klargestellt gewesen, und es hätte auch der Beklagte leicht die Bürgen von der Entbehrlichkeit überzeugen können; die vermeintliche Hinfälligkeit des Vertrags infolge verweigerter Genehmigung des Siegfried Ge. entlaste daher den Beklagten nicht von dem Vorwurf, daß er vertragswidrig gehandelt habe, indem er fortan nichts mehr zur Herbeiführung der Unterschrift der Bürgen getan habe.

Daß es von Rechts wegen der Zustimmung des Ehemanns Ge. nicht bedurft habe, bezeichnet der Berufungsrichter ohne nähere Begründung als unzweifelhaft und unstreitig. Der Beklagte hatte auch selbst anfänglich die Meinung vertreten, daß die Genehmigung nicht erforderlich gewesen sei. Das enthob den Berufungsrichter jedoch nicht der Aufgabe der rechtlichen Nachprüfung; die Frage liegt auf rechtlichem Gebiet. In der Tat ist die Annahme unzutreffend, jedenfalls vom Standpunkt des gesetzlichen Güterstandes aus, von dessen Maßgeblichkeit für die Ge.sche Ehe der Berufungsrichter ausgehen durfte und mußte, da keiner der Beteiligten Abweichendes behauptet hatte. Bei der Beurteilung der Rechtslage nach dem gesetzlichen Güterstand hat sich der Berufungsrichter, wie anzunehmen, von § 1367 BGB. leiten lassen, wonach Vorbehaltsgut der Frau ist, was sie . . . durch den selbständigen Betrieb eines Erwerbsgeschäfts erwirbt. Als Teilhaberin der offenen Handelsgesellschaft hat in der Tat die Ehefrau Ge. ein selbständiges Erwerbsgeschäft — ersichtlich mit der Zustimmung ihres Mannes — betrieben, und zwar selbst dann, wenn sie von der Geschäftsführung ausgeschlossen gewesen sein sollte (RGZ. Bd. 87 S. 102). Was sie hierdurch erwarb, war gemäß § 1367 BGB. den Einwirkungen des Güterstands, dem Nutznießungs- und Verwaltungsrecht ihres Ehemanns entzogen. Aber das rechtfertigt nicht den Schluß, daß nun auch die Erklärungen der Frau Ge. im Vertrag vom 20. Februar 1925 nicht der Zustimmung ihres Ehemanns bedurft hätten. Zu der Auslegung des § 1367 BGB. hat das Reichsgericht im genannten Urteil Bd. 87 S. 100 dahin Stellung genommen, daß Vorbehaltsgut nur der Erwerb der Frau aus dem Betrieb des selbständigen Erwerbsgeschäfts wird, nicht aber auch das Geschäft selbst und das darin angelegte Stammvermögen der Frau. Von dieser, auch im Schrifttum überwiegend gebilligten Rechtsansicht abzugehen, besteht keine Veranlassung. Allerdings begibt sich der Ehemann mit seiner Einwilligung zum Geschäftsbetrieb der Frau seines Nutznießungs- und Verwaltungsrechts (RGZ. Bd. 59 S. 25, Bd. 84 S. 45). Aber das gilt nur für die Dauer des Geschäftsbetriebs. Die Veräußerung des Geschäfts selbst bezieht sich, wie in Bd. 87 S. 104 ausgesprochen ist, nicht auf Vorbehaltsgut, sondern auf das Stammvermögen und damit auf eingebrachtes Gut. Diese Folgerung aus der Annahme, daß Vorbehaltsgut nur die Erträgnisse des Geschäfts sind, aber nicht auch das Stammvermögen, ist unabweislich; sie muß auch für den vorliegenden Fall gezogen werden, da hier die Ehefrau Ge. vertragsmäßig in die Auflösung der offenen Handelsgesellschaft eingewilligt und das Geschäft, soweit sie bis dahin daran beteiligt war, auf Kr. übertragen hat. Die vertragsmäßige Erklärung des Einverständnisses der Ehefrau Ge. mit der Auflösung der Gesellschaft war zudem eine Rechtshandlung, die unmittelbar auf den Rechtsbestand der Gesellschaft einwirkte, und bedeutete daher eine „Verfügung"; zu ihr bedurfte sie der Einwilligung des Mannes, und, nachdem sie das Abkommen ohne vorgängige Einwilligung ihres Ehemanns getroffen hatte, dessen nachträglicher Genehmigung (§§ 1395, 1396 BGB.). Dadurch, daß Siegfried Ge. die Genehmigung verweigert hat, ist das Abkommen hinfällig geworden. Insbesondere hat es auch nicht dadurch Rechtswirksamkeit erlangt, daß später die Ehe geschieden und damit der gesetzliche Güterstand beendigt worden ist. Ebenso haben die Beteiligten und das Gericht mit Recht dem Umstand keine Bedeutung beigemessen, daß Siegfried Ge. die anfänglich ausdrücklich verweigerte Genehmigung ein volles Jahr später, im April 1926, von sich aus erteilt hat.

Nach alledem war die Genehmigung des Ehemanns Ge. zu den Erklärungen seiner Ehefrau im Abkommen vom 20. Februar 1925 schon von Rechts wegen nötig. Mit der Verweigerung dieser Genehmigung durch Ge. ist das ganze Abkommen hinfällig geworden. Folglich war nicht bloß der Beklagte fortan nicht mehr verpflichtet, für die Herbeiführung der Unterschrift der als Bürgen in Aussicht genommenen Personen zu sorgen, sondern es bestand auch das aus dem Abkommen hergeleitete Forderungsrecht des Ernst Go. nicht zu Recht, für das die Bürgen eintreten sollten. Der entgegengesetzte Standpunkt des Berufungsrichters ist rechtsirrig. Damit erweist sich die Klage als unbegründet.

Eines Eingehens auf das weitere Parteivorbringen und auf den weiteren Inhalt des Berufungsurteils bedarf es nicht. Doch möge bemerkt werden, daß das Berufungsurteil auch von seinem eigenen Standpunkt aus, wonach es der Genehmigung des Siegfried Ge. von Rechts wegen nicht bedurft hätte, nicht haltbar gewesen wäre. Denn auch von diesem Standpunkt aus bleibt es dabei, daß die Beteiligten die Genehmigung des Ehemanns Ge. als vertragsmäßige Bedingung gesetzt haben. Auch dann trifft aber der Einwand des Beklagten zu, die Bedingung sei ausgefallen und demzufolge das Abkommen im ganzen hinfällig geworden. . . .

RGZ. 152, 349

1. Ist der Ehemann, wenn er ein Grundstück im eigenen Namen, aber nur zum Teil mit eigenen Mitteln, zum Teil dagegen mit Mitteln des eingebrachten Gutes der Frau erworben hat, verpflichtet, einen dementsprechenden ideellen Bruchteil des Grundstücks auf die Frau zu übertragen?

2. Kommt es, wenn auf dem erworbenen Grundstück demnächst ein Gebäude errichtet wird, für die Frage, aus wessen Mitteln der Erwerb gemacht ist, nur darauf an, mit wessen Mitteln das unbebaute Grundstück erworben worden ist, oder auch darauf, mit wessen Mitteln die Baukosten bestritten worden sind?

BGB. §§ 946, 1381.

IV. Zivilsenat. Urt. v. 16. November 1936.

I. Landgericht Berlin. II. Kammergericht daselbst.

Die Parteien sind seit dem Jahre 1912 miteinander verheiratet und leben im gesetzlichen Güterstand. Im Jahre 1914 kaufte der Beklagte zwei Bauplätze in H. zum Preise von zusammen 16 380 M., die bar bezahlt wurden, und ließ sich als Eigentümer in das Grundbuch eintragen. Im darauffolgenden Jahr baute er auf den Grundstücken die beiden Häuser Tr.-Straße 15 und 16; zu diesem Zweck nahm er ein Hypothekendarlehen von 57 000 M. bei der C.er Bank sowie einige weitere Darlehen von zusammen 20 800 M. auf, die ebenfalls zum Teil hypothekarisch gesichert wurden. Die Klägerin behauptet, die Grundstücke seien ausschließlich mit Mitteln ihres eingebrachten Gutes erworden worden, auch zum Bau habe sie noch erhebliche Mittel beigesteuert; ferner seien die Baudarlehen, abgesehen von demjenigen der Bank, sämtlich von Geschwistern der Klägerin gegeben worden, der Beklagte habe überhaupt keinerlei eigene Mittel gehabt. Die Klägerin hat Klage erhoben mit dem Antrag, den Beklagten zu verurteilen, die Grundstücke Tr.-Straße 15 und 16 an sie aufzulassen. Das Landgericht hat die Klage abgewiesen. Das Berufungsgericht hat den Beklagten verurteilt, die genannten Grundstücke zur Hälfte an die Klägerin aufzulassen. Die von beiden Parteien eingelegten Revisionen führten zur Aufhebung und Zurückverweisung.

Gründe:

Das Berufungsgericht geht von dem Rechtsgrundsatz aus, daß ein Ehemann, der ein Grundstück im eigenen Namen, aber mit Mitteln des eingebrachten Gutes und mit dem Willen erwirbt, es für Rechnung des eingebrachten Gutes zu erwerben, zwar nach außen hin Eigentümer wird, im Innenverhältnis aber, in entsprechender Anwendung des aus § 1381 BGB. sich ergebenden Grundgedankens, verpflichtet ist, das Grundstück an die Frau aufzulassen, wenn diese es verlangt. Diese Rechtsauffassung entspricht der Entscheidung des erkennenden Senats vom 24. Oktober 1929 (RGZ. Bd. 126 S. 114). Gegen sie werden von keinem der Revisionskläger Einwendungen erhoben. An ihr ist festzuhalten. Auch insofern entspricht die Auffassung des Berufungsgerichts den in jener Entscheidung niedergelegten Grundsätzen, als es weiter ausführt, daß sich die Frage, ob das Grundstück als mit Mitteln des eingebrachten Gutes oder als mit Mitteln des Ehemanns erworben anzusehen ist, nicht nach formaljuristischen, sondern nach wirtschaftlichen Anschauungen entscheidet. Wirtschaftlich betrachtet, so war in jener Entscheidung des erkennenden Senats ausgeführt, wird aber ein Grundstückserwerb mit den Mitteln desjenigen gemacht, der die an den Verkäufer zu leistende Barzahlung und die vom Käufer zu tragenden Kosten aus seinem Vermögen hergibt, mag der Käufer auch in Anrechnung auf das Restkaufgeld bereits eingetragene Hypotheken übernehmen oder für das ihm gestundete Restkaufgeld eine neue Hypothek am Kaufgrundstück bestellen. Auch hiergegen wird von keiner Seite Widerspruch erhoben; auch hieran ist festzuhalten.

Das Berufungsgericht will diese Rechtsgrundsätze auch auf den in dem Urteil vom 24. Oktober 1929 unentschieden gelassenen Fall angewendet wissen, wenn der Grundstückserwerb nur zum Teil aus Mitteln des eingebrachten Gutes, zum Teil aber aus eigenen Mitteln des Ehemanns erfolgt ist. Das Berufungsgericht legt dabei seinen weiteren Erörterungen und Feststellungen aber nicht die Grunderwerbskosten zugrunde, sondern es rechnet bei seiner Betrachtung durchgehends die Erwerbskosten der beiden Bauplätze und die Baukosten der beiden darauf errichteten Häuser zusammen. Es kommt zu der Feststellung, daß Grunderwerbskosten und Baukosten zusammen zwischen 109 000 und 113 000 M. betragen haben und daß von dieser Summe etwa 31 000 bis 35 000 M. bar aufgebracht worden seien, während der Rest angeliehen worden sei. In welchem Verhältnis der bar aufgebrachte Betrag von 31 000 bis 35 000 M. aus den Mitteln der einen oder der anderen Partei herrühre, habe sich, so führt das Berufungsgericht aus, nicht mit Genauigkeit feststellen lassen; schätzungsweise glaubt es jedoch feststellen zu können, daß der bar gezahlte Betrag von 31 000 bis 35 000 M. annähernd zur Hälfte aus Mitteln des eingebrachten Gutes der Klägerin und zur Hälfte aus eigenen Mitteln des Beklagten aufgebracht worden sei. Es gelangt, indem es den in der erwähnten Entscheidung des Reichsgerichts vom 24. Oktober 1929 aufgestellten Rechtsgrundsatz hier entsprechend anwenden zu müssen erklärt, zu dem Ergebnis, daß der Beklagte also die ideelle Eigentumshälfte des Grundstücks auf die Klägerin zu übertragen habe.

Gegen diese Betrachtungsweise des Berufungsgerichts erheben beide Revisionskläger den Einwand, daß es bei der Frage, mit wessen Mitteln der Erwerb gemacht worden sei, nur darauf ankommen könne, mit wessen Miteln die unbebauten Grundstücke erworben worden sind, und nicht darauf, mit wessen Mitteln die Baukosten bestritten worden sind. Dieser Einwand ist begründet. Während sich der Erwerb eines Baugrundstücks nach den Grundsätzen des rechtsgeschäftlichen Erwerbs vollzieht, wobei neben den allgemeinen Vorschriften der §§ 925 flg. BGB. die Vorschriften über unmittelbare und mittelbare Stellvertretung beim rechtsgeschäftlichen Erwerb ebenso wie die aus dem ehelichen Güterrecht sich ergebenden Grundsätze über Erwerbsgeschäfte des Ehemanns für das Frauenvermögen zur Anwendung zu kommen haben, vollzieht sich der Erwerb des auf dem Grundstück errichteten Gebäudes kraft Gesetzes auf Grund der Tatsache, daß das Gebäude mit dem Grund und Boden fest verbunden wurde (§ 946 mit § 94 BGB.). Die der Errichtung des Gebäudes zugrunde liegenden Willensvorgänge sind belanglos; ebenso ist es gleichgültig, mit wessen Mitteln die zum Bau verwendeten Stoffe erworben sind. Diese Vorschriften sind zwingend. Für die

Frage, wer das Eigentum an einem Grundstück erworben hat, ebenso wie für die Frage, ob der Erwerber vermöge der Rechtsstellung, die er beim Erwerb eingenommen hat, verpflichtet ist, das Grundstück auf einen anderen zu übertragen, ist also der rechtliche Tatbestand entscheidend, der dem Erwerb des Grund und Bodens zugrunde gelegen hat; das Gebäude, das dann auf dem Grundstück errichtet wird, folgt dem Schicksal des Grund und Bodens. Der Ausgangspunkt, von dem aus das Berufungsgericht zu seiner Entscheidung gelangt ist, muß also als rechtsirrig bezeichnet werden. Die Entscheidung, ob der Klägerin gegen den Beklagten ein Anspruch auf Uebereignung der beiden Hausgrundstücke zusteht, hängt, entgegen der Auffassung des Berufungsgerichts, davon ab, aus wessen Vermögen die 16 380 M. stammen, die der Erwerb der beiden Bauplätze gekostet hat und die, wie unstreitig ist, dem Verkäufer der beiden Plätze bar ausgezahlt worden sind. Was der Bau gekostet hat und woher die Baugelder stammten, ist gleichgültig. Die Frage, ob diese 16 380 M. Grunderwerbskosten, sei es ganz oder zum Teil, aus dem eingebrachten Gut der Klägerin herrührten, oder ob sie, ganz oder teilweise, aus eigenen Mitteln des Beklagten stammten, war zunächst zu stellen. Ihre Beantwortung war jeder weiteren rechtlichen Erörterung voranzustellen. Das Berufungsgericht hat die Notwendigkeit, über diese Frage eine Entscheidung zu treffen, nicht erkannt und die Prüfung dieser Frage unterlassen. Das angefochtene Urteil war daher aufzuheben und die Sache zur neuen Verhandlung und Entscheidung an das Berufungsgericht zurückzuverweisen.

Bei seiner neuen Erörterung wird das Berufungsgericht die folgenden rechtlichen Gesichtspunkte zu berücksichtigen haben:

Den Beweis, daß die 16 380 M., die für den Erwerb der Bauplätze bar aufgewendet worden sind, ganz oder teilweise aus ihrem eingebrachten Gute stammen, hat die Klägerin zu führen. Den Beweis, den die Klägerin dafür angetreten hatte, daß der Grunderwerb ausschließlich aus ihren Mitteln erfolgt sei, da der Beklagte zur Zeit des Grunderwerbs überhaupt keine Mittel gehabt habe, hat das Berufungsgericht, wie die Klägerin in ihrer Revision mit Recht rügt, nicht vollständig erhoben . . . (Wird näher ausgeführt. Dann wird fortgefahren:)

Ergibt die weitere Beweiserhebung, daß der für die beiden Bauplätze bezahlte Kaufpreis von 16 380 M. nur aus dem eingebrachten Gute der Klägerin stammen kann, so ist nach der oben erörterten Entscheidung des erkennenden Senats (RGZ. Bd. 126 S. 114) der Anspruch der Klägerin auf Auflassung der beiden Grundstücke an sie gerechtfertigt, wenn auch noch die weitere von der Klägerin zu beweisende Voraussetzung zutrifft, daß der Beklagte beim Erwerb der Bauplätze den Willen gehabt hat, diese für Rechnung des eingebrachten Gutes der Klägerin zu erwerben. Für einen solchen Willen des Ehemanns spricht, wie in der erwähnten Entscheidung (a. a. O. S. 117) ebenfalls bereits ausgesprochen ist, beim Erwerb eines Grundstücks keine gesetzliche Vermutung; diese gesetzliche Vermutung beschränkt sich vielmehr auf den Erwerb beweglicher Sachen, für die vom Gesetzgeber in § 1381 BGB. eine für die Ehefrau besonders günstige Regelung durch Aufstellung des Grundsatzes der dinglichen Ersetzung (Surrogation) getroffen worden ist. Das schließt jedoch nicht aus, daß die Umstände des Falles so liegen können, um möglicherweise eine tatsächliche Vermutung dafür als begründet erscheinen zu lassen, daß der Ehemann, wenn er mit Mitteln des eingebrachten Gutes ein Grundstück erworben hat, als gewissenhafter Verwalter des eingebrachten Gutes den Willen gehabt haben wird, das Grundstück nicht für eigene Rechnung, sondern für Rechnung seiner Ehefrau zu erwerben; ob das im vorliegenden Fall zutrifft, wird das Berufungsgericht zu prüfen haben. Wenn es auf Grund dieser Prüfung zu der Ueberzeugung gelangen sollte, daß die vom Beklagten zur Bezahlung der beiden Bauplätze verwendeten 16 380 M. aus dem eingebrachten Gute der Klägerin stammten, daß aber der Beklagte die Bauplätze trotzdem nicht für Rechnung des eingebrachten Gutes erwerben wollte, so würde sich der von der Klägerin erhobene Anspruch auf Auflassung der Grundstücke mit einer entsprechenden Anwendung des § 1381 BGB. nicht begründen lassen. Aber auch aus sonstigen Vorschriften würde sich dieser Anspruch dann nicht herleiten lassen. Die allgemeinen Vorschriften, die beim gesetzlichen Güterstand, soweit nicht die Vorschriften der §§ 1373 flg. BGB. anderes vorschreiben, auf das Verhältnis der Ehefrau zu dem ihr eingebrachtes Gut verwaltenden Ehemann entsprechende Anwendung zu finden haben, sind die schuldrechtlichen Grundsätze über Geschäftsbesorgung (§§ 662 flg. BGB.); die entsprechende Anwendung des § 667 BGB. würde ergeben, daß der Beklagte nur das „zur Ausführung des Auftrages Erhaltene", d. h. das Geld, das er vom Sparkassen- oder Bankguthaben der Klägerin mit deren Zustimmung abgehoben hat, an die Klägerin herauszugeben hat, nicht dagegen die mit diesem Geld für seine eigene Rechnung erworbenen Grundstücke; wenn der Beklagte diese Grundstücke für eigene Rechnung erwerben wollte, so hat er bei diesem Erwerb kein Geschäft der Klägerin besorgt, so daß der zweite Fall des § 667 BGB. nicht in Betracht kommt.

Ergibt die weitere Erörterung, die das Berufungsgericht anzustellen hat, daß die Klägerin nicht für die ganzen vom Beklagten zum Erwerb der beiden Bauplätze aufgewendeten 16 380 M., sondern nur für einen Teil dieser Summe den Nachweis zu erbringen vermag, daß er aus ihrem eingebrachten Gute stammt, so gelten die im vorstehenden entwickelten rechtlichen Gesichtspunkte mit folgender Maßgabe: Der erkennende Senat tritt insoweit der in dem Berufungsurteil zum Ausdruck gelangten Rechtsauffassung bei, daß, wenn ein Grundstück teils mit eigenen Mitteln des Mannes, teils mit Mitteln des eingebrachten Gutes der Frau erworben wird, beim Vorliegen der übrigen Voraussetzungen ein Anspruch der Frau auf Uebereignung eines dem Verhältnis der aufgewendeten Mittel entsprechenden ideellen Bruchteils des Grundstückes besteht. Diese Frage wird in der mehrerwähnten Entscheidung des erkennenden Senats (a. a. O. S. 117) dahingestellt gelassen. Ihre Beantwortung in dem angegebenen Sinn ergibt sich daraus, daß der § 1381 BGB., der vom Erwerb beweglicher Sachen mit Mitteln des eingebrachten Gutes handelt und hier den Grundsatz der dinglichen Ersetzung (Surrogation) zur Durchführung bringt, im Schrifttum fast einhellig so verstanden wird, daß Miteigentum nach Verhältnis der verwendeten Mittel eintritt, wenn der Erwerb teils mit Mitteln des Mannes, teils mit Mitteln des eingebrachten Gutes erfolgt ist (vgl. darüber die Zusammenstellung in Staudingers Komm. z. BGB. Bem. 2 a β zu § 1381). Die entgegengesetzte Ansicht von Siber in IheringsJ. 1917 S. 161, die eine Surrogation nur eintreten lassen will, wenn der Erwerb ausschließlich aus Mitteln des eingebrachten Gutes erfolgt, findet weder in dem Wortlaut des § 1381 BGB. noch in Zweckmäßigkeitserwägungen eine ausreichende Begründung. Wenn sonach die oben wiedergegebene Auffassung in bezug auf § 1381 BGB. durchaus die herrschende ist, so führt die Uebertragung dieser Auffassung auf den Fall, daß es sich um den Erwerb eines Grundstücks durch den Ehemann aus den Mitteln beider Ehegatten handelt, mit Notwendigkeit dazu, der Ehefrau einen Anspruch auf Auflassung des dem Werte ihres Beitrags entsprechenden ideellen Bruchteils des Grundstücks zuzusprechen. Dabei wird es dem freien richterlichen Ermessen überlassen bleiben, bei der Bestimmung der Höhe des zu übertragenden ideellen Bruchteils die beiderseits beigesteuerten Beträge abzurunden und, sofern es sich etwa um ganz unbeträchtliche Beisteuern der einen oder der anderen Seite handelt, diese gegebenenfalls ganz außer Betracht zu lassen.

Die Revision des Beklagten weist hier darauf hin, daß möglicherweise die Entstehung eines anderen Anspruchs der Frau als desjenigen auf Uebertragung eines ideellen Bruchteils in Erwägung zu ziehen sei, da der mutmaßliche Wille des Beklagten beim Grundstückserwerb nicht auf Herbeiführung eines Bruchteilseigentums, sondern höchstens auf Entstehung eines Eigentums zur gesamten Hand gerichtet gewesen sei. Dieser Hinweis der Revision geht jedoch fehl. Denn eine Gemeinschaft zur gesamten Hand in anderen als den vom

Gesetz bestimmten Fällen kann durch Privatwillkür nicht geschaffen werden. Das ergibt sich aus der Vorschrift des § 741 BGB., ist auch vom erkennenden Senat in seiner Entscheidung vom 26. Februar 1920 IV 350/19 bereits ausdrücklich ausgesprochen worden. Wohl aber kommt die Willensrichtung des Beklagten beim Erwerb nach dem weiter oben Gesagten als Voraussetzung für die Entstehung eines Uebertragungsanspruchs der Klägerin insofern in Betracht, als sein Wille dabei überhaupt auf Erwerb für gemeinschaftliche Rechnung gerichtet gewesen sein muß. Für die Ermittelung der Willensrichtung des Beklagten beim Erwerb der Bauplätze wird es hier unter Umständen von Bedeutung sein, ob er damals auch die beabsichtigte Bauausführung aus gemeinschaftlichen Mitteln plante oder ob er damals davon ausging, die Ausführung der Bauten nur mit eigenen Mitteln oder unter Zuhilfenahme eines ihm persönlich gewährten Kredites zu finanzieren. Hat der Beklagte den Willen gehabt, die mit gemeinschaftlichen Mitteln gekauften Bauplätze für seine alleinige Rechnung zu erwerben, so würde ein Anspruch der Klägerin auf Einräumung des Miteigentumsrechts sich weder in Anlehnung an den Grundgedanken des § 1381 BGB. noch unter Anwendung der allgemeinen Vorschriften über Geschäftsbesorgung begründen lassen; die Klägerin würde auch hier, wie weiter oben dargelegt, gegen den Beklagten nur den Anspruch auf Herausgabe desjenigen Geldbetrags erheben können, den der Beklagte von ihr erhalten, aber nicht zum gemeinschaftlichen Erwerb, sondern für sich selbst verwendet hat (§§ 667, 668 BGB.) . . .

RGZ. 164, 240

1. Ist die Zustimmung der Ehefrau zu einem Rechtsstreit über das eingebrachte Gut, den der Ehemann im eigenen Namen führt (§ 1380 BGB.), jederzeit widerruflich?

2. Erfordert die Erstreckung der Rechtskraft auf die Ehefrau die Feststellung der Zustimmung der Ehefrau in dem Urteil?

BGB. § 1380.

VII. Zivilsenat. Urt. v. 10. Mai 1940.

I. Landgericht Oldenburg. II. Oberlandesgericht daselbst.

Die Erblasserin der Kläger war zu 1/8 Miterbin nach ihren in den Jahren 1897 und 1929 gestorbenen Großeltern geworden. Großvater und Großmutter hatten letztwillige Verfügungen hinterlassen. Der Beklagte war zum Testamentsvollstrecker beider Nachlässe ernannt worden. Die Kläger machen gegen ihn folgende Ansprüche geltend:

1. Die Großmutter der Erblasserin der Kläger habe letztwillig bestimmt, daß der Uebernehmer des Rittergutes G. den Tilgungs- und Sicherheitsstock, der sich bei einer Hypothek zur Zeit ihres Ablebens gebildet habe, erhalten solle. Der Beklagte habe dem Uebernehmer von B. aber den Vermögensstock übergeben, wie er sich zur Zeit der Uebergabe vom 20. Juni 1919 gestaltet habe. In der Zwischenzeit sei der Vermögensstock auf Kosten der Erben um 12 446,04 M. gewachsen. Von dem Wachstum forden die Kläger 1/8, d. h. aufgewertet 720 RM. nebst Zinsen.

2. Der Beklagte habe aus einem zum Nachlaß gehörenden, zur freien Verfügung bestimmten Bestande 5000 RM. als Vergütung für seine Tätigkeit als Testamentsvollstrecker genommen. Eine Vergütung stehe ihm nicht zu. Die Kläger fordern deshalb ihren Anteil mit 625 RM. von dem angeblich zu Unrecht entnommenen Betrage.

3. Der Beklagte habe auch an die Rechtsanwälte W., Dr. D. und Dr. Sch. aus den Nachlässen 2500 RM. als Vergütung für ihre Beratung bei seiner Tätigkeit als Testamentsvollstrecker gegeben. Dazu sei er nicht berechtigt gewesen. Der Anteil ihrer Erblasserin an dem Betrage belaufe sich auf 312,50 RM.

Mit dieser Begründung haben die Kläger auf Zahlung von 1910,72 RM. nebst Zinsen geklagt. Der Beklagte hat sämtlichen Ansprüchen widersprochen und sich darauf berufen, daß sie sämtlich mit Zustimmung der Erblasserin der Kläger von deren Ehemann in einem Rechtsstreite des jetzigen Beklagten gegen den Ehemann im Wege der Widerklage geltend gemacht worden seien, daß aber diese Widerklage rechtskräftig abgewiesen sei.

Das Landgericht hat die Klage abgewiesen, das Oberlandesgericht hat das Urteil bestätigt und eine weiter erhobene Feststellungsklage ebenfalls abgewiesen. Die Revision der Kläger wurde zurückgewiesen.

Aus den Gründen:

Mit Recht nimmt das Berufungsgericht an, daß der Geltendmachung der Ansprüche auf Zahlung von 720 RM., 625 RM. und 312,50 RM. die Rechtskraft des Urteils vom 27. November 1935 entgegenstehe. Die Widerklage in dem früheren Rechtsstreit war auf § 1380 BGB. und nicht, wie jetzt vor dem Oberlandesgericht behauptet worden ist, auf § 1373 BGB. gestützt. Sie ging, ebenso wie jetzt, auf Zahlung von Geldbeträgen, also nicht aus Herausgabe von Teilen des eingebrachten Gutes. Das Oberlandesgericht verweist auch mit Recht auf eine Reihe von Stellen aus Schriftsätzen des früheren Rechtsstreits, aus denen sich ergibt, daß der dortige Widerkläger Ansprüche seiner Ehefrau und nicht eigene verwirklicht wissen wollte, und das dortige Urteil sagt ausdrücklich, der Widerkläger mache „mehrere seiner Ehefrau zustehende Ansprüche" geltend. Der jetzige Erstkläger hat also mit der früheren Widerklage Ansprüche seiner Ehefrau kraft seines Rechts, zum eingebrachten Gut seiner Ehefrau gehörende Ansprüche im eigenen Namen geltend zu machen, eingeklagt (§ 1380 Satz 1 BGB.).

Das frühere Urteil wirkt danach für und gegen die Ehefrau, wenn der Erstkläger befugt war, über die mit der Widerklage geltend gemachten Ansprüche ohne Zustimmung seiner Frau zu verfügen (§ 1380 Satz 2 BGB.) oder, wie Rechtsprechung und Schrifttum annehmen, wenn die Frau der Prozeßführung durch ihren Ehemann in dessen Namen zugestimmt hatte (RGZ. Bd. 92 S. 153 [156], Bd. 96 S. 96 [97], Bd. 135 S. 291 [294]; RGRKomm. z. BGB. 8. Aufl. Bem. 7 a zu § 1380; Jonas-Pohle ZPO. 16. Aufl. Bem. V A 1 a. E. Anm. 22 zu § 52). Diese Wirkung erstreckt sich dann aber auch auf die Erben der Frau. Sie sind zwar nicht Rechtsnachfolger einer Partei; denn Partei in dem Rechtsstreit des Ehemannes ist nur dieser, § 325 ZPO. findet also keine unmittelbare Anwendung; wenn sich aber die Rechtskraft auf die Erben der Partei erstreckt, so kann sie vor den Erben eines Dritten, gegen den das Urteil wirkt, nicht Halt machen. Auch hier treten die Erben in die Rechtsstellung des Dritten ein (Jonas-Pohle a. a. O. Bem. VI 1 zu § 325).

Die Zustimmung der Ehefrau zur Klageerhebung im eigenen Namen durch den jetzigen Erstkläger, damaligen Widerkläger, sieht das Oberlandesgericht in der Urkunde vom 25. Januar 1933. Diese Auslegung der Urkunde ist weder unmöglich noch widerspricht sie Sätzen des Rechts oder der Erfahrung; das Revisionsgericht hat sie also hinzunehmen. Diese Zustimmung war höchstens bis zur Erhebung der Widerklage widerruflich. Sieht man sie als Prozeßhandlung an, so ist dies selbstverständlich. Wendet man die Vorschriften des sachlichen Rechts an, so folgt dies aus § 183 BGB. Danach ist die Zustimmung zu einem einseitigen empfangsbedürftigen Rechtsgeschäft spätestens bis zur Vornahme des Rechtsgeschäfts widerruflich. Als Vornahme eines Rechtsgeschäfts ist jedoch, wenn es sich um eine Klage handelt, die Erhebung der Klage, nicht etwa die Fällung des Urteils, die überhaupt keine Handlung einer Partei ist, anzusehen. Die Ehefrau kann nicht einer mit ihrer Zustimmung erhobenen Klage nachträglich den Boden entziehen (vgl. zu § 1400 BGB. Jonas-Pohle a. a. O. Bem. V A 1 Abs. 2 Anm. 26 zu § 52; RGRKomm. z. BGB. Bem. 4 zu § 1400). Die in der Urkunde vom 25. Januar 1933 einmal gegebene Zustimmung der Erblasserin der jetzigen Kläger zur Klageerhebung durch ihren Ehemann im eigenen Namen war aber vor Erhebung der Widerklage nicht widerrufen worden. Unerheblich ist es, ob die Ehefrau von der Erhebung der Widerklage nichts wußte und ob sie ihre Unterstützung zur Durchführung der Widerklage versagt hat. Darin liegt kein Widerruf der einmal erteilten Zustimmung.

Es mag auch auf sich beruhen, ob das Oberlandesgericht in dem früheren Urteile die Zustimmung der Ehefrau zur Klageerhebung durch ihren Ehemann festgestellt hat. Diese Feststellung lag außerhalb des Zweckes des früheren Rechtsstreits. War die Widerklage zur Entscheidung reif, so mußte das Urteil ergehen. Schon das spricht dagegen, daß es einer Feststellung in dem Rechtsstreit des Ehemannes aus § 1380 BGB. bedürfte, die Ehefrau habe der Klageerhebung zugestimmt, widrigenfalls auch eine tatsächlich vorhandene Zustimmung die Wirkung des Urteils für und gegen die Frau nicht herbeiführen könnte. Nur zwingende Gründe vermöchten dahin zu führen, eine tatsächlich gegebene Zustimmung mangels Feststellung im Urteil auf Klage aus § 1380 BGB. als unbeachtlich zu erklären. Solche Gründe sind nicht vorhanden. Auch eine vor dem Urteil eintretende Rechtsnachfolge bedarf keiner Feststellung im Urteil; wenn sie nur nach der Rechtshängigkeit eingetreten ist, so wirkt das Urteil ohne weiteres für und gegen den Rechtsnachfolger (§ 325 ZPO.). Selbst wenn in Wirklichkeit ein anderer als der als Kläger oder Beklagter Benannte einen Rechtsstreit führt, deckt die Rechtskraft die Prozeßführung durch den anderen, wenn der richtige Kläger oder Beklagte die Prozeßführung ausdrücklich oder stillschweigend genehmigt hat, ohne daß dies in dem Urteil, dessen Rechtskraft in Frage steht, festgestellt zu sein brauchte (§ 579 Abs. 1 Nr. 4 ZPO.). Es mag hier dahingestellt bleiben, ob auch eine nach Beendigung des Rechtsstreits, den der Ehemann kraft seines Prozeßführungsrechts nach § 1380 BGB. führt, gegebene Einwilligung die Rechtskraft auf die Ehefrau ausdehnt; auf alle Fälle hat eine Zustimmung, die vor der Klageerhebung erteilt worden ist, die Wirkung dieser Erstreckung, selbst wenn sie in dem Rechtsstreite nicht ausdrücklich festgestellt worden ist (zweifelnd RGZ. Bd. 92 S. 153). Es ist also unerheblich, ob man aus dem Urteil vom 27. November 1935 entnehmen kann, daß die Zustimmung der Erblasserin der Kläger zu der damaligen Widerklage festgestellt worden ist.

RGZ. 171, 83

1. Kann eine im Grundbuch als Rechtsinhaberin eingetragene Frau von ihrem Ehemann „Herausgabe" nach § 812 Abs. 1 BGB. verlangen, wenn sie nach den Verfahrensvorschriften des Grundbuchrechts nicht ohne seine Zustimmung über das Recht verfügen kann, obwohl es zu ihrem Vorbehaltsgut gehört? Ist der „Herausgabeanspruch" abtretbar?

2. Zum Begriff der unentgeltlichen Zuwendung im Sinne des § 1369 BGB.

3. Ueber einen Fall der ergänzenden Vertragsauslegung im Revisionsverfahren.

BGB. §§ 1368 flg., 1432.

VI. Zivilsenat. Urt. v. 30. April 1943.

I. Landgericht Berlin. II. Kammergericht daselbst.

Der von der Ehefrau des Beklagten, Ilse W., am 19. August 1939 geborene Rüdiger Jürgen W. ist (angeblich) vom Kläger erzeugt. Der Kläger erkannte dies an und verpflichtete sich zunächst schriftlich, später in einer beglaubigten Urkunde vom 1. September 1939, das Kind frühestens nach Ablauf von 3 Jahren an Kindes Statt anzunehmen und für seinen Unterhalt und seine Erziehung zu sorgen. Am 2. September 1939 erklärten der Beklagte und seine Ehefrau in einer öffentlich beglaubigten Urkunde ihre Bereitschaft, in die Annahme an Kindes Statt zu willigen und alle dazu erforderlichen Erklärungen abzugeben. Weiter heißt es darin:

> Zur Abgeltung aller Ansprüche der Eheleute W. tritt Herr H. eine zweite Hypothek von 7000 RM. . . . nebst den Zinsen vom 1. September 1939 an Frau Ilse W. mit der Maßgabe ab, daß die Verwaltung und Nutznießung des Ehemanns W. für alle Zeiten an Kapital und Zinsen ausgeschlossen wird und daß nach dem Tode der Frau W. die Hypothek unter Ausschließung aller andern Ansprüche auf ihre Tochter Anneliese W. gleichfalls unter Ausschluß der Verwaltung und Nutznießung des Vaters bzw. eines späteren Ehemanns übergeht. — Die unterzeichneten Eheleute W. erklären, daß damit alle, auch etwaige zukünftige, heute noch nicht erkennbare Ansprüche gegen Herrn H. abgegolten sind.

Am 7. September 1939 wurde die abgetretene Hypothek auf den Namen der Frau Ilse W. im Grundbuch umgeschrieben.

Mit beglaubigter Urkunde vom 7. Februar 1941 trat Frau Ilse W. die Hypothek nebst Zinsen seit dem 1. Oktober 1940 wieder an den Kläger ab und bewilligte die Umschreibung auf ihn. Das Grundbuchamt erklärte die Zustimmung des Ehemanns W. für erforderlich. Beschwerde und weitere Beschwerde gegen diese Zwischenverfügung des Grundbuchamts blieben erfolglos. Der Beklagte verweigerte die ehemännliche Genehmigung.

Mit der Klage begehrt der Kläger die Einwilligungserklärung vom Beklagten. Er meint, Grundlage der Abtretungserklärung vom 2. September 1939 sei gewesen, daß die Ehelichkeit des Kindes nicht angefochten werde. An diese Vereinbarung habe sich der Beklagte eine Zeitlang gehalten; später, als die Hypothek habe zurückgezahlt werden sollen und Frau W. auf sein Ansinnen, ihm das zurückzuzahlende Kapital auszuhändigen, nicht eingegangen sei, habe er Schwierigkeiten gemacht und die Anfechtungsklage erhoben, schließlich auch, als seine eigene Klage wegen Fristablaufs nicht zum Ziele geführt habe, die Staatsanwaltschaft zur Klageerhebung veranlaßt. Damit sei der Zweck des Abtretungsgeschäfts weggefallen und deshalb die Abtretung widerruflich.

Während das Landgericht die Klage abgewiesen hatte, ist der Beklagte vom Kammergericht klagegemäß verurteilt worden. Seine Revision blieb erfolglos.

Gründe:

Das Berufungsgericht hält den Klageanspruch, der auf Erteilung der ehemännlichen Genehmigung des Beklagten zu der von seiner Ehefrau erklärten Rückabtretung der Hypothek gerichtet ist, für begründet, und zwar nach den Vorschriften über die Herausgabe einer ungerechtfertigten Bereicherung. Hierzu führt es aus:

Durch die Abtretung der Hypothek an die Ehefrau des Beklagten sei jede Verfügung derselben über die Hypothek an das Erfordernis der ehemännlichen Zustimmung in grundbuchmäßiger Form gebunden, somit eine Machtstellung des Beklagten, ein des Widerrufs (der „Kondiktion") zugänglicher Rechtsvorteil begründet worden. Der Beklagte habe mittels der Erklärung vom 2. September 1939 auf die Verwaltung und Nutznießung an der — demnächst an seine Ehefrau abgetretenen — Hypothek verzichtet und damit im Verhältnis der Parteien zueinander festgelegt, daß die Hypothek zum Vorbehaltsgut seiner Frau gehören solle. Es handle sich auch um eine unentgeltliche Zuwendung an die Frau des Beklagten im Sinne des § 1369 BGB. Sie selbst habe dafür kein Entgelt geleistet, jedenfalls dem Kläger keine gleichwertige Gegenleistung gewährt. Ihr Verzicht auf etwaige Ansprüche aus § 1715 BGB. stehe in keinem Verhältnis zum Werte der Zuwendung. Auf ein etwaiges Entgelt des Beklagten oder des Kindes komme es nicht an. Demnach sei die Hypothek in das freie Vermögen der Frau des Beklagten gefallen, und diese habe die darauf begründete Machtstellung des Beklagten, weil von ihm ohne rechtlichen Grund erlangt, nach § 812 BGB. zurückfordern können. Ihr Bereicherungsanspruch sei durch die Rückabtretung der Hypothek an den Kläger auf diesen übergegangen; dies ergebe sich aus der entsprechenden Anwendung des § 401 BGB. Alles dieses folge auch aus der Erwägung, daß beim Bestehenlassen der förmlichen Machtstellung des Beklagten diesem bei (vollständiger oder teilweise geleisteter) Rückzahlung der Hypothek durch den Grundstückseigentümer die Möglichkeit gegeben wäre, die Erteilung der Löschungsbewilligung von der Aushändigung eines Kapitalteils oder seiner Zuleitung an das eingebrachte Gut der Ehefrau abhängig zu machen und so den in der Urkunde vom 2. September 1939 festgelegten Zuwendungszweck zu vereiteln. Die Zuwendung der Hypothek habe offensichtlich darauf abgezielt, sie auf jeden Fall dem Zugriffe des Beklagten zu entziehen; daraus folge, daß die Hauptbeteiligten, nämlich der Kläger und die Frau des Beklagten, ein durch die Abmachung vom 2. September 1939 begründetes Anwartschaftsrecht der Tochter Anneliese W. selbst ohne deren Zustimmung sollten aufheben dürfen.

Die Auffassung des Berufungsrichters, daß der Klageanspruch auf den Rechtsgrund der ungerechtfertigten Bereicherung gestützt werden könne, ist rechtlich nicht zu beanstanden. Durch die Abtretung der Hypothek an die Ehefrau des Beklagten und ihre Umschreibung auf deren Namen ist, wie der Berufungsrichter zutreffend ausführt, für den Beklagten eine Rechts- (Macht-) Stellung begründet worden, vermöge deren jede Verfügung der neuen Gläubigerin über die Hypothek an das förmliche Erfordernis der ehemännlichen Zustimmung des Beklagten in grundbuchmäßiger Form geknüpft war. Daß darin ein der Rückforderung oder Herausgabe („Kondiktion") zugänglicher Rechtsvorteil liegen kann, ist nicht zu bezweifeln (vgl. RGRKomm. z. BGB., 9. Aufl. 1939, Bem. 1 b zu § 812 S. 652 und die dort angeführte Rechtsprechung). Auch die Erwägung des Berufungsgerichts ist rechtlich einwandfrei, durch die Erklärung vom 2. September 1939 sei im Verhältnis der Parteien zueinander festgelegt, daß die Hypothek zum Vorbehaltsgute der Ehefrau des Beklagten gehören solle. Denn der Beklagte hatte in der öffentlich beglaubigten Urkunde von jenem Tage auf die Verwaltung und Nutznießung an der demnächst abgetretenen Hypothek ausdrücklich für alle Zeiten verzichtet. Daß die Zuwendung an Frau W. unentgeltlich im Sinne des § 1369 BGB. war, ist nach dem vorgetragenen Sachverhalt ebenfalls rechtlich einwandfrei angenommen. Für diese Frage kommt es nur darauf an, ob die Frau für die Zuwendung keinerlei Entgelt zu leisten hatte. Daß der Zuwendende von anderer Seite, z. B. vom Manne der Empfängerin, Entgelt erhält, kommt nicht in Betracht (RGRKomm. z. BGB. Bem. 4 zu § 1369; Palandt BGB. Bem. 3 zu § 1369; Staudinger BGB. Bem. 1 flg. zu § 1369; Planck BGB. Bem. 1 zu § 1369). Wenn das Kammergericht in der Beschwerdeentscheidung vom 14. August 1941 darauf hingewiesen hat, nach der Fassung der Urkunde vom 2. September 1939 sei die Hypothek „zur Abgeltung aller Ansprüche der Eheleute W." an den jetzigen Kläger abgetreten worden, so wollte und konnte es nur mit der — in grundbuchmäßiger Form nicht widerlegbaren — Möglichkeit rechnen, daß die Hypothek zum eingebrachten Gute der Frau Ilse W. gehöre. Mehr brauchte im Beschwerdeverfahren der freiwilligen Gerichtsbarkeit (Grundbuchverfahren) nicht vorzuliegen, um die Beschwerdeentscheidung des Kammergerichts zu rechtfertigen. Im vorliegenden Streitverfahren, wo die Beweisführung an keine förmlichen Schranken gebunden ist, steht aber einwandfrei fest, daß der Verzicht der Ehefrau W. auf ihre etwaigen Ansprüche aus § 1715 BGB. (Kosten der Entbindung, Sechswochenkosten) in keinem Verhältnis zu dem Werte der Zuwendung stand und daß andere Ansprüche der Ehefrau W. gegen den Kläger, die mit der Zuwendung der Hypothek hätten abgegolten werden können oder sollen, nicht in Frage kamen. Zudem hat der Beklagte nicht bestritten, daß der Kläger etwaige Ansprüche aus § 1715 BGB. bereits durch die Unterbringung der Frau W. in eine Klinik übernommen und ohne weiteres laufend bezahlt hatte. Daß Frau W. etwa irgendwelche Ansprüche für die Zukunft noch zu erwarten gehabt haben könnte, die es abzuwenden galt, ist nicht ersichtlich. *Das Vorbringen des Beklagten gab zu solcher Annahme* keinen Anlaß. Die Behauptungen des Beklagten in den von der Revision bezogenen Schriftsätzen mögen auf die Möglichkeit etwaiger in der Zukunft liegender Ansprüche des Beklagten selbst hinweisen, nicht aber auch auf solche der Ehefrau. Inwiefern ihr insbesondere Ansprüche auf eine „Art Schmerzensgeld für die erlittenen Sorgen und Kümmernisse" hätten erwachsen können, ist bei der gegebenen Sachlage dem Vorbringen des Beklagten nicht zu entnehmen. § 286 ZPO. ist nicht verletzt. Daß aber etwaige Ansprüche des Ehemanns W., welche durch die Zuwendung der Hypothek seitens des Klägers an Frau Ilse W. abgegolten worden sein sollten, nicht genügt hätten, um die Entgeltlichkeit der Verfügung zugunsten der Frau zu begründen, ist, wie gesagt, im Schrifttum einhellige Meinung. Die gelegentlich geäußerten Zweifel in einer Streitsache über die Gläubigeranfechtung außerhalb des Konkurses (RGZ. Bd. 69 S. 59 [63]) sind dort nur angedeutet und nicht erörtert. Der Senat tritt unbedenklich der bisher nicht umstrittenen Meinung bei, gegen deren Richtigkeit auch die Revision nichts Wesentliches vorzubringen vermocht hat. Dann bedurfte aber die Frage, ob nach der Vorstellung der Beteiligten dem verklagten Ehemann abgeltbare Ansprüche zustanden oder in der Zukunft hätten erwachsen können, keiner Prüfung. Daß das Berufungsgericht nach dem Parteivorbringen genötigt gewesen wäre, das Abkommen vom 2. September 1939 unter dem Gesichtspunkte zu prüfen, daß darin ein Vergleich über behauptete, etwa auch durch sittliche Rücksichten zu rechtfertigende Ansprüche im Sinne des § 779 BGB. liege, ist ebenfalls nicht zuzugeben. Es handelte sich um eine einseitige Zuwendung des Klägers, der damit offenbar sein von ihm erkanntes und bereutes Unrecht, soweit es ging, der Frau des Beklagten gegenüber wieder hatte gutmachen wollen. Entscheidend ist, von welchen Vorstellungen die Beteiligten dabei ausgingen. Daß bei der Bestimmung nach § 1369 BGB. gerade die Worte des Gesetzes gebraucht werden, ist nicht erforderlich; es genügt, wenn, wie hier, vom Zuwendenden bestimmt wird, daß für den Erwerb die Verwaltung und Nutznießung des Mannes ausgeschlossen sein soll. Damit wurde die Eigenschaft als Vorbehaltsgut begründet, ohne daß für den Berufungsrichter Anlaß bestand, zu untersuchen, ob der Beklagte für seine Person etwa Ansprüche gegen den Kläger geltend zu machen hatte oder ob solche für die Zukunft möglicherweise hätten erwachsen können. Daß man sie in der Urkunde vom 2. September 1939 miterwähnte, ist offenbar nur vorsorglich geschehen; für die Frage der Unentgeltlichkeit der Zuwendung an die Frau spielten sie keine Rolle.

Nach alledem handelt es sich um eine für den Beklagten vorteilhafte Rechtsstellung, die er „in sonstiger Weise" (§ 812 Abs. 1 Satz 1 BGB.) auf Kosten seiner Ehefrau erlangt hatte, mithin um eine Rechtsstellung des Beklagten, die sich unmittelbar aus der förmlichen, durch die Formvorschriften des Grundbuchrechts begründeten Rechtslage zu seinen Gunsten insofern ergeben hatte, als sie ihn, wie die Beschwerdeentscheidung des Kammergerichts vom 14. August 1941 zeigt, in den Stand setzte, jeder Verfügung seiner Frau über die Hypothek, obwohl sie ihr freies Eigentum geworden war, erfolgreich, aber doch rechtlos zu widersprechen. Die so, und zwar offenbar ohne den Willen der Beteiligten, insbesondere der Ehefrau des Beklagten, geschaffene Rechtslage belastete auch das Vermögen der Ehefrau unmittelbar im Sinne der Rechtsprechung über die ungerechtfertigte Bereicherung (vgl. RGRKomm. a. a. O. Bem. 3 S. 656). Sie bedeutete eine ohne rechtlichen Grund entstandene Vermögensverschiebung zufolge eines rechtlich einheitlichen Vorgangs, der auf der einen Seite einen vermögensrechtlichen Gewinn zugunsten des Beklagten, anderseits aber zugleich eine vermögensrechtliche Belastung (Beschränkung) zum Nachteil seiner Ehefrau ohne weiteres mit sich brachte; denn sie verwies diese in allen Fällen, in denen sie grundbuchmäßig über ihr Recht verfügen wollte, auf die Notwendigkeit der Zustimmung ihres Mannes und machte sie von dieser abhängig, wiewohl er der Bestimmung des Klägers bei der Rechtshandlung vom 2. September 1939 (Abtretung der Hypothek an Frau Ilse W. unter Ausschluß seiner Verwaltung und Nutznießung) ausdrücklich und vorbehaltlos zugestimmt hatte. Zwar wurde kein formgültiger Ehevertrag in Ansehung der vom Kläger herrührenden Hypothek geschlossen, der geeignet gewesen wäre, ihre Eigenschaft als Vorbehaltsgut vertragsmäßig zu begründen (vgl. §§ 1368, 1432, 1434 BGB. und dazu RGUrt. VII 621/10 vom 25. November 1910 in JW. 1911 S. 154 Nr. 12, angeführt auch in RGZ. Bd. 133 S. 351 [352]; RGRKomm. z. BGB. Vorb. 2 vor § 1373 S. 131, Bem. 3 zu § 1432

S. 200); indessen genügte, um diesen Rechtserfolg herbeizuführen, die einseitige Bestimmung des Klägers nach § 1369, die keiner besonderen Form bedurfte, zudem vom Beklagten, ohne daß dies auch nur notwendig gewesen wäre, durch seinen Beitritt zum Abkommen vom 2. September 1939 gebilligt worden war. Daß der seiner Ehefrau zustehende Herausgabe- (Bereicherungs-) Anspruch vermögensrechtlicher Art war und beim Fehlen aller Voraussetzungen der Unübertragbarkeit (§ 399 BGB.) der Abtretung unterlag, ist nicht zu bezweifeln; die hierauf gerichtete Annahme des Berufungsgerichts ist auch von der Revision nicht bemängelt worden. Wenn das Berufungsurteil annimmt, mit der Rückabtretung der Hypothek durch Frau W. an den Kläger sei der Herausgabe- (Bereicherungs-) Anspruch der Hypothekengläubigerin gegen ihren Ehemann, den Beklagten, auf den Kläger nach § 401 BGB. von selbst (kraft Gesetzes) übergegangen, so geht es davon aus, daß der Grundsatz des § 401 Abs. 1 das. auch auf andere Nebenrechte als die dort aufgezählten entsprechend angewendet werden kann (vgl. RGRKomm. z. BGB. Bem. 1 und 3 zu § 401 und die dort bezeichneten Entscheidungen). Hier bedarf es keiner besonderen Stellungnahme zu dieser Frage. Denn nach den Umständen des vorliegenden Falls ist unbedenklich anzunehmen, daß die Hauptbeteiligten — Frau Ilse W., diese frei in ihren Entschließungen über die Hypothek als ihr Vorbehaltsgut (§§ 1365, 1371 BGB.), und der Kläger — die Abtretung des Bereicherungsanspruchs im Vertrag über die Rückabtretung der Hypothek ausdrücklich ausgesprochen haben würden, wenn sie hätten voraussehen können, daß sich der Eintragung der Rechtsänderung Hindernisse rechtlicher Art entgegenstellen würden, wie es im Grundbuchverfahren aus förmlichen Gründen geschehen ist. Denn sie wollten, wie das Berufungsurteil feststellt, schon durch die Abmachung vom 2. September 1939 sicherstellen, daß die Hypothek auf jeden Fall dem Zugriffe des Beklagten entzogen werde. Daß aber diese Willensrichtung bei ihnen nicht ebenso noch zur Zeit der Rückabtretung vom 7. Februar 1941 obgewaltet hätte, dafür ist kein Anzeichen zutage getreten, und etwas anderes kann nach Lage der Verhältnisse auch nicht angenommen werden. Eine ergänzende Vertragsauslegung setzt eine Lücke voraus, die ausgefüllt werden muß, wenn der Vertragszweck nicht gefährdet werden soll (RGZ. Bd. 159 S. 254 [259]; vgl. auch RGRKomm. z. BGB. Bem. 1 Abs. 2 zu § 157 S. 336). Dies ist hier der Fall, und das Revisionsgericht kann unbedenklich hierüber selbständig entscheiden (Vierte Vereinfachungsverordnung vom 12. Januar 1943 [RBGl. I S. 7] § 4 Abs. 12). Die danach zulässige und gebotene ergänzende Vertragsauslegung zwingt zur Annahme, daß Frau Ilse W. und der Kläger zugleich mit der Rückabtretung der Hypothek an diesen auch den der Ehefrau W.

zustehenden Herausgabe- (Bereicherungs-) Anspruch auf den Kläger übertragen wollten, um die Vollziehung dieser Verfügung als ihrem Willen entsprechend auf alle Fälle sicherzustellen, und daß sie diese Mitübertragung stillschweigend in der Rückabtretung der Hypothek einbezogen haben.

Schließlich ist auch die Berufung des Beklagten auf das in der Urkunde vom 2. September 1939 erwähnte Recht der Tochter Anneliese W. ohne Rechtsirrtum beschieden, auf welche die Hypothek nach dem Tode der Frau W. gleichfalls unter Ausschluß der Verwaltung und Nutznießung des Vaters oder eines späteren Ehemannes übergehen sollte. Das Berufungsgericht betrachtet dieses angebliche Anwartschaftsrecht der Tochter A. als belanglos für die selbständige Verfügungsbefugnis der Ehefrau W. Das Ziel der Zuwendung sei offensichtlich gewesen, die Hypothek auf jeden Fall dem Zugriffe des Beklagten zu entziehen. Wenn der Berufungsrichter daraus folgert, daß die Hauptbeteiligten (der Kläger und Frau W.) das (bedingte) Recht der Tochter auch ohne ihre Zustimmung sollten aufheben dürfen, so ist dies eine Erwägung tatsächlicher Natur, die mit den Gründen der Revision in diesem Verfahren nicht angegriffen werden kann. Demgegenüber können §§ 158 flg. BGB. nicht angewendet werden, § 161 das. schon deswegen nicht, weil es sich nicht um eine Verfügung des Klägers, sondern um eine solche der Gläubigerin handelte, auf welche die Hypothek übergegangen war.

Sachregister

(Die Ziffern bedeuten die Seitenzahlen dieses Bandes)

F

G

W

Z

Sammlung der noch wichtigen Entscheidungen des Reichsgerichts in Zivilsachen

Die Sammlung wird nach folgenden Gesichtspunkten geordnet:

1. Gruppe: **Bürgerliches Recht**
   - Teil I Allgemeiner Teil
   - Teil II Recht der Schuldverhältnisse mit Nebengesetzen
   - Teil III Sachenrecht mit Grundbuchordnung
   - Teil IV Familienrecht, Erbrecht, Einführungsgesetz usw.

2. Gruppe: **Verfahrensrecht**
   - Teil I Zivilprozeßordnung
   - Teil II Konkursrecht und verfahrensrechtliche Nebengesetze

3. Gruppe: **Handelsrecht und verwandte Gebiete**
   - Teil I Handelsgesetzbuch, Versicherungsrecht, Seerecht und Binnenschiffahrtsgesetz, Wechsel- und Scheckrecht mit Bank- und Börsenwesen, Eisenbahnrecht
   - Teil II Gesellschaftsrecht mit Genossenschaftsrecht, Bergrecht

4. Gruppe: **Patentwesen, Urheber- und Erfinderrecht, Verlagswesen, Wettbewerbswesen, Gebrauchsmuster- und Geschmacksmusterschutz**

5. Gruppe: **Oeffentliches Recht**

*

Das Werk enthält die von namhaften Juristen zusammengestellte Sammlung der Entscheidungen des Reichsgerichts in Zivilsachen, die heute noch wichtig und von allgemeinerer Bedeutung sind.

Die Sammlung soll einen Ersatz für die im Kriege verlorengegangenen Bände der alten amtlichen Sammlung bieten. Infolge Wegfalls alles heute Unwichtigen stellt sie eine vorzügliche Uebersicht über die als abgeschlossen zu betrachtende Rechtsprechung des alten Reichsgerichts dar. Sie wird dem Juristen, der tiefer in die Materie eindringen will, genügen, da sie die wichtigen Entscheidungen des Reichsgerichts im vollen Wortlaut bringt; sie wird dem Praktiker, sei er nun Jurist, Kaufmann oder Techniker, ermöglichen, sich an Hand der nach Fachgebieten zusammengestellten Entscheidungen schnell über eine Frage zu unterrichten; und schließlich wird sie auch dem Lernenden, der sich mittels der Sammlung in die verschiedenen Rechtsgebiete vertiefen kann, gute Dienste leisten.

Nachweis wichtiger Gesetzesausgaben

mit und ohne Erläuterungen, größere und kleinere Kommentare, Lehrbücher, Sammelwerke, Entscheidungssammlungen, Zeitschriften

Walter de Gruyter & Co., Berlin W 35, Genthiner Str. 13

Winter 1949/50

Inhaltsübersicht

I. Allgemeines, Rechtsgeschichte, Rechtsphilosophie

Abhängige Länder. Eine Analyse des Begriffs von der ursprünglichen Herrschergewalt. Zugleich eine staatsrechtliche und politische Studie über Elsaß-Lothringen, die österreichischen Königreiche und Länder, Kroatien-Slavonien, Bosnien-Herzegowina, Finnland, Island, die Territorien der nordamerikanischen Union, Kanada, Australien, Südafrika. Von Dr. R. Redslob, o. Prof. der öffentl. Rechte a. d. Univers. Rostock. Oktav. 352 Seiten. 1914. 10.—

Aktienwesen und Spekulation. Eine ökonomische und rechtspsychologische Untersuchung. Von L. von Petrażycki, o. Prof. a. d. Univers. Petersburg. Oktav. IV, 226 Seiten. 1906. (Schweitzer.) Geb. 4.—

Albertus Gandinus und das Strafrecht der Scholastik. Von Dr. jur. H. U. Kantorowicz. 2 Bände. Oktav.
Bd. I: Die Praxis. Ausgewählte Strafprozeßakte des 13. Jahrhunderts nebst diplomatischer Einleitung. Von der Savigny-Stiftung unterstützt. XII, 428 Seiten. 1907. 12.—
Bd. II: Die Theorie. Kritische Ausgabe des Tractatus de maleficiis nebst textkritischer Einleitung. XXVI, 451 Seiten. 1926. 30.—

Allgemeiner Teil des Rechts, Der — — e —. Eine Darstellung der gemeinsamen Lehren des öffentlichen und des privaten Rechts. Von Dr. K. Friedrichs, Just. Rat. Oktav. X, 306 Seiten. 1927. 12.—, geb. 13.50

Alt-Regensburgs Gerichtsverfassung, Strafverfahren und Strafrecht bis zur Carolina. Nach urkundlichen Quellen dargestellt. Von Dr. H. Knapp, k. Reichsarchivrat i. Münster/W. Oktav. X, 375 Seiten. 1914. 8.—

Athenisches Gesetz über die Eleusinische Aparche, Ein — —. Von A. Elter. Quart. 56 Spalten. 1914. 3.—

Attische Geschworenengerichte, Die — n — —. Ein Beitrag zum attischen Staatsrecht. Von M. Fränkel. Oktav. VI, 112 Seiten. 1877. 1.60

Beiträge, Freiburger — — zur Strafvollzugskunde. Herausgeg. von Dr. E. Wolf. Oktav.
Heft 1: Die Stellung der deutschen Sozialisten zum Strafvollzug von 1870 bis zur Gegenwart. Von Dr. A. Behrle. 182 Seiten. 1931. 6.—
Heft 2: Quellenstudien zur Geschichte des deutschen Zuchthauswesens bis zur Mitte des 19. Jahrhunderts. Von Dr. jur. G. Saam. 112 Seiten. 1936. 5.—

Beiträge, Romanistische — — zur Rechtsgeschichte. Unter Mitwirkung von Fachgelehrten herausgeg. von L. Mitteis, J. Partsch, E. Rabel. Oktav.
Heft 1: **Der Kauf mit fremdem Geld.** Studien über die Bedeutung der Preiszahlung für den Eigentumserwerb nach griechischem und römischem Recht. Von F. Pringsheim, o. Prof. a. d. Univers. Göttingen. VI, 180 Seiten. 1916. 9.—
Heft 3: **De claris juris consultis.** Von Th. Diplovatatius. Herausgeg. von H. Kantorowicz, o. Prof. a. d. Univers. Freiburg, und Fr. Schulz, o. Prof. a. d. Univers. Bonn.
Bd. I: Lebensgeschichtliche Einleitung. Von H. Kantorowicz. De claris iuris consultis. Pars prior. Edidit F. Schulz. Mit 4 Tafeln. XXIV, 384 Seiten. 1919. 20.—

Heft 4: **Justa causa traditionis.** Eine Untersuchung über den Erwerb des Eigentums nach römischem Recht. Von Dr. A. Erhardt, Priv. Doz. i. Freiburg. VIII, 207 Seiten. 1930. 18.—
Heft 5: **Prätorische Bereicherungsklagen.** Von Dr. G. H. Maier. VIII, 174 Seiten. 1932. 10.—
Heft 6: **Antikes Lösungsrecht.** Von Dr. W. Felgentraeger, Ger. Ass. a. D. VII, 133 Seiten. 1933. 10.—

Beiträge zur Geschichte der deutschen Strafrechtspflege. Herausgeg. von Dr. M. Grünhut, Prof. i. Bonn und Dr. E. Schmidt, Prof. in Hamburg. Oktav.
Heft 1: Strafrechtspflege in Sachsen-Weimar-Eisenach unter Carl August. Von Dr. Fr. W. Lucht. 111 Seiten. 1929. 7.—
Heft 2: Stellung des Strafrichters in den Gesetzen der französischen Revolutionszeit (1791—1810). Von Dr. R. Höhn. 147 Seiten. 1929. 8.—
Heft 3: Das Strafrecht Italiens im ausgehenden Mittelalter. Untersuchungen über die Beziehungen zwischen Theorie und Praxis im Strafrecht des Spätmittelalters, namentlich im XIV. Jahrhundert. Von G. Dahm, Priv. Doz. a. d. Univers. Heidelberg. XXIV, 555 Seiten. 1931. 35.—

Beiträge zur Kenntnis des römisch-ägyptischen Grundbuchrechts. Von H. Lewald. Oktav. 100 Seiten. 1909. 3.50

Briefe und Erinnerungen. 1852—1868. Von R. v. Ihering. Oktav. 106 Seiten. 1907. (Schweitzer.) 1.80

Byzanz und Persien in ihren diplomatisch-völkerrechtlichen Beziehungen im Zeitalter Justinians. Ein Beitrag zur Geschichte des Völkerrechts. Von Dr. K. Güterbock, Geh. Just. Rat, Prof. der Rechte zu Königsberg. Oktav. VIII, 128 Seiten. 1906. 3.—

Civitas auf deutschem Boden bis zum Ausgange der Karolingerzeit, Die — —. Ein Beitrag zur Geschichte der deutschen Stadt. Von Dr. S. Rietschel, o. ö. Prof. a. d. Univers. Tübingen. Oktav. 102 Seiten. 1894. 3.—

Compensationsverfahren im vorjustinianischen stricti juris judicium, Das — —. Von E. Stampe. Oktav. IV, 98 Seiten. 1886. 2.60

Corpus juris civilis, Taschenwörterbuch zum — —, den Institutionen des Gajus und anderen römischen Rechtsquellen. 4.—5. Auflage. Klein-Oktav. IV, 172 Seiten. 1923. (Schweitzer.) 3.—

Corpus iuris germanici antiqui. Ex optimis subsidiis collegit, edidit et lectionum varietatem adiecit F. Walter. III tomi. Oktav. 1824. cplt. 12.—
Tomus I. Legem Salicam, Ripuariorum, Alamannorum, Baiuvariorum, Burgundionum, Frisionum, Angliorum et Werinorum, Saxonum, edictum Theodorici leges Wisigothorum, et edicta regum Langobardorum continens. XVI, 838 Seiten.
Tomus II. Capitularia regum Francorum usque ad Ludovicum pium continens. VIII, 867 Seiten.
Tomus III. Capitularia regum Francorum et imperatorum post Ludovicum pium, veterum formularum collectionem amplissimam, capitula regum et imperatorum legibus Langobardum addita, et appendicem variorum monumentorum continens. VIII, 803 Seiten.

Deutsche Rechtsaltertümer in unserer heutigen deutschen Sprache. Von L. Günther. Oktav. VII, 160 Seiten. 1903. 2.50

Eid, Der — — bei den Semiten in seinem Verhältnis zu verwandten Erscheinungen, sowie die Stellung des Eides im Islam. Von J. Pedersen. Quart. VIII, 242 Seiten. 1914. (Studien zur Geschichte und Kultur des islamischen Orients. 3. Heft.) 12.60

Enteignung, Die Grenzen der — —. Ein Beitrag zur Entwicklungsgeschichte des Enteignungsinstituts und zur Auslegung des Art. 153 der Weimarer Verfassung, von Dr. O. Kirchheimer. Oktav. 63 Seiten. 1930. 4.—

Entwicklung der Kompensation im römischen Rechte, Über die — —. Von Dr. P. Kretschmar, a. o. Prof. a. d. Univers. Gießen. Oktav. 80 Seiten. 1907. 2.80

Enzyklopädie der Rechtswissenschaft in systematischer Bearbeitung. Begründet von Dr. F. v. Holtzendorf. Unter Mitwirkung von G. Anschütz, L. v. Bar, E. v. Beling, E. Blume, H. Brummer, G. Cohn, K. Crome, H. Dietz, F. Dochow, E. Dorner, K. Flesch, B. Freudenthal, J. Gerstmeyer, O. v. Gierke, P. Heilborn, E. Heymann, Fr. Hiller, L. Laß, O. Lenel, A. Osterrieth, E. Rabel, P. Schoen, J. Stranz, G. Strutz, U. Stutz, H. Trumpler, K. v. Unzner, F. Wachenfeld, M. Wolff. Herausgeg. von Dr. J. Kohler, o. Prof. der Rechte i. Berlin. 7., der Neubearbeitung 2. Aufl. 5 Bände. Quart. Cplt. geb. 85.— Bd. I: IV, 558 Seiten. 1915. Bd. II: 462 Seiten. 1914. Bd. III: 452 Seiten. 1913. Bd. IV: 551 Seiten. 1914. Bd. V: 588 Seiten. 1914. In Gemeinschaft mit Verlag Duncker & Humblot in München.

Erfüllung, Die — —. 1. Teil: Historische und dogmatische Grundlagen. Von Dr. P. Kretschmar, a. o. Prof. a. d. Univers. Gießen. Oktav. 168 Seiten. 1906. 5.40

L'étude du droit romain comparé aux autres droits de l'antiquité. Von J. Gilson, Docteur en droit. Oktav. 295 Seiten. 1899. 4.—

Excommunikation, Einfluß der — — und der Delicta mere ecclesiastica auf die Fähigkeit zum Erwerb und zur Ausübung des Patronatrechts. (Dissertation.) Von Dr. E. Jacobi, o. Prof. a. d. Univers. Münster/W. Oktav. VIII, 76 Seiten. 1908. 2.20

Festgabe für Rudolf Stammler zum 70. Geburtstag am 19. Februar 1926. Herausgeg. von E. Tatarin-Tarnheyden. Mit 1 Bildnis und 1 Tafel. Oktav. 1926. 28.—, geb. 32.—

Festschrift für Ernst-Heinrich Rosenfeld zu seinem 80. Geburtstag am 14. August 1949. Gr.-Oktav. 243 Seiten. 1949. 16.—

Festschrift für Wilhelm Sauer zu seinem 70. Geburtstag am 24. Juni 1949. Mit Bibliographie. Gr.-Oktav. 296 Seiten. 1949. 18.—

Festschrift der Universität Leipzig zur 500jährig. Jubelfeier gewidmet von der Juristischen Gesellschaft in Leipzig. Oktav. 243 Seiten. 1909. 6.50

Fiducia im römischen Privatrecht, Die — —. Eine rechtsgeschichtliche Untersuchung. Von Dr. jur. P. Oertmann. Oktav. 262 Seiten. 1890. 5.—

Funkentelegraphie im Recht, Die — —. Eine rechts- und verkehrsgeschichtl. Abhandlung. Von Thurn. Lex.-Oktav. 150 Seiten. 1913. (Schweitzer.) 5.—

Gaii institutionum commentarii quattuor. Ex membranis deleticiis Veronensis bibliothecae capitularis eruit J. F. L. Goeschen. Accedit veteris iurisconsulti de iure fisci fragmentum ex aliis eiusdem bibliothecae membranis transcriptum. Carolus Lachmannus ad schedas Goeschenii, Hollwegii, Blumii recognovit. Editio tertia. Cum tabulis aeri incicis. Oktav. LXXV, 512 Seiten. 1842. 3.—

Gaii iurisconsulti institutionum commentarius quartus sive de actionibus. Recensuit, restituere conatus est, adnotationem perpetuam librumque observationum adjecit A. G. Heffter. Quart. VIII, LXXIV, 121 Seiten. 1827. 2.—

Gaii et Justiniani institutiones iures romani. Recognoverunt annotationem adjecerunt coniunctasque ediderunt C. A. C. Klenze et E. Böcking. Quart. XV, 292 Seiten. 1829. 3.—

Gerichtsbuch der Stadt Cassel aus 1505 und 1506. Von A. Stölzel. Oktav. II, 56 Seiten. 1913. 2.50

Gesetzgebung, Rechtsprechung und Verwaltung. Eine Zusammenstellung der wichtigsten geltenden Gesetze, Verordnungen und Befehle, insbesondere für Groß-Berlin, sowie ein Streifzug durch die aktuellen Fragen der heutigen Zeit. Von L. Mohn, RA und Notar, Richter a. Landger. Berlin. Oktav. 208 Seiten. 1948. 9.—

Gestaltung der deutschen politischen Einheit, Die — —. Von Koellreutter. Oktav. 15 Seiten. 1934. (Schweitzer.) —.60

Gottesurteil und Folter. Eine Studie zur Dämonologie des Mittelalters und der neueren Zeit. Von Prof. Dr. H. Fehr, Bern. Mit 1 Tafel. Oktav. 24 Seiten. 1926. 2.50

Handwörterbuch der Rechtswissenschaft. Unter Mitberatung von E. Bumke, L. Busch, L. Ebermayer, F. Endemann, E. Heymann, O. Strecker, K. v. Unzner. Herausgeg. von Dr. jur. F. Stier-Somlo, o. Prof. a. d. Univers. Köln und Dr. jur. A. Elster, Berlin. 7 Bände. Oktav..

Bd. I: Abandon-Deichgüter. XV, 912 Seiten. 1926. 35.—
Bd. II: Deichverbände-Giroverkehr. XII, 960 Seiten. 1927. 37.80
Bd. III: Glaubensfreiheit-Luxemburg. XII, 1004 Seiten. 1928. 43.20
Bd. IV: Mädchenhandel-Reichsexekution. X, 798 Seiten. 1927. 35.—
Bd. V: Reichsgericht-Territorialprinzip. X, 885 Seiten. 1928. 37.80
Bd. VI: Testament-Zwischenstreit. Abkürzungen, Mitarbeiterverzeichnis, Sachregister zu Bd. I—VI. XIII, 1231 Seiten. 1929. 50.40
Bd. VII: (Ergänzungsband). A—Z und Sachregister. VIII, 688 Seiten. 1931. 33.30

Histoire de la législation des anciens Germains. Von O. A. Davoud-Oghlou, 2 tomes. Oktav. 1845. Cplt. 8.—
Tome I: Wisigoths, Baiuvariens, Alamanns, Burgundions, Franc-Saliens, Francs-Ripuaires. CVIII, 660 Seiten. Tome II: Langobards, Thuringiens, Frisions, Saxons. IV, 799 Seiten.

Imperatoris Justiniani institutionum libri IV. Ad fidem antiquorum librorum edidit E. Schrader in operis societatem accedentibus Theoph. Luca Fr. Tafelio, Gualth. Frider. Clossio, Christ. Joh. C. Maiero. Editio stereotypa. Oktav. VI, 216 Seiten. 1874. 1.—

Instutionen des römischen Rechts. Ein Lehrbuch. Von Dr. R. Leonhard, o. ö. Prof. der Rechtswissensch. i. Marburg. Oktav. XIV, 572 Seiten. 11.—, geb. 14.—

Interpellationsrecht, Das — — im Rahmen der modernen Ministerverantwortlichkeit. Von Dr. J. Hatschek, o. Prof. der Rechte a. d. Univers. Göttingen. Eine rechtsvergleichende Studie. (Veröffentlicht für die Geschäftsordnungskommission des Reichstags auf Wunsch ihres Vorsitzenden.) Oktav. 164 Seiten. 1909. 2.20

Intertemporales Recht, Das — — e. Das Recht der zeitlich verschiedenen Rechtsordnungen. Oktav. Von F. Affolter.
Bd. I: Das Intertemporale Privatrecht. 2 Teile.
Teil 1: Geschichte des intertemporalen Privatrechts. XIV, 652 Seiten. 1902. 18.—
Teil 2: System des deutschen bürgerlichen Übergangsrechts. XIV, 468 Seiten. 1903. 14.—

Jugendrecht. Ein Lehrbuch zur Einführung. Von Prof. Dr. A. Wegner. Oktav. VIII, 219 Seiten. 1929. 5.40, geb. 6.75

Juristenlatein, Das — —. Versuch einer Charakteristik auf Grundlage der Digesten. Von W. Kalb, k. Studienlehrer a. Melanchthon-Gymnasium i. Nürnberg. 2. Aufl. Gr.-Oktav. 90 Seiten. 1888. (Schweitzer.) 1.80

Juristische Daten. Nach Rechtsgebieten — unter Beifügung eines besonderen biographischen Abschnitts — chronologisch zusammengestellt. Von A. M. v. Biberstein. 3., verb. u. verm. Aufl. Oktav. IV, 147 Seiten. 1901. (Schweitzer.) 1.80

Juristisches Studium, Die Reform des — —. Von Dr. H. B. Gerland, o. ö. Prof. a. d. Univers. Jena. Oktav. 160 Seiten. 1911. 3.—

Kleines Satzlexikon für Behörden. Deutsch-Englisch. Von D. Borchard. Oktav. 1949. (Cram, de Gruyter & Co. Hamburg.) 2.40

Kreditauftrag, Der — —. Eine Studie nach römischem und neuem bürgerlichen Recht. Von O. Foerster. Oktav. 216 Seiten. 1903. 5.60

Kritische Vierteljahresschrift für Gesetzgebung und Rechtswissenschaft. Herausgeg. von E. Mezger, K. Blomeyer, J. Heckel, A. Hueck, E. Riezler, M. San Nicolò, Ch. Frhr. v. Schwerin, Professoren d. Münchener Juristenfakultät. Gr.-Oktav. Ab 1912 neue Folge. Der Band zu je 4 Heften. Bd. 14—18 je 8.—; Bd. 19 10.—; Bd. 20 16.—; Bd. 21 24.—; Bd. 22 32.50; Bd. 23 27.—; Bd. 24 31.—; Bd. 25 29.—; Bd. 26—32 je 28.— (Schweitzer).

Lex Salica. Zum akademischen Gebrauch herausgeg. und erläutert von H. Geffcken. Oktav. XIV, 332 Seiten. 1898. 7.—

Longi temporis praescriptio im klassischen römischen Rechte, Die, — —. Von J. Partsch. Oktav. 180 Seiten. 1906. 7.—

Magdeburger Fragen, Die — —. Von I. Fr. Behrend. Oktav. L, 300 Seiten. 1865. 6.50

Menschlicher Körper und die Persönlichkeitsrechte. Der — —. Von H. Schreuer. Oktav. 40 Seiten. 1919. —.70

Monumenta legalia antiquitatis Romanae, ex libros iuris Romani sparsa, quae in aere, lapide, aliave materia, vel apud veteres auctores extraneos, partim integra, partim mutila, sed genuina, supersunt. Delectu, forma et variarum lectionum adnotatione usui expeditiori adcommodavit, tum notitiam historicoliterariam omnium, quotquot, exillo genere exstant, monomentorum, tam legalium, quam aliorum praemisit Chr. G. Haubold. Opus ex adversariis defuncti auctoris, quantum fieri potuit, restituit E. Spangenberg. Oktav. CXXXII, 299 Seiten. 1830. 3.—

Mythos vom Recht, Der — — und seine empirischen Grundlagen. Von RRat Dr. Th. Jaehner. Oktav. 219 Seiten. 1933. (Schweitzer.) 10.—

Novae constutiones audientiae contradictarum in curia Romana promulgatae a. d. 1375. Nunc primum edidit. Von J. Förstemann. Oktav. 56 Seiten. 1897. 1.50

Personalexekution im Recht der Papyri, Zur — —. (Habilitationsschrift.) Von H. Lewald. Oktav. 76 Seiten. 1910. 2.50

Persönlichkeit des herrenlosen Sklaven, Die — —. Ein Stück aus dem römischen Sklavenrecht. Von Fr. Affolter. Oktav. VIII, 223 Seiten. 1913. 8.—

Privatrecht, Grundzüge des deutschen — — s. Von Cl. Frhr. v. Schwerin. 2. Aufl. Oktav. XII, 342 Seiten. 1928. (Lehrbücher und Grundrisse der Rechtswissenschaft Bd. XIII.) Geb. 9.90

Privatrecht, Römisches — —. Von F. Endemann. Mit Anhang: Quellenstudien. Oktav. X, 256 u. 30 Seiten. 1925. (Lehrbücher und Grundrisse der Rechtswissenschaft Bd. XII.) Geb. 9.50

Prozeß Heinrichs des Löwen, Der — —. Kritische Untersuchungen von F. Güterbock. Oktav. X, 210 Seiten. 1909. 5.—

Rechtsbegriffe, Über — —. Von Prof. Dr. P. Eltzbacher. Oktav. X, 84 Seiten. 1900. 2.—

Rechtsbuch, Armenisches — —. Mit Unterstützung der Königl. Akademie der Wissenschaften in Berlin. 2 Bände. Quart. Zusammen 40.—
Bd. I: Sempadscher Kodex aus dem 13. Jahrhundert oder Mittelarmenisches Rechtsbuch. Nach der Venediger und der Etschmiadziner Version unter Zurückführung auf seine Quellen herausgeg. und übersetzt von J. Karst. Text und Übersetzung. XXXII, 223 Seiten. 1905.
Bd. II: Sempadscher Kodex aus dem 13. Jahrhundert in Verbindung mit dem großarmenischen Rechtsbuch des Mechithar Gosch (aus dem 12. Jahrhundert). Unter Berücksichtigung der jüngeren abgeleiteten Gesetzbücher erläutert von J. Karst. Kommentar. VII, 424 Seiten. 1905.

Rechtsgefühl, Das — —. Rechtspsychologische Betrachtungen. Von E. Riezler, Prof. a. d. Univers. Freiburg i. Br. Oktav. 164 Seiten. 1921. (Schweitzer.) 1.80

Rechtsgemeinschaft, Die regelmäßige — —. Von Dr. K. Engländer. 1. Teil: Grundlegung. Oktav. IV, 360 Seiten. 1914. 8.—

Rechtsgeschichte, Deutsche — —. Von Dr. H. Fehr, Prof. i. Bern. 4., verb. Aufl. Oktav. XI, 280 Seiten. 1948. (Lehrbücher und Grundrisse der Rechtswissenschaft Bd. X.) Geb. 15.—

Rechtsgeschichte, Lehrbuch der deutschen —. Von R. Schröder und E. Frhr. v. Künßberg. 8. Aufl. in Vorbereitung.

Rechtsgeschichte, Römische — —. Von O. Karlowa. 2 Bände. Oktav.
Bd. I: Staatsrecht und Rechtsquellen. VIII, 1031 Seiten. 1885. 26.—
Bd. II: Privatrecht und Civilprozeß. Strafrecht und Strafprozeß. 1. Teil: Privatrecht. VI, 1416 Seiten. 1901. 40.—

Rechtsphilosophie, Lehrbuch der — —. Von Prof. Dr. Coing. In Vorbereitung. (Lehrbücher und Grundrisse der Rechtswissenschaft Bd. XX.) ca. 18.—

Rechtsphilosophie, Lehrbuch der — —. Von D. Dr. R. Stammler, Prof. a. d. Univers. Berlin. 3., verm. Aufl. Oktav. XV, 396 Seiten. 1928. 13.—, geb. 15.—

Rechtsphilosophie, Leitfaden der — —. Von Coing. In Vorbereitung. (Leitfaden der Rechtswissenschaft.)

Rechtsschule zu Bologna, Die Anfänge der — —. Von Dr. H. Fitting, o. Prof. der Rechte zu Halle. Oktav. 129 Seiten. 1888. 3.—

Rechtsvergleichende Studien zur Gesetzgebung Hammurapis, Königs von Babylon. Von Dr. jur. P. Koschaker, Prof. d. Rechte zu Leipzig. Oktav. XVII, 244 Seiten. 1917. 9.—

Rechtswechsel, Der — — im öffentlichen Recht und seine Einwirkung auf gleichwertige öffentlich-rechtliche Normen. Von Reg. Rat Dr. H. Vervier. Gr.-Oktav. 197 Seiten. 1923. (Schweitzer.) 5.40

Rechtswissenschaft, Einführung in die — —. Von Dr. A. Wegner, o. ö. Prof. der Rechte a. d. Westfälischen Wilhelms-Universität. 2., erw. und verb. Aufl. Oktav. 344 Seiten. 1948. Geb. 18.—

Recht und Gewalt. Von E. Brodmann. Oktav. 114 Seiten. 1921. 3.—

Reichsgericht, Fünfzig Jahre — — am 1. Oktober 1929. Von Dr. A. Lobe, Sen. Präs. a. Reichsger. i. R. Unter Mitarbeit von Mitgliedern und Beamten des Reichsgerichts, der Reichsanwaltschaft und der Rechtsanwaltschaft am Reichsgericht. Mit 14 Bildnissen und 15 Abb. Quart. VIII, 436 Seiten. 1929. 20.—, geb. 24.—

Reichsgerichtspraxis im deutschen Rechtsleben, Die — —. Festgabe der juristischen Fakultäten zum 50jährigen Bestehen des Reichsgerichts (1. Oktober 1929) in 6 Bänden unter Mitwirkung von G. Anschütz, E. Heymann, Th. Kipp, W. Kisch, A. Schultze, H. Siber. Herausgeg. von O. Schreiber. Quart. 1929. Cplt. 110.—, geb. 134.—
Bd. I: Öffentliches Recht. IV, 301 u. 54 Seiten. 18.—, geb. 22.—
Bd. II: Zivil- und Handelsrecht. IV, 326 u. 54 Seiten. 19.—, geb. 23.—
Bd. III: Zivil- und Handelsrecht (Fortsetzung). IV, 383 u. 54 Seiten. 22.—, geb. 26.—
Bd. IV: Handels- und Wirtschaftsrecht. IV, 335 u. 54 Seiten. 20.—, geb. 24.—
Bd. V: Strafrecht und Strafprozeß. IV, 321 u. 54 Seiten. 19.—, geb. 23.—
Bd. VI: Zivilprozeßrecht. IV, 334 u. 54 Seiten. 20.—, geb. 24.—

Richter und Rechtsprechung. Von Dr. A. Düringer, Reichsger. Rat. Oktav. 92 Seiten. 1909. (Erweiterter Sonderabdr. aus: Festschrift der Juristischen Gesellschaft in Leipzig zur 500jähr. Jubelfeier der Univers. Leipzig.) 2.—

Römisches Institutionen-System, Das — —, sein Wesen und seine Geschichte. Einleitender Teil. Tatbestand, Rechtsverhältnisse und Rechtsordnung. Grundlagen eines allgemeinen Teils des Privatrechts. Von Fr. Affolter. Oktav. VI, 568 Seiten. 1897. 12.—

Savigny, Friedrich Karl von — —. Ein Beitrag zu seiner Würdigung. Von Dr. R. Stintzing. Oktav. 59 Seiten. 1862. 1.—

Schöffensprüche, Magdeburger — —. Im Auftrage und mit Unterstützung der Savigny-Stiftung herausgeg. und bearb. von V. Friese und E. Liesegang. Bd. I (Abt. 1—4): Die Magdeburger Schöffensprüche für Groß-Salze, Zerbst und Anhalt, Naumburg und aus dem Kodex Harzgerodanus. Oktav. X, 872 Seiten. 1901. 20.—

Schuldvertrag und Treugelöbnis des Sächsischen Rechts im Mittelalter. Ein Beitrag zur Grundauffassung der altdeutschen Obligation. Von P. Puntschart. Oktav. XVIII, 515 Seiten. 1896. 14.—

Seedarlehen des Altertums, Das — —. Von Dr. H. Sieveking, RA i. Hamburg. Oktav. 48 Seiten. 1893. 1.40

Staatsgedanken des Reichsfreiherrn Karl vom Stein. Von Dr. E. Frhr. v. Scheurl, Hochschul- und Univers. Prof. i. Nürnberg. Oktav. 19 Seiten. 1931. (Schweitzer.) 1.—

Staatsrecht der Zaiditen, Das — —. Von R. Strothmann. Quart. XI, 109 Seiten. 1912. 4.50

Stendaler Urteilsbuch aus dem vierzehnten Jahrhundert, Ein — —, als Beitrag zur Kenntnis des Magdeburger Rechts. Von I. Fr. Behrend. Oktav. XVI, 122 Seiten. 1868. 2.80

Strohal, Emil. Ein Nachruf. Von L. Wenger. Mit einem Portrait. Oktav. 39 Seiten. 1914. 1.—

Syrische Rechtsbücher. Herausgeg. und übersetzt von E. Sachau. Quart. — Bd. I: Leges Constantini Theodosii Leonis. Aus der römischen Handschrift. XXIV, 224 Seiten. 1907. 16.—

Bd. II: Richterliche Urteile des Patriarchen Chenânischô. Gesetzbuch des Patriarchen Timotheos. Gesetzbuch des Patriarchen Jesubarnun. Aus der römischen Handschrift. XXXIV, 212 Seiten. 1908. 16.—
Bd. III: Corpus iuris des persischen Erzbischofes Jesubocht. Erbrecht oder Canones des persischen Erzbischofes Simeon. Eherecht des Patriarchen Mâr Abhâ. Aus der römischen Handschrift. XXXV, 385 Seiten. 1914. 25.—

Taschenwörterbuch der Rechts- und Geschäftssprache. Englisch-Deutsch, Deutsch-Englisch. Von D. v. Beseler. 2., durchges. und erw. Aufl. Oktav. 271 Seiten. 1947. Geb. 15.—

Theorie der Exceptionen nach klassischem römischem Recht, Die — —. Von Dr. jur. J. v. Koschembahr-Lyskowski. Bd. I. Heft 1: Der Begriff der exceptio. Oktav. XXIII, 173 Seiten. 1893. 6.—

Übersiebnen der schädlichen Leute in Süddeutschland, Das — —. Ein rechtshistorischer Beitrag und Nachtrag. Von Dr. H. Knapp, k. Reichsarchivrat i. Münster/W. Oktav. 88 Seiten. 1910. 2.—

Untersuchungen zur Geschichte der deutschen Stadtverfassung.
Bd. I: Das Burggrafenamt und die hohe Gerichtsbarkeit in den deutschen Bischofsstädten während des früheren Mittelalters. Von Dr. S. Rietschel, o. ö. Prof. a. d. Univers. Tübingen. Oktav. XII, 344 Seiten. 1905. 10.—

Unzüchtige und die Kunst, Das — —. Eine juristische Studie für Juristen und Nichtjuristen. Von Prof. D. Dr. J. Lazarus. Oktav. 168 Seiten. 1909. 3.50

Urkunden zur Geschichte des deutschen Privatrechts. Von Dr. H. Loersch, Priv. Doz. der Rechte a. d. Univers. Bonn und Dr. R. Schröder, o. ö. Prof. der Rechte a. d. Univers. Heidelberg. Für den Gebrauch bei Vorlesungen und Übungen herausgeg. 3., neubearb. Aufl. von R. Schröder und L. Perels. Oktav. XXXII, 250 Seiten. 1912. 6.50, geb. 8.—

Vergleich im Prozesse, Der — —. Eine dogmatisch-historische Untersuchung. Von Dr. P. Kretschmar, a. o. Prof. a. d. Univers. Gießen. Oktav. 102 Seiten. 1896. 3.—

Verhandlungen des Deutschen Juristentages. Herausgeg. von dem Schriftführer-Amt der ständigen Deputation. Oktav. Preise der einzelnen Bände des 1.—37. Juristentages, soweit noch vorhanden, auf Anfrage.

Vermächtnisse, Die sogenannten gesetzlichen — —. Eine erbrechtliche Studie auf Grundlage des römischen und österreichischen Privatrechts unter Berücksichtigung anderer bedeutender Kodifikationen. Von L. Schiffner. Oktav. X, 222 Seiten. 1895. 7.—

Verwirkung, Die — —. Ein Beitrag zur Lehre von den zeitlichen Schranken der Ausübung der subjektiven Rechte. Von St. Karakantas. Oktav. 82 Seiten. 1938. (Aus: Hamburger Rechtsstudien.) (Cram, de Gruyter & Co. Hamburg.) 4.—

Vocabularium Iurisprudentiae Romanae iussi instituti Savigniani compositum. Quart.

Vol. I. Fasc. 1: (a-accipio). 1894. 15.—
— — 2: (accipio-amitto). 1898. 15.—
— — 3: (amitto-ceterum). 1899. 15.—
— — 4: (ceterum-cymbium). 1903. 15.—

Vol. II. Fasc. 1: (dactyliotjea-doceo). 1906. 15.—
— — 2: (doceo-ex). 1913. 15.—
— — 3: (ex-gutturosus). 1933. 18.—

Vol. III. Fasc. 1: (habeo-idem). 1910. 15.—
— — 2: (imperator-in). 1931. 15.—
— — 3: (inaedifico-ipse). 1937. 15.—

Vol. IV. Fasc. 1: (nam-numen). 1914. 15.—
— — 2: (numeratio-per [Praepositio]). 1936. 15.—

Vol. V. Fasc. 1: (R-sed). 1910. 15.—
— — 2: (sed-sors, sortis). 1917. 15.—
— — 3: (sortior-tantus). 1931. 15.—
— — 4: (tantus-veneo). 1938. 15.—
— — 5: (venerabilis-zythum). 1939. 17.—

Vorträge aus dem allgemeinen Staatsrecht. Separatabdruck aus den Annalen des Deutschen Reichs. Von M. v. Seydel. Gr.-Oktav. 96 Seiten. 1903. (Schweitzer.) 2.40

Westgothenrecht, Entstehung und Geschichte des — — s. Von A. Helfferich. Oktav. VIII, 475 Seiten. 1858. 6.—

Wirtschaft und Recht nach der materialistischen Geschichtsauffassung. Eine Sozialphilosophische Untersuchung. Von D. Dr. R. Stammler, Prof. a. d. Univers. Berlin. 5., durch einen Nachtrag erg. Aufl. Oktav. VIII, 706 Seiten. 1924. 14.—, geb. 16.—

Wirtschafts-Rechts-Wissenschaft und Wirtschafts-Hochschule. Von M. Rumpf, Mannheim. Oktav. 40 Seiten. 1920. 1.60

Zenten des Hochstifts Würzburg, Die — —. Ein Beitrag zur Geschichte des süddeutschen Gerichtswesens und Strafrechts. Mit Unterstützung der Savigny-Stiftung. Von Dr. H. Knapp, k. Reichsarchivrat. 2 Bände. Oktav.
Bd. I: Die Weistümer und Ordnungen der Würzburger Zenten. 1. Abt. Mit 2 Abb. XII, 708 Seiten. 2. Abt. Mit 1 Abb. IV, 696 Seiten. 1907. 45.—
Bd. II: Das Alt-Würzburger Gerichtswesen und Strafrecht. XI, 979 Seiten. 1907. 30.—

II. Bürgerliches Recht

1. Das Bürgerliche Gesetzbuch

Abhandlungen, Zivilrechtliche und prozeßrechtliche — —. Herausgeg. von Dr. W. Kisch, Prof. a. d. Univers. Straßburg. Oktav.
Heft 1: Das Sammelvermögen. Von Dr. jur. O. Fischbach. XII, 171 Seiten. 1907. 4.50
Heft 2: Das Imperium des Richters. Ein Versuch kasuistischer Darstellung nach dem englischen Rechtsleben im Jahre 1906/07. Nebst 2 Anhängen: Criminal appeal act 1907 und Probation of offenders act 1907. Von A. Mendelssohn-Bartholdy. X, 236 Seiten. 1908. 6.—, geb. 7.—
Heft 3: Streitbefangenheit und Rechtsnachfolge als Voraussetzungen der §§ 265 und 266 der Zivilprozeßordnung. Von Dr. jur. R. Schuman. VIII, 84 Seiten. 1910. 2.50
Heft 4: Die Schadenersatzansprüche bei Körperverletzung und Tötung im Zweikampf. Von Dr. F. Simon. XI, 73 Seiten. 1913. 2.—

Achilles-Greiff, Bürgerliches Gesetzbuch nebst Einführungsgesetz, Jugendwohlfahrtsgesetz, Schiffsrechtsgesetz, Ehegesetz, Testamentsgesetz. Mit Anmerkungen und Sachregister und mit Erläuterungen der Verordnung über das Erbbaurecht, des Gesetzes über die religiöse Kindererziehung sowie von Teilen des Familienrechtsänderungsgesetzes, der Familienrechtsangleichungsverordnung und des Verschollenheitsgesetzes. 19. Aufl. Herausgeg. von Dr. G. Beitzke, R. Frhr. v. Godin, Dr. J. Greiff, Dr. F. Oegg. Oktav. XVI, 1360 Seiten. Dünndruckpapier. 1949. (Guttentagsche Sammlung Nr. 38/39.) Geb. 36.—

Alimentationspflicht, Die — — der Ehegatten. Von Dr. jur. et rer. pol. Fr. Scheppler. Gr.-Oktav. 43 Seiten. 1909. (Schweitzer.) 1.60

Anfechtbarkeit der Verträge für das Vermögen eines Dritten, Die — —. Eine zivilrechtliche Abhandlung. Von Dr. R. Leonhard, o. ö. Prof. der Rechtswissenschaft i. Marburg. Oktav. 56 Seiten. 1892. 1.50

Ausführungsgesetz, Bayerisches — — zum Bürgerlichen Gesetzbuch. Mit den einschlägigen Verordnungen. Erledigt von LGDir. H. Steinert. Oktav. 216 Seiten. 1930. (Schweitzers braune Handausg.) Geb. 7.90

Beiträge zur Lehre von den Realgewerbegerechtigkeiten nach bayerischem Landeszivilrecht. Von Fr. Neuburger. Gr.-Oktav. VII, 30 Seiten. 1913. (Schweitzer.) 1.—

Blanketterklärung, Die — —. Ihre juristische Konstruktion und ihre Behandlung nach dem materiellen Recht und dem Prozeßrecht. Von Dr. J. Siegel. Oktav. VIII, 69 Seiten. 1908. (Schweitzer.) 1.80

BGB, Lexikon des — —. Von Dr. H. Kußmann, RA und Notar i. Frankfurt a. M. 203 Seiten. 1949. 10.—

Bürgerliches Gesetzbuch, Allgemeiner Teil des — —. Von Prof. Dr. jur. H. Lehmann, Köln. 6., verm. u. verb. Aufl. Oktav. XVI, 384 Seiten. 1949. (Lehrbücher und Grundrisse der Rechtswissenschaft Bd. I.) Geb. 20.—

Bürgerliches Gesetzbuch, Familienrecht. Von Prof. Dr. jur. H. Lehmann, Köln. 2., verm. u. verb. Aufl. Oktav. 311 Seiten. 1948. (Lehrbücher und Grundrisse der Rechtswissenschaft Bd. IV.) 15.—

Bürgerliches Gesetzbuch. Erstes Buch. **Allgemeiner Teil.** Von E. Kummerow, RA und Notar. Oktav. 76 Seiten. 1949. (Leitfaden der Rechtswissenschaft Bd. 1.) 3.—

Bürgerliches Gesetzbuch. Zweites Buch. **Das Recht der Schuldverhältnisse.** 1. Hälfte: Allgemeiner Teil. Von Dr. R. Lehmann, Berlin. Oktav. 110 Seiten. 1947. (Leitfaden der Rechtswissenschaft Bd. 2.) 4.—

Bürgerliches Gesetzbuch. Zweites Buch. **Das Recht der Schuldverhältnisse.** 2. Hälfte: Besonderer Teil. Von Dr. R. Lehmann, Berlin. Oktav. 204 Seiten. 1948. (Leitfaden der Rechtswissenschaft Bd. 3.) 6.—

Bürgerliches Gesetzbuch. Drittes Buch. **Sachenrecht.** Von E. Kummerow, RA und Notar. Oktav. 138 Seiten. 1948. (Leitfaden der Rechtswissenschaft Bd. 6.) 4.50

Bürgerliches Gesetzbuch. Viertes Buch. **Familienrecht.** Von E. Kummerow, RA und Notar. Oktav. 122 Seiten. 1947. (Leitfaden der Rechtswissenschaft Bd. 4.) 4.—

Bürgerliches Gesetzbuch. Fünftes Buch. **Erbrecht.** Von E. Kummerow, RA und Notar. Oktav. 93 Seiten. 1947. (Leitfaden der Rechtswissenschaft Bd. 5.) 4.—

Bürgerliches Gesetzbuch, Handkommentar zum — —. (Kleiner Staudinger.) Auf Grund von J. v. Staudingers Kommentar bearb. von OLGRat F. Keidel. 3. Aufl. Oktav. 1231 Seiten. 1931. (Schweitzer.) Geb. 18.90

Bürgerliches Gesetzbuch nebst Einführungsgesetz. Textausgabe mit ausführlichem Sachregister. 21. Aufl. Oktav. 890 Seiten. Nachdruck. 1949. (Guttentagsche Sammlung von Textausgaben ohne Anmerkungen mit Sachregister.) Geb. 6.50

Bürgerliches Recht, Einführung in das — —. Ein kurzes Lehrbuch nach neuem System und neuer Lehrmethode. Von E. Stampe. 1. Teil: Einleitung. Die Gegenstände (Rechtsobjekte). Die Unternehmen und ihre Vermögen (Umformung der Lehre von den „Rechtssubjekten"). Oktav. X, 180 Seiten. 1920. 4.—

Bürgerliches Recht, Praktikum des — — für Vorgerücktere zum akademischen Gebrauch und zum Selbststudium. Von D. Dr. R. Stammler, Prof. a. d. Univers. Berlin. 2., umgearb. Aufl. Mit Fig. Oktav. XVI, 240 Seiten. 1903. 4.50

Bürgerliches Recht, Übungen im — —. Eine Anleitung zur Lösung von Rechtsfällen an Hand von praktischen Beispielen. Von Dr. H. Berg, LGRat. 2. Aufl. in Vorbereitung.

Bürgerliches Recht, Übungen im — — für Anfänger zum akademischen Gebrauch und zum Selbststudium. Von D. Dr. R. Stammler, Prof. a. d. Univers. Berlin. 5., durchgearb. Aufl. Oktav. 227 Seiten. 1922. 4.50, geb. 6.—

Bürgerliches Recht, Zehn Lösungen aus dem — — der Bayerischen Staatsprüfungs-Aufgaben. Von LGDir. F. Gerlach. 1920—1926. Oktav. 92 Seiten. 1931. (Schweitzer.) 2.30
Texte der Aufgaben. Oktav. 44 Seiten. 1931. —.90

Clausula rebus sic stantibus, Die sogenannte — — im Bürgerlichen Gesetzbuch. Von Dr. L. Stahl. Gr.-Oktav. 88 Seiten. 1909. (Schweitzer.) 2.50

Ehegesetz vom 20. Februar 1946 mit Abdruck der noch in Kraft befindlichen Bestimmungen der Durchführungsverordnungen zum Ehegesetz vom 6. Juli 1938. Von R. Frhr. v. Godin, RA i. München und H. Frhr. v. Godin, RA i. München. Mit Erläuterungen der §§ 606—639 Zivilprozeßordnung von Reichsgerichtsrat Dr. Tölke. Oktav. Zweite Auflage. (Guttentagsche Sammlung Deutscher Reichsgesetze Nr. 230.) Im Druck.

Ehescheidungsrecht. Die Ehescheidungsgründe des Bürgerlichen Gesetzbuches durch die Rechtsprechung erläutert. Eine Sammlung grundlegender Entscheidungen des Reichsgerichts, der Oberlandesgerichte usw. Von Dr. jur. G. Tunica, weil. LGDir. 2., umgearb. und erg. Aufl. von Prof. Dr. jur. et Dr. oec. publ. E. Goldschmidt. Oktav. XXIII, 217 Seiten. 1926. 7.50, geb. 9.—

Ehevertrag, Der — —. Preisschrift. Von Dr. A. v. Baligand. Oktav. 161 Seiten. 1906. (Schweitzer.) 4.—

Eigentumsrecht, Das — —. Von Dr. V. Kruse, o. Prof. a. d. Univers. Kopenhagen. Aus dem Dänischen übersetzt von Dr. K. Larsen. 3 Bände. Oktav.
Bd. I: XXI, 881 Seiten. 1931. Geb. 25.—
Bd. II: XIII, 880 Seiten. 1935. Geb. 25.—
Bd. III: XIII, 757 Seiten. 1936. Geb. 25.—

Eigentumsvorbehalt, Der — —. Von RA Chr. Meisner. Gr.-Oktav. 82 Seiten. 1932. (Schweitzer.) 2.80

Eigentumsvorbehalt beim Kauf, Der — —. (BGB. § 455). Von Dr. jur. R. Jaffé. (Dissertation.) Oktav. XI, 100 Seiten. 1910. 3.—

Einheitsmietsvertrag, Der Deutsche — —. Erläutert von RA Dr. A. Dahm. Oktav. 87 Seiten. 1937. (Stilkes Rechtsbibl. Nr. 156.) 2.—

Einrede aus dem fremden Rechtsverhältnis, Die — —. Eine Untersuchung auf dem Gebiete des gemeinen, sowie des deutschen und österreichischen bürgerlichen Rechts. Von Dr. A. Rappaport, k. k. Ger. Sekr. Oktav. 274 Seiten. 1904. 6.—

Erbenhaftung nach dem Bürgerlichen Gesetzbuch, Die — —. 2 Bände. Von S. Riesenfeld, RA i. Berlin. Oktav. 1916. Cplt. geb. 18.—
1. Band. Die Grundsätze der Haftung. XII, 461 Seiten. —
2. Band. Das Inventar und die Mittel der Haftpflichtsbeschränkung. VIII, 455 Seiten.

Erbenhaftung und Nachlaßkonkurs im neuen Reichsrecht. Von Dr. jur., Dr. rer. pol. h. c. E. Jaeger, Prof. der Rechte zu Leipzig. Oktav. 117 Seiten. 1898. 3.—

Erbrecht des Bürgerlichen Gesetzbuches. Von F. Endemann. 2. Aufl. bearb. von Prof. Dr. jur. H. Lehmann, Köln. In Vorbereitung. (Lehrbücher und Grundrisse der Rechtswissenschaft Bd. V.) ca. 5.—

Erklärungshaftung. Ein Beitrag zum System des bürgerlichen Rechtes. Von Dr. jur. H. Hildebrandt, Ger. Ass. Oktav. 311 Seiten. 1931. 18.—

Grundschuld in ihren Beziehungen zur persönlichen Forderung, Die — —. Von W. Weisbecker. Gr.-Oktav. 48 Seiten. 1922. (Schweitzer.) —.90

Grundstücksmiete. Von Dr. F. Kiefersauer. 7. Aufl. In Vorbereitung. (Schweitzers braune Handausgabe.) ca. 8.—

Grundstückverkehrsrecht. Ergänzungsheft. Von Dr. F. Kiefersauer. Lex.-Oktav. 59 Seiten. 1943. (Schweitzer.) 1.80

Haftpflichtgesetz. Erläutert. Von Fr. Seligsohn. 2. Aufl. Oktav. 360 Seiten. 1931. 12.—, geb. 13.50

Haftpflichtgesetz, Das Reichs — —. Kommentar von E. Böhmer, OLGRat b. OLand. Ger. i. Tübingen. 172 Seiten. 1950. ca. 15.—

Hypothekenbeschaffung für Wohn- und Geschäftshäuser. Handbuch für die Praxis der Grundstückswirtschaft. Von Dr. M. Friedländer, RA i. Berlin. Oktav. VIII, 151 Seiten. 1929. 6.—, geb. 7.50

Juristische Person, Die abhängige — —. Von Kronstein. Gr.-Oktav. VI, 140 Seiten. 1931. (Schweitzer.) 7.60

Kauf zur Probe, Der — —. Rechtsbegriff, Rechtsnatur, Rechtsfolgen. Von Dr. L. Levy, RA i. Potsdam. Oktav. 87 Seiten. 1915. 2.—

Lehre vom Mißverständnis, Die — —. Eine zivilrechtliche Untersuchung. Von H. Titze. Oktav. XI, 516 Seiten. 1910. 11.—

Miete, Gesetzliche — —. Reichsmietengesetz in der Fassung der Bekanntgabe vom 24. April 1936. Erläutert von RA Dr. A. Dahm. Oktav. 140 Seiten. 1936. (Stilkes Rechtsbibl. Nr. 153.) Geb. 4.50

Mietrechtslexikon. Von RA A. Dahm, Düsseldorf. Handbuch des ges. Miet- und Wohnrechts im Reich und Preußen. Oktav. Mit 2 Nachträgen. 131 Seiten. 1930. (Stilkes Rechtsbibl. Nr. 93.) Geb. 3.15

Mitschuldklage, zugleich ein Beitrag zur Lehre von der Rechtskraft und dem Einheitsgrundsatz in Scheidungs- und Anfechtungssachen. Von Dr. jur. H. Hildebrandt, Ger. Ass. Oktav. 80 Seiten. 1933. 4.50

Nachbarrecht, Das in Bayern geltende — —. Von RA Chr. Meisner. 3. Aufl. Gr.-Oktav. 606 Seiten. 1923. (Schweitzer.) Geb. 8.50

Notweg, Der — —. Seine Geschichte und seine Stellung im heutigen Recht. Von Dr. G. Buch, a. o. Prof. d. Rechte a. d. Univers. Breslau. Gr.-Oktav. 101 Seiten. 1919. (Schweitzer.) 3.60

Planck's Kommentar zum Bürgerlichen Gesetzbuch nebst Einführungsgesetz. Bisher herausgeg. von Dr. E. Strohal. Bearbeitet von E. Brodmann, L. Busch, J. Ebbecke, F. Flad, M. Greiff, K. Gunkel, P. Knoke, M. Landois, A. Lobe, Fr. Oegg, H. Siber, O. Strecker, K. v. Unzner. 4., neu bearb. Aufl. Oktav.

Bd. I. **Allgemeiner Teil** (§§ 1—240). In 2 Halbbänden. Cplt. LXV, 606 Seiten. 1913. 15.—, geb. 17.—

Bd. II. **Recht der Schuldverhältnisse.** 1. Halbbd.: Allgemeiner Teil (§§ 241—432). XVIII, 640 Seiten. 1914. 15.—, geb. 17.—

— —. 2. Halbbd.: Besonderer Teil (§§ 433—853). XII, 1924 Seiten. 1928. 49.—, geb. 52.—

Bd. IV. *1. Halbbd.*: ***Familienrecht*** *(1. Abschn. §§ 1297—1588).* VII, 701 Seiten. 1928. 26.—, geb. 28.—

Bd. V. **Erbrecht** (§§ 1922—2385). XII, 1163 Seiten. 1930. 51.—, geb. 54.—

Bd. III. **Sachenrecht.** 1. Halbbd.: Einleitung und §§ 854—1112 und Verordnung über das Erbbaurecht. Bearb. von E. Brodmann und O. Strecker. 941 Seiten. 1936. 43.—, geb. 47.—

— —. 2. Halbbd.: §§ 1113—1296. VIII, 721 Seiten. 1938. 49.—, geb. 53.—

Bd. II. 2. Hälfte: Recht der Schuldverhältnisse (Besonderer Teil) XII, S. 641—1924. 1928. 49.—

Praxis der Vertretungsverträge, Die — —. Von Dr. Fr. Beermann. Gr.-Oktav. 56 Seiten. 1929. (Schweitzer.) 2.70

Recht des Bürgerlichen Gesetzbuches, Das — — in Einzeldarstellungen. Oktav.

Nr. 3: **Das persönliche Eherecht des BGB** für das Deutsche Reich. Von Dr. L. Jacobi. 2., verb. u. verm. Aufl. 122 Seiten. 1899. 2.—, geb. 2.75

Nr. 4: **Das Recht der einzelnen Schuldverhältnisse im BGB.** Eine Darstellung und Erläuterung der Hauptbestimmungen. Von F. Schollmeyer. 2., völlig neubearb. Aufl. 241 Seiten. 1904. 5.—, geb. 6.—

Nr. 6: **Die Reichsgrundbuchordnung** und ihre landesrechtlichen Ergänzungen. Eine Einführung in das Grundbuchwesen des Deutschen Reichs mit besonderer Berücksichtigung Preußens. Von Dr. P. Siméon. 2., neubearb. Aufl. 125 Seiten. 1901. 3.—, geb. 3.75

Nr. 7: **Die allgemeinen Vorschriften des BGB über Rechte an Grundstücken.** Von O. Strecker. 121 Seiten. 1898. 2.50, geb. 3.25

Nr. 8: **Die Deliktsobligationen im System des BGB.** Kritische und dogmatische Randbemerkungen. Von Dr. Fr. v. Liszt. VI, 114 Seiten. 1898. 2.80

Nr. 10: **Der allgemeine Teil des BGB** in seinem Einflusse auf die Fortentwicklung der Rechtswissenschaft. Von Dr. R. Leonhard. XVI, 537 Seiten. 1900. 10.—

Nr. 11: **Das internationale Privatrecht des BGB.** Dargestellt von Th. Niemeyer. VI, 222 Seiten. 1901. 4.50

Nr. 12: **Das Recht der beweglichen Sachen nach dem BGB.** Von H. Buhl. 130 Seiten. 1901. 3.—

Sachenrecht des Bürgerlichen Gesetzbuches. Von Prof. Dr. J. W. Hedemann, Berlin. 2. Aufl. i. Vorbereitung. (Lehrbücher und Grundrisse der Rechtswissenschaft Bd. III.)

Sachenrecht, Grundriß des — — s bei Schiffen und Schiffsbauwerken. Von H. Wolff. Gr.-Oktav. 103 Seiten. 1949. (Cram, de Gruyter & Co. Hamburg.) 4.—

Schiffe und Schiffsbauwerke, Gesetz über Rechte an eingetragenen — — n. Vom 15. November 1940 und Durchführungsverordnung vom 21. Dezember 1940. Oktav. 88 Seiten. 1941. (Guttentagsche Sammlung von Textausgaben ohne Anmerkungen mit Sachregister.) 1.—

Schuldbereinigungsgesetz vom 3. September 1940. Von Dr. W. Vogels, Ministerialdirigent i. Reichsjust. Ministerium. Oktav. 253 Seiten. 1940. (Guttentagsche Sammlung Deutscher Reichsgesetze Nr. 221.) 5.—

Schuldrecht des Bürgerlichen Gesetzbuches. Von Prof. Dr. J. W. Hedemann, Berlin. Oktav. XXX, 422 Seiten. 1949. (Lehrbücher und Grundrisse der Rechtswissenschaft Bd. II.) Geb. 18.—

Schuldrecht, Neubau des — — s. Ein Beitrag zur Reform des deutschen Rechts. Von Reg. Präs. a. D. W. Dörr. Gr.-Oktav. 68 Seiten. 1934. (Schweitzer.) 4.—

Schuld und Haftung im geltenden Recht. Von Dr. Claudius Frhr. v. Schwerin, München. Oktav. 43 Seiten. 1911. (Schweitzer.) 1.30

Staudingers Kommentar zum Bürgerlichen Gesetzbuch. Mit Einführungsgesetz. 10., neubearb. Aufl. Lex.-Oktav. (Schweitzer.) Bisher erschienen:
Bd. I. Einleitung von LGRat Dr. Fr. Brändl; **Allgemeiner Teil,** erläutert von Prof. Dr. E. Riezler. XII, 1104 Seiten. 1936. In 4 Lieferungen. Cplt. 44.—, in Halbleder geb. 49.50

Bd. II. Teil 1: **Recht der Schuldverhältnisse.** Lfg. 1: Einleitung und §§ 241—242 von AGRat D. Dr. W. Weber. 442 Seiten. 1940. 22.—

— —. Lfg. 2: **Recht der Schuldverhältnisse,** §§ 243—245, erläutert von D. Dr. W. Weber. 124 Seiten. 1941. 6.—

Bd. II. Teil 2: **Schuldverhältnisse,** §§ 433—610, von Dr. K. Kober, RA Dr. Fr. Ostler, Dr. Fr. Kiefersauer. 885 Seiten. 1937. In 3 Lieferungen. Cplt. 37.—, in Halbleder geb. 42.50

Bd. II. Teil 3: **Einzelne Schuldverhältnisse.** Lfg. 1: **Dienstvertrag,** §§ 611 bis 630, von Prof. Dr. Nipperdey. 480 Seiten. 1939. 20.—

— —. Lfg. 2: **Werkvertrag,** §§ 631—657, erläutert von Dr. K. Kober. 175 Seiten. 1939. 7.50

— —. Lfg. 3: **Recht der Schuldverhältnisse,** §§ 657—661, erläutert von Dr. K. Kober, §§ 662—704, erläutert von Prof. Dr. H. Nipperdey, §§ 705 bis 709, erläutert von K. Geiler, 271 Seiten. 1941. 11.50

— —. Lfg. 4: **Recht der Schuldverhältnisse,** §§ 709—740, erläutert von K. Geiler. 181 Seiten. 1941. 8.—

— —. Lfg. 5: **Recht der Schuldverhältnisse,** Anhang zu §§ 705ff., erläutert von Dr. K. Geiler, §§ 741—758, erläutert von Dr. K. Kober, §§ 759—778, erläutert von Dr. Fr. Brändl, §§ 779—811, erläutert von Dr. K. Kober, §§ 812—822, erläutert von O. Lechner. 518 Seiten. 1943. 22.—

Bd. III. **Sachenrecht,** erläutert von Dr. K. Kober. 2 Teile. VIII, 1671 Seiten. 1936. In 6 Lieferungen cplt. 66.30, in Halbleder geb. 77.30

Bd. V. Teil 1: **Erbrecht.** Lfg. 1: Einleitung und §§ 1922, erläutert von Prof. Dr. G. Boehmer. 292 Seiten. 1938. 12.—

— —. Lfg. 2: **Erbrecht,** §§ 1923—2031, erläutert von Prof. Dr. H. Lehmann. 287 Seiten. 1944. 12.—

Bd. V, Teil 2: Erbrecht. Lfg. 1: Dritter Abschnitt. **Testament.** Einleitung zum dritten Abschnitt von W. Vogels, §§ 2064—2196, erläutert von K. Seybold. VIII, 290 Seiten. 1942. 12.50

Bd. VI, **Einführungsgesetz,** von H. Gramm. VIII, 574 Seiten. 1939. In 2 Lieferungen cplt. 25.—, in Halbleder geb. 29.50

Weitere Lieferungen und Teile gelangen Ende 1949 und Anfang 1950 zur Ausgabe.

Lfg. 6—9, 23 z. Z. nicht greifbar.

Sukzessivlieferungsvertrag, Der — —. Von Dr. jur. A. Hueck, Ger. Ass. Gr.-Oktav. 204 Seiten. 1918. (Schweitzer.) 4.50

Testamente und Erbverträge, Gesetz über die Errichtung von — — n, vom 31. Juli 1938. Erläutert von Dr. W. Vogels, MinDirig. i. Reichsjust. Min. 4. Aufl. bearb. von Dr. K. Seybold, Notar i. Sulzbach-Rosenberg/Opf. Oktav. 318 Seiten. 1949. (Schweitzer, Verlag für Rechtswissenschaft vorm. Fr. Vahlen G. m. b. H., Berlin.) Halbleinen 15.—

Testamentsvollstrecker, Der — —. Rechte und Pflichten des Testamentsvollstreckers. Von Dr. K. Wegler, RA i. Nürnberg und Dr. J. Leopold, AGRat i. Leipzig. Oktav. IX, 59 Seiten. 1938. 2.—

Todesfälle, Sachliche Beweise bei der Klärung von — — n. Von B. Kenyeres. Mit 83 Abb. Oktav. V, 216 Seiten. 1935. Geb. 12.—

Unterhaltsanspruch der geschiedenen Ehegatten, Der — —. Von Dr. H. Furler, RA i. Pforzheim, Prof. a. d. Techn. Hochsch. Karlsruhe. Oktav. 164 Seiten. 1941. 6.—

Veräußerungsverbot des Bürgerlichen Gesetzbuchs, Das — —. Von Dr. L. Raape, Priv. Doz. a. d. Univers. Bonn. Oktav. XIV, 210 Seiten. 1908. 5.—

Vereine ohne Rechtsfähigkeit nach dem neuen Rechte. Von Dr. O. Gierke, Geh. Just. Rat, o. Prof. d. Rechte a. d. Univers. Berlin. 2., erg. Aufl. Gr.-Oktav. 52 Seiten. 1902. (Schweitzer.) 1.—

Verjährung und gesetzliche Befristung. Von Weiß. Oktav. 155 Seiten. 1905. (Schweitzer.) 3.20

Verschollenheit, die Todeserklärung und die Feststellung der Todeszeit, Gesetz über die — —, vom 4. Juli 1939 (RGBl. I S. 1186). Erläutert von E. Kummerow, RA und Notar. Oktav. 63 Seiten. 1949. (Guttentagsche Sammlung Deutscher Reichsgesetze Nr. 234.) 2.80

Verschuldungsprinzip — Verursachungsprinzip. Von G. Marton. Oktav. 53 Seiten. 1926. (Schweitzer.) 1.80

Vertragsverletzungen, Die positiven — —. Von H. Staub. In 2. Aufl. herausgeg. und erg. von RA E. Müller. Oktav. 66 Seiten. 1913. 2.—

Viehgewährschaftsrecht, Das — —. Von RA Chr. Meisner. 3. Aufl. Oktav. 301 Seiten. 1927. (Schweitzer.) 8.—

Viehkauf (Viehgewährschaft). Von Dr. H. Stölzle, Just. Rat i. Kempten. Neubearb. von Dr. M. Graminger, München. Mit Kaiserl. Verordnung vom 27. März 1899, betr. die Hauptmängel und Gewährfristen beim Viehhandel. Von Dr. E. Fröhner, Geh. Reg. Rat. 7. Aufl. Oktav. 471 Seiten. 1935. (Guttentagsche Sammlung Deutscher Reichsgesetze Nr. 50.) 10.—

Vorteilsanrechnung, Die — — beim Erfüllungsausspruch. Von L. Decker. Gr.-Oktav. 75 Seiten. 1907. (Schweitzer.) 1.60

2. Handelsrecht

(Schiffahrtsrecht, Genossenschaften, Bank und Börse, Verschiedenes.)

Abzahlungsgeschäfte, Das Reichsgesetz betreffend die — —. Vom 16. Mai 1894. Von Dr. K.-A. Crisolli unter Mitwirkung von J. Crisolli. 4., völlig umgearb. Aufl. des Werkes von Hoffmann-Wilke. Oktav. 413 Seiten. 1931. (Guttentagsche Sammlung Deutscher Reichsgesetze Nr. 34.) Geb. 7.20

Aktiengesellschaft, Das Recht der entstehenden — —. Von Dr. L. Homberger Gr.-Oktav. VI, 45 Seiten. 1907. (Schweitzer.) 1.50

Aktiengesellschaften, Die Umgestaltungen der Satzungen der — — nach dem neuen Aktienrecht. Von Dr. W. Schmidt, RA und Notar i. Berlin. Oktav. 197 Seiten. 1938. 5.40

Aktiengesellschaften und Kommanditgesellschaften auf Aktien, Gesetz über — — (Aktiengesetz) vom 30. Januar 1937. Erläutert von R. Frhr. v. Godin, RA und Notar i. München und Dr. H. Wilhelmi, RA und Notar i. Frankfurt a. M. 2. Aufl. in Vorbereitung. (Guttentagsche Sammlung Deutscher Reichsgesetze Nr. 205.)

Aktiengesetz, Das — —. Kommentar zum HGB, Buch 2, Abschn. 3/4. Mit Einführungsgesetz, Durchführungsverordnungen und Einführungsverordnungen für Österreich und die sudetendeutschen Gebiete. Von Vizepräs. C. Ritter und OLGRat J. Ritter. 2., völlig neubearb. Aufl. Lfg. 1: §§ 1—144. VIII, 464 Seiten. 1938. 16.—. Lfg. 2: §§ 145—304; Einf. Ges. zum AkG. §§ 1—32; Durchf. Verord. zum AkG §§ 1—40; 3. Durchf. Verord. zum AkG; Wortregister. Gr.-Oktav. 370 Seiten. 1939. 15.20. Nachtrag 1940. —.80. Ges. Umf. VIII, 834 Seiten. 1939. (Schweitzer.) Mit Nachtrag 32.—, geb. 34.—

Aktienstrafrecht. Kommentar zu den §§ 288—304 des Aktiengesetzes. Von E. Schmidt. Oktav. 50 Seiten. 1940. 3.—

Aktienwesen, Die Entwicklung des deutschen — — s im 19. Jahrhundert. Von Dr. K. Bösselmann. Oktav. XI, 204 Seiten. 1939. 7.—

Aktienwesen, Die Sanierung unseres — — s. Von E. Brodmann. Oktav. 46 Seiten. 1931. 3.—

Aktionärschutz, Über — — nach deutschem, englischem und französischem Recht. Von Dr. W. Böhm. Oktav. IX, 114 Seiten. 1910. (Schweitzer.) 2.70

Aufschlußpflicht, Die — — von Vorstand und Aufsichtsrat gegenüber der Generalversammlung nach deutschem Aktienrecht. Von Dr. A. Arnold. Gr.-Oktav. 80 Seiten. 1908. (Schweitzer.) 2.40

Aufsichtsrat der Aktiengesellschaft, Der — —. Eine Darstellung seiner Aufgaben, Rechte und Pflichten für die Praxis. Von Dr. jur. E. Tremblau. Oktav. VIII, 100 Seiten. 1917. Geb. 3.—

Bankdepotgesetz. Gesetz über die Verwahrung und Anschaffung von Wertpapieren vom 4. Febr. 1937. Erläutert von RA Dr. K. H. Riecke. Oktav. 92 Seiten. 1937. (Stilkes Rechtsbibl. Nr. 163.) Geb. 2.40

Bank- und Kreditgesetzgebung, Die deutsche — —. Zusammengestellt von Dr. jur. J. C. D. Zahn, RA i. Berlin. Oktav. XVI, 342 Seiten. 1937. (Guttentagsche Sammlung Deutscher Reichsgesetze Nr. 202.) Geb. 6.—

Binnenschiffahrts- und Flößereirecht. Erläuterungswerk bearbeitet von O. Vortisch, RA und Notar und Prof. Dr. O. Zschucke. Oktav. XIX, 922 Seiten. 1938. (Guttentagsche Sammlung Deutscher Reichsgesetze Nr. 36.) Geb. 15.—

Devisengesetzgebung, Die — —. Texte und Regelungen (nach dem Stande vom 10. Februar 1937.) Von Dr. jur. K. Urbanek, RA i. Berlin. Mit Verweisungen. Oktav. 199 Seiten. 1937. (Stilkes Rechtsbibl. Nr. 158.) Geb. 4.80

D-Markbilanzgesetz und die Umstellung von Schuldverhältnissen. Kommentar von Dr. H. v. Boehmer, RA b. d. OLand. Ger. i. Düsseldorf. Oktav. XII, 393 Seiten. 1949. 12.—

Dokumentenakkreditive. Einheitliche Richtlinien und Gebräuche für Dokumentenakkreditive. Drucksache Nr. 82 der Internationalen Handelskammer. Neudruck Mai 1948. Herausgeg. unter Mitarbeit von Dr. E. Trost, Berlin. Oktav. 36 Seiten. 1948. (Kommissionsverlag.) 1.—

Erwerbs- und Wirtschaftsgenossenschaften, Das Reichsgesetz, betreffend die — —. Kleiner Kommentar. Begonnen von L. Parisius und Dr. H. Crüger. 26. Aufl. von Dr. J. Lang und Dr. L. Weidmüller. In Vorbereitung. (Guttentagsche Sammlung Deutscher Reichsgesetze Nr. 29.)

Erwerbs- und Wirtschaftsgenossenschaften, Das Reichsgesetz betreffend die — —. Kommentar zum praktischen Gebrauch für Juristen, Genossenschaften und ihre Mitglieder. Von L. Parisius und H. Crüger. Bis zur 3. Aufl. herausgeg. von L. Parisius und H. Crüger, später von H. Crüger und A. Crecelius. 12., neubearb. Aufl. von F. Citron. Oktav. XV, 605 Seiten. 1932. 25.20, geb. 27.—

Gesellschaften mit beschränkter Haftung, Das Reichsgesetz, betreffend die — —. Begonnen von L. Parisius und Dr. H. Crüger. 20. Aufl. von Dr. W. Schmidt, RA und Notar. In Vorbereitung. (Guttentagsche Sammlung Deutscher Reichsgesetze Nr. 32.)

Gesellschaften mit beschränkter Haftung, Kommentar zum Gesetz, betreffend die — — (früher Staub-Hachenburg). Von M. Hachenburg. 5. Aufl., unter Mitarbeit von F. Bing und W. Schmidt. 2 Bände. Oktav. Bd. I: §§ 1—34. VI, 527 Seiten. 1926. Bd. II: §§ 35—84. 452 Seiten. 1927. Neue Auflage in Vorbereitung.

Güter als Seefracht, Gefährliche — —. Neue, durch Nachträge verm. Aufl. 1. Teil: Gesetzliche Vorschriften für die Seeverfrachtung gefährlicher Güter im Auszuge. 2. Teil: Technische Erläuterungen zu den Stoffen des Güterverzeichnisses der Seefrachtordnung unter besonderer Berücksichtigung ihrer Zusammensetzung und gefährlichen Eigenschaften nebst Beispielen aus Seeunfällen. Für Schiffsoffiziere insbesondere Ladungsoffiziere, Verlader und Verfrachter. Von Schmaltz. Oktav. IV, 152 u. 10 Seiten. 1925. 3.—

Handbuch für Baugenossenschaften. Von A. Scheidt, Unterstaatssekr. d. Preuß. Ministeriums f. Volkswohlfahrt. 2., umgearb. Aufl. Oktav. X, 548 Seiten. 1920. 12.—, geb. 13.50

Handelsgesetzbuch nebst Einführungsgesetz vom 10. Mai 1897. Textausgabe mit Sachregister. 16. Aufl. (Guttentagsche Sammlung von Textausgaben ohne Anmerkungen mit Sachregister.) Oktav. 156 Seiten. 1949. 2.80

Handelsgesetzbuch, Das — — mit Ausschluß des Seerechts. Erläutert von Vizepräs. C. Ritter. 2. Aufl. Gr.-Oktav. 914 Seiten. 1932. (Schweitzer.) 28.—, geb. 30.50

Handelsgesetzbuch, Kommentar zum — —. Von Mitgliedern des früheren Reichsgerichts. 2. Aufl. 4 Bde. In Vorbereitung. Je Band ca. 50.—

Handelsgesetzbuch (ohne Seerecht). Mit den ergänzenden Vorschriften des Bürgerlichen Gesetzbuches. Mit Erläuterungen von Dr. E. Heymann, Geh. Just. Rat, o. Prof. a. d. Univers. Berlin, unter Mitarbeit von H. W. Kötter, RA i. Berlin. 3., durchges. Aufl. der Neubearb. (20. Gesamtaufl.) von H. W. Kötter. In Vorbereitung. (Guttentagsche Sammlung Deutscher Reichsgesetze Nr. 4.) Geb. ca. 20.—

Handelsgesetzbuch und Wechselordnung, sowie Nebengesetze und Auszug aus dem Bürgerlichen Gesetzbuche. Von Just. Rat. R. Basch. Erläutert durch die Rechtsprechung des Reichsgerichts. Neubearb. von W. Basch, RA a. Kammerger. u. Notar i. Berlin. 10. Aufl. Oktav. VIII, 460 Seiten. 1931. (Schweitzer.) Geb. 4.50

Handelsrecht, Deutsches — —. Ein Handbuch für den praktischen Gebrauch mit Anmerkungen aus der Rechtsprechung. Von Dr. W. Heun, LGDir. i. Berlin. 2 Bände. 2. Aufl. Oktav. Gesamtumf. XXIV, 1728 Seiten. *1944. (Schweitzer.)* Geb. 21.—

Handelsrecht und Schiffahrtsrecht. Von Dr. J. v. Gierke, o. Prof. der Rechte a. d. Georg-August Univers. Göttingen. 6., umgearb. Aufl. Oktav. XIII, 567 Seiten. 1949. Geb. 24.—

Handelsrichter, Leitfaden für — —. Von Dr. M. Isaac, RA und Notar i. Berlin. Oktav. 134 Seiten. 1932. 3.60

Nachindossament des protestierten Wechsel, Das — —. Von Th. Böhme. (Dissertation.) Oktav. IV, 66 Seiten. 1908. 2.—

Nutzungsrecht an Unternehmen und Unternehmensbeteiligungen. Von R. Frhr. v. Godin, RA i. München. Oktav. XII, 129 Seiten. 1949. 8.—

Offene Handelsgesellschaften, Das Recht der — —. Systematisch dargestellt. Von Dr. A. Hueck, Prof. der Rechte a. d. Univers. München. Gr.-Oktav. 309 Seiten. 1946. 18.—

Offene Handelsgesellschaften, Kommanditgesellschaften und stille Gesellschaften von der Errichtung bis zur Auflösung. Nebst Vertrags- und Anmeldeformularen und mit Berücksichtigung des Steuerrechts. Von A. Starke. Oktav. XIV, 167 Seiten. 1928. 5.—

Recht der großen Haverei, Das — —. Von Dr. Ph. Heck, Ger. Ass. u. Priv. Doz. a. d. Univers. Berlin. Lex.-Oktav. XXXV, 839 Seiten. 1889. (Schweitzer.) 18.—

Seerecht, Das öffentliche — —. Erläutert von J. Sebba. Oktav. XVI, 596 Seiten. 1932. (Guttentagsche Sammlung Deutscher Reichsgesetze Nr. 19.) Geb. 11.70

Steuerrecht und Handelsrecht, Die Zusammenhänge zwischen — — und ihre Entwicklung untersucht an dem Gewinn und an der Bewertung. Eine bilanzrechtliche und bilanskritische Darstellung mit praktischen Beispielen. Von Dr. jur. J. Hein. Oktav. IX, 280 Seiten. 1928. 10.—, geb. 12.—

Stimmrecht des Aktionärs, Das — —. Von Dr. J. Haselberger. Gr.-Oktav. VIII, 68 Seiten. 1906. (Schweitzer.) 2.—

Übermäßiger Gewinn im Sinne der Preissteigerungsverordnung vom 23. Juli 1915/23. März 1916. Von RA Dr. A. Rosenthal, Hamburg. Lex.-Oktav. 19 Seiten. 1917. (Schweitzer.) —.80

Verfügungsrecht beim Frachtgeschäft, Das — —, mit besonderer Berücksichtigung des Postfrachtgeschäfts. Von Dr. jur. P. Leutke, Postinsp. Oktav. 270 Seiten. 1905. 5.—

Veröffentlichungen der Vereinigung der Handelsrechtslehrer Deutscher Hochschulen. Oktav. Heft 1: Bericht über die erste Tagung der Vereinigung in Berlin am 7. und 8. März 1927. Mit Beiträgen von E. Heymann, H. Wüstendörfer, O. Schreiber, A. Nußbaum. 65 Seiten. 1928. 5.—

Wechselgesetz und Scheckgesetz mit Anmerkungen und den Texten der Nebengesetze. Von A. Esderts. Oktav. 224 Seiten. 1935. (Stilke.) Geb. 5.50

Wechselgesetz und Scheckgesetz mit Nebengesetzen. Erläutert von Dr. P. Schaefer, Amtsgerichtsrat. Taschenformat. VII, 292 Seiten. Zweite vermehrte Auflage. 1941. (Schweitzer.) 4.—

Wechselordnung, Staub's Kommentar zur — —. Fortgesetzt von J. Stranz und M. Stranz. 13. Aufl. völlig neubearb. für das Wechselgesetz vom 21. Juni 1933. Von M. Stranz und Martin Stranz. Oktav. XII, 835 Seiten. 1934. Geb. 24.—

Wertpapiere, Gesetz über die Verwahrung und Anschaffung von — — n (Depotgesetz) vom 4. Februar 1937. Nebst einem Anhang: Schrankfachvertrag und verschlossene Einlage. Erläutert von Dr. G. Opitz, RA. Oktav. XXXII, 704 Seiten. 1937. (Guttentagsche Sammlung Deutscher Reichsgesetze Nr. 203.) Geb. 14.—

Wertpapiere, Recht der — — (einschl. Wechsel- und Scheckrecht). Von Cl. Frhr. v. Schwerin. 3. Aufl. bearb. von Prof. Dr. W. Siebert, Göttingen. In Vorbereitung. (Lehrbücher und Grundrisse der Rechtswissenschaft Bd. VII.)

III. Grenzgebiete des Bürgerlichen Rechts

1. Privat- und Sozialversicherung

Angestelltenversicherungsgesetz in der Fassung des Ausbaugesetzes vom 21. Dezember 1937 nebst Ausführungsbestimmungen. Kommentar von Dr. F. Allendorf und Dr. F. Haueisen. Mit einem Geleitwort von A. Grießmeyer. Oktav. 511 Seiten. 1938. (Guttentagsche Sammlung Deutscher Reichsgesetze Nr. 214.) Geb. 12.—
Nachtrag. 10 Seiten. 1938. —.30

Angestelltenversicherungsgesetz. Von Ministerialrat G. Ziegler. (Sonderdruck aus: Sammlung in der Praxis oft angewandter Verwaltungsgesetze und Verordnungen.) Oktav. 68 Seiten. 1927. (Schweitzer.) 1.10

Assekuranz, Geschichte der — — und der hanseatischen Seeversicherungsbörsen Hamburg, Bremen, Lübeck. Von F. Plaß. Gr.-Oktav. XIII, 790 Seiten. 80 Abb. und 3 Seeversicherungspolicen in Fksm. 1902. (Cram, de Gruyter & Co. Hamburg.) 18.—

Aufsichtsamt für das Versicherungswesen Groß-Berlin. Veröffentlichungen. 1. Jahrgang. Heft 1. 1948. 6.—. 2. Jahrgang. Heft 1. 1949. 3.80. — —. Heft 2. 1949. 3.60. — —. Heft 3. 1949. 4.—. — —. Heft 4. 1949. 3.20. Erscheinungsweise: Nach Bedarf. Preis je nach Umfang. Als nach dem Kriege wiedererschienene Fortsetzung der:

Veröffentlichungen des Reichsaufsichtsamts für Privatversicherung. Quart. 1.—38. Jahrgang (1939). Einzelne cplte. Jahrgänge sind aus Restbeständen noch lieferbar. Auf Wunsch nähere Angaben.

Beaufsichtigung der privaten Versicherungsunternehmungen und Bausparkassen vom 6. Juni 1931, Gesetz über die — —. Von RA Dr. jur. H. Goltz. Oktav. 165 Seiten. 1931. (Stilkes Rechtsbibl. Nr. 122.) Geb. 4.—

Brandversicherungsgesetz. Von Ministerialrat G. Ziegler. (Sonderdruck aus: Sammlung in der Praxis oft angewandter Verwaltungsgesetze und Verordnungen.) Oktav. 23 Seiten. 1927. (Schweitzer.) —.70

Frachtversicherung, Die — —. Von W. Mohr. Oktav. 60 Seiten. 1927. (Cram, de Gruyter & Co. Hamburg.) 2.70

Haftung des Versicherers, Die — — für Güter aus deutschen Schiffen in italienischen und portugiesischen Häfen. Von R. Martin. Gr.-Oktav. 40 Seiten. 1918. (Cram, de Gruyter & Co. Hamburg.) 4.—

Handwerkerversorgungsgesetz. Das Gesetz über die Altersversorgung für das deutsche Handwerk (Handwerkerversorgungsgesetz) vom 21. Dezember 1938 nebst der Durchführungs- und Ergänzungsverordnung vom 13. Juli 1939, den wichtigsten Vorschriften des Angestelltenversicherungsgesetzes u. sonstiger ergänzender Gesetze u. Verordnungen. Eingehend erläutert von Dr. H. Haaß, Sen. Präs. i. Reichsversicherungsamt, und R. Glanzmann, RGRat. Oktav. 368 Seiten. 1939. (Guttentagsche Sammlung Deutscher Reichsgesetze Nr. 219.) Mit Nachtrag 1940. Geb. 10.50
Nachtrag einzeln. 1.50

Kundenversicherung, Die Grundzüge der — — (Generalversicherung der Speditions- und Lagergüter) mit einer Einleitung über das Interesse als Element der Sachversicherung. Von Dr. J. Weygand, RA i. Leipzig. Oktav. 162 Seiten. 1914. 4.—

Lebensversicherung zu Gunsten Dritter, insbesondere der Interessenkonflikt zwischen dem Begünstigten und den Gläubigern des Versicherungsnehmers. Von W. Schwarz. Oktav. VIII, 50 Seiten. 1914. 1.25

Leistung und Gegenleistung im Versicherungsvertrage. Eine Grundfrage des Privatversicherungsgesetzes. Von Dr. Fr. Haymann, o. ö. Prof. der Rechte a. d. Univers. Köln. Oktav. 103 Seiten. 1933. 6.—

Obergutachten über Unfallvergiftungen. Dem Reichs-Versicherungsamt und anderen Gerichten erstattet. Von Prof. Dr. L. Lewin. Oktav. VIII, 379 Seiten. 1912. 5.—

Pflichtversicherung für Kraftfahrzeughalter und Kraftfahrversicherungsbedingungen. Textausgabe mit Erläuterung der gesetzlichen Vorschriften und Versicherungsbedingungen sowie mit Sachregister. Von G. E. Fromm, Sen. Präs. i. Reichsaufsichtsamt f. Privatversicherung. Oktav. XV, 267 Seiten. 1941. (Guttentagsche Sammlung Deutscher Reichsgesetze Nr. 223.) 5.—

Privatversicherungsrecht, Handbuch des — — s. Von Prof. Dr. W. Kisch. Lex.-Oktav. (Schweitzer.) Bd. II: Die Lehre von der Versicherungsgefahr. XXII, 604 Seiten. 1920. In 4 Lieferungen cplt. 11.70

Reichsknappschaftsgesetz, Das — — in der Fassung der Bekanntmachung vom 1. Juli 1926 nebst Einführungsgesetz zum Gesetz vom 23. Juni 1927. Von Prof Dr. Ing. e. h. M. Reuß, Wirkl. Geh. OBergrat und Dr. F. Hense, OBergrat a. D. 2. Aufl. Mit Nachtrag 1931. Oktav. XVI, 640 u. 7 Seiten. 1927. (Guttentagsche Sammlung Deutscher Reichsgesetze Nr. 155.) Geb. 10.80

Reichsversicherungsordnung, Die — — nebst dem Einführungsgesetze, den wichtigsten Ausführungsvorschriften und den ergänzenden Gesetzen und Verordnungen. Neue Aufl. in Vorbereitung. (Guttentagsche Sammlung Deutscher Reichsgesetze Nr. 161.)

Seeversicherung, Besonderheiten der — —. Von K. Doernberger. Gr.-Oktav. 66 Seiten. 1911. (Schweitzer.) 1.80

Seeversicherung, Das Recht der — —. Ein Kommentar zu den allgemeinen Deutschen Seeversicherungsbedingungen. Von C. Ritter. Gr.-Oktav. 1494 Seiten. 1924. Anastatischer Neudruck 1943. 2 Bände. (Cram, de Gruyter & Co. Hamburg.) Geb. 98.—

Seeversicherungsbedingungen, Allgemeine Deutsche — —. 24. Taus. Oktav. 56 Seiten. 1939. 1.80
Englische Ausgabe: **General Rules of Marine Insurance** adopted by the German Underwriters. Translated by A. Sieveking. Oktav. 64 Seiten. 1920. 2.70

Verantwortlichkeit des Versicherungsnehmers für das Verhalten Dritter. Von Prof. Dr. H. Möller, Univers. Hamburg. Oktav. 105 Seiten. 1939. (Schriften der Akademie für deutsches Recht, Gruppe für Handels- u. Wirtschaftsrecht H. 3.) 6.—

Versicherungsbedingungen für Haftpflichtversicherung, Allgemeine — —. §§ 1—4: Der Versicherungsschutz. Erläutert von Dr. jur. H. Oberbach. Oktav. XII, 280 Seiten. 1938. (Guttentagsche Sammlung Deutscher Reichsgesetze Nr. 213.) Geb. 9.20
— —. Teil II: §§ 5—6: Der Versicherungsfall. §§ 7—12: Das Versicherungsverhältnis. Oktav. 368 Seiten. 1947. (Guttentagsche Sammlung Deutscher Reichsgesetze Nr. 213a.) 20.—

Versicherungsstatistik über die unter Reichsaufsicht stehenden Unternehmungen. Herausgeg. vom Reichsaufsichtsamte für Privatversicherung. Quart. Für 1902—1938 sind noch Restbestände vorhanden. Auf Wunsch nähere Angaben.

Versicherungsunternehmungen, Gesetz über die privaten — —. Vom 12. Mai 1901. Von Dr. jur. h. c. H. Koenige, Sen. Präs. a. Reichsgericht i. R. 3., umgearb. Aufl. von H. Koenige und A. Petersen, OReg. Rat a. D. Oktav. 856 Seiten. 1927. (Guttentagsche Sammlung Deutscher Reichsgesetze Nr. 62.) Geb. 18.—

Versicherungsvertrag, Das Zustandekommen des — — es. Von H. Hagemann. Oktav. 67 Seiten. 1934. (Aus: Hamburger Rechtsstudien.) (Cram, de Gruyter & Co. Hamburg.) 4.—

Versicherungsvertrag, Reichsgesetz über den — —. Von E. Bruck und H. Möller. 8. Aufl. in Vorbereitung. (Guttentagsche Sammlung Deutscher Reichsgesetze Nr. 83.)

2. Arbeitsrecht

Akkordvertrag, Der — — und der Tarifvertrag. Eine Darstellung zweier Vertragsarten aus dem modernen Wirtschaftsleben. Von P. Wölbling, Mag. Rat. Oktav. XIII, 482 Seiten. 1908. 10.—, geb. 11.—

Arbeitsgerichtsgesetz. Kommentar. 2., völlig neubearb. Aufl. von H. Dèpene unter Mitwirkung von Th. Rolfing und E. Heinitz. Oktav. XIX, 861 Seiten. 1932. (Guttentagsche Sammlung Deutscher Reichsgesetze Nr. 168.) Geb. 15.—

Arbeitsrecht. Von Loppuch. In Vorbereitung. (Leitfaden der Rechtswissenschaft.)

Arbeitsrecht der Bühne, Das — —. Von RA Dr. B. Riepenhausen. Oktav. 236 Seiten. 1943. 9.—

Arbeitsvertragsrecht. Die arbeitsrechtlichen Vorschriften der allgemeinen Gesetze mit Erläuterungen aus der höchstrichterlichen Rechtsprechung des Reichsarbeitsgerichts und der Landesarbeitsgerichte von Reichsgerichtsrat i. R. Dr. Czolbe, und Staatsrat Wagemann †. Oktav. XII, 774 Seiten. 1934. (Stilke.) Geb. 15.—

Arbeitszeit in Bäckereien und Conditoreien, Gesetz über die — — vom 29. Juni 1936 nebst der amtlichen Begründung und der Durchführungsbestimmung erläutert von Dr. R. Schneider unter Mitwirkung von H. Wolkersdörfer, Sen. Präs. b. Kammerger. Oktav. 103 Seiten. 1936. (Guttentagsche Sammlung Deutscher Reichsgesetze Nr. 199.) 1.80

Arbeitszeitordnung vom 26. Juli 1934 nebst den amtlichen Erläuterungen, den Ausführungsbestimmungen und anderen arbeitszeitrechtlichen Verordnungen. Erläutert von Dr. R. Schneider unter Mitwirkung von H. Wolkersdörfer, Sen. Präs. b. Kammerger. Oktav. 442 Seiten. 1937. (Guttentagsche Sammlung Deutscher Reichsgesetze Nr. 201.) Geb. 8.—

3. Gewerberecht

Gaststättengesetz vom 28. April 1930 mit den Durchführungs- und Ausführungsverordnungen des Reiches und Preußens. Kommentar von W. Huyke. Neue Aufl. in Vorbereitung. (Guttentagsche Sammlung Deutscher Reichsgesetze Nr. 176.)

Gewerbeordnung für das Deutsche Reich nebst Gaststättengesetz, Kinderschutzgesetz und Hausarbeitsgesetz. Mit Einleitung von A. Elster. Neue Aufl. von G. Erdmann in Vorbereitung. (Guttentagsche Sammlung von Textausgaben ohne Anmerkungen mit Sachregister.)

Pfandleihrecht, Das deutsche — —. Kommentar zum preußischen Pfandleihgesetz unter Berücksichtigung der außerpreußischen Gesetze. Von G. Lenzen. Oktav. XXVI, 266 Seiten. 1929. 20.—

Recht der Reklame, Das — —. Von Dr. F. Wolff, RA und Notar zu Berlin und Dr. K.-A. Crisolli, Ger. Ass. zu Berlin. Oktav. XX, 403 u. 54 Seiten. 1929. 9.—, geb. 10.—

Rechtliche Stellung der Geheimmittel und ähnliche Arzneimittel, Die — —. Von Dr. W. Stader. Oktav. 116 Seiten. 1929. (Stilkes Rechtsbibl. Nr. 89.) Geb. 3.15

4. Geistig-gewerblicher Rechtsschutz

Behandlung der literarisch-musikalischen Werke nach geltendem Recht. Von C. Petzl. Oktav. 61 Seiten. 1911. (Schweitzer.) 1.40

Beiträge zum Patentrecht. Von W. Dunkhase, Geh. Reg. Rat. 6 Hefte. Oktav.
Heft 1: Die Patentfähige Erfindung und das Erfinderrecht unter besonderer Berücksichtigung des Unionsprioritätsrechts. 2. Aufl. 148 Seiten. 1913. 3.—
Heft 2: Die Neuheit der Erfindung nach Patent- und Gebrauchsmusterrecht. 53 Seiten. 1913. 1.50
Heft 3: Die Prüfung der Erfindung auf Patentfähigkeit. 49 Seiten. 1913. 1.50

Heft 4: Der Patentschutz. 97 Seiten. 1914. 3.—
Heft 5: Das Patenterteilungsverfahren und das Patentamt. 152 Seiten. 1914. 4.—
Heft 6: Nichtigkeitsverfahren, Zwangslizenz und Zurücknahme des Patents. 51 Seiten. 1914. 1.50

Berner Übereinkunft über Internationales Urheberrecht, Die — —. Von H. Dungs. Oktav. 75 Seiten. 1910. (Guttentagsche Sammlung Deutscher Reichsgesetze Nr. 95.) Geb. —.90

Eigenbild im Recht, Das — —. Von Dr. J. Kohler, o. Prof. a. d. Univers. Berlin. Oktav. 66 Seiten. 1903. 2.—

Filmgewerbe, Verträge im — —. Insbesondere die Filmpacht, die Filmlizenz und der Filmserienvertrag. Von O. Böhm. Oktav. VII, 79 Seiten. 1919. 2.50

Geheimnis und Erfindungsbesitz. Von Dr. J. L. Seligsohn, RA i. Berlin. Oktav. 147 Seiten. 1921. 3.—

Gesetz zum Schutz der Warenbezeichnungen. Von Dr. A. Seligsohn, Just. Rat. 3. Aufl., bearb. in Gemeinschaft mit M. Seligsohn, RA und Notar i. Berlin. Oktav. 416 Seiten. 1925. 15.—, geb. 16.50

Gutachten der fünf preußischen Sachverständigenkammern für Urheberrecht. Eine Auswahl, bearb. und herausgeg. von E. Wollenberg. Oktav. VIII, 210 Seiten. 1936. 5.—

Patent, Der einheitliche Schutzgegenstand des — — s. Prüfung, Umgrenzung und Auslegung der Erfindungstragweite nach dem neuen Patentgesetz. Von Dr. jur. S. von der Trenck, RA a. Kammergericht. Oktav. XII, 260 Seiten. 1936. 12.—, geb. 13.—

Patentanspruch, Der —. Von Dr. E. Müller, Patentanwalt i. Berlin. Oktav. 93 Seiten. 1925. 4.—

Patentgesetz nebst Ausführungsbestimmungen. Von R. Lutter, Geh. Reg. Rat, unter Mitwirkung von Dr. O. Emersleben und Dr. jur. A. Elster. 11. Aufl. in Vorbereitung. (Guttentagsche Sammlung Deutscher Reichsgesetze Nr. 22.)

Patentgesetz und Gesetz, betreffend den Schutz von Gebrauchsmustern. Erläutert. Von Dr. A. Seligsohn, Just. Rat. 7. Aufl. Mit Nachtrag. Oktav. VIII, 622 u. 8 Seiten. 1932. 22.50, geb. 24.30

Rechtsschutz, Gewerblicher — —. Von Lindenmaier. In Vorbereitung. (Leitfaden der Rechtswissenschaft.)

Rechtsstellung des Drehbuchautors, Die — —. Von Dr. jur. Chr. Andritzky. Oktav. IX, 80 Seiten. 1931. 3.50

Schutz des Urheberrechtes im deutschen Rundfunk, Der — —. Von Dr. jur., Dr. Ing. G. Reininger. Oktav. 87 Seiten. 1929. 4.—

Unlauterer Wettbewerb, Gesetz gegen den — — vom 7. Juni 1909. Kurzer Kommentar für Praxis und Studium. Von Elster. Neue Aufl. in Vorbereitung. (Guttentagsche Sammlung Deutscher Reichsgesetze Nr. 37.)

Urheber- und Erfinderrecht, Deutsches — —. Eine systematische Darstellung. 1. Abt. Allgemeiner Teil, Besonderer Teil: Urheberrecht an Schriftwerken und Tonwerken; Urheberrecht an Kunstwerken und Photographien; Geschmacksmusterrecht. Von E. Riezler, Prof. a. d. Univers. Freiburg i. Br. Gr.-Oktav. 506 Seiten. 1909. (Schweitzer.) 7.20

Urheber- und Erfinder-, Warenzeichen- und Wettbewerbsrecht. (Gewerblicher Rechtsschutz.) Von Dr. jur. A. Elster. 2., stark erweiterte und völlig umgearb. Aufl. (Mit Abdruck der Gesetzestexte.) Oktav. XII, 611 Seiten. 1928. (Lehrbücher und Grundrisse der Rechtswissenschaft Bd. VIII.) 16.20

Warenzeichengesetz vom 5. Mai 1936 nebst Pariser Verbandsübereinkunft und Madrider Abkommen, erläutert von Dr. R. Busse, Senatsrat im Reichspatentamt in Berlin. 2. Aufl. Oktav. 636 Seiten. 1939. (Stilkes Rechtsbibl. Nr. 40.) Geb. 14.—

Gewerbe- und Industrie-Kommentar (GIK). Unter besonderer Berücksichtigung der Rechtsprechung des Reichsgerichts herausgeg. von H. Koenige. Bd. III: **Warenzeichenrecht.** Kommentar von Dr. A. Hagens, Sen. Präs. Oktav. VIII, 580 Seiten. 1927. 22.—, geb. 24.—

IV. Zivilprozeß

(Freiwillige Gerichtsbarkeit, Grundbuchrecht, Konkursordnung, Zwangsvollstreckung und Kostengesetze)

Beschlagnahme von Lohn, Gehalt und Diensteinkommen, Das Recht der — —. Auf Grundlage des Reichsgesetzes vom 21. Juni 1869, der Verordnung über Lohnpfändung vom 25. Juni 1919 nebst Abänderungen und der Zivilprozeßordnung dargestellt von G. Meyer, Just. Rat, RA b. d. Landger. Berlin und Notar. Mit Nachtrag 1932. Oktav. 175 u. 3 Seiten. 1930. (Guttentagsche Sammlung Deutscher Reichsgesetze Nr. 55.) Geb. 4.—

Beweislastregeln, Die Anwendung der — — im Zivilprozeß und das qualifizierte Geständnis. Von Dr. K. Korsch. Oktav. X, 140 Seiten. 1911. 3.—

Einschränkungen der Aufrechnung und der Konfusion im Konkurs, Die — —. Von Dr. jur. H. Kunick, Ger. Refr. Oktav. 77 Seiten. 1926. 2.50

Freiwillige Gerichtsbarkeit. Von Dr. H. W. Müller, OLGRat i. Reichsjust. Ministerium. 1949. In Vorbereitung. (Leitfaden der Rechtswissenschaft Bd. 8.) ca. 4.—

Freiwillige Gerichtsbarkeit, Die Gesetze des Reiches und Preußens über die — —. Textausgabe mit Sachregister. 2. Aufl. Oktav. 115 Seiten. 1947. (Guttentagsche Sammlung von Textausgaben ohne Anmerkung und Sachregister.) 3.60

Freiwillige Gerichtsbarkeit, Die Gesetze des Reiches und Preußens über die — —. Von H. Jastrow †. 9. Aufl. in Bearbeitung. (Guttentagsche Sammlung Deutscher Reichsgesetze Nr. 46.)

Gebührenordnung für Rechtsanwälte, Die deutsche — —, nebst den landesgesetzlichen Gebühren der Rechtsanwälte. Herausgeg. von LGRat Dr. A. Friedländer u. RA Dr. M. Friedländer. 9., völlig neubearb. Aufl. des Kommentars von Walter-Joachim. Lex.-Oktav. 839 Seiten. 1932. (Schweitzer.) Geb. 32.—

Gebührenordnung für Rechtsanwälte, Tabellen zur — —, zur Reichskostenordnung in freiwilliger Gerichtsbarkeit, zum Gerichtskostengesetz und Umsatzsteuergesetz nebst ergänzenden Bestimmungen und Erläuterungen. Zusammengestellt von G. Quandt, RA i. Brandenburg a. H. 15. Aufl. Oktav. 42 Seiten. 1949. Geb. 6.—

Gerichtliche und Verwaltungs-Meteorologie. Das Wetter in der Rechtsprechung für Gerichte und Rechtsanwälte, Verwaltungen, Magistrate und Hausbesitzer, Berufsgenossenschaften und Versicherungsgesellschaften, für Gewerbe, Handel und Technik. Mit 438 Beispielen aus der Praxis. Von Prof. Dr. C. Kassner, Priv. Doz. a. d. Techn. Hochschule Berlin. Oktav. 208 Seiten. 1921. 4.—

Gerichtsentlastung und Güteverfahren im Krieg und Frieden. Von H. Cahn, RA i. Nürnberg. Oktav. 75 Seiten. 1916. 2.—

Gerichtskostengesetz, Deutsches — — nebst Gebührenordnungen für Gerichtsvollzieher und für Zeugen und Sachverständige in den neuesten Fassungen. Auf der Grundlage der Sydow-Busch'schen Textausg. neu bearb. in 11. Aufl. von Dr. L. Busch, RGRat i. R. und O. Krieg, LGDir. Mit Nachtrag. Oktav. XI, 433 u. 4 Seiten. 1928. (Guttentagsche Sammlung Deutscher Reichsgesetze Nr. 15.) Geb. 6.75

Gerichtskostengesetz, Kommentar zum — —. Von LGRat Dr. A. Friedländer u. RA Dr. M. Friedländer. Gr.-Oktav. XXXIII, 621 Seiten. 1928. (Schweitzer.) Geb. 26.50

Gerichtskostengesetz, Preußisches — — (neueste Fassung). Nach dem Tode des früheren Herausgebers Dr. P. Siméon erläutert von O. Lindemann, Geh. OJust. Rat. 8., völlig umgearb. Aufl. Oktav. 439 Seiten. 1928. (Guttentagsche Sammlung preußischer Gesetze Nr. 17.) Geb. 7.20

Gerichtsverfassung, Deutsche — — auf dem Gebiet der streitigen und freiwilligen Rechtspflege. Von W. Dittmann. Gr.-Oktav. 136 Seiten. (Cram, de Gruyter & Co. Hamburg.) 6.—

Gerichtsverfassungsgesetz mit Einführungsgesetz. Begonnen von Dr. R. Sydow. Neue Aufl. in Vorbereitung. (Guttentagsche Sammlung Deutscher Reichsgesetze Nr. 14.)

Gläubigeranfechtung außerhalb des Konkursverfahrens, Die — —. Erläuterungen des Anfechtungsgesetzes mit systematischer Einführung. 2., völlig neubearb. Aufl. von Dr. jur., Dr. rer. pol. h. c. E. Jaeger, Prof. der Rechte zu Leipzig. Gr.-Oktav. VIII, 387 Seiten. 1938. Geb. 23.—

Grundbuchordnung in der Fassung der Bekanntmachung vom 5. August 1935. Mit Anmerkungen und einer Zusammenstellung der Reichsausführungsbestimmungen und der wichtigsten in Reichs-, Zonen-, und Landes-Gesetzen, -Verordnungen und -Verfügungen enthaltenen Vorschriften über die Grundbuchverfassung und das Grundbuchverfahren. Von Dr. P. Thieme, Sen. Präs. i. Celle. 3., neubearb. Aufl. Oktav. 356 Seiten. 1949. Halbleinen 19.—

Mit Sonderanhang für: Groß-Berlin und die Länder der sowjetischen Besatzungszone. Von Dr. K. Schwarze. 22.—

— — das Land Bayern. Von F. Reichhelm. 20.50

— — das französisch und amerikanisch besetzte Gebiet Württembergs. Von Prof. Dr. Baur. 22.—

— — das Land Hessen. Von Dr. jur. H. Eise. 24.—

— — das Land Bremen. Von Dr. H. L. Schüter. 21.50

(Stilkes Rechtsbibl. Nr. 80.)

Grundbuchordnung für das Deutsche Reich nebst den Ausführungsbestimmungen. Kommentar von W. Hesse in Verbindung mit E. Saage und N. Fischer. Neue Aufl. in Vorbereitung. (Guttentagsche Sammlung Deutscher Reichsgesetze Nr. 42.)

Grundbuchordnung, Kommentar zur — — unter besonderer Berücksichtigung der in Preußen und Bayern weitergeltenden landesrechtlichen Bestimmungen. Von G. Meikel. 4., neubearb. Aufl. von RRat Dr. W. Imhof. Gr.-Oktav. 1310 Seiten. 1940. (Schweitzer.) Geb. 53.—. In Lieferungen: Lfg. 1: 3.60; Lfg. 2: 6.—; Lfg. 3: 6.—; Lfg. 4: 7.20; Lfg. 5: 7.20; Lfg. 6: 20.—; Einbanddecke: 1.50

Grundbuchrecht, Das materielle und formelle deutsche — — in seiner Beziehung zum Liegenschaftskatasterdienst unter besonderer Berücksichtigung der bayerischen und rheinpfälzischen Verhältnisse. Von D. H. Richter. In Vorbereitung.

Grundbuchrecht, Zehn Lösungen aus dem — — der Staatsprüfungsaufgaben seit 1919. Von OARichter Dr. W. Kriener. Oktav. 95 Seiten. 1930. (Schweitzer.) 2.70

Grundbuchrecht, Zehn weitere Lösungen aus dem — — der Staatsprüfungsaufgaben seit 1919. Von OARichter Dr. W. Kriener. Oktav. 117 Seiten. 1934. (Schweitzer.) 2.70

Hinterlegungsordnung, Die Reichs — — vom 10. März 1937. Bearb. von Amtmann M. Bree. Oktav. 163 Seiten. 1937. (Stilkes Rechtsbibl. Nr. 164.) Mit Nachtrag. 1939. Geb. 5.20

Justizbeitreibungsordnung und Einziehung von Vermögensstrafen. Erläutert von R. Witte, Bez. Revis. b. d. Amtsger. Berlin. Oktav. 204 Seiten. 1937. (Guttentagsche Sammlung Deutscher Reichsgesetze Nr. 209.) Geb. 3.80

Konkursgläubigerrecht, Die Feststellung des — — s. KO. § 146. Von E. Bley. (Dissertation.) Oktav. VIII, 107 Seiten. 1914. 3.50

Konkursordnung, Kommentar zur — — und den Einführungsgesetzen, mit einem Anhang, enthaltend das Anfechtungsgesetz, die Vergleichsordnung, Auszüge aus den Kostengesetzen, Ausführungsgesetze und Geschäftsordnungen. Von Dr. jur., Dr. rer. pol. h. c. E. Jaeger, Prof. der Rechte zu Leipzig. 6. u. 7., neubearb. Aufl. Quart. Bd. I: (KO. §§ 1—46.) XXVIII, 828 Seiten. 1931. 49.—. Bd. II: (KO. §§ 47—244, Einführungsgesetze, Richtlinien, Nachtrag und Sachregister.) Quart. XIX, 1037 Seiten. 1933/36. 46.—

Konkursordnung, Vergleichsordnung und Anfechtungsgesetz mit Erläuterungen. Auf der Grundlage der Sydow-Busch'schen Textausg. mit Anmerkungen. 17. Aufl. von Prof. Bley in Vorbereitung. (Guttentagsche Sammlung Deutscher Reichsgesetze Nr. 13.)

Konkursrecht, Lehrbuch des — — s. Von Dr. jur., Dr. rer. pol. h. c. E. Jaeger, Prof. der Rechte zu Leipzig. 8., erw. Aufl. des Grundrisses zur Vorlesung über Konkursrecht. Quart. 255 Seiten. 1932. Geb. 13.50

Konkursrecht und Vergleichsordnung. Von Dr. H. W. Müller, OLGRat i. Reichsjust. Ministerium. 1949. In Vorbereitung. (Leitfaden der Rechtsseisʍɟqasuɟɔ Bd. 10.)

Konkursrichter, Handbuch für — —. Von Senatspräs. OLGRat J. Senst. 4. Aufl., nach dem Tode des Verfassers durchges. von Dr. A. W. Müller. Gr.-Oktav. 301 Seiten. 1928. (Schweitzer.) Geb. 12.60

Kostenfestsetzungsverfahren, Das — — und die deutsche Gebührenordnung für Rechtsanwälte nebst den landesgesetzlichen Vorschriften in Preußen, Bayern, Sachsen, Württemberg, Baden und Hessen. Mit Erläuterungen. 14. Aufl. des Willenbücherschen Werkes in Gemeinschaftsarbeiten von LGDir. F. Junge, LGRat K. Breuer, RA Dr. J. A. Graf Westarp, RA Dr. J. von der Heyde, RA Dr. W. Petersen. Gr.-Oktav. VIII, 575 Seiten und 14 Seiten Tabellen. 1944. (Schweitzer.) 16.50

Kostengesetz und Gebührenordnungen der Rechtspflege. Textausgabe mit Verweisungen, Gebührentabellen und Sachregister. Herausgeg. von R. Witte, Bez. Revis. b. d. Amtsger. Berlin. Oktav. VIII, 288 Seiten. 1937. (Guttentagsche Sammlung Deutscher Reichsgesetze Nr. 204.) Geb. 3.50
Nachtrag. 14 Seiten. 1938. —.30

Kostenordnung vom 25. November 1935. Von Reichsger. Rat G. Rusche. Oktav. 300 Seiten. 1936. (Stilkes Rechtsbibl. Nr. 150.) Geb. 10.—

Kostenrechnung, ABC der — —. Teil 1: Die Gerichtskosten in familienrechtlichen Angelegenheiten, in Nachlaß- und Teilungssachen. Von H. Meyer, Bez. Revis. i. München und K. Schlegel. Just. Amtm. i. Berlin. Oktav. 261 Seiten. 1942. (Schweitzer.) 6.—

Lehrausgaben deutscher Gesetze. Herausgeg. von Dr. O. Bühler, o. ö. Prof. a. d. Univers. Münster/W. Bd. II: **Die Zivilprozeßordnung.** Sachlich geordnet, mit systematischen Paragraphenüberschriften und ausführlichem Sachregister herausgeg. von L. Rosenberg. Mit Nachtrag 1932. Oktav. XI, 564 u. 20 Seiten. 1930. Geb. 8.—

Lehrbücher des deutschen Reichsrechtes. *Guttentag'sche Sammlung. Oktav.*
Nr. 1: **Der Reichs-Civilprozeß.** Von H. Fitting. 12. u. 13., neu durchges. Aufl. Mit Nachtrag: Die Neuerungen der Novelle zur Civilprozeßordnung vom 1. Juni 1909. XVIII, 798 u. 53 Seiten. 1907. 5.—
Nr. 3: **Das Reichs-Konkursrecht und Konkursverfahren.** Von H. Fitting. 3., völlig neubearb. Aufl. XVI, 523 Seiten. 1904. 4.—

Lohnpfändung, Recht der — —. Dargestellt und erläutert von Dr. H. Rühling, LGRat. Oktav. 244 Seiten. 1938. (Guttentagsche Sammlung Deutscher Reichsgesetze Nr. 216.) Geb. 5.—

Mit Ergänzung: Das neue Lohnpfändungsrecht. 1941. 1.50

Offenbarungseid und Haft im Zivilprozeß. Kommentar von W. Huyke. Oktav. 173 Seiten. 1930. (Guttentagsche Sammlung Deutscher Reichsgesetze Nr. 177.) Geb. 3.60

Prozeßführung, Die — — der im ordentlichen gesetzlichen Güterstand lebenden Ehefrau. Von Dr. jur. et rer. pol. Fr. Scheppler. Oktav. 60 Seiten. 1909. (Schweitzer.) 1.30

Das Publikum im Verkehr mit dem Amtsgericht in Familien-, Erb-, Nachlaß- und Testamentsangelegenheiten, Zivilprozessen, Aufgebotsachen, Arresten und einstweiligen Verfügungen, Zwangsvollstreckungssachen. Dargestellt in etwa 180 erläuterten Musteranträgen. Von O. Scheiblich. 5. Aufl. Gr.-Oktav. 211 Seiten. 1937. (Schweitzer.) 3.50

Reichskassenordnung vom 6. August 1927 (RKO.), mit Erläuterungen von Geh. ORGRat Ministerialdirigent i. R. R. Schulze und Ministerialrat Dr. E. Wagner. Oktav. 666 Seiten. 1930. (Stilkes Rechtsbibl. Nr. 92.) Geb. 16.—

Reichskostenordnung. (Verordnung über die Kosten in Angelegenheiten der freiwilligen Gerichtsbarkeit und der Zwangsvollstreckung in das unbewegliche Vermögen.) Vom 25. November 1935. Erläutert von O. Lindemann, Geh. OPostrat. Oktav. 195 Seiten. 1936. (Guttentagsche Sammlung Deutscher Reichsgesetze Nr. 198.) Geb. 3.50

Reichszivilprozeßordnung, Die — — mit Gerichtsverfassungsgesetz und den wichtigsten Nebengesetzen. Herausgeg. von Dr. H. W. Müller. OLGRat. Textausg. 2., neubearb. Aufl. Oktav. LVI, 678 Seiten. 1949. (Schweitzer.) 12.—, geb. 13.50

Sachbericht und Gutachten. Eine Anleitung in Grundrißform. Von LGRat Dr. E. Keßler. 2., neubearb. Aufl. Gr.-Oktav. 91 Seiten. 1937. (Schweitzer.) 2.—

Sachbeweis, Der —. Von W. Polzer. Oktav. Mit zahlreichen Abbildungen. XV, 184 Seiten. 1938. (Schweitzer.) Geb. 6.40

Sachlegitimation, Die — —. Von Dr. K. Rosenthal, Hamburg. Von der rechts- und staatswissenschaftl. Fakultät d. Univers. Würzburg gekrönte Preisschrift. Gr.-Oktav. 82 Seiten. 1903. (Schweitzer.) 2.—

Schiedsrecht. (Recht des privaten Schiedsverfahrens.) Von Dr. Fr. Prager, München. Oktav. 188 Seiten. 1931. (Schweitzer.) 5.—

Schiedsverfahren nach dem deutschen Recht, Das — —. Ein Lehr- und Handbuch für Laien und Juristen. Von H. Teßmer, Syndikus. Oktav. XVI, 301 Seiten. 1915. 7.—

Staatsanwalt in Zivilsachen, Die Tätigkeit des — —. Erläutert von Dr. L. Leiß, Staatsanw. i. München. Lex.-Oktav. 146 Seiten. 1942. (Schweitzer.) 4.—

Unterlassungsklage. Eine Übersicht für den Praktiker. Von RA Dr. A. Rosenthal. Oktav. 1916. (Schweitzer.) 2.40

Vergleichsordnung vom 26. Februar 1935 mit Erläuterungen von O. Krieg, Sen. Präs. beim Kammergericht. Zugleich Nachtrag zu Sydow-Busch-Krieg, Konkursordnung (ersetzt die Seiten 573—767 der 16. Aufl.). 10., völlig neubearb. Aufl. Oktav. VIII, 319 Seiten. 1937. (Guttentagsche Sammlung Deutscher Reichsgesetze Nr. 13a.) Geb. 6.—

Wahrheitspflicht im Zivilprozeß, Die —. Ein Vortrag. Von Dr. H. Welzel, Prof. i. Göttingen. Oktav. 27 Seiten. 1935. 2.—

Wert des Streitgegenstandes in bürgerlichen Rechtsstreitigkeiten, Der — —. Von Just. Insp. Fr. X. Berger. Gr.-Oktav. 103 Seiten. 1935. (Schweitzer.) 2.60

Zivilprozesse für den Rechtsunterricht, insbesondere für die Referendarübungen. Von R. Schneider. Oktav. 119 Seiten. 1914. 2.40

Zivilprozeßordnung und Gerichtsverfassungsgesetz. Begonnen von R. Sydow. 21. Aufl. in Vorbereitung. (de Gruytersche Sammlung Deutscher Gesetze.)

Zivilprozeßrecht. Von Dr. H. W. Müller, OLGRat. 1949. In Vorbereitung. (Leitfaden der Rechtswissenschaft Bd. 7.) ca. 4.—

Zwangshypothek, Die — —. Forschungen zu ihrer Geschichte und Theorie. Von Dr. H. Schanz, o. Prof. a. d. Univers. Würzburg. Oktav. (Schweitzer.) 1. Heft: Die gerichtliche Hypothek des französischen Rechts in ihrer geschichtlichen Entwicklung und Verbreitung. 240 Seiten. 1910. (Schweitzer.) 5.80. 2. Heft: Die Zwangshypothek des deutschen Rechts in ihrer geschichtlichen Entwicklung und Verbreitung. 213 Seiten. 1933. 7.—

Zwangsversteigerung und Zwangsverwaltung vom 24. März 1897, Gesetz über die — —. Mit besonderer Berücksichtigung der bayerischen Ausführungsbestimmungen und mit Beispielen. Von Sen. Präs. A. Steiner. 5., neubearb. Aufl. Lex.-Oktav. 720 Seiten. 1935. (Schweitzer.) Geb. 33.—

Zwangsvollstreckung. Ein Lehrbuch. Von Dr. K. Blomeyer, o. Prof. i. Jena. Oktav. 187 Seiten. 1933. (Lehrbücher und Grundrisse der Rechtswissenschaft Bd. XV.) Geb. 4.50

Zwangsvollstreckung, Die Gesetzgebung, betreffend die — — in das unbewegliche Vermögen im Reiche und in Preußen. Von Dr. J. Krech und Dr. O. Fischer. Neue Aufl. in Bearbeitung. (Guttentagsche Sammlung Deutscher Reichsgesetze Nr. 43.)

Zwangsvollstreckung in Forderungen und andere Vermögensrechte. Von F. Schubert, Just. Insp. i. Freiberg i. Sa. 2., neubearb. Aufl. Oktav. 310 Seiten. 1938. Geb. 5.50
Nachtrag. 1941. —.50

Zwangsvollstreckung und Zwangsversteigerung. Von Dr. H. W. Müller, OLGRat. In Vorbereitung. (Leitfaden der Rechtswissenschaft Bd. 9.)

Zwischenurteile, Über den Einfluß der — — und des bedingten Endurteils auf nachfolgende Versäumnisurteile. Von Zeitlmann. Oktav. 88 Seiten. 1893. (Schweitzer.) 2.—

V. Strafrecht und Strafprozeß

(einschl. Kriminologie)

Abhandlungen des Kriminalistischen Instituts an der Universität Berlin. Vierte Folge. Oktav. Begründet von Dr. Fr. v. Liszt. Herausgeg. von Dr. W. Graf Gleispach und Dr. E. Kohlrausch, Professoren des Strafrechts an der Universität Berlin.
Bd. I, Heft 1: **Liberalismus und Strafrecht im 19. Jahrhundert** unter Zugrundelegung der Lehren Karl Georg v. Waechters. Von Dr. H. Dannenberg. VII, 66 Seiten. 1925. 3.—

— —, Heft 2: **Die systematische Bedeutung der adaequaten Kausalitätstheorie** für den Aufbau des Verbrechensbegriffs. Von Dr. H. Tarnowski, RA a. Kammergericht. X, 340 Seiten. 1927. 18.—

— —, Heft 3: **Der Verrat von Betriebsgeheimnissen** nach englischem und nordamerikanischem Recht. Von Dr. jur. L. Ehrlich. VII, 75 Seiten. 1930. 4.—

— —, Heft 4: **Die juristische Natur der falschen Beweisaussage.** Ein Beitrag zur Geschichte und Systematik der Eidesdelikte, zugleich zur Frage einer Beschränkung der Strafbarkeit auf erhebliche falsche Aussagen. Von Dr. St. Kuttner. VI, 76 Seiten. 1931. 6.—

Bd. II, Heft 1: **Kriminalpolitik und Strafrechtssystematik** unter besonderer Berücksichtigung des sowjetrussischen Rechts. Von Dr. W. Gallas. VII, 88 Seiten. 1931. 5.—

— —, Heft 2: **Das Bewußtsein der Rechtswidrigkeit,** entwickelt an der Lehre vom Hausfriedensbruch. Von Dr. W. Goldschmidt. IX, 51 Seiten. 1931. 4.—

— —, Heft 3: **Bewährungsfrist vor dem Urteil.** Von Dr. jur. Fr. Hoefer. 90 Seiten. 1931. 4.—

Bd. III, Heft 1: **Der moderne Täterbegriff und der deutsche Strafgesetzentwurf.** Von Dr. R. Lange, Ger. Ass. VI, 79 Seiten. 1935. 3.50

— —, Heft 2: **Schutz von Staat und Volk im englischen Recht.** Im Vergleich mit einer rechtsvergleichenden Untersuchung der Verratsverbrechen. Von Dr. E. Schinnerer. XII, 99 Seiten. 1935. 4.50

— —, Heft 3: **Beiträge zur Lehre vom Adhäsionsprozeß.** Von Dr. jur. habil. A. Schönke, Ger. Ass. i. Berlin. XIV, 179 Seiten. 1935. 6.50

— —, Heft 4: **Hegels Notstandslehre.** Von Dr. P. Bockelmann. VI, 69 Seiten. 1935. 3.—

Bd. IV, Heft 1: **Kriminalität in Stadt und Land.** Von Dr. H. Buchardt. 168 Seiten. 1936. 8.—

— —, Heft 2: **Täuschung und Rechtswidrigkeit beim Kreditbetrug.** Von Dr. P. Burchardt. VI, 59 Seiten. 1937. 3.—

— —, Heft 3: **Die Auswirkungen des wertbeziehenden Denken in der Strafrechtssystematik.** Von Dr. H. Mittasch. X, 153 Seiten. 1939. 6.—

Bd. V, Heft 1: **Die notwendige Teilnahme.** Von Dr. R. Lange, Prof. i. Jena. IV, 102 Seiten. 1940. 5.—

— —, Heft 2: **Probleme der Strafe der Brandmarkung im Lichte von rechtsvergleichenden Quellen.** Von Dr. jur. Y. Chen. 56 Seiten. 1948. 4.—

§ 193. Beleidigung und berechtigte Interessen. Eine Sammlung von 40 strafrechtlichen Fällen nach der Spruchpraxis des Bayer. ObLG. Von J. Kurz. Gr.-Oktav. 28 Seiten. 1909. (Schweitzer.) —.50

Blankettfälschung, Die — —. Ihre Stellung innerhalb der Urkundenfälschung. Zugleich ein Beitrag zur Strafrechtsreform. Von Dr. jur. F. Hahn, Reutlingen. Oktav. VII, 76 Seiten. 1910. 1.20

Bücherei, kleine kriminalistische, — —. Herausgeg. von Dr. jur. H. Schneickert. Oktav.

Bd. I: **Die strafrechtlichen Aufgaben der Polizei.** Für den Polizeiunterricht und die Polizeipraxis. Von Dr. jur. H. Schneickert. 182 Seiten. 1923. 2.—

Bd. II: **Beobachtungs- und Ermittlungspraxis im Polizei- und Detektivdienst.** Von L. Philipp. 181 Seiten. 1923. 2.—

Bd. III: **Falschspieler.** Formen und Technik des Spielbetruges nebst einem Anhange: Der Spielprofessor und sein angebliches sicheres System beim Spiele gegen eine öffentliche Roulettebank. Von H. v. Manteuffel. Oktav. 90 Seiten. 1923. 2.—

Bd. IV: **Kriminalistische Spurensicherung.** Sammlung dienstlicher Anweisungen und sachverständiger Ratschläge für den Dienstgebrauch und für Polizeischulen. Herausgeg. von Dr. jur. H. Schneickert. 3., verb. Aufl. Mit 2 Abb. 117 Seiten. 1944. 2.80

Bd. V: **Gerichtsärztliche Tatbestandsfeststellungen** im Dienste der Polizei. Ein Leitfaden für Polizei- und Kriminalbeamte. Von Dr. med. P. Rehfeldt, Pol. med. Rat in Köln. 133 Seiten. 1927. Geb. 3.50

Bd. VI: **Kriminologie.** Von Dr. G. Ledig, OLGRat i. Dresden. 96 Seiten. 1947. 3.—

Entwurf 1925, Der — —. Von Dr. H. B. Gerland, o. ö. Prof. a. d. Univers. Jena. Allgemeiner Teil. Kritische Bemerkungen. Oktav. 96 Seiten. 1925. 5.—

Erforschung des Sachverhalts strafbarer Handlungen, Die — —. Ein Leitfaden für Beamte der Staatsanwaltschaft und des Polizei- und Sicherheitsdienstes. Von Dr. H. Groß, o. ö. Prof. d. Strafrechts a. d. Univers. Graz. 7. Aufl., neubearb. von Reg. Rat Dr. K. Leibig. Mit zahlreichen Abb. im Text. Gr.-Oktav. VIII, 231 Seiten. 1938. (Schweitzer.) Geb. 5.60

Gefängnisarbeit, Die — —. Vortrag, gehalten am 26. Juli 1900. Von Dr. Fr. v. Liszt, o. Prof. der Rechte i. Berlin. Oktav. 20 Seiten. 1900. (Sammlung gemeinverständlicher Vorträge, herausgeg. von der Berliner Finkenschaft.) —.60

Gehirn und Veranlagung des Verbrechers. Beiträge zur Aufhebung der Todesstrafe und zur Einführung eines Verwahrgesetzes. Im Anschluß an die Besprechung interessanter Rechtsfälle. Von Prof. Dr. med. M. Flesch. Oktav. 151 Seiten. 1929. 8.—

Geldstrafengesetz, Das — — vom 6. Februar 1924 mit Begründung und Ausführungsbestimmungen. Von Dr. A. Hellwig, LGDir. i. Potsdam. 3. Aufl. Oktav. XII, 187 Seiten. 1924. (Schweitzer.) 5.40

Gesetz und Schuld im Strafrecht. Von Dr. L. v. Bar, o. Prof. der Rechte i. Göttingen. 3 Bände. Oktav.
Bd. I. Das Strafgesetz. XII, 272 Seiten. 1906. 4.—
Bd. II. Die Schuld nach dem Strafgesetze. XIX, 855 Seiten. 1907. 12.—
Bd. III. Die Befreiung von Schuld und Strafe durch das Strafgesetz. XXVII, 610 Seiten. 1909. 8.—

Handbuch der Kriminalistik. Von Prof. Dr. H. Groß, o. ö. Prof. d. Strafrechts a. d. Univers. Graz, neu bearb. und erg. von Prof. Dr. E. Seelig, Dir. d. Kriminal. Inst. d. Univers. Graz. 8. Aufl. des „Handbuchs für Untersuchungsrichter als System der Kriminalistik". Oktav. Bd. I: 443 Seiten. 1942. (Schweitzer.) 14.—, Bd. II, Lfg. 2: IV, 214 Seiten. 1944. 6.50. Weitere Lieferungen erscheinen Anfang 1950.

Handlungsbegriff in seiner Bedeutung für das Strafrechtssystem, Der — —. Zugleich ein Beitrag zur Lehre von der rechtswissenschaftlichen Systematik. Von Dr. G. Radbruch, Priv. Doz. a. d. Univers. Heidelberg. Oktav. 147 Seiten. 1903. 3.—

Handwörterbuch der Kriminologie und der anderen strafrechtlichen Hilfswissenschaften. Unter Mitberatung von C. Drucker, Graf W. Gleispach, C. Hafner, M. Hagemann, F. Hartung, E. Kohlrausch, Müller-Heß. Herausgeg. von Dr. jur. A. Elster, Berlin und H. Lingemann, LGDir. i. Köln. Bd. II: Kriminalroman — Zwangs- und Fürsorgeerziehung. Mit Gesamtregister für Bd. I und II. Quart. X, 1208 Seiten. 1936. 69.50, geb. 75.—

Irrtum und Schuldbegriff im Strafrecht. I. Teil. Von Dr. E. Kohlrausch, Prof. a. d. Univers. Berlin. Oktav. VIII, 188 Seiten. 1903. 4.50

Jugendgerichtsgesetz vom 16. Februar 1923. Von AGRat H. Francke. 2. Aufl. Oktav. 133 Seiten. 1926. (Schweitzer.) 4.—

Kriminalistik, Die Photographie in der — —. Eine Einführung in die photographischen Arbeitsmethoden der naturwissenschaftlichen Kriminaluntersuchung. Von Dr. jur., Dr.-Ing. H. Tetzner, RA a. Landger. Traunstein. Mit 51 Abb. Oktav. VIII, 152 Seiten. 1949. 10.—

Krise des Strafrechts, Die — — und ihre Überwindung im Staatsgedanken. Von W. Gallas. Berliner Antrittsvorlesung. Oktav. 18 Seiten. 1933. (Sonderabdruck aus der Zeitschrift für die gesamte Strafrechtswissenschaft, 53. Band.) 1.—

Lehrbuch der Kriminologie. Von W. Sauer, Prof. a. d. Univers. Münster. ca. 280 Seiten. 1949. In Vorbereitung. ca. 13.—

Lehrbuch des deutschen Strafrechts. Von Dr. Fr. v. Liszt, o. Prof. der Rechte i. Berlin. 27. Aufl. in Bearbeitung.

Mitteilungen der Internationalen Kriminalistischen Vereinigung. Bulletin de l'Union Internationale de Droit Pénal. Deutsch und französisch. (11. bis 21. Band im Auftrage des Gesamtvorstandes redigiert von E. Rosenfeld.) Oktav.

Bd. I: 207 Seiten. 1889. 4.—

Bd. II: IV, 236 Seiten. Mit Beilage: Erste Landesversammlung der Gruppe Deutsches Reich. Halle a. S., den 26. und 27. März 1890. (Beilageheft zu Band 10 der Zeitschrift für die gesamte Strafrechtswissenschaft.) 88 Seiten. 1891. 4.—

Bd. III: IV, 429 Seiten. (Mit Beilage: Erste Versammlung der schweizerischen Landesgruppe. Bern, den 15. Juni 1891. [Sonderabdr. aus: Zeitschrift für Schweizer Strafrecht, H. 3.] 42 Seiten. 1891.) 1892. 6.—

Bd. IV: (Deutsch) IV, 367 Seiten. 1894. 8.—. (Französisch) IV, 416 Seiten. 1894. 8.—

Bd. V: IV, 552 Seiten. 1896. 8.—

Bd. VI: V, 604 Seiten. (Mit Beilage: Vorentwurf zu einem Schweizerischen Strafgesetzbuch nach den Beschlüssen der Expertenkommission.) IX, 132 Seiten. 1897. 8.—

Bd. VII: IV, 285 Seiten. (Mit Beilage: Sammlung außerdeutscher Strafgesetzbücher Nr. 11. XXIII, 126 Seiten. 1898.) 1899. 8.—

Bd. VIII: IV, 421 Seiten. (Mit Beilage: Sammlung außerdeutscher Strafgesetzbücher Nr. 14. 53 Seiten. 1899.) 1900. 8.—

Bd. IX: IV, 408 Seiten. 1902. 8.—

Bd. X: IV, 658 Seiten. 1902. 8.—

Bd. XI: IV, 863 Seiten. (Mit 2 Beilagen: Sammlung außerdeutscher Strafgesetzbücher Nr. 18. VII, 88 Seiten. 1903. — Materialien zur Lehre von der verminderten Zurechnungsfähigkeit. Herausgeg. von A. Gottschalk. X, 123 Seiten. 1904.) 1904. 12.—

Bd. XII: IV, 503 Seiten. (Mit 3 Beilagen: Sammlung außerdeutscher Strafgesetzbücher Nr. 20. XVI, 95 Seiten. 1904 und Nr. 21. VIII, 74 Seiten. 1905. — Materialien zur Lehre von der Rehabilitation. Gesammelt und herausgeg. von E. Delaquis und J. Polec. XLVIII, 498 Seiten. 1905.) 1905. 12.—

Bd. XIII: IV, LII, 784 Seiten. (Mit Beilage: Sammlung außerdeutscher Strafgesetzbücher Nr. 22. 20 Seiten.) 1906. 12.—

Bd. XIV: LII, 702 Seiten. 1907. 12.—

Bd. XV: VI, 664 Seiten. (Mit Beilage: Sammlung außerdeutscher Strafgesetzbücher Nr. 25. 114 Seiten.) 1908. 12.—

Bd. XVI: IV, XXXVII, 534 Seiten. (Mit 2 Beilagen: Sammlung außerdeutscher Strafgesetzbücher Nr. 27. 106 Seiten. 1909 und Nr. 30. 104 Seiten. 1910.) 1909. 12.—

Bd. XVII: IV, 576 Seiten. 1910. 12.—

Bd. XVIII: IV, 650 Seiten. (Mit 2 Beilagen: Sammlung außerdeutscher Strafgesetzbücher Nr. 31. 45 Seiten und Nr. 33. 37 Seiten.) 1911. 12.—

Bd. XIX: IV, 702 Seiten. (Mit 4 Beilagen: Sammlung außerdeutscher Strafgesetzbücher Nr. 34. XIV, 107 Seiten, Nr. 35. 12 Seiten, Nr. 36. 100 Seiten und Nr. 37. 37 Seiten.) 1912. 12.—

Bd. XX: IV, LII, 584 Seiten. (Mit 5 Beilagen: Sammlung außerdeutscher Strafgesetzbücher Nr. 38. 109 Seiten, Nr. 39. 188 Seiten, Nr. 40. 165 Seiten, Nr. 41. 43 Seiten und Nr. 42. 184 Seiten.) 1913. 12.—

Bd. XXI: VI, 710 Seiten. (Mit Beilage: Sammlung außerdeutscher Strafgesetzbücher Nr. 43. 46 Seiten.) 1914. 12.—

Bd. XXII: Enthält nur Heft 3 (als Beiheft zur Zeitschrift für Strafrechtswissenschaft Bd. 43, H. 4): 18. Tagung der deutschen Landesgruppe. 1924. 3.—; und Heft 4: 19. Tagung der deutschen Landesgruppe. 1924. 8.—

Hauptregister zu Bd. I—XII. 125 Seiten. 1905. 2.50

Mitteilungen der Internationalen Kriminalistischen Vereinigung. Neue Folge. Oktav.

Bd. I: 20. Tagung der deutschen Landesgruppe gemeinsam mit der Österreichischen Kriminalistischen Vereinigung zu Innsbruck vom 10.—12. September 1925. Im Auftrage des Vorstandes herausgeg. von E. M. Foltin. 256 Seiten. 1926. 14.—

Bd. II: 21. Tagung der deutschen Landesgruppe zu Bonn vom 9.—11. September 1926. Im Auftrage des Vorstandes herausgeg. von E. M. Foltin. 226 Seiten. 1927. 12.—

Bd. III: 22. Tagung der deutschen Landesgruppe zu Karlsruhe vom 11.—13. September 1927. XXIII, 224 Seiten. 1928. 13.—

Bd. IV: 23. Tagung der deutschen Landesgruppe zu Breslau am 24. u. 25. Mai 1929. XXIII, 211 Seiten. 1930. 7.—

Bd. V: 24. Tagung der deutschen Landesgruppe zu Essen am 28. u. 29. Mai 1931. XIII, 210 Seiten. 1931. 9.—

Bd. VI: 25. Tagung der deutschen Landesgruppe zu Frankfurt a. M. am 12. u. 13. September 1932. 219 Seiten. 1933. 8.—

Münzverbrechen und ihre Bekämpfung. Von RegRat Tartaruga, Ob. Pol. Rat. a. D. Lex.-Oktav. 53 Seiten. 1926. (Schweitzer.) 1.40

Nebenklage des Reichsstrafprozesses, Die — —. Ein Beitrag zu der Lehre von den Rechten des Verletzten im Strafverfahren. Von E. H. Rosenfeld. Oktav. VI, 212 Seiten. 1900. 4.—

Polizeihund als Gehilfe der Strafrechtsorgane, Der — —. Ein Hilfsbuch für Staaatsanwälte, Untersuchungsrichter, Verteidiger, Polizeibehörden usw. Von Dr. Th. Zell. Mit Abb. der gebräuchlichsten Polizeihunde. Oktav. 164 Seiten. 1909. 2.—

Reichsstrafprozeßrecht, Deutsches — — mit Einschluß des Strafgerichtsverfassungsrechts. Von E. Beling. Oktav. 568 Seiten. 1928. (Lehrbücher und Grundrisse der Rechtswissenschaft Bd. XVII.) 13.50

Sammlung außerdeutscher Strafgesetzbücher in deutscher Übersetzung. Herausgeg. von den Schriftleitungen der Zeitschrift für die gesamte Strafrechtswissenschaft und der Mitteilungen der Internationalen Kriminalistischen Vereinigung. Oktav.

Nr. 7: Das Strafgesetzbuch für das Großfürstentum Finnland vom 19. Dezember 1889 nebst Verordnung über die Strafvollstreckung. Übersetzt von J. Oehgvist. 85 Seiten. 1891. 2.—

Nr. 8: Das Mexikanische Strafgesetzbuch vom 7. Dezember 1871, gültig für den Bundesdistrikt und das Territorium Nieder-Kalifornien bezüglich der gemeinen Vergehen und für die ganze Republik bezüglich der Vergehen gegen den Bund. 188 Seiten. 1894. 3.50

Nr. 11: Entwurf eines allgemeinen Bürgerlichen Gesetzbuches für das Königreich Norwegen. Übersetzt von E. Rosenfeld und A. Urbye. XXIII, 126 Seiten. 1898. 4.—

Nr. 12: Das bulgarische Strafgesetzbuch vom 2. Februar 1896. 76 Seiten. 1897. 2.50

Nr. 14: Vorentwurf zu einem Strafgesetzbuch für das Kaiserlich japanische Reich. Übersetzt von A. Okada. 53 Seiten. 1899. 1.50

Nr. 15: Strafgesetzbuch der Republik Chile. Amtl. Ausg. Übersetzt von A. Hartwig. VIII, 109 Seiten. 1900. 3.—

Nr. 16: Allgemeines Bürgerliches Strafgesetzbuch für das Königreich Dänemark vom 10. Februar 1866 sowie Gesetz, betreffend die Behandlung einiger im allgemeinen bürgerlichen Strafgesetzbuch behandelter Verbrechen und Gesetz über Gewalt gegen schuldlose Personen vom 11. Mai 1897. Übersetzt von H. Bittl. 60 Seiten. 1901. 1.60

Nr. 17: Die bulgarische Strafprozeßordnung vom 3. April 1897. Übersetzt von A. Teichmann. 86 Seiten. 1902. 2.25

Nr. 18: Die norwegische Strafgesetzgebung des Jahres 1902. 1. Militärstrafgesetzbuch vom 22. Mai 1902. 2. Gesetz über das gerichtliche Verfahren in Militärstrafsachen vom 22. Mai 1902. 3. Gesetz vom 22. Mai 1902, enthaltend Änderungen im Gesetz über das gerichtliche Verfahren in Strafsachen vom 1. Juli 1887 (samt den seitherigen Änderungen). Übersetzt von A. Teichmann. 88 Seiten. 1903. 2.50

Nr. 19: Das Portugiesische Strafgesetzbuch. Übersetzt von F. Zander. XII, 120 Seiten. 1903. 3.—

Nr. 21: Die Ottomanische Strafprozeßordnung, veröffentlicht auf Jrade vom 5. Redscheb 1296 (25. Juni 1879). Übersetzt von W. Padel. VIII, 74 Seiten. 1905. 2.50

Nr. 22: Dänemark. 1. Interimistisches Gesetz Nr. 129 vom 1. April 1905 betr. Änderungen der Strafgesetze (Prügelgesetz). 2. Verordnung betr. Körperstrafe und Vollziehung. 3. Bekanntmachung Nr. 140 vom 6. September 1915 betr. die Durchführung der im interimistischen Gesetze vom 1. April enthaltenen Bestimmungen, daß Gefängnisstrafe bei gewöhnlicher Kost mit Arbeitszwang verbunden ist. 20 Seiten. 1906. —.60

Nr. 23: Strafgesetzbuch für das Kaiserlich japanische Reich vom 23. April 1907. Übersetzt von S. Oba. 47 Seiten. 1908. 1.50

Nr. 26: Spanisches Strafgesetzbuch. Vom 17. Juni 1870. Übersetzt von A. Hartwig. XIII, 127 Seiten. 1909. 3.—

Nr. 27: Neueste englische Kriminalpolitik. 1. Children Act, 1908. 2. Prevention of Crime Act, 1908. 3. Probation of Offenders Act, 1907. Übersetzt von E. Rosenfeld. 106 Seiten. 1909. 2.—

Nr. 31: Japanisches Militärstrafgesetzbuch vom 9. April 1908. Japanische Militärstrafgerichtsordnung vom 19. Oktober 1898. Übersetzt von R. Fujisawa. 45 Seiten. 1911. 1.20

Nr. 32: Vorentwurf zu einem Strafgesetzbuch für das Königreich Serbien. Nach der amtlichen Ausgabe übersetzt und herausgeg. von Z. Topalovits und H. Landsberg. 83 Seiten. 1911. 2.—

Nr. 33: Das Alkoholgesetz in Chile vom 18. Januar 1902. Übersetzt von A. Hartwig. 37 Seiten. 1912. 1.—

Nr. 34: Das Türkische Strafgesetzbuch vom 28. Zilhidje 1274 (9. August 1858) mit Novelle vom 6. Djemazi-ül-achyr 1329 (1. April 1911) und den wichtigsten Strafnebengesetzen. Übersetzt mit Einleitung und Anmerkungen von E. Nord. XIV, 107 Seiten. 1912. 3.50

Nr. 35: Englisches Spionagegesetz vom Jahre 1911. 12 Seiten. 1912. —.80

Nr. 36: Das Gerichtsverfassungsgesetz und die Strafprozeßordnung von Japan. Mit Anhang: Gesetz über die Gefangenenanstalten. Übersetzt und mit Anmerkungen versehen von M. Yamaoka und O. Kerry. 100 Seiten. 1912. 3.—

Nr. 37: a) Das belgische Kinderschutzgesetz vom 15. Mai 1912. b) Französisches Gesetz betr. Jugendgerichte und Schutzaufsicht vom 22. Juli 1912. Übersetzt von Rosenfeld. c) Entwurf eines deutschen Gesetzes über das Verfahren gegen Jugendliche. 37 Seiten. 1912. 1.—

Nr. 38: Das polizeiliche Strafverfahren in Ungarn. Übersetzt von G. von Szöllösy. 109 Seiten. 1912. 3.—

Nr. 39: Regierungsentwurf eines Österreichischen Strafgesetzbuches und einer Abänderung der Strafprozeßordnung (1912). 188 Seiten. 1913. 4.50

Nr. 40: Das Russische Militärstrafrecht. Übersetzt und bearbeitet von Klibanski. 165 Seiten. 1913. 3.50

Nr. 41: Ungarisches Jugendgerichtsgesetz vom Jahre 1913. Mit einem Vorwort von R. Vambéry. 41 Seiten. 1913. 1.—

Nr. 42: Die Strafprozeßordnung des Königreichs Italien vom 27. Februar 1913, nebst dem Einführungsgesetze dazu. Mit Anhang: Gesetz des Königreichs Italien betreffend die Irrenhäuser und die Irren vom 14. Februar 1904. Übersetzt und mit Anmerkungen versehen von G. Erich. 184 Seiten. 1913. 4.50

Nr. 43: Das englische Gesetz betr. die Fürsorge und Verwahrung geistig Minderwertiger. Übersetzt von E. Behrend. 46 Seiten. 1914. 1.20

Nr. 44: Japanische Strafgesetze. 1. Schwurgerichtsverordnung vom 18. April 1923 und strafrechtliche Nebengesetze. Übersetzt von H. Kusano, L. Sugiura und F. Bartelt. 2. Strafvollzugsgesetz vom 28. März 1908 nebst Ausführungsverordnung vom 16. Juni 1908. Übersetzt von T. Tokiwa und W. Gentz. Mit 6 Abb. 55 Seiten. 1927. 3.—

Nr. 45: Die Auslieferungsgesetze Norwegens, Schwedens und Finnlands. Mit einer systematischen Darstellung der Grundzüge des nordischen Auslieferungsrechts im Hinblick auf den Erlaß eines deutschen Auslieferungsgesetzes. Von E. Wolgast. VIII, 487 Seiten. 1928. 20.—

Nr. 46: Das Türkische Strafgesetzbuch vom 1. März 1926. Gesetz Nr. 765 (Türkisches Gesetzblatt Nr. 320 vom 13. März 1926). Ausführungsgesetz zum türkischen Strafgesetzbuch vom 26. April 1926. Übersetzt von K. Ziemke. 138 Seiten. 1927. 5.—

Nr. 47: Entwurf eines griechischen Strafgesetzbuches. Übersetzt und eingeleitet von D. G. Venturas. 123 Seiten. 1928. 7.—

Nr. 48: Italienischer Vorentwurf zu einem neuen Strafgesetzbuch (Progetto di un nuovo codice penale). Übersetzt von K. Bunge. XXXII, 224 Seiten. 1928. 10.—

Nr. 49: Strafgesetzbuch (U golownyi Kodex) der Russischen Sozialistischen Föderation Sowjet-Republik (R.S.F.S.R.) vom 22. November 1926 mit den Änderungen bis zum 1. August 1930. Übersetzt von W. Gallas. 1931. 4.—

Nr. 50: Das italienische Strafgesetzbuch vom 19. Oktober 1930. Übersetzt von Dr. K. Bunge. 227 Seiten. 1933. 7.—

Nr. 51: Das italienische Jugendgerichtsgesetz vom 20. Juli 1934 mit Erläuterungen und einem geschichtlichen Überblick über das italienische Jugendstrafrecht. Von Dr. E. Pritsch. 51 Seiten. 1935. 2.—

Nr. 52: R. Sieverts. Das englische Jugendwohlfahrts- und Jugendgerichtsgesetz vom 13. April 1933. (Children and Young Persons Act, 1933) (23 Geo. 5. Ch. 12). Unter Mitwirkung von Dr. jur. E. Hennings übersetzt, mit einer Einleitung und Anmerkungen versehen von Dr. jur. E. Sieverts. 116 Seiten. 1938. 7.—

Nr. 53: G. von Leask. Das australische Strafrecht, dargestellt von RA Leask, Sydney. Übersetzt von Dr. M. von Gottstein. VI, 203 Seiten. 1939. 8.—

Nr. 54: Das Rumänische Strafgesetzbuch. Carol II. vom 18. März 1936 mit den Abänderungsgesetzen vom 8. April 1936, 22. Dezember 1936, 22. Januar 1938, 24. September 1938 und 7. Oktober 1939. In deutscher Übertragung mit einer rechtsgeschichtlichen Einführung und rechtsvergleichenden Texthinweisen. 224 Seiten. 1942. 12.—

In Vorbereitung: Criminal Iustice Bill. Übersetzt von H. Sieverts.

Schwurgerichte, Erläuterungen der bayerischen Verordnung über die Wiedereinführung der — —. Von E. Brandstetter. In Vorbereitung.

Strafgesetzbuch mit Erläuterungen nebst den wichtigsten Nebengesetzen und einem Anhang über Strafprozeßrecht, Wirtschafts- und Jugendstrafrecht. Zum Gebrauch für Polizei-, Kriminal- und Gendarmeriebeamte. Von LGRat Dr. W. Petters. 20., vollk. neubearb. u. verm. Aufl. Oktav. 1949. In Vorbereitung. (Schweitzer.) ca. 7.20

Strafgesetzbuch, Deutsches — — mit Nebengesetzen. Textausgabe mit Erläuterung der Änderungen. 2. Aufl., besorgt von Dr. R. Lange. Oktav. 168 Seiten. 1949. (Guttentagsche Sammlung von Textausgaben ohne Anmerkungen mit Sachregister.) 6.—

Strafgesetzbuch für das Deutsche Reich mit Nebengesetzen. Von Dr. E. Kohlrausch. 39./40. Aufl. besorgt von Dr. R. Lange, Prof. der Rechte a. d. freien Univers. Berlin. In Vorbereitung. (Guttentagsche Sammlung Deutscher Reichsgesetze Nr. 2.) Geb. ca. 25.—

Strafgesetzreform, Prinzipien einer — —. 1. Die soziale Aufgabe der Strafe. Das Strafensystem. Von J. C. W. Thyrén. Oktav. 200 Seiten. 1910. 5.—

Strafprozeß. Von K. Schäfer. In Vorbereitung. (Leitfaden der Rechtswissenschaft.)

Strafprozeß und Strafrecht, Die Eidesreform in — —. Von M. Boehringer. Oktav. 203 Seiten. 1931. 10.—

Strafprozeßfälle mit Lösungen, Praktische — —. Von LGRat Dr. W. Petters.. 5., vollk. umgearb. Aufl. (Petters, Strafrecht und Strafprozeß, Bd. II.) Oktav. XIV, 156 Seiten. (Schweitzer.) 8.—

Strafprozeßordnung für das Deutsche Reich, Die — — vom 22. März 1924 nebst dem Gerichtsverfassungsgesetz und den Gesetzen vom 24. November und 6. Dezember 1933. Kommentar. Von E. Löwe, A. Hellweg und W. Rosenberg. 19., völlig umgearb. Aufl. von H. Gündel, F. Hartung, H. Lingemann und E. Niethammer. Oktav. XII, 1545 Seiten. 1934. 58.—, geb. 63.—

Strafprozeßordnung und Gerichtsverfassungsgesetz. 25. Aufl., besorgt von Dr. R. Lange, Prof. der Rechte a. d. freien Univers. Berlin. In Vorbereitung. (Guttentagsche Sammlung Deutscher Reichsgesetze Nr. 12.)

Strafprozeßordnung und Gerichtsverfassungsgesetz. Textausgabe. Neue Aufl. in Vorbereitung. (Guttentagsche Sammlung von Textausgaben ohne Anmerkungen mit Sachregister.)

Strafprozeßrecht, Zehn Lösungen aus dem — — der Bayerischen Staatsprüfungs-Aufgaben. Von LGDir. F. Gerlach. 1921—1926. Oktav. 101 Seiten. 1931. (Schweitzer.) 2.70
Texte der Aufgaben. Oktav. 72 Seiten. 1931. 1.30

Strafrecht. Von K. Schäfer. In Vorbereitung. (Leitfaden der Rechtswissenschaft.)

Strafrecht, Das deutsche — — in seinen Grundzügen. Von Dr. H. Welzel, Prof. i. Göttingen. 2. Aufl. Oktav. 296 Seiten. 1949. Geb. 14.—

Strafrecht, Deutsches — —. Allgemeiner Teil. Von A. Köhler. Oktav. VIII, 723 Seiten. 1917. 11.50

Strafrecht. Grundriß zu Vorlesungen und Leitfaden zum Studium. Von Prof. Dr. F. van Calker. 4. Aufl. Lex.-Oktav. 199 Seiten. 1933. (Schweitzer.) Geb. 7.40

Strafrechtliche Arbeitsmethode de lege ferenda. Von Dr. L. Zimmerl, Priv. Doz. Oktav. 354 Seiten. 1931. 12.—

Strafrechtliche Aufsätze und Vorträge. Von Dr. Fr. v. Liszt, o. Prof. der Rechte i. Berlin. 2 Bände. Oktav. Bd. I: 1875—1891. 560 Seiten. Bd. II: 1892—1904. 519 Seiten. 1905. 20.—

Strafrechtliche Fälle für Übungen an Universitäten und bei Justizbehörden. Von R. Frank. 9., durchges. Aufl. 56 Seiten. 1933. 1.50

Strafrechtsfälle, Praktische — — mit Lösungen. Von LGRat Dr. W. Petters. 9., vollk. umgearb. u. verm. Aufl. (Petters, Strafrecht und Strafprozeß, Bd. I.) Oktav. 523 Seiten. 1949. (Schweitzer.) 20.—

Strafrechtslehre, Allgemeine — —. 2., völlig neue Aufl. **der Grundlagen des Strafrechts.** Mit Leitsätzen zur Anfertigung von Übungsarbeiten und Urteilen. Von W. Sauer, Prof. a. d. Univers. Münster. Oktav. XII, 264 Seiten. 1949. Halbleinen 14.—

Strafrecht und Strafverfahren. Eine Sammlung der wichtigsten Gesetze des Strafrechts und des Strafverfahrens mit Erläuterungen. Für den Praktiker zum Handgebrauche begründet von Dr. Dalcke, weil. Gen. Staatsanw., Geh. Just.Rat. 35., neubearb. Aufl. besorgt von LGDir. Dr. E. Fuhrmann und OLGRat Dr. K. Schäfer. In Vorbereitung. (Schweitzer.) ca. 35.—

Strafvollstreckung, Die — —. Durchführung der Vollstreckung gerichtlicher Strafen mit Beispielen. Von A. Roeschel, Just. Insp., und E. Blaese. Oktav. 280 Seiten. 1944. 7.50

Strafvollstreckung, Die — —. Ein Handbuch für bayerische Strafvollstreckungsbehörden. Von H. Stoiber, II. Staatsanw. b. Landger. München I. 2. Aufl. Lex.-Oktav. 226 Seiten. 1930. (Schweitzer.) Geb. 4.30

Strafvollzug, Persönlichkeitsforschung und Differenzierung im — —. Von W. Petrzilka. Oktav. 184 Seiten. 1930. (Cram, de Gruyter & Co. Hamburg.) 7.20

System und Praxis der Daktyloskopie und der sonstigen technischen Methoden der Kriminalpolizei. Von R. Heindl. 3., neubearb. und verm. Aufl. Mit 21 Bildertafeln und 905 Abb. im Text. Oktav. VIII, 779 Seiten. 1927. 36.—, geb. 40.—

Todesstrafe, Die — —. Ein Gutachten. Von M. Liepmann. Oktav. 220 Seiten. 1912. 4.—

Typen der Kriminellen, Die — —. Von Prof. Dr. E. Seelig und AGRat Dr. K. Weindler. Oktav. 194 Seiten. 1949. (Schweitzer.) (Grazer Kriminologische Schriften. Herausgeg. vom Kriminol. Inst. d. Univers. Graz.) 9.60

Übungen, Strafrechtliche — —. Siebzig Rechtsfälle und siebzig lehrmäßige Aufgaben. Von Prof. Dr. h. c. E. Niethammer, Reichsger. Rat a. D. Oktav. 76 Seiten. 1948. 3.50

Veruntreuung an vertretbaren Sachen, Die — —. Von Dr. W. Graf Gleispach, o. Prof. der Rechte i. Freiburg. Oktav. 205 Seiten. 1905. 4.—

Wirtschaftsstrafverordnungen. Erläutert von Dr. E. Fuhrmann, LGDir. i. Berlin. Oktav. IX, 203 Seiten. 1943. (Schweitzer.) 5.—

Zeitschrift für die gesamte Strafrechtswissenschaft. Gegründet von Dr. Fr. v. Liszt und A. Dochow. Oktav. Von den bisher erschienenen 62 Bänden sind aus Restbeständen noch einzelne Bände cplt. lieferbar. Neuerscheinen wird vorbereitet.

VI. Öffentliches Recht

1. Staats- und Völkerrecht, ausländisches Recht

Bankaufsichtsgesetze der Welt, Die — — in deutscher Sprache. Im Auftrage des Deutschen Instituts für Bankwissenschaft und Bankwesen gesammelt von Dr. jur. J. C. D. Zahn, RA i. Berlin. Gr.-Oktav. XXX, 819 Seiten. 1937. Geb. 30.—

Beiträge zum ausländischen und internationalen Privatrecht. Herausgeg. in Gemeinschaft mit E. Heymann, M. Pagenstecher, F. Schlegelberger, H. Titze, M. Wolff. Von E. Rabel. (Institut für ausländisches und internationales Privatrecht.) Oktav.

Heft 1: **Vertraglicher Schutz gegen Schwankungen des Geldwertes.** (Goldklauseln und andere Abreden zur Minderung des Valutarisikos.) Von Dr. A. Nußbaum, Prof. a. d. Univers. Berlin. 85 Seiten. 1928. 5.—

Heft 2: **Die Haftung des Verkäufers einer fremden beweglichen Sache in den Vereinigten Staaten** von Amerika in Vergleichung mit dem deutschen bürgerlichen Recht. Von Dr. J. Wolff. 84 Seiten. 1930. 4.—

Heft 3: Die **Bereicherungshaftung im anglo-amerikanischen Rechtskreis** in Vergleichung mit dem deutschen bürgerlichen Recht. Von Dr. W. Friedmann. 148 Seiten. 1930. 7.—

Heft 4: **Die Wirkungen der Wechselerklärungen** im internationalen Privatrecht. Von Dr. L. Raiser, Ass. a. Inst. f. ausl. u. int. Priv. Recht. 124 Seiten. 1931. 9.—

Heft 5: **Die Struktur des vertraglichen Schuldverhältnisses im angloamerikanischen Recht.** Von Dr. M. Reinstein. 256 Seiten. 1932. 15.30

Heft 6: **Die Fahrlässigkeit im nordamerikanischen Deliktsrecht** unter vergleichender Berücksichtigung des englischen und des deutschen Rechts. Von Dr. F. Keßler. 187 Seiten. 1932. 9.—

Heft 7: **Zessionsrecht.** 1. Teil. Von Dr. K. Arndt, Ger. Ass. 175 Seiten. 1932. 6.—

Heft 8: **Der Rechtserwerb vom Nichtberechtigten an beweglichen Sachen und Inhaberpapieren** im deutschen internationalen Privatrecht. Von Dr. K. Duden, Ass. a. Inst. f. ausl. u. int. Priv. Recht. 137 Seiten. 1934. 5.—

Heft 9: **Vertragsansprüche Dritter im französischen Recht** unter Vergleichung mit dem deutschen Recht dargestellt an Hand der Fälle der action directe. Von Dr. E. Wahl. IX, 227 Seiten. 1935. 9.—

Heft 10: **Die Ultra-Vires-Lehre im englischen Privatrecht.** Von Dr. C. Schlink, Ger. Ass. XVI, 183 Seiten. 1935. 6.—

Heft 11: **Beiträge zum Problem der internationalen Doppelbesteuerung.** Die Begriffsbildung im internationalen Steuerrecht. Von Dr. W. Wengler, Ass. a. Inst. f. ausl. u. int. Priv. Recht. XIV, 198 Seiten. 1935. 6.—

Heft 12: **Das englische Konkursrecht.** Von Dr. F. Eckstein. XV, 351 Seiten. 1935. 10.—

Heft 13: **Probleme der Aufrechnung:** Gegenseitigkeit und Liquidität rechtsvergleichend dargestellt. Von Dr. G. Kegel, Ass. a. Kaiser Wilh.-Inst. f. ausl. u. intern. Priv. Recht. XI, 225 Seiten. 1938. 7.—

Heft 14: **Studien zur Bedingungslehre.** 1. Teil: Über bedingte Verpflichtungsgeschäfte. Von Dr. A. Blomeyer, Ger. Ass. II, 120 Seiten. 1938. 4.—

Heft 15: **Studien zur Bedingungslehre.** 2. Teil: Über bedingte Verfügungsgeschäfte. Von Dr. A. Blomeyer. 165 Seiten. 1939. 5.—

Heft 16: **Vormund und Mündel im englischen Recht,** verglichen mit französischem und deutschem Recht. Von Dr. H. Abderhalden. VI, 197 Seiten. 1939. 6.—

Heft 18: **Der Neubürger im internationalen Privatrecht.** Fortwirkungen früheren Statuts bei Wechsel der maßgebenden Rechtsordnung. Von Dr. M. Ferid, Staatsanw. u. Priv. Doz. i. München. 1. Teil: Allgemeine Grundlagen. 113 Seiten. 1949. 6.80

Heft 19: **Vorkriegsverträge in Friedensverträgen.** Von Dr. E. Wolff, Präs. d. Obersten Ger. Hofes f. d. brit. Zone. XII, 196 Seiten. 1949. 8.80

Heft 20: **Internationales Zivilprozeßrecht.** Von E. Riezler. VIII, 710 Seiten. 1949. 30.—

Ab Heft 18 in Gemeinschaft mit Verlag J. B. C. Mohr (Paul Siebeck), Tübingen.

Beiträge zum ausländischen öffentlichen Recht und Völkerrecht. Herausgeg. in Gemeinschaft mit Fr. Glum, L. Kaas, E. Kaufmann, E. Schmitz, R. Smend, H. Triepel. Von V. Bruns. (Institut für ausländisches öffentliches Recht und Völkerrecht.) Oktav.

Heft 1: **Staatsrecht und Politik.** Rede beim Antritt des Rektorats der Friedrich-Wilhelm-Universität zu Berlin am 15. Oktober 1926. Von H. Triepel. 40 Seiten. 1927. 2.—

Heft 2: **Volksentscheid und Volksbegehren.** Ein Beitrag zur Auslegung der Weimarer Verfassung und zur Lehre von der unmittelbaren Demokratie. Von Dr. C. Schmitt, o. ö. Prof. der Rechte a. d. Univers. Bonn. 54 Seiten. 1927. 2.60

Heft 3: **Der Aufbau des britischen Reiches.** (Der Verhandlungsbericht der Reichskonferenz von 1926.) Eingeleitet und herausgeg. von Dr. K. Heck, Ger. Ass. 152 Seiten. 1927. 6.—

Heft 4: **Die Souveränität.** Ein Beitrag zur Theorie des Staats- und Völkerrechts. Von Dr. H. Heller, a. o. Prof. a. d. Univers. Berlin. 177 Seiten. 1927. 8.50

Heft 5: **Die Missionsfreiheit nach den Bestimmungen des geltenden Völkerrechts.** Von Dr. Th. Grentrup. 112 Seiten. 1927. 5.50

Heft 6: **Das Minoritätenproblem und seine Literatur.** Kritische Einführung in die Quellen und die Literatur der europäischen Nationalitätenfrage der Nachkriegszeit unter besonderer Berücksichtigung des völkerrechtlichen Minderheitenschutzes. Allgemeiner Teil. Von J. Robinson, RA in Kaunas. 165 Seiten. 1928. 9.—

Heft 7: **Der Reichssparkommissar.** Von Dr. K. Bilfinger o. ö. Prof. der Rechte a. d. Univers. Halle. 68 Seiten. 1928. 3.60

Heft 8: **Die völkerrechtliche Stellung der fremden Truppen im Saargebiet.** Von Dr. H. M. Bumiller. 156 Seiten. 1928. 9.—

Heft 9: **Das Recht des Ausnahmezustandes im Auslande.** (Frankreich, Belgien, Niederlande, Italien, England, Irland.) Bearb. i. Inst. f. ausl. öffentl. Recht u. Völkerrecht. 295 Seiten. 1928. 14.—

Heft 10: **Die Beziehungen zwischen dem Parlament und den Gerichten in England.** Eine rechtsvergleichende Studie. Von Dr. H. B. Gerland, o. ö. Prof. a. d. Univers. Jena. 137 Seiten. 1928. 8.—

Heft 11: **Zu den Problemen des fascistischen Verfassungsrechts.** Von Dr. G. Leibholz, Prof. a. d. Univers. Greifswald. 112 Seiten. 1928. 5.—

Heft 12: **Der deutsche und der französische Reichswirtschaftsrat.** Ein Beitrag zu dem Problem der Repräsentation der Wirtschaft im Staat. Von Dr. Fr. Glum. 188 Seiten. 1929. 9.—

Heft 13: ***Das Wesen der Repräsentation unter besonderer Berücksichtigung des Repräsentativsystems.*** Ein Beitrag zur allgemeinen Staats- und Verfassungslehre. Von Dr. G. Leibholz, Prof. a. d. Univers. Greifswald. 214 Seiten. 1929. 14.—

Heft 14: **Die Rechtsstellung der russischen Handelsvertretungen.** Von B. Schenk Graf von Stauffenberg, Prof. a. d. Univers. Greifswald. 94 Seiten. 1930. 6.—

Heft 15: Die Verfassungswandlung. Von Dr. Hsü Dau-Lin. 182 Seiten. 1932. 5.40

Heft 16: **Das deutsche Vorkriegsvermögen in Rußland** und der deutsche Entschädigungsvorbehalt. Von Dr. C. Menzel, AGRat i. Altona. IV, 236 Seiten. 1931. 9.—

Heft 17: **Zur Problematik des Volkswillens.** Von Dr. E. Kaufmann. 19 Seiten. 1931. 1.50

Heft 18: **Das parlamentarische Wahlrecht.** Ein Handbuch über die Bildung der gesetzgebenden Körperschaften in Europa. Von Dr. K. Braunias. Bd. I: Das Wahlrecht in den einzelnen Staaten. XVIII, 640 Seiten. 1932. 22.50, geb. 24.30

Heft 18a: **Das parlamentarische Wahlrecht.** Bd. II: Allgemeiner Teil. XII, 320 Seiten. 1932. 15.—, geb. 17.—

Beschränkung der deutschen Gerichtsbarkeit, Die — —. Die Gesetzgebung der Besatzungsmächte, insbesondere Gesetze Nr. 2 und Nr. 52 und Befehl 124 nebst Ausführungsbestimmungen. Zusammengestellt und erläutert. Von Dr. G. Nehlert, LGRat. Oktav. 136 Seiten. 1948. (Guttentagsche Sammlung Deutscher Reichsgesetze Nr. 233.) 5.—

Börsengesetzgebung, Die — — der Vereinigten Staaten. Sonderdruck aus dem „Bank-Archiv", Zeitschrift für Bank- und Börsenwesen 37./38. Jhrg. Von Dr. H. Trumpler. 90 Seiten. 1938. 2.50

Demokratie und Verfassungsreform. Wege zum Ausbau der Legislative und zur Stabilisierung der Exekutive in der Reichsverfassung vom 11. August 1919. Von H. Graf v. Schmettow. Oktav. 103 Seiten. 1925. 2.50

Deutsches Internationales Privatrecht, Die Grundlagen des — —. Von Dr. G. Melchior, Den Haag. Oktav. XXXI, 558 Seiten. 1932. 24.—

Englische Gerichtsverfassung, Die — —. Von Dr. H. B. Gerland, o. ö. Prof. a. d. Univers. Jena. Eine systematische Darstellung. 2 Halbbände. Oktav. 1. Halbband: XVI, 612 Seiten. 2. Halbband: 407 Seiten. 1910. 40.—

Englischer Strafprozeß des 13. Jahrhunderts, Studien und Skizzen zum — —. Von Dr. K. Güterbock, Geh. Just. Rat, Prof. der Rechte zu Königsberg. Oktav. 83 Seiten. 1914. 2.50

Entscheidungen des Oberprisengerichts in Berlin. Herausgeg. im Auftr. des Reichsjustizministeriums. Oktav. Bd. I: XVII, 444 Seiten. 1918. 14.—. Bd. II: XV, 338 Seiten. 1921. 10.—

Haager Abkommen über Internationales Privatrecht, Sechs — —. Von H. Dungs. Oktav. 116 Seiten. 1910. (Guttentagsche Sammlung Deutscher Reichsgesetze Nr. 98.) Geb. 1.35

Internationales Privatrecht nach dem Einführungsgesetz zum Bürgerlichen Gesetzbuch. Von Dr. H. Habicht, aus dem Nachlaß herausgeg. von M. Greiff. Oktav. VI, 254 Seiten. 1907. 6.—

Internationale Schiedssprechung. Eine Sammlung der für das Deutsche Reich verbindlichen Verträge und Vertragsbestimmungen, die sich auf internationale Gerichtsbarkeit, Schiedsgerichtsbarkeit sowie Vergleichsverfahren beziehen, nebst den dazugehörigen deutschen Regierungsdenkschriften. Herausgeg. und eingeleitet von H. Kraus. Oktav. XXXVI, 348 Seiten. 1929. (Guttentagsche Sammlung Deutscher Reichsgesetze Nr. 174.) Geb. 9.—

Minderheitsregierung in Großbritannien. Verfassungsrechtliche Untersuchungen zur neuesten Entwicklung des britischen Parlamentarismus. Von RA Dr. K. Loewenstein, München. Gr.-Oktav. III, 72 Seiten. 1925. (Schweitzer.) 3.—

Monroedoctrin in ihren Beziehungen zur amerikanischen Diplomatie und zum Völkerrecht, Die — —. Von Dr. jur. H. Kraus. Oktav. 480 Seiten. 1913. 9.—

Musta' min, Der — —. Ein Beitrag zum internationalen Privat- und Völkerrecht des islamischen Gesetzes. Von Dr. J. Hatschek, o. Prof. der Rechte a. d. Univers. Göttingen. Mit 7 Tafeln. Oktav. 108 Seiten. 1920. 5.—

Pariser Völkerbundsakte, Die — — nebst den Urkunden über die Pariser Verhandlungen, dem Haager Schiedsgerichtsabkommen usw. Mit einer historischen Einleitung versehen und erläutert. Von H. Wehberg. 2. Aufl. der „Abkommen der Haager Friedenskonferenz". Oktav. 175 Seiten. 1919. (Guttentagsche Sammlung Deutscher Reichsgesetze Nr. 99.) 4.—

Parlamentsrecht des Deutschen Reiches, Das — —. Von Dr. J. Hatschek, o. Prof. der Rechte a. d. Univers. Göttingen. Im Auftrage des deutschen Reichstages dargestellt. 1. Teil. Quart. XI, 628 Seiten. 1915. 16.—

Preußisches Verfassungsrecht, Das — —. Auf der Grundlage der Verfassung des Freistaats Preußen systematisch dargestellt. Von Dr. F. Stier-Somlo, Prof. des öffentl. Rechts. Oktav. VII, 173 Seiten. 1922. 3.30

Rechtsverhältnisse bei verschiedenen Völkern der Erde, Die — —. Ein Beitrag zur vergleichenden Ethnologie. Von A. Bastian. Oktav. LXXX, 435 Seiten. 1872. 8.—

Reichsrecht, Die abstrakte Forderung nach deutschem — —. Von L. Brütt. Oktav. 320 Seiten. 1908. 7.—

Reichs- und Staatsangehörigkeitsgesetz vom 22. Juli 1913 unter besonderer Berücksichtigung der bayerischen Verhältnisse. Erläutert von MinRat J. Woeber. 5. Aufl., bearbeitet von ORRat K. A. Fischer. Oktav. 272 Seiten. 1932. (Schweitzers braune Handausgabe.) 4.50

Reichs- und Staatsangehörigkeitsgesetz vom 22. Juli 1913. Erläutert mit Benutzung amtlicher Quellen und unter vergleichender Berücksichtigung der ausländischen Gesetzgebung. Von Dr. W. Cahn, Kais. Geh. Legat. Rat z. D. Oktav. XVII, 608 Seiten. 1914. 13.50, geb. 16.—

Rheinlandabkommen, Das — — sowie die Verordnungen der Interalliierten Rheinlandkommission. Dreisprachige Textausgabe mit Erläuterungen. Von H. Vogels und Dr. W. Vogels, Reg. Räte b. Reichskommissar f. d. bes. rhein. Gebiete in Koblenz. 2 Bände. Oktav. Bd. I: 144 Seiten. 1920. 4.50. Bd. II: Die Verordnungen 12—82 und die Anweisungen 8—12. 248 Seiten. 1921. 7.50

Staatsbankerott und internationales Recht. Von der Bluntschli-*Stiftung* gekrönte Preisschrift. Mit Anhang: Die Organisation der intern. Kontrolle der griechischen Staatsfinanzen. Von Dr. R. Pflug, München. Lex.-Oktav. 101 Seiten. 1898. (Schweitzer.) 4.50

Staatstheorien der französischen Nationalversammlung von 1789, Die — —, ihre Grundlagen in der Staatslehre der Aufklärungszeit und in den englischen und amerikanischen Verfassungsgedanken. Von Dr. R. Redslob, o. Prof. der öffentl. Rechte a. d. Univers. Rostock. Oktav. 368 Seiten. 1912. 10.—

Verfassung des Deutschen Reiches, Die — — vom 11. August 1919 mit den wichtigsten Nebengesetzen. Mit Einleitung. 3. Aufl. Oktav. 104 Seiten. 1931. (Guttentagsche Sammlung von Textausgaben ohne Anmerkungen und Sachregister.) —.90

Verfassung des Deutschen Reiches. Erläutert von RRat Dr. L. Gebhard. Gr.-Oktav. 622 Seiten. 1932. (Schweitzer.) Geb. 24.70

Verfassung des Deutschen Reichs vom 11. August 1919, Die — —. Ein systematischer Überblick. Von Dr. F. Stier-Somlo, Prof. des öffentl. Rechts. 3., erg. u. wesentl. veränd. Aufl. Oktav. VIII, 238 Seiten. 1925. 7.—

Verfassung und Verwaltung des Deutschen Reiches nebst den wichtigen Nebengesetzen. Von Dr. jur. M. Gebhardt, Ger. Ass. a. D. Ein Hilfsbuch für die Examina in Justiz und Verwaltung sowie für die Doktorprüfung. Oktav. X, 506 Seiten. 1912. 7.—

Verfassung der Vereinigten Staaten von Nordamerika, Die — —. „Was war, was ist — was wird?" Von James M. Beck. Nach der 9., im Jahre 1925 erschienenen, mit einer Einführung von Calvin Coolidge versehenen Ausg., in genehmigter Übersetzung herausgeg. von A. Friedmann. Mit einer Einleitung von W. Simons. Mit 2 Abb. Oktav. XVI, 438 Seiten. 1928. 8.—

Verfassungsentwicklung von Algerien, Die — —. Mit einem Anhang: Gesetzestexte und Entwürfe. Von H. Gmelin. Quart. XXXIX, 453 u. IV, 115 Seiten. Mit 1 Karte im Text. 1911. (Aus: Abhandlungen des Hamburgischen Kolonial-Instituts.) (Cram, de Gruyter & Co. Hamburg.) 18.—

Verfassungsrecht, Bayerisches — —. Von Dr. H. Nawiasky. Gr.-Oktav. XXIII, 558 Seiten. 1923. (Schweitzer.) 12.80, geb. 14.80

Veröffentlichungen der Vereinigung der deutschen Staatsrechtslehrer. Oktav.

Heft 1: **Der deutsche Förderalismus.** Die Diktatur des Reichspräsidenten. Referate von G. Anschütz, K. Bilfinger, C. Schmitt und E. Jacobi. Verhandlungen der Tagung der Deutschen Staatsrechtslehrer zu Jena am 14. und 15. April 1924. Mit Eröffnungsansprache und einer Zusammenfassung der Diskussionsreden. 146 Seiten. 1924. 5.—

Heft 2: **Der Schutz des öffentlichen Rechts.** Die neueste Entwicklung des Gemeindeverfassungsrechts. Referate von W. Jellinek, G. Lassar, F. Stier-Somlo, L. von Köhler, H. Helfritz. Verhandlungen der Tagung der Deutschen Staatsrechtslehrer zu Leipzig am 10. und 11. März 1925. Mit Eröffnungs- und Begrüßungsansprachen sowie einer Zusammenfassung der Diskussionsreden. 265 Seiten. 1925. 12.—

Heft 3: **Die Gleichheit vor dem Gesetz im Sinne des Art. 109 der Reichsverfassung.** Der Einfluß des Steuerrechts auf die Begriffsbildung des öffentlichen Rechts. Berichte von E. Kaufmann, H. Nawiasky, A. Hensel und O. Bühler. Verhandlungen der Tagung der Deutschen Staatsrechtslehrer zu Münster i. W. am 29. und 30. März 1926. Mit einem Auszug aus der Aussprache. 140 Seiten. 1927. 7.—

Heft 4: **Das Recht der freien Meinungsäußerung.** Der Begriff des Gesetzes in der Reichsverfassung. Berichte von K. Rothenbücher, R. Smend, H. Heller und M. Wenzel. Verhandlungen der Tagung der Deutschen Staatsrechtslehrer zu München am 24. und 25. März 1927. Mit einem Auszug aus der Aussprache. 215 Seiten. 1928. 10.—

Heft 5: **Wesen und Entwicklung der Staatsgerichtsbarkeit.** Überprüfung von Verwaltungsakten durch die ordentlichen Gerichte. Berichte von H. Triepel, H. Kelsen, M. Layer und E. von Hippel. Verhandlungen der Tagung der Deutschen Staatsrechtslehrer zu Wien am 23. und 24. April 1928. Mit einem Auszug aus der Aussprache. 238 Seiten. 1929. 12.—

Heft 6: **Bundesstaatliche und gliedstaatliche Rechtsordnung.** Verwaltungsrecht der öffentlichen Anstalt. Berichte von F. Fleiner, J. Lukas, L. Richter und A. Köttgen. Verhandlungen der Tagung der Deutschen Staatsrechtslehrer zu Frankfurt a. M. am 25. und 26. April 1929. Mit einem Auszug aus der Aussprache. 166 Seiten. 1929. 9.—

Heft 7: **Entwicklung und Reform des Beamtenrechts.** Die Reform des Wahlrechts. Berichte von H. Gerber, A. Merkl, H. Pohl und G. Leibholz. Verhandlungen der Tagung der Deutschen Staatsrechtslehrer zu Halle am 28. und 29. Oktober 1931. Mit einem Auszug aus der Aussprache. III, 212 Seiten. 1932. 10.80

Völkerrecht, Das — — ein Pseudorecht. Von St. E. Edmunds. Autorisierte Übersetzung des amerikanischen Werkes The Lawless Law of Nations (1925) von C. Bruns. Oktav. VII, 465 Seiten. 1933. 6.—

Völkerrecht, Das Problem des — — s. Eine Studie über den Fortschritt der Nationen zu einem universellen Staatensystem, das die Geltung des Völkerrechts verbürgt. Entworfen unter Verwertung der theoretischen und diplomatischen Versuche, die seit dem römischen Weltreich des Mittelalters und bis zu den Haager Konferenzen unternommen sind, und vornehmlich gegründet auf die Entwicklungsgeschichte der Schweizer Eidgenossenschaft. Von Dr. R. Redslob, o. Prof. der öffentl. Rechte a. d. Univers. Rostock. Oktav. VI, 392 Seiten. 1917. 10.—

Völkerrecht, Lehrbuch des — — s. Von D. Anzilotti. Bd. I: Einführung — Allgemeine Lehren. Vom Verfasser durchgesehene und autorisierte Übertragung nach der 3., erw. und revidierten italienischen Aufl. Von C. Bruns und K. Schmid. Oktav. XII, 429 Seiten. 1929. 17.—, geb. 18.—

Wahlgesetz, Kommentar zum — — und zur Wahlordnung im deutschen Kaiserreich. Von Dr. J. Hatschek, o. Prof. der Rechte a. d. Univers. Göttingen. Oktav. 414 Seiten. 1920. 8.—

Wörterbuch des Völkerrechts. Begonnen von Prof. Dr. J. Hatschek, Göttingen, fortgesetzt von Dr. K. Strupp, Frankfurt/M. 3 Bände. Oktav.
Bd. I: Aachen — Lynchfall. VI, 860 Seiten. 1924.
Bd. II: Maas — Utschiali. 779 Seiten. 1925.
Bd. III: Vasallenstaaten — Zwangsversicherung. Mit Anhang: Abessinien — Weltgerichtshof, Sachverzeichnis mit Mitarbeiterregister. 1316 Seiten. 1929. Neue Auflage in Vorbereitung.

Zeitschrift für ausländisches öffentliches Recht und Völkerrecht. Herausgeg. in Gemeinschaft mit E. Kaufmann, R. Smend, H. Triepel, L. Kaas, F. Glum von V. Bruns. (Institut für ausländisches öffentliches Recht und Völkerrecht.) Quart. Aus Restbeständen sind noch einzelne Hefte der Bände 1—12 lieferbar. Auf Wunsch nähere Angaben.

2. Verwaltungsrecht

Aufenthalts- und Freizügigkeitsgesetz. Mit Vollziehungsvorschriften und den einschlägigen Gesetzen (z. B.: Zigeunergesetz). Von MinRat Dr. G. Ziegler. 4. Aufl. Oktav. 210 Seiten. 1930. (Schweitzers braune Handausgabe.) Geb. 6.90

Bauordnung, Die bayerische — —. Von Bez. Amtm. G. Heilmann u. K. Weinisch. 3. Aufl. Oktav. 708 Seiten. 1931. (Schweitzers braune Handausgabe.) Geb. 12.60

Baupolizeigesetze, Die preußischen — — nebst den sonstigen einschlägigen Reichs- und Landesgesetzen erläutert von H. Heine. Oktav. 404 Seiten. 1928. (Guttentagsche Sammlung preußischer Gesetze Nr. 64.) Geb. 7.20

Baupolizeirecht, Münchener — —. Die Münchener Bauordnung und die Münchener Staffelbauordnung. Mit Erläuterungen und Abdruck der einschlägigen Bestimmungen. Von Dr. K. Helmreich, Dr. F. Schels, Dr. A. Steinhauser. Oktav. 550 Seiten. 1927. (Schweitzer.) Geb. 16.—

Beamtengesetz. Von MinRat G. Ziegler. (Sonderdruck aus: Sammlung in der Praxis oft angewandter Verwaltungsgesetze und Verordnungen.) Oktav. 60 Seiten. 1927. (Schweitzer.) 1.40

Bergbau und Grundbesitz nach preußischem Recht unter Berücksichtigung der übrigen deutschen Berggesetze. Von W. Westhoff, Just. Rat, RA und Notar zu Dortmund. 2 Bände. Oktav. Bd. I: Der Bergschaden. XXII, 407 Seiten. 1904. Geb. 9.—. Bd. II: Die Grundabtretung. Die öffentlichen Verkehrsanstalten. XXVI, 437 Seiten. 1906. Geb. 9.50

Berggesetz, Allgemeines — — für die preußischen Staaten mit Kommentar. Von Dr. jur. H. Brassert. 2. Aufl., bearb. von H. Gottschalk. Oktav. XXIX, 1291 Seiten. 1914. 27.—

Berggesetz, Bayerisches —. 3. Aufl., bearb. von ORRat L. Nothaas u. RRat H. Miesbach. Oktav. 988 Seiten. 1927. (Schweitzers braune Handausgabe.) Geb. 25.60

Berggesetz, Preußisches Allgemeines — — nebst Nebengesetzen und wichtigen den Bergbau betreffenden Bestimmungen mit Erläuterungen. Von Dr. jur. H. Ebel, OBergrat. 5. Aufl. XVI, 692 Seiten. 1944. (Guttentagsche Sammlung preußischer Gesetze Nr. 12.) 25.—

Bergrecht, Grundzüge des — — s. Von C. Voelkel. Oktav. 3. Aufl. in Vorbereitung.

Bergrecht, Lehrbuch des preußischen — — s mit Berücksichtigung der übrigen deutschen Bergrechte. Von Dr. R. Klostermann, OBergrat. Oktav. XII, 499 Seiten. 1871. 8.—

Bergschäden, Die Entschädigung für — —. Zugleich ein Beitrag zur Lehre vom Schadenersatz. Von Dr. E. Holländer, Ger. Ass. Oktav. 204 Seiten. 1903. 5.—

Bergwesen. Von MinRat G. Ziegler. (Sonderdruck aus: Sammlung in der Praxis oft angewandter Verwaltungsgesetze und Verordnungen.) Oktav. 60 Seiten. 1927. (Schweitzer.) —.90

Berlin, Gesetz über die Bildung der neuen Stadtgemeinde — —. Vom 27. April 1920. Bearbeitet von P. Wölbling. Mag. Rat der Stadt Berlin. 2. Aufl. mit dem Gesetz zur Änderung des Gesetzes vom 7. Oktober 1920, den Ausführungsbestimmungen und dem Ortsgesetz für die Durchführung der Verhältniswahl. Mit 1 Karte. Oktav. 140 Seiten. 1921. (Guttentagsche Sammlung preußischer Gesetze Nr. 59.) Geb. 1.25

Berliner Stadtrecht. Ein Handbuch des Verwaltungsrechts der Stadt Berlin. Von P. Wölbling, Mag. Rat Oktav. IX, 251 Seiten. 1911. 5.—, geb. 5.75

Berufsbeamtentum, Das — — im neuen demokratischen Staat. Eine staatsrechtliche Studie von Dr. C. Heyland, o. Prof. des öffentl. Rechts i. Gießen. Oktav. 156 Seiten. 1949. 6.—

Besoldung der Kommunalbeamten in Preußen, Die — — unter Berücksichtigung der 24. Ergänzung zum Reichsbesoldungsgesetz und des Deutschen Beamtengesetzes. Bearbeitet von Gerichtsass. a. D. H. Schönebeck unter Mitwirkung von Ministerialdirigent H. Seel und MinRat Dr. U. Krauthausen. Oktav. 212 Seiten. 1937. (Stilke.) Geb. 6.60

Besoldungsgesetz, Preußisches — —. Kommentar. Mit Gehaltstafeln. Von MinRat Dr. H. Erythropel †. 5. Aufl., neubearb. von MinRat O. König. Oktav. X, 564 Seiten. 1932. (Schweitzer.) Geb. 14.80

Denkschriftenband zur Begründung des Entwurfs eines Gesetzes betreffend Änderungen im Finanzwesen. (Zusammengestellt vom Reichsschatzamt.) 4 Teile in 5 Bänden. Quart. 1908. 9.—

Teil 1: Das Finanzwesen der öffentlichen Körperschaften Deutschlands. V, 857 Seiten.

Teil 2: Die Finanzen von Frankreich, Großbritannien und Irland, Italien, Japan, Österreich-Ungarn, Rußland, der Schweiz, den Vereinigten Staaten von Amerika. VI, 442 Seiten.

Teil 3: Materialien zur Beurteilung der Wohlstandsentwicklung Deutschlands im letzten Menschenalter. 132 Seiten.

Teil 4: Materialien zur Beurteilung der Zusammenhänge zwischen dem öffentlichen Schuldenwesen und dem Kapitalmarkte. III, 287 Seiten. Zusammenfassung, Sachregister, Zusätze und Berichtigungen zu Teil 1—4. Mit graphischen Darstellungen und Erläuterungen. XXXII, 34, 6 Seiten.

Dienstordnung, Die allgemeine — — für die bayerischen Staatsbehörden vom 12. Januar 1933. Handausgabe mit Anmerkungen und Sachverzeichnis. Von MinRat Dr. Joh. R. v. Schelhorn. Oktav. 160 Seiten. 1933. (Schweitzer.) 4.50

Disziplinargesetz, Das preußische — — für die nichtrichterlichen Beamten nebst dem Disziplinargesetze für die Privatdozenten. Erläutert und mit den ergänzenden Gesetzesbestimmungen, zumal der Strafprozeß- und Zivilprozeßordnung, versehen von Dr. jur. E. v. Dultzig, Reg. Rat a. D. Oktav. XIV, 364 Seiten. 1914. (Guttentagsche Sammlung preußischer Gesetze Nr. 51.) Geb. 3.80

Eisenbahnverkehrsordnung, Die — — vom 16. Mai 1928 mit Allgemeinen Ausführungsbestimmungen sowie dem Internationalen Übereinkommen über den Eisenbahnfrachtverkehr vom 30. Mai 1925 und dem Internationalen Übereinkommen über den Eisenbahn-Personen- und -Gepäckverkehr vom 12. Juni 1925. Nach dem Tode von Blume herausgeg. mit Anmerkungen von Dr. jur., Dr. rer. pol. h. c. W. Weirauch. 8. Aufl. in Vorbereitung. (Guttentagsche Sammlung Deutscher Reichsgesetze Nr. 91.)

Entschädigungspflicht des Staates für Eingriffe in das private Flußeigentum nach bayerischem Recht. Von Dr. A. Arnold. Gr.-Oktav. 36 Seiten. 1931. (Schweitzer.) 1.80

Fischereigesetz, Bayerisches — — vom 15. August 1908 mit der Landesfischereiordnung vom 23. März 1909 und allen *Vollzugsvorschriften*. Von Staatsrat J. Bleyer. 5. Aufl. Oktav. 438 Seiten. 1934. (Schweitzers braune Handausgabe.) Geb. 10.80

Fischereigesetz, Das preußische — — vom 11. Mai 1916 in der geltenden Fassung. Erläutert von A. Born. Oktav. 428 Seiten. 1928. (Guttentagsche Sammlung preußischer Gesetze Nr. 62.) Geb. 6.75

Flurbereinigungsgesetz, Bayerisches — — vom 5. August 1922 nach der Fassung vom 11. Februar 1932. Für die Praxis erläutert von MinRat Dr. G. Seubelt. 2., neubearb. Aufl. Oktav. 438 Seiten. 1934. (Schweitzers braune Handausgabe.) Geb. 5.—

Forstgesetz, Das bayerische — —. Kommentar. Mit den Vollzugsvorschriften, dem Aufforstungsgesetz und dem Pfälzischen Forststrafgesetz. Von Dr. W. Wonhas. Gr.-Oktav. 545 Seiten. 1931. (Schweitzer.) 25.—

Gemeindebetriebe, Zum Recht der — —. Öffentlich und privatrechtlich betriebene Gemeindeanstalten und Einrichtungen. Von O. Sperlich, Kiel. (Sonderabdruck aus: Annalen des Deutschen Reichs 1931.) Gr.-Oktav. 100 Seiten. 1931. (Schweitzer.) 4.—

Geschlechtskrankheiten, Gesetz zur Bekämpfung der — —. Erläutert von LGDir. Dr. A. Hellwig. Oktav. 500 Seiten. 1928. (Schweitzers braune Handausgabe.) Geb. 10.30

Gesetzgebung über die allgemeine Landesverwaltung, Die — — und über die Zuständigkeit der Verwaltungs- und Verwaltungsgerichtsbehörden. Bearbeitet von Dr. K. Friedrichs, Just. Rat. 3., durchges. Aufl. Mit Nachtrag 1932. Oktav. XXIII, 295 u. 18 Seiten. 1927. (Guttentagsche Sammlung preußischer Gesetze Nr. 42.) Geb. 4.50

Gesundheitswesen, Die reichs- und landesrechtlichen Bestimmungen auf dem Gebiete des — — s. Zusammengestellt von Dr. jur. et rer. pol. W. Voß, Pol. Verw. Rechtsrat. Oktav. 608 Seiten. 1929. (Guttentagsche Sammlung Deutscher Reichsgesetze Nr. 172.) Geb. 9.90

Höchstpreis, Der — —. Eine systematische Untersuchung auf Grund der Erfahrungen der deutschen Kriegswirtschaft. Von Reg. Rat Dr. E. Stern. Oktav. VIII, 305 Seiten. 1923. (Schweitzer.) 9.—

Irrengesetzgebung in Deutschland, Die — —, nebst einer vergleichenden Darstellung des Irrenwesens in Europa. (Für Ärzte, Juristen und gebildete Laien.) Von Prof. Dr. E. Rittershaus. Oktav. VI, 261 Seiten. 1927. 12.—

Jahrbuch der Entscheidungen für Bau- und Grundstücksrecht. 1937. Von C. Saß. Oktav. VIII, 192 Seiten. 1937. (Schweitzer.) 3.50
— —. 1938. 200 Seiten. 1938. 4.—

Jugendamt als Gemeindewaisenrat, Das — —. Von P. Niestroj. Oktav. 91 Seiten. 1932. 3.—

Justizbauverwaltung, Die preußische — — unter Benutzung amtlichen Materials dargestellt unter Mitwirkung von E. Paterna und P. Regener. Von E. Friedrichs. Oktav. VII, 384 Seiten. 1929. Geb. 18.—

Kriminalpolizeidienst, Handbuch für den praktischen — —. Ein Lehrbuch. Von W. Polzer. Gr.-Oktav. 273 Seiten. 1922. (Schweitzer.) 2.50

Kurtaxe, Die — —. Betrachtungen über ihre rechtliche Natur. Von Dr. J. Kohler, o. Prof. a. d. Univers. Berlin. Oktav. 48 Seiten. 1902. 1.—

Landeskulturbehörden, Gesetz über die — — nebst den für das Verfahren der Landeskulturbehörden geltenden Vorschriften des Landesverwaltungsgesetzes und den Ausführungsvorschriften des Ministers für Landwirtschaft, Domänen und Forsten. Von W. Holzapfel. Oktav. 176 Seiten. 1920. (Guttentagsche Sammlung preußischer Gesetze Nr. 57.) Geb. 1.80

Lastenausgleich, Der — —. Soforthilfegesetz. Sammlung und Kommentierung sämtlicher Gesetze und Verordnungen sowie der laufenden Rechtsprechung auf dem Gebiete der Soforthilfe und des Lastenausgleichs. Teil I: Wortlaut der Gesetze und Verordnungen. Teil II: Kommentierung. Herausgeg. und erläutert von Dr. P. Binder, Staatssekr. a. D.; Dipl.-Kfm. Dr. J. Drexl, MinRat; Dipl.-Kfm. Dr. W. Wehe, Wirtschaftspr.; A. Seweloh, Reichsrichter a. D. des vorm. Reichsfinanzhofs; Dr. L. Zimmerle, Reg. Dir. Din A 5. 984 Seiten in loser Blattform. 1949. (Guttentagsche Sammlung Deutscher Reichsgesetze Nr. 235.) Halbleinen 38.—

Leichen- und Begräbnispolizei in Bayern nebst Dienstvorschrift für den Leichenbeschauer. Von L. A. Grill. 3. Aufl. Oktav. 128 Seiten. 1925. (Schweitzer.) 4.—

Maß- und Gewichtsgesetz vom 13. Dezember 1935 in der Fassung vom 18. Mai 1936. Zusammengestellt von RA Dr. A. Dahm. Oktav. 204 Seiten. 1937. (Stilkes Rechtsbibl. Nr. 162.) Geb. 5.50

Oberbergpolizeiliche Vorschriften, Die — — **für Bayern.** Textausgabe mit Anmerkungen und Sachregister. 4. Aufl. Oktav. 71 Seiten. 1927. (Schweitzer.) 1.10

Ödlandgesetz, Bayerisches — — mit den Ausführungsbestimmungen. Erläutert von MinRat Dr. O. Woerner. Oktav. 266 Seiten. 1925. (Schweitzers braune Handausgabe.) Geb. 5.90

Öffentliches Sachen-Recht, Hauptprobleme des — —. Eine Studie zur Methodik und Dogmatik des deutschen Verwaltungsrecht. Von Dr. Th. Maunz, Priv. Doz. a. d. Univers. München. Gr.-Oktav. XVI, 316 Seiten. 1933. (Schweitzer.) 9.—

Pflegekind, Das — —. Von P. Niestroj. Oktav. 99 Seiten. 1932. 3.—

Preußische Verwaltung, Handwörterbuch der — —. Von Bitter. 3., vollst. umgearb. Aufl. Unter Mitwirkung zahlreicher hoher Reichs- und Preußischer Staatsbeamten herausgeg. von Dr. B. Drews, Staatsminister a. D. und Dr. Fr. Hoffmann, wirkl. Geh. OReg. Rat i. Berlin. 2 Bände. Quart. 1928. Bd. I: Abbaugerechtigkeiten-Kyffhäuserbund. VIII, 1134 Seiten. Bd. II: Lackfabriken-Zwischenkredit. VII, 1220 Seiten. (Verlag von: Walter de Gruyter & Co., Berlin; Carl Heymanns Verlag, Berlin; Roßberg'sche Verlagsbuchh., Leipzig.) 30.—, geb. 36.—

Rechnungslegungsordnung für das Reich vom 3. Juni 1929 (RRO.), mit Erläuterungen von Geh. ORORat Ministerialdirigent i. R. R. Schulze und MinRat Dr. E. Wagner, 2., durchges. u. erw. Aufl. Oktav. XVI, 666 Seiten. 1941. (Stilkes Rechtsbibl. Nr. 100.) Geb. 16.20

Recht der pfälzischen Pfarrpfründestiftung beider Konfessionen, Das — —. Von W. Gruber. Gr.-Oktav. 199 Seiten. 1913. (Schweitzer.) 4.50

Rechtskartei, Neue — — für Berlin und Brandenburg, enthaltend sämtliche Rechtsvorschriften der Alliierten, des Magistrats Berlin und der Provinzialverwaltung Brandenburg. Von Dr. E. Kohlrausch, o. Prof. a. d. Univers. Berlin und Dr. E. Koffka, RAnwältin i. Berlin. Oktav. 1946. Loseblattausgabe. 30.—

I. Nachtrag. Enthält Ergänzungen zu Teil I Berliner Recht. 1947. 12.—

II. Nachtrag. Brandenburgisches Recht. 1948. ca. 800 Seiten. 30.—

Reichsbewertungsgesetz und Bodenschätzungsgesetz. Textausgabe mit Einführung und Erläuterungen. Von M. Renzi, MinRat i. Preuß. Finanzministerium. Oktav. VII, 194 Seiten. 1935. (Guttentagsche Sammlung Deutscher Reichsgesetze Nr. 190c.) 2.80
Nachtrag zu Nr. 190c (Reichsbewertungsgesetz, Bodenschätzungsgesetz, erläutert von M. Renzi) enthaltend Durchführungsbestimmungen usw. zu beiden Gesetzen. Oktav. VIII, 167 Seiten. 1935. (Guttentagsche Sammlung Deutscher Reichsgesetze Nr. 190c II.) 2.—

Rückerstattung feststellbarer Vermögensgegenstände in der amerikanischen Besatzungszone. Militärregierungsgesetz Nr. 59 vom 10. November 1947, mit Ausführungsvorschriften. Erläutert. Von R. Frhr. v. Godin, RA i. München und H. Frhr. v. Godin, RA i. München. Oktav. VIII, 319 Seiten. 1948. (Guttentagsche Sammlung Deutscher Reichsgesetze Nr. 232.) 12.—

Sammlung in der Praxis oft angewandter Verwaltungsgesetze und Verordnungen. Von G. Ziegler, MinRat i. Bayer. Staatsministerium f. soziale Fürsorge.

Bd. I: Reichsgesetze und Verordnungen. 5. Aufl. Oktav. XVI, 771 Seiten. 1927. (Schweitzer.) Geb. 17.—

Bd. II: Bayerische Gesetze und Verordnungen. Oktav. II, 1072 Seiten. 1927. Geb. 20.25

Nachtrag: 120 Seiten. 1928. 2.40

Schornsteinfegerwesen, Die reichsgesetzliche Regelung des — —. Von A. K. Maier. Oktav. 20 Seiten. 1936. (Schweitzer.) —.30

Schulwesen in Bayern, Das höhere — —. Eine kurze Darstellung für die Bedürfnisse des Verwaltungsbeamten. Von Dr. W. Wonhas. Lex.-Oktav. 43 Seiten. 1936. (Schweitzer.) —.60

Signalementslehre. Handbuch der Personalbeschreibung und -feststellung für den Polizeiunterricht, den Erkennungs- und Fahndungsdienst. Mit zahlreichen Illustrationen. Von Dr. H. Schneickert. 3. Aufl. Oktav. 241 Seiten. 1937. (Schweitzer.) Geb. 5.40

Soforthilfe, Die — —. Die Leistungen auf Grund des Soforthilfegesetzes. Auszug aus dem Kommentarwerk „Der Lastenausgleich". Abteilung II B — Gesetz zur Milderung dringender sozialer Notstände (Zweiter Teil). Herausgeg. und erläutert von Dr. P. Binder, Staatssekr. a. D.; Dipl.-Kfm. Dr. J. Drexl, MinRat; Dipl.-Kfm. Dr. W. Wehe, Wirtschaftspr.; A. Seweloh, Reichsrichter a. D. des vorm. Reichsfinanzhofs; Dr. L. Zimmerle, Reg. Dir. DIN A 5. 218 Seiten. 1949. 12.—

Straßenbaulasten, Die Heranziehung der Anlieger zu den —, auf Grund des § 15 des Fluchtliniengesetzes vom 2. Juli 1875 in Entscheidung, Kostenberechnung und bildlicher Darstellung. Von C. Saß, Gemeindebaurat. Mit einem Plan. Oktav. 102 Seiten. 1913. 4.50

Straßen- und Baufluchtengesetz. Gesetz, betreffend die Anlegung von Straßen und Plätzen in Städten und ländlichen Ortschaften. Vom 2. Juli 1875. Kommentar. (Vormals von R. Friedrichs). Von H. v. Strauß und Torney und C. Saß. 7., neubearb. Aufl. unter Berücksichtigung des Wohnungsgesetzes usw. von O. Meyer. Oktav. 367 Seiten. 1934. Geb. 12.—

Straßenverkehrsrecht (Reichsgesetz über den Verkehr mit Kraftfahrzeugen) mit den einschlägigen Nebenbestimmungen, insbesondere der Reichsstraßen-Verkehrsordnung und einem technischen Leitfaden mit Abbildungen, von Geh. RGRat Ministerialdirigent Dr. F. Müller. 16., umgearb. Aufl. Mit zahlreichen, z. T. farbigen Abbildungen. Gr.-Oktav. XVI, 1132 Seiten. 1949. (Stilkes Rechtsbibl. Nr. 44.) Geb. 56.—

Telegraphenwege-Gesetz, Das — —. *Vom 18. Dezember 1899 nebst der* Ausführungsanweisung vom 26. Januar 1900. Von C. Wolf, Postrefr. a. d. Kaiserl. OPostdir. i. Köln. Oktav. 99 Seiten. 1916. (Guttentagsche Sammlung Deutscher Reichsgesetze Nr. 120.) Geb. —.90

Verkehrssicherheit der Reichswasserstraßen, Die Haftung für die — —. (Öffentlichen Binnenwasserstraßen.) Zugleich eine Untersuchung zur Frage der rechtlichen Natur des Eigentums des Deutschen Reichs an seinen Wasserstraßen. Von Dr. jur. M. Kaczmarzyk. Oktav. XIX, 197 Seiten. 1936. 9.—, geb. 10.50

Verkehrsunfälle, Die polizeiliche Untersuchung von — — n. Von M. Julier. 2. Aufl. Oktav. Mit 25 Abb. u. 15 Skizzen. 200 Seiten. 1949. (Schweitzer.) Halbleinen 10.—

Vermögens- und Haushaltsrecht, Das neue — — der deutschen Gemeinden. Systematische Darstellung. Von Dr. H. Stenger. 2. Aufl. Oktav. XI, 409 Seiten. 1939. (Schweitzer.) 11.50

Verwaltungsgesetzbuch für Preußen. Systematische Zusammenstellung der wichtigsten Verwaltungsgesetze und Verordnungen. Für Praxis und Unterrichtszwecke bearbeitet. Von H. Reichelt. Quart. VII, 1302 Seiten. 1914. Geb. 7.60

Verwaltungsrecht. Grundriß. Von Dr. E. Frhr. v. Turegg, LGDir. In Vorbereitung. (Lehrbücher und Grundrisse der Rechtswissenschaft Bd. XIX.) ca. 18.—

Verwaltungsrecht. Leitfaden. Von Dr. jur. habil. E. Frhr. v. Turegg, LGDir. Oktav. 141 Seiten. 1949. (Leitfaden der Rechtswissenschaft Bd. 11.) 7.—

Verwaltungsrecht, Grundriß des bayerischen — — s unter Berücksichtigung des Reichsrechts. Von Dr. K. Helmreich. Gr.-Oktav. 247 Seiten. 1928. (Schweitzer.) 7.20

Verwaltungsstreitverfahren. Von MinRat G. Ziegler. (Sonderdruck aus: Sammlung in der Praxis oft angewandter Verwaltungsgesetze und Verordnungen.) Oktav. 27 Seiten. 1927. (Schweitzer.) —.55

Verwaltungsstreitverfahren, Das — —. Praktisches Handbuch auf wissenschaftlicher Grundlage bearbeitet. Von F. Kunze, wirkl. geh. ORRat. Oktav. XV, 625 Seiten. 1908. 12.—

Volksschullehrergesetz. Von MinRat G. Ziegler. (Sonderdruck aus: Sammlung in der Praxis oft angewandter Verwaltungsgesetze und Verordnungen.) Oktav. 29 Seiten. 1927. (Schweitzer.) —.55

Wasserrecht. Von MinRat G. Ziegler. (Sonderdruck aus: Sammlung in der Praxis oft angewandter Verwaltungsgesetze und Verordnungen.) Oktav. 39 Seiten. 1927. (Schweitzer.) —.70

Wasser- und Bodenverbandrecht. Erläutert von Dr. A. Bochalli, Reg. Präs. a. D. i. Münster/W. und K. Linckelmann, RA i. Hannover. 2., verm. und verb. Aufl. des Kommentars zum Wasserverbandgesetz und zur 1. Wasserverbandverordnung von Dr. Bochalli. (Guttentagsche Sammlung Deutscher Reichsgesetze Nr. 212.) 386 Seiten. 1949. 10.—

Wildschadengesetz, Das — —. Vom 11. Juli 1891. Von Dr. A. Holtgreven, OLGPräs. und Dr. Th. Wolff, OLGRat. 4., verm. und verb. Aufl. VIII, 216 Seiten. 1902. 4.—

Zeitschrift für Bergrecht. Bis zu seinem Tode herausgeg. von Dr. jur. H. Brassert. Redigiert und herausgeg. von den rechtskundigen Ministerialräten der Bergabteilung des Preußischen Ministeriums für Handel und Gewerbe. Oktav. Von den Bänden 1—78 sind noch Restbestände lieferbar. Auf Wunsch nähere Angaben. Neuerscheinen wird vorbereitet.

3. Steuerrecht

Biersteuergesetz, Das — — vom 26. Juli 1918 mit Durchführungsbestimmungen. Nebengesetzen und Erläuterungen. Von Zapf-Siegert. 3. Aufl., bearb. von MinRat Siegert. Oktav. VI, 429 Seiten. 1931. (Schweitzer.) Geb. 15.—

Bürgersteuergesetz, Das — — vom 16. Oktober 1934 in der Fassung des Änderungsgesetzes vom 16. Oktober 1935 mit der Durchführungsverordnung und den Verwaltungsvorschriften nebst der Saarland-Bürgersteuerverordnung vom 28. Oktober 1935. Für die Praxis erläutert von Dr. H. Schick, Reg. Ass. a. Finanzamt Kaiserslautern. Oktav. 133 Seiten. 1936. (Stilkes Rechtsbibl. Nr. 146.) Geb. 3.20

Einkommensteuergesetz vom 27. Februar 1939 in der Fassung des Gesetzes Nr. 12 der Alliierten Kontrollbehörde (Kontrollrat) vom 11. Februar 1946 und des Gesetzes Nr. 12 vom 19. Dezember 1947. Textausgabe mit kurzen Erläuterungen. Von Dr. H. Wagelaar, Wirtschaftsprüfer. 2. Aufl. Oktav. 303 Seiten. 1948. (Guttentagsche Sammlung Deutscher Reichsgesetze Nr. 228.) 4.50

Gewerbesteuergesetz vom 1. Oktober 1936. Mit Durchführungs-VO. und Richtlinien. Erläutert von ORRat Dr. M. Metz. Oktav. 396 Seiten. 1937. (Schweitzers braune Handausgabe.) Geb. 7.50

Gewerbesteuergesetz (GewStG.) vom 1. Dezember 1936 nebst Einführungsgesetz (EinfGRealStG) vom 1. Dezember 1936 und Durchführungsvorschriften. Von ORGRat E. Kaemmel und RGRat W. Schmiedeke. Oktav. 325 Seiten. 1937. (Stilkes Rechtsbibl. Nr. 166.) Geb. 8.50

Gewerbesteuergesetz vom 1. Dezember 1936 (RGBl. I S. 979). Textausgabe mit kurzen Erläuterungen. Von Dr. H. Wagelaar, Wirtschaftsprüfer. Oktav. 256 Seiten. 1947. (Guttentagsche Sammlung Deutscher Reichsgesetze Nr. 231.) 6.—

Grunderwerbssteuergesetz vom 12. September 1919 (RGBl. S. 1617) in der Fassung des Gesetzes vom 11. März 1927 (RGBl. I S. 72) nebst Einleitung, Sachregister und Ausführungsbestimmungen und den einschlägigen Vorschriften des Finanzausgleichs-Steuermilderungsgesetzes und Steuerstrafrechts für die Praxis erläutert. Von Dr. E. Hagelberg und Dr. L. Krämer, RAnwälte i. Berlin. 2., völl. umgearb. und erw. Aufl. Oktav. 355 Seiten. 1928. Geb. 15.—

Grundsteuergesetz vom 1. Dezember 1936 mit Durchführungsbestimmungen. Durch eine ausführliche Einführung erläuterte Textausgabe von E. Dziegalowski, MinRat i. R. Oktav. VIII, 416 Seiten. 1937. (Guttentagsche Sammlung Deutscher Reichsgesetze Nr. 206.) Geb. 7.—
Nachtrag. 72 Seiten. 1938. 1.—

Grundsteuergesetz mit Durchführungsverordnung und den wichtigsten einschlägigen Erlassen. Von ORRat Dr. M. Metz. Oktav. 318 Seiten. 1938. (Schweitzers braune Handausgabe.) Geb. 7.—
Nachtrag. 47 Seiten. 1938. —.80

Kapitalverkehrsteuergesetz vom 16. Oktober 1934 nebst den zu dem Gesetz erlassenen Durchführungsbestimmungen und den sonstigen Vorschriften über die Kapitalverkehrsteuer. Erläutert durch Dr. B. Keßler, ORGRat. Oktav. XVI, 352 Seiten. 1935. (Guttentagsche Sammlung Deutscher Reichsgesetze Nr. 193.) Geb. 7.—

Körperschaftssteuergesetz vom 16. Oktober 1934 in der Fassung des Gesetzes Nr. 12 der Alliierten Kontrollbehörde (Kontrollrat) vom 11. Februar 1946. Textausgabe mit kurzen Erläuterungen. Von Dr. H. Wagelaar, Wirtschaftsprüfer. Oktav. 212 Seiten. 1947. (Guttentagsche Sammlung Deutscher Reichsgesetze Nr. 229.) 7.50

Lohnsteuer, Das Recht der — —. Von Dr. W. Spohr. Oktav. 256 Seiten. 1936. (Stilkes Rechtsbibl. Nr. 151.) Geb. 7.50

Preußische Gemeindesteuern (Rechtsmittel und Rechtsprechung.) Von W. Theisen, Reg. Rat. Oktav. 160 Seiten. 1926. 6.—, geb. 7.20

Reichsabgabenordnung vom 22. Mai 1931. Textausgabe mit kurzen Erläuterungen. Von Dr. H. Wagelaar, Wirtschaftsprüfer. Oktav. 256 Seiten. 1949. (Guttentagsche Sammlung Deutscher Reichsgesetze Nr. 236.) Geb. 7.50

Stempelsteuergesetz, Das — — vom 31. Juli 1895 nebst Ausführungsbestimmungen, dem Erbschaftssteuer-, Wechselstempelsteuer- und Reichsstempelgesetz. Kommentar für den praktischen Gebrauch. Von H. Hummel, wirkl. Ger. OFinanzrat und F. Specht, Reichsger. Rat. Oktav. XXIII, 1392 Seiten. 1906. 30.—

Steuerersparungen, Steuererleichterungen und Härteverfahren im deutschen Steuerrecht. Von Dr. J. Hein. Oktav. 148 Seiten. 1933. (Stilkes Rechtsbibl. Nr. 132.) Geb. 3.50

Steuergesetz, Religionsgesellschaftliches — —. Von MinRat G. Ziegler. (Sonderdruck aus: Sammlung in der Praxis oft angewandter Verwaltungsgesetze und Verordnungen.) Oktav. 6 Seiten. 1927. (Schweitzer.) —.25

Umsatzsteuergesetz vom 16. Oktober 1934 nebst Durchführungsbestimmungen. Mit systematischer Einführung und Erläuterungen versehen von H. Hog. Oktav. VIII, 211 Seiten. 1935. (Guttentagsche Sammlung Deutscher Reichsgesetze Nr. 190d.) 2.50

Urkundensteuergesetz (UrkStG) vom 5. Mai 1936. Bearbeitet von Reichsgerichtsrat G. Rusche und Amts- und Landrichter Dr. Rensch. Oktav. 260 Seiten. 1936. (Stilkes Rechtsbibl. Nr. 154.) Geb. 8.—

Vermögensteuergesetz vom 16. Oktober 1934 und **Erbschaftssteuergesetz** in der Fassung des Gesetzes zur Änderung des Erbschaftssteuergesetzes vom 16. Oktober 1934. Mit systematischer Einführung versehen und erläutert von R. Arens. Oktav. VII, 203 Seiten. 1935. (Guttentagsche Sammlung Deutscher Reichsgesetze Nr. 190 b.) 2.80

Vermögensteuergesetz. Von A. Lüke. In Vorbereitung.

Versicherungssteuergesetz. Erläuterungsbuch (unter Berücksichtigung des Versicherungsrechts). Gesetzestext, Durchführungsbestimmungen von Dr. M. Wunschel, ORGRat und R. Kostboth, Amtsrat i. Reichsfinanzministerium. Oktav. XI, 376 Seiten. 1937. (Guttentagsche Sammlung Deutscher Reichsgesetze Nr. 208.) Geb. 9.—

Wandergewerbesteuergesetz vom 10. Dezember 1937. Unter besonderer Berücksichtigung der gewerbepolizeilichen Vorschriften und Entscheidungen der Länder Preußen und Bayern, in Ansehung des Landes Bayern gleichzeitig. 3. Aufl. Erläutert von ORRat L. Jacob. Oktav. 218 Seiten. 1938. (Schweitzers braune Handausgabe.) Geb. 6.—

Wechselsteuergesetz vom 2. September 1935 mit Nebenbestimmungen. Zusammengestellt von RegOberinsp. F. Fricke. Oktav. 59 Seiten. 1935. (Stilkes Rechtsbibl. Nr. 143.) 1.20

Wechselsteuergesetz vom 2. September 1935 nebst dem Wechselgesetz vom 21. Juni 1933, den Durchführungsbestimmungen zum Wechselsteuergesetz vom 2. September 1935 und den sonstigen Vorschriften, die bei der Anwendung des Wechselsteuergesetzes in Betracht kommen. Für die Praxis erläutert von Dr. B. Keßler, ORGRat. Oktav. 152 Seiten. 1935. (Guttentagsche Sammlung Deutscher Reichsgesetze Nr. 197.) 3.—

Wertzuwachssteuerrecht nach der preußischen Mustersteuerordnung und der Berliner Steuerordnung. Von Dr. E. Hagelberg und Dr. L. Krämer, RAnwälte i. Berlin. Kommentar. Oktav. XXIV, 252 Seiten. 1930. 12.—, geb. 13.50

4. Kirchenrecht

Kirchengesetz, Das preußische — —, betreffend Abänderungen der kirchenpolitischen Gesetze vom 21. Mai 1886. Von Dr. P. Hinschius, o. Prof. der Rechte a. d. Univers. Berlin. Oktav. XI, 115 Seiten. 1886. 3.—

Kirchengesetz, Das preußische — —, betreffend Abänderungen der kirchenpolitischen Gesetze vom 29. April 1887. Von Dr. P. Hinschius, o. Prof. der Rechte a. d. Univers. Berlin. Nachtragsheft zu der Ausgabe des preußischen Kirchengesetzes vom 21. Mai 1886. Von Dr. P. Hinschius, o. Prof. der Rechte a. d. Univers. Berlin. Oktav. VII, 37 Seiten. 1887. —.50

Kirchengesetze, Die preußischen — — der Jahre 1874 und 1875 nebst dem Reichsgesetze vom 4. Mai 1874. Herausgeg. mit Einleitung und Kommentar. Von Dr. P. Hinschius, o. Prof. der Rechte a. d. Univers. Berlin. Oktav. XXVIII, 229 Seiten. 1875. 5.—

Kirchengesetze des Jahres 1873, Die preußischen — —. Herausgeg. mit Einleitung und Kommentar. Von Dr. P. Hinschius, o. Prof. der Rechte a. d. Univers. Berlin. Oktav. XLVIII, 212 Seiten. 1873. 5.50

Kirchenrecht, Das — — der Katholiken und Protestanten in Deutschland. Von Dr. P. Hinschius, o. Prof. der Rechte a. d. Univers. Berlin. Oktav. Band I—VI: System des katholischen Kirchenrechts mit besonderer Rücksicht auf Deutschland.

Bd. I: 2 Hälften. XIV, 639 Seiten. 1869. 10.—

Bd. II: 2 Hälften. X, 714 Seiten. 1878. 10.—

Bd. III: VIII, 853 Seiten. 1883. 26.—

Bd. IV: Mit alphabetischem Sachregister zu Bd. I—IV. X, 925 Seiten. 1888. 30.—

Bd. V: XII, 978 Seiten. 1895. 31.—

Bd. VI: 1. Abt. VIII, 425 Seiten. 1897. 14.—

Recht und Kirche. Betrachtungen zur Lehre von der Gemeinschaft und der Möglichkeit eines Kirchenrechtes. Von D. Dr. R. Stammler, Prof. a. d. Univers. Berlin. Oktav. 120 Seiten. 1919. 2.—, geb. 3.—

Staat und Kirche in Bayern. System des bayerischen Staatskirchenrechts. Bd. I, Lfg. 1. Von Hz. W. L. Doering. Gr.-Oktav. 187 Seiten. 1928. (Schweitzer.) 5.—

VII. Volkswirtschaftslehre

Abnehmender Bodenertrag, Das Gesetz des — — seit J. von Liebig. Eine dogmengesch. Untersuchung von Dr. J. Eßlen. Lex.-Oktav. 298 Seiten. 1905. (Schweitzer.) 7.20

Baukredit, Der — —. Von Dipl. Ing. Dr. K. F. Stöhr. Gr.-Oktav. 172 Seiten. 1921. (Schweitzer.) 3.20

Deutsches Bankwesen, Das — —. Von Dr. J. Löhr. Dir. d. bayer. Handelsbank i. München. Gr.-Oktav. 178 Seiten. 1921. (Schweitzer.) 2.50

Dumping, Das — —. Preisunterbietungen im Welthandel. Von Dr. D. Perl. Gr.-Oktav. VIII, 139 Seiten. 1921. (Schweitzer.) 3.30

Einführung in die Politik. Von Prof. Dr. F. van Calker. Oktav. 188 Seiten. 1927. (Schweitzer.) Geb. 5.80

Geldwirtschaft, Die deutsche — —. Von Dr. F. Federau. Oktav. 95 Seiten. 1949. 4.—

Juristische Natur der Kontingente. (Beteiligungsziffern). Von Dr. R. Beer. Oktav. VIII, 79 Seiten. 1927. (Schweitzer.) 3.60

Orient — Export, Der — —. Von W. K. Kubié. Oktav. 140 Seiten. 1918. (Schweitzer.) 3.10

Rücktritt vom Kartell. Von Dr. K. Schröter, München. Oktav. 117 Seiten. 1927. (Schweitzer.) 4.50

Tauschsozialismus und Freigeld. Eine dogmengesch. krit. Untersuchung zur Freigeldlehre. Von Dr. W. Wegelin, St. Gallen. Gr.-Oktav. 126 Seiten. 1921. (Schweitzer.) 3.10

Treuhandwesen in der deutschen Volkswirtschaft, Das — —. Von Syndikus Dr. O. Hintner, Nürnberg. Lex.-Oktav. 182 Seiten. 1926. (Schweitzer.) 7.20

Wiederaufbau in Theorie und Praxis, Grundlagen und Gedanken über den — —. Von C. Saß. In Vorbereitung.

VIII. Entscheidungs-Sammlungen, Zeitschriften

Aufsichtsamt für das Versicherungswesen Groß-Berlin. Veröffentlichungen. 1. Jahrgang. Heft 1. 1948. 6.—. 2. Jahrgang. Heft 1. 1949. 3.80. — —. Heft 2. 1949. 3.60. — —. Heft 3. 1949. 4.—. Erscheinungsweise: Nach Bedarf, Preis je nach Umfang.

Entscheidungen des Oberprisengerichts in Berlin. Herausgeg. im Auftr. des Reichsjustizministeriums. Oktav. Bd. I: XVII, 444 Seiten. 1918. 14.—. Bd. II: XV, 338 Seiten. 1921. 10.—

Entscheidungen des Obersten Gerichtshofes für die Britische Zone. Herausgeg. von den Mitgliedern des Gerichtshofes und der Staatsanwaltschaft.
Entscheidungen des Obersten Gerichtshofes für die Britische Zone in **Zivilsachen.** Bezugspreis für die Heftausgabe (5 Hefte) pro Band 8.—, für die Bandausgabe pro Band geb. 10.—
Entscheidungen des Obersten Gerichtshofes für die Britische Zone in **Strafsachen.** Bezugspreis für die Heftausgabe (5 Hefte) pro Band 8.—, für die Bandausgabe pro Band geb. 10.—
Bisher liegen vor: Zivilsachen. Bd. I, Heft 1—5; Bd. II, Heft 1—3.
Strafsachen. Bd. I, Heft 1—5; Bd. II, Heft 1.
Einbanddecken für den cplt. Band 1.20.

Entscheidungen des Reichsarbeitsgerichts. Herausgeg. von den Mitgliedern des Gerichtshofes. Oktav. Einzelne, der bisher erschienenen 27 Bände, sind aus Restbeständen noch lieferbar. Auf Wunsch nähere Angaben.

Entscheidungen des Reichsgerichts. Herausgeg. von den Mitgliedern des Gerichtshofes und der Reichsanwaltschaft. Oktav. 2 Sammlungen.
1. Entscheidungen des Reichsgerichts **in Zivilsachen.** Zur Vervollständigung dieser amtlichen Sammlung sind noch Restbestände vorhanden. Je 7.—, geb. 9.—. Für die Registerbände bestehen besondere Preise.
2. Entscheidungen des Reichsgerichts **in Strafsachen.** Restbestände noch lieferbar. Je 7.—, geb. 9.—. Für die Registerbände bestehen besondere Preise. Auf Wunsch nähere Angaben.

Entscheidungen des Reichsgerichts, die grundlegenden — — und des Reichsmilitärgerichts auf dem Gebiete des Strafrechts. Für das Studium und die Praxis bearbeitet. Von Dr. M. Apt. Oktav.
Bd. I: Strafrecht. 3. Aufl. Von Dr. M. Apt und Dr. E. Beling. VII, 376 Seiten. 1903.
Bd. II: Das Rheinische Civilrecht. Von Dr. O. Francken. X, 193 Seiten. 1893.
Bd. III: Strafprozeß. Von C. Jacusiel. VIII, 235 Seiten. 1893.
3 Bände cplt. 14.—, geb. 17.—

Entscheidungen des Reichsgerichts in Zivilsachen. Gekürzte Ausgabe der amtlichen Sammlung. Eine Auswahl der für die jetzigen Rechtsverhältnisse noch wichtigen Entscheidungen aus den Bänden 1—171. Nach Fachgebieten zusammengestellt und mit einem chronologischen Register versehen. Herausgeg. von Prof. Dr. Auerbach, RA i. Berlin; Dr. Eylau, Präs. d. Patentamtes i. Berlin; Graf RAnwältin i. Berlin; Dr. Knoll, Ministerialdir. i. Berlin; Kummerow, RA i. Berlin; Reuß, RA i. Berlin; Dr. W. Schmidt, RA i. Düsseldorf; Dr. Swarzenski, LGDir. i. Berlin; Dr. Vahldieck, RA i. Berlin. Etwa 30 Bände.
Geb. je etwa 10.— bis 12.—

Entscheidungen des Reichsgerichts in Strafsachen. Gekürzte Ausgabe der amtlichen Sammlung. In Vorbereitung.

Juristische Rundschau. Mit Beiblatt: Mitteilungen aus der Berliner Justiz und Rechtsanwaltschaft. Herausgeg. von Dr. S. Loewenthal, Chefpräs. des Landger. Berlin, Dr. K. Wergin, Präs. der Rechtsanw. Kammer Berlin, R. Frhr. v. Godin, RA i. München, Prof. Dr. E. Reimer, Präs. d. Deutschen Patentamtes i. München, Dr. E. Wolff, Präs. des Obersten Ger. Hofes f. d. Brit. Zone i. Köln und Dr. W. Schmidt, RA i. Düsseldorf. Ab Juli 1949 2mal monatlich. Je Heft 32 Seiten. Vierteljährl. 9.— Einzelne Hefte der Jahrgänge 1925—1945, cplt. Jahrgänge und einzelne Hefte der ab 1. Juli 1947 wiedererschienenen Zeitschrift, sind aus Restbeständen noch lieferbar. Einbanddecken für die Jahrgänge 1947 und 1948. 1.25

Kritische Vierteljahresschrift für Gesetzgebung und Rechtswissenschaft. Herausgeg. von E. Mezger, K. Blomeyer, J. Heckel, A. Hueck, E. Riezler, M. San Nicolò, Ch. Frhr. v. Schwerin, Professoren d. Münchener Juristenfakultät. Gr.-Oktav. Ab 1912 neue Folge. Der Band zu je 4 Heften. Bd. 14—18 je 8.—; Bd. 19 10.—; Bd. 20 16.—; Bd. 21 24.—; Bd. 22 32.50; Bd. 23 27.—; Bd. 24 31.—; Bd. 25 29.—; Bd. 26—32 je 28.—. (Schweitzer.)

Rechtsprechung der Oberlandesgerichte auf dem Gebiete des Zivilrechts. Herausgeg. von B. Mugdan und R. Falkmann. Oktav.
1.—42. Band. (Bd. 35, 36, 38, 40, 42 vergriffen) 1900—1922. Je 4.50, geb. 6.—
43. Band. 1924. 7.50, geb. 9.—
44.—46. Band. (Bd. 45 nur H. 2—9 vorhanden) 1925—1928. Je 8.—, geb. 9.50
(Fortsetzung s. Rechtsprechung, Höchstrichterliche.)

Rechtsprechung, Höchstrichterliche — — auf dem Gebiete des Strafrechts. Geleitet und herausgeg. von A. Feisenberger. Sonderbeilage der Zeitschrift für die gesamte Strafrechtswissenschaft. Oktav. 1.—3. Jahrgang. 1925—1927. Je 12.—, geb. 13.50
(Fortsetzung s. Rechtsprechung, Höchstrichterliche.)

Rechtsprechung, Höchstrichterliche — —. Vereinigte Entscheidungs-Sammlung der bisherigen Zeitschriften: Rechtsprechung der Oberlandesgerichte in Zivilsachen, Höchstrichterliche Rechtsprechung in Strafsachen und Die Rechtsprechung, Beilage der Juristischen Rundschau. Herausgeg. von E. Friedrichs und A. Feisenberger. Von den Jahrgängen 1—18 (1942) sind aus Restbeständen noch cplte. Jahrgänge und einzelne Hefte lieferbar. Ab 1943 verschmolzen mit der Zeitschrift „Das Deutsche Recht". Preisangaben auf Wunsch.

Reichsgerichtsentscheidungen in kurzen Auszügen. Oktav. 2 Sammlungen.

— — **in Zivilsachen** und — — **in Strafsachen.** Von beiden Sammlungen sind aus Restbeständen noch cplte. Bände lieferbar. Auf Wunsch nähere Angaben. (Schweitzer.)

Veröffentlichungen des Reichsaufsichtsamts für Privatversicherung. s. Abschn. III, 1 (S. 20).

Zeitschrift für Ausländisches und Internationales Privatrecht. Herausgeg. in Gemeinschaft mit E. Heymann, H. Titze, M. Wolff, M. Pagenstecher, F. Schlegelberger und H. Lewald von E. Rabel. (Institut für ausländisches und internationales Privatrecht.) Quart. Aus Restbeständen sind noch einzelne Hefte der Jahrgänge 1—14 einschl. der Sonderhefte lieferbar. Auf Wunsch nähere Angaben. Wiedererschienen mit dem 15. Jhrg. 1949. H. 1. Begründet von E. Rabel. Herausgeg. vom Kaiser

Wilhelm-Institut für ausländisches und internationales Privatrecht. Dir.: H. Dölle. Erscheinungsweise: Vierteljährlich in Heften von 150 bis 170 Seiten. Abonnementspreis pro Heft 12.—, Einzelheftpreis 14.50. Berechnung erfolgt, auch gegenüber Abonnenten, heftweise. Im Gemeinschaftsverlag mit J. C. B. Mohr (Paul Siebeck) Tübingen.

Zeitschrift für ausländisches öffentliches Recht und Völkerrecht. Herausgeg. in Gemeinschaft mit E. Kaufmann, R. Smend, H. Triepel, L. Kaas, F. Glum von V. Bruns. (Institut für ausländisches öffentliches Recht und Völkerrecht.) Quart. Aus Restbeständen sind noch einzelne Hefte der Bände 1—12 lieferbar. Auf Wunsch nähere Angaben.

Zeitschrift für Bergrecht. Bis zu seinem Tode herausgeg. von Dr. jur. H. Brassert. Redigiert und herausgeg. von den rechtskundigen Ministerialräten der Bergabteilung des Preußischen Ministeriums für Handel und Gewerbe. Oktav. Von den Bänden 1—78 sind noch Restbestände lieferbar. Auf Wunsch nähere Angaben. Neuerscheinen wird vorbereitet.

Zeitschrift für die gesamte Strafrechtswissenschaft. Gegründet von Dr. Fr. v. Liszt und A. Dochow. Oktav. Von den bisher erschienenen 62 Bänden sind aus Restbeständen noch einzelne Bände cplt. lieferbar. Neuerscheinen wird vorbereitet.

IX. Verschiedenes

Justizstaatsdienst, Fünf Aufgaben der Prüfungen für den mittleren — — mit Lösungen aus dem Grundbuch-, Familien-, Erb- und Vollstreckungsrecht. Von OARichter Dr. W. Kriener. Oktav. 91 Seiten. 1933. (Schweitzer.) 2.60

Pandektenübungen, Praktische — — für Anfänger zum akademischen Gebrauch und zum Selbststudium. Von D. Dr. R. Stammler, Prof. a. d. Univers. Berlin. Oktav. X, 536 Seiten. 1896. 7.50, geb. 8.60

Rechtsfälle, Kinkels — — mit Lösungen. Bearb. von Dr. W. E. Kinkel. Oktav. (Schweitzer.)
Bd. I: **Arbeitsrecht.** 124 Seiten. 1936. 2.80
Bd. II: **Bauernrecht.** 85 Seiten. 1938. 2.60
Bd. III: **Bürgerliches Recht.** 101 Seiten. 1939. 2.80

Texte, Juristische — —, für Vorlesungen und Übungen. Herausgeg. von F. Schulz und Cl. Frhr. v. Schwerin. Oktav.
1. Texte zu Übungen im römischen Privatrecht I. Ausgewählt von F. Schulz. 32 Seiten. 1925. 1.40
2. Quellen zur Geschichte der Eheschließung I. Ausgewählt von Cl. Frhr. v. Schwerin. 1925. 3.20
3. Die Epitome Ulpiani des Codex Vaticanus Reginae 1128. Herausgeg. von F. Schulz. XII, 62 Seiten. 1926. 3.20
4. Quellen zur Geschichte der Eheschließung II. Ausgewählt von Cl. Frhr. v. Schwerin. 60 Seiten. 1930. 3.50

Zivilrechtspraktikum. Zum Selbststudium und zum Lehrgebrauche. Von R. Schück. 4., verm. Aufl. herausgeg. von G. Schreiber. Oktav. 160 Seiten. 1930. Geb. 6.—

Lösungen zu dem von R. Schück herausgegebenen Zivilrechtspraktikum. Nach dem Bürgerlichen Gesetzbuch bearb. für Studierende und Referendare. Von H. von der Mosel, RA i. Dresden. 5. Aufl. Oktav. 235 Seiten. 1931. 6.—, geb. 6.50

(T 9) Gustav Hagen, Trebbin, Berliner Str. 49 A 354. 3000. 5. 50 722/25/50

MIX
Papier | Fördert gute Waldnutzung
FSC® C083411

Kolibri 360 GmbH
Ferdinand-Jühlke-Straße 7
99095 Erfurt, Deutschland
produktsicherheit@kolibri360.de